하늘과 인간

일러두기

1. 고유명사는 가능한 한 문교부 고시 제85-11호(1986) 외래어 표기법과 국립국어원의 외래어 표기 용례(2002)를 따랐다.
2. 가톨릭 성인(교황 포함), 성인에게 봉헌된 종교적 건축물의 경우 한국 천주교 주교회의에서 제시한 '외국 성인명의 한글 표기 규정(로마 전례력에 수록된 성인의 경우 스콜라 라틴어 발음으로 표기, 기타 성인은 현지 발음으로 표기)'을 따랐다(단 부가적 수식구가 있는 경우 전체를 현지 발음으로 표기).
예) St. John(세인트존), St. Jean(생장), San Giovanni(산조반니) 〉 성 요한
예) Santa Maria sopra Minerva 산타마리아소프라미네르바(미네르바 신전 터에 지어진 성모 마리아 성당)
3. 게르만족 국가인 프랑크왕국의 인명은 메로빙거왕조 전체와 카롤링거왕조 샤를마뉴 이전은 독일식(게르만식), 샤를마뉴 이후는 프랑스식으로 표기했다.
예) 카를 마르텔/샤를 마르텔(×) Karl Martell/Charles Martel(×) (688~741)
예) 카를 마그누스(×)/샤를마뉴 Karl Magnus(×)/Charlesmagne (742~814)
4. 언어권별 표기는 현재의 국경선이 아니라 역사적 문화권(로마네스크~고딕 시기)을 기준으로 했다(본문의 설명 역시 이 흐름을 따랐음). 단 이 경우 혼동을 줄이기 위해 병기한 원어 표기는 현재의 국가별 공식 표기에 따랐다.
예) 슈트라스부르크(독)/스트라스부르(프)(×) Strasbourg(프)/Straßburg(독)(×)
5. 건축용어는 가능한 한 우리말을 쓰는 것을 원칙으로 했으나, 학계에서 전문용어로 굳어져 널리 쓰이는 경우는 그대로 따랐다.
예) 그릭 크로스(Greek cross 정십자), 아일(aisle 측면회랑), 플라잉 버트레스(flying buttress 공중 버팀벽)

하늘과 인간

북하우스

차례

5장 성기 로마네스크

6장 영국과 이탈리아 로마네스크

7장 로마네스크에서 고딕으로

8장 초기 고딕

9장 성기 고딕

10장 후기 고딕

11장 영국 고딕

서문

중층 변증법에 의한 서양건축사의 해석

이 책은 다섯 권으로 구성되는 서양 건축사 가운데 3권에 해당된다. 3권은 하늘과 인간이라는 주제에 대해 다룬다. 시기는 로마네스크와 고딕으로 이루어지는 중세이다. 기독교 건축의 일차적 완성을 이룬 인간은 그것에 머물지 않고 이것의 증폭을 통해 신에게 한 걸음 더 가까이 가려했다. 하늘을 향해 오름으로써 신과의 거리를 좁힐 수 있다는 믿음이었다. 물리적 높이와 신비주의라는 새로운 특징으로 무장한 앙천 양식이었다. 서양 건축은 이로써 세번째 완성의 단계를 맞이했다.

중세 앙천 양식을 읽는 시각에는 두 가지가 있을 수 있다. 하나는 말 그대로 하늘을 향한 양식으로 읽는 것이다. 수직성과 신비주의가 지향하는 하늘 끝, 그리고 이것이 상징하는 기독교적 초월성을 의미한다. 다른 하나는 이와 정반대로 땅을 향한 양식으로 읽는 것이다. 하늘을 향한 오름은 지상주의를 궁극적 목적으로 가졌음을 의미한다. 하늘은 땅이 있기에 정의될 수 있었다. 하늘을 향한 끝은 땅 위에 또하나의 현실세계를 만들기 위한 것이었다.

중세 기독교 건축에서 하늘은 땅과의 이분법적 관계 위에서 그 의미가 정의되고 해석되었다. 땅과 하늘은 거시적으로는 고대 지중해건축과 중세 유럽건축을 구분하는 기준이었다. 미시적으로는 같은 중세 건축 내에서도 로마네스크와 고딕을 가르는 기준이었다. 더 미시적으로는 로마네스크나 고딕 내에서 여러 세분화된 경향들을 가르는 기준이었다. 기독교는 기독교이고 하늘은 하늘이되 그 의미는 땅에 대해 어떠한 입장을 갖는가에 따라 정의되고 해석되었다. 적어도 건축적으로는 그러했다.

하늘의 의미는 이처럼 땅이 있을 때에만 정의되고 해석될 수 있다.

물론 이런 주장에 대해 기독교적으로는 이견이 있을 수 있다. 순수 종교로서 기독교는 하늘의 의미를 땅과 분리시켜 그 자체로 절대적 존재로 정의하려는 기본 입장을 갖는다. 하지만 이것은 지나친 신앙심에서 발생한 기독교의 착각이다. 하늘을 향한 과잉충성 같은 것이다. 기독교에서 생각하는 하늘만의 단독적 의미는 사실 대부분 땅에 빗대서 정의된다.

순수 종교도 이러할진대 건축은 더 말할 것도 없다. 확대하자면 세상 이치가 그러하다. '삶'이라는 것을 보자. 우리가 삶에 대해서 가지고 있는 집착과 애증은 죽음이 있기 때문에 있는 것이다. 남자의 의미는 여자가 있기 때문에, 즉 여자와의 상대적 관계 속에서 정의된다. 여자라는 반대 성이 없다면 남자의 의미는 지금과 완전히 다르게 정의되었을 것이다. 이것이 쌍개념의 비밀이다.

쌍개념은 내가 역사를 바라보고 해석하는 사관의 출발을 이룬다. 건축을 바라보는 시각이자 세상을 바라보는 시각이다. 학문을 해석하고 남의 작품을 비평하고 나의 작품을 설계하는 시각이다. 건축을 구성하는 수십 가지의 쌍개념이 있다. 서양건축사를 진행시킨 수십 가지의 쌍개념도 있다. 물론 이 둘은 상당 부분 겹친다. 이외에도 나의 인생을 이끌어온 또다른 수십 가지의 쌍개념이 있다. 오랜 세월에 걸쳐 나타나는 복잡한 현상을 쌍개념으로 단순화시키는 것은 완전하지는 못하지만 유용한 시각일 수 있다.

세상 현상을 쌍개념으로 보는 것은 첫 단계에 불과하다. 더 중요한 것은 쌍개념이 작동하는 방식이다. 쌍개념은 중층을 이루면서 상호교합한다. 쌍개념에 의한 중층 변증법이다. 중층 변증법은 서양건축사를 해석하는 나만의 사관이다. 중층 변증법이란 말 그대로 쌍개념이 변증법적 전개과정을 거치되 그것이 중층으로 작동한다는 의미이다 그 내용은 쌍개념, 중층 작동론, 연속 변증법의 세 단계로 설명할 수 있다.

쌍개념이란 사물, 현상, 가치, 역사는 단독으로 존재하거나 작동하지 않는다는 관점이다. 하나의 상황에는 쌍개념이 함께 한다. 쌍개념은 기본적으로 상반되는 것이지만 반드시 그런 것은 아니다. 그보다는 하나의 상황이 작동할 수 있게 해주는 짝이나 파트너 같은 개념이다. 서양건축사에만 한정시켜 보았을 때 그 전개 과정은 수많은 쌍개념으로 구성된다. 집단주의와 개인주의, 대륙성과 해양성, 성聖과 속俗, 동방과 서양, 중앙형과 선형, 이스트 엔드와 웨스트 워크, 추상과 구상, 종합화와 단순화, 자연과 인간, 자연과 기술, 사적 영역과 공적 영역, 성과 속, 하늘과 땅, 위계와 분산 등등 많은 쌍개념을 찾아낼 수 있다. 역사 발전의 동인은 쌍개념들 사이의 상호 관계 및 작동 방식에서 비롯되고 결정된다.

쌍개념들은 상호 교합하며 중층으로 작동한다. 먼저 하나의 쌍개념이 상호 교합한다. 하나의 현상에는 반대되는, 혹은 쌍개념적 파트너의 속성이 스며들게 되어 있다. 표면에 드러나는 이분법적 구별 이면에 숨어 있는 연관성이나 공통점 같은 것이다. 다음으로 하나의 쌍개념은 다른 여러 개의 쌍개념들과 함께 작동한다. 중층의 개념이다. 상호 교합과 중층 작동의 의미를 성과 속의 예에 적용해보자. 먼저 성과 속은 내부적으로 상대방의 속성을 일정부분 공유한다. 성은 100퍼센트 성으로만 남지 않는다. 내부적으로 현실 권력을 모방한 여러 종류의 속의 속성을 함께 갖는다. 반대로 속도 100퍼센트 속으로만 남지 않는다. 속이 전개되어 가는 현실세계에는 더 큰 힘에 의존하려는 성의 속성이 항상 함께 한다. 성과 속이 상호교합하면서 성 대 속의 이분법은 사분법으로 분화된다. 성적 성, 성적 속, 속적 속, 속적 성이 그것이다. 성은 성적 성과 속적 성의 두 종류로, 속은 속적 속과 성적 속의 두 종류로 각각 분화된다.

다음으로 성과 속은 단일 쌍개념으로 작동하지 않는다. 위계와 분산이나 추상과 구상 같은 다른 여러 쌍개념들과 함께 중층으로 작동한다. 어떤 종류의 쌍개념들이 어울리는가에 따라 각 시대의 성격이 일차적으로 결정된다. 중층 작동은 일정한 법칙을 갖는다. 쌍개념은 위계에 따라 상위 레벨과 하위 레벨의 몇 단계로 정리될 수 있다. 상위 레벨은 거시적 차원을 의미하며 대표 개념의 이분법적 구별이 일어난다. 일반적으로 성과 속을 대립되는 개념으로 파악하는 단계이다. 하위 레벨은 미시적 차원을 의미하여 대표 쌍개념이 구체적 현상으로 나타난다. 이 과정에서 다른 쌍개념들과 함께 작동한다. 성과 속이 작동하는 구체적 방식이 결정되는 단계이다. 성이 구현되는 방식 및 그 결과 나타나는 성의 구체적 종류는 수없이 다양하다. 속도 마찬가지이며 성과 속 사이의 이분법적 관계 또한 그러하다. 이렇게 다양한 구체적 내용들은 상위 레벨의 대표 쌍개념과 하위 레벨의 다른 쌍개념이 중층으로 작동한 결과이다.

쌍개념들은 절대 주체에 의해서 이상점에서 머무는 것이 아니라 연속으로 작동하는 진행형의 과정에 있다. 이것을 이끄는 힘은 미시 차원의 중층 작동이다. 거시 차원의 변환이 성공적이 되기 위해서는 미시 차원의 중측 작동이 적절한 균형을 이룸으로써 거시 차원의 대립성이 발전적 화해, 즉 제3력에 도달해야 한다. 이것이 가능하기 위해서는 미시 차원의 대립 쌍들이 끊임없이 화해, 균형, 조화를 추구해야 한다. 대립적 이분법으로 설명될 수 없는 작고 다양한 틈새 요소들이 항상 함께 작동하며 조절과 중재 작용을 한다. 각 시대를 구성하는 쌍개념이 다르고 이것들의 작동 방식도 다르다. 그러나 동시에 일정한 공통점도 갖는다. 역사 자체가 새로운 창조인 동시에 끊임없는 연속적 흐름이라는 쌍개념의 현상이다.

중층 변증법은 쌍개념을 가장 기본적인 구성 인자로 삼는 점에서 헤겔적 세계관에 기초한다. 그러나 헤겔의 변증법에서는 쌍개념이 정-반의 대립 요소이고 이것들 사이의 작동 방식이 합으로 귀결되는 결론 지향적이며 단층 구도이다. 반면 중층 변증법에서는 반드시 합으로 귀결되어야 하는 것은 아니며 여러 개의 쌍개념이 동시에 작동하는 중층 구도라는 결정적 차이가 있다.

중층 변증법은 또한 역사 현상을 구성 요소로 환원하여 파악하려는 점에서 구조주의적 방법론에 기초한다. 그러나 구조주의 역시 구성 요소들을 단층으로 파악한다. 각 요소별 고찰에 머물 뿐 이것들 사이의 상호 연관관계로까지 나아가지 못한다. 특히 구조주의에서는 시간의 요소가 배제된다. 모든 요소들의 의미 및 그것들의 작동 방식은 동시성 안에 국한된다. 중층 변증법은 여기에 시간의 개념을 더한 통시성을 기본 개념으로 갖는 점에서 결정적으로 다르다. 구조주의에서 요소들이 형성하는 구조의 궁극적인 목표는 현상 해석보다는 가치 결론을 지향한다. 처음부터 정해진 결론을 보강하는 증명 수단이다. 반면 중층 변증법에서는 역사 단위에서 나타난 현상들 사이의 복합적 관계를 찾아내는 것을 목적으로 한다. 이것을 찾아냄으로써 역사 현상이 갖는 다양한 의미를 파악할 수 있다.

역사는 항상 하나의 주도적 가치가 나오면 그에 대응되는 쌍개념이 함께 작동한다. 쌍개념은 전통적으로 생각하는 것처럼 반드시 대립적일 필요는 없다. 가장 일반적 예로 남자 대 여자의 쌍개념을 보자. 남자와 여자를 구성하는 요소들은 다양하며 이 요소들은 상호 교합하면서 중층으로 작동한다. 한 남자를 볼 때 모든 요소가 남성적이지는 않다. 어떤 요소에서는 여성적 특성을 갖는다. 반대 성의 특성을 교차적으로 가진 사람이 창조력이 뛰어나다는 연구결과도 있다. 반대 성의 특성을 어떻게 얼마나 어떤 종류로 갖는가에 따라 한 사람의 성격이 결정된다. 이런 관찰은 사람과 사람 사이의 관계가 좋은지 나쁜지에 대한 판단 기준으로까지 발전할 수 있다.

역사적으로 볼 때 찬란한 문화는 쌍개념이 상호 교합하고 중층으로 작동하여 중간자적 여유가 많이 생길 때 나타난다. 반대로 쌍개념 가운데 한 가지가 독주하든지 쌍개념이 팽팽하더라도 중층 교합 작용을 하지 못하고 갈등 대립을 빚을 때는 어려운 문화로 나타난다. 흔히 말기적 상황이라고 하는 증세이다.

쌍개념은 새로운 문명의 탄생을 이해하는 데에도 좋은 단서가 된다. 새로운 문명은 두 단계를 거친다. 첫째 단계에서는 앞 문명의 쌍개념 사이 중간자적 가치를 찾아서 이것을 추구한다. 그러나 이것만 가지고서는 새로운 문명이 탄생하지 않는다. 이 단계는 아직 전환기적 단계에 가깝다. 둘째 단계에서는 중간자적 가치에 대한 또하나의 쌍개념이 형성되면서 이것이 중간자적 가치와 상호 교합하며 중층으로 작동한다. 이런 과정을 거쳐야 비로소 하나의 문명이 안정적 정착에 이른다.

중층 변증법의 궁극적 목표는 다양성, 포괄성, 다원성을 확보하는 데 있다. 거시 차원의 거대 주제에 포괄적 가능성을 줄 때 한 문화는 발전하여 긍정적 상태에 도달한다. 인간 문화의 가능성을 충분히 꽃피우게 되는 것이다. 인간이 갖는 다양하고 포괄적이며 다원적인 가능성이 억압되지 않고 적절한 규제의 선 안에서 발휘될 때 생활이 풍요롭고 즐겁게 되는 것과 같은 이치이다.

역사란 지금 이 시점의 문제이다. 이를 위해 역사 연구에는 두 가지가 필요하다. 한 가지는 전제조건으로서의 사료 자체에 대한 깊고 넓은 순수 연구가 필요하다. 다른 한 가지는 결국 이것들로부터 지금 우리가 처한 문제에 대한 분석, 진단, 대안, 해결 등을 제시할 수 있어야 한다. 그렇기 때문에 역사는 단편으로 존재할 수 없다. 항상 과거로부터의 연속과 미래를 향한 연속을 염두에 두어야 한다. 이때 미래란 예언이나 예측과는 다른 문제이다. 현실 진단과 대안을 역사 속의 교훈에서 찾는다는 의미이다. 현재는 과거로부터의 역사가 중층 변증법으로 진행되는 과정상에 있다. 그 진행 과정은 쌍개념의 요소들이 중층으로 작동하는 방식을 분석함으로써 파악될 수 있다. 이것으로부터 현재가 갖는 역사적 의미가 결정될 수 있으며 다시 이것으로부터 현재의 문제점 및 그 대안이 나올 수 있다.

지금까지 살아온 나의 인생은 쌍개념의 연속이었다. 항상 두 가지 상반되는 상황, 가치, 개념 앞에서 갈등하고 고민했다. 혹은 반대로 각 상황에 처할 때마다 항상 쌍개념적 결정에 직면했다. 언제부터인가 이런 나의 경험이 세상 현상과 역사를 읽는 매우 유용한 학문적 시각과 사관이 될 수 있다는 생각이 들기 시작했다. 첫번째 저술인 박사학위 논문과 '추상과 감흥'에서부터 쌍개념적 해석이 본격적으로 반영되기 시작했다. 이후의 저술을 통해 중층 변증법의 시각과 사관이 계속되면서 더 다듬어지고 발전했다. 이제 이것을 가장 잘 발휘할 수 있는 통사라는 거대한 시간의 흐름을 다루는 한복판에 와 있다.

5권의 서양건축사 통사 가운데 반환점을 넘어섰다. 어려움도 많았다. 무엇보다도 방대한 양의 사료를 구하는 것부터 힘든 작업이었다. 경제적 부담도 말할 수 없이 컸다. 그것을 보관하는 공간 마련도 큰일이었고 그것을 싸들고 싼 전셋집을 찾아 여러 번의 이사를 하는 것도 힘든 일이었다. 많은 사료를 읽고 분석하고, 서양 학자의 연구를 반복하지 않기 위해 나만의 사관으로 해석하고 나만의 생각으로 쓰는 것은 더 힘든 일이었다. 앞의 일이 사료와 관련하여 물리적 차원에서 힘든 일이었다면 뒤의 일은 정신적으로 힘든 일이었다.

한 가지가 더 있었다. 건축사에 대한 이해는 책만 읽는다고 되지 않는다. 현장을 직접 답사하고 매번 만 장에 가까운 슬라이드를 촬영하는 일도 함께 해야 했다. 38도에 이르는 한여름에 20킬로그램에 달하는 카메라 장비를 메고 하루 종일 걷고 찍는 일을 한 달씩 강행했다. 이런 유럽 답사를 지금까지 총 10번을 해냈다. 경제적, 신체적, 심리적 부담과 고통이 이만저만이 아니었다. 내가 왜 이렇게 살까, 라는 회의

도 여러 번 들었고 그만두고 싶은 생각도 많이 들었다. 그러나 지금까지 잘 참고 해왔다고 자평을 해본다.

이번 통사 시리즈는 19세기까지 5권으로 계획되어 있다. 현재 20세기에 해당되는 6권을 집필할 계획을 조심스럽게 세워보고 있다. 19세기까지의 역사와 20세기를 분리해서 생각할 이유가 전혀 없기 때문이다. 20세기의 역사는 그 이전까지의 역사를 알아야 가장 잘 알 수 있기 때문이기도 하다. 20세기까지 포함하여 6권의 통사가 완성될 때 우리의 서양건축사 연구가 한층 성숙해질 것이라고 확신한다.

이번 통사 시리즈는 다소 진행이 늦었다. 워낙 방대한 작업이기도 했다. 각 권의 준비와 집필에 들어가는 물리적 시간부터 그러했다. 사이사이에 전통건축 시리즈와 '건축, 우리의 자화상'을 써야 할 일도 생겼다. 제작 자체도 일반인들이 생각하는 것보다는 훨씬 힘들고 손이 많이 가는 작업이다. 200자 원고지 2200매의 원고와 1133장의 사진을 한 권의 책으로 묶고, 수백 개의 전문용어를 통일하고, 어색한 문장을 고치고, 찾아보기 항목을 뽑아 쪽수를 찾고, 1133장의 사진을 스캔받고, 각 사진을 슬라이드와 일일이 대조하고, 다섯 번 가량의 교정을 보고, 하는 힘든 작업을 거쳐야 했다. 앞에 나온 책도 마찬가지였고 앞으로 나올 책도 마찬가지이다. 여러 독자들께서 이번 3권의 출간을 많이 기다려온 것으로 알고 있다. 이번 책이 늦어진 데 대해서 지면을 통해 죄송한 마음을 전한다. 4권 이후부터는 지금까지보다는 더 빠르게 출간할 것을 약속드린다. 마지막으로, 점점 가벼워져만 가는 출판 시장에서 힘든 일을 우직스럽게 계속 해주시는 북하우스에 진심으로 감사할 따름이다.

1장 초기 중세

1 로마에서 중세로

초기 중세와 전환기

중세는 로마 문명의 소멸과 기독교의 정착이 중첩되면서 시작되었다. 중세는 로마 문명을 일 대 일로 인수인계하듯 명확하게 시작되지 않았다. 그 사이에는 긴 중첩 과정이 있었다. 중첩을 결정짓는 기준은 분야에 따라 다르다. 건축에서는 연대기, 고대성의 잔재 정도, 기독교의 완성 정도, 동방과의 관계, 서북유럽의 정체성의 형성 등 다섯 가지를 들 수 있다. 로마 시대에서 중세로의 전환은 이 다섯 가지 요소가 서로 얽혀 다소 복잡한 과정을 형성하며 진행되었다.

4~5세기에 초기 기독교 건축이 완성된 뒤 6세기부터 서양에서의 건축 활동은 답보 상태에 들어갔다. 6세기의 건축 발전을 이끈 것은 비잔틴 건축이었다. 6세기의 서양 건축은 활동이 크게 축소된 가운데 비잔틴 건축으로부터 영향을 받았다. 이와 동시에 건물 유형, 실내 기능, 시공술 등의 이면적 내용에서는 아직 로마 시대의 고대 건축이 계속 쓰이고 있었다. 기독교 건축이 1차로 완성되었지만 고대 로마와 동방으로부터의 연속적 측면이 강하게 남아 있었다. 서북유럽은 아직 독자적 건축을 행하지 못하고 미개 상태에 머물러 있었다. 이런 점에서 초기 기독교 건축은 로마 기독교 건축이었다. 이것은 기독교 건축이긴 하되 로마 문명의 틀 안에 강하게 머물러 있다는 의미였다. 이런 점에서 초기 기독교 건축에서는 아직 중세의 개념은 형성되지 않은 것으로 볼 수 있다.

중세 건축은 이런 한계를 극복하려는 노력으로 시작되었다. 이 과정에서 초기 기독교와 다른 새로운 기독교 건축이 완성되었다. 로마와 동방의 영향 위에 서북유럽만의 지역성이 더해진 새로운 기독교 건축이었다. 초기 중세는 이런 완성의 독립적 징조가 나타난 시기로 정의될 수 있다. 로마와 동방의 잔재가 상당 부분 남아 있긴 했지만 서북유럽의 건축적 정체성이 정리되면서 적어도 표면적으로는 이런 잔재가 새로운 모습 뒤로 숨어 사라진 시기였다. 이렇게 나타난 새로운 기독교 건축은 2차 기독교 건축이라 부를 수 있다. 로마 기독교 건축인 1차 기독교 건축과 구별하여 중세 기독교 건축이란 의미에서이다(그림 1, 2). 2차 기독교 건축은 중세를 결정짓는 여러 조건들을 종합적으로 만족시켰다는 의미를 함축적으로 갖는다. 밀레니엄 단위의 문명 전이였다.

'중세'라는 개념은 일반 문화사에서의 분류 단위이다. 중세는 서북유럽을 지리적 중심지로 삼아 기독교의 종교 체제, 봉건 왕국의 정치 체제, 장원 제도의 경제 체제로 운영되던 문명 단위를 일컫는다. 중세는 다시 초기~1050년, 중기1050~1300년, 후기1300~1500년로 나누는 것이 보통이다. 이런 구분은 건축 사조와 명확하게 일치하지 않는다. 개략적으로 초기 중세는 프레-로마네스크, 제1 로마네스크, 초기 로마네스크에, 중기 중세는 성기 로마네스크, 후기 로마네스크, 초기-성기 고딕에, 그리고 후기 중세는 후기 고딕과 초기 르네상스에 각각 대응된다.

초기 중세의 시작은 여러 가지로 정의될 수 있다. 그 기준을 고대 문명의 붕괴로 본다면 로마제국의 분할 정책을 폈던 3세기 말의 디오클레티아누스 황제까지 올려 잡을 수 있다. 그러나 이것은 다소 극단적 기준이다. 중세 문명을 기독교가 대표한다고 보고 기독교의 정착을 기준으로 삼는다면 4~5세기가 중세의 시작이 될 수 있다. 그러나 이 시기 역시 고대와 동방으로부터의 연속성이 강하게 남아 있다는 문제가 있다.

지리적 중심지의 전이까지 고려한다면 5세기 말이 중요한 시점이 된다. 이 시기에는 서로마가 멸망하고 이민족의 침입barbarian invasion이 본격화되었다. 486년에 프랑크왕국이, 493년에 동고트Ostrogoths왕국이 건설되는 등 서북유럽에 왕조 중심의 문명 단위가 들어서기 시작했다. 484~ 518년에는 동서 교회가 분리되면서 서방 기독교가 독립했다. 5세기 말에는 지리, 정치, 종교 등의 여러 측면에서 고대 로마 문명과 초기 로마 기독교로부터 어느 정도 탈피할 수 있었다.

그러나 서북유럽만의 특징적 문화 활동이 구체화되는 시기를 기준

1 산타폴리나레누오보(Sant' Apollinare Nuovo). 라벤나(Ravenna), 이탈리아. 490년
2 생테티엔(St. Etienne). 느베르(Nevers), 프랑스. 1063~97년

3 산타콤바데반데(Santa Comba de Bande). 오렌세(Orense), 스페인. 7세기

으로 삼는다면 5세기 말은 여전히 너무 이를 수 있다. 이때에는 아직 학문, 예술, 종교 등에서 서북유럽만의 문화가 형성되지 않았다. 서방 기독교의 독립도 아직 형식적이었다. 특히 건축에서는 더욱 그러했다. 6세기에서 8세기 중엽까지 메로빙Meroving 건축, 아스투리아스Asturias 건축, 모자라브Mozarab 건축 등이 있었지만 이것들은 각 왕조의 명칭에 따른 분류일 뿐 독립적 건축 양식과는 거리가 멀었다(그림 3). 이런 건축들은 지역 토속 양식으로서 고고학적 의미가 있긴 하지만 유럽 전역을 기준으로 한 국제적 역사성과는 거리가 멀었다.

중세 건축의 기준인 2차 기독교 건축이 최초로 모습을 드러내는 시기는 8세기 중반으로 보는 것이 일반적이다. 이때에는 고대의 잔재가 사라지고 동방에 대한 의존에서 벗어나 서북유럽만의 건축적 정체성이 형성되기 시작했다. 메로빙 건축에 결여되었던 국제적 역사성도 갖추었다. 이것을 이끈 것은 카롤링거Karolinger 왕조의 샤를마뉴Charlemagne, 768~814년였다. 카롤링거왕조는 751~843년에 통일 프랑크왕국을 대표하는 왕조였으며, 샤를마뉴는 다시 이 왕조를 대표하는 절대 황제였다. 이때부터 서북유럽은 서양 중세로, 동방은 비잔틴으로 대별되면서 서양은 독자적인 문화 사조를 갖게 되었다(그림 4).

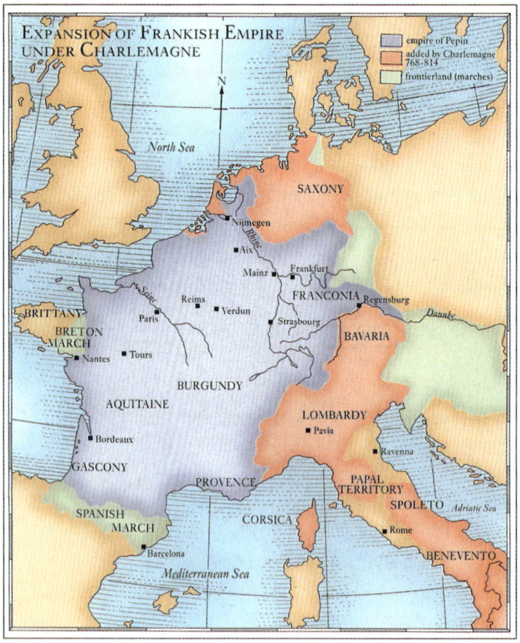

4 샤를마뉴 때 프랑크왕국

초기 중세 건축 또한 앞 시기의 새로운 건축들처럼 이전 건축에 대해 단절과 중첩의 양면성을 가지며 형성되었다. 이것은 역사의 진행에서 보편적으로 관찰되는 전환기적 현상의 전형적인 예이다. 초기 중세의 전환성은 이전에 없던 여러 종류의 새로운 쌍개념들을 낳았다. 그 내용은 로마와 중세, 지중해와 서북유럽, 땅과 하늘의 세 가지로 요약될 수 있다. 이 세 가지는 가장 상위 레벨의 쌍개념들이다. 이것들로부터 하위 레벨의 여러 쌍개념들이 파생되었다.

로마와 중세로부터는 동방과 서양, 1차 서양화와 2차 서양화, 탈로마와 로마적 연속성, 탈동방과 동방의 영향, 초기 기독교와 로마네스크, 비잔틴과 로마네스크 등의 또다른 쌍개념들이 파생되었다. 지중해와 서북유럽으로부터는 석구조와 목구조, 헬레니즘과 게르만 정신, 수평선과 수직선, 평형과 역동, 무역과 농업, 도시와 농촌, 군사 교역 도시와 종교 자족 도시, 정착과 이동, 농업과 유목, 단일 기하와 기하 모듈 등 하위 레벨에서의 쌍개념들이 파생되었다. 땅과 하늘로부터는 성과 속, 교회와 왕국, 성당과 왕궁, 교황과 황제 등의 또다른 쌍개념들이 파생되었다. 초기 중세 건축은 이런 여러 쌍개념들이 중층적 통합을 이루면서 형성되었다.

5 베네치아의 성 마르코(San Marco at Venezia)에 그려진 중세 성당 축조 장면
6 플라비우스 요세푸스(Flavius Josephe)가 묘사한 솔로몬의 신전(Temple of Solomon=Temple of Jerusalem) 축조 장면. 『유다의 고전*Les Antiquités judaiques*』 수록 상상도. 15세기

로마다움과 로마적 종합화

초기 중세 건축에 나타났던 로마로부터의 독립은 다분히 표면적 현상이었다. 건축을 포함한 초기 중세 문명의 구체적 내용을 보면 로마 문명을 중심으로 한 종합화의 측면이 강했다. 중세 건축은 로마 건축을 이어받아 형성되었다. 교회 건축은 이런 내용을 잘 보여주는 예이다. 6세기 이후 서북유럽의 교회는 로마 건축을 모델로 찾았다. 건축술 전반에서는 로마의 석구조 기술을, 기능 유형에서는 로마 기독교 건축을 받아들여 출발점으로 삼았다. 이런 회귀 경향을 실행한 주체는 국가였다. 정신적 지향점은 천상의 예루살렘을 땅 위에 번안 축조하는 것이었다. 중세의 교회 건축은 "기독교와 로마제국이 통합된 지중해의 초기 기독교 교회 모델을 기초로 삼아 여기에 서북유럽의 국가라는 새로운 권력주체와 목구조라는 새로운 건축술을 첨가한 이중의 쌍개념 구도 아래 기독교 왕국의 건설을 목표로 삼아 탄생"한 것으로 정의될 수 있다(그림 5, 6).

이때 로마적 연속성은 통합의 중심을 이루었다. 문명의 대표성 차원에서는 중세가 탈로마를 상징하는 것이 사실이었다. 그러나 중세 건축

7 발생랑베르 수도원(Abbey of Val St. Lambert), 그로인 볼트, 프랑스
8 롬시 수도원 교회(Abbey Church of Romsey), 성가대석 복도, 영국

이 형성되는 하위 레벨의 구체적 내용에서는 로마의 전통을 중심으로 삼아 종합화한 측면이 많았다. '로마네스크'라는 명칭 자체에 이런 의미가 담겨 있다. '로마네스크'는 말 그대로 '로마다움'이라는 의미이다. '로마'라는 단어에 '답다'라는 프랑스어 형용사 접미사인 '-que'가 더해진 합성어이다. 제2차 세계대전 이전의 영국 사가들은 '로마닉Romanic'이란 단어를 사용했다.

건축술에서 중세 건축의 시작은 로마의 식구조 전통이 부활하면서 시작되었다. 기능 유형은 로마 기독교의 바실리카를 출발점으로 삼았다. 중세 건축의 형성 과정은 이 두 가지의 로마 건축이 서북유럽의 목구조 방식과 유기 구성 방식으로 번안되어 변모해가는 과정으로 정의될 수 있다(그림 7, 8). 그리고 번안의 정도에 따라 중세는 다시 전반부와 후반부로 양분될 수 있다. 로마적 종합화가 중심을 이루며 남아 있는 현상은 적어도 로마네스크 시기 내내, 즉 중세의 전반부까지 계속되며 시대적 정체성을 정의하는 데 중요한 틀로 작용했다. 반면 중세 후반부인 고딕 시대에 오면 이것을 떨쳐버리고 중세만의 새로운 특징이 형성되었다.

초기 중세 로마의 상황도 로마적 종합화에 한몫을 담당했다. 알프스 이북의 이민족들이 서북유럽의 통일 국가로 정리되면서 로마에 대한 이들의 침입은 현저하게 줄어들었다. 이민족들은 더이상 로마를 침입할 이유가 없었다. 서북유럽에 자신들만의 국가를 세워 중앙 가톨릭과 대등한 입장에서 교류했다. 이런 상황은 성과 속이라는 쌍개념을 형성하면서 로마에도 안정을 가져왔다. 두 지역 사이의 관계가 국가적 차원에서의 협력 단계로 접어들면서 전쟁이 줄어들었다. 서북유럽 국가들의 입장에서도 로마에 대한 단순 침입이나 약탈은 이제 무의미했다. 오히려 로마 가톨릭의 상징적 권위가 필요했다. 고대 기독교의 본거지로서 로마의 가치가 새롭게 인정되었고, 로마를 기독교적으로 재정비하고 로마의 기독교적 의미를 정의하는 작업이 시작되었다. 로마가 가지고 있던 위대한 유산 혹은 정신적 잠재력은 서양이 새롭게 재편되는 과정에서 지주 역할을 하게 되었다(그림 9).

건축은 이런 작업에서 중요한 부분을 차지했다. 초기 기독교 때 지어졌다 파괴되거나 방치되었던 로마 기독교의 많은 교회들이 복원 증개축되었다. 카타콤이나 지하 바실리카 등 지하 시설에 보관되고 있던 성물이 지상으로 옮겨지면서 이런 필요성은 배가되었다. 교회 내에 성물을 보관할 성소가 필요해졌던 것이다. 그런데 성소는 단순히 물리적 공간만을 의미하지는 않았다. 초기 기독교 건축에서 완성되었던 기존의 교회 구성에 새로운 성물이 대거 가세했다. 이 가운데 일부는 기존의 교회에 보관되던 성물을 능가하는 종교적 중요성을 갖는 것들도 있었다. 교회 건물 구성 전반에 관한 새로운 정의를 포함하는 종합적인 종교적 재정리 작업이 요구되었다. 이런 상황은 초기 중세의 기독교 건축이 틀을 갖추는 데 중요한 요소로 작용했다. 동시에 로마의 역할에 일정한 중요성을 확보해주는 역할도 함께 했다.

교황은 로마의 교회 복원 작업을 진두 지휘했다. 교황은 복원 작업의 상징적 중심이었을 뿐 아니라 이에 필요한 물리력을 동원할 수 있는 유일한 존재였다. 복원 작업은 8세기 후반부부터 본격적으로 시작되었는데, 주로 8세기 후반부에서 9세기 전반부 사이의 교황들이 이 작업을 이끌었다. 교회 복원 작업은 교황들의 업적 가운데 중요한 부분으로 평가받았다. 복원 대상은 로마에만 국한되지 않고 이탈리아 반도 전체, 즉 초기 기독교 시대에 속했던 지역의 교회들로 확대되었다. 건물 종류도 교회에만 국한되지 않았다. 교회의 복원과 함께 로마 시대의 성벽이나 수로 등 기본 인프라에 대한 재정비도 함께 시행했다. 초기 기독교 교회의 복원은 로마 기독교의 재정비라는 목적을 포괄했다. 이 과정에서 한동안 폐기되었던 로마 시대의 석재 축조술 전체가 부활했다.

9 중세 로마 지도. 『베리 공작의 전성기*Les Très Riches Heures du duc de Berry*』 수록 그림

하드리아노 1세Hadrian I, 772~795년는 로마의 성벽과 수로를 개축했다. 레오 3세Leo III, 795~816년는 산조반니인라테라노San Giovanni in Laterano 성당에 트리클리니움triclinium, 세 면이 잠자는 의자로 둘러싸인 낮은 식탁을 설치했다. 이런 움직임은 파스칼 1세Paschal I, 817~824년 때 가장 활발했다. 그는 카타콤을 발굴 정비하여 많은 성물들을 지상으로 옮겼다. 2천3백여 위의 순교자들의 유품과 시신이 옮겨졌다. 이것을 보관하기 위해 산타프라세데Santa Prassede, 트라스테베레의 성 체칠리아Santa Cecilia in Trastevere, 돔니카의 성모마리아Santa Maria in Domnica 등을 수리 복원했다(그림 10).

로마적 종합화 현상은 문명 전체에서도 동일하게 관찰된다. 샤를마뉴 때만 해도 사람들은 자신들의 시대가 로마와 단절된 새로운 시작이라고 인식하지 못했다. 그보다는 로마의 연속적 시기로 의식하고 있었다. 로마와 중세의 대별적 구별은 계몽주의 이후에 나타난 작위적 시대구분의 산물이었다. 더욱이 중세라는 말은 고대와 근대라는 서양 문명의 양대 산맥 사이에 끼여 있는 중간 단계라는 의미에 불과했다. 중세가 독립적 정체성을 드러내지 못하고 이전 시기의 연속성에 강하게 의존하고 있었다는 뜻이다.

로마적 종합화는 샤를마뉴의 정치 이념이나 신성로마제국의 개념 속에 잘 나타난다. 샤를마뉴는 콘스탄티노플에서 실현되었던 '기독교

10 산타프라세데(Santa Prassede). 교황 파스칼 1세 바실리카(Basilica Pope Paschal I). 로마

화된 로마제국'이라는 로마 기독교의 핵심 개념을 카롤링거왕국의 모델로 삼았다. 그리고 자신은 은총 황제를 모델로 삼았다(그림 11). 은총 황제에 내재된 '기독교화된 로마 문명의 대표'라는 이중의 상징성과 권위를 물려받겠다는 의도였다. 초기 중세는 신성화된 기독교 형태로 재구성된 세속 권력이 통치하게 되었다.

당시 서북유럽은 중앙 정부로 통일되지 못하고 작은 왕국 단위로 나뉘어 있었으며 농업이 경제의 기반을 이루고 있었다. 지리적 네트워크는 농촌과 소도시 중심으로 분산되어 있었으며, 지역 기독교가 성립되어 기독교가 복층화되기 시작했다. 이런 서북유럽의 상황들을 하나로 묶어 최초의 통일 왕국을 세운 것이 샤를마뉴였다. 그 이후 분산적이었던 서북유럽은 봉건 체제로 귀결되면서 중세적 정체성을 형성해가는 모체가 되었다. 로마적 종합화는 이처럼 다양한 이질 요소들을 하나로 통합하는 초점 역할을 했다.

샤를마뉴의 시기를 긍정적으로 정의하는 '카롤링거 르네상스'라는 말의 요체는 이처럼 로마적 종합화를 핵심 내용으로 했다. '르네상스'라는 단어에서 알 수 있듯이 카롤링거 시기에 이룩되었던 많은 문화 발전은 새로운 것이라기보다는 이전의 로마 기독교 시대에 완성된 내용들을 서북유럽 상황에 맞게 변형시킨 것에 가까웠다. 따라서 '서로마제국의 부활'이라는 의미에서 벗어나지 못한 측면이 적지 않았다. '서로마제국의 부활'이라는 말에는 서양이 동로마의 영향에서 벗어나 독자적인 정체성을 확립했다는 의미가 있지만, 나머지 반은 서로마의 연속선상에 여전히 머문다는 의미가 내포되어 있다. 더욱이 동로마로부터의 독립도 표면적 현상에 많이 치우쳤다. 내면적으로 샤를마뉴가 가장 이상적으로 상정한 문명 모델은 콘스탄티노플의 황제들이 이룩했던 기독교화된 로마제국이었다. 샤를마뉴는 로마 고전 문화의 부활을 통치의 기본 방향으로 삼았다. 그의 아헨Aachen 궁전은 로마 르네상스의 산실이었다(그림 12, 13).

로마 건축이나 비잔틴 건축에 대한 의존 현상은 기독교의 경우도 마찬가지였다. 로마네스크 건축은 로마 기독교 건축을 모델로 삼아 시작되었다. 로마네스크 건축에서는 선형 교회와 중앙집중형 교회의 두 가지 유형이 모두 활발하게 지어졌는데 이것의 모체는 로마 기독교 건축과 비잔틴 건축의 모델들이었다. 실제로 로마네스크 교회를 지을 때

11 샤를마뉴의 창(Charlemagne's Window)으로 알려진 정좌한 황제상. 슈트라스부르크 성당(Strasbourg Cathedral)

로마 기독교 교회를 참고했다는 기록은 많이 남아 있다. 예를 들어 1026년에 아레초[Arezzo]의 주교였던 테오달도[Teodaldo]는 아레초의 성당을 짓기 위한 준비 작업으로 건축가 마지나르도[Maginardo]를 라벤나로 보내 산비탈레 성당을 연구해오게 했다. 이것은 단지 성당 한 채를 짓기 위한 것만은 아니었다. 그보다는 아레초의 중요한 건축가였던 마지나르도를 교육시키기 위한 좀더 포괄적인 목적이 있었다.

이와 같은 과정을 통해 로마 문명 위에 비로소 서북유럽만의 정체성이 더해졌다. 정체성은 게르만 정신과 기독교의 두 요소로 요약된다. 게르만 정신은 서북유럽의 지역성을 대표하는 보편적 정서를 의미했다. 지리적 중심지가 옮겨가면서 자연스럽게 나타난 새로운 토속적 배경이었다. 기독교는 이보다 좀더 인위성이 강한 개념이었다. 앨퀸[Alcuin]을 중심으로 한 일부 성직자들이 가세하여 중세 기독교의 정신적 이론적 토대를 닦음으로써 서북유럽만의 정체성을 확립하는 데 일조했다. 이로써 로마 고전 문화, 게르만 정신, 기독교의 세 요소로 이루어지는 중세 문명의 기초가 닦였다. 이것은 향후 유럽 문명이 발전하는 모체이자 토대였다.

12 아헨 궁전(Aachen Palace). 전경. 독일. 790~805년

13 아헨 궁전(Aachen Palace). 아트리움. 독일. 790~805년

지중해에서 서북유럽으로 2

탈(脫)로마, 탈동방, 2차 서양화

700년경, 과거 로마제국 영역에는 비잔틴, 사라센, 서양 기독교의 세 문명이 들어섰다(그림 14). 비잔틴은 동로마를 중심으로 그리스어를 공용어로 사용했으며 로마의 정부를 이어받고 동방 기독교를 모체로 삼았다. 사라센은 로만 이스트를 중심으로 북아프리카와 이베리아 반도Iberian Peninsula에 포진했으며 아랍어를 공용어로 사용했고 이슬람 종교와 문화를 모체로 삼았다. 서양 기독교는 이탈리아 반도와 알프스 이북의 서북유럽을 중심으로 라틴어를 기본 언어로 사용했으며 서북유럽의 새로운 정치 체제와 서방 기독교인 가톨릭을 모체로 삼았다.

이런 세력 균형은 최소한 900년경까지 계속되면서 서양 기독교가 중세 기독교 문명으로 발전하는 것을 도왔다. 중세 기독교 문명은 로마제국을 둘러싸고 있던 북쪽의 여러 이민족들이 골Gaul 지역의 프랑크왕국으로 정리되면서 형성되었다. 중세 기독교 문명은 동방으로부터 독립하고자 했지만 역설적이게도 이런 독립을 도운 것은 동방 문명이었다. 비잔틴의 유스티니아누스가 이탈리아에 들어와 있던 동고트족과 북아프리카의 반달족Vandals을, 그리고 사라센이 스페인의 서고트족Visigoths을 각각 물리치면서 프랑크족은 서북유럽을 대표하는 이민족으로 남게 되었던 것이다. 두 동방 문명은 서로 견제하며 세력의 균형을 이루었기 때문에 알프스를 넘지 못하고 지중해 일대에 머물렀다. 이것은 서북유럽의 프랑크족에게는 다행스러운 일이었다. 프랑크족은 알프스를 방패 삼아 자국만의 왕국과 문명을 이룩할 수 있었다.

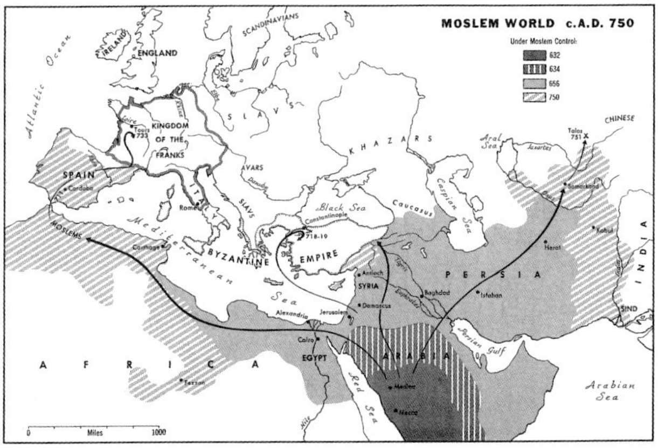

14 750년경 지중해 세력 분포도

초기 중세 건축은 서양 문명의 중심이

로마에서 서북유럽으로 이동하는 과정에서 나타난 새로운 건축을 의미했다. 중심 이동은 탈로마와 탈동방을 의미했다. 이 과정에서 유럽 혹은 서양은 둘로 구별 분화되었다. 같은 서양 문명이면서도 알프스 이북 지역은 지중해 연안의 로마와 여러 면에서 달랐다. 알프스 이북의 서북유럽은 로마 시대에는 로마의 영토에 속하며 로마 문명의 일부분이었다. 그러나 이들은 로마 문명이 한계에 달하자 이를 무너트리며 독자적인 중세 문명을 이룩했다. 이것은 동시에 지중해의 로마 문명에 남아 있던 그리스, 오리엔트, 로만 이스트, 동로마 등 동방의 영향으로부터도 탈피한다는 것을 의미했다. 이로써 유럽은 지중해의 헬레니즘 고전 문명과 서북유럽의 중세 기독교 문명으로 분화되었다.

탈로마와 탈동방은 표면상 일정한 완성을 보이며 초기 중세 건축으로 나타났다. 먼저 최초의 서양 문명이었던 로마 문명으로부터 벗어났다. 로마 문명의 기반 가운데 하나였던 동방과의 단절은 이전보다 더욱 명확해졌다. 그러나 이것은 다분히 표면적 현상이기도 했다. 내용을 보면 로마와 동방의 영향이 계속되었다. 로마 건축은 초기 조건으로서 뿌리로, 동방 건축은 이런 뿌리를 구성하는 더 근원적인 뿌리이자 동시대의 대표 양식으로 각각 결정적인 영향을 끼쳤다. 앞에서 살펴본 '로마다움'과 '로마적 종합화'는 이것을 함축하는 개념이었다. 새로운 건축이 기존 건축으로부터 탈피하는 과정에서 기존 건축의 내용이 새 건축에도 일정 부분 이어져 나타나는 것은 건축사에서는 당연한 현상이다. 이처럼 중세 건축은 로마와 동방으로부터의 탈피와 연속이라는 양면적 상황의 복합적 결과로 이해할 수 있다(그림 15, 16).

초기 중세 건축에 나타난 이런 현상들은 2차 서양화로 정의될 수 있

15 생트로핌(St. Trophime), 아를(Arles), 프랑스, 1180년경

16 산조반니푸오르치비타스(San Giovanni fuor Civitas), 피스토이아(Pistoia), 이탈리아, 12세기 말

17 성 요한 탑(La Tour St. Jean), 오세르(Auxerre), 프랑스, 11~12세기

다. 로마의 공화정 건축에서 나타났던 1차 서양화 이후 다음 단계의 서양화라는 의미이다. 1차 서양화 때 형성되었던 건축은 지중해를 기반으로 한 로마의 현세적 건축이었으며 동방에서 벗어나 최초로 서양 땅에 세워진 건축이었다. 그럼에도 동방의 영향은 여전히 많이 남아 있었다. 이와 비교하여 2차 서양화는 서북유럽을 중심으로 한 기독교 건축이었다. 2차 서양화는 1차 서양화의 중심이었던 로마와의 단절을, 그리고 궁극적으로는 로마 건축의 모태였던 동방과의 단절을 추구했다. 이런 단절은 일정 부분 완성을 이루긴 했지만 여전히 그 영향이 남아 있는 양면성을 보였다(그림 17).

2차 서양화는 문명 전체의 차원에서는 샤를마뉴에 의해 초기의 골격이 잡힌 것으로 볼 수 있다. 그는 비잔틴 황제에 맞설 수 있는 서양의 또 한 명의 황제였다. 비잔틴 황제는 로마 황제의 유일한 계승자이자 동시에 유일한 황제로 자처했다. 이것은 서양의 존재가 인정되지 않음을 의미했다. 뿐만 아니라 당시 로마의 교황권은 동방 문명의 두 축인 비잔틴과 사라센 사이에서 눈치 보기를 통해 세력을 유지하고 있었다. 샤를마뉴는 여기에 종지부를 찍으며 서양의 자존심과 독립을 선언했다. 샤를마뉴를 통해 서양은 하나의 독자적 세력으로 탄생했다. 로마 시대의 1차 서양화에 나타났던 독립이 문명 연합 방식이었던데 반해 샤를마뉴의 2차 서양화는 대립적 2등분으로서의 독립이었다.

18 8세기 세계 지도, 성 제베린(St. Sever)의 『묵시록*Apocalypse*』 수록

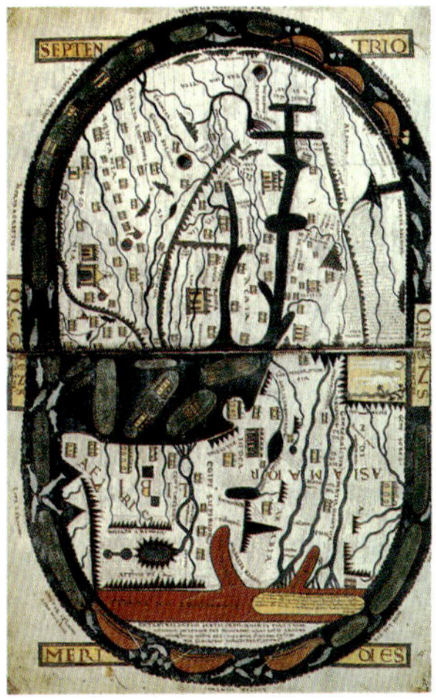

서양의 독립은 서진西進이라는 문명 전환의 큰 흐름이 완성되는 것이기도 했다. 고대 문명의 발전 과정은 지리적 관점에서는 서진의 과정이기도 했다. 이집트와 메소포타미아에서 시작된 고대 문명이 서아시아를 지나 그리스에서 완성되었고 이것이 다시 로마로 발전하는 과정이었다. 2차 서양화는 이런 흐름이 서북 방향으로 향하며 마지막 단계에 이른 것이었다. 서진은 또한 세계관의 확장을 의미했다. 서양 사람들은 서진이 진행되면서 비로소 지구의 지리적 범위를 확장시켜 인식하게 되었다(그림 18).

서진의 완성으로 무게 중심이 동방에서 벗어나 서양에 정착되었다. 오래된 동방 문명이 비잔틴과 사라센 사이의 경쟁으로 분열되어 있는 사이 서양 문명은 미개척지 서북유럽으로 중심지를 옮겨 정착하며 발

호하기 시작했다. 서북유럽은 외세의 간섭에서 벗어나 자유롭게 스스로의 역량에 따라 새로운 문명을 이룰 수 있는 절호의 기회를 맞았다. 밀레니엄 단위의 문명 전환의 관점에서 보면 오랜 기간 계속되어온 동방 문명이 피로 현상을 보이며 한계에 이른 반면, 그 대안으로 서북유럽이 새로운 문명으로 탄생하는 과정이었다. 9세기까지 세계에서 가장 미개한 지역 가운데 하나였던 서북유럽은 10세기를 넘기면서 문명 발전을 이루었고 로마네스크 시대에 이르자 비록 동방에는 훨씬 미치지 못했지만 독자적인 문명을 이룩했다.

지중해와 서북유럽

19 『부르고뉴 백작부인의 생애*Heures de la duchesse de Bourgogne*』에 나온 4월 장면

1차 서양화와 2차 서양화는 두 문명의 지리적 근거지에 따라 지중해와 서북유럽으로 대별될 수 있다. 이 두 지역은 같은 서양권에 속하면서도 대별되는 특징을 갖는다. 이것은 앞에서 언급한 유럽 혹은 서양의 분화 현상을 지리라는 구체적 기준에 따라 고찰한 내용이다. 지중해는 고대, 동방, 헬레니즘을 기반으로 한 해양 문화였다. 문명 방식은 도시를 근거지로 한 교역과 군사 중심으로 이루어졌다. 건축 방식은 석구조를 기본으로 한 오더 양식이었으며 수평선과 평형을 추구했다. 이에 반해 서북유럽은 중세, 유럽, 기독교를 기반으로 한 대륙 문화였다. 문명 방식은 농업을 근거지로 한 종교 자족 도시 중심으로 이루어졌다. 건축 방식은 목구조를 기본으로 한 유기 양식이었으며 수직선과 역동성을 추구했다(그림 19).

5~8세기에 걸쳐 서로마가 멸망하고 비잔틴 문명마저 이민족의 침입에 시달리기 시작하면서 지중해 연안에 형성되었던 교역과 군사 중심의 도시들도 함께 몰락했다. 이것은 단순히 정치 체제의 몰락만을 의미하지 않았다. 밀레니엄 단위의 거시적 차원에서 고대 동방 문명을 이끌어오던 경제 기반의 붕괴를 의미하는 것이었다. 이것을 이어받을 수 있는 것은 기독교 문명밖에 없었다. 그러나 기독교 자체도 한계에 직면해 있었다. 기독교는 이탈리아 반도와 그리스 반도라는 지중해권에 일차적 뿌리를 내리고 있었기 때문에 지중해 문명이 몰락하면서 기독교의 기반도 함께 붕괴되었던 것이다. 서북유럽의 기독교 문명은 이

런 한계를 극복하는 과정에서 나타난 문명 전이 현상이었다.

지중해 연안의 고대 문명과 비교했을 때 서북유럽의 중세 문명의 대표적 기질은 역동성dynamism 혹은 활동성activism이었다. 이런 기질은 수직선이라는 조형적 특징으로 나타났다. 이것은 중세 문명의 한 축이었던 게르만 정신의 특징이기도 하다. 게르만 정신은 게르만 민족이라는 특정 민족의 정신에만 한정된 것은 아니었다. 고트족, 골족, 프랑크족, 게르만족, 반달족 등 서북유럽의 다양한 이민족들 사이에 형성되어 있던 공통적 기질을 의미하는 것이었다. 이 기질은 일종의 유목민의 이동성 같은 것이었다. 게르만 정신은 이것을 대표하는 상징성을 가졌다.

서북유럽의 대표적 기질을 유목민의 이동성으로 정의하는 것은 주의를 요한다. 로마 문명도 끊임없는 이동과 정복을 통해서 대제국을 형성했기 때문이다. 반대로 서북유럽의 중세 문명에서 경제적 기반은 농업이었다. 그럼에도 불구하고 로마인은 유목민이라 하지 않는 반면 서북유럽의 대표적 기질은 여전히 유목민의 이동성으로 얘기된다. 유목민의 이동성은 단순히 말을 타고 다니거나 초원에서 농업이 아닌 목축 같은 생산 방식으로 살아가는 것만을 의미하지 않는다. 그보다는 문명의 운영 방식, 문명 전체를 형성하고 있는 구성원의 상황, 규범화된 고착성의 정도, 나아가 자연과 인간을 바라보고 해석하는 기본적 세계관 등과 같이 훨씬 복잡하고 넓은 범위의 문제이다(그림 20). 단순화시키자면 유목민의 이동성을 결정짓는 기준은 통일된 중앙집중성과 연속적 정착성의 정도이다. 이 기준에 의하면 서북유럽의 중세 문명은 지중해의 로마 문명과 대비되어 유목민의 이동성을 대표적 기질로 갖는다.

20 성 니콜라오 예배당(Chapel of St. Nicolas). 바닥에 새겨진 유프라테스(The Euphrates)라는 제목의 문양. 12세기 중반

로마 문명의 가장 큰 특징 가운데 하나는 통일된 중앙집중성이었다. 로마 대제국은 로마 시라는 핵을 중심으로 양파와 같이 여러 겹의 동심원이 겹쳐지면서 형성되었다. 영토, 문화, 민족 조직 등도 마찬가지로 중앙집중성을 띠었다. 문명의 모든 활동은 핵을 향해 집중되었다. 수많은 지역을 통합한 종합 문명이었지만 여러 민족들 사이의 이질성은 충돌하기보다는 융합하며 통일되었다. 중앙집중성이 효율적으로 작동하기 위해서 문명 활동은 축적되고 정착되어야 했으며 이것은 연속성을 전제로 했다. 법과 제도와 시민정신이 그러했으며 이를 지탱해주는 건

21 군사 기록서 『전투의 나무*L'arbre de Batailles*』. 천당에서 지옥에 이르는 위계질서를 보여준다.

축과 토목 같은 물리적 인프라가 그러했다. 로마 문명은 수십 년 혹은 적어도 수년에 걸쳐 정성스럽게 쌓인 육중한 석조 인프라를 기본 토대로 삼았다. 이렇게 쌓인 인프라는 당연히 항구적으로 대물림되었다. 쌓으면 쌓을수록 문명을 지탱하는 반석은 다져졌다.

서북유럽은 이와 반대였다. 서북유럽은 여러 부족 단위로 분할되어 있었다. 예를 들어 독일의 족장, 프랑크의 남작, 스칸디나비아 반도의 공작 등 지역에 따라 다소 복잡한 정체 체제 및 국가 단위를 이루고 있었다. 이로 인해 이 지역은 불안정성 혹은 항시적 가변성이 지배하고 있었다. 여러 민족들 사이의 빈번한 충돌에서 오는 활성 에너지 같은 것이었다. 이것은 유목민의 이동성을 결정하는 중요한 현상이었다. 경제를 이루는 물리적 토대는 농업이었지만 이것을 포함한 문명 전체의 운영 체제는 중앙집중성이 결여된 상태에서 구성 단위가 활발하게 발호하는 개별적 이동성에 의해 결정되었다(그림 21).

유목민의 이동성은 예술 전반에서 서북유럽만의 특징을 형성했다. 그 특징은 지중해의 안정적 헬레니즘에 나타났던 구상적 사실주의와 장식적 자연주의에 대비되는 추상적 초현실주의와 상징적 기하주의였다. 서북유럽의 이런 특징을 잘 보여주는 예로 중세의 출판 디자인이라고 할 수 있는 필사 장식manuscript illumination을 들 수 있다. 중세에는 모든 책이 필사로 제작되었으며 매 쪽은 그림으로 장식되는 것이 보통이었다. 아일랜드의 수도승들이 만든 필사본들이 대표적인 예이다. 중세의 필사 장식은 추상성 강한 초현실주의적 상징성을 통해 탈고전주의를 정의했다(그림 22).

22 클뤼니 수도원장 성 후고의 꿈에 군초(클뤼니 설립자)가 나타나 베드로의 계시라며 대규모 증축 공사를 하도록 설득하는 장면

유목민 사회에서 흔히 관찰되는 높은 문맹률은 이 시기에도 동일하게 나타났다. 유목민 사회의 높은 문맹률은 미개성보다는 현실적 가치가 우선하는 기질의 결과로 보는 것이 정확할 수 있다. 문화 활동의 축적이 큰 의미를 못 갖는 상황의 산물이기도 했다. 예술에서 정교한 인체 모사 같은 사실화가 불필요했듯이 문화 전반에서 문자 매체를 통한 정교한 사상과 학문은 현실적 동인을 갖지 못했다.

예술에서 관찰되는 지중해와 서북유럽 사이의 대별적 특징은 건축에도 동일하게 반영되었다. 지중해의 고대적 기념비성, 규범적 수평선, 석구조의 중후성, 오더 구조의 물질성

등에 대별되어 서북유럽만의 중세적 이동성, 역동적 수직선, 목구조의 경박성, 접합 구조의 탈물질성 등이 형성되었다. 이런 특징들은 유목민의 이동성에 수반되어 나타나는 역동성과 활동성을 건축적으로 표현해주는 구체적 매개였다. 이런 특징들을 통해 지중해 헬레니즘 건축을 지배했던 조화와 균형에 대비되는 탈고전주의가 정의되어갔다(그림 23).

초기 중세는 서양 전체로 보면 게르만족과 사라센에 의해 촉발된 문화 침체기였다. 물론 지금은 게르만족도 서양의 일부분이지만 초기 중세에는 아니었다. 당시에 서양은 1차 서양화로 정의되는 지중해권의 로마 문명에 국한되었다. 이때 게르만족은 로마를 둘러싸며 대척하던 야만족barbarian의 하나였다. 초기 중세는 게르만족이 서양의 일부분으로 편입되면서 기존의 고전 문화를 새로운 이민족 문화가 대체하는 과정으로 정의될 수 있다. 이 과정에서 일정한 대립과 침체가 일어났다. 초기 중세 건축은 이런 대립과 침체를 극복하며 게르만족만의 새로운 건축 방식을 정착시키는 데 성공함으로써 형성될 수 있었다.

23 중세 기사들의 전투 장면 배경으로 그려진 중세 도시 전경

석구조와 목구조

건축에서도 마찬가지였다. 지중해의 고전 건축에 대비되어 서북유럽에는 전통적인 목구조 건축 방식이 있었다. 이런 전통건축은 구체적인 양식 이름을 갖지는 못했지만 앞에서 열거한 것과 같은 건축적 특징들을 형성하고 있었다. 초기 중세 건축은 고전 건축의 석구조와 서북유럽의 목구조가 하나로 통합되어 나타났다. 혹은 목구조의 축조 방식을 고전 건축의 석구조로 번안 대체한 결과로 볼 수 있다.

문명의 중심이 서북유럽으로 전이되던 초반에는 건축이 침체되어 있었다. 지중해 지역에서 천 년 이상 계속되어오던 고대 건축술이 실종되었다. 이런 현상은 정신적 물리적 측면 모두에서 일어났다. 조화의 정신을 바탕으로 한 헬레니즘의 정교한 총체적 운영 원리가 정신적 측면이었고, 콘크리트 조적술을 바탕으로 한 로마의 시공술이 물리적 측면이었다. 이런 내용들은 중앙집중성을 기반으로 하는 고전적 계획

24 주아르 수도원(Abbey of Jouarre). 북쪽 납골당. 프랑스. 7세기

력을 의미했다. 고전적 계획력이 실종됨에 따라 그 산물이었던 오더 체계, 대형 공간, 기념비, 장식 등도 함께 사라져갔다.

이런 상황에서 새롭게 바뀐 시대에 맞춰 서북유럽만의 중세 기독교 건축을 창출해야 하는 필요성이 생겨났다. 카롤링거 건축을 이끌었던 샤를마뉴는 이것을 두 방향으로 추구했다. 로마의 건축술을 다시 부활시켜 받아들인 위에 서북유럽의 지역 전통건축술을 더하는 것이었다. 이것은 대립되던 쌍개념을 하나로 통합하는 것을 의미했다.

로마의 건축술은 앞 시대의 모범적 선례이자 기념비적 공공 건물을 만들어낼 수 있는 유일한 기술의 원천이었다. 특히 서북유럽 지역이 로마 건축에 대해서 갖고 있었던 경외심은 이것의 중요한 배경으로 작용했다. 이것은 로마 문명의 쇠퇴와는 별개의 문제였다. 로마를 대신하여 새로운 건축을 시작하려고 할 때 자신들이 가지고 있던 것만으로는 부족했고 결국 로마 건축이 갖는 절대성에 의존할 수밖에 없었던 것이다. 이에 따라 초기 기독교 건축을 끝으로 2~3세기 동안 중단되었던 로마 건축이 다시 나타났다. 이렇게 찾아진 로마 건축은 주로 기독교 고전주의였다. 이것의 모델은 크게 세 갈래였다.

첫째, 초기 기독교 시절 서북유럽 지역에 지어진 기독교 건축물들이었다. 스페인, 프랑스 남부, 독일 남부 등에는 5세기경을 시작으로 6~8세기에 걸쳐 간헐적이지만 끊임없이 초기 기독교 건축물들이 지어져왔다(그림 24). 정식 교회보다는 지하 납골당crypt과 세례당이 주를 이루었지만, 여기에도 로마 시대 기독교 고전주의의 핵심 기술들이 동일하게 쓰였다. 특히 이 건축물들은 카롤링거왕조의 영토 내에 위치한다는 이점이 있었다.

둘째, 동시대의 비잔틴 건축이었다. 비잔틴 건축은 로마 건축을 이어받아 볼트와 돔의 중앙집중형 석조 건축을 발전시켰다. 서북유럽에서 로마네스크 건축이 완전히 자리잡은 11세기 이전까지 당시 유럽과 동방에서 가장 발달한 건축은 여전히 비잔틴 건축이었다. 카롤링거왕조의 초기 중세는 상위 레벨의 대표성에서는 비잔틴 문명과의 단절을 기치로 내걸었던 것이 사실이다. 그러나 하위 레벨의 구체적 내용에서는 비잔틴 문명과 많은 교류를 하며 강한 영향을 받았다. 건축 시공술은 그 대표적인 예였다(그림 25).

셋째, 이탈리아 반도 내 롬바르디아Lombardia=랑고바르드Langobard 지방의 건축이

25 예레바탄 지하 물탱크(Yerebatan Cistern). 콘스탄티노플(Constantinople), 터키. 532년

었다. 롬바르디아는 이탈리아 반도에서 프랑스 남부, 스위스, 독일 남부 등으로 넘어가는 길목에 위치했다. 이런 지리적 위치로 인해 롬바르디아는 지중해에서 서북유럽으로의 문명 전이 과정에서 중요한 중간 가교 역할을 했다. 민족 구성에서도 그러했다. 롬바르드족은 게르만족의 한 분파로서 568년에 남하하여 밀라노와 베로나를 중심으로 한 롬바르디아 지역을 점령하고 왕국을 세웠다.

26 성 라우렌시오(St. Laurent). 그르노블(Grenoble), 프랑스. 5세기 후반~7세기

롬바르디아 지역에는 로마 시대부터 특히 석조 볼트 공법이 많이 쓰였는데, 로마가 쇠퇴했음에도 불구하고 이런 건축 시공술은 사라지지 않고 6~7세기까지도 계속 쓰이고 있었다. 이 지역에서는 양질의 대리석이 생산되는 채석장을 중심으로 로마의 전통적인 석조 조적술이 명맥을 유지하고 있었다. 여기에 라벤나에서 유행하던 비잔틴의 벽돌 조적술이 더해졌다. 결국 롬바르디아 지방에는 로마 기독교 건축의 석조술이 가장 잘 보존되어 있었다.

로마 기독교 건축의 모델을 찾고 있던 초기 중세의 서북유럽에게 이것은 좋은 예가 되었다. 민족적 동질성과 지리적 근접성으로 인해 카롤링거왕조는 롬바르디아왕국과의 교류가 잦았다. 특히 골 지역이 그러했다. 이 과정에서 롬바르디아 지방의 석조술이 전파되었다. 그르노블의 성 라우렌시오 Saint-Laurent at Grenoble 나 제르미니 데프레 Germigny-des-Prés 등의 교회에 쓰인 다발 기둥의 초기 형태는 롬바르디아 지방의 전통 석조술을 받아들인 것이다(그림 26).

이상이 세 가지 로마 건축 모델이었다. 반면 서북유럽의 대표적인 전통건축술은 이 지역에서 사용되어오던 목구조였다. 이것은 세부적으로는 직사각형 평면, 목조 접합식 기둥 구조, 경사 지붕 등으로 구성되었다. 이에 따라 독특한 건축적 특징이 형성되었다. 지붕의 경사는 매우 급한 편이었으며 건물은 강한 수직선을 이루었다(그림 27). 천장 실내는 경사 지붕의 안쪽 면이 그대로 노출되거나 목조 평천장으로 막는 두 가지 방식으로 처리되었다. 목구조는 실내에 그대로 노출되는 것이 보통이었다(그림 28). 기본적인 구조 방식은 목조 접합식이었다. 이것은 기둥과 보를 핵심 부재로 삼는 점에서 가구식 구조의 한 형태였지만 차이도 있었다. 차이점은 기둥과 보의 1차 부재 이외에 자잘한 2차 부재를 가지며 이런 1차 부재와 2차 부재 사이의 다양한 접합으로 전체 구조가 이루어진다는 점이었다(그림 29). 이렇게 만들어지는 목조 접합식 구조가 실내의 분위기를 주도했다. 목구조는 무엇보다도 수직선을 대표적 조형성으로 가졌다.

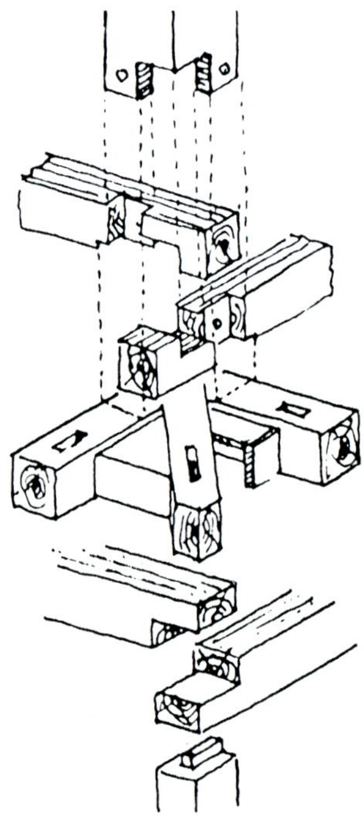

27 보르군드 통나무 교회(Borgund stave church), 스웨덴, 1250년경

28 퐁트네 수도원(Abbey of Fontenay), 기숙사, 프랑스, 12세기 초~15세기

29 슈타인하임암마인(Steinheim am Main), 추가 지지 부재가 더해진 기둥 체계, 헤센(Hessen), 독일

수직선과 유목민

목구조의 수직선은 다음의 세 가지 느낌을 가졌다. 첫째, 경량감이다. 경량감은 목기둥이 갖는 세장한 비례, 넓은 기둥간 거리, 가는 두께 등에서 얻어졌다. 이런 특징들은 가벼운 느낌을 주는 것으로 끝나지 않고 실제로 구조 효율이 뛰어났다. 구조 효율은 다시 경량감을 배가시키는 작용을 했다. 둘째, 접합을 몇 번 반복함으로써 높이 올라갈 수 있는 구조적 효율성이다. 이것은 실제 높이를 높이는 직접적인 작용을 했다(그림 30). 셋째, 접합 디테일이다. 목구조에서는 접합 방식 자체가 중요한 디자인 요소였다. 이 과정에서 목구조 특유의 섬세한 디테일이 생성되었다(그림 31). 섬세한 디테일은 수직선을 돕는 작용을 했다. 이런 내용들은 지중해의 로마 건축에는 없던 것이었다. 이것들은 서로 어우러져 서북유럽 특유의 수직선을 형성했다.

평면이나 매스의 전체 구성은 단순성과 복합성의 양면적 특징을 가졌다. 서북유럽의 평면 구성은 여러 개의 직사각형을 조합하는 방식으로 이루어졌다. 이때 개개 사각형은 매우 단순한 구성이었다. 이것은 하나의 큰 사각형이 복잡하게 구획되던 로마 건축과 대별되는 서북유럽만의 건축적 특징이었다. 반면 전체 구성에서는 사각형 단위가 증식분화하는 유기적 복합성이 나타났다. 이것 역시 하나의 사각형 안에 모든 기능을 담던 로마 건축과 대별되는 서북유럽만의 또다른 건축적 특징이

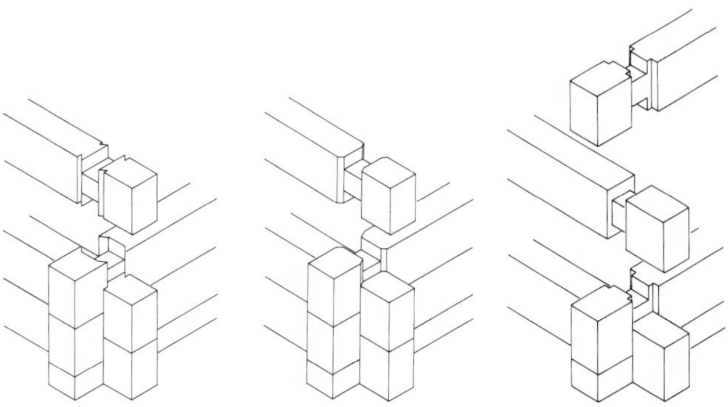

30 중세 때 노아의 방주 공사 상상도
31 중세 알프스 지역에서 수직 홈파기를 이용하여 복합 부재를 지지하는 여러 방식들

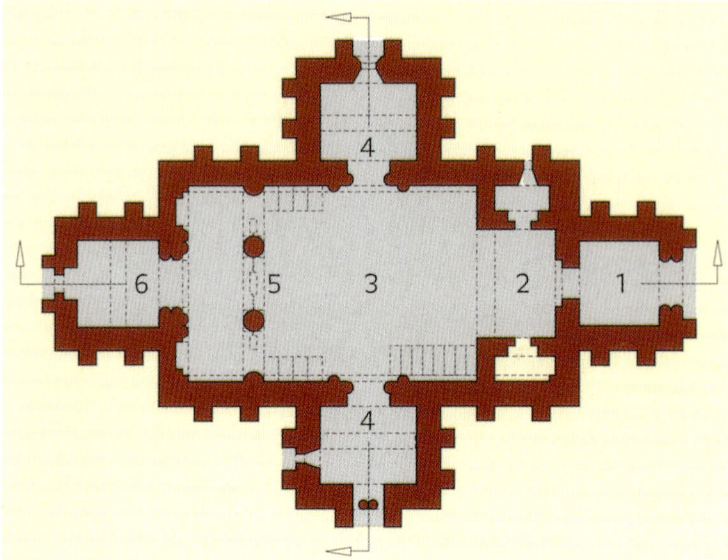

32 산타크리스티나데레바(Santa Christina de Leva), 오비에도(Oviedo), 9세기

었다. 하나의 사각형으로 모든 것을 해결하던 로마 건축의 구성 방식은 단일성과 분할 중첩의 양면적 특징을 가졌다. 여기에 대비되는 서북유럽의 구성 방식은 단순성과 복합 증식의 양면적 특징을 가졌다(그림 32). 서북유럽의 양면적 특징은 이후 중세 건축이 발전 정착하는 데 중요한 배경 역할을 했다.

33 모뷔이송 수도원(Abbey of Maubuisson), 목조 천장, 발두아즈(Val d'Oise), 프랑스

개개 사각형의 단순 구성은 모듈을 주요 특징으로 가졌다. 횡방향 보가 실내에서 노출된 결과였다(그림 33). 모듈 구성은 초기 기독교 건축의 바실리카 유형에 잘 대응되었다. 바실리카의 선형 구성을 일정 단위로 나누어야 할 필요성이 있었는데 이것이 서북유럽의 모듈 전통과 잘 어울린 것이다. 이런 어울림은 바실리카 유형이 서북유럽에 자리잡는 데 중요한 역할을 했다. 서북유럽의 중세 기독교 건축을 대표하는 성당, 교구 교회, 바실리카의 세 가지 교회 모두 초기 기독교 건축의 바실리카 유형을 출발점으로 삼아 분화한 것이었다.

전체 구성에 나타난 복합 증식은 유목민의 건축적 특징이었다. 이동이 많은 유목민의 환경에서는 처음부터 큰 계획에 종속되기보다 매번 변하는 상황에 따라 유기적으로 대응하는 것이 효율적이었기 때문이다. 총체적 통일성과 같은 연역적

34 성 요한(St. Jean), 푸아티에(Poitiers), 프랑스, 7세기

안정보다는 개별적 특수성과 같은 귀납적 변화가 주요 특징으로 나타났다. 건축 구성에 나타난 복합 증식은 이것의 대표적 현상이었다. 복합 증식은 교회 건물이 복잡하게 분화되어가면서 파생되는 기능적 문제를 해결하는 데 중요한 역할을 했다. 교회 건물은 중세를 거치면서 단일 사각형으로는 감당할 수 없을 만큼 복잡한 기능을 갖게 되었다. 새로운 기능이 요구될 때마다 그것에 맞춰 유기적으로 분화하는 복합 증식만이 이런 상황을 원만하게 해결해줄 수 있었다(그림 34).

서북유럽 지역의 건축 전통은 지리나 기후 같은 자연 환경의 영향을 많이 받았다. 나무가 많은 지역이었기 때문에 목재가 주요 건축 재료

35 로마네스크 벽돌 장식

36 생미셸드쿡사(Saint-Michel-de-Cuxa), 회랑, 프랑스, 1040년경

37 강림절 중의 일요일에 부르는 성가 악보

로 사용되었다. 눈과 비가 많은 지역이었기 때문에 지붕 경사가 급하게 잡혔다. 자잘한 디테일은 사나운 기후에 못 견디기 때문에 외관은 큰 사각형 중심의 단순한 덩어리로 짜였다. 외벽은 돌출이 적은 2차원 기하 문양으로 마감되었다. 섬세한 구상 장식은 쉽게 마모되었기 때문에 장식은 큰 기하 단위로 추상 처리되었다(그림 35). 정교한 3차원 부재나 장식은 기후에 시달리지 않는 실내에 노출되었다(그림 36). 당연히 목구조 접합 방식의 진수는 외벽이 아닌 실내에 형성되었다. 실내 구조는 마감으로 처리되지 않고 노출되었다. 실내에는 외벽보다 더 강한 외부적 분위기가 형성되어, 일종의 지붕 덮인 외부 세계가 되었다. 실내에는 또하나의 건축 세계가 형성되었다.

수직선을 낳은 또다른 중요한 배경으로 그레고리오 성가Gregorian Chant로 대표되는 성가의 등장을 들 수 있다. 초기 기독교 시대까지의 로마 가톨릭에서는 교회 실내에서 성가를 부르지 않았다. 초기 중세로 넘어오면서 성가가 도입되었다. 성가는 사람들의 마음에 직접 작용하며 강한 호소력을 갖는 예술 매개였다. 또한 기독교의 신비주의적 속성을 배가시키는 중요한 역할을 했다. 성가가 도입된 이후 음계 비례는 중세 예술 전반에 걸쳐 중요한 창작 모티브가 되었다(그림 37). 성가가 종교심을 유발시키려면 가능한 한 긴 잔향 시간이 필요했다. 특히 초창기 성가는 단음monophone이었기 때문에 메아리 효과를 노리기에 적합했다. 단음의 성가가 교회 실내에 은은하게 울려퍼지기 위해서는 천장이 높아져야 했고 이것은 수직선의 결과로 나타났다.

땅과 하늘 3

땅과 하늘

이상과 같은 로마 건축과 지역 전통건축은 초기 중세에 서북유럽이 사용할 수 있는 두 가지 건축 방식이었다. 중세 건축의 출발점인 카롤링거 건축은 이 둘을 통합하면서 형성되었다. 로마 건축을 시공 기술 중심으로 받아들여 서북유럽의 목구조 전통과 통합했다. 로마 건축은 비례나 부재 구성 등의 법칙에서 벗어나 자유롭게 차용되었다. 캐논canon에 집착하지 않고 로마 건축의 큰 흐름을 부활시키는 것이 서북유럽의 전통적 건축술과 합치는 데 더 유리했기 때문이다.

두 건축 모두 하나로 합쳐지면서 변형되는 과정을 겪었다. 로마 고전주의를 서북유럽의 강한 사각형 전통에 흡수하면서 구성 부재들은 기하 요소화되었다. 오더 체계로부터 탈피했으며 오더에 수반되던 인문학적 상징성도 사라졌다. 매스는 인문학적 상징 체계로 구성되던 건축 단위에서 단순 기하 단위로 탈의미화되었다. 고전 건축의 자연주의가 추상화되는 과정이었다. 이것의 궁극적 목적은 기독교라는 새로운 정신 체계를 담는 데 있었다. 추상 기하 단위로 단순화된 고전 오더는 기독교를 증명하는 장치들을 구현하는 캔버스의 개념으로 전환되었다(그림 38). 매스 단위 역시 고대 문명의 이교도가 남긴 흔적을 지우고

38 생트로핌(St. Trophime) 조각상, 아를(Arles), 프랑스, 13세기 중반

그 자리를 기독교의 내용으로 새롭게 채웠다.

땅에 뿌리를 둔 자연주의에서 하늘을 향하는 추상주의로의 전환이 일어났다. 땅에 매여 있는 이전의 건축으로는 하늘로 오르는 수직성을 확보할 수 없었다. 이전과는 다른 건축 체계가 필요했다. 추상은 이를 위한 첫번째 디딤이었다. 완성점에 이른 중세 건축 자체는 추상과는 거리가 먼 것이 사실이다. 대표성 개념의 상위 레벨에서 보면 추상은 오히려 고전주의에 가까운 조형적 특징이다. 그러나 초기 중세에는 달랐다. 이 시기의 고전주의는 자연주의적 특징을 나타내고 있었다. 물론 이것은 로마 고전주의의 경우이다. 초기 중세는 이것과 대별되는 추상을 주요 목적으로 추구하며 시작되었다. 이런 추상성은 향후 중세 건축이 하늘로 뻗어 올라갈 수 있게 해주는 디딤돌이 되었다.

추상 자체는 앙천성과 직접적인 연관이 없었다. 그러나 앙천성은 그냥 얻어지는 것이 아니었다. 특히 건축 기술이 발전하지 못한 과거에는 더욱 그러했다. 무엇인가 비상한 발상의 전환이 필요했다. 추상이 그것이었다. 더 큰 반동을 얻기 위한 큰 압축 같은 것이었다. 추상 자체는 땅과 더 밀착하며 땅을 다지는 쪽에 가까운 것으로 보일 수도 있다. 추상이 추상으로 끝나버린다면 이것이 사실일 수도 있다. 그러나 추상 속에는 다음 단계로 발전해나갈 수 있는 잠재력이 농축되어 있었다. 중세 건축에서는 이것이 앙천성으로 구현되었다. 추상으로 정리되고 꼭꼭 다져진 기반 위에서 하늘로 오를 수 있었다. 하늘을 향한 이런 입장에 따라 중세 건축은 전반부와 후반부로 나뉠 수 있다. 추상을 통해 땅을 다지던 로마네스크 시기는 전반부, 이것을 디디고 본격적으로 하늘로 오른 고딕 시기는 후반부로 나뉠 수 있는 것이다(그림 39, 40).

39 르망 성당(Le Mans Cathedral), 프랑스, 로마네스크 네이브 12세기
40 르망 성당(Le Mans Cathedral), 프랑스, 고딕 성가대석 1217~54년

구조적 측면에서도 유사한 변화가 있었다. 오더 중심의 가구식 구조는 서북유럽의 목조 접합식 구조와 통합되기 위해서 단순해져야 할 필요성이 있었다. 이렇게 단순해진 로마의 가구식 구조는 목조 접합식 구조의 구성 원리에 따라 복합 분화해나갔다. 로마의 석조술을 들여와 통합하는 과정에서 목구조는 점진적으로 사라졌다. 그러나 목구조의 구성 원리는 석구조에 계속 남아 향후 중세 건축을 결정지었다. 초기 중세는 로마의 석구조를 받아들이며 시작되었지만 이때의 석구조는 로마의 석구조와 많이 달랐다. 이렇게 해서 탄생한 구조 방식이 중세의 다발 기둥compound pier이었다. 다발 기둥은 로마의 석구조를 서북유럽의 목구조로 번안한 결과로 정의될 수 있다(그림 41, 42).

서북유럽의 전통건축이 로마의 고전 건축과 통합되면서 야만족의 미개함이 개화되기 시작했다. 반고전적 즉흥성에 최소한의 규범이 더해짐으로써 건축 활동이 누적되기 시작했다. 이런 발전은 특히 향후 중세 기독교 건축의 전개 과정에서 볼 때 중요한 의미를 가진다. 이전의 전통건축만으로는 현실 권력을 흡수하며 복잡해져가는 기독교를 담아낼 수 없기 때문이다. 이런 일은 전통건축에 고전 건축을 더함으로써 가능했다. 이것은 기독교가 비대화되어가는 속도를 감당해낼 수 있는 체계화가 이루어졌음을 의미한다.

이상 살펴본 바와 같이 초기 중세는 로마 건축과 서북유럽의 전통건축이라는 쌍개념이 하나로 통합되는 과정으로 정의될 수 있다. 통합은 제3의 건축을 낳았다. 이전의 두 건축 방식에서는 불가능했던 새로운 가능성이 잉태되었다. 그것은 하늘을 향해 높이 올라갈 수 있는 잠재력이었다. 아직 땅의 건축이되 하늘의 건축으로 확산될 잠재력을 가진 새로운 땅의 건축이었다. 땅과 하늘이라는 또하나의 쌍개념이 파생되었다. 로마 시대까지는 없던 새로운 쌍개념이었다. 중세라는 새로운 시대를 여는 쌍개념이었다.

땅과 하늘이라는 쌍개념의 관점에서 보면 로마와 구별되는 중세의 의미가 명확해진다. 지중해 로마 건축은 수평선을 기본 매개로 한 땅의 건축이었다. 로마 문명에서 탄생한 초기 기독교 건축 또한 땅과 합쳐진 기독교 건축이었다. 이것이 서북유럽으로 전이되면서 하늘의 건축으로 변화했다. 앙천의 역동성을 갖는 서북유럽의 전통적인 수직선과 합쳐짐으로써 가능했던 것이다. 이런 변화는 발전일 수도 있고 단

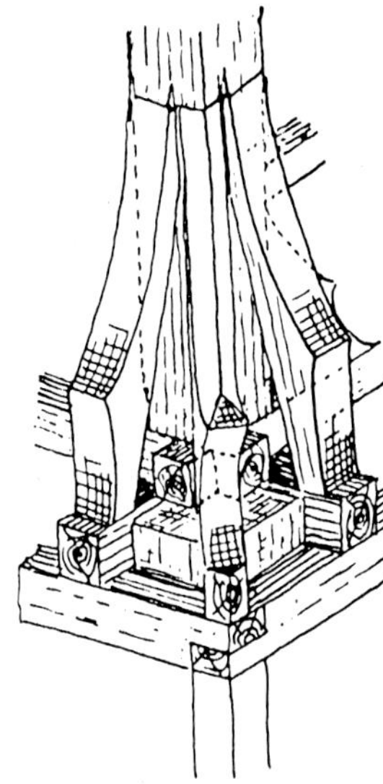

41 슈타인하임암마인(Steinheim am Main). 추가 지지 부재가 더해진 기둥 체계. 헤센(Hessen), 독일

42 캔터베리 수도원(Abbey of Canterbury). 부속 양호실. 영국

순한 변모일 수도 있다. 이것과는 별도로 한 가지 확실한 것은 이런 변화가 1차 서양화와 2차 서양화를 나누는 중요한 기준 가운데 하나라는 것이다. 이것은 기독교 건축 내에서도 또한번의 분화가 일어났음을 의미하는 것이기도 하다.

기독교가 땅에 머무는 것이 좋은지 하늘을 향하는 것이 좋은지 단정적으로 말할 수는 없다. 이것은 기독교의 기본 정신이나 교리 등과 관련된 종교적 해석의 문제이다. 이런 문제는 건축보다 선행하는 것으로 보는 것이 통상적이다. 건축적 관점에서 보았을 때 지중해의 로마 문명과 서북유럽의 중세 문명은 지리, 기후, 자연, 전통, 관습, 문화 등 여러 면에서 서로 달랐고 따라서 다른 건축이 필요했다. 이전의 로마 문명으로는 담당할 수 없는 새로운 시대가 도래한 것이다. 중세의 하늘을 향하는 건축은 이런 요구에 부응하여 나타난 결과였다.

중세 건축은 처음부터 바로 하늘을 향하지는 않았다. 로마네스크 시대까지는 기본적으로 농업을 바탕으로 한 농촌과 땅의 문화였다. 하늘의 문화는 대도시가 발달한 중세 고딕 시대에 와서 구현되었다. 건축적으로도 아직 땅에 대한 집착이 더 강했다. 그러나 로마네스크의 땅의 문화 속에는 향후 하늘의 문화로 치솟아오를 수 있는 잠재력이 싹트고 있었다. 이런 잠재력은 벽체의 두께, 기둥 체계, 경량 재료의 발명, 석재의 물성, 구조 체계의 발전, 첨탑 등의 여러 항목에서 파악된다.

카롤링거왕조의 프레-로마네스크 시기를 시작으로 교회의 벽체는 로마의 초기 기독교 교회와 비교해서 2배 가까이 두꺼워졌다. 수직으로 뻗어 올라갈 첫번째 준비과정이었다. 단순히 벽체만 두꺼워진 것이 아니었다. 건물을 구성하는 기본 골격이 여러 방향에서 함께 변했다. 이에 따라 건물의 축조 방식과 기본 개념 등도 함께 변했다. 무엇보다도 여러 개의 기둥이 겹쳐지는 다발 기둥이 등장하면서 구조부가 두꺼워졌다. 목구조의 접합 방식과 마찬가지로 기본 기둥 체계를 수직으로 중첩 반복함으로써 복층을 만들어낼 수 있게 되었다(그림 43). 벽체가 두꺼워진 데 반해 경량 재료가 발명됨으로써 자중의 부담을 덜 수 있었다.

43 생테티엔(St. Etienne), 캉(Caen), 프랑스. 1068년경~1115년

부벽이 본격적으로 쓰이는 등 로마 시대와는 다른 개념의 구조 체계가 도입되었다.

이런 여러 내용들은 단독으로 쓰인 것이 아니라 상호 협력하며 복합적으로 작용했다. 이것은 구조의 기본 개념에서 완전히 새로운 단계가 시작되었음을 의미한다. 프레-로마네스크 시기부터 나타난 새로운 구조적 시도들은 로마네스크 시기를 거치면서 시대를 대표하는 방식으로 완전히 정착했다. 이런 일련의 연계는 건물의 수직성을 공통의 목표로 삼고 있었다. 장인들은 분명히 수직적 높이를 의식하고 있었다.

여기에 마지막으로 첨탑이라는 인위적 요소가 더해졌다. 첨탑은 외관상 건물의 높이를 일거에 두 배로 높이는 효과를 가져왔다. 로마네스크 교회는 이런 여러 요소들의 총합이었다. 이렇게 구성되는 로마네스크 교회의 높이는 초기 기독교 교회보다 두세 배가량 높아졌다(그림 44). 이것은 물론 적지 않은 차이였지만 이런 높이 자체를 하늘의 건축이라고 부르기에는 아직 부족했다. 그러나 이 속에는 하늘의 건축으로 발전해나갈 가능성이 잠재되어 있었다.

44 슈파이어 성당(Speyer Cathedral). 독일. 1031~60년

초기 중세 문명은 땅의 문명이었다. 이런 점에서는 고대 지중해 문명과 동일했다. 그러나 같은 땅의 문명이라고 하더라도 초기 중세의 땅의 의미는 고대 지중해와는 달랐다. 초기 중세 때 인구의 대부분을 차지하는 농민들은 인격체이기보다는 땅의 일부로 취급된 측면이 많았다. 이런 현상은 양면성을 가졌다. 일차적으로는 생활의 원시성이라는 부정적 측면을 가졌다. 그러나 다른 한편 이것은 기풍의 문제이기도 했다. 두 문명은 똑같이 농업과 땅을 기반으로 했지만 지중해의 로마 문명에서 땅은 인간의 손에 의해 개화되어 있었다. 광활한 제국 영토는 인공적 토목 구조에 의해 엮이면서 비로소 그 의미가 정의되었다. 로마의 땅은 도로 다리 수로 등이 만들어내는 여러 겹의 수평선으로 잘 정리되었다. 로마의 발전 과정은 이런 정리 작업의 완성 과정이기도 했다. 이렇게 개화된 땅은 6세기까지는 서양 문명의 첨단성을 결정했다.

시대가 바뀌었다. 개화된 땅의 역할은 앞 시대로 끝났다. 새로운 밀레니엄이 시작되고 있었다. 서북유럽의 개화되지 않은 진짜 땅이 기다리고 있었다. 당시 서북유럽의 땅은 기름진 황무지였다. 기독교 문명을 하늘로 밀어올릴 수 있는 자양분을 함유하고 있었지만 아직 손대지 않은 순수함으로 가려져 있었다(그림 45). 인간의 손길이 닿지 않은 처녀지로서 기독교 정신을 잉태할 수 있는 가능성의 땅이었다. 지중해의 땅이 인간 중심의 땅이었다면 서북유럽의 땅은 하늘로 오르는 땅이었다. 지독한 땅이었기에 극단적 앙천이 가능했다.

이런 점에서 지중해의 고대 문명을 일구었던 사람 중심의 땅과 달랐다. 고대 지중해의 땅은 땅에서 끝났다. 마지막 목표가 사람이었기에 이것이 달성되면서 땅의 역할은 끝난 것이었다. 반면 로마네스크의 땅은 하늘로 오르기 위한 전 단계의 준비 과정이었다. 하늘로 확산되기 위해 농축된 땅이었다. 이 때문에 로마네스크의 땅은 소박했다. 고대 지중해의 땅이 보여주었던 인간의 기교나 자만은 처음부터 배제되었다. 로마네스크의 땅은 장식이나 토목 인프라가 아닌 석재의 물성, 즉 흙의 물성이라는 원초적 성질로 표현되었다(그림 46). 그야말로 땅 그 자체였다.

45 중세 시대 3월의 농사 그림. 『베리 공작의 전성기*Les Très Riches Heures du duc de Berry*』 수록
46 나무 심는 그림. 피에트로 데 크레센치(Pietro de Crescenzi)의 『과수원 가꾸기 안내서*Livre prouffitz champestres*』 수록

도시와 농촌

로마네스크가 갖는 땅의 의미는 도시와 농촌이라는 또하나의 쌍개념을 파생시켰다. 서북유럽의 비옥한 토지는 기독교를 기반으로 하는 독자적인 중세 문명이 성립되는 물적 토대를 제공했다. 고대 지중해의 교역 전통이 남아 있던 이탈리아 반도를 제외한 서북유럽의 대부분 지역은 전적으로 농업에 의존하고 있었다. 이런 현상은 적어도 고딕 건축이 시작되기 전인 12세기 초까지, 넓게 보면 중세의 전 시대에 걸쳐 계속되었다. 로마네스크 시대의 도시는 크기도 작았을 뿐 아니라 농업에 대한 의존도가 특히 심했다. 이 시기 교역은 지역의 범위 내에 한정되었다(그림 47). 지역을 벗어난 국가 단위 사이의 교역은 11~12세기

47 중세 직물 교역 장면

이후에나 본격적으로 시작되었다. 농업을 기반으로 한 자급자족이 대표적 경제 방식이었으며 교역은 물물교환 수준이었다. 고딕 시대 초반부에 들어와서 대도시들이 등장하고 교역이 늘긴 했지만 경제적 기반은 여전히 장원莊園이라는 농업 제도였다.

지리적 관점에서 보았을 때 서북유럽만의 해양 문명은 아직 성립되지 못했다. 대륙 문명은 대륙 문명이었지만 고대의 예에서와 같은 대륙 문명의 분명한 특징을 갖지 못했다. 대륙성은 바다에서 거리가 멀다는 물리적 이유 한 가지에 의해서 생겼을 뿐이었다. 바다를 기준으로 흔히 서북유럽을 대서양 문명으로 분류하지만 이 시기에는 아직 대서양을 중심으로 한 문화적 정체성은 싹트지 않았다.

로마네스크 시대의 서북유럽은 땅의 비옥도에 비해서 농업 생산성은 낮았다. 일반 대중의 문맹률은 90퍼센트를 웃돌았으며 생활 수준도 열악했다. 성직자, 고급 관료, 학자 등 소수만이 글을 읽고 쓸 줄 알았으며 교육도 체계화되지 못하고 소수의 기억에 의존해 구전되는 수준이었다. 이를 타개하기 위해 샤를마뉴 때 초등교육 보급 정책을 시행했지만 그 혜택은 여전히 성직자에게 국한된 면이 많았다. 이것이 일반 대중에게까지 내려가기에는 좀더 많은 시간이 필요했다. 그 구체적 열매는 11~12세기 학문 부흥 때나 되어서 나타났다.

서북유럽으로 중심을 옮겨간 기독교는 새로운 도시 기능을 만들어내기 시작했다. 기독교 건축에도 새로운 건물 유형이 요구되었다. 이런 내용들은 로마 시대의 초기 기독교 건축에서 일차적으로 완성되었지만 근본적인 한계를 가질 수밖에 없었다. 수백 년에 걸쳐 로마 문명을 기반으로 하여 형성된 도시 사이를 비집고 기독교 기능이 뿌리내리는 데에는 큰 한계가 있었다. 초기 기독교 건축은 도시 차원으로 발전하지 못하고 개개 건물에 한정되었다. 따라서 기독교만을 위한 새로운 도시의 건설이 요구되었다.

서북유럽은 이런 요구에 부응하며 새롭게 도시가 형성되기에 유리했다. 서북유럽에도 로마 시대에 형성된 기존의 도시들이 있었다. 이것은 최소한의 물적 인프라를 제공하면서 기독교 도시가 형성되는 데 도움을 주었다. 반면 이탈리아 반도만큼 로마적 특성이 강하지 않았기 때문에 제약으로 작용하지는 않았다. 도시의 관점에서 초기 중세의 기독교 건축은 네 방향으로 전개된 것으로 요약할 수 있다.

첫째는 로마 시대의 도시가 그대로 지속된 것이었다. 로마 도시들은 축소된 범위에 따라 재편성되면서 새로운 시대에 맞춰 생명을 이어나갔다. 프랑스, 독일, 스페인에서 로마 시대에 번성했던 지역들, 그리고 로마 문명의 근거지였던 이탈리아 반도의 도시들이 이 경우에 해당된다. 이런 도시들은 다시 기독교 건축을 더이상 받아들이지 않고 로마 시대의 골격을 그대로 지킨 경우와 기독교 건축을 받아들여 변화해간 경우로 나뉠 수 있다(그림 48).

둘째는 도시에서 탈피한 농촌 문명의 성립이었다. 농업이 경제의 주

48 중세 이탈리아 도시 전경. 로마 시대 골격에 기독교 건축이 더해진 모습을 보여준다.

요 기반이 되면서 이것을 바탕으로 한 농촌 문명이 형성되었다. 농촌 단위의 새로운 종교 구역인 교구parish가 신설되었다. 기독교는 그 중심을 이루었다. 도시에만 있던 교회가 농촌에도 세워졌다(그림 49). 교회는 농업을 지탱해주는 정신적 중심지로서의 역할을 했다. 농촌은 서북유럽 전체를 포괄하는 거대 문명인 기독교를 하나로 엮어주는 거점 개념으로 정의되었다. 교회라는 공통 분모를 중심으로 거점의 기능이 작동하는 데 필요한 최소한의 물리적 기능만을 갖춘 소규모의 연결점이라는 의미였다.

49 프랑스 농촌 풍경. 아직 중세 상태로 남아 있다.

셋째는 기독교를 중심으로 한 새로운 도시의 등장이었다. 이런 도시들은 정치적으로는 중앙 왕권에 종속되었지만 경제적으로는 주변의 농지를 거느리며 자립했다. 종교적으로는 로마 가톨릭과 지역 기독교 양쪽으로부터 통제를 받았다. 도시가 커지면 그 자체가 지역 기독교의 중심지가 되었다. 여러 개의 농촌을 거느리는 지역 중심지였다. 로마 시대에는 없던 서북유럽만의 중세 기독교 도시였다(그림 50). 로마 시대에는 기독교만의 단독 도시가 형성되지는 않았다. 로마 시대의 기독교는 기존의 도시 속에 파고들어야 했기 때문에 처음부터 한계가 있었다. 반면 중세 시대에는 기독교만의 도시가 형성되었다. 이런 기독교 도시들은 교회가 새로운 정신적 중심지였고, 경제적으로 자립했고, 자기 완결적이었고, 소규모였다는 네 가지 주요 특징을 가졌다.

50 중세 아를(Arels) 전경. 프랑스

넷째는 수도원의 번성이었다. 카롤링거 왕조와 로마네스크 시대 등 초-중기 중세 문명에서 수도원은 매우 중요한 역할을 했다. 수도원은 종교적 중심지였을 뿐 아니라 경제 문화 학문 예술 등의 여러 측면에서 지역의 중심지였다. 수도원은 작은 도시의 기능을 갖춘 복합 단지였다(그림 51).

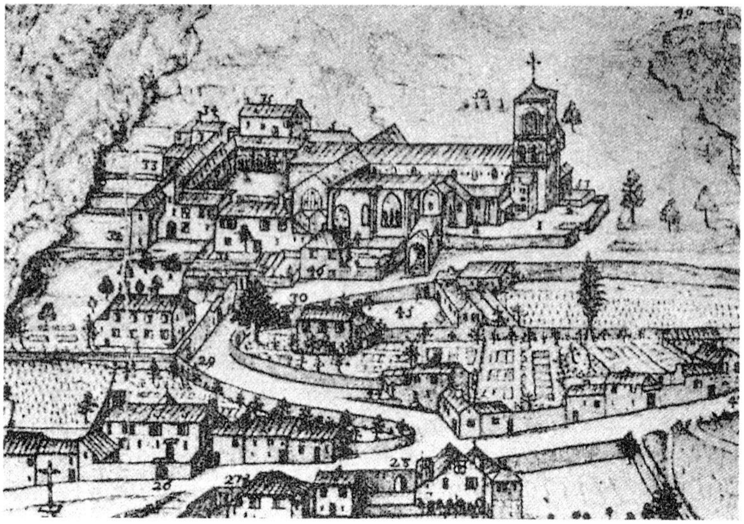

51 브장송 성당 및 수도원(Besançon Cathedral & Cloister), 프랑스

이것은 이를테면 농촌과 소규모 도시를 하나로 합쳐 압축해놓은 것이었다. 수도원에 대해서는 다음에 자세히 살펴볼 것이다.

지중해에 대비되어 형성된 이상과 같은 서북유럽만의 새로운 건축 현상은 도시와 농촌이라는 또하나의 쌍개념을 낳았다. 물론 지중해 문명에서도 농촌이 없었던 것은 아니다. 그러나 이때의 농촌에는 아직 도시와 대별되는 쌍개념을 이룰 만큼 문화적 정체성이 형성되지 못했다. 카롤링거왕조에 들어와 기독교를 중심으로 한 농촌만의 문화가 형성되면서 도시 대 농촌이라는 또하나의 쌍개념이 형성되었다. 이것의 결과로 나타난 대표적 현상으로 교회가 성당, 교구 교회, 바실리카의 세 종류로 분화된 것을 들 수 있다. 분화는 도시와 농촌 사이의 위계가 반영된 결과였다. 교회에도 세 단계의 위계가 형성되었다.

성당은 주교bishop가 상주하는 대도시의 중심 교회를 의미했다. 주교는 관구diocese라는 일정한 넓이의 지역을 감독 관리했다(그림 52). 특히 중요한 대도시의 주교는 대주교archbishop로 한 등급 더 높았다. 관구는 대도시를 중심으로 주변에 소도시와 농촌을 거느렸다. 성당은 이런 대도시의 중심 교회이자 관구를 대표하는 교회였다(그림 50, 51). 성당이라는 말 자체도 주교가 앉는 자리인 주교좌를 의미하는 'cathedra'에서 유래했다. 주교는 주교좌에서 미사를 집전하고 설교를 하는 권리를 가졌다.

교구 교회는 소도시나 농촌 지역을 담당하는 교회였다. 초기 기독교 시기까지는 소도시와 농촌의 교회도 로마의 중앙 가톨릭 체제가 직접 관리했다. 그러나 서북유럽 지역이 기독교화되면서 이것이 불가능해졌다. 지리적으로 너무 멀 뿐 아니라 기독교가 커져가면서 조직에 분화가 일어난 것이다. 이에 따라 주교가 담당하는 대도시에서 장로[주교 다음 보직]나 집사[장로 다음 보직]가 파견되어 소도시와 농촌의 일정 구역을 담당하게 했는데 이것이 교구였다. 그리고 교구의 중심지로 교구 교회가 지어졌다(그림 49). 나중에 도시가 확장되면서 가까운 근교에 세워졌던 교구 교회는 도시 내로 편입되기도 했다.

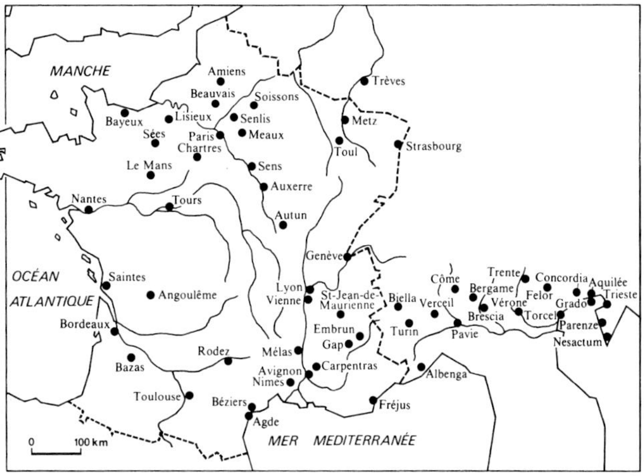

52 카롤링거왕조 때 프랑스와 이탈리아 북부에 주요 성당이 지어진 대도시

성당과 교구 교회 사이에 바실리카가 있었다. 바실리카는 농촌에서 도시로 들어오는 중간 길목에 세워진 교회였다. 바실리카는 단순히 도시와 농촌 사이의 중간 단계를 의미하지만은 않았다. 그보다는 좀더 복합적인 의미를 가졌다. 바실리카는 규모나 계급에 따라 만들어진 것이 아니라 종교적 상징성에 따라 만들어진 것에 가까웠다. 바실리카는 순교자의 무덤을 보관하기 위해 지어진 교회였다. 바실리카의 원래 뜻은 물론 초기 기독교 건축에서 형성된 최초의 교회 유형이었다. 이것이 기독교가 커지고 분화됨에 따라 함께 분화된 것이었다. 초기 기독교 건축에서 바실리카가 가졌던 예배, 순교자의 무덤, 장례 홀 등의 기능들 가운데 예배의 기능은 성당과 교구 교회로 분화되었고, 순교자의 무덤과 장례 홀의 기능은 하나로 합쳐지면서 로마네크스의 바실리카로 분화했다(그림 53). 이런 바실리카는 도시의 경계선이나 외곽에 위치한 묘지 근처에 세워지는 것이 보통이었다.

이상의 세 가지 교회 유형은 기독교가 서북유럽으로 중심지를 옮겨가는 과정에서 나타난 도시 대 농촌의 쌍개념과 기독교의 분화라는 두 가지 현상이 상호 교합하면서 형성된 복합 현상으로 해석될 수 있다. 이에 따라 교회의 건축적 의미도 복합화되었다. 성당은 웅장함을, 바실리카는 상징성을, 교구 교회는 검소함을 각각 대표적 특징으로 가지

53 성 세르지오(St. Serge). 성가대석. 앙제(Angers), 프랑스. 1120년경~22년

게 되었다. 교회에 주어진 역할과 놓인 상황에 따라 건축적 처리가 세 단계로 분화된 것이다. 성당은 권력을 가짐에 따라 권위에 맞게 웅장하게 처리되었다. 바실리카는 순교자의 무덤이라는 종교적 상징성에 맞게 집중도 높은 건축적 처리가 가해졌다. 교구 교회는 땅을 일구며 살아가는 순박한 농민들의 교회인 만큼 검소한 모습으로 지어졌다.

성과 속

로마 문명에서 중세 문명으로의 전이를 권력의 관점에서 보면 기독교 권력과 세속 권력이 복잡하게 얽혀가는 과정이기도 했다. 물론 이런 현상은 로마 시대의 초기 기독교 때에도 동일하게 나타났다. 그러나 구체적 내용에서는 달랐다. 초기 기독교 때에는 기존에 성립되어 있던 로마제국이라는 고대의 정치 체제에 기독교가 침투, 접목, 연합하는 방식이었다. 기독교가 점점 세력을 키워가며 반대로 점점 쇠퇴해가던 정치 권력을 대행하거나 잠식하던 방식이었다. 새롭게 등장한 정신 체제인 기독교가 기존의 토양에 정착하는 과정이었다. 그러나 로마가 곧 멸망하면서 기독교는 혼자 남는 형국이 되었다. 동방에서는 기독교가 여전히 황권에 종속되어 있었고 서방 가톨릭이 다시 여기에 종속되는 이중 구도가 형성되어 있었다.

이에 반해 초기 중세에는 기독교가 기존의 권력 체제가 되는 정반대의 상황이 벌어졌다. 이에 따라 당시 서북유럽에 새롭게 형성되던 왕국의 세속 권력은 가톨릭으로부터 영향을 받지 않을 수 없었다. 서방 가톨릭이 동방으로부터 독립하는 세력 개편도 함께 일어났다. 서방 가톨릭은 내외적 요인으로 어느새 가장 강력하고 유일한 권력이 되어 있었다. 서방 가톨릭은 서북유럽에 중세 문명이 형성되는 과정에 처음부터 세속적으로 매우 깊숙이 얽혀 들어갔다.

54 파비아(Pavia)를 보호하고 있는 성 테오도로(St. Theodore). 로마에서 중세로의 연속성을 보여준다

이것은 물론 기독교가 자발적으로 행한 일이었다. 기독교는 스스로 현실 세계보다 우위에 있음을 천명하며 현실 세계를 다스리는 권력의 한 형태로 자리잡았다(그림 54). 기독교가 곧 국가이고 국가가 곧 기독교인 서방의 오랜 전통의 시작이었다. 물론 이런 전통은 이미 초기 기독교 시대부터, 즉 기독교가 처음 등장하던 때부터 시작되었고, 프랑스 대혁명과 근대 문명의 초창기까지 계속되었다. 현실 문제에 개입하여 권력을 다투는 일이 기독교 정신이나 성경 말씀과 부합하는 것인지의 여부는 종교적 역사적 해석의 문제이다. 이 또한 건축보다 선행하는 주제이다. 한 가지 확실한 것은 이런 개입이 중세 건축의 형성, 발전, 전개 과정에 일정한 영향을 끼쳤다는 사실이며, 따라서 이 주제는 건축적으로 중요하게 다루어져야 한다. 이 주제는 성과 속이라는 서양 건축의 대표적인 쌍개념으로 일반화시킬 수 있다. 성과 속의 쌍개념은 서양 건축 전반에 걸쳐 시대를 바꿔 내용을 달리하며 반복적으로 나타났다.

초기 중세부터 나타난 성과 속의 쌍개념은 이중의 복합 구도를 대표적 특징으로 갖는다. 표면적으로는 종교 권력과 세속 권력 사이에 이분법적 대립이 있었지만, 구체적인 내용에서는 복잡하게 상호 교합했다는 의미이다. 서방 가톨릭은 종교적으로 비대해졌고 동시에 강력한 현실 세력으로 등장했다. 세속 권력은 기독교와의 대립으로부터 스스로의 정체성을 확립했지만 내면적으로는 기독교와 끊임없이 연대하고 있었다.

이것의 출발은 로마 가톨릭이 동방에서 분리되어 서방 기독교로 독

55 그레고리오 5세(St. Gregory the Great)

럽하면서 일어났다. 이것을 이룬 것은 그레고리오 5세St. Gregory the Great였다(그림 55). 그는 소위 그레고리오 개혁Gregorian Reformation을 통해 서방 기독교의 기틀을 세웠다. 그는 콘스탄티노플의 황제들과 동방 기독교에 귀속되어 있던 로마 가톨릭을 서양의 라틴 교회로 완전 독립시켰다. 또한 참회와 연옥의 이론을 정립하고 그레고리오 성가를 작곡했으며 베네딕트회 강령Benedictine order을 공고하게 하는 등 기독교 내부의 종교적 정신적 토대를 닦았다. 이런 정비를 토대로 영국과 독일을 개종시켰고 프랑크왕국과 연대했다. 이것은 기독교 왕국의 영토가 확장된 것을 의미한다.

서북유럽만의 정체성을 확립시킨 세속 권력은 프랑크왕국으로부터 시작되었다. 피핀 2세Pepin II는 687년에 프랑크왕국을 통일시켰으며 그의 아들 카를 마르텔Karl Martell은 사라센을 격퇴하며 가톨릭과의 연대를 통해 왕권을 강화했다. 마르텔은 성 보니파시오St. Boniface가 이끄는 베네딕트회Benedictines와 이해가 맞아떨어졌다. 카를 마르텔은 영토 확장을 노리고 있었는데 이것은 당시 영국에 기독교를 전도하고 독일로 향하던 베네딕트회의 기독교 확장 이해와 일치했다. 카를 마르텔은 자신의 왕국에 베네딕트회를 공인 종교로 받아들인다는 조건 아래 이들의 포교 활동을 영토 확장에 이용했다.

카를 마르텔의 아들 피핀Pepin the Short은 한 걸음 더 나아가 로마 교황청으로부터 '하늘이 허락한 왕divinely sanctioned king'으로 인정받았다(그림 56). 교황이 하늘을 대신해서 땅 위의 일을 다스린다는 명분이었다. 혼란스럽고 불완전한 인간사를 하늘의 정신으로 정리하여 성령이 가득 찬 하느님의 왕국을 세운다는 명분이었다. 그러나 교황도 인간이었다. 하늘을 매개로 또하나의 권력이 탄생한 것에 불과했다. 명분상으로 왕의 실체를 인정하는 것은 하늘이고 교황은 땅 위에서 그 권리를 행사하도록 위임받은 성직자였다. 그러나 인간이 하는 일이었기에 실제 현실에서는 그렇게 이상적이고 순수하게 지켜지지 않았다. 교황과 가톨릭은 하늘을 빙자하여 왕을 능가하는 현실 권력을 휘둘렀다. 18세기까지 기독교는 서양에서 국가, 왕국, 민족, 지리를 초

56 피핀(Pepin the Short)의 대관식 장면

월한 가장 큰 현실 세력의 자리를 지켰다.

로마 가톨릭의 입장에서 보면 피핀을 인정하는 권리를 획득함으로써 동방의 비잔틴과 단절하고 서양과 손을 잡는 역사적 전기를 마련한 것이었다. 성과 속의 연합이었다. 이런 선례를 서양 문명에서 하나의 전통으로 굳힌 사람은 샤를마뉴였다. 그는 800년 12월 25일 크리스마스에 로마에서 교황이 거행하는 대관식을 치르며 신성로마제국의 황제로 인정받았다. 이로써 대관 황제crowned emperor의 전통이 시작되었다.

가톨릭에 대한 샤를마뉴의 입장은 다소 복잡했다. 큰 흐름은 연대를 공고히 하며 좋은 관계를 유지하는 쪽으로 진행되었다. 나아가 그 스스로가 종교 개혁을 단행함으로써 기독교의 정비와 발전에 도움을 주기도 했다. 샤를마뉴는 주교의 종교적 권한을 증대시키고 농촌 지역에 교구라는 새로운 종교 구역을 제정하며 성직자의 교육을 장려하는 등 세 가지를 핵심 내용으로 한 종교 개혁을 이루었다.

그러나 이것만 있었던 것은 아니었다. 가톨릭과의 연합이 한 방향으로 순탄하게 진행되지는 않았다. 샤를마뉴의 종교 개혁 자체가 양면성을 가졌다. 서북유럽의 지역 기독교를 인정하여 제도화함으로써 로마의 중앙 가톨릭을 견제하려는 정치적 계산이 깔려 있었다. 이것은 가톨릭의 간섭을 배제하고 나아가 자신이 가톨릭마저도 지배하려는 욕심에서 나온 것이었다(그림 57). 반면 중앙 가톨릭의 입장에서 보면 지역 교구의 신설은 기독교 세력 전체의 확장을 의미했기 때문에 특별히 반대할 이유는 없었다. 이 부분에서 중앙 가톨릭과 샤를마뉴 사이에 결정적인 차이가 났다. 로마의 중앙 가톨릭은 알프스 이북의 지역 가톨릭의 증설을 기독교 세력의 확장으로 받아들이고 싶어했다. 반면 샤를마뉴는 이것을 자신만의 새로운 기독교 세력으로 키워나갔다. 중세를 거치며 고착화된 중앙 가톨릭과 지역 가톨릭 사이의 심한 다툼이 시작되었다. 로마의 중앙 가톨릭은 샤를마뉴의 정치적 정통성을 인정하며 현실적 거래를 했지만 동시에 둘 사이에는 많은 충돌과 분쟁도 있었다.

이처럼 성과 속의 관계는 매우 복잡했다. 성과 속은 가장 상위 레벨에서는 대별성을 갖는 쌍개념으로 대립했다. 성과 속은 구체적 내용에서의 충돌에서부터 어느 쪽이 대표성을 갖는가의 명분 싸움에 이르기까지 끊임없이 대립했다. 교회는 황제나 왕의 운명을 좌지우지하기도 했으며 세속 권력 사이의 전쟁에 개입했다. 교회의 재판은 세속적인

57 아헨 궁전(Aachen Palace). 전경. 독일. 790~805년

분쟁에서도 최고의 권위를 가졌다. 그러나 교회의 현실 개입은 필연적으로 왕권과의 충돌을 낳았다. 충돌은 주로 교황청과 신성로마제국 사이에 있었다. 이에 따라 이탈리아와 독일의 정치계는 교황파와 황제파로 분열되었다.

충돌은 특히 11세기 후반에서 13세기에 이르는 두 세기 동안 심화되었다. 그 이전에는 대체적으로 두 세력간에 영역 분담을 통한 협력 관계가 형성되어 있었다. 11세기 후반부터 성직자에 대한 임명권, 교회 영지에 대한 세금 징수권, 재판권 등을 둘러싸고 충돌이 본격화되었다. 두 세력간의 충돌은 교황 그레고리오 7세와 하인리히 4세Heinrich IV 사이의 대결에서 절정을 이루었다. 하인리히는 교황에게 달려가 맨발로 참회하는 등 우여곡절 끝에 이 싸움에서 승리하긴 했지만, 13세기 초 인노첸시오 3세Innocent III 때 교황의 권력은 최고 절정에 달했다(그림 58).

이제 기독교는 국경을 초월하여 유럽 전역을 지배하는 형국을 이루었다. 소위 말하는 기독교 군주정체Christian monarchy 혹은 교황 군주정체papal monarchy였다. 중앙 교황권, 지방 교회, 세속 권력의 삼각 체계에서 교황권이 나머지 둘에 대한 군주적 우위를 점한다는 의미였다. 교황청이 유럽 전역의 교회를 지배하고 교회들이 다시 각 지역을 다스림으로써 궁극적으로 가톨릭이 유럽 전역을 지배하게 되었다. 가톨릭은 로마의 전통을 이어받아 이루어진 고도로 관료화된 조직을 바탕으로 탄탄한 권력을 구축했다. 각 지역의 주교와 수도원은 농지를 거느리는 봉건

58 하인리히 4세(Heinrich IV)가 그레고리오 7세를 설득해달라고 토스카나의 마틸다(Mathilda of Tuscany)와 클뤼니의 성 후고(Hugo of Cluny)에게 비는 장면

59 교황 레오 3세(Pope Leo III)가 800년 크리스마스 때 샤를마뉴에게 왕관을 씌워주는 장면

영주이기도 했다. 특히 로마 교황청은 세금과 기부금 등으로 왕실을 능가하는 부를 축적했다.

성과 속을 통합하여 지상에서 가장 강력한 권력을 가지려는 욕망은 양쪽 모두에게 동일했다. 그러나 양 진영은 자신들이 통합의 주체나 중심이 되어야 한다고 생각했다. 일종의 동상이몽이었다. 목표하는 바는 같으나 내용은 서로 반대였던 것이다. 샤를마뉴를 필두로 현실 권력의 수장들은 속이 성을 포괄하는 정치 체제를 꿈꾸었다. 그 모델은 유스티니아누스로 대표되는 비잔틴의 은총 황제들이었다. 비잔틴 황제들을 모델로 삼는 과정에서 비잔틴 문명과 비잔틴 건축이 유입되었다. 반면 기독교 지도자들은 하늘이 땅을 지배하는 것이 종교적 순리라고 믿었다. 이들은 기독교가 로마 문명을 흡수하며 서양의 대표 문명을 이끌어가던 5~6세기의 로마 기독교를 이상적 모델로 삼았다(그림 59).

이와 같은 현상은 건축에 특히 잘 나타났다. 샤를마뉴를 비롯한 왕들과 마찬가지로 로마네스크 기독교도 로마 기독교 건축을 주요 모델로 삼았다. 그 이유는 왕들이 로마 건축을 선호했던 이유와 동일했다. 로마 기독교 건축에는 제국의 위용이 스며들어 있었기 때문이다. 서북유럽의 왕들이 기독교의 권위와 합쳐진 제국을 모델로 삼았듯이, 기독교는 제국의 권위와 합쳐진 종교 모델을 원했다(그림 60). 일종의 제국 기독교였다. 기독교가 세속 권력과 경쟁하며 나타난 현상이었다. 기독교와 제국을 하나로 합친 권력 모델로 무장한 왕에 맞서기 위해서는 기독교 쪽에서도 동일한 무장이 필요했던 것이다. 라벤나는 이런 로마 기독교 건축의 선례들이 가장 많이, 그리고 가장 좋은 상태로 남

60 산타폴리나레누오보(Sant' Apollinare Nuovo). 라벤나(Ravenna), 이탈리아. 490년

아 있던 지역이었다. 산비탈레San Vitale는 특히 이것을 대표했다. 산비탈레는 로마네스크의 왕과 주교 양쪽 모두가 가장 많이 찾았던 교회 모델이었다(그림 61).

이런 상황은 건축 발전에 유리한 배경으로 작용했다. 문맹률이 높은 반면 종교가 먼저 자리잡은 당시의 상황에서는 더욱 그러했다. 일반인의 문맹률이 높은 사회에서 문학은 가장 침체한 예술 분야가 된다. 반

61 산비탈레(San Vitale). 천사장들 사이에 둘러싸인 그리스도. 라벤나(Ravenna), 이탈리아. 526~540년

62 생테티엔(St. Etienne), 캉(Caen), 프랑스, 1068년경~1115년

면 종교적 열정이 클 경우 기념비적이고 즉각적인 상징물을 원하는 사회적 분위기가 강하게 형성된다. 이것은 시각 예술의 발전을 유발한다. 건축은 이 가운데에서도 가장 효과가 크고 요구 사항이 많은 장르이다(그림 62). 도시의 일부분을 구성하며 모든 대중들이 일상생활의 일부로 자연스럽게 접한다는 점, 규모가 웅장하다는 점, 눈으로 보는 데서 끝나는 게 아니라 그 속에 들어가서 종교 실행의 기능을 갖는다는 점 등이 중요한 이유였다. 이런 조건은 종교 건축의 축조에 물리적 힘을 집중하기에 매우 유리한 환경을 제공했다.

성과 속의 통합으로 도시 기능도 변화하기 시작했다. 도시는 성당을 초점으로 삼아 구성되었다. 이것은 두 가지 점에서 새로운 현상이었다. 첫째는 초점을 향한 집중성이 현저히 강해졌다는 사실이다. 고대에도 왕궁이나 신전이 도시의 초점 역할을 했다. 그러나 그 집중성은 중세 도시만큼 강하지 않았다. 중세 도시는 전형적인 단핵 도시로 이전에 없던 강한 집중성을 가졌다. 둘째는 기독교 교회가 도시의 초점으로 등장했다는 사실이다(그림 63). 로마 기독교까지는 기존의 도시에 교회가 파고들어가 자리를 잡아야 했다. 이에 반해 초기 중세에 들어오면서 모든 것이 성당을 중심으로 재편되는 새로운 질서가 형성되었다. 기독교 왕국의 물리적 바탕

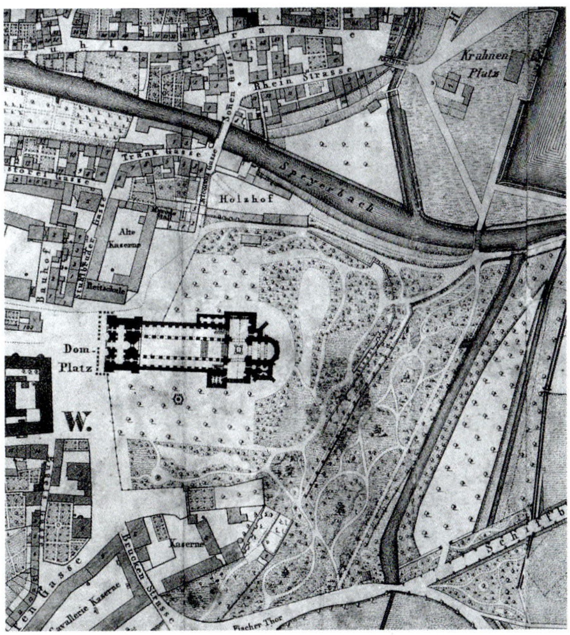

63 성당이 중심이 된 슈파이어(Speyer) 도시 지도

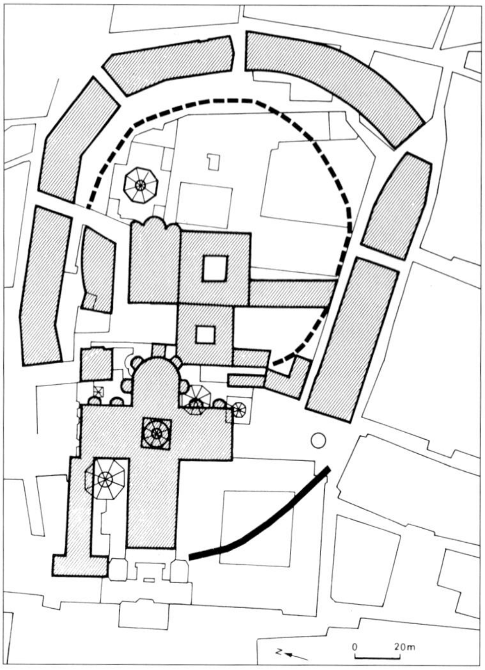

64 산티아고데콤포스텔라(Santiago de Compostela). 스페인. 1150년

이 형성된 것이었다.

초기 중세 도시의 성당은 심장과 머리의 이중 기능을 갖는 것으로 정의되었다. 시민들의 심리적 안식처이자 정신적 구원의 장소로서 심장의 기능을 가졌다. 또한 종교적 중심지뿐 아니라 교육과 학문의 중심지로서 머리의 기능도 가졌다. 이에 따라 성당은 단독 건물이 아닌 복합 단지로 이루어졌다. 성당을 중심으로 교육 시설, 성직자들의 주거, 시민들의 모임과 시장 등의 기능을 위한 부속 건물, 교회의 일상생활을 담당하는 부속 교회 등으로 구성되었다. 종교를 포함한 도시 내 일상생활의 총집합처와 같았다(그림 64). 도시 행정과 세속 정치 권력을 제외한 시민 쪽에서의 도시 생활 전반을 담당하는 복합 단지였다.

성당으로의 집중 현상은 초기 중세 때 나타난 권력 이동과 연관이 깊다. 로마제국의 붕괴로 주교는 종교적으로뿐 아니라 현실적으로도 가장 강력한 지배 세력 가운데 하나로 등장했다. 특히 서북유럽에서 더욱 그러했다. 지역 주교의 독립과 세력화는 초기 중세를 알리는 현상 가운데 하나였다. 기독교는 국가와의 연합 아래 현실사의 상당 부분을 담당하게 되었다. 성당은 기독교가 이런 역할을 수행하는 데 중추 기능을 했다. 도시 하나에 성당 하나가 대응되는 체제에서 성당은 대규모화되었다. 성당은 도시의 현실적 기능을 담당했을 뿐 아니라 도시를 대표하는 상징성도 함께 가졌다. 모든 문명에 뒤따르는 기념비적 건축이었다. 로마네스크 시대에 이르면 주요 대도시에는 수천 명을 수용하는 성당들이 축조되었다. 이 가운데 큰 것은 만 명 이상을 수용하기도 했다.

종교와 국가의 통합, 즉 성과 속의 통합은 또한 앞에 언급한 로마의 석구조와 서북유럽의 목구조의 통합에 대응될 수도 있다. 초기 중세가 시작할 당시 교회가 모델로 삼은 것은 로마 기독교 건축이었다. 이것은 석구조로 대표된다. 여기에 결합된 서북유럽의 전통건축은 목구조로 대표되는데 이것을 실행한 것은 주로 국가였다. 종교는 석구조, 국가는 목구조라는 등식이 성립되는 것이다. 정치에서 성과 속이 연합하는 과정은 건축적으로는 석구조와 목구조가 통합되는 과정이기도 했다.

2장 프레-로마네스크

1 중앙집중형 교회

카롤링거왕조와 아헨 왕궁 예배당

프레-로마네스크Pre-Romanesque 건축은 흔히 카롤링거왕조의 건축을 일컫는다. 그러나 정치사의 카롤링거왕조와 건축사의 카롤링거왕조가 정확하게 일치하지 않기 때문에 연도를 이용하여 정의하면 몇 가지의 경우로 나뉠 수 있다. 카롤링거왕조의 정치사적 연대였던 751~843년은 가장 기본적인 시기가 된다. 건축사적으로 중요성을 갖는 시기는 샤를마뉴가 통치했던 768~814년이 된다. 본격적인 건축물이 등장하기 시작한 시점을 기준으로 하면 아헨에 왕궁 예배당Palatine Chapel at Aachen이 지어진 790년이 중요한 분기점이 된다. 샤를마뉴는 790년경을 기점으로 본격적인 건축 활동을 전개했다. 그러나 아헨 왕궁 예배당 이전에도 징조적 현상을 보이는 건물들이 조금씩 지어졌으므로 790년이 유일한 기준이라고 할 수는 없다.

프레-로마네스크 건축이 끝나는 시점도 같은 문제를 갖는다. 샤를마뉴의 통치가 끝나면서 유럽에는 일시적으로 건축 활동이 중단되었고, 이런 상태는 오토 왕조가 등장하는 900년경까지 계속되었다. 프레-로마네스크의 시기를 짧게 잡을 경우, 그 끝나는 시점은 814년이 된다. 그러나 건축 활동이 완전히 중단된 것은 아니었고 카롤링거왕조가 지속되었던 동안에는 최소한의 건축 활동이 이어지고 있었다. 따라서 프레-로마네스크가 끝나는 시점을 한 가지로 단정짓기는 어렵다. 이상을 종합하면 프레-로마네스크 건축은 '샤를마뉴를 중심으로 한 카롤링거왕조 때의 건축'이라는 유동적 내용으로 정의될 수 있다. 시기로 보면 790~820년을 정점으로 750~850년으로 정의될 수 있다.

'프레'라는 접두사가 붙는 이유는 두 가지이다. 한 가지는 초기 로마네스크가 시작되기 전까지의 공백기 때문이다. 공백 기간은 짧게는 몇십 년, 길게는 1세기에 가까울 정도로 길었다. 이것은 초기 로마네스크와의 연속성을 갖지 못했음을 의미한다. 별도의 독립적 시기 분류가 필요한데 '프레'는 이런 경우에 적합한 개념이다. 다른 한 가지는 로마네스크 건축의 완성도 여부 때문이다. 샤를마뉴의 건축에서는 분명히 이전의 초기 기독교 건축이나 동시대의 비잔틴 건축과는 다른 서북유럽만의 중세적 특징들이 형성되었다. 이런 특징들은 이후의 로마네스크 건축의 토대이자 출발점이 되었다. 그러나 아직 로마 건축과 초기 기독교 건축의 잔재가 많이 남아 있었다. 로마네스크 양식의 완성도라는 기준에서 보았을 때 이런 불완전성을 명기할 필요성이 생기게 되는데 '프레'는 다시 이런 경우에 적합한 개념이다.

프레-로마네스크 건축에서는 중앙집중형과 선형의 두 교회 유형 모두에서 중요한 발전이 있었다. 아헨 왕궁 예배당은 중앙집중형 교회를 대표했다. 아헨 왕궁 예배당은 산비탈레로부터 팔각형 겹공간과 복층 갤러리라는 기본 구성을 차용했다. 그러나 형태는 유사했지만 구체적 처리 내용에서는 많은 차이가 있었다. 이런 차이는 프레-로마네스크의 건축적 특징을 결정한다. 그 내용은 다음 여섯 가지로 정리될 수 있다.

첫째, 아헨 왕궁 예배당이 기하학적으로 더 명확하게 정리되었다. 일반론적으로 보았을 때 건축에서 기하 구성의 명확성은 두 측면에서 나타난다. 하나는 건물의 전체 윤곽을 결정하는 기하 형태이다. 다른 하나는 기하 윤곽 사이의 구조적 건축적 관계를 잘 대응시키는 처리이다. 산비탈레의 기하학적 처리는 이 가운데 앞의 경우에만 해당되었을 뿐 두 개의 팔각형 사이의 관계는 매우 모호한 상태로 남았다. 이에 반해 아헨 왕궁 예배당에서는 모든 것이 기하학적으로 명확하게 정의되었다. 안쪽 공간은 팔각형, 바깥쪽 공간은 십육각형으로 구성됨으로써 두 도형의 꼭지점들이 방사선 방향으로 일치했다. 이에 따라 반지형의 통로 공간은 작은 삼각형과 사각형 단위로 분할 구성되었다(그림 65). 안쪽 공간과 바깥쪽 공간 사이의 관계가 기하 단위의 배수로 정의된다는 의미였다. 안쪽의 팔각형도 꺾이는 부분을 깔끔하게 정리함으로써 기하학적 윤곽이 명확했다.

둘째, 아헨 왕궁 예배당에서는 건물 전

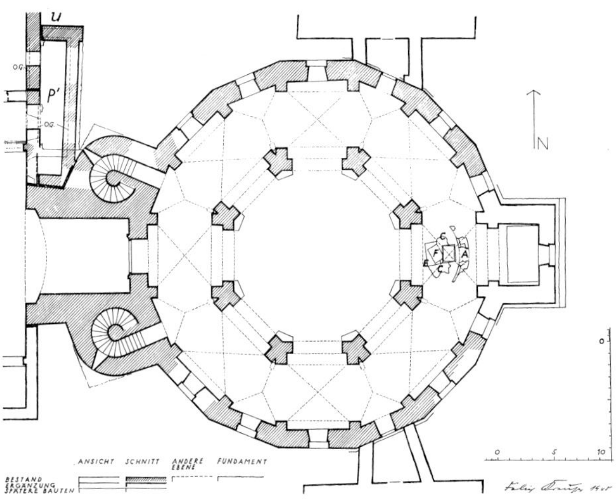

65 아헨 왕궁 예배당(Palatine Chapel at Aachen=아헨 궁전 교회Aachen Palace Church), 독일, 790~805년

체를 직설적 분위기가 지배했다. 아케이드와 갤러리를 구성하는 아치는 본래의 모습에서 가감이나 전치 없이 있는 그대로 보여졌다(그림 66). 중심부와 통로 사이의 공간 관계도 명확하게 구획되었다. 공간 골격의 구조적 물성이 그대로 느껴졌다. 육중하고 둔탁한 석재의 물성이 가장 석재답게 처리되었다. 벽체는 실제로 매우 두꺼워졌다. 산비탈레의 벽체 두께가 평균 0.8~1미터였던 데 비해 아헨 왕궁 예배당에서는 평균 1.3~2미터로 두꺼워졌다. 이런 직설적 특징들은 탈물질화를 통해서 신비주의적 공간을 만들어내던 산비탈레와 구별되는 아헨 왕궁 예배당만의 특징이었다.

셋째, 수직 부재 구성에서 변화가 있었다. 두 건물 모두 갤러리를 갖는 복층이었지만 갤러리 자체의 처리에서 중요한 차이가 있었다. 산비탈레에서는 갤러리가 단층이었다. 이에 반해 아헨 왕궁 예배당에서는 갤러리가 2층과 3층 사이의 중간 단계로 수직 확장되었다. 2층의 갤러리가 높아지면서 스크린 부분이 두 개 층으로 한 번 더 구획되었다. 이 때문에 중심 공간에서 보면 전체가 3층처럼 보였다(그림 67). 층수만 늘어난 것이 아니라 갤러리를 구성하는 아치 구조도 달라졌다. 아헨 왕궁 예배당의 1층 아케이드는 큰 단일 반원 아치로 구성되었다. 둘로

66 아헨 왕궁 예배당(Palatine Chapel at Aachen=아헨 궁전 교회Aachen Palace Church). 독일. 790~805년

67 아헨 왕궁 예배당(Palatine Chapel at Aachen=아헨 궁전 교회Aachen Palace Church). 독일. 790~805년

68 아헨 왕궁 예배당(Palatine Chapel at Aachen=아헨 궁전 교회Aachen Palace Church). 독일. 790~805년

나뉜 2층의 스크린 부분은 각각 세 개의 작은 반원 아치 세트로 구성되었다. 아키볼트와 아치 피어는 더 두꺼워졌으며 모서리는 직각으로 꺾였다(그림 66). 기둥과 기둥 사이의 구획은 명확해졌으며 아치의 고형부 대 진공부 비율은 작아졌다. 이런 처리들은 모두 직설적 특성을 구체화시켜주는 내용이기도 했다.

넷째, 천장 처리에서 중요한 발전이 있었다. 아헨 왕궁 예배당은 1층 복도 천장이 그로인 볼트와 배럴 볼트의 중간 단계로, 2층 복도 천장은 배럴 볼트로 각각 처리되었다(그림 68). 이것은 배럴 볼트만으로 1, 2층 복도 천장이 처리된 산비탈레와 비교했을 때 중요한 차이였다. 이런 차이는 다각형으로 구성되는 중앙집중형 공간의 천장을 처리하는 구조 기술의 측면에서 중요한 의미를 가졌다. 다각형 평면 위에 둥근 천장을 얹는 일은 쉽지 않은 기술이었다. 정사각형 평면 위에 둥근 천장을 얹는 것보다 오히려 더 어려운 기술일 수 있다. 두 경우 모두 평면 윤곽과 천장 형태 사이에 기하학적 불일치가 일어났다. 정사각형 평면의 경우 펜던티브라는 확실한 구조적 해결책이 있었다. 반면 다각형 평면과 원형 천장 사이의 기하학적 불일치는 루네트lunette, 둥근 천장이 벽과 만나는 지점에 생기는 원형 공간로 처리해야 했다.

그런데 루네트의 건축적 성격이 애매했다. 독립적인 부재라기보다는 펜던티브 조각에 가까웠다. 고대 기술에서 이것을 구조적으로나 기하학적으로 명쾌하게 정의하는 것은 어려운 일이었다. 이런 어려움은 산비탈레에서 잘 나타났다. 산비탈레에서는 볼트 천장과 팔각형의 꺾임 지점이 만나는 부분이 모호하게 처리되었다. 아직 루네트는 쓰이지 않았으며 천장을 배럴 볼트의 일부분으로 둥글게 굴리는 방식으로 해결했다. 모호함을 배럴 볼트의 둥근 면으로 가리는 방식이었다. 안과 밖이 모두 팔각형으로 처리된 점도 이런 불일치를 배가시킨 배경으로 작용했다.

아헨 왕궁 예배당에서는 이보다 좀더 명확했다. 1층 복도에서는 안쪽 팔각형과 볼트 천장이 충돌하는 지점에 루네트가 쓰였다(그림 69, 70). 이 때문에 배럴 볼트는 그로인 볼트에 근접했다. 그러나 완전 그로인 볼트는 아니었고 대각선 방향의 교차선도 없었다. 2층에서는 루네트를 사용하지 않는 대신 천장을 직사각형과 삼각형의 두 기하 형태가 교대하는 방식으로 처리했다. 이것은 안쪽 다각형이 팔각형이고 바

69 아헨 왕궁 예배당(Palatine Chapel at Aachen=아헨 궁전 교회Aachen Palace Church). 독일. 790~805년

70 아헨 왕궁 예배당(Palatine Chapel at Aachen=아헨 궁전 교회Aachen Palace Church). 독일. 790~805년

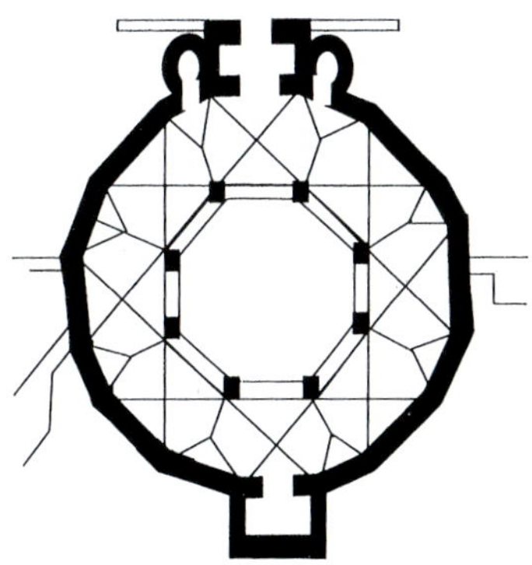

71 아헨 왕궁 예배당(Palatine Chapel at Aachen=아헨 궁전 교회Aachen Palace Church), 독일, 790~805년

깥쪽 다각형이 십육각형이기 때문에 가능했다. 직사각형 베이는 온전한 배럴 볼트로, 삼각형 베이는 조각 배럴 볼트로 각각 처리되면서 천장은 안쪽 팔각형의 각 기둥에서 바깥쪽으로 부챗살이 펴지듯이 퍼져나갔다.

다섯째, 아헨 왕궁 예배당에서는 모듈이 형성되었다. 기하학적 윤곽에 구조 처리가 대응되면서 공간은 기본 단위의 배수로 구성되었다. 기본 단위는 정사각형과 삼각형의 기하 형태 및 이것을 결정짓는 구조 골격의 상호 조합으로 이루어졌다. 전체 구성이 기하학적으로 명확한 윤곽을 가졌기 때문에 정사각형과 삼각형 이외에도 다양한 기하 형태를 모듈 단위로 삼을 수 있었다(그림 65). 공간의 명확한 분절은 이것을 돕는 작용을 했다.

여섯째, 아헨 왕궁 예배당에서는 수직성이 증가했다. 중앙 공간의 지름 대 천장 높이의 비율이 산비탈레에서는 1.78이었던 것이 아헨 왕궁 예배당에서는 2.1로 커졌다. 갤러리가 3층으로 높아지면서 천장 자체도 높아졌다. 천장이 높아지기 위해서는 다른 부분들도 함께 높아져야 했나. 2층 복도 천장이 배럴 볼트로 처리되면서 원통형 공간이 높아졌고 원통형의 상층부에 창이 뚫리면서 설정된 공간도 원통형 공간을 높이는 데 한몫했다. 이런 것들이 합쳐지면서 아헨 왕궁 예배당은 전체적으로 높아졌다(그림 71).

이상이 산비탈레와 비교했을 때 아헨 왕궁 예배당에서 관찰되는 새로운 특징들이었다. 이런 특징들에 대해서는 복잡한 해석이 가능하다. 일단 이전의 로마 기독교 시대에는 없던 새로운 내용이라는 점에서 이런 특징들은 발전으로 볼 수 있다. 그러나 오히려 퇴보로 볼 수 있는 측면도 있었다. 특히 구조적 효율이라는 관점에서 보았을 때 그러했다. 수직 확장이 일어난 것과는 별도로 효율성의 관점에서 투입된 것에 비해서 얻은 결과가 너무 작았다. 앞에 언급한 다섯 가지 내용들은 모두 건물이 수직으로 높이 올라갈 수 있는 구조적 가능성을 내포했다. 기하학적 명확성, 직설적 물성, 갤러리의 복층화, 복도 천장의 발전, 모듈 구성 등은 모두 구조적 능력의 향상이 수반되는 처리들이다. 그런데 아헨 왕궁 예배당에서는 이런 가능성에 비해 수직성을 극단적으로 추구하지 않았다.

아헨 왕궁 예배당에서는 수직 확장된 정도에 비해 사용된 재료가 너무 많았다. 구조적 비효율성이었다. 이것에 대해서는 다시 한번 상반되는 두 가지 해석이 가능하다. 하나는 구조적 비효율성을 낙후성으로 보는 것이다. 순수 구조적 관점에서 보았을 때 아헨 왕궁 예배당에 쓰인 기술들 가운데에는 산비탈레보다 낙후된 것도 있었다. 무엇보다도 중앙의 돔 천장을 받치면서 안쪽 팔각형 공간을 형성하는 기둥들이 두꺼웠다(그림 72). 지름 대 천장 높이의 비례가 크다는 것은 반대로 기둥간 거리가 짧다는 것을 의미했다. 이런 차이는 실제 천장 구조에서 파악된다. 산비탈레의 천장에는 속이 빈 항아리amphora가 쓰이면서 경량화되었다. 반면 아헨 왕궁 예배당의 천장 돔은 이 기술이 아닌 전통 로마식 석조 볼트로 처리되었다. 천장의 자중이 커지면서 이것을 받치는 기둥도 두껍고 둔탁해졌다. 샤를마뉴 때에는 속이 빈 항아리를 사용하는 축조 기술이 전수되지 않은 것으로 알려져 있다. 교회 평면 등 종교적 구성에서는 비잔틴 모델이 차용되었으나 시공 기술은 아직 로마의 전통 석조술만이 쓰였던 것이다.

72 아헨 왕궁 예배당(Palatine Chapel at Aachen=아헨 궁전 교회Aachen Palace Church), 독일, 790~805년

다른 하나는 구조적 비효율성을 로마적 종합화의 일환으로 보는 것이다. 아헨 왕궁 예배당에서는 수직성만이 유일한 건축적 목적은 아니었다. 수직성은 로마적 종합화의 한 요소였다. 수직성 자체만을 추구했다기보다는 로마적 종합화의 테두리 내에서, 혹은 로마적 종합화와의 통합적 관계로 추구되었다는 의미이다. 서북유럽이 가진 민족적 기질이나 게르만 정신을 로마적 축조술로 번안 각색한 자연스러운 결과로 나타내려 했다는 의미이다.

73 아헨 왕궁 예배당(Palatine Chapel at Aachen=아헨 궁전 교회Aachen Palace Church), 독일, 790~805년

로마적 종합화의 개념은 선례 모델에서도 나타난다. 아헨 왕궁 예배당에 쓰인 기술은 콜로세움으로 대표되는 로마의 원형 극장 축조술이었다(그림 73). 샤를마뉴 때 로마 부흥 운동이 일면서 콜로세움은 로마다움을 상징하는 대표적 건축물로 인기가 있었다. 샤를마뉴 자신도 콜로세움에 관심이 많았다. 합리적 구조 방식으로 축조된 웅대한 거석 구조물은 로마의 제국적 권위를 가장 잘 표현해주는 세속적 기념비였다. 육중한 석구조의 물성에 의해 표현되

는 이런 현세적 상징성은 새로운 왕국을 건설해가고 있던 샤를마뉴에게는 이상적인 모델이었다. 속이 빈 항아리를 이용한 경량 공법은 샤를마뉴의 야망과는 잘 맞지 않았다. 단순히 구조적 효율성만이 전부는 아니었다. 로마 부흥 운동을 추구하는 과정에서 순도 높은 로마 기술을 들여와야 할 필요가 있었던 것이다.

이런 관점에서 보면 아헨 왕궁 예배당의 구조적 비효율성에는 기술적 후진성으로만 볼 수는 없는 상징적 의미가 있었다. 수직성 이외에 육중함이나 물성 등을 표현하려는 다른 목적을 함께 갖기 때문이다. 특히 천장에 속 빈 항아리를 쓰지 않은 점을 제외하고 복도 천장의 석조 볼트를 보면 반대로 구조 기술에서 중요한 발전이 있었다. 1층 복도 천장이 그로인 볼트에 근접한 것이었다. 이것은 위쪽의 하중을 의식하고 있었다는 의미이다. 수직성을 얻기 위한 구조적 해결책이 마련된 것이었다. 수직성만을 추구했다면 실제 지어진 것보다 더 높게 올라갈 수도 있었을 것이다. 그러나 무조건 수직적으로 높이 올라가는 것을 막는 다른 무엇인가가 있었다. 그것은 로마적 종합화로 대표되는 또 다른 건축적 가치였다.

이상을 종합하면 아헨 왕궁 예배당은 산비탈레의 공간 구도를 콜로세움의 구조 방식으로 재구성하여 게르만 정신을 표현한 것으로 정의될 수 있다. 과거의 두 양식을 혼합함으로써, 즉 로마적 종합화를 통해 유목민적 수직성이라는 서북유럽의 새로운 정신을 표현할 수 있게 된 것이다(그림 74). 과거 양식의 차용이 새로운 양식을 창출하는 밑거름이 된 전형적인 경우였다. 산비탈레나 콜로세움 가운데 어느 한 가지만을 차용했다면 그것은 직설적 모방에 머물렀을 뿐 새로운 양식으로 발전하지 못했을 것이다. 콜로세움은 로마 기술의 완결판이었고 산비탈레는 비잔틴 양식의 완결판이었기 때문이다. 과거 양식에서 한번 완결되었던 건축 모델을 차용하는 일은 자칫 생명력 없는 모방으로 끝나기 쉽다. 아헨 왕궁 예배당에서는 두 양식 모델의 통합을 통해 이런 위험을 피하고 제3의 새로운

74 아헨 궁전(Aachen Palace), 독일, 790~805년

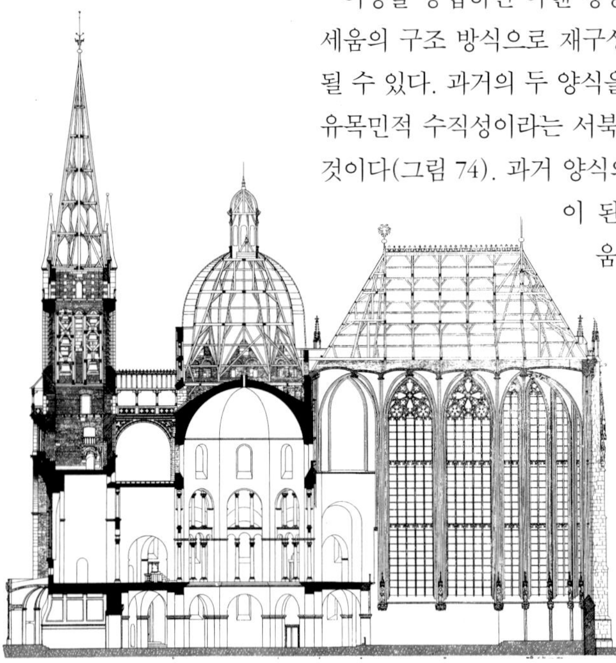

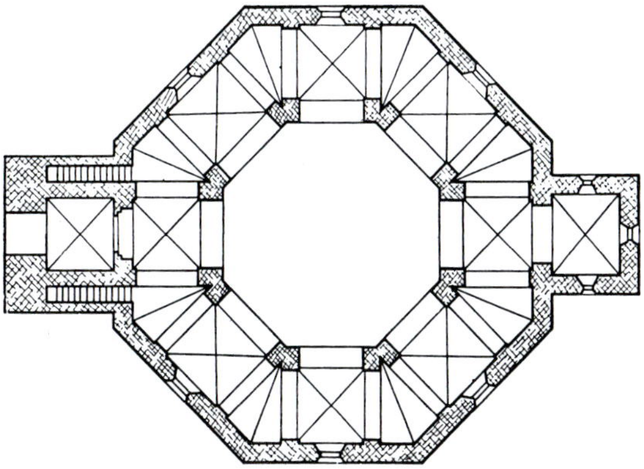

정신이 표현될 수 있는 가능성을 만들어냈다. 이것이 로마적 종합화의 비밀이었다. 단순히 수치에 의한 효율이나 연대기적 비교만으로는 설명이 안 되는 앞뒤 관계였다. 그 결과 로마네스크적 물성을 표현하는 건축 방식이 완성되었다.

아헨 왕궁 예배당은 프레-로마네스크 시대뿐 아니라 로마네스크 시대 전체에 걸쳐 중앙집중형 교회의 중요한 선례 모델이 되었다. 비교적 직접적 영향을 보여주는 예들로 독일 오트마르스하임의 수도원 교회Abbey Church at Ottmarsheim, 네덜란드 니메헨의 예배당Chapel at Nijmegen, 벨기에 리에주의 성 요한St. Jean at Liège 등을 들 수 있다. 이 가운데 오트마르스하임은 아헨 왕궁 예배당과 매우 강한 유사성을 보여준다(그림 75, 76).

75 오트마르스하임의 수도원 교회(Abbey Church at Ottmarsheim=노트르담), 독일, 11세기
76 오트마르스하임의 수도원 교회(Abbey Church at Ottmarsheim=노트르담), 독일, 11세기

아헨 왕궁 예배당에서는 이상과 같은 중앙집중형 구성에 동서 방향으로 축 구성이 더해졌다. 서쪽 1층은 열주 출입구를 겸한 전실로 처리되었고 그 위에는 설교단tribune이 위치했다. 이것을 마주보는 동쪽에는 앱스와 성가대석이 위치했다(그림 77). 성가대석은 그레고리오 성가 이후 교회 실내에서 성가가 불려짐에 따라 새로 생겨난 것이었다. 샤를마뉴 때에는 1, 2층 모두 앱스만으로 처리되었다가 후에 14세기 고딕 건축 때 2층이 성가대석으로 개조되었다. 이렇게 구성되는 아헨 왕궁 예배당의 축 구성은 두 가지 의미로 해석된다.

한 가지는 기능적 측면에서 선형 구성을 첨가한 것으로 보는 것이다.

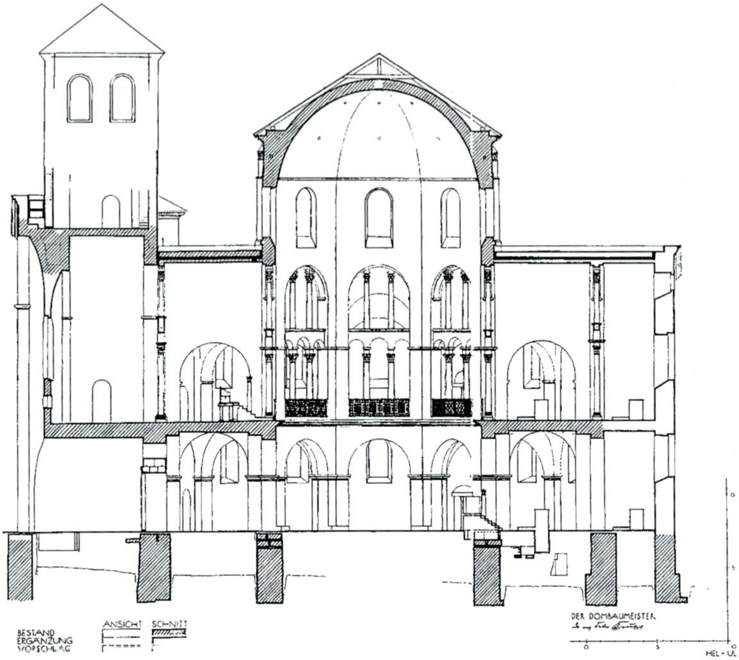

77 아헨 왕궁 예배당(Palatine Chapel at Aachen=아헨 궁전 교회Aachen Palace Church), 독일, 790~805년

78 아헨 왕궁 예배당(Palatine Chapel at Aachen=아헨 궁전 교회Aachen Palace Church), 독일, 790~805년

동서 방향의 축은 중앙집중형 교회 안에 선형의 질서를 추가로 형성했다. 중앙집중형 공간은 행렬을 중요하게 여기는 서양 가톨릭의 예배 의식에는 적절치 않았다. 이 때문에 중앙집중형 교회에서는 공간 윤곽과 별도로 축 구성을 더하는 것이 관례였다. 이런 축은 교회 실내에서 우선 순위가 높은 중요한 건축 질서였다. 중앙집중형 교회에 축 질서를 더하는 처리는 초기 기독교 시대에도 보편적으로 쓰이던 기법이었다. 이것이 프레-로마네스크 시대에도 이어져서 쓰인 것이다.

다른 한 가지는 샤를마뉴의 야망이 반영된 결과로 보는 것이다. 중앙집중형 공간을 가로지르며 한가운데에 중앙 축이 형성되었다. 축의 한쪽 끝은 성소였고 다른 한쪽 끝은 샤를마뉴의 옥좌실이었다. 성소는 앱스와 성가대석으로 구성되었다. 앱스는 십육각형의 건물 밖에 사각형으로 돌출되었다. 1층에서는 성모마리아를, 2층에서는 구세주 그리스도를 각각 찬양하는 예배가 열렸다. 성가대석은 갤러리 2층의 앱스 안쪽 실내에 정사각형의 베이 하나를 차지했다. 샤를마뉴의 옥좌는 갤러리 2층에 성가대석을 마주보는 지점에 역시 정사각형의 베이 하나를 차지하며 위치했다(그림 78). 출입구 위의 이 자리는 원래 바실리카 교회에서 최고 행정관석, 감독관석, 주교좌 등이 놓이던 곳이었다.

이런 구성의 목적은 자명했다. 스스로를 성모마리아나 그리스도와 대등하게 여기겠다는 것이었다. 이것은 곧 가톨릭을 다스리겠다는 현실 황제의 욕망을 의미했다. 욕망은 옥좌의 모양이나 배치에서도 드러났다. 아헨 왕궁 예배당의 옥좌는 대리석을 재료로 솔로몬Solomon의 옥좌를 복사한 모양으로 만들어졌다. 혹은 그리스 시대 극장에서 집정관이 앉던 의자와도 유사했다. 성가대석이나 앱스의 맞은편에 황제의 옥좌를 두는 것은 로마 기독교 시대의 중앙집중형 교회에 쓰이던 구성이었다. 로마 황제 역시 중앙집중형 교회에서 자신의 자리를 성의 공간에 대척시킴으로써 은총 황제의 의미를 상징적으로 과시했다. 황제 스스로 지상을 지배하는 두 힘 가운데 한쪽임을 천명했던 것이다. 황제의 힘은 성의 힘과 함께 세상을 다스리는 축을 형성했다.

그릭 크로스, 세례당, 예배당

프레-로마네스크 시대의 중앙집중형 유형은 아헨 왕궁 예배당으로 대표되는 팔각형이 가장 많았으나 그 외에 그릭 크로스Greek Cross도 쓰였다. 테라사의 성 미카엘San Miguel at Terrassa, 오비에도의 산미구엘데리노San Miguel de Lino at Oviedo, 사모라의 산페드로데라나베San Pedro de la Nave at Zamora 등은 그릭 크로스의 표준형으로 구성되었다(그림 79). 이 가운데 대표적인 예는 테라사의 것이다. 이 건물은 서고트족 시대에 세례당으로 지어졌다. 중심의 크로싱 부분에는 세례반이 놓였고 천장은 돔으로 덮였다. 크로싱의 네 면은 각각 두 개의 아치로 구성되는 아케이드로 처리되었다. 아치는 정사각형 주두로 받쳐졌다. 복도에 해당되는 팔부분의 천장은 그로인 볼트로 처리되었다. 정사각형 주두의 네 꼭지점 가운데 크로싱을 접하는 쪽에서는 펜던티브가, 팔을 접하는 쪽에서는 크로싱 볼트의 리브 선이 각각 뻗어나가 전체 구조를 만들었다. 서쪽 출입구의 맞은편에는 말발굽 평면의 앱스가 더해져서 실내에는 선형 축이 형성되었다. 축조는 작은 석재

79 성 미카엘(San Miguel), 테라사(Terrassa), 스페인, 9세기 말~10세기 초

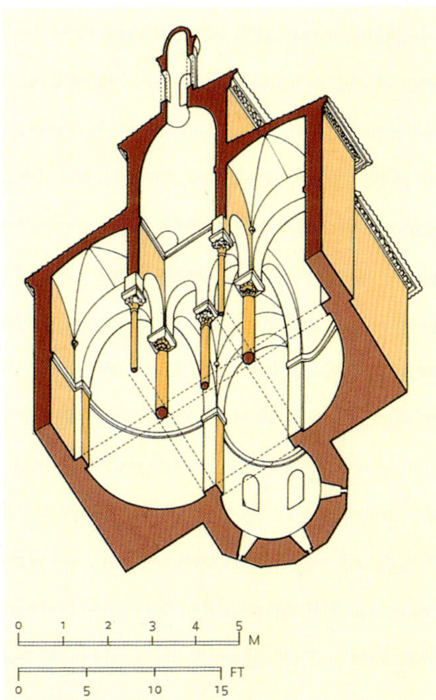

80 성 미카엘(San Miguel). 테라사(Terrassa), 스페인. 9세기 말~10세기 초

81 성 요한 세례당(Baptistery of San Giovanni). 피렌체(Firenze), 이탈리아. 1060년경~1150년

블록을 벽돌과 교대로 가지런히 쌓는 방식으로 이루어졌다. 모서리에는 중간 크기의 석재 블록이 쓰였다(그림 80).

이런 구성은 고대 기독교와 동방의 영향을 보여준다. 석조 볼트로 천장이 처리되는 그릭 크로스는 비잔틴의 대표적 평면 유형이었다. 중앙집중형에 동서 방향의 축을 더하는 구성은 초기 기독교에서 비잔틴에 걸쳐 쓰이던 방식이었다. 조적 방식은 로마 시대에서 비잔틴에 걸쳐 쓰이던 것이었다. 말발굽 형태는 사라센 건축의 대표적 형태였다. 이 건물에는 이처럼 초기 기독교, 비잔틴, 사라센의 영향이 섞여서 나타난다. 이런 현상은 이 지역의 지리적 위치와 역사적 상황에서 기인한다. 카탈루냐Cataluna 지방은 로마의 속주로 편입된 이래 4세기에서 8세기에 걸쳐 초기 기독교, 비잔틴, 사라센 등의 동서 여러 문명들이 교차하던 지역이었다.

성 미카엘에서 살펴본 바와 같이 세례당은 프레-로마네스크 시대에 중앙집중형을 대표하는 유형 가운데 하나였다. 서북유럽에서 세례당은 4~5세기의 초기 기독교 시대부터 꾸준히 지어져왔다. 건물의 규모가 크지 않고 구성도 간단해서 축조에 부담이 없는 반면 종교적 효과는 컸기 때문이다. 이런 전통은 11세기까지 이어지면서 상당한 수의 세례당이 중부-북부 이탈리아, 남부 프랑스, 스페인 지역 등에 지어졌다(그림 81).

프레-로마네스크의 세례당은 라벤나의 동방정교회 세례당Orthodox Baptistery을 표준 모델로 삼았다. 평면의 기본 윤곽은 팔각형이었으며 초점 지점에 세례반이나 제단 등이 놓였다. 실내의 여덟 면 가운데 출입구를 제외한 일곱 면에는 아치형 벽감이 새겨졌다. 여력이 있을 경우 벽감은 화려하게 장식되는 것이 통례였다. 기독교를 상징하는 벽화, 모자이크, 조각상 등이 사용되었다. 이 가운데 출입구 맞은편 면은 일종의 앱스에 해당되었다. 중앙집중형 교회에서는 앱스가 건물 전체의 외관 윤곽 밖으로 돌출하는 것이 보통이었으나 세례당에서는 그렇지 않았다. 돌출하는 경우가 있긴 했지만 그 정도가 적었다. 그 대신 실내면을 다른 면보다 더 화려하게 장식했다.

수직 방향으로는 팔각형 원통형 구성을 했다. 몸통 부분은 아치형 벽감이 수직으로 두 번 반복되면서 중첩되는 것이 표준형이었으나 규모가 작은 경우에는 단겹으로 끝나기도 했다. 아치형 벽감 각각은 아치를 이용하여 다양하게 처리되었다. 단일 아치만으로 구성되기도 했고 세 쌍 아치로 구성되기도 했다. 세 쌍 아치는 중앙의 큰 아치와 양측면의 작은 아치가 세트를 이루는 것이 대표적이었으나 동일한 크기의 아치 세 개가 쓰이기도 했다. 천장은 석조 볼트로 처리되고 둥근 천장으로 마감되었는데 완전 반구와는 거리가 먼 반구 조각으로 처리되었다. 이 때문에 돔보다는 볼트에 가깝게 느껴졌다(그림 82).

이상을 표준형 구성으로 삼은 프레-로마네스크의 세례당은 이탈리아의 노바라Novara, 알벵가Albenga, 비엘라Biella, 로멜로Lomello 등과 프랑스의 프레쥐Frejus, 마르세유Marseilles, 엑상프로방스Aix-en-Provence, 멜라Melas 등의 도시들에 대표적인 예들이 지어졌다(그림 83). 세례당은 중세 건축 가운데에서도 고딕 시대보다 로마네스크 시대에 더 융성했다. 세례당은 형식적 의식으로부터 자유로웠기 때문에 건축적 변형을 시도하거나 장

82 동방정교회 세례당(Orthodox Baptistery), 라벤나(Ravenna), 이탈리아, 400~450년

83 알벵가 세례당(Albenga Baptistery), 이탈리아

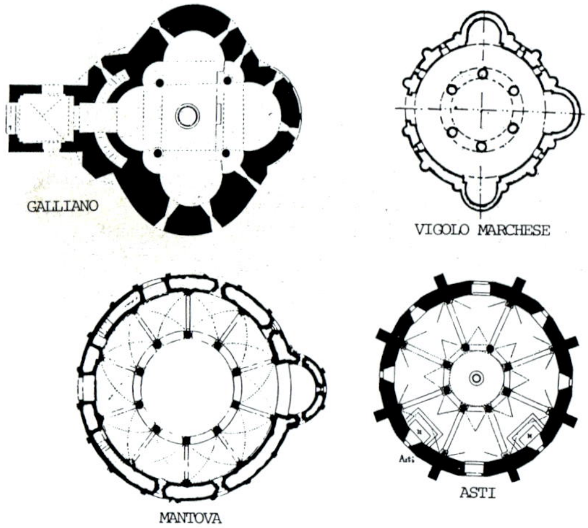

84 로마네스크 세례당 유형들

식을 사용하기에 적합한 유형이었다. 이 때문에 로마네스크 건축을 대표하는 건물들 가운데에는 세례당이 일정 수를 차지했다. 또한 중앙집중형 구성의 다양한 형식을 실험하기에도 적합한 유형이었다(그림 84).

왕궁에 부속된 왕궁 예배당은 세례당과 유사한 구성을 했다. 앞에 살펴본 아헨 왕궁 예배당도 왕궁 예배당이었다. 이외에도 이탈리아의 두 예인 베네벤토의 성 소피아Santa Sofia at Benevento와 밀라노의 산사티로San Satiro, 그리고 프랑스의 제르미니데프레 등이 프레-로마네스크 때의 대표적인 왕궁 예배당들이었다. 이상의 세 왕궁 예배당들은 벽감을 갖는 팔각형, 복도를 갖는 팔각형, 네 개의 수직 부재를 갖는 정사각형 등의 다양한 중앙집중형 유형을 보여준다. 이런 다양성은 산비탈레에서 아헨 왕궁 예배당으로 이어지는 흐름이 변형 응용된 결과로 볼 수 있다(그림 85). 여기에 더해 초기 기독교 건축의 바라간 성당Baragan Cathedral도 유사성을 가지며 중요한 선례로 작용했다.

제르미니데프레 예배당은 프레-로마네스크의 또다른 중요한 중앙집중형 건물이었다. 이 예배당은 아헨 왕궁 예배당을 모델로 삼아 지어졌으나 기하학적 구성에서는 그릭 크로스에 가까웠다. 뿐만 아니라 제

85 산사티로의 대주교 예배당(Archiepiscopal Chapel at San Satiro), 밀라노(Milano), 이탈리아, 875년경

르미니데프레는 동방과 쌍방향의 영향 관계를 보여주는 점에서 아헨 왕궁 예배당과는 많이 달랐다. 제르미니데프레의 평면은 비잔틴의 오엽배열quincunx형과 이슬람의 말발굽형을 혼합한 형태로 구성되었다. 전체 골격은 오엽배열형으로 짜였다. 오엽의 단부는 반원을 늘어트린 말발굽 형태로 처리되었다(그림 86). 이런 구성은 형태적으로 동방의 선례를 혼합한 것으로서 동방으로부터 영향을 받았음을 보여준다. 이 건물의 축조를 주도한 테오될프Theodulfe의 행적에는 동방과의 교류 내용이 많았다. 이것 역시 동방의 영향을 뒷받침하는 간접 증거이다.

그러나 시기적으로는 오히려 이 건물이 동방에 영향을 끼친 것으로 볼 수 있다. 이 건물은 유스티니아누스와 9세기 사이의 공백을 메워주는 중요성을 갖는다. 비잔틴에서는 유스티니아누스와 9세기 사이의 성상숭배 금지 기간 동안 중앙집중형 공간의 축조가 정지되어 있었다.

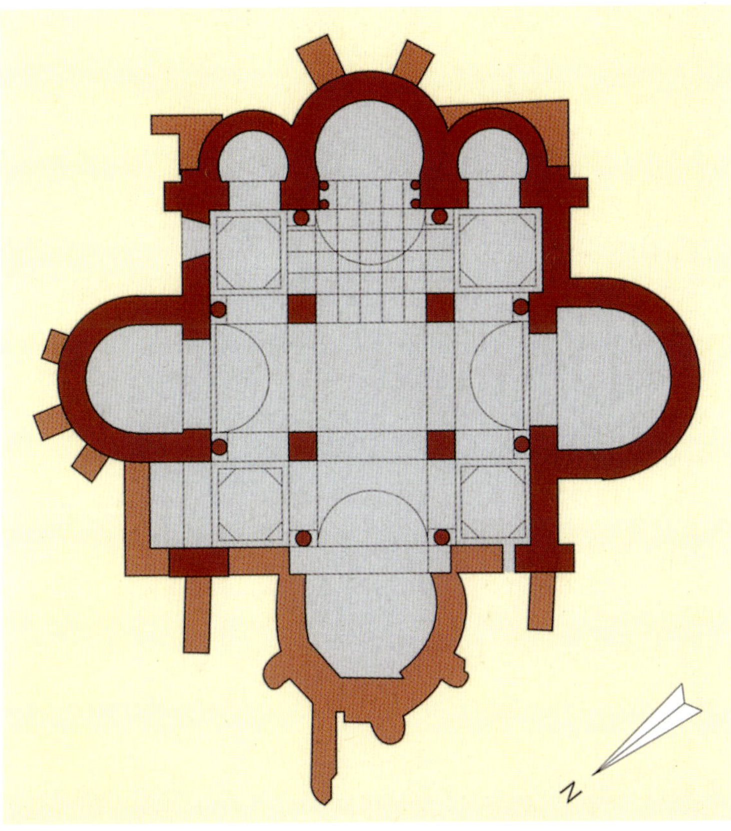

86 제르미니데프레(Germigny-des-Prés), 프랑스. 806년

오엽배열형의 단초는 성상숭배 금지 전에 나타나지만 실제로 이 유형이 본격적으로 쓰인 것은 그 이후였다. 제르미니데프레는 성상숭배를 금지한 공백기에 동방과 서양 모두를 통틀어 오엽배열형으로 지어진 거의 유일한 예였다. 비잔틴 건축에서도 오엽배열형은 제르미니데프레 이후에 본격적으로 나타난다. 이렇게 보았을 때 제르미니데프레는 성상숭배 금지가 풀리면서 동방에서 지어지기 시작한 오엽배열형에 오히려 영향을 끼쳤을 수 있다.

선형 교회 2

바실리카와 행렬

중세 시대의 교회를 이끈 대표 유형은 선형 공간이었다. 중앙집중형도 일정 수 지어졌지만 바실리카의 선형 유형이 압도적으로 많았다. 바실리카 교회는 중세의 서북유럽 지역에서 라틴 크로스로 완전 정착하며 고딕 성당으로 크게 발전했다. 이것은 라틴 크로스가 로마 가톨릭을 대표한다는 초기 기독교의 전통이 지역을 옮겨서도 계속된 현상이었다. 중세의 선형 교회는 초기 기독교의 삼랑식 바실리카를 표준형으로 삼아 발전했다. 이것의 대표적 모델로 로마의 구 성 베드로Old St. Peter's와 성 밖의 성 바오로San Paolo fuori le mura가 가장 많이 차용되었다. 이 두 바실리카는 삼랑식, 긴 네이브, 짧은 트랜셉트, 반원형 지하 납골당 등을 기본 구성으로 갖는 표준형이었다.

중세 건축은 초기 기독교 건축의 표준형 바실리카가 라틴 크로스의 고딕 성당으로 발전해가는 과정으로 요약될 수 있다. 고딕 성당은 표준형 바실리카의 기본 골격을 유지하면서 여러 단계의 분화 과정을 거쳐 매우 복잡한 최종 상태로 나타났다. 프레-로마네스크 건축은 이런 분화 과정에서 중요한 위치를 차지했다. 분화가 본격적으로 시작된 시기일 뿐 아니라 구체적 내용을 보더라도 이미 이 시기에 분화의 일차적 완성이 이루어졌기 때문이다.

분화는 여러 방향에서 나타났다. 가장 먼저 나타난 현상은 바실리카의 서쪽 부분이 기능과 공간 구성에서 복합적이 되면서 규모가 비대해진 변화이다. 이렇게 커진 서쪽 부분을 웨스트 워크west work라고 부른다. 다음으로는 웨스트 워크에 대한 균형의 개념으로 동쪽 부분도 함께 커진 변화이다. 이렇게 커진 동쪽 부분을 이스트 엔드east end라고 부른다. 동쪽 부분의 확장은 더블 엔더double-ender라는 보다 적극적인 구성 법칙으로 발전하기도 했다. 동쪽 부분의 확장 과정에서 네이브 월의 2층에 갤러리가 만들어지면서 수직 방향으로 확장되는 변화가 함께 이루어졌다. 수평 방향으로도 건물의 길이가 길어지고 베이의 개수도 늘어나는 확장이 이루어졌다. 이런 확장은 모두 모듈 구성을 강화하는 결과로 나타났다.

프레-로마네스크에서 표준형 바실리카를 차용한 데에는 기독교적 배경뿐 아니라 로마적 배경도 함께 작용했다. 표준형 바실리카는 종교적 기능이나 상징성 등의 측면에서 서북유럽의 기독교에도 여전히 잘 맞았다. 뿐만 아니라 로마적 종합화의 일환이기도 했다. 실제로 프레-로마네스크의 기독교인들은 이런 바실리카 교회를 단순히 기독교 건물로만 생각하지 않았다. 그보다는 콘스탄티누스 황제 때 성립된 로마식 건물이라는 인식이 더 강했다. 프레-로마네스크의 교회 건축에서는 표준형 바실리카의 차용을 '*more romano*로마 방식으로'라고 불렀다.

프레-로마네스크 때에는 선형 교회의 융성을 돕는 행렬 의식liturgy of procession 혹은 peripatetic procession이 새롭게 정리되었다. 행렬 의식은 초기 기독교 때 이미 성립되었지만 프레-로마네스크 때 더욱 강화되고 재정비되었다. 재정비는 카롤링거왕조 때 있었다. 이 시기에는 금육제禁肉齊의 날에 한쪽 교회에서 스테이션 교회station church로 이동하는 행렬 의식이 거행되었다. 이때 '스테이션'이란 예수의 수난을 나타내는 십자가 행로의 14처를 의미했다. 스테이션 교회에서는 미사가 열렸다. 이것이 발전하여 금육제의 날뿐 아니라 매일 행렬 의식이 거행되었다.

87 생리퀴에(St. Riquier=Abbey Church at Centula, 센툴라 수도원 교회). 프랑스. 790~799년

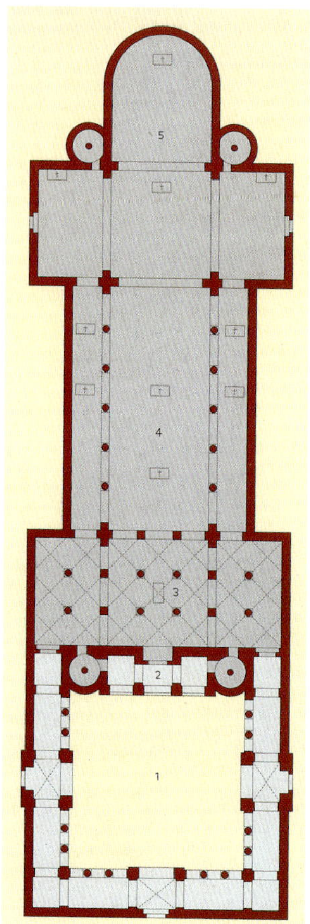

생리퀴에St. Riquier=Abbey Church at Centula, 센툴라 수도원 교회는 행렬 의식을 주관하는 대표 교회였다(그림 87). 이들 교회에서는 매일 아침 예배matin와 저녁 예배vesper 때 총 두 번의 행렬 의식이 있었다. 이런 행렬 의식은 행렬을 유난히 중요시한 골 지역의 기독교 전통에서 유래했다. 샤를마뉴 때 대표적 성직자였던 앨퀸은 로마 기독교 의식에 이런 전통을 접목시켜 카롤링거왕조의 기독교 의식으로 법제화하며 정착시켰다. 행렬 의식에 적합한 공간 유형은 선형이었다. 생리퀴에는 행렬 의식에 맞춘 바실리카의 표준 구성을 보여준다.

성가의 도입도 선형 교회의 발전에 중요한 역할을 했다. 성가는 종교적 효과를 위하여 잔향 시간이 길어야 했는데 이것은 교회의 수직성과 선형성을 재촉하는 결과로 나타났다. 특히 중세의 성가가 느리고 긴 단음으로 이루어졌기 때문에 더욱 그러했다. 중앙집중형에서는 잔향이 길 경우 충돌이 일어나기 때문에 이를 피하기 위해 성가는 박자

가 짧고 급했다. 바로크 시대의 건축과 음악이 그 좋은 예이다. 반면 선형 공간에서는 잔향끼리 화음을 이루며 신비한 음향 환경을 만들어냈다. 성가 자체가 단음이었기 때문에 화음 효과를 얻어낸다는 것은 당시 성직자들에게는 큰 장점이었다. 성직자들은 화음 효과를 높일 수 있는 방안을 궁리했다. 선형성은 이 가운데 하나였다. 공간이 길수록 화음의 깊이는 풍부해지고 폭은 넓어졌다. 성직자들은 교회를 늘어트려 짓고 싶어했다. '비트루비우스의 단지Vitruvian jar'라고 불리는 항아리를 사용하기도 했다. 이것은 일종의 음향 단지acoustic jar로서 이것을 교회 안에 놓아두어 잔향 효과를 배가시키자는 목적이었다(그림 88).

로마네스크 시대의 가장 단순한 선형 교회로는 아일 없이 네이브만으로 구성되는 단순 바실리카를 들 수 있다. 네이브를 하나의 통로로 보면 일랑식 바실리카가 된다. 혹은 아일이 없기 때문에 무랑식aisleless 바실리카로 부를 수도 있다. 일랑식 바실리카는 초기 기독교 건축에서부터 있어왔다. 이것이 메로빙 건축과 프레-로마네스크 건축을 거쳐 로마네스크 건축에까지 계속 사용되었다. 로마네스크 건축에서 일랑식 바실리카는 초기 기독교 건축으로부터 그대로 내려온 것이 주를 이루었으나 홀 교회hall church처럼 분화 발전한 예도 있었다.

프레-로마네스크 시대의 일랑식 바실리카는 주로 예배당에 많이 쓰였다(그림 89). 단일 공간이었음에도 예배당이 갖는 종교적 중요성 때

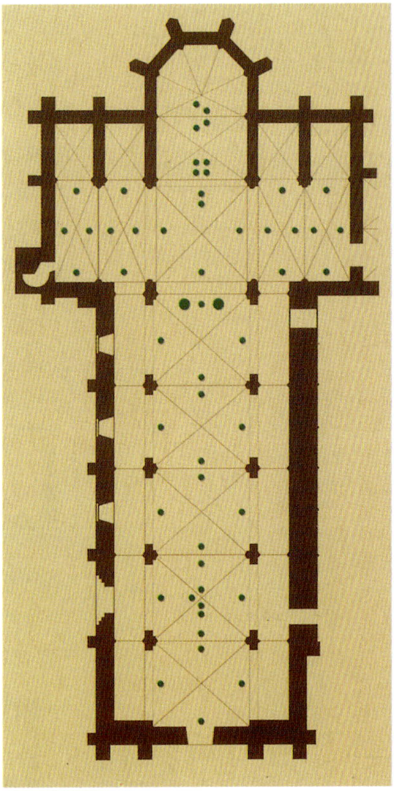

88 '비트루비우스의 단지(Vitruvian jar)' 설치 지점들. 로크디외 교회(Church of the Loc-Dieu)

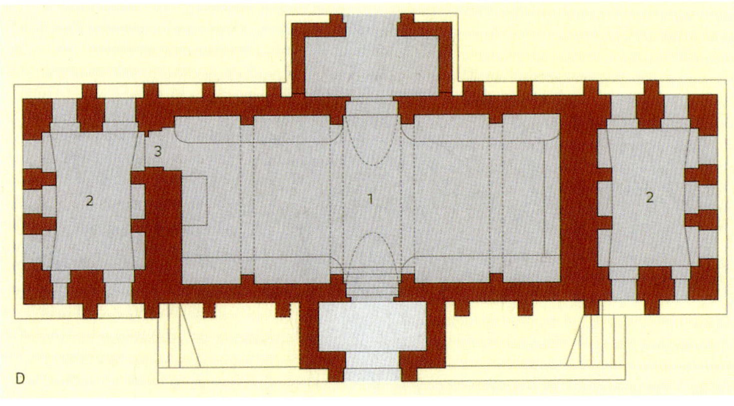

89 노란코의 성모마리아 왕궁 예배당(Palace Chapel of Santa Maria de Noranco). 오비에도(Oviedo), 스페인. 9세기 중반

문에 일정한 규모와 형식을 갖추었다. 아일이 없었기 때문에 네이브 월과 기둥열은 없었다. 공간 구성의 측면에서 볼 때 방 하나를 크게 확대한 것에 해당되었다. 그러나 앱스, 제단, 성가대석, 탑 등의 종교적 장치들을 갖추었다. 기능적 요구에 따라 부속실이 덧붙여지거나 공간이 구획되기도 했다. 비슷한 크기의 단일 공간 몇 개가 덧붙여지는 등 확장되기도 했다. 확장은 주로 동쪽의 성소에서 이루어졌다. 일랑식은 남북 방향으로의 확장이 불가능했기 때문에 동쪽 방향으로 방이 여러 개 덧붙여지는 방식으로 확장되었다(그림 90). 일랑식은 트랜셉트를 갖지 않는 것이 표준형이었으나 트랜셉트를 갖는 예도 있었다. 이런

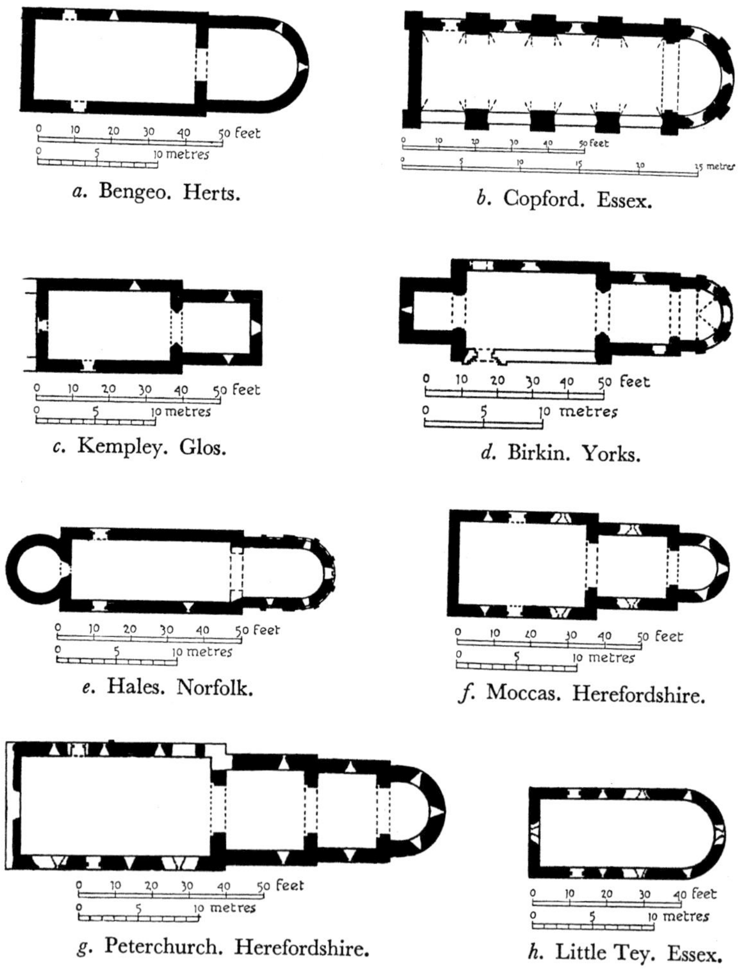

90 영국 로마네스크 교구 교회들. 일랑식 바실리카의 다양한 구성을 보여준다.

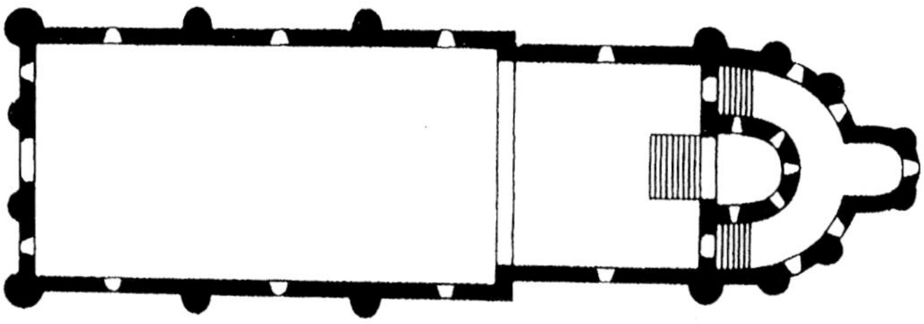

91 생포르튀나(St. Fortunat), 샤를리외(Charlieu), 프랑스, 871년

경우는 일랑식 바실리카의 효과가 반감되면서 어중간한 상태에 머물렀다. 일랑식 바실리카는 예배당 이외의 교회에 쓰일 경우 종교적 중요성이 상대적으로 작은 교구 교회에 주로 쓰였다.

일랑식 바실리카는 프레-로마네스크 때 유럽 전역에 걸쳐 지어졌다. 샤를리외의 생포르튀나St. Fortunat at Charlieu, 오비에도의 카마라산타Camara Santa at Oviedo, 레겐스부르크의 니더뮌스터Niedermünster at Regensburg, 서포크의 남엘름햄 교회South Elmham Church at Suffolk 등이 대표적인 예들이다(그림 91). 그러나 이후에 여러 차례 증축되었기 때문에 현재 당시의 모습대로 남아 있는 것은 드문 편이다.

프레-로마네스크의 삼랑식 바실리카는 초기 기독교의 표준형이 반복된 경향과 이것이 증식 발전한 경향의 두 가지로 분류될 수 있다. 이 가운데 건축사적으로 중요한 의미를 갖는 것은 후자이다. 증식 발전한 내용은 웨스트 워크, 이스트 엔드, 모듈 구성 등으로 구체화될 수 있다.

웨스트 워크와 수직 확장

웨스트 워크의 발전 내용은 공간이 출입구를 중심으로 수평-수직 양방향으로 복합 증식한 것으로 요약될 수 있다. 교회의 서쪽 부분에는 전실, 통로, 예배당, 부속실 등 여러 시설들이 들어서면서 복합 공간을 이루었다. 수평 확장은 전실이 복수 베이로 처리되는 방식으로 나타났다. 수직 확장은 1층의 전실 위에 예배당과 부속실 등을 더해 복층으로 만드는 방식으로 나타났다. 이런 시설들은 매스 변화가 적은 큰 블록 안에 담겼다. 외부에는 탑과 종루 등이 더해졌다. 웨스트 워크는 규모와 구성 모두에서 초기 기독교 교회의 단일 건물에 버금갈 정도로 커졌다. 이런 증식 분화의 동기는 세 가지로 요약될 수 있다.

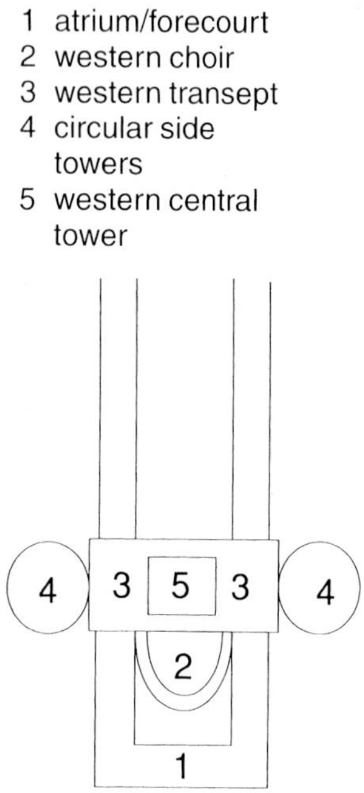

92 웨스트 워크의 기능들

첫째는 교회가 커지면서 요구되는 기능이 추가된 상황이다(그림 92). 교회의 동쪽은 성소이기 때문에 기능이 더해지는 데 한계가 있었다. 성단소, 성구 보관소, 성가대석 등 성소에 해당되는 기능 이외의 방들은 들어갈 수 없었다. 네이브는 중앙 통로이기 때문에 더욱 그러했다. 관중석이라는 기능적 측면과 건물의 중간 부분이라는 위치적 측면 모두에서 네이브는 새로운 방이 덧붙여지기에 부적합했다. 새로운 기능이 더해질 수 있는 부분은 서쪽밖에 없었다. 건물의 단부라는 사실은 공간이 증식 분화되기에 유리했다.

둘째는 출입구 위에 첨탑을 얹기 위한 구조적 목적이다. 기독교는 하늘을 향해 강한 앙천성을 갖는 기본 속성이 있었다. 이것은 교회에 수직 확장을 유발했다. 교회가 커지면서 수직 확장의 요구는 더욱 커졌다. 순수한 종교적 목적 이외에 다른 이유도 있었다. 교회가 도시의 중심이 되면서 멀리서도 잘 보여야 할 필요가 생긴 것이다. 주변의 세속 건물들 위로 솟아오르며 자신의 존재를 드러내 보이고자 했다. 세속 건물을 아래로 굽어봄으로써 세속 건물을 다스린다는 상징성도 있었다. 이런 요구들은 건물의 높이를 인위적으로 높이는 결과로 나타났다. 첨탑은 이것을 만족시키기에 가장 적합한 구조였다.

탑이 높이 올라가기 위해서 아랫부분은 이것을 받치는 강한 구조를 가져야 했다. 웨스트 워크는 이런 역할을 했다(그림 93). 통로와 예배당 등의 공간이 복층으로 중첩되면서 두꺼운 벽체와 볼트 천장이 더해졌다. 이런 구조들은 위의 첨탑을 안전하게 받쳐냈다. 구조적 안정뿐 아니라 시각적 균형을 잡는 역할도 중요했다. 첨탑의 높이와 장대함이 안정적으로 보이기 위해서 아래쪽에 일정 규모 이상의 매스가 균형을 잡아주어야 했다. 웨스트 워크는 이런 역할을 했다. 실제로 중세 사람들은 교회의 웨스트 워크를 '탑turri'으로 이해하고 있었다. 그 뿌리는 고대의 바벨탑까지 거슬러 올라갈 수 있다(그림 94). 중세 성직자들의 마음속에는 고대의 탑을

93 로마네스크 서쪽 첨탑들

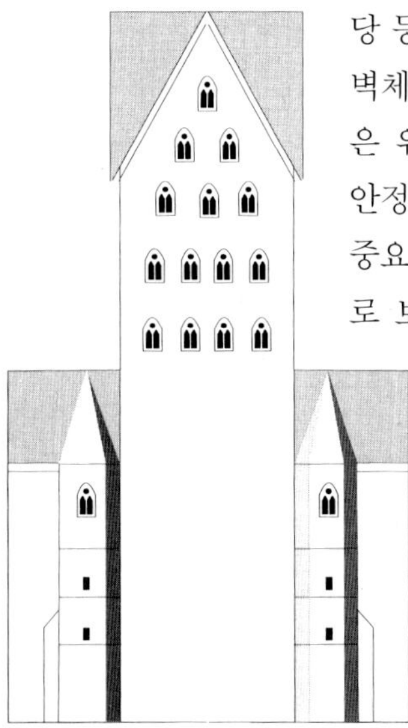

능가하는 기독교의 탑을 갖고 싶은 바람이 강하게 자리잡고 있었다. 웨스트 워크는 이후 로마네스크 건축 전반에 걸쳐 나타난 서쪽 첨탑의 발전을 가능하게 해준 토대가 되었다.

셋째는 주교회에 부속된 별도의 교회를 가져야 할 필요성이 증가한 점이다. 그 대상은 황제 등의 세속 권력자나 교회에 많은 기부를 한 가문 등이었다. 교회에는 황제 방문시 황제가 앉는 자리를 별도로 마련하는 전통이 있었다. 이것은 가깝게는 아헨 왕궁 예배당에서 샤를마뉴가 세운 전통이었고 멀리는 로마 기독교 시대의 황제들로부터 내려온 전통이기도 했다. 이때 그 위치는 출입구 위에 두는 것이 보통이었다. 기부금을 많이 낸 개인이나 집단을 위한 부속 교회의 필요성도 생겨났다. 본당과 구별되는 또하나의 교회를 마련해야 했는데 웨스트 워크는 이것에 가장 유리했다. 실제로 웨스트 워크는 공간적으로 보았을 때 성기 로마네스크 시기까지 네이브 쪽의 본체와 분리된 독립성을 유지하고 있었다(그림 95). 이것은 웨스트 워크가 본체의 확장에 따라 생겨난 것이 아니라 독립적 공간으로 구성된 뒤 부속 건물 개념으로 본체에 덧붙여진 것임을 보여주는 것이다.

94 중세의 바벨탑 축조 장면

웨스트 워크가 세속 권력자에게 봉헌된 별도의 교회라는 사실은 지역적 편차에서도 확인된다. 프레-로마네스크 시대에 웨스트 워크는 작센Sachen 지방에서 특히 많이 지어졌는데 이곳은 샤를마뉴의 중요한 본거지 가운데 하나였다. 이것은 웨스트 워크가 샤를마뉴의 은총 황제 개념을 뒷받침하기 위해 형성된 건축 구성임을 말해주는 것으로 해석될 수 있다.

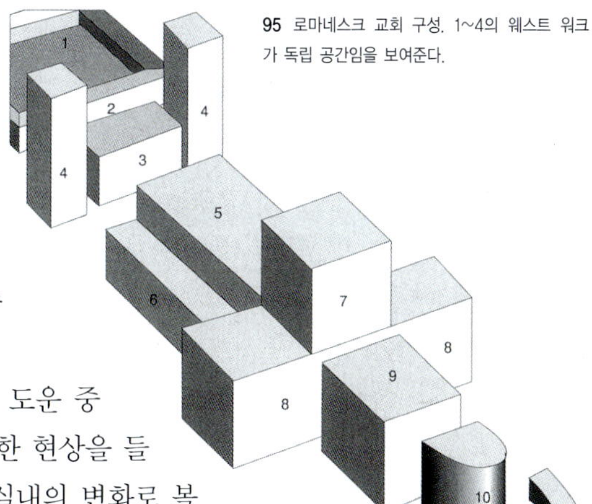

95 로마네스크 교회 구성. 1~4의 웨스트 워크가 독립 공간임을 보여준다.

이상과 같은 동기에 더해 웨스트 워크의 형성을 도운 중요한 건축적 발전으로 네이브 월에 갤러리가 등장한 현상을 들 수 있다. 갤러리의 등장은 외관의 변화에 상응한 실내의 변화로 볼 수 있다. 갤러리를 가지면서 네이브 월의 내력 구조부는 2층으로 복층화되었다(그림 96). 웨스트 워크의 형성과 네이브 월의 복층화 사이에는 양방향적 영향 관계를 생각할 수 있다. 웨스트 워크의 수직 확장에 맞춰 네이브 월이 함께 높아진 것으로 볼 수 있다. 혹은 그와 반대로 웨스트 워크의 수직 확장을 모색하는 과정에서 이것을 돕기 위해 시도된 구조적 노력으로 볼 수도 있다.

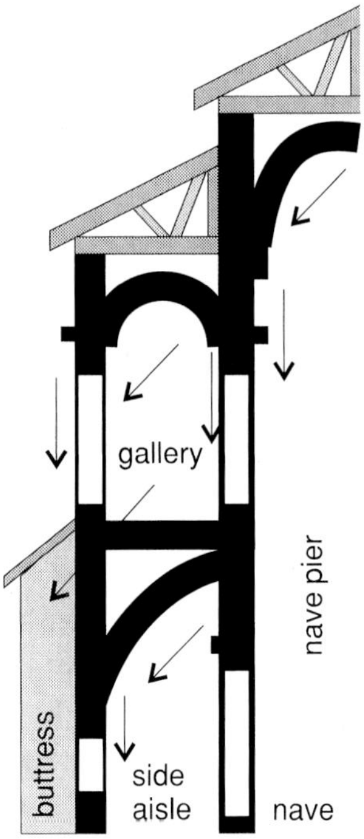

96 볼트의 하중 작용

네이브 월의 복층화는 6세기 동방 기독교 교회에서 정착된 현상이었다. 살로니카Salonica의 하기아 데메트리오스Hagia Demetrios는 복층의 네이브 월을 갖는 대표적인 바실리카 교회였다. 산비탈레나 하기아 소피아Hagia Sophia는 중앙집중형 교회 가운데 대표적 예들이었다. 6세기 동방 교회에서 네이브 월은 갤러리를 갖는 2층이 표준형이었다. 이것은 당시 서양 교회에는 없던 동방만의 특징이었다. 8세기 말~9세기 초에 서북유럽에서 리바이벌된 표준형 바실리카에는 동방의 복층 구성이 차용되었다. 평면의 기본 골격은 서양 기독교의 표준형 바실리카였지만 네이브 월에서는 동방의 복층 구성을 차용한 것이다. 이 복층 구성은 샤를마뉴의 아헨 왕궁 예배당을 통해 전파되었다. 아헨 왕궁 예배당에 나타난 갤러리의 복층 구성은 바실리카 유형을 포함하여 이후에 지어지는 프레-로마네스크 교회 전반에 반영되었다.

프레-로마네스크의 웨스트 워크를 보여주는 대표적인 예로 생리퀴에, 코르바이의 장크트비투스 수도원 교회Abbey Church of St. Vitus at Corvey, 로르슈 수도원의 게이트 하우스Gate House at the monastery of Lorsch, 민덴 성당Minden Cathedral, 힐데스하임 성당Hildesheim Cathedral, 할버슈타트 성당Halberstadt Cathedral 등을 들 수 있다.

이 가운데 생리퀴에는 웨스트 워크의 초창기 표준형을 보여준다(그림 87). 이 건물은 현재 남아 있지 않지만 웨스트 워크에 대한 추측이 가능하다. 아래층은 출입구와 전실로 구성되었다. 출입구는 밖으로 짧은 팔 모양을 하며 돌출했다. 위층은 갤러리와 예배당으로 구성되었다. 그리고 위층과 아래층을 이어주는 원형 계단실이 있었다. 이렇게 두 개 층으로 구성되는 중심 블록 위에 다시 탑이 더해졌다. 웨스트 워크의 첨탑은 이스트 엔드의 첨탑과 짝을 이루었다(그림 97).

장크트비투스 수도원 교회는 프레-로마네스크의 웨스트 워크를 온전하게 보존하고 있는 유일한 예이다. 이 건물은 웨스트 워크가 샤를마뉴의 아헨 왕궁 예배당에서 유래되었음을 보여주는 중요한 예이다. 또한 생리퀴에의 아담한 규모에서 벗어나 웨스트 워크를 웅장하게 처리한 예이다. 장크트비투스 수도원 교회의 웨스트 워크는 정사각형 단면의 단일 육면체 매스로 구성되었다. 정사각형 매스는 불균등 내접형 그릭 크로스 형식으로 9등분되었다. 중앙의 큰 정사각형 공간은 1층에서는 출입구를 겸한 열주 홀로 쓰였다(그림 98). 중앙 공간 주위로 복도가 만들어졌다. 복도 가운데 서쪽의 것은 출입구 전실과 부속실로 쓰였다. 1층은 위층을 받쳐내는 구조적 역할을 수행하기 위해 천장이 그로인 볼트로 처리되었다. 그리고 천장고를 낮춰 구조적 효율을 높였다. 그로인 볼트의 둔탁한 매스를 굵고 튼튼한 원형 기둥과 사각 기둥이 교대로 받치는 모습은 구조적 효율의 느낌을 시각적으로 강조하고 있다(그림 99). 2층은 샤를마뉴에게 봉헌된 예배당이었다. 중앙의 큰 정사각형 공간은 사면이 아케이드 복도로 둘러쳐졌다(그림 100). 아케이드의 위층은 갤러리로 처리되었다. 그 결과 예배당은 두 개 층 높이의 수직 공간이 되었고 웨스트 워크는 총 3층이 되었다(그림 101). 갤러리 층 가운데 동쪽 부분, 즉 네이브를 면하고 있는 부분이 샤를마뉴의 옥좌실이었다.

97 생리퀴에(St. Riquier=Abbey Church at Centula, 센툴라 수도원 교회). 프랑스. 790~799년

이런 구성은 아헨 왕궁 예배당에 쓰였던 샤를마뉴식의 중앙집중형과 매우 유사하다. 이것은 웨스트 워크의 출발점과 종착점이 무엇인지를 말해주는 증거로 이해될 수 있다. 외관은 이런 증거를 뒷받침해준

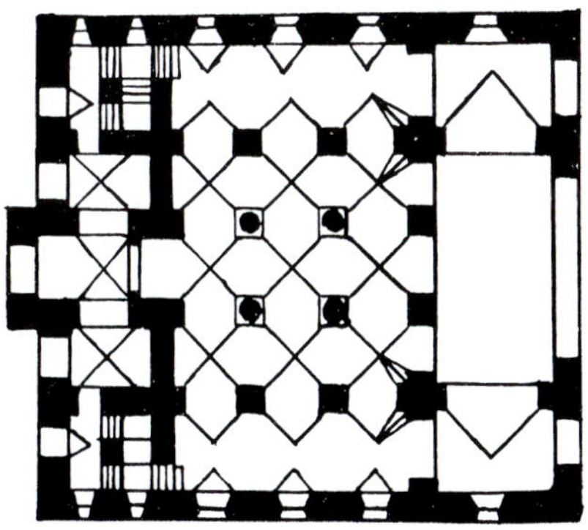

98 장크트비투스 수도원 교회(Abbey Church of St. Vitus). 코르바이(Corvey), 독일. 873~885년

99 장크트비투스 수도원 교회(Abbey Church of St. Vitus). 코르바이(Corvey), 독일. 873~885년

100 장크트비투스 수도원 교회(Abbey Church of St. Vitus), 코르바이(Corvey), 독일, 873~885년
101 장크트비투스 수도원 교회(Abbey Church of St. Vitus), 코르바이(Corvey), 독일, 873~885년

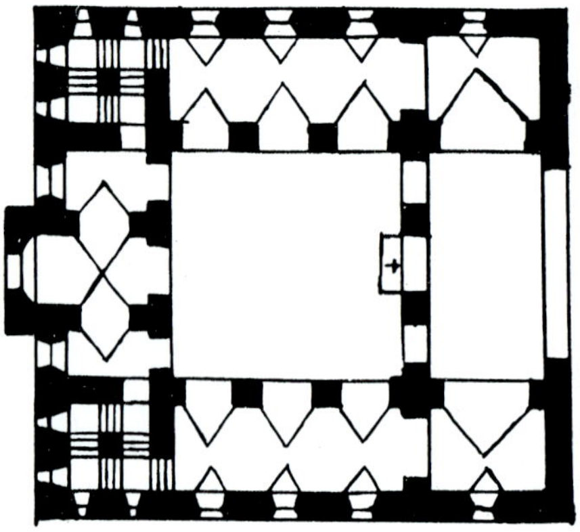

다. 장크트비투스 수도원 교회의 웨스트 워크는 샤를마뉴 때 이미 3층 높이로 지어졌다. 이것 자체가 수직 확장을 보여주는 좋은 예이다. 그 후 12세기 중반에 두 개의 첨탑이 더해지면서 웨스트 워크는 38미터의 높이가 되었다. 양쪽 첨탑 사이의 중앙 매스도 함께 높아지면서 수직성에 더해 웅장한 스케일도 함께 갖추게 되었다(그림 102).

로르슈 수도원의 게이트 하우스는 프레-로마네스크의 전환기적 성격을 잘 보여주는 특이한 예이다. 이 게이트 하우스는 수도원 교회에 부속된 건물이었다. 현재는 수도원과 교회 모두가 없어지고 게이트 하

102 장크트비투스 수도원 교회(Abbey Church of St. Vitus), 코르바이(Corvey), 독일, 873~885년
103 로르슈 수도원(Monastery of Lorsch), 게이트 하우스(Gate House), 독일, 767~774년

우스만 남아 있다. 교회는 아틀리에를 앞마당으로 갖는 구 성 베드로Old St. Peter's의 삼랑식 바실리카 표준형 구성이었다. 게이트 하우스는 아틀리에의 서쪽 경계부에 교회 전체의 대문으로 세워졌다(그림 103).

게이트 하우스에는 로마 건축의 모티브와 로마네스크 건축의 새로운 구성이 혼재되었다. 로마 건축의 모티브는 개선 아치와 오더의 사용으로 나타났다. 개선 아치의 모티브를 사용하여 세 개의 아치가 건물의 기본 골격을 이루었다. 원형에 충실한 코린트식 오더와 이오니아식 벽기둥도 사용되었다(그림 104). 이런 어휘들은 로마적 종합화를 보여주는 좋은 예로 해석된다. 변형도 있었다. 로마의 개선 아치에서는 가운데 아치가 더 크게 처리되었던 데 반해 이곳에서는 세 개의 아치가 같은 크기로 처리되었다.

로마네스크 건축의 새로운 구성은 여러 곳에서 관찰된다. 1층이 통로이고 2층이 예배당인 전체 구성은 생리퀴에의 웨스트 워크 구성이 단독으로 쓰인 경우에 해당된다. 급한 경사 지붕은 알프스 이북 지역의 전통건축 어휘가 그대로 사용된 것이었다. 마름모꼴과 육각형을 기본 문양으로 사용한 기하 장식은 중세의 추상 장식의 전형적인 예에 해당된다. 기하 장식을 모자이크풍으로 처리한 것은 비잔틴 장식의 영향을 받은 것으로 보인다. 건물의 벽면은 추상 장식이 놓이는 바탕면

104 로르슈 수도원(Monastery of Lorsch). 게이트 하우스(Gate House). 독일. 767~774년
105 로르슈 수도원(Monastery of Lorsch). 게이트 하우스(Gate House). 독일. 767~774년

개념으로 처리되었다. 이에 따라 개선 아치 모티브도 함께 변형되었다. 로마 시대의 개선 아치가 3차원 조각성을 가졌던 데 반해 이곳에서는 2차원 평면성으로 바뀐 것이다. 이에 따라 원형 기둥과 엔타블러처 등의 오더 부재도 면장식의 느낌으로 변형 처리되었다(그림 105).

이스트 엔드와 더블 엔더

성소의 발전은 이스트 엔드의 형성으로 나타났다. 바실리카 교회의 동쪽 부분은 본래부터 성단소chancel로 불리며 성소를 모아놓은 집합소였다. 초기 기독교까지는 성상 안치소, 제단, 앱스 정도가 기본 구성 요소였다. 이것이 프레-로마네크스에 들어와 구성 요소와 규모가 늘어나고 내용도 복합적으로 발전했다. 이 가운데 성가대석이 더해지는 발전이 가장 중요했다. 성가대석과 앱스를 합쳐 슈베chevet라고 부르기도 했다. 이스트 엔드는 최종적으로 로마네스크 시대에 가서 완성되었다. 그 구체적 내용은 성가내식, 예배당, 앱스의 세 방향이었나. 프레-로마네스크 시대에는 이 가운데 앱스의 분화가 주요 발전 내용으로 나타났다.

이스트 엔드의 가장 흔한 구성은 앱스를 셋으로 증식하는 방식이었다. 가운데 앱스는 네이브에 대응되었다. 양쪽의 앱스를 처리하는 방식에는 여러 가지가 있었다. 아일에 대응될 때에는 트랜셉트 팔부분의 동쪽 변 양쪽에 위치시키는 것이 표준형이었다. 이 경우에는 세 앱스가 서로 일정한 거리를 두며 떨어졌다. 슈타인바흐의 성 마르첼리노St. Marcellinus at Steinbach는 이것의 대표적인 예이다(그림 106).

106 성 마르첼리노(St. Marcellinus), 슈타인바흐(Steinbach), 독일

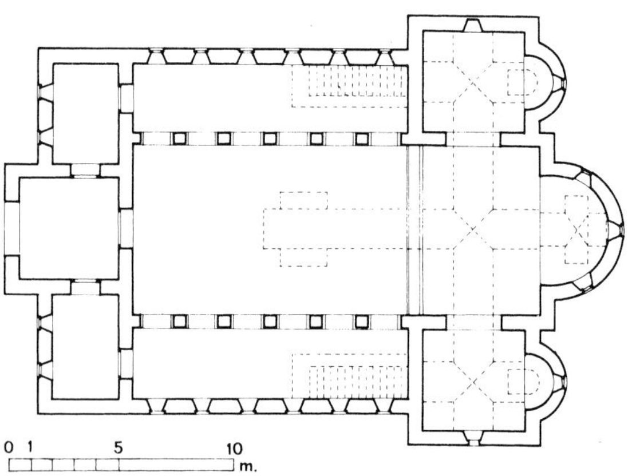

반면 세 앱스를 모두 합친 폭이 네이브의 폭과 같기도 했다. 특히 세 앱스가 벽을 공유하며 나란히 붙어 있는 처리는 향후 제형梯形, echelon으로 발전하는 출발점이 되었다. 그랑리외의 생필리베르St. Philibert at Grandlieu는 이것의 대표적인 예이다(그림 107). 제형은 프랑스 노르망디 지방에서 쓰이다가 영국에 전파되어 영국 로마네스크 교회의 주요 특징이 된 이스트 엔드의

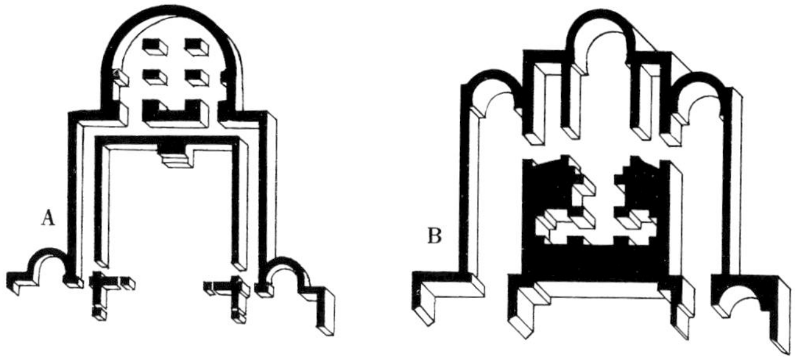

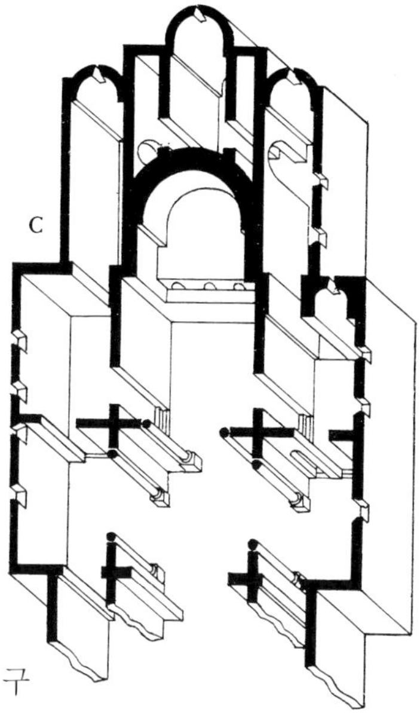

처리 방식이었다.

앱스와 앱스 사이, 그리고 앱스와 성가대석 사이는 아치로 구획되는 것이 보통이었다. 가운데 앱스가 양옆의 것들보다 더 넓고 높았기 때문에 아치의 폭과 높이에도 차등이 생겼다. 앱스의 증식은 봉헌 대상이 늘어난 기능적 요구에 따라 일어났다. 이것을 셋으로 증식하는 처리는 동방정교회의 성구소인 패스토포리pastophory의 구성을 차용한 것이다.

이스트 엔드는 여러 면에서 웨스트 워크와 대별되었다. 교회가 커지면서 웨스트 워크에 들어갈 방이 늘어난 것과 마찬가지로 성소를 구성하는 공간도 증식 분화한 것이었다. 웨스트 워크는 세속적 성격을 가졌다. 교회의 기본 골격이 형성된 뒤에 추가로 세속 공간이 필요해지자 형성된 부분이었다. 교회 내 속俗의 공간을 대표한다는 의미였다. 이에 반해 이스트 엔드는 교회 내 성聖의 공간을 대표했다. 또 필요에 따라 형성된 것이 아니라 원래 있던 것이 증식 분화되었다. 위치 면에서도 동쪽과 서쪽, 혹은 출입구와 종착점을 양분하며 맞대응했다(그림 108).

프레-로마네스크 때 이스트 엔드의 발전을 보여주는 예로 앞의 두 건물 이외에도 치비달레의 산타마리아인발레Santa Maria in Valle at Cividale, 생리퀴에, 장크트비투스 수도원 교회, 코달레의 생미셸드쿡사Saint-Michel-de-Cuxa at Codalet 등을 들 수 있다. 치비달레에서는 바실리카 표준형을 기본으로 삼아 성가대석이 세 개의 예배당으로

107 생필리베르(St. Philibert), 그랑리외(Grandlieu), 프랑스, 814년경~847년

108 생리퀴에(St. Riquier=Abbey Church at Centula, 센툴라 수도원 교회), 프랑스, 790~799년

분할되는 확장이 있었다. 예배당은 쌍기둥으로 구성된 오더로 구획되었다. 각 예배당은 배럴 볼트로 천장이 처리되었다. 기둥은 아키트레이브를 받치고 이것이 다시 배럴 볼트를 받치는 구성이었다(그림 109). 생리퀴에에서는 트랜셉트와 앱스의 기본 구성에 사각형 성가대석이 더해지면서 수평 방향으로 확장되고(그림 87) 이 위에 탑이 더해지면서 수직 방향으로도 확장되었다. 이스트 엔드는 앞에 본 웨스트 워크와 함께 교회의 앞뒤 양 끝에서 웅장한 수직선을 형성했다(그림 110). 두 부분은 아래쪽 네이브 본체의 낮게 드러누운 수평 매스와 대비되며 서로 균형을 이루었다(그림 97).

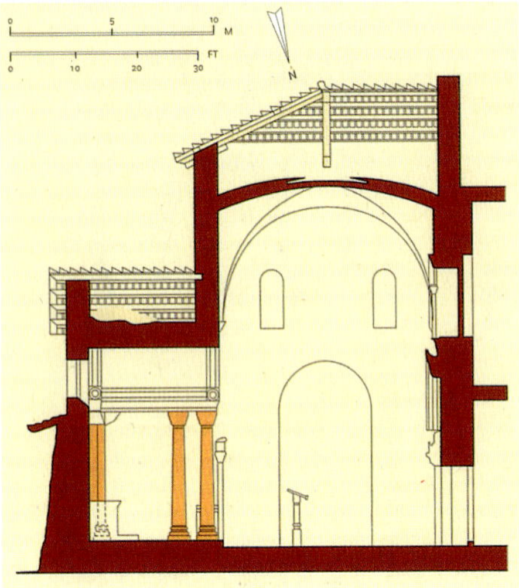

109 산타마리아인발레(Santa Maria in Valle). 치비달레(Cividale), 이탈리아. 762~776년

이스트 엔드가 대칭 개념으로 반복되면서 더블 엔더로 발전했다. 웨스트 워크의 자리에 이스트 엔드의 구성이 한 번 더 들어간 구성이었다. 단순화시키자면 직사각형의 바실리카 평면에서 양 끝 단변에 반원형의 앱스를 각각 하나씩 갖는 쌍극형이었다(그림 111). 앱스와 성가대석은 동쪽 한 곳에만 있는 것이 표준형이었는데 이것이 서쪽에도 쌍둥이 개념으로 하나 더 들어간 것이다. 이런 점에서 더블 콰이어드double-choired=이중 성가대형라 불리기도 했다. 앱스에 한정시켜보면 웨스크 워크에 들어가는 앱스는 이스트 엔드의 정식 앱스와 대칭을 이룬다는 의미에서 카운터 앱스counter apse라고 부르기도 했다. 혹은 이스트 엔드의 앱스가 정식 앱스인 데 반해, 웨스트 워크에 들어가는 성가대석은 이것에 대해 뒤쪽에 놓인다는 의미에서 후면 성가대석retrochoir이라고 부르기도 했다. 경우에 따라서는 앱스뿐 아니라 트랜셉트까지 하나 더 만들어지기도 했다. 더블 엔더의 초기 상태는 이미 초기 기독교 건축에서 등장한 적이 있었다. 324년경에 지어진 오를레앙스빌 성당Cathedral at Orleansville이 대표적인 예이다.

110 생리퀴에(St. Riquier=Abbey Church at Centula, 센툴라 수도원 교회). 프랑스. 790~799년

더블 엔더는 교회의 봉헌 대상인 대표 성인, 즉 표제 성인이 두 명이어서 두 곳의 성소가 필요한 경우를 만족시키기 위해 만들어졌다. 초기 기독교 건축에서 지어졌던 앱스를 두 개 갖는 교회가 발전하여 두번째 앱스도

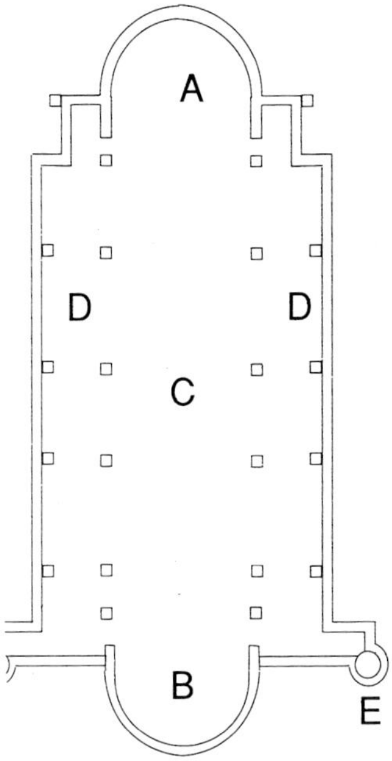

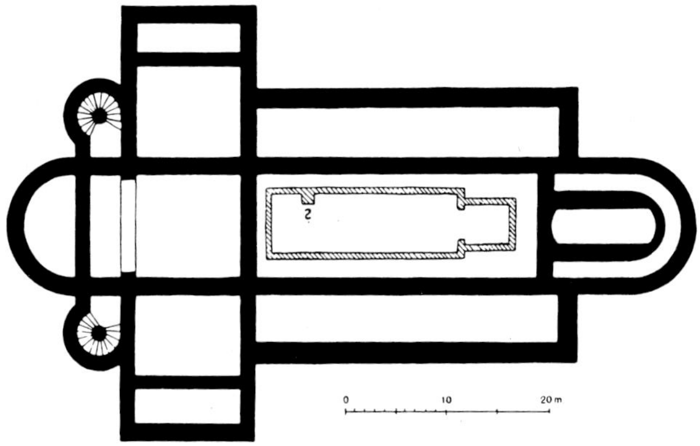

111 더블 엔더(double-ender) 평면
112 성 구세주(St. Salvator), 파더보른(Paderborn), 독일, 카롤링거 시대
113 구 쾰른 성당(Old Köln Cathedral), 독일, 9세기

제단을 갖는 형식을 갖추면서 또 하나의 성소 영역이 되었다(그림 112). 성소가 양극화되면서 실내 구성과 동선 처리에 중요한 변화가 따랐다. 출입구가 위치하던 서쪽을 성소가 차지함에 따라 출입구는 측면으로 이동했다. 이것은 실내 동선, 나아가 실내 공간의 기본 개념에 큰 변화를 초래했다. 앱스가 동쪽에 하나만 있고 서쪽에 출입구가 나는 표준형에서는 출입구에서 성소에 이르는 동선이 일직선을 이루었다. 이것은 바실리카 교회의 선형성을 형성했다. 선형성은 출입구에서 성소까지의 이동을 장려했다. 네이브는 양쪽이 콜로네이드로 둘러쳐진 통로 개념으로 정의되었다.

이에 반해 더블 엔더에서는 출입구가 측면에 있었기 때문에 실내에 들어오면 왼쪽과 오른쪽 가운데 한 곳을 선택해야 했다(그림 113). 직각 꺾임이 반드시 한 번 이상 일어났다. 성소 두 곳을 모두 보려면 유턴을 해야 했다. 일직선 동선은 완전히 사라졌다. 출입구에서 성소에 이르는 거리도 선형 바실리카의 경우보다 절반 정도로 줄었다. 이런 변화들은 네이브의 선형성을 현저히 약화시켰다. 네이브는 이동 통로가 아니라 자유롭게 배회하거나 멈추어 머무는 영역으로 변했다. 예배당 등 중간 부분의 공간에 들르기도 용이했다.

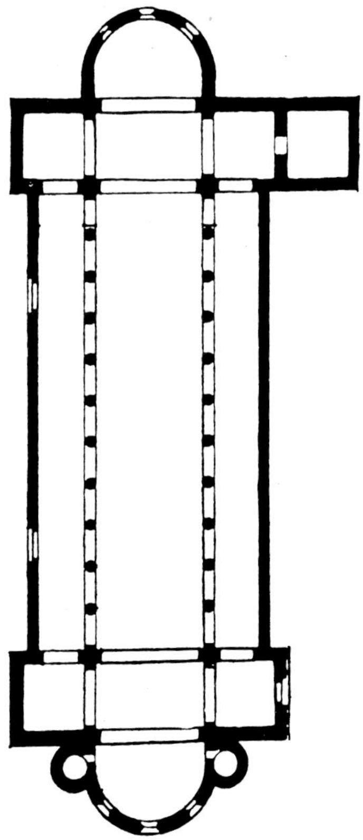

더블 엔더는 주로 독일에서 사용되던 평면 구성이었다. 이것이 독일의 초기-성기 로마네스크 건축에서 본격적으로 나타났다. 아우크스부르크 성당Augsburg Cathedral, 본 성당Bonn Cathedral, 힐데스하임의 성 미카엘St.

114 제르미니데프레(Germigny-des-Prés), 프랑스, 806년

Michael at Hildesheim, 힐데스하임의 장크트고데하르트St. Godehard, 쾰른의 성 제오르지오St. Georges at Köln, 쾰른의 장크트판탈레온St. Pantaleon, 쾰른의 성 마르티노St. Martin, 쾰른의 성 사도St. Apostein, 마인츠 성당Mainz Cathedral, 노이스의 장크트크비리누스St. Quirin at Neuss, 라이헤나우-미텔첼 성당Reichenau-Mittelzell Cathedral=St. Marie, 트리어 성당Trier Cathedral, 보름스 성당Worms Cathedral 등이 초기-성기의 대표적인 예들이다. 더블 엔더는 독일의 로마네스크 건축을 구분하는 지역별 차이와 관계없이 전 지역에 골고루 분포되었다.

프레-로마네스크 때에는 구 쾰른 성당Old Köln Cathedral, 파더보른의 성 구세주St. Salvator at Paderborn, 풀다 수도원 교회Abbey Church of Fulda 등이 더블 엔더로 구성된 예들이다. 앞에서 살펴본 제르미니데프레의 축 구성도 중앙집중형에 더블 엔더가 더해진 것으로 볼 수 있다(그림 114).

네이브, 모듈, 갤러리

웨스트 워크와 이스트 엔드는 바실리카의 시작과 끝에서 이루어진 확장이었다. 마지막으로 네이브에서도 확장이 이루어졌다. 네이브의 확장 역시 수직, 수평 양방향에서 있었다. 수직 확장은 네이브 월에 갤러리가 나타난 현상을 들 수 있다(그림 96). 이에 따라 네이브 월은 2층으로 복층화되었다. 네이브 월의 복층화는 비잔틴 건축으로부터 영향을 받았다. 6세기 비잔틴 교회에서 네이브 월은 갤러리를 갖는 2층으로 구성되었다. 이것은 당시 서양 교회에는 없던 동방 교회만의 특징이었다. 2층의 네이브 월은 바실리카 교회와 중앙집중형 교회 모두에서 공통적으로 나타났다. 살로니카의 하기아 데메트리오스는 바실리카 교회의 대표적인 예였다. 산비탈레나 하기아 소피아는 중앙집중형 교회의 대표적 예들이었다.

이것을 받아들여 프레-로마네스크 교회의 네이브 월을 2층으로 정착시킨 것은 아헨 왕궁 예배당이었다. 이후 프레-로마네스크의 주요 교회들로 퍼져나갔다. 갤러리를 갖는 2층 구성은 네이브 월뿐 아니라 웨스크 워크에서도 쓰였다. 특히 갤러리가 갖는 내력 기능은 웨스트 워크에서 첨탑을 받치는 데 중요한 역할을 했다. 앞에서 살펴본 장크트 비투스 수도원 교회는 이것의 대표적인 예이다.

수평 방향에서의 확장은 모듈 구성으로 나타났다. 네이브가 길어지면서 자칫 지루하거나 혼란스러워질 수 있는 위험을 피하고자 모듈을 이용하여 정형적 질서를 만들어낸 것이다. 바실리카 교회에서는 보통 아일, 네이브, 크로싱의 세 곳에서 모듈 단위가 쓰였다(그림 115). 그 기준은 네이브 월 기둥열의 기둥간 거리였다(그림 116).

아일에는 기둥간 거리를 한 변으로 하는 정사각형이 모듈 단위로 쓰였다. 네이브의 폭은 아일보다 크기 때문에 네이브의 모듈 단위는 넓적한 직사각형이었다. 트랜셉트의 기둥간 거리는 네이브의 폭과 같게 처리하는 것이 보통이었다. 이에 따라 크로싱은 네이브의 폭을 한 변으로 하는 큰 정사각형으로 구성되었다. 네이브 월의 기둥열이 만들어내는 리듬은 모듈 구성을 명확하게 해주었다.

선형 공간에는 모듈 구성이 내재되는 것이 보통이다. 초기 기독교의 바실리카 교회도 마찬가지였다. 그러나 여기에서는 아직 모듈에 대한 명확한 인식이 나타나지는 않았다. 콜로네이드나 아케이드를 이루는 기둥열에 의해 자연스럽게 베이가 형성된 정도였다. 서북유럽의 전통 목조 건물 역시 모듈을 기본 구성 원리로 했다. 여기에서는 모듈 구성이 초기 기독교의 바실리카 교회보다 더 명확하게 나타났다. 가구식

115 중세 교회의 모듈에 의한 평면 구성. 비야르 드 온쿠르(Villard de Honnecourt)의 스케치집 도판 28번

116 성 베드로(St. Pierre), 앙굴렘(Angoulême), 프랑스. 1100년~

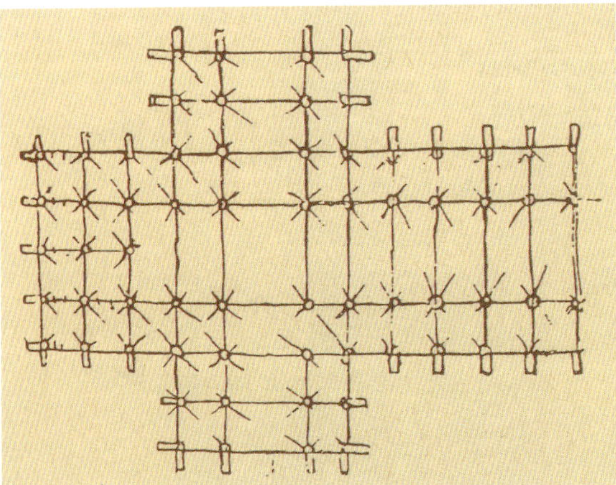

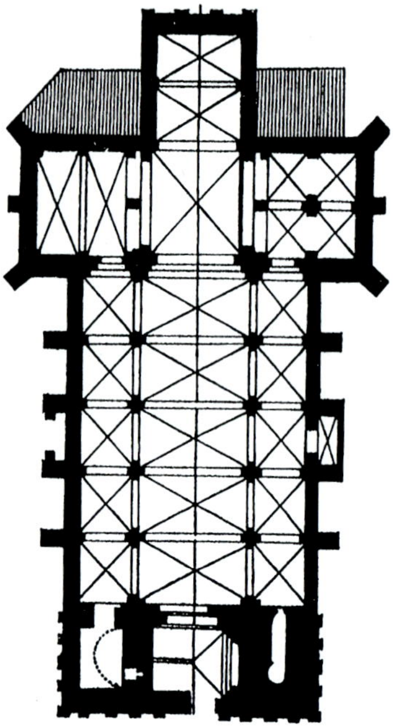

117 성 베드로/성 바오로(St. Pierre et St. Paul), 앙들로(Andlau), 프랑스, 880년

접합식 구조로 짜이는 목구조는 모듈 구성을 기본 특징으로 갖기 때문이다. 프레-로마네스크 시대에는 이런 두 선례가 하나로 합쳐지면서 모듈 구성으로 발전했다. 목구조의 명확한 모듈 구성이 석구조로 번안된 것이다. 프레-로마네스크의 바실리카 교회에서 처음으로 분명한 의도 아래 모듈을 이용하여 전체 구성이 계획되었다(그림 117).

모듈 구성은 세 가지 요인으로 발전했다. 첫째는 네이브 월의 기둥 체계였다. 네이브 월이 높아지면서 기둥도 다발 기둥이 되는 등 전반적으로 두꺼워졌는데 이것이 사각형 모듈 단위의 윤곽을 더욱 뚜렷하게 만드는 작용을 했다. 둘째는 교회 규모의 확장이었다. 베이의 숫자가 늘어나면서 모듈 단위의 개수도 모듈 구성을 이루기에 충분한 정도로 늘었다. 셋째는 천장에 쓰인 그로인 볼트였다. 그로인 볼트는 옆 공간과의 구획을 명확하게 하는 특징이 있는데 이것은 베이 공간의 독립적 개별성을 강화하는 데 도움을 주었다.

모듈 구성이 본격적으로 나타난 것은 교회의 규모가 커지기 시작한 초기 로마네스크 이후부터이다. 그러나 프레-로마네스크 시기에 이미 이것의 전조 현상으로서의 모듈 사용이 중요한 구성 법칙으로 정착해 가고 있었다. 현재 프레-로마네스크 시대의 교회가 많이 남아 있지 않기 때문에 이것을 보여주는 예를 찾기는 쉽지 않다. 그러나 초기 로마네스크 이후의 주요 교회들 가운데에는 프레-로마네스크 때의 기본 골

118 성 디오니시오(St. Denis), 파리, 7세기

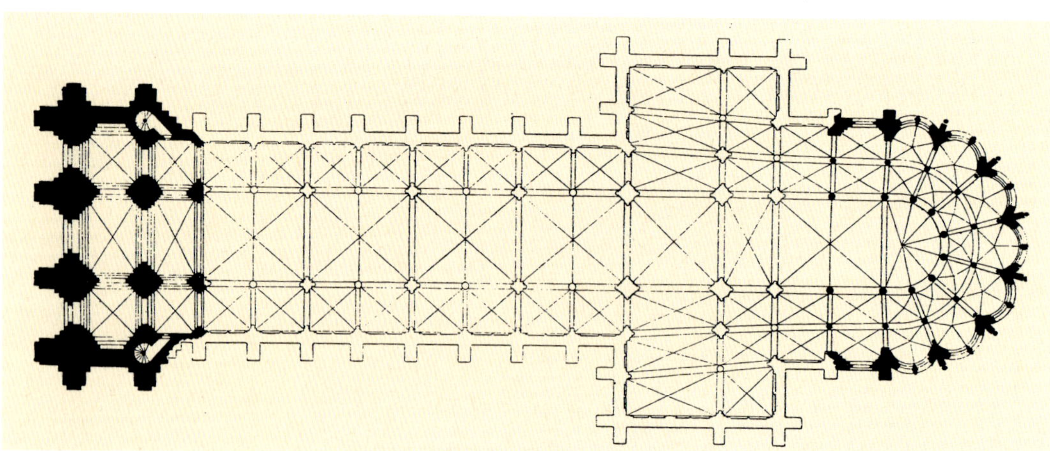

격 위에 증축한 예들이 적지 않다. 콩크의 생트푸아Ste. Foy at Conques, 힐데스하임 성당, 쥐미에주의 노트르담/성 베드로Notre-Dame et St. Pierre at Jumièges, 구 쾰른 성당, 파리의 성 디오니시오St. Denis, 투르뉘의 생필리베르St. Philibert at Tournus 등은 이것의 좋은 예들이다. 이런 예들에서 프레-로마네스크 때의 기본 골격은 고고학적으로 추적이 가능한데, 대부분 모듈 구성을 보여주고 있다(그림 118).

3 납골당

성물과 콘페시오

기독교 건축이 시작된 이래 무덤은 중요한 문제였다. 무덤은 죽음과 매장을 담당하는 기능 유형이었다. 죽음의 문제는 추상적 이론의 성격을 가졌다. 매장은 이것을 현실 세계의 일로 번안한 것이었고 무덤은 이것을 다시 건축적으로 번안한 것이었다. 기독교의 교리나 성경 가운데 죽음에 대한 내용은 많지만 매장에 대한 직접적 언급은 없는 편이다. 더욱이 무덤과 관련된 건축적 언급은 전무하다고 할 수 있다. 그러나 기독교도에게 매장과 무덤은 중요한 문제였다. 교리나 성경의 내용과는 별도로 현실에서 기독교를 정착시키고 운용해나가는 데 매장과 무덤은 종교적으로 유용한 매개였다. 기독교는 박해를 이기며 순교를 통해 성장한 종교였기 때문에 더욱 그러했다. 순교자나 성인의 죽음은 감성적 효과가 큰 사안이었다. 이것을 종교적으로 활용하는 일은 기독교의 성장에 중요한 역할을 했다.

기독교의 무덤 건축은 초기 기독교 시대에 몇 단계를 거치며 발전했다. 초창기에는 박해나 비용 등의 어려움 때문에 지하를 선호했다. 사정이 나아지면서 지상으로 나오는 경우도 생겼다. 이때부터 무덤은 지하와 지상 두 곳에 나누어 분포했다. 기독교가 커지면서 성인이나 순교자의 무덤은 중요한 초점이 되었다. 성인의 무덤이 갖는 종교적 효과와 순교가 갖는 기독교적 상징성은 중요했다. 이들의 무덤은 그 자체가 성소가 되었다. 이 과정에서 무덤은 두 갈래로 발전했다. 지하에 있던 무덤은 그대로 지하에 남으면서 그 위에 교회가 지어졌다. 지상에 있던 무덤은 교회 안으로 들여왔다.

프레-로마네스크 건축은 초기 기독교의 무덤 전통을 이어받아 발전시켰다. 성인과 순교자의 무덤은 별도의 방으로 처리되었다. 이런 방들은 '콘페시오confessio'로 통칭되었다. 반드시 무덤일 필요는 없었다. 성인과 순교자의 유물이나 시신 등 성물도 성소를 형성하는 중요한 요소였다. 시신은 숫자가 한정된 반면 성물은 여러 곳에 분산 보관할 수 있었기 때문에 콘페시오의 숫자를 늘리는 데 유리했다. 시신도 유골로 나누어 성물의 개념으로 취급하기도 했다. 같은 교회 내에서 성물을 나누어 보관하기 위해 콘페시오의 숫자를 늘렸다. 다른 교회에 기증하거나 파는 경우도 있었다. 심지어는 성인의 유골까지 사고 팔았다. 생리퀴에에서 845년에 처음 성인의 유골을 분산 보관하는 전통이 생긴 이래 랭스 성당Reims Cathedral, 투르의 성 발레리아노St. Valerian at Tours, 콩크의 생트푸아 등이 이런 경향을 이끈 대표적인 교회들이었다(그림 119). 성물이 성인이나 순교자의 것이 아닌 예수의 것이라면 종교적 열정의 증폭은 대단했다. 예수의 25가지 성물을 보관하던 생리퀴에는 이것을 대표했다.

119 생트푸아(Ste. Foy)의 성물

프레-로마네스크 때 로마의 상황은 콘페시오의 발전을 도왔다. 초기 기독교 시대의 침체기를 끝내고 초기 중세의 시작과 함께 로마에도 기독교 재정비 바람이 새롭게 불었다. 초기 기독교 때 지하 시설에 보관되었던 성물이나 중요한 인물들의 시신 등을 지상으로 옮기기 시작했다. 보관해야 할 성물이 증가함에 따라 교회 실내를 재정비하게 되었다. 콘페시오 구성의 변화는 교회 재정비의 중요한 내용을 차지했다.

콘페시오는 신도와 방문객을 불러모으는 중요한 요소였다. 순례 여행자들을 끌어들이는 등 순례 루트 형성에도 영향을 끼쳤다. 순례 루트는 중요한 성물이 보관되어 있는 도시를 따라 형성되었다. 성물의 기독교적 가치와 분량은 신앙심과 동의어가 되었고 이것은 다시 교회의 권위 및 교세와 직결되었다. 이런 것들은 방문객의 숫자를 결정지었다. 방문객의 숫자는 거꾸로 기독교적 열정, 신앙심의 깊이, 교회의 권위와 힘 등을 상징했다. 경제적 수입에도 중요한 기여를 했다. 성인의 유품과 시신을 보여주고 받는 입장 수입이 있었다. 또 보관하고 있는 성물의 중요도는 기부금 수입과 비례했다(그림 120). 방문객에 의한 경제적 효과는 교회에만 한정되지 않았다. 방문객을 위한 숙박과 음식점 등이 생기면서 도시 전체의 경제에도 활기를 가져왔다. 이런 현상은 도시에 대한 교회의 영향력을 증대시켰다.

120 쾰른의 돔형 성물. 겔프 비장품(Guelph treasure)

교회가 벌어들이는 돈은 교회 운영, 조직 확장, 건물 증

축, 실내 장식 등 교세를 늘리고 신앙심을 과시하는 데 사용되었다. 경우에 따라 다른 교회에서 성물을 추가로 구입하기도 했다. 성물의 숫자가 늘어나고 종류도 다양해짐에 따라 보관 장소도 카메라camera='보고' 라는 뜻, 비블리오테카bibliotheca=도서관이란 뜻, 카펠라capella=예배당이란 뜻 등으로 다양해졌다. 카메라는 값나가는 금속 보물, 장식물 등을 보관하는 장소였다. 비블리오테카는 고서나 중요한 문서 등을 보관하는 장소였다. 카펠라는 종교 의식과 관련된 물건, 책, 장식물 등을 보관하는 장소였다.

환상형 겹공간, 가슴, 머리

콘페시오는 성물을 보관하는 장소였기 때문에 종교적 중요도가 높은 공간이었다. 콘페시오가 더해진 곳은 이스트 엔드였다. 콘페시오는 이스트 엔드를 구성하는 중요한 요소가 되었다. 콘페시오는 납골당의 한 종류였다. 이것은 이스트 엔드에 납골당의 기능이 첨가됨을 의미했다. 콘페시오를 구성하는 건축적 처리는 높은 위계를 가져야 했다. 이를 위해 콘페시오의 천장은 볼트로 처리되었다. 종교적 효과도 요구되었는데 이를 위해 신도들과의 직접 접촉이 가능하도록 배치되었다. 이런 여러 조건들을 동시에 만족시킬 수 있는 방법은 콘페시오를 앱스나 제단 가까이에 배치하는 것이었다. 콘페시오가 복도를 사이에 두고 앱스와 마주보는 구성이 표준형이 되었다. 여기에는 다음의 두 가지가 있었다.

한 가지는 콘페시오의 숫자가 적고 제단 가까이에 두고 싶을 경우로 이때에는 앱스 안쪽에 콘페시오가 위치했다. 콘페시오는 대부분 한 개에 머물렀으며 크기도 작고 구성도 단순했다. 이런 구성은 홀식 납골당hall-crypt이라 불렸다(그림 121, 126). 다른 한 가지는 콘페시오의 숫자가 많고 앱스 가까이에 두고 싶을 경우로 이때에는 콘페시오가 앱스 바깥쪽에 위치했다. 앱스는 반원형인 경우가 대부분이었기 때문에 이런 구성은 중복도를 환상축으로 삼는 환상형環狀形 혹은 방사선 구도로 정착되었다(그림 122). 콘

121 플라비니쉬르오제랭 납골당(Crypt of Flavigny-sur-Ozerain), 앙굴렘의 성 베드로(St. Pierre at Angoulême) 내

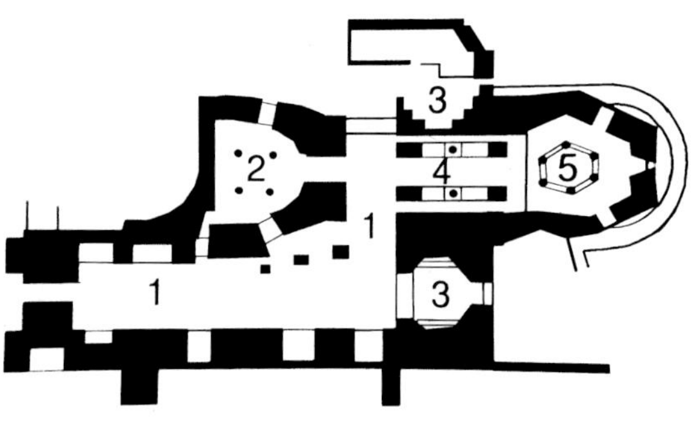

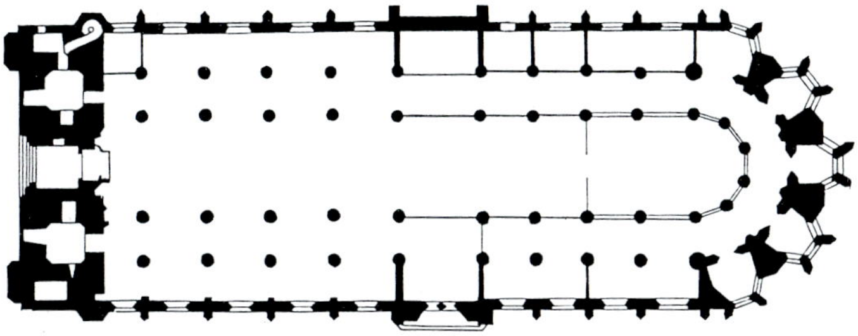

122 생위베르(St. Hubert), 벨기에, 8세기

123 생제르맹(St. Germain), 납골당, 오세르(Auxerre), 프랑스, 9세기 중반

페시오가 여러 개 이어지면서 원형 기둥이나 사각 기둥으로 구획되었다. 콘페시오가 2층인 경우도 있었다. 이런 구성에 대한 특별한 명칭은 없는 편이나 콘페시오가 기존의 교회 윤곽 밖으로 별도의 공간을 만들어 늘려나갔다는 의미에서 외부 납골당exeternal crypt 정도로 부를 수 있다.

이런 구성은 종교적 효과와 직접 접촉이라는 두 가지 요구 사항을 모두 만족시켰다. 성소인 앱스나 제단 주위에 배치함으로써 콘페시오도 성소를 구성하는 요소가 되었다. 이것은 성소에 대한 집중도를 높임으로써 종교적 효과를 증대하는 결과로 나타났다. 또한 신도들이 복도를 따라 이동하면서 콘페시오를 방문하거나 볼 수 있었기 때문에 직접 접촉이라는 조건도 만족되었다.

이상은 콘페시오가 지상 1층에 위치할 때의 구성으로 일종의 표준형이었다. 무덤이 지하에 남는 경우에는 규모가 커지면서 지하 납골당이라는 별도의 기능으로 발전했다. 이때에도 표준형이 반복되었다. 물리적 골격은 지상의 표준형이 동일하게 적용되었으나 중요한 차이가 있었다. 지하에는 앱스나 제단이 없었기 때문에 초점을 갖는 방사형 구도보다는 통로를 따라 콘페시오가 배치되도록 구성되었다. 이런 지하 구성은 통로형 납골당passage-crypt이라고 불렀다(그림 123).

성소에 콘페시오가 추가됨으로써 교회는 머리와 가슴을 모두 갖추게 되었다. 무덤이나 성물 보관소인 콘페시오는 주로 감성적 측면의 종교적 상징성을 가졌다. 이것은 가슴에 해당되었다. 반면 기존의 성소인 앱스와 제단은 기독교 의식을 집행하는 기능적 목적이나 성경 해석과 관련된 정신적 측면 등의 종교적 상징성을 가졌다. 이것은 머리에 해당되었다. 이런 대별성은 장식이 갖는 상징성과의 관계에서도 나타났다. 대정문이나 주두 등에 새겨지는 조각 장식은 기독교 정신의 직접적 표현을 통해 대중을 교육하려는 목적을 가졌다. 이것 역시 머리에 해당되었다. 콘페시오의 감성적 상징성은 이것에 대비되어 여전히 가슴에 호소하는 종교적 효과를 가졌다.

지상에 구성되는 환상형 겹공간은 프레-로마네스크 때 초기 형태가 정착되었다. 성 갈로 수도원 교회Abbey Church of St. Gall, 플라비니의 성 베드로St. Pierre at Flavigny, 그르노블의 성 라우렌시오St. Laurent at Grenoble, 오세르의 생제르맹St. Germain at Auxerre 등은 이것의 대표적인 예들이다(그림 124). 프레-로마네스크 때의 환상형 겹공간은 로마네스크 시대에는 방사형 예배당radiating chapel으로 발전했다(그림 125).

지하의 통로형 납골당은 초기 기독교 시대의 후반부부터 지어지기 시작했지만 역시 프레-로마네스크 본격적으로 등장했다. 이런 예들은 대부분 그 위에 여러 차례 증축되었기 때문에 현재 온전한 상태로 남아 있는 예는 극히 드물다. 그러나 문헌 기록이나 고고학적 발굴 등을 토대로 하여 초기 기독교와 프레-로마네스크의 지하 통로형 납골당이 일부 확인되고 있다. 에센의 장크트잘바토어인베르덴St. Salvator in Werden at Essen, 레겐스부르크의 장크트에메람St. Emmeram at Regenburg 등은 이것의 대표적인 예들이다.

오세르의 생제르맹은 독특한 구성을 보여준다. 이 교회에는 위층과

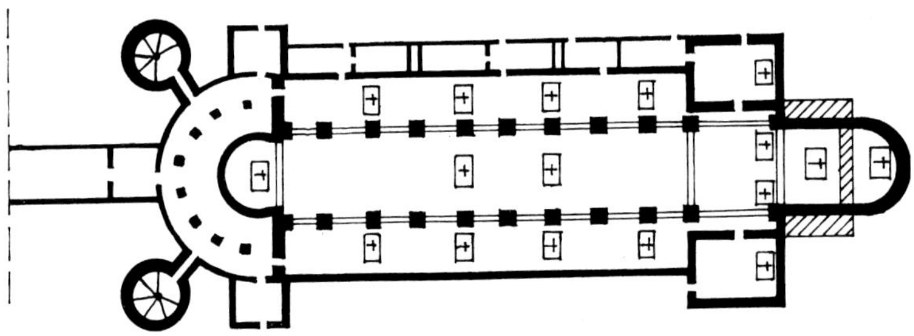

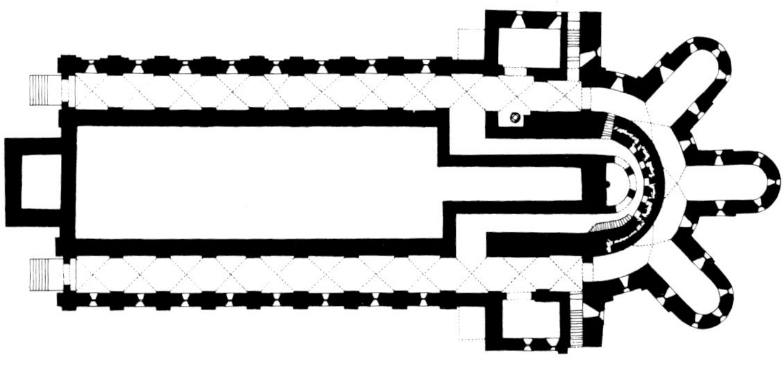

124 성 갈로 수도원 교회(Abbey Church of St. Gall), 스위스, 9세기 초
125 샤르트르 성당(Chartres Cathedral), 납골당, 프랑스, 858년

아래층에 각각 한 개씩의 납골당이 있었다. 아래층의 것은 앞에서 살펴본 바와 같이 통로형 납골당이었다(그림 123). 위층의 것은 홀식 납골당과 환상형 겹공간이 혼합된 구성으로 이루어졌다(그림 126). 납골당의 초점은 콘페시오가 차지했다. 콘페시오에는 성 제르맹의 성물이 보관되었으며 887년에는 성 제르맹의 시신을 이곳으로 옮겨오면서 석관이 위치했다. 콘페시오의 양옆에는 오세르의 역대 주교들의 시신이 안치된 석관실이 더해졌다. 이렇게 구성되는 콘페시오의 양옆으로 복도가 났다. 복도의 남북 양쪽 끝과 동쪽 두 곳, 총 네 곳에 여러 성인들에게 봉헌된 네 개의 예배당이 만들어졌다. 이 예배당들은 행렬 의식에 따라 배치되었는데 최종 구성은 제형의 일종으로 나타났다. 동쪽 끝에는 반지형 겹공간으로 이루어진 로툰다가 위치했다. 이런 여러 방들로 구성되는 중심 부분은 그 중요성에 맞게 천장이 배럴 볼트로 처리되었다(그림 127).

디종의 성 베니뉴St. Benigne at Dijon는 환상형 겹공간의 절정을 보여준다. 이 건물은 1001~17년에 축조되어 연대기상으로는 초기 로마네스크 시대에 속하지만 천장이 목조 평천장이었던 점, 그리고 프레-로마네스크의 납골당 구성 기법이 전체 평면을 주도한 점 등에서 프레-로마네스크 건축의 특징이 뒤늦게까지 남아 계속된 예로 볼 수 있다. 이 건물은 535년에 건축되기 시작했기 때문에 이미 500년 이상 되었다. 그동안 많은 성물들을 보관하면서 순례 여행의 중요 목적지 가운데 하나가 되었기 때문에 강한 전통성에 얽매여 있었다. 이로 인해 초기 로마네스크의 새로운 실험을 하기에는 무리였을 것으로 추측된다. 현재는 중앙의 로툰다형 앱스만 남아 있다.

로툰다는 지하 1층, 지상 2층의 총 3층 구조로 이루어졌다(그림 128). 본당의 5랑식에 맞춰 좌우에 두 겹의 복도를 가지면서 환상형 겹공간의 절정을 보여준다(그림 129). 겹공간의 코어는 여덟 개의 원형 기둥으로 둘러싸

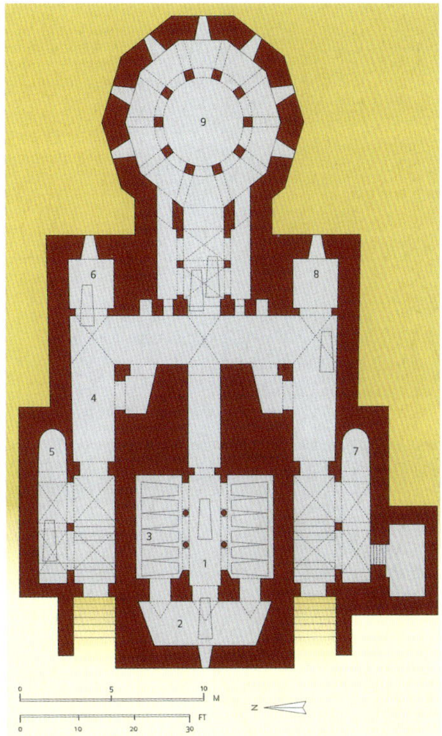

126 생제르맹(St. Germain). 납골당. 오세르(Auxerre), 프랑스. 9세기 중반

127 생제르맹(St. Germain). 납골당. 오세르(Auxerre), 프랑스. 9세기 중반

128 성 베니뇨(St. Benigne). 디종(Dijon), 프랑스. 11세기

인 팔엽형 공간으로 처리되었다(그림 130). 코어 공간은 3개 층 모두에 걸쳐 뚫려 있어서 천장의 원형 개구부를 향해 위쪽으로 열린 형국을 이루었다(그림 128). 첫번째와 두번째 복도 사이는 16개의 원형으로, 외벽은 24개의 벽기둥으로 각각 구성되었다. 복도 천장은 모두 볼트로 마감되었다. 바깥쪽 복도 천장은 세 베이마다 하나씩 그로인 볼트가 더해졌다.

이렇게 구성되는 공간은 수평 방향으로는 복도의 중첩이 일어나고 수직 방향으로는 층의 중첩이 일어나면서 매우 복합적이고 신비로운 분위기를 만들어냈다. 건축 구성은 초기 기독교 때와 유사할 수 있으

129 성 베니뇨(St. Benigne). 디종(Dijon), 프랑스. 11세기
130 성 베니뇨(St. Benigne). 납골당. 디종(Dijon), 프랑스. 11세기

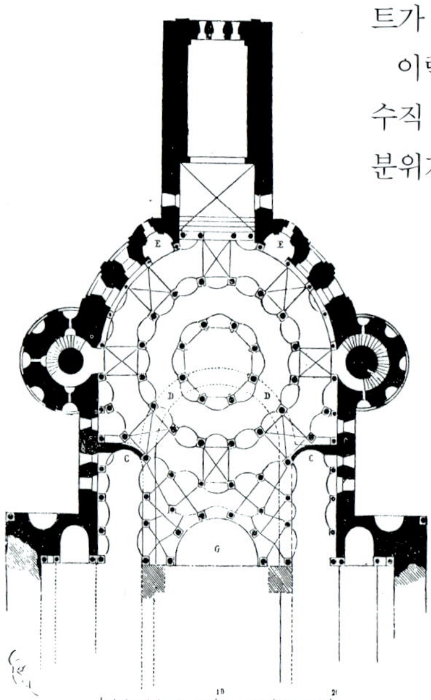

나 공간 개념이나 건축적 의미는 완전히 달라졌다. 이런 신비로운 분위기는 성인의 무덤을 보관하는 장소라는 다분히 감성적 측면에서 나온 것이었다. 성인의 무덤에 대한 집중도를 높이는 과정에서 분위기도 이에 맞게 신비스럽게 처리된 것이다. 성 베니뇨의 무덤은 트랜셉트와 성가대석의 경계부에 위치했다. 전체 구성은 이것을 초점으로 꽃이 피듯 방사선 방향으로 공간이 분화되는 방식으로 처리되었다.

3장
초기 로마네스크

1 제 1 로마네스크

2 프랑스 초기 로마네스크 (900~1050년)

3 독일 초기 로마네스크 (950~1060년)

1 제1 로마네스크

초기 로마네스크와 제1 로마네스크

초기 로마네스크 건축을 이끈 것은 프랑스와 독일이었다. 프랑스는 다시 북부지방과 남부지방으로 세분된다. 프랑스 남부지방은 스페인의 북부지방을 포함하면서 남부 로마네스크로 통칭되기도 한다. 이에 대비되는 북부 로마네스크는 독일과 프랑스 북부지방으로 대표된다. 독일은 오토Otto 건축으로 통칭되는 발달한 로마네스크 건축을 이끌고 있었다. 프랑스 북부지방은 여러 작은 왕국들로 나뉘어 있었으며 이 가운데 노르망디 지방에는 노르망디공국이라는 독립국이 형성되어 있었다. 노르망디공국은 독자적 로마네스크 건축을 형성했다. 이렇게 보았을 때 초기 로마네스크 건축은 남부, 북부, 노르만 영국의 세 지역으로 나뉘어 진행된 것으로 정리할 수 있다.

이들 세 지역의 초기 로마네스크 건축은 일정한 공통점을 갖기는 했지만 동시에 중요한 차이점을 가지며 대별되었다. 독일은 천장을 제외한 전체 구성에서 비교적 높은 완성도를 보였다. 규모도 대형화되면서 로마네스크 시대의 교회에 대응될 만한 위용을 갖추었다. 이런 점에서는 나름대로 일정한 완성에 이른 것으로 볼 수 있다. 그러나 천장은 아직 석조 볼트가 아닌 목구조에 머물렀다(그림 131). 남부는 독일과 반대였다. 최초로 천장에 석조 볼트가 쓰인 점에서는 중요한 발전을 이루었다(그림 132). 그러나 규모나 전체 구성에서는 아직 소규모에 머물렀다. 노르만 영국은 지리적으로 독일에 가까운 데다 나름의 독자적인 특징이 더해졌다.

이처럼 세 지역의 초기 로마네스크 건축 사이에는 차이점이 뚜렷하기 때문에 초기 로마네스크는 아직 국제적인 표준 양식에 도달하지 못한 것으로 판단된다. 이런 이유로 세 양식은 '초기'가 아닌 '제1'이라는 명칭으로 부르기도 한다. 프랑스 남부지방은 제1 남부 로마네스크, 독일과 노르만 영국은 제1 북부 로마네스크로 부르기도 하는 것이다.

131 장크트고데하르트(St. Godehard), 힐데스하임(Hildesheim), 독일, 1133~72년
132 생필리베르(St. Philibert), 투르뉘(Tournus), 프랑스, 11세기

'제1'이라는 말은 남부와 북부 사이에 통합이 될 만한 공통적 양식이 아직 형성되지 못한 채 각기 다른 방향으로 건축이 발전하고 있던 상황을 지칭한다. 로마네스크적 특징들이 나타나긴 했지만 통합적 완성점에 이르지 못하고 서로 다른 단편적 상태에 머물렀다는 의미이다.

제1 남부 로마네스크나 제1 북부 로마네스크라는 말은 일부 학자들만이 사용하는 개념이다. 이때의 '제1'이라는 말은 다른 곳에서 빌려온 개념이다. 본래 제1 로마네스크라는 말은 전혀 다른 의미를 갖는다. 본래는 초기 기독교 시대의 석재 조적술 전통이 잘 남아 있는 롬바르디아의 7~9세기 건축을 지칭한다. 건축적 특징은 석조 볼트 천장과

133 산첼소(San Celso), 밀라노(Milano), 이탈리아, 카롤링거 시대
134 생필리베르(St. Philibert), 투르뉘(Tournus), 프랑스, 11세기

롬바르디아 밴드Lombardia band로 대표된다(그림 133, 134). 넓게 보면 같은 특징을 보이는 달마티아Dalmatia, 카탈루냐Catalonia, 프랑스 남부지방 등의 7~9세기 건축도 포함된다.

'제1'이라는 말은 상반되는 두 가지 의미를 갖는다. 한 가지는 석조 볼트 천장이라는 로마네스크 건축의 중요한 요소가 제일 처음 나타났다는 의미이다. 석조 볼트 천장은 그 중요성에도 불구하고 11세기까지 본격적으로 쓰이지 않았다. 이에 따라 그 이전의 예들이 차별성을 가지면서 별도의 명칭으로 불리게 된 것이다. 다른 한 가지는 초기 로마네스크보다도 더 이전 단계의 불완전함이라는 의미를 담고 있다. 이들 예에서는 석조 볼트 천장이 쓰이기는 했지만 이것을 제외한 나머지 부분들은 아직 로마네스크 건축이 아니었다. 석조 볼트 천장만이 단독으로 쓰이다가 이후 다른 지역의 로마네스크 건축에 흡수된 것이다.

로마네스크의 바실리카 교회에서 석조 볼트 천장은 유기 구조의 완성을 결정짓는 중요한 요소였다. 로마에서 중세에 이르는 시기에는 천장 방식에 따라 두 가지 건축 흐름이 있었다. 로마와 비잔틴 건축에서는 석조 볼트 천장이 쓰였다. 반면 초기 기독교와 북유럽의 전통건축에서는 목조 평천장이 쓰였다. 석조 볼트 천장은 로마와 동방을, 목조 평천장은 기독교와 서양을 대표하는 쌍개념이 형성되어 있었다. 이 둘의 통합은 로마네스크 건축의 완성을 결정하는 중요한 기준 가운데 하나였다.

로마네스크 건축의 발전 과정 가운데 중요한 부분은 목조 평천장을 석조 볼트 천장으로 대체하는 것이었다. 물론 이 과정은 단순한 재료의 교체가 아니라 석조 볼트 천장이 다발 기둥과 한몸으로 작동하는 유기 구조로 완성되는 것을 의미했다. 대체는 약 3~4세기에 걸쳐 여러 단계로 진행되었다. 첫번째 단계는 아헨 왕궁 예배당으로 대표되는 카롤링거 건축이었다. 두번째 단계는 제1 로마네스크였다. 세번째 단계는 10~11세기 프랑스의 초기 로마네스크에서 롬바르디아의 선례를 참고하여 석조 볼트 천장의 1차 완성이 있었다. 이렇게 보았을 때 제1 로마네스크는 6~8세기의 공백기를 메워주며 로마 시대에서 중세로의 건축적 연속성을 이어주는 역할을 한 것으로 볼 수 있다. 로마 시대가 끝났음에도 석조 볼트 천장이 사라지지 않고 계속 사용되다가 알프스 이북 지역의 목구조 방식과 합쳐지면서 중세의 유기 구조로 발전한 것

135 700년경 이탈리아

이다.

롬바르디아의 제1 로마네스크가 알프스 이북 지역으로 전파되며 직접 영향을 끼친 중요한 이유로 민족적 연관성을 들 수 있다. 롬바르디아는 게르만족이 남하하여 세운 왕국이었기 때문이다. 지리적으로도 알프스 산맥을 중간에 끼고 프랑스 남부지방과 인접했다. 롬바르디아 왕국은 베네치아 습지의 북쪽인 치비달레Cividale와 아퀼레이아Aquileia를 중심지로 서쪽으로는 포Po 지방의 대부분을 점령했고 북쪽으로는 코모Como까지 진출했다. 밀라노 같은 초기 기독교 시대의 중요한 도시들도 여기에 속했으며 한때 파비아Pavia가 수도이기도 했다(그림 135).

롬바르디아왕국은 6세기에 세워져 8세기 말 샤를마뉴의 영토로 편입되었다. 롬바르디아왕국은 정치사적 기독교사적으로는 암흑기로 평가된다. 그러나 건축사적으로는 중요한 의미를 갖는다. 많은 문헌 기록을 남기지는 않았지만 롬바르드인들은 실용적, 정치적, 상징적 재능 등을 골고루 갖춰 비교적 높은 건축 수준을 유지했다. 특히 건축 전문가들을 보호하는 전통이 있었다. 왕들은 건축가 및 장인들을 체계적으로 관리하며 건축을 장려했다. 이것에 힘입어 롬바르디아왕국은 이탈리아 반도가 침체기에 빠졌던 7~9세기에는 가장 발달한 건축술을 유지했다.

롬바르디아에서 쓰던 조적술은 로마 시대의 것이 아닌 비잔틴 시대의 것이었다. 이 지역이 한때는 비잔틴 총독관할구Byzantine Exarchate였기 때문이다. 로마 조적술은 코어와 외벽으로 구별되었다. 코어는 자갈로 속을 채우거나 콘크리트로 1차 벽을 세우는 방식으로 만들어졌다. 그 밖을 벽돌이나 석재의 조적조를 이용한 외벽으로 에워쌌다. 조적 단위는 벽돌의 경우는 길었고 석재의 경우는 정사각형이었다. 이런 공법은 강도는 우수했지만 콘크리트 코어를 세우기 위한 거푸집 공사와 양생 기간 등이 추가로 소요되어 시간이 오래 걸리고 벽이 두꺼워지는 단점이 있었다. 기본적으로 군사 시설이나 토목 인프라를 위해 발명된 기술이었기 때문이다.

반면 비잔틴 조적술은 코어와 외벽의 구별 없이 조적조 한 가지만을 이용한 단일 벽체로 구성되었다. 조적 단위도 높이가 높은 비잔틴 벽돌이었다. 이런 특징들은 공사를 단순화시키며 공사 기간을 단축시켰다. 작은 건물에서는 높은 효율을 자랑하며 매우 유리했다. 시간이 지나면서 벽돌 대신 석재를 사용하여 재료 자체의 강도를 높이거나 수직 보강재를 추가하는 등의 기법을 통해 큰 공간도 지을 수 있게 되었다. 수직 보강은 벽은 버트레스로, 천장은 돌출 받침대corbel로 각각 처리했다.

136 산타마리아인발레(Santa Maria in Valle). 치비달레(Cividale), 이탈리아. 762~776년

이런 기술들이 800년경까지 이어져 제1 로마네스크로 일단 정리된 뒤 알프스 이북 지역으로 전파되었다. 전파는 크게 두 갈래로 이루어졌다. 한 갈래는 9세기에 카롤링거 왕실이었고

다른 한 갈래는 10세기에 프랑스 남부지방의 초기 로마네스크였다. 이것은 로마—초기 기독교—비잔틴을 거치며 형성되었던 건축 기술과 구성 기법 등을 잘 정리 축적하여 다음 시대로 넘기는 중간 가교를 의미했다. 전 시대 건축의 종합화는 로마네스크 건축을 구성하는 중요한 부분이었으며 로마다움의 모범적 의미이기도 했다.

137 테오도릭 궁전(Palace of Theodoric). 라벤나(Ravenna), 이탈리아

롬바르디아 제1 로마네스크 건축물은 현재 남아 있는 것이 많지 않다. 롬바르디아가 이탈리아 반도 내에서 프랑스, 독일, 로마 가톨릭의 세력이 충돌하는 지역이어서 전쟁이 많았기 때문이다. 중세를 거치면서 증축이 이루어진 것도 중요한 요인이었다. 치비달레의 산타마리아인발레는 8세기의 건축 양식을 보존하고 있는 대표적인 예이다(그림 136). 800년을 전후해서는 밀라노와 파비아에 중요한 건물들이 지어졌다. 밀라노의 산빈첸초인프라토San Vincenzo in Prato at Milano, 814~833년경/11세기 증축는 이것의 대표적인 예이다. 종교 건물뿐 아니라 왕궁이나 정부 청사 등과 같은 민간 건물들도 지어졌다(그림 137). 민간 건물들은 비잔틴 총독관할구 시절 지어졌던 건물 유형들을 단순화시킨 것이었다.

롬바르디아 순회 석공단과 초기 로마네스크

제1 로마네스크의 전파를 이끈 것은 롬바르디아의 장인 집단이었다. 마스터가 이끄는 순회 석공단bands of itinerant masons이었다. 이들의 활동 범위는 유럽 전역이었다. 이들은 수요가 있는 곳이면 어디든 갔다. 이탈리아 반도뿐 아니라 알프스 이북 지역까지도 진출했고 대도시뿐 아니라 시골까지도 갔다. 이들은 롬바르디아 지방의 전통 조적술로 무장한 석공 집단이었다. 당시 가장 발달한 건축술을 종합적으로 구사하며 대형 교회와 수도원 등을 지을 수 있는 유일한 장인 집단이었다. 아헨 궁전도 뛰어난 장인 집단을 거느렸지만 이들의 도움을 많이 받았다. 샤를마뉴가 롬바르디아왕국을 점령하면서 이곳의 건축기술이 아헨 궁전으로 흘러들어갔다. 이들을 필요로 한 고객은 왕실, 상단, 교황청 등 다양했다. 이것은 정치적 경제적 종교적 배경을 모두 아우르는 포괄적인 시장이 형성되어 있었다는 의미였다. 이들의 활동은 이들을 대신한 알프스 이북 지역의 건축술이 확립되기 전까지, 즉 로마네스크가 시작된 이후에도 상당 기간 동안 계속되었다.

이 가운데 종교적 배경이 가장 중요한 역할을 했다. 샤를마뉴와의 힘겨루기가 시작된 이래 교황들은 유럽 전역에 베네딕트회 수도원과 성당을 건설하여 교황청의 영향력을 확장 유지하려 들었다. 이 일에 고용된 것이 롬바르디아 순회 석공단이었다. 이들은 교황이 임명하는 수도원장이나 주교와 함께 파견되어 수도원과 성당을 지었다. 디종의 수도원 교회Abbey Church at Dijon를 비롯하여 멀리 노르망디의 르캉 수도원Abbey of Recamp까지 진출했다. 초기 로마네스크 때 교황청이 건축주였던 건물들은 상당수가 이렇게 지어진 것들이었다.

롬바르디아 순회 석공단의 활동은 단순히 건축 행위만을 의미하지 않았다. 그것은 로마적 전통과 게르만적 전통, 로마 가톨릭과 중세 가톨릭, 교황청과 신성로마제국 황실, 교황과 지역 주교 등 여러 쌍개념들 사이의 충돌을 상징적으로 보여주는 현상이었다. 롬바르디아 순회 석공단의 수도원 축조 행위는 교황의 세력이 지역 주교의 영향력을 누르고 확장되는 것을 의미했다. 이것은 곧 로마적 전통, 로마 가톨릭, 교황청이 게르만적 전통, 중세 가톨릭, 신성로마제국의 황실 정부를 압도한다는 것을 의미했다. 실제로 롬바르디아 순회 석공단이 알프스 이북 지역에까지 올라가서 교황 후원의 수도원을 짓는 과정에서 지역 기독교와 알력이 생겼다. 신성로마제국은 로마 가톨릭과 대립하며 자신들이 임명한 지역 주교를 후원하여 독자적인 수도원과 교회를 건설하고자 했다. 이 과정은 알프스 이북 지역의 초기 로마네스크가 형성되어가는 과정과 일치했다.

이런 알력은 물론 다분히 정치적인 것이었지만 그 내용이 건축에도 반영되며 중요한 결과를 낳았다. 초기 로마네스크 건축을 남부와 북부로 구별짓는 차이를 만들어낸 것이다. 순회 석공단이 세운 수도원과 교회는 롬바르디아 제1 로마네스크의 기법을 분명하게 남겼다. 이것은 롬바르디아 제1 로마네스크를 수입한 남부의 초기 로마네스크 건축에서 나타났다. 반면 지역 주교가 세운 수도원과 교회는 이것과 구별되는 독일만의 특징을 형성했다. 이것은 신성로마제국이 중심이 된 북부

138 생테티엔(St. Etienne). 비뇨리(Vignory), 프랑스. 1050년
139 성 미카엘(St. Michael). 힐데스하임(Hildesheim), 독일. 1001~33년

의 초기 로마네스크 건축에서 나타났다. 이런 대별성은 이 두 지역의 초기 로마네스크를 제1 남부 로마네스크와 제1 북부 로마네스크로 부르는 중요한 배경으로 이해될 수 있다(그림 138, 139).

이때 형성된 대별성은 유럽 건축 내에서 라틴 계열의 프랑스 건축과 게르만 계열의 독일 건축을 가르는 큰 기준이 되었다. 이것을 구조 첨단성의 관점에서 보면 역설이 관찰된다. 로마네스크 건축의 구조 첨단성을 이끈 것은 분명 남부 초기 로마네스크의 석조 볼트 천장이었다. 그런데 이 뿌리는 롬바르디아 제1 로마네스크, 즉 보수적인 로마 전통에 있었다. 반면 구조 첨단성의 정신적 배경은 로마 전통과 대척점을 이루는 게르만 정신의 합리성이었다. 그러나 당시 게르만 건축의 핵심이었던 오토 건축에서는 구조 첨단성의 실제적인 발전이 늦은 편이었다. 상호 역설적 불일치였다.

2 프랑스 초기 로마네스크(900~1050년)

부르고뉴 실험(Burgundian experiment)

900년을 넘기면서 로마네스크 건축에서 중요한 전환이 일어났다. 900년경부터 부르고뉴 지방의 클뤼니Cluny 수도원 공사가 시작되었다. 911년에는 데인족Danes의 족장이 프랑크 왕 샤를 3세로부터 노르망디 공작 작위를 받고 봉토를 분할받아 노르망디공국이 성립되었다. 부르고뉴와 노르망디는 프랑스 초기 로마네스크 건축을 이끈 양대 축이었다. 이전까지 전통 지역 양식에 집착하던 건축 경향은 이 시기를 기점으로 본격적으로 변화하기 시작하면서 프랑스의 초기 로마네스크 건축으로 발전해나갔다.

프랑스의 초기 로마네스크 건축은 외래 양식과 전통 양식의 혼합으로 형성되었다. 부르고뉴 지방은 제1 로마네스크의 석조 기술을 수입했다. 이 기술은 남프랑스의 전통적인 골 조적술gallic mason과 합쳐지면서 제1 남부 로마네스크로 발전했다. 노르망디 지방은 독일의 초기 로마네스크를 수입하여 벽체 통로wall passageway 등과 같은 지역 전통과 융합했다. 새로운 발전 가능성이 있는 외래 기술을 받아들여 전통 기법과 합쳐냄으로써 프랑스의 초기 로마네스크 건축을 완성시킬 수 있었던 것이다. 두 지방의 초기 로마네스크는 약 1세기 반 동안 독립적으로 발전하다가 다시 하나로 통합되면서 유럽 전체를 대표하는 국제적 양식으로 발전했다. 이렇게 완성된 양식은 이후 유럽 전체의 성기 로마네스크 건축을 주도했다.

부르고뉴 지방의 초기 로마네스크 건축은 구조에서는 석조 볼트 천장을, 평면 구성에서는 홀 교회와 바실리카를 각각 대표적 특징으로 가졌다. 혹은 홀 교회와 바실리카의 중간형으로 네이브가 아일보다 높은 홀 교회 유형도 있었다. 일반적 홀 교회는 쥐라Jura 산맥 지역의 생티메티에르St. Hymetière에, 네이브가 아일보다 높은 홀 교회는 샤페즈Chapaize에 각각 주로 지어졌다. 나머지는 대부분 바실리카였다.

이 가운데 가장 중요한 것은 석조 볼트 천장을 갖는 바실리카 교회였다. 이때까지 이 지방의 바실리카 교회는 석조 네이브 월 위에 목구조로 천장이 처리되어왔다. 10세기를 넘기면서 새로운 교회 모델을 요구하는 종교적 변화가 일어났다. 부르고뉴 지방이 클뤼니를 필두로 수도원 부흥의 중심이 되면서 동시에 순례 루트의 주요 길목이 되었던 것이다. 이에 따라 교회 실내에 웅장하면서도 신비스러운 분위기가 요구되었다. 가장 먼저 거슬린 것이 목조 천장이었다. 화재를 예방한다는 현실적 목적도 또다른 중요한 이유였다. 목조 천장을 석조 볼트로 대체하는 시도가 시작되었다.

대표적인 선례 모델에는 카롤링거 건축과 제1 로마네스크의 두 가지가 있었다. 이 가운데 후자가 채택되었다. 부르고뉴는 지리적 정치적으로 롬바르디아와 더 가까웠기 때문이다. 롬바르디아로부터 석조 볼트 기술이 수입되었다. 이것은 단순히 천장만 바꾸는 것이 아니었다. 석조 볼트 천장에 맞춰 네이브 월도 새롭게 정리되는 대대적인 발전이 이루어졌다. 큰 방향은 수직적 가능성을 본격적으로 찾는 쪽으로 모아졌다. 네이브 월과 천장 모두를 하나의 석구조로 묶어서 생각하는 새로운 시각이었다. 아헨 왕궁 예배당에서 시도되었던 방향이었지만 이번에는 롬바르디아의 기술을 활용하여 바실리카에서 시도되었다는 점에서 완전히 다른 새로운 실험이었다. 이때 형성된 '석구조가 만들어내는 수직성'이라는 목적은 로마네스크 건축, 나아가 중세 건축 전반에 걸쳐 첨단성을 주도한 건축 개념이었다.

부르고뉴 실험의 중심지는 제2클뤼니 수도원 교회Abbey Church of Cluny II였다. 이 건물은 카롤링거 시대에 지어졌던 첫번째 성당 위에 증축한 것이었다. 이후 제3클뤼니로 재증축된 뒤 다시 파괴되었기 때문에 구체적인 구성은 알 수 없다. 첫번째 건물은 성 갈로를 모델로 삼아 구성되었다. 제2클뤼니는 이것을 기본 골격으로 삼아 트랜셉트를 갖는 3랑식 바실리카로 구성되었다(그림 140). 이스트 엔드는 방사형 예배당 없이 성가대석과 앱스 중심으로 이루어졌다. 성가대석 양옆에 직사각형 예배당이 더해졌다. 네이브, 아일, 트랜셉트, 예배당 등은 모두 배럴 볼트로 천장이 처리되었다(그림 141). 크로싱에는 높은 첨탑이 있었을 것으로 추측된다. 외관은 매스 단위별로 명확한 구획성이 드러나도록 구성되었다(그

140 제2클뤼니 수도원 교회(Monastery Church of Cluny II), 프랑스, 10세기 중반

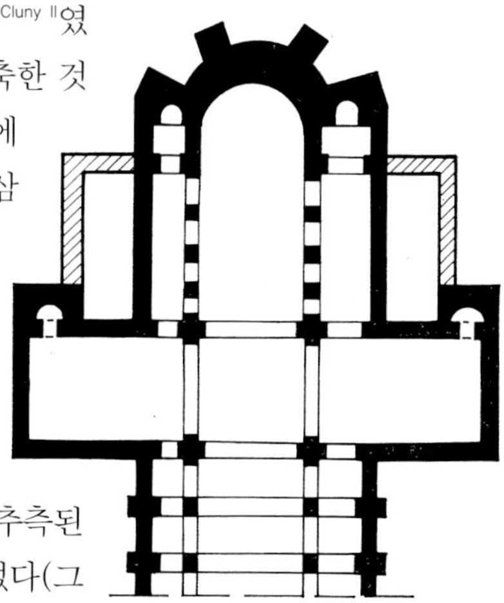

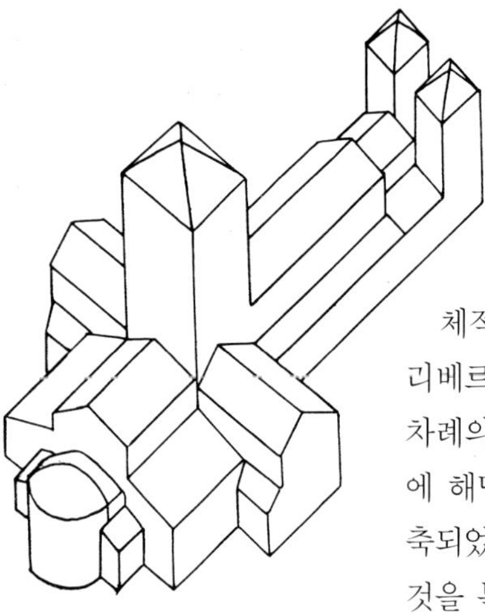

림 142). 제2클뤼니 가운데 현재 남아 있는 것은 롬바르디아 밴드가 쓰인 1층 몸통 일부뿐이다. 제2클뤼니에서는 건물 전체에서 석조 볼트를 이용한 종합적 건축 구성이 완성되었다.

제2클뤼니의 건축 구성은 여러 곳으로 전파되었다. 기술의 영향은 단편적으로 초기 로마네스크 전역으로 전파되었다. 총체적 구성의 영향은 부르고뉴를 중심으로 나타났다. 투르뉘의 생필리베르는 대표적인 예이다. 생필리베르는 클뤼니를 모델로 삼아 여러 차례의 증축을 거치면서 부르고뉴 실험의 전모를 가장 활짝 꽃피운 예에 해당된다. 생필리베르 역시 카롤링거왕조 때 지어진 건물 위에 증축되었다. 첫번째 증축은 1007~1008년에 헝가리의 침입으로 파괴된 것을 복원한 것이었다. 이때에는 넓은 폭의 실내 공간을 카롤링거 시대의 기법인 목조 평천장으로 복원하여 1019년에 봉헌식을 가졌다.

그러나 수도사들은 과거의 낡은 양식에 불만을 가졌다. 실내 폭을 줄이고 새로운 방식인 석조 볼트로 다시 짓기 시작했다. 먼저 이스트

141 제2클뤼니 수도원 교회(Monastery Church of Cluny II), 프랑스, 10세기 중반
142 제2클뤼니 수도원 교회(Monastery Church of Cluny II), 프랑스, 10세기 중반

143 생필리베르(St. Philibert), 투르뉘(Tournus), 프랑스, 11세기

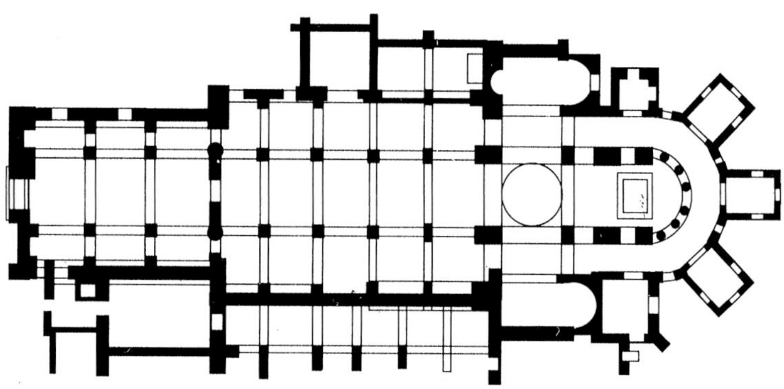

엔드의 성가대석 폭을 이전의 네이브 폭보다 좁힌 다음 여기에 맞춰 웨스트 워크의 폭을 결정하고 마지막으로 이것을 실내 전체에 적용하는 순서로 폭이 조절되었다(그림 143). 석조 볼트 천장은 웨스트 워크에서 먼저 시도되었다. 웨스트 워크의 전실 자체가 3랑식 3베이로 구성되었다. 전실의 네이브와 아일 사이는 두꺼운 단일 원형 기둥열로 구획되었다. 전실의 네이브는 그로인 볼트로, 아일은 배럴 볼트로 각각 처리되었다.

다음은 본당이었다. 전실의 첫번째 베이가 올라갔을 즈음 본당의 폭을 좀더 넓힌 변경이 있었다. 본당은 3랑식 5베이의 바실리카 구성을 채택했다. 본당의 네이브 폭은 전실의 네이브 폭과 동일하게 유지된 가운데 아일의 폭만 조금 더 넓어져 전실과 차별화를 꾀했다. 본당의 네이브와 아일을 구획하는 기둥도 모양과 두께 모두 전실의 것과 동일했고 높이만 높아졌다. 네이브 월의 기둥은 교대 리듬alternating rhythm 없이 원형 기둥 한 가지로만 처리되었다(그림 144). 특이한 점은 수직으로 두 종류의 기둥이 중첩된 것이다. 아케이드 층의 아치가 시작되는 지점까지는 단순 원형 기둥이 쓰였다. 그 위로 벽기둥이 새로 시작되었다. 벽기둥은 4분의 1 정도만 밖으로 돌출한 원형 기둥이었다(그림 145).

본당의 네이브 천장에 대해서는 반원형 배럴 볼트와 그로인 볼트의

144 생필리베르(St. Philibert), 투르뉘(Tournus), 프랑스, 11세기

145 생필리베르(St. Philibert), 투르뉘(Tournus), 프랑스, 11세기

146 생필리베르(St. Philibert), 투르뉘(Tournus), 프랑스, 11세기

147 성 베드로/바오로(St. Peter and Paul), 로맹모티에(Romainmôtier), 스위스, 1030~40년

두 가지 주장이 있는데 후자의 가능성이 더 높은 것으로 보인다. 전실의 네이브에 그로인 볼트가 쓰였기 때문이다. 반면 아일 천장에는 확실하게 배럴 볼트가 쓰였다. 아일은 베이 모듈이 직사각형이었기 때문에 그로인 볼트가 잘 안 맞았다. 이런 천장 구성은 네이브를 배럴 볼트로, 아일을 그로인 볼트로 처리하는 로마네스크 표준형과 반대되는 것이었다. 이것은 볼트 천장을 처음 도입하는 과정에서 나타난 시행착오로 판단된다.

이스트 엔드는 트랜셉트, 복도형 성가대석, 방사형 예배당, 납골당, 앱스 등으로 구성되었다. 앱스의 지상 부분은 지하 납골당에 의해 지지되었다. 앱스는 복도를 갖는 환상형 겹공간으로 이루어졌다. 복도 밖으로 세 개의 직사각형 방이 방사선 구도로 돌출하며 초보적 형태의 방사형 예배당을 이루었다. 웨스트 워크는 거대한 단순 블록으로 구성되었다(그림 146). 표면은 롬바르디아 밴드로 장식되었다. 돌출이 최소화된 평평한 벽기둥과 반원 아치 프리즈가 주요 장식 어휘였다. 출입구의 양쪽 끝에는 첨탑이 하나씩 세워졌다.

이상이 1020~30년 단계였다. 이 단계에서는 한계와 새로운 가능성이 동시에 나타났다. 한계는 네이브 폭이 좁은 점, 네이브 월의 높이도 아직 충분하지 않은 점, 네이브와 아일 천장의 볼트 종류가 뒤바뀐 점, 천장의 석조 볼트와 기둥 체계 사이에 유기적 일체를 이루어내지 못한 점 등이었다. 석구조가 '기둥—네이브 월—천장'에 걸쳐 통합적으로 작동하는 유기적 체계에 대한 이해가 아직은 부족했다. 중세 건축만의 새로운 석구조의 가능성을 충분히 활용하지 못했다는 의미이다.

새로운 가능성은 천장을 포함한 건물 전체를 석구조 한 가지 방식만으로 축조한 점, 이것을 이용하여 로마 기독교 건축의 한계를 넘어선 천장고를 얻어낸 점, '본당—웨스트 워크—이스트 엔드'로 이어지는 로마네스크 바실리카의 표준형으로 전체 평면이 구성된 점 등이었다. 이런 사실들은 부르고뉴 실험의 핵심 내용들이었다. 석구조만으로 로마네스크의 평면을 로마네스크의 스케일로 지어낸 것이다. 이런 사항들은 1030년경에는 가장 발달한 축조술이 되면서 1030~40년에 지어진 여러 건물들의 모델이 되었다. 샤페즈의 성 마르티노[1030년], 로맹모티에의 성 베드로/바오로[St. Peter and Paul at Romainmôtier, 1030~40년], 코달레의 생미셸드쿡사[1040년 직전] 등은 이것의 대표적인 예들이다(그림 147).

생필리베르의 천장은 1050년과 1070~80년에 두 차례 더 개축되었다. 1050년의 개축에서는 네이브 천장이 횡방향 아치를 갖는 배럴 볼트로, 아일 천장이 그로인 볼트로 각각 대체되었다. 이전 상태와 맞바꾼 처리였다. 대체는 구조적 목적에서 나온 것으로 보인다. 아일의 그로인 볼트가 네이브의 배럴 볼트를 받치는 체계는 이전의 방식보다 구조 효율을 높였다. 횡방향 아치가 적극적으로 쓰여 천장 하중을 네이브 월과 기둥으로 전달함으로써 3층 벽을 비내력벽으로 만들어 천측창의 면적을 늘렸다. 이것은 실내에 유입되는 빛의 양을 증가시켰다. 횡방향 아치는 원형 기둥의 홍예굽impost에 의해 받쳐졌다. 이로써 네이브를 배럴 볼트로, 아일을 그로인 볼트로 처리하는 표준형이 정착되었다(그림 148, 149). 나아가 구조 효율을 높이고 천측창을 늘리는 등 석구조의 구조적 작용을 파악하기 시작했다.

148 생필리베르(St. Philibert). 투르뉘(Tournus), 프랑스. 11세기

149 생필리베르(St. Philibert). 투르뉘(Tournus), 프랑스. 11세기

이런 1050년 단계는 지어진 지 얼마 안 되어 무너졌다. 붕괴 원인에 대해서는 밝혀진 바가 없다. 1050년 단계는 석조 체계의 표준형으로 지어졌고 높이도 그다지 높지 않았기 때문에 설계상의 문제는 아니었던 것으로 파악된다. 시공의 부정확성, 볼트 천장의 두께, 기둥과 천장 사이의 불일치에서 오는 비효율성 등이 원인이었을 것으로 추측해볼 수 있다. 1070~80년에 이루어진 두번째 개축에서는 배럴 볼트의 방향을 90도 틀어 횡방향으로 축조했다. 베이마다 네이브 월에 수직 방향으로 배치된 배럴 볼트로 천장이 처리되었다(그림 150). 공간 분위기는 상반되는 두 방향으로 바뀌었다. 한 가지는 횡방향 배럴 볼트의 단부 면적이 넓어지면서 천측창의 면적도 대폭 늘어나 실내가 밝아진 장점이었다. 다른 한 가지는 종방향 배럴 볼트가 형성했던 선형 연속성이 마디마디 잘리면서 중단되는 단점이었다.

150 생필리베르(St. Philibert). 투르뉘(Tournus), 프랑스. 11세기

횡방향 배럴 볼트는 매우 드문 예로 당시 장인들의 고민을

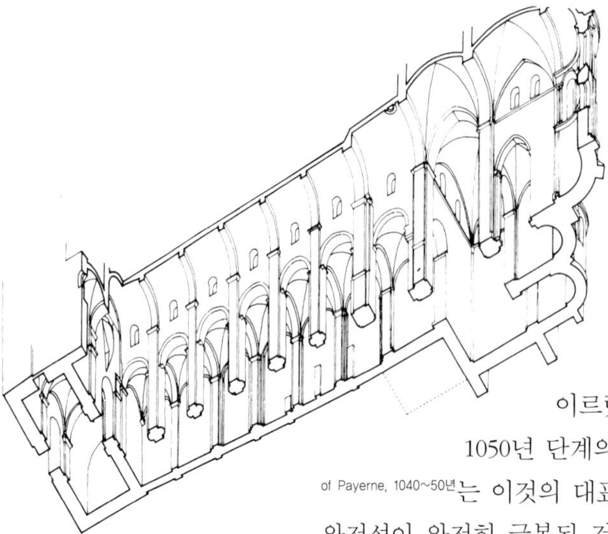

151 파예른 수도원 교회(Abbey Church of Payerne), 프랑스, 1040~50년

잘 보여준다. 1050년 단계의 문제점에 대한 해결책을 다양한 방향으로 모색했음을 알 수 있다. 물론 횡방향 배럴 볼트는 정답은 아니었다. 이런 처리는 특이한 예외로 남았다. 시기상으로도 1070~80년은 성기 로마네스크가 시작된 시점이었다. 생필리베르의 건축적 의미는 1050년 단계에 있었다. 비록 이것이 무너지기는 했지만 표준형 구성에 이르렀기 때문이다. 다른 건물들에 전파된 것도 1050년 단계의 구성이었다. 파예른 수도원 교회Abbey Church of Payerne, 1040~50년는 이것의 대표적인 예이다(그림 151). 생필리베르의 불완전성이 완전히 극복된 것은 성기 로마네스크에서였다. 생필리베르의 건축사적 의미는 석조 체계의 표준형 모델을 한번 정리하여 성기 로마네스크로 넘긴 데에 있다.

제1 남부 로마네스크

부르고뉴 실험은 프랑스 남부지방의 여러 지역으로 전파되었다. 프로방스Provence, 피레네Pyrénées, 손 계곡Saône Valley, 론 강 상류lower Rhône 등이 대표적인 지역이었다. 이것은 다시 카탈루냐를 중심으로 한 스페인 북서지방으로 전파되었다. 이런 지역들의 초기 로마네스크를 제1 남부 로마네스크라 부르기도 한다. 이 지역들은 지금은 프랑스와 스페인으로 구분되어 있지만 인종, 언어, 문화, 역사, 지리 등 많은 점에서 공통점을 가지고 있었다.

피레네조리앙탈의 생마르탱뒤카니구 수도원 교회Abbey Church of Saint-Martin-du-Canigou at Pyrénées-Orientales는 제1 남부 로마네크스 교회가 형성되던 초창기를 대표하는 예이다(그림 152). 평면 구성은 3랑식 3베이의 바실리카가 두 개 층에 걸쳐 위아래로 중첩되었다. 천장은 모두 배럴 볼트로 처리되었다. 위층 교회는 네이브 월의 단일 기둥으로 천장을 받쳤지만 아래층 교회는 위층 교회를 받쳐야 하는 문제 때문에 네이브 월의 기둥과 아치가 보강되었다. 보강은 서쪽 베이의 기둥들을 두꺼운 각기둥으로 처리하고 횡방향 아치를 더하는 방식이었다. 종방향 아치 열은 전 베이에 걸쳐서 전반적으로 보강되었다. 평면은 제1 남부 로마네스크 건축의 바실리카 표준형이었다. 한 가지 예외적인 사실은 지하 납골당이 크로싱의 한계를 벗어나 위층 교회의 길이만큼 커진 것이었다.

이외에도 제1 남부 로마네스크를 대표하는 프랑스의 예들로 샤페즈의 성 마르티노 수도원 교회Abbey Church of St. Martin at Chapaize, 클레르몽페랑의 노트르담뒤포르Notre-Dame-du-Port at Clermont-Ferrand, 코달레의 생미셸드쿡사, 비뇨리의 생테티엔St. Etienne at Vignory 등을 들 수 있다. 이들 건축물은 다음의 다섯 가지 특징을 가졌다.

첫째, 평면 구성은 바실리카 표준형을 기본으로 삼았다. 전체적 특징은 단순성과 분할 구성의 양면성을 보였다. 단순성은 주로 건물 윤곽에서 관찰된다. 아일이 없는 1랑식인 예도 많았다. 트랜셉트도 없거나 있더라도 팔의 돌출 정도가 얕은 경우가 대부분이었다. 전체 윤곽은 가능한 한 단순 직사각형을 유지했다. 분할 구성은 주로 실내 처리에서 나타났다. 네이브 월의 베이 수는 적었지만 명확한 모듈 개념 아래 평면 분할이 가해졌다(그림 153). 이를 위해 아케이드 기둥은 굵고 뚜렷하게 축조되었다. 전체 구성의 단순성은 오히려 분할 처리를 도왔다. 그 결과 네이브 베이–아일 베이–크로싱–트랜셉트의 팔–성가대석–앱스로 구성되는 바실리카 표준형이 교과서적으로 분명하게 드러났다. 앱스 밑 지하에는 납골당이 만들어졌다.

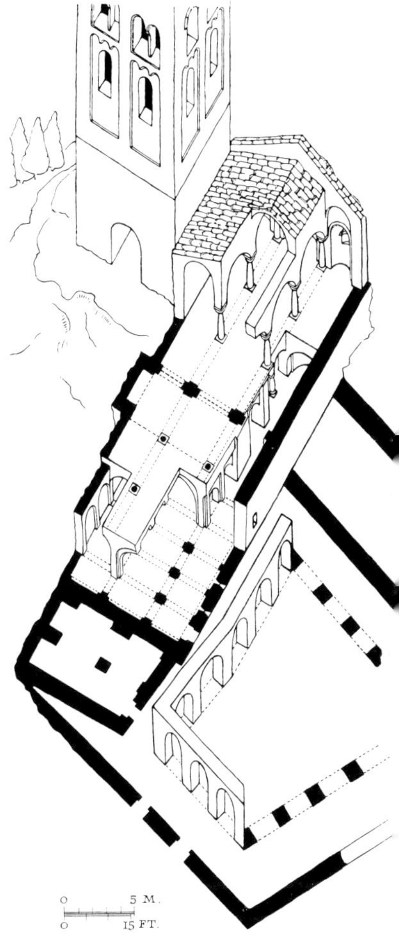

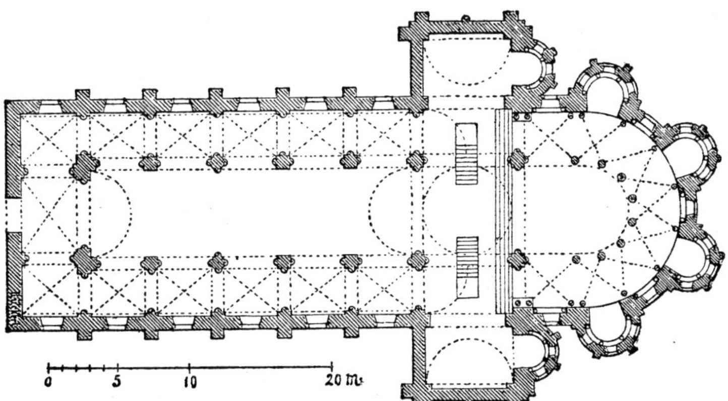

152 생마르탱뒤카니구 수도원 교회(Abbey Church of Saint-Martin-du-Canigou), 피레네조리앙탈(Pyrénées-Orientales), 프랑스, 1001~26년

153 노트르담뒤포르(Notre-Dame-du-Port), 클레르몽페랑(Clermont-Ferrand), 프랑스, 11세기 중반

납골당은 성물이 증가한 시대 상황의 요구에 따른 것이었다. 결과적으로는 위층의 앱스를 받치는 구조 역할도 동시에 하게 되었다. 성물이 늘어나긴 했지만 납골당의 크기는 어느 한계 이상으로 커지지는 않았다. 그 한계는 대체적으로 크로싱까지였다.

둘째, 실내 구조에 로마네스크 기법의 초기 상태가 나타났다. 이것은 천장 볼트와 네이브 월의 기둥으로 나누어 생각할 수 있다(그림 154). 천장에는 석조 볼트가 쓰였다. 볼트의 종류는 처음에는 네이브에만 로마의 표준형 배럴 볼트가 쓰였다. 횡방향 아치 없는 가장 단순한 형태였다. 그러나 네이브 월은 종방향 아치가 받치는 방식이었기 때문에 이미 로마식을 벗어나 로마네스크식으로 들어선 단계였다. 네이브 월과의 유기적 연계성에 대한 인식이 싹트기 시작했다는 의미이다. 이런 인식이 더욱 발전하면서 후에는 횡방향 아치도 더해지고 아일 천장은 그로인 볼트로 처리되는 발전이 있었다. 네이브 월의 구조부에는 약한 상태의 다발 기둥이 쓰이기 시작했다. 횡방향 아치는 멈추지 않고 아래쪽의 기둥까지 이어져 합쳐졌다. 횡방향 아치의 폭이 기둥 폭보다 좁은 경우 기둥은 두 겹이 되면서 다발 기둥의 초창기 형태를 보였다. 네이브 월의 개구부를 담당하는 아치가 구조부와 함께 작동하기 시작했다. 이런 변화들이 합쳐지면서 기둥, 아치, 배럴 볼트가 구조적 시각적으로 한몸으로 작동하기 시작했다. 기둥은 주기둥과 부기둥으로 구별되면서 구조 역할에 차등이 생겼고 시각적으로 리듬을 형성했다.

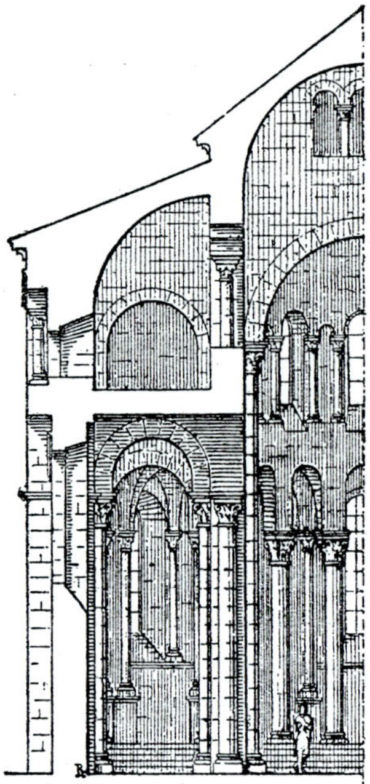

154 노트르담뒤포르(Notre-Dame-du-Port), 클레르몽페랑(Clermont-Ferrand), 프랑스, 11세기 중반

셋째, 벽체 축조에서 이 지역의 전통 조적술의 특징이 강하게 나타났다. 재료는 벽돌이 아닌 석재였지만 조적 기법은 벽돌 조적을 흉내냈다. 석재를 잘게 부순 뒤 벽돌을 쌓은 것처럼 가지런히 쌓았다(그림 155). 석재 부재 자체는 벽돌처럼 정형적으로 다듬지 않았지만 줄을 맞춰 쌓음으로써 벽돌 조적처럼 보이게 한 것이었다.

155 생미셸드쿡사(Saint-Michel-de-Cuxa), 교회, 프랑스, 11세기 후반부

넷째, 이런 조적 기법을 이용하여 롬바르디아 밴드를 만들었다(그림 156). 조적 부재를 이용하여 건물 표면에 새긴 블라인드 아케이드와 받침대 등이 주요 어휘였다. 블라인드 아케이드는 건

물 본체의 표면에는 주로 한 단만 새겨졌지만 종탑 등 탑의 표면에는 여러 단이 수직 분할을 하며 새겨졌다. 한 단 전체가 블라인드 아치만으로 이루어지기도 했고 개구부 아치와 세트로 어울리기도 했다. 아치를 받치는 기둥도 돋을새김이 새겨졌다. 기둥은 반원형 벽기둥이기도 했고 사각 벽기둥이기도 했다. 수평 방향으로는 아치 열이 밴드를 이루고 수직 방향으로는 기둥들이 밴드를 이루었다. 이것은 어떤 면에서는 실내의 네이브 월 구성을 소품화하여 건물 표면에 새긴 것으로 볼 수 있다. 롬바르디아 밴드는 실내에 새겨지기도 했다. 실내에서는 앱스를 중심으로 한 이스트 엔드 부분에 주로 새겨졌다.

다섯째, 크로싱 위에는 첨탑이 세워졌다(그림 157). 첨탑을 실내에서 보면 크로싱 천장에 해당되었다. 크로싱 천장은 내어쌓기squinch가 받치는 돔으로 처리되었다. 구조적으로 종합하자면 내어쌓기가 받치는 돔 위에 팔각형 첨탑이 얹어진 것이었다. 종탑bell-tower이 있을 경우 이스트 엔드나 웨스크 워크 가운데 한쪽에 세워졌다. 종탑의 단면은 정사각형이었고 십여 층에 걸쳐 20~30미터를 올라갔다. 종탑은 특히 이탈리아 지방에서 많이 쓰였는데 캄파닐레campanile라고 불렸다. 종탑의 각 층은 앞에서 언급한 롬바르디아 밴드로 구획되었다. 개구부 개수는 위로 올라갈수록 많아졌다. 아래쪽에서는 개구부 없이 블라인드 아치로만 구

156 생테티엔(St. Etienne), 비뇨리(Vignory), 프랑스, 1050년

157 성 마르티노 수도원 교회(Abbey Church of St. Martin), 샤페즈(Chapaize), 프랑스, 1030년경

158 산비센테 대학 교회(Collegiate Church of San Vicente), 카르도나(Cardona), 스페인, 1040년

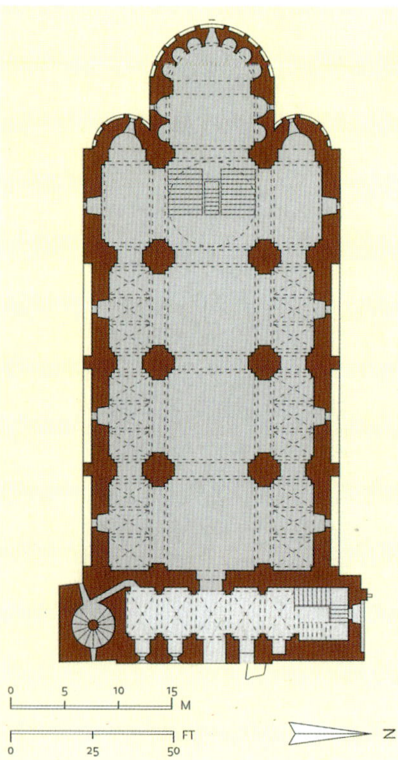

159 산비센테 대학 교회(Collegiate Church of San Vicente), 카르도나(Cardona), 스페인, 1040년

성되다가 중간층에서부터 하나씩 차례로 늘어가면서 꼭대기 층에서 최대 네 개 정도로 끝나는 것이 보통이었다.

프랑스에서 완성된 이런 특징들은 스페인으로 전파되었다. 전파는 산페드로데로다 San Pedro de Roda를 거쳐 카르도나의 산비센테 대학 교회 Collegiate Church of San Vicente at Cardona에서 완성되었다. 카르도나에서는 모듈 구성, 횡방향 아치가 받치는 반원형 배럴 볼트, 내어쌓기가 받치는 돔, 롬바르디아 밴드, 크로싱 첨탑 등 제1 남부 로마네스크의 표준 어휘를 구사하며 제1 남부 로마네스크의 완성을 이루었다(그림 158, 159). 11세기 전반부에 정리된 이상의 기법들은 카탈루냐 지방과 이탈리아 북부지방에서 초기 로마네스크가 끝난 후인 12세기 전반부까지 계속 사용되었다. 카탈루냐 지방의 대표적인 예로 타울 Taull의 두 교회인 성모마리아 Santa Maria와 산클레멘테 San Clemente, 두 교회 모두 1123년에 봉헌를 들 수 있다. 이탈리아 북부지방의 예로는 라세우두르겔의 성모마리아 Santa Maria at La Seu d'Urgell, 1131년 이전에 공사 시작, 모데나 성당 Modena Cathedral, 파비아의 성 미카엘 San Michele at Pavia, 베르가모의 산타마리아마조레 Santa Maria Maggiore at Bergamo, 무라노의 성모마리아/도나토 Santa Maria e Donato at Murano 등을 들 수 있다.

노르망디(노르만 영국)

이 지역은 지금은 프랑스 영토이지만 초기 로마네스크 시대에는 노르만 영국에 속했다. 노르만 영국의 초기 로마네스크 교회 건축은 독자적으로 발전하지 못하고 프랑스 본토와 독일 등의 유럽 대륙으로부터 영향을 받았다. 이 때문에 이 지역의 초기 로마네스크는 정치적으로만 잉글랜드에 속했을 뿐 건축적으로는 프랑스의 초기 로마네스크로 분류해도 무방하다. 지역 명칭도 정치색이 짙은 노르만 영국이 아닌 노르망디로 불리는 것이 보통이다.

노르망디의 초기 로마네스크 건축은 세 갈래의 내용으로 구성되었다. 첫번째는 독일로부터 가장 많은 영향을 받았다. 두번째는 프랑스 남부로부터도 부분적으로 영향을 받았다. 세번째는 노르망디 지방의 독자적인 특징으로 천측창의 벽체 통로와 이스트 엔드의 제형 예배당 등이 가장 대표적인 예이다. 노르망디의 초기 로마네스크 건축은 이처럼 복합적인 특징을 갖지만 크게 보면 제1 북부 로마네스크로 분류되기도 한다. 양적인 측면에서 독일의 영향이 가장 컸을 뿐 아니라 초기 로마네스크의 지역을 분류하는 가장 중요한 기준인 천장이 목조 평천장이었기 때문이다. 지리적으로 보더라도 노르망디는 프랑스 내부 혹은 유럽 전체에서 북부지방에 속했다. 정치 상황도 당시에는 라인란트Rheinland 하류와 북프랑스 사이에 교류가 잦았던 반면 오히려 남프랑스와는 단절되기도 했다.

노르망디의 초기 로마네스크 건축 중 10세기의 예는 하나도 남아 있지 않다. 11세기부터는 상황이 달라져 예들이 많이 남아 있지만 대부분 고딕 시대의 증축 속에 가려져버렸다. 바이외Bayeux, 쿠탕스Coutances, 루앙Rouen 등의 성당들과 베르네 수도원 교회Abbey Church of Bernay 등이 초기 로마네스크에 시작된 뒤 고딕 시대에 대대적으로 증축된 대표적인 예들이다. 이런 이유들로 인해 노르망디 초기 로마네스크 건축의 전모를 정확하게 보여주는 예는 적은 편이다.

이런 가운데 위의 예들에서 부분적으로 노르망디 초기 로마네스크의 특징들이 관찰된다. 바이외와 쿠탕스에서는 서쪽의 쌍첨탑과 네이브의 갤러리 층이, 루앙에서는 홀식 납골당과 복도형 성가대석 등이, 베르네에서는 네이브 월과 성가대석의 3단 구성, 성가대석의 블라인드 트리포리움blind triforium, 트랜셉트 천측창의 벽체 통로 등이 11세기 초부터 나타나 쓰이기 시작했다(그림 160, 161). 이외에도 고딕 시대에 초기

160 루앙 성당(Rouen Cathedral). 납골당

161 베르네 수도원 교회(Abbey Church of Bernay). 프랑스. 1017~55년경

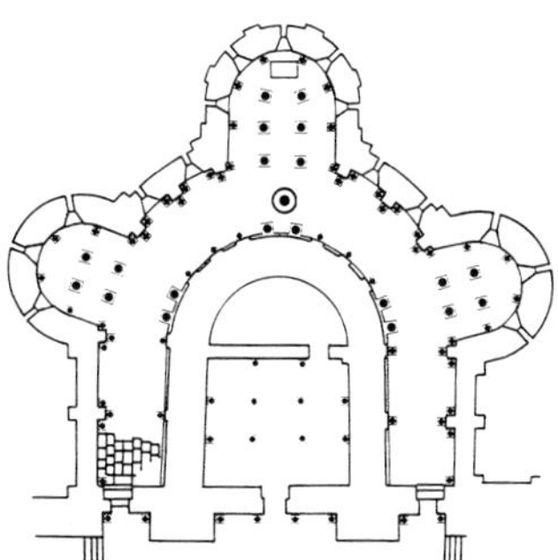

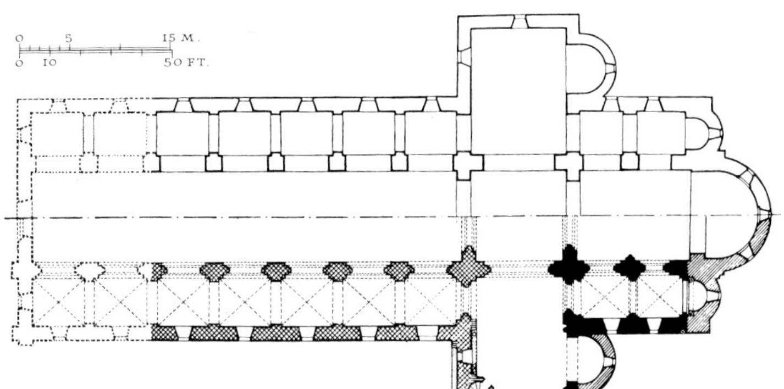

162 몽생미셸 수도원 교회(Abbey Church of Mont-Saint-Michel), 프랑스, 로마네스크 네이브 1122~35년

로마네스크 건물을 헐고 증축한 것이 아니라 그 위에 증축했기 때문에 초기 로마네스크 때의 구성을 어느 정도 추측해볼 수 있다. 천장은 모두 목조 평천장이었다. 그 대신 석조 볼트 천장이 갖는 제한성에서 자유로울 수 있어서 네이브는 비교적 폭이 넓었을 것으로 추측된다. 천장과 지붕의 하중이 크지 않았기 때문에 천측장도 크게 낼 수 있었다.

이런 내용들은 노르망디의 초기 로마네스크 건축을 대표하는 두 건물인 몽생미셸Mont-Saint-Michel과 쥐미에주의 노트르담 수도원 교회Abbey Church of Notre-Dame at Jumièges로 발전했다. 두 건물은 시기적으로 중복되었다. 네이브는 쥐미에주의 노트르담, 앱스는 몽생미셸이 각각 먼저 세웠다. 두 건물을 세운 장인들은 서로 상대방 건물의 축조 내용을 잘 알고 있었다. 두 건물은 경쟁 관계 속에서 서로 영향을 주고받으며 노르망디의 초기 로마네스크 건축을 이끌었다. 두 건물 모두 네이브 월의 기둥 체계와 아케이드 층 및 갤러리 층의 아치 열 처리에서 발전이 있었다.

몽생미셸의 기둥은 교대 리듬 없는 한 가지 종류로 처리되었다. 직사각형 베이가 쓰인 점으로 보아 정수 비례를 이용한 모듈성의 강화에는 관심이 없었던 것으로 보인다. 네이브 월은 3단 구성으로 이루어졌다. 아케이드 층에서는 한 베이가 큰 아치 하나로 이루어졌다. 이것이 갤러리 층에서는 네 개의 작고 날씬한 아치로 분할되었다. 네 개의 작은 아치는 다시 두 개씩 짝을 지어 두 쌍으로 나뉘었다(그림 162). 각 쌍은 위쪽에서 하나의 블라인드 아치로 묶였다. 기둥 체계는 원형 기둥을 코어 기둥으로 삼아 벽기둥이 덧붙여지는 처리가 쓰였다. 앱스의 복도는 반원형이 아닌 다각형이었다. 그러나 부지가 급경사였기 때문에 방사형 예배당은 없었다. 트랜셉트의 실내 입면은 쥐미에주와 동일했지만 네이브의 전체 분위기는 몽생미셸이 더 장식적이었다. 천장은 특이하게 목조 볼트로 처리되었다. 목조 평천장의 지역 전통 방식과 석조 볼트의 첨단 공법이 혼합된 중간 단계로 해석될 수 있다.

몽생미셸의 중요성은 네 가지로 요약된다. 첫째, 코어 기둥의 네 면에 대응 기둥respond이 각 하나씩 더해지는 정리가 있었다(그림 163). 이것은 로마네스크 기둥 체계의 표준형이었다. 둘째, 아치 열의 개구부 폭과 천측창이 넓어지면서 실내가 개방적이 되고 채광도 향상되었다. 셋째, 아케이드 층과 갤러리 층의 벽체가 두꺼워지면서 돌의 물성이 표현되었다. 개방성과 채광성이 향상됨에 따라 물성은 밝고 활기찬 분

163 몽생미셸 수도원 교회(Abbey Church of Mont-Saint-Michel). 프랑스. 로마네스크 네이브 1122~35년

164 몽생미셸 수도원 교회(Abbey Church of Mont-Saint-Michel). 프랑스. 로마네스크 네이브 1122~35년

위기를 만들어냈다(그림 164). 넷째, 수평성이 강화되었다. 아케이드 층과 갤러리 층의 아치 구성은 실내에 수평띠를 형성했다.

이상은 로마네스크 건축의 특징을 종합화한 의미를 갖는다. 로마네스크 구조 체계의 표준형 가운데 하나가 완성되면서 물성과 수평성이라는 땅의 의미가 잘 표현된 것이다. 이런 특징은 초기 로마네스크의 의미에 합당한 것으로 볼 수 있다. 독일의 초기 로마네스크를 대표하는 제1슈파이어Speyer I에서도 이와 동일한 특징이 관찰된다. 차이점으로는 제1슈파이어가 각 기둥을 중심으로 딱딱하고 근엄한 분위기를 갖는 반면 이곳에서는 원형 기둥을 중심으로 밝고 섬세한 물성이 표현된 점을 들 수 있다. 이런 차이는 이후 프랑스와 독일의 성기 로마네스크 건축을 구별짓는 대표적 특징으로 발전했다. 프랑스가 석구조의 물적 특성에 충실하며 구조적 발전을 이끌었던 데 반해 독일은 웅장하고 엄숙한 기념비성을 추구했다.

쥐미에주 노트르담의 건축적 특징 및 의미는 다음의 네 가지로 요약될 수 있다. 첫째, 기둥 체계가 정리되는 중요한 발전이 있었다. 이것들이 어우러져 수직성을 효과적으로 표현했다. 네이브 월의 기둥은 더블 베이로 발전했다(그림 165, 166). 주기둥은 사각 기둥이었고 부기둥은 원형 기둥이었다. 주기둥의 코어 기둥은 정사각형 단면을 가졌고 네 면에 벽기둥이 대응 기둥으로 덧붙여졌다. 네 개의 대응 기둥 가운

165 노트르담 수도원 교회(Abbey Church of Notre-Dame). 쥐미에주(Jumièges), 프랑스. 1040~67년

166 노트르담 수도원 교회(Abbey Church of Notre-Dame). 쥐미에주(Jumièges), 프랑스. 1040~67년

데 최소한 세 개는 네이브의 아케이드와 갤러리, 그리고 아일에 맞춰 정확하게 정리되었다. 나머지 네번째 것이 벽의 끝까지 올라가서 천장을 받쳤는지는 정확히 판단하기가 불가능하다. 부기둥은 대응 기둥을 하나도 갖지 않는 단일 원형 기둥으로 처리되었다.

이렇게 구성되는 주기둥과 부기둥은 대별되는 건축적 효과를 만들어냈다. 주기둥은 힘과 물성 등의 구조적 안정감을 통해서 수직성을 표현했다. 이전 시기의 수직성이 단순히 바닥에서 천장까지 이어지는 일직선에 의한 것이었다면 이곳에서는 규칙화된 군집성을 통한 유기적 수직성으로 발전했다. 단순한 선형적 수직성에서 유기적 힘을 갖는 수직성으로의 발전이었다. 부기둥은 경량성, 경쾌함, 구조성 등을 통해서 수직성을 표현했다. 아케이드, 갤러리, 천측창이 형성하는 수평 영역에 맞서 기둥이 빚어내는 큰 수직적 힘이 만들어졌다. 네이브의 폭과 높이 사이의 비례는 몽생미셸보다 수직적으로 더 커졌다. 천장도 23.4미터까지 높아졌다. 실내의 수직성은 웨스트 워크에 더해진 쌍둥이 첨탑에 의해 외부에서 인위적으로 배가되었다(그림 167). 첨탑 사이의 웨스트 워크 블록 자체도 수직 비례를 가졌다.

둘째, 정사각형 모듈이 주요 구성 단위로 쓰였다(그림 168). 아일 폭이 네이브 폭의 2분의 1로 처리되면서 정사각형 모듈이 정리된 점을 들 수 있다. 네이브에서는 주기둥이 정사각형 모듈을 형성했고 부기둥은 이것을 1대 2 비율의 직사각형으로 분할했다. 직사각형의 짧은 변이 아일의 정사각형 모듈을 이루었다. 실내 전체는 정사각형 모듈을 기본으로 한 정수 비례로 구성되었다. 정사각형 모듈에 기둥 체계가 대응하면서 모듈 느낌이 강화되었다. 특히 주기둥에 더해진 대응 기둥의 중요성이 커졌다. 이런 처리는 로마네스크 건축 발전에서 중요한 의미를 가졌다. 대응 기둥의 역할은 모듈 단위의 강화 및 확장 가능성이라는 상반된 두 방향으로 나타났다. 대응 기둥이 정리되면서 네이브의 베이는 단순 육면체가 아니라 건축적 의미를 갖는 공간 단위로 발전했다. 이것은 베이를 구성하는 모듈 단위를 강화하는 효과로 나타났다. 이와 반대로 모듈 단위에 강한 규칙성을 가하면서 반복 가능성을 높였다. 이것은 다시 확장 가능성으로 나타났다.

셋째, 네이브 월의 처리에서는 로마네스크 표준형인 3단 구성이 정착되었다(그림 165). 아케이드 층의 한 베이는 두 개의 아치로 구성되었다. 원형 벽기둥은 아치 열을 구획하면서 쌍조합을 이끌었다. 아케이드 층의 아치 하나에 갤러리 층의 아치 세 개가 대응되었고 그 위로 세 개의 아치를 하나로 묶어주는 큰 아치가 블라인드 아치 형식으로 새겨졌다. 로마네스크 건축 전반에서 흔히 사용되던 두 겹 아치 구성이 더 세분화된 형식이었다. 다시 그 위로 천측창이 위치했다. 천측창에서는 아케이드 층의 아치 하나에 창이 하나 대응되었다. 창의

167 노트르담 수도원 교회(Abbey Church of Notre-Dame). 쥐미에주(Jumièges), 프랑스. 1040~67년

168 노트르담 수도원 교회(Abbey Church of Notre-Dame). 쥐미에주(Jumièges), 프랑스. 1040~67년

크기는 아치 폭의 절반 정도였다.

넷째, 이스트 엔드는 2베이의 성가대석, 반원형 앱스, 복도 등으로 구성되었다. 이스트 엔드는 14세기에 증축되었기 때문에 땅 밑에 묻혔으나 최근 발굴을 통해 그 윤곽이 드러났다. 입면은 네이브 월의 3단 구성이 성가대석까지 계속되었을 것으로 추측된다. 네이브 천장은 아직 목조 평천장이었으나 성가대석의 천장은 석조 볼트였다. 트랜셉트의 천측창에서는 벽체 통로가 있었음을 말해주는 흔적이 남아 있다. 통로가 있던 벽체는 두 겹으로 지어졌다.

3 독일 초기 로마네스크(950~1060년)

오토 왕조와 제1 북부 로마네스크 건축

독일 지역에서는 롬바르디아나 남부의 제1 로마네스크와는 다른 이 지역만의 초기 로마네스크 건축이 형성되었다. 정치사적으로 작센Sachsen 가에 의한 오토 왕조가 통치하던 시기였으므로 오토 건축Ottonian architecture이라는 명칭으로 불리기도 한다. 오토 건축은 좁게는 오토 왕조가 통치하던 936~1024년을 지칭한다. 그러나 이때 형성된 경향이 11세기 중반까지 계속되었으므로 넓게는 독일의 초기 로마네스크 전체를 지칭하기도 한다. 오토 건축은 제1 북부 로마네스크라 불리기도 한다. 제1 남부 로마네스크와 구별되는 북부만의 특징을 갖는다는 의미에서이다.

남부 로마네스크와의 관계는 양면적이었다. 독일은 남유럽과 정치적으로는 대립했지만 종교적 예술적으로는 영향을 받았다. 카롤링거 왕조의 부활을 꿈꾸었던 오토 대제는 이를 위한 종교적 기반을 이탈리아와의 연대에서 찾았다. 종교적 연대는 예술의 수입으로 이어졌다. 오토 대제는 성당을 짓는 데 필요한 건축 재료와 부재를 이탈리아에서 많이 구해왔다. 오더 같은 부재는 통째로 가져오는 경우가 많았다. 롬바르디아 순회 석공단도 활용했다. 성화도 이탈리아 화가들에게 많이 맡겼다. 가깝게는 카롤링거 건축을 주요 모델로 삼았다. 이런 과정에서 제1 남부 로마네스크의 영향이 일정 부분 흘러들어갔다. 이것은 로마적 전통이 이어지는 것을 의미했다. 독일의 로마네스크 건축은 표면적으로는 로마적 전통을 대체하는 중세만의 독자성을 대표했지만 실제 시행 과정에서는 그 영향을 받아들이지 않을 수 없었다.

오토 대제가 세운 최초의 성당은 955년에 건축되기 시작한 마그데부르크 성당Magdeburg Cathedral이었다. 이해에 오토 대제는 헝가리족을 레흐펠트Lechfeld 전투에서 격퇴했다. 마그데부르크는 오토 대제에 의해 동유럽의 이민족을 방어하기 위한 중요한 요충지로 건설되었고, 이 성당은

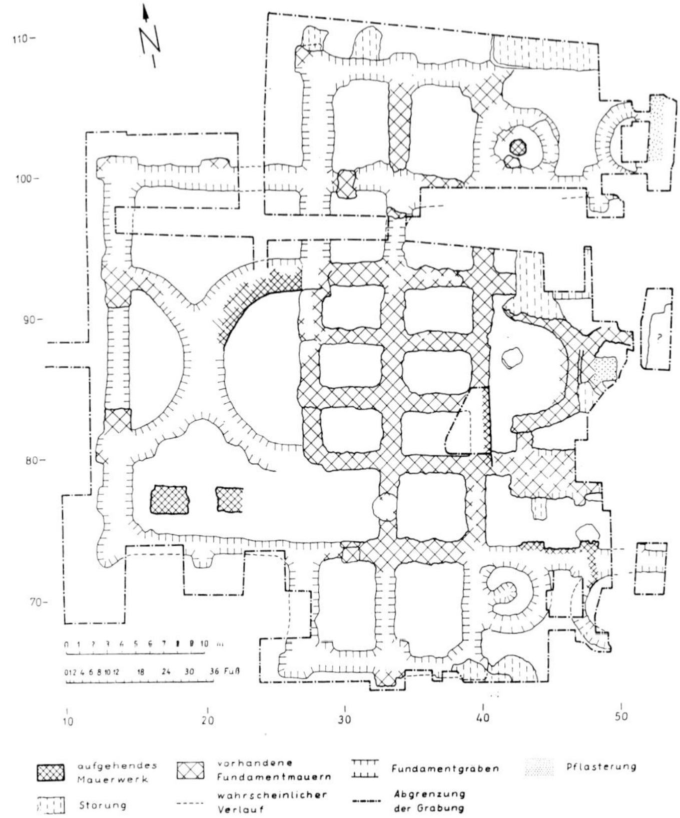

169 마그데부르크 성당(Magdeburg Cathedral), 오토 시대

이 승리를 기념하여 지어졌다. 성당 건축을 위해 오토 대제는 이탈리아의 여러 지역에서 대리석 오더를 가져와서 공급했다. 이 성당은 1207년에 소실되었고 지금 성당은 다시 지은 것이다(그림 169). 오토 대제가 하사했던 오더들은 새 성당의 성상 안치소 스크린에 사용되어 그 흔적을 보존할 수 있었다.

독일의 초기 로마네스크는 시기와 지역에 따라 세분될 수 있다. 시기로 보면 하인리히 2세의 죽음과 함께 오토 왕조가 공식적으로 막을 내리는 1024년이 분기점이 된다. 이때부터 잘리어Salier 가에 의한 새 왕조가 시작되었다. 건축적으로는 오토 건축이 계속되는 가운데 새롭게 변화하는 부분도 있었다. 지역에 따라서는 라인란트와 작센으로 나눌 수 있다. 라인란트는 알자스Alsace 중심의 상류와 모젤 계곡 중심의 하류로 다시 나뉜다.

잘리어 왕조가 등장하면서 나타난 새로운 변화의 대표적인 예로 종교 의식이 다시 동쪽의 제단 쪽으로 옮겨간 현상을 들 수 있다. 이에 따라 이스트 엔드가 확장되고 웨스크 워크가 축소되는 건축적 변화가 연속적으로 일어났다. 웨스크 워크가 축소되면서 독일 로마네스크의 특징인 더블 엔더도 사라졌다. 이런 변화는 오토 건축의 전통이 약해지면서 남유럽의 영향이 강해지는 현상의 하나로서 오토 왕조가 막을 내린 직후인 1025~35년에 집중적으로 나타났다. 이후 독일의 초기 로마네스크는 제1슈파이어가 완공되는 1060년까지 계속되었다. 이 기간 동안에는 오토 건축과 제1 남부 로마네스크가 하나로 합쳐지면서 성기 로마네스크의 국제주의 양식을 향해 나아갔다.

작센

작센은 독일의 초기 로마네스크 건축을 가장 먼저 시작해서 완성시킨 중요한 지방이었다. 앞의 마그데부르크 성당도 작센 지방에 속했다. 작센 지방 건축의 중심지는 게른로데와 힐데스하임 등이었다. 게른로데의 성 치리아코St. Cyriakus at Gernrode, 961년 완성는 현재 남아 있는 오토 왕조의 성당 가운데 가장 크고 오래된 것이다. 게른로데는 힐데스하임의 성 미카엘St. Michael at Hildesheim, 1010~33년로 발전하면서 독일의 초기 로마네스크를 완성시켰다. 작센 지방의 초기 로마네스크는 라인란트 상류 지역과 유사한 가운데 종합화 경향을 주요 특징으로 가졌다.

게른로데는 목조 평천장을 갖는 대형 공간이라는 독일 초기 로마네

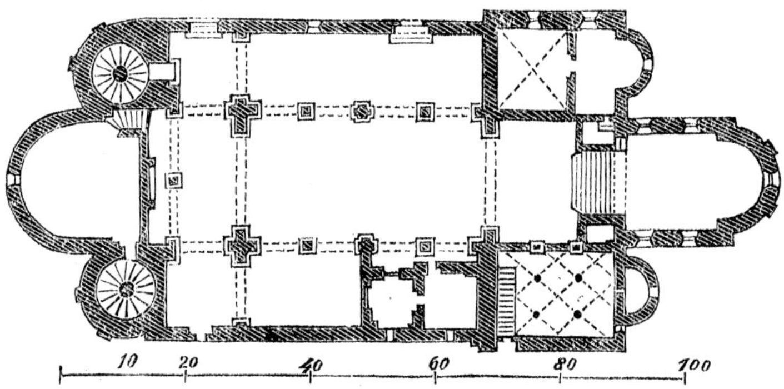

170 성 치리아코(St. Cyriakus), 게른로데(Gernrode), 독일, 961년

171 성 치리아코(St. Cyriakus), 게른로데(Gernrode), 독일, 961년

172 성 치리아코(St. Cyriakus), 게른로데(Gernrode), 독일, 961년

스크의 전형적 특징을 바탕으로 분화 발전의 징조가 나타났다. 그 내용은 다음의 다섯 가지로 요약될 수 있다. 첫째, 이스트 엔드의 구성이 정리되었다(그림 170). 두 베이의 성가대석에 반원형 앱스가 더해졌다. 성가대석이 두 베이가 되면서 성가대석 앞 공간forechoir=antechoir이 형성되었다. 성가대석 영역의 바닥은 크로싱보다 높아서 몇 단의 계단을 통해서 접근했다. 성가대석 아래 지하는 홀식 납골당으로 처리되었다. 트랜셉트는 크로싱의 네 면을 천장의 횡방향 아치로 구획하는 분리형 크로싱isolated crossing으로 처리했다(그림 171). 분리형 크로싱은 단일 대형 공간의 단조로움을 덜기 위해 독일 초기 로마네스크 건축에서 자주 사용하던 기법이었다. 트랜셉트의 동쪽 두 변에는 작은 앱스를 각 한 개씩 추가로 더했다.

둘째, 네이브 월의 구성이 정리되었다. 네이브 월에서는 3단 구성의 단초가 나타났다(그림 172). 굵은 열주로 구성되는 바닥층 아케이드와 상층부의 천측창 사이에 갤러리를 한 열 끼워넣었다. 그러나 갤러리는 아직 낮았다. 갤러리의 아케이드는 짧은 열주와 작고 급하게 반복되는 아치로 구성되었다. 구조를 담당하는 작은 핵심 아치 두 개를 하나로 묶어주는 큰 블라인드 아치가 그 밖으로 한 겹 더 새겨졌다. 이런 아치 구성은 이후 로마네스크 건축 전반에 걸쳐 많이 쓰였다.

셋째, 실내 벽을 추상적 분위기로 처리했다. 네이브 월 전체로 보면 불필요한 부재를 절제한 추상적 분위기가 주도했다. 아케이드, 갤러리, 천측창의 각 층마다 꼭 필요한 기본 부재들을 제외한 나머지 벽면은 아무것도 가해지지 않은 채로 놔두었다. 천측창은 별도의 구획 없이 벽에 개구부가 뚫린 가장 단순한 방식으로 처리했다. 이런 추상 처리는 3단 구성의 각 층을 강조하는 효과를 가졌다. 벽의 분절이 꼭 필요한 부재들에 의해서만 일어남으로써 그 효과가 명확하게 드러났다.

넷째, 네이브 월의 기둥이 정리되었다. 주기둥은 사

각 기둥으로, 부기둥은 원형 기둥으로 각각 정리되었다. 이런 처리는 두 가지 의미를 가졌다. 하나는 주기둥과 부기둥의 위계가 형성되면서 베이를 형성한 것이다. 사각 주기둥에 의한 베이 형성은 1층과 2층에서 동일하게 나타났다. 아케이드 층의 주기둥에 맞춰 갤러리도 크게 구획됨으로써 베이 구성이 강화된 것이다. 다른 하나는 두 종류의 기둥이 교대로 쓰이면서 리듬감을 만들어낸 것이다. 리듬은 'a-b-a-b'로 만들었는데 이것이 라인란트에서 많이 쓰던, 소위 '라인 리듬Rhein rhythm' 이었다.

다섯째, 이상과 같은 발전과는 반대로 불일치도 남았다. 1층과 2층 사이 중간 부분에서 구조적 불일치가 일어났다. 아케이드의 한 베이가 두 개의 아치로 구성되는 데 반해 갤러리에서는 같은 폭을 세 개의 아치가 구획한 것이다. 이스트 엔드에서 앱스와 성가대석 앞 공간의 창들이 서로 어긋나는 것도 이와 유사한 불일치였다. 네이브 월의 3단 구성도 아직 단순 가구식 구조의 수직 쌓기에 불과했다. 구조적으로는 내력 역할을 했지만 전체 구성은 3개 층과 천장을 하나로 묶어주는 유기성으로 나아가지 못했다. 이런 불일치는 양면성을 갖는 것으로 해석될 수 있다. 카롤링거 건축의 특징이었던 다양한 방식의 실험이 아직도 계속되고 있는 후진성으로 볼 수도 있다. 반면 단일 대형 공간이 분화되며 다음 단계를 준비하는 조짐으로 볼 수도 있다.

성 치리아코는 힐데스하임의 성 미카엘로 발전했다. 성 미카엘은 후

173 성 미카엘(St. Michael), 힐데스하임(Hildesheim), 독일, 1001~33년

에 여러 차례 크게 증축되었기제2차 세계대전 피해 복구 포함 때문에 오토 시대의 원형을 알기가 쉽지 않다(그림 173). 두 건물은 좋은 비교 대상이다. 성 미카엘은 작센 지방의 초기 로마네스크 건축에서 보면 성 치리아코의 뒤를 잇는 건물이다. 그러나 모든 면에서 다 발전한 것은 아니었다. 오히려 퇴보한 내용도 있었다. 성 미카엘의 건축적 의미는 성 치리아코와 비교했을 때 명확하게 파악될 수 있다. 성 미카엘의 구성은 성 치리아코보다 퇴보한 내용, 성 치리아코가 반복된 내용, 성 치리아코보다 발전한 내용의 셋으로 나누어 생각할 수 있다.

174 성 미카엘(St. Michael), 힐데스하임(Hildesheim), 독일, 1001~33년

성 치리아코보다 퇴보한 내용은 네이브 월에서 갤러리 층이 사라지면서 2단으로 구성된 점이다(그림 174). 천장이 목조로 처리되면서 네이브 월에 요구되는 구조적 역할이 대폭 줄어들었기 때문에 갤러리를 없애는 대신 벽면을 넓힐 수 있었다. 건물의 전체 구성은 로마네스크 건축의 유기성 개념이 결여된 단순 가구식 구조에 가까워졌다. 1층 아케이드 위에는 쇠시리 형태의 수평선이 더해졌고 다시 그 위로 비교적 넓은 단순 벽면이 만들어졌다. 여기의 위쪽 끝에 천측창이 났다. 천측창은 1층 아케이드의 아치 열에 맞추어지지 않고 어긋나면서 독립적으로 뚫렸다.

175 성 미카엘(St. Michael), 힐데스하임(Hildesheim), 독일, 1001~33년

성 치리아코가 반복된 내용으로는 목조 평천장, 단일 대형 공간, 벽면의 추상 처리, 분리형 크로싱 등을 들 수 있다(그림 175). 이 가운데 특히 추상 처리가 두드러졌다. 네이브 월이 2단으로 단순화되면서 단순 벽면의 면적이 대폭 늘었다. 각 층을 형성하는 데 꼭 필요한 부재 이외의 불필요한 장식이나 첨가 부재를 삭제함으로써 추상성이 극대화되었다. 이것은 로마네스크 건축의 보편적 특징인 네이브 월의 유기성을 포기한 대신 오토 건축만의 지역적 특징을 강화한 것으로 독일 초기 로마네스크 건축의 상황을 잘 보여주는 예이다.

성 치리아코보다 발전한 내용으로 기둥 처리, 평면

정리, 더블 엔더, 탑의 역할 강화 등을 들 수 있다. 기둥은 사각의 주기둥과 원형의 부기둥으로 정리되었다. 주기둥은 모듈을 이루는 정사각형 단위의 경계부 끝에 위치했다. 주기둥 사이에는 두 개의 부기둥이 들어가면서 작센 리듬인 'a-b-b-a'를 형성했다. 기둥과 기둥 사이에는 작은 반원형 아치가 하나 들어갔다. 기둥 네 개로 구성되는 베이 하나를 세 개의 아치가 분할하면서 아케이드를 구성했다. 주두는 쿠션cushion형이었다. 이것은 로마 고전주의의 오더로부터 탈피한 오토 건축만의 독자적인 주두 형태였다. 쿠션형은 기독교적 상징성을 가졌다. 이오니아식이나 코린트식과 같은 고전 문양이 사라진 자리를 기독교와 관련된 조각 장식물들이 대신했다(그림 176). 홍예굽에는 하나당 세 명의 성인 이름이 새겨졌다.

평면은 로마네스크 바실리카의 표준형으로 구성되었다(그림 177). 여기에 모듈이 적용되면서 성 치리아코보다 훨씬 정리되었다. 트랜셉트는 크로싱을 중심으로 양옆에 정사각형 팔부분을 가졌다. 팔부분의 바닥은 크로싱보다 높게 처리되었다. 정사각형 크로싱은 네이브 모듈의 기준이 되었다. 네이브에는 크로싱의 정사각형이 세 개 반복되었다. 공간 전체에서 종방향 축과 횡방향 축이 뚜렷하게 교차했다. 성가대석이 사각형, 앱스가 반원형으로 각각 처리되면서 기하 단위를 이용한 추상적 명쾌함이 두드러졌다. 크로싱의 정사각형이 네이브에서 세 번 반복되면서 모듈을 형성한 구성은 기하학적 추상성을 배가시켰다. 그러나 아직 불완전성도 남아 있었다. 그것은 아일의 폭이 네이브 폭의 2분의 1보다 훨씬 더 넓은 것이었다. 정사각형 모듈이 아일에서는

176 성 미카엘(St. Michael). 힐데스하임(Hildesheim), 독일. 1001~33년

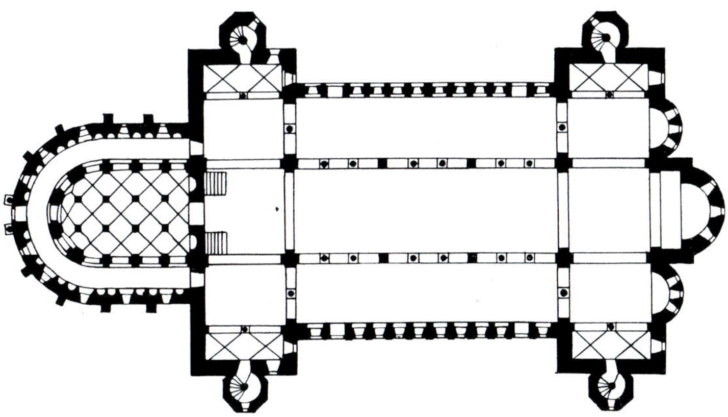

177 성 미카엘(St. Michael). 힐데스하임(Hildesheim), 독일. 1001~33년

178 성 미카엘(St. Michael). 힐데스하임(Hildesheim), 독일. 1001~33년

아직 지켜지지 않은 것이다.

더블 엔더도 정리되었다. 웨스트 워크와 이스트 엔드는 모두 랜턴 타워를 갖는 트랜셉트로 구성되었다. 성단소는 이스트 엔드 쪽이 더 강화되었다. 이스트 엔드는 성가대석, 앱스, 복도를 갖는데 반해 웨스트 워크는 크로싱 밖으로 앱스만을 가졌다. 그러나 웨스트 워크에도 트랜셉트를 더한 처리는 매우 발달한 더블 엔더였다. 트랜셉트가 동서 양쪽 끝에 동일하게 자리잡으면서 네이브의 양끝을 강하게 막아서는 형국을 이루었다. 이런 더블 엔더는 오토 건축만의 대표적인 특징으로 이것 역시 보편성보다 지역성이 강화되었던 독일 초기 로마네스크 건축의 상황을 보여주는 현상이다.

탑의 역할이 증대되면서 매스 구성에서 안정적인 균형감이 얻어졌다. 양쪽 트랜셉트의 크로싱 위에 탑이 하나씩 세워졌다(그림 178). 크로싱의 탑은 상층부에 개구부를 가지면서 중간 정도 되는 지점에서 아케이드에 의해 지지되었다. 두 탑은 서로 마주보며 건물 양쪽 끝에서 균형을 잡았다. 트랜셉트의 팔부분에 세워진 계단실 탑은 균형감을 배가시켰다. 크로싱 탑은 제1 남부 로마네스크에서 사용되던 방식이었다.

라인란트 하류(Lower Rheinland)

라인란트 하류는 아헨 왕궁 예배당의 영향이 강하게 남아 있는 보수적 경향을 지닌 지역이었다. 더 거슬러 올라가면 이 지역은 트리어 등에서 알 수 있듯이 로마 시대 독일의 중심지이기도 했다. 보수적 경향은 로마 시대에서 카롤링거 시대로 이어지는 전통을 계속 이어가려는 것으로 이해될 수 있다. 이런 전통이 건축에서 구체화된 내용으로 카롤링거 시대의 고대 기독교적 특징에 오토 건축의 기법을 적용하여 큰 규모로 확장하려는 경향을 들 수 있다. 천장은 작센 지방과 마찬가지로 이곳에서도 여전히 목조 평천장이었으며 네이브 월은 구조 체계와 유기적 연계를 갖지 못한 채 아케이드의 단순 연속으로 정의되었다. 이런 분위기에 맞게 실내는 구획 없는 대형 공간으로 정의되었다. 돌출 등의 기법을 이용하여 중요한 부재를 강조하는 처리는 외관에 한정되었다.

라인란트 하류의 초기 로마네스크는 대형 공간을 대표적 특징으로 한다. 건축의 최대 주안점은 신성로마제국의 위용에 맞는 대규모 공간을 창조하는 데 두어졌다. 오토 왕조가 카롤링거왕조의 정통성을 계승했다는 사실을 천명하려는 목적에서였다. 당시 첨단 기법이던 석조 볼트 천장을 이용할 경우 이것이 불가능했다. 대형화를 가능하게 한 것은 역설적이게도 목조 평천장이었다. 대형 공간의 롱 스팬은 목조 트러스 천장에 의해, 높은 천장은 굵은 돌기둥에 의해 각각 가능해졌다.

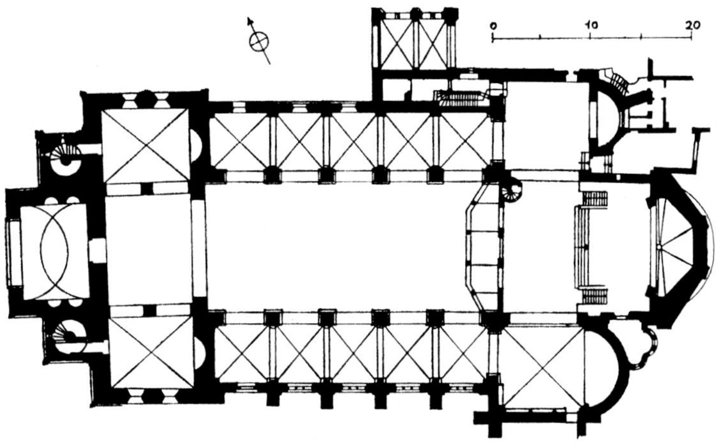

179 장크트판탈레온(St. Pantaleon), 쾰른(Köln), 독일, 964~980년

기둥은 원형 기둥과 사각 기둥을 교대로 사용하는 분화가 일어났다. 그러나 천장과의 유기적 구조성은 아직 나타나지 않았다. 주요 목적은 구조적 분화보다는 리듬감이나 조형적 다양성 같은 것이었다. 네이브 월의 수직 부재 사이나 이스트 엔드의 창 처리 등에서 아직 구조적 불일치도 남아 있었다.

180 장크트판탈레온(St. Pantaleon). 쾰른(Köln), 독일. 964~980년

쾰른의 장크트판탈레온964~980년에서는 카롤링거 시대의 잔재가 명확하게 남아 있는 가운데 새로운 특징도 나타났다. 카롤링거 시대의 잔재는 넓고 땅딸막한 네이브와 얕은 트랜셉트를 들 수 있다(그림 179). 공간 구성은 아직 로마네스크 표준형에 도달하지 못했으며 네이브 월의 기둥에는 성 미카엘과 마찬가지로 'a-b-b-a'의 작센 리듬이 쓰였다. 웨스트 워크에서도 아직 카롤링거 시대의 구성이 반복되고 있다. 웨스트 워크의 중앙부는 수직 비례를 갖는 2층으로 구성되었다. 서남북의 세 면은 갤러리로 둘러싸였고 동쪽 면은 높고 큰 반원 아치로 처리되면서 네이브를 향해 열려 있다(그림 180). 전체로 보면 정사각형 비례에 중앙집중형 구성으로 이루어졌다. 이런 구성은 카롤링거 시대의 코르바이에 나타났던 것이었다.

181 장크트판탈레온(St. Pantaleon). 쾰른(Köln), 독일. 964~980년

새로운 특징으로는 웨스트 워크의 외관에 쓰인 롬바르디아 밴드를 대표적인 예로 들 수 있다. 이 부분에서는 각 층과 베이가 벽기둥 띠pilaster strip=lesene, 레제네로 구획되었다. 벽기둥 띠는 다시 블라인드 아치 열로 구성되는 아케이드의 프리즈에 의해 서로 연결되었다. 블라인드 아케이드는 매우 얕은 돋을새김으로 처리되었다(그림 181). 이런 처리는 완전한 것은 아니지만 롬바르디아 밴드의 일환으로 볼 수 있다. 롬바르디아 밴드에 의한 분할은 카롤링거 시대에는 없던 오토 시대만의 새로운 기법으로 향후 중세 전반에 걸쳐 쓰인 대표적인 장식 분할 기법이었다.

에센 수도원 성당Minster at Essen, 10세기 말~11세기 중반에서도 여전히 카롤링거 시대의 잔재가 강하게 남았다. 이 건물에서 웨스트 워크는 오토 시대의 구성으로 남아 있는 반면 네이브는 고딕 시대에 홀 교회로 개축되었다. 웨스트 워크는 아헨 왕궁

예배당을 단순 모방한 것에 가까울 정도로 유사했다. 이런 유사성은 라인란트 하류의 보수적 특징을 잘 보여주는 것이다. 웨스트 워크의 평면은 육각형이었고 그 주위로 1층과 2층에 작은 방들이 자유롭게 배치되었다. 실내 입면은 3층으로 구성되었다(그림 182). 1층에서는 육각형의 각 면이 하나의 큰 단일 아치로 이루어졌고 기둥은 각기둥이 쓰였다. 각기둥은 육각형의 꺾임 부분에 맞춰 안쪽으로 함께 꺾였다. 그 위의 2층은 천장이 높아서 수직으로 한 번 더 구획되면서 총 3층이 되었다. 2층에서는 육각형의 각 면을 세 개의 좁고 높은 아치 열로 구획했다. 육각형의 꺾임 부분은 1층 아케이드의 동일한 각기둥으로 처리했다. 차이는 2층에서 한 면을 구성하는 각기둥 사이에 두 개의 원형 기둥이 더해진 것이다. 3층은 아케이드 층과 마찬가지로 하나의 큰 아치로 각 면의 윤곽을 한정하며 마감되었다. 각 아치는 속으로 2층의 원형 기둥이 연속되면서 삼등분되었다.

182 에센 수도원 성당(Minster at Essen). 독일. 10세기 말~11세기 중반

천장은 곡면으로 이루어졌지만 구조부는 모두 가려져 평활한 곡면으로만 처리되었다. 이것은 공간 전체를 하나의 유기적 구조로 인식하지 못하고 가구식 구조로 단순 층쌓기만 했음을 의미한다. 이런 개념은 아헨 왕궁 예배당보다 오히려 퇴보한 것이다. 아헨 왕궁 예배당에서는 수직 구조부와 천장 사이의 유기적 관계에 대한 최소한의 인식이 형성되어 있었다(그림 71). 에센에서는 그것을 형태 윤곽만 따내어서 차용했다. 이런 해석은 3개 층으로 이루어진 수직 구조의 건축적 성격을 보면 더욱 분명해진다. 2층과 3층을 수직으로 분할하는 원형 기둥들은 구조적 역할을 드러내지 못하고 벽을 나누는 격자 창살로 그 성격과 역할이 한정되고 있다. 아치 열은 구조 부재가 아닌 단순한 구멍으로만 읽히며 기둥은 이 구멍을 나누는 창살처럼 다루어지고 있다.

183 트리어 성당(Trier Cathedral). 독일. 웨스트 워크 1040년경~70년경/성가대석, 앱스, 동쪽 첨탑 12세기/천장 볼트 1200~10년

트리어 성당[1040년경]은 후기 로마 시대의 공민 홀에서 시작하여 오토 건축에서 주요 골격이 잡혔고 이후 후기 로마네스크와 바로크 시대에 여러 차례 증축되었다. 오토 시대에 건축되었던 원형을 보여주는 부분은 더블 엔더의 평면 구

성, 목조 평천장, 네이브 월의 기둥, 웨스크 워크, 롬바르디아 밴드 등이다. 이 가운데 중요한 의미를 갖는 것은 기둥, 웨스트 워크, 롬바르디아 밴드이다.

기둥은 원형 기둥과 십자가형 다발 기둥이 교대로 쓰였다. 십자가형 다발 기둥의 등장은 유기적 통일성에 대한 인식이 시작되었음을 말해준다. 높이에서도 다소 발전이 있었다(그림 183). 웨스트 워크의 외관에서는 카롤링거 시대의 구성이 반복되었으나 실내에서는 로마네스크의 특징이 자리잡았다. 카롤링거 시대의 웨스크 워크는 네이브 본당으로부터 분리된 독립성을 가졌다. 트리어의 외관은 거대한 블록들의 집합으로 이루어지면서 이런 카롤링거 시대의 구성을 반복하고 있다. 그러나 실내에서는 독립성이 사라지고 네이브와 연속 공간으로 이루어지는 변화가 있었다(그림 184).

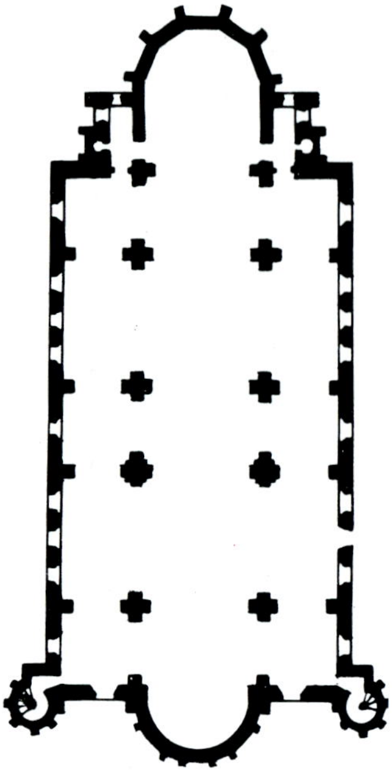

184 트리어 성당(Trier Cathedral). 독일. 웨스트 워크 1040년경~70년경/성가대석, 앱스, 동쪽 첨탑 12세기/천장 볼트 1200~10년

185 트리어 성당(Trier Cathedral). 독일. 웨스트 워크 1040년경~70년경/성가대석, 앱스, 동쪽 첨탑 12세기/천장 볼트 1200~10년

186 트리어 성당(Trier Cathedral). 독일. 웨스트 워크 1040년경~70년경/성가대석, 앱스, 동쪽 첨탑 12세기/천장 볼트 1200~10년

187 성 제오르지오(St. Georg). 쾰른(Köln), 독일. 12세기

웨스트 워크는 홀 형태의 직육면체에 앱스를 덧붙인 구성으로 이루어졌다. 홀은 다층으로 구성되었다. 저층부는 출입문과 내력벽으로, 상층부는 아치 열의 갤러리로 각각 구성되었다. 저층부의 외벽은 블라인드 아치로, 상층부의 외벽은 정식 개구부로 처리되었다(그림 185). 외벽은 롬바르디아 밴드를 형성하며 장식 어휘를 이루었다. 그리고 석재의 고유색을 이용하여 장식성을 강조하였다(그림 186). 서쪽 출입구의 전체 외관은 웨스트 워크의 블록을 중심으로 네이브는 반원형 앱스로, 양열 아일은 정사각형 단면의 첨탑으로 각각 구성되었다. 다시 그 옆에는 작고 길쭉한 원통형 모양의 계단실 탑 등이 더해졌다.

라인란트 하류 지역의 보수적 후진성을 보여주는 또다른 예로 벨기에와 쾰른 등지에 주로 지어졌던 피어 바실리카pier-basilica를 들 수 있다. 이것은 평면, 네이브 월, 기둥, 천장 등 여러 면에서 로마네스크의 규모나 유기적 짜임새에 이르지 못한 채 주두 형태에만 관심을 기울인 건축물이다.(그림 187) 경우에 따라서는 원형 기둥과 사각 기둥의 교대 리듬이 나타나기는 하지만 베이의 개념은 아직 형성되지 못하고 기둥 열의 단순 반복 병렬에 머물렀다. 규모도 소형에 머물렀다. 피어 바실리카 가운데 일부는 초기 로마네스크 이후에도 여전히 발전하지 못하고 이런 특징에 머물렀다. 이것은 성기 로마네스크의 국제주의 양식에 대비되는 독일의 지역주의를 대표하는 것으로 볼 수 있다.

이런 특징들은 더 넓게는 북프랑스의 프랑스 왕실 직할령French Crown Lands에 많이 지어진 평천장 바실리카와 공통점을 갖는 것으로 볼 수 있다. 라인란트 하류와 북프랑스 사이에는 내부적으로 활발한 교류가 있었다. 피어 바실리카의 대표적인 예로 셀의 생아들랭St. Hadelin at Celles, 아스티에르쉬르뫼즈의 수도원 교회Abbey Church of Hastière-sur-Meuse, 쾰른의 세 교회인 성 사도St. Aposteln, 장크트제베린St. Severin, 성 제오르지오St. Georg 등을 들 수 있다.

라인란트 상류(Upper Rheinland)

라인란트 상류 지역에서는 초기 로마네스크 건축이 상대적으로 늦게 나타났다. 그대신 하류 지역보다 발전된 양상을 보였다. 가장 대표적인 특징으로 네이브 월의 구성이 정리된 것을 들 수 있다. 네이브 월은 아케이드와 천측창의 2단 구성이 표준형이었으나 3단 구성으로의 발전도 나타났다. 아케이드 위에는 수평띠가 더해졌다. 이에 따라 베이가 형성되고 기둥에 의한 리듬도 만들어졌다. 라인 리듬은 각기둥과 원형 기둥이 교대로 쓰이는 'a-b-a-b' 형식이 표준형이었다. 베이 하나는 세 개의 기둥으로 구성되었다. 이외에 오토 건축만의 독자적 특징인 더블 엔더, 계단실 규모를 넘지 않는 탑, 실내벽의 추상적 분위기 등도 나타났다. 이런 특징들은 모두 단일 대형 공간의 단조로움을 피하기 위한 것이었다.

네이브 월의 구조는 라인란트와 작센을 구별하는 중요한 특징 가운데 하나이다. 작센 리듬은 'a-b-b-a'가 표준형이었다. 각기둥과 각기둥 사이에 두 개의 원형 기둥이 들어가는 형식

188 오트마르스하임의 수도원 교회(Abbey Church at Ottmarsheim=노트르담), 독일, 11세기
189 마인츠 성당(Mainz Cathedral, 부분), 독일, 1036년

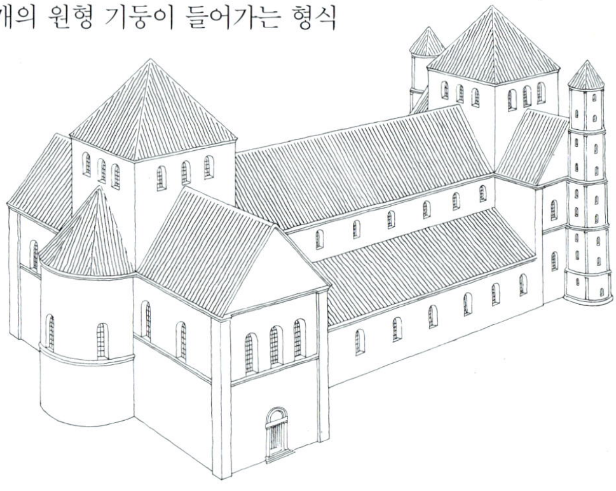

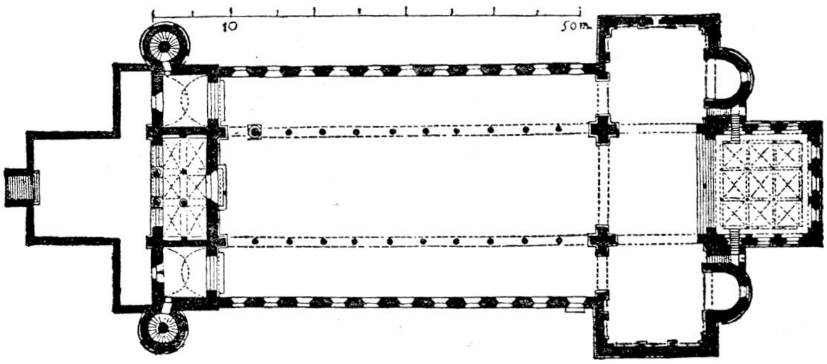

190 림부르크안데어하르트 수도원 교회(Abbey Church at Limburg-an-der-Haardt: 폐허), 독일, 1024~39년

이다. 이에 따라 베이 하나는 네 개의 기둥으로 구성되었다. 이런 처리는 로마네스크 건축 전반을 통틀어 매우 특이한 경우에 해당된다. 네이브 월은 3단 구성이 표준형이었다. 인위적인 수평띠 없이 1층 아케이드와 2층 갤러리의 아치 열이 수평선을 형성했다.

상류 지역의 대표적 예로 오트마르스하임의 수도원 교회, 오버첼의 성 제오르지오St. Georg at Oberzell, 프라이부르크Freiburg-im-Breisgau 근교의 성 치리아쿠스인슐츠부르크St. Cyriakus in Sulzburg, 마인츠 성당부분, 림부르크안데어하르트 수도원 교회Abbey Church of Limburg-an-der-Haardt, 폐허, 주어부르크의 소 수도원 교회Priory Church of Surbourg, 폐허, 제1슈파이어 등을 들 수 있다(그림 188~190).

제1슈파이어1060년는 상류 지역의 특징들이 종합적으로 잘 정리된 대표적인 예이다. 뿐만 아니라 규모와 내용 모두에서 독일의 초기 로마네스크 전체를 총집대성하며 성기 로마네스크로 넘어가는 중요성을 갖는다. 천장은 아직 목조 평천장이었지만 여러 측면에서 로마네스크 교회의 표준형에 근접하는 상태로 정리되는 발전이 있었다. 제1슈파이어는 오토 왕조의 정치적 에너지가 집중된 건물이었다. 왕조의 위상을 과시하기 위해 황실에서 직접 공사를 주관했다. 클뤼니가 프랑스의 로마네스크 건축을 대표하는 건물이라면 슈파이어는 독일의 로마네스크 건축을 대표했다. 제1슈파이어는 성기 로마네스크 때 증축된 뒤 다시 몇 차례 파괴와 복원 과정을 거쳤기 때문에 초기 로마네스크 때의 원형은 현재 남아 있지 않다. 그러나 기록으로 그 모습을 추측할 수 있다. 중요한 발전 내용은 다음의 세 가지로 요약될 수 있다.

첫째, 평면이 정리되었다. 전체 구성은 3랑식 바실리카로 이루어졌다(그림 191). 트랜셉트는 크로싱과 양옆의 팔부분으로 명확히 구획되면서 베이의 기준이 되는 공간 단위를 형성했다. 네이브는 12베이로

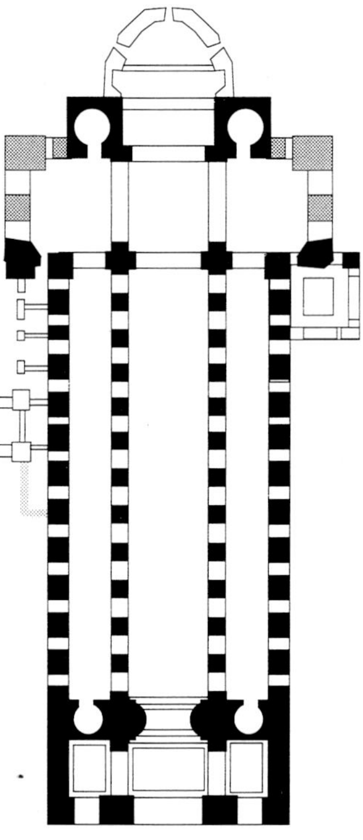

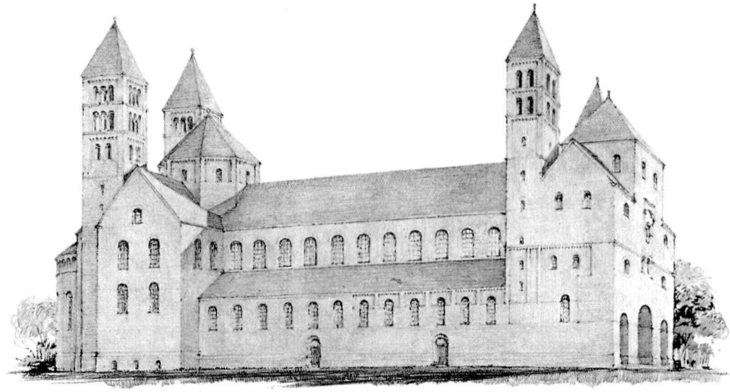

191 제1슈파이어(Speyer I), 독일, 1031~60년
192 제1슈파이어(Speyer I), 독일, 1031~60년

구성되었다. 네이브 월의 기둥이 아직 모듈을 형성할 단계는 아니었지만 모듈의 초기 단계가 관찰된다. 아일은 2베이를 모으면 정사각형에 근접했다. 네이브는 다시 이것의 2배인 4베이를 모으면 정사각형에 근접했다.

웨스트 워크와 이스트 엔드의 발전도 있었다. 웨스트 워크는 후면 합창단석과 부속실로 구성되었다. 그러나 네이브와의 연속성이 확보되면서 카롤링거 시대의 전통에서 벗어났다. 외관도 단일 블록으로 처리되었다. 원래는 30미터가 넘는 높이의 큰 블록이었다(그림 192). 후에 루이 14세와의 전쟁 때 파괴되었다 1772~78년에 한 번 복원되었으며 1854년에 하인리히 휩쉬Heinrich Hübsch에 의해 본래 모습과 다른 지금의 상태로 재복원되었다.

이스트 엔드는 좀더 발전했다. 합창단석이 독립 영역으로 자리잡으면서 성단소가 슈베로 정리되는 기틀이 마련되었다. 봉헌된 지 30년 뒤에 시작된 증축 때에는 특히 슈베의 정리가 두드러졌다. 지하에 납골당이 위치하면서 구조적 역할을 해내면서 동시에 평면이 정리되는 효과가 있었다. 앱스가 정식으로 형성되었으며 합창단석 옆에 있던 계단실 두 개가 탑으로 발전했다.

둘째, 구조부에서 분화 발전이 시작되었다. 기둥은 아직 사각 기둥 한 가지만 쓰인 단일 리듬이었고 기둥 사이 거리도 좁았지만 아케이드 열주에서 대응 기둥의 초기 상태가 나타났다. 열주면 밖에 벽기둥을 하나 더 덧붙인 처리였다(그림 193, 194). 이것은 다발 기둥의 전초로 볼 수 있다. 아일 천장에는 그로인 볼트가 쓰였다. 크로싱 천장은 내어

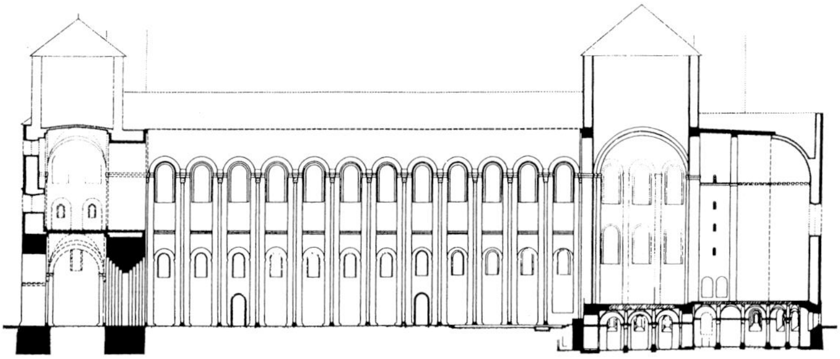

193 제1슈파이어(Speyer I). 독일. 1031~60년
194 제1슈파이어(Speyer I). 독일. 1031~60년

쌓기squinch 위에 얹힌 돔으로 처리했다. 돔의 외관에는 탑이 올라갔다.

셋째, 제1 남부 로마네스크와의 교류가 명확하게 나타났다. 이스트 엔드에 정리된 슈베를 갖고 이것이 입면의 탑으로 표현되는 전체 구성은 당시 가장 앞서가고 있던 프랑스 등의 제1 남부 로마네스크 건축의 영향을 받은 것이었다. 크로싱의 탑은 더욱 그러했다. 이것은 웅장한 단일 탑을 갖는 로마네스크의 표준형으로 가는 길목에 해당되었다. 이런 영향은 장식 처리에서도 나타났다. 롬바르디아 밴드가 쓰인 것이다. 이처럼 이 건물에서는 오토 건축의 독자적 발전과 남유럽의 영향이 상호 보완적으로 혼합되며 성기 로마네스크의 국제주의 양식으로 가는 기초가 닦였다.

4장 기독교와 로마네스크

1 수도원

2 순례여행

1 수도원

수도원과 문화의 부흥

195 루아요몽 수도원(Abbey of Royaumont). 수도원장 궁(The Abbot's Palace). 프랑스

수도원은 로마네스크 건축을 이끈 대표적인 기독교 집단이었다. 로마네스크 시대의 수도원은 기독교를 부흥시킨 종교적 중심지였을 뿐 아니라 현실 사회를 지탱하는 세속적 중심지이기도 했다. 로마네스크는 기독교 건축 역사 전체에서 수도원이 가장 융성한 시기였다. 이전의 수도원이 순수 종교 공간이었던 데 반해 로마네스크 시대의 수도원은 정치 권력과 함께 현실 세계의 모든 일을 이끌어간 가장 큰 제도이자 기관이었다(그림 195). 로마네스크의 수도원은 부속 영지를 갖고 농노까지 거느렸으며 지역 단위별로 농업과 산업의 중심지이기도 했다(그림 196, 197). 특히 세속 권력이 담당할 여력이 없던 학문 교육 예술 등 세속적 정신 활동의 중심 역할을 해냄으로써 로마네스크 문화를 이끌었다(그림 198). 로마네스크 수도원은 기독교 정신을 바탕으로 사회 발전을 이끌며 로마네스크 문화를 생산하는 현실적

196 성 베니뇨 수도원(Abbey of St. Benigne). 디종(Dijon), 프랑스. 1281~1321년

197 알코바사 수도원(Abbey of Alcobaça). 포르투갈

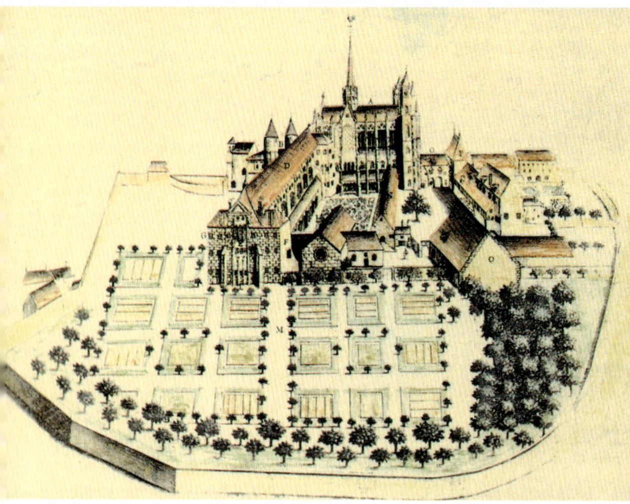

중심지였다.

수도원은 4세기 초기 기독교 시대에 처음 형성되었다. 이때의 수도원은 기독교에 집중하기 위한 현실 도피처로 시작되었다. 당시에 기독교는 세속 권력과 결탁하며 타락의 길로 접어들고 있었다. 일부 근본주의자들은 이에 반대하며 기독교 본래의 정신으로 돌아갈 방안을 모색했다. 이를 위해 현실 세계에서 멀리 떨어진 외진 곳에 종교적 목적만을 위한 순수 기독교 공동체를 만들어 절제된 생활을 하며 최초의 수도원 제도를 탄생시켰다. 이런 전통은 초기 비잔틴까지 이어졌다.

198 수도사가 어린이들에게 공부를 가르치는 장면. 『그림 성서*Bible historiée*』 수록. 15세기

그 이후 수도원은 5~7세기에 첫번째 발전을 맞았다. 이때에는 초기 기독교 시대의 은거지 개념에서 탈피하여 종합 공동체의 토대가 형성되었다. 이런 발전을 이끈 정신적 길잡이는 『요한계시록』에서 성 요한이 천국의 예루살렘Heavenly Jerusalem에 대해 기술한 대목이었다(그림 199). 여기에는 벽과 성문으로 둘러싸인 도시에 대한 언급이 나온다. 도시의 중심에는 하느님의 어린 양 예수그리스도가 자리했다. 도시는 투명한 영구 불멸의 재료로 지어졌다. 도시 전체는 하늘에서 내려오며 떠 있었다. 12개의 성문은 이 도시가 12사도들의 장소였음을 암시한다. 이

199 천국의 예루살렘(Heavenly Jerusalem). 생셰프 수도원 교회(Abbey Church of St. Chef) 천장 벽화. 프랑스

상과 같은 대목을 길잡이 삼아 5~7세기에는 수도원이 천국의 예루살렘을 지상에 구현해놓은 공간으로 정의되었다. 이때 형성된 개념은 이후 중세를 관통하며 이어졌다(그림 200, 201).

이 시기 수도원은 단순 은거지 상태에서 벗어나면서 여러 기능들이 새롭게 형성되기 시작했다. 이 과정에서 예루살렘에 유추된 상징성은 수도원의 기본 골격에 대한 길잡이 역할을 했다. 수도원은 교회 본당을 중심으로 그 주위에 기숙사, 부엌, 게스트 하우스, 농축農畜 시설 등의 여러 기능들이 배치되었다. 이때 교회 본당은 예수그리스도의 육신과 정신, 즉 하늘나라의 기독교 왕국을 상징하며 초점 역할을 했으며 주위의 여러 기능들은 예수를 떠받드는 사도나 천사 등을 상징했다.

이런 확장을 통해 수도원은 이전의 은거지 기능에 더해 종합 공동체의 기능을 함께 갖추게 되었다. 이 두 기능은 수도원 생활 및 운영, 기독교적 해석, 건축적 구성 등 여러 면에서 상반되는 양면성을 가졌다. 은거지 기능은 개인주의를, 반면 종합 공동체는 공동주의를 각각 기본 배경으로 삼았다. 이에 따라 수도원 발전도 개인주의와 공동주의의 두

200 성 막시미노 수도원(Monastery of St. Maximin), 트리어(Trier), 독일
201 생마르탱뒤카니구 수도원 교회(Abbey Church of Saint-Martin-du-Canigou), 피레네조리앙탈(Pyrénées-Orientales), 프랑스, 1001~26년

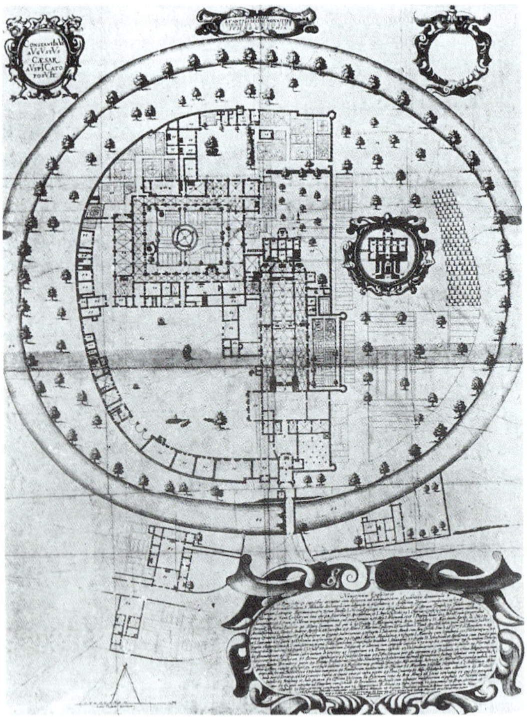

방향으로 전개되었다.

수도원은 5~7세기 서양 침체기에 기독교의 명맥을 지킨 주역이었다. 세속에 뒤섞여 있던 로마 기독교는 현실이 침체하면서 함께 침체했다. 여기에서 한발 떨어져 있던 수도원은 순도 높은 기독교 정신을 바탕으로 현실의 부침에 흔들리지 않고 기독교의 명맥을 유지했다. 이때 축적된 정신 활동은 서양이 침체에서 벗어나 부흥을 시작하는 데 중요한 토대가 되었다.

다음의 발전은 프레-로마네스크 때 있었다. 이 시기에 수도원은 카롤링거왕조의 문화 부흥을 이끌어간 중추 세력이었다. 이 무렵 전 시기부터 이어져오던 두 가지 경향 가운데 개인주의는 쇠퇴하고 공동주의가 발전했다. 수도원은 여러 기능들을 갖추며 하나의 작은 도시로 작동하는 단계로까지 확장되었다. 당시 서북유럽에는 샤를마뉴의 개혁 정책을 뒷받침할 만한 현실적 토대가 미약했다. 개혁 정책은 아헨의 궁정 학교와 수도원 두 곳을 중심으로 이루어졌다. 이 가운데 수도원은 특히 농업과 문화 두 분야에서 중요한 역할을 했다.

202 에드위누스의 시편(Eadwinus Psalter)을 적고 있는 수도사 에드위누스, 1170년경

수도원은 농촌 단위로 농업을 일구어 농촌 부흥의 기틀을 닦았으며 농촌 교역의 중심지 역할을 했다. 교육, 학문, 예술, 의술 등 문화 활동 전반을 이끈 것도 수도원이었다. 샤를마뉴는 유럽 전역에서 학자들을 불러모아 라틴 문헌의 필사와 번역을 후원했으며 궁중의 교육을 담당하게 했다(그림 202). 자신의 정치적 기반이 기독교와의 연대에서 나왔기 때문에 교회 건축과 기독교 미술도 지원 장려했다. 당시의 아헨 궁전은 로마를 능가하며 유럽 전체를 통틀어 가장 활발한 학문 예술 활동이 벌어지는 중심지가 되었다. 이 모든 것을 지휘한 본부가 수도원이었다. 수도원은 단순한 종교 시설이 아니라 여러 문화 기능이 하나로 집약된 종합 문화 기관이자 현실 세계를 계몽하는 정신적 중심지였다.

프레-로마네스크 때 정착된 수도원의 이런 기능은 현실과 이상이라는 두 가지 상반되는 측면을 가졌다. 현실적 측면은 샤를마뉴의 통치를 돕는 정치적 연대의

성격이었다. 수도원은 아헨 궁전과 짝을 이루는 샤를마뉴의 또다른 정치 기구였다. 샤를마뉴 때 수도원은 그의 통치에 협조한 대가로 세금 납부와 병역의 의무가 면제되었으며 농노의 소유가 허용되었다. 이로써 수도원은 독자적인 수입원을 갖게 되었다. 이런 특혜는 수도원의 융성을 돕는 결정적 배경이 되었다. 수도원은 이에 보답했다. 황실의 지시를 충실히 따르며 황실 인사의 방문 때에는 융숭한 접대를 했다. 교회에는 황제를 위한 전용 공간인 웨스트 워크가 웅장한 규모로 만들어졌다.

한 걸음 더 나아가 수도원 자체가 황실의 권위를 대변하기도 했다. 황실에서는 예산을 쏟아부으며 수도원을 웅장하게 지었다. 성 갈로는 이런 내용을 잘 보여주는 예이다. 아헨에서 816~817년에 열렸던 종교 회의synod에서 성 갈로 수도원의 배치도가 발표되었다. 현재까지 보존되어 있는 이 배치도 사본을 통해 완전 자급자족을 목표로 했던 카롤링거왕조 수도원의 이상을 엿볼 수 있다. 이 가운데 수도원 교회는 91미터로 계획되었다(그림 203). 이것은 웬만한 대도시 성당보다도 큰 규

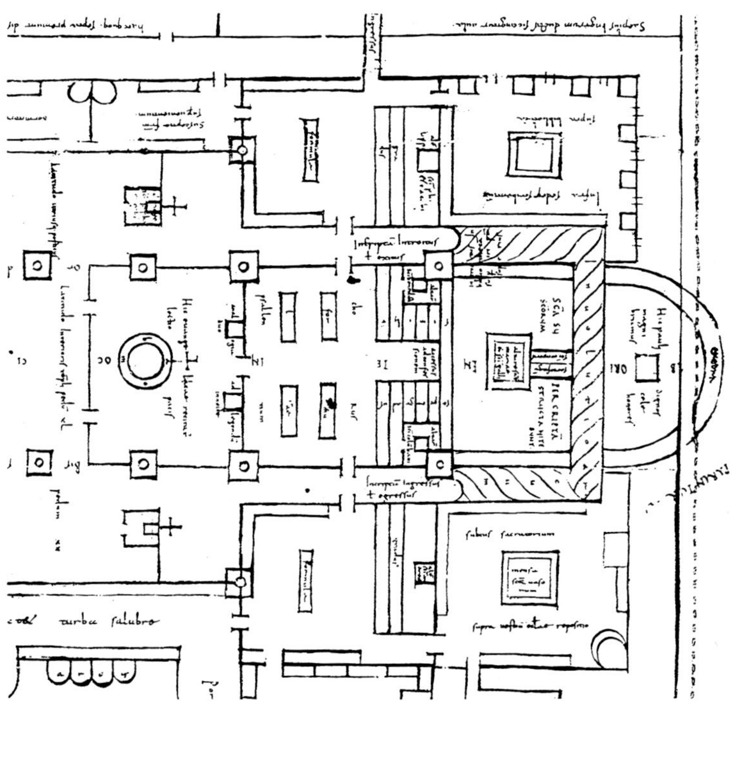

203 성 갈로 수노원(Abbey of St. Gall), 배치도 부분

모였으며 수도원 전체 면적의 2분의 1가량을 차지하는 것이었다. 이 교회를 설계했던 수도원장 라트거[Ratger]는 로마에 있던 구 성 베드로에 필적하는 교회를 지을 야심을 가지고 있었다. 그러자 기독교계 내에서 지나치게 큰 규모에 대한 지적과 반발이 일어났다. 812년에는 풀다[Fulda]에서 라트거를 축출하려는 수도승들이 반란을 일으키는 등 규모 문제는 계속 논란거리로 남았다. 수도승들은 샤를마뉴에게 교회의 규모를 줄여줄 것을 탄원했지만 황실의 권위를 의식한 샤를마뉴는 이를 기각했다.

현실적 측면을 보여주는 건축 내용으로 전체 배치 구성에서 정사각형 모듈이 사용된 점을 들 수 있다. 모듈은 일차적으로 12미터의 큰 정사각형을 기본 단위로 해서 이루어졌다. 이것은 배수와 분수의 양방향으로 사용되었다. 배수는 영역 배치나 큰 건물의 위치와 규모 등을 결정하는 데 사용되면서 전체 규모를 확장시켰다. 반대로 12미터 모듈은 세 번에 걸쳐 6미터, 3미터, 1.5미터의 작은 모듈들로 분할되면서 각 건물들의 세부 구성 및 크기를 결정했다.

이상적 측면은 현실 세계를 하늘의 섭리로 다스리고 싶어하는 기독교의 이상을 농축적으로 집약해놓은 종교적 상징성이었다. 이미 고착된 실제 현실에 뒤늦게 뛰어든 기독교가 자신의 이상대로 이런 현실세계를 다스리는 것은 불가능했다. 교황권과 왕권 사이의 끊임없는 분쟁은 이것을 보여주는 좋은 예이기도 하다. 이런 상황에서 처음부터 기

204 네레스하임 수도원(Abbey of Neresheim), 독일, 1095년~

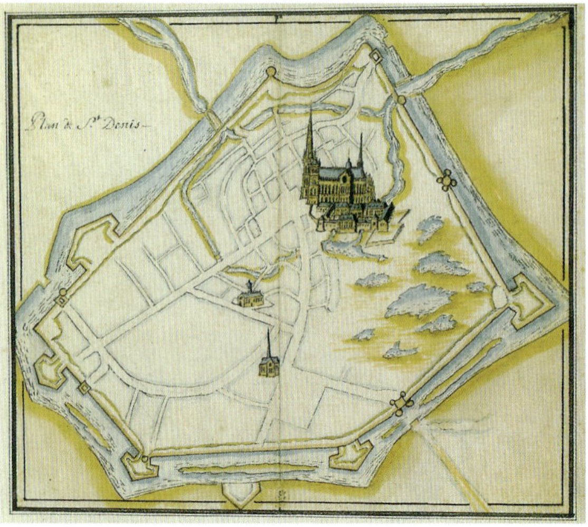

205 성 디오니시오 수도원(Abbey of St. Denis)
206 몽생미셸 수도원(Abbey of Mont-Saint-Michel). 프랑스. 12세기

독교가 중심이 된 이상적 현실 세계를 가정하게 되었다. 구원의 축복은 기독교가 중심이 된 세계에서만 가능하다는 생각이 반영된 결과였다. 수도원은 이것을 구체적으로 실행해놓은 결과였다(그림 204). 이런 이상에 맞게 축약된 현실 세계를 만들고 이것을 기독교 교리와 하늘의 질서에 의해 운용하는 새로운 통치 구도였다. 수도원을 구성하는 여러 건물들은 현실 구성 요소들에 대한 축약적 상징성 및 이것의 작동을 위한 현실적 기능적 효율성을 함께 가졌다. 이렇게 구성된 수도원은 그 자체가 하나의 독립적인 기독교 세계였다. 수도원은 중세 도시와 마찬가지로 성당을 핵으로 하여 천상의 예루살렘을 땅 위에 번안해놓은 상징성을 가졌다(그림 205, 206).

생리퀴에와 성 갈로

생리퀴에 수도원과 성 갈로 수도원은 이상의 내용들을 잘 보여주는 예이다. 생리퀴에는 기독교적 이상으로서 수도원을 보여주는 좋은 예이다. 이 수도원은 7세기에 베네딕트회 소속으로 처음 축조되었으며 790~799년에 샤를마뉴의 위탁을 받은 앙질베르Angilbert에 의해 증개축되었다. 앙질베르는 샤를마뉴 때에 유명한 시인이자 왕실의 고위 관료였다. 앙질베르는 자신의 예술적 정치적 역량을 과시하며 각지에서 예술가, 학자, 장인들을 불러모아 왕실의 지원으로 수도원을 축조했다. 이 수도원은 현재는 남아 있지 않은데 주요 사항은 하리울프의 연대기chronicle of Hariulf, 12세기에 남은 기록에 의존해서 알 수 있다.

생리퀴에 수도원은 당시에는 300여 명의 수도승과 100여 명의 수편수도사novice로 이루어졌으며 7천여 명이 사는 작은 농촌 도시를 담당했다. 이 도시는 다시 일곱 개의 햄릿hamlet, 독자적인 교회가 없이 다른 부락의 교구에 속하는 작은 부락으로 나누어 관리되었다. 이를 유지하기 위해 농노, 노예, 기사, 장인 등의 특수 계층을 거느렸으며 수도원장이 시장을 겸직했다.

207 수도사를 불러모은 성 브누아(St. Benoit)

수도원의 전체 윤곽은 삼위일체를 상징하는 삼각형으로 구성되었다(그림 97). 꼭지점마다 각 한 채씩, 총 세 채의 교회가 세워졌다. 북쪽에는 구세주 그리스도Savior 및 성 리퀴에에게 봉헌된 주교회가, 동쪽에는 성부 및 성 브누아St. Benoit에게 봉헌된 교회(그림 207)가, 남쪽에는 성신 및 성처녀-12사도Vierge-et-des-Apotres에게 봉헌된 교회가 각각 세워졌다. 이 세 교회 사이를 담이 연결했다. 담의 안쪽은 안마당을 향해 열려 있는 열주랑으로 처리되었다. 세 교회 사이의 공간에는 기타 부속 시설들이 들어갔다.

세 교회 가운데 세번째 교회는 유적이 발굴되어 대강의 윤곽을 파악할 수 있는데 아헨 왕궁 예배당을 닮은 다각형의 중앙집중형 구성을 하고 있었다. 주교회는 앞에서 살펴본 바와 같이 프레-로마네스크 시대에 이스트 엔드의 발전을 이끌었던 대표적 교회 가운데 하나였다(그림 87). 주교회의 1층에는 성지에서 가져온 성물들이 보관되었다. 제단은 이보다 한 층 높은 2층에 위치했으며 제단 주위로는 수도원에 소속된 모든 성직자들이 모일 수 있는 공간이 확보되었다. 이런 큰 규모는 수도원의 권위를 과시하기 위한 것이기도 하지만 궁극적으로는 성직자들의 단결된 집회를 통해 신앙심을 고취시키려는 종교적 목적이 있었다. 종교적 권위를 높임과 동시에 수도원에 소속되어 있던 수도승들의 집단적 신앙심을 고취시키기 위함이었다.

'3'이라는 숫자를 이용한 상징성의 표현은 이외에도 여러 곳에서 반

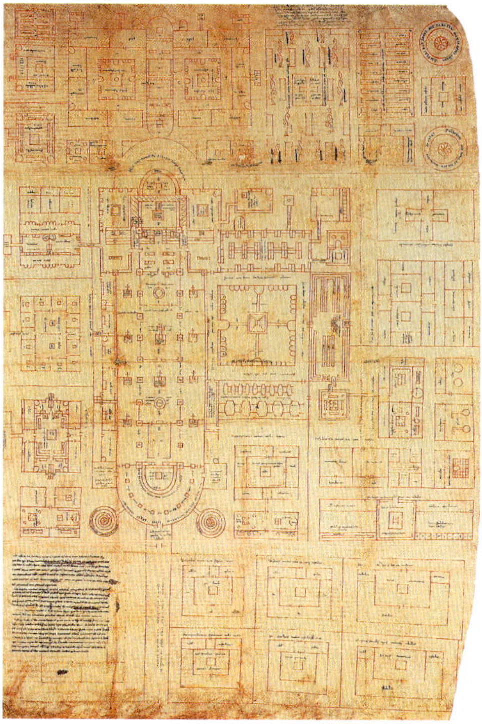

208 성 갈로 수도원(Abbey of St. Gall). 배치도. 스위스. 820년경 라이헤나우(Reichenau)에서 작성된 것으로 추정되는 양피지 도면

복되었다. 주교회는 앱스, 웨스크 워크, 네이브 중앙에 세 개의 성가대석이 있었다. 수도원 전체에는 30개의 제단이 만들어졌다. 수도원 소속 학생들은 3등급으로 나누었으며 각 등급에는 33명씩 속했다. 이런 처리들은 기독교의 이상을 삼위일체의 개념으로 표현한 것이었다. 물리적 윤곽의 상징성에 합당한 엄격한 의식이 집행되었다. 주교회의 세 성가대석에서는 교대로 24시간 끊이지 않고 성가가 찬송되었다. 미사도 매일 열리는 등 수도승을 중심으로 한 수도원 생활 전체가 엄격한 베네딕트회 규범에 따라 철저하게 통제 운용되었다.

성 갈로는 프레-로마네스크 시대에 확립된 수도원의 기본 구성을 가장 잘 보여주는 예이다. 비단 프레-로마네스크 시대뿐만 아니라 서양 건축사 전체를 통틀어서도 가장 이상적인 수도원 구성을 보여주는 것으로 평가된다. 성 갈로의 구성은 820년에 제정된 수도원 건축 법전으로 가는 중요한 길목이기도 했다. 이 수도원도 프레-로마네스크 시대에 지어진 모든 수도원들과 마찬가지로 현재는 남아 있지 않다. 그러나 양피지에 그린 평면도가 남아 전체 구성을 보여주고 있다(그림 208). 이 평면도는 현존하는 중세 도면 가운데 가장 오래된 것이기도 하다. 평면의 내용에 대해서는 100퍼센트 일치된 의견이 없고 몇 가지 세부 구성에 대해서 이견이 있지만 대체적인 구성에 대한 의견은 통일되어 있다.

수도원의 전체 구성은 교회를 중심으로 형성되었다(그림 209). 전체 면적의 2분의 1가량을 차지하는 교회는 왼쪽 위쪽에 치우쳐 위치했다. 교회 내에는 교회의 기본 기능 이외에도 학습실, 도서실, 수도원장 주거, 방문 수도승들을 위한 리셉션 룸, 응접실parlor, 행정실 등의 시설들이 직접 부속되었다(그림 124, 203). 교회의 세 면을 돌아가며 여러 시설들이 위치했다. 교회의 한쪽 면에 붙어 있는 회랑cloister에는 난방이 되는 활동실, 화장실latrine, 세면실, 성구실, 식당, 의상실, 부엌, 양식 창고, 순례객 전용 시설숙소, 양조장, 제빵소 등이 부속되었다.

교회의 왼쪽에는 학교, 귀족 방문객 시설숙소, 양조장, 제빵소 등이 위치했다.

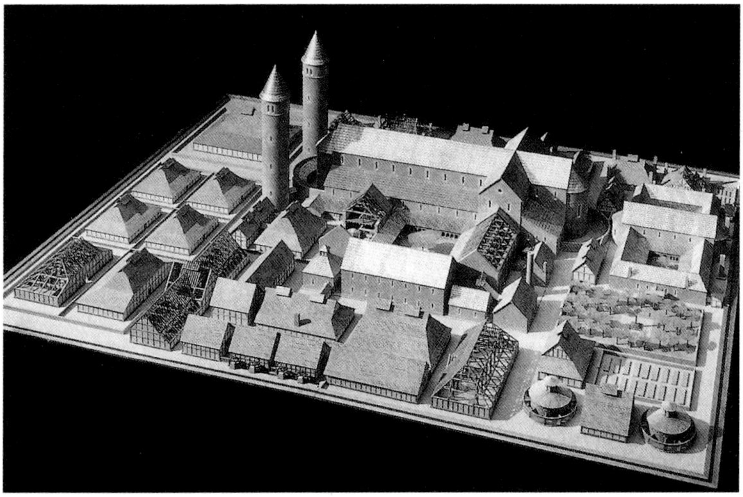

209 성 갈로 수도원(Abbey of St. Gall), 추측 복원 모델, 스위스

교회의 위쪽에는 병원 및 병원 지원 시설의사 사무실, 부엌, 세면실, 예배당 등, 약초원, 약국, 초신자 시설 등이 위치했다. 교회의 오른쪽 위에는 명상용 정원, 과수원, 묘지, 채소밭, 정원사 및 관리인 숙소, 닭 거위 사육장 등이 위치했다. 교회의 오른쪽에는 헛간, 공방, 수도승 전용 양조장 및 제빵소, 방앗간, 탈곡장, 인쇄소, 맥아 건조장malt kiln, 양식 창고, 목공소 등이 위치했다. 교회의 아래쪽에는 주로 동물 사육 시설들, 즉 외양간, 양 염소 젖소 돼지 등의 우리, 승마장, 하인 시설, 귀족 수행원 시설 등이 위치했다.

이상과 같이 성 갈로는 하나의 작은 도시였다. 당시 도시를 구성하던 모든 기능의 기본 인프라들이 어떤 도시보다도 종합적으로 갖추어졌다. 이것을 기능에 따라 정신 활동 시설학문, 교육, 인쇄 등, 생산 활동 시설농업, 축산, 양조, 제빵 등, 예술 및 공예 활동 시설공방과 목공소 등, 의학 활동 시설병원, 약초 재배, 제약 등, 장례 시설묘지 등 등으로 분류할 수 있다. 이처럼 성 갈로는 당시 사회를 구성하던 모든 기능을 망라했을 뿐 아니라 전 계층을 위한 인프라를 구축해놓았다. 특히 순례객을 위한 시설에 신경을 많이 썼다는 사실은, 이 수도원이 단순히 수동적인 기독교 중심지가 아니라 당시 사회를 이끌어가던 종교 경향을 앞장서서 능동적으로 주도했음을 보여준다. 실제로 로마네스크 시대의 기독교 융성을 앞장서서 이끌었던 순례 여행에서 수도원은 중요한 거점이자 길목이었다.

이외에 수도원의 구성 가운데 특이한 요소로 회랑을 들 수 있다. 회

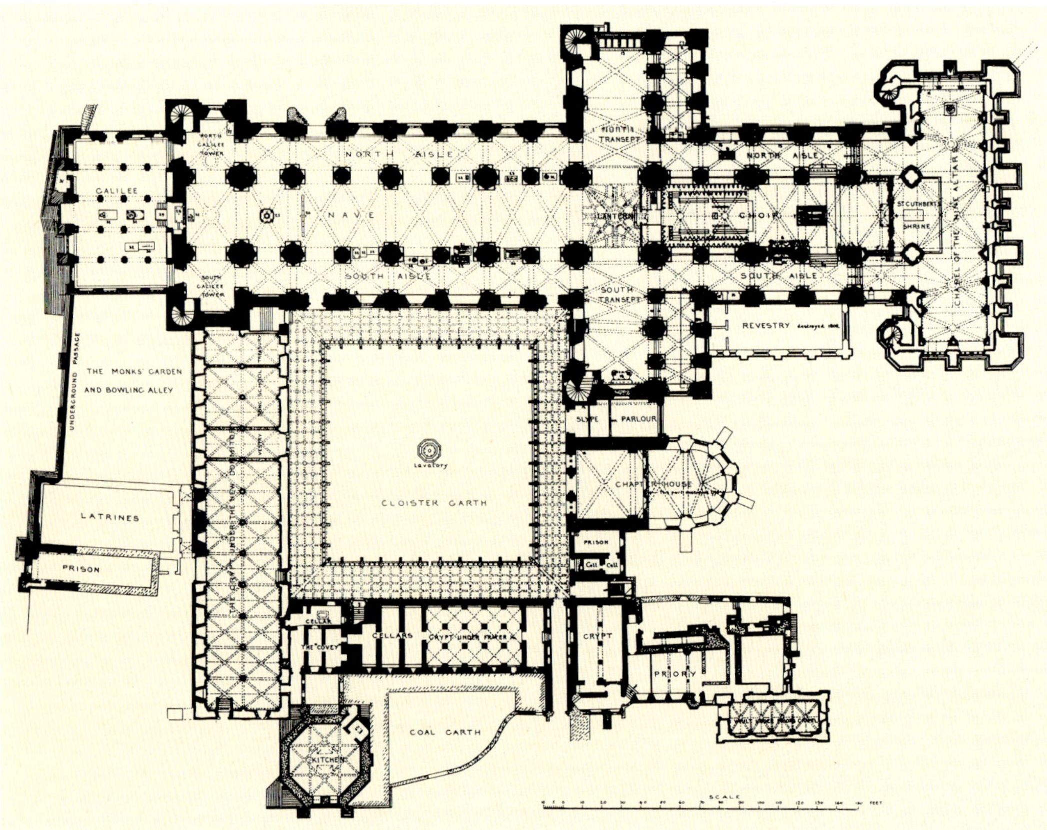

210 노트르담뒤베크 수도원(Abbey of Notre-Dame du Bec), 르베크엘루앵(Le Bec-Hellouin), 프랑스, 1034년

211 더럼 수도원(Abbey of Durham), 영국, 11세기 후반~12세기 초

랑은 교회 본당에 부속되어 수도승들의 일상 활동이 이루어지는 공간이었다. 네 면이 모두 열주랑이거나 세 면은 열주랑이고 한 면은 교회에 접하기도 했다(그림 210). 각 면을 따라 챕터 하우스chapter house, 참사회나 총회 등의 집회가 열리던 홀, 기숙사, 식당, 부엌, 필사실scriptorium, 성구실 등이 부속되었다(그림 211). 회랑은 외부와의 접촉을 피하면서 명상 등 수도와 관련된 종교 행위가 이루어지는 중심지였다(그림 212). 이를 위해 강한 독립성이 요구되었는데 안으로 열리고 밖으로 닫힌 회랑의 열주랑 구조는 이것을 만족시키기에 적합했다. 교회에 접속되어 종교심을 강화한 처리도 이를 도왔다. 이에 따라 조용하고 외진 곳이라는 의미의 '클로이스터cloister'라는 단어가 수도원과 동의어가 되어갔다.

212 수도원 회랑 전경

수도원의 회랑은 로마적 전통과 기독교적 상징성의 양면성을 동시에 가졌다. 로마적 전통은 회랑이 로마 시대 열주 주택peristyle house의 산물이라는 데에서 기인한다. 열주랑의 공간 구조는 열주 주택의 안마당에서 유래했다. 열주 주택의 안마당은 초기 기독교 때 바실리카의 앞마당으로 차용되었다. 바실리카는 주거 기능이 없는 단독 교회였기 때문에 이때에는 부속실이 없었다. 이것이 다시 수도원의 회랑으로 발전한 것이었다(그림 213).

기독교적 상징성은 회랑이 3차원 기독교 미술의 경연장이라는 데에서 찾을 수 있다. 특히 기둥이 그러했다. 열주랑의 기둥은 건축과 미술 양측면에서 창조력의 실험장이었다. 건축적으로는 기둥 처리에서 많

213 성 제노 수도원(Abbey of San Zeno), 회랑, 베로나(Verona), 이탈리아, 1123년경~35년
214 성 밖의 성 바오로(San Paolo fuori le Mura), 로마, 회랑 1205~41년

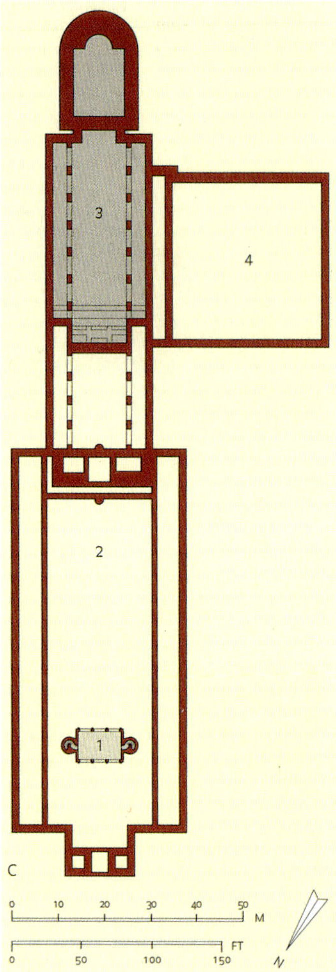

215 로르슈 수도원(Monastery of Lorsch). 독일. 800년경

은 자유가 주어졌다. 단독 기둥, 종방향 쌍기둥, 횡방향 쌍기둥, 주기둥과 부기둥의 세트 구성 등 여러 방식이 자유롭게 사용되었다(그림 214). 기둥 자체도 원형 기둥, 사각 기둥, 콜로네트colonnette, 소형 다발 기둥, 나선형 기둥 등 여러 형태가 사용되었다. 주두와 벽면은 조각물이 새겨지는 바탕면의 역할을 했다. 11세기까지는 조각을 이용한 장식이 비교적 자제되는 편이었으나 12세기부터 본격적으로 등장하기 시작하여 매우 화려하고 상상력이 넘치는 작품들을 남겼다. 그 내용은 동식물 문양 등 자연주의 요소와 기독교와 관련된 상징주의 요소의 두 경향으로 나눌 수 있다. 주신은 화려하게 장식되었다.

이상과 같이 수도원에 내재된 상반된 상징성은 프레-로마네스크 시대에 형성되었다. 이것은 수도원의 물리적 구성의 완성으로 구체화되었다. 이로써 초기 기독교 시대에 완성된 수도원의 기본 의미와 운영 방식 등에 더해져 수도원의 종합적 완성이 이루어졌다. 프레-로마네스크 시대에는 이 두 예 이외에도 풀다, 로르슈, 코르바이 등에 대표적인 수도원들이 지어졌다(그림 215). 이런 수도원의 교회들은 수도원의 발전뿐 아니라 앞에서 살펴본 바와 같이 프레-로마네스크 시대의 보다 일반적인 교회 건축 발전에서도 핵심적 역할을 했다. 당시 건축을 주도할 만한 현실적 힘을 가진 집단은 황실과 수도원 둘밖에 없었다. 수도원은 그만큼 프레-로마네스크 시대를 지탱하며 문화 부흥을 이끌던 주요 중심지였다

수도승, 기사, 농부

프레-로마네스크 시대에 축적된 기반은 로마네스크 시대의 융성으로 이어졌다. 로마네스크 시대에 수도원은 다시 개인주의와 공동주의의 두 방향으로 분화되었다. 11세기까지는 공동주의를 이끈 베네딕트회가 융성했다. 베네딕트회에서 갈라져 나온 클뤼니회Cluniac order도 함께 융성했다. 12세기는 개인주의의 시대였다. 이것을 이끈 것은 시토회Cistercian Order였다.

이런 분화는 5~7세기와 달리 종교적 신념에 의한 것이 아니었다.

11세기의 공동주의가 지나치게 화려해지고 부패함에 따라 이에 대한 반발로 12세기에 극기주의가 생기면서 나타난 현상이었다. 로마네스크 때에도 수도원의 큰 흐름은 베네딕트회의 공동주의였다. 그러나 현실 세계에 깊이 간여하면서 수도원은 타락했다. 이에 대한 반발로 극기적 개인주의를 추구하는 시토회가 창시되어 12세기에 크게 융성했다.

로마네스크 때 수도원의 융성은 사회 구조와 밀접한 관계를 가졌다. 로마네스크 때에는 성과 속의 구별이 성직자 대 속인의 이분법에서 탈피하여 그 사이에 수도승과 상인이 추가되는 복합 구도로 변화했다. 새롭게 추가된 수도승과 상인은 상호 보완 작용을 했다. 이 가운데 수도승은 독립적 사회 계층을 이루며 중요한 사회적 의미를 형성했다. 반면 상인은 기능적으로는 교역이라는 중세 경제의 한 축을 담당하며 중요한 역할을 했지만 사회적 의미는 아직 애매한 측면이 많았다.

수도승은 일반 성직자보다 훨씬 적극적으로 현실사에 참여했다. 당시 수도승은 기사 및 농부와 함께 지상의 현실 세계를 지탱하는 세 계층 가운데 하나였다. 현실 세계의 질서는 이 세 계층의 삼위일체에 의해 유지되었다. 랑Laon의 주교였던 아달베르Adalbert는 1020년대에 이 세 계층의 역할을 함축적으로 표현하여, 수도승을 기도하는 계층, 기사를 싸우는 계층, 농부를 일하는 계층으로 불렀다. 중세에는 이 세 계층을 단독으로 분리하여 생각할 수 없었다. 계층의 역할과 활동이라는 기능적 측면과 정체성이라는 상징적 측면 모두에서 그러했다. 삼자가 서로 협동하는 위에서 세 계층 모두가 동시에 정의될 수 있었다. 세 계층의 상호보완성은 각 계층이 갖는 추가적 기능으로 대체되기도 했다. 수도승은 기도 이외에 교육이라는 현실적 기능을, 기사는 싸움 이외에 방어라는 현실적 기능을, 농부는 일 이외에 다른 두 계층을 부양한다는 현실적 기능을 각각 담당하는 것으로 상정되었다. 이렇게 보았을 때 수도승, 기사, 농부의 세 계층은 중세 문명 가운데에서도 농촌 문명에 기반을 둔 1000～1250년의 성기 중세를 대표하는 사회현상이었다(그림 216).

수도원에 소속된 성직자들은 수도승으로 통칭되었다. 수도원장도 수도승이었다. 수도승은 같은 성직자이면서도 성당과 같은 공식적인 교회에 소속된 성직자들과 달랐다. 수도승은 교회에 소속된 성직자들

216 헨리 1세(Henry I)의 꿈에 나타난 중세 시대의 신분 계급

보다 성과 속의 양측면에서 활동 범위가 더 넓었다. 교회 소속 성직자의 활동은 시민을 위한 미사와 교회 행정 조직의 두 가지에 국한되었다. 반면 수도승은 여기에 두 가지 중요한 임무가 더해졌다. 하나는 말 그대로 수도의 임무였다. 성의 측면에서 가장 극단적인 임무였다. 다른 하나는 이와 대칭적인 의미에서 현실사 전반을 담당하는 임무였다(그림 217). 이것은 속의 측면에서 극단적인 임무였다.

상인의 위치는 다소 애매했다. 장거리 무역을 통해 부를 축적한 상인이 로마네스크 때부터 독립적 위치를 확보한 것은 확실했지만 상인의 현실 참여는 주로 경제적 이익에 국한되었다. 정치에도 간여하긴 했지만 권력 자체를 노렸다기보다는 자신들의 경제적 이익을 지키기 위한 우회적 성격이 강했다. 이런 가운데 상인 계층의 등장은 건축적으로 두 가지 중요한 변화를 초래했다. 도시의 확장과 수도원의 도시 참여였다. 이것을 수도원의 입장에서 보면 상인과 장거리 무역을 매개로 수도원이 담당했던 중심 지역이 이동되는 현상으로 이해할 수 있다. 프레-로마네스크 시대에는 수도원이 주로 농촌 지역의 중심지 역할을 했다. 이것이 로마네스크 시대에 들어오면서 도시 지역까지도 담당하는 변화가 일어난 것이다. 일부 수도원은 여전히 농촌 지역에 남았지만 다른 일부는 도시에 진출하여 로마네스크 시대의 도시 변화 및 발전에 참여했다(그림 218). 이것을 이끈 중간 매개가 상인 계층이었다.

수도원이 도시에 간여한 방식은 일종의 간접 방식이었다. 수도원은 여전히 성 안의 도심에는 못 들어왔다. 도심에서 성聖의 공간은 성당이 담당했다. 수도원은 성 밖 근교에 자리잡을 수 있었다. 도시의 영역이 확장된 것이다. 수도원은 새롭게 확장된 성 밖 신도시의 일부분을 담당했다. 그런데 성 밖에 신도시를 형성한 장본인들이 바로 상인 계층이었다. 처음에는 다분히 상행위의 일환으로 시작되었다. 중계로를 따라 무역을 원활히 하기 위한 중간 기착지와 같은 성격이었다. 이것이 커지면서 그들의 새로운 본거지가 되었고 상업 도시라는 중세만의 새로운 도시 유형이 탄생했다.

217 시토회 생활을 그린 그림. 노동과 농사가 주요 생활임을 보여준다.

여기에 수도원이 간여하게 되었다. 수도원이 상인 계층과 직접적인 연대를 형성하지는 않았다. 그러기에는 두 집단의 공통 관심사가 많이

218 생제르맹(St. Germain). 수도원과 성당. 오세르(Auxerre), 프랑스. 9~15세기

달랐다. 그러나 사안별로 공동의 이익을 위해 협력하는 일은 잦았다. 수도원에는 농촌의 장원 제도에서 정신적 중심지 역할을 하면서 축적된 지식, 경험, 조직, 체계 등과 같이 유용한 현실적 능력이 잠재되어 있었다. 이것은 상인들에게 더없이 유용했다. 여기에 종교적 기능이라는 역할이 추가되었다. 자신들을 위해 봉사하는 새로운 종교 계층을 만들 여력이 없던 상인 계층에서는 수도원과의 느슨한 연대를 통해 자신들의 부족한 부분을 메워나갔다. 이 과정에서 수도원도 도움을 받았다. 당시 무역의 발달로 부를 축적한 상인 계층의 도움은 수도원의 현실적 기능을 강화해주며 부흥에 일조했다.

베네딕트회, 클뤼니회, 시토회

수도원은 수도회 중심으로 설립 운영되었다. 수도회는 로마 가톨릭 교회에 의해 인가된 공동 생활을 하는 수도 단체를 의미하며 그 생활의 터전이 된 복합 단지가 수도원이었다. 수도회의 기원은 예수가 생존해 있을 때 결성된 목회로까지 거슬러 올라간다. 이 목회는 일정한 정부 조직 형태를 갖추었는데 예수 사후 오순절Pentecost을 거치면서 더 커져 교회 정부로 자리잡아갔다. 정부는 기구 조직, 직책 위계, 계율 등으로 구성되었다. 초창기에는 사도 중심으로 운영되다가 시간이 지나면서 점차 강력한 조직과 엄격한 계율을 갖는 정부로 자리잡았다. 그러나 교황마다 다른 계율을 갖는 등 통일성은 결여되어 있었다. 반면 성식sacrament의 형식과 내용 등은 비교적 통일되어 있었다.

수도회는 이런 내용들을 이어받아 형성되었다. 공동 생활을 하는 수도 단체가 생기면서 이를 운영하고 통제할 제도가 필요했는데 이미 형성되어 있던 교회 정부는 이와 잘 맞았다. 각 수도회에는 각자의 계율이 있었다. 교회법상으로 수도회는 오르도ordo와 콩그레가시오congregatio로 나뉜다. 오르도는 법적 구속력이 강한 성식서원盛式誓願, 수도자가 될 때 신과 맺는 약속을 준수하는 수도회인 반면 콩그레가시오는 구속력이 비교적 약한 단순서원에 따르는 수도회였다. 오르도에는 베네딕트회, 시토회, 프란치스코회Franciscan Order, 도미니크회Dominican Order 등 주로 중세 때 형성된 수도회들이 속했다. 이들은 정도의 차이는 있지만 로마 교황청에 귀속되어 있

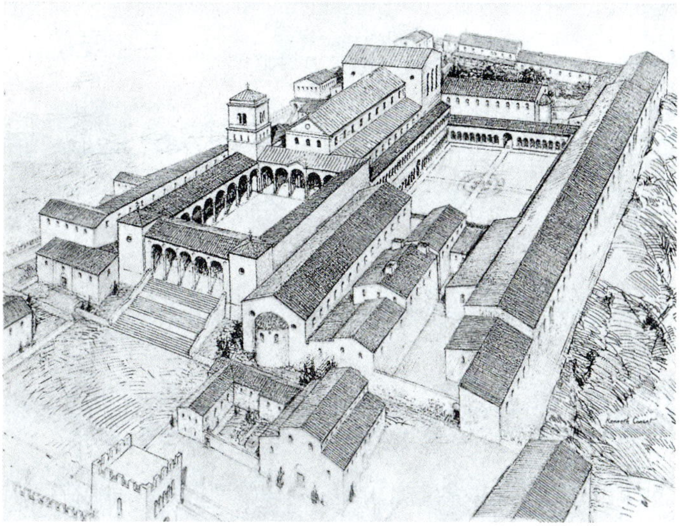

219 수도사들을 가르치고 있는 성 베네딕토(St. Benedict)

220 몬테카시노 수도원(Abbey of Monte Cassino). 1075년 상태. 이탈리아. 509년~

었다. 콩그레가시오는 예수회Jesuit Order를 제외하면 근세 이후에 설립된 합동적 수도회이다. 이들은 중세 수도회의 경직성을 비판하며 그 대안으로 민주화된 수도회를 설립했다. 각 지역 수도원 및 교회는 중앙의 가톨릭 정부에서 벗어나 독립성을 유지했다.

이 가운데 로마네스크 시대에는 베네딕트회, 클뤼니회, 시토회의 세 수도회가 대표적이었다. 베네딕트회는 529년에 누르시아Nursia의 성 베네딕토St. Benedict에 의해 이탈리아의 몬테카시노Monte Cassino에서 창립되었다(그림 219, 220). 베네딕트회는 10세기까지 서유럽 대부분의 수도원 건설을 주도했다(그림 221). 성 베네딕토는 이곳에 수도원을 세우고 계율을 제정했다. 계율은 서문과 73장으로 되어 있으며, 성무일과聖務日課, 기도의 규정, 수도원 내외의 생활과 행동의 규정, 수도자로서의 마음가짐 등을 주요 내용으로 하고 있었다. 계율의 요체는 하느님에의 복종을 전제로 한 공동 신앙 생활을 통해 기독교 정신에 도달할 수 있다는 것이었다. 베네딕트회의 각 수도원은 독립성을 유지했다. 수도원장은 외부로부터 아무 간섭을 받지 않고 자신

221 생미셸드퀵사 수도원(Abbey of Saint-Michel-de-Cuxa). 프랑스. 878년~11세기 후반

의 수도원에 관해서 최고 결정권을 가졌다. 이런 독립성은 타락의 원인이 되었다. 적절한 견제와 비판을 받지 못하는 수도원은 자기 통제력을 잃고 권력화되며 사치에 빠졌다.

베네딕트회의 타락에 대한 개혁 운동이 일어났다. 처음에는 개인별로 시작되었다. 마이욀[Mayeul]이나 오딜로[Odilo] 같은 개인 성직자들은 수도원을 차례로 방문하여 개혁을 호소했다. 곧이어 집단적 개혁 운동이 일어났다. 그 대표적인 예가 10세기 전반부에 클뤼니[Cluny] 수도원에서 시작된 '클뤼니 개혁'이었다. 클뤼니 수도원은 베르노[Berno]를 초대 수도원장으로 삼아 개혁 운동의 본산지가 되었다. 클뤼니 개혁은 주교 및 봉건제후로부터 독립함으로써 가능했다. 수도사들의 선거로 수도원장을 선출함으로써 외부 권력의 개입을 배제한 것이었다. 클뤼니 수도원은 점차 영향력을 늘려가며 번창해갔다. 이런 번창의 기틀은 10세기에 2대 수도원장 오도[St. Odo] 및 그의 제자들에 의해 닦였다. 최전성기는 11세기 중엽의 5대 수도원장 오딜로와 11세기 후반의 6대 수도원장 성 후고[St. Hugh] 때로 이때에는 유럽 전역에 1천5백여 곳의 분원을 거느렸다.

개혁 운동의 요점은 두 기지였다. 한 기지는 베네딕트회 계율의 초기 정신으로 돌아가서 종교심에 집중하자는 것이었다. 처음에는 수도승 개인의 정신 수양이 강조되고 미사 의식이 장대해지는 등 종교심을 증대시킬 수 있는 모든 방안이 취해졌다. 오후에 올리는 수도원 미사[convent mass, 성가가 수반되는 표준 미사]가 연장되었다. 이 미사에서는 수도원에 소속되어 있는 모든 성직자들이 행렬과 호칭 기도[litany, 사제가 읊은 기도문을 신도들도 따라 읊는 형식]에 참여해야 했다. 클뤼니 수도원에서는 보통 200여 명의 수도승들이 참여했다. 시간도 연장되어 거의 오후 내내 진행되었다. 오전에는 레퀴엠 미사[requiem mass, 죽은자를 위한 안식 미사]가 추가되었다. 이것이 전부가 아니었다. 사제 서품을 받은 수도승은 매일 개인 미사를 올리고 시편 전장을 부르도록 되어 있었다.

수도원 내부에서 추구했던 종교심의 강화에 대응하여 외부 형식도 강화되었다. 순례 여행에 적극적으로 참여하여 종교심을 높였다. 종교활동에 집중하기 위해 수도승의 노동이 면제되고 수도원의 경제적 자립이 시도되었다. 수도원은 정치 권력으로부터 독립하여 독자적으로 장원과 농노를 거느렸다. 수도승 자신들의 독립성, 지위, 권한 등도 확대 강화되었다. 여기에 건축적 변화도 뒤따랐다. 교회 내에서는 성가대 활동이 강화되었고 성가대석이 확장되었다.

다른 한 가지는 수도원의 현실 참여 기능을 강화한 것이었다. 현실에의 기여라는 목적을 위해 카롤링거 시대의 수도원을 선례로 삼았다. 인다Inda, 오툉의 성 마르티노St. Martin in Autun, 알제Alger, 게르하르트Gerhard 등의 다른 수도원들을 종교 모델로 삼았다. 여기에 더해 리에주와 레겐스부르크 등의 가톨릭 학교들을 교육 모델로 삼았다. 이를 바탕으로 카롤링거 때 확립된 '성스러운 봉사civitas dei'의 의무를 강화했다. 기독교 정신에 기초한 봉사를 통해 현실을 개선하겠다는 의도였다. 이 정신은 거슬러 올라가면 성 아우구스티노St. Augustine의 사상에까지 맞닿아 있었다. 일각에서는 이것이 성 아우구스티노의 사상을 잘못 해석한 것이라는 논란이 있기도 했다.

클뤼니 수도원은 두 차례의 증축을 통해 자신들의 계율에 맞는 기독교 건축을 창출했다. 수도원 전체는 수많은 부속 건물들로 꽉 채워졌다. 이 사이를 뚫고 교회 본당이 하늘로 높이 치솟았다. 성 베드로와 성 바오로에게 봉헌된 교회 본당은 1095년 교황 우르바노 2세Urban II에 의해 봉헌식이 거행되었는데 당시 가톨릭 건축물 가운데 최대 규모였다(그림 222). 프랑스 대혁명 때에는 특권 교회의 대표격으로 몰리면

222 클뤼니 수도원 교회(Abbey Church of Cluny)를 봉헌하는 교황 우르바노 2세(Urban II)

서 수도원과 교회 본당 대부분이 파괴되었다. 현재는 교회 본당의 남쪽 트랜셉트 일부분만이 남아 있다. 그러나 도면 등 여러 기록을 종합하여 당시의 상태를 추측해볼 수 있다.

교회 본당은 웅장한 규모였으며 대단히 화려했던 것으로 전해진다. 웅장함은 맹목적인 수직선의 집합을 통해 표현되었다. 수도원 전체도 마찬가지였다. 본당을 중심으로 수직성이 극단화된 개개 건물들이 군집한 모습이었다(그림 223). 이런 모습은 표면적으로는 하늘을 향한 종교심을 상징한다는 명분을 가졌다. 하늘의 예루살렘을 표현한 것으로 볼 수도 있다. 그러나 내부적으로는 인간 욕심의 표현에 지나지 않았다. 로마네스

223 제3클뤼니(Cluny III) 전경, 16세기 상태

224 클레르보 수도원(Abbey of Clairvaux), 프랑스, 1115~34년

225 퐁디니 수도원(Abbey of Pontigny), 프랑스, 1140~70년/1185~1205년

크 건축에서의 수직선과 하늘이 갖는 균형을 상실한 과도한 욕심의 본보기였다. 거대 규모 자체가 무조건 나쁜 것은 아니었다. 그러나 공간적 측면에서 보더라도 규모가 커지면서 함께 고려되어야 할 여러 균형 요소들이 결여된 단순 부풀리기에 불과했다. 그런데 클뤼니 수도원은 부르고뉴 지방의 성기 로마네스크 건축을 이끄는 한 축이 되기도 했다. 오툉의 성 라자로St. Lazare at Autun, 베즐레의 생트마들렌Ste. Madeleine at Vézelay 등은 클뤼니 수도원 교회 본당으로부터 영향을 받은 대표적인 예들이었다.

11세기 후반부부터 이에 대한 반성과 비판이 일기 시작하면서 그 대안으로 시토회가 창설되었다. 시토회는 1098년에 부르고뉴 지방의 시토Cîteaux에 몰렘 수도원 원장 성 로베르토Robert de Molesme가 수도원을 세우면서 창시되었다. 12세기 초에는 라페르테La Ferté, 1113년, 퐁티니Pontigny, 1114년, 클레르보Clairvaux, 1115년, 모리몽Morimond, 1115년의 네 곳에 자매 수도원이 세워지면서 빠르게 세를 확장해갔다(그림 224, 225). 교황 칼리스토 2세Calistus II는 1119년에 시토회를 세번째의 새로운 수도회로 인가했다.

12세기는 시토회의 시대였다. 시토회는 클레르보의 성 베르나르도St. Bernard of Clairvaux의 노력에 힘입어 12세기 유럽 전역으로 퍼져나가며 융성했다(그림 226). 성 베르나르도는 1115년부터 클레르보의 수도승으로 활동했는데 그가 살아 있는 동안에만 500개가 넘는 시토회 수도원이

226 수도사들에게 설교하고 있는 클레르보의 성 베르나르도(St. Bernard of Clairvaux)

세워졌으며 13세기 말에는 그 수가 740여 곳에 달했다(그림 227). 시토회는 클뤼니의 문제점을 물질적 화려함과 과도한 기독교 의식이라는 두 가지 측면에서 비판하며 이에 대한 대안 운동을 주창했다. 물질적 화려함에 대해서는 기독교 정신을 개인의 극기에서 찾았던 초기 수도원 정신으로 되돌아갔다. 과도한 기독교 의식의 문제점으로 나타난 권위적 형식화와 노동의 실종을 해결하기 위해 기독교 의식을 간소화하고 남는 시간에는 노동을 할 것을 의무화했다(그림 228). 신앙심도 화려한 의식이 아닌 기도와 수도에서 찾았다.

대안 운동이 자리잡아가면서 가난, 노동, 침묵이라는 시토회만의 세 가지 덕목이 확립되었다. '기도와 노동ora e labora'이라는 베네딕트회의 초기 정신이 부활되었다. 성 베르나르도는 부르고뉴 지방에 네 개의 수도원을 세웠다. 이 가운데 첫번째인 시토 수도원은 시토회라는 명칭의 산실이 되었다(그림 229). 두번째인 퐁

227 시토회의 확산

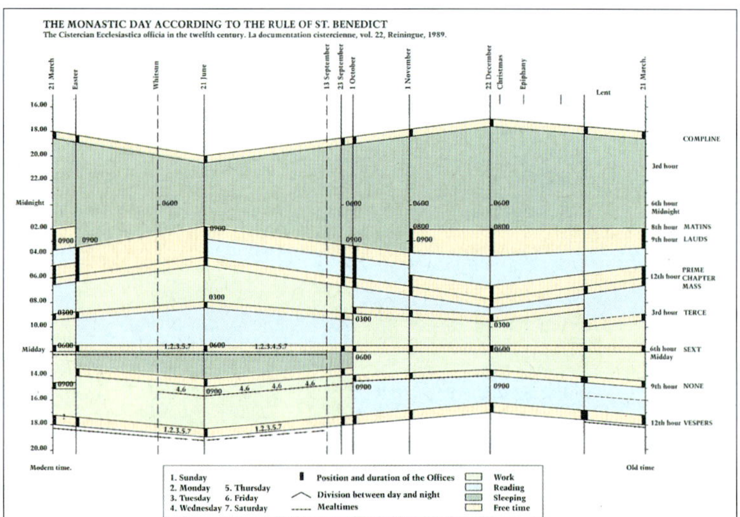

228 오라리움(horarium)이라고 불리는 12세기 시토회 수도원의 시간표

229 시토 수도원(Abbey of Cîteaux). 프랑스. 1098년~

트네Fontenay는 당시의 상태가 가장 잘 보존되어 있다. 12세기 후반부에는 알프스 기슭의 피레네 지방과 프로방스 지방에 많은 시토회 수도원들이 지어졌다. 세낭크Sénanque, 실바칸Silvacane, 퐁트프루아드Fontefroide, 르토로네Le Thoronet 등은 이것을 대표하는 예들이다. 이 수도원들은 석재의 고형적 물성이 잘 드러나는 육중하고 검소한 시공술로 지어졌다(그림 230). 건축 어휘는 강하고 굵은 선을 주요 특징으로 가졌다.

수도원은 도시에서 멀리 떨어진 곳에 물줄기를 끼고 세워졌다(그림 231). 도시에서 멀리 떨어진 것은 현실사에 간여하지 못하게 하기 위해서였다. 물줄기는 수도승들이 재계나 성작정화聖爵淨化 등을 통해 타락한몸과 마음을 씻기 위한 것이었다. 수도원의 전체 구성도 수도와 노동에 필요한 최소한의 기능만으로 간소화되었다. 교회, 회랑, 챕터 하

230 르토로네 수도원(Monastery of Le Thoronet). 프랑스. 1136년~

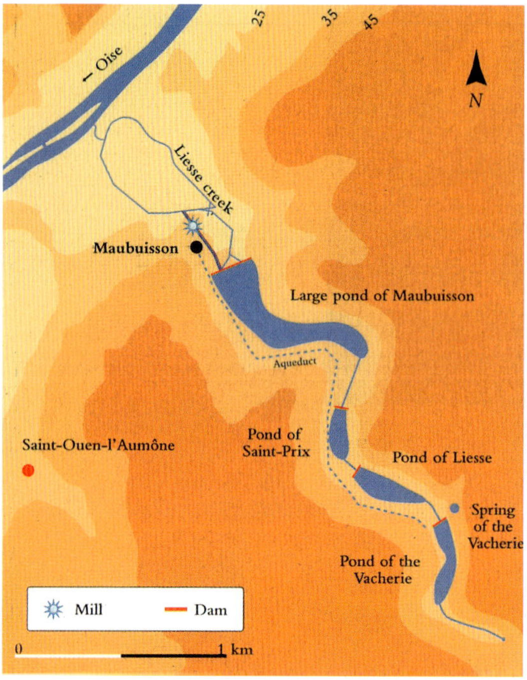

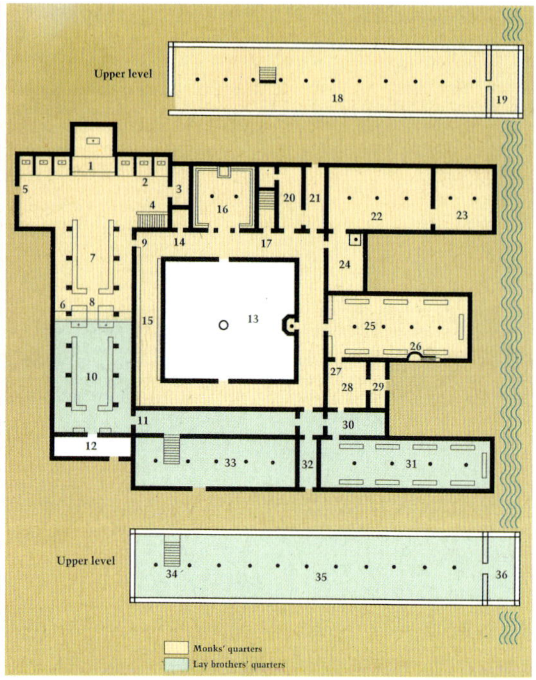

231 모뷔이송 수도원(Abbey of Maubuisson), 물줄기 지도

232 클레르보의 성 베르나르도(St. Bernard of Clairvaux)에 의한 이상적 시토회 수도원 구성

233 시토회 수사본(手寫本), 목수일을 하는 평수도사, 12세기 초

우스, 필사실, 활동실, 기숙사, 식당 등의 핵심 기능만 남았다(그림 232). 수도승은 다시 일을 하기 시작했다(그림 233). 노동은 대부분 자신들의 식량을 자급자족하기 위한 농사일이었다. 시토회 수도승은 12~13세기 농업 발전을 이끈 개척자였다.

퐁트네 수도원 교회는 시토회의 정신을 잘 보여주는 예이다. 이 교회는 트랜셉트를 갖는 3랑식 8베이 바실리카로 구성되었다(그림 234). 트랜셉트의 팔부분은 양쪽으로 한 베이씩 돌출했다. 팔부분의 동쪽 변에는 남북 양쪽에 각 두 개씩의 정사각형 예배당이 더해졌다. 이 두 예배당이 트랜셉트의 횡방향 두 베이와 일치하면서 트랜셉트의 전체 구성이 종방향으로 두 베이인 것처럼 되었다. 가장 중요한 변화는 이스트 엔드에서 일어났다. 기존의 복잡한 구성이 사각형 성가대석 하나로 단순하게 통합 정리된 것이다. 동쪽 단변은 앱스 없이 일직선으로 잘렸다.

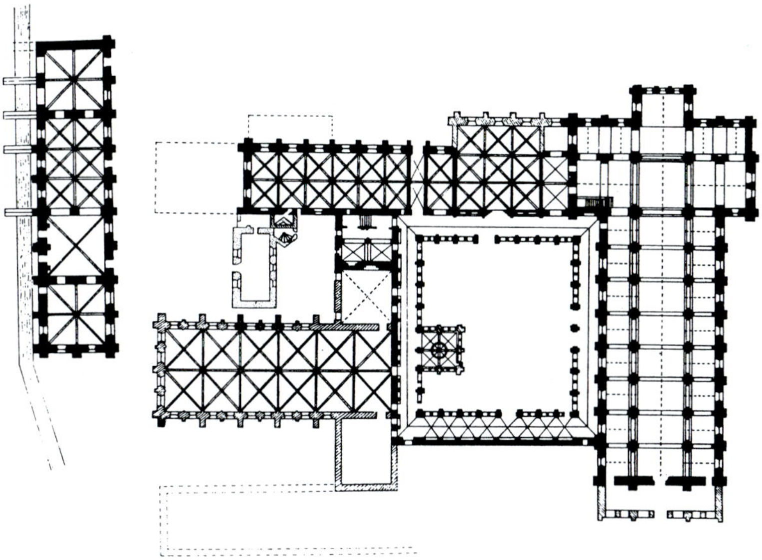

234 퐁트네 수도원(Abbey of Fontenay), 프랑스, 1118~47년. 맨 위쪽 건물이 수도원 교회

이것은 미사가 네이브에서 열리게 되면서 나타난 변화였다. 더 근본적으로는 성직자들이 특권 의식을 버리면서 이들의 공간이었던 이스트 엔드가 대폭 축소된 것이었다. 전체적으로 정사각형을 기본으로 한 사각형 모듈 단위의 반복으로 이루어졌다.

외관도 동일하게 바뀌었다. 높은 정밀도를 자랑하는 벽돌 조적조와 선형 어휘가 결합한 깔끔함과 검소함이 최대 덕목이 되었다. 첨탑이나 건물 전면에 세우는 탑은 금지되었고 지붕 능선에 세우는 작은 탑ridge-turret만이 허용되었다. 그것도 종탑용으로 쓰일 때에만 허용되었으며 지

235 퐁트네 수도원 교회(Abbey Church of Fontenay), 프랑스, 1139년경~47년

붕 능선 위로 돌출한 정도는 최소한으로 억제되었다. 건물의 전체적인 비례는 수직선보다는 나지막한 수평선이 주를 이루었다. 출입구 정면은 초기 기독교 바실리카의 원형으로 돌아갔다(그림 235).

이런 구성은 정형성과 단순성을 주요 특징으로 했다. 이것은 극기와 검소라는 시토회의 이상이 잘 반영된 결과였다. 실내는 질서정연해졌다. 이런 분위기는 실내 여러 곳에서 반복되었다. 네이브 월은 가장 단순한 1단 구성을 했다(그림 236). 벽면은 장식과 부가 요소가 절제된 평활면으로 처리되었다. 천장은 횡방향 아치가 받치는 배럴 볼트로 처리되었다. 모든 부재는 기본적인 구조 역할에 충실했다. 그 이상의 과도함이나 치장은 절제되었다. 기둥은 구조 역할에 맞게 처리되었다. 코어 기둥은 튼실한 사각 기둥이었고 그 위의 네 면에 반원형 대응 기둥이 더해졌다. 대응 기둥은 구조적 역할에 맞게 네 개였다. 아케이드에 맞춰서 두 개, 아일에 맞춰서 한 개, 천장에 맞춰서 한 개였다. 구성

236 퐁트네 수도원 교회(Abbey Church of Fontenay). 프랑스. 1139년경~47년

237 퐁트네 수도원 교회(Abbey Church of Fontenay). 프랑스. 1139년경~47년

부재의 종류와 그 처리가 꼭 필요한 근원 요소만으로 이루어졌다. 이것은 인간적 욕심에 의해 분화가 일어나기 전에 밀알로 존재하던 상태를 표현하는 상징성을 가졌다. 존재에 필요한 최소 단위로서의 근원 요소로 환원시킨 추상적 미니멀리즘이었다(그림 237).

2 순례 여행

기독교적 열정과 순례 여행

수도원과 함께 로마네스크의 기독교적 열정을 이끈 것은 성지 순례 여행이었다. 성지 순례 여행은 성스러운 목적지, 즉 순례지를 찾아 참배하는 여행을 의미한다. 성스러운 목적지는 예수의 행적과 관련된 도시, 기독교의 역사에서 중요한 도시, 성인이나 순교자 등과 관련된 도시 등이었다. 최종 목적지는 이런 도시들에 있는 주요 교회였다. 순례 여행은 초기 기독교 때부터 시작되었다. 이때에 예루살렘의 성묘 교회Holy Sepulchre와 로마의 성 베드로 무덤Tomb of St. Peter을 목적지로 한 두 개의 순례 루트가 형성되었다. 로마네스크 시대에는 산티아고데콤포스텔라의 성 야고보 무덤Tomb of Saint James at Santiago de Compostela을 목적지로 삼은 세번째 순례 루트가 형성되었다(그림 238).

순례지로 가는 길은 험난했다. 대부분 도보로 수천 킬로를 몇 달에 걸쳐 가야 했다. 중간에 질병에 걸리고 강도를 만나기가 일쑤였으며 혹독한 기후와 배고픔도 큰 문제였다. 심지어 맹수의 습격을 받기도 했다(그림 239). 순례객들은 이렇게 힘든 과정을 극복하고 성스러운 목적지에 도착함으로써 하느님의 은총을 얻는다고 믿었다. 순례 여행은 순례 루트를 따랐다. 순례지와 순례 루트는 처음에는 특별히 정해진 것 없이 순례객들 임의대로 정해서 갔다. 그러나 시간이 지나면서 순례지는 순례객이 많이 찾는 순서를 기준으로 공식화되었고 정형화된 순례 루트가 생겨났다. 위에 언급한 세 곳이 가장 중요한 순례지가 되었다. 이곳으로 가는 중간 지점에 2차 순례지들이 여러 곳 형성되었다.

로마네스크 시대에는 스페인의 산티아고데콤포스텔라를 최종 순례지로 삼아 프랑스 전역과 스위스 및 남부 독일 일부를 가로지르는 순례 루트가 형성되었다. 산티아고데콤포스텔라는 성 야고보의 도시였다. 성 야고보는 복음서Gospel와 사도행전Acts of the Apostles과 관련하여 중요한 역할을 했으며 12사도 가운데 최초로 순교를 당한 인물이었다. 야고보

238 말을 타고 순례를 하는 순례객. 영국 시인 초서(Geoffrey Chaucer, 1343/4~1400년) 때의 그림

239 순례객을 공격하는 늑대 떼

가 41~44년에 유대 땅에서 참수당한 뒤 그의 제자들은 바다를 가로질러 야고보의 시신을 스페인의 갈리시아Galicia 해안에 묻었다. 그후 스페인은 초기 기독교 시대부터 기독교로 가장 먼저 개종한 지역 가운데 하나였으며 이후 줄곧 가톨릭의 열기가 가장 큰 지역 가운데 하나로 남았다. 스페인 사람들은 이것이 야고보의 순교 덕분이라고 믿었고 야고보는 스페인의 수호 성인이 되었다. 로마네스크 시대를 거치면서 산티아고데콤포스텔라를 향한 순례 루트가 형성되었고 이 루트를 따라 순례 여행이 크게 유행했다.

당시 스페인은 이슬람이 점령하고 있었다. 이 기간 동안 야고보의 무덤은 잊혀져 있었다가 샤를마뉴의 스페인 해방 전쟁 때 재발견되었다. 이 전쟁에서 기독교는 패했지만 야고보의 무덤을 찾은 것은 큰 수확이었다. 특히 야고보의 무덤을 천사의 도움으로 찾아냈다는 소문이 퍼지면서 기독교 열기에 불이 당겨졌다. 이것은 기독교도들에 의한 스페인 해방 운동으로 이어져 후에 이슬람의 점령에서 벗어나는 토대가 되었다.

야고보 무덤의 발견을 잘 활용한 것은 아스투리아스Asturias의 왕 알폰소 2세Alfonso II였다. 그는 무덤이 발견된 지점에 세 채의 교회를 지어 종교적 이벤트를 벌였다. 카롤링거왕조와 거래도 시작했다. 야고보의 성물들, 혹은 야고보의 무덤이 발견된 장소 등을 카롤링거왕조의 기독교 부흥 사업과 연계시키는 거래였다. 종교적 거래를 통해 야고보는 스페인의 수호 성자로 확실하게 자리잡았고, 스페인 해방 운동은 더욱 가열차게 전개되었다. 이것은 당시 기독교적 열정을 증폭시킬 소재를 찾고 있던 기독교도들에게는 더없이 좋은 사건이었다. 그리고 스페인에 기독교 열풍이 불기 시작했고 교회 건축이 융성하는 등 스페인이 가톨릭 왕국으로 발전하는 디딤돌이 되었다. 야고보의 성물은 곧 산티아고데콤포스텔라로 옮겨졌다. 이때가 8세기 후반부나 9세기 초일 것으로 추정된다.

종교적 거래는 문화적 거래로 이어졌다. 야고보의 전설은 카롤링거 르네상스의 중요한 소재가 되었다. 야고보를 대상으로 한 학문적 연구와 예술 활동이 본격화되었다. 종교적 문화적 관심은 상업적 성공을 낳았다. 각지에서 산티아고데콤포스텔라로 순례객이 몰려들었으며 기부금이 쇄도했다. 이때 벌어들인 돈으로 899년에는 산티아고데콤포스텔라가 대대적으로 건설되었다. 912년부터 기독교도에 의한 이베리아 반도 해방 운동이 다시 극렬히 전개되어 1002년까지 계속되었다. 이베리아 반도는 이슬람 점령 지역인 코르도바와 기독교 점령 지역인 이베

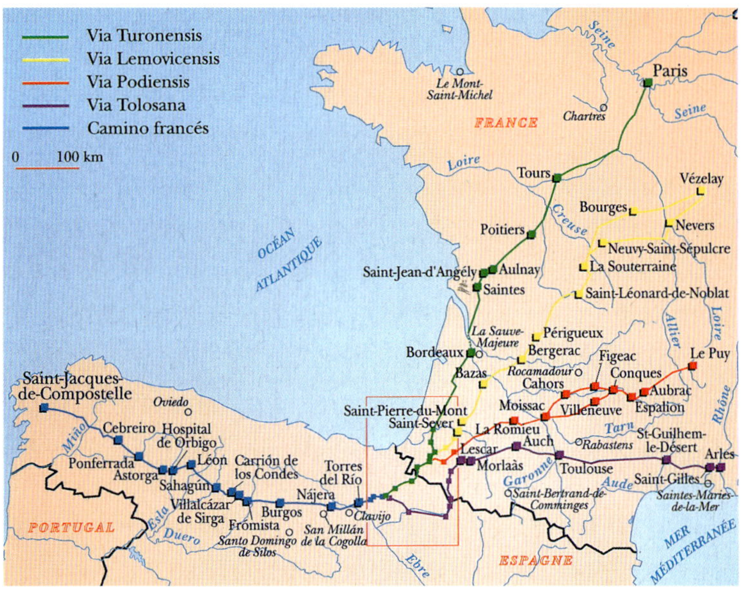

240 순례 루트

241 베즐레(Vézelay) 전경

리아 기독교국으로 나뉘어 종교 전쟁에 휘말렸다. 전세는 10세기 후반으로 갈수록 기독교도들에게 유리하게 돌아갔다. 981~1002년에는 기독교도의 본격적인 국토 회복 운동이 절정에 달했다. 이에 힘입어 10세기 말에는 순례객의 증가 역시 절정에 달했다. 새천년에는 산티아고데콤포스텔라로 갈 수 있는 길이 최초로 열렸다. 그후 약 100년에 걸쳐 네 갈래의 대표 루트가 형성되었다(그림 240).

첫번째 루트는 생질뒤가르Saint-Gilles-du-Gard에서 출발하는 비아 톨로사나Via Tolosana였다. 두번째 루트는 르퓌Le Puy에서 출발하는 비아 포덴시스Podensis였다. 세번째 루트는 베즐레에서 출발하는 비아 레모비첸시스Via Lemovicensis였다(그림 241). 네번째 루트는 파리에서 출발하는 비아 투로넨시스Via Turonensis였다. 두번째 세번째 네번째 루트는 오스타바Ostabat에서 하나로 합쳐졌다. 첫번째 루트가 푸엔테라레이나Puente la Reina에서 마지막으로 합류하면서 하나의 길이 되어 산티아고데콤포스텔라까지 갔다.

네 갈래의 대표 루트는 중간에 크고 작은 중요한 도시들을 거쳤다. 비아 톨로사나는 아를Arles, 베지에Béziers, 나르본Narbonne, 카르카손Carcassone, 툴루즈Toulouse 등을 거쳐갔다. 비아 포덴시스는 리옹Lyon, 콩크Conques, 무아사크Moissac 등을 거쳐갔다. 비아 레모비첸시스는 부르주Bourges, 리모주Limoges, 페리괴Perigueux 등을 거쳐갔다. 비아 투로넨시스는 투르Tours, 푸아

242 성녀 피데스(St. Fides) 상.

티에Poitiers, 보르도Bordeaux 등을 거쳐갔다.

이런 중간 도시들은 모두 중세를 대표하는 기독교 도시들이었다. 이 도시들에는 크고 작은 중요한 교회들이 세워졌다. 교회들이 보관하고 있던 성물은 순례 루트 결정에 중요한 영향을 끼쳤다. 순례 루트는 성물을 보러 오는 방문객들의 숫자가 많은 도시를 통과하는 것으로 결정되었다. 보관하고 있는 성물의 중요성이 순례 루트 결정에 중요한 영향을 끼친 것이다. 예를 들어 아를에는 성 트로피무스St. Trophimus의, 생질뒤가르에는 성 질St. Giles의, 생길렘르데제르Saint-Guilhem-le-Desert에는 성 길렘St. Guilhem의, 툴루즈Toulouse에는 성 세르냉St. Sernin의, 콩크에는 성녀 피데스St. Fides의 성물들이 각각 보관되었다(그림 242). 이외에도 순례 루트의 길목에 있는 모든 주요 도시들은 여러 성인들의 성물을 보관하고 있었다.

클뤼니 수도회는 순례 여행의 열정을 지탱한 축 가운데 하나였다. 클뤼니 수도회의 종교적 열정은 순례 여행에도 적극적으로 참여하는 형태로 나타났다. 클뤼니 수도회가 주도한 순례 열풍은 순수 종교적 측면이 강했다. 8세기에서 10세기까지의 순례 여행은 주로 이슬림의 점령에 대항해서 싸운 투쟁의 열풍에 의해 주도되었다. 이것이 11세기에 들어오면서 점차 바뀌었다. 순례 여행을 통해 죄를 사하고 구원을 얻으려는 기복적 종교 열풍에 의해 주도되었다. 고행의 성격이 들어 있는 순례 여행을 참회나 고해성사로 여기기 시작했다. 성 야고보의 무덤이 유럽에서 알프스 산맥을 넘지 않고 갈 수 있는 유일한 12사도의 성지라는 사실도 한몫 거들었다. 성 야고보 무덤의 발견에서부터 따라붙었던 기적 얘기가 지속적으로 만들어지면서 미신적인 열정을 부추겼다.

클뤼니 수도회는 11세기 이후의 이런 열풍을 이끈 조직화된 기독교 세력 가운데 대표격이었다. 클뤼니 수도원 자체는 르퓌로 모이는 작은 갈래 가운데 하나가 출발하는 지점이기도 했다. 분원까지 포함하면 산티아고데콤포스텔라로 가는 네 갈래의 중요 순례 루트 가운데 두 길인 베즐레와 생질뒤가르가 클뤼니 소속 수도원들로부터 출발했다. 이런 순례 루트를 따라 클뤼니 수도원의 분원들이 지어졌다. 이것의 대표적 예로 오베르뉴Auvergne 지방의 수도원 군집을 들 수 있다. 오베르뉴 지방은 비아 레모비첸시스와 비아 포덴시스 사이에 위치한 산악 지역이었다. 이 지역에는 순례 여행과 클뤼니 수도원의 영향을 받아 많은 수도원들이 세워졌다. 생넥테르St. Nectaire, 1080년경~ 수도원, 클레르몽페랑Clermont-Ferrand의 노트르담뒤포르Notre-Dame-du-Port, 1100년경~ 수도원, 오르시발Orcival의 생토스트르무안St. Austremoine, 12세기 초~ 수도원, 이수아르Issoire의 성 바오로St. Paul 수도원 등이 대표적인 예들이었다(그림 243).

또한 순례 루트에 위치한 많은 호스텔들은 클뤼니 수도회의 재산이었다. 호스텔에서 벌어들인 돈은 수도원 교회를 화려하게 짓는 데 투자되었다. 화려한 교회는 그 자체가 성령을 증명하는 더없이 좋은 증거로써 더 많은 순례객들을 불러모았고 이것은 다시 수입 증대와 교회 축조로 이어졌다. 일종의 비즈니스 순환이 형성된 것이었다.

243 생토스트르무안 수도원(Abbey of St. Austremoine). 오르시발(Orcival). 프랑스. 12세기 초~

순례 교회

순례 교회는 순례 여행을 위한 순례객 전용의 교회를 의미한다. 좀더 구체적으로 정의하면 다음의 세 가지 조건을 만족시키는 교회를 지칭한다. 첫째, 로마네스크 때 순례 루트를 따라 중요한 중간 순례지에 세워졌다. 둘째, 로마네스크의 표준형 교회와 구별되는 특징을 가졌다. 이런 특징은 순례 여행이라는 특수 상황과 관련하여 형성된 것이다. 그 내용에 대해서는 다음에서 살펴볼 것이다. 셋째, 중요한 성물들을 보관함으로써 중간 순례지 자체의 기독교적 중요성을 찬양하거나 힘든 순례 여행 도중 종교적 열정이 식지 않게 유지시켜주었다.

가장 중요하고 대표적인 순례 교회는 종착지인 산티아고데콤포스텔라에 세워진 성 야고보 교회였다. 다음으로 중요한 순례 교회로 규모도 가장 크고 순례 여행의 의미도 가장 잘 반영해주는 다섯 채의 교회를 들 수 있다. 투르의 성 마르티노St. Martin at Tours, 리모주의 생마르시알St. Martial at Limoges, 콩크의 생트푸아, 툴루즈의 생세르냉St. Sernin at Toulouse, 베즐레의 생트마들렌Ste. Madeleine이 그것이었다(그림 244). 이외에도 생트마리드

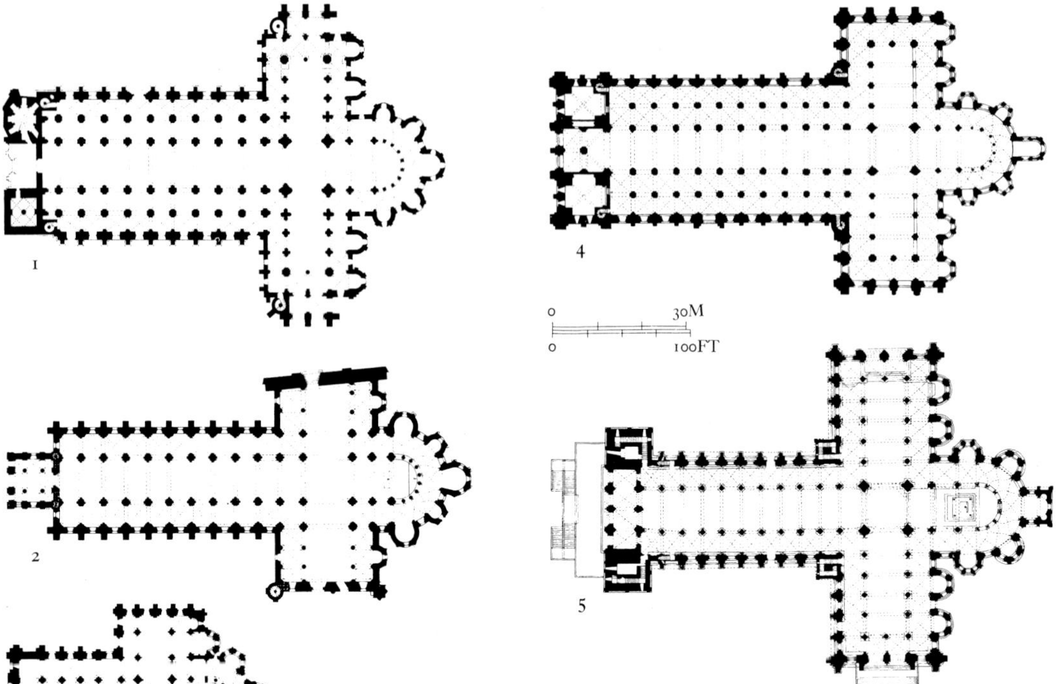

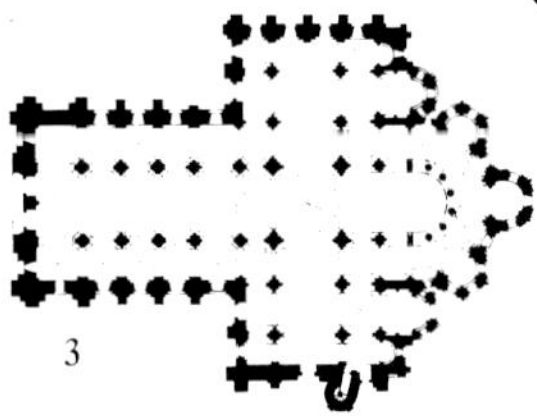

244 5개의 대표적인 순례 교회
1. 투르의 성 마르티노
2. 리모주의 생마르시알
3. 콩크의 생트푸아
4. 툴루즈의 생세르냉
5. 산티아고데콤포스텔라의 성 야고보

라메르Saintes-Maries-de-la-Mer, 브리우드의 성 율리아노St. Julien at Brioude, 마르부르크의 엘리사벳St. Elisabeth 등의 순례 교회들이 지어졌다.

성 야고보를 포함한 여섯 채의 대표적 순례 교회가 공통점을 가지게 된 배경에 대해서는 확실히 알려진 바가 없다. 시간 차이가 많이 나고 세부 구성에서는 교회들 사이에 차이가 있기 때문에 동일한 건축가나 장인이 지은 것으로 보기는 어렵다. 또 그 숫자가 많지 않기 때문에 특별히 순례 교회만을 위한 별도의 비전秘傳 조직이 있었다고 보기도 어렵다. 그러나 순례 루트를 따라 공통점을 갖는 교회들이 여럿 세워진 것 또한 틀림없는 사실이었다.

순례 여행이 크게 유행하면서 당시의 기독교도와 교회 장인들 사이에는 순례 여행의 기독교적 열정에 상응하는 교회를 짓고자 하는 공통적 인식이 형성되어 있었다. 순례 교회를 구성하는 내용의 상당 부분은 당시 로마네스크 건축에서 자리잡아가던 기법들을 차용한 것이었다. 동시에 일반적인 로마네스크 건축에는 없는 순례 교회만의 특징이 창출되기도 했다. 하나가 먼저 지어진 뒤 이것을 선례로 다음 것이 지어지는 이어달리기 식으로 축조되었다. 이 과정에서 공통점이 형성되었다. 이런 공통점은 다소 느슨하긴 하지만 순례 교회라는 별칭으로 묶어 부를 수 있다.

여섯 채의 순례 교회 가운데 리모주의 생마르시알은 프랑스 대혁명 때 완전히 파괴되어 현재 아무것도 남아 있지 않다. 투르의 성 마르티노는 1000년경에 세워져 가장 오래된 것이다. 이 교회 역시 프랑스 대혁명 때 파괴되어 현재는 기초 부분만 남아 있다. 성 마르티노는 지어질 때부터 당시 로마네스크 건축에서 자리잡아가던 표준 구성이 도입되었다. 전체 평면은 5랑식 바실리카였으며 3랑식 트랜셉트, 복도형 성가대석, 방사형 예배당 등을 갖추었다(그림 245). 이 가운데 순례 교회와 연관지어 특히 중요한 것은 3랑식 트랜셉트였다(그림 246). 트랜셉트가 특별히 3랑식인 이유는 아일이 이곳까지 연장되어 팔부분을 돌아가는 순환 동선을 만들기 위해서였다. 이후 아일은 슈베의 복도형 성가대석에서 복도가 되면서 바깥쪽으로 방사형 예배당을 거느렸고 다시 반대편 트랜셉트로 이어졌다. 이로써 교회를 완전히 한 바퀴 싸고 도는 순환 동선이 완성되었다. 이런 순환 동선은 순례 교회만의 대표적 특징이었는데 순례 행위의 관점에서 보았을 때 다음의 네 가지 점에서 유리했다.

첫째, 예배당이 놓일 수 있는 장소를 늘려주었다. 예배당의 개수와 총면적이 늘었는데 이것은 성인들의 성물을 보관할 수 있는 공간이 많아진다는 것을 의미했다. 앞에서 언급한 바와 같이 성물의 양은 순례 여행의 성공에 가장 중요한 조건 가운데 하나였다. 순례 교회들이 앞다투어 경쟁적으로 성물을 사 모은 것과 비례하여 성물들을 보관할 예배당과 성소도 함께 늘어나야 했다. 이것을 만족시키기 위해 고안된 기법이 순환 구성이었다.

둘째, 동선 흐름의 기능적 측면에서 유리했다. 출입구에서 시작된 아일이 교회 전체를 한 바퀴 돌면서 그 밖으로 성물 보관소가 연달아 위치했다. 성물 보관소는 아일 외벽 쪽의 벽감형 예배

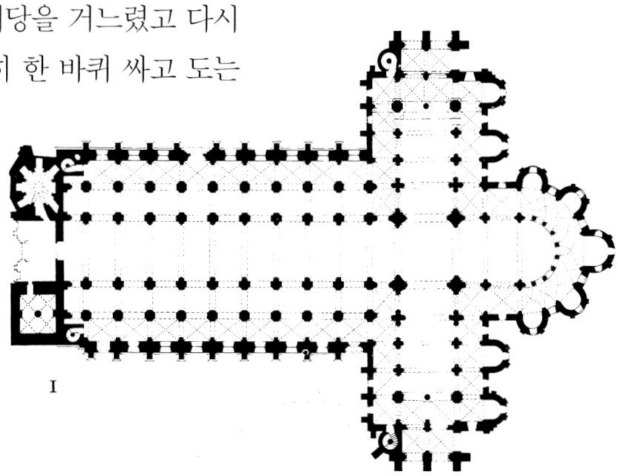

245 성 마르티노(St. Martin). 투르(Tours), 프랑스. 1000년경

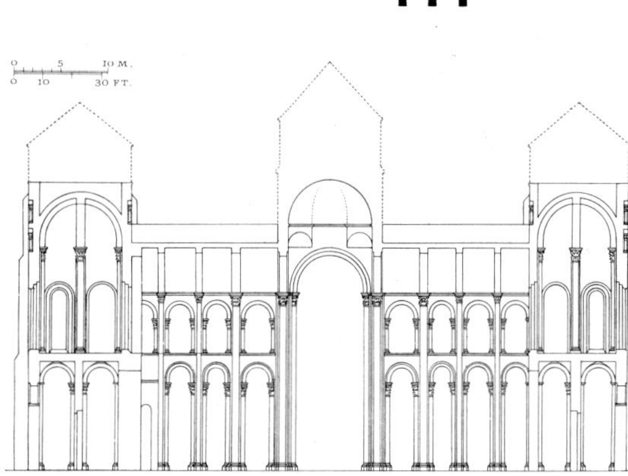

246 성 마르티노(St. Martin). 투르(Tours), 프랑스. 1000년경

당에서 시작하여 트랜셉트의 예배당과 방사형 예배당으로 이어졌다. 이런 구성은 순례객들의 행렬이 원활하게 진행되는 데에 큰 도움을 주었다. 동선이 끊기지 않고 연속으로 이어졌기 때문에 순례객들은 공간을 바꾸지 않고 같은 복도를 따라서 성물 보관소와 예배당을 연달아 볼 수 있었다.

셋째, 순례 여행 전체로 보면 순례 루트가 교회 안까지 연장되는 상징적 효과를 만들어냈다. 순환 동선은 교회 내에서만 연속 동선을 만들어낸 것이 아니었다. 교회 밖의 순례 루트가 끊기지 않고 실내로 연장된 것이기도 했다. 이것은 출발점에서 시작해서 종착점에 이르는 순례 루트 전체가 중간에 한 번도 끊기지 않고 이어진다는 것을 의미했다. 이것은 다시 교회 안의 성聖의 세계와 교회 밖의 속의 세계가 단절되지 않고 하나로 이어짐으로써 순례 여행의 숭고한 의미를 명확하게 정의해준다는 것을 의미했다. 일반적으로 교회는 성과 속을 가르는 경계를 형성하는 것으로 해석된다. 순례 루트는 비록 교회 밖에 있지만 통상적인 속의 세계와 다른 또하나의 성의 공간이었다. 따라서 순례 루트가 교회 안에서도 끊기지 않고 계속 이어진다는 것은 순례 루트가 갖는 이런 성의 의미가 손상되지 않고 지켜진다는 것을 의미했다.

넷째, 교회 내에서 성직자의 독립성을 보장해주었다. 성물 보관소들이 복도 밖에 위치하기 때문에 복도 안쪽에 있는 성직자의 공간과 마주치지 않았다. 이것은 순례객의 행렬과 성직자의 공간이 분리될 수 있음을 의미했다. 분리의 효율성은 특히 수행 공간이었던 수도원 교회에서 환영받았다. 순례 루트에 지어진 수도원들은 순례객에 의해 방해를 받는 문제에 직면했는데 순환 동선이 이 문제를 상당 부분 해결해주었다. 순례 루트에 위치한 수도원 교회 가운데 순환 동선을 사용한 구성은 이곳 성 마르티노보다 빠른 9세기 전반부에 그랑리외의 생필리베르에서 먼저 나타났다(그림 107). 이 예는 성 마르티노에 직접적인 선례가 되었을 것으로 보인다.

247 생트푸아(Ste. Foy), 콩크(Conques), 프랑스, 1050~1130년

콩크의 생트푸아는 성 마르티노보다 약 50년 정도 늦은 1050년경에 시작되어 약 80년 뒤에 완공되어 성녀 피데스St. Fides에게 봉헌되었다(그

림 247). 생트푸아는 바실리카 유형을 기본으로 삼엽형 이스트 엔드, 제형, 복도형의 세 방식이 혼재되는 복잡한 평면 구성을 가졌다. 이로 인해 성 마르티노에서 형성되었던 순환 동선은 다소 훼손되었다. 그 대신 모듈 구성, 네이브 월의 개방적 2단 구성, 다발 기둥 등의 다른 순례 교회 특징들이 잘 정리되어 나타났다. 이런 내용들은 다음의 다섯 가지로 요약될 수 있다.

첫째, 트랜셉트가 변형된 삼엽형으로 처리되었다(그림 248). 네이브와 트랜셉트는 모두 3랑식이었다. 7베이로 구성되는 트랜셉트의 종방향 폭이 네이브의 횡방향 폭과 같게 잡혔다. 트랜셉트가 마치 또하나의 네이브를 90도 회전시켜 본래 네이브에 직각으로 교차시킨 것과 같은 구성이었다. 그런데 트랜셉트 팔부분의 남북 양쪽 끝변이 더 길게 처리되었다. 원래는 3랑식 본당의 폭과 같아야 하나 동쪽 변에 예배당이 더해지면서 본당의 폭보다 더 길어진 것이다. 트랜셉트 팔부분의 남북 양쪽 끝변에 반원형 공간만 더해졌으면 독일의 성기 로마네스크 양식인 삼엽형과 같은 구성이 될 뻔했다. 여기에서는 이 끝변을 직선으로 평평하게 잘랐다. 변형된 형태이긴 하지만 전체 윤곽에서 여전히 삼엽형과 유사했다. 삼엽형과 유사한 구성을 하다보니 아일이 트랜셉트의 팔부분까지 돌아가지 못했다. 성 마르티노에서 형성되었던 순환 동선이 여기서는 손상된 것이다.

둘째, 예배당이 제형과 복도형의 혼합으로 구성되었다. 성가대석 복도 밖으로 같은 크기의 반원형 예배당 세 개가 방사형 구성으로 놓였다. 여기에 더해 트랜셉트의 동쪽 변 양쪽에 각각 두 개의 예배당이 추가되었다(그림 249). 이 두 개의 예배당 가운데 중앙 쪽의 것이 바깥쪽의 것보다 두 배 정도 폭이 넓었다. 모두 일곱 개의 예배당이 제형 구성에 근접한 배치를 이루었다. 제형은 로마네스크 건축 전반에 걸쳐 여러 지역에서 사용되었는데 베네딕트회 수도원에

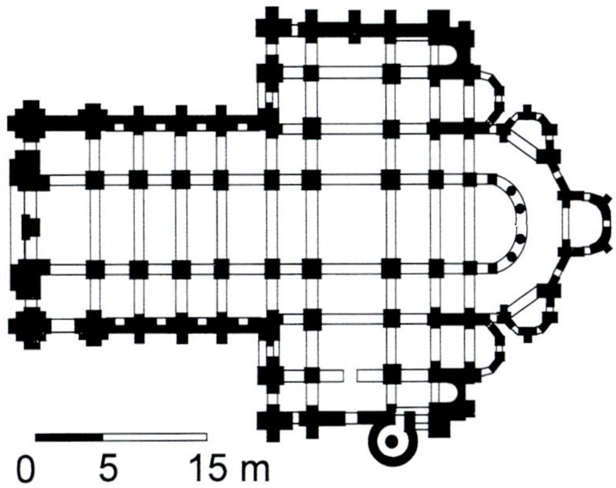

248 생트푸아(Ste. Foy), 콩크(Conques), 프랑스, 1050~1130년

249 생트푸아(Ste. Foy), 콩크(Conques), 프랑스, 1050~1130년

소속된 교회도 그 가운데 하나였다. 이 때문에 제형은 '베네딕트 플랜Benedictine plan' 혹은 '베네딕트 슈베Benedictine chevet'라고 불리기도 했다.

제형 구성은 노르망디 지방에서 기본 틀이 잡힌 뒤 영국으로 전파되어 영국 로마네스크 건축에서 크게 유행하였다. 이곳 생트푸아에서는 최종 구성은 제형을 피하는 대신 제형의 흔적을 가진 복도형으로 정해졌다. 그 이유는 앞에서 언급한 기능적 목적 때문이었을 것으로 보인다. 제형은 신도들의 진입을 트랜셉트의 팔부분까지만 허용하고 그 뒤로는 막는 공간 성격을 가졌다. 그 뒤쪽은 완전히 성직자의 독점 공간이었다. 여기에서 대립 상황이 발생했다. 이런 구성은 성직자 공간의 독립성을 확보하는 데는 유리했지만 순례객이 가능한 한 많은 예배당을 접하게 해야 하는 목적과는 어긋났다. 이 건물에서는 후자에 우선권을 두었다. 이를 위해 제형의 흔적만 남긴 채 최종 구성은 순례객을 위한 복도형으로 결정되었다.

셋째, 네이브에 모듈 구성이 나타났다(그림 248). 아직 베이 폭이 조금씩 다르고 정수 비례가 완전히 정착되지는 않았지만 전체적 분위기는 모듈이 지배했다. 아일은 기의 정사각형에 근접했다. 네이브는 1대 2 비율이었다. 네이브의 두 베이를 합치면 크로싱과 같은 정사각형 모듈이 되었다. 네이브에서의 모듈 구성은 트랜셉트와 슈베에까지 동일하게 사용되었다.

넷째, 네이브 월은 개방적 2단 구성으로 처리되었다. 천측창 없이 아케이드와 갤러리만으로 이루어진 구성이었다. 보통 2단 구성이 갤러리가 없는 것과 비교할 때 천측창이 없는 이런 구성은 홀 교회의 특징이었다. 천측창이 없는 대신 갤러리 층이 매우 높아졌다(그림 250, 251). 천장에 완전한 그로인 볼트가 사용되기에 충분한 높이를 확보했다. 지붕 하중을 받치는 데에 유리한 구조였다. 층고가 높아지면서 개구부도 크고 높아졌다. 아케이드의 개구부와 함께 간접광을 가능한 한 많이 네이브 실내로 들여올 수 있었다. 2단 구성에 머문 반면 밝은 채광을 통해 종교적 열정을 불러일으키려는 목적에서였다. 트랜셉트도 네이브 월과 같은 2단 구성으로 이루어졌다.

다섯째, 다발 기둥 등 구조부에서 발전이 있었다(그림 251). 천장은 배럴 볼트로 처리되었고 횡방향 아치가 더해졌다. 네이브 월의 기둥 체계도 정리가 잘 된 편이었다. 사각형 코어 기둥 위에 대응 기둥이 종

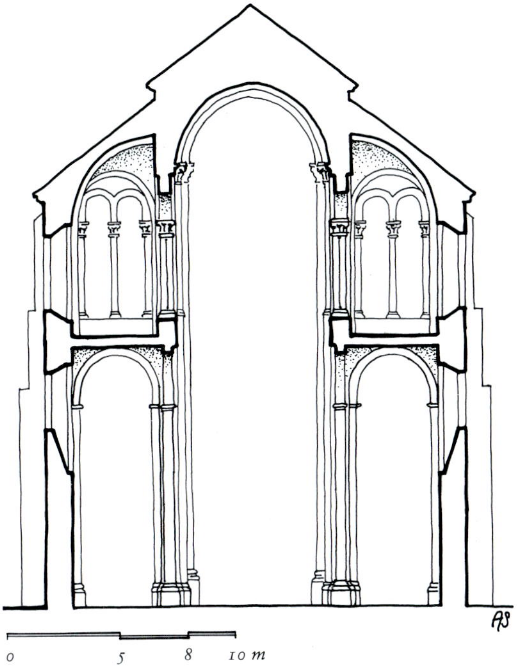

250 생트푸아(Ste. Foy), 콩크(Conques), 프랑스, 1050~1130년

251 생트푸아(Ste. Foy), 콩크(Conques), 프랑스, 1050~1130년

횡 양방향으로 더해지면서 전체적으로 십자가형 단면의 표준형이 완성되었다. 횡방향 대응 기둥은 천장의 횡방향 아치와 연결되었다. 종방향 대응 기둥은 1층에서는 아케이드 층의 아키볼트를, 2층에서는 갤러리층의 아키볼트를 각각 받쳤다.

툴루즈의 생세르냉은 콩크의 생트푸아보다 30여 년 늦은 1080년에 시작되었다. 생세르냉은 성 마르티노와 생트푸아에서 축적된 경험과 기술을 집대성한 특징을 보였다. 두 선례에서 나타났던 순례 교회의 특징을 차용하면서 불완전했던 내용들을 완성시켰다. 그리고 순례 교회에 합당한 대형 규모로 지어지면서 순례 교회를 대표하는 건물이 되었다. 그 내용은 다음의 다섯 가지로 정리될 수 있다.

첫째, 바실리카의 표준형 구성으로 정착했다(그림 252). 전체 구성은 투르와 같은 5랑식 네이브와 3랑식 트랜셉트로 이루어졌다. 성 마르티노의 기본 구성이 정확한 표준형과 큰 규모로 잘 정리되었으며 생트푸아의 이스트 엔드에 나타났던 여러 유형의 혼재도 사라졌다. 네이브가 11베이로 확장되면서 트랜셉트에 비해 더 긴 길이를 확보함에 따

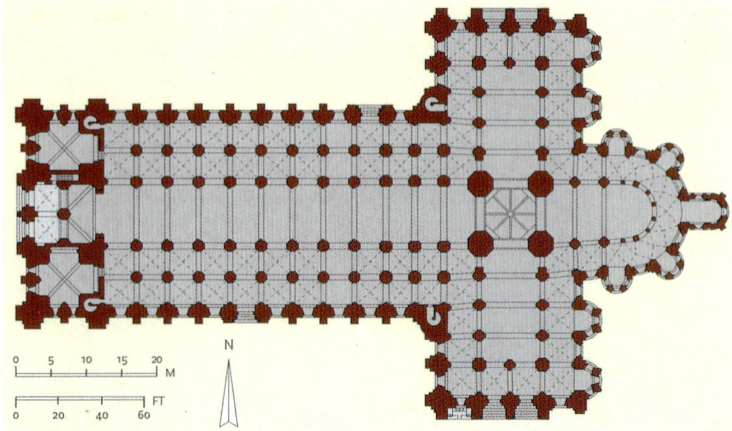

라 삼엽형의 느낌은 사라졌다. 이스트 엔드에서도 예배당들이 가지런히 정리되면서 복도형 성가대석의 표준 구성이 되었다.

둘째, 모듈 구성이 엄격히 적용되면서 라틴 크로스의 형식성이 극대화되었다(그림 253). 콩크에서 본격화된 모듈 구성이 완전한 정사각형 비례로 정착되었다. 모듈은 아일–네이브–트랜셉트–슈베–예배당에 이르는 모든 부분에 총체적으로 적용되었다. 실내의 모든 공간은 정사각형 모듈의 배수로 짜였다. 극단화된 정형적 질서가 실내 분위기를 지배했다. 이런 형식성은 순례 교회의 목적에 부합되었다.

셋째, 형식적 구성은 웅장한 규모를 도왔다. 웅장하고 격식을 차린 분위기는 기독교의 권위를 몸소 보여줌으로써 순례객들에게 자신들의 종교에 대한 확신을 심어주었다. 이것은 순례 여행의 기독교적 정당성을 확립시켜주는 것이었다. 첨탑은 웅장한 형식성을 인위적으로 강조하며 도왔다(그림 254). 외관에는 크로싱을 비롯하여 총 다섯 개의 첨탑이 세워졌는데, 현재는 크로싱 한 곳만 남아 있다. 웅장한 규모는 종교적 형식성 이외에 수백 명의 순례객을 한꺼번에 수용해야 하는 실용적 목적도 만족시켰다.

넷째, 순환 동선이 잘 처리되었다. 모듈의 형식성으로 처리된 평면은 순환 동선을 도와 순례객이 성의 영역을 충분히 감상하며 돌 수 있게 했다(그림 255). 순환 동선 위에는 9개의 예배당이 배치되었다. 성인들의 성물들을 많이 접하기에 충분한 개수였다. 실내는 웅장한 규모에 맞는 풍부한 내용으로 채워졌다.

252 생세르냉(St. Sernin). 툴루즈(Toulouse), 프랑스. 1180~20년

253 생세르냉(St. Sernin). 툴루즈(Toulouse), 프랑스. 1180~20년

254 생세르냉(St. Sernin). 툴루즈(Toulouse), 프랑스. 1180~20년

다섯째, 수직 비례가 실내를 지배했다. 5랑식이었기 때문에 외관의 전체적 비례는 수평적 안정감을 유지했다. 그러나 네이브에서 바라보는 실내는 강한 수직성을 형성했다. 네이브의 폭 대 높이비는 2.75였으며 천장고는 28미터에 이르렀다(그림 256). 네이브 월의 구조 처리도 수직적 분위기를 지향했다. 네이브 월은 천측창이 없는 2단 구성이었지만 갤러리 층의 높이가 높아졌다. 아케이드 층과 갤러리 층을 구성하는 아치는 수직 비례를 유지했다(그림 257). 기둥은 대응 기둥의 표준 구성으로 축조되었다. 아일과 갤러리 천장을 그로인 볼트로 처리해서 수직 높이를 받치는 내력 작용을 도왔다.

255 생세르냉(St. Sernin). 툴루즈(Toulouse), 프랑스. 1180~20년

산티아고데콤포스텔라는 순례 여행의 최종 목적지였다. 성 야고보는 새로운 내용 없이 앞의 선례들에서 형성된 기법들이 종합적으로 사용되며 종교적 중요성에 맞는 구성과 위용을 갖추었다(그림 258). 실내는 로마네스크 때의 상태로 남아 있는 데 반해 외관은 이후 여러 차례 증축되었다. 가장 대표적인 예는 1188~20년에 증축된 출입구 장식과 18세기 때 증축된 첨탑이었다. 이후의 증축으로 본래 모습은 대부분 사라진 상태이다. 현재 본래 상태를 보여주는 부분은 트랜셉트의 박공뿐이다. 이 부분을 근거로 대체적

256 생세르냉(St. Sernin). 툴루즈(Toulouse), 프랑스. 1180~20년

257 생세르냉(St. Sernin). 툴루즈(Toulouse), 프랑스. 1180~20년

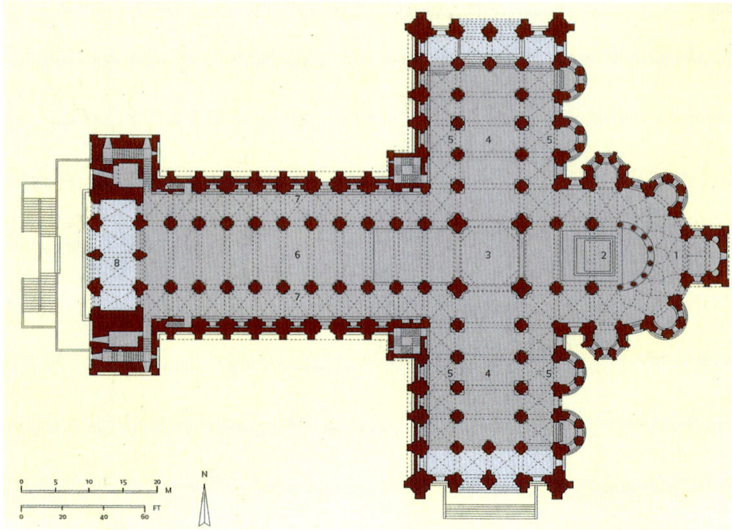

258 성 야고보 교회(Church of St. James), 산티아고데콤포스텔라(Santiago de Compostela), 스페인, 1075년경~1121/24년

인 외관은 추측이 가능하다(그림 259). 이상의 전체적 특징에 더해 이 교회는 네이브 월에서 프랑스의 순례 교회들과 구별되는 특이한 점을 가졌다. 그 내용은 다음의 세 가지로 정리될 수 있다.

첫째, 기둥 처리가 독특했다. 기둥은 교대 리듬을 형성했다. 교대 리듬은 순례 교회 가운데 이 건물에서만 나타난 것은 아니다. 중세 전반을 통틀어서도 일반적인 어휘였다. 그런데 이 교회에서는 이것이 주기둥과 부기둥의 교대가 아니라 동일한 굵기의 기둥을 형태만 다르게 처리한 점에서 특이했다. 교대 기둥 가운데 하나는 코어 기둥이 십자가형이었고 다른 하나는 십자가형의 귀돌quoin이 둥글게 처리된 형태였다(그림 260). 주초는 주신의 형태에 맞춰 전자는 정사각형, 후자는 원형이었다. 대응 기둥은 두 경우 모두 반원형 벽기둥이었다. 대응 기둥은 코어 기둥 하나당 네 개가 네이브 월의 구조부에 대응되는 표준형이었다.

둘째, 네이브 월을 구성하는 개별 부재들이 유난히 가늘어졌다. 기둥들은 가늘고 긴 수직 비례로 처리되었다. 네이브 월의 아치 개구부도 여기에 맞게 넓은 진공부와 수직 비례를 가졌다. 이런 아치 하나가 한 베이에 대응되었다(그림 261). 기둥을 제외한 벽체 면적을

259 성 야고보 교회(Church of St. James), 산티아고데콤포스텔라(Santiago de Compostela), 스페인, 1075년경~1121/24년

260 성 야고보 교회(Church of St. James). 산티아고데콤포스텔라(Santiago de Compostela), 스페인. 1075년경~1121/24년

261 성 야고보 교회(Church of St. James). 산티아고데콤포스텔라(Santiago de Compostela), 스페인. 1075년경~1121/24년

모두 없애면서 기둥만이 아치를 받치는 구조로 남았다. 전체 모습은 구조적으로나 시각적으로 모두 매우 경쾌해졌다.

셋째, 실내에 밝은 분위기가 형성되었다. 개구부 면적이 극대화되면서 채광이 대폭 향상된 데에 따른 결과였다. 아케이드 층뿐 아니라 갤러리 층의 개구부 면적이 확대된 것도 큰 도움이 되었다. 갤러리 층은 한 베이를 두 개의 아치가 분할했다. 한 베이를 하나의 아치가 담당한 아케이드 층에 비해서 벽체 면적이 증가할 수 있는 요인이었다. 그러나 아치와 기둥 사이의 벽체 면적을 없앰으로써 개구부 전체 면적과 높이는 아케이드 층보다 많이 줄어들지 않았다. 이렇게 얻어진 밝은 분위기는 순례 여행의 최종 종착지로서 이 건물이 갖는 희망, 승리, 구원 등의 상징성에 잘 부합되었다.

5장
성기 로마네스크

1 프랑스 성기 로마네스크(1070~1150년)

2 독일 성기 로마네스크(1060~1170년)

1 프랑스 성기 로마네스크(1070~1150년)

국제주의와 지역주의

프랑스의 성기 로마네스크 건축에서는 표준형에 의한 국제주의와 지역별 특성에 의한 지역주의라는 상반된 두 경향이 동시에 나타났다. 국제주의 양식은 라틴 크로스 바실리카를 기본 평면으로 삼아 제1 남부 로마네스크의 석조 볼트 천장과 제1 북부 로마네스크의 네이브 월 구조 체계를 하나로 합친 유기적 구성을 표준형으로 가졌다. 구조 체계는 네이브 월에 머물지 않고 교회 실내 골격 전체에 걸쳐서 완성되었다. 초기 로마네스크를 양분했던 두 지역의 기법을 하나로 합침으로써 로마네스크 전체를 대표하는 국제주의 양식에 도달하게 된 것이다. 이런 구조적 완결성을 바탕으로 수직 확장에 대한 의도가 나타났으며 이를 위해 외관에서는 첨탑이 적극적으로 사용되었다.

262 12세기 프랑스와 영국의 지역 구성

지역주의 양식은 말 그대로 지역에 따라 다양한 특징들이 나타나는 경향이다. 프랑스 성기 로마네스크는 크게 남부지방과 북부지방으로 나눌 수 있다. 남부지방은 다시 부르고뉴, 프로방스, 아키텐Aquitaine, 오베르뉴 등의 지역들로 나뉜다. 북부지방은 노르망디, 푸아투, 브르타뉴Bretagne 등의 지역들로 나뉜다(그림 262). 물론 이런 지역들에서 지역주의 양식만 나타난 것은 아니었다. 지역적 특징이 표현되는 바탕으로서의 기본 골격은 국제주의 표준형으로 구성되었다. 또한 부르고뉴와 노르망디는 지역주의를 형성하기에 앞서 국제주의 양식을 이끈 대표적인 지역이기도 했다.

이런 지역 분류는 정치적 상황과 어느 정도 들어맞는다. 이들 지역은 왕국과 공작령dukedom 등 당시 프랑스를 분할하고 있던 국가 정체政體 단위에 따른 분류와 대체적으로 일치한다. 여기에 건축적 특성에 따른 분류를 더한 것이다. 이들 지역은 중심 도시별로 더 세분되기도 한다. 예를 들어 부르고뉴는 클뤼니, 프로방스는 부르주, 노르망디는 캉Caen 등이 중심 도시였으며 이외에도 각 지역마다 중요한 도시들이 더 있었다. 매우 세밀하게 관찰하자면 도시를 중심으로 한 이런 소지역 단위에 따라서도 건축적 특징의 차이가 드러난다. 이런 현상은 로마네스크 건축의 연구를 어렵게 만드는 동시에 로마네스크 건축의 의미를 풍부하게 해주는 요인이다.

프랑스 성기 로마네스크의 지역주의 양식이 이처럼 작은 단위로까지 세분되는 이유는 정치, 경제, 기독교, 전통문화, 인종, 지리, 기후 등 여러 복잡한 요소를 배경으로 갖기 때문이다. 한마디로 '복합 배경에 따른 복합 산물'로 요약될 수 있는데 이것은 2차 서양화, 혹은 2차 기독교 건축을 이루는 핵심이다. 1차 서양화는 로마 시대에 이탈리아 반도를 중심으로 로마의 표준 문명에 의해 이루어졌다. 1차 기독교 건축은 앞에서 설명한 바와 같이 이런 로마 문명 속에서 형성되었던 로마 기독교 건축을 일컫는다.

이것이 로마네스크 시대에 중요한 변화와 분화를 겪었다. 지리적으로는 알프스 이북으로 확장되었다. 여기에 더해 건축을 이끈 주체에도 새로운 현상이 나타났다. 중앙의 표준화된 양식뿐 아니라 작은 소지역의 문명 단위에 따라 일정한 통일성을 갖는 양식들이 탄생하게 되었다. 소단위 지역들까지 자신들의 상황에 따른 독자적 양식을 갖게 된 것이다. 그리고 이런 2차 서양화에 따른 2차 기독교 건축도 함께 탄생했다. 따라서 2차 기독교 건축은 "로마의 기독교 건축에서 벗어나 프랑스, 독일, 스페인, 영국 등의 알프스 이북 나라들에서 주州나 도시 등의 소지역 단위에 따라 다양하게 분화된 기독교 건축"으로 정의될 수 있다. 이처럼 지역주의 개념은 서양 문명이 중세를 거치면서 2차 서양화와 2차 기독교 건축으로 분화해나가는 데 핵심적 역할을 했다.

2차 서양화와 함께 비로소 유럽 문화의 대표적 특징이 완성되었다. 수많은 민족과 크고 작은 여러 나라들이 넓지 않은 면적에 뒤섞여 있는 유럽은 통일성과 다양성 사이에서 항상 고민해왔다. 이것은 유럽 문명의 형성과 발전을 이끈 원동력이기도 했다. 건축에서는 국제주의와 지역주의의 쌍개념이 이런 고민을 대표한다. 이것이 처음 완성된 것이 로마네스크 시대였고 그것을 이끈 것이 프랑스의 성기 로마네스크 건축이었다.

프랑스 성기 로마네스크 건축에서 지역주의와 유사한 개념으로 다양성을 들 수 있다. 다양성은 공간 유형에서 관찰된다. 라틴 크로스 바실리카의 표준형 이외에 홀 교회와 돔식 바실리카(domed basilica)라는 색다른 유형이 일정 수 지어졌다. 두 유형은 프랑스의 성기 로마네스크에서 처음 나타난 것은 아니었다. 홀 교회는 프랑스와 스페인 지역의 전통 양식이기도 했으며 초기 로마네스크 때에도 지어졌다. 돔식 바실리카는 비잔틴 건축에서 쓰이던 유형이었다. 이것은 이 두 유형이 단순히 공간 형태에 따른 다양성만을 의미하는 것이 아니라 지리와 시대 양측면에서 지역주의적 개념을 가지고 있었음을 의미한다.

부르고뉴와 제3클뤼니

부르고뉴 지방의 성기 로마네스크 건축은 두 경향으로 이루어졌다. 하나는 부르고뉴 실험으로 불리던 초기 로마네스크의 발전 내용들을 종합하여 높은 수직성을 이룬 점이다. 이것을 대표하는 예는 제3클뤼니(Cluny III=Monastery Church Saint-Pierre-et-Paul, 성 베드로/바오로 수도원 교회, 1089~1131년)였다. 다른 하나는 네이브 천장의 볼트가 이전의 배럴 볼트에서 그로인 볼트로 바뀐 점이다. 이것을 대표하는 예는 베즐레의 생트마들렌이었다.

제3클뤼니는 스뮈르의 성 후고(Hugo of Semur, 1049~1109년)가 1049년에 클뤼니 수도원장에 오르면서 시작되었다. 성 후고는 클뤼니의 위상에 맞는 거대한 규모의 새 수도원을 계획했다. 그러나 공사는 40년 뒤에나 시작되었다. 성 후고는 신중했다. 클뤼니 공사를 시작하기 전에 최소한 세 곳에서 건축적 실험을 했다. 느베르의 라샤리테쉬르루아르(La-Charité-sur-Loire at Nevers, 1056~1107), 느베르의 생테티엔 수도원 교회(Abbey Church of St. Etienne at Nevers, 1063~97년), 루아레의 생브누아쉬르루아르(Saint-Benoit-sur-Loire at Loiret=Priory Church of Sainte-Croix-Notre-Dame, 성 십자가 노트르담 소수도원 교회, 1070/80년~12세기 중반)가 그것이었다. 세 건물의 착공 시기는 모두 제3클뤼니보다 빨랐다. 성 후고는 처음부터 건물을 높이 올릴 자신이 없었던 것 같다. 이 세 곳에서 당시까지 축적된 로마네스크의 새로운 건축 기술들을 종합화하여 자신의 이상에 맞는 교회를 짓는 실험을 했다. 이 선례들은 현재 남아 있지 않은 제3클뤼니의 상태를 추측하는 데 결정적 자료가 되고 있다. 궁극적으로는 성 후고가 제3클뤼니에서 의도했던 바가 무엇이었는지를 추측할 수 있게 해준다.

세 선례 가운데 가장 중요한 것은 느베르의 생테티엔이었다. 느베르는 순례 루트의 중요한 중간 경유지였다. 생테티엔 수도원은 클뤼니회 소속이었다. 평면은 3랑식 6베이의 라틴 크로스 바실리카의 표준 구성을 했다. 네이브 월은 3단 구성으로 이루어졌다. 코어 기둥은 정사각형 단면을 가졌고 여기에 반원형 벽기둥이 대응 기둥으로 덧붙여졌다. 대응 기둥 역시 네 개가 구조부에 대응하는 표준형으로 처리되었다. 전체적으로 보아 새로 발전한 내용은 없는 가운데 제3클뤼니와 관련하여 세 가지의 중요한 의미를 가졌다.

첫째, 네이브 월의 분할을 통해 수직성에 대한 모색을 했다. 네이브 월은 3단 구성을 했다. 아케이드 층은 낮은 대신 갤러리 층과 거의 높이가 같았다. 이것은 건물이 높이 올라가기에 유리한 처리였다. 아케이드 층을 높이는 것이 갤러리 층을 높이는 것보다 쉬웠기 때문이다. 아치 개구부의 폭을 좁게 하여 네이브 월의 분할에 수직 비례를 주었다(그림 263).

263 생테티엔 수도원 교회(Abbey Church of St. Etienne), 느베르(Nevers), 프랑스, 1063~97년

둘째, 수직성의 궁극적 목적으로 수평성과의 조화 및 균등한 조도를 추구했다. 수직적으로 올라갈 수 있는 구조적 확신을 얻긴 했지만 정작 최종 분위기에서는 수평적 안정감과의 균형을 꾀했다. 천장 자체가 높지 않았으며 아케이드, 갤러리, 천측창 사이의 높이 차이가 크지 않게 분할함으로써 실내 전반에 수평적 분위기를 만들었다. 넓은 네이브 폭도 수평감을 도왔다. 수평적 실내 분위기는 조도의 균질성을 유지하는 데 유리했다. 조도의 균질성은 구조에서 얻은 확신의 궁극적 목적을 읽게 해주는 대목이다. 수직적으로 높이 올리지 않은 대신 창 처리에서 자유로움을 확보하여 균질한 조도를 얻는 데 초점을 맞춘 것이다(그림 264). 밝은 부분과 어두운 부분 사이의 급격한 대비 없이 빛이 비교적 균등하게 실내에 골고루 퍼졌다.

264 생테티엔 수도원 교회(Abbey Church of St. Etienne), 느베르(Nevers), 프랑스, 1063~97년

셋째, 종합화를 얻어냈다. 종합화는 실내와 외관 모두에서 얻어졌다(그림 265). 성 후고는 자신이 구상한 건축이 실현될 수 있는 가능성을, 그때까지 축적되어온 건축 구성과 시공 기술을 하나로 통합하여 큰 총체적 합을 만들어내는 데에서 찾았다. 이것은 두 가지 상반된 의미를 갖는다. 앞 시대의 내용들을 총집합하여 모든 것을 잘 갖춘 완성도 높은 표준형 구성을 얻어낸 점은 긍정적 의미로 해석된다. 로마네스크적 총체화로서 성기 로마네스크의 한 가지 의미일 수 있다.

반면 첨단성이 결여되고 정체된 점에서는 부정적으로 해석될 수도

265 생테티엔 수도원 교회(Abbey Church of St. Etienne), 느베르(Nevers), 프랑스, 1063~97년

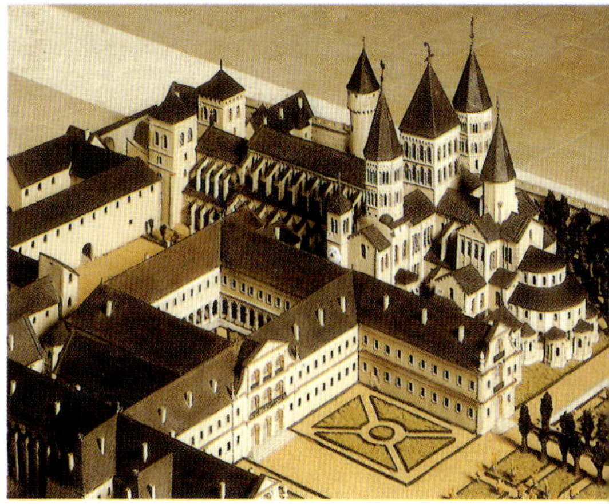

266 제3클뤼니(Cluny III). 프랑스. 1089~1131년

267 제3클뤼니(Cluny III). 프랑스. 1089~1131년

있다. 당시의 관심은 첨단 공법인 리브와 그로인 볼트에 모아지고 있었다. 이런 경향은 프랑스 전체로 보면 부르고뉴와 경쟁하던 노르망디에서 두드러지게 나타났다. 같은 부르고뉴 지방에서도 생트마들렌은 이것에 대해 고민을 하고 있었다. 이런 동시대 예들과 비교해서 성 후고의 건축적 개념은 종합화에 있었던 것이다. 종합화는 물론 웅장한 규모를 겨냥했다. 웅장한 규모는 클뤼니의 종교적 중요성에 합당한 건축적 상징성을 표현하기 위한 것이었다. 성 후고는 자신의 건축적 의무를 첨단성의 추구가 아닌 종교적 상징성에서 찾았을 것이다.

세 예들에서 자신을 얻은 성 후고는 드디어 1089년에 제3클뤼니를 축조하기 시작했다. 제3클뤼니는 전체가 수도원으로 지어졌다(그림 266, 267). 수도원은 클뤼니 수도회의 규정에 따른 표준형으로 구성되었다. 이 가운데 건축적으로 중요한 것은 수도원 교회였다. 수도원 교회의 최종 봉헌은 전실 부분만 미완성인 채 1131년에 이루어졌다. 그 후 시토회의 개혁 운동을 기점으로 침체를 겪다 프랑스 대혁명 때 모

268 제3클뤼니(Cluny III), 프랑스, 1089~1131년
269 제3클뤼니(Cluny III), 프랑스, 1089~1131년

두 파괴되었다. 현재 남아 있는 것은 수도원 교회 트랜셉트의 남쪽 팔 부분, 성가대석의 주두와 극소수의 건물 파편들뿐이다(그림 268, 269). 이런 유구들을 기초로 추측을 통해 네이브 본당을 비롯한 전모를 파악할 수 있다. 특히 건물의 기초 부분은 비교적 잘 남아 있어서 발굴에 의한 추측 복원이 가능했다(그림 270). 여기에 더해 도면과 문헌 기록, 그리고 세 선례 등이 중요한 참고 자료가 되었다. 제3클뤼니가 갖는 건축적 특징 및 의미는 다음의 다섯 가지로 요약될 수 있다.

첫째, 웅장한 규모였다. 전체 구성은 5랑식 라틴 크로스 바실리카의 표준형이었다(그림 271). 네이브는 11베이로 확장되었으며 전실만 5베이였다. 트랜셉트도 두 개였다. 제3클뤼니는 규모와 관련하여 로마네스크 건축에서 기록의 산실이었다. 전체 길이는 184.2미터, 출입구에서 트랜셉트까지는 111.6미터, 트랜셉트의 길이는 71.1미터, 네이브 천장고는 29.1미터, 네이브 폭은 10.8미터였다(그림 272). 느베르에서 시도되었던 로마네스크적 총체화가 극단적으로 추구되었다

270 제3클뤼니(Cluny III), 프랑스, 1089~1131년

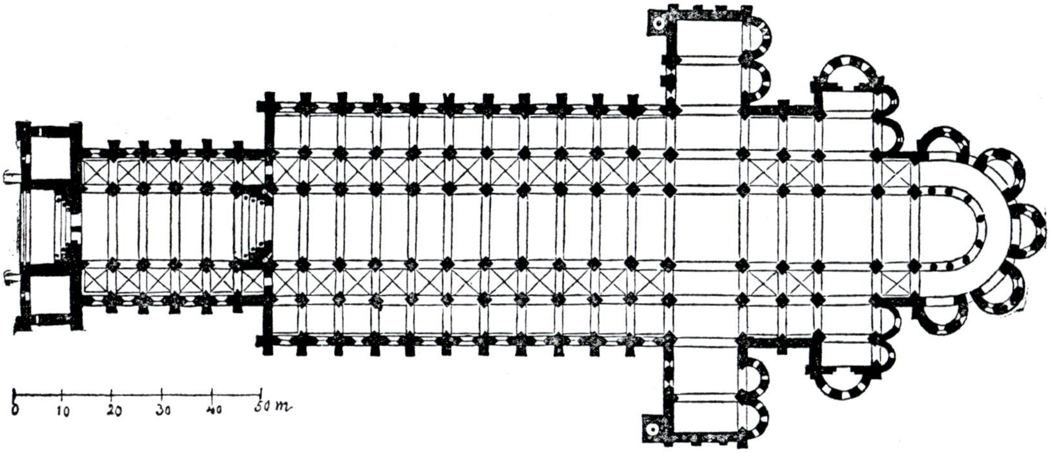

271 제3클뤼니(Cluny III), 프랑스, 1089~1131년

(그림 267, 268).

둘째, 외관은 수직성을 강조하는 첨탑군을 이루었다(그림 223). 외관과 첨탑 구성은 세 선례 가운데 특히 생브누아쉬르루아르와 유사했기 때문에 이것을 근거로 추측해볼 수 있다. 서쪽 출입구 정면에 두 개의 첨탑이 있었고 트랜셉트와 네이브 위에도 첨탑이 있었다. 트랜셉트는 두 개의 크로싱 모두 첨탑을 가졌다. 첫번째 것이 두번째 것보다 훨씬 크고 높았다. 형태는 첫번째 것이 정사각형, 두번째 것이 팔각형이었다. 첫번째 트랜셉트의 남북 양쪽 팔부분에도 첨탑이 하나씩 세워졌다. 네이브에는 두번째와 여덟번째 베이 위에 첨탑이 세워졌다. 이로서 총 여덟 개의 첨탑이 세워졌다. 일곱 개의 표준 구성보다 하나가 더 많은 것이었는데 이것은 트랜셉트가 두 개이기 때문이었다.

셋째, 규모에 맞는 복합 구성으로 이루어졌다. 두 개의 트랜셉트는 폭이 같았다. 이것은 다시 네이브 폭과 같았다. 트랜셉트 팔부분의 동쪽 변에는 남북 양쪽에 각 두 개씩 총 네 개의 반원형 예배당이 더해졌다. 트랜셉트 두 개가 모두 이런 구성을 했다. 첫번째 트랜셉트는 네이브와 천장고가 같았다. 두번째 트랜셉트는 중심의 남북 방향 세 베이만 네이브와 천장고가 같았고 그 바깥쪽의 두 베이는 낮았다. 낮은 부분이 바로 반원 앱스형 예배당이 위치한 구역이었다. 이 예배당은 천장이 낮기 때문에 부속 공간이라기보다는 그 자체로 하나의 완결된 공간 단위처럼 느껴졌을 것이다. 성가대석에도 5랑식 구성이 계속되었다. 길이는 2베이로 긴 편이었다. 성가대석과 앱스는 복도가 있는 방사

272 제3클뤼니(Cluny III), 프랑스, 1089~1131년

273 제3클뤼니(Cluny III), 프랑스, 1089~1131년

형 예배당으로 구성되었다. 이처럼 복합 구성은 이스트 엔드에서 특히 두드러졌다. 이것은 성의 영역에 정성을 기울였음을 의미한다. 이것은 다시 이 건물의 큰 규모가 기독교 세계의 찬양에 있음을 말해준다.

넷째, 수직성의 의미로서 조도 향상을 추구했다. 이것은 주로 네이브 월의 처리에서 관찰된다. 네이브 월은 2단 구성과 3단 구성 사이의 중간 단계로 처리되었다. 아케이드와 천측창 사이에 블라인드 아케이드가 한 층 더 들어가 있다(그림 272, 273). 성가대석 벽도 이와 동일하게 구성되었다. 여기에서 주안점은 블라인드 아케이드이다. 블라인드 아케이드를 넣은 것은 이 건물이 구조적으로 후진적이지 않다는 적극적인 의사 표시로 해석될 수 있다. 당시 갤러리가 들어간 3단 구성은 보편화된 것이었다. 따라서 갤러리를 넣지 않은 데에는 다른 이유가 있었을 것이다. 그것은 밝은 분위기의 실내를 원했기 때문이라고 추측된다. 느베르를 비롯한 세 선례에서 드러난 성 후고의 건축적 개념이 그 단서이다.

갤러리가 들어가는 3단 구성은 고딕의 수직성으로 가는 중간 과정으로서 구조적 의미가 큰 것은 사실이다. 그러나 로마네스크 때에는 실내의 조도를 오히려 떨어트리는 단점이 있었다. 따라서 갤러리가 들어가는 3단 구성은 당시에 상반된 두 가지 의미를 가졌다. 로마네스크의 완결성이라는 관점에서는 피해야 할 대상이었다. 반면 고딕으로의 연속성이라는 관점에서는 적극적으로 사용해야 했다. 여기에서 성 후고는 고민을 했을 것이다. 제3클뤼니는 기독교적으로는 로마네스크의 완결적 집대성의 의미를 가졌다. 그러나 건축적으로는 당시 첨단 개념으로 추구되던 수직성 추구에 동참해야 했다. 블라인드 아케이드는 이런 고민을 해결하고 둘 모두를 취하기 위한 방안으로 사용된 것으로 볼 수 있다. 시각적으로 3단 구성처럼 보이게 함으로써 첨단성에 관심이 있음을 암시하는 한편 내용적으로는 2단 구성을 통해 밝고 균질한 조도를 확보할 수 있었던 것이다.

274 제3클뤼니(Cluny III), 프랑스, 1089~1131년

다섯째, 수직성의 또다른 의미로서 수평성과의 조화를 추구했다. 이것은 주로 포인티드pointed 형이라는 프로토 고딕proto-Gothic 어휘의 사용에서 관찰된다. 아케이드는 포인티드 아치로, 천장은 포인티드 배럴 볼트로 각각 처리되었다(그림 268, 273, 274). 천장의 포인티드 배럴 볼트는 실제로 구조적 효과를 증대시키는 결과로 나타났다. 네이브 폭이 10.8미터까지 확대되었다. 이전까지 쓰이던 반원형 배럴 볼트보다 대폭 확장된 것이다. 이것은 앞의 세 선례에서 실험했던 내용들을 한층 더 발전시킨 것이다. 천장을 목조 트러스가 아닌 석조 볼트로 처리하면서 롱 스팬을 얻는 것은 수직으로 높이 올라가는 것보다 더 힘든 첨단 기술이었다.

네이브 폭의 확장은 높아진 수직성에 적합한 균형 비례의 의미를 가졌다. 성 후고는 여기에서 비슷한 고민을 다시 했을 것이다. 고딕으로의 연속이라는 관점에서는 수직성의 한 방향으로 계속 나아가야 했다. 그러나 로마네스크의 정신이라는 관점에서는 이와 반대였다. 적정한 선에서 멈추고 수직과 수평의 중간 조화점을 찾는 것이 로마네스크의 땅의 정신이었기 때문이다. 성 후고는 이번에도 둘 사이의 상반성을 해결하면서 둘 모두를 취하는 방안을 강구했다. 프로토 고딕 어휘의 사용을 통해서였다. 당시 기술로 가능한 최고의 높이로 올라가는 한편 프로토 고딕 어휘를 이용하여 수평 확장도 함께 얻은 것이다.

이 건물은 이런 조화점을 가능한 한 웅장한 스케일과 복합 구성으로 표현했다. 여기에서 한 가지 문제가 남는다. 이런 웅장한 규모를 로마네스크의 정신으로 볼 수 있느냐 하는 것이다. 종합화와 거대 규모를 통해 시대정신을 기념비적으로 보여준다는 의미에서는 성기 양식의 한 전형일 수 있다. 그러나 진정한 로마네스크의 정신은 조화점을 추구하되 일정한 규모 내에 머무르는 땅의 정신을 의미하는 것이어야 한다. 제3클뤼니에 나타난 웅장한 규모는 그런 범위를 넘어선 것이었다. 이것은 인간의 과도한 욕심의 상징일 뿐이었다.

이상이 제3클뤼니에서 읽을 수 있는 다섯 가지 의미였다. 제3클뤼니는 이처럼 로마네스크의 완성판으로서의 의미가 가장 컸다. 이와 동시에 시대 흐름을 놓친 후진성이라는 해석도 가능하다. 12세기에 접어들면 고딕 양식에 대한 인식이 싹트기 시작했다. 구체적 건축 어휘로 보더라도 11세기가 배럴 볼트의 시대였다면 12세기는 리브 그로인 볼트의 시기였다. 12세기를 전후하여 첨단 양식을 추구하던 장인들은 리브 그로인 볼트라는 새로운 공법의 건축적 가능성을 탐구하는 일에 관심을 돌리고 있었다. 제3클뤼니가 봉헌된 1131년은 역사적 분류에 의하면 고딕 양식이 시작된 시기였다. 이상을 종합해볼 때 제3클뤼니는 로마네스크적 세계관 혹은 로마네스크적 건축관으로 축조한 마지막 거대 교회였다.

제3클뤼니는 많은 영향을 끼쳤다. 제3클뤼니의 구성은 인근의 솔리외Saulieu, 오툉, 스뮈르앙브리오네Semur-en-Brionnai, 랑그르Langres, 파레르모니알Paray-le-Monial, 느베르 등으로 퍼져나갔다. 이 가운데 파레르모니알의 노트르담 수도원 교회Monastery Church of Notre-Dame, 오툉의 성 라자로 등이 대표적인 예이다. 이런 예들에서는 복합 구성, 수직선, 초기 상태의 포인티드 아치, 블라인드 아케이드가 들어간 3단 구성 등과 같은 제3클뤼니의 구성들이 사용되었다(그림 275, 276).

부르고뉴 지방의 성기 로마네스크 가운데 천장에 그로인 볼트를 사용한 경향은 베즐레의 생트마들렌1120년~이 대표했다. 이 건물에서는 네이브와 아일 모두 그로인 볼트로 천장이 처리되었다. 그러나 아직 리브는 쓰이지 않았다(그림 277, 278). 이것은 그로인 볼트의 구조적 이점이 충분히 활용되지는 못했음을 의미한다. 이 점은 네이브 폭에서 확인된다. 생트마들렌의 네이브 폭은 10미터였다. 이것은 포인티드 배럴 볼

트로 지어진 제3클뤼니나 리브 그로인 볼트로 지어진 노르망디의 건물들 같은 동시대 예들이 11미터 정도였던 것에 비하면 적은 수치였다.

생트마들렌에서 관찰되는 이런 현상은 두 가지로 해석될 수 있다. 하나는 부르고뉴의 성기 로마네스크가 첨단성보다는 종합화에 있음을 보여주는 현상 가운데 하나로 이해될 수 있다. 다른 하나는 10미터라는 폭을 순례 교회에 알맞은 크기로 볼 수 있다(그림 279). 이 교회는 중요한 순례 교회였다. 순례 교회는 일정한 규모를 유지했지만 그 목

275 노트르담 수도원 교회(Monastery Church of Notre-Dame). 파레르모니알(Paray-le-Monial), 프랑스. 12세기 전반부

276 성 라자로(St. Lazare). 오툉(Autun), 프랑스. 1120년경~32년

277 생트마들렌(Ste. Madeleine). 베즐레(Vézelay), 프랑스. 1120~32년

278 생트마들렌(Ste. Madeleine). 베즐레(Vézelay), 프랑스. 1120~32년

279 생트마들렌(Ste. Madeleine), 베즐레(Vézelay), 프랑스, 1120~32년

적은 첨단성과는 거리가 멀었다. 그보다는 종교심을 불러일으키기 위한 것이었다. 1120년이라는 시기는 고딕 양식이 잉태되고 리브 그로인 볼트 등과 같은 새로운 기술의 구조적 가능성을 구체적으로 실험하기 시작한 시점이었다. 순례 교회였던 생트마들렌에는 이것이 아직 도입되지 않은 것이다.

생트마들렌에서도 그로인 볼트를 사용하면서 한 가지 중요한 이점을 가졌다. 천측창을 높이 올려 만들 수 있었던 것이다(그림 278). 배럴 볼트에 비해서 그로인 볼트가 외벽과 더 높은 지점에서 만나기 때문이다. 천장 곡면이 반원형보다 더 높이 올라가면서 외벽이 천장 깊숙이 파고들어 높아질 수 있었다. 이것은 건물이 높아지지 않고도 천측창을 낼 수 있는 면적이 넓어진다는 것을 의미했다. 같은 높이일 경우 배럴 볼트 천장보다 외벽의 높이가 높아지는 이점이 있었다.

그로인 볼트의 사용에 더해 기둥에서도 특이한 점이 있었다. 네이브 월의 기둥은 코어 기둥과 대응 기둥의 2원 체계로 잘 정리되었다. 그런데 코어 기둥은 사각형이 아닌 십자가형이었다. 이 위에 반원형 벽기둥이 대응 기둥으로 더해졌다. 이런 처리는 대응 기둥을 두 겹처럼 보이게 만들었다(그림 280). 사각 코어 기둥 위에 사각 벽기둥이 한 번 더해진 뒤 그 위에 다시 반원형 벽기둥이 더해진 것처럼 보이는 것이다. 이런 기둥이 사용된 이유는 조각이 새겨지는 바탕면을 확보하기 위한 것으로 볼 수 있다. 이것 역시 이 교회가 순례 교회라는 사실에서 기인한다. 이 교회에서는 대응 기둥의 주두에 많은 조각이 새겨졌다(그림 281). 바탕면을 늘리기 위해 주두의 세 면이 활용되었다. 이때 코어 기둥이 단일 사각형, 즉 한 겹이면 대응 기둥의 주두끼리 충돌이 일어날 수 있었다. 이를 피하기 위해 코어 기둥을 두껍게 하면 지나치게 둔탁하게 보였을 것이다. 이보다는 코어 기둥 자체를 십자가형, 즉 두 겹으로 처리하는 것이 최선의 방법이었을 것이다.

280 생트마들렌(Ste. Madeleine). 베즐레(Vézelay), 프랑스. 1120~32년

281 생트마들렌(Ste. Madeleine). 절망에 빠진 악마상. 베즐레(Vézelay), 프랑스. 1120~32년

노르망디와 캉

북부 프랑스는 노르망디, 브르타뉴, 푸아투 인근 등의 세 지역으로 구성되었다. 이 가운데 노르망디가 성기 로마네스크를 대표했다. 이 시기에는 노르망디가 정치적으로 영국에 속해 있었다. 그러나 로마네스크 시기에도 이미 건축적으로 완전히 영국에 속했다고 보기 어려운 점이 많았다. 노르망디와 북프랑스 사이에는 일정한 건축적 영향 관계가 형성되어 있었다. 이것을 구별하기 위해 노르망디를 콘티넨털 노르만, 영국을 앵글로노르만으로 다시 한번 나누기도 한다.

성기 로마네스크 건축에서 노르망디 지방의 중심지는 캉이었다. 구조 첨단성을 기준으로 삼는다면 캉을 중심으로 한 노르망디 지방이 성기 로마네스크의 절정이 될 수 있다. 캉은 제1 남부 로마네스크의 석조 볼트 천장과 제1 북부 로마네스크의 네이브 월 구조 체계를 하나로 통합하여 유기 구조를 완성시켰다. 이 구조 공법은 당시 최첨단 기술이었다. 네이브 월과 천장이 한몸으로 세워지면서 구조적으로도 한몸으로 작동하게 되었다. 생테티엔St. Etienne=Abbaye-aux-Hommes, 1060/65~1120년과 성 삼위일체Ste. Trinité=Abbaye-aux-Dames, 1060/65~1120년의 두 건물은 이것을 대표하는 예이다(그림 282, 283). 그 내용은 다음의 두 가지로 구체화되었다.

하나는 리브의 사용이 시작된 것이다. 리브의 등장은 이 지역만의 중요한 발전 내용이었다. 리브는 가로와 대각선의 두 방향으로 사용되었다. 횡방향 리브는 횡방향 아치의 넓적한 면 위에 리브라는 선형 부

282 생테티엔(St. Etienne=Abbaye-aux-Hommes). 캉(Caen), 프랑스. 1060/65~1120년경

283 성 삼위일체(Ste. Trinité=Abbaye-aux-Dames). 캉(Caen), 프랑스. 1060/65~1120년경

재가 한 겹 더 덧붙여지는 형식으로 이해될 수 있다. 대각선 리브는 볼트 곡면 위 대각선 방향으로 완전히 새로 덧붙여진 것이었다. 두 방향의 리브가 합쳐지면서 처음에는 4분 볼트quadripartite vault가 형성되었다(그림 284). 그러나 곧 6분 볼트sexpartite vault로 바뀌었다(그림 285). 아일과 갤러리의 천장에도 리브가 쓰였다.

다른 하나는 네이브 월의 기둥 체계가 다발 기둥으로 완성된 것이다. 대응 기둥의 체계적 정리에 따른 결과였다. 대응 기둥 자체는 순례 교회나 여러 지역의 다른 예들에서 공통적으로 나타났기 때문에 특별히 새로울 것은 없는 공법이었다. 이 지역만의 중요성은 이것이 리브에 대응하면서 사용된 점이다. 리브당 대응 기둥이 하나씩이라면 이론상으로는 대응 기둥이 여덟 개가 되어야 했다. 아케이드에서 아키볼트에 양옆으로 대응하면서 두 개, 네이브에서 대각선 리브 두 개와 횡방향 리브 하나에 대응하면서 세 개, 아일에서도 네이브와 동일하게 세 개가 각각 필요했다. 이것을 기둥의 입장에서 보면 코어 기둥의 네 면과 네 꼭지점에 각 하나씩 더해지는 것과 같았다(그림 286). 그러나 이런 형태가 완벽하게 구현된 예는

284 4분 볼트를 구형 삼각형의 조합으로 설명하는 그림

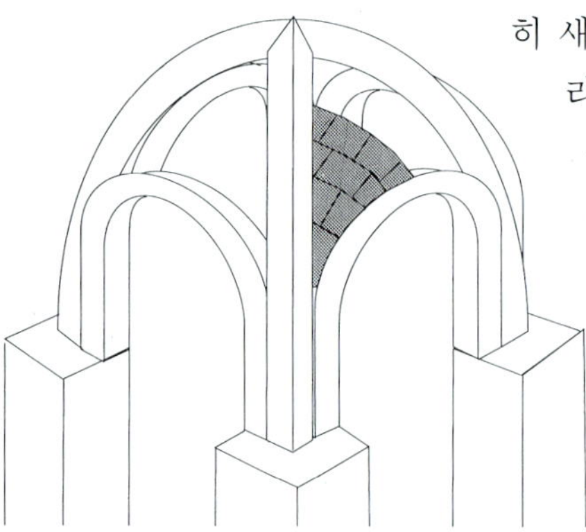

285 생테티엔(St. Etienne=Abbaye-aux-Hommes). 캉(Caen), 프랑스. 1060/65~1120년경

286 롬시 수도원 교회(Abbey Church of Romsey). 다발 기둥 단면도

고딕 시대에 가서나 나타나며 그 수도 적은 편이다.

로마네스크 시대에는 아일의 리브에는 대응 기둥을 쓰지 않는 편이었다. 그 대신 아케이드의 아키볼트를 두 겹으로 하고 여기에 대응 기둥을 대응시켜 총 일곱 개를 사용한 형태가 표준형이 되었다. 이곳 노르망디의 성기 로마네스크에서는 볼트의 리브와 대응 기둥 사이의 일치도가 고딕 시대보다는 아직 떨어지지만 다발 기둥의 복합 구조 체계가 처음 정리된 점에서 중요성을 갖는다(그림 287).

아직 불완전한 점도 있었다. 불완전성은 두 가지 점에서 파악된다. 하나는 리브가 그 위의 볼트 천장을 받치는 내력 구조의 역할을 실제로 하지 않았거나 했더라도 아직 충분하지 않았다는 점이다. 리브가 내력 구조의 역할을 했다면 볼트 천장의 두께가 현저하게 얇아져야 하는데 이 건물들에서는 그런 발전은 나타나지 않았다. 다른 하나는 다발 기둥이 리브의 하중을 충분히 이어받지 못했다는 점이다. 이것은 외벽의 두께에서 확인된다. 리브에서 다발 기둥으로 이어지는 연속선이 구조적으로도 한몸으로 작동하는 완성 단계에 이르면 하중의 상당 부분은 이 연속선이 담당하게 된다. 외벽에 가해지는 하중은 점점 줄어들어 비내력화됨으로써 외벽을 얇은 막처럼 처리할 수 있는 것이다. 그런데 이런 발전 상태 역시 아직 나타나지 않고 있다(그림 288).

이런 두꺼운 벽은 노르망디 로마네스크 건축의 지역적 특징이기도 했다. 외벽을 얇게 만들면서 수직으로 확장했는지의 여부가 노르망디

287 생테티엔(St. Etienne=Abbaye-aux-Hommes). 캉(Caen), 프랑스. 1060/65~1120년경

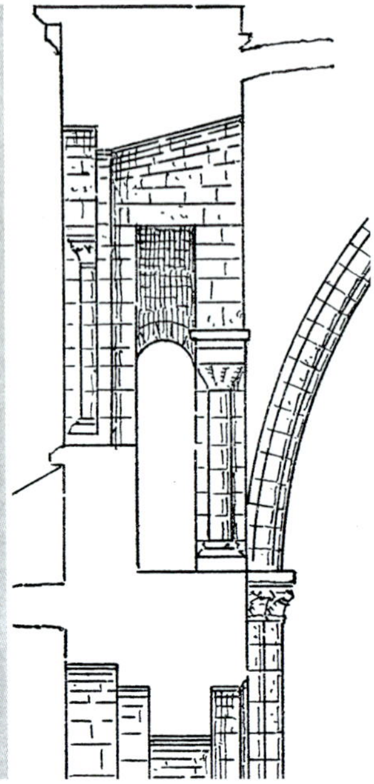

288 생테티엔(St. Etienne=Abbaye-aux-Hommes). 캉(Caen), 프랑스. 1060/65~1120년경

289 생테티엔(St. Etienne=Abbaye-aux-Hommes). 캉(Caen), 프랑스. 1060/65~1120년경

지방에서는 로마네스크와 고딕을 가르는 중요한 기준 가운데 하나이다. 로마네스크 시대에도 두꺼운 벽의 문제점은 알고 있었다. 이것을 만회하기 위해 천측창 층의 외벽을 이중으로 만들어서 그 사이로 사람이 다닐 정도의 틈을 두는 벽체 통로를 도입하기도 했다(그림 289). 벽체 통로는 이미 베르네의 수도원 교회와 쥐미에주의 노트르담 수도원 교회 등의 초기 로마네스크 건축에서 쓰이던 기법이었다.

두 건물에 나타난 이와 같은 양면성에 대한 해석은 여러 가지일 수 있다. 가장 먼저, 구조적 정리라는 관점에서 보면 그 완성점은 고딕 건축이었고 따라서 이 두 건물은 아직 중간 길목에 불과하다는 평가가 가능하다. 다음으로는, 그럼에도 불구하고 리브와 다발 기둥이 유기적으로 작동하기 시작하면서 고딕적 의미의 첨단성을 잉태했다는 평가도 가능하다(그림 290).

290 생테티엔(St. Etienne=Abbaye-aux-Hommes). 캉(Caen), 프랑스. 1060/65~1120년경

마지막으로, 구조적 완성 자체가 로마네스크 건축의 유일한 종착점은 아니었다는 상반된 평가도 가능하다. 로마네스크의 완성은 평면 구성에 나타나는 복합적 짜임새, 네이브 월의 실내 분위기가 주도하는 수평성, 정사각형 비례 등의 다른 목적과 함께 어울려 중세적 조화를 얻어내는 데에 있었다. 로마네스크 정신 또한 바로 이런 중세적 조

화에 있었다. 중세적 조화란 수평성과 수직성, 지중해성과 게르만 정신, 땅과 하늘, 로마적 땅의 정신과 중세적 하늘의 정신 등과 같은 상반되는 여러 쌍의 기운들 사이에서 절충적 통합을 얻어낸 상태를 의미한다. 궁극적으로는 1대 1의 정사각형 비례가 가장 이상적 종착점이었다(그림 291). 이것은 다발 기둥의 구조적 장점을 모두 수직적으로 높이 올라가는 데 극단적으로 맞추었던 고딕 건축과 대비되는 로마네스크 건축만의 특징이다.

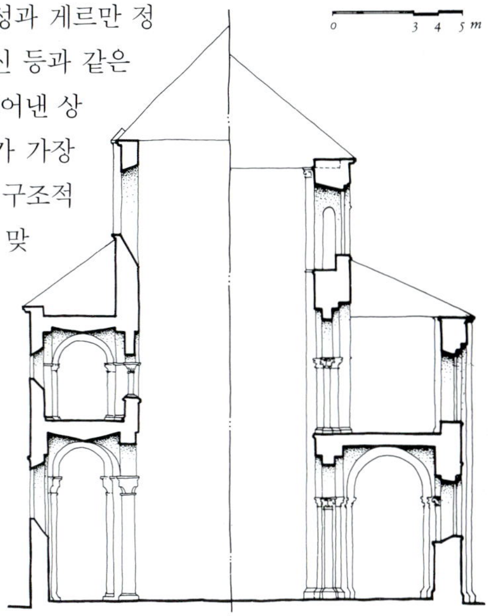

291 왼쪽: 노트르담 수도원 교회(Abbey Church of Notre-Dame), 쥐미에주(Jumièges)/ 오른쪽: 생테티엔(St. Etienne= Abbaye-aux-Hommes), 캉(Caen)

생테티엔과 성 삼위일체의 대응 기둥은 이런 내용을 잘 보여준다. 대응 기둥은 바닥에서부터 시작해서 벽을 타고 오르다 천장에까지 이어지면서 끊기지 않는 연속선을 실내에 형성한다. 그러나 이 두 건물에서 대응 기둥의 연속선은 수직선이 아니다. 그보다는 수평성과 수직성의 절충적 통합을 상징적으로 보여준다. 이것은 네이브 월의 처리에서도 동일하게 관찰된다. 네이브 월에서는 일단 정리된 다발 기둥의 구조적 장점을 잘 활용하고 있다. 그 활용은 고딕 건축에서처럼 수직적으로 높이 올라가는 것이 아니라 로마네스크의 조화 정신을 구현하는 데 목적을 두고 있다. 이것의 구체적 내용은 세 가지로 요약될 수 있다.

첫째, 아케이드 층과 갤러리 층의 아치 개구부 폭을 최대한 넓힐 수

292 생테티엔(St. Etienne=Abbaye-aux-Hommes), 캉(Caen), 프랑스. 1060/65~1120년경

있었다. 이것은 정사각형 비례를 만드는 데 초점을 맞추었음을 의미한다. 아케이드 층에서는 한 베이의 전체 폭을 중간 구획 없이 하나의 아치로 뚫었다. 갤러리 층도 동일하게 처리되었다(그림 292). 아키볼트의 큰 반원은 대응 기둥의 높이를 중화시키며 수평과 수직 사이에서 중간적 안정감을 만들어냈다. 넓어진 개구부 폭은 실내 조도를 밝으면서도 균등하게 했다.

둘째, 네이브 폭을 넓히는 결과를 가져왔다. 이것은 대응 기둥이 리브 볼트와 함께 사용되면서 만들어진 결과였다. 노르망디의 성기 로마네스크에서는 네이브 폭이 최대 11미터까지 넓혀졌다(그림 293). 이것은 배럴 볼트를 사용할 때보다 대폭 확장된 것이다. 이 수치는 제3클뤼니에서 포인티드 배럴 볼트를 사용하면서 얻어진 것과 같았다. 반면 높이는 20여 미터를 넘지 않았다. 폭 대 높이 비례가 1대 2의 범위에 머문 것으로 이것은 구조적 가능성을 수직 확장보다는 롱 스팬에 의한 수평 확장에 활용했음을 의미한다(그림 288).

셋째, 정사각형 비례 단위로 실내를 분할하는 시각적 기능을 가졌다. 대응 기둥은 높이가 5미터를 넘지 않았다. 아키볼트의 폭은 4.5미터 정도였다. 이 폭은 아일의 폭이기도 했다. 대응 기둥은 정사각형에서 크게 벗어나지 않은 비례 단위를 실내 곳곳에 형성했다. 이런 수치가 네이브 월을 중심으로 한 실내 전체에 반복적으로 사용되면서 느슨하게 분산되어 있던 여러 종류의 정사각형 비례 단위들을 명확하게 분절하는 작용을 했다(그림 294).

이처럼 대응 기둥과 리브 그로인 볼트가 합쳐져 만들어낸 노르망디의 성기 로마네스크 건축은 수직적 신비주의가 아닌 인간적 명료함이

293 생테티엔(St. Etienne=Abbaye-aux-Hommes). 캉(Caen), 프랑스. 1060/65~1120년경

294 생테티엔(St. Etienne=Abbaye-aux-Hommes). 캉(Caen), 프랑스. 1060/65~1120년경

었다. 이것은 이 두 건물의 명칭에서도 관찰된다. 생테티엔은 '남성을 위한 수도원', 성 삼위일체는 '여성을 위한 수도원'이라는 별칭으로 불리기도 했다. 건축적 목적은 아직 하늘의 신비주의가 아닌 땅 위의 명료함에 맞추어졌다. 수직성은 서쪽 출입구 파사드의 첨탑을 통해 다소 인위적으로 표현되었다. 그러나 본체의 지붕은 삼각 박공면으로 처리되면서 첨탑의 수직성을 다시 한번 중화시켰다.

생테티엔과 성 삼위일체

이상이 두 건물에서 공통적으로 관찰되는 건축적 의미였다. 공통점으로부터는 주로 노르망디의 성기 로마네스크에 나타난 새로운 발전 및 이것이 갖는 로마네스크적 정신을 읽어낼 수 있었다. 그러나 이 두 건물에는 이것만 있었던 것은 아니었다. 두 건물은 첨예한 경쟁 관계였다. 특히 리브 사용에서 그러했다. 두 건물은 리브가 만들어낼 수 있는 새로운 교회의 모습을 놓고 엎치락뒤치락하며 치열하게 경쟁했다. 리브 볼트가 먼저 시작된 것은 성 삼위일체였지만 완성도가 높은 수준에 도달한 것은 생테티엔이었다. 그러나 다시 천측창 문제에서는 입장이 역전되어 생테티엔이 이 문제를 해결하지 못한 반면 성 삼위일체는 피해갈 수 있었다.

리브 사용은 성 삼위일체의 성가대석에서 먼저 시작되었다. 성가대석은 7.2미터 스팬에 2베이 길이의 큰 공간이었다. 처음에는 석조 배럴 볼트로 천장을 덮었다. 그러나 하중이 문제가 되면서 1100~10년에 그로인 볼트로 대체했다. 이때 리브가 쓰이면서 리브 그로인 볼트로 처리되었다. 로마네스크 건축 전체에서 완성된 상태로 쓰인 최초의 리브 볼트의 예일 수 있다. 리브 볼트가 최초로 어느 건물에 쓰였는지에 대해서는 아직 학자들, 특히 나라별 학자들에 따라 이견이 있기는 하다. 이견은 영국과 프랑스 사이의 자존심 경쟁 양상을 띠고 있다. 이 내용에 대해서는 다음 '영국' 편에서 살펴볼 것이다.

이곳에서 성공적으로 완성된 리브 그로인 볼트 기술은 곧바로 영국으로 전파되었다. 1100~20년에는 영국이 리브 그로인 볼트의 실험과 발전을 이끈 중심지였다. 이렇게 완성된 기술은 영국 본토와 노르망디의 양방향으로 전파되었다. 이후 영국 중세 건축에서는 리브가 핵심 어휘로 쓰였다. 노르망디 입장에서는 자국에서 시작된 기술이 영국으로 전파되어 완성된 뒤 다시 역수입된 것으로 볼 수 있다.

이렇게 역수입된 기술은 1120~25년에 캉의 두 교회에서 네이브 천장에 쓰였다. 이때 두 교회 모두 6분 볼트를 선보였다(그림 285). 6분 볼트 역시 두 건물이 최초의 예가 되었다. 6분 볼트란 두 베이를 하나의 공간 단위로 묶은 다음 그 천장을 여섯 장의 볼트로 나누는 것이다(그림 295). 천장에는 리브 선이 모두 다섯 개의 아치를 만들어낸다. 공간 단위를 구획하는 앞뒤쪽의 경계부 천장에 각각 하나씩의 횡방향 아치가, 공간 단위를 결정짓는 경계부의 기둥들 사이에 대각선 방향으로 두 개의 아치가, 마지막으로 두 개의 대각선 아치가 교차하는 지점을 관통하는 횡방향 아치가 하나 더 만들어지는 것이다. 이 마지막 횡방향 아치는 공간 단위를 둘로 나누는 역할을 한다. 이것이 하나의 공간 단위가 두 베이로 이루어진다는 의미이다. 그 결과 한 공간 단위의 천장은 여섯 개의 볼트로 분할되는 것이다. 양쪽 벽에 횡방향으로 만들어진 각 두 개씩과 공간 중간에 종방향으로 만들어진 두 개가 그것이다.

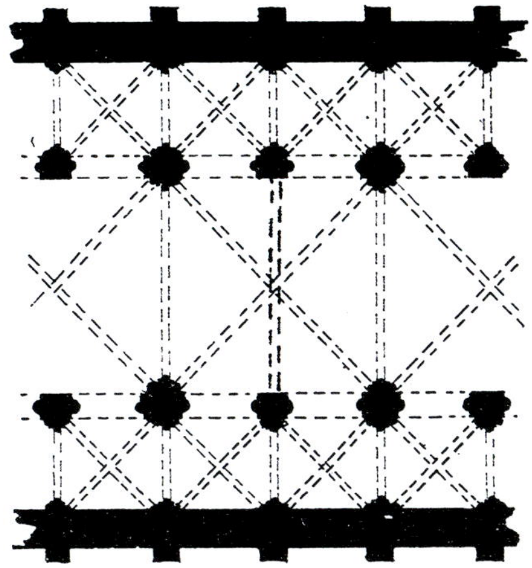

295 6분 볼트

이런 6분 볼트를 밑에서 받치는 네이브 월의 기둥 체계는 주기둥과 부기둥의 교대 체계가 더 적합했다. 왜냐하면 두 베이, 즉 세 개의 기둥에서 다섯 개의 리브가 뻗어나가야 하므로 리브 개수가 균등하게 배분되지 않기 때문이다. 경계부에 위치한 기둥에서는 첫번째 횡방향 아치와 대각선 아치의 두 방향으로 모두 세 개의 리브가 뻗어나가야 했다(그림 287). 반면 중간에 위치한 기둥에서는 두번째 횡방향 아치 한 방향으로 한 개만 뻗어나가면 되었다(그림 296). 두 개의 리브를 담당해야 하는 기둥이 더 커지는 것은 당연했다. 대응 기둥의 개수가 더 많아야 했으며 이에 따라 코어 기둥도 더 두꺼

296 생테티엔(St. Etienne=Abbaye-aux-Hommes), 캉(Caen), 프랑스. 1060/65~1120년경

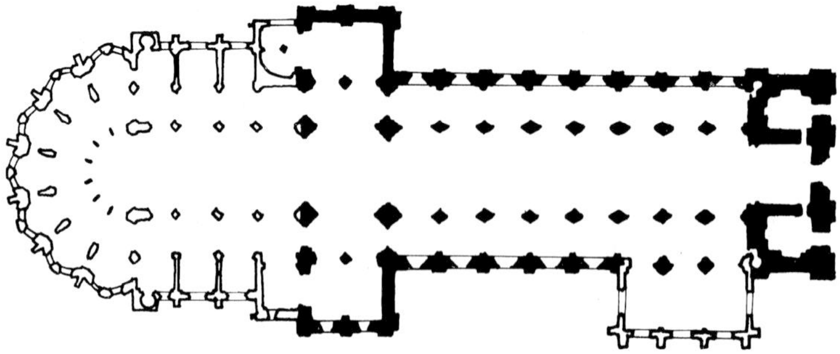

297 생테티엔(St. Etienne=Abbaye-aux-Hommes). 캉(Caen), 프랑스. 1060/65~1120년경

워야 했다. 자연스럽게 주기둥과 부기둥의 교대 체계가 만들어지는 것이다(그림 297). 이런 점에서 교대 체계가 쓰인 생테티엔이 단일 체계인 성 삼위일체보다 리브 그로인 6분 볼트에 더 적합했다.

이런 차이는 두 건물의 완성도 차이로 나타났다. 생테티엔이 구조적 일체성으로 볼 때 완성도가 더 높았으며 건물 모습도 더 자연스럽게 나타났다. 이것은 증축 과정에서도 확인되는 사실이다. 두 건물 모두 기둥 체계가 먼저 세워져 있었고 네이브 천장의 리브 그로인 볼트는 나중에 더한 것이었다. 이 과정에서 기둥 체계와 천장 볼트 사이의 일체라는 문제가 발생했다. 생테티엔의 6분 볼트는 아래쪽의 교대 체계에 맞추기 위한 노력으로 이해될 수 있다. 반면 성 삼위일체에서는 기둥 체계가 단일 체계였다(그림 298). 이것을 바꾸지 않은 채 천장을 6분 볼트로 만든 것은 장인이 구조 작동을 충분히 이해하고 있지 못했다는 것을 의미하는 것으로 볼 수 있다.

298 성 삼위일체(Ste. Trinité=Abbaye-aux-Dames). 캉(Caen), 프랑스. 1060/65~1120년경

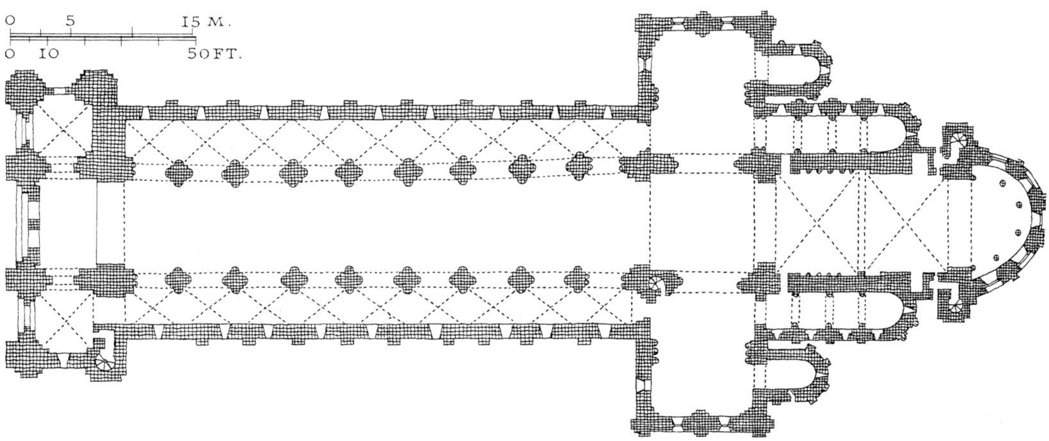

299 성 삼위일체(Ste. Trinité=Abbaye-aux-Dames). 캉(Caen), 프랑스. 1060/65~1120년경
300 성 삼위일체(Ste. Trinité=Abbaye-aux-Dames). 캉(Caen), 프랑스. 1060/65~1120년경

성 삼위일체의 이런 불일치는 기둥 체계, 나아가 실내 구성 체계 전반의 산만함으로 나타났다(그림 299). 건축사가들도 아직까지 성 삼위일체에 6분 볼트가 쓰인 이유에 대해서 미스터리라는 말로밖에 설명하지 못하고 있다. 이런 판단은 두 건물 사이의 경쟁 관계에 대해서도 중요한 단서를 제공한다. 두 건물 사이에 어느 쪽에서 먼저 6분 볼트가 시공되었는지는 밝혀진 바가 없지만 생테티엔에서 먼저 시공되기 시작한 것으로 볼 수 있다. 경쟁 관계에 있던 성 삼위일체가 이것을 보고 뒤질세라 아래쪽 기둥 체계와의 일체 여부를 생각할 겨를도 없이 같은 방식으로 짓기 시작했을 수 있기 때문이다(그림 300).

천측창 문제에서는 상황이 역전되었다. 6분 볼트는 천측창의 개구부 처리에 어려움을 가져왔다. 4분 볼트와 비교했을 때 두 가지 점에서 그러했다. 한 가지는 6분 볼트는 4분 볼트보다 천장의 함몰 정도가 더 심하다는 점이다(그림 296). 6분 볼트의 천장에서 가장 돌출한 부분은 두 개의 대각선 아치와 가운데 횡방향 아치가 교차하는 배꼽 지점이

301 생테티엔(St. Etienne=Abbaye-aux-Hommes), 캉(Caen), 프랑스, 1060/65~1120년경

다. 가장 들어간 부분은 외벽의 꼭대기, 즉 천측창의 꼭대기와 볼트 곡면이 만나는 지점이다. 6분 볼트에서는 이 두 부분 사이의 고저 차이가 4분 볼트보다 더 심해진다. 6분 볼트에서는 대각선 아치가 2베이를 한꺼번에 가로지르기 때문이다. 리브가 담당하는 거리가 멀수록 천장의 함몰 정도가 더 심해진다.

이런 상황은 천측창의 높이를 높이는 데에는 도움이 되었다. 천장이 천측창의 외벽과 만나는 지점에서 위쪽으로 깊이 파였는데 이것은 천측창의 개구부도 함께 높아짐을 의미했다. 그러나 정작 채광에는 방해가 되었다(그림 296, 301). 천장의 가장 돌출한 부분이 천측창 개구부의 위쪽 절반 정도를 가로막은 형국이 되기 때문이었다. 이런 형국에서는 개구부 위쪽에서 들어온 빛이 천장에 반사된 뒤 간접광으로 아래쪽 네이브 공간으로 떨어져야 했는데 그러면 조도가 심하게 떨어졌다.

다른 한 가지는 여섯 장의 볼트 가운데 외벽과 만나는 네 장의 볼트를 각각 한 장씩 떼어놓고 보면 주변의 구조 조건이 비대칭이라는 점이다. 이 볼트 한 장을 보면 한 쪽은 주기둥과 만나고 다른 한 쪽은 부기둥과 만난다. 이에 따라 천측창을 에워싸는 리브의 상태도 비대칭이 된다. 천측창의 경계를 결정하는 아치가 주기둥과 만나는 쪽에서는 대각선 아치인 반면 부기둥과 만나는 쪽에서는 가운데 횡방향 아치가 되는 것이다. 이렇게 다른 두 상황은 천측창에 개구부도 다르게 만드는 결과로 작용했다. 대각선 아치는 횡방향 아치보다 천측창의 안쪽으로 더 심하게 파고들기 때문에 대각선 아치가 경계를 결정하는 쪽에서는 개구부를 낼 벽의 면적이 줄어든 것이다. 쉽게 얘기해서 천측창의 벽이 좌우 비대칭이라는 의미이다(그림 301).

이런 상황은 개구부의 두 가지 요소인 면적과 대칭 사이에 불일치를 가져왔다. 이에 따라 개구부를 내는 데 둘 중 하나를 선택해야 했다. 대칭을 유지하기 위해서는 개구부의 면적이 줄어들어야 했다. 대칭을 유지하기 위해서는 좌우 양쪽 가운데 넓은 쪽을 좁은 쪽에 맞추어야 했는데 이것은 개구부의 면적이 줄어드는 것을 의미했기 때문이다. 반대로 개구부의 면적을 충분히 확보하기 위해서는 개구부도 비대칭으로 만들어야 했다. 대칭을 만들려면 넓은 쪽을 좁은 쪽에 맞추어야 했는데 그렇게 하지 않고 넓은 쪽과 좁은 쪽을 그대로 놔두는 것이다. 이렇게 하면 개구부의 면적을 최대한으로 확보할 수 있었다. 이것은 대칭을 포기한다는 것을 의미했다.

생테티엔의 천측창에는 이런 두 문제가 모두 잘 드러났다. 우선 천측창의 개구부 높이가 충분하지 못했다. 네이브 월을 3단 구성으로 하고 갤러리 층을 높임에 따라 천측창 높이가 줄어든 것이다. 갤러리 층을 높인 것은 분명히 구조적인 발전이었다. 이것 자체만 놓고 보면 당시로서는 구조적 가능성을 잘 활용하여 앞서간 구조물을 세운 것으로 볼 수 있다. 그러나 아직 고딕적 첨단성을 확보하지 못하고 로마네스크적 건축 체계 안에 머문 상태에서 갤러리 층만 높아짐에 따라 거꾸로 그 위쪽의 천측창을 줄이는 반대 급부를 가져왔다. 천측창 개구부의 절반 가까이가 천장의 돌출부에 가려 빛이 차단당했다.

천측창의 높이가 충분하지 못한 상황은 두번째 문제인 '개구부의 대칭과 면적 사이의 불일치' 문제에서도 자유롭지 못하게 했다. 실제로 생테티엔에서는 천측창의 개구부가 좌우 비대칭이다(그림 296, 301). 원래는 개구부의 가운데가 높고 양옆이 낮은 3분 아치로 계획되었다. 그러나 대각선 리브와 만나는 쪽에 아치 개구부를 내기가 어려워지자 이쪽은 벽으로 막아버리고 반대편에 횡방향 리브와 만나는 쪽의 아치 개구부를 가능한 한 크게 뚫는 방법을 선택했다. 그 결과 개구부는 비대칭 2분 아치로 구획되었다. 조도가 충분하지 못한 상황에서 대칭보다는 개구부 면적에 우선 순위를 둔 것이다.

성 삼위일체는 천측창의 높이를 충분히 확보함으로써 두 문제 모두를 피해갈 수 있었다. 천측창이 밑으로 내려옴에 따라 천장의 돌출부 아래쪽의 개구부 면적이 크게 확장되었고 조도 확보에도 어려움이 없어졌다. 또한 천측창이 천장의 돌출부 아래쪽으로 많이 내려옴으로써 대각선 리브의 제약성으로부터도 크게 영향을 받지 않게 되었다. 이에 따라 천측창 개구부를 넓은 단일 아치로 처리할 수 있었다. 이로써 면적과 대칭 사이의 불일치 문제를 비켜갈 수 있었다(그림 299).

물론 성 삼위일체의 이런 처리가 생테티엔보다 더 발전한 상태를 의미하지는 않는다. 성 삼위일체에서 천측창이 밑으로 내려오면서 높이가 높아진 것은 첨단성이라는 관점에서 보면 수직 확장의 가능성에 역행하는 후진성이기 때문이다. 그러나 천측창 처리에는 유리한 상황을 만들어놓았다. 첨단성을 추구하다 천측창 처리에서 불리해진 생테티엔과 반대되는 상황인 것이다.

홀 교회와 돔식 바실리카

지금까지 살펴본 부르고뉴와 노르망디의 예들은 모두 국제주의 양식으로서 로마네스크 표준 양식을 추구한 예들이었다. 이외에 프랑스 성기 로마네스크 시대에는 지역주의의 의미에 해당되는 홀 교회와 돔식 바실리카라는 특이한 유형의 교회들이 지어졌다. 두 유형은 서프랑스의 루아르 지방과 도르도뉴Dordogne 지방 사이의 지역에 많이 지어진 공통점을 갖는다.

홀 교회는 초기 로마네스크 때부터 지어진 지역 전통 양식이었다. 프랑스 남서부 지방과 스페인 북동부 지방에서는 매우 흔한 유형이었다. 로마네스크 때에만 수백 채가 지어진 것으로 추정된다. 홀 교회는 바실리카 구성을 하되 네이브와 아일 사이의 천정고 차이가 없는 것이 특징이다(그림 302, 303). 네이브가 아일 위로 돌출하지 않은 것이 표준형이었으며 천장고 차이가 조금 나는 경우도 있었다(그림 304). 그러나 천측창은 어떤 경우에도 없었다.

평면에서는 3랑식이 표준형이었지만 1랑식의 단일 육면체도 상당수 지어졌다(그림 305). 트랜셉트는 있는

302 노트르담라그랑드(Notre-Dame-la-Grande), 푸아티에(Poitiers), 프랑스, 1130년경~45년

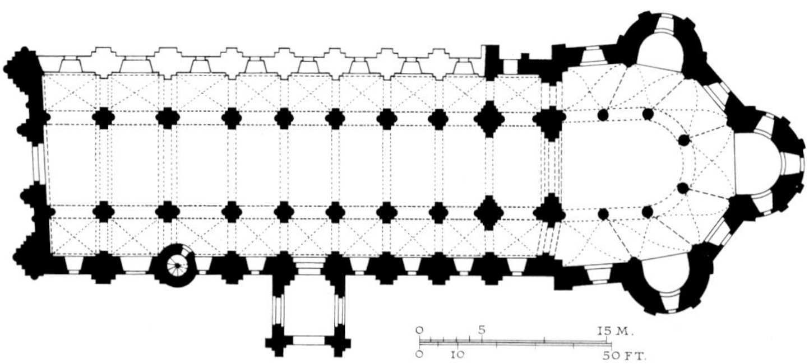

303 생사뱅쉬르가르탕프(Saint-Savin-sur-Gartempe), 프랑스, 1065~80년/1090~1115년

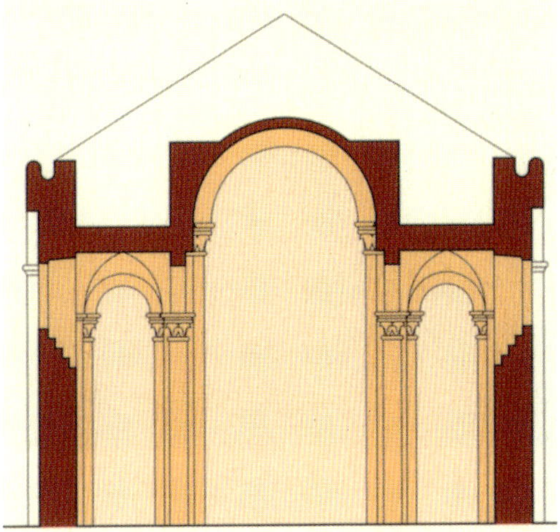

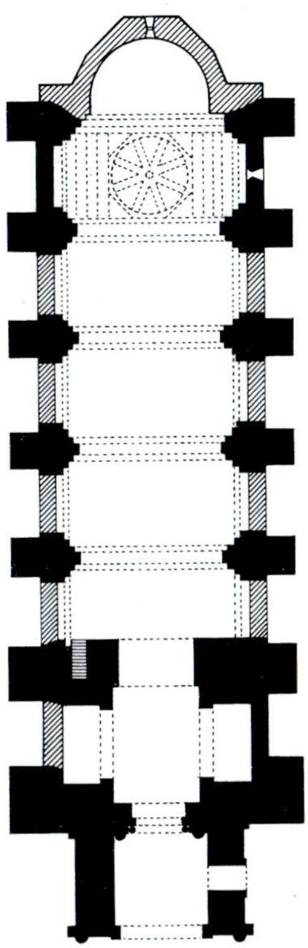

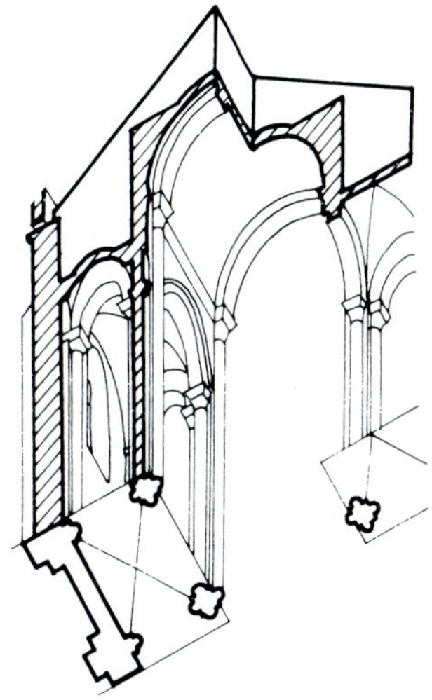

304 노트르담라그랑드(Notre-Dame-la-Grande), 푸아티에(Poitiers), 프랑스, 1130년경~45년

305 아비뇽 성당(Avignon Cathedral), 프랑스, 1140~60년

306 노트르담라그랑드(Notre-Dame-la-Grande), 푸아티에(Poitiers), 프랑스, 1130년경~45년

경우가 보통이었으며 팔부분의 돌출 정도는 심하지 않았다. 슈베는 성가대석, 앱스, 복도, 예배당의 표준형 구성을 했다. 네이브가 아일 위로 돌출하지 않고 평면도 일랑식인 경우가 많기 때문에 홀 교회는 전체 형상과 비례를 보면 작고 땅딸막한 모습을 기본 특징으로 가졌다. 그러나 이것 내에서도 편차가 커서 길이, 높이, 폭 등에서 다양성을 보였다.

네이브 월은 아케이드만으로 이루어진 1단 구성이 표준형이었다(그림 306). 아케이드는 건물의 실내 높이 전체를 담당하며 수직으로 길게 만들어졌다. 그러나 갤러리를 갖는 2단 구성도 있었다. 천측창이 없었기 때문에 광원은 아일 외벽이 유일했다. 네이브에는 이것이 아케이드를 통해 간접광으로 들어오기 때문에 실내는 어두운 편이었다(그림 307). 슈베와 출입구의 개구부로 빛이 조금 들어오는 정도였다.

기둥 체계는 단독 기둥과 다발 기둥의 두 종류가 있었다. 단독 기둥은 사각 기둥과 원형 기둥의 두 종류가 쓰였다(그림 303). 다발 기둥은 사각과 원형의 두 종류 코어 기둥에 반원형 벽기둥이 대응 기둥으로 더해졌다(그림 307). 단일 기둥보다는 다발 기둥이 더 많이 쓰였다. 초기 로마네스크 때까지는 대응 기둥이 천장의 구조부와 일치하지 않는 경우가 많았지만 성기 로마네스크로 오면서 둘 사이에 바실리카 교회

307 노트르담(Notre-Dame), 퀴노(Cunault), 프랑스, 1100~80년경

에서와 동일한 일치가 일어났다.

천장은 배럴 볼트가 표준형이었다(그림 308). 공간이 작았기 때문에 지붕 처리가 비교적 자유로운 편이었다. 배럴 볼트가 변형된 새들 볼트saddle vault, 말안장 형태의 볼트, 피라미드 볼트, 클로이스터 볼트 등 다양한 종류가 쓰이기도 했다. 처음에는 횡방향 아치 없이 배럴 볼트가 단독으로 쓰이다가 11세기 말부터 횡방향 아치가 쓰이기 시작했다. 아일에서는 11세기 말에 그로인 볼트가 쓰이기 시작한 예들이 나타났다.

외벽은 추가 장식이나 분할이 없는 둔탁한 조적 블록으로 구성되었다(그림 309). 구조적 목적으로 부벽이 세워지기도 했지만 장식은 절제된 편이었다. 지붕은 오두막 형태였다. 정면도 실내의 1랑식에 맞춰 단순한 형태였다. 상층부는 박공으로 처리되었다. 측면에 비해 정면은 장식이나 분할 등이 조금은 가해지는 편이었다. 크로싱에는 탑이 하나 있는 것이 표준형이었다. 이 이외에는 추가로 탑이 있는 경우와 없는 경우가 비슷한 비율을 유지했다. 라틴 크로스 바실리카로 대표되는 로마네스크의 표준 교회 유형과 완전히 다른 구성이었다.

홀 교회의 대표적 예로 생사뱅쉬르가르탕프Saint-Savin-sur-Gartempe, 푸아티에의 노트르담라그랑드Notre-Dame-la-Grande at Poitiers, 퀴노의 노트르담Notre-Dame at Cunault 등을 들 수 있다. 생사뱅쉬르가르탕프는 다시 이 가운데 대표적인 예이다. 이 건물은 푸아투 지역에서 가장 오래된 홀 교회로 판단된다. 기본 구성은 라틴 크로스 바실리카의 표준형이었다(그림 310). 네이브와 아일은 폭과 천장고 모두가 거의 같았다. 홀 교회의 기본 특징이 잘 드러난 곳은 네이브 월과 기둥의 두 부분이었다. 네이브 월은 높은 아

308 생사뱅쉬르가르탕프(Saint-Savin-sur-Gartempe), 프랑스, 1065~80년/1090~1115년
309 노트르담(Notre-Dame), 퀴노(Cunault), 프랑스, 1100~80년경

케이드만을 갖는 1단 구성이었으며 그 위로 배럴 볼트 천장이 덮였다(그림 308).

기둥은 두 종류가 쓰였다. 첫번째 종류는 동쪽 3베이에 쓰인 것이었다. 이곳에서는 횡방향 아치 없는 단순 배럴 볼트로 천장이 처리되었기 때문에 기둥 체계도 이에 맞춰 대응 기둥 없는 단독 원형 기둥으로 처리되었다. 두번째 종류는 서쪽 3베이에 쓰인 것이었다. 이곳에서는 횡방향 아치가 받치는 배럴 볼트로 천장이 처리되었다. 이에 맞춰 기둥 체계도 코어 기둥과 대응 기둥으로 이루어지는 다발 기둥으로 처리되었다.

서쪽 3베이의 다발 기둥은 형태에 따라 다시 두 종류로 나뉜다. 한 종류는 코어 기둥이 사각 기둥으로, 대응 기둥은 반원형 기둥으로 처리된 표준형이었다. 세 개의 대응 기둥 높이는 각각 달랐다. 네이브를 향한 중앙의 대응 기둥은 횡방향 아치를 받치는 높이까지 올라간 반면 종방향의 나머지 두 개는 아케이드의 아키볼트를 받치는 높이까지만 올라갔다. 이 종류는 서쪽 첫번째 베이에 쓰였다.

다른 한 종류는 반원형의 대응 기둥 세 개가 코어 기둥을 완전히 덮으면서 붙어버려서 그 단면이 클로버처럼 되어버린 삼엽형이었다. 세 개의 대응 기둥은 모두 아케이드의 아키볼트에 맞춰 높이 차이가 거의 없어졌다. 네이브를 향한 중앙의 대응 기둥과 횡방향 아치 사이의 간극은 짧고 가는 수직 부재를 연결하여 메웠다. 이 종류는 서쪽에서 두번째와 세번째 베이에 쓰였다.

네이브와 아일 사이의 높이 차이가 없다는 것은 다른 로마네스크 표

310 생사뱅쉬르가르탕프(Saint-Savin-sur-Gartempe), 프랑스, 1065~80년/1090~1115년

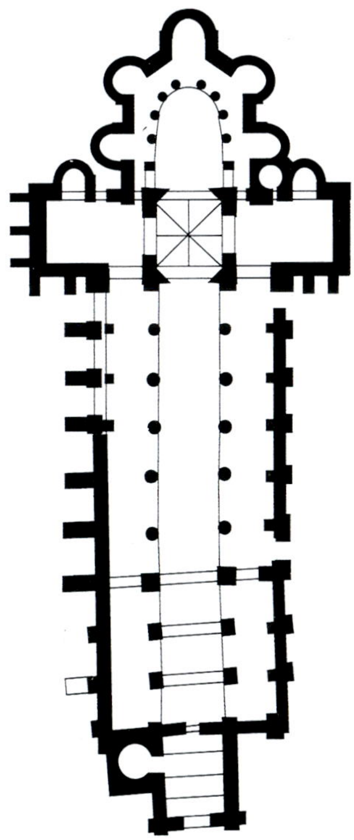

준형 교회와 비교해서 네이브의 천장고가 낮아진다는 것을 의미했다. 반면 아일의 천장고는 높아졌다. 아일 외벽에는 넓고 높은 개구부가 만들어졌다. 이것을 통해 들어오는 밝은 빛은 역시 넓고 높은 아케이드를 통해 네이브까지 도달했다. 간접광이지만 빛의 양이 충분하고 투과성도 우수하여 천장이 낮고 직접광이 없는 불리한 구조 체계를 어느 정도 극복했다. 실내는 비교적 밝은 편이었으며 네이브와 아일이 균등한 조도를 유지할 수 있었다. 이런 실내 분위기는 네이브와 아일 사이의 공간 구별을 약화시키는 결과로 나타났다. 두 영역은 하나의 공간으로 느껴지기까지 했다. 폭과 높이가 같을 뿐 아니라 실내의 느낌 차이도 없어져버렸기 때문이다. 네이브와 아일 사이의 여러 차이를 없애고 한 공간으로 느껴지게 하는 홀 교회의 기본 특징이 잘 구현된 예이다.

돔식 바실리카는 프랑스의 남부와 서부 지방에 주로 지어졌다. 이 유형은 베네치아의 성 마르코로부터 직접적인 영향을 받았다. 더 일반화하자면 비잔틴의 돔식 바실리카의 연장선에 있는 것으로 볼 수 있다. 터키, 러시아, 유고 등의 동유럽까지를 포함하여, 지리적으로 보다 넓게는 성기 로마네스크와 동시대였던 중기-말기 비잔틴에서까지 폭넓게 유행하던 유형이었다. 서유럽의 로마네스크 시대에는 이탈리아와 교류가 잦았던 프랑스 남부와 서부 지방에서 유행했다. 이들은 대부분 1100~20년에 집중적으로 지어졌다는 공통점이 있다.

평면은 라틴 크로스이거나 직사각형 바실리카였다(그림 311). 어느 경우이건 아일은 갖지 않는 일랑식이 표준형이었다. 네이브는 큰 정사각형 공간 단위로 나뉘었다. 모듈로 보기에는 너무 크기 때문에 공간 단위라고 보는 것이 더 정확했다. 앱스는 네이브의 모듈 단위와 동일

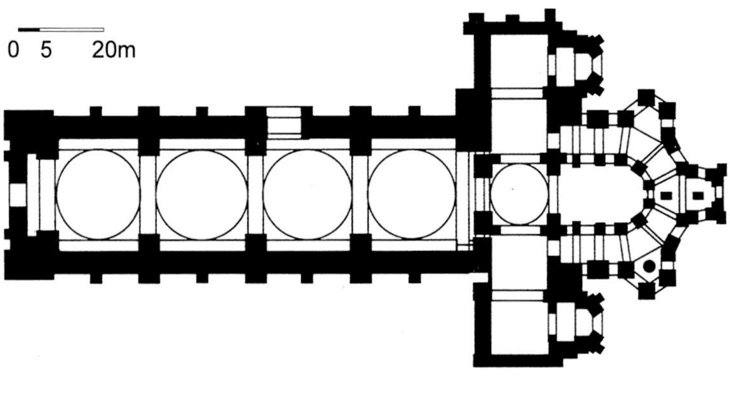

311 퐁트브로 수녀원 교회(Convent Church of Fontevrault), 프랑스, 1110년~

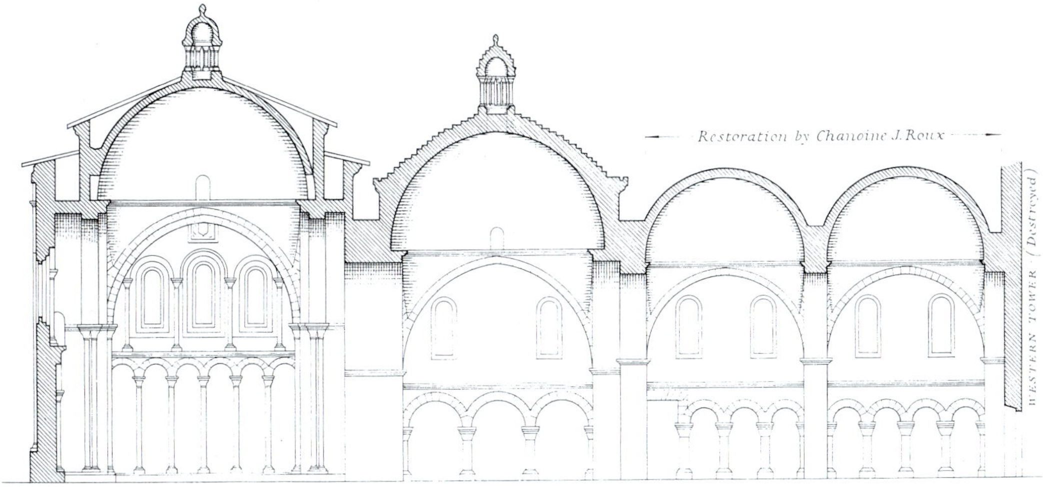

312 생프롱(St. Front), 페리괴(Perigueux), 프랑스, 1100~50년

한 폭을 가졌다. 앱스 밖으로 예배당이 더해지기도 했다. 이 모듈 단위별로 천장이 석조 돔으로 처리되었다(그림 312). 돔은 펜던티브가 받치는 비잔틴 표준형이 쓰였지만 세부 구조에서는 차이점도 있었다.

가장 큰 차이는 구조 골격에서 나타났다. 로마네스크의 돔에서는 펜던티브와 아치를 받치는 구조 부재가 명확히 구별되었다. 펜던티브는 코어 기둥이, 펜던티브가 형성하는 아치는 대응 기둥이 각각 받치도록 역할 분담이 명확히 정리된 것이다(그림 313). 전체적으로 다이어그램과 같은 구조적 명쾌함이 얻어졌으며 시각적으로도 안정감이 확보되었다. 반면 비잔틴 시대의 돔에서는 이런 정리가 안 되어 있었다(그림 314). 벽기둥이 아예 없는 경우도 많았으며 벽기둥이 쓰였다고 해도 명확한 구조적 인식 아래에 쓰인 것이 아니라 시각적 차원에서 덧붙여진 장식 요소에 가까웠다.

313 퐁트브로 수녀원 교회(Convent Church of Fontevrault), 프랑스, 1110년~

프랑스의 돔식 바실리카가 본격적으로 나타나기 이전의 초기 상태를 보여주는 예로 클레르몽페랑의 노트르담뒤포르를 들 수 있다(그림 315). 이 건물에서는 로마네스크의 돔식 바실리카 기틀이 닦였으며 이것은 네 채의 대표적인 예인 퐁트브로 수녀원 교회Convent Church of Fontevrault, 앙굴렘 성당Angoulême Cathedral=St. Pierre,

314 하기아 소피아(Hagia Sophia). 콘스탄티노플(Constantinople), 터키. 532~537년
315 노트르담뒤포르(Notre-Dame-du-Port). 클레르몽페랑(Clermnot-Ferrand), 프랑스. 1100년경~50년

1110년 혹은 1120/30년에 시작, 페리괴의 생프롱St. Front at Perigueux, 푸아티에의 성 힐라리오St. Hilaire at Poitiers로 발전했다.

앙굴렘 성당의 착공 연도에 대해서는 이견이 있다. 전체 구성은 퐁트브로와 유사했다. 연대에 따라 둘 사이의 영향 관계가 결정될 수 있다. 앙굴렘 성당은 트랜셉트와 전실을 갖는 3베이 1랑식 구성을 했다(그림 316). 3베이는 크로싱을 기본으로 삼은 정사각형 모듈 단위 셋으로 나뉘었으며 각 모듈 단위의 천장은 로마네스크 돔으로 처리되었다(그림 317). 트랜셉트의 팔부분은 이중으로 구성되었다. 크로싱의 남북 양옆으로 1대 2 비율의 직사각형 공간에서 일단 한번 끝났다. 트

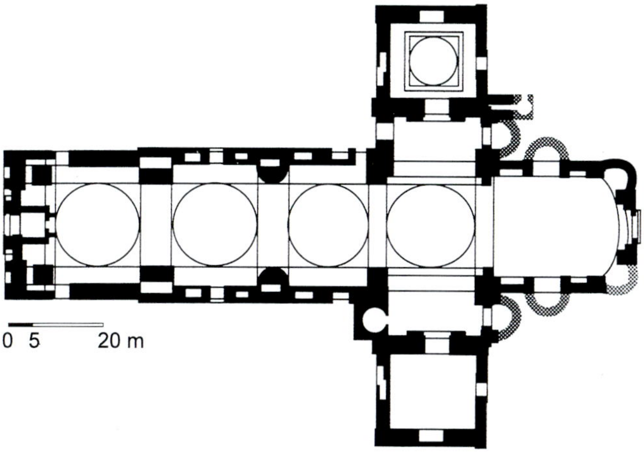

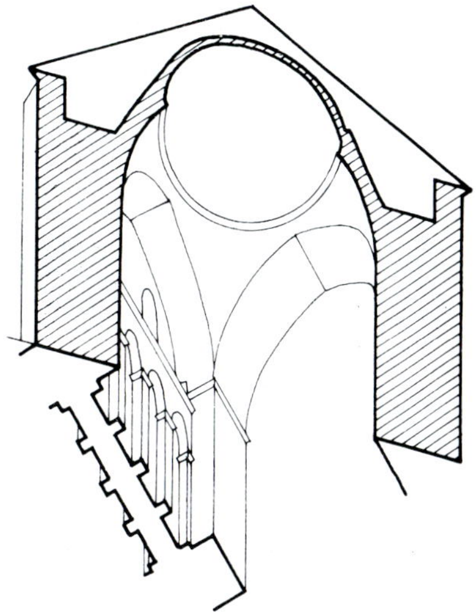

316 앙굴렘 성당(Angoulême Cathedral=St. Pierre), 프랑스, 1110년 혹은 1120/30년에 시작
317 앙굴렘 성당(Angoulême Cathedral=St. Pierre), 프랑스, 1110년 혹은 1120/30년에 시작

랜셉트를 여기까지로 보면 팔부분의 길이는 짧은 편이었다. 그런데 이 직사각형 공간 밖으로 크로싱 모듈의 정사각형 공간이 하나씩 더해졌다. 여기까지를 트랜셉트로 보면 팔부분의 길이는 매우 긴 편이었다. 슈베는 복도 없이 '성가대석—앱스—방사형 예배당'의 순서로 이루어졌다. 방사형 예배당은 4개였다.

네이브 천장 돔은 전형적인 로마네스크 돔 기법으로 축조되었다. 펜

318 앙굴렘 성당(Angoulême Cathedral=St. Pierre), 프랑스, 1110년 혹은 1120/30년에 시작

던티브는 사각형 코어 기둥이 받쳤다. 펜던티브가 형성하는 아치는 반원형 대응 기둥이 받쳤다. 이처럼 코어 기둥과 대응 기둥이 두 겹으로 받치기 때문에 아치의 아키볼트도 두 겹으로 이루어졌다(그림 318). 횡방향 아치를 받치는 대응 기둥은 횡방향 아치의 넓은 폭에 맞추기 위해 쌍으로 처리되었다. 쌍기둥 사이의 간격은 베이마다 일정하지 않았다. 첫번째 베이와 두번째 베이 사이의 쌍기둥 간격이 가장 넓고 크로싱 쪽으로 갈수록 조금씩 좁아졌다.

횡방향 아치를 쌍기둥의 대응 기둥이 받치기 때문에 코어 기둥의 단면은 정사각형이 아닌 종방향으로 넓적한 직사각형 형태를 했다(그림 317). 특히 횡방향 아치를 받치는 구조부의 폭이 무척 넓어지면서 이 구조부는 선형 어휘가 아닌 일정한 면적을 갖는 별도의 공간으로까지 느껴지게 되었다. 구조부의 폭이 가장 좁은 크로싱 경계부의 경우에도 그러하며 가장 넓은 마지막 베이의 경우는 더욱 그러했다. 결과적으로 정사각형 모듈 단위 사이에 좁고 긴 띠공간이 하나씩 더 들어간 것처럼 되었다(그림 316).

319 성 마르코(St. Marco), 베네치아(Venezia), 이탈리아, 1063~85년

320 생프롱(St. Front), 페리괴(Perigueux), 프랑스, 1100년경~50년

비잔틴 돔과 다른 중요한 차이점이 또하나 있었다. 그것은 시공 방식이었다. 비잔틴 돔은 벽돌 조적을 기본 구조로 삼아 중간에 자갈을 채우는 방식이었다. 반면 이곳에서는 석재 조적이었다. 벽돌보다 크게 썬 석재를 층층이 쌓는 방식이었다. 석재 조적 단위의 폭과 두께가 충분히 크기 때문에 추가의 속 채우기는 필요없었다. 시공 방식의 차이는 마감 차이로 이어졌다. 로마네스크 돔에서는 별도의 외부 마감 없이 조적 켜가 그대로 드러나도록 노출되었다(그림 313, 318). 이것은 구조적 솔직성, 재료의 물성, 추상성 등과 같은 로마네스크 건축의 기본 정신에 따른 것이다. 이런 정신은 땅에의 집중으로 귀결되었으며 자연 재료의 노출은 이것을 상징했다. 반면 비잔틴의 벽돌 조적은 모자이크 성화로 마감되었다. 이것은 기독교의 직접적 상징성으로의 귀결을 의미했다. 건물 골격은 돔식 바실리카라는 공통점을 가졌지만 기본 정신에서 두 양식은 이렇게 달랐다.

생프롱은 성 마르코의 영향을 보여주는 대표적인 예이다. 10~11세기에 지어졌던 직사각형 교회가 1120년경 소실되면서 지금의 형태로 새로 지어졌는데 이 과정에서 11세기에 지어졌던 성 마르코를 모델로 삼았다(그림 319, 320). 이에 따라 평면은 분리형 그릭 크로스Detached Greek Cross로 이루어졌다(그림 321). 돔식 바실리카인 앞의 예들보다 비잔틴

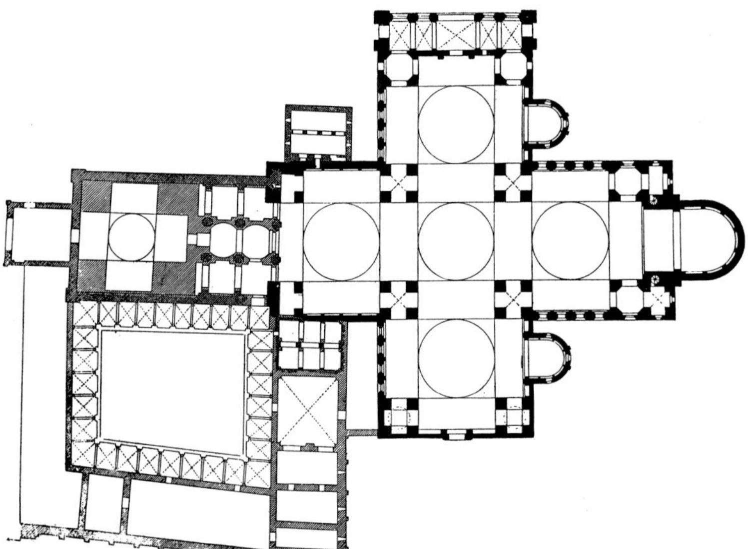

321 생프롱(St. Front), 페리괴(Perigueux), 프랑스, 1100년경~50년

의 영향을 더 직접적으로 받은 유형이었다. 전체 윤곽만 보면 성 마르코와 매우 흡사했다. 같은 크기의 정사각형 공간 다섯 개로 전체 구성이 이루어졌다. 각 공간의 외곽은 좁은 폭의 띠공간이 한 겹 돌아가면서 둘러쳐졌는데 이것은 아일 개념으로 볼 수 있다. 정사각형 공간이 만나는 경계부는 하나의 띠공간을 공유했다. 정사각형 공간은 중심부와 경계부로 구획되었다. 중심부는 기본 모듈 단위인 정사각형으로 구획되었다. 이 위는 돔 천장으로 마감되었다(그림 322).

돔은 펜던티브에 의해 받쳐졌다. 펜던티브는 네 모서리에서 두꺼운 벽기둥에 의해 지지되었다. 이 두꺼운 벽기둥은 바로 외곽 띠공간이 교차하는 모서리 공간이었다. 정사각형 단면의 벽기둥은 폭이 수 미터에 이르며 벽체에 가까웠다. 대응 기둥이 쓰이지 않으면서 로마네스크 돔이 아닌 비잔틴 돔에 가까워졌다. 이것은 성 마르코의 영향 때문인 것으로 보인다. 벽기둥은 너무 두껍기 때문에 중간을 파내서 통로로 썼다(그림 323). 결과적으로 벽기둥의 네 모서리가 다시 작은 정사각형 기둥으로 처리된 것과 같은 구성이 되었다(그림 324). 이 작은 정사각형 기둥 하나가 펜던티브 한 장을 받쳤다.

322 생프롱(St. Front), 페리괴(Perigueux), 프랑스, 1100년경~50년

323 생프롱(St. Front), 페리괴(Perigueux), 프랑스, 1100년경~50년

생프롱에서는 선형성도 함께 추구되었다. 중앙집중형 공간에 제식을 위해 선형 구성을 더하는 처리는 서양의 기독교 건축사 전체에 걸쳐 항상 나타나는 현상이었다. 이곳에서는 이것이 두 방향에서 시도되었다(그림 321). 하나는 슈베에 베이를 하나 더 만든 뒤 다시 그 밖으로 말발굽형 앱스를 더한 처리이다. 동서 방향의 공간을 남북 방향보다 인위적으로 길게 만듦으로써 축을 형성하는 기법이었다. 이것은 비잔틴 그릭 크로스에서 선형성을 확보하던 전형적인 방식이었다. 다른 하나는 남북쪽 정사각형 공간의 동쪽변에 작은 말발굽 앱스형 예배당을 각각 하나씩 더한 처리이다. 이것은 남북 방향의 세 정사각형 공간

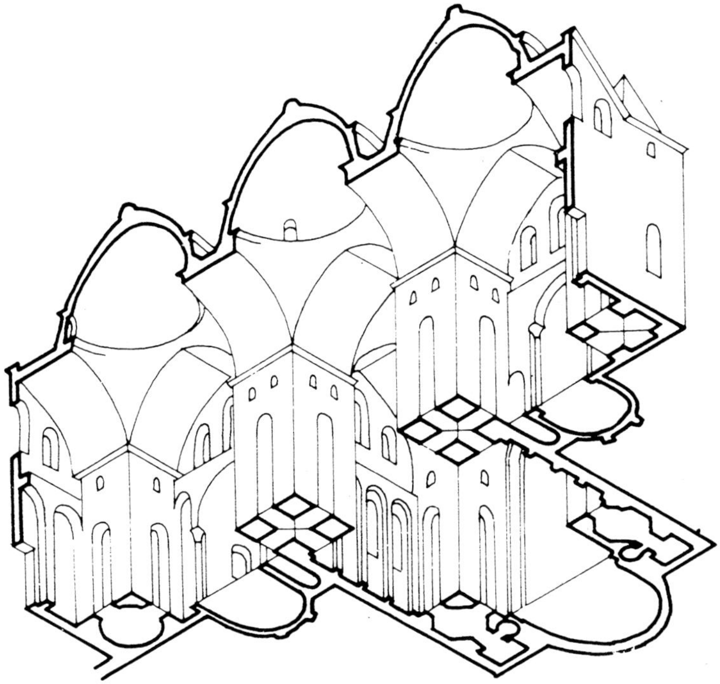

324 생프롱(St. Front), 페리괴(Perigueux), 프랑스, 1100년경~50년

을 트랜셉트로 보겠다는 의도였다. 트랜셉트가 형성됨으로써 결과적으로 동서 방향의 축성을 도왔다(그림 323). 이런 처리는 비잔틴에는 없던 것으로 로마네스크의 트랜셉트 처리를 접목시킨 새로운 기법이었다.

푸아티에 역시 돔식 바실리카와 그릭 크로스의 혼합 구성으로 이루어졌다. 이 건물은 1000~50년에 지어진 것을 1130년경에 지금의 상태로 개축했다. 기본 구성은 트랜셉트를 갖는 5랑식 4베이였다. 그러나 베이의 폭이 일정하지 않고 두 개의 아일도 폭 차이가 심하기 때문에 전체 분위기는 바실리카라기보다는 그릭 크로스에 가깝게 느껴졌다. 트랜셉트의 팔이 매우 얕기 때문에 내접형 그릭 크로스에 가까웠다(그림 325). 그러나 공간 처리는 다시 돔식 바실리카에 가깝게 이루어졌다. 네이브와 크로싱 천장만 돔으로 처리된 점이 결정적으로 그릭 크로스가 아닌 이유였다.

돔은 펜던티브 돔이 아니라 팔각형 돔이었다. 이에 따라 구조부도 내어쌓기로 구성

325 성 힐라리오(St. Hilaire), 푸아티에(Poitiers), 프랑스, 11세기 전반부~/1130년경~

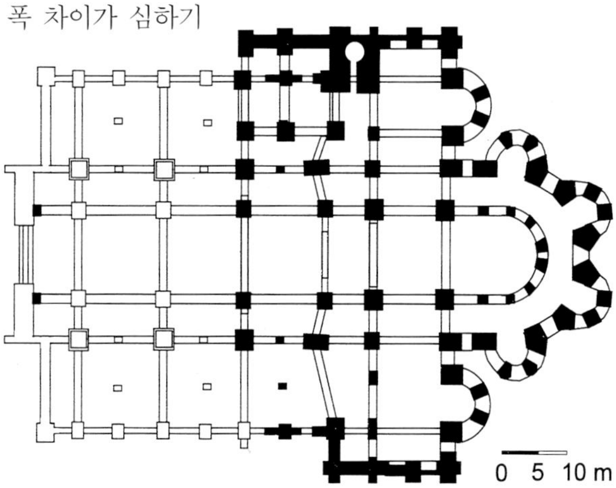

326 성 힐라리오(St. Hilaire), 푸아티에(Poitiers), 프랑스, 11세기 전반부~/1130년경~

327 성 힐라리오(St. Hilaire), 푸아티에(Poitiers), 프랑스, 11세기 전반부~/1130년경~

되는 스팬드럴spandrel이 형성되었다(그림 326). 스팬드럴은 다시 아치와 기둥에 의해 지지되었다. 기둥 하나가 세 장의 아치를 받치는 전형적인 구성이었다. 세 장의 아치에 세 개의 대응 기둥이 대응했다. 원형 대응 기둥 세 개가 코어 기둥을 보이지 않게 완전히 감싸면서 삼엽형 형태를 이루었다. 기둥과 아치는 첫번째 아일 쪽의 구조부에 의해서 한번 더 받쳐졌다. 이것을 받치는 아일 쪽 구조부는 브리지 형식의 횡방향 아치였다(그림 327). 브리지는 1층과 2층에 걸쳐 두 번 가로질러 가설되었다.

독일 성기 로마네스크(1060~1170년) 2

잘리어 왕조와 석조 볼트

독일의 성기 로마네스크 건축은 잘리어 왕조Salian dynasty, 1024~1125년와 호헨슈타우펜 왕조Hohenstaufen dynasty, 1138~1254년에 해당된다(그림 328). 이 가운데 주도적 역할을 한 것은 잘리어 왕조였다. 잘리어 왕조는 오토 왕조의 뒤를 이어 신성로마제국의 전성을 이끌었다. 주변국과의 크고 작은 전쟁에서 승리하며 영토를 지켰으며 특히 여러 차례에 걸친 이탈리아 원정을 통해 이탈리아에 대한 확고한 우위를 점했다.

328 신성로마제국. 프리드리히 1세(Friedrich I, 1152~90) 시대

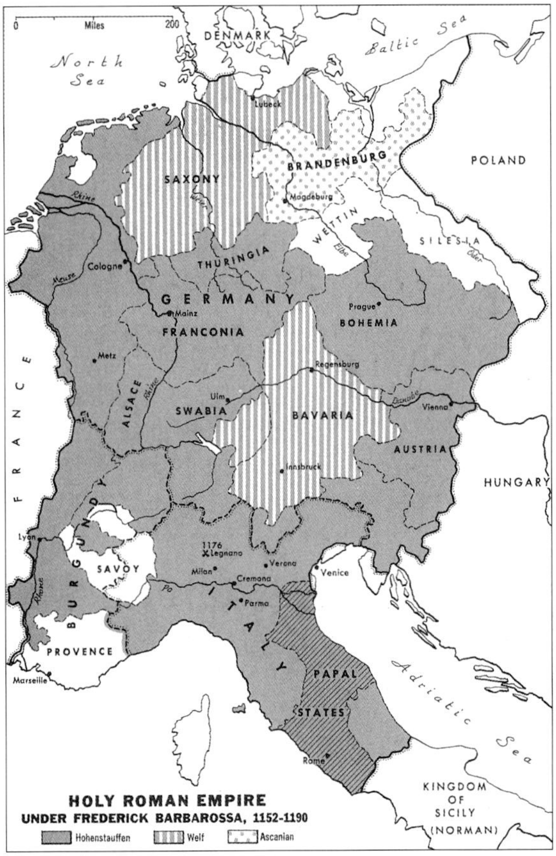

이 시기는 또한 로마 가톨릭과의 투쟁의 시기이기도 했다. 지역 주교 등 성직자 임명권Investiture을 놓고 황제와 교황 사이에 투쟁이 벌어졌다. 카노사Canossa의 굴욕 등 위기가 있었지만 1122년 보름스 협약Concordat of Worms을 통해 타협점을 이루어냈다. 또한 1차 십자군 원정1096~99년에서 주도적 역할을 하며 기독교 부흥에도 힘썼다. 잘리어 왕조는 건축적으로는 오토 왕조 때 완성된 독일의 초기 로마네스크 건축, 즉 제1 북부 로마네스크 건축에 제1 남부 로마네스크 건축을 합쳐 성기 로마네스크 건축으로 발전시켰다.

독일의 성기 로마네스크 건축도 프랑스보다 약하기는 했지만 국제주의와 지역주의 사이의 균형 문제로 고민했다. 독일은 초기와 마찬가지로 라인란트 상류와 하류로 구분되었다(그림 329). 이런 구분은 '국제주의 대 지역주의'의 고민에 대응되었다. 독일에서 국제주

329 12세기 중부 유럽

330 보름스 성당(Worms Cathedral=St. Peter), 독일, 1181년경~

의는 주로 볼트 문제에 집중되었는데 이 문제는 슈파이어를 중심으로 한 라인란트 상류에서 다루어졌다. 지역주의는 라인란트 하류의 쾰른을 중심으로 유행했던 삼엽형으로 대표되었다.

독일의 로마네스크 건축에서 볼트의 도입은 늦은 편이었다. 앞에서 살펴본 바와 같이 초기 로마네스크에서는 넓은 실내가 볼트 없이 평천장으로 처리되는 특징이 있었다. 일찍부터 배럴 볼트로 천장을 처리했던 프랑스의 부르고뉴 지방과 대별되는 경향이었다. 뒤늦게 볼트 기술을 도입하면서 이전의 초기 로마네스크 특징과 결합시키는 문제가 독일의 성기 로마네스크 건축의 주안점을 이루었다. 한마디로 볼트로 짜인 대형 공간을 만들어내는 일이었다(그림 330). 새로운 발전은 없었다. 초기 로마네스크를 대표하던 두 내용을 하나로 합친 일종의 종합화 및 대형화가 주요 특징을 이루었다.

이런 입장은 프랑스에서 제3클뤼니가 갖던 건축적 의미와 매우 흡사했다. 독일에서 이것을 대표한 것은 제2슈파이어였다. 독일에서는 제2슈파이어에 대한 의존도가 유난히 컸다. 제2슈파이어는 볼트 도입의 문제를 전적으로 다루어 해결한 거의 독보적인 예였다. 모든 양식에는 대표되는 건물들이 있지만 독일의 성기 로마네스크 건축에서 슈파이어가 차지하는 비중은 비정상적으로 컸다. 이 건물 하나에 모든 내용과 특징이 집중된 것이다(그림 331). 제2슈파이어의 대표성은 제3클뤼니와의 경쟁을 통해서도 확인된다. 두 건물 사이의 경쟁은 세속과 종교의 두 차원에서 이중으로 관찰된다.

331 제2슈파이어(Speyer II), 독일, 1062~1106년

세속적 차원에서는 신성로마제국과 프랑스 사이의 경쟁을 들 수 있다. 이것은 독일 대 프랑스라는 이분법으로 일반화시킬 수도 있다. 당시 두 왕국은 직접적 충돌은 많지 않았지만 이탈리아에 대한 영향력과 십자군 원정에서의 주도권 등을 놓고 여전히 경쟁 관계였다. 종교적 차원에서는 지역 기독교와 중앙 가톨릭 사이의 경쟁을 들 수 있다. 프랑스는 중앙 가톨릭의 영향에 많이 귀속되어 있었다. 반면 신성로마제국은 지역 기독교와 연합하여 중앙 가톨릭 정부를 견제하는 쪽이었다.

두 건물은 이런 이중의 대결 구도를 각각 대표했다. 제3클뤼니는 베네딕트회를 매개로 로마의 중앙 가톨릭 정부를 대표하는 순수 가톨릭 성당 혹은 수도원 성당이었으며 주로 성직자들이 안장되었다. 반면 제2슈파이어는 신성로마제국을 대표하는 황실 성당이었으며 네 명의 황제와 두 명의 배우자 등 현실 권력자가 안장되었다. 이런 대별성에 맞게 두 건물의 건축에서의 경쟁도 대단했다. 규모와 구성 등 여러 면에서 쌍벽을 이루며 성기 로마네스크 건축을 양분했던 두 나라를 각각 대표했다. 구체적 내용에서 경쟁은 주로 공통점으로 나타났다. 두 건물 모두 새로운 발전보다는 이전의 내용을 종합화, 대형화한 점에서 유사했다. 구조 첨단성이나 평면 구성 등 세분화된 건축적 주제를 제외한 보다 일반적인 정치 문화사적 의미에서 로마네스크 건축 전반을 대표하는 것으로 볼 수 있는 것이다.

라인란트 상류와 제2슈파이어

라인란트는 초기에 이어 성기에도 여전히 독일의 중심지였다. 라인란트는 다시 하류 지역과 상류 지역으로 구별되었다. 상류 지역은 슈파이어를 대표로 마인츠, 보름스, 슈트라스부르크 등이 중심을 이루었다. 슈파이어는 1027~30년에 콘라트 2세Conrad II에 의해 시작된 뒤 1061년에 하인리히 4세 의해 네이브가 1차로 완공되었다. 여기까지가 초기 로마네스크였다.

독일의 성기 로마네스크는 새로 증축된 제2슈파이어와 함께 시작되었다. 제2슈파이어는 신성로마제국의 독일 영토 전체를 통틀어 가장 중요한 중심이 되었다. 기독교와 정치 권력이 하나로 합쳐진 중세 권력 모델의 전형적 유형을 상징했다. 또한 이런 건물을 중심으로 삼아 형성되었던 로마네스크 대도시의 대표적 유형을 상징하기도 했다. 건축에 국한시켜보면 제2슈파이어는 독일 로마네스크 건축에서 석조 볼트의 도입 과정을 잘 보여주는 예이다.

네이브는 제1슈파이어에서부터 원래 석조 배럴 볼트로 계획되었다. 그러나 스팬이 15미터나 되면서 공사가 시작하자마자 하중에 문제점이 생겼다. 건축가는 자신이 없어지자 목조 배럴 볼트로 대체하여 제1슈파이어를 완공시켰다. 네이브에 더해 연약 지반도 문제가 되었다. 라인강에 인접한 지역이기 때문이었다. 건물의 붕괴가 시작되자 하인리히 4세는 봉헌 2년 뒤에 바로 재공사를 시작했는데 이때부터가 성기

332 제2슈파이어(Speyer II). 독일. 1062~1106년

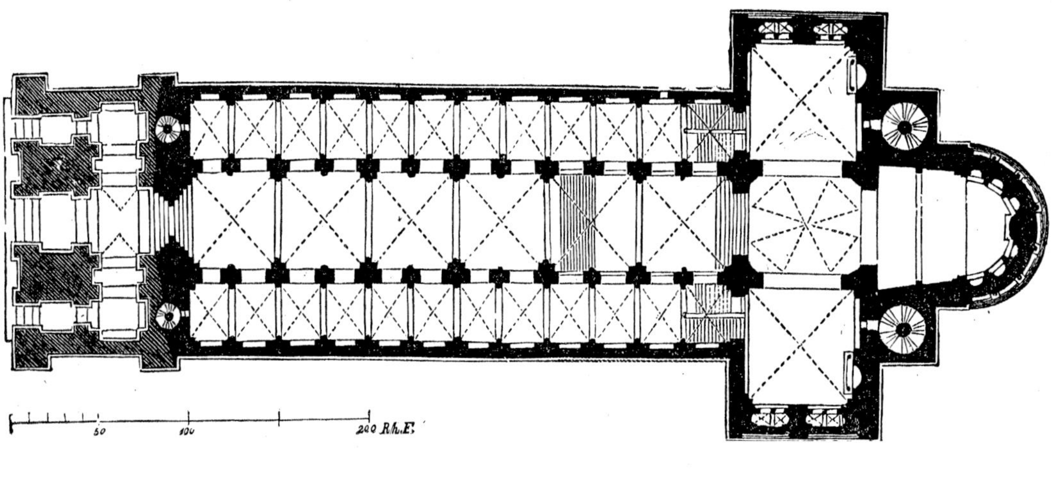

로마네스크에 해당되는 제2슈파이어였다. 최종적으로는 하인리히 4세가 죽은 1년 뒤인 1106년에 완공되었다.

성기 로마네스크의 재공사에서는 평면의 전체 윤곽, 납골당, 크로싱, 네이브, 서쪽 파사드 등 기본 골격은 그대로 두고 성가대석, 앱스, 트랜셉트, 여섯 개의 첨탑의 상층부 등을 다시 짓고 네이브 천장의 볼트 문제를 해결했다(그림 332). 특히 네이브 천장을 석조 볼트로 대체하면서 네이브 월의 구조 체계도 함께 정리했다. 이 과정에서 제3클뤼니에 필적하는 독일의 성기 로마네스크 건축의 대표적 구성 방식이 완성되었다.

333 제2슈파이어(Speyer II). 독일. 1062~1106년

334 제2슈파이어(Speyer II). 독일. 1062~1106년

전체 구성은 3랑식 12베이로 이루어졌다. 네이브 폭이 아일 폭의 두 배가 되고 이것이 다시 크로싱의 정사각형 폭이 되는 단계적 모듈 구성도 나타났다. 이런 모듈 구성은 로마네스크 건축 전반에서 흔하게 관찰되는 것이지만 독일에서는 '단계적 연결체계gebundenes system'라는 별도의 이름으로 알려져 있던 구성이었다. 기둥 체계가 교대 기둥이 되면서 12베이는 6모듈 단위로 정리되었다. 트랜셉트를 가졌지만 팔부분의 돌출 정도는 크지 않았다. 트랜셉트는 크로싱과 양옆의 두 팔로 구성되는 단순한 3베이를 가졌다.

가장 중요한 내용은 천장을 석조 그로인 볼트로 처리한 것이었다(그림 333). 네이브 월은 갤러리 없는 2단 구성이었다. 갤러리 자리는 넓은 벽면으로 비워두었다(그림 334). 수평 구획 없는 단순하고 추상적인 분위기가 실내를 지배했다. 갤러리 층이 없기 때문에 자연스럽게 수평 구획이 줄어들었으며 여기에 더해 가능한 한 수평 구획을 없애려는 인위적 노력도 있었다. 한 베이의 단위 면적 내에서 수평적으로 들고남 없이 평평한 면을 만든 것이었다. 수직적으로도 동일한 처리가 이루어졌다. 아케이드와 천측창의 개구부가 뚫린 것을 제외하고 나머지 벽은 들고남이 없는 평평한 면으로 남았다. 아케이드의 아키볼트도 가장 단순한 한 겹 형태로 처리되었다. 이런 전체 분위기는 석재의 고유한 자연 물성인 고형성과 무

335 제2슈파이어(Speyer II). 독일. 1062~1106년

게감을 솔직하게 표현하려는 로마네스크의 기본 입장을 상징적으로 보여주는 것이다.

기둥은 주기둥과 부기둥이 교대로 쓰였다(그림 334, 335). 천장의 배럴 볼트는 횡방향 아치로 받쳐졌다. 횡방향 아치는 주기둥 위에만 더해졌다. 코어 기둥은 주기둥과 부기둥 모두 사각 기둥이었다. 대응 기둥은 주기둥과 부기둥 모두에서 횡방향으로만 더해졌다. 종방향으로는 대응 기둥이 없었다. 그 대신 주기둥에서 횡방향의 대응 기둥은 두 겹으로 처리되었다. 첫번째 것은 사각 벽기둥이었고 두번째 것은 원형 벽기둥이었다. 부기둥의 횡방향 대응 기둥은 사각 벽기둥 한 겹만 가졌다.

네이브 월은 코어 기둥 두께의 4분의 1 정도 뒤로 후퇴했다. 부기둥의 코어 기둥은 천측창 위까지 연장되면서 천측창의 아치를 감싸는 바깥 윤곽을 형성했다. 천측창의 아키볼트는 두 겹이 되었다. 이 역할을 주기둥에서는 두 겹의 대응 기둥 가운데 첫번째 것이 담당했다. 주기둥으로 구획되는 2베이의 네이브 월은 수직으로 2등분되었는데 부기둥 위의 대응 기둥은 이렇게 2등분을 형성하는 중간 구획선의 역할을 했다. 이것은 구조적 기능은 없고 단순 구획 기능만 갖는 것으로 벽기둥이 아닌 벽기둥 띠[lesene]이다.

336 제2슈파이어(Speyer II). 독일. 1062~1106년

337 제2슈파이어(Speyer II). 독일. 1062~1106년

주기둥의 대응 기둥은 부기둥에서보다는 좀더 네이브 월과 천장의 구조 체계에 맞춰졌다(그림 336). 코어 기둥은 앞에서 언급한 바와 같이 천측창의 아키볼트를 감싸는 바깥 윤곽이 되었다. 첫번째 대응 기둥은 두 겹의 천측창 두 개를 위에서 한

번 감싸는 큰 아치의 윤곽을 형성했다. 여기까지는 부기둥에서와 마찬가지로 구조적 역할이 지워진 아치 부재의 일부였다. 차이는 두번째 대응 기둥에서 나타났다. 이 부재는 힘차게 솟아오르며 천장의 횡방향 아치를 받치는 역할을 했다. 벽기둥 띠를 넘어서 벽기둥의 역할을 한 것이다.

또 한 가지 특이한 처리는 이중벽이었다. 앱스 외관의 상층부에는 낮은 갤러리가 만들어졌는데 이 갤러리는 가운데 통로를 가졌다. 이를 위해 안과 밖 양쪽으로 이중벽이 만들어졌다. 밖으로는 내벽과 외벽 사이에 갤러리와 같은 밖으로 열린 공간을 두는 형식으로 만들어졌다(그림 337). 안으로는 앱스 외벽의 실내 쪽에 벽감을 파는 형식으로 만들어졌다. 벽감은 앱스 벽의 폭 전체를 가로지르며 화환 형태로 파였다. 트랜셉트에서도 앱스와 동일한 방식으로 양쪽에서 이중벽이 만들어졌다. 밖으로는 통로를 갖는 갤러리로, 안으로는 천개天蓋로 덮인 2벽감, 즉 애디큘러aedicula로 각각 처리되었다.

이상 살펴본 바와 같이 제2슈파이어에서 구조적으로 새로운 발명은 없었다. 그러나 프랑스에서 행해지던 구조 체계와는 다른 나름의 독립적 특성은 가지고 있었다. 기둥 체계가 네이브 월과 갖는 구조적 관계를 최소화함으로써 얻어지는 단순한 추상성이 그것이었다. 제2슈파이어에서 기둥은 프랑스의 구조 방식과 달리 아케이드와는 관계를 전혀 갖지 않았다(그림 338). 천측창에서도 아키볼트를 두 겹으로 싸는 것 이외에는 관계를 만들지 않았다. 이 두 겹도 기둥 체계와의 구조적 연관성은 가능한 한 지우고 단순히 아치가 두 겹인 것처럼 보이게 했다.

338 제2슈파이어(Speyer II), 독일, 1062~1106년

339 제2슈파이어(Speyer II), 독일, 1062~1106년

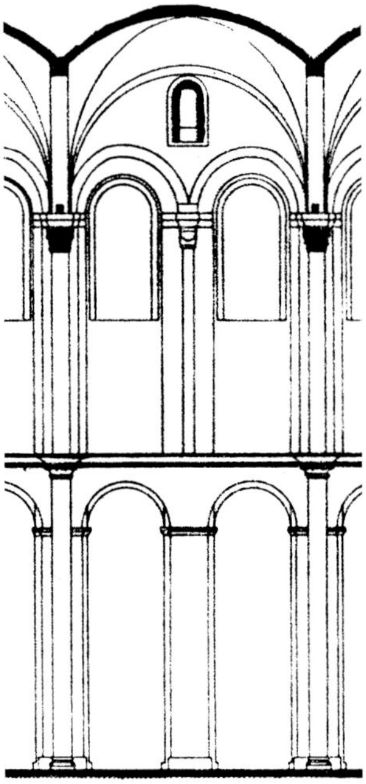

340 제2슈파이어(Speyer II). 독일. 1062~1106년

갤러리가 없기 때문에 관계 없음은 더욱 강조되었다. 그 결과 네이브 월과 실내 전체에 걸쳐 매우 명쾌한 분위기가 만들어졌다(그림 339, 340).

이런 단순한 추상성은 독일식 합리성으로 볼 수 있다. 이것은 네이브의 수평성과 다발 기둥의 수직성이 구조 체계를 중간 매개로 삼아 하나로 합쳐지면서 복잡한 유기 체계를 이루던 프랑스 로마네스크의 구조적 합리성과 대별되는 독일 로마네스크만의 추상적 합리성이었다. 건물을 이루는 건축 부재들의 의미를 구조 체계에서 찾는 것이 아니라 석재의 고형적 물성을 표현하는 데에서 찾으려는 입장이었다. 이런 대별성은 초기 로마네스크 때부터 나타났다. 석조 볼트의 도입과 같은 구조적 고민보다 광대한 단일 공간 형성에 관심을 두었던 독일 초기 로마네스크의 특징은 이런 추상적 합리성에 해당되는 경향으로 볼 수 있는 것이다.

독일 로마네스크 건축에서는 프랑스와 달리 수평성과 수직성이 유기적으로 묶이지 않고 대별적으로 분리되었다. 이에 따라 중요한 차이가 한 가지 나타났는데 그것은 수직성을 표현하는 매개가 기둥 구조 이외에 네이브 월로도 확장된 것이었다. 슈파이어에서는 네이브 월 자체가 수직성을 표현하는 중요한 구성 요소였다(그림 340). 수직성은 천측창의 개구부 폭을 아케이드와 같게 함으로써 표현되었다. 아케이드와 천측창이 수직적으로 한몸으로 작동하게 된 것이다. 시각적으로도 수직성이 강조되었다.

이런 처리는 두 가지 의미를 갖는다. 하나는 향후 중세 건축 전반에 걸친 수직 발전에서 네이브 월의 수직 분할 역할에 대한 중요한 출발점을 이룬 점이다. 이것은 프랑스 로마네스크의 첨단성이 순수 구조 체계의 종합성에 있던 것과 구별되는 독일만의 첨단성으로 이해될 수 있다. 다른 하나는 지역 기독교와 세속권력이 통합된 독일만의 지역주의적 의미이다. 수직성이 기독교를 상징하는 기둥 체계가 아닌 땅의 물성을 상징하는 네이브 월에서 표현된 것은 황권의 권력 안에서 기독교적 의미를 정의하겠다는 의도로 해석될 수 있다.

이상을 종합하면 제3클뤼니와 제2슈파이어 사이에는 로마네스크 건축을 구성하는 여러 종류의 쌍개념들의 대별성이 형성되어 있다. 두 건물로 대표되는 이런 쌍개념들은 나아가 로마네스크 건축의 양대 축이었던 프랑스와 독일을 대별하는 것이기도 하다. 프랑스 로마네스크는 세속에 대한 기독교의 우위를 상징했다. 이것은 다시 로마 가톨릭에 의한 국제주의 양식, 유럽 여러 나라의 지역별 차이를 뛰어넘는 국제적 정신 체계, 대표 문명 체계로서의 기독교 양식 등의 우위를 의미했다. 이것을 표현한 구체적인 건축 어휘로 기둥 체계에 의한 수직성을 들 수 있다. 이 속에는 세속을 상징하는 수평성이나 땅을 상징하는 물성을 초월한 하늘의 상징성이 내포되어 있다. 하늘을 상징하는 수직성이 수평성과 물성을 포괄하며 구조 골격과 실내 분위기 등 건물 전체를 구성하는 가장 핵심적 생성 요소로 작용하고 있다. 기독교 건축 어휘가 건물의 전체 생성을 책임지고 결정하고 있는 것이다.

반면 슈파이어에 나타난 독일 로마네스크는 프랑스의 이런 특징들과 분명한 차이를 보인다. 슈파이어에서도 기둥 체계에 의한 수직성이라는 기독교 어휘는 인정하고 있다. 그러나 수직성이 건물 전체를 지배하는 데에는 분명한 반대의 입장을 천명하고 있다. 그보다는 수직성과 수평성, 하늘의 상징성과 땅의 상징성을 구별한 뒤 이 각각의 존재와 역할, 건축적 의미 등을 별도로 정의하여 표현하고 있다(그림 334, 338, 340, 341). 기독교를 인정하되 세속에 대한 우위까지 인정하지는 못하겠다는 의미이다. 세속과 동등한 관계로 정의하겠다는 의미이다. 황제의 권위와 기독교의 권위를 나란히 놓으려는 의도이다.

이런 의도는 장식 처리에서도 관찰된다. 장식은 석재의 색, 즉 자연

341 제2슈파이어(Speyer II). 독일. 1062~1106년

342 보름스 성당(Worms Cathedral=St. Peter). 독일. 1181년경~

343 밤베르크 성당(Bamberg Cathedral). 독일. 13세기

색을 이용한 색채 장식까지만 허용되었다(그림 335, 338). 석재의 자연 물성을 이용한 것이다. 기독교를 찬양하는 직접적이고 서술적인 도상은 사용하지 않고 있다. 주두도 로마 고전주의의 코린트식에 머물렀다. 쿠션 형태의 기하 윤곽 위에 기독교 도상을 조각하던 프랑스의 국제주의 양식과 차별화된 특징이다. 이런 경향들은 로마네스크의 의미를 땅에 묶어두겠다는 정신적 입장이다. 지중해 문명의 로마적 땅의 의미를 이어받아 게르만 정신의 합리성으로 재해석한 것이다.

이상과 같은 제2슈파이어의 구성 및 의미는 독일 성기 로마네스크 건축의 전형으로 자리잡아 바젤Basel에서 마인츠에 이르는 라인란트 상류 지역의 여러 도시들로 퍼져나갔다. 마인츠 성당, 보름스 성당Cathedral of St. Peter at Worms, 1181년~, 밤베르크 성당Bamberg Cathedral, 13세기 등이 이것을 대표하는 예들이다(그림 342, 343).

마인츠 성당은 제2슈파이어와 유사했다. 마인츠 성당은 처음 지어진 건물이 1081년에 소실되자 바로 그해에 하인리히 4세에 의해 슈파이어를 모델로 삼아 독일 성기 로마네스크 양식으로 다시 지어졌다(그림 344). 봉헌은 1137년에 있었다. 웨스트 블록을 제외한 전체 구성은 원래 상태가 잘 보존되어 있는 편이다. 전체 구성은 3랑식 10베이의 바실리카로 이루어졌다(그림 345). 10베이는 다시 2베이씩 묶여 다섯 개의 모듈 단위로 나뉘었다. 여기에서도 네이브 폭이 아일 폭의 2배인 단계적 연결 체계가 사용되고 있다.

344 마인츠 성당(Mainz Cathedral), 독일, 1081~1137년

트랜셉트 구성은 변칙적이었다. 크로싱까지는 명확하게 형성되었다. 크로싱의 천장은 팔각형 돔으로 처리되었다(그림 346). 변형은 팔부분에서 일어났다. 아일이 양옆에서 직각 방향으로 파고들면서 팔부분의 폭은 2분의 1로 줄어들었고 원래 팔부분의 2분의 1밖에 안 되는 작은 정사각형 공간만 남았다. 이것은 축소된 팔부분으로 볼 수도 있고 혹은 트랜셉트의 팔부분이 아닌 아일의 연장으로 볼 수도 있다. 특히 팔부분의 돌출부가 없기 때문에 트랜셉트가 없는 것으로 보는 쪽에

345 마인츠 성당(Mainz Cathedral), 독일, 1081~1137년

346 마인츠 성당(Mainz Cathedral), 독일, 1081~1137년

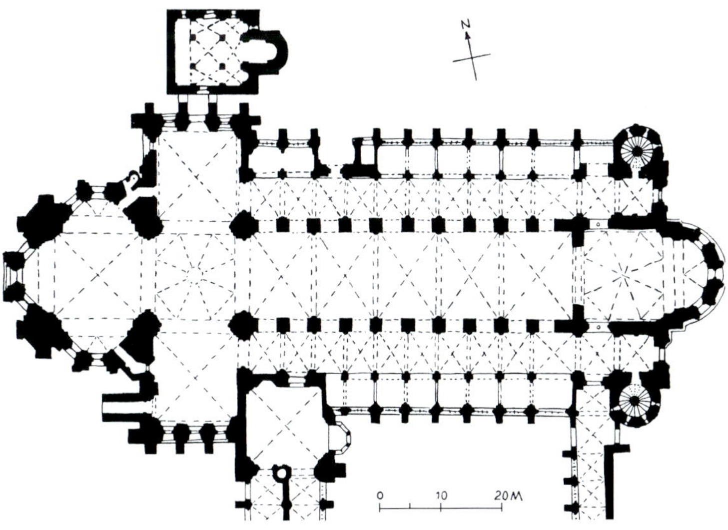

347 마인츠 성당(Mainz Cathedral), 독일, 1081~1137년
348 마인츠 성당(Mainz Cathedral), 독일, 1081~1137년

무게를 둘 수 있다. 팔부분의 양옆에는 작은 원형 계단탑이 세워졌는데 이것은 팔부분이 돌출한 것으로 볼 수는 없고 추가 요소가 더해진 것으로 봐야 한다. 후에 웨스트 워크 쪽에 크로싱을 모듈 단위로 한 3베이 트랜셉트와 앱스가 더해지면서 더블 엔더가 되었다.

아일 천장은 그로인 볼트로 마감되었다. 네이브는 고딕 시대에 리브가 더해졌는데 당시에는 아일과 같은 그로인 볼트로 지어졌을 것으로 추정된다(그림 347). 네이브 월과 기둥 체계는 제2슈파이어보다 더 단순하고 로마네스크적 물성이 강조된 추상적 분위기로 처리되었다. 기둥 체계의 복합성은 주기둥의 한 겹이 전부였다(그림 348). 나머지는 모두 단순하고 검소한 벽체 구조로 지어졌다. 기둥이 벽체 위에 덧붙여진 모습이 확연히 드러났지만 그 모습은 육중한 천장을 받치는 내력 구조가 아니라 돋을새김으로 더해진 조각물처럼 처리되었다. 건물의 골격을 짠 것은 기둥이 아니라 흙이 뭉쳐진 석재 덩어리였다. 땅의 물성, 세속적 추상성, 수평성 등이 강하게 실내를 지배하고 있다.

라인란트 하류와 쾰른

349 마리아라흐의 베네딕트회 수도원 교회(Benedictine abbey church at Maria Laach), 독일, 1093~13세기 초

하류 지역은 제2슈파이어의 영향을 받은 지역과 쾰른을 중심으로 또다른 독자적 양식을 창출한 지역으로 나누어졌다. 이 가운데 전자는 제2슈파이어와 마찬가지로 오토 건축의 특징들을 기반으로 삼아 종합화 대형화의 경향을 대표적 특징으로 갖는다. 이런 경향의 영향을 받은 건물들은 라인란트 하류 지역에서 뒤늦게까지 지어졌다. 위트레흐트의 마리아케르크Mariakerk at Utrecht, 1083~97년, 마리아라흐의 베네딕트회 수도원 교회Benedictine Abbey Church at Maria Laach, 1093년~13세기 초 등이 이것을 대표하는 예들이다. 이들 예에서는 오토 왕조 때의 표준형 구성을 바탕으로 동시대 성기 시대에 유행하던 기법들이 혼합되었다. 오토 왕조의 표준형 구성은 웨스트 워크, 이스트 엔드, 100미터가 넘는 대형 공간, 외관의 첨탑, 더블 엔더 등이었다. 동시대 기법은 주로 석조 천장을 구성하던 배럴 볼트와 그로인 볼트 등이었다.

베네딕트회 수도원 교회는 이런 경향을 대표하는 예이다. 이 건물은 더블 엔더 유형이었으며 슈베는 십자가형 평면으로 이루어졌다. 네이브 월은 갤러리 없는 2단 구성이었다. 네이브 월 기둥은 사각형 코어 기둥 위에 반원형 대응 기둥이 더해졌다. 기둥 체계는 이 한 종류만 쓰인 단일 체계였다(그림 349). 단일 기둥 체계는 베이와 모듈 단위가 긴 직사각형으로 일치되는 데 도움이 되었다. 천장은 그로인 볼트로 마감되었다. 그로인 곡면은 아직 매끈하게 만들어지지 못하고 옆으로 늘어트린 것처럼 처리되었다.

쾰른은 11세기 후반부에 독일만의 새로운 경향을 창출한 중심지였다. 제2슈파이어를 포함한 앞의 예들이 엄밀한 의미에서 독일만의 독자적 특징을 창출하지 못한 것과 구별되는 독창성으로 볼 수 있다. 이런 점 때문에 11세기 후반부 쾰른의 성기 로마네스크 건축은 독일을 대표한다는 의미에서 라인 스쿨이라는 별도의 명칭으로 부르기도 한다. 쾰른은 11세기 후반부가 되면서 신성로마제국 내 지역 기독교의 중심이 되었다. 쾰른에는 많은 교회가 지어졌다(그림 350). 슈파이어

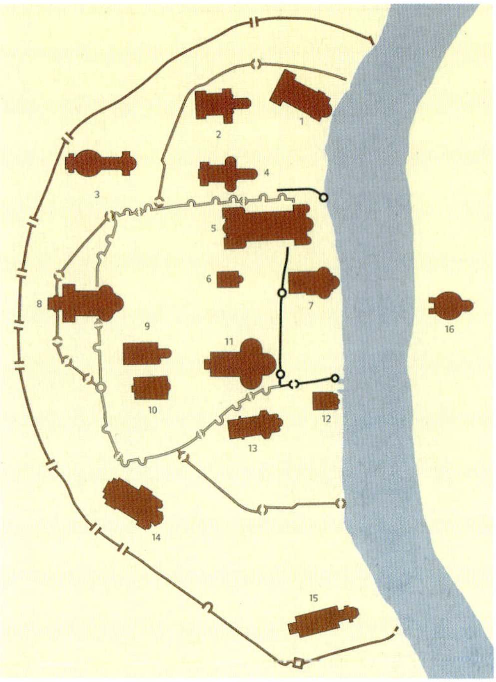

350 로마네스크 시대 쾰른의 교회들

351 장크트마리엔임카피톨(St. Marien im Kapitol=St. Mary of the Capitol), 쾰른(Köln), 독일, 1049~1065년

가 단일 교회로 대표되는 것과 구별되는 번창이었다. 이 과정에서 삼엽형으로 요약되는 쾰른만의 양식유형이 형성되었다.

장크트마리엔임카피톨St. Marien im Kapitol, 1065년 봉헌은 쾰른 양식의 출발점을 이루었다. 이 건물은 초기에서 성기로 넘어가는 전환적 의미를 갖기도 했다. 전환성은 기둥에서 관찰된다. 네이브 월의 기둥은 피어 바실리카의 한 형태였다. 기둥간 거리가 짧고 베이를 형성하지 못한 채 기둥이 급하게 반복되었다. 기둥은 평평한 각기둥 형태인데 그 폭이 넓어서 벽기둥을 넘어서 벽처럼 보이기까지 했다(그림 351). 아일은 그로인 볼트로 천장이 마감되었다. 이것을 받치는 기둥은 두껍고 복잡한 형태를 했다. 아일 기둥 가운데 네이브 쪽 것은 십자가형 단면을 가졌다. 외벽 쪽 것은 십자가형이 두 번 반복되면서 총 세 겹의 돌출 구성을 했다.

쾰른 양식만의 특징인 삼엽형 성가대석triapsal choir=triple shell with ambulatory도 나타났다(그림 352, 353). 슈베는 일차적으로 '성가대석-반원형 앱스-복도'로 이어지는 전형적인 공간 단위로 구성되었다. 특이한 점은 방사형 예배당이 없는 대신 복도를 포함한 반원의 지름이 본당의 폭과 똑같이 잡힌 것이었다. 앱스는 복도를 갖는 홀식 납골당 형식이었다

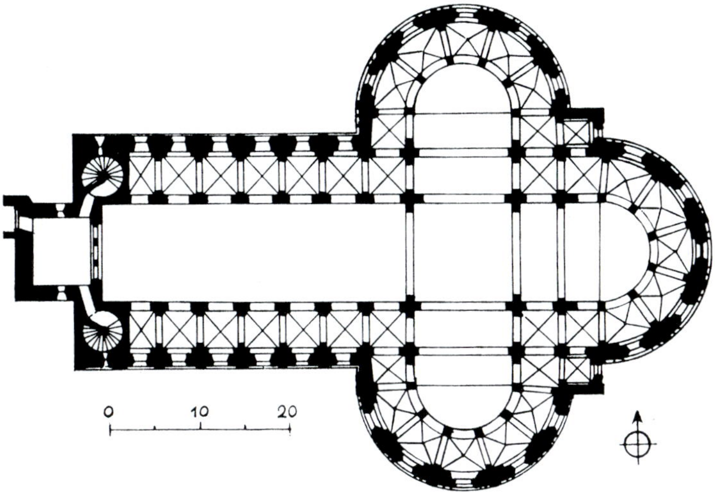

352 장크트마리엔임카피톨(St. Marien im Kapitol=St. Mary of the Capitol), 쾰른(Köln), 독일, 1049~1065년

(그림 354). 이런 구성은 이스트 엔드가 매우 커지는 것을 의미했다. 여기서 끝나지 않고 이런 공간 단위가 트랜셉트의 양쪽 팔부분에서 한 번씩 더 반복되었다. 트랜셉트를 포함한 이스트 엔드 부분이 큰 반원 세 개로 이루어지는 삼엽형이 형성된 것이다. 세 개의 둥근 머리를 갖는 클로버 형태였다. 이때 트랜셉트의 양 팔을 구성하는 앱스의 복도는 본체의 아일과 연결되었다. 이런 점에서는 3랑식 트랜셉트라고 불릴 수도 있다. 이것은 순례 교회에서 쓰이던 순환 동선과 같은 구성을 이루었다. 서쪽 출입구에서부터 시작한 복도가 끊기지 않고 계속 이어

353 장크트마리엔임카피톨(St. Marien im Kapitol=St. Mary of the Capitol), 쾰른(Köln), 독일, 1049~1065년

354 장크트마린임카피톨(St. Marien im Kapitol=St. Mary of the Capitol). 쾰른(Köln), 독일. 1049~65년

지면서 동쪽 앱스를 돌아 다시 서쪽 출입구로 돌아오는 동선이었다. 삼엽형의 건축적 구성은 다음의 네 가지 특징을 갖는다.

첫째, 두 축의 수직 교차가 뚜렷하게 나타났다(그림 355). 네이브에서 크로싱을 지나 앱스에 이르는 종방향 축은 처음부터 끝까지 동일한 폭과 모듈 단위를 유지하며 매우 통일성 높은 선형 공간을 형성했다. 트랜셉트는 여기에 직각으로 교차하며 횡방향 축을 형성했다. 횡방향 축도 종방향 축과 동일한 공간적 통일성을 유지했다. 이처럼 뚜렷한

355 장크트마린임카피톨(St. Marien im Kapitol=St. Mary of the Capitol). 쾰른(Köln), 독일. 1049~65년
356 장크트마린임카피톨(St. Marien im Kapitol=St. Mary of the Capitol). 쾰른(Köln), 독일. 1049~65년

두 공간이 직각으로 교차하여 축성이 강화되었다.

둘째, 공간의 연속적 흐름은 실내에 통일감을 형성했다. 출입구에서 시작해서 건물을 한 바퀴 돌고 다시 출입구로 돌아오는 순환 동선은 수직으로 교차하는 두 축 공간을 밖에서 에워쌈으로써 공간에 강한 통일감을 주었다(그림 356).

셋째, 선형 공간과 중앙집중형 공간이 혼합되었다. 일반적인 로마네스크 바실리카에서는 크로싱 정도가 선형 공간에 더해진 중앙집중형 공간 단위였다. 여기에서는 더욱 적극적으로 중앙집중형 공간이 더해졌다. 이스트 엔드 전체가 그릭 크로스를 여러 겹 확장한 것과 같은 구성을 했다. 이것은 네이브의 선형 공간에 이스트 엔드의 그릭 크로스 공간을 덧붙인 것으로 볼 수 있다. 혹은 이와 반대로 그릭 크로스의 서쪽 부분을 늘어트려 연장한 것으로 볼 수 있는 양면적 해석이 가능하다.

넷째, 정사각형을 기본으로 한 모듈 단위의 강한 규칙성이 실내를 지배했다. 이것은 기본 공간 단위와 전체 윤곽의 양면에서 모두 그러했다. 기본 공간 단위는 아일에 쓰인 가장 작은 정사각형 모듈로 시작된다. 이 정사각형은 트랜셉트와 슈베 복도에서 반복되었다. 모듈의 확장은 단계적 연결 체계로 이루어졌다. 네이브 폭은 아일 모듈의 두 배가 되었다. 크로싱은 네이브와 같은 폭을 한 변으로 하는 큰 정사각형으로 이루어졌다. 슈베에서 성가대석과 성상 안치소를 합친 부분도 크로싱과 같은 큰 정사각형으로 이루어졌다. 그 끝에 더해진 크고 작은 두 개의 반원은 정사각형의 균등성을 강조했다. 이것이 동남북 세 면에서 반복되면서 전체적으로 정사각형의 비례감이 강하게 지배하고 있다.

이상과 같은 건축 구성의 네 가지 특징은 독일의 지역주의 양식과 보편적인 국제주의 양식의 양면적 특징과 상징성을 갖는 것으로 해석될 수 있다. 독일 지역주의는 아일의 순환성, 중앙집중성, 네이브 월의 구성 등 세 곳에서 나타났다. 국제주의는 모듈 구성에서 나타났다.

아일이 끊기지 않고 트랜셉트까지 이어지는 처리는 잘리어의 공간 개념이었다. 물론 이것은 순례 교회의 순환 동선이 갖는 특징이기도 했다. 그런데 둘의 건축적 의미는 달랐다. 순례 교회의 순환 동선은 기능적 측면이 강했다. 반면 잘리어의 순환성은 공간적 통일감을 주요 목적으로 가졌다. 여기에서 통일감은 단일성과 통합성을 의미했다. 실

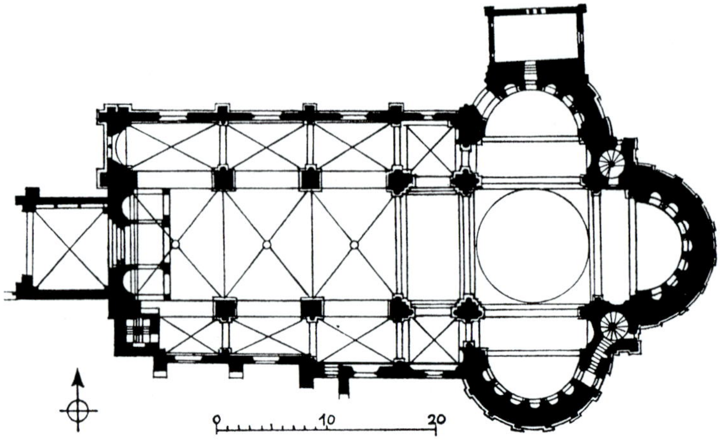

357 그로스 장크트마르틴(Groß St. Martin=Grand St. Martin). 쾰른(Köln), 독일

내를 가능한 한 하나의 큰 단일 공간 단위로 놔둔다는 의미이다. 수직 요소에 의해 공간을 모듈 단위로 분할하던 국제주의 양식에 대비되는 독일만의 특징적 구성 기법이었다. 앞에서 살펴본 단순성과 추상성 등도 이것을 얻기 위한 또다른 처리 경향의 예이다.

중앙집중성은 로마 가톨릭의 바실리카에 대비되는 세속적 상징성을 갖는다. 이런 상징성은 로마–비잔틴–카롤링거로 이어지는 오랜 전통을 가졌다. 삼엽형은 이것을 이어받은 것으로 볼 수 있다. 삼엽형은 로마 시대의 무덤 건축에까지 그 근원을 거슬러 올라갈 수 있다. 이것은 로마 가톨릭에 맞서는 지역 세속 권력과 황권을 상징했다. 로마네스크 시대에는 다시 이것을 이어받아 지역 기독교의 독립성을 상징했다. 삼엽형은 이처럼 독일 지역주의를 대표하는 중앙집중형 유형이었다. 이런 사실은 프랑스의 대표적인 중앙집중형 유형이었던 돔식 바실리카와 비교해보면 더욱 분명해진다. 돔식 바실리카는 로마 가톨릭의 전통을 이어받은 중앙집중형이었다.

358 성 사도(St. Aposteln=Church of the Apostles). 쾰른(Köln), 독일. 1201~36년

네이브 월은 제2슈파이어에 나타났던 것과 같은 독일식의 단순한 구성으로 이루어졌다. 네이브 월은 갤러리 층 없는 2단 구성을 했다. 네이브 월의 분절은 최소화되었다. 갤러리 층에 해당되는 벽은 건축적 처리가 절제된 평평한 벽으로 남겨두었다. 아케이드와 천측창의 아치 윤곽도 한 겹으로 처리되면서 단순화되었다. 기둥은 교대 리듬 없이 한 종류만 쓰였다. 네이브 월의 아치 개구부들이 단순하기 때문에 기둥도 대응 기둥이 없는 단독 체계로 구성되었다.

삼엽형 혹은 3랑식 트랜셉트는 먼저 쾰른의 다른 건물들로 전파되었다. 쾰른에서는 그로스장크트마르틴Groß St. Martin과 성 사도St. Aposteln가 장크트마린임카피톨과 유사한 삼엽형 구성이었다(그림 357, 358). 이후 지역별 차이를 뛰어넘어 로마네스크 건축 전반에서 산발적으로 쓰였다. 이 가운데 상당수는 순례 교회였다. 그러나 순례 교회가 아니면서도 이런 구성을 한 예들이 독일의 다른 지역을 비롯하여 유럽 여러 나라에서 관찰된다. 벨기에 스타블로의 베네딕트회 수도원 교회Benedictine Abbey Church at Stavelot는 장크트마린임카피톨보다 먼저 이 구성을 사용한 예이다. 이런 점에서 이 건물은 삼엽형이 최초로 나타난 예라 할 수 있다. 이외에도 피사 성당Pisa Cathedral, 브라우바일러 교회Church of Brauweiler, 영국의 여러 로마네스크 성당들 등이 대표적인 예들이다.

6장 영국과 이탈리아 로마네스크

1 영국 로마네스크

2 이탈리아 로마네스크

1 영국 로마네스크

영국 로마네스크의 성립

영국 로마네스크 건축은 대륙과 다르게 진행되었다. 우선 초기 성기 후기의 시대 분류가 대륙과 달랐다. 혹은 영국 로마네스크에서는 이런 분류 자체가 없는 것으로 볼 수도 있다. 건축의 내용에서도 차이가 났다. 영국의 로마네스크 건축은 자생 양식이 아니고 대륙에서 완성된 양식을 수입한 것이었다. 이것은 스스로 국제주의적 보편성을 만들어 내지 못했음을 의미한다. 그 대신 일단 완성된 양식을 수입한 뒤 그 위에 영국만의 지역주의적 특징을 더해서 독자적인 양식을 만들어냈다.

자생 양식이 아니었기 때문에 영국에서 로마네스크 건축이 언제부터 시작되었고, 어떤 과정을 거쳐 완성되었는지 정의하기가 어렵다. 여기에 더해 고딕과의 구별도 불명확하다. 영국 로마네스크 교회들은 고딕 시기에 여러 차례 증축을 거치면서 본래 모습이 변형되거나 없어진 경우가 많다.

영국 로마네스크 건축은 바이킹의 남하와 노르망디 지방과의 교류라는 두 가지를 배경으로 하여 시작되었다. 11세기 초부터 시작된 바이킹의 남하는 영국이 대륙 문명에 눈을 뜨는 계기가 되었다. 바이킹이 영국을 거쳐 노르망디까지 진출하면서 영국도 이들과 함께 대륙 문화를 접하게 된 것이다. 이에 따른 건축적 변화는 시차를 두며 나타났다. 1045년경 이전에는 영국의 토속 양식인 앵글로색슨 건축이 주류를 이루었다(그림 359). 대륙의 건축 양식을 처음 받아들이기 시작한 것은 참회왕 에드워드King Edward Confessor, 1042~66년 때였다.

대륙에서 자라난 에드워드는 대륙 문화에 친숙해 있었다. 왕이 된 뒤에는 대륙 문화 수입에 적극적인 편이었다. 1045년경부터 영국에서도 대륙의

359 성 라우렌시오(St. Laurence), 브래드퍼드 온에이번(Bradford-on-Avon), 영국

바실리카 유형이 지어지기 시작했다. 이 시기 대륙에서는 초기 로마네스크가 끝나가면서 로마네스크 건축의 표준 구성이 정착되고 있었다. 3랑식 바실리카, 반원형 아치로 구성되는 아케이드, 볼트 천장, 슈베 구성, 첨탑, 롬바르디아 밴드 장식 등이 대표적인 내용들이었다. 에드워드는 이것을 수입하여 영국 로마네스크의 기초로 삼았다.

360 웨스트민스터 수도원 교회(Abbey Church of Westminster), 런던

에드워드는 프랑스 노르망디 지방의 로마네스크 교회들을 모델로 삼아 영국에 많은 교회들을 지었다. 대표적인 모델이 쥐미에주의 노트르담 수도원 교회였다. 에드워드는 이 건물을 모델로 삼아 웨스트민스터 수도원 교회Abbey Church of Westminster를 짓기 시작했다(그림 360). 이외에도 에드워드의 재위 기간에 영국에는 프랑스의 영향을 받은 로마네스크 건물들이 많이 지어졌다. 노팅엄셔의 위터링Wittering in Nottinghamshire, 도싯의 웨어햄Wareham in Dorset, 케임브리지셔의 그레이트팩스턴Great Paxton in Cambridgeshire 등이 대표적인 예들이었다. 굳이 시기를 구분하자면 이상과 같은 1045~65년의 짧은 기간이 영국의 초기 로마네스크에 해당되는 것으로 볼 수 있다.

앵글로노르만: 1070년대

대륙과의 본격적인 교류는 1066년 노르만 정복Norman Conquest 이후에 이루어졌다. 이 시기는 정치사적으로는 앵글로노르만Anglo-Norman 영국, 건축적으로는 영국의 성기 로마네스크에 해당된다. 노르망디 공이었던 윌리엄1066~87년이 영국을 점령하고 영국의 왕이 되면서 노르망디 지방이 영국의 영토로 편입된 것이다(그림 361). 윌리엄은 대륙의 중세 체제였던 봉건제도를 영국에 도입했다. 이에 따라 봉건제도를 뒷받침하는 건축 방식이었던 로마네스크 건축도 함께 들여왔다. 같은 나라였던 노르망디의 건축이 영국에 급속도로 전파되었다.

반대로 노르망디 지방의 성기 로마네스크 건축을 지은 것도 바로 이 지역을 통치했던 윌리엄이었다. 당시 노르망디 지방에서는 성기 로마

361 헤이스팅스 전투(Battle of Hastings) 장면. 바이외 태피스트리(Bayeux Tapestry)에 그려진 그림

네스크 건축이 진행되고 있었다. 윌리엄은 캉의 두 건물인 생테티엔과 성 삼위일체를 지었으며 이 가운데 생테티엔에 묻혔다. 당시 노르망디는 대륙에서 로마네스크 건축이 가장 발달한 지역 가운데 하나였다. 이렇게 발달한 건축이 영국에 수입되면서 영국 로마네스크 건축은 비교적 짧은 시간에 완성되었다.

노르망디의 성기 로마네스크 건축을 받아들여 영국에 정착시키는 데 중요한 역할을 했던 인물로 생베르탱의 고셀린Goscelin de St. Bertin을 들 수 있다. 그는 1058년에 영국으로 건너와 이후 영국에 지어질 건물에 대한 지침을 정리했다. 큰 방향은 이전에 지어지던 영국의 전통적인 건축 방식을 잊고 대륙, 특히 노르망디의 새로운 로마네스크 건축을 받아들이라는 것이었다. 구체적인 내용으로 "위엄 있고, 경이롭고, 극단적으로 길고, 확 트이고, 빛으로 가득 차고, 특별히 아름다워야magnificent, marvellous, extremely long and spacious, full of light and quite beautiful 한다"라는 등의 특징이 제시되었다.

1070년부터 랜프랭크Lanfranc를 필두로 한 성직자들의 도움을 받아 영국의 기독교 개혁 운동이 시작되었다. 교회 건물도 개혁 운동의 일환으로 새롭게 정의되었다. 이전의 토속 양식이 사라지고 대륙의 로마네스크 양식이 본격적으로 지어지기 시작했다. 영국의 성기 로마네스크는 이런 개혁 운동에 대응해 새롭게 형성된 양식이었다. 교회는 수도원 체제와 성당 체제로 이원화되었다. 캔터베리Canterbury, 윈체스터Winchester, 우스터Worcester, 허파스트Herfast, 로체스터Rochester, 더럼Durham 등이 수도원 체제로 시작했다(그림 362). 치체스터Chichester, 엑서터Exeter, 헤리퍼드Hereford, 리치필드Lichfield, 링컨Lincoln, 런던London=St. Paul's, 솔즈베리Salisbury, 웰스Wells, 요크York의 9개 교회가 성당 체제로 시작했다(그림 363). 이 9개 교회를 영국 기독교의 토대란 의미에서 '올드 파운데이션Old Foundation'이라 부르기도 한다.

개혁 운동이 가속되면서 1070년대의 10여 년 동안 많은 교회들이 지어졌다. 내용에서도 영국만의 특징이 자리잡았다. 대륙보다 시기적으로 늦은 것을 만회하기 위해 짧은 시간에 영국 로마네스크의 기본 구성이 완성되었다. 1070년대에 여러 건물들이 건축되는 과정에서 형성된 영국 로마네스크의 대표적 특징은 세 가지로 정리될 수 있다. 첫째, 이스트 엔드에서 제형 구성과 복도형 구성의 두 가지 대표 방식이 정착되었다. 둘째, 이스트 엔드와 네이브에서 수평 확장이 있었다. 셋째, 원시적 무게감이라는 정서적 특징이 형성되었다.

최초의 중요한 예는 캔터베리 성당1070년~1089년 이전이었다. 이 도시는 성 아우구스티노가 601년에 영국의 첫번째 주교가 되었던 곳이다. 윌리엄의 측근이었던 랜프랭크가 1070년에 이 도시의 대주교로 부임하면서 성당 축조를 주도했다. 앵글로색슨 건축으로 세워졌던 건물이 1067년에 소실되자 1070년에 다시 짓게 된 것이다. 그후 고딕 시대에 증축이, 19세기에 복원과 개축이 있었다.

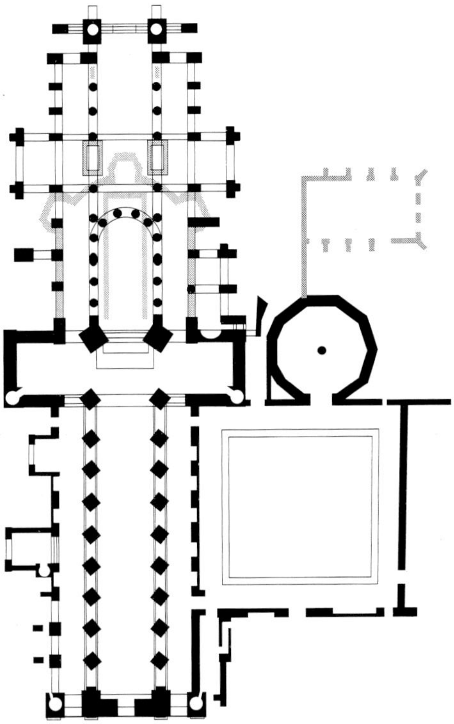

362 우스터 성당(Worcester Cathedral). 영국. 1084년~

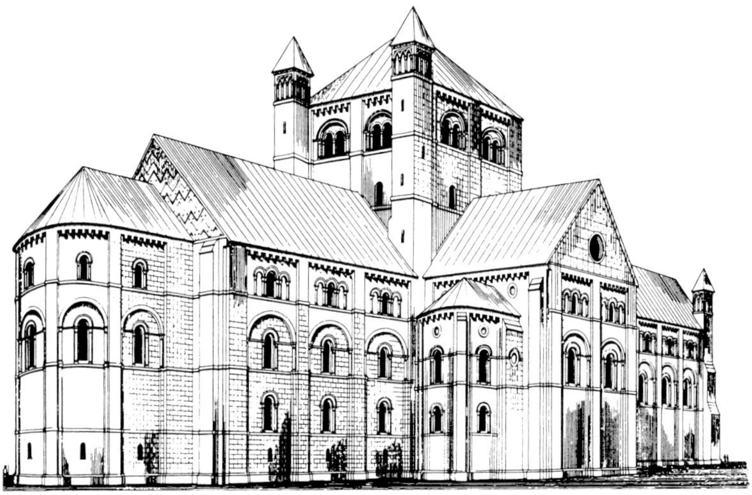

363 요크 성당(York Cathedral). 영국. 1079년경~

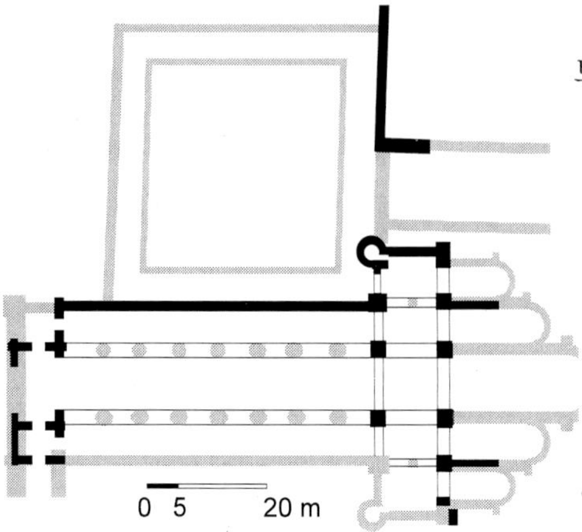

364 캔터베리 성당(Canterbury Cathedral), 영국, 1070년~89년 이전 완공/성가대석 1096~1126년

로마네스크 부분은 대륙 표준형으로 지어졌다. 전실과 트랜셉트를 갖는 3랑식 8베이 바실리카 표준형이었다(그림 364). 아일은 트랜셉트까지 연속되지 못하고 끊겼다. 트랜셉트는 종방향으로 1베이, 횡방향으로 5베이를 갖추었다. 횡방향 5베이 가운데 중앙의 3베이는 네이브와 아일의 3랑식과 동일한 폭을 가졌다. 그 양쪽 밖으로 각 한 베이씩 팔부분이 돌출했다. 슈베도 트랜셉트의 횡방향 5베이 맞춰 5베이로 구성되었다. 크로싱에 맞닿은 중앙에 성가대석이 위치했고 그 양옆으로 예배당이 두 개씩 더해졌다. 이 예배당들은 모두 맞닿은 트랜셉트의 베이와 폭이 같았다. 성가대석 밖으로는 반원형 앱스가 더해졌다. 네 개 예배당의 동쪽 끝 부분도 앱스와 동일한 반원형으로 처리되었다.

슈베의 5베이는 제형으로 배열되었다. 다섯 개의 방이 손가락을 편 것처럼 벽을 맞대면서 종방향으로 길게 늘어선 구성이었다. 앱스의 지하에는 납골당이 있었다. 슈베에서는 영국 로마네스크만의 중요한 특징 한 가지가 나타났다. 성가대석이 동서 방향으로 길게 확장된 것이다. 정확한 베이 수를 알 수는 없으나 전체 길이로 보아 4베이 정도 되었다. 성가대석이 길어진 데는 기능적 측면보다는 정서적 측면이 더 강하게 작용했다. 수평적 느낌을 좋아했던 영국의 전통적인 민족 정서가 중요한 배경이었다. 이것은 중세 건축 전반에 걸쳐 나타난 영국만의 특징이기도 했다. 네이브를 늘이는 데에는 한계가 있었기 때문에 트랜셉트 너머 동쪽을 늘이는 것으로 방향이 잡혔다.

네이브 월과 트랜셉트는 모두 3단 표준 구성을 했다(그림 365). 천측창에는 벽체 통로가 만들어지면서 이중벽으로 처리되었다. 천측창은 한 베이당 삼분 아치로 구획되었다. 벽체 통로는 제형과 함께 노르망디에서 쓰이던 방식이었다. 천장의 구조 방식에 대해서는 아일, 트랜셉트 갤러리, 성가대석 바로 옆의 예배당 두 곳 등이 모두 그로인 볼트(그림 366)였고 앱스의 2층이 배럴 볼트였다는 사실만이 확실하고 나머지는 불확실하다. 네이브와 트랜셉트 천장은 배럴 볼트였을 가능성이 많지 않은 것으로 추측된다. 이 건물을 주도했던 랜프랭크는 캉의 생테티엔에서 네이브의 배럴 볼트 축조에 실패했던 경험이 있었다. 랜

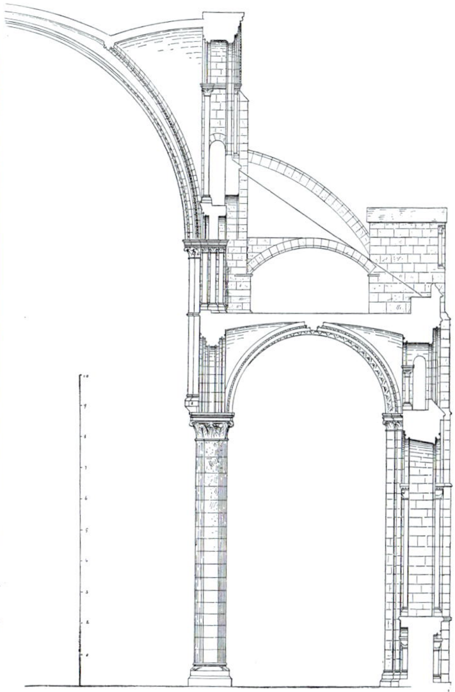

프랭크는 이 때문에 캔터베리의 좁지 않은 네이브 폭에 배럴 볼트를 쓰는 것을 주저했을 가능성이 크다. 그 대안으로 네이브와 트랜셉트 모두 안전한 목조 볼트로 천장을 축조했을 가능성이 높다.

다음의 중요한 건물은 링컨 성당=Cathedral Church of St. Mary, 성모마리아성당이었다. 이 교회는 1073~74년에 지어지기 시작해서 1092년에 완공되었다. 이후 고딕 시대에 초기 영국 양식으로 대대적으로 증축되었는데 이것이 현재의 모습이다. 로마네스크 부분은 현재 파사드의 중앙부만 남아 있다(그림 367). 그러나 고고학 발굴을 근거로 하여 로마네스크 구성에 대한 추측이 가능하다. 전체적으로 캔터베리와 유사했을 것으로 추측된다. 새롭게 나타난 내용은 없는 가운데 캔터베리에 수입된 노르망디 로마네스크의 표준 구성이 다른 지역으로 퍼져나가는 길목의 중요한 예에 해당된다.

베드로/바오로 수도원 교회Abbey Church of Peter and Paul에서는 새로운 사항이 나타났다. 전체적으로는 캔터베리 성당과 유사했을 것으로 추측되는 가운데 슈베는 캔터베리의 제형과 달리 대륙의 표준형인 복도형 성가대석으로 구성된 것이다(그림 368). 성가대석과 앱스가 한 공간을 이루고 그 밖으로 복도가 났으며, 다시 그 밖으로 방사형 예배당이 배치되었다. 이런 복도형 구성에서도 성가대석이 동서 방향으로 긴 특징은 여전히 지켜졌다. 이곳에서는 3베이였다. 이것은 긴 성가대석이 슈베

365 캔터베리 성당(Canterbury Cathedral). 영국. 1070년 시작~89년 이전 완공/성가대석 1096~1126년

366 캔터베리 성당(Canterbury Cathedral). 영국. 1070년 시작~89년 이전 완공/성가대석 1096~1126년

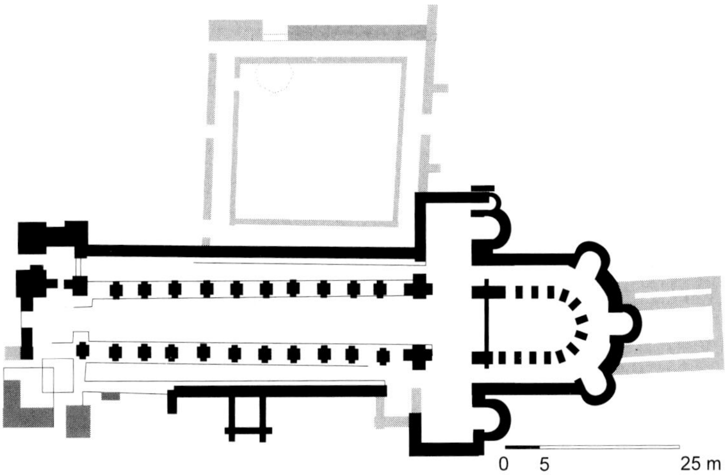

367 링컨 성당(Lincoln Cathedral=Cathedral Church of St. Mary), 영국, 로마네스크 공사 1073/74~92년/현재는 초기 고딕 상태
368 베드로/바오로 수도원 교회(Abbey Church of Peter and Paul), 캔터베리의 성 아우구스티노 수도원(Abbey of St. Augustine at Canterbury), 영국, 1070년경~

의 공간 유형과 상관없이 영국 로마네스크의 기본 특징으로 자리잡았음을 말해주는 현상이다.

제형과 복도형 성가대석은 이후 영국 로마네스크 교회의 슈베를 구성하는 대표적인 두 방식이 되었다. 전체 숫자 면에서도 각각 절반 정도씩 차지하며 교대로 쓰였다. 두 경우 모두 성가대석이 동서 방향으로 긴 특징은 공유했다. 대부분의 교회는 4베이 이상씩 되었으며 경우에 따라서는 슈베의 길이가 네이브와 거의 같아지기도 했다. 특히 방사형 예배당의 동쪽 끝까지 포함하면 더욱 그러했다. 트랜셉트를 기준선으로 삼아 교회 전체가 동서로 양분되는 형국으로 대륙에는 없던 영국만의 특징적 구성이었다.

이스트 엔드와 함께 네이브도 길어졌다. 둘 중 어느 쪽이 먼저 길어지기 시작했는지는 확실하지 않다. 네이브가 길어지면서 균형을 맞추기 위해 이스트 엔드가 함께 길어진 것으로 볼 수도 있고 그 반대일 수도 있었다. 혹은 두 부분이 같이 길어졌을 수도 있다. 시기상으로는 캔터베리 성당과 링컨 성당 등 가장 초창기의 예들을 보면 이미 두 부분이 모두 길어지기 시작했다. 이후 긴 성가대석과 함께 긴 네이브도 영국 로마네스크만의 특징으로 자리잡았다. 네이브는 10베이를 넘는 것이 보통이었으며 긴 것은 14베이 이상이 되기도 했다. 동서 양쪽으로 길어지면서 교회 전체의 길이는 200미터에 육박하는 경우까지 생겼다. 교회 사이에는 길이 경쟁이 벌어졌다. 대륙에서 높이 경쟁이 벌어졌던

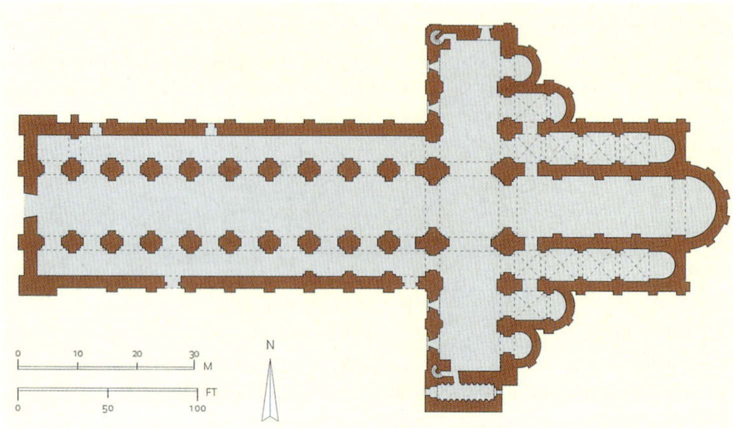

369 세인트올번스 성당(St. Albans Cathedral). 영국. 네이브, 크로싱, 회랑 1077년 완공
370 세인트올번스 성당(St. Albans Cathedral). 영국. 네이브, 크로싱, 회랑: 1077년 완공

371 세인트올번스 성당(St. Albans Cathedral) 외벽

것에 대비되는 영국만의 특징이었다.

1070년대 지어진 교회들 가운데 로마네스크 부분이 가장 많이 남아 있는 예로 세인트올번스 성당St. Albans Cathedral을 들 수 있다. 세인트올번스는 로마 시대의 유적이 많이 남아 있던 도시인 동시에 영국의 초기 기독교사에서도 중요한 도시였다. 이 성당은 로마 유적으로부터 벽돌을 채집하여 지어졌다(그림 369). 중요한 성지라는 상징성에 걸맞게 120미터가 훨씬 넘는 대형 규모로 지어졌다. 전체 구성은 노르망디 표준형을 바탕으로 캔터베리의 내용을 본뜬 제형 형식으로 이루어졌다(그림 370).

세인트올번스에서는 원시적 무게감이라는 영국 로마네스크의 세번째 특징이 형성되었다. 이 특징은 재료를 다룬 외관에서 나타났다. 로마 벽돌을 주재료로 한 회반죽 벽돌 조적plastered brick masonry은 육중하고 진중한 외관을 만들어냈다(그림 371). 이런 분위기는 대륙의 중세 건축과 대비되는 영국만의 특징 가운데 하나가 되었다. 이 건물에서는 도시의 역사적 배경 때문에 벽돌 조적이 이용되었지만 이후 영국의 로마네스크 건물들에서는 주로 석재 조적을 이용하여 원시적 무게감이 표현되었다.

대륙과의 이런 차이는 석재라는 자연 재료에 대한 건축적 입장의 차이에서 기인한다. 대륙에서는 석재의 물성과 구조적 가능성을 충분히 살려서 수직성을 추구하고 다시 이것을 강조하여 표현했다. 반면 영국은 수평적 분위기를 중세 전반에 걸쳐 유지했다. 수평성은 대륙 로마네스크에서도 추구되던 것이었다. 그러나 영국의 수평성은 대륙과 달

372 세인트올번스 성당(St. Albans Cathedral), 영국, 외관: 초기 고딕 양식

랐다. 대륙의 수평성은 땅의 상징성, 정사각형 비례, 석재의 물성 등의 의미를 가졌다(그림 372). 이와 달리 영국의 수평성은 원시적 무게감으로 요약될 수 있다.

이런 차이가 갖는 의미는 고딕 건축에서 더 잘 파악된다. 대륙의 고딕 건축은 로마네스크의 수평성을 발판으로 삼아 수직으로 올라갔다. 바꿔 얘기하면 로마네스크의 수평성은 고딕에서 수직성으로 올라가기 위한 농축적 준비 단계로 정의될 수 있다. 반면 영국은 고딕 건축에서도 끝까지 수평성을 유지했다. 영국 로마네스크의 수평성은 다져지고 또 다져져서 수직적 힘을 발산시키지 못하고 수평 방향으로만 뻗어나갔다. 영국 중세 건축 전반에 걸쳐 관찰되는 수평 확장의 의미였다. 이런 영국만의 수평성은 원시적 무게감으로 요약될 수 있다.

원시적 무게감을 만들어낸 건축 요소로 재료에 대한 입장 이외에 길이를 들 수 있다. 길이 자체가 갖는 원시적 수평감이란 것이 있었다. 또한 베이 수가 많아지면서 느껴지는 반복적 수평감이란 것도 있었다. 이 둘이 합쳐지면서 길이도 원시적 무게감을 만들어냈다. 세인트올번스는 이런 특징을 처음으로 드러낸 건물이었다. 캔터베리와 링컨 성당이 대륙의 평면 구성을 받아들여 형성된 것과 다른 중요한 차이점이었다. 세인트올번스에서 형성된 원시적 무게감은 이후 다양한 방식으로 응용되며 영국 중세 건축 전반에 걸쳐 대표적 특징으로 표현되었다.

앵글로노르만: 1080년대

1080년대에도 1070년대의 경향이 계속되었지만 건축을 이끈 기독교 건물이 수도원 교회라는 차이점이 있었다. 이때 지어진 수도원들은 이후 종교 개혁과 수도원 철폐령 때 집중적으로 파괴되었다. 이 가운데 보존 상태가 양호한 예로 베리세인트에드먼드 수도원Abbey of Bury St. Edmund, 엘리 수도원Monastery of Ely, 서리의 버몬시 수도원Bermondsey Abbey in Surrey 등을 들 수 있다(그림 373). 1080년대에도 수도원 교회 이외에 성당들도 지어졌다. 우스터 성당=St. Mary's, 런던 성당=St. Paul's, 글로스터 성당=St. Peter's 등이 대표적인 예들이었다(그림 374).

1080년대의 경향은 1070년대 형성된 기법들이 전파 정착되면서 영국만의 특징이 강화된 것으로 요약할 수 있다. 이 과정에서 기하학성과 장식성이라는 영국만의 새로운 특징들이 추가로 나타났다. 노르망디 수입 양식의 특징을 없애려는 시도도 있었다. 건축을 통한 영국적 정체성이 형성된 시기라고 볼

373 베리세인트에드먼드 수도원(Abbey of Bury St. Edmund). 영국. 1081년 이후 시작
374 우스터 성당(Worcester Cathedral). 영국. 1084년~

수 있다. 이를 위해 1045년을 기점으로 사라지기 시작했던 영국의 전통적인 건축술을 부분적으로 부활시키기도 했다. 노르망디 양식에 대한 양면적 균형을 확보함으로써 영국만의 정체성을 확보할 수 있게 되었다. 처음에는 거의 그대로 받아들여 영국 로마네스크가 비로소 시작될 수 있었다. 그러나 시간이 지나면서 이런 의존성에서 탈피하며 영국만의 지역주의로 나아가게 되었다. 이것은 영국 중세 건축 전체가 나아간 방향이기도 했다. 이상과 같은 1080년대의 의미를 구체적으로 표현한 건축 경향으로 다음의 두 가지를 들 수 있다.

첫째, 네이브 월에서 물성의 해체와 강화라는 두 가지 상반되는 경향이 동시에 나타났다. 이것은 네이브 월에서 유기성 수직성 등의 구조적 실험을 했던 대륙과 다른 영국만의 특징이다. 물성의 해체는 각각의 아치가 커짐과 동시에 개구부의 총면적도 넓어지는 경향으로 나타났다. 이에 따라 정사각형 비례가 형성되었다. 이런 경향은 아케이드 층과 갤러리 층 모두에서 일어났다(그림 375).

물성의 강화는 세인트올번스와 윈체스터 성당 등의 외관에서 나타났던 원시적 무게감이 네이브 월과 기둥을 통해 실내에서도 나타난 것으로 볼 수 있다. 이를 위해 아키볼트, 기둥, 외벽의 세 부분이 두꺼워졌다. 물성의 강화는 기하학성과 장식성이라는 추가적 특징이 형성될

375 엘리 성당(Ely Cathedral), 영국, 네이브와 트랜셉트 1083~1189년

376 글로스터 성당(Gloucester Cathedral=St. Peter's), 영국, 네이브 1080년대/12세기 초

수 있는 가능성을 제공했다(그림 376).

아키볼트를 여러 겹으로 처리함으로써 아치의 진공부가 넓어진 것을 만회하며 물성이 강화되었다. 반원이 여러 겹 중첩되면서 이 자체가 기하학적 장식 어휘가 되기도 했다. 기둥은 두꺼운 단독 원통형이 되었다. 이것은 구조성보다는 물성에 집중했다는 의미이다. 기둥은 장식이 그려질 수 있는 바탕면도 제공했다. 기둥에는 기하 문양들이 그려졌다. 여러 겹의 아키볼트와 함께 실내 전체에 장식적 분위기를 형성했다. 외벽이 두꺼워지면서 벽체 통로가 영국만의 어휘로 자리잡았다. 네이브의 천측창에서 시작된 벽체 통로는 트랜셉트와 성가대석까지 확대되었다.

둘째, 구조적 발전을 포기한 대신 기하학적 장식성을 추구했다. 이 경향은 구조적 한계를 인식하면서 시작되었다. 영국에서는 지붕 스팬이 10미터를 넘으면 석조 볼트로 천장을 처리하는 것이 불가능하다는 공통 인식이 퍼져 있었다. 이것은 대륙에서도 마찬가지였다. 문제는 그 다음이었다. 대륙에서는 포인티드 볼트나 리브 볼트 등과 같이 발전된 구조 방식을 통해 이 문제를 해결해나갔다. 아치나 대응기둥 등의 부재도 이런 목적에 맞춰 처리되었다. 이런 부재들이 끝까지 구조 부재로 남았다는 의미이다. 이것을 바탕으로 향후 리브 그로인 볼트를 완성시키면서 고딕 구조로 도약할 수 있었다.

영국에서는 이와 반대되는 방향으로 나아갔다. 구조적 한계

377 엘리 성당(Ely Cathedral), 영국, 네이브와 트랜셉트 1083~1189년

378 글로스터 성당(Gloucester Cathedral=St. Peter's), 영국, 네이브 1080년대/12세기 초

에 직면하면서 영국에서는 새로운 구조적 실험을 일찌감치 포기했다. 이에 따라 아치와 대응 기둥의 구조 부재에 대한 입장이 기하학적 장식성을 추구하는 쪽으로 정해졌다. 건축적 처리도 달랐다. 구조 부재들의 건축적 역할이 명확하게 정의되지 않았다. 구조 부재들 사이의 대응은 일치하지 않았다. 구조적 효율성은 고려 사항에서 제외되었다. 구조 체계는 유기적 총체성에 따라 한몸으로 작동하지 못했다. 그 대신 이들 부재가 갖는 기하학적 장식성이 개발되었다. 아키볼트와 대응 기둥 자체가 갖는 기하학성이 일차적 목표였다(그림 377, 378). 여기에 더해 이것들을 바탕면으로 활용한 2차 장식이 시도되었다. 이런 경향은 고딕 건축에까지 이어지면서 더욱 극단화되었다.

1090/1120년: 리브

1090~1120년에는 두 가지가 핵심 주제였다. 하나는 영국적 특징들이 반복되면서 더욱 강조되어가는 과정이다. 다른 하나는 리브 볼트의 등장이다. 이 가운데 첫번째 주제는 성당 교회와 수도원 교회의 두 그룹에서 시도되었다. 노리치Norwich, 1096년~, 캔터베리의 성가대석1093/96년~ 등은 성당 교회의 대표적인 예들이다(그림 379, 380). 수도원 교회는 노퍽의 빈햄 소수도원Binham Priory in Norfolk, 1091년~, 노섬벌랜드의 린디스판Lindisfarne in Northumberland, 1093년~, 햄프셔의 예수교 소수도원Christchurch Priory in Hampshire, 1094년~ 등이 대표적인 예들이다. 이들 두 그룹은 모두 1090년대에 지어지기 시작했다.

1090~1120년에 중요한 주제는 리브 볼트의 등장이었다. 리브 볼트

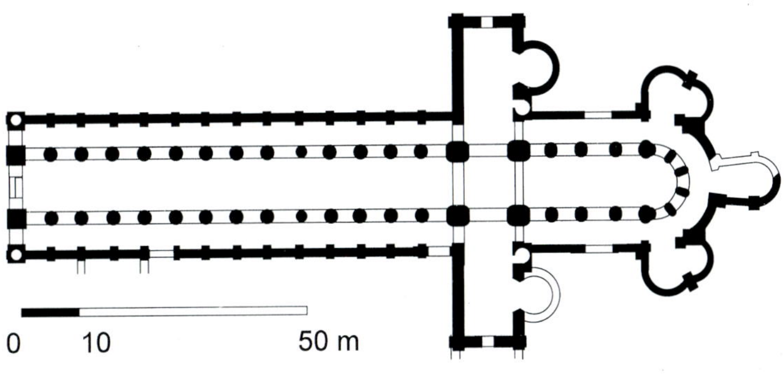

379 노리치 성당(Norwich Cathedral). 영국. 1096년~

380 노리치 성당(Norwich Cathedral). 영국. 1096년~

는 노르망디 로마네스크에 대한 영국의 양면적 입장을 잘 보여주는 또 다른 중요한 예이기도 하다. 앞에서 살펴본 바와 같이 리브 볼트는 1100~10년에 노르망디에서 먼저 시작되었다. 이것이 곧바로 영국으로 전파되어 1110~20년에는 영국에서 리브 볼트에 대한 실험이 활발히 이루어졌다. 이 기간에 영국은 리브 볼트의 기술을 어느 정도 완성시켰던 것으로 보인다. 기술은 한편으로는 노르망디로 역수출되어 1125년경부터 노르망디에서 중요한 건축 어휘로 자리잡아 계속 사용되었다. 다른 한편으로는 영국 본토로 퍼져나가면서 영국 로마네스크 건축의 중요한 요소로 남았다.

그러나 리브의 역할과 가능성에 대한 두 지역의 입장은 확연히 달랐다. 노르망디를 필두로 한 대륙에서는 리브가 갖는 구조적 효율에 주목하여 그 가능성을 극단적으로 추구했다. 리브는 수직성을 가능하게 해준 핵심 요소로서 고딕 건축을 탄생시킨 주역이 되었다. 1120년경 영국에서 노르망디로 역수출된 리브 그로인 볼트는 노르망디 지방에서는 성기 로마네스크 건축을 꽃피웠다. 또 한 갈래는 파리 인근의 일드프랑스Ile-de-France 지방으로 퍼져나가 고딕 건축을 태동시켰다. 일드프랑스에서는 1120년경부터 바로 고딕 건축이 시작되어 1140년경에는 고딕 구조 체계의 첫번째 완성을 이루었다.

반면 영국에서는 이것보다는 리브가 갖는 선형 장식성에 치중했다. 1110~20년의 짧은 기간에 리브의 구조적 가능성을 발전시킨 것을 끝으로 영국에서는 더이상 리브에 대한 구조적 탐구는 없었다. 그보다는 리브를 장식 어휘로 개발했다(그림 381). 표면으로 보이는 축조적 측면에서는 리브를 다발 기둥, 네이브 월, 볼트 천장 등과 함께 종합적으로 엮으려는 시도가 있었지만 이것은 구조적 가능성에 대한 진지한 탐구는 아니었다. 그 증거로 네 가지를 들 수 있다.

첫째, 천장의 리브와 대응 기둥 사이에 일정한 불일치가 일어났다(그림 381, 382). 이것은 리브가 구조적 역할을 하고 있었다면 있을 수 없는 일이었다. 둘째, 대륙에서는 리브가 도입됨과 동시에 볼트가 경량화되었는데 영국에서는 그렇지 않았다. 대륙에서는 직물web 방식이라는 새로운 기술이 발명되면서 볼트가 단겹의 조적 부재로 시공되었다. 그러나 영국의 볼트는 늦게까지 속채우기 방식으로 만들어졌다. 이 기술은 로마 시대의 것이었다. 이것은 볼트와 리브에 대한 구조적

381 글로스터 성당(Gloucester Cathedral=St. Peter's). 영국. 네이브 1080년대/12세기 초
382 캔터베리 성당(Canterbury Cathedral). 영국. 1070년 시작~89년 이전 완공/성가대석 1096~1126년

인식이 리브가 사용되기 이전의 고대 아치 기술에 머물러 있다는 것을 의미했다. 셋째, 제2차 세계대전 때 파괴된 영국의 일부 로마네스크 건물에서 리브가 떨어져 나갔는데도 볼트가 무너지지 않고 서 있는 경우가 있었다. 이것은 리브의 구조적 역할이 없었거나 있었더라도 축조에 영향을 미치지 못할 정도로 미미했다는 의미이다.

넷째, 성기 로마네스크의 절정에서도 영국의 일부 교회에서는 여전히 목조 평천장이 쓰이고 있었다. 엘리 Ely 성당이나 피터버러 Peterborough 성당 등이 이것의 대표적인 예들이다(그림 377, 383). 이것은 리브를 새로운 구조 방식으로 받아들여 그 구조적 가능성에 관심이 모아졌다면 나타나기 힘든 현상이다. 전통 방식과 첨단 방식의 혼재는 이론상으로는 가능하나 실제 건축 현실에서는 잘 나타나지 않는 현상이다. 특히 중세의 교회처럼 첨단 경쟁을 벌이던 건물 유형에서는 더욱 그러하다. 영국 로마네스크 건축에서는 리브의 구조적 의미를 목조 평천장과 같은 것으로 인식하고 있었을 것으로 보인다. 이것은 리브가 갖고 있는 석구조의 특성보다는 장식적 가능성에 더 관심을 두었을 것이라는 추측을 가능하게 해주는 대목이다. 이런 추측의 타당성은 고딕 건축을 통해서도 확인된다. 영국 고딕 건축에서 건물의 높이는 멈춘 채 리브는 현란한 장식 어휘로 탈바꿈했다.

383 피터버러 성당(Peterborough Cathedral). 영국. 네이브, 트랜셉트, 회랑 1118년~20년대/1238년

1090/1120년: 더럼 성당

영국에서 리브 볼트가 언제 어느 건물에서 처음 나타났는지에 대해서는 명확하게 밝혀진 바가 없다. 이 문제의 핵심에는 더럼 성당이 있다(그림 384). 이 문제와 관련하여 더럼을 둘러싼 몇 가지 논쟁이 있어왔다. 그 가운데 대표적인 것은 1093년에 더럼에서 리브 볼트가 처음 나타났다는 주장이다. 이것이 사실이라면 단지 영국에서 처음 나타났을 뿐만 아니라 노르망디보다도 앞서 로마네스크 전체를 통틀어서 처음 나타난 것에 해당된다. 그러나 이 주장은 무리인 것으로 보인다.

더럼 성당의 리브가 지어진 연도에 대해서는 이견이 분분하다. 이 이견은 로마네스크 연구 전반에 걸쳐 가장 첨예한 차이를 드러내는 주제이기도 하다. 특히 영국 학자들과 대륙 학자들 사이에 국가적 자존심을 건 경쟁으로까지 번지기도 했다. 영국 학자들은 1093년으로 주장하면서 대륙의 리브 볼트도 영국의 영향으로 형성된 것이라는 주장을 편다. 영국의 로마네스크 건축, 나아가 중세 건축, 더 나아가 건축 역사 전반이 대륙에 뒤떨어졌고 항상 대륙의 신양식을 뒤쫓아 모방했나는 열등감에 시달리는 영국 쪽에서는 호재를 만난 셈이다. 영국의 로마네스크 건축이 대륙에서 완성된 양식을 수입하면서 시작된 것이라는 의존성을 일거에 뒤집을 수 있는 역전타이기도 하다.

384 더럼 성당(Durham Cathedral), 영국, 1093~1133년

반면 대륙, 특히 프랑스 학자들은 더럼의 리브는 1120년 이후에 대륙의 것을 모방하여 나중에 덧붙여졌다는 주장을 한다. 영국의 로마네스크 건축이 대륙에 영향을 끼쳤을 수 있는 유일한 예를 단번에 없애버리는 것이다. 두 진영 가운데 어느 한쪽의 주장이 확실하게 옳다는 사료와 증거는 부족한 편이다. 이런 경우에는 간접 증거에 의존하여 추론을 할 수밖에 없다. 그것에 의하면 대륙 쪽 주장이 좀더 설득력을 갖는 것으로 보인다. 그 근거는 앞에 열거한 네 가지 이유이다.

여기에 다른 근거를 하나 더 들 수 있는데, 그것은 1120년대 후반까지 더럼 인근의 다른 건물들에서 리브가 전혀 쓰이지 않았다는 점이다. 만약 더럼에서 리브가 쓰였다면 인근의 다른 건물들에서 적어도 부분적으로나마 같이 쓰였을 것이다. 영국 로마네스크 건축이 짧은 기간 동안에 여러 지역으로 급속도로 퍼져나간 점을 보면 더욱 그러하다.

뿐만 아니라 영국 쪽 주장이 맞는다고 해도 다른 큰 문제 하나가 여전히 남아 있다. 그것은 1093년에 더럼에서 리브가 등장했다고 가정했을 때 그것이 영국이 발명한 것이냐 하는 문제이다. 장소만 영국이었지 구체적인 기술은 노르망디의 것이었다. 1070년대 들어 영국의 종교개혁을 이끈 것은 대륙, 특히 노르망디 출신의 성직자들이었다. 이들은 대륙에서 자신들과 함께 교회를 짓던 장인들을 거느리고 영국으로 건너왔다. 종교 개혁의 일환으로 1070년대 들어 대륙의 것을 닮은 로마네스크 건물들이 영국에도 등장하는데 이것을 지은 것은 바로 대륙에서 건너온 장인들이었다. 1093년에 더럼에 리브가 쓰였다면 그것은 1070년대의 이런 움직임의 연속으로 보아야 할 것이다. 이렇게 보았을 때 더럼 논쟁은 결국 노르망디 건축을 프랑스의 역사로 볼 것이냐 영국의 역사로 볼 것이냐 하는 더 포괄적인 문제와 맞닿아 있기도 하다.

지금까지 확실한 역사적 자료를 증거로 갖는 영국 최초의 리브 그로인 볼트는 1120년경 우스터 성당이나 1122년 화재 이후의 글로스터 성당 가운데 하나라는 것이 통설이다(그림 381). 더욱 중요한 것은 이들 두 예에서는 리브 그로인 볼트가 일정한 구조적 역할을 하고 있다는 것이다. 더럼은 리브 그로인 볼트를 다른 부재들과 잘 어우러지게 종합적으로 사용하긴 했지만 최초의 예라는 사실을 뒷받침할 만한 역사적 증거를 제시하지 못하고 있다. 더욱이 더럼의 리브 그로인 볼트는 구조적 역할을 제대로 하지 못한 장식 어휘에 가까웠다.

더럼 성당은 1093~1133년에 지어졌다. 3단 구성의 네이브 월과 슈베 천장에 그로인 볼트가 쓰인 것은 확실하지만 네이브 천장의 경우는 불확실하다. 1128년까지도 아직 목조 볼트를 썼을 가능성이 높은 것으로 보인다. 더욱이 리브 그로인 볼트가 언제 지어졌는지에 대해서는 앞에 설명한 바와 같이 확실히 밝혀진 것이 없다. 더럼의 그로인 볼트는 4분 볼트인데 이것을 가르는 리브와 아래의 대응 기둥 사이에는 일치하는 부분과 불일치하는 부분이 혼재하고 있다(그림 385). 이것은 리브가 대응 기둥과 구조적으로 한몸으로 작동하도록 처리된 것이 아니라는 사실을 말해준다. 리브는 네이브 월과 기둥이 세워진 뒤 나중

385 더럼 성당(Durham Cathedral). 영국. 1093~1133년

에 더해진 것으로 볼 수 있다. 시기적으로는 빠르면 1128~33년, 늦으면 1160년까지도 내려갈 수 있다.

더럼의 리브는 기하학적 장식에 가까운 것으로 볼 수 있다. 앞의 구조적 증거에 더해 실내의 전반적인 분위기는 더럼의 리브가 장식이었다는 주장에 대한 또다른 좋은 증거가 될 수 있다. 실내에는 기하학성이라는 영국 로마네스크의 특징을 잘 보여주는 장식들로 넘쳐난다. 기둥에는 다이아몬드, 수직홈, 갈매기 문양chevron 등의 기하 문양들이 새겨졌다(그림 386). 벽에는 쐐기형 장식이 조각되었다. 리브도 이런 문양들과 잘 어울리면서 실내의 장식적 분위기를 높여주고 있다(그림 387).

이상이 영국 성기 로마네스크의 개략적인 흐름이었다. 성기 로마네스크는 헨리 1세1100~35년가 죽은 1135년을 기점으로 막을 내렸다. 내리막 현상은 1120년대부터 나타나기 시작했다. 1120년대는 1110년대부터 시작된 증개축이 많이 마무리된 시기이기도 했다. 이런 마무리를 제외하고 새로 지어지기 시작한 건물들은 전성기 때의 힘을 보여주지 못하고 쇠락한 분위기가 나타났다.

386 더럼 성당(Durham Cathedral). 영국. 1093~1133년
387 더럼 성당(Durham Cathedral). 영국. 1093~1133년

성기 로마네스크의 후반부를 대표하는 마지막 중요한 예로 피터버러 성당을 들 수 있다. 이 건물은 972년에 처음 완공되었다. 1116년에 소실된 것을 1118년에 다시 짓기 시작했다. 1120년대에는 중요한 부분이 모습을 드러냈고 최종 봉헌은 1238년이 되어서야 이루어졌다. 이 건물에는 엘리 성당과 노리치 성당에서 나타났던 기하 문양의 특징과 더럼에서 나타났던 리브의 특징 등 이전 경향이 종합되어 나타났다(그림 388).

388 피터버러 성당(Peterborough Cathedral). 영국. 네이브, 트랜셉트, 회랑 1118년~20년대/1238년

시토회와 사각형 성가대석

영국의 로마네스크 건축도 대륙과 마찬가지로 수도원이 중요한 역할을 했다. 영국의 수도회 혹은 수도원 자체는 대륙과 유사하게 발전했다. 한 가지 차이는 클뤼니의 영향이 크지 않았다는 것이다. 지리적 민족적 종교적 거리감 때문이었을 것으로 보인다. 영국 로마네스크의 수도원은 베네딕트회와 시토회가 주도했다. 이 가운데 건축적으로 중요한 의미를 갖는 것은 1110년대 이후 시토회의 역할이었다.

시토회가 영국에 전파된 것은 1110년보다 몇 년 앞서서였다. 이때에는 아직 수도원 건축은 시작되지 않았다. 수도원은 1110년대부터 주로 요크셔 지방을 중심으로 건축되기 시작했다. 대륙에서 클레르보의 성 베르나르도가 활동하던 1150년경까지 다섯 개의 모델 수도원이 지어졌다. 서리의 웨이버리 수도원Waverley Abbey at Surrey, 1128년에 윈체스터의 주교였던 기파르드Giffard가 지음, 귄트의 틴턴 수도원Tintern Abbey at Gwent, 1131년, 요크셔의 리보 수도원Rievaulx Abbey in Yorkshire, 1132년, 요크셔의 파운틴스 수도원Fountains Abbey in Yorkshire, 1135년, 요크셔의 로치 수도원Roche Abbey in Yorkshire, 1141년이 그것들이었다(그림 389, 390, 392). 이 수도원들은 성 베르나르도 수도원이라고 부르기도 한다. 이 수도원들은 퐁트네 수도원을 이상적 모델로 삼아 시토회의 교리가 잘 반영된 구성으로 건축되었다.

이후 시토회는 영국에 뿌리를 내리며 1160년경에는 영국 전역에 51개의 수도원이 지어졌다. 그러나 이 숫자는 그렇게 많은 것은 아니었다.

389 리보 수도원(Rievaulx Abbey), 요크셔(Yorkshire), 영국, 1132년
390 로치 수도원(Roche Abbey), 요크셔(Yorkshire), 영국, 1141년

시토회의 교세가 뿌리를 내린 것에 비하면 수도원은 많이 지어지지 못한 편이었다. 그 원인은 건축적 측면에서 찾을 수 있다. 절제를 강조한 시토회 수도원의 건축 경향이 기하 문양, 유기 문양, 픽처레스크 등과 같이 장식 부재를 많이 사용하는 영국의 화려한 건축 전통과 반대되기 때문이었다. 특히 1150년 이후에 지어진 수도원들은 시토회의 기본 정신을 지키지 못하고 영국 전통을 좇아 화려하고 긴장이 풀린 모습을 드러내었다(그림 391). 영국 국민 정서와의 이런 차이 때문에 수도원 철폐령 이후 대부분의 시토회 수도원들은 베네딕트회 수도원들과 달리 복원되지 못하고 폐허로 방치되어 있는 실정이다.

파운틴스 수도원이 대표적인 예이다. 이 수도원은 베네딕트와 시토의 구별을 뛰어넘어 영국 수도원 전체를 대표할 뿐 아니라 대륙에 내놓아도 손색이 없을 만큼 구성이 훌륭하다. 그러나 절제를 강조한 강령과 웅장하게 확장하고 싶은 욕망 사이에서 많은 갈등을 겪었다. 이

391 성모마리아 수도원(Abbey of St. Mary), 요크셔(Yorkshire), 영국, 1089년~
392 파운틴스 수도원(Fountains Abbey), 요크셔(Yorkshire), 영국, 1135년

런 갈등 때문에 주요 복원 대상에서 빠지며 아직도 폐허로 방치되고 있다(그림 392).

시토회 수도원은 사각형 성가대석rectangular choir이라는 독특한 건축 구성을 남겼다. 이것은 반원형 단부를 갖는 제형 성가대석이라는 베네딕트회의 구성에 대비되는 것이다. 사각형 성가대석은 대륙의 시토 수도원 교회를 구성하는 핵심 어휘 가운데 하나였다. 이것은 시토회의 기본 정신인 절제와 정돈을 상징하는 직선과 사각형이 반영된 결과이다. 좀더 거슬러 올라가면 사각형 성가대석은 카롤링거 시대에 대륙에서 지하에 지어진 복도형 납골당에서 최초로 나타났다. 이것이 영국 로마네스크의 선례로 참고가 되었는지의 여부에 대해서는 알려진 바가 없다.

영국에서는 사우스웰 수도원 성당Southwell Minster과 롬시 수도원Romsey Abbey의 교회들이 최초로 사각형 성가대석을 갖춘 수도원 교회들이다(그림 393, 394). 이 방식은 시간이 지나면서도 시토 수도원과 달리 사라지지 않고 계속 사용되면서 성당 교회에까지 도입되었다. 처트시 성당Chertsey Cathedral과 올드 새럼Old Sarum 등이 대표적인 예들이다(그림 395). 이후 늦게까지 계속 사용되면서 영국 로마네스크 건축의 또다른 특징으로 자

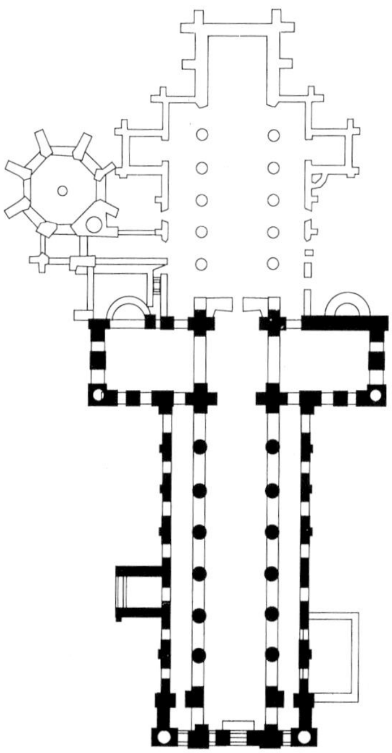

393 사우스웰 수도원 성당(Southwell Minster). 영국. 1108~14년경에 시작

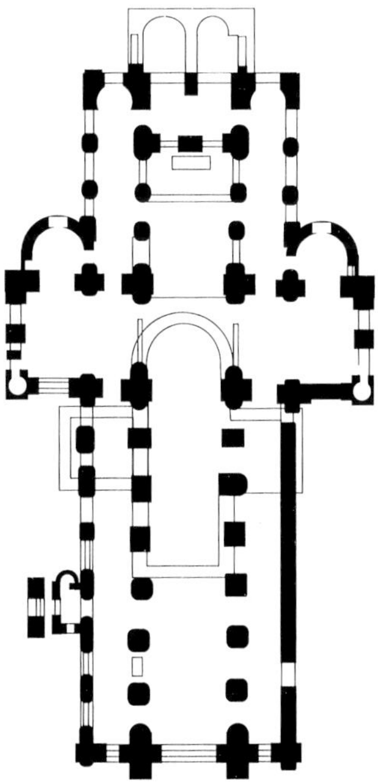

394 롬시 수도원(Romsey Abbey). 영국. 1120년경~1250년

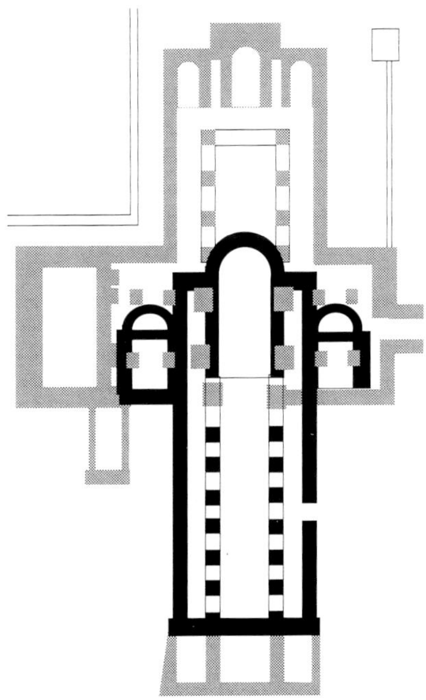

395 올드 새럼(Old Sarum). 솔즈베리 성당(Salisbury Cathedral) 내. 영국. 1092년

리잡았다. 피터버러 성당과 엘리 성당12세기 중반에 증축된 부분, 우스터 성당12세기 중반 이후에 지어진 부분 등은 이것의 좋은 예들이다.

사각형 성가대석이 도입되면서 슈베의 전체 공간은 사각형 분위기에 의해 주도되었다. 이 방식은 주로 제형에서 사용되었지만 복도형 성가대석에서도 사용되었다. 롬시 수도원, 올드 새럼, 피터버러 성당, 엘리 성당, 우스터 성당 등이 제형 구성에 사각형 성가대석이 쓰인 예들이다(그림 394, 395). 복도형 성가대석이 쓰인 대표적인 예는 사우스웰 수도원 성당을 들 수 있다(그림 393). 이에 따라 방사형 예배당도 정사각형 단위가 되었다. 1150년대의 성 베르나르도 수도원들도 사각형 성가대석이 쓰였다. 이 수도원 교회들은 사각형 앱스의 개수에 따라 세 개웨이벌리, 다섯 개틴턴, 로치, 일곱 개리보, 파운틴스 등으로 나눌 수 있다.

이탈리아 로마네스크 2

로마네스크 고전주의

이탈리아의 로마네스크 건축은 알프스 이북 지역과는 많은 차이를 보인다. 가장 중요한 차이는 로마라는 역사적 전통과 지중해라는 지리적 특성에서 연유한다. 이 두 가지 상황은 다원주의적 선례를 낳았다. 로마 고전주의, 초기 기독교 건축, 비잔틴 건축, 이슬람 건축 등의 다양한 배경들이 혼합되면서 로마네스크를 둘러싼 선례적 환경은 복합적이 되었다. 이런 환경은 알프스 이북과는 다른 이탈리아만의 독특한 로마네스크 건축으로 이어졌다. 이것은 유럽 전체의 로마네스크 건축에서 보면 이탈리아만의 지역주의로 볼 수도 있다. 이탈리아 로마네스크 건축은 세 가지 대표적 특징을 갖는다.

첫째, 로마 고전주의의 연속이다. 이탈리아 로마네스크 건축의 모델은 초기 기독교에서 비잔틴에 이르는 로마 기독교의 건축이었다. 로마 기독교의 뿌리는 로마 시대의 신격화deification 전통으로까지 거슬러 올라

396 성 마르티노 성당(Cathedral of San Martino), 루카(Lucca), 이탈리아, 12~15세기
397 베로나 성당(Verona Cathedral), 이탈리아, 12세기

가며 여기에 기독교가 더해지면서 형성되었다. 이에 따라 로마 기독교는 로마 고전주의, 초기 기독교 건축, 비잔틴 건축 등이 혼합된 독특한 통합모델을 자신들만의 건축 방식으로 갖게 되었다(그림 396, 397). 이런 통합성은 로마네스크의 성과 속의 연합에 대한 이탈리아적 유형으로 정의될 수 있다. 통합의 중심은 로마 건축과 가톨릭이었다. 두 요소의 공통점은 지중해 전통의 연속성이었다. 알프스 이북 지역에서 중세적 각성이 싹트며 기독교가 새롭게 정의되는 것에 대비되는 현상이었다.

둘째, 이탈리아 반도 전체로 보면 지역별로 다시 다양한 차이를 보였다. 이것은 도시국가의 오랜 전통에서 나온 현상이었다. 이탈리아 건축을 한 국가 아래 하나의 경향으로 묶으려는 시도는 다분히 근대적 시각이다. 이탈리아는 근대적 통일 국가의 탄생이 가장 늦은 나라 가운데 하나였다. 그 배경에는 오랜 도시국가의 전통이 있었다. 이탈리아는 지역별로 매우 다른 문화적 예술적 전통이 존재하고 있었다. 이것이 로마네스크 건축에서 본격적으로 나타나기 시작한 것이다. 세분된 지역마다 경향이 다르겠지만 크게 북부, 중부, 남부로 나눌 수 있다. 북부는 롬바르디아, 중부는 토스카나, 남부는 시칠리아에 의해 각각 대표되었다. 이 가운데 롬바르디아와 토스카나가 이탈리아 로마네스크를 대표하는 양대 경향이었다(그림 398, 399).

셋째, 이탈리아에서는 초기, 성기, 후기라는 구별이 무의미하다는 것이다. 이런 구별은 네이브 월의 구조 발전을 중요한 기준으로 삼는

398 산피에르마조레(San Pier Maggiore). 피스토이아(Pistoia), 이탈리아. 1263년
399 성 안토니오(St. Antonio). 파도바(Padova), 이탈리아. 1232~1307년

다. 이탈리아 로마네스크 건축에서는 이 기준을 명확히 인식한 발전이 없었다고 보아도 무방할 것 같다. 영국처럼 프랑스에서 완성된 표준 구성을 전격적으로 수입하지도 않았다. 이탈리아에서도 네이브 월의 발전에 대해서는 의식을 하고 있었다. 그러나 이것을 구조적 측면에서의 새로운 발전이라는 관점이 아닌 초기 기독교적 구성의 연장선이라는 관점에서 접근했다.

이런 배경 아래 지역에 따른 이탈리아만의 특징들이 11세기부터 본격적으로 나타나면서 로마네스크 건축이 시작된 것으로 볼 수 있다. 이런 경향은 지역별 전통을 충분히 발현하는 쪽으로 초점을 모으며 이후 13~14세기까지 동일하게 지속되었다. 이 때문에 이탈리아 로마네스크 건축은 시기에 따른 구별보다는 초기, 성기, 후기를 하나로 묶어 지역별 차이로 보는 것이 더 적합하다.

이상의 특징을 갖는 이탈리아 로마네스크 건축은 1939년 튀믈러 Thümmler의 연구가 발표되기 전까지는 알프스 이북에 비해 후진적인 것으로 간주되었다. 이탈리아에는 로마네스크의 진정한 정신이 결여되어 있으며 로마 고전주의가 늦게까지 사라지지 않고 남아서 변질되어가는 과정이라는 시각이었다. 이런 판단은 로마네스크 건축의 정수를 네이브 월, 기둥, 천장이 한몸으로 엮어내는 구조 유기성으로 보는 관점에 의한 것이다. 이런 관점은 로마네스크 건축을 로마 고전주의와 대별되는 중세 기독교 건축으로 보겠다는 의미이기도 하다.

그러나 로마네스크 건축에는 이것만 있었던 것이 아니다. 이런 구조성이 로마네스크 건축의 발전을 이끌었고 이것이 고딕으로 이어지며 서양의 중세 건축 전반을 대표하는 건축 방식이 된 것만은 사실이다. 그러나 그럼에도 불구하고 로마네스크 건축을 유기적 구조로만 파악하는 것은 편협한 시각일 수 있다. 로마네스크 건축을 해석할 때 빠져서는 안 되는 것이 로마 고전주의와의 연속성이다. 이 문제는 거시적 차원과 미시적 차원 모두에서 중요한 주제이다.

거시적 차원에서는 앞에서 '로마다움과 로마적 종합화'라는 개념으로 설명했듯이 로마네스크 건축 전체의 기반을 이루는 주제이기도 하다. 미시적 차원에서는 네이브 월의 구조 유기성을 이루는 구체적 어휘들인 아치, 오더, 볼트 등은 모두 로마 건축의 유산이었다. 평면 구성 또한 초기 기독교의 바실리카 유형인 라틴 크로스가 발전한 것이었

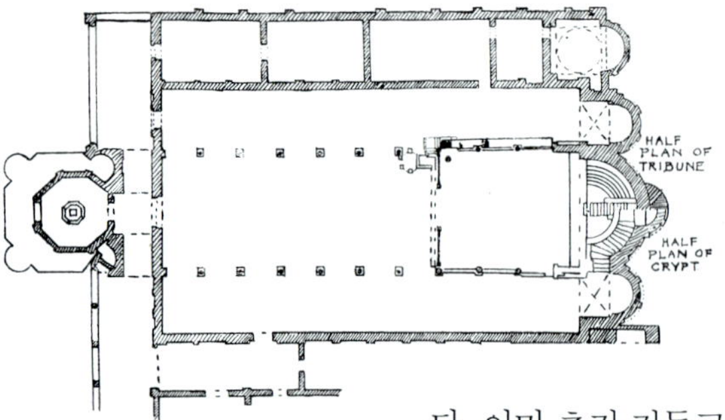

400 토르첼로 성당(Torcello Cathedral), 이탈리아

401 성모마리아 수도원 교회(Abbey Church of Santa Maria), 폼포사(Pomposa), 이탈리아, 12세기

다. 이런 직접적 1차 어휘 이외에도 정문, 주두, 조각 등 장식 어휘 또한 로마 건축에서 파생된 것들이다.

로마네스크 건축 전반에 걸쳐 관찰되는 로마 고전주의와의 연속성은 이탈리아 로마네스크 건축에서는 특히 두드러지며 그 요체를 이루었다. 이것은 로마네스크 고전주의라 부를 수 있다. 이미 초기 기독교 건축이 로마 건축의 일환이었다. 이 과정에서 기독교 고전주의와 고전 기독교주의의 상호 교합이 있었다. 이런 전통은 카롤링거왕조의 프레-로마네스크를 중간 가교로 삼아 로마네스크 때에도 계속 이어졌다. 로마 고전주의의 총본산이었던 이탈리아 로마네스크 건축은 이런 상호 교합에 의한 로마네스크 고전주의를 대표하는 지역이 되었다.

이탈리아 로마네스크 건축의 시작은 두 방향으로 진행되었다. 한 방향은 트랜셉트와 웨스트 워크를 갖지 않은 초기 기독교 유형이 연속되는 경향이었다. 폼포사Pomposa, 토르첼로Torcello, 아퀼레이아Aquileia, 피사 근교의 산피에로아그라도San Piero a Grado, 오트란토Otranto 등의 성당들이 이것을 대표하는 예들이었다. 이런 성당들은 알프스 이북의 새로운 경향과 거리를 둔 전통 기독교 건축의 연속을 주요 특징으로 가졌다(그림 400, 401).

다른 한 방향은 알프스 이북의 새로운 기법들을 공유한 경향이었다. 그러나 이런 새로운 기법들은 종합적으로 차용되지 못하고 어휘별로 분산적으로 차용되었다. 어휘별로는 알프스 이북 지역과 닮았지만 총체적 구성에서는 많은 차이가 있었다. 피에몬테Piedmont 지방 아퀴의 성베드로San Pietro at Acqui에서는 기둥 체계를 차용했다. 롬바르디아 지방 로멜로의 산타마리아마조레Santa Maria Maggiore at Lomello와 피렌체의 산미니아토알몬테San Miniato al Monte at Firenze 등에서는 교대 기둥과 기둥-아치 체계를 차용했다(그림 402). 칼라브리아의 제라체 성당Cathedral of Gerace at Calabria에서는 아일에 횡방향 아치가 차용되었다.

이상을 종합해보면 이탈리아 로마네스크 건축은 강한 고전주의 전통을 배경삼아 알프스 이북의 동시대적 발전 상황을 받아들여 자국의 지역 특성에 맞게 변형시킨 결과로 정의할 수 있다. 여기에서 고전주

402 산미니아토알몬테(San Miniato al Monte). 피렌체(Firenze), 이탈리아. 11세기 중반~12세기

의 전통은 이탈리아만의 지역주의를 결정하는 특징으로 이해할 수 있다. 또한 동시대적 발전 상황은 국제주의적 보편성의 의미로 이해할 수 있다. 국제주의 대 지역주의의 쌍개념은 프랑스 독일 영국 등 알프스 이북의 로마네스크 건축 전체에서 나타났던 현상이었다. 다만 이탈리아의 경우는 로마적 전통이 강한 배경으로 작용한 점에서 지역주의로 단순화시키기에 어려운 점이 있다. 왜냐하면 로마적 전통은 그것이 고전주의이건 가톨릭이건 상관없이 이미 서양 건축에서 시대와 지역을 초월하여 가장 보편적 가치를 획득했기 때문이다. 이런 점에서 이탈리아 로마네스크 건축에서는 '국제주의 대 지역주의'라는 개념보다는 '동시대성 대 고전주의적 전통'이라는 개념이 더 적합할 수도 있다.

베로나의 성 제노San Zeno, 1123~35년 실내는 12세기 이탈리아 로마네스크 건축에 나타난 이런 쌍개념을 잘 보여주는 예이다. 동시대성은 외관의 추상적 서술적 장식과 네이브 월의 교대 리듬을 통해 표현되었다(그림 403, 404). 로마 전통은 납골당 처리에서 표현되었다(그림 405). 이 건물에서 납골당은 로마네스크적 분화가 일어나기 전인 초기 기독교 시대의 원형적 기법으로 구성되었다. 원형적 기법은 납골당에 별도로 봉헌된 성인이 없는 점에서 찾을 수 있다. 봉헌 성인이 없는 것은 로마네스크적 분화가 일어나기 전 고대 기독

403 성 제노(San Zeno). 베로나(Verona), 이탈리아. 1123~35년

404 성 제노(San Zeno). 베로나(Verona), 이탈리아. 1123~35년

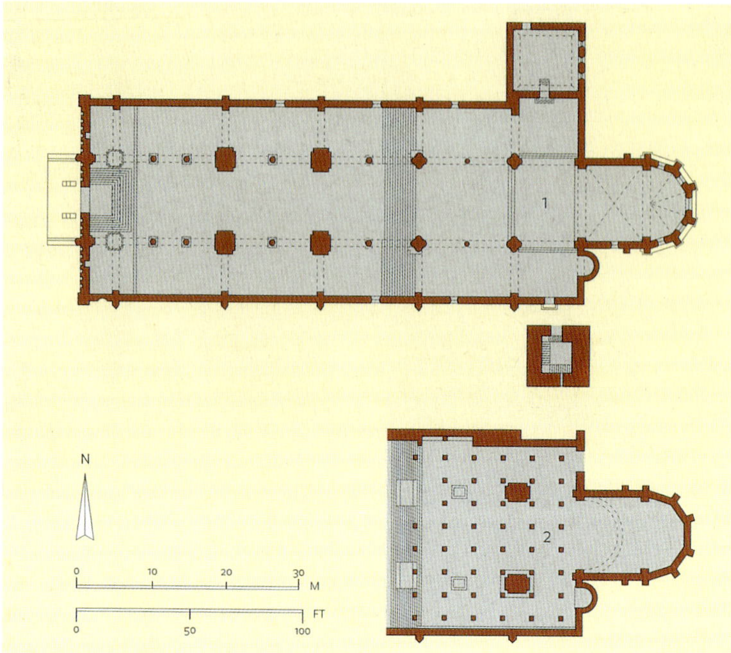

405 성 제노(San Zeno). 베로나(Verona), 이탈리아. 1123~35년

교 때의 원형적 현상이었다.

기독교적 원형성은 건축적 원형성에 대응되었다. 봉헌 성인이 없었기 때문에 장식이 더해지지 않았고 공간 분화도 일어나지 않았다. 초창기의 건축적 원형성이 그대로 지켜진 것이다(그림 406). 이것은 로마네스크적 사회 분화 현상인 도시화 상업화가 일어나기 전의 고대 기독교를 대표하던 기법이었다. 이런 기법은 초창기 기독교의 순수성을 지키겠다는 입장으로 해석될 수 있다. 이 입장은 로마네스크적 사회 분화에 따른 기독교의 변화를 세속화 과정으로 본다. 로마네스크 교회를 구성하던 구조적 논리성, 땅의 물성, 추상성, 단순성 등은 기독교의 세속화에 대응하는 건축적 현상이었다. 이것은 믿음을 인간적 매개로 해체 분석하겠다는 건축적 입장에 해당된다. 이에 반해 원형적 기독교에서는 정신적 가치를 믿는 신비주의를 추구했다. 믿음은 인간의 이성적 매개를 초월한 비합리적 절대성을 띠었다.

교회의 가장 깊은 곳에 위치한 납골당은 이런 초월적 절대성을 상징하는 지점이었다. 교회 전체의 공간 순서 및 이에 따른 건축적 처리를 보면 납골당에서 읽히는 로마적 원형으로의 회귀는 더욱 분명해진다

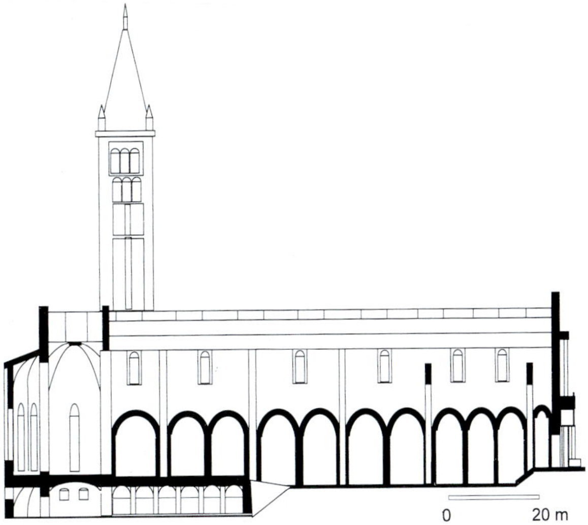

(그림 407). 외관에서 강조된 동시대성은 동시대의 새로운 계층인 평민 계층을 위한 것이다(그림 403). 실내의 성의 세계로 들어온 뒤 네이브의 동시대적 처리에서 동시대성은 다시 한번 강조된다(그림 404). 이것을 지나 가장 깊은 곳인 납골당에 도달하면 기독교의 본연적 원형성이 기다리고 있다. 동시대성보다 먼저 전제되는 초월적 순수성을 만나게 되는 것이다. 세속주의적 분화가 일어나기 전의 고대적 기법으로 처리된 납골당의 건축적 분위기는 이런 원형성을 가장 분명한 방식으로 상징한다.

406 성 제노(San Zeno). 베로나(Verona), 이탈리아. 1123~35년

407 성 제노(San Zeno). 베로나(Verona), 이탈리아. 1123~35년

롬바르디아와 평민 지역주의

408 산피에트로인치엘도로(San Pietro in Ciel d'Oro). 파비아(Pavia), 이탈리아. 1132년

이탈리아의 로마네스크 건축이 먼저 시작된 곳은 북부지방이었다. 11세기 말이 되면서 롬바르디아의 제1 로마네스크가 북부 이탈리아 전역으로 전파되기 시작했다. 이것은 포Po 계곡을 중심으로 에밀리아로마냐Emilia Romagna와 베네토Veneto 지방까지 확산되면서 로마네스크 건축의 형성을 도왔다. 롬바르디아 로마네스크의 중심지는 밀라노, 파비아, 파르마Parma, 모데나Modena 등이었다. 전체적 경향은 이탈리아 고전 기독교의 전통을 기본 바탕으로 삼아 롬바르디아 제1 로마네스크, 알프스 이북의 초기 로마네스크, 지역의 전통 장식, 지역

409 산프란체스코그란데(St. Francesco Grande), 파비아(Pavia), 이탈리아, 13세기
410 산암브로조(San Ambrogio), 밀라노(Milano), 이탈리아, 네이브 1018~50년/천장 볼트 12세기/아트리움 1129~44년

의 전통 벽돌 조절술 등 여러 요소가 혼재된 양상을 띠었다(그림 408, 409). 특히 이 지역은 전통적으로 이탈리아 로마네스크 전체를 대표하는 특징인 벽돌 조적술이 발달해 있었다.

이것을 가장 잘 보여주는 대표적인 예로 밀라노의 산암브로조San Ambrogio를 들 수 있다(그림 410). 이 건물은 386년에 밀라노의 주교였던 성 암브로시오에 의해 처음 지어진 뒤 두 차례에 걸쳐 크게 증축되었다. 한 차례는 카롤링거왕조 때였으며 또 한 차례는 로마네스크 때였다. 1018~50년에는 네이브 월의 기둥이 증축되었다. 4세기에 세워졌던 원형 기둥을 콤포지트 사각 벽기둥으로 바꾸는 일이었다(그림 411). 이것을 기초로 12세기에는 천장이 배럴 볼트로 바뀌었다.

산암브로조는 동시대성과 로마적 전통의 혼재를 잘 보여주고 있다. 동시대성은 로마네스크 때의 증축에서 나타났다. 기둥과 네이브 월 사이에 구조적 대응을 하려는 시도가 있었다(그림 412). 네이브와 아일 천장은 석조 볼트로 처리되었다. 네이브 천장에는 리브가 쓰였고 아일 천장에는 리브가 쓰이지 않았다.

로마적 전통은 롬바르디아 밴드와 초기 기독교 건축의 기법에서 나타났다(그림 413). 밀라노는 롬바르디아 밴드의 본고장 가운데 하나이자 더 거슬러 올라가면 초기 기독교 건축이 가장 활발했던 지역 가운데 하나로서 그 전통이 계속 이어져오고 있었다. 산암브로조에 쓰인 초기 기독교 건축의 구성은 아트리움을 대표적 예로 들 수 있다(그림

414). 이 아트리움은 1129~44년에 지어졌다. 아트리움에는 두번째 캄파닐레가 세워졌다(그림 415). 이것은 첫번째 것보다 더 높아졌지만 비례나 구조성 등에서 첨단 개념과는 거리가 멀었다. 전체적으로 벽돌을 이용한 장식적 특징이 강했다. 장식 어휘는 롬바르디아 밴드를 응용한 것이었다. 이런 전통적 기법과 어휘들이 어우러지면서 기하적 고전성으로 요약될 수 있는 로마적 분위기가 지배했다.

혼재는 서쪽 출입구 입면에서 다시 한번 반복된다(그림 410). 입면은 바실리카형이 아닌 신전 파사드에 가까웠다. 아치를 이용한 아케이드 구성은 로마네스크의 대정문이 아닌 로마 시대의 개선 아치를 연상시킨다. 이런 처리들은 '초기 기독교 건축의 로마네스크적 확장'으로 정의될 수 있다. 이 개념은 또한 산암브로조에 나타난 혼재의 성격과 의미를 설명해주는 것이기도 하다. 이것은 밀라노의 지리적 역사적 정

411 산암브로조(San Ambrogio). 밀라노(Milano), 이탈리아. 네이브 1018~50년/천장 볼트 12세기/아트리움 1129~44년

412 산암브로조(San Ambrogio). 밀라노(Milano), 이탈리아. 네이브 1018~50년/천장 볼트 12세기/아트리움 1129~44년

413 산암브로조(San Ambrogio). 밀라노(Milano), 이탈리아. 네이브 1018~50년/천장 볼트 12세기/아트리움 1129~44년

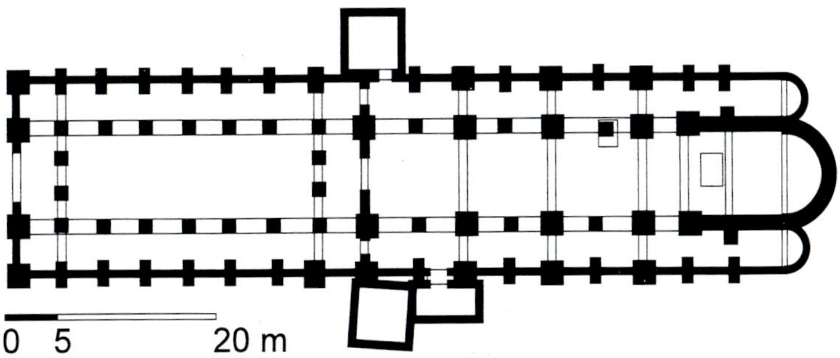

414 산암브로조(San Ambrogio). 밀라노(Milano), 이탈리아. 네이브 1018~50년/천장 볼트 12세기/아트리움 1129~44년

치적 위치의 산물이었다. 밀라노는 로마의 고전주의 전통과 게르만의 중세 전통이 교차하는 지역이었다. 일찍이 초기 기독교 때부터 그러했으며 로마네스크 시대가 되어서도 이런 상황은 달라지지 않았다. 정치, 종교, 교역, 인종 구성 등 여러 면에서 서양 중세를 이루는 두 큰 축이 혼재하는 지역이었다.

415 산암브로조(San Ambrogio). 밀라노(Milano), 이탈리아. 네이브 1018~50년/천장 볼트 12세기/아트리움 1129~44년
416 성 미카엘(San Michele). 파비아(Pavia), 이탈리아. 1100년경~60년

파비아의 성 미카엘1100~60년은 산암브로조의 경향에 지역 장식의 특징이 더해진 예이다. 파사드는 단일 매스의 신전 파사드 형으로 산암브로조와 유사했다. 그러나 화려한 석재로 조각한 장식이 더해졌다. 지붕의 경사선을 따라 깊게 파인 아케이드가 세워졌다(그림 416). 이런 처리는 정문 출입구에서 반복되었다. 정문 출입구는 여러 겹의 아키볼트로 윤곽이 짜였다. 아키볼트는 조각 장식이 새겨지는 바탕면 역할을

417 성 미카엘(San Michele). 파비아(Pavia), 이탈리아. 1100년경~60년
418 파르마 성당(Parma Cathedral). 이탈리아. 12세기

했다. 아키볼트가 여러 겹이었기 때문에 층층이 조각 장식이 새겨질 수 있었다(그림 417). 이런 처리는 고전 어휘로서 건축적 바탕이나 윤곽을 형성하고 여기에 조각을 이용하여 장식을 더하는 기법으로 요약될 수 있다. 이런 기법은 인근 여러 도시의 주요 교회에서 함께 유행하며 공통된 경향을 이루었다.

파르마 성당Parma Cathedral, 12세기은 이것의 좋은 예이다. 이 건물에서는 단일 베이의 출입문에 압착 장식을 이용하여 12개월을 새겼다(그림 418). 파르마 세례당12~13세기에서는 본당 실내와 입면 어휘를 가소可塑적으로 응용한 장식 어휘를 여러 층의 갤러리를 이용하여 표현했다(그림 419). 꼭대기 층은 아케이드로 마감되었으며 본당의 출입구에 나타난 처리가 동일하게 반복되었다. 이외에도 코모의 산타본디오Sant'Abbondio at Como, 1027~95년, 모데나의 포르타델라페스케리아Porta della Pescheria at Modena, 페라라의 포르타데이메시Porta dei Mesi at Ferrara, 페라라 성당 등에서도 동일한 경향이 관찰된다(그림 420).

419 파르마 세례당(Parma Baptistery). 이탈리아. 12~13세기

롬바르디아 지방의 이런 장식 경향은 토스카나 지방의 장식 경향으로부터 영향을 받은 것으로 볼 수도 있다. 이 때문에 사가에 따라서는 롬바르디아 로마네스크를 토스카나의 장식주의로 분류하기도 한다. 실제로 카노사의 마틸다Mathilda of Canossa 백작은 롬바르디아와 토스카나 양 지방을 1069~1115년에 동시에 다스리기도 했다. 두 지역을 이어주는 일정한 공동 매개가 있었던 셈이다. 반면 롬바르디아의 장식 경향은 다음과 같은 시대적 배경의 산물로서 북부 이탈리아만의 독립적 현상인 측면이 강하다.

포 계곡을 중심으로 한 북부 이탈리아의 장식 경향은 이탈리아에 국한된 상황이 아니었다. 교역 벨트를 축으로 삼아 국가를 초월하여 유럽 전체에 걸쳐 형성되었다. 좀더 넓게 보면 당시 경제 발전의 산물이었다. 베네치아의 동방 무역에서 축적된 교역 루트와 자금력은 밀라노를 거쳐 알프스 이북으로 전파되고 있었다. 가장 먼저 지리적으로 가까운 프랑스 남부와 독일 남부로 전파되면서 이 지역의 농업 경제와 연합을 형성했다. 이런 전파를 담당한 세력은 밀라노의 기독교였다. 밀라노의 성직자들은 로마의 중앙 가톨릭에서 독립한 또하나의 기독교 문화를 만들 야심을 가지고 있었다. 이를 위해 베네치아의 상업력을 이용하여 알프스 이북에 지역 기독교를 세운 것이다. 교역과 농업

420 페라라 성당(Ferrara Cathedral), 이탈리아

이라는 경제적 이익을 매개로 지역 기독교, 지역 왕실, 평민 등이 연합한 새로운 정치 문화 권역이 형성되었다.

알프스 이북에서 부를 축적한 평민 계층은 이전에 성직자나 귀족이 가질 수 있었던 수준의 생활용품을 원하게 되었다. 게다가 평민 계층은 이런 물건을 실제로 구입할 수 있는 경제력을 갖추고 있었다. 이들의 경제력은 농업에서 나온 것이었다. 물건 수요가 증가한 현상은 거꾸로 교역을 활성화시켰다. 농업, 도시산업, 교역이 하나로 묶이는 경제 벨트가 형성되었다. 여기에 지역 기독교, 지역 왕실, 평민 계층이 하나로 묶이는 정치 종교 벨트가 겹쳐졌다. 이들은 자신들이 중심이 되어 자신들을 위해 봉사하는 기독교 건축을 창출하려 했다. 포 계곡 인근의 장식 경향은 이런 새로운 세력을 대표하는 건축 현상이었다.

알프스 이북에서는 힐데스하임의 성 미카엘이나 오툉의 성 라자로 등이 이것을 대표한 예였다. 이 두 도시에는 로마의 중앙 가톨릭에 소속되었던 성당이 있었다. 힐데스하임 성당과 오툉 성당이 그것이었다. 이 두 성당은 당시 지배 계층과 연합한 정통 기독교 교회였다. 성 미카엘과 성 라자

421 성 미카엘(St. Michael), 힐데스하임(Hildesheim), 독일, 1001~33년

422 힐데스하임 성당(Hildesheim Cathedral), 독일, 872년

로는 여기에 맞서는 새로운 평민 계층이 중심이 되어 세워진 교회였다. 이런 대별성은 건축 처리에서도 확인된다. 성 미카엘은 새로운 경향의 장식으로 천장이 처리된 반면 힐데스하임 성당은 초기 기독교 건축의 목조 평천장을 그대로 놔두었다(그림 421, 422). 이외에 주두 장식에서도 동일한 차이가 관찰된다(그림 176, 423).

새롭게 등장한 세력의 건축은 주로 장식 어휘를 통해 표현되었다. 이들이 세운 교회에서는 파사드를 비롯하여 건물 여러 곳에 장식 어휘가 넘쳐났다. 청동 대문, 오더 주두, 네이브 월, 바닥, 천장 등 장식이 들어갈 여백이 있는 곳이면 모두 장식으로 채워졌다(그림 424). 새로운 장식 처리는 당시에 매우 폭넓게 유행하던 경향이어서 성당에까지 이런 장식이 쓰이기도 했다(그림 425). 장식의 종류는 동물, 식물, 괴물 등의 자연주의 장식과 성경 역사 등의 서술적 장식 두 종류가 쓰였다.

자연주의 장식은 농촌을 배경으로 했다. 식물은 농업에 대한 직설적 관계를 상징했다(그림 426). 동물이나 괴물은 농부들의 전설이나 기복 신앙에 나오는 상상력을 반영했다(그림 427). 성당 출입문에 동물상을 세우는 전통은 이때 생긴 것이었다(그림 418, 427). 이런 새로운 장식

423 힐데스하임 성당(Hildesheim Cathedral), 독일, 872년

424 파비아 성당(Pavia Cathedral), 이탈리아, 1090~1130년/1170년대 증축

425 힐데스하임 성당(Hildesheim Cathedral), 독일, 872년

426 성 안토니오(St. Antonio), 파비아(Pavia), 이탈리아, 1104년

427 모데나 성당(Modena Cathedral), 이탈리아, 1099~1184년/12세기 말~14세기
428 성 제노(San Zeno), 베로나(Verona), 이탈리아, 1123~35년
429 성 미카엘(St. Michael), 힐데스하임(Hildesheim), 독일, 1001~33년

은 전통적인 정통 기독교 장식에 대별되는 상징성을 가졌다. 정통 기독교 장식은 초월주의적이고 신비주의적 상징성을 가졌다. 기독교 정신의 원형성을 강하게 지키면서 세속인에게 신앙적 두려움을 불러일으키는 것이었다(그림 428). 이에 빈해 새로운 장식은 훨씬 세속적이었다. 복잡해진 당시 사회상이 반영된 결과였다. 기독교의 내용을 표현한 장식도 마찬가지였다. 이런 장식들은 정통 기독교와 달리 서술적이고 자연주의적인 경향을 새로운 특징으로 나타냈다(그림 429). 전통적인 경향들이 로마의 중앙 가톨릭 정부를 대표하는 경향이라면 새로운 경향은 로마네스크 시대에 형성된 교역 벨트의 세력권을 대표하는

430 모데나 성당(Modena Cathedral), 이탈리아, 1099~1184년/12세기 말~14세기

431 성 제노(San Zeno), 베로나(Verona), 이탈리아, 1123~35년
432 성 제노(San Zeno), 베로나(Verona), 이탈리아, 1123~35년

경향이었다(그림 430).

베로나의 성 제노는 이것을 잘 보여주는 예이다. 이 건물에서는 청동 문과 대리석 돋을새김이 주요 장식 어휘를 이루었다. 장식의 내용은 구약, 신약, 동고트족의 왕, 카롤링거의 사화史話, sagas 등 다양했다(그림 431). 이 가운데 일부는 기독교에 관한 것이었다. 그러나 표현 경향이 정통 기독교와 달리 서술적으로 바뀌어 있었다. 동고트족의 왕이나 카롤링거의 사화 등과 같은 세속적 주제는 더욱 그러했다.

외관에 대한 관심도 장식에 집중되었다. 외부에 쓰인 벽기둥이나 기둥 같은 수직 부재들은 구조 역할을 표현하던 데에서 분할 기능으로 전환되었다. 캄파닐레도 동일한 경향을 보였다. 매스 윤곽-수직 부재-수평 부재가 연합하여 면 분할을 이루었다(그림 432). 이런 부재들이 만드는 면 분할은 그 자체가 장식 어휘인 동시에 더 세밀한 장식이 가해지는 바탕을 형성했다. 규모에 따라 '건물 윤곽-수직 부재-세부 장식'으로 이어지는 3단계의 구절법句節法=phrasing이 형성되었다. 구절법은 리듬감을 낳았다. 세부 장식 자체는 서술성과 추상성이라는 로마네스크의 두 가지 대표적 특징을 견지했다.

이런 여러 경향들은 기독교 건축이 세속화되어가는 전형적인 현상에 해당된다. 정통 기독교 건축에서 수직 부재는 건축 본연의 역할에 충실했으며 세부 장식은 초월주의적 경향을 가졌다. 이것이 로마네스크 시대에 새롭게 나타난 중세적 분화 현상에 대응하여 변한 것이다.

433 모데나 성당(Modena Cathedral), 이탈리아, 1099~1184년/12세기 말~14세기
434 모데나 성당(Modena Cathedral), 이탈리아, 1099~1184년/12세기 말~14세기

이런 변화는 경제적 성공을 바탕으로 새롭게 등장한 평민 계층에게 걸맞은 상징적 처리를 제공하려는 데 목적이 있었다.

모데나 성당1099~1184년에서는 성 제노의 수직-수평 밴드에 의한 격자 분할 대신 기둥과 블라인드 아치의 조합으로 상식 어휘를 형성했다. 이렇게 형성된 윤곽을 바탕으로 조각 장식이 더해졌다(그림 433). 이것은 롬바르디아 제1 로마네스크의 전통이 강하게 남아 있는 현상이다. 블라인드 아치는 세 개의 작은 아치를 한 세트로 삼아 이것을 다시 하나의 큰 아치 윤곽이 감싸는 형식으로 구성되었다(그림 434). 세 개

435 모데나 성당(Modena Cathedral), 이탈리아, 1099~1184년/12세기 말~14세기
436 모데나 성당(Modena Cathedral), 이탈리아, 1099~1184년/12세기 말~14세기

의 작은 아치들은 창을 이루며 실내에서 갤러리 층을 형성했다(그림 435). 외관의 갤러리 층은 실내 구성을 반영하며 파사드와 측면의 전폭에 걸쳐 형성되었다(그림 436).

네이브 월의 기둥은 교대 리듬을 이루었다. 갤러리 층의 아치 구성은 파사드와 동일했다. 이때 세 개의 아치 군집 가운데 제일 바깥쪽 것은 지지 기둥 없이 벽을 파낸 것처럼 처리되었다. 벽기둥의 대응 기둥이 갤러리 층의 아치와 한몸을 이루지 못하고 어긋난다는 의미였다.

네이브와 크로싱의 경계부에는 지상 납골당이 위치했다. 납골당과 네이브는 스크린에 의해서 분리되었다(그림 437, 438). 스크린의 폭은 세 개의 아치로 구획되었다. 납골당 천장은 볼트로 처리되었다. 스크린에는 사자상 등의 돋을새김이 장식되었다. 주두도 복잡하게 장식되었다. 장식을 비롯한 이런 복잡한 처리는 성 제노의 납골당에 대비된다. 건축적 처리에서의 대비는 기독교적 의미의 대비에 대응된다. 모데나의 납골당은 모데나의 첫번째 주교였던 성 제미니아노San Geminiano에게 봉헌된 것이었다. 이것은 로마네스크적 세속화에 해당되는 현상이다. 봉헌 성인이 없는 성 제노의 납골당은 그에 맞게 건축적 원형성을 지켰다. 반면 모데나에서는 봉헌 성인을 있는 상황에 맞게 온갖 부가물로 복잡하게 처리되었다. 이것은 로마적 원형성에 대비되는 동시대성을 상징한다.

437 모데나 성당(Modena Cathedral). 이탈리아. 1099~1184년/12세기 말~14세기

438 모데나 성당(Modena Cathedral). 이탈리아. 1099~1184년/12세기 말~14세기

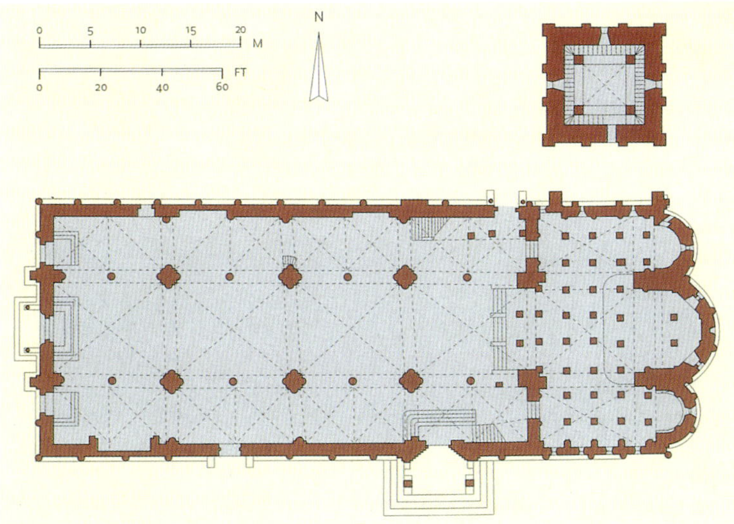

토스카나와 장식 고전주의

토스카나Toscana 지방은 로마 시대부터 중요한 대리석 산지였다. 이때 형성된 재료적 특징이 로마적 전통으로 자리잡으며 로마네스크 때까지 이어져 내려왔다. 이런 상황은 토스카나 로마네스크만의 경향을 형성했다. 롬바르디아와 비교했을 때 그 내용은 세 가지로 요약될 수 있다.

첫째, 재료에 대한 입장은 롬바르디아의 벽돌 조적과 다른 석재 조적의 특징으로 나타났다. 석재 조적에서는 부재 단위가 컸는데 이에 따라 건축도 차이가 났다(그림 398, 399). 둘째, 구조에 대한 입장은 롬바르디아 밴드의 폐쇄적 고형적 벽체 구조와 달리 아치를 이용한 아케이드가 주류를 이루었다. 대리석으로 지어지는 아치는 대표적 어휘였다. 롬바르디아 조적의 덩어리 느낌과 달리 가구식 구조가 가미된 개방성이 주요 특징으로 나타났다(그림 439, 440). 셋째, 장식 어휘는 건축 부재를 소품화한 롬바르디아 밴드와 달리 대리석의 색과 무늬를 이용한 기하 문양 장식과 채색주의colorism 혹은 polychrome가 두드러졌다(그림 401, 441).

이 가운데 토스카나 로마네스크를 가장 대표하는 경향은 세번째 채색 장식주의였다. 장식주의는 넓게 보면 이탈리아 로마네스크 건축 전반에 걸쳐 나타나면서 로마적 전통을 이루는 요소였다. 초기에는 롬바르디아 밴드라는 조적을 이용한 장식 어휘가 쓰였다. 롬바르디아 밴드

439 파도바 성당(Padova Cathedral), 이탈리아. 1117년 지진 파괴 이후 수리

440 성 제노(San Zeno), 피스토이아(Pistoia), 이탈리아. 13세기

에 내재된 로마적 전통은 로마 시대 조적술의 연장에서 찾을 수 있다. 성기로 넘어가면서 장식 자체를 위한 장식으로 바뀌면서 채색 장식주의가 나타났다(그림 442).

채색 장식주의에 내재된 로마적 전통은 비잔틴의 영향에서 찾을 수 있다. 토스카나의 채색 장식주의는 비잔틴의 모자이크를 대리석을 이용하여 번안한 것에 해당된다. 비잔틴의 모자이크가 미술이나 공예였던 데 반해 이것을 좀더 건축적으로 번안한 장식으로 볼 수 있다. 이처럼 이탈리아 로마네스크 전반에 걸쳐 나타난 장식주의는 알프스 이북의 구조성과 대비되는 지중해적 고전성의 산물이었다. 구조적 합치성을 추구했던 알프스 이북의 게르만 정신과 대비되는 지중해 문명권의 로마적 고전성인 것이다.

로마적 고전성은 재료 이외에 아트리움에서도 나타났다. 이것 역시 롬바르디아의 예들에서도 관찰되던 경향이었다. 그러나 토스카나에서 더 분명하게 나타났다. 토스카나 로마네스크 교회들은 아트리움을 주요 어휘로 가졌다. 뿐만 아니라 아트리움 구성을 장식을 이용하여 파사드에 농축적으로 표현했다. 아트리움에서 아케이드를 통해 다소 분산적으로 만들어졌던 장식을 넓은 바탕면을 가진 파사드에서 압축적으로 반복 강조하는 방식을 통해서였다. 이런 처리를 통해 아트리움의 3차원이 파사드의 면으로 접혀 축약된 느낌이 얻어졌다. 단층 파사드의 면 두께를 통해 출입의 도상학을 만든 것이다(그림 396, 434, 443).

441 산조반니푸오르치비타스(San Giovanni fuor Civitas). 피스토이아(Pistoia), 이탈리아. 12세기 말

442 프라토 성당(Prato Cathedral=Santo Stefano). 이탈리아. 12세기

443 산미켈레인포로(San Michele in Foro). 루카(Lucca), 이탈리아. 12~15세기

444 산조반니푸오르치비타스(San Giovanni fuor Civitas). 피스토이아(Pistoia), 이탈리아. 12세기 말

이것은 로마 시대에 개선 아치에서 쓰이던 기법이었다.

아트리움을 면한 정면에 새겨진 장식 이미지는 교회의 네 면에 돌아가며 반복되었다. 가능한 한 눈에 보이는 외부면 전체를 장식 이미지로 처리하겠다는 의도였다. 측면은 길이가 길고 바탕면도 넓었기 때문에 이 면을 전부 세밀한 기하 문양으로 장식하는 것은 불가능했다. 간략해진 장식 어휘가 쓰였는데 흑백의 대리석을 이용한 얼룩말 띠무늬는 가장 많이 쓰인 대표적인 어휘였다. 다음으로 많이 쓰인 것은 롬바르디아 밴드를 대리석으로 만든 어휘였다. 길쭉한 블라인드 아치, 갤러리 층 레벨의 내어쌓기 띠, 아치 프리즈, 움푹 파인 아케이드 등이 주요 어휘였으며 여기에 코린트식 혹은 콤포지트 주두가 더해졌다(그림 444).

토스카나의 채색 장식주의는 로마적 고전성을 갖기 때문에 로마 지역의 로마네스크 건축에서도 유사하게 반복되었다. 로마에는 새로 지

445 성 밖의 성 바오로(San Paolo fuori le Mura). 로마. 회랑 1205~41년

446 산클레멘테(San Clemente). 로마. 12세기

어진 로마네스크 건물은 거의 없었다. 로마의 로마네스크 건축은 대부분 초기 기독교 건물을 유지하면서 소규모로 증축하는 형식이었다. 이 때문에 채색 장식주의는 외관보다는 안마당이나 실내에 더 많이 쓰였다. 성 밖의 성 바오로에서는 안마당에 주로 쓰였다(그림 445). 산클레멘테San Clemente에서는 네이브 월 기둥, 성가대석, 앱스 등에 주로 쓰였다(그림 446).

이외에도 성 라우렌시오San Lorenzo, 산조반니인라테라노, 산타마리아인코스메딘Santa Maria in Cosmedin 등 초기 기독교 시대의 중요한 교회들에 로마네스크 장식이 더해졌다(그림 447). 이것은 로마네스크가 초기 기독교와 단절된 새로운 양식이 아니라 서로 강하게 이어지는 연속 양식임을 말해주는 증거이다. 이런 고전적 연속성 때문에 토스카나와 로마의 로마네스크 건축은 르네상스의 중요한 선례가 되었다. 중세화된 고전 전통을 지켜 르네상스로 넘긴 점에서 토스카나-로마네스크 건축은 프로토 르네상스proto-Renaissance라 불리기도 한다.

447 성 라우렌시오(San Lorenzo), 로마

피렌체의 산미니아토알몬테는 토스카나의 채색 장식주의를 대표하는 예이다(그림 448). 이 건물은 11세기 초 피렌체의 주교였던 힐데브란트Hildebrand 및 그의 배우자 알베르가Alberga를 위한 납골당으로 먼저 지어졌다. 제단은 수호 성인이었던 미니아스Minias의 성물을 보관했다. 전체적으로 대리석을 이용한 화려한 기하 문양이 쓰였다. 입면은 고전 어휘를 기하 단위로 단순화시킨 뒤 대리석을 이용하여 채색 장식 어휘로 처리했다(그림 449). 실내 기둥과 주두는 백색 대리석으로, 제단은 상아로 각각 처리했다.

448 산미니아토알몬테(San Miniato al Monte), 피렌체(Firenze), 이탈리아, 11세기 중반~12세기

449 산미니아토알몬테(San Miniato al Monte), 피렌체(Firenze), 이탈리아, 11세기 중반~12세기

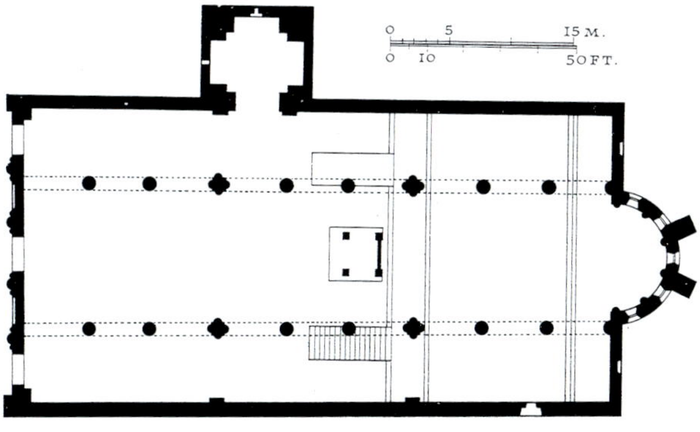

여기까지는 전형적인 토스카나 채색 장식주의였다. 고전 어휘를 장식 모티브로 사용한 점에서 표면적으로는 로마적 연속성을 중요한 배경으로 했다. 그러나 구체적인 내용은 달랐다. 채색 장식주의 어휘가 지향하는 궁극적인 바는 동시대성의 강조였다. 이 둘을 합하면 이 건물의 의미는 로마적 연속성을 기본 요소로 삼아 동시대성을 강조한 양면성에 있다고 할 수 있다.

피렌체는 11세기 중반부터 이 지역의 개혁 중심지가 되었다. 개혁은 지역 주교와 교황의 연합으로 시작되었고 1069년에는 마틸다 백작이 합세했다. 산미니아토알몬테는 이런 개혁 정신에 맞게 증축되었다. 주 방향은 속세와의 친밀감을 높이는 쪽으로 잡혔다. 친밀감은 속세를 향한 개방성을 높이고 세속인의 유입을 환영하는 방식으로 높여졌다. 이것은 로마의 원형성보다 동시대의 지역성을 우위에 두는 개념이었다. 새로운 계층인 평민의 존재를 중시하는 입장인 것이다.

이런 상징성을 표현하기 위해 두 가지 처리가 가해졌다. 첫번째는 실내의 성의 공간과 외부의 속의 공간을 건축적으로 동일하게 처리한 것이다. 초기 기독교 시대에 실내의 앱스와 납골당에 한정되어 있던 성의 영역 혹은 성의 상징성이 외부로 표현된 것이다. 두번째는 동시대의 지역성을 상징하는 세속화된 경향으로 장식을 처리하는 것이다. 기하 문양 장식은 이것의 좋은 예였다.

이 가운데 첫번째 처리는 모데나 성당에서 보았듯이 롬바르디아에서도 동일하게 사용하던 경향이었다. 두번째 처리에서는 차이가 났다. 롬바르디아의 장식은 자연주의 경향이나 서술적 경향으로 처리되었다. 이에 반해 이곳에서는 기하 문양을 이용한 추상 장식으로 처리했다. 이것은 토스카나식 세속화로 정의될 수 있다.

이렇게 세속화된 장식 어휘는 성의 공간과 속의 공간에 동일하게 쓰였다. 성의 공간은 성인의 영역인 납골당 출입구와 성직자의 영역인 사제석이었다. 이곳은 장식 어휘보다는 구조적 원형성이 높은 어휘로 처리되었다(그림 450). 속의 공간은 정면 출입구였다. 이곳은 성의 공간을 이루던 원형 어휘를 번안한 동시대적 장식 어휘로 처리되었다(그림 449). 성의 공간을 형성하는 건축 어휘와 도상을 속의 공간에 내보인 것이었다. 이런 처리는 속세를 향해 강한 메시지를 전달했다. 순수 시각적 차원에서 보았을 때 기하 문양의 장식성은 주변 환경에 활력을

450 산미니아토알몬테(San Miniato al Monte). 피렌체(Firenze), 이탈리아. 11세기 중반~12세기
451 산미니아토알몬테(San Miniato al Monte). 피렌체(Firenze), 이탈리아. 11세기 중반~12세기

불어넣는 방식으로 세속화를 도왔다.

네이브는 장식을 통해 성의 공간과 속의 공간을 이어주는 중간 매개 역할을 했다. 네이브의 공간적 성격이 성과 속의 중간 상태에 속하기 때문이었다. 네이브 자체도 화려하게 장식되었다. 네이브 월은 다섯 베이를 가졌다. 주신의 재료는 백색 대리석이었다. 주두는 코린트식 오더로 처리되었다. 이 위에 몬테페라토Monteferrato 산 청 대리석으로 채색 처리된 아치열이 아케이드를 형성했다(그림 451). 여기에서 머물지 않고 조금이라도 여유가 있는 벽면은 온통 기하 문양으로 장식되었다. 이런 장식 처리가 네이브와 사제석 사이의 아케이드에도 동일하게 반복되었다.

네이브의 장식 어휘는 정면 출입구에서 유사한 방식으로 반복되면서 성과 속 사이의 연관성을 높여주었다. 정면에서는 출입구의 이미지에 맞는 '윤곽과 통로framing and passage'의 개념으로 번안한 어휘가 사용되었다. 이 개념은 출입문과 블라인드 아치를 교대로 사용하는 방식으로 표현되었다(그림 449). 정면도 5베이였는데 출입문 3베이와 블라인드 아치 2베이가 교대로 위치했다. 이것은 네이브 월의 아치 프레임을 응용하여 번안한 것이었다. 네이브를 구성하는 어휘를 이용하여 세속인의 유입을 상징하는 통로의 이미지를 만들어 속의 공간에 내보인 것이었다. 블라인드 아치가 상징하는 윤곽의 이미지는 통로의 유입성을 강조하는 역할을 했다. 둘 모두 5베이라는 공통점은 유사성을 높여주었다.

452 산미니아토알몬테(San Miniato al Monte). 피렌체(Firenze), 이탈리아. 11세기 중반~12세기

네이브 월과 정면 사이에는 차이도 있었다. 정면 출입구는 네이브 월과 달리 기둥 구조가 없어도 되는 벽체 구조이기 때문에 기하 문양으로 장식할 바탕면이 더 넓었다. 정면에서는 기하 문양이 실내보다 더 활발하게 새겨졌다. 반원과 사각형의 기하 문양이 벽면을 메웠다(그림 452). 정면 상층부는 건축적 방식으로 동시대 지역성을 상징했다. 상층부의 기본 윤곽은 바실리카 원형과 신전 파사드가 혼합된 것이었다. 지붕 전체가 페디먼트로 마감됨과 동시에 네이브와 아일 사이의 천장고 차이를 페디먼트 조각으로 메운 점이 그러했다(그림 449). 이것은 로마적 원형성을 표현한 것이다. 그러나 상층부도 모든 면이 기하 문양으로 처리됨으로써 윤곽에서의 원형성이 토스카나식 세속화에 의해 압도당했다. 이것은 동시대의 지역성을 강조한 것으로 해석된다.

지역성의 강조는 페디먼트 아래 넓은 벽면 처리에서 두드러졌다. 이 부분에는 작은 창 프레임이 한 세트 만들어져 있고 그 위에 예수, 성 미니아스, 성모마리아가 그려져 있다(그림 453). 이런 구도는 강한 기독교적 상징성을 갖는다. 창은 하늘로 가는 관문을 상징한다. 도상 자체만 보면 신비주의적 경향으로 인해 초기 기독교의 원형성을 표현한 것으로 볼 수 있다. 그러나 관문의 상징성이 더해지면 동시대성을 강조하는 것으로 해석될 수 있다. 창은 높은 곳에 위치하면서 접근 불가능성을 암시하고 있다. 이것은 하늘의 개념을 강조한 것이다. 건물의 전체 비례는 아직 수직의 앙천성이 나타나지 않고 있지만 관문의 접근 불가능성을 통해 하늘에 대한 은유적 상징이 표현되고 있는 것이다. 그런데 관문의 개념은 정면 출입구에서 세속인의 유입을 독려하는 통로의 이미지로 사용되었다. 이것은 기독교적 원형성을 세속화한 처리로 볼 수 있다. 이것은 하늘의 예루살렘을 고전 어휘와 장식 문양을 통해서 이상적 유토피아의 이미지로 번안하여 도시 전체에 내보인 것으로 해석될 수 있다.

453 산미니아토알몬테(San Miniato al Monte). 피렌체(Firenze), 이탈리아. 11세기 중반~12세기

산미니아토알몬테에 사용되었던 이와 같은 기법은 토스카나 전역에 걸쳐 하나

의 큰 흐름으로 형성되었다. 장식 문양은 기하 문양에 더해 얼룩말 무늬, 흑백 선형띠, 조각물 등으로 다양해졌다. 도시로는 피렌체 이외에도 피사, 루카, 피스토이아, 프라토 등이 이런 경향을 대표했다. 이 도시들에는 뒤늦게까지 산미니아토알몬테와 유사하게 장식된 교회들이 여러 채 지어졌다. 심지어 13세기를 넘어 14세기까지 지어지기도 했다. 이 가운데 피사 성당 단지Pisa Cathedral complex=Campo dei Miracoli, 기적의 들판, 루카의 산미켈레인포로San Michele in Foro at Lucca, 피스토이아의 산조반니푸오르치비타스San Giovanni fuor Civitas at Pistoia, 피렌체의 세례당, 프라토의 성 스테파노Santo Stefano at Prato 등을 대표적 예로 들 수 있다(그림 454, 455).

피사 성당은 1063년에 피사 해군이 이슬람과의 전투에서 승리한 것을 기념하여 세워졌다. 이 승리로 사라센은 시칠리아에서 물러났다. 이 승리가 성모마리아의 은혜라고 믿은 피사 사람들은 성모마리아에게 봉헌하는 교회를 지었다. 교회 축조에 필요한 비용은 전리품으로

454 산미켈레인포로(San Michele in Foro), 루카(Lucca), 이탈리아, 12~15세기

455 프라토 성당(Prato Cathedral=Santo Stefano), 이탈리아, 12세기

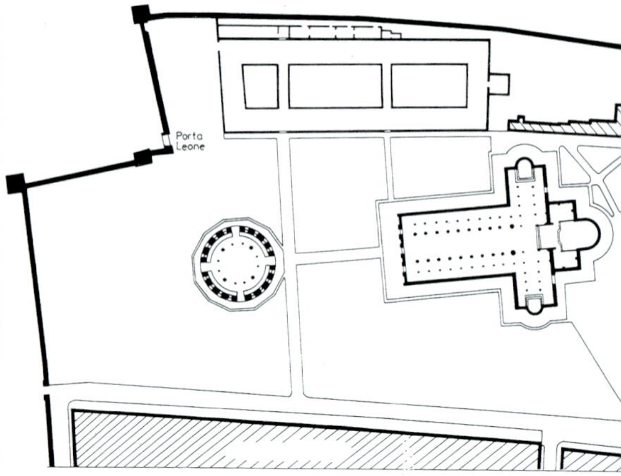

456 피사 성당 단지(Pisa Cathedral complex=Campo dei Miracoli, 기적의 들판). 이탈리아. 1063~1272년

457 피사 성당 단지(Pisa Cathedral complex=Campo dei Miracoli, 기적의 들판). 이탈리아. 1063~1272년

충당했다. 1100~20년에는 서쪽으로 확장 증축되었다. 1153년에는 새 세례당을 지금의 위치에 원형 건물로 축조했다(그림 456, 457).

피사 성당 단지는 기하라는 토스카나식 세속화 기법을 통해 기독교의 의미를 동시대성에 맞게 표현한 의미를 갖는다. 성당은 라틴 크로스로, 세례당은 원형으로 각각 처리되면서 기하학적 윤곽을 만들어냈다. 이 둘이 정확히 축을 일치시키며 기하적 질서를 주도했다. 건물의 입면 전체는 기하 장식이 강하게 지배했다(그림 458). 이런 기하 장식을 통한 동시대성의 표현은 주로 역사적 사실을 통해 확인된다. 역사적 사실이란 피사가 로마 교황청을 제치고 서양의 기독교 역사에서 이

458 피사 성당(Pisa Cathedral). 이탈리아. 1063~1118년/1261~72년

459 바위 사원(Dome of the Rock=Temple of the Lord). 예루살렘(Jerusalem), 이스라엘
460 피사 세례당(Pisa Baptistery). 이탈리아. 1153~1265년

탈리아를 대표하며 주도적 역할을 했던 사실을 의미한다.

피사 성당 단지가 지어지던 시기는 피사가 1차 십자군 원정1096~99년 이후의 새로운 기독교 질서 형성에서 주도적 역할을 하던 때였다. 이런 현상은 시기를 더 넓혀 십자군 시대 전체에서 관찰된다. 피사 성당 단지 전체의 축조 시기는 1063~1350년인데 이것은 1096~1291년의 십자군 원정 시기와 대부분 일치된다. 1100~20년의 증축에 한정시켜보면 피사의 대주교가 1차 십자군 원정의 결과로 당시에 새로 세워진 예루살렘의 라틴왕국Latin Kingdom of Jerusalem에서 주도적 역할을 하던 때였다. 이 증축에 나타난 토스카나식 세속화는 이런 지역 주교의 활동에 대응되는 건축 현상으로 해석될 수 있다.

성지와의 연관성은 구체적 건축 어휘에 의해서도 확인된다. 성당과 세례당은 성지, 특히 템플 산Temple Mount 인근 지역의 초기 기독교 유적의 어휘를 많이 차용하여 활용했다. 하람 알 샤리프Haram-al-Sharif=Noble Sacred Enclosure 성역이 대표적인 예이다. 이 성역은 중앙형 건물인 바위 사원Dome of the Rock=Temple of the Lord과 선형 바실리카인 알 아크사 모스크Mosque of Al-Aqsa=Temple

461 피사 성당(Pisa Cathedral), 이탈리아, 1063~1118년/1261~72년

of Solomon로 대표되는 지역이다. 이 두 건물이 피사 단지에 도입되어 토스카나의 화려한 장식으로 변형 각색된 것이다. 바위 사원은 세례당의, 알 아크사 모스크는 성당의 모델이 되었다(그림 459, 460).

성지와의 연관성은 같은 토스카나 장식주의 내에서 피렌체와 피사를 세분하는 기준이 되기도 한다. 피사의 장식은 주로 상감象嵌 세공intarsia과 조각에 집중되었다(그림 461). 이것은 대리석을 이용한 기하 문양이 크게 강조되었던 피렌체의 장식 처리와 구별되는 피사만의 특징적 경향이다. 이 차이의 뒤에 홀리 랜드와의 연관성이 있다. 상감 세공과 조각은 예루살렘이 갖는 천계天啓의 상징성을 직설적이고 서술적으로 표현하는 방식인 것이다.

7장 로마네스크에서 고딕으로

1 12세기와 전환기

12세기 (1): 로마네스크에서 고딕으로

12세기 중반의 비슷한 시기에 지어진 두 건물을 보자. 르퓌앙블레의 노트르담Notre-Dame at Le Puy-en-Velay에서는 장식 경향이 두드러진다(그림 462). 아치가 필요 이상으로 많은데다 구조부도 개구부도 아닌 장식 어휘로 사용되고 있다. 여기에 토스카나 로마네스크에서 쓰이던 대리석 띠무늬까지 더해졌다. 돌은 땅의 생명력과 장중한 물성을 잃고 잘게 조각나 있다. 시선은 분산되고 메시지는 흐려진다. 후기 로마네스크 양식이다.

성 디오니시오의 이스트 엔드 복도를 보자(그림 463). 단일 원형 기둥만으로 아치와 볼트 천장을 받치고 있다. 아직 기둥이 두껍고 높이는 낮지만 그래도 두껍고 둔탁한 벽체를 다 털어버린 모습이다. 군살을 빼고 꼭 필요한 골격만 남기려는 의지가 확연하다. 공간은 큰 상자 속에 막대기를 꽂아놓은 것 같은 분위기로 바뀌었다. 아치도 반원 아

462 노트르담(Notre-Dame), 르퓌앙블레(Le Puy-en-Velay), 프랑스, 12세기
463 성 디오니시오(St. Denis), 파리, 1130년대~40년대

치에서 포인티드 아치로 바뀌었다. 리브와 아치는 구조적 역할이 확실한 자리에만 쓰이고 있다. 초기 고딕의 시작을 알리는 장면들이다.

12세기 중반은 이렇게 다른 두 경향이 중첩하는 시기였다. 그러나 두 건물에는 일면 닮은 점도 있다. 중세라는 더 큰 문명 단위에 함께 속한다는 사실을 말해주고 있다. 특히 12세기 중반 유럽의 기독교적 고민을 함께 나누었다는 점에서는 더욱 그러하다. 이렇게 보았을 때 12세기 중반은 새로운 양식의 등장과 이전 양식의 연속이 교차하는 전환기로 정의될 수 있다.

12세기 중반의 전환기적 의미는 실제 건물들에서는 복잡하게 나타났다. 앞의 두 예처럼 명확하게 어느 한편에 속하는 건물도 많았지만 두 양식이 혼재되어 나타난 건물도 많았다. 혼재의 양상도 다양했다. 이런 혼재가 중요한 이유는 그 속에 고딕 건축의 시작을 말해주는 여러 단서들이 들어 있기 때문이다.

고딕 건축은 1120~40년에 성 디오니시오를 대표로 상리스Senlis, 수아송Soissons 성당 등 몇몇 건물에서 시도되었다는 것이 통설이다(그림 464). 그러나 이에 대한 건축사적 합의가 이루어진 것은 비교적 최근의 일이다. 20세기 중반까지만 해도 고딕 건축의 시작에 대해서는 나라별로 학자별로 다양한 의견들이 있었다. 시작의 단서도 양식 단위로서가 아닌 개별 어휘나 징조적 현상에서 찾는 경향들이 많았다. 이 관점에 의하면 고딕 건축의 시작은 시기와 건물 모두에서 지금의 통설과는 많이 다르다.

464 상리스 성당(Senlis Cathedral), 프랑스

이런 문제들은 이 시기에 대한 전문가가 아니면 무의미할 수 있다. 그러나 이런 관찰이 여전히 필요한 측면도 있다. 그것은 중세 유럽의 상황을 보다 세밀하게 이해하는 데 도움이 되기 때문이다. 로마네스크에서 고딕으로의 전이기에 유럽에서는 정치 기독교 학문 건축 일상생활 등 문화 전반에 걸쳐 중요한 변화들이 있었다. 이런 세밀한 변화들은 이후 유럽이 르네상스에서 현대에 이르는 긴 시간에 걸쳐 겪었던 분화와 발전을 이해하는 데 필수적 사항이다. 로마네스크와 고딕 사이의 관계를 단순히 새 양식의 등장으로 단순화시킬 경우 세밀한 변화를 볼 수 없게 된다.

성기 로마네스크 후반부 때 지어진 르세 수도원 교회Abbey Church

465 르세 수도원 교회(Abbey Church at Lessay=La Trinité, 삼위일체 교회). 프랑스. 1077년 시작. 12세기 증축

466 부르주 성당(Bourges Cathedral). 프랑스. 1192~1218년

at Lessay는 세밀한 변화를 보여주는 좋은 예이다(그림 465). 이 건물은 로마네스크 내부의 관점에 한정시켜보면 캉의 생테티엔과 성 삼위일체로부터 영향을 받은 점 때문에 새로운 양식 창출에 앞장서지 못한 것으로 평가된다. 그러나 시간의 끈을 고딕으로까지 연장시켜보면 정반대의 해석이 가능하다. 르세에서는 고딕의 전조현상 가운데 하나인 총체적 유기성의 완성이 관찰되기 때문이다. 이것은 두 가지 점에서 그러하다.

한 가지는 건물 전체에 볼트 체계가 쓰인 점이다. 캉의 건물들은 부분적으로는 당시에 가장 발달한 볼트 방식을 보여준다. 그러나 건물 전체로 보면 볼트 처리가 안 된 부분이 있었다. 건물 전체의 통일성이라는 관점에서 보면 첨단성이 부족했다. 반면 르세에서는 건물 전체에 볼트가 쓰였다. 다른 한 가지는 리브 볼트가 나중에 더해진 것이 아니라 처음부터 네이브 월의 구조 체계와 함께 계획 시공된 것이라는 점이다. 이런 사실은 제2차 세계대전 이후 르세를 복원하는 과정에서 밝혀졌다. 이것은 캉의 건물들에서도 없었던 사실이다. 캉의 건물들에서는 네이브 월의 구조 체계와 천장의 리브가 몇십 년의 시차를 두며 다르게 지어졌다.

중세 건축의 정수는 유기적 구성이다. 유기적 구성의 조건은 세 가지이다. 첫째, 네이브 월, 볼트 천장, 다발 기둥, 외벽 등이 구조적으로 한몸으로 작동한다. 둘째, 이런 원리를 처음부터 한꺼번에 파악하고 계획해서 시공한다. 셋째, 이를 통해 궁극적으로 구조와 시공의 효율, 내력적 우수함, 재료 절약, 시각적 매끈함, 잘 정리된 외관 등의 구체적 가치를 획득한다.

이런 유기성은 로마네스크 건축과 고딕 건축을 가르는 대표적인 기준 가운데 하나로서 보통 고딕 시대에 완성된 것으로 얘기된다. 구조 체계의 발전 과정에서 완숙 단계에 나타나야 한다는 의미이다(그림 466). 로마네스크 건축은 아직 중세 구조 체계가 형성되는 과정이기 때문에 이런 완성도가 나타나지 못한 것이라는 시각이다. 그러나 르세의 예는 이런 통념을 반박하는 좋은 예이다.

르세에서 관찰되는 이런 내용은 12세기 중반에 나타났던 로마네스크에서 고딕으로의 전환기적 상황을 상징적으로 보여준다. 로마네스크에서 고딕으로의 전이는 중첩 연속 구별의 복합성을 갖는다. 이것은 평면 구성, 외관, 구조 방식 등 건축적인 내용과 시간 전이 등의 역사적 측면 모두에서 그러하다. 구체적인 건물을 보더라도 12세기에는 두 양식 사이의 복합성을 보여주는 예들이 모두 관찰된다. 그 내용은 세 가지로 정리할 수 있다.

첫번째는 아직도 전적으로 로마네스크의 단계에 머문 경우이다. 이런 건물들은 성기 로마네스크와 후기 로마네스크라는 로마네스크 안에서의 시기 구분만이 유효하다.

두번째는 고딕이라는 새로운 양식에 대한 확신을 바탕으로 발전과 변화를 실험한 경우이다. 이런 건물들은 고딕 어휘가 건물의 주 골격을 이룬 점에서 프로토-고딕과도 다시 한번 구별되는 새로운 단계로 넘어간 경우에 해당된다.

세번째는 하나의 건물 안에 로마네스크와 고딕이 혼재한 경우이다. 혼재 양상은 다양하다. 르세는 고딕의 징조가 구성 원리로 숨어 있는 예에 해당된다. 이보다 좀더 구체적으로 고딕 어휘가 쓰인 예들도 있다. 이것이 하나의 경향을 이루었기 때문에 프로토-고딕Proto-Gothic이라는 별도의 명칭으로 부르기도 한다(그림 467). 르망 성당처럼 한 건물이 몇 세기에 걸쳐 두 양식으로 지어진 경우도 많았다. 이런 예는 영국에 특히 많았다(그림 468). 아시시Assisi에서는 13세기까지 이런 경향이 주를 이루었다.

이상과 같은 12세기의 전환기적 복합성은 로마네스크와 고딕 사이의 관계를 상징적으로 보여준다. 두 사조는 중세라는 더 큰 문명 체계에 함께 속하면서 많은 내용을 공유했다. 두 사조 모두 '고대-로마-지중해-동방-수평선-석조-농업' 등으로 대표되는 전 단계 문명을 끝내고 등장한 새로운 문명에 함께 속했다. 두 사조는 새 문명의 기본 특징인 '중세-기독교-북유럽-서양-수직선-목조-유목' 등을 공유했다. 이런 관점에서 보면 고딕 건축은 로마네스크 건축을 연장 변형 발전시켰다고

467 장크트마우리츠(St. Mauritz), 뮌스터(Münster), 독일, 로마네스크~고딕 전환기
468 윈체스터 성당(Winchester Cathedral), 네이브, 영국, 로마네스크~고딕 전환기

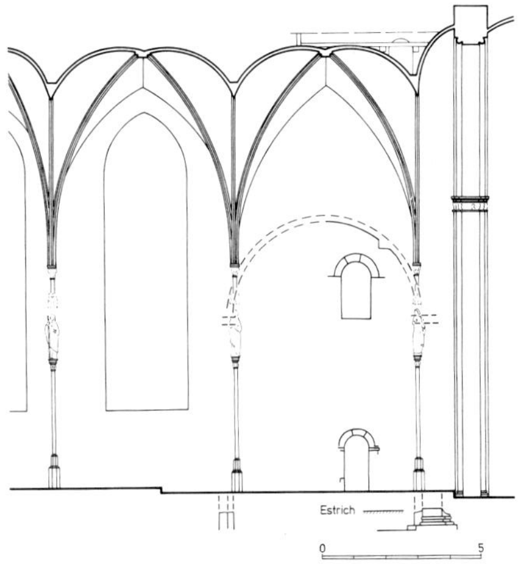

볼 수 있다.

중세라는 문명 단위를 세분해보면 이런 사실은 더욱 분명해진다. 중기 중세는 1050~1300년을 말하는데 로마네스크 건축과 고딕 건축을 가르는 시점은 1120~40년이다. 이것은 로마네스크 건축과 고딕 건축의 구별이 중세라는 문명 단위 내에서는 시기 구분의 분기점이 될 만큼 중요하지는 않다는 것을 의미한다.

그러나 이것만 있었던 것은 아니다. 고딕 건축은 로마네스크 건축과 구별되는 독립적 세계관과 건축술의 산물이었다. 정치와 기독교는 모두 중앙집권화된 군주제로 바뀌었다. 사상에서는 스콜라 철학이라는 새로운 사조가 등장했다. 이것의 미학적 산물로 상징주의와 리얼리즘이 유행했다. 수도원의 역할과 권위가 축소된 대신 프란치스코회와 도미니크회라는 새로운 수도회가 성립되었다. 중세 르네상스라 불리는 학문과 교육의 발전도 있었다.

469 비올레르뒤크(Viollet-le-Duc)의 이상적 고딕 성당. 일곱 개의 첨탑이 있다.

건축에서는 포인티드 아치, 리브 그로인 볼트, 다발 기둥, 플라잉 버트레스flying buttress 등의 새로운 구조 방식들이 발명되었다. 건물 골격을 이루는 전체 구조 체계도 이것들이 한몸으로 어우러진 구조 합리주의로 짜였다. 유기성은 이런 구조 체계를 뒷받침하는 개념적 배경으로 작용했다. 이것을 바탕으로 하늘을 향한 수직적 집중이 극단적으로 추구되었다(그림 469). 이 모든 것들은 로마네스크 건축에서는 없던 고딕 건축만의 상황들이었다. 고딕적 상황들은 중세라는 밀레니엄 단위 내에서 장르에 따른 세분화된 구분의 의미를 가졌다. 제2 기독교 건축 내에서의 세분화된 구분이라는 의미이다.

12세기 (2): 프로토-고딕과 초기 고딕

로마네스크와 고딕 사이의 관계는 앞에서 살펴본 바와 같이 매우 복합적이었다. '구별 대 연속'의 이분법적 관계를 기본으로 추가적 복합성을 가졌다. 두 양식에 대한 일반적 해석은 고딕이 더 발전한 건축이라는 것이다. 이런 시각은 상당 부분 기술적 관점에서 본 것이다. 건물이 더 높아진 것이 구조 기술이 발전한 산물이라는 데에는 이론의 여지가 없다. 또한 시기적으로 나중에 건축되는 건물이 더 발전한 것이라는 일직선적 역사관의 산물이기도 하다. 기술 발전은 일직선적 역사관을 이루는 가장 기본적인 기준이다. 물론 이것이 틀린 것은 아니다. 그러나 문제는 두 양식 사이의 관계를 이것 하나로만 고정시킬 경우이다. 왜냐하면 두 양식 사이에는 이것 이외에도 최소한 두 가지의 다른 관계도 함께 있기 때문이다

한 가지는 기독교적 조화라는 관점에서 보면 로마네스크 건축이 더 완결적이거나 차원이 높은 것일 수 있다는 점이다. 새 양식의 탄생을 미덕으로 보는 시각에 의하면 12세기 중반의 주인공은 초기 고딕이다. 그러나 로마네스크의 입장에서 보면 정반대의 해석도 가능하다. 성기 로마네스크는 서양 기독교 역사에서 기독교 건축이 가장 아름답게 꽃핀 시기 가운데 하나였다. 절제와 조화를 바탕으로 인간적인 규모를 유지하며 기독교의 기본 정신에 충실했다(그림 470). 이런 시각은 특히 기독교 역사나 기독교 예술사에서 주류를 이룬다.

이런 입장에서 보면 12세기 중반은 기독교 건축이 절정을 이룬 뒤 과장과 쇠락의 변질을 겪기 시작하는 시기이다. 과장은 고딕 건축에서, 쇠락은 후기 로마네스크에서 각각 나타났다. 이런 시각은 당시 일부 성

470 퐁토르송 성당(Pontorson Cathedral), 프랑스

471 성 디오니시오(St. Denis), 파리

직자들도 공유하고 있었다. 고딕 건축은 로마네스크 성직자들의 입장에서 보면 새로운 양식이라기보다는 균형적 조화를 잃고 극단과 과장의 흥분 상태에 빠진 양식이었다(그림 471). 후기 로마네스크는 인간적 욕심에 빠져 로마네스크의 순도를 망친 조잡한 장식 양식이었다.

다른 한 가지는 두 양식 사이에 최소한 1세기 이상의 중첩기가 있었다는 점이다. 성기 로마네스크 건축은 1150년까지, 후기 로마네스크 건축은 1250년까지 계속되었다. 고딕 건축은 1120년에는 이미 단초가 나타나기 시작했다. 고딕 건축이 자리잡은 시기에 성기 로마네스크가 완성되고 후기 로마네스크 건축이 새롭게 시작된 것이다. 만약 로마네스크와 고딕이 앞뒤로 일직선적 관계를 갖는 양식이라면 이런 중첩은 불가능하다. 이것은 로마네스크 건축이 고딕과 구별되는 일정한 독립성을 가졌음을 의미한다.

이상을 종합하면 로마네스크와 고딕 사이에는 최소한 연속, 발전, 역逆발전, 중첩 등의 네 가지 관계가 있었다. 두 양식 사이의 복합적 관계를 잘 보여주는 현상으로 프로토-고딕을 들 수 있다. 프로토-고딕이란 로마네스크 건축에 고딕 어휘가 개별 단위로 섞여 나타난 현상을 지칭하는 말이다. 그 대상은 일차적으로는 양식 단위로서의 고딕 건축이 시작된 1120~40년 이전의 로마네스크 건축이 해당된다. 확장하면 이 시기 이후에 로마네스크 양식으로 지어진 건물까지 포함된다.

'프로토'란 '최초의, 원시의'란 뜻으로 하나의 새로운 사조가 총체적 양식으로 탄생하기 이전에 개별 어휘 단위로 앞 양식에 섞여 나타나는 현상을 의미하는 접두어이다. 이런 현상은 전조 현상일 때도 있고 앞뒤 양식 사이의 관계가 복합적일 때 나타나는 현상일 때도 있다. 건축 양식에서 프로토란 접두사가 붙는 대표적인 경우는 프로토-르네상스와 프로토-고딕의 두 경우이다. 이 가운데 프로토-르네상스는 주로 전조 현상을, 프로토-고딕은 복합적 관계를 각각 말한다.

프로토-고딕의 예들은 매우 많은 편이다. 대표적인 예만 들면, 포인티드 아치는 프랑스의 부르고뉴 지방과 프로방스 지방 등에서 많이 쓰였다(그림 472). 플라잉 버트레스는 툴루즈의 생세르냉, 오베르뉴 성당 등에서 관찰된다(그림 473). 리브 그로인 볼트는 제3클뤼니, 생마르탱데샹Saint-Martin-des-Champs, 더럼 성당 등에서 먼저 나타났다(그림 474).

프로토-고딕이란 말 대신 하프-고딕half-Gothic이나 크립토-고딕crypto-Gothic

이란 말을 사용하기도 한다. '프로토'는 '하프'나 '크립토'에 비해 시간을 중시한 개념이다. 앞서서 먼저 나타났다는 사실을 강조하는 개념이다. '하프'는 말 그대로 '절반'이라는 의미로 양식적 완결성 여부를 중시한 개념이다. 새로운 양식에 대한 전조적 징후들이 나타나긴 했지만 단편적 어휘 수준에 머문 불완전성을 강조하는 개념이다.

472 생모리스 성당(Cathedral of St. Maurice), 앙제(Angers), 프랑스, 1148~53년/1274년
473 생세르냉(St. Sernin), 툴루즈(Toulouse), 프랑스, 1180~1120년
474 제3클뤼니, 프랑스, 1089~1131년

크립토란 '숨은'이란 뜻이다. 형태상으로 고딕 어휘들이 본격적으로 나타나지 않았고 구조적으로도 고딕 체계가 본격적으로 종합화되지는 않았지만 고딕의 가능성이 잉태되어 있다는 의미이다. 이것은 주로 구조적 측면에서 그러하다. 성기 로마네스크 후반부에 등장한 6분 볼트에 담긴 유기적 구성의 가능성과 네이브 천장에 쓰인 포인티드 볼트 등은 좋은 예이다(그림 285).

프로토나 크립토라는 접두사는 주로 목적론[teleology]에서 사용하는 용어들이다. 목적하는 바가 있되 그것을 밝히는 방법이나 그것으로 가는 과정이 복합적임을 나타내는 용어들이다. 이 접두사들을 고딕에 적용시키면 같은 해석이 가능하다. 고딕을 구현해내는 건축 방식이나 고딕 건축으로 가는 과정이 복합적이라는 의미이다. 기독교적 관점에서 해석하면 이런 복합성은 더욱 확실해진다.

프로토-고딕 어휘가 사용된 건물들을 축조한 성직자들과 장인들은

475 세낭크 수도원 교회(Abbey Church of Sénanque), 프랑스, 1143년~

고딕 양식으로의 발전을 원하지 않았던 것으로 보인다. 이들은 새 양식을 받아들이지 않고 로마네스크적 조형관 안에 머물기를 택했다. 고딕의 수직성이 부담스럽게 느껴졌을 것이다. 물론 이것은 종교관의 문제이다. 로마네스크의 중세적 조화가 고딕의 수직적 앙천성보다 기독교 정신에 더 부합된다고 믿는 종교적 신념의 결과라는 의미이다(그림 475). 이것은 로마네스크의 기독교적 독립성을 증명해주는 현상이다. 독립성은 건축에도 반영되었다. 고딕 건축이 새로운 시대의 흐름인 가운데에서도 기독교적 신념에 따라 이전 양식을 고수한 것이다. 그럼에도 불구하고 새로운 흐름을 완전히 차단할 수는 없어서 어휘별로 단편적으로 흘러들어온 것이 바로 프로토-고딕인 것이다.

고딕의 탄생 2

오토 왕조에서 파리로

고딕 건축을 탄생시킨 정치사적 상황은 여러 가지가 있을 수 있다. 이 가운데 파리를 중심으로 한 국가 군주정체national monarchy와 가장 많이 일치한다. 고딕 시대에 들어오면서 유럽에서는 정치 문화의 중심이 독일 오토 왕조에서 파리로 넘어가는 변화가 일어났다. 오토 왕조로 대표되는 독일의 강력한 중앙 전제 정치는 교황권과의 갈등을 극복하지 못하고 하인리히 4세 때인 11세기 후반부터 균열이 가기 시작했다. 13세기 중반의 프리드리히 2세Friedrich II 때에 신성로마제국은 자잘한 공국들로 분열되면서 유럽에서의 주도권을 상실했다. 그 자리를 파리를 중심으로 한 프랑스가 대신하기 시작했다(그림 476). 로마 교황청은 독일에 대한 견제로 프랑스 왕에게 권위를 부여하며 지역 교회 지배권을 인정했다(그림 477). 이런 전환이 일어난 시기는 바로 고딕 건축이 형성되어 전성을 누린 시기와 일치한다.

유럽의 중심이 오토 왕조에서 파리로 넘어가면서 유럽을 대표하는 프랑스, 독일, 이탈리아, 영국의 4대 강국의 기본 골격이 강화되는 결과로 나타났다. 이 4개국의 윤곽이 처음 형성된 것은 카롤링거왕조가 분할되면서였다. 이때 4개국의 국경선이 형성되었다. 로마네스크 때에는 이것이 발전하여 민족국가가 등장했다. 그리고 점차 프랑스의 국가

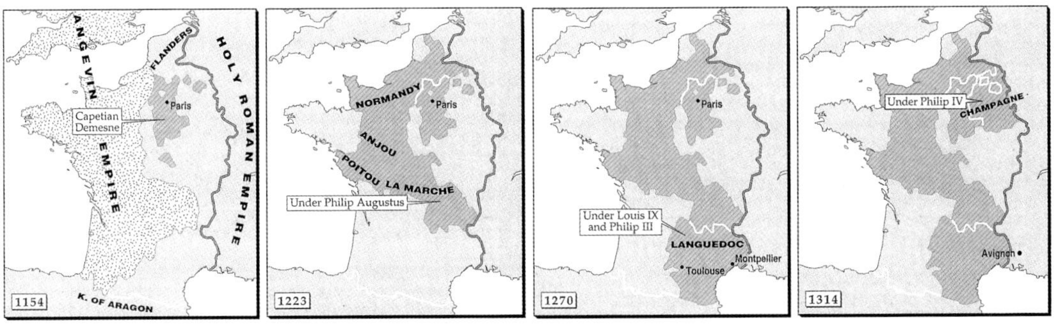

476 프랑스 왕실 직할령(French Crown Lands)의 확장

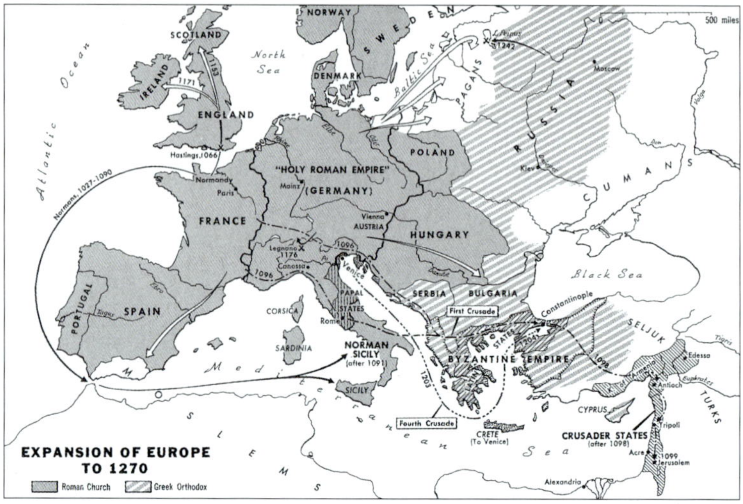

477 교황 우르바노 2세(Pope Urban II)의 프랑스 나들이

478 1270년까지 유럽의 확장과 변화

군주정체를 필두로 4개 국의 국가적 민족적 정체성이 공고히 자리잡아 갔다. 이후 다자간의 경쟁과 협력이라는 유럽 문명의 전형적 전개 방식이 본격적으로 시작되었다(그림 478).

파리를 중심으로 한 국가 군주정체가 건축에 미친 대표적인 영향으로 '국제주의 대 지역주의'의 쌍개념을 형성시킨 것을 들 수 있다. 한 시대의 대표 문명이 한 나라에서 먼저 완성되어 국제주의로 자리잡으면 주변의 다른 나라들은 이것과의 다자적 관계를 바탕으로 지역주의를 운용하게 된다. 건축 사조에서도 유럽 대륙 전체를 대표하는 국제주의와 국가별 차이가 반영된 지역주의 사이의 쌍개념적 양면성이 양식마다 규칙적으로 반복되는 전형성이 확보되었다. 이 쌍개념은 고딕 이후 현대에 이르는 유럽 건축의 전개 과정에서 하나의 역사적 패턴으로 정형화되어 나타난 현상이다. 고딕 시대에는 이것이 처음으로 확고히 정착했다.

로마 시대와 초기 기독교 시대에는 아직 알프스 이북 지역에 국가 정체성이 형성되지 않았기 때문에 국제주의나 지역주의라는 개념 자체가 없었다. 이것이 처음 나타나기 시작한 것은 앞에서 살펴본 바와 같이 로마네스크 시대였다. 그러나 로마네스크 시대에는 한 국가 내에서도 지역 편차가 심했으며 대표 양식이 프랑스와 독일 둘로 나뉘어 있었기 때문에 '국제주의 대 지역주의'라는 쌍개념적 구도가 불안정한 상태에 머물렀다. 이것이 고딕 시대에 들어와 전형적 구도로 자리잡은

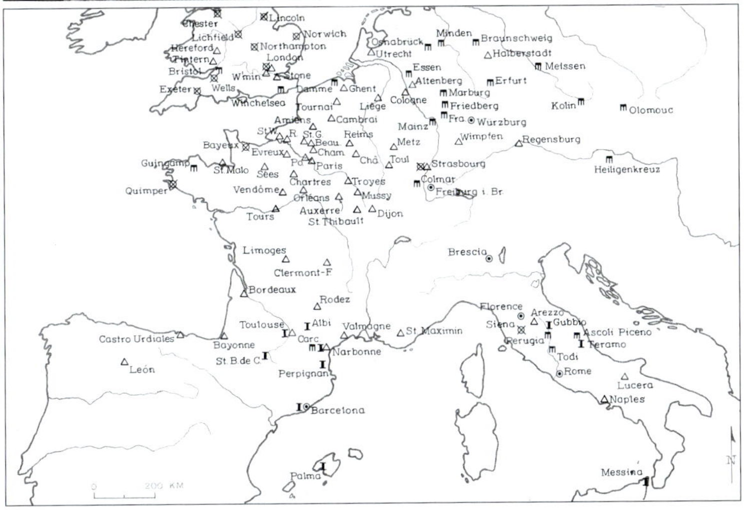

479 아미앵 성당(Amiens Cathedral). 프랑스
480 엑서터 성당(Exeter Cathedral). 영국

481 12세기 중반의 고딕 건축 중심지

것이다. 고딕 문명을 주도한 프랑스의 고딕 건축은 국제주의 양식으로, 이것을 받아들여 자국의 전통에 맞게 변형하여 사용한 영국, 독일, 이탈리아, 스페인 등 주변의 다른 나라들은 지역주의 양식을 각각 대표했다(그림 479~481).

이 시기에 프랑스는 카페 왕조Capetian dynasty, 987~1328년가 중앙 집권 체제를 유지했다. 카페 왕조의 중앙 집권은 애매한 측면이 있었다. 오토 왕조에서는 중앙에 확실한 권력의 실체가 있었고 이를 중심으로 중앙 집권이 형성되었다. 반면 고딕 시대의 프랑스에는 오토 왕조 같은 확실한 중앙 권력이 없었다. 그럼에도 중앙 집중성은 더 심하게 나타났다. 프랑스의 지역 영주들은 내용적으로는 독립에 가까운 자치를 누렸다. 그러나 이름뿐인 왕이라 해도 중앙 정부의 존재를 인정하고 이를 중심으로로 단결했다. 프랑스의 중앙 집중 현상은 지역 세력 쪽에서의 자발성을 바탕으로 한 형식적 측면이 강했다.

이런 특성은 '중앙 집중 대 분권'이라는 또다른 쌍개념을 파생시켰다. 이 쌍개념이 하나로 합쳐지면서 중층 위계 구도로 작동했다. 중층이란 지역 세력들 사이에 힘과 지위 등에 따라 서열적 지배 관계가 한 번 더 형성된 현상을 의미한다. 중앙 정부까지 포함하면 여러 등급의 구도가 만들어졌다. 지역 세력의 독립성이 분산적 분권이나 반란적 혼란이 아닌 중층 위계 구도로 나타났던 것이다. 이것이 가능했던 것은 보다 발전한 정치 체계가 있었기 때문이다. 행정 조직과 법제가 발달했으며 이것을 기초로 이전보다 훨씬 많은 수의 시민들이 정치에 참여함으로써 중앙 정부에 대한 자발적 충성심을 유도할 수 있었다. 이런 발전을 통해 알프스 이북 지역만의 독립성이 완성되어갔다.

그 첫번째 기틀은 카롤링거 르네상스 시대에 닦였다. 이때에는 로마 전통의 부활이라는 측면이 강했기 때문에 중세적 독립성은 결여되어 있었다. 로마네스크 시대의 준비 기간을 거쳐 고딕 시대에 들어와 비로소 독자적 중세 문명을 이루며 독립성을 확보했다. 경제적으로 성숙한 시민 계층을 중심으로 대학 설립, 중세 철학 지성 발전, 과학 기술의 발전 등이 이루어져 이것을 뒷받침하는 중요한 토대 역할을 했다(그림 482, 483). 카롤링거 르네상스 시대에도 비슷한 현상이 있었지만 이때에는 모든 것을 중앙의 왕궁 학교가 주도했다. 반면 고딕 시대에는 민

482 중세 해부학 실습 장면

483 책을 쓰고 있는 중세 학자. 『모든 미덕의 꽃들*Fleurs de toutes vertus*』 수록. 15세기

간 차원에서 독자적 발전을 이룬 차이가 있었다. 이것은 문명이 발전할 수 있는 저변과 잠재력의 확대를 의미했다. 이상을 종합해볼 때 고딕문명은 기독교, 세속 권력, 민간 역량의 세 요소 사이에 삼위일체의 통합이 일어나면서 이루어냈다고 정의할 수 있다(그림 484).

국가 군주정체의 집중성과 중층성은 고딕 건축의 특징에 유추될 수 있다. 정치적 집중성은 하늘을 향한 수직적 집중성에 대응된다. 이것은 일차적으로 기독교적 집중성이 건축으로 표현된 것이었다. 궁극적으로는 국가 군주정체가 교회와의 연합을 통해 이것을 가능하게 한 실질적 건축주 역할을 했다. 중층성은 수직적 집중성을 이루기 위한 수단적 방편으로서 고딕 구조에 나타난 복합성에 대응된다. 다발 기둥, 네이브 월, 포인티드 아치, 리브, 플라잉 버트레스 등 고딕 구조의 핵심적 기술들은 모

484 헨리 1세(Henry I)의 꿈에 나타난 중세의 사회 계급
485 레겐스부르크 성당(Regensburg Cathedral) 공사 장면

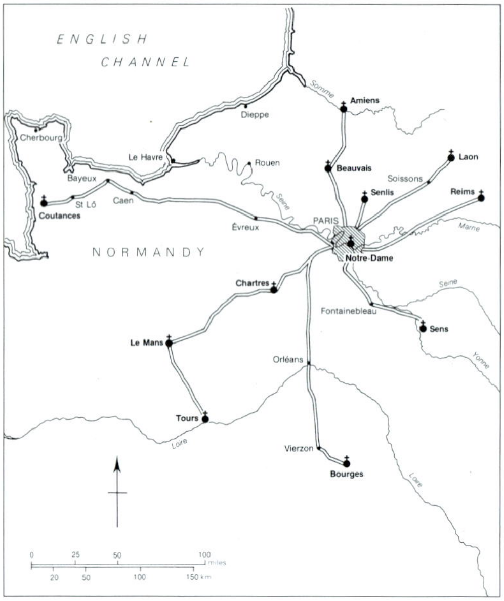

486 일드프랑스(Ile-de-France) 지도

487 노트르담(Notre-Dame) 남측 트랜셉트, 예수상, 파리

두 복합적 중층 과정을 거쳐 축조되었다(그림 466, 485). 구체적 내용도 복합적 구성 원리의 형태로 나타났다.

정치적 중앙 집중성은 일드프랑스Ile-de-France 지역을 향한 지리적 중앙 집중성으로 이어졌다. 따라서 일드프랑스는 고딕의 탄생지이자 완성지가 되었다. 이 지역은 지리적으로 부르고뉴와 노르망디로 나뉘어 대표되는 프랑스 로마네스크 건축의 발달된 최신 기법을 종합적으로 받아들이기에 매우 유리한 위치를 차지했다(그림 486). 또한 프랑스 왕실 직할령이었기 때문에 대형 성당 축조에 필요한 물리력을 한 곳에 모을 수 있었다.

이런 상황은 성 디오니시오라는 구체적 예와 리브 그로인 볼트라는 구체적 건축 어휘가 등장할 수 있는 배경이 되었다. 12세기 중반에 접어들면서 장인들 사이에는 배럴 볼트—그로인 볼트—리브 그로인 볼트의 세 방식을 놓고 첨단 개념이 형성되어가고 있었다. 세 방식이 함께 쓰인 가운데 첨단성을 지향하는 일단의 장인들은 리브 그로인 볼트를 사용하고 싶어했다. 이것을 뒷받침해줄 건축주가 필요했다. 물리력 동원이 가능한 파리 왕실의 역할이 절대적이었다. 가톨릭과의 연합이 필수적이었던 파리 왕실에서는 일드프랑스에 지어지는 성당들을 후원했다. 성 디오니시오가 그 중심지로 떠올랐다. 성 디오니시오의 대수도원장 쉬제Abbot Suger는 가톨릭—교회—장인 사이를 연결하며 새로운 건축 실험을 이끌었다.

집중성과 중층성은 더 궁극적으로는 기독교적 세계관을 이루는 구도이기도 했다. 하늘 세계의 권좌를 초점으로 삼아 성聖의 세계 자체가 천사들 사이의 9품의 중층 위계 구도로 형성되었다. 이런 성의 세계는 다시 속俗의 세계를 다스리는, 혹은 성의 세계가 지상에 구현된 상징적 의미로서 기독교 왕국으로 표현되었다(그림 487). 성의 세계에서 속의 세계에 이르는 복합 구도가 완성된 것이다. 이것은 중앙 정부와 지역 영주에 이르는 복합 구도에 유추될 수 있다.

땅에서 하늘로

488 하늘 왕국(heaven state)과 교회의 위계 등급들

고딕 건축을 탄생시킨 종교적 배경은 교황 군주정체였다. 이것은 표면적으로는 세속 권력의 국가 군주정체와 대별되었지만 내용적으로는 많은 연합과 상호 교류를 통해 고딕 문명을 이끌었다. 교황 군주정체는 이미 로마네스크 시대에 완성되었으며 고딕 시대는 이것이 강화 변화되는 과정이었다. 고딕 시대의 교황 군주정체는 자체 개혁을 통해 내부적 힘을 키움과 동시에 이것으로 세속 세계를 지배하려는 양면성을 가졌다. 기독교 내부적으로는 중세 전반을 거쳐 주요 교황과 수도회를 중심으로 개혁 운동을 지속적으로 펼쳐나갔다. 외부적으로는 로마 교황청, 지역 교회, 세속 권력의 삼각 구도에서 교황청이 나머지 둘에 대한 군주적 우위를 점하는 집중이 정착했다(그림 488). 시기적으로도 일정한 일치가 있었다. 1122년의 보름스 협약은 로마네스크와 고딕을 가르는 상징적 분기점으로 해석될 수 있는 측면이 많았다.

교황 군주정체는 프랑스의 부상을 도왔다. 로마 가톨릭은 독일의 중앙 전제 정치를 붕괴시킨 주역이었는데 그 대안으로 프랑스와의 연합을 택했다. 프랑스는 로마네스크 시대부터 로마 가톨릭에 종속되어 있었기 때문에 연합은 쉽게 이루어졌다. 지역 기독교를 기반으로 한 독일의 존재는 로마 가톨릭에게는 늘 부담이었다. 이것을 극복하고 자신들에의 종속 정도가 심했던 프랑스를 선택한 것이다.

이를 계기로 유럽 전체에 걸친 기독교 왕국이 탄생했다. 로마네스크 시대는 초기 기독교 때에 이탈리아 반도에 국한되어 있던 기독교가 알프스 이북으로 세를 확장하던 시기였다. 순례 여행과 1차 십자군 원정 등의 종교적 열풍을 통해 알프스 이북 전역에서 기독교는 굳건히 뿌리를 내리는 데 성공했다. 로마네스크 시대는 이런 착근의 구체적 내용이 마련되던 시기였다. 고딕 시대는 로마네스크 시대에 마련된 토대 위에 정치적 형식과 물리적 권력을 갖추면서 완성을 꾀하던 시기에 해

489 랭스 성당(Reims Cathedral), 프랑스

당된다. 로마 가톨릭과 프랑스 국가 군주정체라는 성과 속의 최강의 권력이 연합하는 형식을 통해서였다.

이런 변화는 건축과도 긴밀한 연관성을 가졌다. 정치 종교 문화의 중심지가 된 프랑스가 고딕 건축을 이끌게 되었고 교황 군주정체는 이것을 정신적으로 뒷받침했다. 이런 집중성은 프랑스와 오토 건축으로 양분되었던 로마네스크와는 다른 양상이었다. 실제로 고딕 건축은 프랑스가 단독으로 이끌었다고 보아도 무방할 정도로 프랑스에의 집중도가 매우 큰 편이다. 고딕 건축의 표준형이 프랑스 고딕 건축 하나로 통일되었다는 의미이다. 프랑스 고딕 건축은 프랑스 로마네스크 건축의 연속적 측면이 강했다. 따라서 고딕 건축의 표준형은 프랑스 로마네스크 건축이 발전 변화한 것이다.

이런 관계는 중세 전반에 걸친 국제주의 건축의 성격을 결정짓는 중요한 기준이다. 로마네스크 시대에서도 오토 건축은 지역주의를, 프랑스는 국제주의를 각각 대표했다. 이 가운데 후자가 고딕 건축의 국제주의로 발전한 것이다. 프랑스의 로마네스크 국제주의는 구조 합리주의를 대표적 내용으로 했다. 고딕 국제주의는 이것이 더욱 극단적으로 발전한 것이다. 이런 내용은 고딕 건축의 기독교적 배경과도 잘 부합된다. 기독교 군주제라 불릴 정도로 교황권이 강화되면서 이를 가시적으로 드러내기 위해 기독교에도 신비주의가 요구되었다. 건축은 이런 요구를 만족시키기에 가장 적합한 매체였다.

그 방향은 크게 수직선과 빛의 두 가지로 추구되었다(그림 489). 수직선은 하늘을 향하는 앙천의 의지를 상징했다. 빛은 신의 존재에 대한 간접적 증명을 상징했다. 이 둘이 하나로 합쳐져 하늘로 솟은 높은 실내를 신비한 빛으로 가득 채운 고딕 성당으로 구체화되었다. 로마네스크 건축을 양분했던 두 경향 가운데 이것을 만들어낼 수 있는 가능성을 갖고 있었던 것은 프랑스의 구조 합리주의, 즉 국제주의였다. 고딕 건축은 이것이 극단적으로 발전한 경우에 해당된다. 기독교의 상황과 건축 경향이 맞아떨어지면서 구조 합리주의가 고딕 건축을 대표하는 보편적 국제주의 양식으로 자리잡게 된 것이다. 구조 합리주의는

490 고마닝엔의 대수도원장 페터(Abbot Peter of Gomaningen)가 교회 모델을 성모마리아에게 바치는 그림

491 노트르담(Notre-Dame) 남측 트랜셉트. 아기 예수를 안고 있는 성모마리아상. 파리

로마네스크와 고딕의 두 시대를 모두 대표한 국제주의 양식이었다. 이것은 곧 중세 전반을 대표하는 국제주의 양식이라는 의미이다.

고딕 시대는 이처럼 프랑스와 로마 가톨릭의 연합의 산물이었다. 그 결과 나타난 새로운 현상 가운데 하나가 봉헌 대상의 변화였다. 지역 기독교가 득세했던 로마네스크 시대에는 지역 성인이 성당의 주요 봉헌 대상이었다. 이런 경향은 로마네스크 국제주의를 대표했던 프랑스에까지 영향을 끼쳤다. 이것이 바뀌어 고딕 시대에는 예수, 성모마리아, 성 베드로 등이 주요 봉헌 대상이 되었다.

이런 변화를 이끈 것은 수도회였다. 시토회는 예수와 성모마리아를, 클뤼니회는 성 베드로를 각각 주요 봉헌 대상으로 했다(그림 490). 표면적으로는 수도원 개혁 운동의 일환으로서 기독교의 근원적 정신 가치를 고양시키기 위한 목적에서였다. 그러나 내면적으로는 로마 가톨릭이 권력을 잡으면서 지역 성인의 봉헌을 금지했던 것이다. 이 때문에 프랑스의 고딕 성당 가운데 반 이상은 성모마리아를 뜻하는 노트르담이라는 이름을 가졌다(그림 491). 역시 적지 않은 수가 성 베드로라는 이름을 가졌다. 별도의 봉헌 대상 이름을 갖지 않을 경우는 도시 이름을 대표 이름으로 가졌다.

성모마리아의 기독교적 개념이 처음 형성되며 봉헌의 대상이 된 것

492 퐁티니 수도원(Abbey of Pontigny). 프랑스. 1114~70년/1185~1205년

도 이 시기였다. 이때 형성된 성모마리아의 의미는 성처녀를 뜻하는 '순결virtue'이었다. 순결이라는 개념은 기독교 내부적으로 희망주의와 낙관론을 증대시켰다. 또한 건축 활동이 극기주의를 내건 시토회에 의해 주도됨으로써 궁극적으로는 신비주의의 유행을 가져왔다(그림 492). 신비주의는 하늘의 이미지와 잘 부합되었다. 이것은 다시 건축에 영향을 끼쳐 앙천적 수직성과 신비로운 빛이라는 고딕 건축의 대표적 특징이 형성되는 배경으로 작용했다. 로마네스크의 땅이 갖는 물성과 직설성에서 고딕의 하늘이 갖는 탈물질성과 상징성으로 건축 경향이 바뀐 것이다.

상징주의, 리얼리즘, 스콜라 철학

로마네스크 건축과 고딕 건축은 밀레니엄 단위의 가장 거시적인 변천 주기 내에서는 같은 중세에 속했지만 이와 같은 커다란 차이도 있었다. 이런 차이를 집약적으로 보여주는 고딕 건축의 특징으로 신비주의를 들 수 있다. 고딕의 신비주의는 초월적이고 북유럽적이며 2차 기독교적이라는 역사적 특징을 갖는다.

초월적이라 함은 로마네스크의 직설적 물성과 대별되는 개념이다.

493 생테티엔(St. Etienne). 로마네스크 네이브. 느베르(Nevers), 프랑스
494 르망 성당(Le Mans Cathedral). 고딕 성가대석. 프랑스

땅에 대한 관심으로부터 하늘에의 집중으로 넘어가는 변환의 의미이다(그림 493, 494). 초월성은 고딕 성당의 실내에 잘 나타났다. 경량화된 천장, 높아진 수직성, 확대된 창 면적, 포인티드형 구성 부재 등이 어우러지면서 실내 조도가 크게 향상되었다. 네이브 월과 천장이 높아지면서 실내의 원근감은 역동적이 되었다. 리브가 쓰이면서 직사각형 평면 위에 그로인 볼트의 축조가 가능해졌다. 이로써 평면과 골격 구성이 자유로워졌고 실내 분위기가 다양해지고 풍부해지는 효과를 가져왔다(그림 495). 이 모든 것들은 성당 실내에 초월적 분위기를 표현함으로써 신의 존재를 증명하는 장치들이었다.

495 랭스 성당(Reims Cathedral), 프랑스

고딕 성당에 나타난 초월성은 '신의 존재를 표현하는 것이 가능한가'와 '가능하다면 어떻게 할 수 있는가'라는 문제에 대한 건축적 해답으로 해석될 수 있다. 이 두 가지 질문은 중세 문명 전반에 걸쳐 가장 기본적인 고민 가운데 하나였던 기독교와 예술 사이의 관계라는 문제의 하나였다. 이 문제에 대한 입장은 초기 중세에는 주로 불가능하거나 가능하더라도 직설적으로 표현하자는 쪽이었다. 초기 비잔틴 시대의 성상 숭배 금지나 도상학, 로마네스크 시대의 직설적 경향 등은 이것을 잘 보여주는 예들이다.

496 구약에서 유추한 교회의 낙원

이것이 중기 중세를 넘기면서 상징주의와 리얼리즘으로 변화했다. 중기 비잔틴 시대의 상징주의와 앞에서 살펴보았던 성기 로마네스크 때 성 후고의 상징적 경향 등은 이것의 대표적인 예들이다. 고딕 시대도 여기에 해당된다. 고딕 시대에는 기독교 철학과 예술 모두에서 신의 존재를 인간의 논리로 증명하려는 노력이 행해졌다(그림 496). 이 시대에는 하느님의 존재를 예수 등의 인격신의 형태로 표현하던 데에서 한 걸음 더 나아갔다. 기독교적 사건이나 성경의 내용 등을 구체적이고 사실적으로 표현하려는 경향이 새롭게 대두되어 한 흐름을 형성했다.

로마네스크 때부터 시작되었던 시편psalm 일러스트는 좋은 예이다. 샤를 2세와 루이 9세 등의 주요 왕들은 자신들이 후원해

497 성왕 루이(Saint Louis=루이 9세)의 시편에 나오는 야고보의 꿈(Jacob's Dream)

서 만든 시편 일러스트를 가지고 있었다. 이 시편은 왕의 이름을 따서 '대머리왕 샤를Charles the bald의 시편'이나 '성왕 루이의 시편' 등으로 불렸다(그림 497).

이런 노력은 건축에도 반영되었다. 고딕 건축은 상징주의와 리얼리즘 모두를 구사하여 신의 존재를 예술적으로 표현해냈다. 고딕 건축에서 상징주의는 물리적 실체를 통해 신의 존재와 이미지를 형상화하는 경향으로 나타났다. 물질체가 적절한 각색을 거쳐 초월적 존재에 대한 상징체가 된다는 상징주의의 일반적 기준이 동일하게 적용된 것이다. 고딕 성당을 구성하는 대표적인 건축 부재들은 초월적 존재에 대한 상징성을 가졌다.

볼트는 하늘의 이미지를 상징했다. 이것의 기원은 콘스탄티노플의 성 사도 교회Church of the Holy Apostles at Constantinople에서 비롯되었다. 이 교회의 기록에는 돔이 "하늘에 계신 아버지가 인간의 형상을 하고 땅 위로 왕림하시도록 비는" 상징 기능을 갖는다고 씌어 있었다. 이것이 로마네스크 성당에서는 볼트로 바뀌었고 고딕 성당은 다시 이것을 물려받았다. 볼트 천장은 하늘 혹은 천국을 의미하는 '코일룸coelum'을 상징했다(그림 498).

498 아미앵 성당(Amiens Cathedral), 프랑스
499 부르주 성당(Bourges Cathedral), 프랑스

볼트를 받치는 기둥은 사제를 상징했다(그림 499). 예수를 떠받들고 궁극적으로는 하늘 나라를 지탱하는 사제의 역할에 유추한 것이었다. 이런 상징성을 명확히 하기 위해

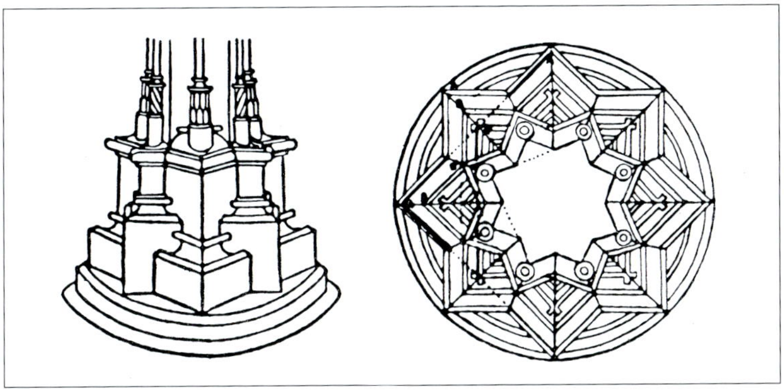

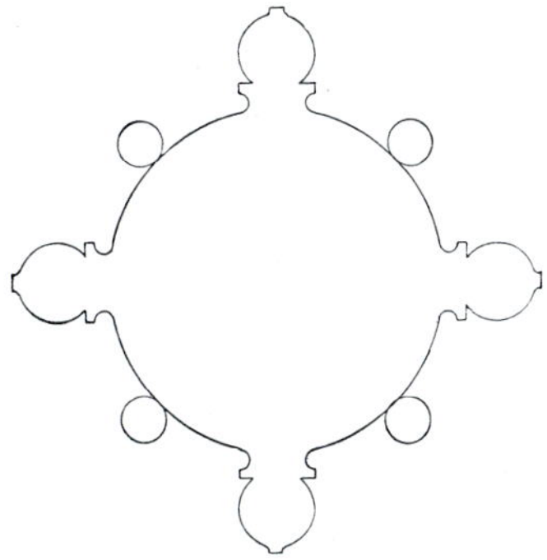

500 고딕 시대 닫집 받침대

501 헤리퍼드 성당(Hereford Cathedral). 기둥 단면도. 영국

종종 12사제를 상징하는 12기둥이 쓰였다. 주초나 볼트의 윤곽에 쓰인 정사각형은 절제moderation, 정의justice, 용기courage, 근검prudence의 네 덕목을 상징했다(그림 500). 다발 기둥의 단면은 대응 기둥의 돌출 정도에 차이는 있지만 대체적으로 십자가를 상징했다(그림 501).

라틴 크로스의 평면 형태는 성모마리아의 육신을 상징했다. 성소는 머리를, 성가대석은 가슴을, 트랜셉트는 팔을, 네이브는 자궁을 각각 상징했다. 스테인드글라스와 같은 변형된 도상도 상징주의를 도왔다(그림 502). 이외에도 하늘의 지혜인 빛을 받아들이는 창은 기독교적 지혜를 대표하는 동방박사를, 그리고 빛을 투과 반사 굴절시키는 유리는 동방박사의 생각을, 지붕을 비로부터 보호하는 타일은 교회를 보호하는 군사를 각각 상징했다.

반면 리얼리즘은 정신적이고 은유적인 경향을 나타냈다. 리얼리즘의 일반적 의미가 현실적 생생함을 갖는 것과는 달리 중세의 리얼리즘은 초월적 신비주의 경향을 추가로 가졌다. 그 핵심 내용은 신의 존재가 신의 역사役事를 통해 증명된다는 믿음이며 건축은 이것을 표현하는 목적을 갖는다는 것이다. 신의 역사는 두 가지 상반되는 경향을 갖는다. 한 가지는 물리적 실체로 나타날 수 있다는 것이다. 이것은 일반적 의미에서의 리얼리즘의 개념에 가깝다. 다른 한 가지는 섭리, 가르침, 은혜, 체험 등의 눈에 안 보이는 형식으로 작용한다는 것이다. 이것은 신비주의의 개념에 해당된다.

고딕 건축의 리얼리즘은 이 둘의 통합으로 표현된다. 고딕 성당이라는 축조물 자체가 신의 역사 가운데 하나로서 물리적 실체를 통해 신이 자신의 존재를 드러내는 증거라는 의미이다. 고딕 성당은 사람이

502 샤르트르 성당(Chartres Cathedral). 스테인드글라스. 프랑스

지은 것이되 궁극적으로는 사람이 지은 것이 아니라 신이 자신의 존재를 드러내기 위해 사람의 손을 빌려 지은 것이라는 의미이다. 이것은 구체성과 신비성의 양면이 하나로 합쳐진 상태에 해당된다(그림 503).

이런 믿음은 물질적 아름다움을 통해 정신적 아름다움을 표현하는 경향을 추구한다. 이를 위해 인간의 육체와 같은 물질 상태를 있는 그대로의 상태보다 더 신비롭고 고차원적인 아름다움을 갖는 것처럼 표현하게 된다. 건축에서는 빛이 이 역할을 한다. 빛의 작용을 통해 석재라는 물질은 하늘 세계를 표현할 수 있게 된다. 빛 또한 신의 역사 가운데 하나이다. 따라서 성당 실내에 가득 찬 빛은 그 자체만으로 신의 존재를 증명하는 것이 된다(그림 504).

중세의 리얼리즘은 고전 시대의 리얼리즘과 반대되는 입장을 가졌다. 고전주의에서는 인간의 육체가 갖는 아름다움을 있는 그대로 표현하는 것이 리얼리즘이었다. 고전 시대의 리얼리즘도 정신적 가치를 표현하긴 했지만 그것은 비례 대칭 조화 등과 같이 인간적 매개로 환원될 수 있는 아름다움들이었다. 그 근원성도 우주로 대표되는 자연에 한정되어 있었다. 반면 중세의 리얼리즘은 '차용된 아름다움borrowed beauty'을 추구했다. 여기에서

503 누아용 성당(Noyon Cathedral), 프랑스
504 상스 성당(Sens Cathedral), 프랑스
505 보베 성당(Beauvais Cathedral), 프랑스

'차용'이란 초월적 아름다움을 인간적 매개를 통하지 않고 그 자체만으로 두드러지게 드러나도록 한다는 의미이다(그림 505). 근원성도 우주나 자연 그 자체에 한정되지 않고 우주와 자연을 창조한 힘과 원리에서 찾았다.

이런 차이는 비례에서 잘 드러났다. 고전 비례는 구체적 숫자로 법칙화되었다. 이것은 비례가 현실적 자연적 차원 내에 머문다는 것을 의미한다. 반면 중세 비례는 현실적이고 초자연적인 차원을 지향했다. 이를 위해 숫자가 아닌 기하 작도를 통해 상징적으로 정의되고 표현되었다(그림 506). 고전 비례는 자연에서 관찰되는 안정적이고 질서 잡힌 상태 그 자체로 정의되었다. 반면 중세 비례는 신의 존재나 하늘 세계와 같은 초월적 상태를 지향하면서 초월적 상태에 내재된 초자연적 질서로 정의되었다. 기하 작도는 이것을 상징적으로 표현했다(그림 507, 546).

빛과 비례의 예에서 알 수 있듯이 고딕 건축에서 상징주의와 리얼리즘은 함께 작동하며 신이라는 초월적 존재를 표현했다. 중세의 리얼리즘은 독자적 표현 능력에 강한 한계를 갖기 때문에 상징주의와의 연계를 통해 이를 보완했다. 이 때문에 중세의 리얼리즘은 정신적 가치에의 종속 정도가 심하게 제한된 양상을 띠었다(그림 508). 상징주의 쪽

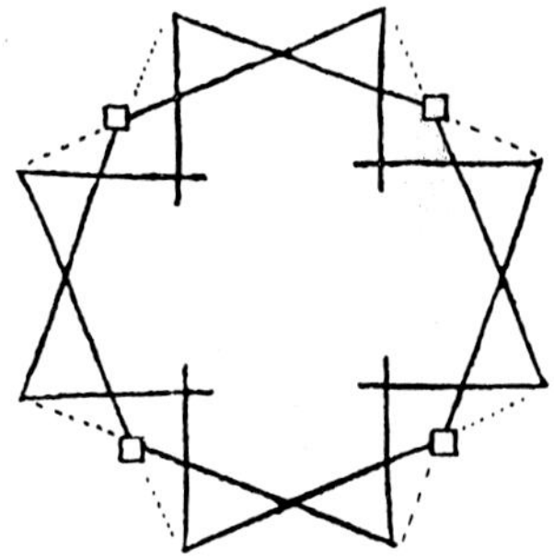

506 고딕 시대 닫집 디자인

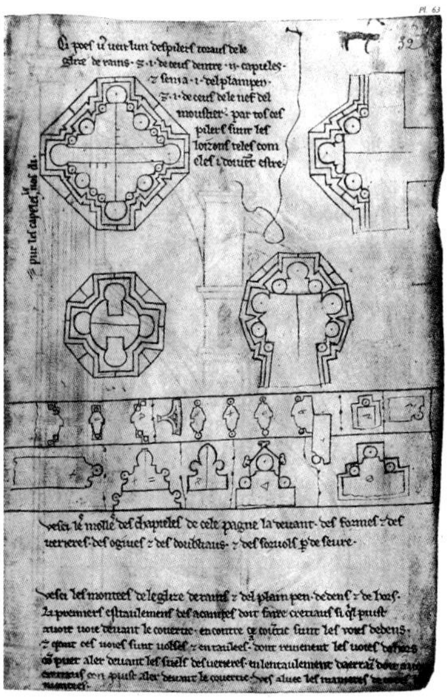

507 비야르 드 온쿠르(Villard de Honnecourt)의 스케치집 도판 63번

508 비야르 드 온쿠르(Villard de Honnecourt)의 스케치집 도판 10번

509 장 드 부르봉 예배당(Chapel of Jean de Bourbon), 클뤼니(Cluny), 프랑스

에서 보면 리얼리즘과 보조를 맞추기 위해 초월적 경향을 고수하게 되었다. 그 결과 고딕 건축을 이루는 부재와 형상은 고전 건축이나 로마네스크 건축에서보다 더 많이 변형되었다. 리얼리즘적 효과를 배가시키기 위해 상징적 표현에 각색이 많이 가해진 결과였다(그림 509). 이 때문에 고딕의 상징주의는 비잔틴의 도상학이나 로마네스크의 땅의 물성 등과 같은 직설적 경향과 반대되는 은유적 상징성을 띠었다.

상징주의와 리얼리즘 사이의 통합적 협력을 통해 고딕 성당이라는 구체적 결과물을 탄생시킨 중요한 배경으로 스콜라 철학을 들 수 있다. 스콜라 철학은 신의 존재 및 그 의미를 아리스토텔레스의 논리와 사상으로 해석하고 증명한 중세 기독교 사상이었다. 혹은 아리스토텔레스의 사상과 기독교 사상을 혼합한 것으로 정의될 수도 있다. 스콜라 철학은 철학인 동시에 미학, 교육, 예술 등 여러 분야와 밀접한 관계를 가지며 중요한 영향을 끼쳤다.

일반적인 중세 기독교 사상이 정신적 가치의 우월성과 육체적 가치의 위험성을 주장한 데 반해 스콜라 철학의 기본 입장은 세 가지 점에서 달랐다. 첫째는 정신적 가치가 무엇이며 어떻게 생겨나고 어떻게 표현되는가의 문제에 초점을 맞추었다. 둘째는 이를 위해 육체적 가치의 역할과 의미를 일정 부분 인정했다. 셋째는 손에 잡히는 물질과 그것이 갖는 개념적 존재 상태의 관계에 대해 극단적 중세 리얼리즘에서부터 반反리얼리즘인 명목론nominalism에 이르는 양극단적 입장 모두를 취했다.

스콜라 철학의 이런 입장은 건축 미학에 적용되기에 적합한 내용이었다. 스콜라 철학 자체는 오베르뉴의 윌리엄William of Auvergne, 헤일스의 알렉산더Alexander of Hales, 프란치스코회 등 사상가와 분파에 따라 내용이 다양했다. 이들은 미학적 내용을 직접 언급하지는 않았지만 그 내용들 가운데에는 미학 사상으로 해석될 수 있는 부분들이 많았다. 이것을 요약하면 다음과 같다.

아름다움을 결정하는 기준에는 조화와 합목적성의 두 가지가 있다. 조화란 전체를 이루는 개체들 사이의 관계가 적절한 균형을 이룸으로써 이것으로부터 전체의 최종 상태가 안정된 질서를 유지하는 것이다. 합목적성은 여러 단계로 정의될 수 있다. 가장 먼저 아리스토텔레스적 이분법 사이의 일치성을 들 수 있다. 신과 인간의 영혼, 영혼과 육체, 형상과 질료 등은 이것의 대표적인 예이다. 이것을 대상과 주체 사이의 관계에 적용하면 대상의 고유한 성질과 주체가 요구하는 성질 사이의 일치성을 의미한다(그림 510).

다음으로 중요한 내용은 미의 결정 요소로 척도modus=measure, 형상species=form, 질서ordo=order의 세 가지를 들 수 있다. 척도는 대상의 내재적 성질이 조화로운 상태에 머물 수 있도록 한정해주는 경계를 의미한다. 형상은 하나의 대상이 다른 대상과 스스로를 구별하는 고유한 성질을 의미한다. 질서는 하나의 대상이 다른 대상과 관계를 맺으며 조화로운 환경을 유지하는 상태를 의미한다. 이 세 가지 요소는 물질과 정신이 어느 한쪽으로 치우치지 않고 잘 어우러져 합치된 상태를 '개별-개별과 개별-전체'로 규모를 증대시켜가며 세분화한 것으로 이해할 수 있다(그림 511).

이상과 같은 스콜라 철학과 건축 미학은 고딕 성당이 형성되는 데 중요한 배경이 되었다. 스콜라 철학의 세 가지 기본 입장은 무엇보다

510 오툉 성당(Autun Cathedral), 프랑스
511 루앙 성당(Rouen Cathedral), 프랑스

512 생제르맹 성당(Cathedral of St. Germain). 오세르(Auxerre), 프랑스
513 성 우르바노(St. Urbain). 트루아(Troyes), 프랑스

도 건축이라는 물질적 매개에 빛을 실어냄으로써 신의 존재를 증명하려는 고딕 성당의 기본 철학에 정신적 타당성을 제공했다(그림 512). 이런 영향 관계는 미학 사상에 의해 좀더 세밀한 이론으로 정리되어 뒷받침되었다. 석재라는 물질이 구조 합리주의라는 구성 원리로 발전하고 이것이 다시 신의 존재를 증명하는 상징체로 발전하는 일련의 과정은 아름다움의 세 가지 결정 요소에 담겨 있는 '개별-개별과 개별-전체'의 단계적 세계관으로부터 영향을 받은 것으로 해석된다. 또한 상징주의와 리얼리즘 사이의 끊임없는 상호 보완은 이분법 사이의 일치성을 주장한 합목적성으로부터 영향을 받은 것으로 해석된다(그림 513).

수도회 교회 3

프란치스코회와 도미니크회

로마네스크 시대에 이어 고딕 시대에도 수도회는 중요한 역할을 했다. 그러나 차이도 있었다. 로마네스크 시대에는 수도회의 역할이 수도원을 중심으로 행해졌다. 이때 수도원은 단순한 기독교 조직을 넘어서 현실 세계에서의 사회 발전 전반을 이끈 문명 중심체였다. 고딕 시대에는 수도원의 역할이 대폭 축소되었다. 그 역할은 상반되는 두 가지에 한정되었다. 한 가지는 교황 군주정체를 지탱하는 지지 세력으로 변모하며 교황의 권위를 공고히 하는 역할이었다. 다른 한 가지는 이와 반대로 중앙 가톨릭의 변질과 타락에 대항하는 극기주의 운동이었다. 수도회의 종교적 세속적 역할도 주로 이런 범위 내에서 결정되고 행해졌다. 수도회의 종류도 프란치스코회와 도미니크회의 두 종류가 새로 생겨났다.

두 수도회는 비슷한 시기에 형성되었다. 프란치스코회는 1209년에 아시시의 성 프란치스코St. Francis of Assisi에 의해 창설되었으며 1221~23년을 거치면서 자리를 잡았다(그림 514). 성 프란치스코는 은둔과 구걸 생활을 하면서 완전한 가난을 핵심 강령으로 주장했다. 개인과 집단 모두 재산을 소유하지 못하도록 했으며 탁발로 살아가도록 했다. 프란치스코회의 주요 목적은 사도적 생활apostolic living의 부활에 있었다(그림

514 성 프란치스코 수도원(Abbey of St. Francis). 아시시(Assisi), 이탈리아. 1228~53년

515 프란치스코회 수도사들

515). 초기 기독교 때 유행했던 길거리 설교가 수도승의 주요 임무로 부활되었다. 이 모든 강령들은 사람들의 감성적 열정에 호소하여 기독교를 전도하기 위한 것이었다.

도미니크회는 성 도미니코St. Dominic에 의해 1215년에 처음 주창되었고 1220년과 1221년 두 번에 걸쳐 볼로냐에서 개최되었던 총회General Chapter에서 수도회로 탄생했다. 도미니크회의 주요 목적은 이교에 대항하는 데에 있었다. 구체적으로는 유대교와 이슬람교를 개종하는 것이었다. 성 도미니코는 자신의 수도회도 프란치스코회와 마찬가지로 가난을 최고의 덕목으로 추구해야 하며 이를 위해 탁발로 생계를 연명할 것을 주창했다.

두 수도회의 이런 극기적 강령은 13세기에 유럽 전역에서 크게 유행했다. 14~15세기에는 반대 이론이 일어나면서 재산 소유를 제한적으로 허용하는 등 엄격성이 완화되는 변화를 겪기도 했다. 12세기가 시토회의 시대였다면 13~14세기는 프란치스코회와 도미니크회의 시대였다(그림 516). 12세기 시토회의 번성도 눈부신 것이었지만 적어도 양적인 측면에서 13~14세기 두 수도회의 번성은 이를 크게 앞질렀다. 새로 설립되는 수도원과 이에 따른 수도사의 수는 12세기 중반부터 기하급수적으로 늘었다. 13~14세기에는 10년마다 평균 600~700개 정도의 수도원이 새로 설립되었다(그림 517).

516 도미니크회 수녀들

두 수도회 이외에 중세 수도회를 구성했던 또다른 중요한 움직임으로 탁발승 수도회Mendicant Order를 들 수 있다. 이것은 특정 수도회에 속하지 않고 구걸과 설교의 탁발 수행을 하는 수도사 집단을 지칭한다. 프란치스코와 도미니크 두 수도회도 구걸과 설교를 주요 행동 강령으로 내세웠기 때문에 넓은 의미로는 탁발승 수도회와 기본 이념을 공유한 것으로 볼 수 있다. 이렇게 보았을 때 고딕 시대에는 탁발 수행이 보편적으로 유행했던 것으로 보인다.

이런 현상들은 교황청과 교황의 권력이 커지면서 세속화되는 현상에 대한 반발적 내부 반성으로 정의될 수 있다. 이런 해석은 시기적으로도 일치한다. 두 수도회가 형성되던 시기에 교황 인노첸시오 3세가 중세를 통틀어 가장 강력한 권력을 휘두르고 있었다. 현실 권력을 가장 많이 휘둘렀던 인노첸시오 3세의 통치 방식에 대한 속죄적 반성의 의미를 갖는 것이다(그림 518).

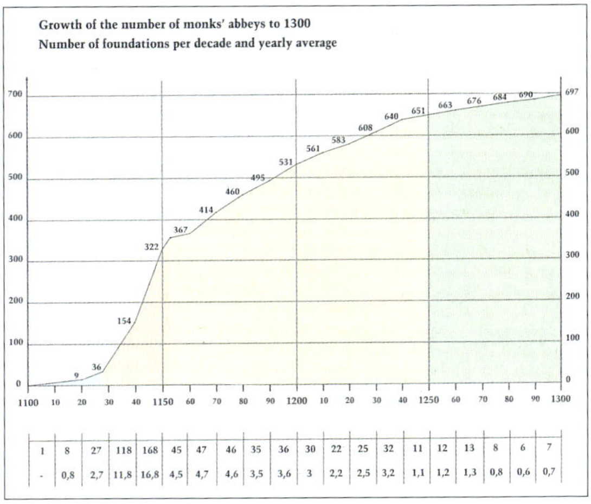

517 1300년까지 수도사 수 및 10년 단위 수도원 설립 수

전도와 설교를 목적으로 하는 두 수도회는 수도원 대신 도시에 교회를 지었다. 두 수도회 모두 극기와 가난을 가르친 시토회를 이어받았기 때문에 이들에 소속되었던 교회는 검소하고 단순한 구성으로 이루어졌다. 프란치스코회 소속 건물이 특히 그러했다. 교리로만 보자면 도시 전도를 내걸었던 도미니크회가 교회를 더 많이 필요로 했다. 그러나 실제 지어진 교회 수는 두 수도회가 비슷했다. 14세기에 접어들면서 두 수도회의 교회들은 건축적으로 차이가 거의 없어졌다. 이 시기에는 교회들 사이에 규모 경쟁이 심해져 두 수도회 사이의 정밀한 차이는 사라졌다.

두 수도회의 교회들은 독일과 이탈리아에 많이 지어졌다. 독일에는 13세기 중반에서 14세기 중반에 걸쳐 집중적으로 지어졌다. 그러나 가톨릭의 타락이 본격화되는 14세기 후반~15세기에도 후기 고딕과 겹쳐지면서 많은 수의 수도회 교회들이 지어졌다. 이탈리아는 이보다 조금 늦은 13세기 말에서 14세기 초에 집중적으로 지어졌다. 이 가운데 이탈리아의 예들에 대해서는 다음의 '이탈리아 고딕' 편에서 자세히 살펴볼 것이다.

518 수도원 생활 모습

프랑스와 영국은 사정이 조금 달랐다. 영국은 베네딕트회의 전통이 공고했기 때문에 베네딕트회와 입장이 다른 수도회는 발붙이기가 어려운 상황이었다. 시토회 정도가 명맥을 유지했다. 영국 국민들은 이와 비슷한 강령을 주창하는 두 수도회를 시토회와 특별히 다르지 않다고 받아들였다. 13~14세기에 영국에 지어진 주요 수도원 건물은 시토회나 베네딕트회 소속이었다(그림 519, 520). 발상지 이탈리아와의 지리적 거리도 중요한 요인이었다.

프랑스는 11~12세기를 주도했던 클뤼니회와 시토회의 본고

519 피터버러 수도원(Abbey of Peterborough). 회랑. 영국. 1270~1335년
520 더럼 수도원(Abbey of Durham). 회랑. 영국. 14~15세기

장이라는 이유가 컸다. 그러나 이탈리아와 인접한 프랑스 남부지방에는 13세기에 도미니크회 건물들이 상당수 지어졌다. 그 중심지는 툴루즈였다. 툴루즈는 이탈리아로부터 성 토마스 아퀴나스의 시신을 가져오는 등 도미니크회의 본거지 역할을 했다. 툴루즈와 아쟁Agen 등 남프랑스의 도시들을 비롯하여 파리에까지 자코뱅 교회Church of the Jacobins=도미니크회 교회라는 같은 이름의 교회들이 지어졌다.

도미니크회 교회와 목조 천장

도미니크회 교회는 1221년 볼로냐에 처음 세워졌다. 도미니크회를 대표하는 것으로 보기에는 초라해 보일 만큼 규모가 작았다. 그러나 일면 성 도미니코의 강령을 가장 잘 지킨 것이었을 수도 있었다. 시에나Siena의 성 도미니코San Domenico는 극기적 강령을 잘 지키면서도 큰 규모로 지어졌다.

도미니크회 교회에서는 천장이 목조여야 했다. 극기적 단순성과 공간적 통일감을 위해 트랜셉트, 성가대석 복도, 방사형 예배당 등 공간의 복합성을 유발하는 요소들은 모두 없앴다. 이를 위해 전체 구성은 3랑식 홀 교회가 최대 허용치였다. 1랑식인 경우도 많았다(그림 521). 어느 경우이건 홀 교회가 기본이었다. 재료는 검소함을 상징하는 벽돌이 주류를 이루었다. 창은 가급적 자제했으며 벽돌의 검소한 물성이 최대한 표현되었다. 규모는 큰 편이었으나 벽돌의 검소함을 강조하기 위해 단순한 매스로 구성되었다(그림 522).

도미니크회를 대표하는 교회는 프랑스의 툴루즈에 지어진 자코뱅 교회였다(그림 523). 이 교회는 큰 규모와 실내의 화려한 리브 장식을 통해 볼로냐를 이어받아 도미니크회의 또다른 중심지 역할을 했다. 프랑스의 도미니크회 교회는 공간적 통일감을 중요하게 생각했기 때문에 홀 교회 유형인 경우가 많았다. 구성과 장식은 가능한 한 자제했다. 네이브와 아일 사이는 단일 원형 기둥만으로 분리하는 것이 원칙이었다. 건물 규모도 크지 않았기 때문에 플라잉 버트레스 등의 과다한 구조 체계는 사라졌다. 아일 외벽은 1단 구성이나 2단 구성에 머물렀다(그림 524). 창의 분할도 가급적 자제했다.

그러나 한계도 있었다. 프랑스에서 도미니크회 교회가 많이 지어지던 때는 건축 사조로 보면 후기 고딕 시대였다. 전반적으로 장식이 유행하고 있었다. 따라서 여기에서 완전히 자유로울 수는 없었다. 리브를 이용한 천장 장식과 창 분할에 사용된 트레이서리[tracery, 그물 무늬] 등의 장식 어휘들이 함께 나타났다(그림 525). 이 내용에 대해서는 다음의 '후기 고딕' 편에서 더 다룰 것이다.

독일에서도 1248년의 레겐스부르크[Regensburg]를 시작으로 쾰른, 콘스탄츠[Konstanz], 에슬링겐[Esslingen], 에르푸르트, 슈트라스부르크 등의 여러 도시들에 도미니크회 교회들이 지어졌다(그림 526). 독일에서는 두 수도회가 프랑스에서보다 훨씬 활발하게 활동했다. 두 수도회는 한자 동맹

521 성 도미니코(San Domenico). 시에나(Siena). 13~14세기

522 성 도미니코(San Domenico). 시에나(Siena). 13~14세기

523 자코뱅 교회(Church of the Jacobins). 툴루즈(Toulouse), 프랑스. 네이브 1230~63년경/성가대석 1285~98년/네이브 증개축 1330~85년

524 자코뱅 교회(Church of the Jacobins). 툴루즈(Toulouse), 프랑스. 네이브 1230~63년경/성가대석 1285~98년/네이브 증개축 1330~85년

525 자코뱅 교회(Church of the Jacobins). 툴루즈(Toulouse), 프랑스. 네이브 1230~63년경/성가대석 1285~98년/네이브 증개축 1330~85년

Hanseatic League을 배경으로 새롭게 등장한 상인 세력과 손을 잡으면서 독일에서 큰 세력을 형성했다.

이들의 건축적 특징도 큰 방향은 프랑스의 경우와 비슷했지만 차이도 있었다. 차이는 독일의 고딕 건축이 처한 상황에서 비롯되었다. 독일에서는 프랑스 고딕 양식의 수용과 극복이라는 양면적 입장이 매우 중요한 문제였다. 국경을 초월한 수도회라고 하지만 프랑스 수도회 교회들과 같아지는 것은 달갑게 받아들여지지 않았다. 이런 배경 아래 독일의 도미니크회 교회들은 독일만의 고딕 양식이 형성되는 데 일정

526 아우구스티누스 수도원(Abbey of Augustine). 에르푸르트(Erfurt), 독일. 1277년~

527 아우구스티누스 수도원(Abbey of Augustine), 에르푸르트(Erfurt), 독일, 1277년~

한 기여를 했다. 예를 들어 1248년은 레겐스부르크의 도미니크회 교회와 쾰른 성당이 동시에 공사를 시작하며 독일 고딕이 자리잡아가던 때였다. 후자가 프랑스 고딕의 모방 경향을 이끈 선례인 데 반해 전자는 독일 지역 양식의 시작을 알리는 상반된 의미를 가졌다.

독일의 도미니크회 교회는 이탈리아의 예를 좇았다. 성가대석 천장은 볼트를 사용할 수 있었으나 네이브 천장은 목조여야 했다(그림 527). 평면 전체는 가능한 한 단순한 구성을 유지했다(그림 528). 네이브 월은 2단 구성까지 허용되었으며 아케이드와 천측창을 제외한 나머지 부분은 단순 벽면으로 놔두었다. 창은 채광이 필요한 정도까지 허용되었으며 단순 벽면의 면적을 가능한 한 넓게 하도록 권장되었다(그림 529).

공간적 안정감을 추구하는 과정에서 로마네스크 기법이 뒤늦게 차용되는 예도 있었다. 콘스탄츠는 로마네스크 기법을 차용한 대표적인 예였다. 그러나 14세기 이후 고삐가 풀리면서 이런 절제 경향은 사라졌다. 천장은 당시 유행하던 후기 고딕의 리브 장식으로 화려하게 처리되었고 넓은 창을 트레이서리가 복잡하게 분할했다.

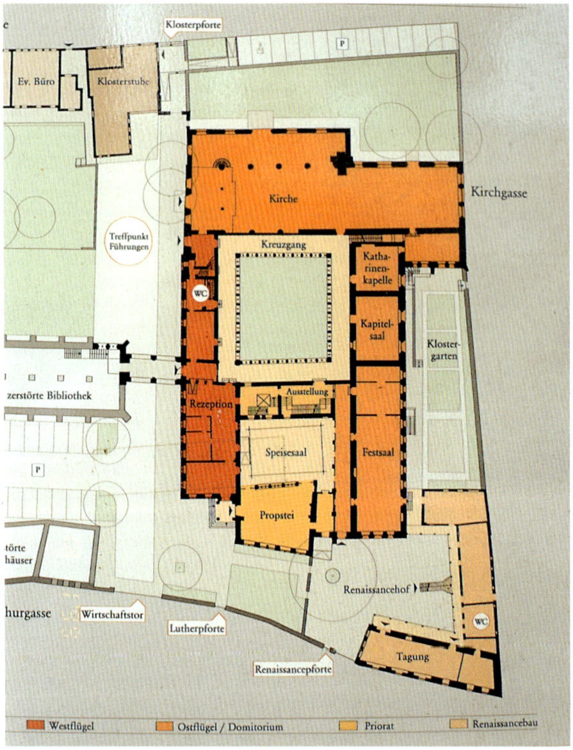

528 아우구스티누스 수도원(Abbey of Augustine). 에르푸르트(Erfurt), 독일. 1277년~
529 아우구스티누스 수도원(Abbey of Augustine). 에르푸르트(Erfurt), 독일. 1277년~

프란치스코회 교회와 벽돌 조적

프란치스코회 교회들은 도미니크회 교회들보다 이탈리아에 더 많이 집중되었다. 그러나 이탈리아 이외의 유럽 주요 도시들에도 성 프란치스코라는 이름을 가진 교회들이 빠지지 않고 지어졌다. 성 프란치스코 교회들은 재산 소유가 허용된 14세기에 특히 많이 지어졌다. 이렇게 보았을 때 상대적으로 13세기에 더 많이 지어졌던 도미니크회 교회와 세기를 바꾸며 그 뒤를 이은 것으로 볼 수 있다.

프란치스코회 교회는 도미니크회의 경우와 마찬가지로 이탈리아와 지리적 문화적 역사적으로 인접한 프랑스 남부지방으로 먼저 퍼져나갔다. 페르피냥Perpignan과 베지에Beziérs 등은 대표적인 도시들이었다. 독일에서는 도미니크회 교회가 먼저 지어지고 있었기 때문에 프란치스코회 교회들은 이것을 자연스럽게 이어받는 양상을 띠었다. 독일에서는 두 수도회가 엄밀하게 구별되지 않고 탁발승 수도회로 합쳐져 인식되고 있었기 때문에 더욱 그러했다.

프란치스코회 교회도 도미니크회 교회와 마찬가지로 벽돌 조적, 1단 구성의 네이브 월, 목조 평천장, 흰 회벽 등 매우 검소하고 극기적인 건축 어휘를 공통적인 특징으로 가졌다. 아주 세밀한 부분이 아니라면 두 수도회의 교회는 구별되지 않는 것이 사실이었다(그림 530, 531). 그러나 시대에 따른 차이는 있었다. 13세기의 도미니크회 교회들이 극기적 강령을 상대적으로 더 많이 지켰던 데 반해 14세기에 들어오면서 상황이 바뀌기 시작했다.

14세기는 로마 교회가 분리되고 흑사병이 도는 등 혼란의 시기였다. 가톨릭도 타락하기 시작했다. 이런 상황은 극기주의를 주장했던 두 수도회의 존재를 빛나게 해야 했지만 실상은 그렇지 못했다. 기본적으로 가톨릭에 속했던 탁발승 수도회도 함께 변질되기 시작했다. 가톨릭이 약해진 틈을 타 세속 권력이 세력을 확장했다. 대형 건물을 통한 과시욕이 경쟁적으로 유행했다. 대도시를 본거지로 삼은 점도 중요한 요인으로 작용했다.

이런 분위기에서 자유롭지 못한 수도회 건물들도 덩달아 규모가 커지고 화려해졌다. 이런 현상은 이탈리아에서부터 나타났다. 축조 방식에 수반되던 고딕 특유의 짜임새 있는 구성이 깨지면서 공간은 무조건 커졌다. 성가대석의 확장이 두드러졌다. 5베이까지 길어진 경우도 있

530 성 도미니코(San Domenico), 시에나(Siena), 13~14세기

531 성 프란치스코(St. Francis), 볼로냐(Bologna), 이탈리아, 실내 1236~50년/외관 1263년

532 산타마리아델카르미네(Santa Maria del Carmine), 파비아(Pavia), 이탈리아, 1370년~
533 산조반니인몬티(San Giovanni in Monti), 볼로냐(Bologna), 이탈리아, 13세기~1440년대

었다. 길이에 맞춰 높이가 높아졌고 단순하던 공간은 복잡해졌다(그림 532). 네이브 천장에 리브 볼트가 등장했으며 대부분은 당시 유행하던 후기 고딕의 화려한 장식으로 처리되었다(그림 533).

회화를 이용한 직접적 장식이 늘어났고 창에 대한 관심도 부쩍 높아졌다. 트레이서리 장식이 증가했으며 스테인드글라스는 면적이 확대되고 화려해졌다. 외관에서도 유사한 변화가 나타났다. 규모는 더 커졌고 지루함을 없애기 위해 건물에 분절이 많이 가해졌다(그림 534).

534 산타마리아글로리사데이프라리(Santa Maria Glorisa dei Frari, 프란치스코회), 베네치아(Venezia), 이탈리아, 1330년경 시작
535 성 요한/바오로(Santi Giovanni e Paolo, 도미니크회), 베네치아(Venezia), 이탈리아, 1355년~
536 산타마리아글로리사데이프라리(Santa Maria Glorisa dei Frari, 프란치스코회), 베네치아(Venezia), 이탈리아, 1330년경 시작

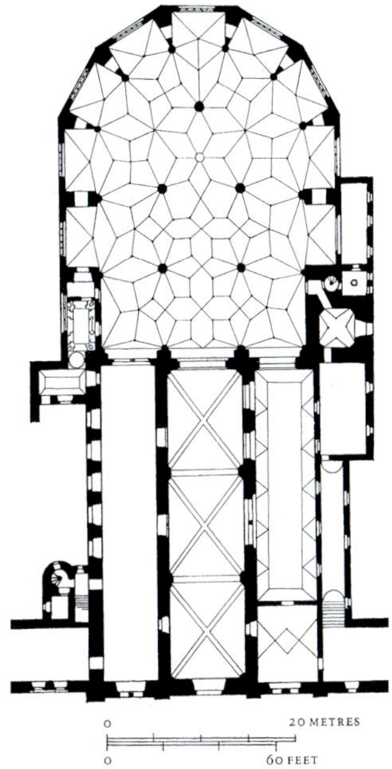

537 장크트제베린(St. Severin). 에르푸르트(Erfurt), 독일. 1278~14세기

538 프란치스코회 교회(Franciscan Church). 잘츠부르크(Salzburg), 오스트리아. 1408년~

창의 면적이 늘어났고 대리석을 이용한 장식이 출입구와 창 주변에 인위적으로 더해졌다(그림 535). 창은 잘게 분할되면서 그 자체로 장식 효과를 노렸다. 벽돌 사용법도 달라졌다. 순수 물성을 강조하던 이전 경향에서 벗어나 장식적으로 사용되었다(그림 536).

이탈리아에서 시작된 변질 현상은 독일에서 특히 두드러졌다. 에르푸르트의 성모마리아 성당[도미니크회], 프라이부르크[Freiburg im Breisgau]의 성 프란치스코 교회, 에르푸르트의 장크트제베린[St. Severin, 도미니크회], 콜마르[Colmar]의 도미니크회 교회, 뤼베크의 성 가타리나[St. Katharina, 프란치스코회], 잘츠부르크[Salzburg]의 프란치스코회 교회 등은 이런 경향을 대표하는 예들이다(그림 537, 538).

4 고딕 성당

중세 르네상스와 고딕 성당

고딕 시대에는 지성 발전이 세속 체계의 중요한 요소로 떠올랐다. 고딕 문명의 많은 부분은 봉건 귀족과 새롭게 등장한 상인을 중심으로 한 서민 계층의 자발적 노력의 산물이었다. 기독교가 정신적 바탕을 이루긴 했지만 이것을 땅 위의 인간적 매개로 구체화하여 여러 방면에서 눈부신 발전이 이루어졌다. 교육과 사상으로 대표되는 지성 발전은 다시 이것의 핵심적 내용이었다(그림 539). 이 두 가지 내용은 카롤링거 르네상스 때에 처음 시도되었으며 고딕 시대는 이것을 이어받아 발전시킨 측면이 강했다. 로마네스크 시대까지는 교육과 학문 연구가 수도원과 같은 종교 기관을 중심으로 이루어졌던 데 반해 고딕 시대에는 민간 기관으로 넘어가는 중요한 변화가 있었다.

수도원이 담당하던 학문의 중심지 역할을 이어받은 것은 대학이었다. 고딕 시대 이전에도 고등 교육 기관이 있었다. 그리스의 아카데미와 카롤링거왕조의 아헨 궁전은 이것의 대표적인 예들이었다. 그러나 이런 기관들은 아직 대학이라고 부르기 힘든 개인적 차원의 연구 집단

539 중세의 필사가
540 트리니티칼리지(Trinity College). 케임브리지(Cambridge), 영국. 1546년~

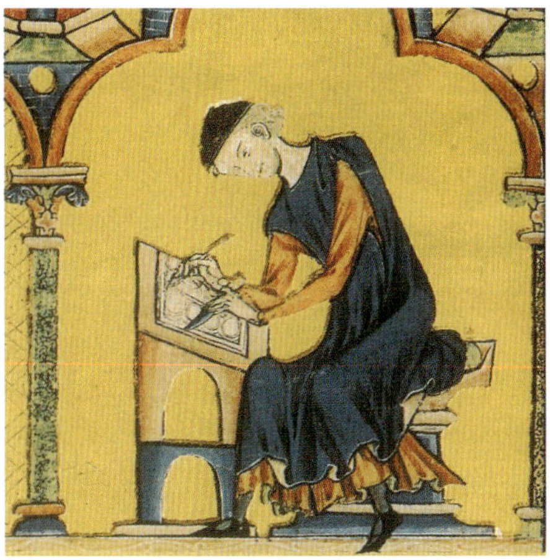

에 가까웠다. 고딕 시대에는 유럽에 최초로 대학이 설립되었다. 13세기에는 볼로냐와 파리를 필두로 여러 도시들에 대학이 설립되었다. 볼로냐는 학생 길드 조직 형태로 운영되었다. 이탈리아, 스페인, 프랑스 남부 등은 이 모델을 따랐다. 반면 파리는 교수 길드 조직 형태로 운영되었다. 프랑스, 독일, 영국 등의 알프스 이북 지역은 이 모델을 따랐다(그림 540).

수도원은 더이상 교육과 학문 연구의 중심지가 아니었지만 수도회는 고딕 시대의 지성 발전에 여전히 한몫을 했다. 특히 교리 공부를 강조했던 도미니크회의 역할이 중요했다. 도미니크회는 잘 조직된 교육 체계를 갖추고 있었다. 그 정점에는 '스투디아 제네랄리아Studia Generalia'라는 기독교 교육 조직이 있었는데 이것은 대부분 대학과 연계되어 운영되었다. 이 때문에 도미니크회는 많은 기독교 사상가들을 배출했다. 이들 가운데 상당수는 고전 학문도 함께 연구했다(그림 541).

민간이 지성 발전의 주체가 되면서 그리스 고전 연구가 활성화되었다. 아리스토텔레스 연구는 대표적인 예였다. 아리스토텔레스로 대표되는 고대 그리스 사상은 비잔틴 시대부터 꾸준히 관심과 연구의 대상이 되어왔으며 7세기를 넘어서면서 아랍어로 번역되기 시작했다. 고딕 시대에는 아랍어 번역본을 라틴어로 중역하면서 아리스토텔레스 연구가 시작되었다(그림 542). 여기에 더해 고대 그리스어 원본을 직접 라틴어로 번역하는 작업도 시도되었다. 1140년 이후부터 그리스 철학서

541 책을 쓰고 있는 성 예로니모(St. Jerome)

542 고대 그리스 지식이 유대인과 아랍인 번역가들을 통해 서양 중세로 전수되었음을 보여주는 그림

들의 번역과 보급이 본격화되기 시작했다. 1250년경에는 아리스토텔레스의 철학 전체가 완역되었고, 아리스토텔레스의 사상은 대학이 설립되자마자 핵심 과목으로 채택되었다.

아리스토텔레스는 신과 인간의 영혼 사이의 관계에 대해 가장 논리적이고 분석적인 해석을 했던 철학자였다. 이런 내용은 하느님의 존재를 논리적으로 설명하려는 기독교 사상의 형성에 결정적인 영향을 끼쳤다. 이런 경향을 이끈 것도 도미니크회 소속 사상가들이었다. 성 알베르토Albertus Magnus와 성 토마스 아퀴나스St. Thomas Aquinas는 이것을 대표하는 인물들이었다. 이들은 아리스토텔레스 연구에 활발히 참여하며 아리스토텔레스의 사상을 기독교에 접목시켜 중세 기독교 사상으로 발전시키는 업적을 남겼다.

도미니크회 소속 사상가들의 활동은 두 가지 방향으로 나타났다. 한 가지는 스콜라 철학의 성립이라는 순수 사상 분야에서의 발전이었다. 스콜라 철학은 두세 갈래의 사상 줄기를 가졌는데 이 가운데 하나가 도미니크회 소속 사상가들이었다. 다른 한 가지는 종교적 목적과 밀접한 관계가 있었다. 도미니크회는 지성과 지식에 기초한 설교와 대중 토론을 이교도 개종의 수단으로 삼았는데 이를 위해서는 이론으로 무장할 필요가 있었기 때문이다.

과학기술의 발전도 있었다. 철학은 기독교 사상과 대치되는 부분이 많았기 때문에 학문 이외의 변수로부터 영향을 많이 받은 반면 과학기술은 이런 부담에서 벗어나 자유롭게 발전할 수 있었다. 고딕 시대에는 수학, 천문학, 의학, 광학, 역학, 기계공학 등에서 중요한 발전이 있었다. 역학과 기계공학의 발전은 건축술의 발전에 중요한 토대를 제공

543 비야르 드 온쿠르(Villard de Honnecourt)의 스케치집에 나오는 수력 제재소
544 고딕 성당 축조 장면

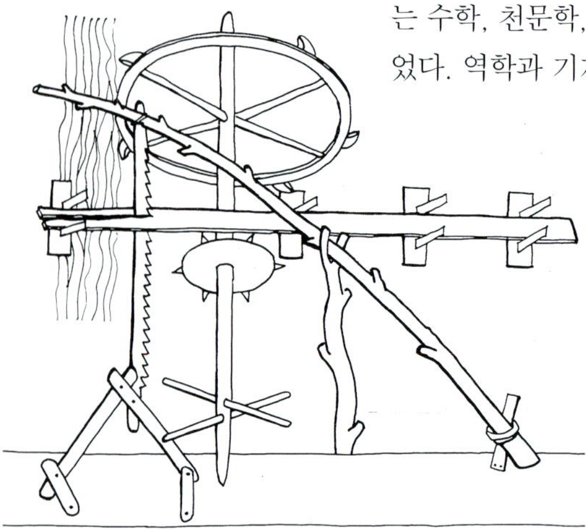

했다(그림 543, 544). 건축술의 발전은 구조 합리주의와 맞물리면서 고딕 성당의 축조를 가능하게 했다. 과학기술의 발전을 건축과 연결시켜준 중간 매개로 장인 계층을 들 수 있다. 성기 고딕 시대에는 장인 가운데 전문성을 갖춘 건축가들이 등장하기 시작했다.

고딕 시대에 있었던 이상의 여러 발전들은 종합적으로 중세 르네상스라 할 수 있다. 카롤링거 르네상스 이후 350여 년에 걸친 문화적 침체기는 중세 르네상스에 대한 준비 기간이라 할 수 있다. 이 기간은 카롤링거 르네상스 때 있었던 발전 내용들이 유럽의 전역으로 퍼져나가 각 지역별로 충분히 습득되고 흡수되는 숙성의 기간이었다. 이슬람으로부터 발달한 문명도 전수받아 자신들의 것으로 만들었다.

이런 내용들을 바탕으로 12세기 중반을 넘기면서 유럽의 민간 역량은 여러 분야에서 스스로 문명을 일굴 만큼 성장해 있었다. 직업은 세부적으로 전문화되었고 민간 주도의 경제력이 왕실을 능가할 정도가 되었다(그림 545). 사회 조직은 복층 구조로 다변화되었다. 이 시기는 유럽 전역이 역사상 최초로 자신들만의 힘으로 독자적 문명을 이룬 점에서 중세 르네상스라 부를 수 있다. 이때 닦인 문명의 기초는 부침이 있긴 했지만 지속적으로 발전하여 15세기 이탈리아 르네상스까지 이어졌다.

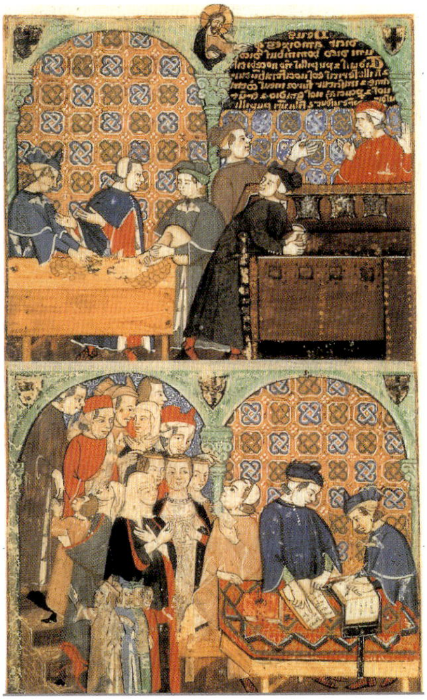

545 중세 이탈리아 은행가들

546 건축가의 모습을 한 신

547 부르주 성당(Bourges Cathedral). 석재 운반 장면을 보여주는 스테인드글라스. 프랑스

고딕 성당은 이런 중세 르네상스가 낳은 가장 확실한 결과물이었다. 고딕 성당은 분명 구조 기술의 승리였다. 이때 구조 기술은 편협한 직능적 노무勞務만을 의미하지 않았다. 그보다는 투철한 기독교 정신을 바탕으로 학문과 과학기술의 발전이 한데 어우러진 종합적 관리 능력을 의미했다. 성스러운 지혜로서 하늘의 섭리가 기독교를 통해 땅 위에 구현된 실체였다(그림 546). 이것을 가능하게 해준 잘 조직된 교육 체계가 있었다. 종교와 정치 지도자에서 마스터를 거쳐 현장 인력에 이르는 명령 체계도 잘 작동했다. 고딕 시대의 구조 기술은 이 모든 것들을 종합적으로 관리하는 기술 행정력을 의미했다(그림 547). 그리고 고딕 성당은 그것이 낳은 최고의 걸작품이었다.

고딕 고전주의와 구조 합리주의

아리스토텔레스 연구는 건축적으로는 고전과의 통합에 상징적으로 유추될 수 있다. 고전의 영향과 연속성은 고딕 시대에도 계속되면서 고딕 고전주의Gothic Classicism라 부를 수 있는 하나의 분과적 경향을 고딕 건축 내에 갖게 된 것이다. 고딕 시대의 고전주의는 오더나 평면 구성과 같은 양식적 측면이 아닌 구조 합리주의라는 구조 원리에 반영되었다. 물론 고딕 시대에도 고전 오더가 계속해서 쓰이는 경우가 적지 않았다. 그러나 그 숫자는 현저히 줄어들었다. 좀더 근본적으로 얘기하자면 기둥 체계의 중심은 오더가 아닌 다발 기둥으로 완전히 넘어가 있었다. 이 다발 기둥이 바로 구조 합리주의를 형성하는 구체적 구성 매개였다.

고딕 고전주의는 구조 합리주의를 이루는 구성 원리로 표면에 드러나지 않고 숨어 나타났다. 한 가지 중요한 사실은 이때의 고전주의는 로마 고전주의가 아닌 그리스 고전주의라는 것이다. 초기 기독교-비잔틴-카롤링거-로마네스크를 거치며 연속적으로 이어졌던 고전주의는 모두 로마 고전주의였다. 이런 초기 중세의 기독교 양식들에서 로마 고전주의는 건물 외관이나 평면 구성 등에 가시적 실체로 나타났다. 반면 고딕 시대의 고전주의는 구조 원리 속에 숨어 나타났으며 그 모델도 로마 고전주의가 아닌 그리스 고전주의였다. 이것이 고딕 건축이 이전의 중세 기독교 건축과 다른 중요한 차이점이다.

고딕 고전주의에 나타난 그리스 고전주의는 구조 합리성이었다. 이것이 고딕 구조의 또다른 특징인 유기성과 합쳐지면서 고딕 고전주의로 발전했다. 그리스의 구조 합리성과 고딕의 유기성은 모두 합리성을 공통 특징으로 가졌다. 그리스의 합리성이 연역적 합리성이라면 고딕의 유기성은 귀납적 합리성이었다(그림 548, 549). 연역과 귀납이라는 쌍개념이 합리성이라는 공통 매개를 끈으로 하나로 통합되면서 구조 합리주의라는 제3력으로 상승 귀결된 것이었다.

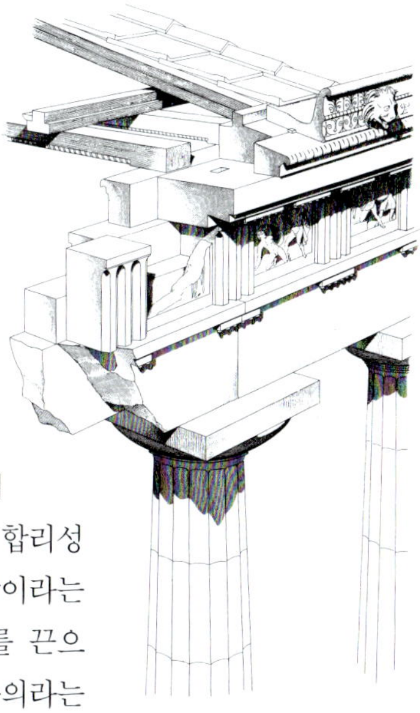

이런 현상은 유럽 건축, 넓게는 유럽 문명의 전개 과정에서 중요한 분화로 해석될 수 있다. 거시적 차원의 문명 단위에서는 고전주의와 고딕이 상반되는 대별성을 갖는다. 이런 분류에 의하면 그리스 건축은 고딕 건축과 대척점에 선다. 물론 이것은 여러 측면에서 사실이다. 그러나 이와 반대의 해석도 가능하다. 구조 합리성이라는 관점에서 보면 그리스 건축은 같은 고전주의에 속하는 로마 건축보다 오히려 고딕 건축과 같은 계열에 속한다. 이것은 기준이 다원화되면서 문명간의 관계도 다양해지는 분화가 일어난 것으로 해석될 수 있다.

고딕 건축이 실제로 전개되어가는 과정을 보더라도 구조 요소들에

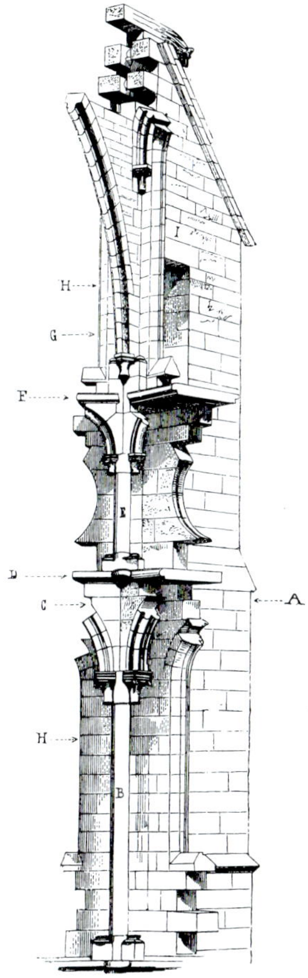

548 비올레르뒤크(Viollet-le-Duc)의 도릭 오더 분석 다이어그램

549 비올레르뒤크(Vilollet-le-Duc)의 디종 노트르담(Notre-Dame at Dijon) 구조 분석도

550 바실리카(Basilica), 파에스툼(Paestum), 이탈리아, 기원전 530년경

551 랑 성당(Laon Cathedral), 프랑스

서 이런 내용이 많이 관찰된다. 예를 들어 다발 기둥의 발전 과정에서는 단일 원형 기둥의 사용이 중요한 역할을 담당한다. 단일 원형 기둥은 그리스 가구식 구조를 대표하는 핵심 어휘이다(그림 550). 고딕 구조의 다발 기둥은 넓게는 그리스의 구조 방식과 같은 가구식 구조에 속한다. 세부 내용에서는 다시 그리스식 방식과 구별되는 고딕만의 방식에 해당된다. 이렇게 보았을 때 고딕 구조는 그리스 가구식 구조를 기본으로 삼아 복합적 유기성이라는 고딕만의 가구식 구조에 도달한 것으로 정의될 수 있다(그림 551).

고딕 고전주의의 구조 합리주의는 고딕 문명이 갖는 통합적 측면의 일환으로 해석될 수 있다. 로마 문명이 형성된 이래 기독교 문명을 거치면서 그리스 문명은 유럽 사람들의 관심에서 줄곧 배제되어왔다. 문화적 이질감, 시간적 거리감, 지리적 거리감 등 복합적 요인이 원인이었다. 초기 중세에 이슬람 문명이 대거 유입되는 과정에서 간접적으로 그리스 문명을 접한 정도가 전부였다. 초기 기독교와 비잔틴을 거치면서 형성된 초창기 기독교 문명은 이것의 좋은 예이다. 초창기 기독교는 이슬람과 그리스까지 포함하는 복합적 혼합 문명이었지만 그 핵심은 로마 문명에 있었다. 이때 형성된 초창기 기독교 사상은 신플라톤주의Neo Platonism나 향락주의Epicureanism 같은 로마 사상으로부터 영향을 받았다.

이것은 거시적으로 보았을 때 분명히 절름발이식 쏠림이었다. 기독교는 어차피 처음부터 독자적 사상이나 문명을 창출하지 못하고 기존의 발달한 사상과 문명으로부터 좋은 내용들만 추출 모방한 혼합 문명이었다. 이때 혼합의 정도와 방식이 문제가 되는데 로마네스크 시대까지 기독교 문명에는 그리스라는 큰 흐름이 결여되어 있었다.

고딕 시대에는 이런 부족한 부분을 채우는 발전이 있었다. 이것은 확장적 종합화의 의미이자 균형 잡기를 통한 성숙과 완성을 의미했다. 아리스토텔레스의 부활은 이런 현상을 보여주는 좋은 예이다. 고딕 시대의 기독교는 아리스토텔레스의 사상을 받아들여 비로소 사상 체계를 갖춘 성숙 단계에 접어들 수 있었다. 건축에서도 그리스의 연역적 합리성은 고딕의 구조 합리주의라는 유럽만의 독자적 양식을 최초로 창출해냈다. 고딕 건축이 그리스 건축으로부터 영향을 받았다는 직접적인 증거는 거의 제시되지 않은 편이다. 그러나 여러 간접 경로를 통

552 성지로 향하는 십자군 경로

해서 그 영향이 흘러들었다는 것은 추측할 수 있다. 경로는 다섯 가지로 요약될 수 있다.

첫째는 십자군 전쟁이다. 십자군 전쟁을 수행한 것은 정규군이 아니었다. 십자군에는 영주와 주교 등의 정치, 종교 지도자들을 필두로 기사, 노동자, 농민 등 거의 전 계층이 참여했으며 심지어 윤락녀들까지 가세했다. 이 가운데에는 건축 장인들도 있었다. 그리스는 십자군 원정의 경로에서 중요한 중간 경유지였다(그림 552). 건축 장인들은 그리스를 거쳐가는 과정에서 어떤 식으로든지 그리스 건축을 접했을 것이다.

둘째는 아리스토텔레스로 대표되는 그리스 복고주의이다. 근대 이전의 문명이 장르별 차이가 명확하지 않은 종합화 경향을 가졌던 것에 비추어볼 때 아리스토텔레스의 부활은 단순히 그것 하나로만 끝나지는 않았을 것이다. 이와 함께 그리스 문명 전반에 대한 관심이 일었을 것이다. 고딕 시대의 대학 수업 과목은 이것의 좋은 예이다. 여기에는 예술이 주요 과목으로 들어 있었는데 그리스 예술은 이 가운데 중요한 부분을 차지했다. 이슬람의 영향도 중요한 중간 가교 역할을 했다. 이슬람 문명은 특히 아리스토텔레스와 그리스 문명에 관심이 많았다. 고딕 문명의 형성에는 이슬람의 영향이 절대적이었다. 이 과정에서 그리스 건축에 대한 정보도 흘러들어갔을 것으로 추측된다.

553 비잔틴 예술이 중세 서북유럽에 미친 영향

셋째는 스콜라 철학이다. 스콜라 철학은 아리스토텔레스의 사상을 기반으로 기독교 사상을 접합시켜 완성되었다. 그 핵심 내용 가운데 하나가 합리성이었다. 스콜라 철학의 합리성을 제공한 사상적 기반은 아리스토텔레스의 논리 구조였다. 스콜라 철학은 고딕 건축, 좁게는 고딕 성당의 창출에 사상적 기반을 제공하며 밀접한 관계를 가졌다. 따라서 사상만이 아니라 건축에서도 그리스 건축으로부터의 영향이 있었을 것이다.

넷째는 장인들의 개별적 여행이다. 여행은 고딕 시대에 장인들이 건축 기술과 지식을 습득하는 중요한 수단 가운데 하나였다. 다른 곳에 세워진 건물들을 직접 눈으로 보고 구조 원리와 시공술들을 배웠던 것이다. 일차적으로는 로마네스크 때 지어졌던 교회 건물들이 목표였다. 그러나 장인들의 여행 범위는 의외로 넓었다. 성지와 비잔틴 영역까지는 적지 않게 드나들었다(그림 553). 이 과정에서 그리스도 중요한 경유지가 되었을 가능성이 높다. 비야르 드 온쿠르Villard de Honnecourt는 좋은 예이다. 그는 평생 여행을 하면서 고딕 건축의 구성 원리를 정리한 스케치북을 남겼다. 그의 여행지는 자세히 기록되어 있지 않지만 그 범위가 매우 넓었던 것으로 알려져 있다. 또한 그의 스케치 가운데에는 그리스의 기하 작도법으로부터 영향을 받은 것으로 추측할 수 있는 내용들이 들어 있다.

다섯째는 18세기 프랑스 계몽주의 때 있었던 '그레코-고딕 아이디얼Greco-Gothic Ideal'이라는 건축 경향이다. 이것은 그리스 건축과 고딕 건축 사이의 공통적 특징으로 구조 합리성을 찾아내 그 구성 원리를 새로운 건축 양식의 창출에 이용하자는 것이었다. 후대에 이런 시도가 있었다는 사실로부터 두 건축 양식 사이의 공통적 합리성에 대한 인식이 유럽의 건축 문명 전반에 형성되어 있었음을 유추적으로 추측할 수 있다.

이상을 통해 그리스 고전주의의 연역적 합리성이 고딕 건축 형성에 일정한 영향을 끼쳤음을 추측해볼 수 있다. 고딕 건축의 구조 합리주의는 유기성과 합리성이 통합된 결과였다. 유기성은 자연에 대한 귀납적 해석과 중층 복합성을 주요 내용으로 하면서 중세만의 사상 체계를 대표했다. 합리성은 자연에 대한 연역적 해석과 추상적 종합화를 주요 내용으로 하는 그리스의 대표적 사상 체계였다.

이 둘이 통합된 구조 합리주의는 기독교 사상과 아리스토텔레스 사상이 결합된 스콜라 철학의 구조와 유사했다. 체험으로만 느낄 수 있는 절대자의 존재를 인간의 사고와 논리로 설명하겠다는 점에서 연역성과 귀납성 사이의 적절한 통합을 주요 구조로 갖는 것이다. 구조 합리주의와 스콜라 철학은 모두 연역과 귀납 사이의 중층적 상호 교합의 산물이었다. 첫번째 단계로 연역이 먼저 가정되고 이것을 귀납적으로 증명한다. 두번째 단계로 이 과정에서 부분적 수정이 가해진 새로운 연역이 제시된다. 세번째 단계로 이것을 다시 새로운 귀납으로 증명하는 식이다.

554 바벨탑 공사 장면

555 G. 빈딩(G. Binding)이 성경 내용을 근거로 13세기 초에 그린 중세 성당 공사 장면

이렇게 해서 탄생한 고딕 성당에는 고전주의적 배경이 중요한 요소로 작용했다. 이런 측면은 수직성에 대한 당시 사람들의 인식에서도 찾아볼 수 있다. 고딕 성당은 당시에 바벨탑의 하나로 인식된 측면이 많았다(그림 554). 이것은 고전 대 고딕이라는 인위적 구별을 뛰어넘어 수직적 높이에 대한 인류 공통의 욕망에 의해 두 양식이 하나로 묶일 수 있었음을 의미한다. 이것은 다시 고딕 성당의 수직성 속에 고대의 탑 요소가 들어 있었음을 의미한다. 고딕 성당은 고대 탑의 개념이 기독교 이상에 의해 중세라는 새로운 시대에 맞게 변형된 형태로 나타난 것이었다(그림 555).

5 고딕 구조

유기성과 구조적 솔직성

고딕 성당의 높은 수직성과 그 속을 가득 채우는 밝은 빛은 분명 구조 기술의 승리였다. 수직 높이 자체만 보면 고딕 성당이 최고 기록은 아니었다. 비잔틴의 하기아 소피아의 천장은 54.8미터였던 데 반해 고딕 성당의 기록은 아미앵 성당의 41.7미터였다. 그럼에도 불구하고 비잔틴 건축의 특징에는 수직성이 안 들어 있는 반면 고딕 건축의 첫번째 특징은 수직성으로 얘기된다. 이런 전도적 대별의 배경으로 세 가지 요인을 들 수 있다.

첫째는 구조 방식이다. 고딕 성당은 '데가주망degagement'이라는 구조 방식으로 지어졌다. 이것은 로마의 전통 조적술과 비잔틴의 펜던티브 돔이 합쳐진 하기아 소피아와 완전히 다른 개념의 구조 방식이었다. 둘째는 구조 효율이다. 같은 높이를 올라가는 데 필요한 구조 단면적은 하기아 소피아와 비교해서 고딕 성당에서 절반 정도로 줄어들었다. 이것은 데가주망이라는 새로운 구조 방식 덕분에 가능했다. 데가주망의 구조 효율성은 고딕 건축의 구조 합리주의를 구성하는 핵심 내용이었다. 셋째는 건축 미학과 기독교 사상이다. 하기아 소피아는 도상학적 직설, 선험적 기하 정형주의, 동방 신비주의 등을 배경으로 했다. 반면 고딕 성당은 빛을 통한 은유적 표현, 경험적이고 분산적인 기하 응용, 스콜라 철학 등을 배경으로 했다.

고딕 성당을 탄생시킨 이런 구조적 사상적 배경 및 여기에서 파생된 건축적 특징 등을 이루는 공통 개념으로 '유기성organicity'을 들 수 있다. 유기성은 자연 해석에서 나온 개념으로 동서양 모두에서 중요한 위치를 차지한다. 서양에서 유기성의 개념은 고대에서 현대에 이르기까지 시대마다 그 시대에 맞는 가치와 사상으로 정의되어왔다. 고딕 시대의 유기성은 현상과 원리 사이의 합치성의 개념으로 정의될 수 있다. 현상은 시각적이고 일시적으로 드러나는 물질 작용을 의미한다. 원리는

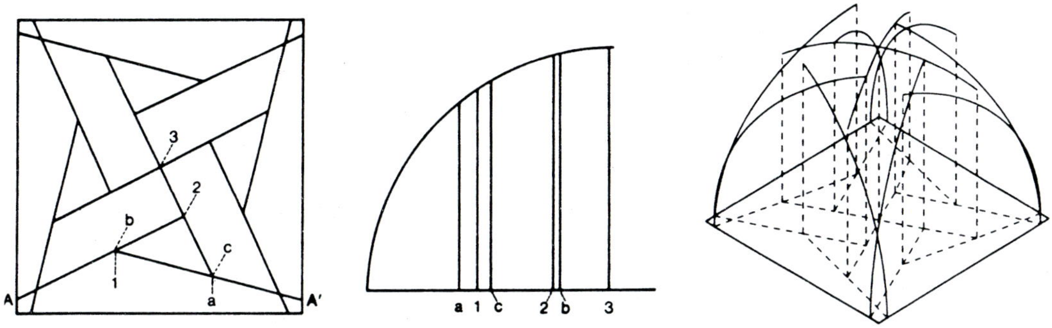

556 고딕 볼트 축조 원리

정신적이고 항구적으로 작용하는 근원적 보편성을 의미한다. 유기성이란 이 둘이 적절한 수준 이상으로 합치된 상태 혹은 그렇게 얻어진 합치성 그 자체를 의미한다(그림 556).

이렇게 정의되는 유기성은 자연 해석에서 온 것이다. 자연 해석에 유기성의 개념을 적용하면 현실 세상을 이루고 이끌어가는 인간 활동으로서의 현상을 근원적 배경 원리인 자연에 맞추겠다는 의미가 된다. 자연은 인간 활동에 대한 모범이자 교훈을 이룬다. 인간 활동의 목적과 법칙은 자연의 구성 원리를 좇아 행해져야 한다. 고딕 시대의 유기성 개념은 철학에서의 스콜라 철학, 건축에서의 구조 합리주의, 미술에서의 자연주의, 상징주의, 리얼리즘 등 모든 정신 문화 활동에 중요

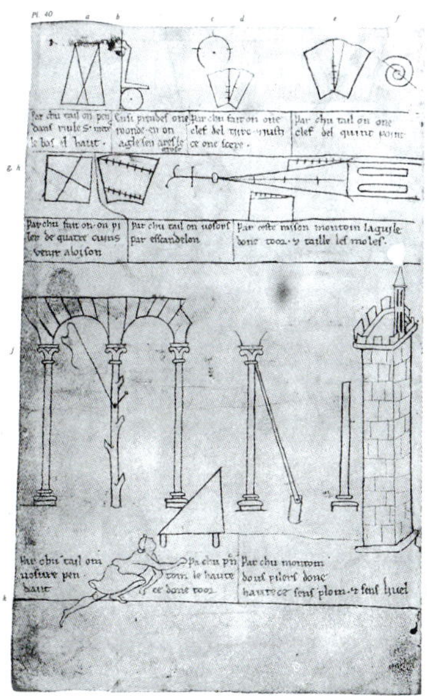

557 노트르담(Notre-Dame), 파리
558 비야르 드 온쿠르(Villard de Honnecourt)의 스케치집 도판 40번

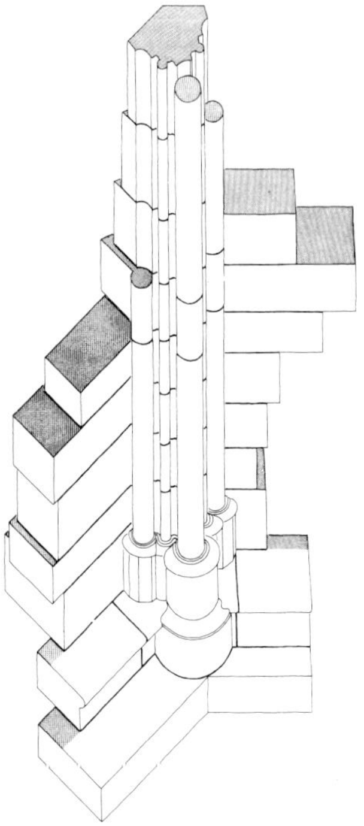

559 쾰른 성당(Köln Cathedral), 네이브 월 및 기둥 조적, 독일

한 배경이 되었다(그림 557). 유기성의 개념이 건축물의 구조 원리에 적용되면 구조 유기성이 된다(그림 558). 이것은 구조 합리주의의 근간을 이루었다. 구조 유기성은 두 가지 내용을 갖는다.

한 가지는 자연 생명체의 뼈대를 이루는 구성 원리를 건축 구조에 차용하는 것으로 데가주망이 이것의 대표적인 예이다. 데가주망을 간단히 요약하자면, 구조 부재를 가능한 한 작은 단위로 나누어 개체의 수를 늘린 다음 이것들을 사후적事後的 경험 법칙에 따라 축조하여 최고의 효율을 얻어내는 구조 기법을 말한다. 이것은 개별적 특수 상황을 총체적 보편 상황보다 우선시하는 것을 의미한다. 선험적으로 정해져 있는 보편 법칙이 우선적으로 강요되는 것이 아니라 개별적 상황에 따른 특수 조건에 맞춰 그때마다 다르게 문제를 풀어나간다는 의미이다(그림 559).

이때 의사 결정의 기준은 효율성에 둔다. 결정의 근거는 개별 상황에 대한 경험적 관찰과 판단에 의한다. 이런 구성 원리는 자연의 모든 생명체가 만들어진 비밀이기도 하다. 각 생명체를 이루는 육체적 구성은 각자가 처한 상황 아래에서 작용-반작용의 끊임없는 적응과 시행착오를 거쳐 최고의 생명 효율을 내는 상태로 지향된 결과이다. 데가주망은 생명체의 이런 교훈을 비교적 직접적으로 받아들여 구조 체계

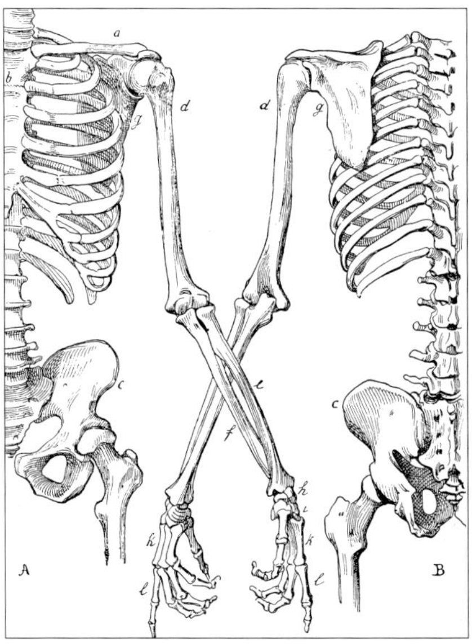

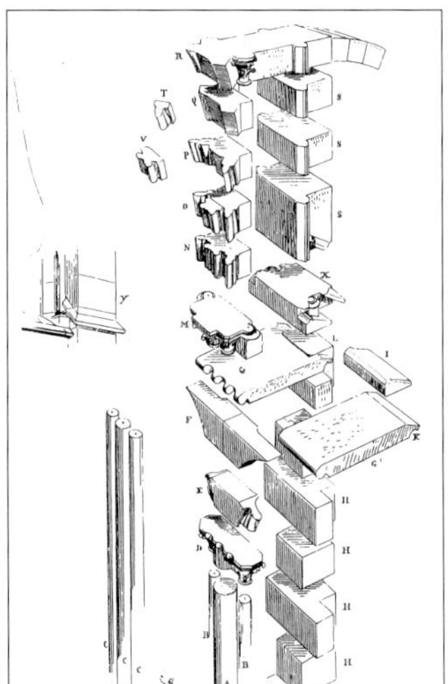

560 비올레르뒤크(Viollet-le-Duc)의 인체 골격도

561 비올레르뒤크(Viollet-le-Duc)의 디종 노트르담(Notre-Dame at Dijon) 구조 체계 분석도

에 응용한 것이다(그림 560, 561).

다른 한 가지는 구조적 솔직성으로 이것은 건물의 뼈대를 가능한 한 있는 그대로 노출시키는 구체적 경향으로 나타났다. 단순한 노출 자체가 목적은 아니다. 노출은 구조의 효율성을 돕는 중간 과정일 뿐이다. 혹은 효율성에 대한 시각적 증거이거나 반대로 효율성을 추구하는 과정에서 자동적으로 나타나는 현상일 수 있다(그림 562). 불필요한 겉치레 장식을 최소화하자는 것이다.

이런 입장은 생명체가 뼈대와 외피로 구성되는 것을 보고 배운 것으로 이해된다. 생명체는 생존과 번식에 필요한 최소한의 정도만을 외피로 갖는다. 구조적 솔직성은 이것을 적극적으로 해석하여 외피 자체도 가능한 한 최소화함으로써 구조적 효율성을 극대화하려는 자연관을 의미한다. 외피에 해당되는 부분은 노출 뼈대 위에 추가하는 상징체에 국한한다. 이 가운데 주두 장식, 조각물, 성화 등은 직설적 상징체에 해당된다. 고딕 건축은 이런 직설적 상징체를 최소화하고자 한다. 그 대신 신비한 빛이라는 은유적 상징체를 통해 신의 존재를 간접적으로 증명하고자 했다. 이때 구조 뼈대를 노출시키는 솔직성은 빛의 종교적 효과를 극대화시킬 수 있는 구조 방식이었다(그림 563).

562 성 디오니시오(St. Denis), 다발 기둥 조적, 프랑스

563 랭스 성당(Reims Cathedral), 프랑스

타드샤르주tas-de-charge는 고딕의 구조 유기성을 대표하는 공법 가운데 하나였다. 'tas'란 '다발' '무리' 란 뜻으로 타드샤르주는 하중을 담당한 부재가 다발로 이루어져 작용한다는 의미이다. 타드샤르주는 볼트의 표면 곡면을 이루는 원뿔 곡선체conoid에서 아래쪽, 즉 대응 기둥에서 리브가 갈라져 뻗어 올라가는 부분에 쓰였던 축조 방식이었다. 혹은 이 부분이 여러 개의 절석이 차곡차곡 축조되었기 때문에 이런 절석 부재들의 무리를 뜻하기도 한다. 정확하게 말하자면 대응 기둥이 리브로 변하기 시작하는 지점과 리브가 종, 횡, 대각선 방향으로 갈라지기 시작하는 지점 사이의 부재를 의미한다(그림 561, 564).

타드샤르주는 최소한 네 개 이상의 큰 절석으로 이루어졌다. 큰 절석 하나는 다시 여러 개의 작은 비정형 조적 조각으로 짜맞춰졌다. 이

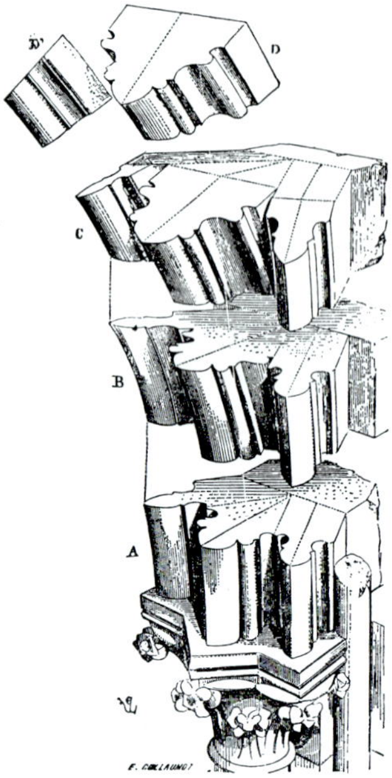

564 타드샤르주(tas-de-charge) 구성도

부재들은 여러 가지 작용을 했다. 구조적으로 천장에서 내려오는 하중을 다발 기둥과 플라잉 버트레스로 분산시켜 전달하는 역할을 했다. 타드샤르주는 하중의 전이 과정에서 중요한 분기점을 이루었다. 이것이 가능할 수 있었던 것은 부재를 여러 개로 나눈 뒤 상황에 맞게 하중 작용을 결정했기 때문이다.

또다른 중요한 구조 작용으로 리브들 사이의 높이 차이를 조율하는 기능을 들 수 있다. 대각선 리브는 길이가 가장 길었기 때문에 높이도 가장 많이 올라갔다. 이 때문에 대각선 리브는 대응 기둥에서 가장 먼저 갈라져 올라갔다. 갈라지는 출발점이 가장 낮았다는 의미이다. 길이가 짧은 횡방향 리브는 이와 반대였다. 출발 지점의 차이는 리브 정상부의 높이 차이를 없애기 위한 것이었다. 높이 차이는 구조적으로 치명적 결함이 되기 때문이었다. 높이 차이는 출발 지점의 차이만으로 없어지지는 않았다. 높이 차이가 컸기 때문에 이것을 출발 지점의 차이만으로 없애려 할 경우 두 리브의 위치가 너무 많이 달라지기 때문이었다. 이것은 시공을 어렵게 만들었다. 이를 위해 출발 지점의 차이 이외에 횡방향 리브를 수직 방향으로 들어올리는 스틸트stilt라는 방법이 함께 쓰였다. 이런 상황들로 인해 대각선 리브와 횡방향 리브의 축조 조건은 많이 달라졌다. 이것을 아우르며 매끄러운 시공을 가능하게 해준 것도 타드샤르주였다. 부재를 여러 개로 나눔으로써 각기 다른 상황에 모두 대응할 수 있었던 것이다(그림 565, 566).

시각적으로는 완만한 곡선을 이루며 리브의 날렵한 선형성을 형성했다. 건물마다 리브가 이루는 곡선의 기울기와 휘어짐은 달랐다. 이것이 특히 많이 달라지는 지점이 타드샤르주로 구성되는 마디였다. 이

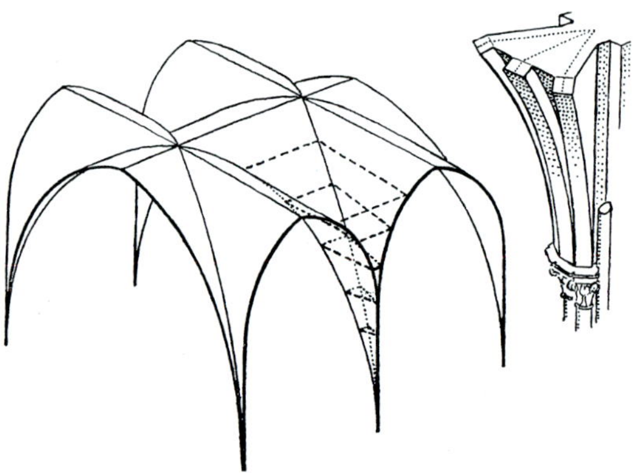

565 4분 볼트에서 스틸팅 아치(stilting arch)를 이용한 높이 조절
566 부르주 성당(Bourges Cathedral), 프랑스

런 상황에서 리브를 여러 개의 부재로 나누어 각 상황에 맞게 경험적으로 쌓음으로써 구조적 기능을 잘 유지하면서도 매끄러운 곡선을 만들어낼 수 있었다.

리브 그로인 볼트

리브 그로인 볼트는 말 그대로 그로인 볼트에 리브가 쓰인 구조이다. 이때 리브는 방향에 따라 세 종류로 나뉜다. 그로인 볼트의 윤곽을 이루는 두 변에 쓰인 것을 각각 종방향 리브와 횡방향 리브라 하며 대각선 방향의 것은 대각선 리브라 한다. 리브 그로인 볼트가 리브 없는 단순 그로인 볼트보다 유리한 점은 다음의 여섯 가지였다.

첫째, 리브는 하중 분담을 통해 지붕을 받치는 아래쪽 구조부를 도왔다. 리브가 실제로 내력 역할을 했는지의 여부에 대해서는 논란이 있어왔다. 리브의 내력 역할을 부정하는 쪽에서는 제2차 세계대전 때 폭격으로 파괴된 건물을 증거로 들었다. 이런 건물에서는 리브가 떨어져 나갔는데도 볼트 천장이 무너지지 않고 남아 있었기 때문이다. 최근의 결론은, 정도의 차이는 있지만 일정 부분 내력 역할을 한 것이 사실이라는 쪽으로 모아지고 있다. 리브도 그 자체로 보면 하나의 아치

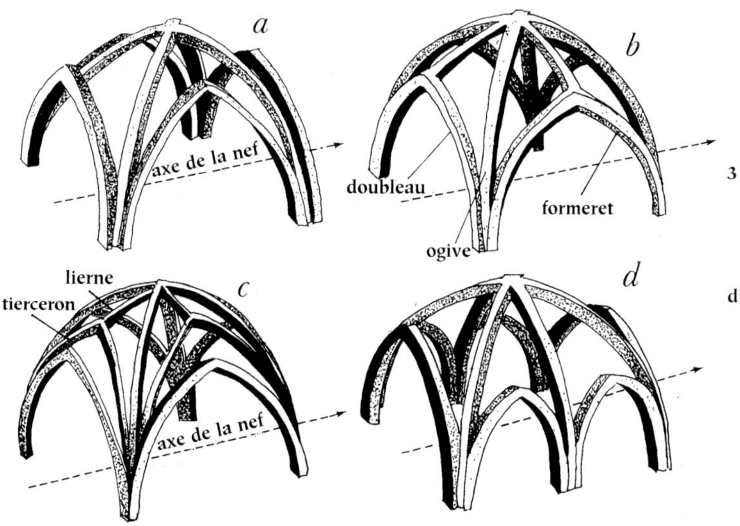

567 리브 그로인 볼트 축조 원리

이기 때문에 위쪽에서 내려오는 하중을 어느 정도는 받칠 수 있다는 것이다(그림 567). 특히 고딕 시대에 와서 이루어진 천장의 경량화는 이런 주장을 뒷받침하는 중요한 증거였다. 경량화는 물론 리브에 의해서만 이루어진 것은 아니었다. 구조 체계 전반의 발전에 따른 결과였다. 그러나 리브가 일정한 역할을 한 것도 사실이었다.

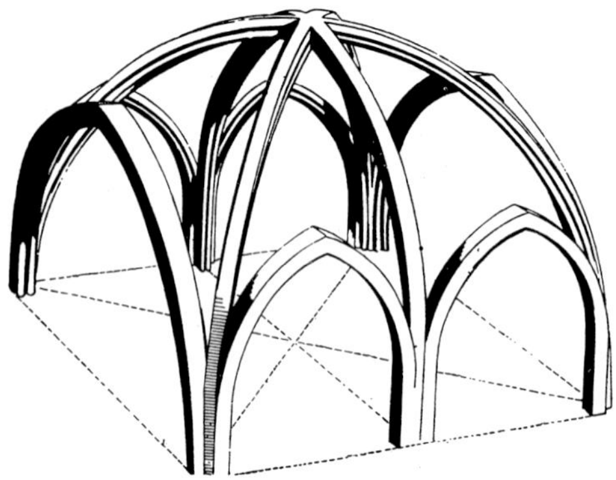

568 비올레르뒤크(Viollet-le-Duc)의 6분 리브 그로인 볼트 축조도

둘째, 직사각형 평면 위에 그로인 볼트의 축조를 가능하게 했다. 리브는 12세기 중반경 로마네스크와 고딕을 가르는 중요한 기준이었다. 리브 사용이 활발하지 않았던 로마네스크에서는 직사각형 평면에는 배럴 볼트만이 쓰였다. 그로인 볼트를 쓰는 것은 정사각형 평면 위에서만 가능했다. 그로인 볼트는 배럴 볼트 두 장을 직각으로 교차시킨 것이어서 종방향과 횡방향의 길이가 같아야 했기 때문이다.

캉의 건물들에서 보이듯이 로마네스크 건축에서도 뒤늦게 리브를 추가한 사례들이 있었지만 여전히 리브 그로인 볼트의 장점을 충분히 살리지 못하는 한계를 보였다(그림 568). 정사각형 평면을 6분 볼트로 나눈 것은 좋은 예이다. 이것은 건축의 기본적 인식이 리브 없는 그로인 볼트 내에 머문다는 것을 의미한다. 이런 인식에서 리브는 단순 추가물에 불과하다.

반면 리브를 쓸 경우 리브가 먼저 세워진 다음 천장을 덮었기 때문에

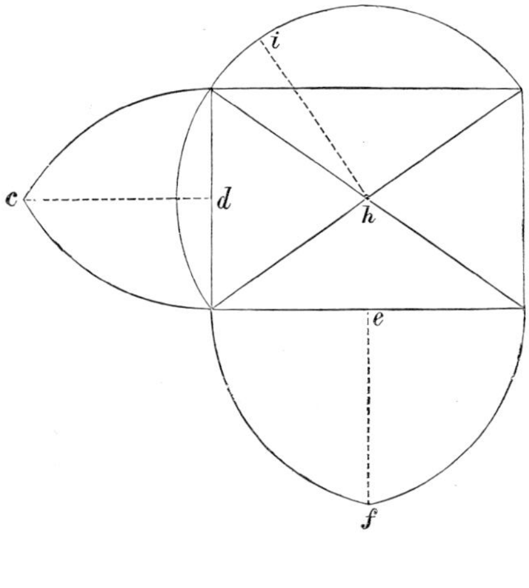

569 4분 볼트에 쓰인 포인티드형 리브 아치의 높이 조절 기능

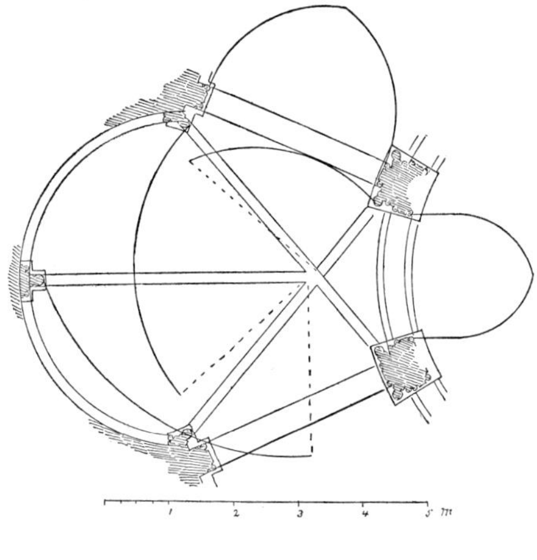

570 사다리꼴 평면에 쓰인 포인티드형 리브 아치의 조절 기능

리브만 잘 세우면 어떤 평면 위에도 그로인 볼트 축조가 가능했다. 리브는 선형 부재였기 때문에 직사각형 위에 세우는 것은 큰 어려움이 없었다. 리브 단면이 포인티드형으로 발전하면서 더욱 그러했다(그림 569). 이런 융통성은 마지막으로 사다리꼴 평면에서 가장 확실하게 증명되었다(그림 570). 직사각형과 사다리꼴 평면 위에 그로인 볼트를 쓸 수 있게 되면서 건물 전체의 골격과 평면을 짜는 데 융통성이 대폭 향상되었다. 이런 발전은 6분 볼트에서 4분 볼트로의 전환을 가져왔다.

셋째, 시공이 간편했다. 리브 없는 그로인 볼트에서는 적지 않은 양의 거푸집과 센터링centering이 필요했다. 또한 천장 곡면을 원호에서 벗어나지 않도록 매끄럽게 시공하는 것도 쉬운 일이 아니었다. 반면 리브 그로인 볼트에서는 리브를 먼저 세웠기 때문에 이런 문제들에서 해방되었다. 거푸집과 센터링은 선형 부재인 리브에만 해당되었기 때문에 재료와 시간이 대폭 절약된 것이다. 곡면을 잡는 일도 선형 부재인 리브가 훨씬 간단했다. 앞의 두번째 사항을 가능하게 해준 것도 바로 이런 시공 방식이었다.

넷째, 천장의 경량화를 도왔다. 이것 역시 리브의 시공 방식에서 기인한다. 리브를 먼저 세웠고 이것이 내력 역할을 했기 때문에 천장은 추후에 얇은 막처럼 덮으면 되었다(그림 571). 이런 이점은 리브 없는 단순 그로인 볼트의 무거운 하중에서 해방시키는 역할을 했다. 단순 그로인 볼트는 로마 시대의 아치나 돔과 동일한 구조를 했다. 이 경우 좌굴을 막기 위해서 스스로가 두꺼워져야 했다. 이것은 천장의 좌굴을 막는 데에는 유리했지만 아래쪽 기둥은 무거운 하중을 지탱해야 했다. 로마네스크 건축에도 이런 한계는 많이 남아 있었다. 로마네스크의 천장 볼트 두께는 평균 30~40센티미터였다.

571 리브 그로인 볼트 공사 장면
572 리브 그로인 볼트 공사 장면

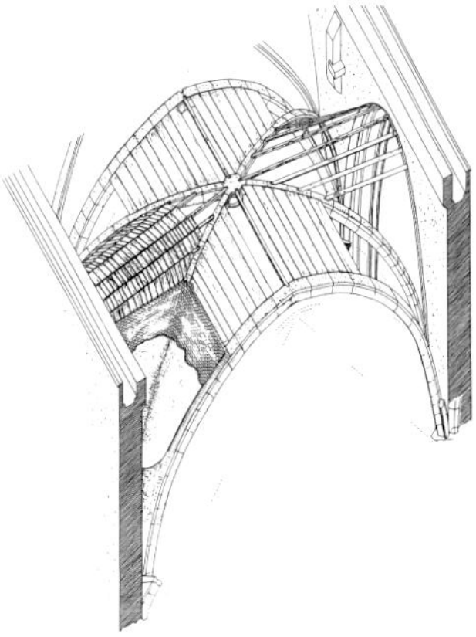

고딕 시대에 들어와 리브 그로인 볼트를 사용함으로써 이것이 절반 정도로 얇아졌다. 볼트가 얇아지면서 천장의 압축력도 대폭 감소되었다. 예를 들어 쾰른 성당의 경우 리브가 대응 기둥과 만나는 모서리 지점 볼트 곡면의 압축력은 로마네스크 때에 18kg/cm^{2}이던 것이 겨우 5kg/cm^{2}으로 줄어들었다. 이로써 천 년 가까이 끌어온 로마적 건축술의 전통

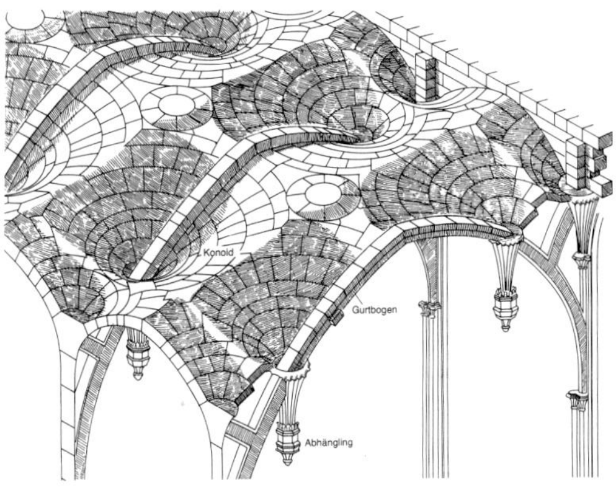

에서 벗어나 중세만의 독립성을 획득하게 되었다.

다섯째, 리브가 도입되면서 볼트 천장이 막 개념으로 바뀌었다. 이에 따라 축조 방식도 피륙web을 짜는 것처럼 바뀌었다(그림 572). 로마네스크 시대까지 볼트의 축조는 로마 시대에 개발된 돔의 구조 방식에 머물렀다. 구조를 형성하는 기본 개념 및 이것을 축조하는 공법 모두에서 그러했다. 돔을 조각으로 자른 것과 같은 이치였다. 이때 좌굴을 방지하기 위해 홍예돌은 일정 두께 이상을 유지해야 했으며 축조 방식도 측력을 활용한 아치의 원리에 의존했다. 볼트는 그 자체가 스스로를 버티는 육중한 구조체가 되었다.

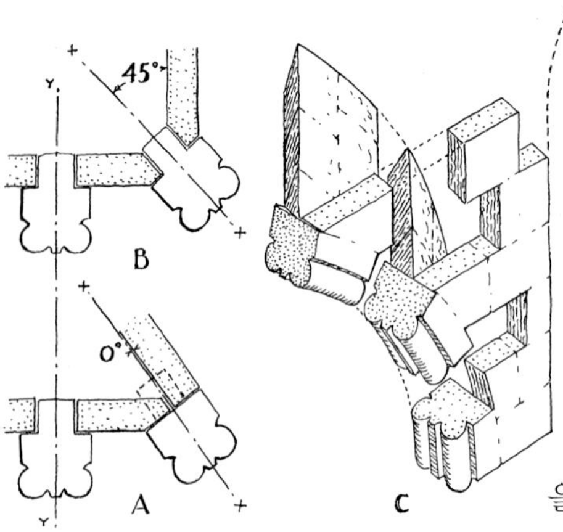

573 리브 줄기(stem) 공사 원리 가운데 리브의 위쪽에 양옆으로 턱을 둔 뒤 볼트를 끼우듯 덮는 방식

반면 리브를 사용함으로써 볼트는 그 위에 덮는 막 개념, 즉 피륙을 짜는 개념으로 정의되었다. 축조 방식도 바뀌었다. 축조 방식에는 두 가지가 있었다. 한 가지는 리브 위를 평평하게 한 뒤 그 위에 볼트를 얹는 방식이었다. 이때 리브는 줄기stem와 단shelf의 두 부분으로 구성되었다. 아래에서 올려다보았을 때 볼록 튀어나온 부분은 줄기였지만 그 위로 단이 한 층 더 있는 형상이었다. 다른 한 가지는 리브의 위쪽에 양옆으로 턱을 둔 뒤 볼트를 양쪽에서 이 턱에 끼우듯 덮는 방식이었다(그림 573). 이것은 앞의 리브를 뒤집은 것과 같은 원리였다. 줄기를 위로 향하게 돌려서 턱을 만드는 방식이었다. 볼트를 피륙 짜는 개념으로 축조할 수 있게 된 것은 물론 볼트 두께가 절반 정도로 줄어들었기 때문이다.

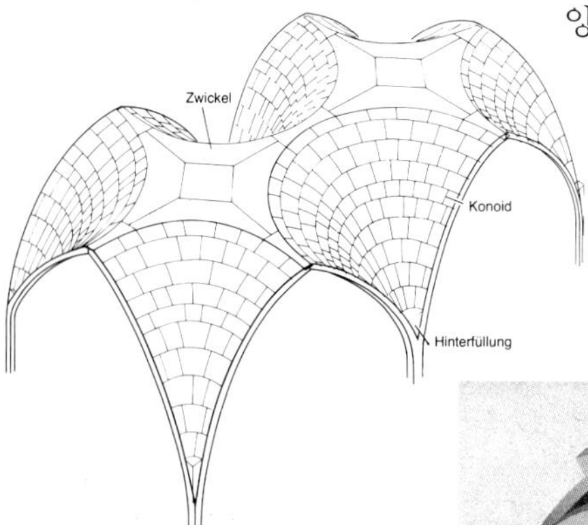

여섯째, 이상의 종합적 결과로 볼트 종류 자체가 다양해

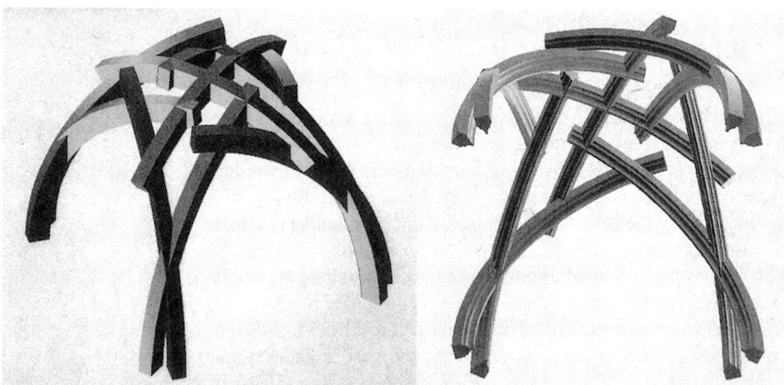

574 우산 볼트
575 늑골 볼트

졌다. 다양성은 구조 골격과 리브 문양 양방향에서 진행되었다. 구조 골격에서는 우산 볼트와 늑골 볼트 등으로 다양해졌다. 우산 볼트는 기둥으로부터 우산살이 펼쳐지듯 리브가 360도 전 방향으로 뻗어나가는 구조였다(그림 574). 늑골 볼트는 말 그대로 늑골을 덧대듯이 리브를 여러 방향으로 더한 구조였다(그림 575). 리브 문양에서는 후기 고딕 시대에 유행했던 여러 종류의 장식 처리로 다양화되었다. 이때에는 구조 골격과 리브 문양 사이의 구별이 무의미해지면서 한몸으로 장식화되었다(그림 567).

포인티드 아치

포인티드 아치는 임포스트impost에서 종석宗石에 이르는 곡선이 원호보다 바깥쪽 위에 형성됨으로써 전체 형상이 하늘을 향해 뾰쪽해진 아치를 말한다. 포인티드 아치 역시 리브와 함께 로마네스크와 고딕을 가르는 중요한 기준 가운데 하나였다. 포인티드 아치는 리브 그로인 볼트나 플라잉 버트레스 같은 구조체가 아니라 개별 어휘였기 때문에 축조가 비교적 쉬웠다. 이 때문에 프로토-고딕의 가장 대표적인 어휘로 로마네스크 때부터 부분적으로 사용되기 시작했다. 그러나 이것 역시 구조적 장점을 완전히 살리지 못한 형태 어휘에 가까웠다. 포인티드 아치의 구조적 장점을 살려 다른 구조 방식과 유기성을 이루면서 고딕 구조가 형성되었다. 포인티드 아치는 로마네스크의 반원 아치보다 다음의 다섯 가지 점에서 유리했다.

576 포인티드 아치와 현수선(懸垂線=catenary curve)

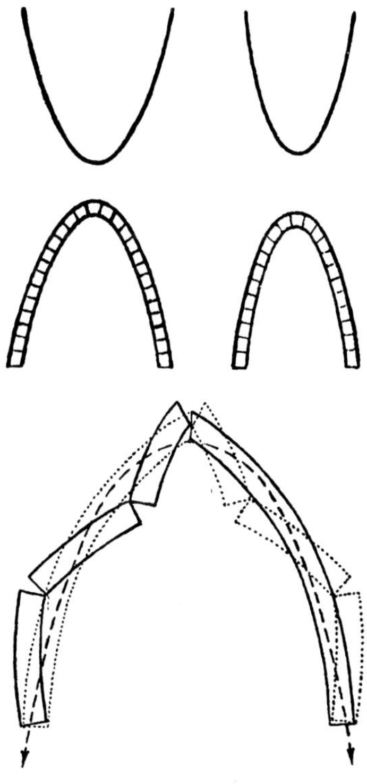

첫째, 아치에 작용하는 사선 방향의 힘이 줄어들었다. 이것은 포인티드 아치의 윤곽이 중력 방향과 일치하기 때문에 가능했다. 포인티드 아치의 윤곽은 현수선懸垂線=catenary curve에 근사하거나 일치했다(그림 576). 현수선이란 쇠사슬을 수직 방향으로 아래로 늘어트린 뒤 중간 부분을 막대기로 막았을 때 막대기 아래쪽으로 형성되는 곡선을 말한다. 이런 현수선은 중력이 작용하는 방향을 보여주는 곡선이다. 포인티드 아치의 윤곽이 현수선에 근사하거나 일치할 경우 아치 자체에 작용하는 사선 방향의 힘이 작아진다. 이것은 다시 아키볼트의 두께가 얇아지는 이점으로 나타났다.

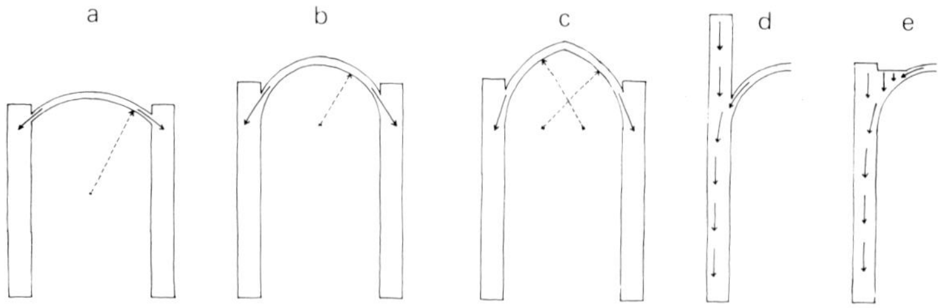

577 반원 아치와 포인티드 아치의 측력 비교

아치에서는 사선 방향으로 내려오는 힘이 아키볼트를 벗어나 밖으로까지 작용할 때 좌굴이 일어난다. 반원 아치에서는 힘의 작용 방향과 아치의 윤곽이 일치하지 않는다. 이것은 사선 방향의 힘이 아치의 윤곽을 따라 흐르지 않고 바깥 둘레extrados를 향해 화살처럼 찌른다는 의미이다. 이때 힘이 밖으로 벗어나지 않아야 좌굴을 방지할 수 있으므로 이를 위해 아키볼트는 두꺼워져야 한다. 이것은 아래쪽 구조 부재에 부담을 주고 재료가 과다하게 쓰이는 점에서 비효율적이다.

이에 반해 포인티드 아치에서는 힘의 작용 방향과 아치의 윤곽이 일치한다. 이것은 힘의 작용 방향이 아치의 윤곽을 따라 흐른다는 의미이며 아키볼트의 무게 중심을 지난다는 의미이기도 하다. 동일 거리의 스팬에 대해 포인티드 아치에서는 반원 아치에서보다 수평력 수직력 모두 줄어든다(그림 577). 이 때문에 아키볼트의 두께를 줄여도 하중이 밖으로 벗어나지 않는다. 아키볼트의 두께를 줄이는 것은 일차적으로 하중을 줄이는 구조적 이점이 있다. 여기에 더해 아치 전체의 형상이 날렵해짐으로써 포인티드 아치의 날카로운 형태에 적합한 시각적 효과도 추가로 갖는다.

둘째, 아치의 높이 차이를 메워주는 융통성을 갖는다. 이것은 직사각형 평면에 리브 그로인 볼트의 사용을 가능하게 해주는 이점으로 나타났다. 사각형 평면 위에 세워지는 리브는 그 자체만 보면 밑변과 높이를 갖는 하나의 아치이다. 정사각형 평면에서는 측변 리브와 대각선 리브 사이에 밑변의 길이 차이가 난다. 직사각형 평면에서는 장변, 단변, 대각선의 세 방향 모두에서 길이 차이가 난다. 반원 아치에서는 밑변의 길이 차이는 높이 차이로 직결된다. 이런 높이 차이는 구조적으로 매우 불리하다. 이것을 만회하기 위해 작은 아치를 높이거나스틸티드 아치stilted arch, 위로 받쳐 올린 아치 큰 아치의 밑둥을 자르는세그멘털 아치segmental arch, 부분 아치 고육책이 사용된다. 두 경우 모두 반원 아치만의 특징인 기하학적 완결성을

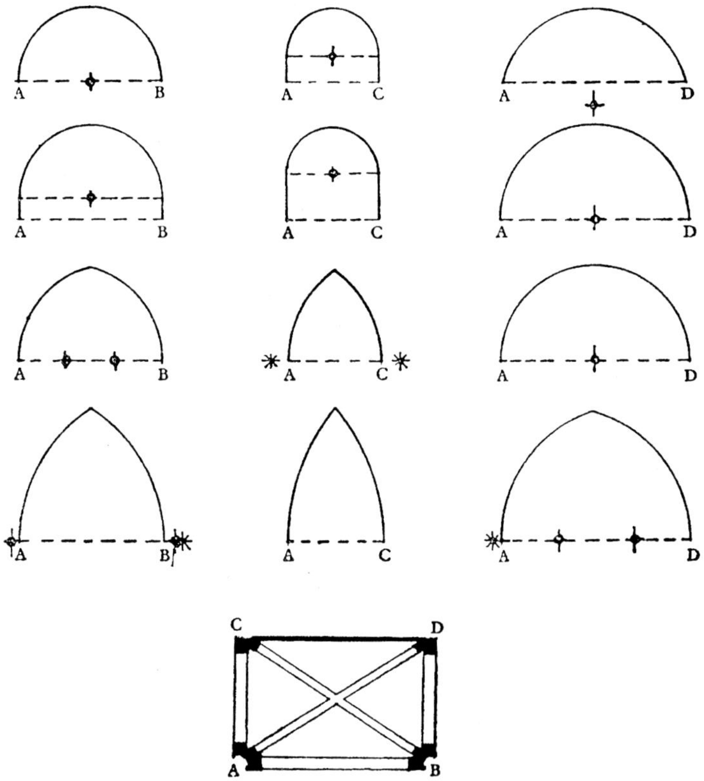

578 직사각형 평면 위에서 반원 아치와 포인티드 아치를 이용한 높이 조절 비교

해치는 점에서 바람직하지 않은 해결책이다.

포인티드 아치에서는 이런 문제점이 없었다(그림 578). 윤곽 곡선의 형태가 반원 아치에서처럼 한 가지로 고정되어 있지 않기 때문이다. 이것은 윤곽 곡선의 기울기를 마음대로 조절할 수 있다는 것으로 이를테면 가랑이를 벌렸다 오므렸다 하는 것에 비유될 수 있다. 기울기가 지나치게 완만해져 포인티드 형태의 조형성을 해치는 정도만 아니라면 기울기 조절에 자율성이 확보되었다는 의미이다.

셋째, 아치의 높이를 조절함으로써 천장의 마룻대ridge를 종-횡 양방향 모두에서 수평으로 유지할 수 있다. 마룻대란 그로인 볼트의 천장 쪽 꼭지점을 연결한 선을 일컫는다. 작은 아치와 큰 아치 사이의 높이 차이를 없앰으로써 마룻대의 수평을 유지할 수 있었다(그림 579). 반원 아치를 사용하여 대각선 아치와 측변 아치들 사이에 높이 차이가 있을 경우 마룻대는 수평을 유지하지 못하고 기울게 된다. 이 경우 천

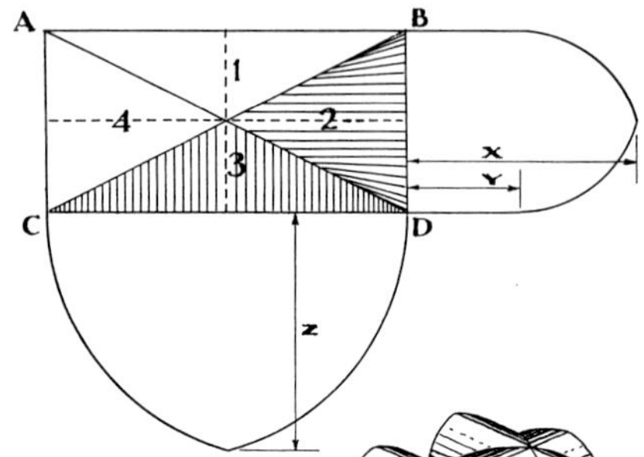

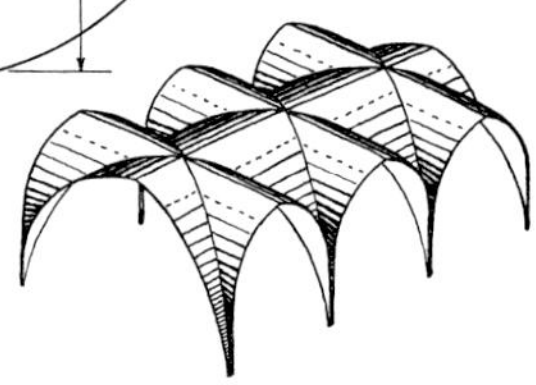

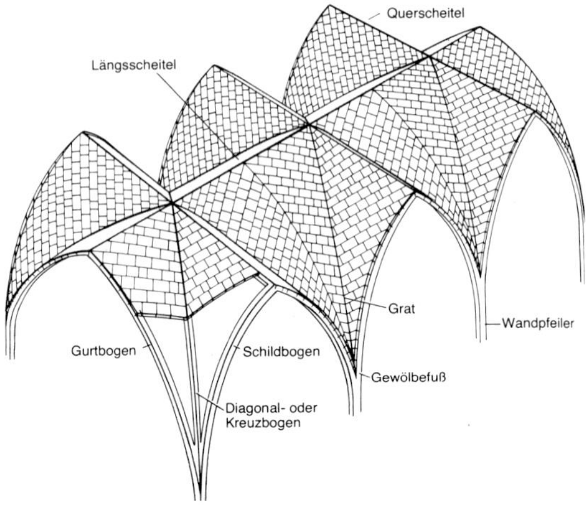

579 직사각형 평면에서 포인티드 아치를 이용하여 종마루선을 평평하게 조절하는 원리
580 포인티드 아치를 이용한 볼트에서 코너에 집중되는 점 하중 방식을 설명하는 그림

장에는 종마루에서 측변 방향으로 돔의 조각, 즉 둥근 면이 남아 있게 된다. 둥근 면의 무게는 그대로 측변 아치에 수직력으로 작용한다. 이런 상황은 볼트 구조에 불리한 조건을 형성한다. 이것을 받치기 위해 측변의 아키볼트는 두꺼워지고 이것은 구조적 비효율성을 낳는다.

이런 비효율적 현상들은 한마디로 그로인 볼트의 구조적 장점인 점 하중 방식을 유지하지 못한다는 의미이다. 그로인 볼트는 코너로 하중을 모은 뒤 이 부분만을 내력 구조로 지지하는 점 하중 방식을 구조적 특징으로 갖는다. 이것은 구조적으로 유리한 조건이다. 그런데 반원 아치로 구성되는 그로인 볼트에서는 이것이 지켜지지 못하게 되는 것이다. 이에 반해 마룻대가 수평으로 유지될 경우 힘이 코너로만 모이는 장점이 지켜진다. 이 경우 측면 아치에는 힘이 작용하지 않기 때문에 측면 아치가 내력 역할에서 해방될 수 있다(그림 580). 또한 코너에만 내력 구조를 집중시키면 되기 때문에 하중에 대한 대응, 재료 사용, 경량화, 시공 등 여러 면에서 구조적 효율성이 향상된다. 이런 이점들은 직사각형 평면 위에 쓰인 리브 그로인 볼트의 안정성을 보장해준다.

넷째, 이처럼 포인티드 아치는 리브 그로인 볼트와 한몸으로 작동하면서 유기성의 효율을 높인다. 리브 그로인 볼

581 리브 그로인 볼트와 포인티드 아치로 구성되는 구조 체계에서 인장력이 발생하는 지점

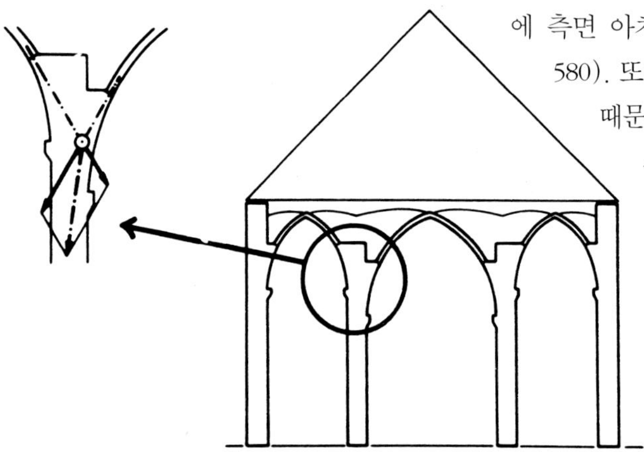

트가 직사각형 평면 위에 쓰일 때에는 아키볼트가 자연적으로 포인티드형으로 형성된다. 포인티드 아치는 리브 그로인 볼트를 직사각형 평면에 적용하는 과정에서 파생된 것으로 볼 수도 있다는 의미이다. 혹은 이와 반대로 포인티드 아치가 단독으로 발명된 뒤 이것을 바탕으로 리브 그로인 볼트를 직사각형 평면에 사용하는 것이 가능해진 것으로 볼 수도 있다. 이런 두 가지 해석은 순서상의 문제일 뿐, 중요한 것은 포인티드 아치와 리브 그로인 볼트가 별도로 작동한 것이 아니라 한몸으로 함께 작동했다는 점이다(그림 581). 이것은 구조적 유기성의 기본 개념으로서 고딕 구조의 효율성을 잘 보여주는 예이다.

다섯째, 시각적 측면에서 앙천성에 더 적합하다. 반원은 정사각형 비례를 갖기 때문에 시각적으로 안정적이고 수평적인 느낌을 준다. 반면 포인티드 아치의 뾰족한 형태는 활성적이고 수직적인 느낌을 준다. 이런 느낌은 고딕 건축의 앙천성과 잘 어울린다(그림 582). 특히 크고 작은 여러 개의 포인티드 아치가 어우러지면 매우 역동적 효과를 낳는다. 이런 효과들은 성당을 지배하는 수직 비례를 강화시켜준다.

시각적 효과를 크게 하기 위한 보조 장치도 있었다. 아치의 뾰족한 정도가 지나쳐 좌굴이 일어날 경우 위에서 내리누르는 압축력에 의해 이것을 어느 정도 막을 수 있었다. 이를 위해 볼트의 무게를 인위적으로 증가시켰다. 이때에는 볼트를 구성하는 항아리 속을 자갈로 채우는 방법이 쓰였다. 항아리는 본래 천장을 경량화시키기 위해 속을 비워 볼트 가운데에 넣어 사용되던 것이었다. 이 공법은 비잔틴 시대에 발명되어 로마네스크 때 일부 건물에서 쓰이고 있었다.

고딕 시대에는 반대로 이런 항아리 속을 자갈로 채우는 공법으로 바뀌었다. 이때 항아리에 들어가는 자갈 양을 조절함으로써 볼트 천장의 무게도 조절할 수 있었다. 이런 방법을 통해 좌굴을 막을 수 있는 한계 내의 압축력을 인위적으로 만들어낼 수 있었다. 이것은 시각적 차원에서 요구되는 뾰족함의 정도가 역학적 안정치를 넘어설 경우에도 어느 범위까지는 허용될 수 있는 추가 장치가 있었음을 의미한다.

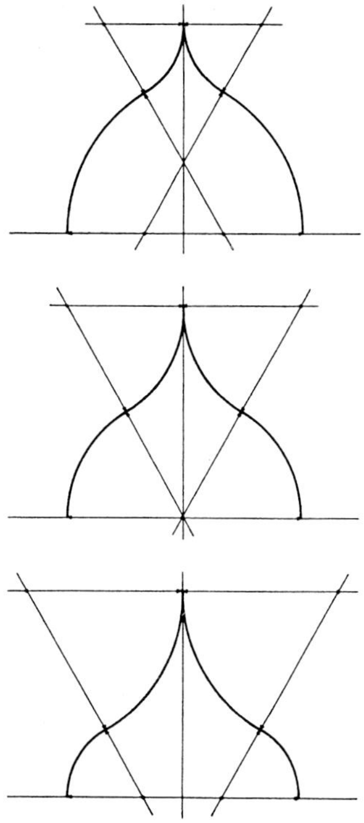

582 포인티드 아치의 다양한 종류들

플라잉 버트레스

플라잉 버트레스는 버트레스가 발전한 것이다. 리브 그로인 볼트가 단순 그로인 볼트에서, 포인티드 아치는 반원 아치에서 각각 발전한 것과 유사하다. 버트레스의 목적은 두 가지였다. 한 가지는 벽이나 기둥 같은 수직 방향의 구조 부재에 수평력이 가해질 경우 이것을 옆에서 받쳐주기 위한 것이었다. 또 한 가지는 구조 부재의 높이가 너무 높아서 수평력 없이도 그 자체로 좌굴이 일어날 경우 이것을 옆에서 받쳐주기 위한 것이었다. 버트레스는 건물을 짓다 보면 쉽게 생각해 낼 수 있는 보강 방식이었기 때문에 꽤 일찍부터 사용되어왔다. 가깝게는 로마 건축, 더 멀리는 고대 오리엔트 건축에서부터 사용되었다.

고딕 성당은 수직적으로 높이 올라가야 했기 때문에 버트레스의 두 가지 기능은 매우 유용했다. 그런데 고딕 성당은 이전 건물들보다 대폭 높아졌기 때문에 버트레스도 함께 높아졌다. 이때 버트레스 자체의 안정성을 확보하기 위해 밑부분으로 내려갈수록 비례적으로 넓어져야 했다. 이것은 버트레스가 높아짐과 동시에 넓어짐을 의미했다. 버트레스는 단순한 보강 부재를 넘어서 옹벽처럼 되어버렸다(그림 583). 이런 현상은 세 가지 문제점을 야기했다. 첫째는 재료의 낭비이다. 둘째

583 누아용 성당(Noyon Cathedral). 버트레스. 프랑스

584 상스 성당(Sens Cathedral). 플라잉 버트레스의 그림자. 실내에 들어오는 빛과의 관계를 보여준다. 프랑스

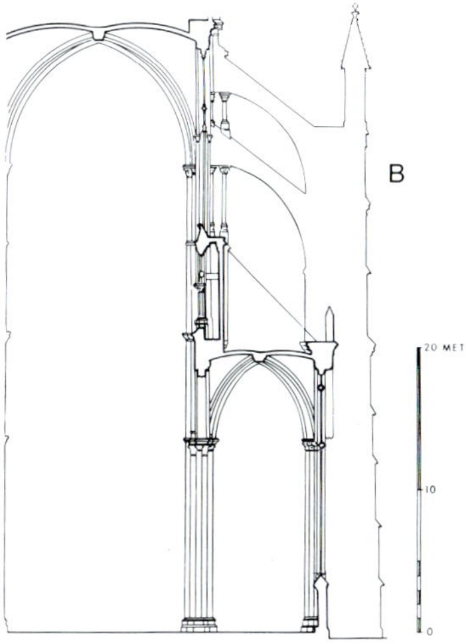

585 아미앵 성당(Amiens Cathedral). 횡단면도. 프랑스
586 르망 성당(Le Mans Cathedral). 플라잉 버트레스. 프랑스

는 시각적 둔탁함이다. 가장 큰 셋째 문제는 버트레스가 실내로 들어오는 빛을 막는 것이었다(그림 584). 옹벽 같은 버트레스가 성당의 장변을 따라 10개 이상씩 줄지어 서 있기 때문이었다. 이것은 신비한 빛으로 가득 찬 밝은 실내를 원하던 성직자들에게는 받아들일 수 없는 상황이었다.

플라잉 버트레스는 이런 문제점을 해결하기 위해 발명된 구조 방식이었다. 플라잉 버트레스는 버트레스 가운데 건물과 접하는 쪽을 가능한 한 많이 파내어 만들어졌다. 건물과의 접합은 네이브의 꼭대기 지점에서만 아치 형식으로 이루어졌다. 아일이 네이브보다 낮았기 때문에 구조 작용은 두 단계로 나누어 일어났다. 첫번째 단계는 아일과 갤러리 외벽으로 이 부분은 버트레스가 받쳤다. 두번째 단계에서는 아치가 갤러리 천장 위쪽의 허공을 가로질러 네이브의 천측창을 직접 받쳤다(그림 585).

좁은 의미의 플라잉 버트레스는 허공을 가로지르는 아치만을 지칭한다. 넓은 의미로는 버트레스와 아치를 합한 세트 구성을 지칭한다. 건물과 플라잉 버트레스 사이에는 빈 공간이 생기게 된다. 이 공간은 아치가 아일 외벽 위로 허공을 가로지르는 부분이기 때문에 아일의 폭과 같다. 그 크기는 평균 3~4미터 내외, 최대 7미터 정도였다(그림 586). 이것은 적지 않은 폭이었다. 이로써 버트레스가 갖는 세 가지 문제점이 상당 부분 해결되었다. 특히 실내에 들어오는 최소한의 빛을

587 비올레르뒤크(Viollet-le-Duc). 볼트의 아래쪽 곡면 부분을 자갈로 채우는 그림
588 노트르담(Notre-Dame). 파리

확보한 것은 중요한 발전이었다.

플라잉 버트레스는 고딕 성당에서 일종의 만능 해결사였다. 플라잉 버트레스는 고딕 성당이 높이 올라가는 과정에서 발생한 여러 상반되는 조건들을 한꺼번에 해결해준 유용한 구조 방식이었다. 플라잉 버트레스가 가세함으로써 건물 전체의 하중 흐름이 네이브 월, 갤러리 천장, 아일 외벽, 플라잉 버트레스의 네 방향으로 분산되었다. 하중의 분산은 구조적 효율성을 높여주었다.

플라잉 버트레스가 자중自重으로부터 받는 측력은 소첨탑pinnacle으로 해결했다. 플라잉 버트레스 위에 소첨탑을 세워 이것의 압축력으로 측력과 인장력을 상쇄시키는 원리였다. 혹은 볼트의 아래쪽 곡면 부분을 자갈로 채우기도 했다(그림 587). 소첨탑은 구조적 역할 이외에 시각적으로도 고딕 성당의 수직성과 앙천성에 잘 어울렸다. 또 여러 개 만들 수 있는 이점도 있었다. 소첨탑은 대첨탑과 짝을 이루며 고딕 성당 외부에 여러 겹의 수직선을 형성했다(그림 588).

건물이 높아서 버트레스 부분도 따라 높아질 경우 플라잉 버트레스를 2단으로 처리했다. 중간에 한 단을 더 넣은 것이다(그림 585). 이 경우 구조적 기능이 향상됨과 동시에 곡선 선형 어휘가 수직-수평 양방향으로 반복됨으로써 시각적 역동성이 증대되는 부수 효과도 가져왔다. 사람 뼈 같은 가는 선형 부재가 공중에서 여러 겹 겹쳐지며 급경사로 늘어서 있는 모습은 고딕 성당만이 보여줄 수 있는 장관이었다

589 쾰른 성당(Köln cathedral), 독일

(그림 586, 589).

건물이 5랑식이거나 이중 복도를 갖는 등 수평 방향으로 확장될 경우에는 플라잉 버트레스도 따라서 수평 방향으로 두 번 반복되었다(그림 590). 엄밀히 얘기하자면 수평 방향으로 이등분한 것이었다. 이런 처리 역시 구조적 시각적 양측면에서 앞과 동일한 효과를 가져왔다. 2단 구성은 이중 복도를 갖는 방사형 예배당 부분에 주로 쓰였다. 이렇게 만들어지는 플라잉 버트레스와 건물 사이의 빈 부분은 옥상 통로로

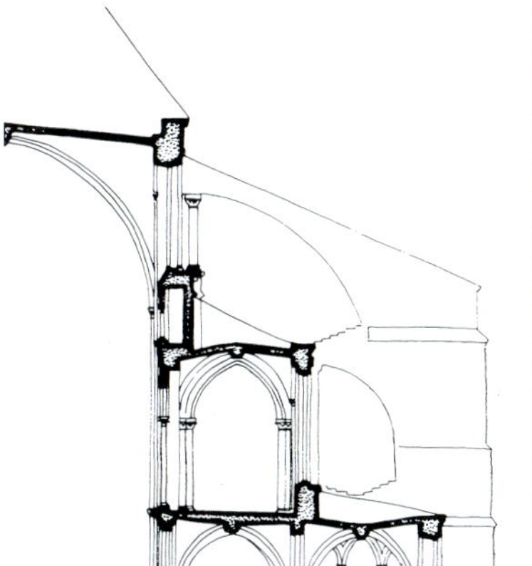

590 생레미(St. Remi), 랭스(Reims), 프랑스
591 플라잉 버트레스와 건물 사이의 빈 부분이 옥상 통로로 이용되는 장면

이용되었다(그림 591).

플라잉 버트레스는 생각은 쉽게 할 수 있지만 실제로 실행되기 위해서는 다른 조건들이 만족되어야 했다. 정작 지지가 필요한 건물로부터 떨어져 위치했기 때문이다. 이것은 자칫 지지 보강이라는 본래의 역할을 전혀 못 할 수도 있다는 위험성을 의미했다. 이런 위험성을 막아서 플라잉 버트레스가 본래의 목적을 잘 수행할 수 있도록 해준 것이 리브, 포인티드 아치, 다발 기둥, 절석 시공에 의한 타드샤르주 등이었다. 플라잉 버트레스가 다른 구조부의 문제점을 해결해주었듯이 거꾸로 다른 구조부의 도움이 있어야 축조 및 작동이 원활했다는 의미이다. 여러 구조 방식들 사이의 이런 쌍방향적 의존 관계가 바로 고딕적 유기성의 의미였다.

플라잉 버트레스가 건물과 접하는 지점은 꼭대기 한 부분뿐이었다. 그런데 앞에서 설명한 바와 같이 포인티드 아치형의 리브 그로인 볼트를 사용하면 코너에 하중을 집중시킬 수 있다. 이 코너를 플라잉 버트레스의 꼭대기로 지지하면 천장과 지붕의 하중 가운데 상당 부분을 플라잉 버트레스가 나누어 받치는 결과로 나타난다. 플라잉 버트레스가 아일과 갤러리를 뛰어넘어 위쪽에서 천측창을 바로 받쳐주는 구조이다. 이것은 버트레스의 면 지지 방식을 점 지지 방식으로 바꾼 것이다. 또한 지붕의 하중이 흘러내리는 방향을 건물 밖으로 전이시켜transfer 밖에서 나누어 받치는 방식이기도 하다.

플라잉 버트레스는 점 지지 방식이었다. 아치가 네이브 월의 최상층부를 손가락으로 찍어 버티듯 받치는 형식이었다. 이것을 가능하게 해준 것은 다시 한번 타드샤르주였다. 그림 561에서 타드샤르주를 구성하는 부재 가운데 R부재가 길게 처리되면서 플라잉 버트레스의 종석을 겸함으로써 이것이 가능했다. 이로써 리브에서 다발 기둥을 거쳐 내려오던 지붕 하중 가운데 일부가 플라잉 버트레스로 전이될 수 있었다.

R부재가 쓰인 지점, 즉 플라잉 버트레스와 네이브 월이 만나는 지점은 건물 전체에서 벤딩 모멘트가 가장 크게 일어나는 곳이었다(그림 592). 플라잉 버트레스를 따라 내려가는 사전 방향의 힘과 네

592 플라잉 버트레스에서 벤딩 모멘트가 발생하는 지점

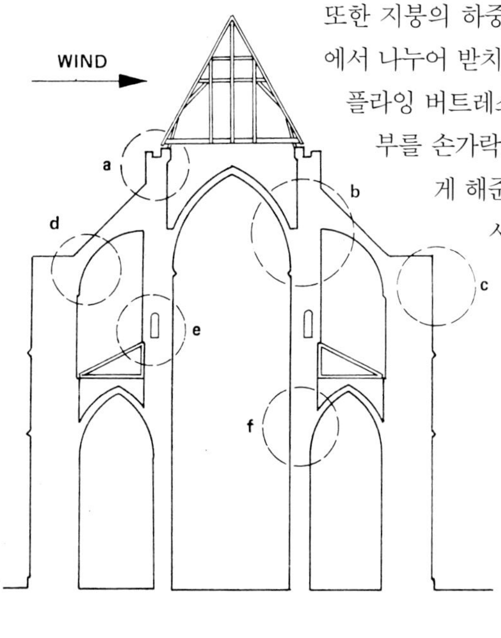

이브 월을 따라 내려가는 수직력이 마주치는 곳이었기 때문이다. 여기에 풍력이 가세했다. 이로써 'x-y-z'축의 세 방향에서 힘이 작용했다. 이런 상황은 매우 큰 인장력을 유발했다.

건물이 높아지면서 풍력이 주요 변수가 되었다. 바람이 센 일드프랑스 지방에서는 특히 그러했다. 한 실험에 의하면 성기 고딕 성당들의 베이당 작용 풍압은 최고 15만 킬로그램까지 높아졌다. 이것은 R부재 부분의 역학 조건을 매우 불리하게 만들었다. 자중이 만들어내는 19kg/cm^{2}의 압축력에 15kg/cm^{2}의 인장력을 추가시키는 결과로 나타났다. 이것의 상당 부분을 받아낸 부재가 바로 R이었다. 고딕 성당의 높이는 이런 불리한 조건을 극복하고 얻어낸 것이었다. 플라잉 버트레스는 여러 가지 불리한 조건을 해결함으로써 만능 해결사로서의 역할을 충실히 해낼 수 있었다.

네이브 월

포인티드 아치, 리브 그로인 볼트, 다발 기둥, 플라잉 버트레스라는 네 요소 사이의 협력 관계는 고딕 구조의 유기성 개념을 잘 보여주는 예이다. 이 네 요소는 개별적으로 작동하면 구조적 효율을 높이는 데 한계가 있었다. 그러나 이처럼 함께 작동함으로써 고딕 성당의 수직성을 확보할 수 있었던 것이다. 자연 생명체를 이루는 뼈대, 근육, 내장, 신경 등 모든 요소들이 따로 놀지 않고 한몸으로 작동하는 것과 같은 유기성의 개념이었다.

유기성의 개념은 네이브 월에서 다시 한번 확인된다. 이 네 요소 사이의 유기적 작동의 혜택을 직접적으로 받은 것은 네이브 월이었다. 고딕 성당의 수직성은 초월적 높이 그 자체도 중요한 의미를 갖지만 이것이 지향하는 궁극적 목적은 실내를 밝은 빛으로 가득 채우는 일이었다. 이것과 가장 직접적으로 연관성을 갖는 부재가 네이브 월이었다. 네이브 월 자체의 높이, 네이브 월의 구성, 네이브 월 가운데 창이 차지하는 면적, 네이브 월 벽체의 두께 등이 관건이었다. 이런 요소들에 의해 신비한 빛으로 가득 찬 까마득히 높은 실내 공간이 얻어졌던 것이다(그림 479, 489, 498, 505).

593 아미앵 성당(Amiens Cathedral), 프랑스

네이브 월에 요구된 사항은 '3단 구성의 표준형으로 가능한 한 높이 올라가되 벽체는 얇아져야 하며 가능한 한 넓은 부분을 천측창으로 채울 것' 이었다(그림 593). 이런 요구 사항들 사이에는 상반되는 내용들이 많았다. 한 가지를 만족시키면 다른 한 가지가 나빠지는 식이었다. 이런 상쇄적 조건을 만족시킨 것이 바로 네 요소 사이의 유기적 협력이었다. 포인티드 아치와 리브 그로인 볼트의 협력으로 천장 구조에서 중요한 발전이 있었다. 이것은 네이브 월의 안쪽 구조를 담당하는 다발 기둥의 발전으로 이어졌다. 바깥쪽에서는 플라잉 버트레스가 도왔다. 특히 플라잉 버트레스가 직접 천측창을 받치는 것이 중요했다. 네이브 월의 아래쪽 부분은 갤러리 천장과 아일 외벽이 담당했다. 안과 밖 양쪽에서 삼중으로 안정적 지지 방식을 확보함으로써 네이브 월은 획기적으로 높아질 수 있었으며 천측창의 면적도 크게 확대될 수 있었다(그림 585).

천측창이 확대되면서 실내에 들어오는 빛은 충분하고도 남았다. 빛이 남아돌면서 나타난 부재가 스테인드글라스였다. 확대된 천측창에는 스테인드글라스가 끼워졌다. 스테인드글라스는 일반 투명 유리보다 빛의 투과율이 현저히 떨어졌다. 이런 스테인드글라스를 끼우고도 성직자들이 만족할 만큼 신비한 빛으로 실내를 채울 수 있었다(그림 594). 스테인드글라스에는 하늘의 영광을 찬양하고 성경 말씀을 전하는 그림들이 새겨졌다. 이 그림들은 햇빛을 받아 형형색색으로 빛나며 빛을 통해 하느님의 존재를 알리는 직설적 상징체 역할을 했다. 비잔틴 시대의 도상을 대신하기에 충분한 예술성이었다.

네이브 월은 고딕 건축의 발전 과정을 결정짓는 중요한 기준 가운데 하나이다. 그러나 최종적으로 완성되기까지는 다소 복잡했다. 로마네스크 때 3단 구성의 표준형이 정착되었지만 높이는 아직 낮았다. 고딕 시대에 들어와서 아케이드, 갤러리, 천측창 각각의 높이를 높이려는 시도가 먼저 일어났다. 그러나 처음에는 포인티드 아치나 리브 그로인 볼트와의 유기적 효과를 충분히 활용하지 못했다. 플라잉 버트레스도 아직 없던 때였다.

이런 한계를 극복하기 위해 나온 고육책이 4단 구성이었다. 4단 구성은 처음부터 한계가 있는 방식이었다. 초기 고딕의 후반부인 1180년경에 플라잉 버트레스가 처음으로 등장하자 네이브 월은 다시 3단 구성으로 돌아가면서도 높아질 수 있었다. 성기 고딕은 플라잉 버트레스가 완전해지면서 네이브 월이 완성 상태에 이르는 과정이었다. 이후 플라잉 버트레스는 성능 개선을 거듭하며 성기 고딕의 발전을 이끌어 간 핵심 부재가 되었다. 이에 따라 네이브 월도 3단 구성을 유지한 채 높아져갔다.

594 랭스 성당(Reims Cathedral), 프랑스

8장 초기 고딕

1 제1 초기 고딕(1120~64년)

초기 고딕과 쉬제르

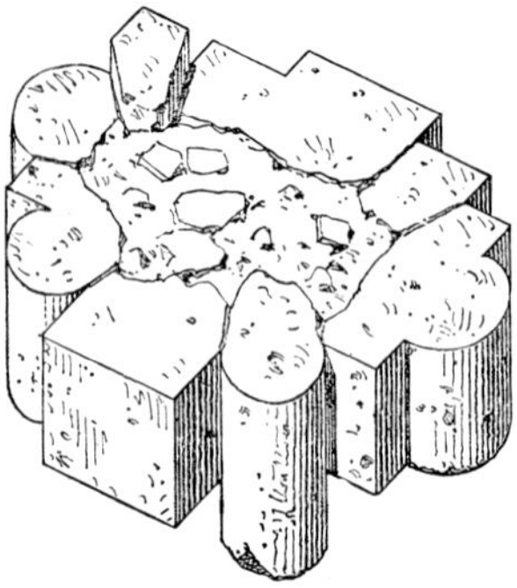

595 산암브로조(San Ambrogio). 다발 기둥 단면도. 밀라노(Milano), 이탈리아

596 예수 교회(Christ Church). 핸트셔(Hantshire). 대응 기둥과 리브. 영국

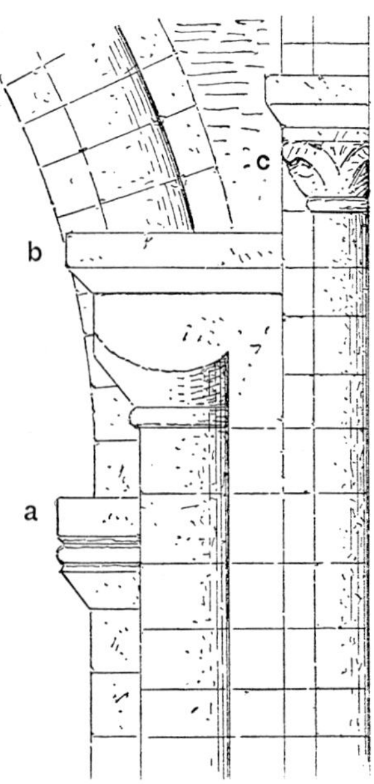

초기 고딕의 시작에는 상징적으로 대응될 수 있는 정치적 기독교적 현상이 있다. 정치적으로는 카페 왕조에서 최초로 뛰어난 업적을 남긴 루이 6세1108~37년의 존재를 들 수 있다. 그는 일드프랑스를 중심으로 한 소위 프랑스 왕실 직할령의 안정을 이룩했다. 이것을 바탕으로 농업과 무역이 활성화되면서 경제가 발전했다. 이것은 다시 학문과 예술의 발전으로 이어졌다. 프랑스 왕실은 정치력과 경제력을 갖춘 건축주가 되었다. 이들은 교황청 및 지역 기독교와 연합하여 대형 성당 등 주요 건축물을 발주하며 고딕 건축의 발전을 이끌었다.

기독교에서는 보름스 협약을 들 수 있다. 협약 내용의 핵심은 교황이 알프스 이북 지역의 성직자 임명권을 갖는다는 것으로 이것은 기독교 군주정체 혹은 교황 군주정체의 탄생을 알리는 중요한 사건이었다. 이로써 교회가 지상 최고 권력으로 올라서게 되었다. 초기 중세까지 이탈리아 반도를 지배하던 기독교는 이제 알프스 이북까지 지배하게 된 것이다. 강력해진 기독교 권력은 하늘을 향한 강한 집중성을 발휘했다. 이것은 고딕 성당을 탄생시킨 정신적 집중력으로 작용했다.

그 외에 중요한 요소로 시공술의 발달과 대수도원장 쉬제르Abbot Suger라는 인물을 들 수 있다. 시공술의 발달은 고딕 구조 가운데 포인티드 아치와 리브 그로인 볼트에서 먼저 나타나기 시작했다. 이 내용에 대해서는 앞에서 살펴보았다. 조적에서도 중요한 발전이 있었다. 로마네스크 건축에서는 석재 조적 단위가 매우 컸으며 벽체 사이를 쇄석碎石으로 채우는 방식이 주요 조적술이었다(그림 595). 쇄석은 돌이나 벽돌을 잘게 부순 것과 작은 잡석 등이 쓰였다. 이런 조적술은 이중벽을 만들어냈다. 이중벽은 두꺼운 벽체를 만들면서 로마네스크 건축의 특징인 석재의 물성을 형성했다. 이것은 문명적 차원에서는 중요한 상징성을 띠었지만 구조적으로는 비효율적이었다(그림 596).

1120년경을 기점으로 이런 조적술을 대신해서 절석切石, cut-stone이 쓰이기 시작했다(그림 597). 절석이 쓰이면서 조적 단위가 급격히 작아지고 벽체도 얇아졌다. 이중벽이 완전히 사라지지는 않았으나 단일벽이 주류를 이루게 되었다. 물론 완전 단일벽은 아니었다. 벽체 위에 대응 기둥을 덧붙이는 유기적 복합 구조가 새로 발명되었다. 이것을 가능하게 해준 것은 작은 절석을 층층이 쌓는 방식이었다. 데가주망이라는 구조 방식, 포인티드 아치와 리브의 가늘고 날렵한 윤곽, 다발 기둥의 세장한 수직 비례, 얇은 막 개념의 볼트 천장, 타드샤르주 등 고딕 구조의 유기적 특성들은 모두 절석 조적술이 있었기 때문에 가능했다(그림 559, 561, 562, 564, 572, 573). 건물 전체로 보았을 때 벽체가 획기적으로 얇아졌으며 동시에 수직적으로 뻗어 올라가기 시작했다(그림 598).

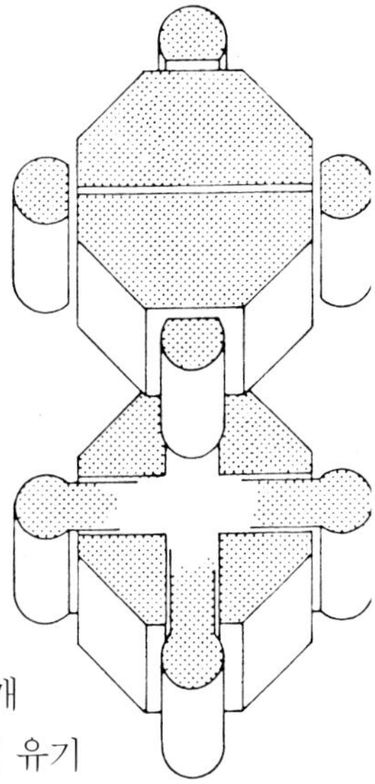

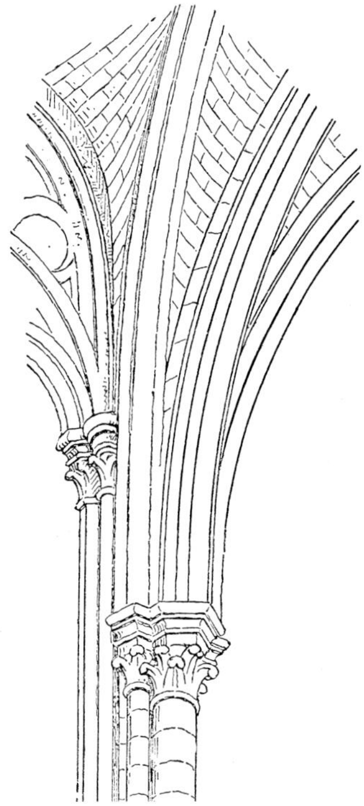

597 샤르트르 성당(Chartres Cathedral). 다발 기둥 단면도. 프랑스
598 아미앵 성당(Amiens Cathedral). 대응 기둥과 리브. 프랑스

대수도원장 쉬제르는 정치적 안정, 기독교적 기반, 새로운 시공술의 발명 등의 세 가지 새로운 상황을 묶어 구체적 건축물로 집중해낸 인물이었다. 그는 로마 가톨릭과 프랑스 군주국의 연합이라는 정치적 현상을 기독교의 승리라는 종교적 신념으로 전환시켰다. 그리고 이것을 성당이라는 구체적 매개를 통해 상징적으로 표현해냈다. 이런 일은 말처럼 쉬운 것이 아니었다. 밀레니엄이라는 거시적 단위의 추상적 가치에 대한 확신과 이것을 현장에서 실현해낼 미시적 차원의 현실 감각을 모두 갖추어야 가능한 일이었다.

그는 자신의 시대에 새롭게 필요한 정신적 가치를 정의해낸 사람 가운데 하나였다. 다른 정신적 지도자와 달리 이것을 건축이라는 구체적 기술로 지어낼 줄도 아는 사람이었다. 그는 12세기 초 노르망디 지방에서 쓰이던 시공술을 발전시키면 이것이 가능하다는 것을 알고 있었다. 이를 위해 필요한 추진력도 갖추고 있었다. 그는 프랑스 왕실을 설득해서 노르망디 장인들을 불러모아 새로운 실험을 할 수 있도록 후원하는 일을 성사시켰다. 로마 가톨릭도 설득해서 이 기술을 성 디오니

599 성당 축조 현장으로 석재를 운반하는 장면
600 성 디오니시오(St. Denis), 파리

시오라는 구체적 결과물로 지어내는 일도 성사시켰다.

쉬제르는 기독교와 성당을 이어주는 매개로 빛을 생각했다. 그는 자신의 이런 강령을 예수를 빛에 비유한 기독교 사상에서 찾은 듯하다. 일종의 '빛과 소금' 같은 개념이었다. 그는 건물을 세우는 데 만족하지 않고 스스로 이 사상을 더욱 발전시켜 빛을 통해 신의 존재를 확인하는 학파를 대표했다(그림 600). 단순히 사상이나 건물 하나만 세운 것이 아니라 둘을 조화시킴으로써 성당 축조를 통해 기독교의 진리를 구체적으로 보여준 것이다.

601 중세 시대 성당 축조 장면

성직자들이 성당 축조에 간여하는 일은 중세 전반에 걸친 보편적 현상이기는 했다. 쉬제르는 이런 정도를 넘어서 직접 나서서 장인을 지휘하고 설계와 시공에 참여하는 등 건축가 역할도 했다. 구조 발전의 내용을 단순한 기술적 차원에 머물게 하지 않고 이것에 정신적 가치를 실어냄으로써 비로소 고딕 건축이라는 예술 장르를 완성시킨 것이다. 근대적 의미의 건축가가 아직 등장하지 않았던 고딕 시대에 이런 역할은 매우 중요했다. 고딕 시대에 건축 발전을 이끈 직접적 당사자들은 장인과 성직자의 두 계층이었다. 구조 발전을 담당했던 장인들은 정신적 가치에 대한 이해 및 이것을 예술적으로 표현해내는 각색 능력이 부족했다. 반면 성직자들은 건축 기술에 대한 이해가 부족했다. 두 계층 사이의 간극을 메워줄 매개가 필요했다. 두 분

야 모두에 정통했던 쉬제르는 그 대표적인 예였다(그림 599, 601).

쉬제르의 노력이 고딕이라는 새로운 양식의 탄생으로 결실을 거둘 수 있었던 데에는 일드프랑스 지역에 로마네스크의 전통이 약했다는 사실도 중요한 배경으로 작용했다. 마음놓고 새로운 양식을 실험하기에 적합한 상황이었다. 실제로 로마네스크 건축이 융성했던 노르망디와 부르고뉴 지방은 그 굴레에 갇혀 고딕 시대에는 후진성을 면치 못했다.

602 샤르트르 성당(Chartres Cathedral), 스테인드글라스, 성당 공사 장면

쉬제르의 이런 노력들은 하나의 학파를 형성했다. 쉬제르의 건축적 노력이 총집결된 것은 샤르트르였다. 이곳의 장인 워크숍은 샤르트르 학파Chartres School를 이루며 일드프랑스 지역의 건축 중심지로 떠올랐다(그림 602). 샤르트르 학파는 고딕 건축의 국제주의 양식을 이끌었다. 이외에 부르고뉴 학파와 노르망디 학파는 프랑스 고딕 건축을 이끈 3대 학파였다. 이 두 학파는 샤르트르 학파에 대비되어 지역 양식을 대표했다.

이상의 배경 아래 초기 고딕이 시작되었다. 초기 고딕은 다시 제1 초기 고딕과 제2 초기 고딕으로 나누는 것이 보편적 시각이다. 로마네스크 건축과 마찬가지로 고딕 건축도 시기별 구분이 필요하다. 제1 초기 고딕과 제2 초기 고딕을 나누는 기준은 새로운 구조의 장점이 구체적 결과로 나타났는지의 여부이다. 제1 초기 고딕은 리브가 쓰이면서 천장의 볼트 체계가 새롭게 정리되는 단계였다. 제2 초기 고딕은 이런 정리가 네이브 월의 발전, 다발 기둥의 정리, 수직성 등 구체적 결과에 반영되기 시작한 단계였다.

리브-보베 생테티엔, 모리앙발 성당

제1 초기 고딕은 일차적으로 보베의 생테티엔St. Etienne at Beauvais, 모리앙발 성당Morienval Cathedral, 생제르메드플리 성당Saint-Germer-de-Fly Cathedral에서 시작되었다. 그 뒤를 이어 성 디오니시오, 상스 성당Cathedral at Sens, 수아송 성당 등에서 일정한 결실을 보았다. 이 여섯 채의 성당은 1120~35년에 등

603 생테티엔(St. Etienne), 보베(Beauvais), 프랑스, 1125년경~40년/1506~50년 재공사

604 생테티엔(St. Etienne), 캉(Caen), 프랑스, 1068년경~1115년

장한 리브를 새로운 구조로 활용하면서 고딕 건축의 문을 연 공통점을 갖는다. 이 시기에는 리브를 그로인 볼트 천장에 접목시키는 것이 첨단 공법으로 시도되고 있었다. 그 방향은 두 갈래로 진행되었다. 한 갈래는 앞에서 살펴본 바와 같이 캉과 더럼을 중심으로 한 노르망디 로마네스크의 경향이었다. 여기에서는 리브 그로인 볼트를 가장 처음 사용했지만 정작 그 구조적 장점을 충분히 활용하지 못한 어중간한 상태에 머물렀다.

다른 한 갈래는 리브 그로인 볼트의 건축적 의미를 구조적 가능성에서 찾은 경향으로 일드프랑스 지역이 그 중심지였다. 노르망디의 성직자들이 로마네스크적 건축관 안에 머물기를 택하는 사이 쉬제르를 필두로 한 일드프랑스 지역 성직자들은 새로운 가능성을 직시하고 있었다. 쉬제르 자신의 개인적 욕망에 파리 왕실의 요구가 합해지면서 새로운 성당 축조의 필요성이 강하게 대두되었다. 노르망디에서 리브 그로인 볼트를 시도해본 경험이 있던 장인들 가운데 첨단 공법을 갈망하던 일부가 샤르트르에 합류하면서 새 장이 열리기 시작했다.

이런 노력이 처음 집결된 곳이 보베의 생테티엔이었다. 이 건물에서는 캉의 건물들과 마찬가지로 6분 볼트가 쓰였다. 생테티엔은 16세기 때 붕괴된 뒤 증축되어 지금은 4분 볼트—싱글 베이로 남아 있다(그림 603). 그러나 최근의 발굴로 최초 공사 때 6분 볼트로 지어졌다는 것이 밝혀졌다. 이때에 6분 볼트를 구성하는 리브와 다발 기둥을 일치시키는 발전이 있었다. 리브의 구조적 가능성을 본격적으로 시도해보는 첫 걸음이었다.

이것은 캉의 건물들과 비교해보면 확실히 알 수 있다. 6분 볼트는 주기둥과 만나는 곳에서는 다섯 개의 리브가, 부기둥과 만나는 곳에서는 세 개의 리브가 각각 필요했다. 이런 리브들은 아래쪽의 대응 기둥과 일대일로 대응하면서 대응 기둥의 개수를 결정하는 것이 가장 이상적인 구성이었다. 캉의 건물들에서는 이런 개념 자체가 아직 형성되지 않았다. 대응 기둥이 주기둥에 세 개, 부기둥에 한 개만 더해졌다(그림 604). 무엇보다도 대응 기둥이 중간이 끊기거나 상층부에만 장식처럼 덧붙여지는 등 다발 기둥 자체도 불완전했다.

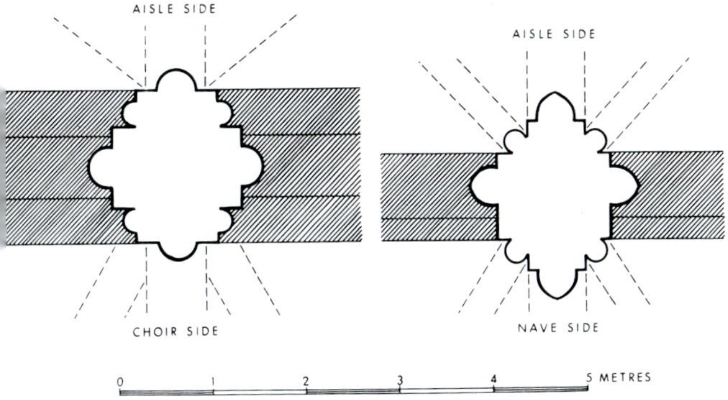

605 왼쪽: 르세 수도원 교회(Abbey Church at Lessay=La Trinité, 삼위일체 교회), 프랑스, 1077년 시작, 12세기 증축/오른쪽: 생테티엔(St. Etienne), 보베(Beauvais), 프랑스, 1125년경~40년/1506~50년 재공사

606 생테티엔(St. Etienne), 보베(Beauvais), 프랑스, 1125년경~40년/1506~50년 재공사

보베의 생테티엔에서는 일치를 향한 최초의 발전이 있었다. 주기둥과 부기둥의 굵기가 달라지면서 더블 베이가 형성된 것이다. 그러나 아직 한계도 있었다. 네이브 쪽 주기둥의 대응 기둥이 아직 다섯 개가 아닌 세 개에 머물렀다. 횡방향 볼트 한 개와 대각선 볼트 두 개를 하나의 대응 기둥이 받았다. 주기둥 전체로 보면 아일 쪽까지 합쳐 대응 기둥이 네 개였다. 아직은 구조적 불일치에 해당되었다. 주기둥과 부기둥의 굵기 차이는 대응 기둥의 개수 차이가 아닌 단순한 단면적의 차이로 결정되었다. 부기둥이 작아지면서 로마네스크의 둔탁한 느낌이 많이 완화되었다.

단면적 차이가 완전히 무의미하지는 않았다. 리브의 개수가 많은 쪽에는 하중도 많이 걸리는 등 구조적 역할이 다르기 때문에 단면적의 차이는 두 기둥 사이의 구조적 차이에 대응하는 측면이 있었다. 특히 기둥과 리브의 역할이 정리되기 시작하면서 벽체 전체가 얇아지는 중요한 발전이 있었다(그림 605, 606). 이 건물보다 20여 년 빠른 로마네스크 건물과 비교해볼 때 벽체는 40퍼센트 정도 얇아졌다.

모리앙발 성당에서는 방사선 예배당의 복도라는 좀 다른 방향으로 새 구조의 가능성이 탐구되었다(그림 607). 이 부분은 단층 구조이기 때문에 다발 기둥이 아닌 단일 기둥이 쓰이는 곳이었다. 이 때문에 리브 그로인 볼트의 장점은 천장 경량화 쪽으로 탐구되었다. 천장 볼트가 가벼워짐에 따라 이것을 받치는 아래쪽 기둥이 가늘어질 수 있었다.

607 모리앙발 성당(Morienval Cathedral), 앱스 복도, 프랑스, 11세기 말~12세기 전반부

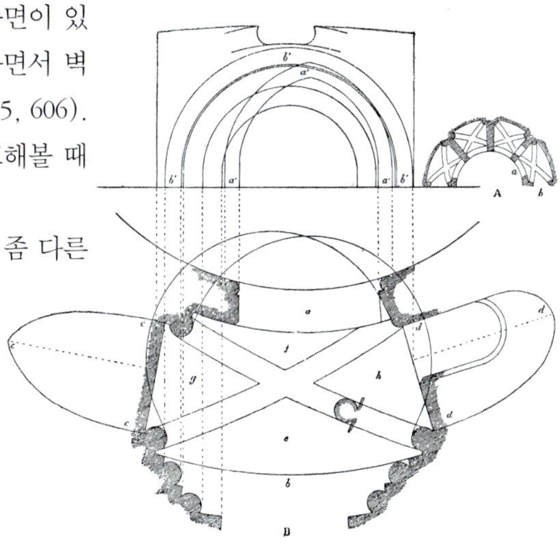

608 생제르메드플리 성당(Saint-Germer-de-Fly Cathedral), 프랑스, 1130~60년
609 생제르메드플리 성당(Saint-Germer-de-Fly Cathedral), 프랑스, 1130~60년

이것은 실내 공간감에 변화를 가져왔다. 진공부가 많아지면서 공간 흐름이 원활해지고 조도가 향상되었다. 아직 다발 기둥과 단일 기둥이 혼용되고 기둥의 두께도 두꺼운 한계도 있었다.

생제르메드플리에서는 리브가 아닌 횡방향 아치라는 보강 부재의 활용이 새로웠다. 이것이 처음 쓰인 것은 노르망디 로마네스크에서였다. 더럼 성당과 세리시라포레Cerisy-la-Forêt에서는 1100년경 갤러리 지붕 속에 천측창을 받치는 횡방향 아치를 넣어 사용했다. 이 부재는 리브 그로인 볼트가 갤러리 천장에도 쓰이기 시작한 현상의 자연스러운 일환으로 볼 수 있었다. 그 역할은 벽체 통로를 갖는 천측창의 이중벽을 지지하는 것이었다(그림 608). 겉으로는 갤러리 지붕에 가려 보이지 않았지만 구조적으로는 중요한 역할을 하는 부재였다. 생제르메드플리에서는 이 부재를 천측창을 높이는 데 활용했다(그림 609). 이것의 효과가 본격적으로 드러난 것은 제2 초기 고딕의 랑 성당에서였다. 이후 성기 고딕에서는 갤러리 천장과 분리되어 그 위쪽에서 별도의 부재로 쓰이면서 갤러리 지붕과 천측창 지지를 분담하는 역할을 했다.

기둥-상스 성당, 성 디오니시오

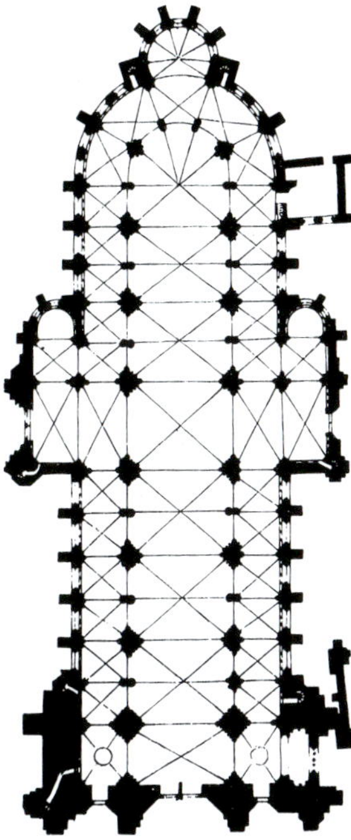

610 상스 성당(Sens Cathedral). 프랑스. 1130~64년

611 상스 성당(Sens Cathedral). 프랑스. 1130~64년

이러한 발전을 이어받은 것은 상스 성당과 성 디오니시오였다. 상스는 로마네스크 때 처음 지어졌다. 이후 여러 차례 증축되었다. 이 가운데 제1 초기 고딕 부분은 1130~64년에 시공되었고 처음 계획보다 조금 축소되어 지어졌다(그림 610). 중요한 발전은 볼트 천장에서 있었다. 이곳에서도 보베와 마찬가지로 6분 리브 그로인 볼트가 계속해서 쓰였다(그림 611). 중요한 차이는 리브와 다발 기둥 사이에 완전한 일치가 이루어진 점이다.

주기둥에는 네이브 쪽으로 다섯 개의 리브에 맞춰 역시 다섯 개의 대응 기둥이 쓰였다. 아일 쪽까지 포함한 주기둥 전체로 보면 여덟 개의 리브가 갈라져 나왔다. 부기둥에는 네이브 쪽으로 하나의 대응 기둥만이 더해졌다(그림 612). 주기둥과 부기둥의 구별은 단순히 단면적의 차이가 아니라 다발 기둥 체계 자체의 차이에 의해 결정되었다. 전체적으로는 아직 로마네스크의 둔탁함이 남아 있는 가운데 군살을 빼고 골조미를 드러내려는 노력이 최소한 세 곳에서 시도되었다.

612 상스 성당(Sens Cathedral). 프랑스. 1130~64년

613 상스 성당(Sens Cathedral). 프랑스. 1130~64년

614 상스 성당(Sens Cathedral), 프랑스, 1130~64년

첫째, 부기둥이 주기둥에 비해 확연하게 가늘어졌다(그림 613). 이것은 특히 대응 기둥의 두께 차이를 통해 구체적으로 표현되었다. 주기둥의 대응 기둥은 웬만한 기둥만큼 두꺼웠다. 이것이 주기둥을 돌아가며 총 여덟 개 더해졌다. 반면 부기둥의 대응 기둥은 가는 선형 부재 정도로 가는 것이 하나만 더해졌다. 더블 베이의 중간 부분이 이렇게 날씬해지면서 두 베이에 해당되는 넓은 벽면이 한 장의 판처럼 보이는 변화가 일어났다. 석재의 둔탁함을 벗는 탈물질화의 한 현상이었다.

둘째, 이런 노력은 부기둥의 코어 기둥 체계에서 다시 반복되었다. 코어 기둥을 횡방향 쌍기둥으로 처리한 것이다(그림 614). 내력에 필요한 단면적을 확보하면서도 정면에서 보이는 기둥 폭은 절반으로 줄임으로써 날씬하게 보이려는 목적에서였다. 또한 아케이드 층의 아키볼트를 대응 기둥이 받치는 것이 아니라 주두가 받치도록 했다. 아키볼트는 주두에서 끊기고 주신 아래에는 단일 원형 기둥만이 남았다. 리브와 대응 기둥의 대응이라는 점에서는 불일치였다. 그러나 단일 원형 기둥이 갖는 구조적 단순성 때문에 시각적으로 날씬하게 보이는 효과를 가져왔다.

셋째, 아케이드 층의 아키볼트가 누 겹으로 줄어들었다(그림 613). 로마네스크 건축에서는 세 겹이 표준형이었다. 더럼은 대표적인 예이다. 이곳 상스 성당에서는 두 겹으로 줄어들었다. 갤러리 층의 아치에서는 팀파눔 부분이 벽으로 막힌 대신 아키볼트를 얇은 한 겹으로 처리

615 성 디오니시오(St. Denis), 프랑스, 1130년경~44년/1231~81년

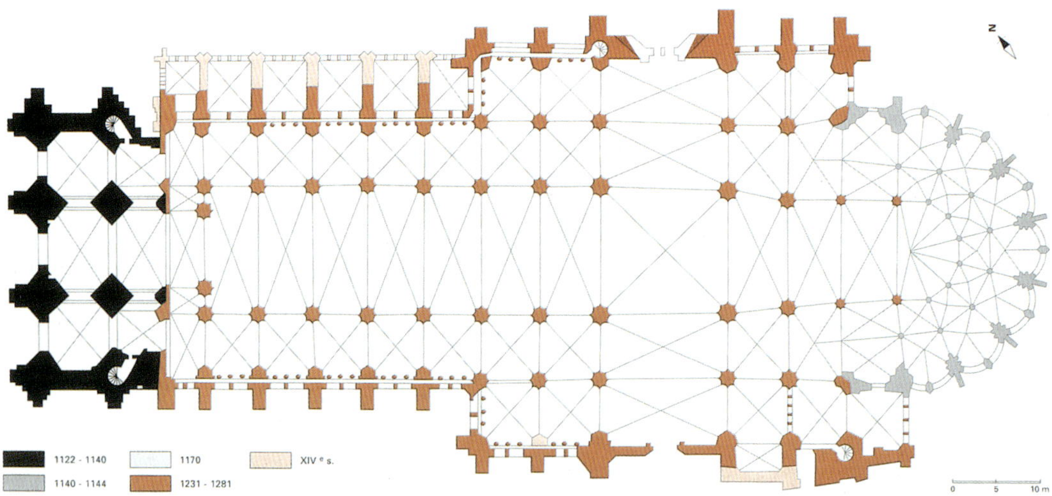

함으로써 아케이드 층의 분위기를 계속 이어갔다. 이런 처리들은 앞의 첫째 결과인 네이브 월의 탈물질화를 돕는 방향으로 작용했다.

성 디오니시오 역시 로마네스크 때 수도원 교회로 시작했다. 제1 초기 고딕은 쉬제르가 증축한 부분이었다. 이 과정은 두 단계를 거쳐 진행되었다. 첫번째는 1130년경~40년에 증축된 웨스트 워크의 전실 실내였다(그림 615). 여기에서는 '4분 볼트-싱글 베이' 체계에서 천장의 리브와 대응 기둥 사이의 일치가 집중적으로 실험되었다. 아키볼트와 대응 기둥 사이의 일치도 실험되었다. 아키볼트 한 겹마다 대응 기둥이 하나씩 더해졌다. 아키볼트는 세 겹으로 이루어졌다. 이로써 네이브 쪽으로만 코어 기둥 하나에 아홉 개의 대응 기둥이 더해졌다(그림 616). 리브 하나도 다시 두세 개의 가는 선형 부재로 이루어졌다.

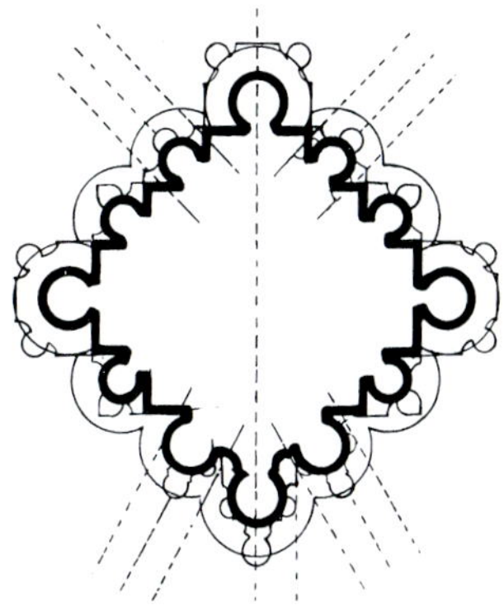

616 성 디오니시오(St. Denis). 웨스트 워크 기둥 단면도. 1130년경~40년

이 때문에 기둥은 비정상적으로 두꺼워졌다. 두께만 보면 기둥이라기보다 벽체에 가까웠다. 그러나 가늘고 긴 선형 어휘가 20여 겹 반복되었기 때문에 전체적인 분위기에는 기둥의 느낌이 남아 있었다. 쉬제르는 리브와 대응 기둥 사이의 구조적 일치에 더해 이것이 주는 선형성의 효과도 함께 실험했던 것으로 보인다. 당시 기술 수준을 보았을 때 구조적 목적만으로는 대응 기둥이 이렇게 많이 쓰일 이유가 없었기 때문이다. 선형성은 석재의 둔탁함을 지우고 탈물질화로 가는 중요한 전환점을 이루었다. 그러나 기둥 자체가 지나치게 두껍게 남아 있는 점에서는 아직 미완의 실험 단계에 머물렀다.

두번째는 1140~44년에 증축된 슈베의 방사형 예배당과 복도였다. 여기에서 비로소 앞에서 살펴본 내용들이 총집합되면서 제1 초기 고딕의 완결판을 이루었다. 여기에서는 천장의 리브 그로인 볼트가 완전히 정착했다. 예배당 사이를 구획하는 벽이 없기 때문에 전체 평면은 방사형 이중 복도 형식을 이루었다. 이에 따라 각 기둥마다 요구되는 리브 수가 서로 달랐다. 다소 복잡할 수 있는 이런 총체적 리브 체계가 깔끔하게 정리되었다(그림 617). 볼트는 베이마다 길이도 다르고 불규칙하게 교차하고 있다. 그러나 각 베이마다 꼭 필요한 상태로 처리되고 이것들 사이에 접합이 잘 들어맞음으로써 공간 전체에 짜임새 넘치는 구조적 안

617 성 디오니시오(St. Denis). 방사형 예배당과 복도. 프랑스. 1140~44년

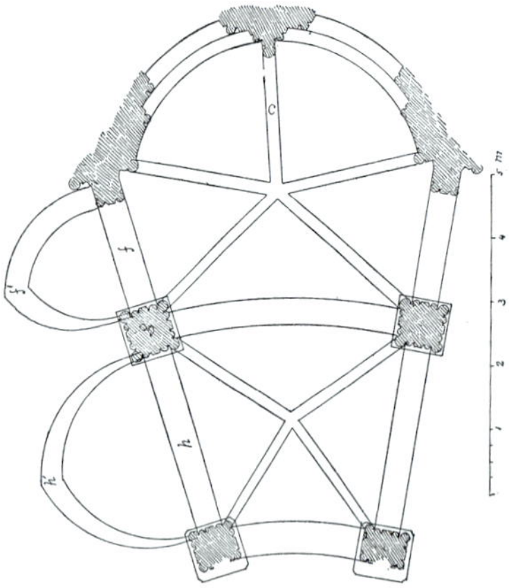

618 성 디오니시오(St. Denis). 방사형 예배당과 복도. 프랑스. 1140~44년

정감과 자신감이 형성되었다.

이런 정리감은 평면을 구성하는 기하학적 명쾌성에 의해 배가되었다(그림 618). 평면적 명쾌성은 리브와 구조부의 또다른 명쾌한 처리들과 합해지면서 공간의 정리 기능을 극대화했다. 천장에는 수많은 리브가 교차하고 있지만 결과는 혼란이 아닌 명쾌한 선형성으로 나타났다. 수많은 볼트가 자신의 자리를 분명하게 지킴으로써 명쾌함으로 발전했다. 구조부의 명쾌함은 단일 원형 기둥에 나타났다. 자신의 역할을 가장 명료하게 지킴으로써 명쾌함으로 발전했다. 천장의 선형성과 대비되는 단순성이었지만 둘 모두 명쾌함을 지향한 점에서는 같았다.

명쾌함은 고딕만의 새로운 공간을 만들어냈다(그림 619). 기둥은 높지는 않지만 기둥 사이의 간격이 넓어졌다. 수평 방향으로의 공간 확장과 시원한 흐름이 얻어졌다. 새로운 공간감은 한층 밝아진 조도에 의해 강조되었다. 외벽의 창 면적이 확대되면서 조도가 향상된 것이다. 창 면적은 외벽에 가해지는 지붕과 천장 하중이 분산됨으로써 확대될 수 있었다. 이것을 가능하게 해준 것이 바로 천장의 볼트 체계와 구조부의 명쾌함이었다. 기둥 사이의 넓어진 진공부로 빛이 넘쳐나면서 공간은 투명한 막이 겹쳐진 것처럼 느껴졌다. 쉬제르가 가장 바라던 성당의 장면이었다.

성 디오니시오의 이런 내용들은 당시로서는 최첨단의 것이었다. 앞

619 성 디오니시오(St. Denis). 방사형 예배당과 복도. 프랑스. 1140~44년

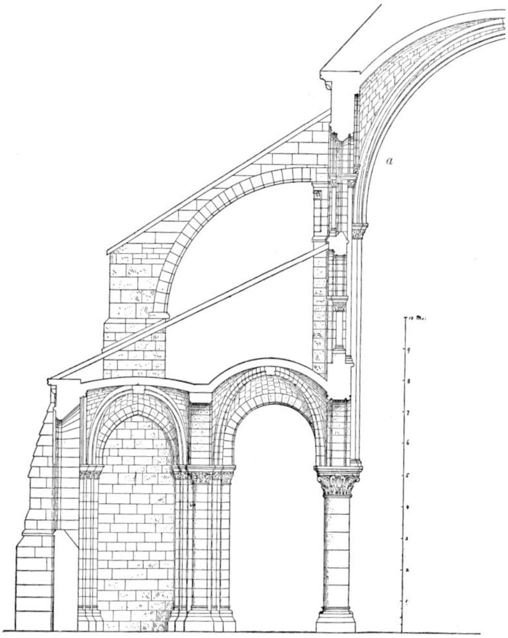

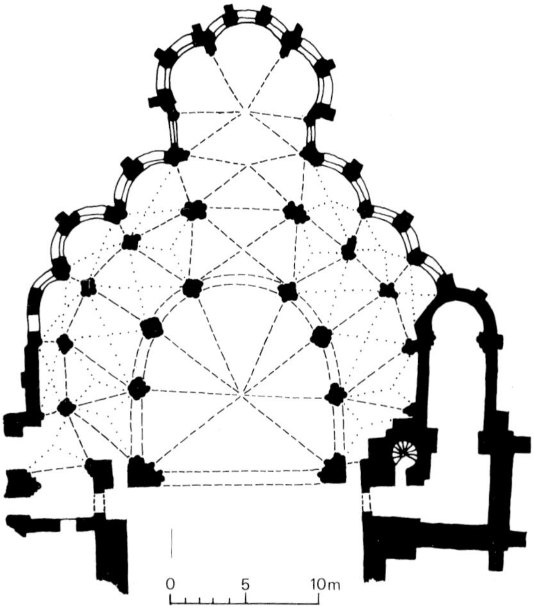

620 생제르맹데프레(Saint-Germain-des-Prés). 프랑스. 12세기 중반
621 생마르탱데샹(Saint-Martin-des-Champs). 파리. 1135년경~

에서 살펴보았듯이 12세기 중반에는 여러 종류의 건물들이 복잡하게 교차하고 있었다. 전 시대의 세계관을 따르겠다는 성기 로마네스크와 후기 로마네스크가 있었다. 그 반대편에는 새로운 기법을 추구한 고딕 양식이 탄생하고 있었다. 그러나 이들 사이에서도 차이가 심했다. 성 디오니시오를 필두로 한 앞의 예들은 이 가운데 새로운 기법을 완성도 높게 구사한 예에 속한다.

1160년경까지는 성 디오니시오에서 발명된 새로운 기법이 최신 모델로 여러 곳에서 차용되었다. 생마르탱데샹, 생제르맹데프레Saint-Germain-des-Prés, 퐁투아즈의 생마클루St. Maclou at Pontoise, 루앙의 생투앙르비외Saint-Ouen-le-Vieux at Rouen 등은 성 디오니시오의 구성을 그대로 차용한 대표적인 예들이었다(그림 620, 621). 그러나 원본이었던 성 디오니시오보다 고딕 양식의 완성도가 떨어졌다. 이런 현상은 성 디오니시오가 이전까지의 발전 내용들을 일단락짓는 건물이었음을 의미한다.

2 제2 초기 고딕(1150~1200년)

제2 초기 고딕과 유기성의 시작

제1 초기 고딕에서는 고딕 구조의 체계가 잡히는 발전이 있었다. 이런 발전의 구체적 결과가 여러 단계에 걸쳐 반영되는 것이 초기 고딕 전반의 전개 과정이었다. 제1 초기 고딕에서는 성 디오니시오의 투명한 공간감이 그것이었다. 이것은 로마네스크 공간과 비교하면 큰 발전이었지만 고딕 건축 전체 내에서는 말 그대로 첫번째 단계에 불과했다. 이 한계를 뛰어넘으려고 지속적인 도전이 시도되었다. 고딕 건축의 궁극적 목적인 강한 수직 비례의 실내를 빛으로 가득 채운 신비주의 공간을 만들어내기 위한 본격적인 노력, 즉 제2 초기 고딕이 시작된 것이다. 제1 초기 고딕이 이것을 위한 실험 단계였다면 제2 초기 고딕은 실험 내용을 건물의 구성 체계 전반에 종합적으로 적용하는 단계였다(그림 622).

622 노트르담(Notre-Dame), 쿠탕스(Coutances), 1180년

문제는 높이와 벽체의 두께 두 가지였다. 수직성은 일차적 목표였다. 이를 위해 필요한 또 한 가지가 얇은 벽체였다. 벽체가 두꺼우면 신비로운 효과가 날 수 없기 때문이었다. 이렇게 보았을 때 고딕 건축의 핵심 목적은 수직성, 빛, 얇은 벽체의 세 가지였다. 쉬제르가 이런 수직 공간까지 생각하고 있었는지의 여부는 판단하기 어렵다. 현재 남아 있는 부분만으로 보면 쉬제르의 주요 관심은 빛을 건축적으로 활용하는 것이었던 것 같다. 쉬제르는 성 디오니시오의 성가대석 복도에서 그 한 가지 방식을 이루었다. 쉬제르 자신은 이것으로 만족했을 수 있다.

쉬제르는 방사형 예배당 다음 단계로 네이

브의 증축을 계획하던 중 사망했다. 쉬제르가 생각했던 네이브는 방사형 예배당과는 많이 달랐던 것으로 알려져 있다. 네이브부터 그의 건축적 야망이 본격적으로 드러나기 시작한 것으로 볼 수 있다. 후에 속개된 공사에 그의 생각이 어느 정도 반영되었기 때문이다. 그러나 그는 1151년에 69세의 나이로 사망했다. 시기적으로 보았을 때에 그는 어쩔 수 없이 고딕의 초반부 인물이었다. 이것이 성 디오니시오와 쉬제르가 제1 초기 고딕에 머물 수밖에 없는 한계였다.

623 생레미(St. Remi), 랭스(Reims), 프랑스. 네이브 11세기/성가대석 1170~1200년

쉬제르 다음의 성직자들과 장인들은 수직성과 얇은 벽체라는 새로운 주제에 눈을 돌렸다. 문제는 이 두 가지가 모순되는 성격을 갖는다는 것이었다. 건물이 높아지기 위해서는 벽체가 두꺼워지는 것이 보통이었다. 고딕 건축의 정체성과 생명력은 이렇게 모순되는 두 가지를 동시에 얻어낸 데에 있었다. 벽체가 얇아지면서도 높이 올라갔던 것이다. 다소 복잡한 고딕 건축만의 구조 체계가 이것을 가능하게 해준 비밀이었다(그림 623).

제2 고딕 건축은 이런 방향으로의 발전이 본격화된 일단의 건물군을 지칭한다. 시기적으로는 1150년경에 시작되어 1190년경에 완공된 건물들이다. 이 건물들은 초기 고딕을 일단락지어 성기 고딕으로 넘긴 시대적 중요성을 갖는다. 이런 과정은 1180년경을 기점으로 다시 두 단계로 나뉜다. 첫번째 단계에서는 새로운 구조 기술의 발명 없이 이전까지 쌓인 기술만으로 건물을 높이고 벽체를 얇게 하려는 시도가 있었다. 이전까지 개발된 기술들의 구조적 가능성을 가급적 충분히 활용해보려는 입장이었다. 이런 시도는 일정한 성과를 거둔 것은 사실이었지만 곧 한계에 직면했다. 두번째 단계에서는 이런 한계를 극복하기 위해 플라잉 버트레스라는 새로운 기술이 발명되었다.

이 두 단계 전반에 걸쳐 공통적으로 나타난 고민은 천장 볼트 체계의 정리, 천장 볼트와 다발 기둥과의 관계, 다발 기둥 체계의 정리, 주기둥과 부기둥 사이의 관계, 네이브 월의 분할 등이었다(그림 624). 이것은 곧 벽체가 얇아지면서 동시에 높아지기 위한 조건들이었다. 구조

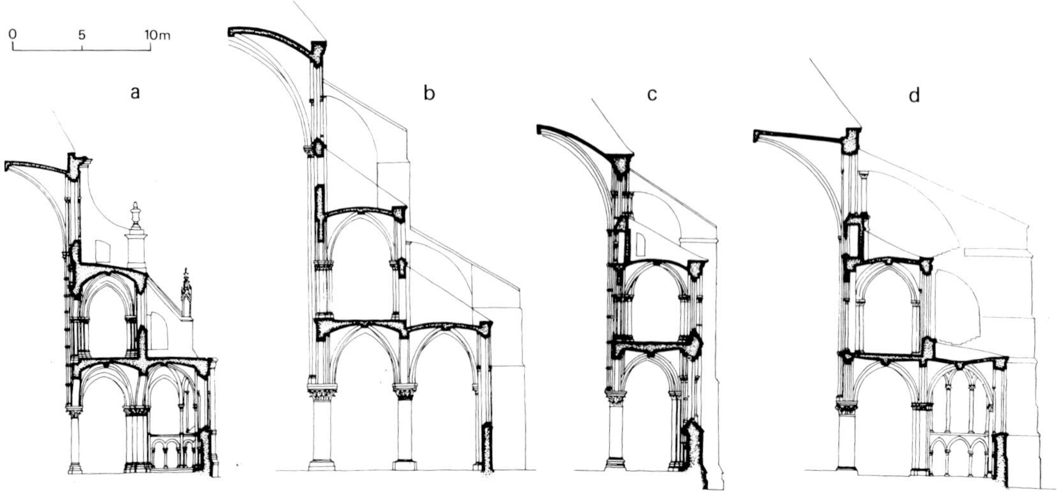

624 프랑스 고딕 성당의 성가대석 횡단면도 비교. 왼쪽부터, 누아용(Noyon)–파리 노트르담(Notre-Dame, Paris)–랑(Laon)–랭스 생레미(St. Remi, Reims)

625 상리스 성당(Senlis Cathedral). 프랑스. 1155~91년

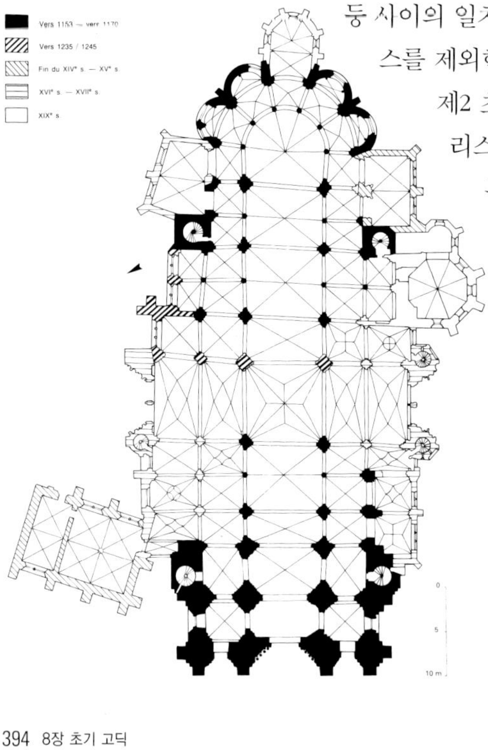

를 이루는 여러 요소와 체계가 복합적으로 함께 작용하면서 유기적 협력이 시작되었다. 새로운 시도의 결과를 요약하면, 6분 볼트에서 4분 볼트로의 전환이 일어났으며, 주기둥과 부기둥 사이의 관계는 더블 베이와 싱글 베이 사이에서 고민을 했으며, 이 과정에서 리브와 대응 기둥 사이의 일치는 여전히 중요한 문제로 남았으며, 네이브 월은 상리스를 제외한 대부분에서 4단 구성이었다.

제2 초기 고딕의 문을 연 것은 상리스 성당1155~91년이었다. 상리스는 보존 상태가 좋지 않고 몇 차례 크게 복원되어서 본래 상태 가운데 고쳐진 부분이 몇 군데 있다. 그러나 전체 구성은 파악이 가능하다(그림 625). 상리스에서는 세 가지가 중요했다.

첫째는 성 디오니시오에서 일차적으로 완성된 체계적 구조 방식을 성당 전체로 확산하여 적용시켰다. 성 디오니시오에서는 이스트 엔드의 복도만 이것으로 구성되었다. 상리스에서는 이것을 복도와 예배당은 물론이고 네이브에까지 확산했다(그림 626). 확산이라는 현상은 물론 제2 초기 고딕 전체의 기본 특징이기도 했다. 상리스에서는 이것이 가장 먼저 나타났다.

둘째는 갤러리 층 천장이 완전한 리브 그로인 볼

626 상리스 성당(Senlis Cathedral), 프랑스, 1155~91년

트로 축조되었다. 이로써 단순 그로인 볼트나 배럴 볼트 때보다 내력이 향상되었다. 네이브 천장과 천측창 외벽의 무게를 분담하는 정도가 커졌다. 갤러리 층의 천장은 속에 가려서 잘 안 보이지만 이런 점에서 고딕 구조가 발전하고 성당이 높아지는 데 빠져서는 안 되는 중요한 요소이다. 이것을 정확히 알고 그 능력을 향상시킨 것이다.

중세 건축 전반을 통틀어 갤러리 층의 천장에 언제부터 리브 그로인 볼트가 쓰이기 시작했는지에 대해서는 정확하게 알려지거나 통일된 학설이 없는 편이다. 가장 큰 이유는 많이 복원되었기 때문이다. 네이브 천장보다 쉬운 공사이기 때문에 많은 중세 성당들이 보통은 갤러리 층을 한 차례 이상 증축했다. 이로 인해 각 건물의 갤러리 층 천장과 관련된 정보는 정확하지가 않다. 한 가지 확실한 것은 상리스의 갤러리 층은 천장에 최초로 완전한 리브 그로인 볼트가 쓰인 그룹 가운데 하나라는 점이다.

셋째는 앞의 두 가지 사항의 결과로 실내 전반이 밝고 가벼워졌다.

구조 자체에서의 구체적인 발전은 아직 본격적으로 나타나지 않았다. 네이브 월은 3단 구성이었는데 아직 낮은 비례를 유지하고 진공부에 비해 벽체가 넓은 점에서 로마네스크의 3단 구성에서 벗어나지 못한 것으로 볼 수 있다. 천장도 4분 볼트와 6분 볼트를 섞어서 사용했다. 대응 기둥과의 일치는 기대하기 어려웠다. 그러나 기둥이나 벽 사이의 진공부가 조금씩 확대되고 벽체도 조금씩 얇아지는 등의 발전이 있었다. 창 면적도 확대되었다. 실내에 유입되는 밝은 빛이 증가하고 네이브의 조도가 향상되었다.

네이브 월-누아용 성당

627 누아용 성당(Noyon Cathedral), 프랑스, 앱스, 트랜셉트, 네이브 1150/55년경~85년

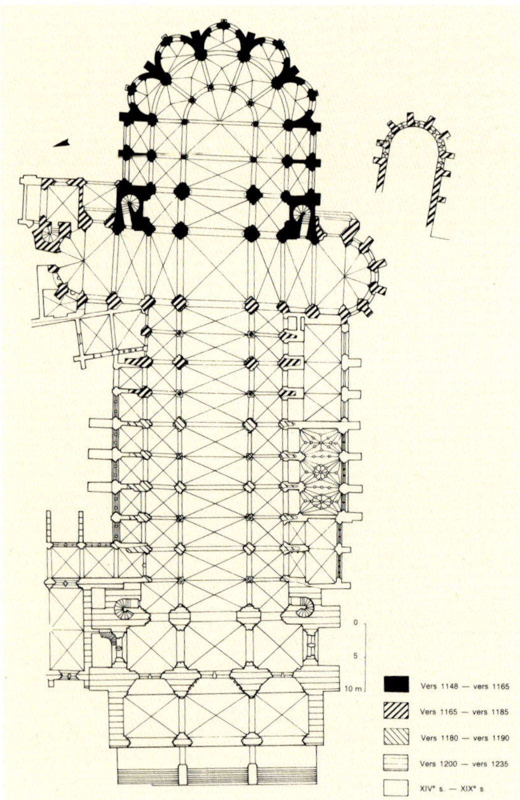

제2 초기 고딕의 본격적인 발전은 누아용 성당1150/55년경~85년, 앱스, 트랜셉트, 네이브에서 시작되었다(그림 627). 누아용의 발전 내용은 여섯 가지로 요약될 수 있다.

첫째, 네이브 월의 4단 구성이다(그림 628). 4단 구성이 언제 처음 나타났는지에 대해서는 다소 논란이 있으나, 로마네스크 때 이미 초기 형태가 나타났다는 것은 확실해 보인다. 다만 그 완성도가 정식 4단 구성이라 이름 붙일 만한 것이냐의 문제와 고고학적 정확성의 문제 등이 남아 있어서 정식 기록으로는 인정받지 못하고 있다. 이 두 문제에서 벗어나 최초로 완성된 예가 누아용이었다.

4단 구성이 나온 배경은 갤러리 층이 충분히 발달하지 못했다는 것과 수직성을 추구했다는 것 두 가지로 볼 수 있다. 갤러리 층은 폭이 좁고 높이는 낮았다. 이 상태에서 지붕이 경사로 마감되었다. 실내에서 보면 갤러리 층이 끝나는 지점과 천측창 사이에 지붕 경사의 투영치에 해당되는 벽체가 형성되었다. 이때 갤러리 층의 폭이 좁고 지붕 경사가 심할 경우 투영치는 커지게 된

다. 투영치를 단순 벽체로 놔둘 경우 구조적 시각적 측면 모두에서 문제가 되었다. 이런 문제를 해결하기 위해 갤러리 층과 천측창 사이에 한 층을 더 만든 것이다.

특히 문제가 되었던 것은 시각적으로 수직성을 해치는 것이었다. 갤러리 층의 높이가 상대적으로 낮기 때문에 투영치를 단순 벽체로 놔둘 경우 시각적으로 큰 부담이 되기 때문이었다. 이것을 피하기 위해 투영치 부분을 하나의 개별 층으로 만든 것이다. 이런 처리는 네이브 월을 수직적으로 높아 보이게 하는 작용을 했다. 그러나 실제로 수직적 효과가 얻어졌는지의 여부는 미지수였다. 갤러리 층과 투영치에 해당되는 층 모두가 낮았기 때문이다. 투영치에 해당되는 층은 수직성을 보강하기보다는 수평 영역을 하나 더 만듦으로써 오히려 수평성을 강조하는 결과로 나타난 것으로 볼 수도 있었다(그림 629). 특히 층 구분을 위해 선형 띠부재로 구획을 할 경우 더욱 그러했다. 이것이 4단 구성임에도 불구하고 제2 초기 고딕의 건물들이 갖는 한계였다.

새로 더해진 층은 실내 공간을 갖는 독립 영역이었다(그림 630). 깊지 않아서 틈이 큰 이중벽으로 볼 수도 있었지만 사람이 다닐 정도의 공간은 만들어졌다. 특히 지붕이 내력 구조로 처리되었기 때문에 확실한 독립 영역이었다(그림 631). 이런 해결책은 수직성 추구라는 목적을 만족시키기 위해 나온 것이었다. 이 부분을 내력 구조로 처리함으로써 위쪽의 천측창을 받치는 부담을 나누어 가졌다. 시각적으로도 일정한 수직성을 확보할 수 있었다.

처음[1150년경]에는 단순 블라인드 아치로 처리했다. 이후 1170년경에 증

628 누아용 성당(Noyon Cathedral). 프랑스. 앱스, 트랜셉트, 네이브 1150/55년경~85년

629 누아용 성당(Noyon Cathedral). 프랑스. 앱스, 트랜셉트, 네이브 1150/55년경~85년

630 누아용 성당(Noyon Cathedral). 프랑스. 앱스, 트랜셉트, 네이브 1150/55년경~85년

631 누아용 성당(Noyon Cathedral), 프랑스, 앱스, 트랜셉트, 네이브 1150/55년경~85년

축하면서 실내로 열린 개구부 형식으로 바꾸었다. 이 부분을 갤러리로 볼지, 트리포리엄triforium으로 볼지는 애매했다. 트리포리엄은 겉으로는 갤러리와 똑같아 보이지만 천장에서는 볼트가 사라짐으로써 비내력 구조로 바뀐 구조를 의미한다. 여기에서도 볼트가 사라진 점에서는 트리포리엄으로 볼 수 있지만 내력 구조의 잔재가 남아 있는 점에서는 아직 갤러리로 보는 것이 더 정확하다고 할 수 있다.

특히 트리포리엄이 등장하기 위해서는 플라잉 버트레스가 있어야 하는데 여기에서는 아직 이것이 등장하지 않은 점에서 더욱 그러했다. 트리포리엄의 등장은 고딕 구조의 발전 정도를 가늠하는 중요한 기준 가운데 하나였다. 완성 단계에서는 3단 구성에서 갤러리 층 전체를 트리포리엄이 대신했다. 누아용에서는 아직 여기까지 나가지 못하면서 갤러리 층만 두 개를 가진 상태에 머물렀다. 그러나 위쪽의 갤러리가 트리포리엄으로 가는 중간 과정으로 처리된 점은 중요한 의미를 갖는다. 이후의 발전이 시작되는 첫걸음이라고 할 수 있다. 성가대석에서는 두영지 부분을 블라인드 아치로 처리했다.

둘째, 상리스 성당에서 쓰였던 갤러리 천장의 리브 그로인 볼트가 한 걸음 발전하면서 그 구조적 장점이 구체적 결과로 나타났다. 천장 하중이 리브에 의해 일정 부분 자체적으로 흡수되었다. 갤러리 층의 외벽과 내벽 모두에 전달되는 하중 부담이 줄어들면서 벽체가 얇아졌다(그림 631). 양쪽 벽 모두에서 개구부의 면적이 확대되었다. 유입되는 빛의 양도 따라서 증가되었다. 벽체의 둔탁함이 약해지면서 탈물질화가 강화되었다. 벽체에서의 이런 발전은 첫째 항의 한계를 상당 부분 극복하는 효과를 낳았다.

셋째, 갤러리 층에서의 이런 느낌이 천측창에서 반복되었다. 누아용은 노르망디 지방의 천측창에 쓰였던 이중벽을 받아들여 발전시켰다. 로마네스크 건축에서는 이중벽의 주목적이 건물 상층부와 창으로의 접근 통로를 만드는 것이었다. 누아용의 천측창에서도 이런 목적은 지켜졌지만 여기에 더해 벽을 얇은 막처럼 보이게 만드는 효과를 추가로 노렸다. 벽과 벽 사이에 진공부가 생기면서 빛 반사에 의해 벽이 석재 물리체가 아닌 투명막처럼 보이게 되었던 것이다(그림 629, 632). 천

632 누아용 성당(Noyon Cathedral). 프랑스. 앱스, 트랜셉트, 네이브 1150/55년경~85년

633 누아용 성당(Noyon Cathedral). 프랑스. 앱스, 트랜셉트, 네이브 1150/55년경~85년

634 누아용 성당(Noyon Cathedral). 프랑스. 앱스, 트랜셉트, 네이브 1150/55년경~85년

측창이 높아질수록 이런 효과는 배가되었다. 이것을 활용하여 석재 벽체의 탈물질화가 추구되었다.

넷째, 갤러리와 천측창에서 관찰된 탈물질화 노력은 트랜셉트의 단부에서 반복되었다. 단부는 3단 구성이었다. 1층은 블라인드 아케이드, 2층은 갤러리, 3층은 천측창으로 분할되었다. 천측창의 개구부 면적이 확대되었다. 단부 이외에 동서쪽 두 면의 1층이 아치창으로 처리되면서 개구부 확대를 도왔다(그림 633). 이번에도 주관심은 개구부 면적의 확대였다. 이상을 볼 때 누아용을 축조한 성직자와 장인은 빛을 늘려 채광과 조도를 향상시킴으로써 석재 벽체를 투명막처럼 보이게 하는 데 가장 큰 관심을 두었음을 알 수 있다.

다섯째, 천장이 4분 볼트로 돌아갔다. 성기 로마네스크 후반부에 나타났던 6분 볼트에서 한 걸음 더 나아간 단계이다. 그러나 아직 6분 볼트의 잔재도 남아 있었다(그림 634). 횡방향 아치에서 굵은 띠부재와 가는 선형 부재가 교대로 쓰인 것이다. 볼트가 4분인 상태에서 이런 교대는 구조적으로 아무 의미가 없었다. 이에 따라 대응 기둥도 싱글 베이로 나가지 못하고 더블 베이의 잔재가 남아 있었다. 대응 기둥의 개수는 주기둥과 부기둥 모두 세 개씩 같았다. 굵기에서는 차이가 났다. 굵은 횡방향 리브에는 굵은 대응 기둥이 더해졌다. 대각선 리브를 받는 대응 기둥의 굵기도 따라서 달라졌다. 대각선 리브의 굵기는 주기

635 누아용 성당(Noyon Cathedral), 프랑스, 앱스, 트랜셉트, 네이브 1150/55년경~85년

등과 부기둥이 같았는데 첫번째 대응 기둥이 달라지면서 그 여파로 두번째 대응 기둥까지 달라졌던 것이다.

여섯째, 다발 기둥이 가늘어졌다(그림 630, 631). 누아용은 상스와 유사한 더블 베이의 기둥 체계를 가졌다. 그러나 상스와 비교했을 때 주기둥의 단면적이 줄어들고 높이가 높아지는 발전이 있었다. 전체적으로 날씬해진 모습이었다. 선형 부재에 의한 골격 구조가 본격적으로 시작된 것이었다. 더 중요한 것은 다발 기둥이 가늘어진 발전이 단독으로 일어난 것이 아니라는 사실이다. 발전은 앞의 다섯 가지 내용들과 함께 일어나면서 구조적 효과가 대폭 증대되었다.

이상과 같이 누아용은 고딕 구조의 정체성이 처음으로 본격화되기 시작한 중요성을 갖는다(그림 635). 성기 고딕의 성당들에 비해 아직 완성도나 수직성 등은 떨어졌다. 그러나 이것은 일직선적 발전 과정 내에서의 평가이다. 이것과 별도로 누아용 자체만 놓고 보면 나름대로 내재적 아름다움을 얻은 것으로 평가할 수 있다(그림 636). 서구의 많은 고딕시기들이 누아용을 높이 평가하는 이유이다.

누아용은 또한 이후의 건물들에도 중요한 영향을 끼쳤다. 랑이나 수아송과 같은 메이저급 건물들도 누아용의 영향을 받았다(그림 637). 이외에도 랭스의 생레미St. Remi at Reims와 샬롱쉬르마른의 노트르담앙보Notre-Dame-en-Vaux at Châlons-sur-Marne 등의 마이너급 건물들은 누아용 모티브를 그대

636 누아용 성당(Noyon Cathedral), 프랑스, 앱스, 트랜셉트, 네이브 1150/55년경~85년
637 수아송 성당(Soissons Cathedral=St. Gervais-et-Profais), 프랑스, 남측 트랜셉트 1180년경 이후 시작
638 노트르담앙보(Notre-Dame-en-Vaux), 샬롱쉬르마른(Châlons-sur-Marne), 프랑스, 1170~1200년

로 모방하여 지어진 예들이다(그림 623, 638).

고전 비례-랑 성당

랑 성당1160년경~1210년은 천장이 6분 볼트인 점, 4단 구성에서 투영치에 해당되는 부분을 트리포리엄으로 가는 중간 과정의 갤러리로 처리한 점, 기둥 체계에서 정리가 시도된 점 등이 누아용으로부터 영향을 받은 대표적인 내용들이다(그림 639). 누아용의 영향이 두드러진 가운데에서도 네 가지 점에서 발전이 있었다.

첫째, 네이브 월의 4분 구성에서 트리포리엄을 구성하는 아치의 높이가 높아졌다(그림 640, 725). 트리포리엄 자체의 높이는 누아용과 큰 차이 없이 거의 동일했다. 천장을 내력 구조로 처리하여 트리포리엄을 독립 영역으로 구획한 점도 동일했다. 이런 상태에서 아치가 높아졌다는 것은 트리포리엄이 내력 역할에서 자유롭다는 사실을 활용하기 시작했다는 중요성을 갖는다. 트리포리엄을 자유롭게 활용하는 것은 네이브 월의 수직 확장을 위한 필수 조건 가운데 하나였다.

둘째, 수직성을 중화시키는 수평성이 더해졌다. 수평성은 다발 기둥에 여러 겹의 고리를 두르는 방식으로 표현되었다(그림 641). 코어 기둥에는 주두 부분에 세 겹의 고리가 둘러졌다(그림 642, 644). 대응 기둥은 다섯 개의 고리로 나뉘어 있고 볼트와 만나는 꼭대기는 주두로

639 랑 성당(Laon Cathedral), 프랑스, 1160년경~1210년

640 랑 성당(Laon Cathedral), 프랑스, 1160년경~1210년

641 랑 성당(Laon Cathedral). 프랑스. 1160년경~1210년
642 랑 성당(Laon Cathedral). 프랑스. 1160년경~1210년

마감되었다. 수직성을 담당하는 부재에 수평 부재를 직접 가함으로써 수평성에 대한 조형적 의도를 명확하게 표출했다.

이런 처리는 이 자체로는 수직성이라는 고딕의 정체성을 막는 반대 요소로 볼 수도 있다. 그러나 고딕 건축 전체의 전개 과정에서 보면 다른 의미를 갖는다. 미시적으로 보면 건물이 본격적으로 높아지기 직전의 숨고르기 같은 것일 수 있다. 거시적으로 보면 수평성과의 조화를 추구한 새로운 경향의 시작으로 볼 수 있다. 이것은 고딕 건축에 한 가지 경향만 있었던 것이 아님을 의미한다.

고딕 성당의 일차 목표는 물론 수직성이었다. 수직성은 종교심을 유발시키는 극단적 처리였다. 이 기준은 분명히 고딕 건축의 발전을 결정하는 중요한 요소였다. 이 기준에 따라 고딕 성당의 주요 걸작들이 탄생한 것 또한 사실이었다. 그런데 고딕 성당에는 이것만 있었던 것은 아니었다. 일단의 건물들은 극단적 자극을 피해 중도적 입장을 유지하려는 또다른 경향을 공유했다. 수평성을 일정 부분 도입하려는 경향은 이런 경향을 대표하는 예였다.

이런 경향은 단순히 건축적 조형적 목적만 갖는 것은 아니었다. 여기에는 기독교적 배경도 한몫했다. 이런 건축이 성모마리아의 순결 개념에 더 부합된다는 믿음이 그것이었다(그림 642). 프랑스에서는 일드프랑스 지역을 제외한 다른 지역에서 이런 예들이 많이 지어졌다. 프란치스코회 소속의 교회도 같은 입장이었다. 일드프랑스 지역에서도 랑은 이런 경향에 속하는 예였다.

랑 성당은 수평성과의 조화를 꾀했을 뿐 아니라 모든 종류의 극단적 자극을 피하려는 조형적 입장을 견지했다. 실내는 수직성 장식 색채 등을 절제한 담백하고 정갈한 분위기로 처리되었다. 밝은 회색을 기본 색조로 삼아 빛에 따라 옅은 분홍색을 띠기도 하는 등 성모마리아의 순결을 가장 잘 보여주는 모습이었다(그림 643). 이외의 다른 극단적 자극은 잘 절제되었다. 외관도 마찬가지였다. 고딕 특유의 급한 수직성보다는 차분한 고전 비례를 추구함으로써 안정감이 얻어졌다(그림 649). 장식도 다른 고딕 성당들에 비해 절제되면서 실내의 순결한 분위기와 잘 맞았다.

셋째, 가장 중요한 발전으로 기둥 체계의 변화를 들 수 있다. 코어 기둥이 누아용에서는 더블 베이이던 것이 랑에서는 싱글 베이로 바뀌었다(그림 644). 코어 기둥은 사각 기둥 한 개를 제외하고 모두 원형 기둥으로 처리되었다(그림 645). 대응 기둥은 가운데 것이 옆의 것들보다 조금 큰데 이것은 천장의 리브 크기에 맞춘 결과이다(그림 640, 641). 코어 기둥과 다발 기둥을 합친 기둥 전체의 단면적은 누아용의 주기둥과 부기둥 사이 정도를 유지했다.

아직 더블 베이의 잔재도 남아 있었다. 잔재는 코어 기둥의 종류가 여러 개인 점과 대응 기둥이 다섯 개와 세 개로 번갈아 나타난 점이었다(그림 641, 644, 645). 코어 기둥은 동일한 단면적을 갖는 싱글 베이인데 대응 기둥 숫자가 다른 것은 아직 누아용의 더블 베이의 잔재로 볼 수 있다. 이런 불일치는 천장 볼트에서 비롯되었다. 랑도 누아용과 마찬가지로 천장이 6분 볼트로 처리되었다. 6분 볼트에는 기본적으로

643 랑 성당(Laon Cathedral), 프랑스, 1160년경~1210년

644 랑 성당(Laon Cathedral), 프랑스, 1160년경~1210년

645 랑 성당(Laon Cathedral), 프랑스, 1160년경~1210년

더블 베이가 쓰여야 된다. 반대로 싱글 베이에는 4분 볼트가 쓰여야 된다. 랑의 문제는 다른 각도에서 보면 싱글 베이에 4분 볼트가 아닌 6분 볼트를 쓴 것으로 이해될 수 있다. 또다른 한계로 성기 고딕과 비교했을 때 기둥간 거리가 아직은 많이 좁다는 점을 들 수 있다.

넷째, 기둥 체계에서 이전과 다른 새로운 고민이 시작되었다. 이전까지 기둥 체계를 둘러싼 고민은 더블 베이와 싱글 베이 사이의 선택 문제이거나 6분 볼트와의 일치 문제였다. 여기에서는 코어 기둥과 대응 기둥 사이의 관계라는 새로운 문제가 시작되었다. 대응 기둥을 코어 기둥의 어느 지점까지 내려오게 할 것인가의 문제였다. 이곳 랑에서는 코어 기둥의 주두에서부터 시작되는 것과 바닥에서부터 시작되는 것의 두 종류가 섞여 쓰였다(그림 645). 이것은 시각적 역학적 측면에서 중요한 문제로 주로 성기 고딕을 대표하는 주제였다. 이것이 이곳에서 처음 시작된 것이다.

이상과 같은 랑 성당의 특징은 고딕 건축의 전개 과정에서 일정한 발전을 이룬 측면과 함께 고전적 분위기를 주요 특징으로 갖는 양면적인 데 있었다. 특히 수평성을 추구한 특징은 고딕적 고전성을 정의하는 중요한 의미를 갖는다. 랑에 나타난 수평성은 '고전 대 고딕'이라는 전통적인 2분법 분류 사이의 통합, 즉 고딕 내에 고전적 요소를 도입하려는 고딕 고전주의의 한 형태로 정의될 수 있다.

수평성은 일차적으로 앞에서 설명한 두번째 내용에서 파악된다. 조금 더 파고들면 네이브의 선형성 문제로 파악된다. 바실리카 유형은 고딕 성당이 분화해 나온 씨앗 같은 평면 유형이었다. 초기 기독교의 바실리카 평면은 중세에 들어 라틴 크로스로 발전했다. 그러나 선형성이라는 바실리카의 공간 개념은 그대로 남았다. 선형성은 곧 수평성을 의미했다. 로마네스크까지는 이런 기본성이 잘 유지되었다. 로마네스크에 강하게 영향을 미친 고전의 한 형식이었다.

고딕 시대에 들어와서 게르만 정신을 반영하여 수직성이 주요 특징으로 추구되는 변화가 있었다. 이때 평면 골격의 수평성과 네이브 월 구조의 수직성 사이에 갈등이 발생했다. 라틴 크로스 평면 내에서 제단과 앱스의 종착점을 향한 수평 방향의 선형적 진행은 수직성에 의해 방해를 받으며 분산되었다. 베이를 지날 때마다 수평 방향의 리듬과 수직 방향의 웅변이 충돌했다. 한 걸음 걷고 멈칫거리며 하늘을 쳐다보다가, 정신을 차리고 종착점을 향해 다시 한 걸음 걷다 다시 멈칫거리며 하늘을 쳐다보기를 반복해야 했다.

종교적으로도 모순이 생겼다. 종착점도 하늘이요 하늘도 하늘이니 하늘을 두 개 만든 셈이었다. 수직성의 극단을 추구한 정통 고딕 성당들에서는 이 갈등이 해결되지 않았다. 해결할 생각이 없었거나 이 갈등 자체를 문제로 보지 않았다는 것이 더 정확할 것이다. 이런 성당들에서는 수평성이 수직성의 위용에 압도당하며 묻혀버렸다. 이것은 로마적 고전의 잔재를 알프스 이북의 지역 정신으로 지워버리겠다는 의도로 해석된다. 고전에 대비하여 고딕의 정체성을 명확하게 하겠다는 중세적 자각 같은 것이었다.

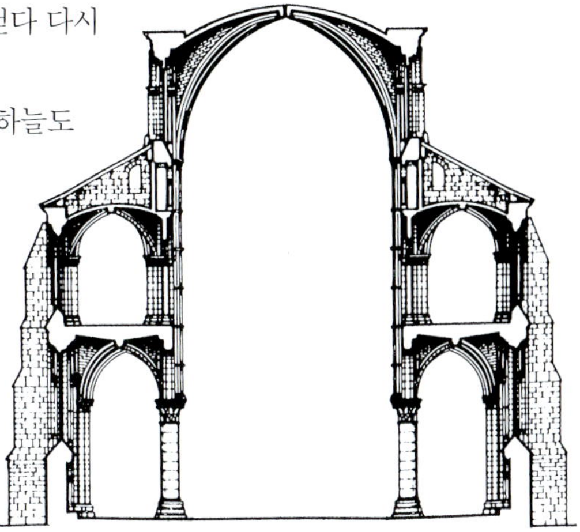

646 랑 성당(Laon Cathedral), 프랑스, 1160년경~1210년

랑 성당 계열에 속하는 일단의 수평적 성당들은 이것이 진정한 기독교 정신에 부합하는가를 묻는 것으로 해석될 수 있다. 극단적 수직성이 알프스 이북의 게르만 정신에 부합할 수는 있을지언정 진정한 기독교 정신과는 거리가 있다는 주장을 펴고 있는 것이다. 수직성을 추구하되 일정한 선에서 자제하고 고대 가톨릭의 원형성인 수평성과의 조화를 추구하는 것이 중세의 진정한 기독교 정신이라는 주장이다(그림 646).

수평성과의 조화가 진정한 기독교 정신인 이유는 하늘이 두 개 생기

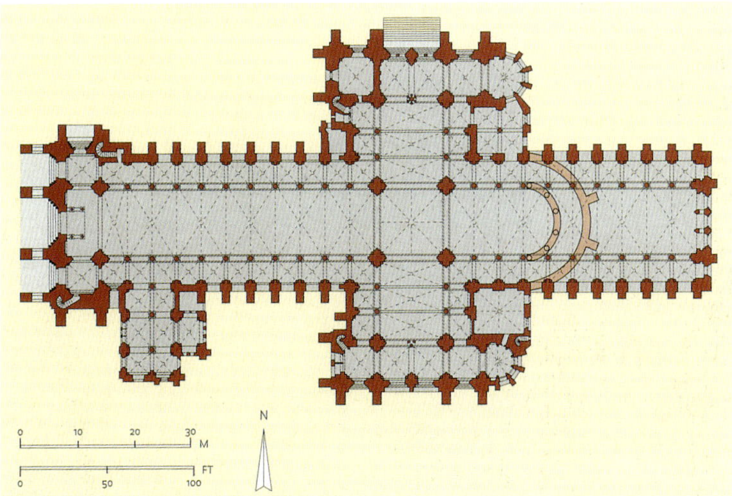

647 랑 성당(Laon Cathedral), 프랑스, 1160년경~1210년

는 모순을 만들지 않기 때문이다. 랑의 실내에서는 종착점을 향한 수평 방향의 선형성이 훨씬 편하게 진행되면서 목표에 더 잘 집중할 수 있다(그림 643, 647). 실내에서 느끼는 이런 조형적 공간적 편안함은 곧 기독교적 편안함과 일치한다(그림 648). 하늘이 종착점 하나로 집중되기 때문이다. 눈높이에서 바라다보이는 하늘 한 가지에만 집중하면 되는 것이다.

이것은 두 개의 하늘 가운데 종착점의 하늘을 더 우선시하겠다는 입장을 의미한다. 이런 입장은 수평성을 통해 표현되었다. 고딕에는 오로지 고딕 양식만 있었던 것이 아니라 고전적 경향과의 통합을 시도한 흐름도 있었다. 고딕 시대에도 고전의 영향은 계속되었다. 고전은 고딕 내에서도 사라지지 않고 살아남아서 고딕과 일정한 통합을 이루며 하나의 경향을 형성했다(그림 649).

고딕 고전주의는 두 가지 경향으로 나뉘었다. 한 가지는 앞에서 살펴본 구조 합리주의였다. 이것은 그리스 고전주의의 구조적 특징을 차용한 것이었다. 특정 건물로 대표되기보다는 고딕 건축 전반에 걸쳐 나타난 기본적 특징이었다. 다른 한 가지는 랑 성당으로 대표되는 수평적 비례였다. 이것은 그리스와 로마의 구별 없이 수평적 안정감을 고전주의 전체의 특징으로 파악하여 차용한 것이다.

648 랑 성당(Laon Cathedral), 프랑스, 1160년경~1210년

649 랑 성당(Laon Cathedral), 프랑스, 1160년경~1210년

650 랑 성당(Laon Cathedral), 프랑스, 1160년경~1210년

고전적 안정감을 지키는 경향과 고딕적 수직성을 추구하는 경향은

랑 이후에도 각각 독자적 발전을 거치며 고딕 건축 전반에 걸쳐 대별적 흐름을 만들어냈다. 초기 고딕 내에서는 '누아용-랑'이 전자를, '성 디오니시오-노트르담'이 후자를 각각 대표했다. 이후 성기 고딕을 거치면서도 두 경향은 계속되었다. 랑은 이런 대별적 흐름이 구체화되기 시작할 때 지어졌다.

랑에서 관찰되는 고전주의의 영향은 비례감이나 분위기 등에만 국한되지 않았다. 디테일이나 축조성의 개념 등에서도 나타났다. 디테일에서는 고전적 공예성의 잔재가 남아 자잘한 스케일을 유지했다(그림 650). 구조적 역할이 없는 순수 장식적 디테일도 아직 많이 남아 있었다. 축조성도 이런 자잘한 디테일과 구조 골격 사이의 적절한 균형의 개념으로 정의되었다. 이것은 구조 유기성으로 정의되는 고딕의 축조성과 구별되는 개념이었다.

파리 노트르담과 초기 고딕 구조의 종합화

랑 성당에서 숨고르기를 거친 뒤 관심은 다시 기술 활용 쪽으로 넘어갔다. 초기 고딕에서 축적된 기술을 집대성하여 수직성을 향해 본격적으로 오르기 시작했던 것이다. 일단의 성직자들과 장인들은 당시까지 건축된 건물들에서 자신들의 수직 욕망을 실현시켜줄 기술적 가능성을 보았다. 그러나 기술 발전은 단번에 이루어지지 않았다. 초기 고딕의 기술만으로는 분명한 한계도 있었다.

이런 양면성은 초기 고딕의 막바지 단계에 왔음을 말해주는 현상이었다. 파리 노트르담은 이것을 대표했다. 목표는 당시 기술이 허용하는 것보다 훨씬 크게 정해졌다. 이를 위한 기술 개발에 총력을 집중하며 성과를 거두기도 했다. 그럼에도 불구하고 해결하지 못한 부분은 숙제로 남아 성기 고딕으로 넘겼다. 초기 고딕을 마무리지으며 성기 양식으로 넘어가는 의미였다.

파리 노트르담은 과시욕과 기하학적 정형성의 두 가지 대표적 특징을 가졌다. 이 둘은 일정한 상반성을 가졌다. 이 가운데 과시욕이 더 두드러졌다. 기하학적 정형성은 그 자체로 독립된 가치로 추구되기도 했지만 수직성을 위한 구조 체계가 잘 작동하게 해주는 뒷받침의 성격

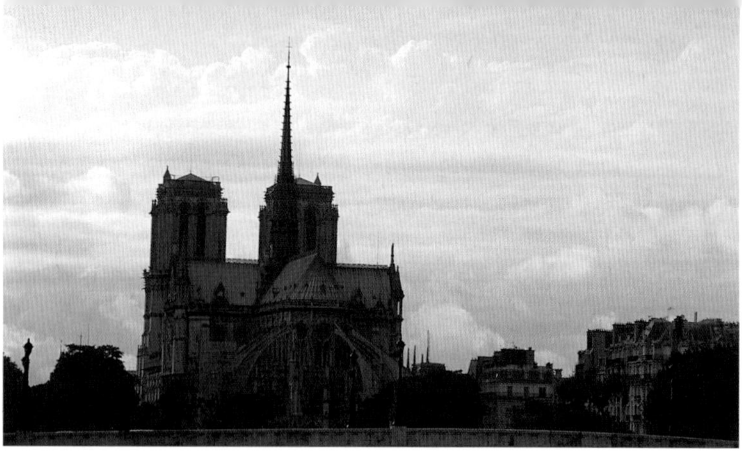

651 노트르담(Notre-Dame). 파리. 슈베 1163년경~82년/네이브 1180~1200년

652 노트르담(Notre-Dame). 파리. 슈베 1163년경~82년/네이브 1180~1200년

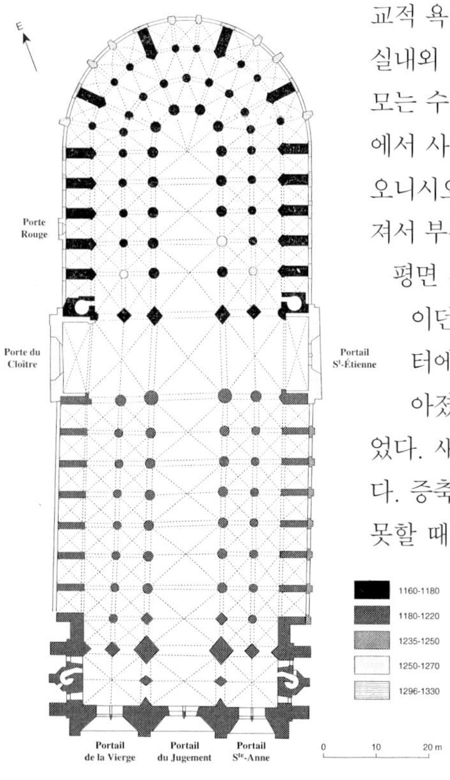

이 더 강했다. 노트르담의 기하학적 정형성은 랑에서 안착된 고전적 정돈감을 구조성의 방식으로 표현한 것이었다. 이곳에서도 구조 발전을 통한 과시욕과 고전적 안정감이라는 두 가지 경향이 함께 나타났다. 외관상 보이는 고딕 건축의 수직성 이면에 여전히 고전적 질서가 바탕으로 깔려 있었다.

이 가운데 노트르담을 대표하는 것은 과시욕이었다(그림 651). 기독교적 욕망이 다시 불붙으면서 이를 표현하기 위해 안간힘을 쓴 흔적이 실내외 곳곳에서 나타났다. 우선 건물 규모가 이것을 잘 말해준다. 규모는 수평과 수직 방향 모두 증가했다. 성 디오니시오 이후 초기 고딕에서 사라졌던 '5랑식-이중 복도' 구성이 부활했다(그림 652). 성 디오니시오에서 표출되었던 쉬제르의 욕망이 이곳 노트르담에서 더 커져서 부활한 것이다.

평면 전체 길이와 천장고도 증가했다. 네이브 폭은 랑에서 27.5미터이던 것이 노트르담에서는 38미터로 넓어졌다. 전체 길이는 92미터에서 122미터로 길어졌다. 천장고는 25미터에서 34.5미터로 높아졌다(그림 653). 이런 규모를 위해 여러 방면으로 실험이 시도되었다. 새로운 실험이 있을 때마다 여러 차례에 걸친 증축으로 이어졌다. 증축은 체계적이지 못하고 다소 산만하게 진행되었다. 만족스럽지 못할 때마다 즉흥적으로 한 것 같은 느낌이었다. 증축된 부분과 시기 등에 대해서 정확하게 기록된 것이 없다.

실내는 어수선했다. 마주보는 기둥이 일직선을 이루지 못하고 어긋났다. 실내 전체가 뒤틀린 것 같았다(그림 652, 664). 랑이 보여준 것 같은 차분한 통일성은 결여되었다. 이렇게 보았을 때 초기 고딕에 대한 정리는 노트르담보다는 랑에서 있었던 것으로 볼 수 있다. 노트르담에는 초기 고딕의 건축적 범위에 만족하지 못하고 이것을 뛰쳐나오려는 새로운 욕망의 발로가 담겨 있었다. 거의 비슷한 시기에 지어진 랑 성당과 파리 노트르담은 이런 점에서 좋은 비교 대상이 되면서 프랑스 초기 고딕의 두 흐름을 대표했다.

이런 배경 아래 주목해야 할 노트르담의 증축 부분은 1163년경~82년의 이스트 엔드와 1180~1200년의 네이브였다(그림 652). 노트르담도 기본 골격은 누아용에서 랑으로 이어지는 프랑스 초기 고딕의 공통적 방식으로 지어졌다. 네이브 월의 4단 구성, 6분 볼트, 다발 기둥 체계 등이 그것이었다. 여기에 더해 노트르담에서는 플라잉 버트레스가 처음 등장했고 기하학적 정형성이 시도되었다.

653 노트르담(Notre-Dame). 파리. 슈베 1163년경~82년/네이브 1180~1200년

네이브 월의 4단 구성에서는 위쪽의 낮은 갤러리 층이 사라지면서 원형창으로 대체되었다. 원형창은 13세기에 증축될 때 다시 천측창에 합쳐지면서 없어졌기 때문에 본래 모습이 어떠했는지에 대해서는 이견들이 있다. 이에 따라 현재는 3단 구성으로 남아 있다(그림 654, 655). 갤러리 층이 사라지고 원형창이 만들어졌다는 것은 이 부분이 공간을 갖는 실내가 아니라 단일벽만으로 구성된다는 것을 의미했다. 이것은 곧 천측창을 두 부분으로 나눈 것에 해당된다. 4단 구성에서 3단 구성으로 넘어가는 변화가 시작된 것이다.

654 노트르담(Notre-Dame). 네이브 월 전개도. 파리. 슈베 1163년경~82년/네이브 1180~1200년

이런 사실은 앞에서 살펴본 누아용과 랑의 4단 구성과 비교해보면 더욱 확실해진다. 앞의 예들에서는 위쪽의 갤러리 층이 내력 구조를 갖는 독립 영역이었다. 이에 따라 네이브 월은 구조적으로나 시각적으로 모두 확실한 4단 구성이었다. 이것이 노트르담에서 원형창으로 바뀌면서 구조적으로는 3단 구성이 되었다. 실내에서 보았을 때 시각적으로만 4단 구성이었다. 아직 불완전한 3단 구성에 머물게 한 다른 요인들도 있었다. 갤러리 층의 높이가 아직 랑의 4단 구성보다 높아지지 않았고 실내에서 보기에는 여전

655 노트르담(Notre-Dame). 파리. 슈베 1163년경~82년/네이브 1180~1200년

656 노트르담(Notre-Dame). 파리. 슈베 1163년경~82년/네이브 1180~1200년

657 노트르담(Notre-Dame). 파리. 슈베 1163년경~82년/네이브 1180~1200년

히 4단 구성으로 보이는 점 등이 완전한 3단 구성으로 보기 어렵게 만드는 요인들이었다.

기둥 체계에서는 랑과 유사한 단일 원형 기둥에 의한 싱글 베이가 쓰였다(그림 656). 이런 가운데 랑에 남아 있던 더블 베이의 잔재가 거의 사라졌다. 대응 기둥은 모든 기둥에 세 개씩 더해졌다. 랑에서처럼 가운데 것이 가장 크지 않고 세 개가 모두 같은 굵기로 통일되었다. 대응 기둥의 시작점도 대부분 코어 기둥의 주두로 통일되었다. 대응 기둥을 주두에서 끊은 것은 그 아래쪽 원형 기둥의 단순성과 원형성을 강조함으로써 구조적 상징성을 찾겠다는 의도로 이해할 수 있다. 구조 유형의 관점에서는 그리스 가구식 구조와의 혼합이었다. 아직 고딕만의 정체성은 형성되지 않은 상태에서 가구식 구조의 보다 보편적인 구조 합리주의를 차용한 것이다.

불일치도 남아 있었다. 랑보다는 불일치의 정도가 줄어들었지만 완전한 통일성에는 아직 이르지 못했다. 불일치는 세 곳에서 관찰된다(그림 657). 첫째는 대응 기둥의 시작 지점이다. 모든 기둥에서 주두부터 시작하는 것이 아니었다. 바닥부터 시작하는 것도 여섯번째와 일곱번째 기둥 두 개가 있었다. 둘째는 코어 기둥에 더해지는 대응 기둥의 개수이다. 여섯번째 기둥에서는 네이브 쪽과 아일 쪽 두 곳에만 더해졌다. 일곱번째 기둥에서는 네 귀퉁이에 모두 더해졌다. 셋째는 대응 기둥의 굵기였다. 코어 기둥의 네 귀퉁이에 대응 기둥이 더해지는 일곱번째 기둥에서는 가운데 대응 기둥이 양옆의 것들보다 굵었다(그림 658).

수직성은 시각적 측면과 구체적 높이의 두 방향에서 추구되었다. 시각적 측면은 랑에서 수평성을 만들어냈던 고리가 사라진 점을 들 수 있다(그림 653, 656). 이로써 대응 기둥은 중간에 끊기지 않고 코어 기둥의 주두에서부터 천장 볼트의 리브까지 이어졌다. 이 길이가 상당하기 때문에 극단적으로 가는 선형 부재가 연속되는 것으로 보였다(그림 655). 구체적 높이에서도 천장이 34.5미터까지 높아졌다. 성기 고딕보다는 아직 많이 낮았지만 누아용이나 랑과 비교해서는 갑자기 높아진 것이었다(그림 659).

1180~85년에는 플라잉 버트레스가 등장했다. 이것이 플라잉 버트레스 가운데 최초의 것이라는 주장에 대해서는 논란이 있다. 이 주장은 19세기 후반부 비올레르뒤크Viollet-le-Duc가 노트르담의 플라잉 버트레스를 복원하면서 제기되었다. 1182년 이전에 완공된 성가대석에서는 아직 플라잉 버트레스가 나타나지 않았지만 이후 시작된 네이브에서는 나타났고 이것이 최초의 예라는 주장이다(그림 660). 비올레르뒤크의 이 주장은 이후 하나의 정설이 되었다.

이 플라잉 버트레스는 1230년에 시작된 증축 공사 때 현재의 것으로 다시 지어졌기 때문에 그 존재 여부 및 상태에 대해서는 추측에 의존할 수밖에 없다. 증축 공사 때에는 성가대석에도 플라잉 버트레스가 더해졌다. 이로써 네이브와 성가대석에는 지금 남아 있는 상태의 플라잉 버트레스가 갖추어졌다(그림 651, 661). 처음에 시공된 네이브의

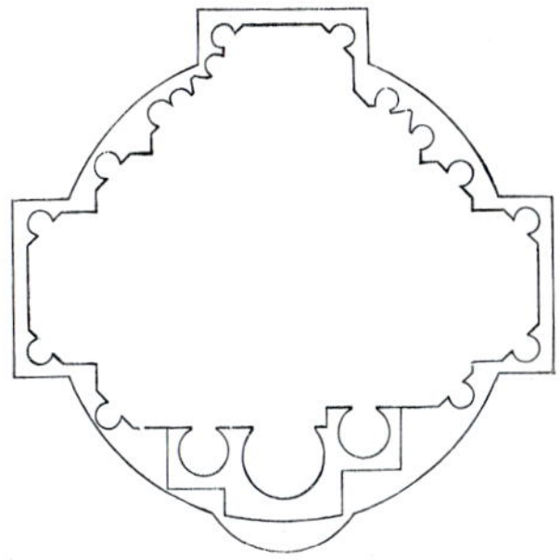

658 노트르담(Notre-Dame), 네이브 일곱번째 기둥 주두 단면도, 파리, 슈베 1163년경~82년/네이브 1180~1200년

659 왼쪽: 누아용(Noyon) 종단면도/오른쪽: 파리 노트르담(Notre-Dame) 종단면도

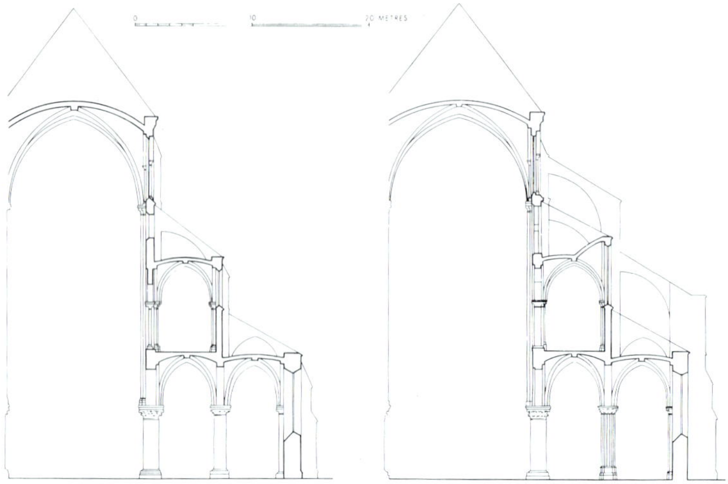

660 노트르담(Notre-Dame). 왼쪽: 성가대석 종단면도(1163년경~82년)/오른쪽: 네이브 종단면도(1180~1200년). 파리

플라잉 버트레스에 대해서는 비올레르뒤크 이외에도 여러 학자들이 추측 복원안을 내놓았다.

반면 이보다 앞선 시기에 다른 건물에서 플라잉 버트레스가 쓰였을 것이라는 주장도 만만치 않게 제기되고 있다. 그러나 이 주장은 유구 증거가 약하기 때문에 널리 받아들여지지 않고 있다. 또한 있었다 하더라도 완성도가 너무 낮기 때문에 최초의 예라고 단정하기에는 어려움이 있다. 노트르담의 경우도 그 증거가 유구가 아닌 복원이기 때문에 증거 능력에는 한계가 있다. 그러나 복원 당시 비올레르뒤크는 일정한 근거를 제시했기 때문에 그의 주장은 가장 널리 받아들여지고 있다.

661 노트르담(Notre Dame). 파리. 슈베 1163년경~82년/네이브 1180~1200년

노트르담에 쓰였던 플라잉 버트레스는 완성도는 많이 떨어졌던 것으로 보인다. 노트르담에서 플라잉 버트레스의 구조적 역할이 어느 정도였는지에 대해서도 역시 논란이 있다. 성기 고딕에서만큼 크지는 않았지만 네이브 월의 두께가 랑에 비해서 많이 얇아진 것이 플라잉 버트레스 덕분이라는 것은 정설이다. 반면 플라잉 버트레스가 제 역할을 하면 갤러리가 트리포리엄으로 대체되어야 하는데 그렇지 못한 것을 보면 아직 그 역할이 충분하지 못했던 것 또한 사실인 것 같다.

비올레르뒤크의 복원안을 보아도 플라잉 버트레스의 축조 자체가 아직 미흡했다(그림 660). 플라잉 버트레스를 수직으로 나누는 아치의 단 수가 첫번째 아일에서는 세 개, 두번째 아일에서는 두 개로 너무 많았다. 건물 높이가 높지 않은 점을 볼 때 더욱 그러했다. 이 때문에 진공부가 줄어들어 채광에 불리했다. 이것은 채광을 돕는다는 플라잉 버트레스 본래의 취지와 상반되는 것이었다. 또한 아치의 단 가운데 가장 밑의 것은 갤러리 층의 천장 볼트와 한몸으로 붙어버렸다. 이것은 플라잉 버트레스 자체의 축조에 자신이 없는 데서 나타난 현상으로 보인다. 결과적으로 플라잉 버트레스의 역할이 크게 축소되었다.

여러 세트의 플라잉 버트레스 모두를 가장 밖에서 총괄적으로 지지하는 버트레스도 아직은 너무 두꺼웠다. 특히 건물 전체의 높이와 비교했을 때 더욱 그러했다. 이것은 일차적으로는 구조적 낭비였다. 플라잉 버트레스를 세우기 위해 너무 많은 추가 구조가 밖에 세워진 격이었다. 이차적으로는 시각적으로 앙천성을 훼손했다. 특히 노트르담이 랑과 같은 고전적 비례가 아닌 수직성을 추구한 건물이라는 점에서 더욱 그러했다.

기하학적 정형성은 네이브와 방사형 예배당의 두 곳에서 나타났다. 네이브에서는 늘어난 베이 수가 이것을 주도했다(그림 652). 네이브는 5랑식 구성을 하고 종방향으로도 베이 수가 늘면서 총 모듈 단위가 이전의 초기 고딕에서보다 두 배 가까이 늘어났다. 이것을 정사각형 모듈로 구성함으로써 강한 기하학적 질서를 만들었다. 네이브보다 더 중요한 곳이 방사형 예배당이었다(그림 662). 이곳에서는 기존의 사다리꼴 분할을 삼각형 분할로 바꾼 변화가 있었다. 사다리꼴 두 베이를 하나로 합쳐 아래쪽 복도에서는 세 개의 삼각형 단위로, 위쪽 복도에서는 다섯 개의 삼각형 단위로 각각 나눈 것이다.

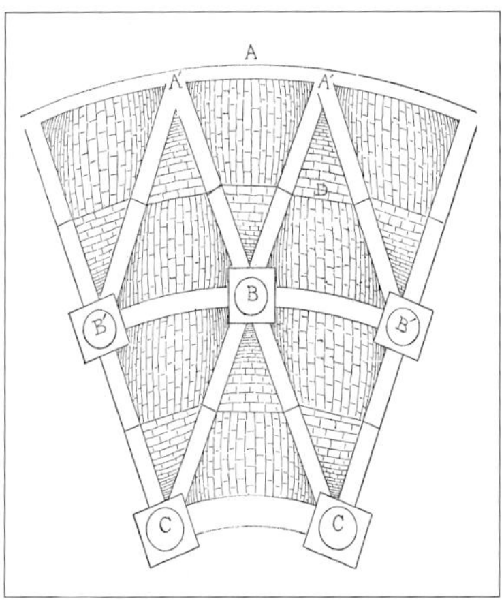

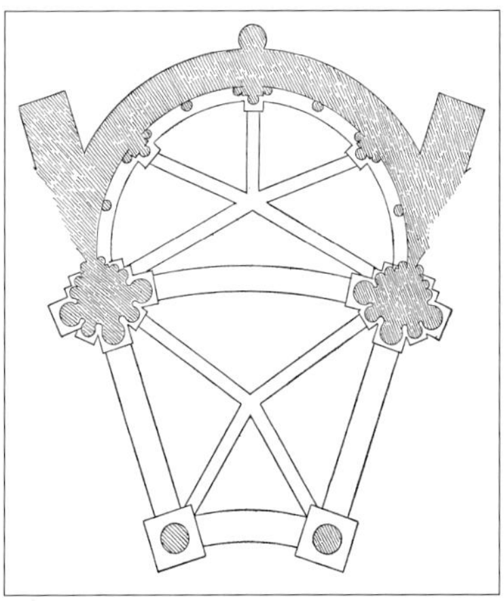

662 노트르담(Notre-Dame). 방사형 예배당과 복도 천장도. 파리. 1163년경~82년
663 누아용 성당(Noyon Cathedral). 방사형 예배당과 복도 천장도. 프랑스. 1150/55년경~85년

이런 처리는 기하학적 정형성을 배가시켰다. 네이브와 트랜셉트에서 정사각형 단위의 반복으로 형성된 기하학적 정형성은 이스트 엔드에서 삼각형의 급한 반복으로 절정을 이루었다. 기하학적 정형성은 구조적 효율성을 돕는 궁극적 효과를 가져왔다. 사다리꼴 2베이를 삼각형 3베이로 바꿈에 따라 기둥과 볼트의 개수가 획기적으로 줄어들었다. 이런 사실은 성 디오니시오나 누아용 성당 등과 비교해보면 명확해진다(그림 618, 662, 663). 성 디오니시오도 당시로서는 기하적 정리가 잘 된 예였다. 그러나 노트르담과 비교하면 그 반대였다.

이외에도 기둥 사이의 간격을 일정하게 유지하려는 노력도 있었다. 방사형 평면에서는 밖으로 갈수록 기둥 사이의 간격이 넓어지는 어려움이 있었다. 여기에서는 외벽, 첫번째 벽, 두번째 벽을 이루는 기둥들 사이의 간격을 가능한 한 동일하게 유지했다. 이를 위해 본래 3베이이던 외벽을 가운데 벽에서는 두 베이로, 가장 안쪽 벽에서는 다시 1베이로 각각 조정했다. 이처럼 기둥 사이의 간격이 일정하다는 것은 구조 처리를 위한 조건이 통일되었다는 의미였다. 이런 방식은 그 효율성으로 인해 이후 성기 고딕에서 많이 쓰이게 되었다. 이것이 노트르담에서 처음 시작된 것이다.

이상의 발전적 내용과 반대로 후진적 내용도 남아 있었다. 가장 큰 문제는 천장이 아직 6분 볼트에 머문 점이다(그림 664). 이 문제는 기둥 체계 전체의 굵기와 관련이 있었다. 기둥을 굵게 놔둔 상태에서 4분 볼트로 넘어가는 것은 로마네스크 시대로의 후퇴를 의미할 뿐이었다. 당시 장인들 사이에서는 기둥을 가늘게 하면서 천장도 함께 4분 볼트로 바꾸는 일이 최첨단 기술로 받아들여지고 있었다. 노트르담에서는 여기까지 나가지 못하고 기존의 방식을 따랐다.

664 노트르담(Notre-Dame), 파리, 슈베 1163년경~82년/네이브 1180~1200년

이 상태에 도달하기 위해서는 플라잉 버트레스의 역할이 중요했다. 노트르담에서도 플라잉 버트레스가 등장하기는 했지만 이런 구체적 발전을 이끌어낼 만큼 완벽하지 못했다. 자신이 없었던 장인들은 천장을 6분 볼트로 남겨두었다. 이 과정에서 기둥만이라도 가늘게 해보려는 시도가 있었다. 그것만으로도 일정한 발전이라고 볼 수 있었기 때문이다. 그 결과 나타난 것이 싱글 베이

였다. 더블 베이의 주기둥을 줄이고 부기둥은 늘리는 방식으로 중간 두께에 머물렀다. 기둥 굵기 자체만 보면 이것은 발전이었지만 천장까지 함께 생각하면 '6분 볼트–싱글 베이'라는 불일치를 의미했다.

다발 기둥도 불완전했다. 코어 기둥의 형태도 아직 모든 기둥이 고르게 원형 기둥으로 시공되지 못하고 일부는 다소 찌그러진 형태로 남았다. 대응 기둥의 굵기와 시작점이 완전히 통일되지 않은 점도 문제로 남았다. 아일까지 포함하면 불일치는 더 심했다. 아일에서는 단일 원형 기둥과 다발 기둥이 교대로 쓰였다. 천장 높이가 낮은 아일에서 두 가지 기둥 방식이 교대로 쓰인 이유에 대해서는 명확히 단정짓기가 어렵다. 아직 일정한 완성 단계에 이르지 못한 상태에서 나타나는 실험적 모색일 수 있다.

또다른 후진성으로 실내 조도를 들 수 있다(그림 653, 655). 구조 체계 자체만 보면 트리포리엄 대신 원형창이 쓰였기 때문에 조도는 향상되는 것이 당연했다. 그러나 천장이 높아진 정도에 비해 갤러리 층이 높아지지 않은 것이 한계로 작용했다. 천장 증가분의 대부분이 천측창에서 얻어졌다. 네이브 바닥까지 내려오는 빛의 양은 늘지 않았던 것이다. 천측창이 두 개 층으로 나뉘면서 이런 상황을 악화시켰다. 특히 5랑식의 이중 아일이 가장 불리한 조건으로 작용했다. 5랑식은 건물 규모를 웅장하게 하기 위한 목적을 가졌다. 이것이 조도라는 또다른 중요한 조건과 상충되는 결과를 낳은 것이다(그림 657). 규모 면에서의 웅장함이나 수직성에 합당한 조도 확보에는 아직 미숙함을 드러낸 것으로 볼 수 있다. 성기 고딕에 이르지 못한 이유이기도 했다. 성기 고딕은 이런 상반되는 두 가지 조건을 동시에 만족시키는 것이었기 때문이다.

프랑스 지역 양식, 클뤼니회, 시토회

이상과 같은 과정을 거쳐 일차적으로 완성된 초기 고딕은 프랑스 전역으로 퍼져나갔다. 고딕 건축은 로마네스크 건축에 비해 건물 숫자가 적은 편이고 건축 경향도 비교적 통일된 흐름을 보였다. 메이저급 건물이 중심이 되어 큰 흐름을 주도하고 이것이 마이너급 건물에 전파되는 단순한 양상을 보였다. 메이저급 건물들의 리스트와 각 건물에서 처음 나타난 중요한 발전 내용에 대해서도 통일된 의견이 형성되어 있다. 이것은 지역, 시기, 유형에 따라 다양한 편차를 보였던 로마네스크 건축과 다른 고딕 건축만의 특징으로 볼 수 있다.

다른 지역으로의 전파는 비교적 단기간 내에 일어났다. 초기 고딕이 모습을 드러내기 시작한 12세기 중반을 지나 후반부에 접어들면서 곧바로 이 기술을 전수받아 새로운 건물들이 지어지기 시작했다. 이런 건물들은 마이너급을 이루었다. 이 시기에는 실제 지어진 건물 숫자로만 보면 여전히 로마네스크 양식이 압도적으로 많았다. 성기 로마네스크가 끝나고 후기 로마네스크로 접어들던 시기였다.

고딕 건축의 마이너급 건물들은 이런 전환기에 고딕 건축이 자리잡는 데 중요한 역할을 했다. 새로운 양식의 창출은 중요한 건물들이 이끌었지만 아직 수적으로 부족했다. 성기 고딕과 같은 압도적 높이를 자랑하는 건물도 아직 나타나지 않았다. 지역적으로도 일드프랑스 지역에 너무 편중되어 있었다. 이런 상황에서 마이너급 건물들은 고딕 양식을 각 지역으로 퍼트리며 이 양식이 새 시대를 이끌어갈 새로운 양식이라는 확신을 심어주는 역할을 했다.

665 생뢰데세랑(Saint-Leu-d'Esserent), 프랑스, 1165년경~90년

새 양식은 프랑스 전역으로 비교적 골고루 퍼졌지만 크게 일드프랑스 인근 지역, 부르고뉴 지방, 노르망디 지방, 플랑타주네 양식[Plantagenet Style]의 넷으로 분류할 수 있다. 이 네 지역은 중앙의 표준 양식과 대비되는 지역주의 양식을 대표했다. 영향의 내용은 각 지역이 처한 상황에 따라 다르게 나타났다. 일드프랑스 인근 지역에서는 초기 고딕의 표준형이 비교적 그대로 받아들여졌다. 생뢰데세랑[Saint-Leu-d'Esserent, 1165년경~90년](그림 665), 프로뱅의 생키리아스[St. Quiriace at Provins], 랭스의 생레미(그림 623, 666), 샬롱쉬르마른의 노트르담앙보(그림 638, 667) 등이 대표적인 예들이었다.

부르고뉴 지방에서는 클뤼니회의 영향과 충돌했다. 12세기 중반은 클뤼니회가 한창 번성을 누리던 때였다. 일차적으로 수도회와 순례 여행이 번창했지만 그 영향은 건축에까지 스며들었다. 번성을 이끌었

666 생레미(St. Remi), 랭스(Reims), 프랑스, 네이브 11세기/성가대석 1170~1200년

던 클뤼니회와 시토회는 수도원 축조를 통해서 자신들의 세력과 영향력을 유지했다. 이들이 채택한 양식은 로마네스크였다. 순례 여행 역시 기본적으로 로마네스크 때 시작되었기 때문에 순례 교회도 로마네스크 양식이 주류를 이루었다. 부르고뉴 지방에는 이런 로마네스크 전통들이 늦게까지 강하게 남아 있었기 때문에 고딕이 파고들기 힘들었다.

고딕 양식이 완전히 차단된 것은 아니었다. 수도회의 기본 성격에서 볼 때 클뤼니회는 시토회보다 고딕 양식을 더 잘 받아들일 수 있는 여

667 노트르담앙보(Notre-Dame-en-Vaux), 샬롱쉬르마른(Châlons-sur-Marne), 프랑스, 1170~1200년

668 제3클뤼니(Cluny III), 프랑스, 1089~1131년

지가 있었다. 웅장한 과시를 통해 기독교를 전파하려던 클뤼니회에게 고딕 양식은 좋은 소재였다(그림 223, 267, 268, 474). 고딕 양식의 자극적 어휘가 이런 목적에 잘 맞았다. 이들은 고딕 양식에 대해 상대적으로 더 개방적이었다. 그러나 이 경우에도 고딕 양식이 통째로 전파되기보다는 프로토-고딕의 형식을 통해 어휘별로 받아들여졌고, 큰 골격은 여전히 로마네스크 양식을 유지했다(그림 668). 이런 경향은 12세기 후반까지 계속되었다.

비슷한 시기에 지어진 클뤼니 수도원과 성 디오니시오는 각각 로마네스크와 고딕을 이용한 과시적 경향을 대표하게 되었다. 클뤼니회 소속 교회들은 끝까지 로마네스크적 건축관 안에 머물렀다. 이때까지 부르고뉴 지방에서는 완전히 고딕 양식만으로 지어진 건물은 나타나지 않았다. 그보다는 프로토-고딕의 정도 차이가 중요한 분류 기준으로 나타났다. 제3클뤼니와 베즐레의 생트마들렌 등에서는 고딕 어휘가 부분적으로 사용된 데 반해 랑그르에서는 상대적으로 더 많이 사용되었다(그림 669, 675). 그러나 랑그르 역시 어휘별로 받아들였을 뿐 구조의 작동 원리를 알고 이것을 활용하여 새로운 양식을 창출하지는 못했다. 랑그르는 공간 개념, 구조 개념, 규모, 상징성 등은 여전히 로마네스크에 머물면서 외관만 고딕 어휘로 씌운 불일치를 보여준다.

669 생트마들렌(Ste. Madeleine), 베즐레(Vézelay), 프랑스, 성가대석: 1165년경~1200년경

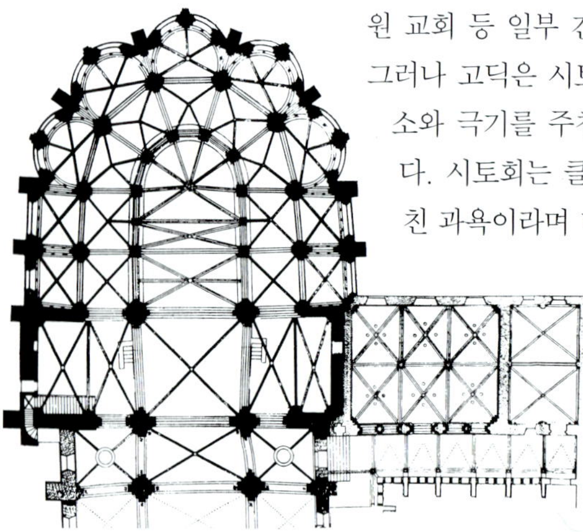

시토회에 소속된 건물들은 고딕과의 단절이 더 심했다. 퐁티니 수도원 교회 등 일부 건물에서 고딕 어휘를 비교적 적극적으로 수용했다. 그러나 고딕은 시토회의 일반적 건축 경향과의 편차가 너무 컸다. 검소와 극기를 주창했던 시토회는 건축에서도 상당한 절제를 요구했다. 시토회는 클뤼니 수도원과 성 디오니시오 모두를 인간의 지나친 과욕이라며 비판했다. 그 대안으로 미니멀리즘에 가까운 절제된 경향을 제시했다(그림 235~237, 670). 반면 고딕 구조는 기본적으로 리브와 대응 기둥 등 많은 선형 어휘가 생겨나고 이것은 자연 발생적으로 일정한 장식성을 낳기 때문에 시토회의 강령과 충돌했다. 그렇다고 동시대의 새 양식을 완전히 외면할 수는 없었다.

670 퐁티니 수도원 교회(Abbey Church of Pontigny). 프랑스. 네이브 1150~55년/성가대석 1186~1205년

671 퐁트네 수도원(Abbey of Fontenay). 챕터 룸(Chapter Room). 프랑스. 15세기

시토회 소속 교회들에서는 고딕 구조의 원형성만 추출해서 사용하는 것으로 이 문제를 해결했다. 리브 그로인 볼트와 포인티드 아치는 가장 많이 사용된 고딕 어휘들이었다(그림 237, 670, 671, 673). 그로인 볼트의 사용이 부담스러울 경우에는 배럴 볼트를 받치는 횡방향 아치를 포인티드형으로 사용하는 경향이 유행했다(그림 236). 이런 어휘들은 가장 기본적인 형태만 사용할 경우 전체적으로 절제성을 유지할 수 있었다. 플라잉 버트레스는 많이 사용하지 않는 대신 버트레스를 선호했다(그림 672).

이런 배경 아래 12세기 후반부부터 지어지기 시작한 시토회 건물들에서 고딕 어휘는 일정한 빈도를 유지하며 사용되었다. 퐁트네 수도원 교회는 포인티드 아치, 리브 그로인 볼트, 버트레스만으로 지어졌다(그림 670~672). 포사노바[Fossanova]도 비슷한 경향으로 분류될 수 있다. 퐁트네 수도원 교회는 시토회 소속 교회 가운데 고딕 구조를 가장 종합적으로 사용한 예였다. 1150~55년의 네이브 증축과 1186년 이후의 성가대석 증축 때 리브 그로인 볼트로 대표되는 고딕 구조를 도입했다(그림 673). 성가대석과 네이브에서는 플라잉 버트레스도 사용했다(그림 225, 674).

부르고뉴 지방에 일드프랑스의 표준형 초기 고딕이 지어진 것은 12세기 후반부의 짧은 기간 동안이었다. 대표적인 예는 베즐레 생트마들렌의 성가대석 증축[1185년 이후 시작]이었다(그림 669). 이곳에서는 리브 그로인

672 퐁트네 수도원(Abbey of Fontenay). 대장간(forge). 프랑스. 12세기 말

673 퐁티니 수도원 교회(Abbey Church of Pontigny), 프랑스, 네이브 1150~55년/성가대석 1186~1205년

674 퐁티니 수도원 교회(Abbey Church of Pontigny), 프랑스, 네이브 1150~55년/성가대석 1186~1205년

볼트, 다발 기둥, 포인티드 아치, 3단 구성 등의 표준 체계가 종합적으로 구사되었다(그림 675). 그 결과 실내 분위기와 빛에 대한 인식 등에서 초기 고딕의 완성된 모습이 일정 부분 나타났다. 높이가 그다지 높지는 않았지만 증축 도중에 일드프랑스에서 발명된 플라잉 버트레스를 즉각 추가하는 민첩함도 보였다. 지역 전통을 지키면서도 새로운 양식의 수입에 신경을 쓰지 않을 수 없는 양면적 입장을 잘 보여주는 현상이라 할 수 있다.

생트마들렌으로 대표되는 부르고뉴의 초기 고딕은 몽레알의 노트르담Notre-Dame at Montréal, 제네바 성당Geneva Cathedral, 1160년경 시작, 13세기 후반까지 계속, 로잔 성당Lausanne Cathedral, 1160년 시작, 리옹 성당Lyons Cathedral, 1165년 이후 시작 등에 영향을 끼쳤다(그림 676). 그러나 이 정도가 전부였다. 13세기에 접어든 성기 고딕 때 부르고뉴 지방의 고딕 양식은 일드프랑스의 표준형과는 완전히 다른 방향으로 전개되었다.

노르망디 지방도 부르고뉴 지방과 상황은 비슷했다. 그러나 그 원인은 달랐다. 노르망디 지방에서 고딕 건축이 부진했던 이유는 주로 정치적 상황에서 기인했다. 노르망디는 윌리엄이 잉글랜드를 정복하여 앵글로노르만 왕조를 세운 이래 정치적 정체성의 문제로 혼란을 겪었다. 혼란은 강력한 지도자 윌리엄이 사망하고 1106년 잉글랜드의 봉토가 되면서 더욱 심해졌다. 프랑스와 영국 사이에 끼인 형국이었다. 이런 상황은 건축 양식을 정의하는 데에도 큰 영향을 끼쳤다.

675 생트마들렌(Ste. Madeleine), 베즐레(Vézelay), 프랑스, 성가대석 1165년경~1200년경
676 로잔 성당(Lausanne Cathedral=Notre-Dame), 1160~70년경

영국에서는 자국만의 초기 고딕 양식이 시작되고 있었다. 노르망디가 이것을 따를 수는 없었다. 정치적으로나 경제적으로도 대형 건물을 축조할 집중력이 없었다. 정치와 예술의 양면에서 일종의 공백기가 생긴 것이다. 캉에서 로마네스크 시대의 전성기를 구가한 이후 노르망디의 건축은 침체기에 접어들고 있었다. 이런 상황에서는 새 양식을 받아들이기보다는 이전 양식인 로마네스크에 안주하는 경향이 주류를 이루었다. 고딕 양식은 로마네스크의 바탕 위에 부분적으로 첨가되는 형식으로 받아들여졌다.

이런 배경 아래 노르망디의 초기 고딕은 페캉 수도원 교회Abbey Church of Fecamp, 1168년 이후 시작, 리지외 성당Cathedral at Lisieux, 캉의 생테티엔 성가대석 증축

677 생테티엔(St. Etienne), 캉(Caen), 프랑스, 성가대석 증축 1200년경
678 생테티엔(St. Etienne), 캉(Caen), 프랑스, 성가대석 증축 1200년경

1200년경 등으로 대표되었다. 앞의 두 예에서 어휘는 비교적 정확하게 구사되었다. 그러나 공간감에서는 아직 고딕의 정수에까지 이르지 못했다. 로마네스크 영향의 여파였다. 생테디엔에서는 공간적 완성도가 높아졌다(그림 677, 678). 그러나 이때는 이미 프랑스의 성기 고딕과 영국의 초기 고딕이 본격화된 시기였기 때문에 이 완성도는 철지난 것이었다. 어휘의 정밀도도 공간적 완성도에 비해 현저히 떨어졌다. 고딕 표준형 어휘를 장식적으로 각색해서 차용했다.

부분적으로 영국의 영향도 나타났다. 영국의 영향은 다소 복잡한 양상을 띠었다. 나라와 고딕 양식 전체라는 큰 차원에서 보면 영국 고딕은 프랑스 고딕을 통째로 수입하면서 형성되었다. 그러나 지역, 고딕 내 세부 양식, 건물 등 개별 상황에서는 반대로 영국이 프랑스에 영향을 끼친 내용도 있었다. 노르망디는 대표적인 지역이었다. 두 나라 사이의 영향 관계에 대한 국가적 공방과 관련해서 영국 입장에서 노르망디는 자신들의 영향을 주장하기 좋은 지역이었다. 영국이 영향을 끼친 내용은 주로 리브의 사용, 천측창의 이중벽, 기하 문양 등이었다.

앞의 예들 이외에 프랑스 지역 양식의 독특한 예로 소위 플랑타주네 양식을 들 수 있다. 이 양식은 플랑타주네 백작령Plantagenet State에 속하는 지역의 고딕 양식을 지칭한다. 플랑타주네 백작령은 프랑스 서부 지방

679 생모리스 성당(Cathedral of St. Maurice), 앙제(Angers), 프랑스, 1148~53년/1274년
680 르망 성당(Le Mans Cathedral), 프랑스, 네이브 1135~58년

의 영토 가운데 앵글로노르만 왕국에 속했던 앙주Anjou, 멘Maine, 푸아투Poitou 등이 해당된다. 이 지역도 로마네스크 건축이 융성했던 지역으로 이 전통이 고딕 건축에까지 영향을 끼쳤다. 이런 점에서는 다른 지역 양식과 같은 경향을 보였다.

플랑타주네 양식은 12세기 중반경 로마네스크 양식에 프로토-고딕이 혼재된 방식으로 시작되었다. 앙제 성당1148~53년과 르망 성당의 네이브1135~58년는 이것을 대표하는 예였다(그림 472, 679, 680). 이후 12세기 후반부로 들어오면서 일드프랑스 지방으로부터 완성도 높은 고딕 양식을 받아들이면서 본격적으로 형성되기 시작했다. 푸아티에 성당1162년 시작, 르망의 생피에르드라쿠튀르Saint-Pierre-de-la-Couture, 캉드의 성 마르티노St. Martin at Candes 등은 이것을 대표하는 예이다(그림 681).

681 푸아티에 성당(Poitiers Cathedral=St. Pierre), 프랑스, 1162년 시작

이런 예들은 넓적한 비례의 네이브를 4분 리브 그로인 볼트와 네이브 월의 3단 구성으로 축조하는 공통점을 보였다. 네이브 월의 3단 구성 역시 네이브 전체와 마찬가지로 로마네스크의 안정적 비례를 유지했다. 이것이 좀더 강화될 경우 네이브 월은 2단 구성으로 짜이기도 했다. 이런 과정에서 아케이드, 천장 횡방향, 천측창 등에 부분적으로 포인티드 아치가 사용되면서 고딕적 뾰쪽함이 혼재되는 양상을 보였다.

이 지역만의 독특한 특징도 있었다. 이 지역의 로마네스크 건축에서

는 홀 교회와 돔식 바실리카가 대표 유형으로 유행했다. 생사뱅쉬르가르탕프, 푸아티에의 노트르담라그랑드, 앙제 성당 등은 홀 교회를, 푸아티에의 성 힐라리오, 앙굴렘 성당, 퐁트브로의 수녀원 교회 등은 돔식 바실리카를 각각 대표하는 예들이었다. 플랑타주네 양식은 이 두 유형이 혼합된 구성을 대표적인 특징으로 가졌다.

이 가운데 앙제 성당과 푸아티에 성당은 이 예를 대표했다(그림 682). 평면은 홀 교회를 기본 구성으로 하며 구조 골격은 돔식 바실리카의 돔을 리브 그로인 볼트로 번안한 방식으로 짜였다. 그 결과 돔과 볼트의 중간에 해당되는 천장이 형성되었다. 이것은 앞에서 언급한 '넓적한 네이브의 천장 골격을 짜는 리브 그로인 볼트'에 해당되는 내용이다. 이런 점에서는 르망 성당의 네이브도 홀 교회는 아니었지만 돔식 바실리카의 특징을 공유한 것으로 볼 수 있다(그림 683).

리브 그로인 볼트는 노르망디 로마네스크와 일드프랑스의 초기 고딕 두 곳으로부터 받아들였다. 플랑타주네 볼트쯤으로 불릴 수 있는 이 부재는 볼트가 넓적해진 것으로 볼 수도 있고 반대로 돔이 포인티드형으로 뾰쪽해진 것으로 볼 수도 있다. 이것을 리브가 여러 방향으로 분할하며 받쳤다. 이외에 3단 구성, 다발 기둥, 포인티드 아치 등의 일반적인 고딕 방식은 두드러지게 나타나지 않았다.

이렇게 형성된 플랑타주네 양식은 13세기 전반부까지 계속되었다. 앙제 성 세르지오St. Serge의 성가대석1200년경~22년은 이것을 대표하는 예이다.

682 푸아티에 성당(Poitiers Cathedral=St. Pierre). 프랑스. 1162년 시작
683 르망 성당(Le Mans Cathedral). 프랑스. 네이브 1135~58년

성 세르지오는 플랑타주네 양식의 특징을 가장 극적인 장면으로 보여주는 예이기도 하다(그림 53). 평면은 제형이 변형된 계단형으로 구성되었다(그림 684). 베이는 잘게 나누어져 급하게 반복되었다. 규칙성을 찾기는 힘들지만 종횡 양방향 모두 10여 베이씩으로 구획되었다.

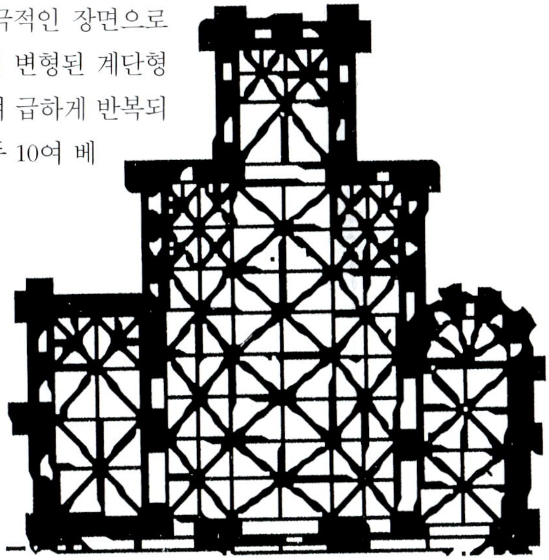

684 성 세르지오(St. Serge), 앙제(Angers), 프랑스, 성가대석 1200년경~22년

각 베이는 동일한 높이로 이루어졌는데 이것은 홀 교회의 평면을 본뜬 것으로 볼 수 있다. 구조 골격은 가는 원형 기둥이 단독으로 볼트를 받치는 방식으로 짜였다. 이런 단층 구성 역시 홀 교회의 구성이 반영된 것으로 볼 수 있다. 기둥은 매우 가늘어서 단독 구조 부재라기보다는 다발 기둥 하나를 따로 떼어서 세워놓은 것에 가까웠다. 천장은 전형적인 플랑타주네 볼트로 이루어졌다(그림 685). 볼트 한 장을 여덟 개의 리브가 가로지르며 여덟 조각으로 나누었다. 천장고는 낮은 편이었지만 가는 원형 기둥 위로 넓적한 볼트가 급하게 반복되는 모습은 마치 우산을 줄지어 펴놓은 듯 역동적인 분위기를 만들어냈다. 기둥과 리브 역시 급하게 반복되면서 선형 어휘의 숲을 이루었다(그림 686).

685 성 세르지오(St. Serge), 앙제(Angers), 프랑스, 성가대석 1200년경~22년

686 성 세르지오(St. Serge), 앙제(Angers), 프랑스, 성가대석 1200년경~22년

9장 성기 고딕

1 성기 고딕의 구조적 조건

2 샤르트르 성당-부르주 성당

3 랭스 성당 대 반(反) 샤르트르

1 성기 고딕의 구조적 조건

초기 고딕에서 성기 고딕으로

성기 고딕의 시작에는 상징적으로 대응될 수 있는 정치적 종교적 현상이 있었다. 정치적으로는 카페 왕조의 전성기를 들 수 있다. 이 시기 프랑스는 영국으로부터 노르망디를 되찾고 주요 전쟁에서 승리했다. 특히 루이 6세에 이어 카페 왕조에서 두번째 중요한 업적을 이룬 필리프 2세1180~1223년와 루이 9세1226~70년가 중심 인물이었다.

필리프 2세는 영토 확장을 이루었으며 새로운 행정 조직과 법제를 정비하여 효율적으로 통치했다. 중앙 정부의 관료 체제와 지역 분권 사이에 적절한 균형을 유지함으로써 국가의 에너지가 문화 발전에 집중될 수 있게 했다. 제4차 십자군 전쟁을 수행하여 기독교 세력 확장에도 기여했다.

이런 노력을 이어받아 구체적 결실을 이룬 것은 성왕 루이라고 불리

687 성왕 루이(Saint Louis=루이 9세)의 전쟁 장면

는 루이 9세였다(그림 687). 그는 프로방스와 블루아Blois 등의 영토를 왕령에 편입시켰으며 툴루즈 대학과 소르본 대학을 창립했다. 종교적으로는 제6차 십자군 전쟁을 수행했다. 건축적으로는 랭스와 아미앵을 완공시키며 성기 고딕의 전성기를 이끌었다. 또한 파리의 생트샤펠도 완공시키며 레요낭 양식으로의 가교 역할도 했다.

기독교에서는 성기 중세를 통틀어 가장 성공적인 교황으로 꼽히는 인노첸시오 3세1198~1216년의 등장을 들 수 있다. 그는 기독교라는 종교를 통해 세속의 질서를 유지하려는 교황 군주정체의 전형을 완성했다. 그 밑바닥에는 지상 세계는 하늘 왕국이 인간적 매개로 축소 번안된 것에 지나지 않다는 생각이 깔려 있었다. 기독교는 하늘의 섭리가 이런 지상을 다스리기 위해 선택한 중간 매개로 정의되었다. 기독교는 민중 사이에서 가난한 종교로 시작되었지만 4세기에 세속화의 길로 접어든 이래 지상 세계에 대한 위계적 우월을 내걸며 스스로를 하늘의 대리인으로 정의하려는 강한 집착을 보여왔다. 성기 중세에 완성된 교황 군주정체는 이것의 결정판이었다.

성기 고딕은 이런 교황 군주정체를 뒷받침하고 표현하는 핵심 매개였다. 지상 세계 자체도 실제로는 넓고 복잡하기 때문에 이 사이에서 기독교의 위계적 우월성을 좀더 농축적으로 보여줄 상징 매개가 필요했던 것이다. 하늘을 향한 수직성과 밝은 빛의 실내로 대표되는 고딕 성당은 이런 상징성을 표현해내는 대표적인 건축 어휘였다(그림 688). 인노첸시오 3세는 알프스 이북의 모든 강대국들의 정치 권력에 깊숙이

688 상스(Sens)의 중세 시대 전경

689 영국 왕의 대관식 장면
690 제4차 십자군 원정 장면
691 시토 수도원(Abbey of Cîteaux) 모델을 교황에게 바치는 장면

개입하여 중요한 승리를 거두었다(그림 689). 정치적으로 필리프 2세와도 연대했다. 이런 승리를 바탕으로 안정적 수입원을 확보했다. 수입은 기독교의 승리를 찬양하는 일에 쓰였다. 가장 대표적인 것이 제4차 십자군 원정이었으며 고딕 성당의 축조도 그 가운데 하나였다(그림 690, 490, 691).

성기 고딕의 지리적 중심지는 여전히 일드프랑스 지방이었다. 당시 프랑스는 13개의 주로 구성되었는데 이것을 다시 정치적으로 분류하면 왕실 직할령, 왕실에 종속된 봉건 영주가 다스리는 지역(플랑드르, 부르고뉴, 툴루즈 등), 영국에 종속된 봉건 영주가 다스리는 지역(노

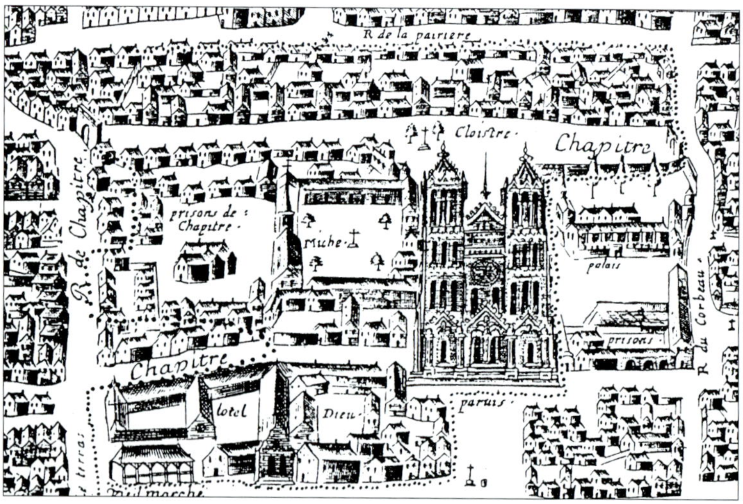

692 랭스의 성당 복합 단지(Ensemble Cathedral of Reims)

르망디, 앙주, 아키텐 등)의 셋으로 나눌 수 있었다. 일드프랑스는 이 가운데 왕실 직할령의 중심지로서 곧 프랑스의 중심지였다.

일드프랑스의 성기 고딕은 파리를 정치적 중심지로, 랭스와 상을 종교적 중심지로, 샤르트르를 건축적 중심지로 삼아 진행되었다(그림 651, 688, 692). 초기 고딕의 중심 도시들에 더해 이들 중심지에 중요한 성당들이 지어졌다. 이외에도 아미앵과 보베에도 성기 고딕을 대표하는 성당들이 지어졌다. 프랑스 전체로 보면 초기 고딕과 마찬가지로 부르고뉴 지방과 노르망디 지방이 지역 양식을 대표했다. 이 두 지역에서는 부르고뉴 고딕과 노르망디 고딕이라고 부를 만한 독립적인 양식이 자리잡았다. 도시 가운데에도 부르주, 오세르, 디종 등과 같이 남부 고딕을 대표하는 새로운 중심지들이 형성되었다(그림 693).

건축적으로 보면 고딕 구조를 구성하는 핵심 내용들은 대부분 초기 고딕에서 등장했다. 이것들 사이의 종합적 유기화도 일정 부분 시작되었다. 부분적으로는 이것이 가져다주는 구체적 효과도 나타나기 시작했다. 다만 그 정도가 아직은 미약하여 총체적 짜임새와 종합적 유기성이 부족하고 이에 따라 수직성과 탈물질화 등이 충분히 구현되지 못한 한계를 가지고 있었다. 그러나 초기 고딕의 변화 과정은 이미 뚜렷한 목적을 향해 집중도 있게 전개되고 있었다.

초기 고딕을 이끌었던 주요 성당들은 서로간에 차이점들도 많았지만 이와 동시에 몇 가지 핵심 내용에서는 공통적 집중성을 보였다. 이런 집중으로부터 고딕 건축이 지향하는 목적을 추출해볼 수 있다. 이 목적이 일정 수준에 도달하고 이것을 위해 구조 체계가 충분히 발전한 내용이 곧 성기 고딕을 정의하는 사항들이 된다. 이런 발전이 일어난 구체적 부재들은 기둥 체계, 리브 그로인 볼트, 플라잉 버트레스, 포인티드 아치, 다발 기둥, 네이브 월 등이었다.

이 각각의 구조적 작용에 대해서는 앞에서 살펴보았다. 여기에서는 이것들이 종합적으로 어우러지면서 나타난 구체적 상황과 장면들을 통해

693 12~16세기 프랑스 고딕 성당 분포 도시

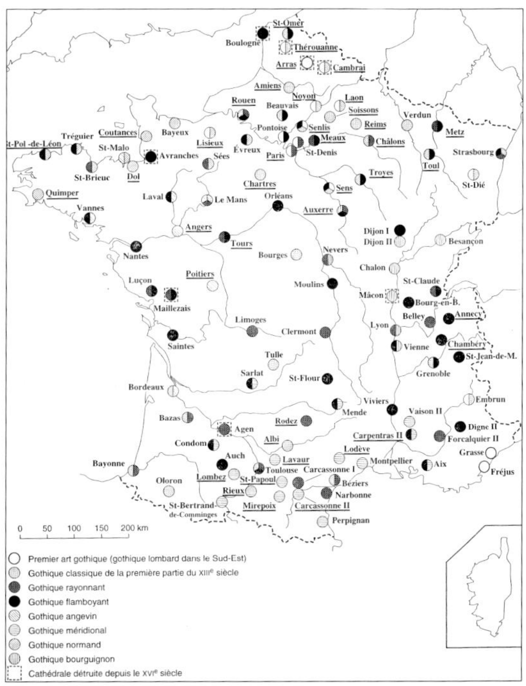

고딕 건축의 발전 과정을 재정리해보고자 한다. 이런 내용들은 곧 초기 고딕과 성기 고딕을 가르는 기준이기도 하다. 이런 접근은 고딕 건축 전반을 이해하는 데에도 매우 유용하다. 고딕 건축은 구조 발전을 중심으로 전개된 특수한 양식이었기 때문에 건물 중심으로 이해하는 접근에 더해 구조 요소별로 이해하는 접근도 병행해야 하기 때문이다.

성기 고딕의 구조적 조건(1)-기둥과 리브

우선 기둥 체계를 보면 로마네스크에서 제1 초기 고딕까지는 굵은 싱글 베이였다. 이것이 제2 초기 고딕으로 오면서 누아용 성당의 더블 베이로 바뀌었다가 랑 성당에서부터 다시 가는 싱글 베이로 바뀐 뒤 이 체계가 계속되었다. 이때 제2 초기 고딕의 한계는 싱글 베이의 구조적 완성도가 아직 부족하다는 점과 기둥간 거리가 좁다는 점이었다(그림 694). 이것으로부터 고딕 구조의 기둥 체계가 지향한 목표점은 구조적으로 완벽한 가느다란 싱글 베이를 이용하여 넓은 기둥간 거리를 확보하는 것임을 알 수 있다(그림 695).

기둥 체계는 단독으로 정리되기보다는 천장의 리브 그로인 볼트 체계가 정리되는 과정과 밀접한 관계를 갖는다. 로마네스크 때에는 '싱글 베이의 기둥-직사각형 4분 볼트'가 표준 구성이 되었다. 이 자체만 놓고 보면 고딕 구조가 지향하는 종착점이었다. 실제로 성기 고딕의 완성에 이른 아미앵이나 랭스 등도 이런 구성을 했다. 그러나 중요한 차이는 기둥 단면적, 기둥 높이, 기둥간 거리 등이었다. 로마네스크 때

694 랑 성당(Laon Cathedral). 프랑스. 초기 고딕
695 랭스 성당(Reims Cathedral). 프랑스. 성기 고딕

의 이 방식은 아직 굵은 싱글 베이였다. 단면적이 매우 넓고 높이는 낮으며 기둥간 거리는 짧았다. 이런 상태에서는 천장의 4분 리브 그로인 볼트도 추가적 부담으로 작용했다.

이것을 피하기 위해 발명된 것이 정사각형 평면을 6분 볼트로 나누는 방식이었다. 이 방식은 '굵은 싱글 베이—4분 볼트'의 방식에 비해 기둥 단면적이 좁아지고 리브 수가 줄어드는 이점이 있었다. 정사각형 단위의 베이를 기준으로 했을 때 4분 볼트에서는 대각선 리브가 8개이던 것이 6분 볼트에서는 4개로 줄어들었다. 물론 6분 볼트의 대각선 리브가 4분 볼트보다 조금 길긴 하지만 이것을 감안하더라도 대각선 리브의 총길이는 $4\sqrt{5}$에서 $4\sqrt{2}$로 37퍼센트 가량 짧아졌다. 대각선 리브 한 줄의 무게는 평균 3,600킬로그램 정도였다. 4분 볼트는 이런 리브가 8개이므로 총 2만 8,800킬로그램이었다. 6분 볼트는 이것의 0.63배인 1만 8,150킬로그램이었다. 1만 650킬로그램 정도 가벼워진 것이었다.

정사각형 6분 볼트에서는 한 건물 내 기둥 단면적의 총합도 작아졌다. 이것은 아래쪽의 기둥 체계가 주기둥과 부기둥의 더블 베이가 되기 때문이었다. 기둥이 둘로 나뉘는 것은 천장에서 내려오는 하중이 달랐기 때문이다. 6분 볼트에서는 리브가 5개인 지점과 3개인 지점이 교대로 형성되었다. 이에 따라 걸리는 하중도 달라졌다(그림 696). 5개의 리브를 받는 주기둥에는 평균 2만 8,100~3만 1,300킬로그램수평력=62 LB, 수직력=206LB 정도의 총하중이 걸렸다. 3개의 리브를 받는 부기둥에는 1만 1,300킬로그램수평력=25LB, 수직력=94LB 정도의 총하중이 걸렸다.

더블 베이는 굵은 싱글 베이에 비해서 상당히 효율적이었다. 이것은 기둥에 걸리는 하중으로 환산해보면 분명해진다. 더블 베이에서 주기둥에 걸리는 총하중은 굵은 싱글 베이에서 매 기둥에 걸리는 하중보다도 작아졌다. 부기둥은 말할 필요도 없었다. 굵은 싱글 베이가 더블 베이로 바뀌면서 기둥 전체에 걸리는 총하중이 절반 이하로 줄어드는 효율적 발전이 있었던 것이다. 이에 따라 다발 기둥의 단면적에서도 절반 이상의 감량 효과를 볼 수 있었다. 더블 베이의 주기둥이 굵은 싱글 베이의 기둥보다도 오히려 가늘어질 수 있었다는 의미이다.

그러나 고딕 건축 전체로 보면 더블 베이는 고딕 구조의 유기성이 충분히 발전하지 못한 단계였다. 가는 싱글 베이로 가는 전 단계라는 의미였다. 시간이 지나면서 6분 볼트의 문제점이 드러나기 시작했다.

696 6분 볼트의 하중 작용

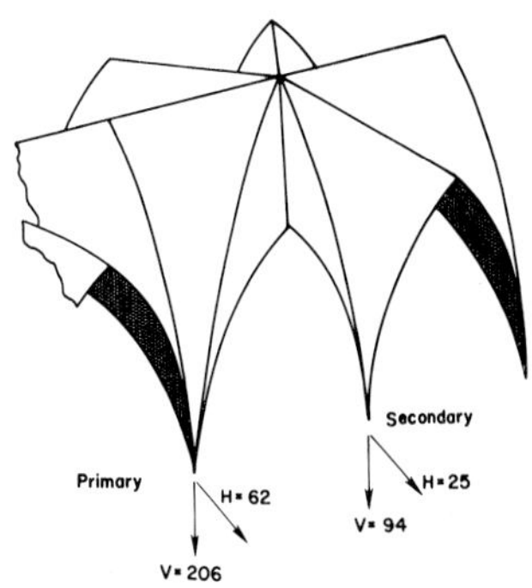

697 누아용 성당(Noyon Cathedral). 프랑스. 초기 고딕

기술이 발전하면서 다른 대안을 생각할 수 있게 되자 6분 볼트의 장점보다는 단점이 부각되기 시작한 것이다. 6분 볼트의 문제점으로 파악된 것은 크게 두 가지였다.

한 가지는 주기둥에의 집중도가 커지는 문제였다. 주기둥은 기둥을 넘어서 벽체에 가깝게 굵어지기도 했다(그림 697). 이 자체가 구조적 부담이었고 재료가 지나치게 많이 사용된 것이었다. 뿐만 아니라 시각적으로도 석재의 둔탁함이 강하게 남아 있었다. 이런 문제점은 6분 볼트가 쓰였던 성기 로마네스크 때 캉의 건물들에서 제2 초기 고딕의 랑 성당에까지 이르는 예들에서 나타났다.

다른 한 가지는 리브와 볼트의 비대칭 문제였다. 문제는 4장의 작은 종방향 볼트와 이것을 이루는 리브에서 발생했다. 6분 볼트에서는 우선 종방향 볼트의 형상 자체가 직각 삼각형으로 비대칭이었다. 이것은 캉의 예들에서 보았듯이 천측창을 내는 데 어려움을 야기했다. 또한 삼각형 볼트 한 장을 구성하는 세 변의 리브 길이가 모두 달랐다. 리브 길이가 달라지면 아치 높이도 달라진다.

리브들 사이의 불일치는 곧 수직 높이의 불일치가 된다(그림 698). 높이 조절 기능을 갖지 못하는 반원 아치에서 이 문제는 치명적이 된다. 포인티드 아치는 높이 조절 기능을 갖기 때문에 문제의 심각성이 덜하긴 하지만 세 변의 길이가 모두 다를 때에는 여전히 부담이 컸다. 마지막으로 종방향 리브와 종방향 볼트 사이의 중심 위치가 어긋났다. 종방향 리브의 중심은 밑변의 중간 지점에 위치한다. 반면 종방향 볼트 한 장의 중심은 이것에서 비껴나서 형성된다. 두 중심을 이은 선은 수직이나 수평 방향이 아닌 불규칙한 대각선 방향으로 나게 된다.

698 6분 볼트의 높이 조절

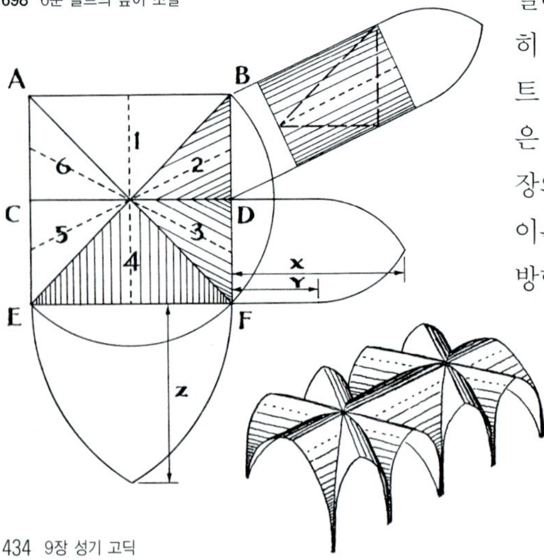

이상과 같은 비대칭과 불일치는 여러 문제를 낳았다. 우선 볼트 곡면을 매끄럽게 시공하기가 어려웠다. 이것은 뒤틀림과 인장력을 유발했다. 좌굴로 이어질 수도 있었다. 천측창에도 영향을 미쳐

창 면적을 줄어들게 했다. 고딕 시대에 들어와 포인티드 아치가 사용되면서 리브 단위들 사이의 높이 차이 등 일부 문제는 해결되었지만 여전히 불완전한 부분이 많았다. 이상이 제2 초기 고딕까지의 단계였다.

다음 단계에서는 6분 볼트의 문제점을 해결하기 위해 다시 4분 볼트로 돌아갔다. 여기서부터가 성기 고딕을 결정하는 기준 가운데 하나였다. 이때에는 로마네스크의 4분 볼트와 달라진 중요한 변화가 나타났다. 기둥간 거리가 넓어지고 기둥과 리브가 가늘어진 것이었다. 이것을 가능하게 한 것은 플라잉 버트레스의 발명과 포인티드 아치의 완성이었다(그림 699). 플라잉 버트레스가 천장 하중의 상당 부분을 분담하면서 기둥에 걸리는 하중이 감소되었다. 이에 따라 기둥간 거리가 넓어지고 기둥이 가늘어질 수 있었다. 또한 현수선과 일치하는 완벽한 포인티드 아치로 리브를 축조함으로써 리브 자체가 가늘어졌다.

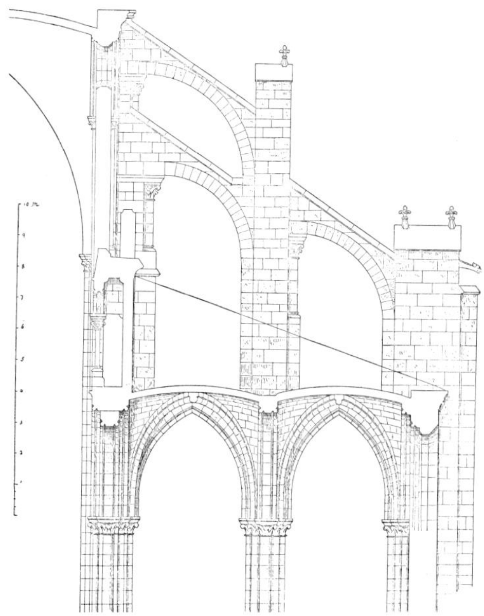

699 모 성당(Meaux Cathedral). 횡단면도에 나타난 플라잉 버트레스. 프랑스

이런 두 가지 변화는 바로 가는 싱글 베이의 조건이었다. 굵은 싱글 베이 위에 4분 볼트를 축조하는 데서 오는 과도한 하중 문제가 상당 부분 해결되었다. 또한 6분 볼트의 집중 문제에서도 자유로워졌다. 가는 싱글 베이에서는 하중 면에서 오히려 4분 볼트가 6분 볼트보다 유리했다(그림 700). 이처럼 가는 싱글 베이의 조건이 형성된 때가 제2 초기 고딕 후반부와 성기 고딕의 초반부였다. 이후 성기 고딕의 발전은 이런 가는 싱글 베이의 장점을 강화하는 쪽으로 진행되었다(그림 479, 489, 505). 구조적 관점에서 보면 기둥의 단면적을 줄이고 기둥간 거리를 넓히며 하늘로 높이 올라가는 것 등이었다. 시각적 관점에서 보면 단일 원형 기둥을 사용하여 효율성을 극단적으로 표현하는 것과 벽체

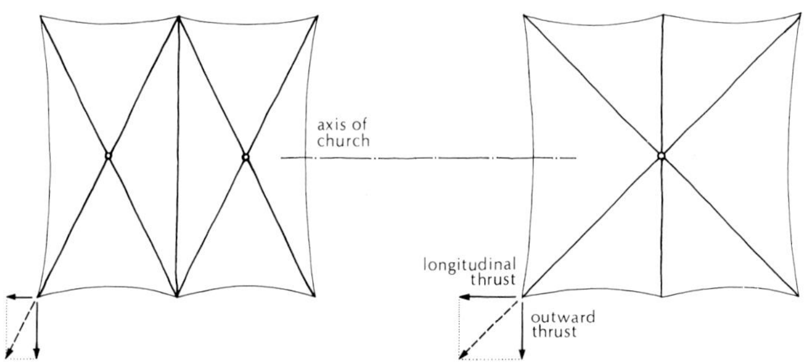

700 4분 볼트와 6분 볼트의 하중 작용

의 탈물질화를 통해 이것을 돕는 것 등이었다.

성기 고딕의 구조적 조건(2)-다발 기둥

성기 고딕과 관련된 다발 기둥의 정리는 일곱 가지 측면에서 생각해야 한다. 첫째는 대응 기둥과 리브 사이의 일치 문제이다. 이 문제는 다시 천장 볼트의 종류4분이냐 6분이냐와 함께 생각되어야 한다. 일치 문제는 주로 6분 볼트의 더블 베이에서 발생했다. 주기둥에서는 5개, 부기둥에서는 3개의 대응 기둥이 각각 필요했다. 당연한 상식처럼 보이는 이런 일치는 의외로 늦게 나타났다.

리브가 6분 볼트와 함께 쓰이기 시작한 것은 성기 로마네스크 때부터였다. 그러나 처음부터 리브 그로인 볼트로 시작된 것이 아니고 단순 그로인 볼트로 먼저 지어진 뒤 리브는 나중에 더해진 것이기 때문에 이 시기에 이 주제를 정리하는 것은 무의미하다. 실제 예를 보더라도 캉의 건물들에서는 대응 기둥과 리브 사이의 관계에 대한 인식이 아직 형성되어 있지 않았다. 불일치보다도 더 이전 단계인 것이다.

발전 과정을 추적해볼 수 있는 단계는 초기 고딕부터였다. 초기 고딕의 문을 연 보베의 생테티엔에서는 불일치로 남았다. 곧이어 상스 성당에서 일치가 얻어졌지만 다시 불일치로 돌아가는 등 우왕좌왕했다(그림 634, 639). 랑 성당과 파리 노트르담에서조차 6분 볼트에 싱글 베이를 사용하는 불일치가 남아 있었다. 다른 관점에서 보면 일치 문제는 대응 기둥에만 국한된 것은 아니었다. 천장이 4분 볼트로 돌아가면 단번에 해결될 수 있는 문제이기도 했다. 실제로 성기 고딕에서는 다시 4분 볼트로 돌아갔기 때문에 일치는 더이상 중요한 주제가 되지 않았다. 이렇게 보았을 때 6분 볼트에 더블 베이와 싱글 베이가 혼재했던 상황이 초기 고딕이었고 이것이 '4분 볼트-싱글 베이'로 정리되면서 자연스럽게 일치가 얻어진 것이 성기 고딕의 기준이라고 할 수 있다(그림 701, 702).

둘째는 단면적을 줄이는 문제였다. 이 문제는 내력 자체의 향상 여부와 천장 볼트와의 관계라는 두 가지 관점에서 생각할 수 있다. 초기 고딕은 유기적 종합화에 의해 구조부의 내력 자체가 조금씩 향상되어

701 노트르담(Notre-Dame), 파리, 초기 고딕
702 샤르트르 성당(Chartres Cathedral), 프랑스, 성기 고딕

가면서 기둥을 가늘고 높게 하려는 시도가 시작된 단계였다. 이 과정에서 더블 베이의 두꺼운 주기둥이 주요 고민거리였다. 제1 초기 고딕까지는 실험기였다. 성 디오니시오에서 전자의 시도가 일정한 성과를 이루면서 제1 초기 고딕이 마무리되었다. 제2 초기 고딕에서는 누아용 성당에서 더블 베이의 주기둥 단면적이 많이 줄어드는 발전이 있었다. 성기 고딕에서는 4분 볼트로 돌아왔기 때문에 주기둥 단면적의 문제는 사라졌다. 그 대신 기둥 체계 자체가 본격적으로 가늘어지고 높아지기 시작하는 단계로 접어들었다.

셋째는 코어 기둥과 대응 기둥 사이의 관계 문제였다. 이 문제는 대응 기둥을 어느 지점부터 시작할 것인가의 구체적 문제로 나타났다. 위에서부터 거꾸로 생각하면 어느 지점까지 내려오게 해서 끊을 것인가의 문제였다. 이 문제에 대한 일반론적인 정답은 없다고 보는 것이 정확해 보인다. 상반되는 조건들이 충돌하기 때문에 어느 쪽에 무게를 두느냐에 따라 달라질 수 있기 때문이다(그림 645, 656, 657).

대응 기둥을 바닥에서부터 시작하면 선형성과 일치성이 강화되는 장점이 있었다(그림 703). 가는 대응 기둥이 바닥부터 천장까지 끊기지 않고 일직선으로 뻗어 있는 모습은 수직적 느낌을 강화했다. 또한 땅에 발을 디디고 있기 때문에 구조 역할과의 일치성도 얻어졌다. 반면 다발 기둥 전체가 두꺼워지고 코어 기둥이 대응 기둥 속으로 가려

703 랑 성당(Laon Cathedral), 프랑스, 초기 고딕

져버리는 단점이 있었다. 기둥 구조의 특징인 단일 기둥의 단순성과 원형성을 잃게 되는 것이다. 코어 기둥이 두꺼운 외투를 입고 있는 격으로 구조적 솔직성이라는 고딕 구조의 미덕에 반하는 것이었다.

704 랑 성당(Laon Cathedral), 프랑스, 초기 고딕

이것과 반대의 경우가 대응 기둥을 코어 기둥의 주두에서부터 시작하는 방식이었다(그림 704). 이 경우에는 코어 기둥이 단일 기둥으로 노출되었다. 이때의 장단점은 앞과 반대였다. 장점은 구조적 솔직성에 충실할 수 있다는 것이었다. 단일 원형 기둥이 군더더기를 털어버리고 노출된 모습은 구조적 효율성을 강조하는 표현이었다. 특히 원형 기둥일 경우 이런 효과는 배가되었다.

그러나 대응 기둥의 역할에 의문이 생기는 단점이 있었다. 대응 기둥이 코어 기둥의 주두에서 시작한다는 말은 대응 기둥에 걸리는 하중을 받치는 것이 대응 기둥 자신이 아니라 코어 기둥이라는 얘기가 된다. 이것은 대응 기둥의 구조적 역할을 무의미하게 만드는 것일 수 있다. 나아가 구조적 일치성에도 손상이 갔다. 실제 역학 작용에서도 자기 모순이 발생했다. 대응 기둥의 내력 역할을 코어 기둥이 모두 받다 보면 코어 기둥이 굵어져야 했다.

이것은 단일 원형 기둥을 통해 표현되었던 구조적 효율성과 반대되는 현상이었다. 노출성은 다분히 시각적 문제였지만 굵기는 실질적인 구조적 문제였기 때문에 더 중요한 것일 수 있다. 또한 대응 기둥의 선형 어휘가 중간에 끊겨버리는 문제도 있었다. 이것은 다발 기둥의 기본 개념을 손상시켰다. 다발 기둥이란 말 그대로 다발이 주인이 되어 구조 역할을 담당하고 이것의 자연스러운 결과로 얻어지는 시각적 효과를 추구한다는 의미이기 때문이다.

넷째는 고딕 가구식 구조의 정체성 문제였다. 대응 기둥을 어느 지점부터 시작할 것인가의 문제는 기본적으로 가치 우선 순위의 문제였다. 그 해답은 고딕적 정체성을 어디에 두느냐에 따라 달라질 수 있다. 단일 기둥은 그리스 가구식 구조였고 다발 기둥은 고딕 가구식 구조였다. 이것은 가구식 구조 내에서의 분류 문제를 파생시켰다. 이전까지 천 년 이상 쓰여오던 그리스 가구식 구조에 더해 고딕 가구식 구조라는 새로운 방식의 탄생을 의미했다.

궁극적으로는 이 두 가구식 구조의 관계 문제로 귀결되었다. 구체적으로는 그리스 가구식 구조를 받아들일 것인가 말 것인가, 받아들인다면 어느 정도까지 어떤 방식으로 받아들일 것인가, 여기에 더해 고딕 가구식 구조를 어떻게 정의할 것인가, 둘 사이의 관계를 조화로 할 것인가 대비로 할 것인가, 둘 중 어느 쪽을 우월하게 표현할 것인가 등의 문제였다.

주류는 물론 고딕적 정체성을 배타적으로 정의하려는 입장이 되었다. 고딕 구조의 데가주망이라는 축조 방식은 이것을 대표하는 예였다. 초기 고딕에서는 이것을 정착시키는 실험이 시도되었다. 성 디오니시오에서 노트르담으로 이어지는 계보가 이런 입장을 대표했다. 아직 완성도는 떨어지지만 분명한 방향을 정하고 그쪽으로 집중했다. 성기 고딕에서는 샤르트르 학파에 속하는 랭스와 아미앵 등의 주류 성당들이 이것을 대표했다. 이런 건물들은 고딕만의 배타적 정체성인 다발 기둥을 지키는 쪽으로 발전해나갔다. 최종 목적은 최대한 가늘어진 싱글 베이 코어 기둥에 바닥에서부터 끊기지 않고 천장까지 올라가는 대응 기둥을 덧붙인 방식으로 결론났다(그림 705). 이때 문제가 되는 단면적의 증가는 플라잉 버트레스, 리브, 하중 분산, 조적술 등의 구조 기술의 발전으로 전체 두께를 줄임으로써 상당 부분 해소될 수 있었다.

705 성기 고딕의 대응 기둥. 위로부터 아미앵(Amiens)–랭스(Reims)–랭스

다섯째는 일치와 단면적 사이의 우선 순위 문제였다. 이 문제는 천장 볼트의 종류, 즉 리브 개수와도 연관성을 갖는다. 특히 문제가 되는 것은 6분 볼트의 주기둥이었다. 이 부분은 천장의 리브 개수에 따라 다섯 개의 대응 기둥을 가지게 된다. 이것은 지나친 집중일 수 있다. 이때에는 두꺼워진 주기둥의 단면적을 줄이고 가볍게 보이도록 하는 것이 중요한 관건이 된다. 이것이 초기 고딕의 단계였다.

이 문제는 앞의 첫번째 조건인 리브와 대응 기둥 사이의 일치 문제와 묶어 생각할 수 있다. 둘 사이의 일치는 반드시 거쳐야 할 과정이었다. 그런데 기둥의 단면적을 줄여줄 만한 구조 기술이 아직 발전하지 못한 상태에서 일치는 기둥에 대한 집중을 불러왔다. 대응 기둥에서 리브로 연결되는 선형 부재가 실제로 완전한 구조 기능을 갖는 것도

706 샤르트르 성당(Chartres Cathedral). 프랑스. 성기 고딕

아니었다. 시각적 요인도 다분했다.

이런 상황에서 일부 건물에서는 주기둥의 둔탁함을 없애기 위해 대응 기둥 개수를 줄였다. 이것은 불일치를 가져왔다. 불일치를 피할 경우에는 반대로 주기둥이 지나치게 둔탁해졌다. 이렇게 보았을 때 이 문제는 대응 기둥을 둘러싼 두 가지 사항인 자체의 굵기 및 천장 리브와의 일치 사이의 우선 순위 문제가 된다. 이 두 사항이 충돌하며 문제의 핵심이 되는 이유는 아직 천장이 6분 볼트이고 전체적인 구조 기술이 충분히 발전하기 못했기 때문이다. 이것이 초기 고딕의 단계였다.

기둥이 가늘어지는 것 이외에 높이 올라가는 문제까지 함께 생각하면 더욱 그러했다. 적어도 고딕 건축에서는 높이 올라가기 위해서 먼저 가늘어지는 것이 순서였다. 이 문제는 천장을 4분 볼트로 하고 플라잉 버트레스를 사용하여 기둥 단면적을 줄이면 단번에 해결될 수 있는 것이었다. 이런 해결책을 찾아내 시공해낼 수 있게 된 상태가 성기 고딕을 가르는 기준이었다.

707 아미앵 성당(Amies Cathedral). 프랑스. 성기 고딕

초기 고딕에서는 아직 높이 올라갈 엄두를 못 내는 가운데 6분 볼트와의 일치 및 기둥을 가늘게 하려는 노력 사이에서 많은 고민이 있었다. 성 디오니시오의 복도에서는 단일 원형 기둥을 사용했다. 상스 성당의 네이브에서는 부기둥을 횡방향 쌍기둥으로 처리했다. 누아용 성당에서는 실내 여러 곳에서 거의 모든 경우의 수들이 다양하게 시도되면서 종합 실험실처럼 되었다. 랑 성당에서도 두 방식이 혼재했다.

4분 볼트로 돌아간 성기 고딕에서는 처리 경향이 정리되면서 정답을 향한 집중력을 보였다. 샤르트르 성당에서는 4분 볼트에 맞는 새로운 방식을 탐구하는 실험이 있었다. 대응 기둥이 주두에서 시작하는 쪽으로 잠정적 결론이 났다(그림 706). 랭스 성당에서도 이 방식이 사용되었다. 그러나 성기 고딕은 결국 대응 기둥이 바닥에서부터 시작하는 방식이 고딕의 정체성과 일치한다는 최종 결론에 도달했다. 랭스를 거치면서 플라잉 버트레스가 완성되어 기둥 체계 자체가 크게

가늘어진 것도 중요한 배경이었다. 그 결과 아미앵에서 '가는 싱글 베이—4분 천장 볼트—바닥까지 내려오는 대응 기둥'이라는 고딕 구조의 최종 완성 단계에 이르렀다(그림 707).

여섯째는 대응 기둥의 개수 문제였다. 이것은 대응 기둥이 코어 기둥을 가리느냐의 문제와 관련이 있었다(그림 708). 이것은 더 궁극적으로는 구조적 솔직성의 문제로 귀결된다. 구조 역할을 담당하는 코어 기둥의 존재를 드러내면서 그 역할을 있는 그대로 표현해야 하기 때문이다. 초기 고딕의 더블 베이에서는 두 종류가 쓰였다. 주기둥에는 대응 기둥을 집중한 반면 부기둥은 헐겁게 하는 것이었다. 부기둥은 큰 문제가 아니었다. 관심은 주기둥에 더해진 두께를 걷어내는 일에 모아졌다.

초기 고딕 자체가 이 기준에 의해 다시 나뉠 수 있다. 제1 초기 고딕의 상스와 누아용에서는 대응 기둥이 많고 두꺼운 상태로 남아 코어 기둥을 완전히 가려서 안 보이게 했다. 제2 초기 고딕에서는 이것이 발전하여 코어 기둥이 드러났지만 아직은 기둥 체계 전체의 비례가 짧고 굵은 한계가 남아 있었다. 대응 기둥이 가늘어진 것은 중요한 발전이었다. 그러나 천장이 6분 볼트인 상태에서 단순히 대응 기둥 숫자만을 줄이는 것은 여전히 불완전한 해결책이었다. 다시 한번 리브와의 불일치라는 다른 문제를 야기시켰기 때문이다. 기둥 자체에서도 또다른 문제가 생겼다. 대응 기둥이 줄어들면서 내력 기능의 축소를 우려하게 되었고 이를 막기 위해 코어 기둥의 단면적이 늘어나게 된 것이다.

초기 고딕의 이런 문제는 기둥 단독으로는 해결될 수 없는 것이었다. 플라잉 버트레스, 리브, 하중 분산, 조적술 등 구조 기술이 종합적으로 발전해야 해결이 가능했다. 이런 발전이 구체화되면서 대응 기둥이 천장 리브와의 일치를 유지하면서도 코어

708 고딕 성당의 대응 기둥

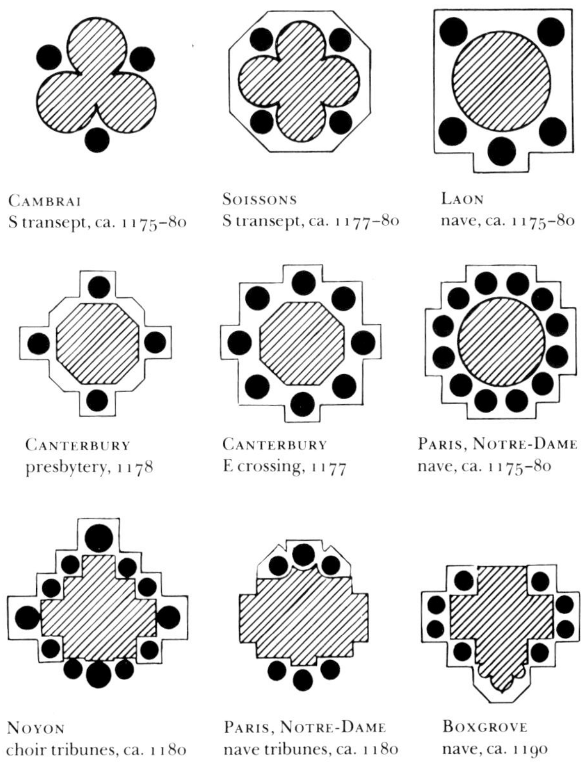

기둥을 가리지 않게 된 상태가 성기 고딕을 가르는 기준이었다. 성기 고딕의 문을 연 샤르트르에서 이것이 정리되면서 코어 기둥은 완전히 모습을 드러냈다. 이후 성기 고딕의 발전 방향은 코어 기둥의 노출 정도가 심해지면서 기둥의 높이도 함께 높아지는 쪽으로 모아졌다.

일곱째는 모든 기둥들이 균일해지는 문제였다. 이것은 한 건물에 쓰인 수십 개의 기둥들 사이의 통일성 확보를 의미했다. 당연한 것 같지만 실례들을 보면 의외로 쉽지 않은 문제였다. 한 건물에서 네이브, 아일, 트랜셉트, 성가대석, 복도 등 여러 장소에서 통일된 기둥 체계를 유지하는 일은 생각보다 어려웠다. 수평 방향에서뿐 아니라 아케이드와 갤러리 사이의 수직 방향 일치도 중요했다.

더 큰 문제는 심지어 네이브 같은 한 구획에서도 기둥 체계들이 다르게 처리된 경우였다(그림 645, 657). 다르게 처리된 양상 자체도 대응 기둥이 덧붙여진 방식이 다른 경우, 코어 기둥의 형태 자체가 다른 경우 등 여러 가지였다. 한 건물이라도 시차를 두고 증축된 데에서 오는 문제라면 심각성은 덜할 수 있다. 그러나 한 장소에서 여러 방식이 사용되었다면 그것은 일반적으로 완성도가 떨어지는 것으로 볼 수 있다. 여러 가지 대안을 실험해보는 중간 전개 과정이라는 의미이다.

6분 볼트가 쓰이던 초기 고딕에서는 이 문제가 비교적 크게 나타났다. 6분 볼트일 경우 기둥 구성의 초점이 더블 베이의 교대 방식에 맞추어지기 때문에 통일성을 해치는 실험은 하지 않는 편이다. 로마네스크에서 6분 볼트를 사용한 건물들이 그러했다. 고딕 시대에 들어와 새로운 기둥 체계를 모색하는 과정에서 한 구획 내에 몇 가지 구성 방식을 섞어 시도해보는 실험이 시작되었다. 고딕 구조가 완전히 자리잡지 못한 초기 고딕 전체에 걸쳐 이런 경향이 계속 나타났다. 초기 고딕에서의 통일성 결여는 시각적 문제보다는 구조 체계 자체의 모델을 찾는 과정으로 이해될 수 있다.

천장이 4분 볼트로 바뀐 성기 고딕에서부터 이 문제는 네이브 한 곳에서의 통일성 문제로 집중되었다. 구조 체계의 모델이 '가는 싱글 베이—4분 볼트 천장'으로 결론나면서 실험 단계가 끝나고 통일성 있는 집중을 하게 되었다(그림 499, 707). 그러나 성기 고딕에 와서도 통일성은 의외로 늦게 얻어졌다. 성기 고딕의 출발점인 샤르트르까지도 네이브에서 두 가지 기둥 체계가 쓰였다. 이것은 아직 구조적 불완전성이 남아 있었기 때문이고 여기에 더해 성기 고딕의 구조 모델을 대표할 시각적 상태를 찾는 과정이 남아 있었기 때문이다. 이후 랭스 성당을 거치면서 통일성을 획득하는 안정적인 단계에 접어들었다.

성기 고딕의 구조적 조건(3)-네이브 월

고딕 건축에서 생각해야 할 네이브 월의 주안점은 여섯 가지이다. 첫째, 수직성의 문제였다. 네이브 월은 실내에서 수직성을 가장 직접적으로 결정하는 요소였다. 일차적으로 자체의 높이가 중요했다. 초기 고딕에서는 평균 높이가 35미터 안팎이던 것이 성기 고딕에서는 40미터 이상으로 높아졌다. 네이브 월의 높이는 고딕 건축의 발전 과정과 정비례했다(그림 709). 그리고 이것은 물론 구조 기술의 발전과 직접 관련이 있는 문제였다. 그러나 그렇게 단순한 문제만은 아니었다. 네이브 월은 무조건 높이 올라갈 수 있는 것만은 아니었다. 이 문제는 여러 종류의 쌍개념 문제와 연관을 가지면서 상반되는 요소들 사이에서 최적점을 결정하는 문제로 해석될 수도 있다.

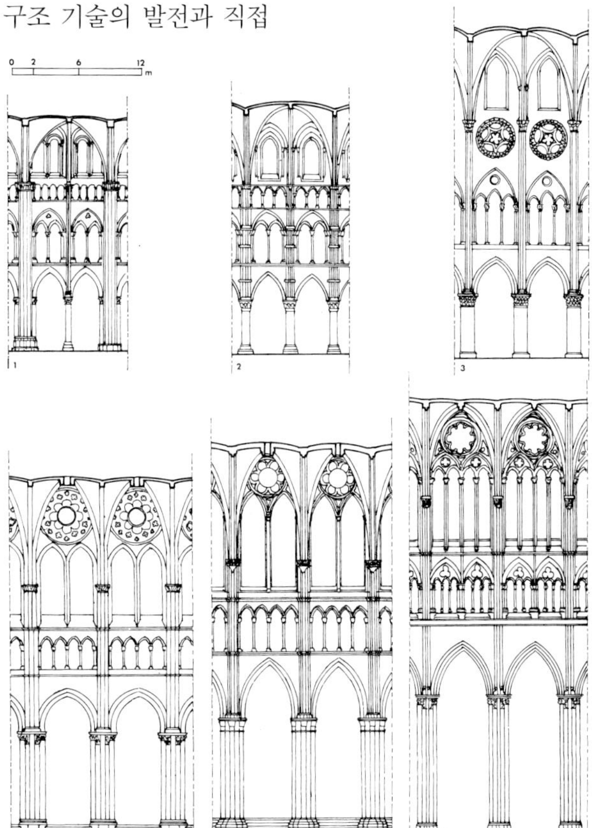

709 고딕 성당의 네이브 월 입면도

네이브 월이 자중을 이기고 높이 올라가기 위해서는 벽체가 두꺼워야 했지만 이것은 반대로 로마네스크적 물성의 잔재를 많이 남기며 채광을 가로막는 문제를 야기했다. 기둥 체계와의 양면적 입장도 문제였다. 네이브 월을 기둥 체계에서 분리된 스크린으로 볼 경우 기둥에 의존하며 혼자서 높이 올라가면 되었다. 그러나 기둥 체계와 함께 생각할 경우에는 구조적 역할까지 담당했기 때문에 수직성에 강한 제약을 받았다. 이런 자기 모순적 제약을 극복하고 높이 올라가기 시작한 발전이 성기 고딕의 출발점이었다.

둘째, 수직성과 수평성이라는 또다른 쌍개념의 문제였다. 네이브 월은 기둥열에 의해서 수직 분할되었기 때문에 수직성은 기본적으로 형성되었다. 수십 미터의 자체 높이가 다시 여러 열로 나뉘었기 때문에 각 열은 강한 수직 비례를 가졌다. 초기 고딕에서 기둥간 거리를 평균 6미터, 전체 높이를 평균 35미터로 잡을 경우 1대 6에 가까운 수직 비례가 형성되었다. 그러나 이 높이는 3단으로 분할되고 각 단은 다시 아케이드로 처리되었기 때문에 이 과정에서 수평 요소들도 많이 만들어졌다. 초기 고딕까지는 수직성과 수평성 사이의 공존이 남아 있었다. 성기 고딕은 상반되는 두 요소 사이에서 수평성을 버리고 수직성을 극단적으로 강화해나가는 과정이었다(그림 710). 네이브 월이 높아졌지만 기둥간 거리도 넓어지면서 1대 6의 비례는 유지되었다. 그러나 다음의 처리들에 의해 시각적 차원의 수직성은 확연히 증가했다.

셋째, 수직성을 강화하는 방식으로서 수직 비례의 문제였다. 이것은 절대높이 이외에 수직성을 결정짓는 또다른 중요한 요소였다. 이 문제는 기둥 체계와 개구부 처리라는 두 가지 측면에서 생각할 수 있다. 기둥 체계는 더블 베이와 싱글 베이 사이의 선택 문제였다. 더블 베이일 경우 두 베이가 하나의 리듬으로 읽히면서 수평폭이 두 배로 넓어졌다. 이 때문에 네이브 월의 수직 비례는 절반으로 감소했다. 싱글 베이는 이와 반대로 수직 비례의 효과를 두 배로 높였다. 초기 고딕의 파리 노틀담과 성기 고딕의 샤르트르를 가르는 중요한 기준 가운데 하나가 바로 이 문제였다. 성기 고딕 내에서도 고전적 비례감을 가졌던 부르주는 파리의 더블 베이 구성을 이어받았다(그림 711).

개구부 처리는 네이브를 향한 각 단의 아치를 어떻게 처리하느냐의 문제였다. 성기 고딕으로 들어서 기둥간 거리 하나를 나누는 아치의 숫자가 늘어나면서 아치 개개의 수직 비례가 강조되고 뾰쪽한 정도도 강화되었다. 이것은 네이브 월 전체의 수직성을 급격히 증가시켰다. 각 단의 진공부 면적도 중요했다. 벽체의 면적이 줄고 진공부 면적이 늘면서 로마네스크의 물성이 줄어들고

710 왼쪽: 13세기 초 네이브 월/오른쪽: 13세기 중반 네이브 월

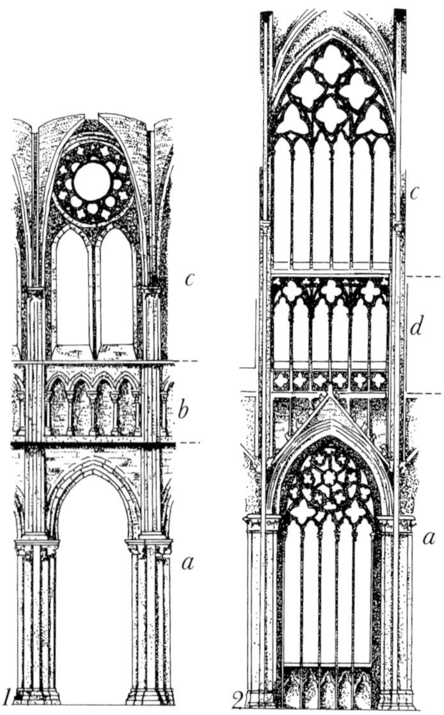

711 왼쪽: 부르주(Bourges) 네이브 월(성기 고딕)/중간: 아미앵(Amiens) 네이브 월(성기 고딕)/오른쪽: 성 디오니시오(St. Denis) 네이브 월(후기 고딕)

탈물질화의 효과가 강화되었다(그림 710).

넷째, 3단 구성과 4단 구성 사이의 분할 문제였다. 네이브 월 분할의 최종 목적은 3단 구성이었다. 물론 전제 조건이 있었다. 3단의 각 층이 충분히 높아져야 하며 2층은 갤러리가 아닌 트리포리엄으로 대체되어야 한다는 것이었다. 트리포리엄은 갤러리와 달리 지붕 처리에서 자유가 보장되었다. 목조 천장이 가장 많이 쓰였다. 트리포리엄의 천장이 가벼워짐에 따라 외벽이 높고 얇아질 수 있었다. 이것은 다시 개구부 면적을 넓혀 채광에 유리한 결과를 낳았다.

발전 과정은 '로마네스크의 2단 구성－로마네스크의 3단 구성－초기 고딕의 4단 구성－성기 고딕의 3단 구성' 순이었다. 로마네스크 시대까지는 3단 구성에 수직성의 개념이 도입되지는 않았다. 이보다는 기능적 측면이 주된 배경이었다. 아일 위에 2층을 만들고 실내 채광을 위해 창을 두는 등의 기능적 목적을 만족시키는 과정에서 나타난 자연스러운 결과라는 의미이다.

고딕 시대에 들어와 이것에 만족하지 못하고 높아지기 시작했다. 처음부터 3단 구성의 각 단을 높이는 데 어려움이 많았기 때문에 4단 구성이라는 중간 단계를 거치게 되었다. 각 단의 높이는 그대로 유지한 채 단을 하나 더 늘리는 방식으로 전체 높이를 높인 것이다. 4단 구성이 처음 나타난 누아용 성당과 그 다음의 랑 성당까지는 갤러리를 두 개 층으로 한 번 더 나누었다. 수직 효과는 기대한 만큼 나타나지 않았다. 4단 구성은 수평 띠를 많이 만들어 수직성을 상쇄시키는 반작용을 하기 때문이었다. 파리 노트르담에서는 위쪽의 것을 원형창으로 처리함으로써 트리포리엄이 처음 등장한 중요성을 갖는다(그림 709).

성기 고딕은 4단 구성을 첨단 3단 구성으로 되돌리는 발전 과정이었다. 내력 구조인 갤러리 층을 없애는 것은 플라잉 버트레스가 그 역할을 대신하면서부터 가능해졌다. 초기 고딕의 마지막 건물인 파리 노트르담에서 플라잉 버트레스가 처음 등장했지만 아직 그 역할이 충분하지 않았다. 이것이 처음으로 제 역할을 한 것은 성기 고딕의 문을 연 샤르트르 성당에서였다. 갤러리 자리를 트리포리엄이 대체했다. 벽체가 얇아지고 높아지면서 채광이 향상되었다. 네이브 월을 분할하는 각 층의 높이도 높아졌다(그림 709). 네이브 월을 둘러싸고 있던 조건들의 상반성을 해결하고 수직성과 신비한 빛 모두를 취할 수 있게 되었다.

다섯째, 3단 구성에서 각 층의 높이 문제였다. 이 문제는 구조적 측면과 시각적 측면의 양면성을 가졌다. 구조적 측면은 각 층의 높이가 갖는 한계성의 문제였다. 아케이드에서는 단일 기둥이 올라갈 수 있는 높이에 한계가 있었다. 높이 올라가면 올라갈수록 기둥이 굵어지는 문제도 있었다. 트리포리엄은 목조 평천장을 갖기 때문에 구조적으로 가장 취약했다. 트리포리엄과 천측창은 모두 비내력벽이기 때문에 그 자체로는 한계가 가장 컸다. 여기에 플라잉 버트레스가 더해져 큰 도움이 되면서 자유가 생기기 시작했다. 이 조건은 노트르담에서 샤르트르 성당으로 넘어가는 성기 고딕의 분기점을 이루었다(그림 712).

712 노트르담(Notre-Dame). 파리. 초기 고딕

시각적 측면은 각 층들 사이의 비례 문제였다. 이것은 다시 수직성과 수평성 사이의 선택 문제로 좁혀서 생각할 수 있다. 경우의 수는 여러 가지로 나올 수 있었다. 세 개 층 사이의 비례가 같아질수록 수평성이 강화되었다. 반면 아케이드나 천측창이 높아지면 수직성이 강조되었다. 이 경우도 다시 둘

로 나뉠 수 있다. 아케이드가 높아지면 눈높이에서의 수직성이 강조되지만 하늘을 올려다보았을 때의 수직성은 약해진다. 천측창이 높아지면 이 반대였다. 하늘을 올려다보았을 때의 수직성이 강조되는 반면 눈높이에서의 수직성은 약해진다(그림 713).

세 개 층 사이의 조건들은 상반되기도 하고 협력적이기도 한 복합성을 가졌다. 네이브 월의 발전 과정은 이런 조건들 사이에서 최적점을 찾아내는 문제였다. 각 층의 높이가 낮았을 때에는 별 문제가 없었다. 4단 구성을 유지하면서 높이가 높아진 초기 고딕에서도 여전히 별 문제가 없었다. 각 층의 높이는 그대로였기 때문이다. 조율의 필요성은 3단 구성으로 돌아온 뒤 각 층이 높아지면서 생기기 시작했다. 전체 높이는 40미터 안팎이 한계였다. 이 한계 내에서 각 층을 분할하는 문제가 생겼다. 성기 고딕은 이것을 해결하기 위한 조율을 얻어가는 과정이었다. 대체적인 방향은 트리포리엄과 천측창의 높이를 동일하게 놔두면서 아케이드를 높여가는 쪽으로 전개되었다(그림 709).

여섯째, 채광 문제였다. 천측창이 높아지면 네이브로 직접 들어오는 빛이 증가하면서 실내는 밝아졌다. 그러나 아일과 트리포리엄이 낮아지면서 아래쪽 채광은 반대로 불리해졌다. 외벽과 실내벽 모두가 낮아지면서 네이브에 최종적으로 도달하는 빛의 총량이 줄어들기 때문이었다. 이런 상황은 천장 부분과 바닥 부분 사이의 조도에 강한 대비를 만들어냈다. 천측창이 줄어들면 이와 반대로 두 부분 사이의 조도 대비가 줄어들었다.

713 보베 성당(Beauvais Cathedral). 성가대석. 프랑스. 성기 고딕

이런 차이는 종교관의 차이로 해석될 수 있다. 천장 쪽을 밝게 하면서 대비를 만들어내는 처리는 하늘의 우위를 강조하는 신비주의적 입장으로 이해될 수 있다. 반대로 바닥 쪽을 밝게 하면서 대비를 줄이는 처리는 땅 위의 권력을 강조하는 입장으로 이해될 수 있다. 하늘 자체보다는 하늘이 구현되는 땅에서의 기독교 권력에 집착하는 지상주의적 입장이다. 성기 고딕에서의 전반적인 발전 방향은 후자 쪽으로 전개되었다. 빛에 대한 고딕 건축의 기본 입장은 신비주의였지만 이것을 구현하는 구체적 결과는 지상주의로 나타난 것이다. 이것은 고딕 시대의 가톨릭 경향과도 일치한다. 고딕 가톨릭은 하늘의 권위를 빌려 지상에서의 권력을 추구했다. 가톨릭의 이런 경

향은 어느 시대에나 있었던 것이지만 고딕 시대에 특히 심했다.

스테인드글라스는 조도의 대비를 조절하는 요소였다. 스테인드글라스는 실내로 유입되는 빛의 양을 줄이기 때문에 조도의 대비를 완화시킬 수 있는 장치였다. 또한 도상을 이용한 직접적 상징성을 갖기 때문에 이것의 내용에 따라 종교적 입장을 강조할 수도 있었다.

성기 고딕의 구조적 조건(4)-플라잉 버트레스

이상이 성기 고딕의 형성을 가능하게 한 여러 구조적 조건들이었다. 이것들이 유기적 통일성을 유지하며 종합적 구조 체계로 작동할 수 있게 해준 것이 플라잉 버트레스였다. 플라잉 버트레스는 고딕의 다른 구조 요소들이 직면한 여러 문제들을 한번에 풀어준 해결사였다. 특히 모순되는 여러 요소들 사이에서 최적점을 찾을 수 있게 해주었다. 예를 들면 가는 싱글 베이와 수직성이라는 두 요소를 상충 관계에서 협력 관계로 돌려놓았다. 플라잉 버트레스의 도움으로 가는 싱글 베이로도 높이 올라갈 수 있게 되었다. 이런 작용은 구조 체계 전반에 걸쳐 연쇄적으로 일어났다. 천장 볼트는 6분에서 4분으로 돌아갔으며, 네이브 월은 4단 구성에서 3단 구성으로 돌아가면서 갤러리가 사라지고 트리포리엄이 그 자리를 대신했다.

714 아미앵 성당(Amiens cathedral). 구조 골격도. 프랑스. 성기 고딕

이런 종합화가 바로 고딕의 유기성 개념인 것이다(그림 714). 유기성의 완성도는 초기 고딕과 성기 고딕을 나누는 가장 중요하고 종합적인 기준이었다. 플라잉 버트레스는 유기성을 구성하는 여러 요소들을 하나로 묶어주는 인대나 접착제 같은 역할을 했다. 따라서 플라잉 버트레스 자체가 바로 초기 고딕과 성기 고딕을 나누는 기준인 것이다. 부재 하나로 초기와 성기를 구분짓는 것은 다른 양식에서는 거의 찾아볼 수 없는 현상이었다. 그만큼 플라잉 버트레스의 역할이 컸음을 의미한다. 또한 이것을 잘 파악해서 플라잉 버트레스의 장점을 충분히 활용한 장인들의 능력도 뛰어났다고 할 수 있다.

유기적 종합화는 제2 초기 고딕에서 처음으로 성과가 나타났

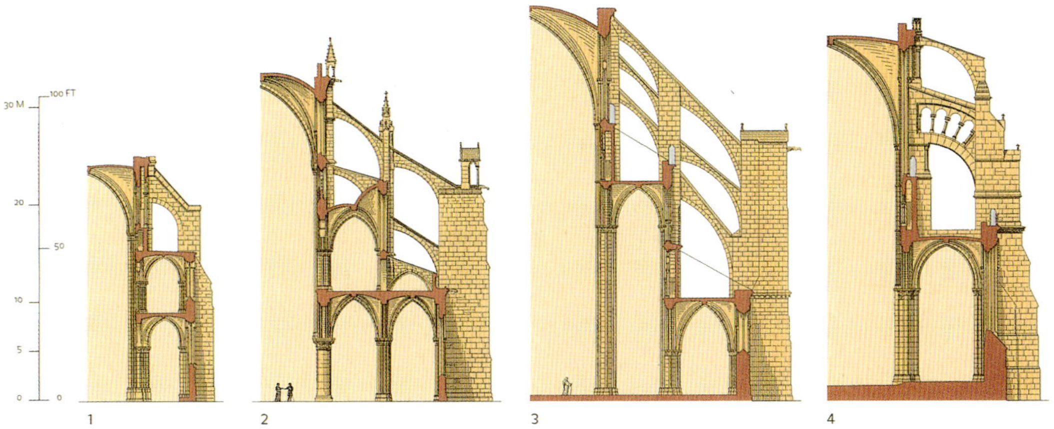

지만 아직 한계도 컸다. 한계의 가장 큰 원인은 플라잉 버트레스의 도움을 충분히 끌어들이지 못한 것이다. 초기 고딕 후반부인 파리 노트르담에서 플라잉 버트레스가 처음 등장했지만 아직 초보적 단계였다. 일단 플라잉 버트레스 자체가 불완전했다. 더욱이 플라잉 버트레스의 장점을 충분히 살려 구조 전체에 반영되도록 하기에는 아직 빨랐다. 성기 고딕의 문을 연 샤르트르부터 플라잉 버트레스 자체가 완성됨과 동시에 그 구조적 장점이 건물 전체에 파급 효과를 가져올 수 있었다. 그 결과 건물이 높아지고 실내가 넓어지고 벽체가 얇고 가벼워지는 구체적 발전으로 나타났다. 이 세 가지는 고딕 장인들의 오랜 숙원이자 마지막 목표였다(그림 715).

715 프랑스 고딕 성당의 수직 발전 과정. 왼쪽부터 누아용(Noyon, 1170년 이후)–파리 노트르담(Notre-Dame, Paris, 1176~1215년)–부르주(Bourges, 1195~1250년)–샤르트르(Chartres, 1194~1220년)

2 샤르트르 성당-부르주 성당

고딕적 대형 공간-샤르트르 성당

샤르트르 성당은 로마네스크 때부터 건축되기 시작했으며, 1194년 화재 직후 바로 증축이 시작되었다. 당시 샤르트르는 고딕 장인들의 본산이었다. 일드프랑스에서 진행되던 초기 고딕을 주도한 장인들이 대부분 샤르트르 워크숍 출신들이었다. 일부 장인들은 샤르트르 학파라 불리는 최신 경향을 주도하고 있었다. 따라서 그 본거지 성당의 증축 과정에서 새로운 양식이 태동한 것은 당연한 일이었다. 샤르트르는 여러 면에서 파리 노트르담이 발전한 것으로 볼 수 있다.

716 샤르트르 성당(Chartres Cathedral), 프랑스, 1194~1260년

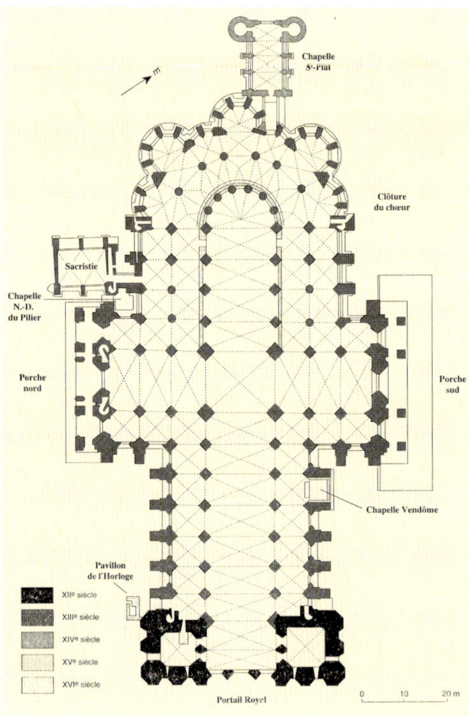

가장 대표적인 내용으로 평면과 천장고에서 규모를 크게 한 점을 들 수 있다. 노트르담의 욕망을 계속 이어받아 심화시킨 것이다. 샤르트르는 노트르담의 '5랑식-이중 복도'를 그대로 이어받아 전체 규모를 조금 더 크게 했다(그림 716). 네이브는 3랑식이었고 성가대석만 5랑식이었다. 5랑식 폭은 48미터였고 전체 길이는 125미터였다. 천장고는 37.5미터였다(그림 717). 다음으로 중요한 내용은 노트르담에서 한계에 부딪혔던 플라잉 버트레스를 한 단계 발전시켜서 첫번째 완성을 이룬 점이다.

이렇게 보았을 때 샤르트르는 성 디오니시오에서 노트르담으로 이어지는 과시적 경향을 이어받아 성기 고딕의 문을 연 것으로 정의될 수 있다. '고전성 대 고딕성'의 이분법에서 보면 고딕성을 주요 특징으로 이어받은 가운데 부분적으로 고전성의 특징이 나타나는 경향을 보였다. 샤르트르는 크게 보아 고전성을 대표하던 랑과는 확연히 다른 분위기를 보였다. 랑의 자잘하고 차분한 분위기와 달리 샤르트르는 남성적 힘

717 샤르트르 성당(Chartres Cathedral). 아홉 개의 첨탑을 가진 원안. 프랑스. 1194~1260년

718 샤르트르 성당(Chartres Cathedral). 프랑스. 1194~1260년

과 단순한 역동성을 바탕으로 기념비적 권위를 표출했다(그림 718, 747, 750). 공간은 커졌고 구조는 육중해졌다. 이런 배경 아래 샤르트르가 갖는 중요한 의미는 다음의 아홉 가지이다.

첫째, 천장이 직사각형 4분 볼트로 처리되었다(그림 719). 이것은 초기 고딕의 정사각형 6분 볼트에서 탈피한 중요성을 갖는 변화였다. 초기 고딕과 성기 고딕을 가르는 대표적인 기준 가운데 하나인 것이다. 고딕 구조의 최종 목적인 넓은 기둥간 거리를 갖는 직사각형 4분 볼트로 가는 첫걸음이기도 했다. 샤르트르의 기둥간 거리는 6.7미터로 아직 충분히 넓어지지 못한 한계도 남아 있었다.

719 샤르트르 성당(Chartres Cathedral). 프랑스. 1194~1260년

직사각형 4분 볼트가 정사각형 6분 볼트에 비해 더 발전한 구조 방식이 되기 위해서는 리브가 가늘어지고 기둥 체계가 가는 싱글 베이가 되어야 하는 두 가지 전제 조건이 필요했다. 완전하지는 않았지만, 샤르트르에서는 두 가지 사항에서 분명한 발전이 있었다. 이런 발전들은 일차적으로 리브와 기둥 자체의 기술 발전에 의해서 가능했다. 이차적으로는 다발 기둥, 네이브 월, 플라잉 버트레스 등 구조 체계를 이루는 다른 요소

720 샤르트르 성당(Chartres Cathedral), 프랑스, 1194~1260년

들의 발전에 의해서 가능했다.

둘째, 기둥 체계가 싱글 베이가 되었다(그림 720, 723). 이것은 천장이 직사각형 4분 볼트가 되면서 나타난 자연스러운 결과였다(그림 702). 샤르트르에서 처음으로 천장 볼트와 기둥 체계 사이에 일치가 얻어졌다. 초기 고딕의 주요 성당들에서 나타났던 불일치를 극복한 것이다. 초기 고딕과 성기 고딕을 가르는 또 하나의 기준이었다. 거꾸로 보자면 직사각형 4분 볼트가 발전하는 중요한 밑바탕으로 작용했다. 이런 가운데 아직 더블 베이의 잔재가 남아 있었다. 잔재는 구조 체계가 아닌 기둥 형태에 있었다. 자세히 보면 두 가지 종류가 교대로 쓰였다(그림 723). 한 종류는 코어 기둥이 팔각형이고 대응 기둥이 원형이었다(그림 721). 다른 한 종류는 이와 반대로 코어 기둥이 원형이고 대응 기둥이 팔각형이었다(그림 722). 이런 잔재는 샤르트르가 성기 고딕의 완성점이 되지 못하는 원인 가운데 하나였다.

셋째, 직사각형 4분 볼트와 싱글 베이는 수평 속도를 증가시켰다(그림 723). 이것은 다시 수직적 역동성을 배가시켰다. 수평성과 수직성 사이의 관계는 이중적이었다. 이중성은 고딕 성당 내에서 수평성 자체가 갖는 이중성에서 기인한다. 한 가지는 이동 속도나 종착점을 향한 집중성 등과 같은 선형성의 측면이었다. 다른 한 가지는 네이브 월의 분할이나 비례 등과 같은 분위기의 측면이었다. 이 가운데 전자는 실내의 역동성과 관계가 깊기 때문에 수직성과 반대된다고 보기 어려웠다. 오히려 수직성을 보강하는 느낌으로 작용할 수 있었다. 반면 후자는 수평적 분위기를 강화시키는 방향으로 작용하기 때문에 수직성을 약화시키는 결과를 가져왔다. 샤르트르는 이 가운데 전자에 해당되었다.

721 샤르트르 성당(Chartres Cathedral), 프랑스, 1194~1260년

722 샤르트르 성당(Chartres Cathedral), 프랑스, 1194~1260년

넷째, 다발 기둥이 정리되었다. 정리는 대응 기둥의 시작 지점과 개수라는 두 측면에서 생각할 수 있다. 샤르트르에서는 이 두 측면의 문제를 하나로 합쳐 ‘필리에 캉토네pilier cantonée, 네 귀에 대응 기둥이 달린 코어 기둥’ 혹은 ‘콜론 캉토네colonne cantonée’라는 해결책을 제시했다. 이것은 코어 기둥의 주두를 기준으로 위쪽과 아래쪽을 각각 다르게 처리하는 방식이었다. 아래쪽은 코어 기둥의 네 귀에 대응 기둥을 하나씩 더했고, 위쪽은 코어 기둥의 정면에 세 개의 대응 기둥을, 양측면에 각 하나씩의 대응 기둥을 더했다(그림 724).

723 샤르트르 성당(Chartres Cathedral). 프랑스. 1194~1260년

724 샤르트르 성당(Chartres Cathedral). 프랑스. 1194~1260년

필리에 캉토네는 초기 고딕에서 쓰이던 여러 종류의 방식들을 종합적으로 절충한 것이었다. 코어 기둥을 약간 노출시킴으로써 구조적 솔직성을 유지한 점에서는 초기 고딕보다 발전했다(그림 721, 722). 대응 기둥의 일부가 바닥에서부터 시작한 점 역시 고딕 구조의 최종 목적에 근접한 것으로 볼 수 있다(그림 723). 그러나 주두를 기준으로 위와 아래가 다른 것은 아직 불일치에 해당되었다. 또한 바닥부터 시작하는 대응 기둥의 개수가 주두부터 시작하는 대응 기둥의 개수와 다른 것도 불일치에 해당되었다. 이런 불일치는 성기 고딕의 완성점인 랭스 성당이나 아미앵 성당과 비교하면 더욱 분명했다. 샤르트르를 지은 장인은 많은 고민을 했던 것으로 보인다. 그리고 절충적 해답을 내놓으면서 일정한 발전을 이루었다. 샤르트르는 완성점으로 가는 중요한 첫 걸음을 내디딘 의미가 있었다.

725 샤르트르 성당(Chartres Cathedral). 네이브 월 입면도. 프랑스. 1194~1260년

다섯째, 네이브 월에서 발전이 있었다. 가장 중요한 내용은 초기 고딕의 4단 구성에서 첨단 3단 구성으로 돌아온 것이었다(그림 720, 725). 샤르트르에 들어와 플라잉 버트레스의 도움으로 갤러리 층을 생략할 수 있었다. 내력 부재인 갤러리 층은 둔탁한 구조를 형성하는데 이것을 없앰으로써 구조 전체가 가벼워질 수 있었다. 또한 4단 구성의 위쪽 갤러리 층을 없애고 그 높이를 다른 부분에 줌으로써 3단 구성의 각 층이 높아질 수 있었다.

이렇게 해서 ‘아케이드－트리포리엄－천측창’으로 구성되는 고딕의

표준 3단 구성이 완성되었다. 결과적으로는 로마네스크의 3단 구성 가운데 갤러리 층이 트리포리엄으로 대체되면서 전체적으로 높이가 높아졌다. 내력 부재인 갤러리 층이 비내력 부재인 트리포리엄으로 대체될 수 있었던 것은 플라잉 버트레스 덕분이었다(그림 729). 갤러리 천장으로 전이되던 측력을 플라잉 버트레스가 위쪽에서 받쳐냄으로써 갤러리가 내력 역할에서 해방된 것이다. 단순히 3단 구성만 이룬 것이 아니라 각 단의 높이가 높아진 점이 중요했다. 샤르트르에서는 아직 트리포리엄은 높아지지 않은 가운데 천측창의 확대가 두드러졌다. 아케이드의 높이는 16.1미터, 트리포리엄의 높이는 4.5미터, 천측창의 높이는 16.9미터를 확보했다(그림 709).

천측창이 높아짐에 따라 그 처리도 달라졌다. 가장 중요한 변화는 천측창이 건물의 전체 골격에서 위아래로 확장된 것이다. 초기 고딕의 예들과 달리 이곳에서는 천측창이 천장 볼트의 리브가 시작되는 지점보다 훨씬 아래까지 확장되었다. 위로는 볼트 속까지 깊이 파고들어갔다(그림 709, 725, 726).

표준 3단 구성이 정착되면서 수직성이 증가되고 조도가 향상되는 추가 발전이 있었다. 이것은 고딕 건축이 지향하던 궁극적 목적들이었다. 또한 천측창 면적이 확대되면서 이 부분을 분할하는 디자인도 발전했다. 샤르트르에서는 창 하나를 두 개의 랜싯lancet, 포인티드 아치 형의 위가 뾰쪽하고 높고 좁은 창으로 나누고 그 위를 오쿨루스oculus, 원형 창로 분할하는 기본형이 정착되었다(그림 702, 706, 719, 727). 이런 분할을 담당하는 선형 부재인 트레이서리도 등장했다. 트레이서리는 랜싯과 오쿨루스의 윤곽을 만듦과 동시에 이것들을 속으로 더 분할하는 데 쓰였다. 이런 분할 방식은 이후 구성 요소가 점차 많아지면서 복잡하게 변화되어갔다. 수직성

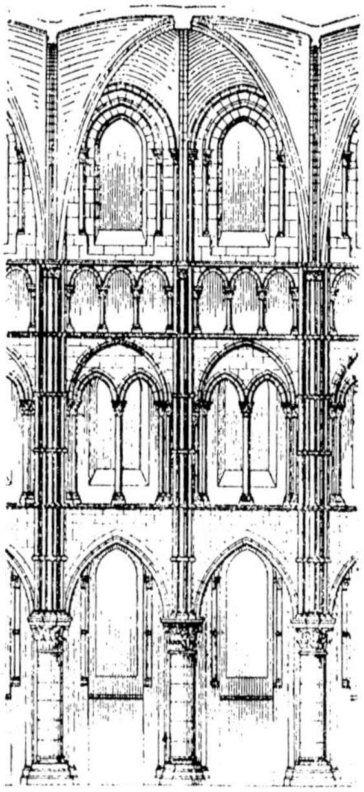

726 랑 성당(Laon Cathedral). 네이브 월 입면도. 프랑스. 1160년경~1210년

727 샤르트르 성당(Chartres Cathedral). 트랜셉트 창 입면도. 프랑스. 1194~1260년

이 강화되면서 랜싯의 개수가 늘어나고 수직 비례도 강화되었다.

여섯째, 플라잉 버트레스의 발전이 있었다. 아직 완전하지는 않았지만 노트르담의 것과 비교했을 때 많이 발전된 구조로서 일차적 완성을 이룬 것으로 볼 수 있었다(그림 715). 노트르담에서는 플라잉 버트레스의 아치가 갤러리 층의 천장 볼트와 한몸으로 붙어 있었다. 샤르트르에서는 갤러리 층이 사라지면서 플라잉 버트레스가 단독으로 축조되는 쪽으로 조건이 바뀌었다. 이것을 잘 해결하면서 플라잉 버트레스의 일차적 완성을 이루었다.

이를 위해 트리포리엄과 천측창의 외벽에 직각 방향으로 한 겹의 벽을 추가로 세워서 플라잉 버트레스를 받쳤다(그림 728, 729). 외벽에 직접 플라잉 버트레스를 붙이면 불안정하기 때문이었다. 추가 벽체를 세우는 방식은 이후 성기 고딕에서 플라잉 버트레스를 축조하는 표준 방식이 되었다. 플라잉 버트레스의 아치 단도 3단에서 2단으로 줄어들면서 진공부가 많이 생겨서 실내 채광을 도왔다. 이로써 갤러리 층을 없애고 실내 채광을 돕는다는 플라잉 버트레스 본연의 목적이 달성되었다. 플라잉 버트레스를 밖에서 받치는 버트레스도 수직 비례를 갖추기 시작했다. 위로 올라갈수록 좁아지는 역삼각형으로 처리해서 수직성을 강화했다.

이런 발전에도 불구하고 아직 불완전한 측면도 많았다. 불완전성은 발전이 나타난 앞의 세 가지 측면 모두에서 관찰된다. 먼저 추가 벽체가 너무 두꺼웠다. 이것은 아일 천장에 큰 부담으로 작용했다. 다음은 아치 단이 줄어든 대신 두번째 단이 너무 두꺼웠다. 두번째 단은 플라잉 버트레스라기보다는 벽체에 가까울 정도로 두꺼웠다. 다시 이를 만회하기 위해 중간에 구멍을 뚫었지만 처음부터 얇은 띠부재로 처리한 것만은 못했다. 마지막으로 버트레스의 단면적이 여전히 너무 넓었다. 이것은 이후 성기 고딕의 완성점에 이른 성당과 비교하면 그러했다. 이외에도 벤딩 모멘트에 대비한 보강이 없었다. 이 내용에 대해서는 다음 부르주의 플라잉 버트레스에서 함께 언급할 것이다.

일곱째, 수직성이 증가했다. 일단 천장고 자체가 높아졌다. 샤르트르는 노트르담(31.5미터)보다 6미터 가량 높아져 37.5미터가 되었다(그림 715). 성기 고딕 초반부의 장인들에게는 35미터 정도가 심리적 경계선이었다. 이것을 넘음으로써 수직성에 대한 확신을 가질 수 있었

728 샤르트르 성당(Chartres Cathedral), 프랑스, 1194~1260년
729 샤르트르 성당(Chartres Cathedral), 네이브 플라잉 버트레스, 프랑스, 1194~1260년

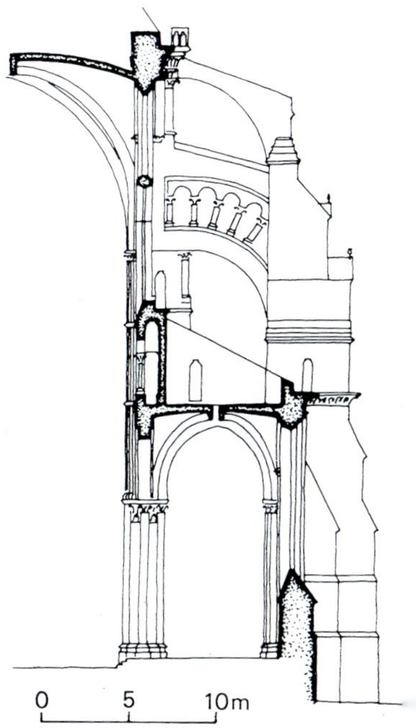

다(그림 730). 이것은 곧 자신들의 구조 방식에 대한 확신이었다. 샤르트르는 심리적 경계선을 허물고 본격적으로 높아지기 시작하는 도화선이 되었다. 이후 성기 고딕의 성당들이 기하급수적으로 높아져간 것을 보면 이런 사실을 잘 알 수 있다.

이런 수치에 더해 앞에서 살펴본 여러 처리들은 수직성을 돕는 추가 작용을 했다. 수평 이동의 속도감은 역동성을 통해 수직성을 도왔다. 바닥에서 천장까지 이어지는 대응 기둥은 선형 어휘를 형성하면서 수직성을 도왔다. 코어 기둥이 모습을 드러낸 점도 마찬가지였다. 네이브 월에서는 4단 구성이 3단 구성으로 회귀함으로써 수평띠가 하나 줄어든 점이 중요한 역할을 했다. 3단 구성의 각 단이 높아진 점도 가세했다.

네이브가 16.3미터의 넓은 폭을 확보한 것도 중요한 변수였다. 높이가 어느 선을 넘지 못한 상태에서 네이브 폭이 넓어지면 수직 비례를 상쇄시키는 쪽으로 작용한다. 그러나 높이가 높아지면 넓은 폭이 상승 작용을 일으킬 수 있다. 높고 좁은 공간은 비례감은 극적일 수 있으나 우물 속처럼 답답해지는 위험성이 있다. 이것은 성당 같은 종교건물에는 적절치 않았다. 반면 높고 넓은 공간은 광대함과 위엄을 갖춤으로써 종교적 권위와 잘 부합되었다(그림 731).

730 샤르트르 성당(Chartres Cathedral), 프랑스, 1194~1260년

물론 공간이 무조건 크다고 이런 느낌이 얻어지는 것은 아니다. 골격에 대한 적절한 분절이 없는 단순한 거대 공간은 고무 풍선을 부풀린 것처럼 무미건조하고 심심한 공간이 될 뿐이다. 반대로 지나치게 세밀하게 나누면 생명력을 잃고 나약한 모습이 된다. 공간의 골격을 어떻게 짜느냐가 중요한 관건인 것이다. 이곳 샤르트르에서처럼 수평 속도, 기둥 체계, 네이브 월 분할 등 모든 면에서 적절한 처리가 수반될 경우 넓은 공간이 수직성을 돕는 효과를 가져올 수 있다. 꼭 필요한 디테일과 구성 체계는 갖추되 크고 시원하게 짜인 단순성의 의미이다.

731 샤르트르 성당(Chartres Cathedral), 네이브 횡단면도, 프랑스, 1194~1260년

샤르트르에서는 분명 초기 고딕과 비교해서 아치, 창, 기둥, 수직단, 수평단, 베이 등 골격을 이루는 모든 요소들이

전체적으로 많이 커지는 변화가 있었다. 이것들을 확장된 공간이 마지막으로 포괄했다. 또한 샤르트르에서는 스테인드글라스가 중요한 역할을 하기 때문에 스테인드글라스를 충분히 느끼고 감상하기 위해서는 네이브 폭이 넓어야 했다. 거꾸로 스테인드글라스의 효과 덕분에 넓은 공간임에도 수직적 느낌이 얻어졌던 것이다. 고딕식 개념의 거대공간이었다.

여덟째, 공간의 수평 확장이 있었다. 이것도 수직성과 마찬가지로 125미터라는 길이와 공간 처리의 합작품이었다(그림 716). 단순한 수평성이 아니라 공간이 수평 방향으로 확장되는 느낌을 얻어냈다는 점에서 중요했다. 이런 느낌은 특히 5랑식으로 구성된 방사형 예배당 부분에서 얻어졌다. '성가대석—두 겹의 복도—방사형 예배당'을 이루는 네 겹의 공간이 구획 없이 기둥열만으로 구성됨으로써 강한 수평 확장을 얻어내고 있다(그림 732). 성 디오니시오에서 나타났던 물 흐르는 듯한 공간 개념이 더 발전한 것이었다. 여러 겹의 얇은 막이 쳐진 공간 속을 신비한 빛이 유영하듯 흘러다녔다(그림 733).

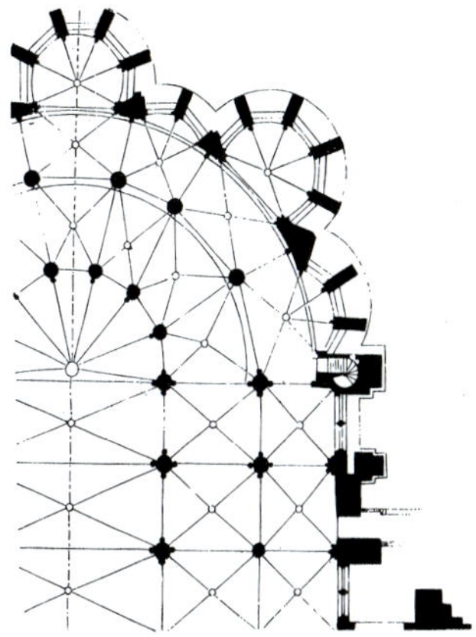

732 샤르트르 성당(Chartres Cathedral). 성가대석-방사형 예배당 확대 평면도. 프랑스. 1194~1260년

수평 확장은 앞의 수직성에 대한 대응의 의미를 가졌다. 대응은 양면적이었다. 수직성을 중화시키는 대비의 개념과 수직성을 강화시키는 역동성의 개념이 그것이었다. 수평성은 일단 수직성과 대비를 이룬다는 상식에서 출발했다. 이곳 샤르트르에서도 수평 확장이 수직성을 부분적으로 약화시키는 측면이 있었다. 그러나 궁극적 목적은 수직성을 수평성의 개념으로 번안 표현함으로써 수직성을 강화시키는 쪽으로 작용했다(그림 731).

733 샤르트르 성당(Chartres Cathedral). 프랑스. 1194~1260년

이런 목적은 평면에 잘 드러났다. 수직성이 주로 추구되었던 네이브 부분은 날씬하고 긴 공간이며 선형성이 지배하고 있다. 반면 수평성이 추구되었던 슈베는 정사각형 비례를 가지면서 방사선 방향으로 폭발하는 것 같은 확산 구도가 지배하고 있다(그림 716, 706). 이런 수평 확장은 단순히 수직성에 대비되는 차원을 넘어서서 강한 역동성을 통해 수직성을 돕는 효과를 가져왔다.

수평 확장이 수직성을 돕는 이런 결과는 고전성과 고딕성의 통합으로 이해될 수 있다(그림 731). 랑 성당에서 나타났던 고전적 비례감을 수용하되 단순 차용이 아닌 고딕적 수직성의 개념으로 각색해서 표현했다는 의미이다. 이것은 샤르트르가 노트르담 계열에 속한다는 사실과도 일치되는 해석이다. 노트르담에 속하되 랑의 고전적 경향과 완전히 이분법으로 갈리는 것이 아니라 반대 경향도 어느 정도 수용한 뒤 그것을 노트르담 계열의 고딕적 특징에 맞게 적절하게 번안해낸 경우에 해당된다. 이렇게 함으로써 극단적 이분법을 피함과 동시에 자신의 독자적 경향을 강화하는 일거양득의 효과를 얻어냈다.

아홉째, 스테인드글라스의 사용이 두드러졌다. 스테인드글라스는 그림 자체에 한정시키면 미술 분야에 속했다. 그러나 창이라는 관점에서 보면 구조 발전의 직접적 산물이었다(그림 734). 구조 발전에 의해 천측창의 개구부 면적이 확대되면서 랜싯과 오쿨루스에 의한 분할 구성이라는 새로운 단계로 진입하게 되었다. 스테인드글라스는 이런 분할에서 트레이서리의 역할을 대신한 것이었다.

궁극적으로는 조도의 향상에 따른 결과였다. 스테인드글라스가 밝고 영롱하게 빛나며 충분한 효과를 발휘하기 위해서는 일정량 이상의 조도가 필수적이었다. 초기 고딕까지는 아직 이런 조도를 확보하지 못했다. 스테인드글라스 자체는 초기 고딕 때 이미 발전되어 있었다. 문제는 이것을 담아낼 구조적 골격이었다. 샤르트르에 들어와 구조 발전에 의해 조도가 향상되면서 이것이 가능해졌다. 스테인드글라스는 이런 구조 발전을 도상을 통해 상징적으로 표현한 것으로 이해될 수 있다(그림 719, 720).

734 샤르트르 성당(Chartres Cathedral), 프랑스, 1194~1260년

샤르트르에는 고딕 성당 가운데 가장 많은 스테인드글라스가 쓰였다(그림 502). 스테인드글라스는 성경의 내용과 기독교의 역사 등으로 채워졌다. 스테인드글라스는 충분한 빛을 받을 때 감성적 호소력이 높은 서술 기능을 갖는다. 초월적 존재를 직설적으로 주장하고 증명하는 고딕식 도상이었다. 이것은 구조 발전을 단순한 기술 차원에 놔두지 않고 정신적 가치의 표현으로 승화시킨 예에 해당된다. 빛의 역할을 한껏 살려냄으로써 성령의 존재를 증명한 것이다. 이것은 쉬제르가 의도했

던 바이기도 했다. 이런 점에서 샤르트르는 다시 한번 성 디오니시오에서 노트르담으로 이어지는 과시적 경향의 뒤를 잇는 건물임을 알 수 있다. 이것은 노트르담 또한 스테인드글라스로 유명한 성당인 점에서 확인된다.

고딕적 고전성–부르주 성당

부르주 성당의 시공 연대는 정확하지 않으나 샤르트르 성당과 거의 같은 시기인 1195년경부터 시작된 것으로 알려져 있다. 건물의 동쪽 절반은 1214년에 완공되었다. 서쪽 절반은 1225년에 시작하여 1255년에 완공되었다. 부르주는 샤르트르와 같은 시기에 지어지며 내용 면에서도 성기 고딕의 시작을 함께 알리며 이끌었다. 두 성당은 여러 면에서 공통점을 가지면서도 많은 점에서 대별적이었다. 부르주의 전체 구성은 랑 성당의 고전적 경향을 이어받은 측면이 강한 가운데 부분적으로 노트르담의 고딕적 경향을 첨가한 특징을 갖는다. 이것은 앞에서 살펴본 샤르트르의 특징과 반대되는 것이다.

735 부르주 성당(Bourges Cathedral). 프랑스. 슈베 1195년경~1214년/네이브 1225~ 55년

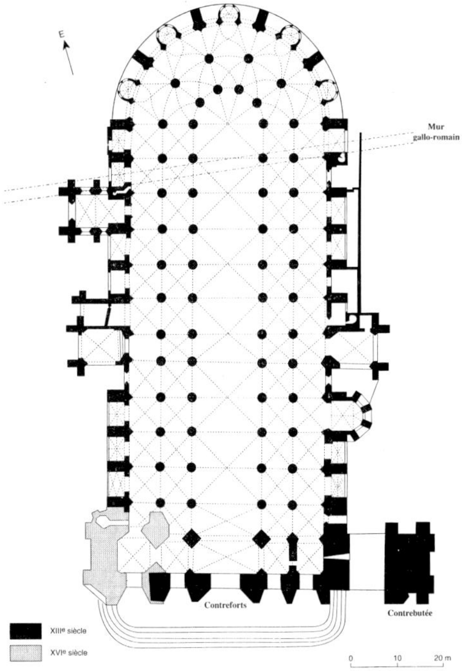

부르주에 나타난 노트르담의 영향은 과시적 경향과 방사형 예배당의 기하학적 정형성 등이었다. 부르주 역시 초기 고딕의 성당들에 비해서 규모가 커졌다. '5랑식–이중 복도'인 점도 노트르담이나 샤르트르와 동일했다. 전체 길이는 109미터, 폭은 5랑식 부분이 42미터, 천장고는 37.2미터로 샤르트르와 거의 같은 규모였다(그림 735, 736, 740). 방사형 예배당은 노트르담에 비해서 기하학적 정형성이 떨어졌지만 기본 처리는 노트르담의 방식이 연속된 것이었다. 외벽과 두번째 벽의 기둥 간격을 일치시키고 볼트 형상에서 통일성을 유지한 점 등이 그러했다.

노트르담의 뒤를 이으려는 경향은 발전적 내용으로 나타나기도 했다. 단순히 영향을 받은 차원을 넘어서 노트르담이 나아가고자 했던 방향으로 발전을 이루었다는 의미이다. 이 점이 부르주가 샤르트르와 공통점을

736 부르주 성당(Bourges Cathedral), 프랑스, 슈베 1195년경~1214년/네이브 1225~55년

갖는 것으로 보게 해주는 부분이다. 노트르담이 발전한 곳은 네이브 월과 플라잉 버트레스의 두 군데였다. 네이브 월은 '아케이드-트리포리엄-천측창'의 3단 구성을 이루었다(그림 737). 초기 고딕의 4단 구성을 벗어난 것은 성기 고딕을 상징하는 현상이었다. 노트르담에서 아직 트리포리엄이 안 나타났던 데 반해 이곳에서 트리포리엄이 나타난 것은 플라잉 버트레스의 구조적 역할을 구체적으로 활용할 수 있게 되었음을 의미한다. 이 모든 것들은 샤르트르와 동일했다

플라잉 버트레스는 선진성과 후진성의 양면성을 가졌다. 선진성은

737 부르주 성당(Bourges Cathedral), 프랑스, 슈베 1195년경~1214년/네이브 1225~ 55년

플라잉 버트레스의 최상부를 보강함으로써 경량화를 꾀할 수 있었던 점이다. 플라잉 버트레스의 아치가 네이브 외벽과 만나는 최상부는 벤딩 모멘트의 최대치가 일어나는 지점이다. 이 부분을 'T'자형 단면으로 보강한 것이다. 이런 처리가 발전한 방식이었다는 점은 샤르트르와 비교해보면 확실해진다. 샤르트르에는 보강 처리가 없었다. 이 때문에 샤르트르에서는 최상부 아치가 네이브 외벽의 끄트머리인 소첨탑에 붙었다(그림 729). 소첨탑의 압축력으로 벤딩 모멘트를 상쇄시키기 위해서였다.

이런 상황은 샤르트르의 플라잉 버트레스를 육중하게 만들었다. 벤딩 모멘트와 압축력 모두를 견뎌내야 했기 때문이다. 이를 위해 버트레스가 두꺼워졌다. 플라잉 버트레스 아치의 경사도 완만하게 놔두어야 했다. 지붕의 경사가 급해질수록 벤딩 모멘트도 증가했기 때문이다. 아치의 경사가 완만해지면서 버트레스가 높아졌다. 결과적으로 두꺼운 버트레스가 높이 올라가면서 플라잉 버트레스 전체는 육중해졌다.

반면 이곳 부르주에서는 보강 처리에 의해 최상부 아치가 밑으로 내려올 수 있었다(그림 738). 플라잉 버트레스 아치의 경사도 급하게 할 수 있었다. 버트레스는 얇고 낮아지면서 경량화가 일어났다. 아일 외벽이 부분적으로 버트레스의 지지 역할을 분담함으로써 경량화를 도왔다. 지역적 요인으로 남부지방이었던 부르주에 바람이 약해서 풍압이 적게 걸린 점이 중요하게 작용했다. 샤르트르의 최대 풍속이 135km/hr였던데 반해 부르주에서는 105km/hr였다. 그런데 둘 사이에서 최대 풍압은 두 배 정도 차이가 났다. 이상의 결과 부르주의 플라잉 버트레스에 들어간 재료 양은 샤르트르의 60퍼센트에 머물렀다.

이상이 부르주에 나타난 순수 고딕적 경향이었다. 부르주의 더 큰 특징은 랑의 고전적 경향을 이어받은 것이었다. 이 내용이 잘 나타난 부분은 '6분 볼트-더블 베이' 체계였다. 랑에서 노트르담으로 넘어오면서 사라졌던 더블 베이가 다시 나타난 것이다(그림 737). 샤르트르에서 4분 볼트로 넘어왔던 천장도 다시 6분 볼트로 돌아갔다(그림 566). 이런 특징들은 노트르담을 거치지 않고 랑을 바로 이어받은 것에 해당된다. 또한 천장고가 높아진 데 비해 트리포리엄 층의 높이가 랑의 갤러리 층 높이와 거의 같은 채로 남아 있었다. 높이 증가분은 아케이드 층을 높이는 데 모두 쓰였다. 37.2미터의 천장고 가운데 절반이

738 부르주 성당(Bourges Cathedral), 성가대석 횡단면도, 프랑스, 슈베 1195년경~1214년/네이브 1225~55년

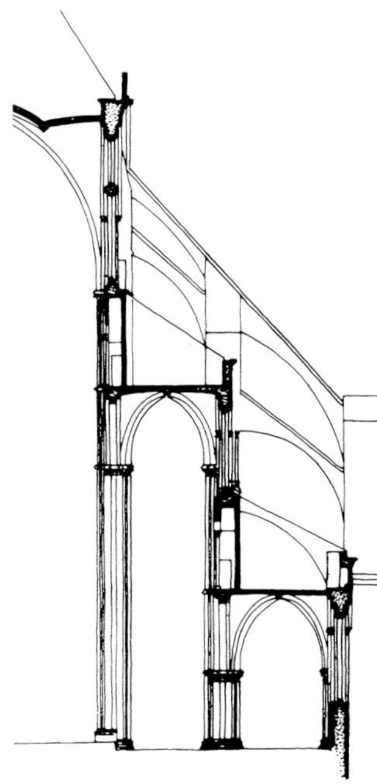

739 부르주 성당(Bourges Cathedral). 네이브 월 입면도. 프랑스. 슈베 1195년경~1214년/네이브 1225~55년

740 부르주 성당(Bourges Cathedral). 프랑스. 슈베 1195년경~1214년/네이브 1225~55년

741 부르주 성당(Bourges Cathedral). 프랑스. 슈베 1195년경~1214년/네이브 1225~55년

넘는 21미터를 아케이드 층 높이가 차지했다(그림 739, 740, 741).

아케이드 층이 높아진 이유는 5랑식 구성에서 기인했다. 네이브 월[첫번째 아일벽]의 아케이드가 두번째 아일벽의 3단 구성에 대응해야 하기 때문에 높아진 것이었다(그림 739, 742, 743). 이런 문제는 5랑식 구성에 근원적으로 따르는 한계였다. 이 때문에 성기 고딕의 주요 건물들은 네이브는 3랑식으로 구성하고 성가대석만 5랑식으로 구성했다. 이것도 완전한 해결책은 아니었다. 성가대석의 벽도 네이브 월과 같은 3단 구성으로 분할되는 경우가 많았기 때문이다. 이것을 해결하는 방법은 네이브 월의 트리포리엄과 천측창을 높이는 수밖에 없었다. 이것이 종종 천장고의 기록이 네이브가 아닌 성가대석에서 나오는 이유이기도 했다.

아케이드 층이 높아지는 데 따른 구조적 부담은 주로 굵은 기둥으로 해결했다(그림 740~742). 이 대목은 플라잉 버트레스의 효과를 상쇄하는 후진성에 해당된다. 네이브 월에서는 플라잉 버트레스의 효과가 나타났지만 기둥에서는 그렇지 못한 것이다. 기둥이 굵어지면서 빛의 유입을 막아 채광이 나빠졌다(그림 743). 외벽에서 들어오는 빛은 두 개의 아일을 지나는 동안 상당 부분 사라졌다(그림 742). 외벽의 천측창은 첫번째 아일의 천장 볼트에 가려 네이브 채광에는 별 도움이 되지 못했다. 여기에 네이브에 직접 빛을 공급해야 할 트리포리엄의 높

742 부르주 성당(Bourges Cathedral). 프랑스. 슈베 1195년경~1214년/네이브 1225~ 55년

743 부르주 성당(Bourges Cathedral). 프랑스. 슈베 1195년경~1214년/네이브 1225~ 55년

이가 아직 낮고 천측창의 개구부 면적이 협소한 것은 열악한 채광을 악화시켰다.

이런 상황들은 플라잉 버트레스의 구조적 기능을 충분히 살리지 못했음을 의미한다. 플라잉 버트레스 자체도 세 개의 아치가 촘촘히 쓰인 점에서 1190년대의 최신 방식이 아닌 1180년대의 초기 고딕 방식이 계속 쓰였던 것이다(그림 466, 738). 샤르트르에 비해 40퍼센트 정도 가벼워졌지만 랭스나 아미앵 성당에 비하면 여전히 두꺼웠다. 아일이 두 개였기 때문에 버트레스의 높이에 비해 아일 부분의 폭이 넓어서 플라잉 버트레스 전체에서 수직 비례가 아직 나타나지 못했다.

이상과 같이 아케이드 층이 높고 기둥 체계가 더블 베이일 경우 네이브에서의 수평 이동 속도는 느려진다(그림 740). 이것은 부르주에 고전적 수평 질서가 아직 강하게 남아 있다는 것을 의미한다(그림 736). 트리포리엄과 천측창의 낮은 높이는 수평 질서를 강화했다. 트리포리엄의 높이는 5.8미터, 천측창의 높이는 10.4미터였다. 샤르트르와 비교했을 때 트리포리엄은 비슷하나 천측창의 상당 부분이 아케이드로 내려간 것이었다. 이 때문에 부르주에서의 트리포리엄과 천측창은 독립 영역이기보다는 수평띠처럼 보였다(그림 744). 앞에서 살펴본

744 부르주 성당(Bourges Cathedral). 프랑스. 슈베 1195년경~1214년/네이브 1225~ 55년

수평성의 두 가지 의미 가운데 수직성을 약화시키는 경우에 해당되었다. 이런 점에서 샤르트르의 경우와 반대였다.

아케이드 층의 높이도 기둥이 굵어지면서 수직성을 강화시켜주는 작용을 하지 못했다. 기둥간 거리는 샤르트르와 비슷한 6.7미터였지만 이것의 상당 부분은 굵은 기둥에 흡수되었다. 이 때문에 샤르트르에서처럼 수직성을 보강해주는 수평 확장도 일어나지 못했다. 결과적으로 부르주의 네이브는 고대 거석 문화에서의 거대 공간에 가까운 상태로 남았다(그림 739~743). 이런 특징은 일단 고전적 공간감으로 볼 수는 있으나 정작 성당의 고전성과는 다른 것이었다. 랑의 고전성이 차분한 안정감으로 나타났던 데 반해 부르주는 고대적 과시 경향의 분위기를 많이 띠고 있었다.

부르주의 이스트 엔드 외관에서는 랑과 유사한 수평적 안정감이 나타났다. 이 부분은 방사형 예배당의 실내 구성이 반영되면서 3단 구성으로 이루어졌다. 가장 바깥 복도는 1층, 두번째 복도는 2층, 앱스와 본당은 3층을 각각 이루며 단계적으로 높아지는 구성이었다. 층 사이의 높이 차이가 심하지 않고 매스 변화가 점진적이어서 차분하고 안정적인 느낌이 만들어졌다(그림 745).

부르주에는 트랜셉트가 없었기 때문에 이런 3단 구성은 건물 전체에 반복적으로 쓰이면서 수평적 분위기를 강화했다(그림 736). 아일의 측면 외관은 총 5단 구성으로 이루어졌다. 아일이 두 개이면서 두번째 아

745 부르주 성당(Bourges Cathedral), 프랑스, 슈베 1195년경~1214년/네이브 1225~ 55년

일도 3단 구성을 했기 때문이다. 첫번째 아일의 아케이드 층이 두번째 아일에서는 3단 구성으로 분할되었다. 동일한 높이를 5단으로 나눔으로써 3랑식보다 수평적 안정감이 배가되었다.

이런 여러 현상들은 부르주가 1160~70년대 랑의 건축관 안에 머물고 있음을 말해준다. 몇 부분에서 첨단 기술이 시도되었던 것과는 달리 전체적인 분위기는 보수적인 고전성을 추구했다. 이것은 앞에서 열거한 샤르트르의 공격적 발전상과 비교해보면 더욱 분명했다. 이런 대별성은 초기 고딕에서 나타났던 랑 대 노트르담의 대별적 두 흐름이 성기 고딕에서도 부르주와 샤르트르에서 여전히 계속되고 있음을 의미한다(그림 746~751). 이런 대별성은 프랑스 고딕 건축이 일반적으로 알고 있는 바와 같이 극단적인 수직성만을 추구했으며 이로 인해 고전주의와 완전히 대척점에 섰던 것만은 아니라는 사실을 보여준다.

746 노트르담(Notre-Dame). 파리. 슈베 1163년경~82년/네이브 1180~1200년
747 샤르트르 성당(Chartres Cathedral). 프랑스. 1194~1260년
748 랑 성당(Laon Cathedral). 프랑스. 1160년경~1210년
749 부르주 성당(Bourges Cathedral). 프랑스. 슈베 1195년경~1214년/네이브 1225~ 55년
750 샤르트르 성당(Chartres Cathedral). 프랑스. 1194~1260년
751 부르주 성당(Bourges Cathedral). 프랑스. 슈베 1195년경~1214년/네이브 1225~ 55년

고딕적 고딕 대 고전적 고딕

이상 살펴본 바와 같이 샤르트르와 부르주는 비슷한 시기에 지어지면서 성기 고딕의 문을 함께 열었다. 두 건물은 공통점과 차이점을 동시

에 가졌다. 공통점은 동시대적 보편성으로 이해될 수 있다. 차이점은 이런 보편적 경향이 구체적으로 적용되는 과정에서 다양화된 특수 상황으로 이해될 수 있다. 상황에 따라 조건과 가치관이 달라지고 이것은 다시 건축관과 세계관의 차이를 낳으면서 대표 양식 내에서 다양한 분파로 갈라지게 된다. 분파를 이루는 예들이 많아지면 일정한 규칙성을 가지며 하나의 흐름을 형성하게 된다.

서양 건축의 전개 과정에서 고전성은 여러 분파들의 차별적 규칙성을 결정짓는 중요한 기준이자 조건이었다. 이것은 고전성이 갖는 항시적 특징에서 기인한다. 고전성은 어느 시대에나 새 양식이 탄생하는 중요한 출발점이자 일정한 배경을 이룬다는 의미이다. 따라서 이런 고전성에 대한 입장에 따라 한 양식 내에서 다양한 분파가 규칙성을 띠면서 몇 종류로 정리되는 것이다.

이것은 고딕 건축에서도 마찬가지였다. 고딕 건축은 통상적으로 고전주의와 완전히 반대되는 양식으로 인식되어 있다. 그러나 구체적 내용을 보면 고딕 건축에도 고전성의 영향이 어느 정도 남아 있었다. 고딕 건축은 고전의 영향이 남아 있는 정도에 따라 고딕적 고딕과 고전적 고딕이라는 두 경향으로 크게 나눌 수 있다. 초기 고딕에서 파리 노트르담과 랑 성당으로 대표되던 고딕성과 고전성의 대별적 경향은 성기 고딕이 시작된 뒤에도 샤르트르와 부르주 성당에서 다시 한번 반복되면서 하나의 흐름으로 정착했다. 대별성은 랑 성당이나 노트르담을 지었던 장인들의 개인적 취향의 문제가 아니었다. 고전성을 받아들이는 문제를 놓고 고딕 건축 전반에 걸쳐 비슷한 생각을 가졌던 두 집단이 형성되어 있었던 것이다.

성 디오니시오에서 노트르담을 거쳐 샤르트르 성당으로 이어진 고딕적 고딕의 흐름은 이후 성기 고딕의 주류를 이루며 랭스, 아미앵, 보베 성당 등의 중요한 대표작으로 이어져 내려갔다(그림 746, 747). 마이너급 건물들 가운데에서는 수아송 성당이 이 경향을 이어받았다. 반면 누아용에서 랑을 거쳐 부르주로 이어지던 고전적 고딕의 흐름은 비주류를 이루며 투르의 성 마르티노[1210년경~30년], 르망[1217년경~54년], 쿠탕스[1235년경~55년] 성당 등의 마이너급 2차 건물들로 내려갔다(그림 748, 749).

고딕성과 고전성의 대별 상황은 지리적 분류와도 대체적으로 일치한다. 고딕적 고딕 경향의 건물은 파리와 일드프랑스를 중심으로 한

752 수아송 성당(Soissons Cathedral=Saint-Gervais-et-Profais), 프랑스, 네이브 1190년대~1225년경

프랑스 북동부 지방에 주로 지어졌다. 반면 고전적 고딕 경향의 건물은 르망을 경계선으로 삼아 남부지방에 주로 지어졌다. 지리적 분류는 정치적 상황 및 건축적 상황에 따른 결과로 볼 수 있다. 파리를 중심으로 한 일드프랑스 지역은 프랑스 왕실과 프랑스 가톨릭 연합 세력의 본거지였다. 이 세력은 당시 유럽에서 가장 강력했으며 이것을 표출해 줄 예술, 건축 활동을 적극 후원했다.

샤르트르 학파로 대표되는 장인 학교는 대표적인 예라 할 수 있다. 이 연합 세력은 수많은 장인들을 거느리며 이들에게 새로운 건축술을 실험할 대형 성당 공사를 지속적으로 발주할 수 있는 유일한 주체였다. 장인들에게 요구된 과시적 경향은 정치 지도자와 기독교 지도자 양쪽 모두에게 공통된 이해였다. 이런 상황에서 첨단 양식에 의한 고딕적 수직성을 추구한 것은 당연한 현상이었다(그림 750).

반면 부르고뉴를 중심으로 한 중남부지방은 로마네스크의 향수에 머물러 있었다. 11~12세기를 주도했던 이 지방은 13세기에 들어오면서 주도권을 북부지방에 내주고 뒤처지기 시작했다. 새로운 세력권과 경쟁할 의욕을 상실한 이 지역은 자신들의 과거 전성기를 대표했던 로마네스크적 세계관 안에 안주했다. 이에 따라 건축도 로마네스크 공간을 이루었던 고전 비례의 안정감을 주요 경향으로 추구했다(그림 751).

이런 대별성은 마이너급을 대표하는 수아송 성당과 르망 성당에서 확인된다. 수아송의 네이브는 1190년대에 설계되어 1225년경까지 공사가 계속되었다. 수아송은 샤르트르의 모방품이라 할 만큼 샤르트르와 유사했다. 특히 네이브 월과 기둥 처리에서 그러했다. 네이브 월은 샤르트르와 매우 유사한 비례를 갖는 3단 구성으로 처리되었다(그림 752). 트리포리엄이 아직 낮은 상태에 머문 반면 천장고의 증가분이 천측창과 아케이드의 수직성에 할당되었다. 천측창을 트레이서리와 오쿨루스로 구성하는 분할도 동일하게 반복되었다. 기둥은 샤르트르의 필리에 캉토네를 받아들여 단순화시킨 기법으로 처리했다.

753 르망 성당(Le Mans Cathedral). 프랑스. 성가대석 1217년경~54년
754 르망 성당(Le Mans Cathedral). 프랑스. 성가대석 1217년경~54년

이런 처리들을 통해 수아송은 샤르트르의 수직적 비례감, 남성적 단순함, 거대 공간의 위엄 등을 빼닮았다. 네이브에서의 이런 새로운 장면은 바로 옆 90도 꺾인 곳에 지어진 남측 트랜셉트와 비교해보면 그 고딕적 의미가 분명해진다. 트랜셉트는 1180년대에 지어진 것으로 누아용의 4단 구성이 반복되었다. 전체 높이도 낮았을 뿐 아니라 이것을 다시 4등분함으로써 네이브 월의 전체적 장면은 수평 비례를 갖는 격자 구도로 나타났다. 이런 기법은 초기 고딕 내에서 아직 '고딕성 대 고전성'이라는 대별되는 대표 모델이 형성되기 이전에 대표 모델을 탐색하며 찾아가던 시기의 것이었다. 이것이 불과 20~30년 사이에 90도만 틀면 바로 옆에서 전혀 다른 고딕적 수직성을 추구하는 모델로 새

롭게 나타났다.

수아송과 반대되는 경향에는 르망의 성가대석1217년경~54년이 있었다. 르망은 수아송처럼 한 모델만 좇은 것은 아니었다. 르망에는 샤르트르와 부르주가 섞여 있었다. 이런 혼재는 좁게는 수아송에서, 넓게는 앞의 샤르트르와 부르주에서 살펴보았듯이 고딕 성당 전반에 걸쳐 나타난 현상이었다. 르망은 부르주를 모델로 삼은 위에 샤르트르의 특징이 첨가된 경향을 보였다(그림 753). 이런 점에서 르망은 고전성을 대표하는 건물로 분류될 수 있다.

르망의 성가대석은 급한 수직 비례를 가졌다(그림 494, 754). 복도의 폭은 매우 좁았다. 이런 처리는 비율로만 보면 강한 수직성을 보였지만 샤르트르처럼 광대한 수직성에서 나오는 힘을 보여주지 못했다. 르망의 수직성은 앙천성으로 느껴지지는 않았다. 그보다는 좁은 우물 속에 들어가 있는 느낌이었다(그림 754). 이것은 고딕적이지 않다는 의미일 수 있다.

앙천적이지 못하다는 사실은 복도를 구획하는 벽체의 분할에서 확인된다. 첫번째 복도는 '아케이드-트리포리엄-천측창'의 전형적인 3단 구성으로 분할되었다. 그런데 가운데의 트리포리엄 층이 높아지면서 세 단 사이의 높이 차이가 거의 없어졌다(그림 754). 수직성이 앙천성이 되기 위해서는 벽체 자체의 높이도 중요하지만 이것을 나누는 방식도 중요하다. 이에 따라 시각 작용이 달라지기 때문이다. 이 경우처럼 세 단의 높이가 비슷할 경우 수직성과 앙천성은 현저히 줄어든다. 그 대신 고전적 수평성에서 오는 안정이 주도적 분위기로 나타난다.

이와 비슷한 경향이 두번째 벽에서 반복되었다. 이번에는 2단 구성에 머물렀다(그림 753). 아케이드 층은 비정상적으로 높아졌다. 부르주의 모습과 유사했다. 그러나 아케이드 층이 높아졌다고 해서 무조건 수직성이나 앙천성이 얻어지는 것은 아니었다. 이번에는 천측창이 벽체의 전 면적을 차지하며 넓어졌다. 수직 비례 자체를 소멸시킨 것이다. 고딕 건축에서의 수직 비례는 유기적 구조 체계를 바탕으로 삼아 이것을 정밀하면서도 힘 있는 구성으로 분할한 종합적 기획력의 산물이었다. 여기에서는 긴 기둥과 넓은 창이 나란히 이어지면서 이것이 깨지고 있다. 이상과 같은 내용들은 부르주 성당의 고전적 거대 스케일이 반복되고 있는 것으로 이해할 수 있다.

3 랭스 성당 대 반(反)샤르트르

경량화와 밝은 빛-랭스 성당

샤르트르 성당과 부르주 성당에서 시도된 새로운 실험은 고딕 건축의 전개 과정에서 중요한 전환점이었다. 기독교와 건축 양측에서 원하는 것을 축조할 수 있게 되었기 때문이다. 극단적 수직성을 원한다면 그렇게 축조할 수 있는 기술력이 확보되었다. 이것을 앙천성이라는 종교적 분위기로 승화시킬 수 있는 디자인 능력도 확보되었다. 혹은 고전적 비례감으로 중화시킬 수 있는 기법도 확보되었다. 고딕적 고딕과 고전적 고딕의 양대 경향이 완성된 것이다.

샤르트르 이후에는 이 가운데 고딕적 고딕이 주류를 이루며 성기 고딕의 절정을 이끌었다. 이것의 첫번째 결과가 랭스 성당네이브 1211~41년, 서쪽 파사드 1255년경~90년에서 나다났다(그림 755). 랭스에서는 직사각형 4분 볼트, 네이브 월의 3단 구성, 플라잉 버트레스, 필리에 캉토네 등 샤르트르에서 처음 나타났던 성기 고딕의 구조 체계가 반복 발전되면서 그 구조적 가능성이 본격적으로 탐구되었다(그림 489, 563, 695). 이외에 샤르트르에는 없던 랭스만의 특징도 나타났다. 랭스의 주요 발전상은 다음의 여섯 가지로 정리될 수 있다.

첫째, 볼트 체계에서는 직사각형 4분 볼트가 더 발전하며 완전히 자리잡았다. 기둥간 거리가 샤르트르의 6.7미터에서 8.2미터로 늘어난

755 랭스 성당(Reims Cathedral), 프랑스, 네이브 1211~41년/서쪽 파사드 1255년경~90년

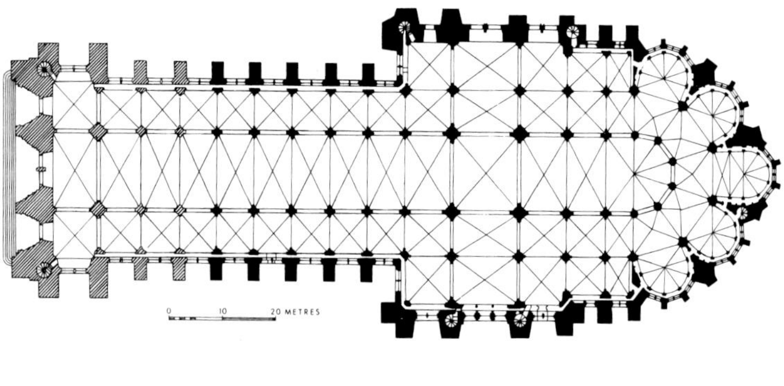

것이 가장 중요한 발전 내용이었다(그림 756). 이런 변화는 수평 속도를 줄이는 작용을 했다. 그러나 천장고가 높아졌기 때문에 공간 전체에서 느껴지는 역동성은 줄어들지 않고 그대로 지켜졌다(그림 757). 기둥간 거리가 넓어진 현상은 실내 조도 향상이라는 긍정적 효과로 나타났다. 그러나 4분 볼트에 대응 기둥이 다섯 개인 점에서 아직 불일치도 남아 있었다.

756 랭스 성당(Reims Cathedral). 프랑스. 네이브 1211~41년/서쪽 파사드 1255년경~90년

757 랭스 성당(Reims Cathedral). 프랑스. 네이브 1211~41년/서쪽 파사드 1255년경~90년

둘째, 네이브 월의 분할에서는 세 단 사이의 비례가 샤르트르와 비슷한 가운데 천측창과 트리포리엄이 높아졌다. 아케이드는 18미터, 트리포리엄은 5.3미터, 천측창은 16미터였다. 아케이드는 오히려 샤르트르보다 낮아진 대신 천장 높이의 증가분을 천측창과 트리포리엄에 할애한 것이다(그림 709, 758). 이것은 높이 증가의 의미와 목적을 수직성의 직설적 표현보다는 조도 향상에 두었음을 의미한다(그림 759). 이런 의도는 다음에서 언

758 랭스 성당(Reims Cathedral). 네이브 월 입면도. 프랑스. 네이브 1211~41년/서쪽 파사드 1255년경~90년

759 랭스 성당(Reims Cathedral). 프랑스. 네이브 1211~41년/서쪽 파사드 1255년경~90년

급할 경량화 추구와도 맞닿아 있다. 아케이드 층은 높이가 낮아진 대신 기둥간 거리가 넓어지면서 조도를 향상시켰다. 천측창 면적의 증가는 특히 두드러졌다(그림 695).

아케이드보다 천측창이 높아진 이런 비례는 이를테면 부르주의 비례를 뒤집어놓은 것에 해당된다(그림 758). 아케이드 층이 낮고 넓어진 변화 자체만 놓고 보면 고전적 비례로 회귀한 것으로 볼 수 있지만 네이브 월 전체로 보면 부르주의 고전 비례와 반대되는 방향으로 처리된 것이다. 이것이 랭스가 샤르트르의 계열에 속하는 이유이다. 트리포리엄이 높아졌다는 것은 플라잉 버트레스의 기능이 향상되었다는 의미이다. 이와 동시에 트리포리엄이 충분히 높아지지 않은 점은 랭스의 한계를 보여주는 현상이다.

760 랭스 성당(Reims Cathedral), 프랑스, 네이브 1211~41년/서쪽 파사드 1255년경~90년

셋째, 필리에 캉토네는 샤르트르와 거의 동일한 형태가 반복되었다(그림 760, 765). 이런 가운데 샤르트르에 남아 있던 더블 베이의 잔재는 완전히 사라지고 기둥의 종류도 통일되었다(그림 759). 코어 기둥과 대응 기둥 모두 원형 기둥으로 정리된 것이다. 이에 따라 기둥의 구조적 원형성이 명쾌하게 드러났다. 하나의 기둥 내에서 대응 기둥은 비닥에서 시작하는 것과 주두에서 시작하는 것이 혼재되었다(그림 760). 다섯 개의 대응 기둥 가운데 가장 큰 중앙의 것은 바닥까지 내려가고 나머지 네 개는 주두에서 끊겼다. 이런 처리는 아직 중간 단계의 미완성을 의미한다. 대응 기둥이 모두 원형 기둥으로 정리됨에 따라 강한 선형 어휘에 의해 천장으로 치고 올라가는 수직적 힘이 강조되는 발전도 있었다.

761 랭스 성당(Reims Cathedral), 네이브 횡단면도, 프랑스, 네이브 1211~41년/서쪽 파사드 1255년경~90년

넷째, 샤르트르의 플라잉 버트레스가 갖던 한계 대신 부르주의 보강 방식을 받아들여 완성되었다(그림 761). 뒤틀림이 가장 많이 일어나는 지점에 보강 부재를 사용하여 플라잉 버트레스 자체가 튼튼해지면서 과감한 시도를 할 수 있게 되었다. 수직으로 겹쳐지는 아치는 두 단으로 정리되었다. 아치 폭과 버트레스 높이 사이의 비례는 더 수직적이 되었다(그림 762). 버트레스의 단면적도 절약되었다. 이런 발전은 플라잉 버트레스 본래의 목적인 트리포리엄 높이의 증가와 진공부 확대 등의 구체적 결과로 나타났다.

다섯째, 이상의 발전 내용들을 종합하면서 건물이 본격

적으로 높아지기 시작했다. 천장고는 42미터로 샤르트르보다 5미터 가까이 높아졌다. 이것을 고딕적 수직 비례로 느끼게 해주는 공간의 대형화도 함께 이루어졌다. 평면 구성은 '3랑식 네이브-5랑식 슈베'의 샤르트르 유형이 반복되었다(그림 755). 건물 길이는 135미터였고 폭은 5랑식 부분이 51미터로 샤르트르보다 커졌다(그림 763). 그러나 방사형 예배당에서는 복도가 한 겹으로 줄어들고 예배당들도 밖에서 조이는 것처럼 처리되는 변화가 일어났다(그림 495, 764). 이것은 샤르트르에서 시도되었던 수평 확장을 여기에서는 포기했음을 의미한다.

랭스 성당은 수평 확장을 포기하면서 수직 확장 한 방향으로 집중했다(그림 761, 765). 수직 확장은 샤르트르의 한계를 극복함으로써 가능했다. 평면 구성, 규모, 구조 방식, 구조부 분절, 공간 분절 등 모든 면에서 샤르트르의 연장선에 놓였지만 각 항목에서 조금씩 발전하며 궁극적으로는 샤르트르의 한계를 극복했다. 이것을 바탕으로 본격적인 수직 확장이 이루어질 수 있었다. 개구부도 이런 분위기에 맞춰 수직 비례로 처리되었다.

이스트 엔드의 외관도 같은 경향을 보였다. 외관은 부르주의 3단 구성이 아닌 샤르트르의 2단 구성으로 처리되었다. 안쪽 성가대석의 높은 매스와 바깥쪽 예배당의 낮은 매스 사이에 갑작스런 높이 변화가 생겼다. 이에 따라 안쪽 매스의 수직성이 강조되었다. 또한 외관 전체

762 랭스 성당(Reims Cathedral), 프랑스, 네이브 1211~41년/서쪽 파사드 1255년경~90년

763 랭스 성당(Reims Cathedral), 프랑스, 네이브 1211~41년/서쪽 파사드 1255년경~90년

764 랭스 성당(Reims Cathedral), 방사형 예배당-성가대석 확대 평면도, 프랑스, 네이브 1211~41년/서쪽 파사드 1255년경~90년

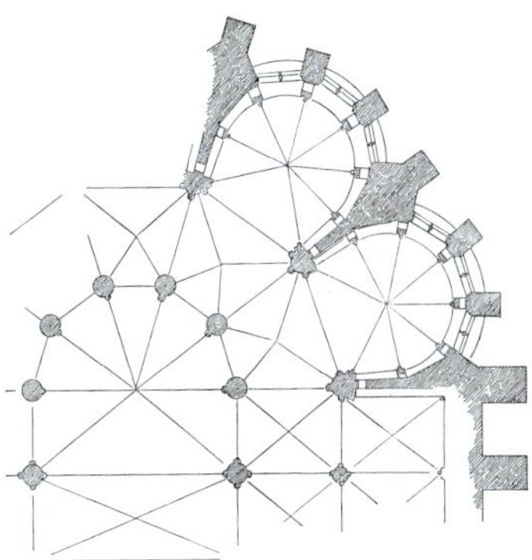

765 랭스 성당(Reims Cathedral), 프랑스, 네이브 1211~41년/서쪽 파사드 1255년경~90년

에서 시각적 긴장감과 역동성이 만들어졌다. 긴장감과 역동성은 수직성을 도왔다. 이런 결과는 방사형 예배당의 복도가 한 겹이었기 때문에 나타난 현상이었지만 건축적 의도가 담긴 처리이기도 했다.

여섯째, 건물의 경량화에 대한 인식이 본격화되었다. 이 점에서 랭스는 표면적으로 대형화를 추구했던 샤르트르보다 경량화를 추구했던 부르주의 연장선에 놓이는 것으로 볼 수 있다. 그러나 경량화가 구현되는 과정이나 최종 목적에서는 샤르트르를 더 발전시킨 것으로 볼 수 있다. 이런 판단의 근거로 풍압과 공간감을 들 수 있다. 랭스는 부르주보다 풍압이 센 지방에 위치했다. 풍압은 인장력을 유발하는데 이를 막기 위해서는 건물이 무거워지는 것이 통례이다. 이런 조건에서 건물이 오히려 경량화된 것은 구조적 가능성을 극단화하려는 샤르트르의 입장을 따른 것이다. 공간감은 이런 해석을 뒷받침한다. 랭스에 나타난 극단적 수직 추구 경향은 경량화의 목적이 부르주의 고전성이 아니라 샤르트르의 고딕성이었음을 말해준다.

랭스에서 경량화는 벽체가 얇아지고 개구부의 면적이 확대되는 방향으로 추구되었다. 네이브 월은 이런 변화가 가장 두드러진 부분이었다. 아케이드의 아키볼트 누께가 얇아졌다. 들여쌓기의 단수도 증가했다. 여러 겹의 가는 곡선이 반복되면서 벽체의 물성이 사라지고 섬세한 공예적 느낌이 나타났다(그림 759). 트리포리엄의 높이 증가분은 그대로 개구부 높이의 증가에 할당되었다(그림 695). 아치를 구획하는 기둥도 가늘어졌다. 이 기둥이 양쪽 끝에서 다발 기둥과 만나는 부분의 굵기도 많이 줄어들었다. 대응 기둥의 발전은 아케이드와 트리포리엄에서 나타난 경량화와 잘 어울렸다. 대응 기둥의 선형성은 경량화의 효과를 크게 향상시키며 샤르트르와 비교했을 때 더 경쾌해진 모습을 만들어냈다(그림 765).

천측창의 높이 증가와 기둥간 거리의 확장은 창 분할에 큰 변화를 가져왔다. 랜싯은 넓고 길어졌고 오쿨루스는 커졌다(그림 709, 758). 이에 따라 개구부에서 진공부가 차지하는 비율이 증가했다. 이런 진공부를 메우기 위해 선형 분할 어휘인 바 트레이서리[bar tracery]가 발명되었다(그림 594, 766). 이 부재는 막대 모양의 선형 트레이서리를 지칭하는 것으로 후기 고딕에서 핵심 어휘로 쓰였다. 이것은 랭스 성당에서 처음 나타났다. 이것은 랭스의 주요 고민이 조도 향상이었음을 보여주

766 랭스 성당(Reims Cathedral), 프랑스, 네이브 1211~41년/서쪽 파사드 1255년경~90년
767 랭스 성당(Reims Cathedral), 비야르 드 온쿠르(Villard de Honnecourt)의 스케치집에 수록된 입면도

는 또하나의 중요한 증거이다. 기둥간 거리의 확장에 비해 높이 증가분이 더 컸기 때문에 랜싯은 가늘고 날씬해졌다(그림 767). 시각적으로 더 뾰쪽해졌다는 의미이다. 이런 시각 작용은 경량화를 도왔다.

고딕의 완성과 붕괴-아미앵 성당과 보베 성당

아미앵 성당네이브 1220~36년, 성가대석 1236~70년은 여러 면에서 랭스 성당의 연장이자 성기 고딕의 완성점이었다. 이런 사실은 양면성을 갖는다. 고딕 건축의 이상이 모든 면에서 가장 완벽하게 이루어졌다는 점에서는 긍정적 의미를 갖는다. 그러나 새로운 발전 없이 이전 방식의 완성적 연장이라는 점에서는 부정적 의미를 갖는다. 아미앵은 성기 고딕의 절정에 위치해 있으면서도 스스로 새롭게 발명한 것은 없었다. 이 때문에 기록을 보유하고 있음에도 불구하고 오히려 앞의 다른 건물들보다 학문적 관심은 덜 받아왔다.

혹은 랭스와 짝을 이루며 비교의 대상이 되어왔다. 평가의 내용은 랭스보다 덜 중요하다는 것이 주류를 이룬다. 종교적 관점에서 보았을 때도 랭스는 왕의 대관식이 열리는 성당으로서 중요성을 갖는 데 반해

768 아미앵 성당(Amiens Cathedral), 프랑스. 네이브 1220~36년/성가대석 1236~70년

아미앵은 그렇지 못했다. 이것은 고딕 건축을 대표하는 성당으로 당시 사람들이 아미앵이 아닌 랭스를 선정했다는 의미이다. 이런 평가는 두 건물이 갖는 건축적 중요성의 차이와 일치한다.

아미앵의 가장 큰 의미는 최고의 천장고라는 기록에 있다(그림 479, 498, 707, 768). 아미앵 뒤에 지어진 보베에서 더 높아지긴 했지만 보베는 무너졌기 때문에 기록으로 인정받지 못했다. 쾰른 성당도 아미앵보다 높아졌지만 아미앵을 모델로 삼아 100년 정도 뒤에 지어진 것이기 때문에 진정한 기록으로 인정받지 못하고 있다. 이런 점에서 아미앵은 고딕 건축의 수직 경쟁에서 최고의 기록을 보유한 건물로 볼 수 있다(그림 769).

아미앵 역시 랭스와 마찬가지로 '3랑식 네이브–5랑식 슈베'의 구성으로 이루어졌다(그림 770). 방사형 예배당이 축소되면서 수평 확장을 포기한 것도 동일했다. 전체 규모는 5랑식 부분을 기준으로 137미터×46미터로 랭스와 유사했다. 천장고는 43미터로 랭스보다 1미터 더 높아지면서 고딕의 기록을 세웠다. 이런 높이를 가능하게 한 구조 방식은 랭스의 것이 거의 그대로 반복되었다. 10년이라는 시차를 통해 랭스의 구조 방식이 갖는 수직성의 가능성을 좀더 활용한 점이 차이였다. 아미앵이 모든 점에서 랭스의 모

769 프랑스 고딕 성당의 수직 발전 과정. 왼쪽부터 랭스(Reims, 1211~41년)–아미앵(Amiens, 1220~36년)–보베(Beauvais, 1227~60년)–쾰른(Köln, 1248~1332년)

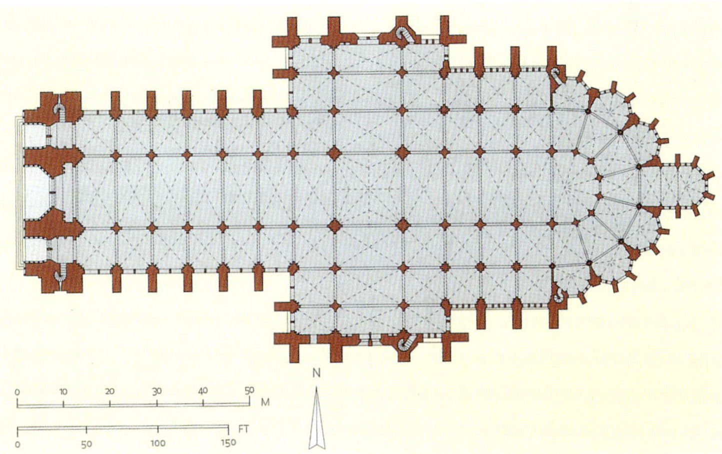

770 아미앵 성당(Amiens Cathedral). 프랑스. 네이브 1220~36년/성가대석 1236~70년

방품인 것만은 아니었다. 랭스에 마지막으로 남아 있던 불완전성이 해소되는 발전도 있었다. 랭스와 구별되는 아미앵만의 특징은 네 가지로 정리될 수 있다.

첫째, 대응 기둥이 체계적으로 정리되면서 구조 체계와 일치를 이루었다. 랭스까지는 대응 기둥이 바닥에서 시작하는 것과 주두에서 시작하는 것의 두 종류만 쓰였다. 아미앵에서는 트리포리엄에서 시작하는 세번째 종류가 새로 더해졌다. 이로써 대응 기둥과 구조 체계 사이에 3단계에 걸친 위계성이 완성되었다(그림 771). 대응 기둥 가운데 중앙의 것이 가장 위계가 높았다. 이에 맞게 바닥에서부터 시작하면서 천장의 횡방향 리브를 받쳤다. 양옆의 것은 두번째 위계를 가졌다. 이에 맞게 주두에서부터 시작하면서 천장의 대각선 리브를 받쳤다. 나머지 두 개는 마지막 세번째 위계에 해당되었다. 이에 맞게 트리포리엄에서부터 시작하면서 천측창의 실내 윤곽을 짜는 데 쓰였다.

771 아미앵 성당(Amiens Cathedral). 프랑스. 네이브 1220~36년/성가대석 1236~70년

둘째, 대응 기둥과 천장 리브 사이에 일치가 얻어졌다. 이 문제는 랭스에서도 불일치로 남았던 부분이었다. 고딕 건축에서 가장 늦게까지 해결 안 된 채 남은 문제로 볼 수 있다. 여기에는 그럴 수밖에 없는 이유가 있었다. 대응 기둥과 천장 리브는 근본적으로 일치될 수 없었다. 4분 볼트는 리브가 세 개이기 때문에 세 개의 대응 기둥만이 필요했다. 그러나 천측창의 실내 윤곽을 짜는 데 두 개가 더 필요했기 때문에 실제로는 모두 다섯 개가 만들어졌다. 이 다섯 개를 모두 드러내게 되면 불일치로 남을 수밖에 없었다. 랭스에 다섯 개의 대응 기둥이 쓰인 것

도 이 때문이었다(그림 756).

이렇게 보았을 때 이 문제는 다섯 개의 대응 기둥을 그대로 놔둘 것인가 아니면 세 개인 것처럼 보이게 할 것인가의 여부로 귀결된다. 바꿔 말하면 천측창 윤곽용 대응 기둥을 리브에 대응하는 것처럼 보이게 할 것인가의 여부이다. 랭스에서는 대응하는 것처럼 보이게 함으로써 다섯 개의 대응 기둥이 모두 드러났다. 결과적으로 불일치가 일어난 것처럼 보이게 되었다.

이것이 아미앵에서 일정 부분 해결되었다. 천측창 윤곽용 대응 기둥을 트리포리엄에서부터 시작하는 처리를 이용했다. 바닥에 서서 보면 트리포리엄에서 시작하는 두 개는 안 보이기 때문에 대응 기둥이 세 개인 것처럼 보였다. 이로써 천장 리브에 대응하는 기둥이 세 개로 정리되면서 일치가 일어난 것처럼 보였다(그림 479, 707). 대응 기둥이 세 개인 것처럼 보임으로써 랭스의 다섯 개보다 경량화가 더 진행된 것처럼 보이게 하는 추가 작용이 있었다. 천장을 향해 올라가는 수직적 선형성이 훨씬 강조되어 보였다

셋째, 수직 비례가 강조되었다. 아미앵에서는 단순히 높이만 높아진 것이 아니라 공간 분절에서 의도적으로 수직 비례를 추구했다. 네이브의 폭 대 높이 비율은 1대 3으로 샤르트르의 1대 2.6에 비해 많이 급해졌다(그림 731, 768, 772). 샤르트르의 고딕적 거대 공간에서 탈피하여 수직성만을 극단적으로 추구하겠다는 입장이었다. 이런 입장은 랭스에서부터 나타났다. 아미앵에서는 이것이 극단화되면서 정점에 이르렀다(그림 769). 이렇게 한쪽으로 쏠린 경향은 심미성이 떨어지는 것일 수도 있다. 이것이 아미앵이 기록에 비해 관심을 못 받는 이유이기도 하다.

772 아미앵 성당(Amiens Cathedral), 네이브 횡단면도, 프랑스, 네이브 1220~36년/성가대석 1236~70년

수직 비례는 네이브 월의 분할에서 반복되었다. 아케이드의 높이는 20.2미터, 트리포리엄의 높이는 6.8미터, 천측창의 높이는 14.7미터였다(그림 593, 773). 랭스와 비교했을 때 트리포리엄은 많이 높아지고 아케이드는 조금 높아졌으며 천측창은 오히려 낮아졌다(그림 709). 트리

773 아미앵 성당(Amiens Cathedral). 프랑스. 네이브 1220~36년/성가대석 1236~70년
774 아미앵 성당(Amiens Cathedral). 프랑스. 네이브 1220~36년/성가대석 1236~70년

포리엄이 높아진 것은 플라잉 버트레스의 구조적 가능성을 십분 활용한 것으로 고딕 구조의 발전을 의미했다. 그러나 아케이드가 높아진 대신 천측창이 줄어든 것은 주의를 기울여야 하는 대목이다. 이런 현상은 여러 측면에서 해석될 수 있다.

우선 아케이드가 높아졌다는 것은 바닥에 섰을 때 눈에 들어오는 수직성을 증가시키겠다는 의도였다(그림 768, 774). 천측창의 높이를 줄이고 아케이드만을 높인 것은 네이브의 비례에서와 마찬가지로 정교한 분절에서 벗어나 극단적 수직성을 추구하려는 또다른 증거로 볼 수 있다. 다음으로 천측창의 면적이 줄어든 것은 건축적 관심이 조도향상에서 벗어났음을 말해준다(그림 479, 768). 수직성의 궁극적 목적이 밝은 빛의 유입을 도와 신의 존재를 증명하는 것이었음을 볼 때 이런 현상은 숫자로서의 수직성 자체에 관심이 집중되어 있음을 의미한다. 왜 수직성이 추구되어야 하는지에 대한 섬세한 고민이 결여된 현상이었다.

마지막으로, 아케이드가 천측창보다 우위를 점하게 된 현상은 세속권력으로서의 기독교를 추구하겠다는 지상주의의 발로였다. 아일이 하나만 있고 아케이드가 높아지면서 땅 높이에서 네이브로 들어오는 빛은 증가했다. 반면 천측창이 좁아지면서 하늘에서 내려오는 빛은 줄

775 아미앵 성당(Amiens Cathedral). 프랑스. 네이브 1220~36년/성가대석 1236~70년

어들었다(그림 773). 이런 처리가 기독교의 의미를 지상의 권력으로 정의하겠다는 입장이라는 점에 대해서는 앞에서 살펴보았다. 빛 처리에 더해 아케이드 층이 높아진 물리적 변화 자체가 이런 지상주의의 의미를 강화했다.

넷째, 천측창의 개구부 분할에서 랜싯이 네 개로 늘어났다. 트리포리엄은 여섯 개의 작은 아치로 분할되었다. 이 여섯 개는 다시 두 개의 큰 아치로 무리를 이루었다(그림 775). 이런 처리는 두 가지 목적을 가진 것으로 해석될 수 있다. 한 가지는 랜싯을 가늘고 날씬하게 보이려는 목적이다. 천측창의 높이가 낮아진 대신 랜싯의 개수를 늘림으로써 랜싯 하나의 수직 비례를 강화시키겠다는 의도였다. 이것 역시 숫자나 기록으로서의 수직성에 집착한 또다른 증거로 볼 수 있다.

다른 한 가지는 장식적 효과를 높이려는 목적이다. 랜싯의 개수를 늘림으로써 분할 효과를 증가시키고 궁극적으로 장식 어휘의 양을 늘린 것이다. 이 대목은 아미앵의 시대석 의미에 대해 의외의 판단을 가능하게 해주는 부분이다. 아미앵이 성기 고딕의 완성점이라는 사실은 이론의 여지가 없는 통설이다. 그러나 이것은 기록이라는 숫자 측면에서만 그러하다. 앞에서 살펴본 바와 같이 건축 공간의 질적인 측면에서는 랭스에 비해 떨어지는 내용들이 많았다. 이것은 고딕 정신이 퇴행하는 현상으로 해석될 수 있다.

천측창이 바로 이런 현상의 대표적인 부분이었다. 천측창의 높이가 낮아진 대신 장식적 목적에 관심이 더 갔다는 사실은 이미 후기적 현상이 시작된 것으로 볼 수 있다. 높이의 기록 이면에 관찰되는 퇴행의 징조였다. 이렇게 보았을 때 성기 고딕의 완성점은 랭스였고 아미앵은 랭스의 발전을 바탕으로 숫자의 기록만을 남기고 후기적 퇴행이 처음 나타난 전환기적 건물로 평가될 수 있다. 실제로 아미앵에서는 후기 고딕의 다른 징조들이 여러 곳에서 나타났다. 이 때문에 아미앵을 후기 고딕의 시작으로 보는 시각도 있다. 이 내용에 대해서는 다음의 '후기 고딕' 편에서 살펴볼 것이다.

보베 성당1247년 시작, 1284년 지붕 붕괴, 성가대석 1337~47년, 전체 완공 1568년=성 베드로은 프랑스 고딕

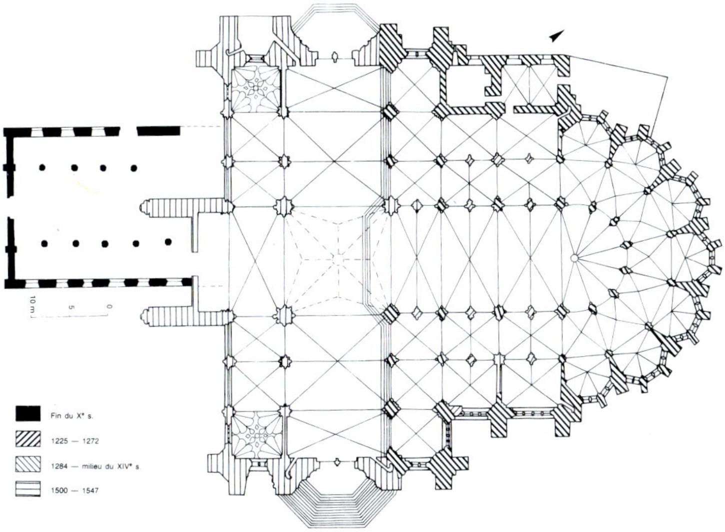

776 보베 성당(Beauvais Cathedral). 프랑스. 1247년 시작, 1284년 지붕 붕괴, 성가대석 1337~47년, 전체 완공 1568년

건축의 양면성을 잘 보여주는 특이한 예였다. 나아가 유럽 기독교 건축의 수직 욕구가 갖는 위험성을 보여주는 예이기도 하다. 보베는 애초에 로마네스크 양식의 건물이었다. 여러 차례의 화재로 손상된 것을 1225~72년에 성가대석부터 증개축했다(그림 776). 이때 고딕 최고의 기록 가운데 하나가 세워졌다. 샤르트르에서 아미앵에 이르는 성기 고딕의 구조 공법을 십분 활용하여 성가대석이 48미터까지 올라갔다(그림 713, 777). 이것은 아미앵보다 5미터나 더 높은 것으로 고딕 건축의 실질적 최고 기록이었다(그림 769, 778). 그러나 1284년에 이 천장이 무너졌기 때문에 기록으로 인정받지 못하고 있다.

777 보베 성당(Beauvais Cathedral). 프랑스. 1247년 시작, 1284년 지붕 붕괴, 성가대석 1337~47년, 전체 완공 1568년

778 보베 성당(Beauvais Cathedral). 성가대석 횡단면도. 프랑스. 1247년 시작, 1284년 지붕 붕괴, 성가대석 1337~47년, 전체 완공 1568년

보베는 여러 선례들에서 좋은 점만 따와서 설계되었다. 이 때문에 붕괴의 원인을 쉽게 찾아내지 못했다. 원인이 밝혀지지 않은 채 1337~47년에 기둥만 보강하여 다시 지어졌다. 16세기에는 트랜셉트가 플랑부아양 양식으로 지어졌다. 이후 더이상 공사가 진행되지 않았기 때문에 네이브를 갖지 못한 반토막 상태로 남았다. 스테인드글라스는 13, 14, 16세기에 걸쳐 만들어졌다. 붕괴 직전이 처음의 설계 내용을 가장 잘 알았을 시점이라고 볼 때 곧바로 다시 짓지 못한 것은 붕괴 원인과 복원 등 모든 점에서 정확한 판단과 결론을 어렵게 만드는 원인이 되었다. 붕괴 원인은 상식적인 수준에서 추측해 볼 수 있다. 그 내용은 네 가지로 요약될 수 있다.

첫째는 연약 지반에 기초를 충분히 다지지 못했기 때문이다. 둘째는 시공이 정밀하게 이루어지지 못했기 때문이다. 셋째는 여러 선례들에서 모은 구조 체계 자체에 문제가 있었기 때문이다. 넷째는 천장 하중을 플라잉 버트레스에만 의존하고 실내 벽과 기둥은 철물 연결 막대로 보강만 한 채 따로 작용하게 만들었기 때문이다.

네 가지 원인은 모두 일정한 근거를 갖는 것으로 받아들여지고 있다. 이것은 네 가지 모두가 붕괴 원인이었을 수 있다는 얘기가 된다. 한 가지 특정 원인에 의한 것이기보다는 여러 요인의 복합적 결과일 수 있다는 의미이다. 그만큼 허술하게 계획되고 지어졌다는 의미이기도 하다. 수직 욕구 한 가지에 집착하여 쫓기듯 서둘러 지었음을 알 수 있다. 아미앵에서 얻어진 고딕 기술의 완성과 수직 높이를 누구나 쉽게 모방할 수 있을 것으로 판단한 것이기도 했다.

이론적으로 따지자면 보베의 높이는 불가능하지 않다는 것이 고딕 구조를 전문적으로 연구하는 학자들의 견해이다. 문제는 구조 체계의 타당성과 시공의 정밀성 등 계획에서 완공에 이르는 과정에서 치밀하고 종합적인 위기 관리 능력이었다. 이것은 곧 고딕적 유기성의 개념이기도 했다. 이것이 결여된 상태에서 성급한 수직 욕구는 보베와 같은 재난으로 귀결되었다.

특히 문제가 되었던 것은 샤르트르와 부르주라는 상반되는 체계를 하나로 합친 것이었다. 이것은 성가대석 벽체 분할에 잘 나타났다. 부르주는 아케이드 층의 높이가 위쪽의 두 층에 비해 유난히 높게 처리되었다. 아케이드 층이 높은 대신 천측창이 낮았다는 얘기이다. 이렇게

처리된 구조적 이유도 있었다. 5랑식이었기 때문에 아일 벽체의 내력 역할 비중이 높았다. 그런데 보베는 부르주로부터 천측창이 낮다는 사실과 구조적 특징을 무시하고 높은 아케이드 층만 따왔다(그림 779).

반면 샤르트르 이후의 주류 계열에서는 천측창을 일정 높이까지 올려놓은 다음 트리포리엄을 높이고 그 다음 아케이드를 높이는 단계적 확장이 있었다. 샤르트르 계열에서는 세 단의 비율이 비교적 균등했다는 의미이다. 이것 역시 단지 시각적 차원의 비율을 위해서뿐 아니라 구조적으로도 이유가 있었기 때문에 나온 방식이었다. 그런데 보베에서는 샤르트르로부터 아케이드 층이 낮다는 사실과 구조적 특징을 무시하고 높은 천측창만 따왔다(그림 780).

앞에서도 살펴본 바와 같이 샤르트르 유형과 부르주 유형은 각기 다른 수직 체계를 가지고 있었다. 두 성당의 네이브 월 분할이 다르게 나타난 것은 그 산물이었다. 보베에서는 구조적 배경을 무시하고 이 두 유형의 수직성 요인만을 따와 하나로 합쳐 사용했다. 서로 다른 이유와 목적에서 나온 방식 가운데에서 수직성을 보장해주는 부분만 분리 추출하여 하나로 합쳤다는 의미이다. 부르주 유형에서는 높은 아케이드를, 샤르트르 유형에서는 높은 천측창과 트리포리엄을 따와서 하나로 합친 것이다. 선례들 가운데 세 단의 높이가 가장 높은 것들만을 따로 모아 각 단의 높이를 모두 극단적으로 높였다. 그 결과 아케이드와 천측창이 거의 같은 높이가 되었다(그림 781).

이런 접근은 매우 위험했다. 문제는 구조 방식이 이것을 뒷받침하지

779 보베 성당(Beauvais Cathedral). 프랑스. 1247년 시작, 1284년 지붕 붕괴, 성가대석 1337~47년, 전체 완공 1568년

780 보베 성당(Beauvais Cathedral). 프랑스. 1247년 시작, 1284년 지붕 붕괴, 성가대석 1337~47년, 전체 완공 1568년

781 보베 성당(Beauvais Cathedral). 프랑스. 1247년 시작, 1284년 지붕 붕괴, 성가대석 1337~47년, 전체 완공 1568년

못했다는 점이다. 특히 부르주에서 높은 아케이드 층을 가능하게 했던, 인장력에 대비한 보강과 같은 정밀한 구조 처리가 결여되었다. 보베는 샤르트르에서 아미앵에 이르는 무리한 수직 추구가 빚은 불행이었다. 반대 개념을 구사한 적절한 중화 작용이 결여된 채 고딕적 비례 한 가지에만 집착한 결과이다. 아미앵에서는 이것이 붕괴로까지 이어지지는 않았지만 작품성이 떨어지는 결과로 나타났다. 그리고 보베에서는 붕괴라는 직접적이고 치명적인 결과로 나타났다.

반(反)샤르트르와 소형화

지금까지 살펴본 예들은 모두 고딕 건축을 대표하는 대형 성당들이었다. 이 예들은 성 디오니시오에서 아미앵 성당에 이르는 주류적 경향과 이에 대비되는 고전적 경향으로 양분될 수 있다. 주류적 경향은 첨단 구조 방식의 발명을 이끌며 이것을 바탕으로 대형 공간을 추구했다. 그러나 고전적 경향 가운데에도 첨단성과 대형화 등에서 주류 경향과 같은 보조를 취한 예들도 있었다.

차이는 공간의 비례감에 있었다. 이것은 다시 공간의 골격을 어떻게 짜고 분절하느냐의 문제였다. 첨단성과 대형성이라는 구조 기술의 산물을 건축적으로 어떻게 정의하고 마무리할 것인가의 문제였다는 의미이다. 고전 시대보다 훨씬 높아진 새로운 공간이 탄생했고 이것을 건축적으로 어떻게 처리할 것인가가 중요한 문제로 떠올랐다. 주류적 경향은 이것을 정의하는 건축적 의미 역시 고딕적 비례감이라는 새로운 개념으로 하자는 쪽이었고 고전적 경향은 전통적인 고전적 비례감으로 처리하자는 쪽이었다.

이렇게 양분되는 흐름 이면에는 다른 종류의 경향이 있었다. 이런 제3의 경향은 축소 지향적이고 자유롭고자 하는 특징을 공유했다. 이 경향은 일차적으로는 주류적 경향에 대한 반대였지만 결국은 고전적 경향에 대한 반대이기도 했다. 두 경향 모두 너무 크고 형식적이라는 것이었다. 일차적으로는 공간 규모의 문제였다. 공간 규모는 종교적 측면과 연관된 것이기도 했다. 의식 진행 등의 기능적 측면이나 성당 안에서 느끼는 심리적 측면 등에서 볼 때 대형 성당들처럼 복잡한 구성이 필요 없는 소형 교회도 많았다. 이런 경우 대형 성당의 구성은 적절치 않았기 때문에 독자적인 구성을 가져야 했다.

이외에 여러 다른 부담의 문제이기도 했다. 부담의 원인은 경제, 기술, 정치 등 다양했다. 고딕 시대에 대형 성당을 지을 수 있는 여력을 갖춘 도시나 교구는 그렇게 많지 않았다. 공사 기간도 큰 문제였다. 대형 성당은 공사 기간만 최소 10년 이상, 보통 수십 년씩 걸렸다. 이 기간 동안 건축 재료와 장인 등을 지속적으로 공급하기 위해서는 경제력 이외에도 종교적 정치적 안정 등 선행되어야 할 전제조건들이 많았다. 이것을 충족시키는 일은 쉽지 않았다.

프랑스에만 100채가 넘는 고딕 성당들이 지어졌지만 지금까지 소개한 예들은 양적으로 보았을 때 이 가운데 15퍼센트에도 못 미치는 대표작들이다. 문제는 나머지 대다수의 건물들이다. 이들을 15퍼센트의 첨단 경향의 모방품이거나 역사적 가치를 못 갖는 이류로 단정짓기에는 무리가 따른다. 물론 각 시대에서 가장 첨단적 발전을 이끌고 규모도 가장 큰 대형 걸작품들을 대표작으로 꼽는 것은 건축사의 상식이다. 문제는 그 나머지를 어떻게 다룰 것인가에 있다(그림 782). 건축사는 대표급 건물들로만 이루어지는 것은 아니기 때문이다.

이 문제는 시대마다 다른 형식을 띠면서 반복되는 것이기도 하다. 이것을 해결하는 방식도 시대마다 다르다. 고딕 시대는 대표작이 성당이기 때문에 비종교 건물, 즉 세속secular 건물이라는 별도의 분류 항목을 만드는 것이 가장 흔한 방법이다. 성채, 시민회관, 시청 등이 고딕의 세속 건물에 속하는 대표적 유형들이다. 주택만으로 건축사를 보는 주거사도 대표적인 방법이다. 그러나 이런 방법들로는 해결이 안 되는 문제가 여전히 남는다. 같은 성당 내에서 다수의 나머지를 어떻게 해결할 것인가의 문제이다.

이런 예들을 다루는 방법으로 '반샤르트르'라는 항목 아래에 분류하는 방식을 들 수 있다. 반샤르트르라 함은 그 말 속에 이미 첨단화와 대형화 경향에 대한 반대의 의미가 담겨 있다. 샤르트르를 주류적 경향과 고전적 경향 모두를 통괄하는 첨단화와 대형화의 대표로 보고 이것과 반대되는 여러 경향들을 하나의 흐름으로 묶겠다는 의미이다. 첨단화와 대형화의 기준을 제외하고 나면 나머지 예들에서 다시 다양한 경향들로 분류가 가능하다.

782 반 고흐(Van Gogh)의 〈오베르 교회*The Church in Auvers*〉, 1890년

일차적으로는 지역에 따른 분류가 있을 수 있다. 이것에 대해서는 앞에서 살펴보았다. 이외에 소형화와 이중벽이라는 또다른 유용한 기준도 있다. 이 기준은 프랑스의 여러 지역별 경향을 포괄한다. 소형화 경향은 특정 지역으로 대표되지 않고 프랑스 전역에 걸쳐서 관찰된다. 반면 이중벽은 주로 부르고뉴 지방에서 관찰된다. 부르고뉴 고딕은 소형화와 이중벽의 특징을 함께 보이며 일드프랑스 지방의 중앙 양식에 맞선 지역 양식이었다. 부르고뉴 지방의 이런 특징들은 역으로 일드프랑스 지방에까지 영향을 끼치기도 했다.

소형화 경향은 말 그대로 전체 규모를 줄이고 평면 구성도 단순화시키는 경향을 지칭한다. 이런 점에서 고딕적 경향뿐 아니라 고전적 경향과도 분명히 구별되는 특징을 갖는다. 고전적 경향은 공간 규모를 대형으로 유지하면서 비례에만 수평적 안정감을 첨가하는 경향이었다. 이 때문에 고전적 경향도 누아용, 랑, 부르주 등의 예에서 보듯이 고딕 건축의 구조 발전 전반에 중요한 기여를 했다.

소형화 경향은 이와 달리 공간 규모를 작게 하자는 것이었다. 이것은 '고딕성 대 고전성'의 이분법으로는 설명이 안 되는 또다른 경향이었다. 고딕적 고딕과 고전적 고딕 모두와 반대되는 경향이었다. 규모가 작아지면서 평면 구성에서도 차이점이 나타났다. 5랑식 네이브가 사라지면서 모두 3랑식으로 단순화되었다. 슈베에서는 방사형 예배당과 이중 복도가 사라졌다.

소형화 경향을 대표하는 예로 브렌의 생티브 수도원 교회Abbey Church of Ste. Yves at Braine, 1195년경~13세기 초반를 들 수 있다(그림 783). 이 교회는 3랑식을 기본 구성으로 삼아 67.3미터×20.2미터의 작은 크기로 지어졌다. 슈베

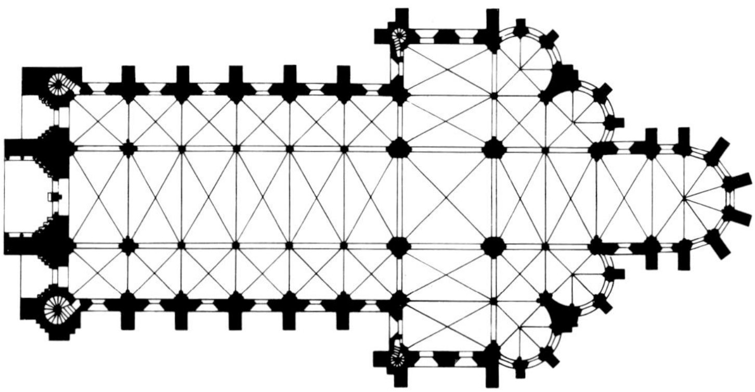

783 생티브 수도원 교회(Abbey Church of Ste. Yves), 브렌(Braine), 프랑스, 1195년경~13세기 초반

에서도 방사형 예배당과 이중 복도가 사라졌다. 슈베는 5개의 예배당을 갖지만 앱스를 겸한 중앙의 큰 것을 제외한 나머지 네 개는 양옆으로 두 개씩 배치되었다. 로마네스크 때의 제형에 가까운 구성이었다. 시기적으로 역행한 것으로 볼 수도 있지만 그보다는 화려한 이중 복도에 대비되는 소형화의 모델을 찾은 것에 가까웠다.

소형화 경향은 무기력한 축소만을 의미하지 않았다. 생티브에서 볼 수 있듯이 작은 규모에도 불구하고 네이브, 아일, 트랜셉트, 성가대석, 예배당 등 고딕 성당으로서 필요한 최소한의 구성은 갖추고 있었다. 트랜셉트도 많이 돌출하지는 않았지만 반듯한 형태를 갖추었다. 이것은 로마네스크 때 완성된 중세 라틴 크로스의 원형에 충실한 것으로 해석될 수 있다. 트랜셉트 처리를 놓고 노트르담에서 샤르트르와 부르주를 거치며 우왕좌왕했던 주류 경향과 대비되는 짜임새 있는 안정감을 가졌다.

주류의 예들에서 나타난 이런 우왕좌왕은 대형화에 매달렸기 때문으로 볼 수 있다. 건물이 커지는 데 따른 표준 유형을 정하지 못하고 트랜셉트를 없앴다 붙였다 하며 기본 구성에서 벗어난 것이다. 이에 반해 이곳에서는 중세 본연의 기본 구성을 충실히 따르고 있다. 네이브 월의 분할도 마찬가지였다. 높이는 낮지만 안정된 3단 기본 구성을 잘 지키고 있다. 생티브와 같은 경향의 교회로 이프르의 성 마르티노St. Martin at Ypres, 1221년~, 디종의 생트샤펠Ste. Chapelle at Dijon, 1220년경 시작, 현재 남아 있지 않음 등을 들 수 있다.

이중벽은 로마네스크 시대에 노르망디와 부르고뉴 두 지방에서 공통적으로 쓰이던 기법이었다. 이것이 사라지지 않고 부르고뉴 고딕에서 계속 사용되었다. 이중벽은 실내외 모두에 사용되었다. 실내에서는 주로 트리포리엄의 벽체 부분과 천장 볼트가 시작되는 지점 두 곳에서 쓰였다. 외관에서는 이보다 자유롭게 여러 곳에서 쓰였다. 트리포리엄 층, 천측창 층, 플라잉 버트레스를 받치는 기둥부 등이 대표적인 곳이었다.

이중벽의 목적은 네 가지였다. 첫째는 실내에 수직-수평 양방향에서 끊기지 않고 건물 전체를 순회하는 동선을 확보할 수 있었다. 둘째, 벽체를 여러 겹으로 만듦에 따라 구조적 안정성을 확보할 수 있었다. 셋째, 벽체에서 가소성plasticity의 조형적 가치를 얻어낼 수 있었다. 넷째,

784 오세르 성당(Auxerre Cathedral=St. Etienne), 프랑스, 1215년/14~15세기

빛 작용에 의해 벽체를 얇은 막처럼 보이게 할 수 있었다.

부르고뉴 고딕을 대표하는 예로 오세르 성당Auxerre Cathedral, 1215/14~15세기과 디종의 노트르담1220/25~1251년을 들 수 있다. 오세르는 샤르트르 학파로 대표되는 중앙의 표준 양식과 지역 전통 사이의 고민을 잘 보여준다(그림 784). 샤르트르의 영향은 기둥에 필리에 캉토네를 사용한 점, 천장을 처음에는 로마네스크 전통 기법인 6분 볼트로 계획했다가 공사가 시작되면서 4분 볼트로 바꿔 축조한 점, 천측창을 높게 한 점, 창을 두 개의 랜싯과 한 개의 오쿨루스로 분할한 점 등에서 나타났다(그림 785, 786, 793). 샤르트르식의 첨단화 대형화 경향을 부담스러워하며

785 오세르 성당(Auxerre Cathedral=St. Etienne), 프랑스, 1215년/14~15세기
786 오세르 성당(Auxerre Cathedral=St. Etienne), 프랑스, 1215년/14~15세기

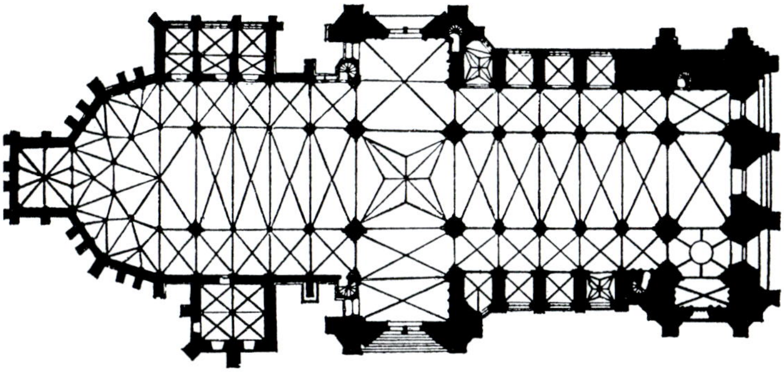

787 오세르 성당(Auxerre Cathedral=St. Etienne), 프랑스, 1215년/14~15세기

자신의 조건에 맞는 경향을 추구했음에도 불구하고 동시대 표준 양식의 영향에서 완전히 자유로울 수는 없었던 것이다.

여기에 더해 샤르트르에 대비되는 지역의 전통 구성도 나타났다. 구체적인 내용으로 소형화, 벽체의 잔재, 통로 벽체 등을 들 수 있다. 오세르의 전체 구성은 생티브와 매우 유사한 소형화 경향의 전형적인 구성으로 이루어졌다(그림 787). 대응 기둥을 가는 선형 어휘로 처리함으로써 소형화 경향의 분위기를 도왔다(그림 786, 794). 슈베의 아일 외벽에는 벽체의 잔재가 많이 남았는데 이것은 데가주망 같은 고딕 가구식 구조를 숙지하지 못했음을 의미한다. 이 부분은 2단 구성으로 분할되었다(그림 788). 아케이드 층은 블라인드 아치로 처리하면서 벽으

788 오세르 성당(Auxerre Cathedral=St. Etienne), 프랑스, 1215년/14~15세기

789 오세르 성당(Auxerre Cathedral=St. Etienne), 프랑스, 1215년/14~15세기

790 오세르 성당(Auxerre Cathedral=St. Etienne), 프랑스, 1215년/14~15세기

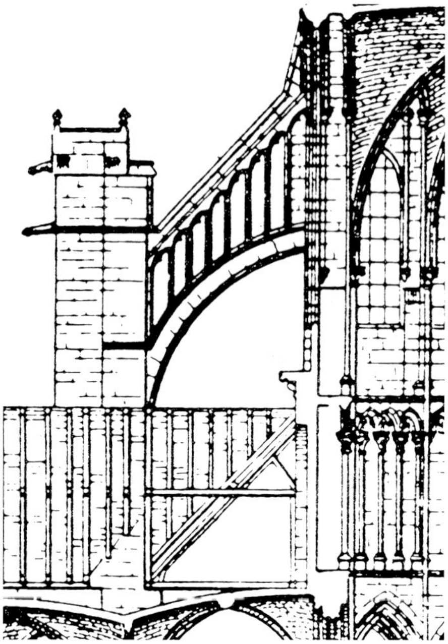

로 막혔다(그림 789). 천측창의 아랫부분도 높은 벽으로 막혔다. 벽체의 잔재는 로마네스크의 특징이었던 물성의 전통이 남은 것으로 볼 수 있다.

통로 벽체는 네이브와 슈베 등 여러 장소에서 관찰된다. 한 장소 내에서도 트리포리엄과 천측창 모두에서 쓰였다. 그 방식이 로마네스크의 이중벽이 아니라 기둥을 벽에서 분리시키는 기법으로 처리되는 중요한 변화가 있었다. 슈베의 아일 외벽은 이것을 가장 잘 보여주는 부분이다. 천측창 외벽이 아케이드 내벽보다 1미터 가량 밖으로 물러나 세워졌다. 이 1미터는 아케이드 위에 단을 이루면서 통로를 형성했다. 사람이 다닐 수 있게 하기 위해서 기둥은 천측창 외벽에서 분리되어 아케이드 내벽에 맞춰 세워졌다(그림 788, 790).

네이브의 천측창에서는 리브가 시작되는 지점까지는 기둥이 벽에서 분리되었고 그 위쪽은 벽과 한몸으로 붙어 있었다. 분리된 틈은 사람이 다니는 통로로 쓰였다. 이 통로는 유리에 가려 네이브 쪽에서는 안 보이지만 단면에는 나타났다(그림 791, 792). 트리포리엄에서는 통로가 작은 실내 공간 정도로 확장되면서 확실한 이중벽이 쓰였다. 통로 벽체는 랭스 등 주류 경향의 성당에서 부분적으로 차용되기도 했다. 그러나 크게 보았을 때 통로 벽체는 실내 동선 관리에는 유리하지만 구조에는 부담을 주기 때문에 고딕 건축의 주류 경향에서는 쓰지 않던 기법이었다. 이런 점에서 중앙의 표준 양식에 대비되는 지역 양식의 특징으로 볼 수 있다.

샤르트르의 중앙 양식과 지역 양식 사이의 고민은 구조 기법에 대한 이중적 재해석에서 반복되었다. 이중적이라 함은 샤르트르의 최신 구조 기법을 받아들이긴 하되 이것을 수직성이나 유기성 등이 아닌 다른 방향으로 응용했다는 의미이다. 대표적인 예가 방사형 예배당에 쓰인 폴스 베딩false bedding 공법이었다. 폴스 베딩은 샤르트르에서 완성된 타드샤르주 공법을 13세기식으로 응용한 공법이었다. 폴스 베딩에는 샤르트르의 구조 방식을 이어받겠다는 입장과 이것을 소품화하여 사용하겠다는 양면적 입장이 숨어 있다.

폴스 베딩은 주로 대응 기둥과 리브가 만나는 지점의 석재 처리에

791 오세르 성당(Auxerre Cathedral=St. Etienne). 방사형 예배당 천측창에 쓰인 이중벽. 프랑스. 1215년/14~15세기

792 비올레르뒤크(Viollet-le-Duc)가 폴스 베딩을 설명하면서 제시한 도면. 디종의 노트르담(Notre-Dame at Dijon)

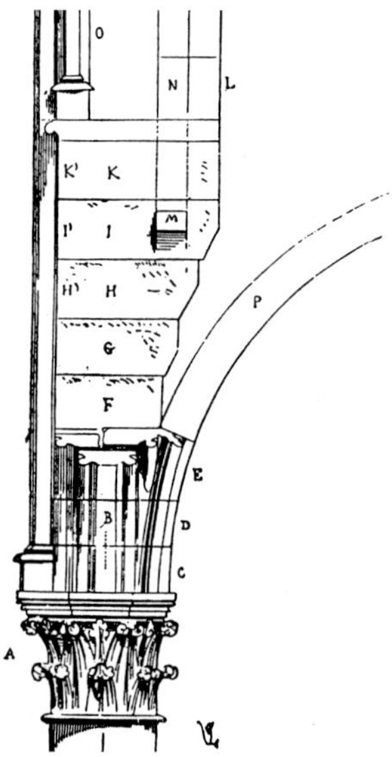

이용되었다. 개별 석재의 길이를 늘임으로써 전체 개수는 줄이는 시공술이었다. 횡방향 리브를 받치는 대응 기둥은 작은 조각 쌓기가 아닌 한 덩어리의 가는 원형 기둥으로 처리되었다. 대응 기둥이 코어 기둥보다 밖으로 돌출하는 정도를 가능한 한 크게 할 수 있었다. 이것은 구조 선형성을 시각적으로 강조하고자 하는 목적을 가졌다. 이곳 오세르에서는 슈베 외벽에 쓰였다(그림 790).

폴스 베딩은 높지 않은 건물에서만 사용이 가능했다. 폴스 베딩의 구조적 기능은 건물을 높이 올리는 데 있지 않고 벽체의 율동감을 만들어내는 데에 있었다. 이것은 고딕식 구조 체계의 의미와 목적을 수직성이 아닌 실내 공간의 친근감에 두겠다는 입장을 의미한다. 이런 내용은 선례들에서도 동일하게 관찰된다. 폴스 베딩이 처음 쓰인 것은 초기 고딕의 랑 성당에서였다. 폴스 베딩은 주류 경향 내에서도 수직성이 아닌 고전적 비례를 추구한 건물에서 사용되었다.

오세르 성당에서도 건물이 전체적으로 낮아지면서 구조적 부담이 줄어들었기 때문에 폴스 베딩을 사용할 수 있었다. 이것을 단일 원형 기둥 위에 쓴 것도 같은 맥락으로 이해될 수 있다. 샤르트르 계열의 주류 건물에서는 타드샤르주를 다발 기둥의 축조에 사용했다. 타드샤르주를 밑에서 받쳐주는 부재가 있었다는 의미이다. 오세르에서는 이것이 없어지고 단일 원형 기둥 위에서 타드샤르주가 처음 시작되었다.

이런 처리는 타드샤르주에 대한 소품화로 해석될 수 있다. 타드샤르주는 여러 번의 시행착오 끝에 얻어진 유기적 복합성의 산물이었다. 그런 복합성의 내용과 작동 체계가 기둥의 모습과 구성에 그대로 드러나야 했다. 그런데 여기에서는 그런 구조적 역할이 사라지고 형태 요소로만 차용되고 있는 것이다. 이것은 핵심적 본질을 지우고 레퍼토리화해서 차용한 것으로 소품화의 의미에 해당된다.

소품화는 필리에 캉토네에도 가해졌다. 필리에 캉토네가 샤르트르의 표준형에 맞게 쓰인 곳은 슈베의 아일 안쪽 기둥에서였다. 그러나 모든 기둥이 이것으로 처리된 것이 아니었다. 세 개당 한 개

793 오세르 성당(Auxerre Cathedral=St. Etienne). 프랑스. 1215년/14~15세기

794 오세르 성당(Auxerre Cathedral=St. Etienne). 프랑스. 1215년/14~15세기

만 이것으로 처리되었다. 나머지 두 개에는 필리에 캉토네를 응용한 다양한 방식이 쓰였다. 네 귀퉁이의 대응 기둥들 사이에 가늘고 짧은 2차 대응 기둥을 더 넣은 것과 주두 아래는 대응 기둥 없이 단일 원형 기둥으로 처리한 것들이었다(그림 793). 전자의 방식은 네이브 기둥에도 적용되었다. 대응 기둥이 가늘어지는 대신 개수가 늘어나면서 기둥 표면이 물결치는 듯한 모습으로 바뀌었다(그림 794).

오세르에 나타난 소품화는 여러 의미로 해석할 수 있다. 성기 고딕의 중요한 구조 방식을 소형화라는 지역 경향에 맞게 변형시킨 것으로 볼 수 있다. 혹은 중앙의 표준 양식을 지나치게 딱딱하고 합리적인 것으로 보면서 이에 대한 박탈의 의미로서의 냉소적 변형으로 볼 수도 있다.

디종의 노트르담도 이와 유사했다. 평면 구성은 소형화 경향을 보였다(그림 795). 대응 기둥과 리브에는 폴스 베딩 공법이 부분적으로 쓰였다(그림 798). 네이브 월의 3개 층 외벽 모두에 이중벽이 사용되었다(그림 796). 샤르트르의 필리에 캉토네에 대한 소품적 재해석도 보였다(그림 797, 798). 이런 내용들은 오세르 성당과 유사했다. 여기에 더해 노트르담에는 로마네스크와 초기 고딕의 잔재들이 더 많이 남아 있었다. 6분 볼트, 더블 베이, 오쿨루스 없는 창 분할, 멀리언mullion, 창문의 가로지름틀 없는 원형창 분할, 주두에서 끊기는 대응 기둥 등이었다(그림 796, 798, 799).

이런 현상은 디종의 노트르담에만 국한된 것은 아니었다. 샬롱쉬르손 성당Cathedral at Chalon-sur-Saone, 느베르 성당, 리옹 성당 등 비슷한 경향을

795 노트르담(Notre-Dame). 디종(Dijon), 프랑스. 1220년경~51년/15세기

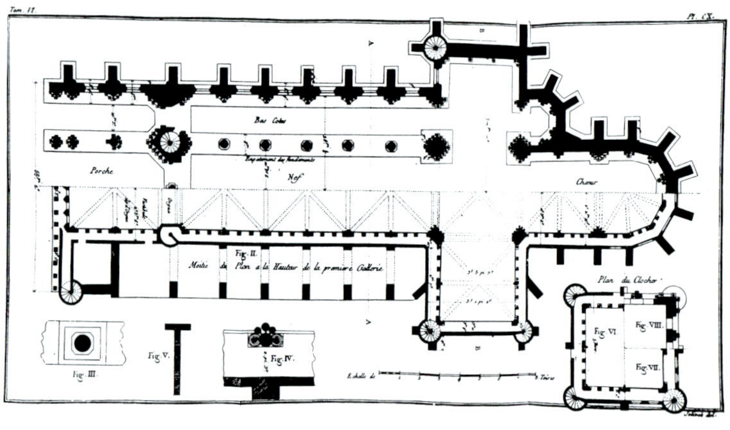

보이는 예들이 많이 있었다. 이런 예들은 일단 고딕 건축의 첨단 기술을 충분히 받아들이지 못한 점에서 후진적 상태에 머문 것으로 평가될 수도 있다. 하지만 이런 예들은 당시 각각이 속해 있던 지역에서 일정한 사회 통합 역할을 해내며 가톨릭 성당으로서 충분히 제 몫을 다했다.

796 노트르담(Notre-Dame). 디종(Dijon), 프랑스. 1220년경~51년/15세기
797 노트르담(Notre-Dame). 디종(Dijon), 프랑스. 1220년경~51년/15세기
798 노트르담(Notre-Dame). 디종(Dijon), 프랑스. 1220년경~51년/15세기

마이너급 건물들에서 관찰되는 이런 양면적 상황은 고딕 건축의 분류 기준에 대한 다른 차원의 고민으로 이어질 수도 있다. 이것은 '로마네스크–초기 고딕–성기 고딕'의 분류가 보편성을 갖느냐의 여부와

799 노트르담(Notre-Dame). 디종(Dijon), 프랑스. 1220년경~51년/15세기

관련된 문제이다. 이 분류는 영국 독일 이탈리아 등 다른 나라들에는 적용이 안 되는 프랑스만의 기준이다. 나아가 프랑스에서도 일부 주류 건물들에만 국한된 기준이다.

800 노트르담(Notre-Dame), 디종(Dijon), 프랑스, 1220년경~51년/15세기

주류 건물과 비주류 건물 사이의 편차는 어느 시대에나 있는 현상이지만 고딕 시대에는 그 차이가 특히 심했다. 부르고뉴 지방의 일련의 예들은 주류 건물 중심의 이런 분류를 무의미하게 만들 수도 있다. 노트르담만의 특징인 정면 파사드는 이것의 좋은 예이다(그림 800). 파사드는 젓가락처럼 가는 단일 원형 기둥이 좁은 간격으로 급하게 반복되는 구성으로 이루어졌다. 이런 처리는 후기 고딕의 세장성을 보이기 시작한 것이다. 건물 공사가 후기 고딕이 시작되는 시점인 1251년까지 계속된 점은 이런 판단을 뒷받침한다. 한편 실내는 규모는 작지만 성기 고딕의 표준 구성으로 이루어졌다.

외관과 실내에서 관찰되는 이런 혼재는 '성기-후기'의 인위적 구별을 무의미하게 만드는 예로 볼 수 있다. 혼재를 불일치로 보게 되면 이 건물은 후진적 수준에 머물고 있다. 그러나 양식 기준이 아닌 심미성 자체에 한정해보면 이 건물은 짜임새 있는 구성력과 일정 수준 이상의 심미성을 보인다. 파사드의 장식화 경향은 이 지역만의 공예적 전통을 고딕 어휘로 번안한 지역주의적 의미를 갖는다. 이런 내용들은 고딕 건축에서 구조 발전 중심의 주류 건물들 이외에 또다른 경향을 생각해볼 수 있는 가능성을 암시한다. 이곳 노트르담에서와 같이 표준화된 고딕 어휘를 레퍼토리 개념으로 차용하여 지역 전통에 맞게 각색 변용하는 처리는 대표적인 예이다.

노르망디 고딕도 부르고뉴 지방과 매우 유사했다. 노르망디는 한때 영국에 속했던 지리적 역사적 특수성으로 인해 고딕 건축 전반에 걸쳐 영국과의 관계가 중요한 변수로 작용했다. 프랑스 고딕이 영국에 전파되면서 영향을 끼쳤던 것과 달리 노르망디 지방은 영국 고딕의 공예적 장식 경향으로부터 일정한 영향을 받았다. 구체적으로는 대응 기둥이 가늘어지면서 숫자가 늘어나는 현상으로 나타났다. 또한 르망과 쿠탕스로 대표되는 고전적 경향의 예들에서 알 수 있듯이 노르망디 고딕은 주류 경향에 속했으면서도 샤르트르 계열과 구별되는 독자적 특징을 형성했다.

이런 내용들이 합쳐지면서 이 지역에도 반샤르트르의 예들이 많이 지어졌다. 루앙 성당Rouen Cathedral, 1201~31년경과 바이외 성당Bayeux Cathedral, 1230년경~은 대표적인 예들이다. 루앙 성당에서는 여러 개의 가는 대응 기둥, 이중벽, 네이브 월의 4단 구성 등 반샤르트르의 특징들이 잘 나타났다(그림 801).

801 루앙 성당(Rouen Cathedral), 프랑스, 1201~31년경

이상을 종합해보았을 때 부르고뉴와 노르망디의 예들을 무조건 후진적인 2류 건물로 낮게 평가하는 것은 성급한 판단이다. 실제 지어진 건물의 숫자나 정치적 문화적 세력의 관점에서 보았을 때 부르고뉴와 노르망디는 샤르트르와 함께 프랑스 고딕 건축을 대표하는 3대 학파를 이루었다. 부르고뉴와 노르망디의 예들을 건축한 종교 지도자나 지역 성주들이 의식적으로 샤르트르 경향에 맞섰는지를 단정짓기는 어렵다. 건축 경향에만 국한시켜보면 샤르트르와 대별되는 특징들이 하나의 공통적 흐름을 형성하는 점에서 반샤르트르라는 명칭은 타당성을 가질 수 있다. 이런 예들은 샤르트르의 주류와 구별되는 별도의 경향으로 분류하여 독립적 가치를 부여하는 것이 타당해 보인다.

10장 후기 고딕

1 레요낭 양식 (1240~1400년)

2 플랑부아양 양식 (1400~1550년)

1 레요낭 양식(1240~1400년)

네이브 월의 융해와 후기 고딕의 문제

1240년대에 시작된 아미앵 성당의 성가대석 개축 부분에서 중요한 변화가 나타나기 시작했다. 1269년까지 공사가 계속된 이곳에서는 성기 고딕의 조건 가운데 하나였던 네이브 월의 정밀한 분할이 깨지기 시작했다. 트리포리엄은 통로가 생략된 단겹의 외벽으로 처리된 뒤 유리를 끼웠다. 그 결과 여러 장의 벽체와 여러 개의 대응 기둥이 구조적 논리성을 잃고 혼재했다. 트리포리엄과 천측창도 더이상 명확하게 분리되지 못하고 중첩되었다. 그렇다고 완전히 하나로 합쳐진 것도 아니었다(그림 802). 일종의 중간 과정에서 나타나는 혼란이었다. 구조 합리주의의 논리적 분할과 유기적 구성도 흔들리기 시작했다.

트랜셉트도 마찬가지였다. 트리포리엄으로 들어오는 빛의 양이 늘면서 실내는 더 밝아졌지만 공간의 깊이감은 사라졌다. 성기 고딕에서는 빛 자체가 목적이 아니었다. 빛은 구조적 유기성과 공간적 깊이감

802 아미앵 성당(Amiens Cathedral), 프랑스, 네이브 1220~36년/성가대석 1236~70년
803 아미앵 성당(Amiens Cathedral), 프랑스, 네이브 1220~36년/성가대석 1236~70년

의 산물로서 의미를 가졌다. 빛은 이런 건축적 배경 아래에서 비로소 기독교적 의미를 획득할 수 있었다. 반면 아미앵에서는 빛 자체가 직접적 목적이 되었다. 성기 고딕의 은유적 구성력이 약해지면서 직설적 강조가 나타나기 시작했다(그림 803).

건물 전체로 보면 트랜셉트를 기준으로 명암 차이가 극대화되었다. 트리포리엄에서 직접 빛을 받은 동쪽 부분이 밝아지면서 네이브와 극명한 명암 대비를 이루게 된 것이다(그림 804). 이런 현상은 균질한 빛이 실내 전체에 골고루 퍼지면서 만들어내던 신비로움을 깨는 직설적인 대비 구도였다. 트리포리엄에 유리를 끼우는 처리는 보베 성당의 성가대석 안쪽 아일[1225년]과 트루아 성당[Troyes Cathedral]의 성가대석[1232/33년]에서 먼저 나타났다(그림 777, 780). 이런 처리들은 모두 성기 고딕의 융해를 암시하는 현상들이었다.

804 아미앵 성당(Amiens Cathedral). 프랑스. 네이브 1220~36년/성가대석 1236~70년

805 아미앵 성당(Amiens Cathedral). 프랑스. 네이브 1220~36년/성가대석 1236~70년

아미앵 성당은 성기 고딕의 정점이었지만 자세히 보면 성기 고딕의 융해 조짐이 곳곳에서 나타나고 있었다. 이런 현상은 랭스까지 유지되어오던 유기적 짜임새와 다른 큰 변화였다. 아미앵의 변화는 향후 프랑스 고딕 건축의 전개 과정에 대한 방향타였다. 큰 방향은 빛을 더 많이 들여오기 위해 창면적을 확대하는 것이었다(그림 805). 이것은 간단한 문제가 아니었다. 이에 따라 건물 골격 전체에 변화가 뒤따랐다.

천측창과 트리포리엄의 면적이 가능한 한 확대되었다(그림 806). 이를 위해 아케이드가 낮아지는 경우도 있었다. 더 나아가 천측창과 트

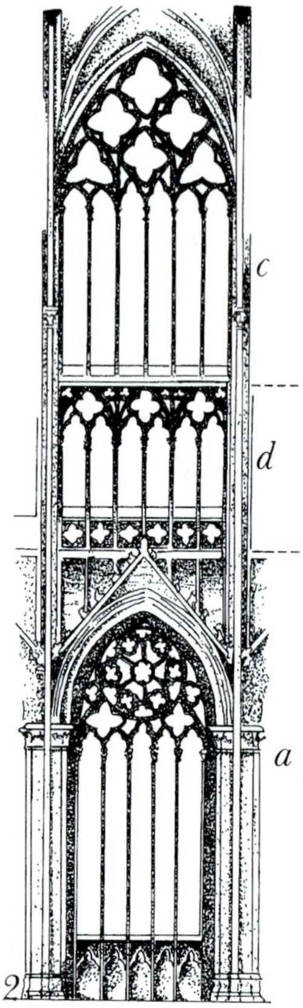

리포리엄을 하나로 합쳐 2단 구성으로 단순해지기도 했다. 낮은 아케이드가 큰 천측창을 이고 있는 가분수 형국을 이루었다(그림 807). 큰 천측창에서는 강한 빛이 쏟아져 들어왔다. 복잡한 구조는 생략되기 시작했고 구조의 역할이 축소되면서 건물도 낮아지기 시작했다.

창 면적이 확대됨에 따라 창의 분할이 중요해졌다. 랭스에서 처음 나타났던 랜싯과 오쿨루스가 본격적으로 쓰이기 시작했다. 창을 분할하는 요소가 많아졌다(그림 709). 랭스의 천측창을 분할하던 하나의 오쿨루스와 두 개의 랜싯이 아미앵에서는 세 개의 오쿨루스와 네 개의 랜싯으로 늘었다. 오쿨루스 두 개는 아직 독립적이라기보다는 랜싯의 팀파눔에 뚫린 것이었지만 효과는 독립적 오쿨루스에 근접했다. 트리포리엄을 나누는 아치도 랭스의 네 개에서 여섯 개로 늘었다.

창의 분할 단위가 넓어짐에 따라 트레이서리를 이용한 분할이 중요해졌다. 랭스에서 처음 나타났던 바 트레이서리가 중요한 역할을 하며 분화해 나갔다(그림 808). 단일 원형창도 본격적으로 등장했다. 원형

806 13세기 중반의 네이브 월

807 성 우르바노(St. Urbain). 트루아(Troyes), 프랑스. 성가대석과 트랜셉트 1261~65년, 13세기 말/네이브 13세기~1389년

808 성가대석의 천측창 분할 비교. 왼쪽부터 랭스(Reims)-파리 노트르담(Notre-Dame at Paris)-성 디오니시오(St. Denis, 13세기 부분)

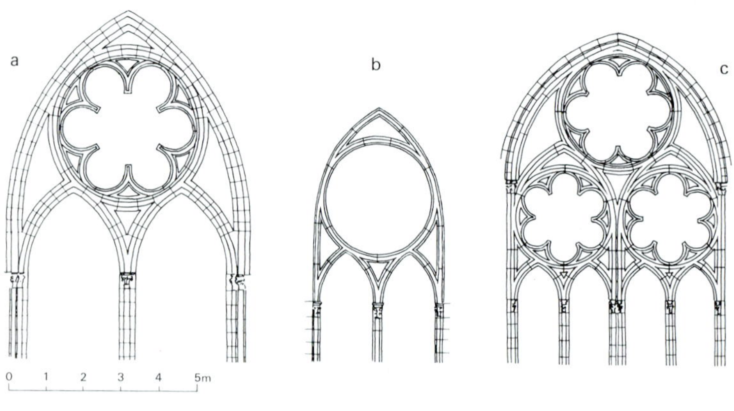

809 아미앵 성당(Amiens Cathedral), 프랑스, 네이브 1220~36년/성가대석 1236~70년
810 생제르메드플리 성당(Saint-Germer-de-Fly Cathedral), 여신도용 예배당, 프랑스, 1259년 이후 시작~1267년

창이 커지면서 분할은 문양과 패턴을 갖기 시작했다. 로즈 윈도rose window는 전형적 어휘로 자리잡았다. 이렇게 형식화된 창을 통해 직접 유입된 빛은 성기 고딕과는 완전히 다른 실내 분위기를 만들었다(그림 504, 513, 600). 태양이 발산하는 것 같은 분위기였다. 새로운 분위기를 지칭하는 양식명도 생겨났다. 태양처럼 빛난다는 의미의 레요낭rayonnant 양식이었다(그림 809, 810).

레요낭 양식에서는 스테인드글라스가 상당히 중요해졌다. 건축적으로는 유기적 구조 체계가 담당하던 많은 내용을 대체하는 것이었다. 예술적으로는 조각상이 대신하던 기독교 도상의 자리를 다시 이어받는 것이었다. 조각상을 대신한 현상은 성기 고딕의 3차원성에서 후기 고딕의 2차원성으로 변해가는 과정의 일환으로 이해할 수 있다. 이런 내용이 잘 나타난 예로 랭스의 파사드를 들 수 있다. 이미 랭스에서부터 스테인드글라스가 조각상의 3차원적 들고남을 대신하는 현상이 나타나기 시작한 것이다.

이런 변화를 프랑스 고딕 건축 전체 내에서 어떻게 정의할 것인가는 쉽지 않은 문제이다. 성기 고딕의 구성력이 융해되는 현상에 초점을 맞추면 후기 고딕으로 정의될 수 있다. 그러나 레요낭 양식을 후기 고딕으로 보는 사가들은 그렇게 많지는 않은 편이다. 이유는 두 가지이다. 한 가지는 미시적 차원에서 보았을 때 레요낭 양식이 일정한 예술적 생명력과 독립성을 가졌기 때문에 부정적 분위기가 강한 '후기'라는 분류와는 맞지 않는다는 것이다. 다른 한 가지는 거시적 차원에서 보았을 때 고딕 건축 전체에서 '초기–성기–후기'의 개념 자체가 너무 인위적인 것이기 때문에 여기에 맞춰 분류하는 것은 정확하지 않다는 것이다.

레요낭 양식을 후기 고딕으로 분류하기를 꺼리는 경우, 연도라는 가치 중립적 매개를 가장 많이 사용한다. 이외에도 '교조주의doctrinairism=이론주의'나 '아카데미즘academism' 개념으로 설명하기도 한다. 이런 말은 이 시기 건축이 창조적 개척 정신을 상실하고 앞 시대에 쌓인 내용들을 이론화해서 책상에 앉아 습관적으로 반복 사용했다는 의미를 담고 있다.

이처럼 성기 고딕과 레요낭 양식은 분명한 구별 요건을 갖춘 것으로 보인다. 문제는 '후기 고딕'이라는 명칭이다. '후기'라는 말 속에는 한 양식이 생명력을 잃고 쇠퇴해간다는 의미가 포함되어 있다. 그러면 레요낭 양식이 과연 그러한가의 문제가 남는다. 성기 고딕과 달라진 것은 분명하지만 이것을 생명력의 쇠퇴로 볼 것인지 새로운 창작성의 산물로 볼 것인지의 문제이다.

프랑스 학자들은 대체적으로 후자를 선호하면서 '후기'라는 말을 기피하는 편이다. 그 대신 레요낭을 하나의 독립 양식으로 분류한다. 이런 주장은 레요낭 다음 양식인 플랑부아양flamboyant 양식에서도 동일하게 나타난다. 혹은 연도를 기준으로 삼는 중립적 입장을 취하기도 한다(그림 693). 이것은 프랑스의 민족주의적 입장에 따른 것이다. 특히 르네상스와의 관계에서 발생하는 프랑스의 열등 의식 때문에 생겨난 주장일 수 있다.

이탈리아에서 르네상스가 등장했던 15~16세기까지도 프랑스에서는 고딕 양식이 유행했다. 이 시기에 프랑스는 여러 경로로 이탈리아의 르네상스를 접했다. 이것을 거부한 것은 근세 진입에서 프랑스의 후진성을 의미한다. 레요낭과 플랑부아양이라는 명칭은 후진성을 어느 정도 만회시켜줄 수 있다. 이 기간 동안에도 프랑스 고딕 건축은 창조적 양식에 의해 계속 새롭게 분화해 나갔다는 주장을 뒷받침해주기 때문이다. 이런 배경 아래 '후기'라는 말 대신 별도의 독창적 양식을 지칭하는 독립적 용어가 필요하게 된 것이다.

이상과 같은 프랑스 학자들의 분류와 달리 유럽과 영국의 학자들은 통상적으로 레요낭 양식부터 후기 고딕으로 분류한다. 레요낭 양식부터 이전의 성기 고딕과 완전히 다른 건축 방식이 나타나기 시작했으며 이것의 기본 개념은 장식성에 있기 때문이다. 성기 양식에서 완성된 건축 어휘를 장식적으로 재가공하는 경향은 그것이 아무리 독창적이라고 하더라도 일반적으로 정의되는 '후기' 개념 가운데 하나이다.

파리-성 디오니시오와 생트샤펠

성 디오니시오는 레요낭 양식의 본격적인 시작인 동시에 13세기 중반의 상황을 잘 보여주는 예이다. 성 디오니시오에서는 성기 고딕의 구성이 부분적으로 남아 있는 가운데 레요낭 양식의 완성된 모습이 최초로 나타났다. 이런 내용을 보여주는 곳은 2차로 증축된 부분이었다. 쉬제르는 전실과 성가대석을 1차로 증축했다. 쉬제르는 나머지 부분도 증축할 야심을 가지고 있었다. 쉬제르가 죽기 전에 계획은 상당 부분 진척되어 기초까지 놓았다. 그러나 쉬제르가 사망하고 이후 여러 문제가 생기면서 공사는 중단되었다. 1230년대를 넘기면서 2차 증축이 시작되었다. 2차 증축은 성가대석[1231~41년], 트랜셉트[1241년 완공], 네이브

811 성 디오니시오(St. Denis). 파리. 성가대석 1231~41년/트랜셉트 1241년 완공/네이브 1240년경~81년

812 성 디오니시오(St. Denis). 파리. 성가대석 1231~41년/트랜셉트 1241년 완공/네이브 1240년경~81년

813 성 디오니시오(St. Denis), 네이브 월 입면도, 파리

1240년경~81년의 세 곳에서 이루어졌다. 이곳에서 레요낭 양식이 등장한 것이다.

네이브의 골격은 성기 고딕의 구조 체계로 짜였다. 세 개의 대응 기둥이 중간에 한 번도 끊기지 않고 바닥에서부터 천장까지 일직선으로 올라가는 방식이었다(그림 811, 812). 이것은 성기 고딕의 이상적 구조 체계의 하나였다. 주두가 생략된 이런 처리 자체는 상스와 누아용 등에 쓰였던 초기 고딕의 어휘였다. 그러나 초기 고딕에서는 대응 기둥이 두껍고 짧았으며 더블 베이 가운데 주기둥에서만 타나났다.

반면 이곳에서는 성기 고딕의 세장함과 수직 비례를 유지하면서 싱글 베이의 모든 기둥이 이렇게 처리된 점에서 성기 고딕의 이상이 뒤늦게 부분적으로 나타난 것으로 볼 수 있다. 특히 트리포리엄과 아케이드를 구획하는 수평 띠가 대응 기둥을 넘지 못하고 중간에 끊기도록 처리한 점에서 더욱 그러했다. 이런 처리는 샤르트르, 랭스, 아미앵 등에서 공통적으로 나타났던 성기 고딕의 어휘였다.

트리포리엄과 천측창은 레요낭 양식으로 구성되었다(그림 812, 813). 천측창의 면적이 대폭 확대되면서 개구부 면적도 함께 확대되었다. 개구부 분할도 복잡해졌다. 네 개의 랜싯 위에 세 개의 오쿨루스가 쓰였다. 아미앵에서 오쿨루스 두 개가 랜싯의 팀파눔에 뚫렸던 것과 달리 이곳에서는 완전한 오쿨루스 세 개가 나타났다. 랜싯과 오쿨루스 자체의 분할에서도 트레이서리를 이용한 장식 처리가 두드러졌다(그림 808).

트리포리엄도 이런 방향을 강화시키는 쪽으로 창이 처리되었다. 트리포리엄의 천장을 평천장으로 하여 외벽을 가능한 한 높인 다음 그 면적을 개구부에 할당했다. 이것을 실내에서 보면 트리포리엄의 아치열 뒤로 개구부가 겹쳐서 보였다. 이때 트리포리엄의 아치를 천측창의 랜싯과 동일한 네 개로 처리함으로써 뒤에서 겹쳐 보이는 개구부가 마치 천측창의 연장인 것처럼 보이게 했다.

이런 처리는 천측창과 트리포리엄을 동일한 개구부로 만들려는 것이었다. 이것은 보베, 트루아, 아미앵을 거치면서 반복적으로 나타났던 유리를 끼운 트리포리엄을 이어받아 변형시킨 것으로 볼 수 있다. 이런 일련의 처리 경향은 천측창과 트리포리엄의 구분을 없앰과 동시에 천측창의 개구부 면적을 확장하려는 목적을 가졌다. 대응 기둥 처리는 이것을 도왔다. 트리포리엄의 아치를 구획하는 대응 기둥이 위로 올라가면서 천측창에서는 멀리언으로 이어진 것이다(그림 812). 트리포리엄과 천측창은 더욱 한몸으로 느껴졌다. 이것 역시 성 디오니시오가 처음은 아니었다. 랭스의 네이브에서 처음 나타난 뒤 아미앵의 네이브에서 강화된 방식으로 쓰였다. 이것이 성 디오니시오로 이어져 확실한 경향으로 자리잡으며 레요낭 양식을 이룬 것이다.

트리포리엄과 천측창 사이의 연속성이 강화되면서 네이브 월의 3단 구성에서 2단 구성의 느낌이 나타나기 시작했다. 네이브 월의 분할 비례는 이런 의도를 확실하게 보여준다. 성 디오니시오에서는 아케이드 층의 높이가 트리포리엄과 천측창을 합한 높이보다 약간 작아졌다(그림 813). 아케이드 층의 높이가 줄어들고 위쪽 두 층의 높이가 확대되는 현상이 나타나기 시작한 것이다. 이로써 트리포리엄과 천측창은 확실하게 하나의 단으로 합쳐졌다. 이런 경향 역시 이미 아미앵에서부터 나타났다. 아미앵에서는 트리포리엄과 천측창의 높이가 샤르트르나 랭스와 같고 주로 아케이드만 높아졌다. 아미앵에서의 이런 현상은 성기 고딕의 완성으로 볼 수도 있고 레요낭 양식의 징조로 볼 수도 있는 양면성을 가졌다.

네이브 월의 분할이 2단 구성으로 변해감에 따라 빛에 대한 입장에도 중요한 변화가 뒤따랐다. 성기 고딕에서 빛은 은유적 신비주의 개념으로 다루어졌다. 천측창을 제외한 나머지 부분에서 채광은 간접광이 주류를 이루었다. 공간도 복합적으로 분절 구성되었기 때문에 조도 역시 여러 단계로 복합적 분포를 이루었다. 성당 내에서 장소에 따라 조도가 다르게 나타나면서 공간감이 풍부해졌다. 조도 차이에 따라 여러 겹의 공간이 중첩되었다.

반면 레요낭 양식에서는 직접광이 주류를 이루었다. 공간 구조도 단순해졌기 때문에 조도의 복합성이 줄어들어 균일한 조도가 건물 전체를 통일했다. 단겹의 공간을 강한 빛 한 종류가 채웠다. 네이브 월의 분할에 나타난 변화 및 이에 따른 빛의 변화는 성가대석과 트랜셉트에서도 동일하게 반복되었다(그림 600, 814, 815).

실내는 온통 빛으로 넘쳐났다. 스테인드글라스를 통과하면서 채색된 현란한 빛으로 가득 찼다. 벽은 석재의 물성을 완전히 잃고 탈물질화의 극단을 이루었다(그림 816). 빛 작용에 의한 석재 벽체의 탈물질

화 자체를 고딕 건축의 최종 목적으로 본다면 고딕 건축의 완성은 성기 양식이 아닌 이곳 레요낭 양식일 수도 있다. 이것이 레요낭 양식을 후기 고딕이 아닌 하나의 독립적 양식으로 보는 이유이기도 하다.

파리의 왕궁 예배당인 생트샤펠St. Chapelle, 1241~48년은 레요낭 양식을 대표하는 건물이다. 1485년에는 플랑부아양 양식의 로즈 윈도가 서쪽에 더해졌다(그림 817). 이 건물도 프랑스 대혁명 때 불타는 등 다른 절대주의 시대 건물들과 마찬가지로 파란만장한 역사를 겪었다. 이 건물은 아헨의 왕궁 예배당과 랭스의 대주교 예배당을 혼합한 구성으로 이루어졌다. 건물을 상하 개념으로 나누어 왕의 옥좌를 위층에, 귀족들의 자리를 아래층에 두는 구성은 아헨을 본뜬 것이었다.

반면 이런 두 층을 하나의 공간으로 통하게 하지 않고 위아래 별도의 층으로 나눈 것은 랭스 성당을 본뜬 것이었다. 이렇게 해서 위층 예배당Upper Chapel과 아래층 예배당Lower Chapel의 두 층으로 구획된 구성을 하게 되었다(그림 818). 생트샤펠은 이처럼 평면과 전체 공간 구성에서부터 전형적인 고딕 성당의 원형에서 벗어나서 시작했다. 이런 자유로움은 장식 중심의 레요낭 양식이 적용되기에 적합한 배경으로 작용했다.

위층 예배당은 4베이 일랑식으로 구성되었다(그림 824). 천장은 '싱글 베이-4분 볼트'로 구성되었다(그림 817). 벽은 2단 구성이지만 아랫단이 매우 낮고 벽감으로 처리되었기 때문에 실제는 1단 구성과 마찬가지였다(그림 819). 낮은 벽감 위로 큰 창이 벽체 전면에 뚫

814 성 디오니시오(St. Denis), 파리, 성가대석 1231~41년/트랜셉트 1241년 완공/네이브 1240년경~1281년

815 성 디오니시오(St. Denis), 파리, 성가대석 1231~41년/트랜셉트 1241년 완공/네이브 1240년경~1281년

816 성 디오니시오(St. Denis), 파리, 성가대석 1231~41년/트랜셉트 1241년 완공/네이브 1240년경~1281년

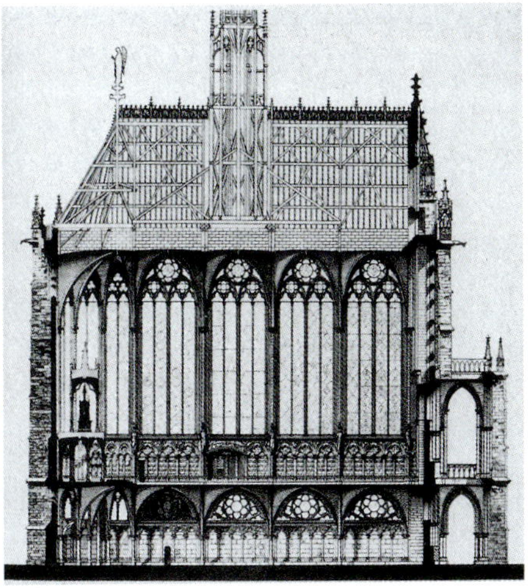

렸다. 이 창이 레요낭 양식의 대표작에 속한다. 창은 한 베이당 네 개의 랜싯과 세 개의 오쿨루스로 구획되었다(그림 820). 각 랜싯은 매우 세장한 비례를 가지며 막대기 같은 모양을 했다.

이로써 레요낭 양식의 세 가지 기본 요건을 두루 갖추었다. 첫째, 벽감을 아케이드 층으로 볼 경우 트리포리엄과 천측창이 하나로 합쳐지면서 높고 넓은 창면적을 확보했다. 둘째, 이렇게 넓어진 창을 세장한 랜싯으로 구획함으로써 섬세한 골격을 이루었다. 셋째, 창은 화려한 스테인드글라스로 채워졌다.

생트샤펠에 나타난 레요낭 양식의 특징은 일차적으로는 스테인드글라스에서 비롯한다. 그러나 단지 스테인드글라스가 화려한 것만으로 충분하지는 않다. 스테인드글라스가 최대의 효과를 내도록 하는 골격 처리가 뒷받침되기 때문에 가능한 것이다. 위층 예배당은 폭에 비해 높이가 두 배나 되었다(그림 819). 이런 높이의 대부분이 스테인드글

817 생트샤펠(St. Chapelle). 위층 예배당(Upper Chapel). 파리. 1241~48년

818 생트샤펠(St. Chapelle). 종단면도. 파리. 1241~48년

819 생트샤펠(St. Chapelle). 횡단면도. 파리. 1241~48년

820 생트샤펠(St. Chapelle). 위층 예배당(Upper Chapel). 파리. 1241~48년

821 생트샤펠(St. Chapelle). 위층 예배당(Upper Chapel). 파리. 1241~48년

라스로 채워졌다. 고층 건물의 커튼 월curtain wall에 해당되는 구성을 스테인드글라스로 가득 채운 것이다(그림 821).

싱글 베이를 이루는 기둥에서는 가는 선형 대응 기둥이 바닥에서 천장까지 끊기지 않고 올라갔다. 이런 선형성은 랜싯의 세장한 비례를 강화했다. 랜싯은 4.5미터의 폭에 15.2미터의 높이를 가졌다. 1대 3.4의 비율이었다. 이렇게 보았을 때 레요낭 양식의 목적은 고딕적 수직성을 구조 체계나 높이가 아닌 수직적 섬세함으로 표현하려는 것이었음을 알 수 있다. 고딕적 수직성을 살린 위에 기독교 도상을 더함으로써 종교적 효과가 배가될 수 있었다. 스테인드글라스는 여러 장면들로 채워졌다. 아케이드 위 천측창이 시작되는 지점에 세워진 12사도 조각상은 큰 원통형 단일 공간을 하나로 묶어주는 정신적 지주 역할을 했다(그림 822).

822 생트샤펠(St. Chapelle). 위층 예배당(Upper Chapel). 파리. 1241~48년

위층 예배당은 왕실의 예배 공간이면서 주요 성물을 보관하는 공간이었다. 이에 따라 공간 전체가 하나의 큰 성소 개념으로 계획되었다. 공간 구획을 최소화함으로써 넓은 면적의 스테인드글라스를 확보한 처리는 이런 목적을 위한 것이었다. 건축적 골격을 최소화함으로써 스테인드글라스가 갖는 도상적 성격을 최대화하려는 목적이었다. 이런 목적은 12사도의 종교적 의미를 극대화하기 위해서 공간 주변의 구조적 성격을 지우는 처리에 의해 강화되었다. 탈물질화의 극단이었다. 성 디오니시오에서는 탈물질화가 벽체까지 적용이 되었다. 이곳에서

823 생트샤펠(St. Chapelle). 아래층 예배당(Lower Chapel). 파리. 1241~48년

는 건물 전체로 확대되었다.

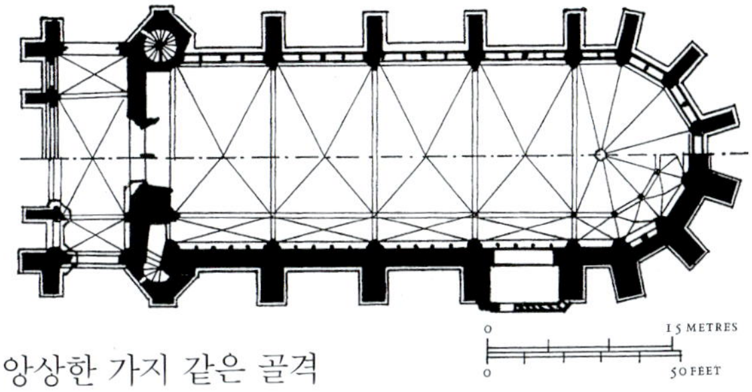

824 생트샤펠(St. Chapelle) 아래층 예배당 평면도. 파리. 1241~48년

이를 위해 건물 골격은 꼭 필요한 곳에 구조 부재를 집중시키고 나머지는 전부 스테인드글라스로 처리하는 극도의 효율적 구성으로 짜였다. 스테인드글라스의 효과를 극대화하기 위해서 구조 부재를 집중시킨 것도 중요한 특징이었다. 스테인드글라스를 다 떼어내고 보면 앙상한 가지 같은 골격만 남는 구조 체계로 이루어졌다. 스테인드글라스만을 보더라도 유리 부분의 면적을 넓히기 위해 분할 부재인 트레이서리를 가능한 한 가늘게 했다. 트레이서리를 돌로만 만들 경우 가늘어지는 데 한계가 있기 때문에 메탈로 보강을 했다. 이상과 같은 여러 내용들로 인해 레요낭 양식은 단순한 후기 장식 양식이 아니라 나름대로의 생명력을 갖는 또 하나의 발전 과정이라는 주장이 가능한 것이다. 위층 예배당은 영롱하게 빛나는 스테인드글라스로 인해 '보석'이라는 별칭을 얻었다.

아래층 예배당은 낮은 천장에 지하 납골당 같은 분위기로 계획되었다(그림 823). 평면은 3랑식이었고 천장은 '싱글 베이-4분 볼트'로 처리되었다(그림 824). 큰 덩치의 위층 예배당을 받쳐야 하는 구조적 역할이 아래층 예배당의 건축적 성격을 상당 부분 결정했다. 3랑식이라 했지만 아일은 온전한 폭을 갖는 공간이 아니라 좁은 통로로 처리되었다. 3랑식 구성은 길고 낮은 공간 속에서 네이브의 비례를 맞추기 위한 분할의 목적도 있었지만 천장을 보강하기 위한 구조적 목적도 있었다. 네이브와 아일을 모두 리브 그로인 볼트로 처리함으로써 지지 성능을 향상시킬 수 있었다. 여기에 더해 아일에는 천장 볼트를 받치는 실내 플라잉 버트레스라는 독특한 구조 부재를 보강했다(그림 819).

825 노트르담(Notre-Dame). 파리. 트랜셉트 1240~60년대

이처럼 레요낭 양식은 파리에서 완성되었다. 노트르담은 로즈 윈도로 여기에 일조했다. 로즈 윈도는 트랜셉트의 남북 양쪽에 1240~60년대에 걸쳐 더해졌다. 북측 트랜셉트가 먼저 지어졌고, 로즈 윈도는 성 디오니시오 트랜셉트의 것을 모방해서 만들어졌다(그림 816, 825). 레요낭 양식과는 별도로 로즈 윈도의 발전에만 국한시켜보았을 때 노트르담의 것은 '랑-샤르트르-랭스' 성당으로 이어져 내려오는 계보의 결정판

에 해당된다. 노트르담의 로즈 윈도는 지름이 13미터로 이 계보 가운데 가장 크고 화려했다. 외관에서는 출입구 주변으로 다섯 개의 박공 축소물이 더해졌다(그림 826). 이것은 랭스의 파사드 아래층을 모방해서 소품화한 것이다. 남측 트랜셉트의 로즈 윈도는 다시 북측의 것을 모방해서 만들어졌다.

826 노트르담(Notre-Dame). 파리. 트랜셉트 1240~60년대

지역-성 우르바노와 생투앙르비외

파리에서 완성된 레요낭 양식은 프랑스의 여러 지역으로 전파되었다. 일드프랑스 지방 인근의 북프랑스에서는 보베, 아미앵, 루앙, 슈트라스부르크 등으로, 동쪽으로는 트루아와 부르고뉴 지방 등으로, 남쪽으로는 미디 Midi 와 클레르몽페랑 등으로, 남서쪽으로는 카르카손 등으로 각각 퍼져나가면서 13세기 후반부에는 프랑스를 대표하는 고딕 양식으로 자리잡았다. 이 가운데 파리 이외의 지역을 대표하는 예로 트루아의 성 우르바노 St. Urbain, 루앙의 생투앙르비외, 클레르몽페랑 성당, 카르카손의 성 나자리오 St. Nazaire, 나르본 성당 Narbonne Cathedral, 리모주 성당, 레온 성당 Leon Cathedral, 르망 성당의 상층부 증축, 에브뢰 성당 Evreux Cathedral 등을 들 수 있다. 성 우르바노와 생투앙르비외 성당은 다시 이것을 대표하는 예이다.

827 성 우르바노(St. Urbain). 트루아(Troyes), 프랑스. 성가대석과 트랜셉트 1261~65년, 13세기 말/네이브 13세기~1389년

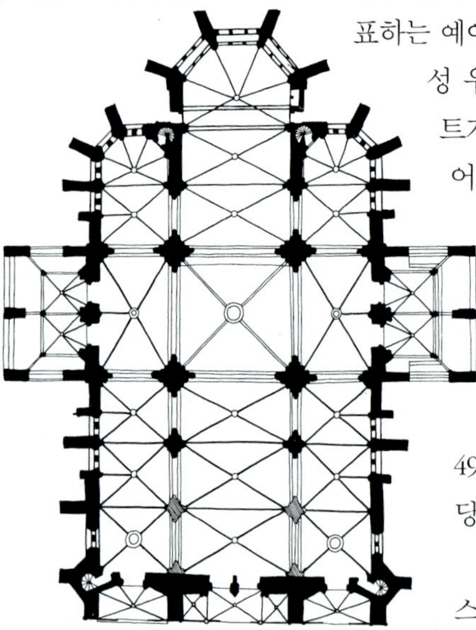

성 우르바노는 1261년에 시작되어 1265년에 성가대석과 트랜셉트가 완공되었다. 그러나 약탈과 화재로 부서진 것을 다시 지어 13세기 말에는 대부분이 완공되었다. 네이브의 마지막 부분은 1389년에 완공되었다. 새로 지어진 건물에서는 13세기 중반의 초기 안이 대부분 지켜졌다. 평면은 네이브와 슈베 양쪽 모두에서 라틴 크로스를 축소한 것 같은 개념으로 구성되었다(그림 827). 네이브는 3베이만 가지면서 라틴 크로스를 반으로 자른 것처럼 되었다. 길이는 49미터로 줄어들었다. 슈베에서는 복도가 생략되었으며 예배당은 세 개만 남았다. 트랜셉트의 돌출 정도도 얇아졌다.

건물 규모의 축소는 생트샤펠과 마찬가지로 스테인드글라스의 면적과 효과를 높이기 위해서인 것으로 이해된다. 건물

은 줄어든 대신 벽면에서 스테인드글라스의 면적은 대폭 확대되었다. 스테인드글라스를 방해하지 않기 위해서 구조부를 집중시킨 점과 수직적 섬세함을 강조하기 위해 대응 기둥을 끊기지 않는 선형 어휘로 처리한 점 등은 모두 생트샤펠의 기법과 유사했다. 트리포리엄과 천측창을 하나의 큰 창으로 합친 처리도 생트샤펠과 같았다(그림 513, 807, 828).

아일 외벽에서도 창 면적이 확대되었다. 이곳을 통해 들어오는 빛은 넓은 폭의 아케이드를 통과하여 네이브까지 깊숙이 들어왔다(그림 807). 아일 외벽의 스테인드글라스가 아케이드를 통해 겹쳐 보이는 처리는 아미앵 성당과 성 디오니시오의 트리포리엄에서 쓰이던 기법이었다. 앱스 외벽에는 3단 구성의 잔재가 남았지만 더이상 3단 구성이라고 보기 힘들었다. 트리포리엄 층마저 천측창과 동일하게 스테인드글라스로 처리했다(그림 829). 윗단과 아랫단을 나누는 부재는 더이상 네이브 월의 층을 나누는 부재가 아니라 큰 유리면의 구획 부재처럼 느껴졌다.

트랜셉트도 마찬가지였다. 세 면 모두 2단 구성으로 분할되었다. 천측창의 면적은 아케이드를 능가했다. 남북 양끝은 두 개의 큰 천측창만으로 분할되었다. 네이브, 슈베, 트랜셉트에서 동일하게 반복되는 이상과 같은 처리들은 실내 공간과 건물 골격에 대한 개념을 완전히 바꾸어놓았다. 세 곳에 서면 큰 유리 상자 속에 들어온 것과 같은 느낌

828 성 우르바노(St. Urbain). 트루아(Troyes), 프랑스. 성가대석과 트랜셉트 1261~65년, 13세기 말/네이브 13세기~1389년

829 성 우르바노(St. Urbain). 트루아(Troyes), 프랑스. 성가대석과 트랜셉트 1261~65년, 13세기 말/네이브 13세기~1389년

830 성 우르바노(St. Urbain). 트루아(Troyes), 프랑스. 성가대석과 트랜셉트: 1261~65년, 13세기 말/네이브: 13세기~1389년
831 성 우르바노(St. Urbain). 트루아(Troyes), 프랑스. 성가대석과 트랜셉트: 1261~65년, 13세기 말/네이브: 13세기~1389년

이었다. 외벽은 물성을 완전히 상실하고 투명막으로 둘러쳐진 것처럼 되었다(그림 830).

창 분할도 훨씬 장식적이 되었다. 랜싯과 오쿨루스 개수 사이에 성립되어 있던 논리적 관계는 사라졌다. 각각은 장식적 효과를 위해서 증식되었다. 네이브, 트랜셉트, 성가대석, 앱스 등 장소에 따라서 개수도 모두 달랐다. 오쿨루스의 분할 어휘 자체도 다양해졌다. 표준 삼엽형, 변형 삼엽형, 사엽형 등으로 다양해졌으며 같은 형태라도 큰 것과 작은 것으로 다양하게 쓰였다(그림 831).

832 생투앙르비외(Saint-Ouen-le-Vieux). 루앙(Rouen), 프랑스. 1318~1536년

생투앙르비외는 1318년에 시작되어 1536년에 완공되었다. 중간에 백년전쟁 등의 외부적 요인에 의해 공사는 매우 느린 속도로 진행되었다. 2백 년이 넘는 시간이 소요되었지만 건축적 특징은 처음 계획된 내용이 잘 지켜지면서 전체적으로 통일된 분위기를 보였다. 생투앙르비외에서는 파리에서 완성된 레요낭의 표준 구성이 거의 그대로 반복되었다. 이것이 특히 잘 나타난 부분은 성가대석이었다. 트리포리엄과 천측창이 하나로 합쳐지지 않고 분리된 점에서 파리보다 후진적으로 보일 수도 있었다. 그러나 두 영역이 한 베이당 여섯 개의 좁고 긴 창으로 분할된 점에서 레요낭 양식 특유의 수직적 섬세함을 얻어낸 것으로 평가된다(그림 832). 구조 부재를 집중시켜서 창 면적을 확장한 처리와 가는 선형의 대응 기둥 다발이 바닥에서부터 천장까지 끊기지 않고 계속된 처리 등 또한 파리의 레요낭 양식 어휘를 잘 습득한 결과로 보인다. 트랜셉트 외관에서는 노트르담의 레요낭 양식인 로즈 윈도가 반복되었다.

홀 교회와 극기주의

홀 교회는 로마네스크 시대부터 중앙의 라틴 크로스 표준형에 대비되는 지역 양식으로 지어졌다. 로마네스크 때에는 서프랑스의 루아르 지방과 도르도뉴 지방이 그 중심지였다. 고딕 시대에는 이것의 영향을 받아 남부지방에서 유행했다. 지역별로는 미디[Midi]가 중심지였다. 건물로는 알비의 성 체칠리아 성당[Cathedral of Ste. Cécile at Albi]과 툴루즈의 자코뱅 교회[도미니크회 교회]가 대표적인 예였다.

남부지방의 지역 양식인 홀 교회는 레요낭 양식과 같은 시대에 유행했다. 구체적 내용에서도 레요낭 양식의 영향이 부분적으로 나타났다. 이것은 구조 체계 중심의 성기 고딕은 받아들이기가 어려웠던 데 반해 장식 중심의 레요낭 양식은 받아들이기가 쉬웠음을 의미한다. 남프랑스의 지역 양식은 성기 고딕에 대비되는 홀 교회의 전통을 지키면서 같은 시대의 경향으로 레요낭 양식을 받아들인 것으로 요약될 수 있다.

홀 교회의 또다른 중요한 배경으로 남부지방에서 유행했던 극기주의 수도회를 들 수 있다. 이 두 건물은 각각 알비젠시스[Albigensian]와 도미니크회를 대표했다. 두 집단은 종교적으로는 대립했다. 알비젠시스는 프랑스 내에서 대표적인 이단 집단이었다. 이단에 대한 대항을 주요 강령으로 삼았던 도미니크회는 알비젠시스를 척결하기 위해 교황 및 프랑스 왕과 연합하여 십자군 전쟁을 수행하는 등 두 집단은 심하게 대립했다.

그러나 건축적으로는 홀 교회와 단순한 구성이라는 공통점을 가졌다. 이것은 두 집단이 교리상으로 극기주의를 공유했기 때문이었다. 대립은 정치적 현실적 이유였고 실제 교리의 내용은 같은 경향을 공유했던 것이다. 이런 현상은 13세기 수도회 건축 전반에 걸쳐 공통적으로 나타난 것이기도 했다. 알비젠시스와 도미니크회 이외에 프란치스코회와 탁발승 수도회 등 13세기 수도회는 대부분 극기주의를 추구했다. 이런 수도회들은 교회도 단순한 미니멀리즘풍으로 지었다. 수도회에 따라 세부 어휘는 달랐지만 단순함과 절제를 추구한 점에서는 공통점을 가졌다.

프랑스 남부지방은 이런 여러 경향들이 집합하던 곳이었다. 13세기의 극기주의 수도회들은 대부분 이탈리아에서 설립되었는데 이것이 프랑스로 전파될 때 가장 먼저 도착하는 곳이 남부지방이었기 때문이다. 남부지방에는 자코뱅 교회 이외에도 프란치스코회와 도미니크회 교회들이 많이 지어졌다. 페르피냥과 베지에는 대표적인 도시였다. 두 도시 이외에 툴루즈에는 아우구스티누스회 교회Church of the Augustinians가, 아쟁에는 또다른 자코뱅 교회Church of the Jacobins, 1254~81년가 세워졌다. 이런 예들 역시 남부지방의 로마네스크 전통 양식이던 1랑식 홀 교회를 기본 구성으로 삼았다.

성 체칠리아는 대형 단일 원통형 건물로 이루어졌다(그림 833, 834). 이런 구성은 프랑스 남부지방, 특히 미디 지방의 1랑식 전통 양식이 반영된 것이었다. 이 지역에는 로마네스크 시대부터 단일 원통형의 1랑식 교회가 많이 지어졌다. 구성은 단순화된 홀 교회와 같은데, 이후 고딕 시대에 들어와서도 미디 지방을 대표하는 구성으로 자리잡았다. 미디 지방은 로마네스크 때 홀 교회가 유행했던 루아르 지방 및 도르도뉴 지방과 인접했다. 지리적 근접은 로마네스크의 홀 교회가 전파되는 데 유리한 배경으로 작용했다. 성 체칠

833 성 체칠리아(Ste. Cécile). 알비(Albi), 프랑스. 1280년대~1400년경

834 성 체칠리아(Ste. Cécile). 알비(Albi), 프랑스. 1280년대~1400년경

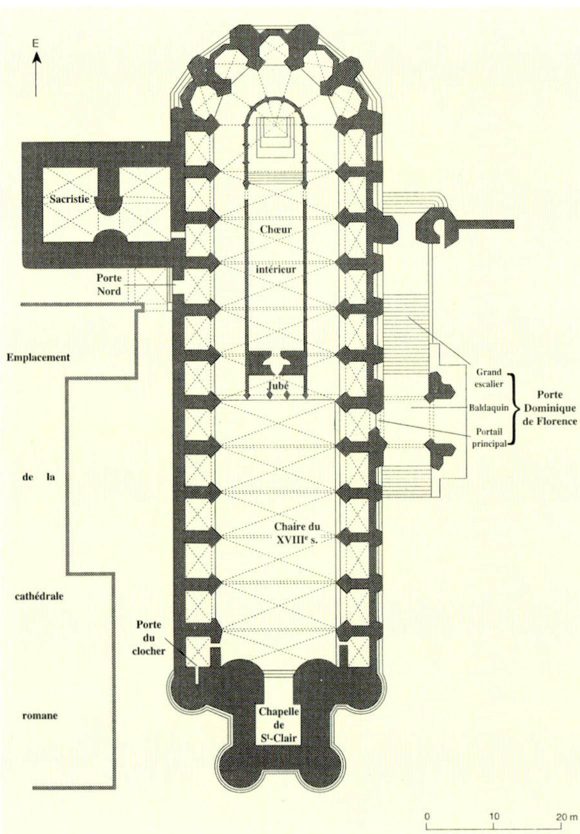

리아는 다시 이것을 대표하는 성당이었다.

알비는 프랑스에서 이단 세력이 가장 성한 지역이었다. 이단 세력은 알비젠시스라는 집단을 이루었다. 이 집단은 12세기에 하층민과 몰락 귀족들의 연합체 성격으로 결성되었다. 13세기 초에는 알비에 대한 대대적인 탄압이 일어났다. 탄압은 표면적으로는 이단을 소탕하기 위해 교황과 프랑스 왕이 손잡고 벌인 십자군 전쟁 형식을 띠었다. 그러나 주변 지역의 영주들이 개입하고 영국과의 전쟁이 얽히면서 영토 쟁탈의 성격이 강해졌다. 13세기 초에 이런 분쟁에 휘말려 있었기 때문에 이 지방은 당시 북프랑스에서 유행하던 성기 고딕을 받아들이지 못했다. 이것이 지역 전통 양식이 계속 지어지게 된 중요한 원인이었다.

이단 세력은 진압되었지만 비밀 조직의 저항은 계속되었다. 특히 이 교도에 대한 종교 재판이 진행되면서 알비 지역에는 소요가 잇따랐다. 이것을 방어하기 위해 1282년에 성채형 성당인 성 체칠리아가 축조되기 시작했다(그림 834, 836). 재정난으로 공사는 느리게 진행되어 1397년이 되어서야 성당의 대부분이 완공되었다. 평면은 12베이의 단일 대형 공간으로 구성되었다(그림 833). 아일 자리에는 열두 개의 작은 정사각형 예배당이 열을 이루었다. 이 예배당들은 처음에는 바닥에서 천장까지 뚫려 있었는데 15세기 말에 갤러리에 의해 두 개 층으로 나뉘었다. 각 예배당에는 젓가락처럼 긴 창이 있었다.

이스트 엔드는 다섯 개의 오각형 예배당을 거느렸다. 천장은 '싱글베이-4분 볼트'로 처리되었다. 건물 전체의 폭과 천장고는 모두 29.4미터로 동일했다. 실내는 정사각형 비례를 가졌다. 측면 예배당에서는 충분한 빛이 들어왔다. 예배당을 구획하는 횡방향 벽은 버트레스의 기능을 겸했다. 실내에 총 24개의 짧은 버트레스가 세워진 격이었다. 이 벽은 실내에서는 천장의 볼트를 받치는 대응 기둥의 역할도 겸했다. 외부에서는 끝부분을 반원 형태로 둥글게 처리했다(그림 835, 836).

외관에서는 반원형 파이프처럼 볼록하게 튀어나온 수직띠가 양쪽 측면에 열두 개씩 늘어섰다. 이런 처리는 성채형 분위기를 보강하면서 성당에 강인한 방어의 이미지를 만들었다. 단순한 구성은 성채처럼 보이려는 목적 이외에 알비젠시스의 교리로부터도 영향을 받았다. 이들은 극단적인 극기주의를 신봉했다. 가톨릭에서 행해지던 통상적 의식이나 교리를 전면 부정했기 때문에 여기에서 파생된 고딕 성당의 표준

835 성 체칠리아(Ste. Cécile). 알비(Albi), 프랑스. 1280년대~1400년경

836 성 체칠리아(Ste. Cécile). 알비(Albi), 프랑스. 1280년대~1400년경

구성도 모두 부정했다. 이들에게 필요한 것은 적정량의 빛으로 채워진 가장 단순한 공간이 전부였다.

자코뱅 교회는 프랑스의 도미니크회 본거지로 1230년에 공사가 시작되었다. 1263년경에 첫번째 교회가 완성되었다. 이 교회는 발굴 작업 결과 현재 있는 것보다 더 큰 규모였던 것으로 드러났다. 1285~98년에는 지금의 성가대석 부분이 증축되었다. 첫번째 교회는 성가대석만 남기고 철거된 뒤 1330~85년에 지금 상태로 다시 지어졌다. 16세기에는 이스트 엔드를 지금 상태의 다각형으로 확장 변형하는 증축 공사가 있었다(그림 837). 1369년에는 성 토마스 아퀴나스의 시신을 이

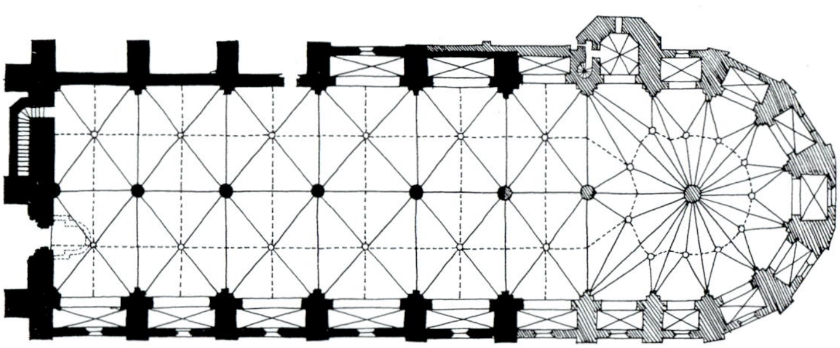

837 자코뱅 교회(Church of the Jacobins). 툴루즈(Toulouse), 프랑스. 네이브 1230~63년경/성가대석 1285~98년/네이브 증개축 1330~85년

탈리아에서 이장했다. 도미니크회의 정신적 지주였던 아퀴나스의 시신을 가져옴으로써, 툴루즈는 프랑스에서는 물론이고 유럽 전체에서 도미니크회의 중심지로 부상했다.

자코뱅 교회의 전체 구성은 성 체칠리아와 마찬가지로 원통형 대형 단일 매스로 이루어졌다. 이런 점에서 자코뱅 교회 역시 미디 지방의 전통 양식으로부터 영향을 받은 것으로 볼 수 있다. 외관에서 특히 성 체칠리아과 유사점이 많았다. 자코뱅 교회의 외관은 짧은 폭의 버트레스 열이 실내 베이 수에 맞춰 긴 몸통을 분할했다(그림 523, 524, 838). 이런 구성은 단순하면서도 강인한 인상을 주는 점에서 알비의 성채형 외관과 유사했다.

838 자코뱅 교회(Church of the Jacobins), 툴루즈(Toulouse), 프랑스, 네이브 1230~63년경/성가대석 1285~98년/네이브 증개축 1330~85년

그러나 실내 구성은 많이 달랐다. 자코뱅 교회는 2랑식 홀 교회라는 매우 독특한 평면으로 구성되었다. 실내는 6베이를 갖는 두 개의 네이브로 구성되었다(그림 839). 각 베이는 정사각형에 근접한 비례를 가졌다. 천장은 '싱글 베이-4분 볼트'로 처리되었다. 실내는 총 12개의 정사각형 모듈로 이루어졌다. 양쪽 벽면에는 비교적 깊은 벽감이 파였다. 이것은 성 체칠리아와 유사한 구성이었다. 그러나 성 체칠리아에서처럼 방으로 발전하지 못하고 벽감에 머물렀다. 벽감 위에는 가늘고 긴 창이 뚫렸다.

두 개의 네이브 중간은 일곱 개의 높은 단일 원형 기둥 열에 의해 구획되었다(그림 840). 이런 구성은 1랑식 홀 교회와 3랑식 홀 교회의 중간 상태로 볼 수도 있고 1랑식 홀 교회가 분화 변형된 것으로 볼 수도 있다. 네이브 하나의 폭은 19.5미터, 길이는 78미터였다. 기둥의 높이는 21.4미터, 천장고는 25.2미터였다. 규모로 보면 성 체칠리아보다 조금 뚱뚱하고 작은 비례를 가졌다. 작지 않은 규모의 공간을 높은 원형 기둥만으로 구획한 처리는 실내에 단순하면서도 역동적 힘을 부여했다. 창면적은 넓지 않았지만 실내가 단일 공간이었기 때문에 조도는 충분했다.

839 자코뱅 교회(Church of the Jacobins), 횡단면도, 툴루즈(Toulouse), 프랑스, 네이브 1230~63년경/성가대석 1285~98년/네이브 증개축 1330~85년

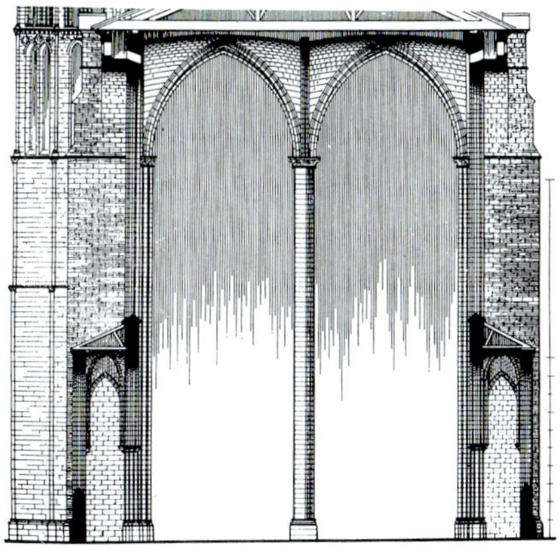

2랑식 구성의 출처에 대해서는 두 가지 주장이 있다. 한 가지는 성직자와 일반 신도를 분리하기 위한 동선 처리 때문

840 자코뱅 교회(Church of the Jacobins). 툴루즈(Toulouse), 프랑스. 네이브 1230~63년경/성가대석 1285~98년/네이브 증개축 1330~85년

이라는 주장이다. 당시에는 교단과 일반 대중 사이에 빈번한 충돌이 벌어지던 폭력의 시기였기 때문이다. 다른 한 가지는 로카마두르Rocamadour의 순례 교회, 파리의 자코뱅 교회, 카르카손의 성 나자리오 등 유사한 구성을 보이는 선례들을 종합화했다는 주장이다. 이 가운데 파리의 예는 같은 도미니크회 교회였고 나머지들은 아니었다. 이렇게 보았을 때 당시에는 수도회의 종류와 상관없이 여러 갈래의 교회들에 2랑식 구성이 공통적으로 유행하고 있었다는 것을 알 수 있다. 이것은 경제력이 부족한 지방 교회들이 같은 면적으로 최대한의 신도를 수용할 수 있는 공간 구도를 선호했기 때문으로 보인다.

13세기 후반에 지어진 성가대석 천장은 레요낭 양식의 장식 어휘로 구성되었다(그림 525). 이때 네이브 천장도 함께 레요낭 양식으로 개축되었다. 성가대석은 그 자체만으로는 중앙집중형 공간이었다. 단일 원형 기둥을 중심 초점으로 삼아 22개의 리브 선이 방사선 방향으로 갈라져 나갔다. 리브 선은 중간 지점에서 원에 의해 분할되었다. 이 원도 리브로 만들어졌다. 방사선 방향의 리브는 원과 만나는 지점을 기준으로 직선으로 뻗은 것과 꺾이는 것이 교대로 나타났다. 이로써 천장에는 작은 삼각형 22개와 큰 삼각형 11개가 만들어지면서 전체적으로 별모양의 강한 장식 어휘가 형성되었다.

플랑부아양 양식(1400~1550년) 2

후기 고딕과 플랑부아양 양식

고딕 건축은 유럽 전역에서 늦게까지 계속되었다. 르네상스의 발상지 이탈리아에서도 고딕 건축은 새롭게 대두하는 르네상스 양식과 공존하며 심지어 16세기에도 지어졌다. 이런 현상은 피렌체에서도 나타났다. 하물며 고딕의 본거지였던 프랑스를 비롯한 다른 나라들은 말할 필요도 없었다. 프랑스에서도 15~16세기까지 고딕 건축이 계속지어졌다. 14세기까지 이어졌던 레요낭 양식은 15세기 들어와 사라졌다. 그 자리를 메운 것은 플랑부아양 양식과 후기 고딕의 두 가지 흐름이었다.

플랑부아양 양식은 레요낭 양식보다 더 장식적이었다. 후기 고딕은 플라부아양 양식을 포함한 더 포괄적 경향을 의미했다. 13세기 중반의 레요낭 양식부터 후기 고딕으로 볼 것인지가 논란의 대상인 것과 달리 15세기 이후는 확실한 후기 고딕의 시기였다. 플랑부아양 양식 역시 레요낭 양식과 달리 후기 고딕으로 분류하는 데에 이견이 없다. 플랑부아양 양식은 후기 고딕의 여러 특징 가운데 장식적 경향이 하나의 독립적 흐름을 이룬 경우로 정의될 수 있다.

후기 고딕은 장식화, 소형화, 단일 공간화, 르네상스 양식과의 혼재 등을 대표적 특징으로 가졌다. 후기 고딕에서는 파리의 생외스타슈St. Eustach, 1532~89년와 디종의 성 미카엘15세기 후반부~1667년 정도가 대형 교회의 유일한 예였다. 이 건물들에서는 르네상스의 고전적 구성이 혼재되어 나타났다. 생외스타슈가 특히 심했다. 당시 막 시작되던 프랑스 르네상스의 샤토château 구성이 함께 쓰였다(그림 841). 성 미카엘은 부분적으로 후기 고딕의 장식 어휘와 르네상스의 고전 어휘가 혼재한 가운데 전체 구

841 생외스타슈(St. Eustach), 파리, 1532~89년

성에서는 엄밀한 구성력을 잃고 혼란스러운 모습을 보였다(그림 842).

나머지 대부분은 이전 건물에 부분적으로 증축되어 더해진 것들이었다. 투르 생가티앵 St. Gatien at Tours의 서쪽 파사드 1440년경~1537년, 생투앙르 비외의 첨탑 1440년경~1515년, 에브뢰 성당의 파사드 1531년 완공, 보베 생테티엔의 성가대석 천장 1506~48년, 보베 성당의 크로싱 천장 1568년 완공, 오세르 생 제르맹 수도원 교회의 파사드 15세기, 오세르 생테티엔의 크로싱 천장 16세기, 상스의 트랜셉트 1490~1512년, 몽생미셸의 성가대석 1450~1521년 등이 후기 고딕 겸 플랑부아양 양식으로 증축된 대표적인 예들이었다(그림 843, 844, 851, 852).

842 성 미카엘(St. Michel). 디종(Dijon), 프랑스. 15세기 후반부~1667년

843 에브뢰 성당(Evreux Cathedral). 프랑스. 파사드 1531년

844 몽생미셸(Mont-Saint-Michel). 프랑스. 성가대석 1450~1521년

건물 한 채를 새로 지을 경우에는 소형화가 두드러졌다. 건물이 작아짐에 따라 공간 분화는 의미가 없어졌다. 건물 구성은 단일 공간으로 단순해져갔다. 루앙의 생마클루 St. Maclou, 1434~1514년, 부르강브레스의 브루 교회 Church of Brou at Bourg-en-Bresse, 1513~32년, 트루아의 막달렌 교회 Church of Magdalene, 1508~17년 및 동 교회의 스크린, 쇼몽의 세자 성 요한 St. Jean-Baptiste at Chaumont, 바르쉬르센 Bar-sur-Seine의 생테티엔 등은 소형화 및 플랑부아양 양식의 특징을 보여주는 예들이다(그림 845, 846).

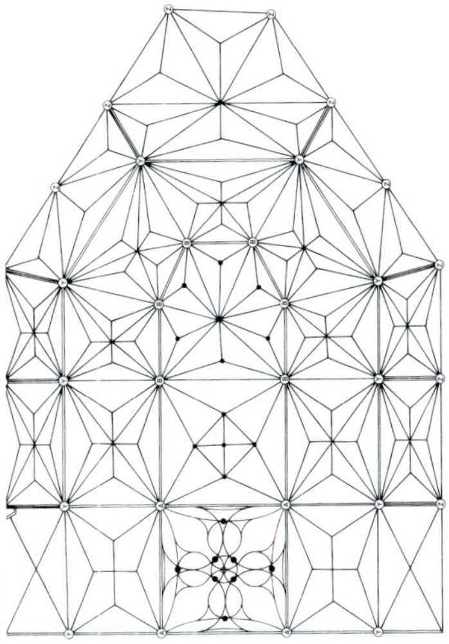

845 막달렌 교회(Church of Magdalene). 트루아(Troyes), 프랑스. 1508~17년
846 세자 성 요한(St. Jean-Baptiste). 쇼몽(Chaumont), 프랑스

이 가운데 15세기 이후의 프랑스 건축을 대표한 것은 플랑부아양 양식이었다. 후기 고딕이 일반적 의미의 쇠퇴 현상 이외의 독립적 특징을 만들어내지 못한 데 반해 플랑부아양 양식은 비록 부정적 의미가 강하긴 하지만 일정한 장식적 경향을 창출했기 때문이다. 이런 점에서 이 양식은 고딕 매너리즘혹은 매너리스트 고딕이라고 부르기도 한다. 고딕 매너리즘은 플랑부아양 양식을 포함하여 당시 유럽 전역에서 유행하던 장식 경향을 지칭하는 더 넓은 개념의 명칭이다. '매너리즘'이라는 말을 사용한 것은 두 가지를 의미한다. 하나는 미시적 차원으로, 건축 어휘 자체로 보았을 때 더이상 고딕의 새로운 창조력이 남아 있지 않다는 의미이다. 다른 하나는 거시적 차원으로, 동시대에 르네상스라는 새 양식이 태동된 데 반해 늦게까지 옛날 양식에 매달린다는 의미이다.

플랑부아양 양식은 말 그대로('불꽃 같다'라는 의미) 타오르는 불꽃처럼 이글거리는 형상의 장식 경향을 보인다는 의미이다. 포인티드형이 더 곡선적으로 변형된 형태이다. 더 뾰쪽해진 것으로 볼 수도 있다

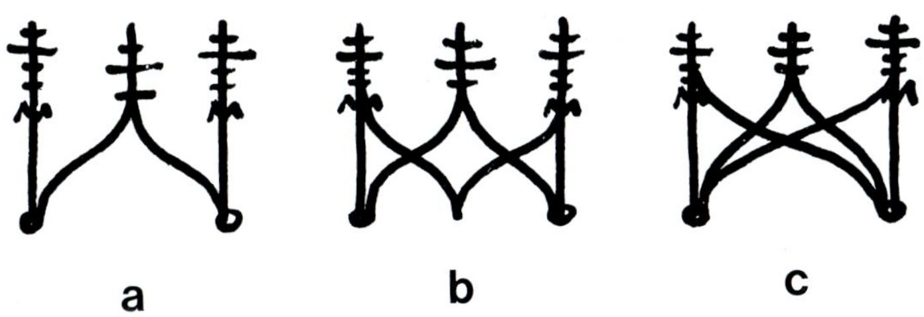

847 레요낭 양식의 오지 아치(ogee arch)

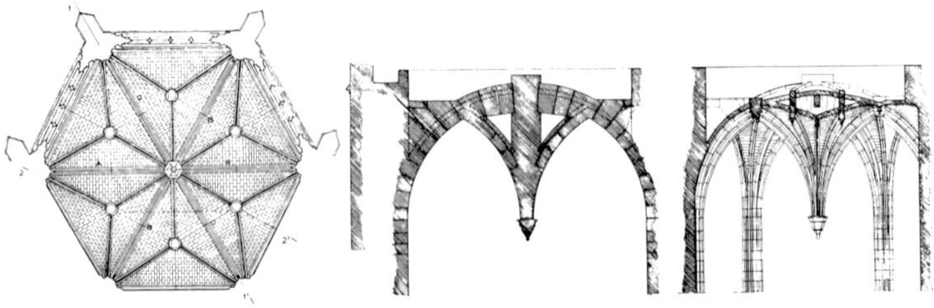

848 레요낭 양식의 천장 리브 볼트

(그림 847). 혹은 흐르는 물살이나 식물을 닮은 형태이기도 하다. 이런 장식 어휘들은 창과 천장 리브에 집중되었다. 창은 불꽃 모양의 장식 어휘로 분할되었다. 천장 리브는 구조적 역할을 완전히 상실하고 별과 꽃모양의 장식 문양을 만들어냈다(그림 848).

플랑부아양 양식의 장식 경향은 레요낭 양식과 구별된다. 레요낭 양식의 장식 경향은 건물 전체의 조도와 구조 체계에 대한 고민의 산물이었다. 그 출발점은 조도 향상을 위해 개구부의 면적을 넓히는 데에서부터 시작되었다. 장식 어휘는 넓어진 개구부를 분할하는 과정에서 등장한 측면이 강했다. 처음부터 장식 그 차제가 목적은 아니었다. 트리포리엄과 천측창을 하나로 합치려는 구조적 노력도 있었다. 또한 직접광을 이용하여 실내 전체에 균등한 조도를 만들어내려는 노력도 있었다. 이를 위해 구조 부재를 집중적으로 모으고 구조 부재의 선형성을 강조하는 변화를 꾀했다.

849 네이브 월의 변화. 왼쪽: 13세기 중반/오른쪽: 15세기

850 15세기 트레이서리

반면 플랑부아양 양식에서는 처음부터 장식 그 자체가 목적이었다. 개구부 면적이나 실내 조도 등은 더 이상 중요한 고민 대상이 아니었다. 네이브 월의 분할은 다시 3단 구성으로 돌아갔다. 건물이 작아지면서 3단 구성으로 분할되었기 때문에 개구부 면적은 대폭 줄어들었다(그림 849). 장식 경향은 개구부의 트레이서리, 천장 리브, 파사드의 세 곳에서 나타났다. 개구부에서는 레요낭 양식까지 지켜지던 랜싯과 오쿨루스의 정형성이 깨지면서 불꽃

851 생테티엔(St. Etienne), 보베(Beauvais), 프랑스, 1506~44년/1548년

852 상스 성당(Sens Cathedral), 프랑스, 트랜셉트 1490~1512년

형상으로 변화했다(그림 850). 여러 개로 만들어지며 랜싯의 개수와 균형을 맞추던 오쿨루스는 큰 로즈 윈도 하나로 합쳐졌다. 오쿨루스가 형성하던 수평적 균형감은 사라졌다. 큰 로즈 윈도 하나가 하늘을 향해 집중하는 수직 어휘와 대비를 이루며 긴장감을 형성했다. 로즈 윈도에서도 동심원의 겹이 많아지고 하나의 동심원을 분할하는 어휘도 많아졌다(그림 851, 852).

장식의 중심이 천장 리브로 옮겨간 현상도 플랑부아양 양식을 대표하는 또다른 중요한 특징이었다. 레요낭 양식에서 장식의 중심은 개구부 처리에 있었다. 넓은 개구부를 확보하고 이것을 더 많은 오쿨루스

853 생외스타슈(St. Eustach), 파리, 1532~89년

854 후기 고딕의 천장 리브

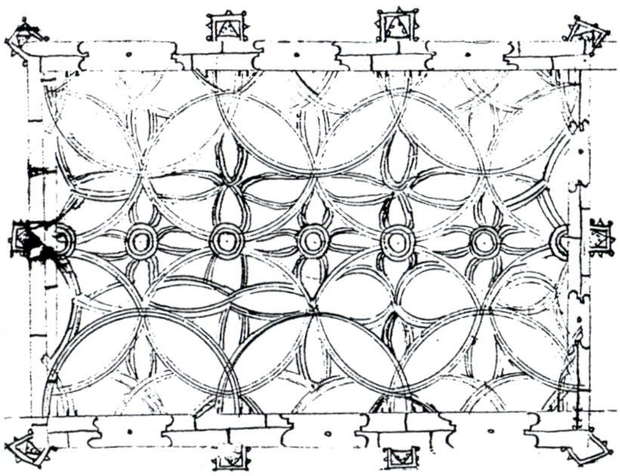

와 랜싯으로 분할한 후 스테인드글라스로 채우는 것이었다. 천장 리브에도 장식 처리가 나타나긴 했지만 그 정도가 심하지 않았다. 리브의 개수가 많아지면서 선형 장식을 형성하는 정도였다. 플랑부아양 양식에서는 장식의 중심이 천장 리브로 옮겨가면서 장식의 정도도 심해졌다. 리브의 개수도 더 늘었을 뿐 아니라 기하 문양을 형성했다(그림 853). 이렇게 처리되는 천장의 면적도 늘었다(그림 854).

파사드에서는 장식 어휘가 자잘해지는 변화가 두드러졌다. 성기 고딕에 나타나던 힘차고 굵은 어휘는 사라졌다. 이에 따라 짙은 음영도 사라지고 건물 표면은 많이 평평해졌다. 구조 골격이 왜소해지면서 함께 나타난 현상이기도 했다. 성기 고딕의 파사드 장식은 상당 부분 강력한 구조 골격에서 자연스럽게 파생된 결과였다. 반면 플랑부아양 양식에서는 건물 골격이 작고 단순한 육면체로 구성된 뒤 그 위에 장식을 덧붙이는 방식으로 바뀌었다. 이에 따라 성기 고딕의 3차원 입체감이 사라지고 2차원 면성이 주요 특징으로 나타났다.

조각 장식도 많이 줄어들었다. 그 대신 뾰쪽 지붕, 포인티드 아치, 소형 원형창, 소첨탑 등의 건축 어휘를 소품화하여 돋을새김으로 처리한 장식이 주류를 이루었다(그림 855). 출입문의 변화도 두드러졌다. 건물이 작은 경우에는 성기 고딕의 출입문 높이를 그대로 유지하면서 파사드 높이의 절반 이상을 출입문이 차지해버렸다(그림 856). 출입문만으로 건물이 구성된 것 같은 느낌이었다. 반면 건물이 일정 규모 이상일 경우에는 출입문이 대폭 작아졌다. 성기 고딕의 다단계 들여쌓기가 사라지고 불꽃 모양의 얇은 조각 처리가 대신했다(그림 857).

건물 규모와 상관없이 출입문을 여러 장의 스크린을 겹치는 형식으로 처리하는 경향도 있었다. 각 스크린은 플랑부아양 특유의 트레이서리로 천공 처리되어 넓은 진공부를 가졌다. 스크린이 겹쳐지면서 트레이서리도 겹쳤고 강한 장식이 만들어졌다(그림 856). 이런 스크린 처리는 후기 고딕의 실내에서도 동일하게 나타났다(그림 845). 크로싱과 네이브, 혹은 성가대석과 트랜셉트 사이 등에 스크린이 쳐지면서 현란한 트레이서리 장식으로 천공 처리되었다. 파사드에 쓰인 스크린 중첩은 2차원

855 생제르맹 성당(Cathedral of St. Germain), 오세르(Auxerre), 프랑스, 15세기

856 생마클루(St. Maclou), 루앙(Rouen), 프랑스, 네이브 1434~70년경/파사드 1477~1514년
857 성 미카엘(St. Michel), 디종(Dijon), 프랑스, 15세기 후반부~1667년

면성의 한 현상으로 볼 수도 있다.

플랑부아양 양식의 배경에 대해서는 상반된 두 가지 주장이 있다. 당시 유럽에는 플랑부아양 양식 이외에도 영국의 장식 양식Decorated Style과 수직 양식Perpendicular Style을 비롯하여 독일 스페인 등 전역에서 장식적 고딕 건축이 뒤늦은 전성을 누리고 있었다. 이 가운데 선두 주자는 단연 영국의 양식들이었다. 플랑부아양 양식의 배경은 영국 양식들과의 영향 관계에 따라 두 가지로 주장된다.

한 가지는 영국의 장식 경향 양식으로부터 영향을 받아 형성되었다는 주장이다. 플랑부아양 양식과 영국의 장식 경향 양식 사이에는 분명한 공통점이 있다. 장식 양식은 13세기 후반에 시작되었기 때문에 시기적으로 보았을 때 플랑부아양 양식에 영향을 끼쳤을 수 있다. 정치적 상황도 일치한다. 백년전쟁을 계기로 영국은 프랑스를 앞서며 대륙에 정치적 영향을 끼치기 시작했다. 프랑스보다 먼저 절대왕정이 태동된 것도 15~16세기 영국이었다. 절대왕정은 강한 민족주의를 추구했다. 이 과정에서 자국의 전통 양식을 대륙으로 수출하려는 노력이 있었다.

다른 한 가지는 레요낭 양식으로부터 자연스

858 생모리스 성당(Cathedral of St. Maurice), 앙제(Angers), 프랑스, 1148~53년/1274년

러운 분화라는 주장이다(그림 855, 858). 이 주장은 영국의 영향을 거부하는 것 이상의 의미를 갖는다. 영국의 장식 경향 양식들이 먼저 레요낭으로부터 영향을 받았다는 주장을 내포하기 때문이다. 플랑부아양 양식과 영국의 장식 경향 양식 모두가 레요낭 양식에서 갈라져 나왔다는 주장이다. 영국 양식과 플랑부아양 양식 사이의 공통점은 둘 사이의 영향 관계를 보여주는 것이 아니라 동일한 조상을 가졌다는 사실을 증명하는 것이 된다. 이런 주장은 영국의 고딕 건축 전체를 프랑스의 영향권 아래 두려는 의도를 갖는다.

두 주장은 영국과 프랑스 학자들 사이에 민족의 자존심을 건 논쟁의 양상을 띠기 때문에 우리로서 쉽게 결론을 내리기 어려운 문제이다. 분명한 점은 당시 유럽 전역에서는 장식 경향의 마지막 고딕 건축이 유행하고 있었다는 사실이다. 르네상스의 탄생을 무색하게 할 정도로 실제 지어지는 건물들의 숫자는 압도적으로 고딕 건축이 많았다. 이것을 르네상스와의 중첩이라는 관점에서 볼 때에는 가톨릭과 개신교 사이의 권력 투쟁과 연관시킬 수도 있다. 장식적 고딕 양식의 뒤늦은 유행은 종교개혁을 낳았던 가톨릭의 부패에 비유될 수 있다. 당시 개신교는 이런 점 때문에 르네상스라는 새로운 건축 방식을 자신들의 대표 양식으로 삼았다. 플랑부아양 양식의 후기 고딕은 유럽 문명사 전체를 통틀어 가장 극심한 중첩과 전환이 일어나던 시기였다.

859 생마클루(St. Maclou), 루앙(Rouen), 프랑스, 네이브 1434~70년경/파사드 1477~1514년

생마클루, 보베 생테티엔, 브루 교회

루앙의 생마클루 네이브 1434~70년경, 파사드 1477~1514년는 플랑부아양 양식을 대표하는 건물이었다. 평면은 3베이 5랑식의 작은 규모였다(그림 859). 바깥쪽 아일은 예배당으로 쓰였다. 트랜셉트는 돌출부가 없었으며 성가대석은 2베이를 차지했다. 이 때문에 전체로 보면 6베이 단일 공간으로 읽히기도 한다. 이스트 엔드는 한 겹의 복도 주위로 네 개의 육각형 예배당이 방사구도로 배열되었다. 전체 길이는 54미터, 천장고는 22.5미터였다.

네이브 월은 다시 3단 구성으로 돌아갔다. 그러나 아케이드 층의 높이가 절반을 차지했기 때문에 실내에 서면 2단 구성처럼 느껴졌다. 아

케이드 층과 위쪽 두 층 사이의 조도 차이가 심했기 때문에 더욱 그러했다. 트리포리엄과 천측창은 아치열로 구획되었다. 각 아치는 다시 플랑부아양 양식의 전형적인 장식 어휘로 처리되었다. 장식 처리는 곳곳에서 나타났다. 기둥 표면에는 몰딩이 더해졌다. 기둥은 대응 기둥 체계에서 몰딩 체계로 바뀌었다. 대응 기둥도 여전히 쓰였다. 대응 기둥이 리브와 만나는 지점에서는 주두가 사라졌다. 대응 기둥은 리브와 한몸으로 합쳐지면서 장식 어휘를 형성했다. 이것은 네이브 월과 천장을 구획하는 구조적 논리를 지우고 장식 논리를 추구한 것으로 볼 수 있다.

외관에서는 장식 어휘가 더욱 풍부하게 쓰였다. 파사드에서는 장식 어휘가 놓이는 장소를 확보하기 위해 건물 본체의 매스와 출입구가 분리되는 변화가 일어났다(그림 856). 출입구의 가장 바깥 면은 공중에 홀로 서 있는 별도의 벽체로 처리되었다. 박공면이 특히 그러했다. 박공면은 강한 윤곽을 갖는 투명막처럼 처리된 뒤 가운데 빈 부분을 플랑부아양 양식 특유의 장식적 트레이서리로 분할했다. 박공면은 스크린처럼 변했다. 앞에서 언급한 스크린의 중첩이었다. 이런 박공면이 방사선 방향으로 늘어섰다(그림 860).

출입문이 다섯 개였기 때문에 박공면도 다섯 개가 되었다. 다섯 개의 박공면은 마치 병풍을 펼쳐놓은 것처럼 보였다. 그만큼 건물 본체로부터 분리된 정도가 심하다는 의미였다. 다섯 개의 출입문 가운데 중앙의 것이 크고 양옆의 네 개는 조금 작았다. 이 가운데 양쪽 제일 끝의 두 개는 실제는 문을 갖지 않는 가짜 출입구였다. 장식 효과를 높이기 위해 다섯 개가 필요했던 것이다. 출입구를 구획하는 기둥 표면에는 조각물과 몰딩이 더해졌다. 이런 일련의 처리들은 출입구와 건물 본체 사이에 유기적 통일성을 추구했던 성기 고딕과 완전히 달라진 외관 개념이었다. 이런 변화는 레요낭 양식에서도 나타나지 않던 것이었다. 플랑부아양 양식의 출발을 알리던 방돔의 삼위일체La Trinité at Vendome에서도 나타나지

860 생마클루(St. Maclou), 루앙(Rouen), 프랑스. 네이브 1434~70년경/파사드 1477~1514년

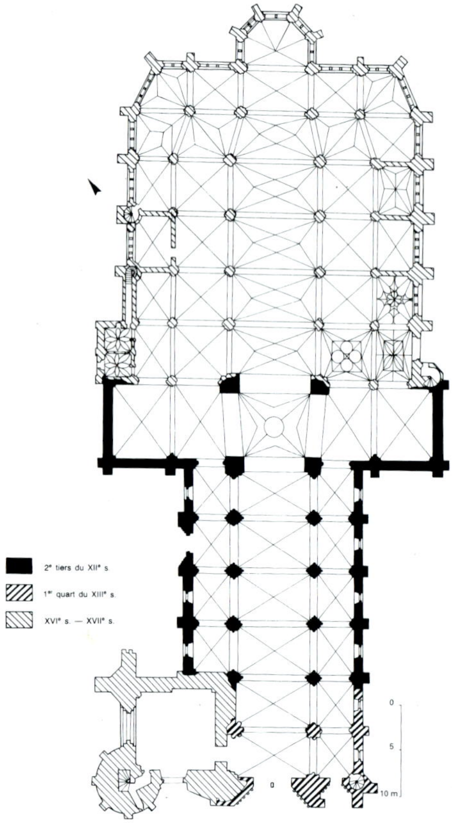

않던 것이었다.

플랑부아양 양식의 두번째 단계는 보베의 생테티엔에서 나타났다. 이 건물은 로마네스크 때부터 있었고 초기 고딕의 문을 연 건물 가운데 하나이기도 했다. 화재와 붕괴 등의 우여곡절을 겪은 끝에 1506년에 새 성가대석 공사가 시작되었다(그림 861). 1544년에는 주요 공사가 끝났으며 1548년경에 마무리되었다. 이곳 성가대석에서는 생마클루 이후의 플랑부아양 양식의 새로운 단계가 시작되었다.

벽은 다시 2단 구성이 되었다(그림 862). 이 현상은 두 가지로 해석될 수 있다. 한 가지는 레요낭 양식이 아직 남아 있는 것으로 볼 수 있다. 이것은 천측창의 면적이 넓어지고 조도가 극단적으로 밝아진 데에서 알 수 있다. 다른 한 가지는 네이브 월의 분할 구성이 더이상 중요한 건축적 의미를 갖지 못한 것으로 볼 수 있다. 이것은 대응 기둥을 보면 알 수 있다. 이곳에서는 대응 기둥을 코어 기둥 위에 더하는 구조 처리가 사라져가고 있다. 대응 기둥은 코어 기둥을 물결치듯 조각한 쪽에 가깝다. 구조 체계의 붕괴 현상은 15세기 유럽 고딕 전

861 생테티엔(St. Etienne). 보베(Beauvais), 프랑스. 1506~44년/1548년
862 생테티엔(St. Etienne). 보베(Beauvais), 프랑스. 1506~44년/1548년
863 생테티엔(St. Etienne). 보베(Beauvais), 프랑스. 1506~44년/1548년

반에 나타났던 공통적 현상이었다.

중요한 변화는 천장에서 나타났다. 리브가 복잡한 장식 문양을 형성하기 시작한 것이다. 이런 현상은 생마클루에서는 나타나지 않았던 것이었다. 이렇게 보았을 때 생마클루는 창 분할로 대표되는 플랑부아양 양식의 첫번째 단계를, 생테티엔은 리브의 장식적 처리로 대표되는 두번째 단계를 각각 대표하는 것으로 정의될 수 있다.

864 생테티엔(St. Etienne). 보베(Beauvais), 프랑스. 1506~44년/1548년

성가대석은 5랑식 6베이로 3랑식 6베이인 네이브보다 훨씬 컸다. 성가대석의 천장고는 25.5미터였다. 성가대석 천장 전체가 리브 장식으로 채워지지는 못했다. 네이브에 해당되는 중앙열은 모두 리브 장식으로 채워졌다(그림 863). 반면 아일에서는 7베이 정도가 선별적으로 채워졌다. 중앙열은 볼트 하나를 아홉 개의 삼각형으로 분할한 장식 문양으로 처리되었다. 한가운데에 긴 마름모꼴 문양이 들어섰다. 마름모꼴의 네 꼭지점에서 볼트 사각형의 네 꼭지점으로 선을 연결함으로써 마름모꼴 주위로 돌아가며 여덟 개의 삼각형 문양이 생겨났다(그림 864). 아일에서는 별 모양의 더 복잡한 문양이 만들어졌다.

이처럼 천장 전체에 걸쳐 리브가 구조적 역할을 잃고 장식 어휘로 변질됨에 따라 아래쪽의 기둥에도 이에 상응하는 변화가 나타났다(그림 862). 리브를 받는 대응 기둥은 사라졌다. 대응 기둥은 더이상 의미를 갖지 못했다. 그 대신 리브 몇 가닥을 묶어서 밑으로 연장시키는 처리가 쓰였다. 이 부재는 돌출 정도가 매우 얕았기 때문에 정식 대응 기둥으로 보기는 어려웠다. 그보다는 코어 기둥을 울퉁불퉁하게 만든 것에 가까웠다. 천장의 복잡한 리브 선에 대한 최소한의 맞대응 같은 것이었다. 대응 기둥이 사라짐에 따라 리브가 시작되는 지점에 넣었던 주두도 사라졌다. 이런 현상은 생마클루에서 이미 나타났던 것이었다.

865 브루 교회(Church of Brou). 부르강브레스(Bourg-en-Bresse). 프랑스, 1513~32년

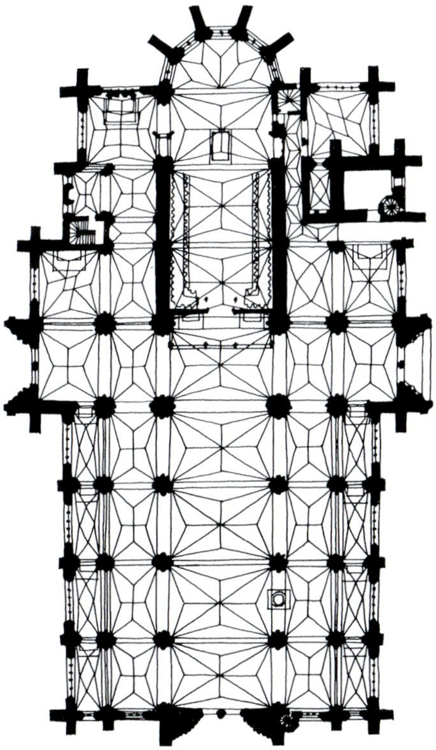

생테티엔의 리브 장식은 부르강브레스의 브루 교회에서 절정에 달했다(그림 865). 이 건물은 1513년에 시작

되었다. 1506년에 건축되기 시작한 생테티엔보다 불과 7년 늦은 것이었다. 완공은 1532년에 이루어져 오히려 앞섰다. 그러나 장식의 정도는 훨씬 심해졌다. 평면 전체는 4베이 5랑식의 네이브, 쌍둥이 트랜셉트, 2베이의 성가대석, 하나의 앱스로 구성되었다. 성가대석의 폭은 3랑식과 5랑식의 중간 상태에 머물렀다. 건물 길이는 70.2미터로 많이 작아지지는 않았지만 천장고는 20미터로 많이 낮아졌다. 그 대신 총 37~39베이에 이르는 전 모듈 단위의 천장을 별모양의 장식 어휘로 가득 메웠다. 기본 문양은 생테티엔 성가대석의 아일 부분에 쓰였던 별모양이었다. 이 문양은 후기 고딕 전체에 걸쳐 가장 많이 쓰이던 리브 장식 어휘였다. 별모양은 모듈 단위의 비례 방향에 맞춰 응용되었다. 네이브에서는 횡방향으로 길게 처리된 반면 비례 방향이 바뀐 아일에서는 종방향으로 길게 처리되었다. 천장을 온통 별 장식으로 채운 이 건물은 프랑스 고딕이라고 보기 어려웠다. 영국의 장식 양식이나 독일의 공예적 장식 경향에 가까울 정도로 장식의 극치를 보여주었다.

11장 영국 고딕

1 초기 영국 양식 (1170/80~1240/80년)

2 장식 양식 (1240/80~1330/50년)

3 수직 양식 (1330/50~1500/30년)

1 초기 영국 양식(1170/80~1240/80년)

프랑스 고딕과 영국 고딕

영국 고딕은 프랑스 고딕을 받아들이면서 시작되었다. 이것은 로마네스크 때와 같았다. 프랑스에서 이미 완성된 양식 모델을 받아들였기 때문에 준비 기간 없이 단번에 태어났다. 그러나 이미 첫번째 건물부터 영국만의 특징도 함께 나타났다. 이것 역시 로마네스크 때와 같았다. 영국의 중세 건축은 이처럼 프랑스와의 숙명적 관계로부터 시작되었다. 프랑스라는 존재 없이는 영국의 중세 건축을 생각할 수 없는 것이 사실이었다. 이와 동시에 영국에게는 프랑스가 뛰어넘어야 할 큰 벽이었다. 영국 고딕 양식은 이런 양면적 상황에서 고민한 결과의 산물이었다.

866 영국 고딕과 프랑스 고딕의 전체 구성 비교. 왼쪽: 웰스 성당(Wells Cathedral)/오른쪽: 랭스 성당(Reims Cathedral)

867 영국 고딕과 프랑스 고딕의 아케이드 아치 비교. 위쪽: 샤르트르 성당(Chartres Cathedral)/아래쪽: 엘리 성당(Ely Cathedral)

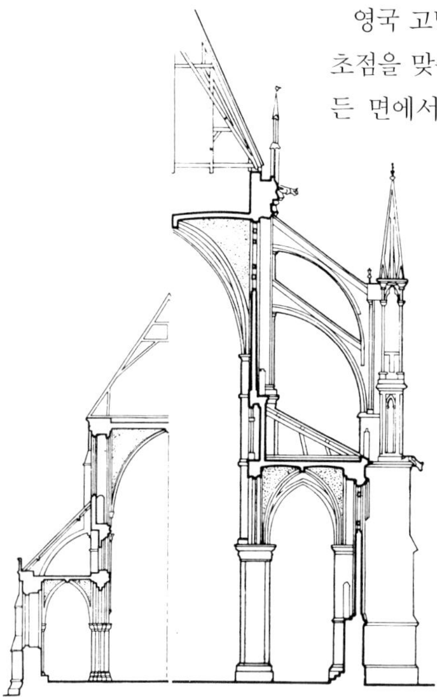

영국 고딕은 프랑스 고딕과 달랐다. 기독교적 공간을 창조하는 데에 초점을 맞춘 것은 같았다. 그러나 공간의 기본 개념, 목적, 구성 등 모든 면에서 달랐다(그림 866, 867). 나타난 결과는 더 달랐다(그림 868). 표면적으로는 영국 고딕이 프랑스 고딕을 받아들이면서 시작되었다. 영국 고딕은 프랑스의 초기 고딕이 완성된 시점에 시작했다. 프랑스에서의 실험을 지켜본 끝에 첫번째 완성 모델을 받아들인 것으로 볼 수 있다. 내용적으로도 캔터베리 성당에서 웨스트민스터 사원에 이르는 초기 영국 양식의 대표적인 예들은 프랑스 고딕 구조를 기본 골격으로 삼아 시작했다. 캔터베리 성당의 경우는 상대적으로 프랑스의 영향을 보여주는 직접적인 증거들이 많이 남아 있다.

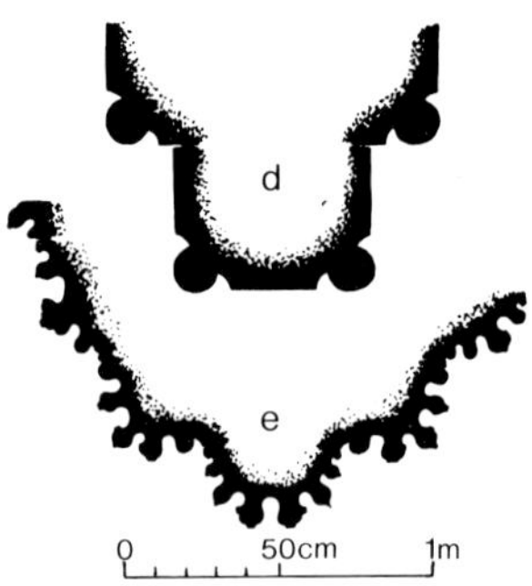

이런 영향 관계는 영국과

대륙 사이에 형성된 일반적 관계의 일환으로 해석될 수 있다. 앞으로는 로마 건축에서 로마네스크 건축에 이르는 기간 동안, 뒤로는 르네상스와 바로크에 이르는 기간 동안 영국은 늘 대륙에서 먼저 형성된 국제주의 양식을 받아들여 자국만의 양식으로 소화해냈다. 그러나 영향 관계를 일방적인 것으로 보아야 할지는 신중히 판단해야 한다. 이 문제는 영향의 정도와 관련이 있다. 바꿔 얘기하면 영국의 지역적 전통적 특성이 얼마만큼 창조되었는가의 문제이다.

고딕 건축에서 이 문제는 로마네스크의 연장선상에서 생각할 수 있다. 영국 로마네스크는 대륙 로마네스크와 피영향 관계를 기본으로 삼아 동참과 역영향의 복합적 관계를 형성했다. 이런 관계는 고딕 건축에서도 계속되었다. 두 나라 사이의 영향 관계를 일방적인 것으로 단정짓기 어렵게 만드는 요인이다. 고딕 건축의 이런 복합성은 복합적인 배경으로부터 기인한다.

첫째, 지리적 측면에서는 노르망디의 존재를 들 수 있다. 노르망디 지방을 중간 매개 겸 대표적인 예로 삼아 영국은 프랑스를 일정 기간 통치했다. 헨리 2세(재위 기간, 1154~89년)를 필두로 13세기 초까지 영국은 프랑스 전 영토의 절반에 가까운 서쪽의 여섯 개 주를 지배했다(그림 869). 이후 프랑스의 성기 고딕 시대에 대반격이 있었지만 1270년경까지도 영국은 프랑스 영토 일부를 지배했다. 이런 상황은 건축에도 적용될 수 있다. 프랑스로부터 일방적으로 영향을 받기만 한 것은 아니었다. 실제 내용을 보더라도 레요낭 양식이나 플랑부아양 양식에서는 프랑스가 영국으로부터 영향을 받았다는 것이 정설이다.

둘째, 고딕 건축 전체에서 지역주의가 갖는 일정한 독립성이다. 고딕 건축에서 국제주의 양식은 프랑스의 주류 경향이다. 이것은 고딕 건축 전체를 대표하는 보편성을 갖는다. 문제는 나머지 지역주의 고딕들이다. 일단 프랑스에서도 지역주의의 예들이 너무 다양하고 많았다. 다른 나라들까지 확장하면 더욱 그러했다. 영국 이외에도 독일, 이탈리아, 스페인, 네덜란드, 헝가리 등 여러 나라들의 상황과 전통이 많이 달랐다. 이것이 반영되면서 다양한 지역주의 고딕 양식이 창조되었다. 이런 다양성을 '영향-피영향'의 이분법적 관계로만

868 예수 교회(Christ Church), 옥스퍼드(Oxford), 영국, 1158~80년/성가대석 천장 볼트 1480~1500년

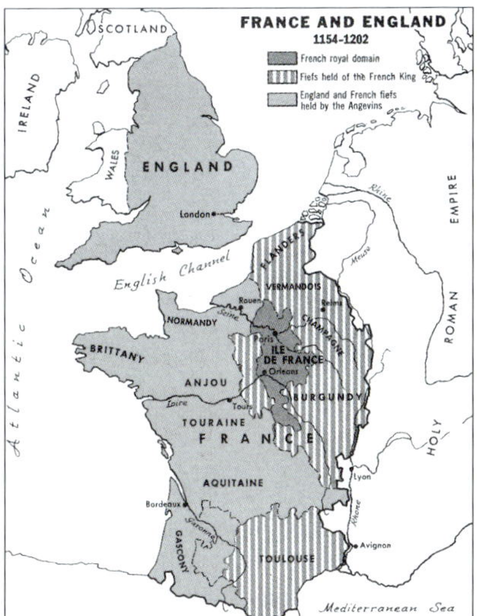

869 고딕 시대의 영국과 프랑스

870 링컨 성당(Lincoln Cathedral), 주두
871 우스터 성당(Worcester Cathedral), 영국

보기는 어렵다. 프랑스가 고딕 시대에 강대국이긴 했지만 건축에서까지 일방적으로 영향을 끼칠 정도는 아니었다. 여러 정황으로 볼 때 고딕의 지역주의 양식은 일정한 독립성을 갖는다.

셋째, 고딕의 국제주의 양식이 구조 첨단성을 기준으로 정의된다는 것도 문제였다. 산업화 시대가 아닌 전통 수공업 시대의 건축에서 구조 첨단성에 대한 의존도는 낮은 편이었다. 이런 상황에서 이것을 기준으로 삼아 '영향-피영향' 관계를 일방적으로 단정짓는 것은 무리가 있다. 프랑스 고딕과 다른 나라들의 고딕을 영향 관계가 아닌 건축적 특징에 따라 '공간적 고딕spatial Gothic'과 '국가별 고딕 혹은 민족적 고딕national Gothic'이라고 부르기도 한다. 이때 영국 고딕은 국가별 고딕에 넣지 않는 것이 통례이다. 이것은 영국 고딕이 프랑스와 다른 나라들 사이에서 일정한 독립성을 확보했다는 것을 의미한다(그림 870).

872 웰스 성당(Wells Cathedral), 영국

넷째, 구체적 내용을 보았을 때 영국 고딕은 일정한 독립성을 갖는다. 평면 구성, 공간 개념, 매스 처리 등에서 특히 그러했다(그림 871). 공예적 기하학적 장식성이라는 특징도 중요한 역할을 했다(그림 872). 이런 특징들은 로마네스크 때부터 영국만의 전통으로 형성된 내용들이었다. 또한 역으로 프랑스의 로마네스크와 고딕에 일정 부분 영향을 끼치기도 했다. 영국의 영향은 로마네스크 시대에는 노르망디 지방의 개별 건물들에서 나타났다. 레요낭 양식과 플랑부아양 양식의 후기 고딕에서는 상당히 넓은 범위에서 영향을 끼쳤다.

이상과 같은 배경 아래 영국 고딕 건축은 자국만의 분류법으로 나누

873 영국의 고딕 예술 중심지

는 것이 통상적이다. 초기 영국 양식Early English Style, 장식 양식, 수직 양식Perpendicular Style이 그것이다. 장식 양식은 곡선 양식Curvilinear Style, 수직 양식은 직선 양식Rectilinear Style이라는 별칭으로 불리기도 한다. 이 명칭들은 19세기 초 영국 사가들이 정착시킨 것으로 19세기 역사주의, 민족주의, 제국주의 등의 복합적 산물이었다. 이로써 대륙에 종속된 것으로만 여겨지던 영국 고딕 건축이 독립성을 확보할 수 있게 되었다(그림 873).

그러나 각 양식의 시기에 대해서는 영국 사가들 사이에서도 이견이 있다. 초기 영국 양식의 시작 시점은 1170~80년의 10년, 끝나는 시점은 1240~80년의 40년 시차가 각각 있다. 장식 양식의 시작 시점은 1240~80년의 40년, 끝나는 시점은 1330~50년의 20년 시차가 각각 있다. 수직 양식의 시작 시점은 1330~50년의 20년, 끝나는 시점은 1500~30년의 30년 시차가 각각 있다.

캔터베리 성당과 시토회

초기 영국 양식은 캔터베리 대성당 증축으로부터 시작되었다. 화재가 있은 후 1174년에 성가대석부터 증축이 시작되었고 네이브의 골격도 짜였다. 네이브 월은 후에 수직 양식으로 증축되었다. 현재는 수직 양식 상태로 남아 있다(그림 877). 초기 영국 양식으로 지어진 네이브는 노르망디 로마네스크, 영국 전통, 프랑스 초기 고딕 등 세 요소가 혼합되었다(그림 874). 노르망디 로마네스크의 공간감을 기본 골격으로 가진 위에 6분 볼트, 갤러리 개구부 처리, 기둥 체계 등에서 프랑스 초기 고딕 어휘들이 사용되었다(그림 875). 아케이드 층의 수직 비례 등 부분적으로 프랑스 고딕의 느낌이 강하게 나타났다(그림 876). 그러나 전체적으로는 총체적 유기성에 이르지 못하고 어휘 단위의 차용에 머물렀다.

여기에 더해 기하학성과 공예적 장식성이라는 영국만의 전통에 대한 인식이 싹텄다. 건물 높이나 구조 체계에 비해 선형 어휘가 과다하

874 캔터베리 성당(Canterbury Cathedral). 영국. 전체 골격 1174년~(초기 영국 양식)/네이브 1377~1405년(수직 양식)
875 캔터베리 성당(Canterbury Cathedral). 영국. 전체 골격 1174년~(초기 영국 양식)/네이브 1377~1405년(수직 양식)
876 캔터베리 성당(Canterbury Cathedral). 영국. 전체 골격 1174년~(초기 영국 양식)/네이브 1377~1405년(수직 양식)

877 캔터베리 성당(Canterbury Cathedral). 영국. 전체 골격 1174년~(초기 영국 양식)/네이브 1377~1405년(수직 양식)

게 쓰인 점과 검은 대리석을 사용한 점 등이 그러했다. 선형 어휘는 기하학적 문양의 원시적 상태로 인식할 수 있었다(그림 877). 대리석을 이용한 색채 장식성은 이것을 돕는 효과를 나타냈다. 이런 두 가지 경향은 공예성이라는 영국 전통이 반영된 것이었다. 더 정확하게 말하면 고딕 어휘를 이용하여 영국 전통을 번안해낸 것이라는 의미이다.

이중벽이라는 영국의 또다른 전통 기법도 쓰였다. 이중벽은 아일 외벽과 천측창 두 곳에 쓰였다(그림 878). 이중벽은 로마네스크 때부터

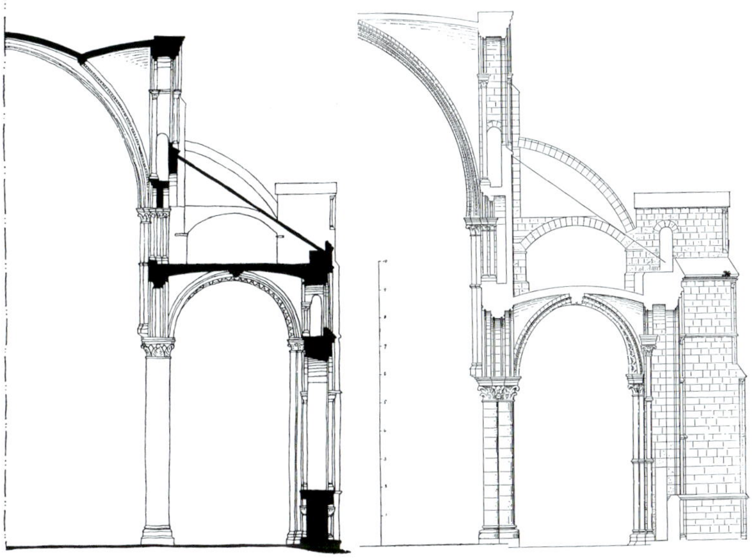

878 캔터베리 성당(Canterbury Cathedral). 성가대석 횡단면도. 영국. 전체 골격 1174년~(초기 영국 양식)/네이브 1377~1405년(수직 양식)

879 캔터베리 성당(Canterbury Cathedral). 삼위일체 예배당(Trinity Chapel). 영국. 전체 골격 1174년~(초기 영국 양식)/네이브 1377~1405년(수직 양식)

880 캔터베리 성당(Canterbury Cathedral). 영국. 전체 골격 1174년~(초기 영국 양식)/네이브 1377~1405년(수직 양식)

노르망디와 영국이 공유하고 있던 지역적 특징이었다. 이중벽은 프랑스 고딕 내에서도 중앙의 주류 양식과 지역 양식을 가르는 특징 가운데 하나였다. 이중벽에 집중했다는 것은 구조 합리주의에 의한 수직성을 포기했다는 것을 의미했다. 기하학성이나 공예성 등과 일맥상통하는 현상이다. 삼위일체 예배당Trinity Chapel에서는 폴스 베딩 공법이 쓰였다(그림 879). 이것은 랑에서 받아들인 것으로 벽의 돌출 정도가 심해지면서 몰딩과 어울려 장식 어휘를 형성했다. 프랑스 고딕으로부터 영국 전통에 맞는 내용만 선별적으로 받아들였음을 보여주는 현상이다.

평면도 독특했다. 네이브와 트랜셉트까지는 중세 표준형인 라틴 크로스로 구성되었다. 영국적 특징은 슈베에서 나타났다. 성가대석이 확장되면서 트랜셉트 동쪽에 라틴 크로스 평면을 하나 더 가진 것처럼 되었다. 성가대석 자체만도 5베이 3랑식의 라틴 크로스 평면을 기본 구성으로 삼아 별도의 트랜셉트를 가졌다. 성가대석의 서쪽 끝 베이는 전실처럼 처리되었다. 트랜셉트 동쪽에 3베이를 추가로 가졌다.

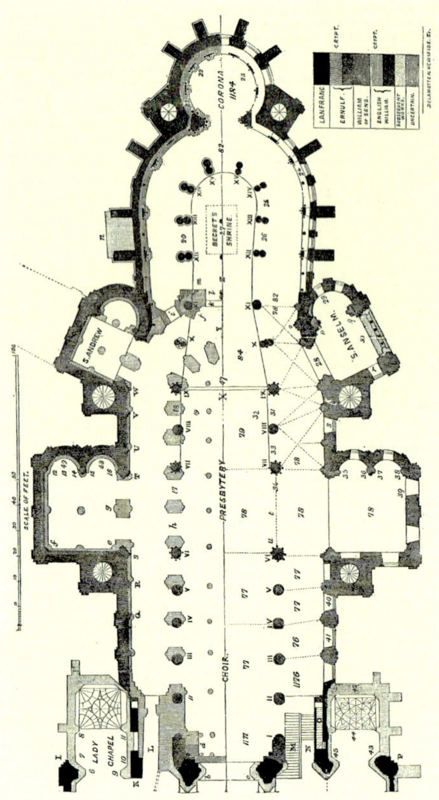

880 캔터베리 성당(Canterbury Cathedral). 영국. 전체 골격 1174년~(초기 영국 양식)/네이브 1377~1405년(수직 양식)

건물 전체로 보면 이중 트랜셉트와 이중 성가대석을 가진 구성이었다(그림 880). 이중 구성은 강한 수평성을 형성하며 영국 고딕의 특징으로 자리잡았다. 수평성은 네이브 월에서도 동일하게 나타났다. 대륙의 수직성 대신 기하학성을 추구하면서 네이브 월은 수평띠를 여러 겹 갖는 구성으로 분할되었다. 네이브 월은 구조 부재에서 장식 부재로 바뀌었다. 장식은 수평성을 형성했다. 수평성은 로마네스크 때부터 영국만의 평면 구성 형식으로 나타나던 특징이었다. 이곳 캔터베리에서는 라틴 크로스가 두 번 반복된 양상으로 강화되었다.

수평성은 강한 축을 형성했다. 수평성과 축성은 예배당에 의해 반복적으로 강조되었다. 대륙에서 쓰이던 방사형 예배당 대신 중심축 위에 예배당이 연속적으로 배열되었다. 성가대석과 맞닿은 부분에 말발굽 평면의 큰 예배당을 배치했다. 이곳이 삼위일체 예배당이었다(그림 881). 그 밖으로 앱스형 예배당인 작은 반원형 예배당이 하나 더해졌

881 캔터베리 성당(Canterbury Cathedral). 영국. 전체 골격 1174년~(초기 영국 양식)/네이브 1377~1405년(수직 양식). 제일 끝이 삼위일체 예배당

882 캔터베리 성당(Canterbury Cathedral). 영국. 전체 골격 1174년~(초기 영국 양식)/네이브 1377~1405년(수직 양식)

다. 영국만의 이런 예배당 구성은 '축형 예배당axial chapel'이라고 부르기도 한다. 이렇게 형성된 일직선 구성 양옆에 필요에 따라 예배당과 부속실이 불규칙한 각도로 덧붙여졌다. 이런 추가 구성은 경험에 기초한 영국 특유의 유기적 평면 구성에 해당된다. 성당 전체로 보면 '네이브―트랜셉트―네이브―트랜셉트―성가대석―삼위일체 예배당―앱스형 예배당'으로 이어지는 긴 연속공간이 형성되었다. 건물 전체의 길이는 약 157미터에 달했다(그림 882).

이상과 같은 특징들은 영국 고딕의 전개 방향을 예견하는 내용들이었다. 이런 구성은 이후 지어진 영국 성당들에서 표준형처럼 반복적으로 받아들여졌다. 프랑스식의 구조 합리주의를 받아들이기 어려운 상황에서 캔터베리에서 완성된 영국의 표준 구성은 이후의 영국 성당들에게 더없이 좋은 모델이었다. 영국은 프랑스 고딕에 대해 비교적 열려 있었지만 상황은 복잡했다. 고딕 건축은 매우 어렵고 복합적인 기술 산업이었기 때문에 마음만 있다고 프랑스 고딕과 똑같이 지을 수 있는 것이 아니었다. 열린 마음 한편에 같이 있던 반감도 부담이었다.

당시 영국과 프랑스 사이에 기독교 교류는 비교적 활발한 편이었지만 이것이 건축까지 바꿔놓지는 못했다. 마스터급의 장인은 프랑스에서 데려올 수 있었지만 건축계 전체가 옮겨오는 것은 불가능했다. 영국의 민족 정서상 대륙 양식을 그대로 받아들이는 것도 허용되지 않았다. 이런 상황에서 대륙의 국제주의 양식을 받아들여 이것을 영국의 전통 경향으로 번안하는 것이 가장 상식적인 수준의 대응 방식이었다. 대륙과 근접한 영국이 국제주의의 첨단성과 자국의 민족성 사이에서 항상 가질 수밖에 없는 고민의 한 형태였다. 영국의 첫번째 고딕 건물이라고 할 수 있는 캔터베리 성당에서 고민에 대한 해답이 얻어졌다. 해답은 다른 건물들로 퍼져나갔다.

시토회 건축은 캔터베리 성당의 특징이 영국만의 고딕 건축으로 자리잡는 데 중요한 역할을 했다. 영국에서의 이런 역할은 로마네스크 시대에 이어 다시 한번 이중적인 것이었다. 시토회의 극기주의 강령은 건축에도 단순성을 장려했다. 이런 점 때문에 영국의 장식 전통과 맞지 않는 측면이 강했다. 이런 현상은 로마네스크 때부터 두드러지게 나타나기 시작했다. 이와 반대로 시토회는 대륙의 기독교 건축을 받아들이는 데 중요한 통로 역할을 했다. 사각형 성가대석이라는 영국 중세 건축만의 특징적 어휘를 창조해낸 것도 영국의 시토회였다.

이런 현상은 초기 영국 양식이 자리잡는 과정에서 동일하게 반복되었다. 시토회 건축은 대륙의 고딕 건축을 선별적으로 받아들이는 역할을 하면서 사각형 성가대석을 계속 사용했다. 사각형 성가대석은 초기 영국 양식을 대표하는 성당들에서 다양하게 응용되며 반복적으로 쓰였다. 이스트 엔드를 예배당 없이 일직선으로 끊은 예, 이스트 엔드에 다각형 예배당을 가진 예, 성가대석의 좌우에 제형 예배당을 가진 예 등이었다. 로치 수도원1175년~, 바일랜드 수도원Byland Abbey, 1170~80년, 글래스턴베리 수도원 교회Abbey Church of Glastonbury, 1184~86년, 세인트 데이비드 성당Saint David's Cathedral, 1184년~ 등은 초기 영국 양식에서 시토회를 대표하는 예들이었다(그림 883, 884).

883 바일랜드 수도원(Byland Abbey). 영국. 1170~80년

884 로치 수도원(Roche Abbey). 영국. 1175년~

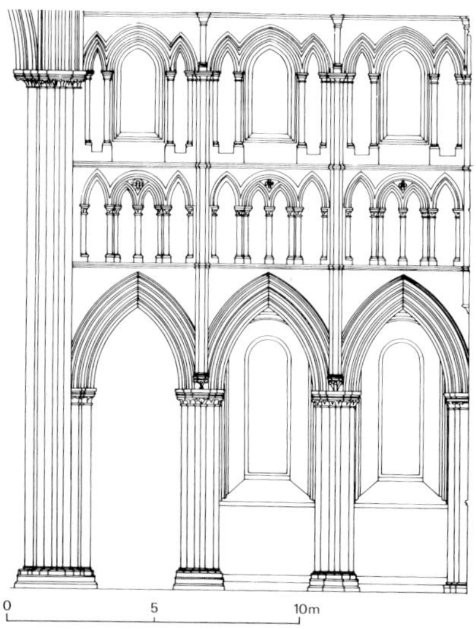

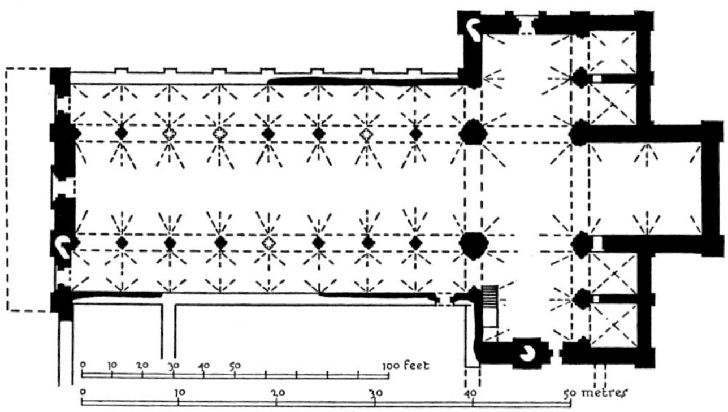

885 피터버러 성당(Peterborough Cathedral). 영국. 첨탑 및 파사드 1190년 혹은 1205년경 시작~1230년경 완성

886 치체스터 성당(Chichester Cathedral). 영국. 성가대석 1187~1200년

캔터베리 성당의 증축이 이루어진 후 영국 전역에서 10~20년 사이에 많은 성당들이 동일한 양상으로 지어졌다. 영국 고딕은 탄생이 급했던 만큼 전파도 급했다. 급박함은 로마네스크 전통으로부터의 연속성을 강하게 가졌던 영국 고딕의 성격을 설명해준다. 대륙으로부터 완성된 모델을 받아들인 뒤, 이것을 이미 정착해 있던 로마네스크 전통에 맞게 재해석하는 방식을 취했으므로 때문에 별도의 실험 기간 없이 한 번에 쉽게 완성된 것이었다.

캔터베리에서 짧은 시간에 완성된 영국 고딕은 빠르게 퍼져나갔다. 치체스터 성당의 성가대석[1187~1200년], 로체스터 성당의 성가대석[1190년경~1200년], 링컨 성당, 피터버러 성당의 서쪽 부분[1190년 혹은 1205년경 시작~1230년경 완성], 웰스 성당, 솔즈베리 성당, 웨스트민스터 사원 등으로 이어졌다. 이런 예들은 모두 기하학성, 공예성, 이중벽, 폴스 베딩, 이중 라틴 크로스, 이중 트랜셉트, 이중 성가대석, 긴 수평성, 강한 축성, 사각형 성가대석, 유기적 추가 구성 등의 영국적 특징들을 공유했다(그림 885~887). 이런 특징들을 모두 갖거나 일부만 갖는 등 정도의 차이만 있었을 뿐 캔터베리 구성을 표준형으로 삼아 반복되는 양상에서는 동일했다.

이런 예들은 영국의 각 지역을 대표했다. 링컨 성당은 북부지방을, 웰스 성당은 서부 지방을, 솔즈베리 성당은 남부지방을, 웨스트민스터는 중앙 수도인 런던을 각각 대표하며 이들 지역의 중심지로 자리잡았다(그림 873). 대형 성당은 이 도시들이 지역의 중심지로 자리잡는 데

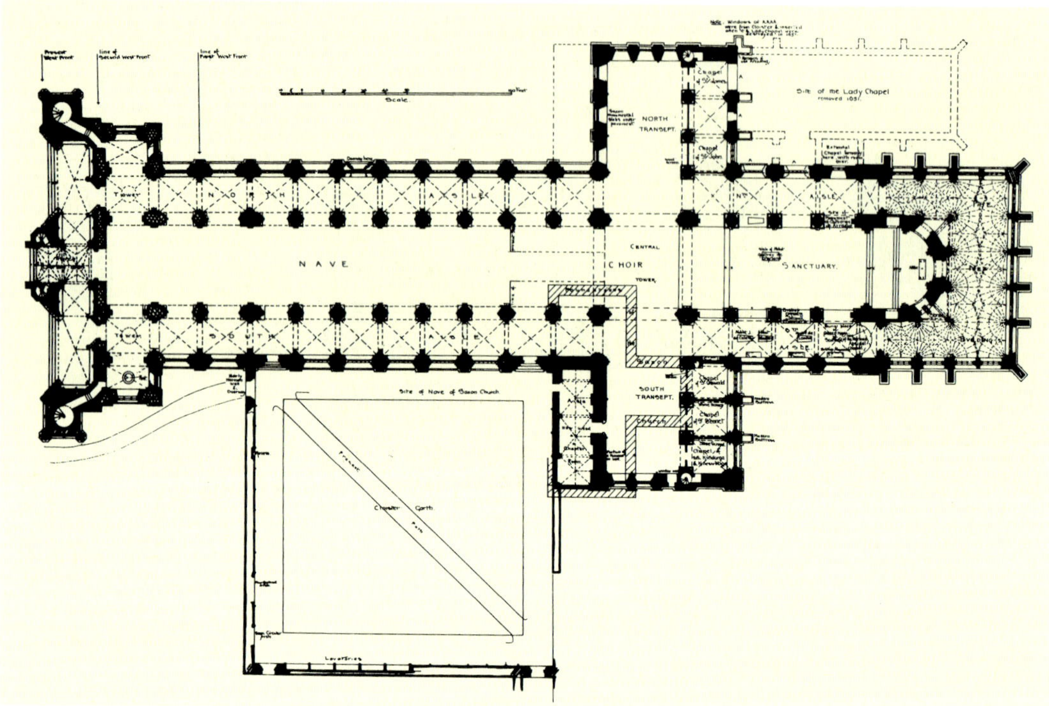

887 피터버러 성당(Peterborough Cathedral), 영국

중요한 역할을 했다. 건축은 이 도시들이 지역에서 가졌던 정치, 경제, 문화, 기독교 등의 다양한 중심지 역할의 종합적 산물이었다. 이 도시들에 세워진 건물들은 지역에 따라 다시 일정한 차이가 형성되었다. 영국 내에서의 지역주의였다.

링컨 성당, 솔즈베리 성당, 웰스 성당

캔터베리 성당에서 완성된 초기 영국 양식은 두 가지 상반된 가능성을 동시에 가졌다. 한 가지는 영국 특유의 장식화 경향을 발전시켜나갈 수 있는 가능성이었다. 다른 한 가지는 대륙의 국제주의 양식을 공유할 수 있는 가능성이었다. 캔터베리에는 이 두 가지 특징이 동시에 나타났다. 장식적으로 화려했지만 동시에 일정한 절제와 합리성도 나타났다. 캔터베리 이후의 영국 고딕 건축의 전개 과정은 이 두 방향으로 분류될 수 있다. 전자는 링컨을 거치면서 극대화되었다. 이후 장식

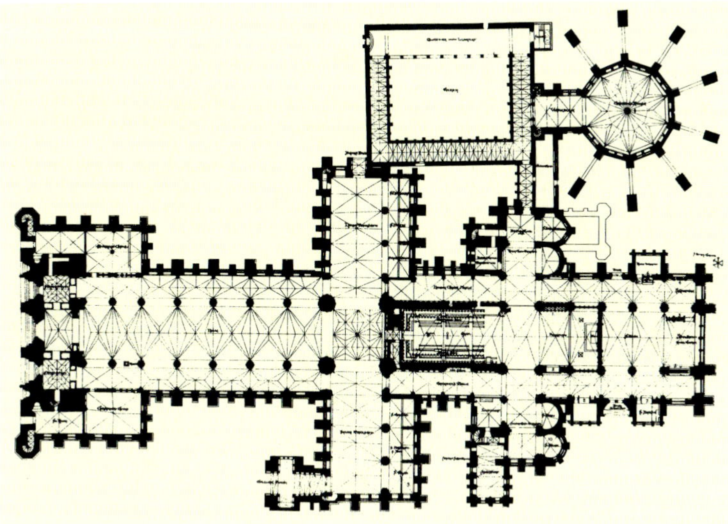

888 링컨 성당(Lincoln Cathedral), 영국, 트랜셉트 1192년/세인트휴 성가대석(St. Hugh's Choir) 1192년~1210년경/네이브 1220년경~40년/에인절 성가대석(Angel Choir) 1256~80년

889 링컨 성당(Lincoln Cathedral), 영국, 트랜셉트 1192년/세인트휴 성가대석(St. Hugh's Choir) 1192년~1210년경/네이브 1220년경~40년/에인절 성가대석(Angel Choir) 1256~80년

경향을 이끈 대부분의 예들로 이어졌다. 후자는 솔즈베리와 웨스트민스터 사원으로 이어졌다.

링컨 성당은 캔터베리의 모티브를 영국적 장식 경향으로 발전시키며 초기 영국 양식의 정착을 확인한 중요성을 갖는다. 링컨은 세 단계에 걸쳐 지어지면서 초기 영국 양식의 전 시기를 관통했다. 트랜셉트 1192년 시작와 세인트휴 성가대석 St. Hugh's Choir, 1192~1210년경의 첫번째 단계, 네이브 1220년경~40년의 두번째 단계, 엔젤 성가대석 Angel Choir, 1256~80년의 세번째 단계였다(그림 888, 889).

첫번째 단계의 트랜셉트와 세인트휴 성가대석에서부터 프랑스 고딕의 짜임새가 깨지는 현상이 나타났다. 가장 두드러진 특징은 리브의 장식적 사용이었다. 캔터베리에서 리브는 장식성과 합리성 사이의 중간 상태에 머물러 있었다. 혹은 두 특징 모두를 나타냈다고 볼 수도 있었다. 리브의 개수가 늘어났지만 아직 기하 문양으로까지는 발전하지 않았다. 링컨의 트랜셉트는 이것과 동일한 상태에 머물렀다(그림 890). 변화는 세인트휴 성가대석에서 나타났다. 이곳에서는 장식성의 모티브를 취함으로써 리브라는 프랑스의 구조 어휘를 영국적으로 응용하는 쪽으

890 링컨 성당(Lincoln Cathedral), 영국, 트랜셉트 1192년/세인트휴 성가대석(St. Hugh's Choir) 1192년~1210년경/네이브 1220년경~40년/에인절 성가대석(Angel Choir) 1256~80년

891 링컨 성당(Lincoln Cathedral). 영국. 트랜셉트 1192년/세인트휴 성가대석(St. Hugh's Choir) 1192년~1210년경/네이브 1220년경~40년/에인절 성가대석(Angel Choir) 1256~80년

로 방향을 잡았다.

이런 입장은 양면성을 갖는다. 정통파의 입장에서는 고딕의 기본 정신을 왜곡 변질시킨 부정적 현상으로 평가할 수 있다. 반면 영국의 입장에서는 합리적 법칙성에서 벗어나 자유로운 창작 의지를 드러낸 긍정적 현상으로 평가할 수 있다. 프랑스식의 구조 합리주의는 이미 프랑스에서 충분히 발전하여 구현되고 있었다. 이것을 영국이라는 다른 환경에서 똑같이 반복하는 것은 무의미하거나 낭비일 수 있었다. 구조 합리주의 자체를 프랑스보다 더 발전시키지 않는 한 그러했다. 이런 상황에서 장식적 응용은 긍정적 대안일 수 있었다.

프랑스에서 약 3세기에 걸쳐 어렵게 짜였던 구조 골격의 정밀한 접합은 세인트휴 성가대석에서 허무하게 어긋났다. 그 대신 리브와 다발 기둥이 늘어나며 그 자리를 메웠다. 프랑스의 그로인 볼트에서 리브는 45도의 각도를 유지하며 종횡과 대각선 세 방향으로 만들어졌다. 링컨 성당에서는 이 사이사이에 볼트가 추가되었다. 추가되는 개수에는 합리적 논리가 결여되었다. 구조적 역할과는 무관한 시각적 기하학적 이유만이 기준이었다. 이를 지칭하는 '사선 방향 리브oblique rib'라는 애매한 말이 새로 생겨났다. 종횡 방향과 대각선 방향 사이에 제멋대로 추가된 리브를 통틀어 부르는 말이었다.

세인트휴 성가대석에서는 사선 방향의 리브들이 좀더 기교적으로 쓰였다. 리브들은 서로 엇갈리면서 불규칙한 비정형성을 형성하는데 이 때문에 '크레이지 볼트crazy vault'라는 별명으로도 불렸다(그림 891). 한 베이는 6개의 리브로 구획되었다. 기둥 하나에서 네 개의 리브가 갈라져 나왔다. 이것을 베이 하나를 기준으로 하면 기둥 하나에서 나오는 리브는 두 개인 경우와 세 개인 경우가 있었다. 이 두 경우는 종방향에서는 서로 교대로, 마주보는 기둥 사이에서는 엇갈려 일어났다. 베이 하나는 볼트의 종마루선에서 세 길이 단위로 구획되었다. 이에 따라 볼트는 여덟 개의 삼각형으로 나뉘었다. 삼각형들은 두 개씩 짝을 지어 하나의 긴 마름모꼴을 형성했다. 결과적으로 볼트 한 장이 네 개의 긴 마름모꼴로 구획된 것이었다.

두번째 단계의 네이브에서는 리브의 개수가 더 많아지면서 규칙적 장식성을 추구했다(그림 892). 기둥 하나에서 나오는 리브는 일곱 개로 늘어났다. 이 가운데 다섯 개는 천장 볼트를 구획하는 데 쓰였다. 이에 따라 베이 하나는 볼트의 종마루선에서 네 길이 단위로 구획되었다. 나머지 두 개는 볼트 측면의 윤곽을 형성했다. 세인트휴 성가대석보다 늘어난 개수였다. 리브 하나의 두께도 두꺼워졌다. '크레이지'식의 기교는 없는 대신 근육 가닥이나 부챗살 같은 굵은 리브 선들이 여러 겹 반복되면서 강한 선형 장식을 만들어냈다. 횡방향으로는 중간에 끊기는 짧은 리브가 주기둥 지점마다 하나씩 첨가되었다. 이것이 다른 리브들과 어우러지면서 초기 형태의 별 모양 장식이 만들어졌다. 끊긴 끝부분에는 꽃모양의 장식 어휘가 더해졌다.

892 링컨 성당(Lincoln Cathedral). 영국. 트랜셉트 1192년/세인트휴 성가대석(St. Hugh's Choir) 1192년~1210년경/네이브 1220년경~40년/에인절 성가대석(Angel Choir) 1256~80년

비슷한 시기에 지어진 크로싱 천장에서는 네이브 천장의 모티브를 정사각형 윤곽에 맞춰 응용했다(그림 893). 정사각형 전체 윤곽과 거의 같은 크기의 정사각형을 45도 틀어서 겹친 뒤 그 속은 작은 정사각형으로 다시 구획했다. 이렇게 해서 형성된 12개

893 링컨 성당(Lincoln Cathedral). 영국. 트랜셉트 1192년/세인트휴 성가대석(St. Hugh's Choir) 1192년~1210년경/네이브 1220년경~40년/에인절 성가대석(Angel Choir) 1256~80년

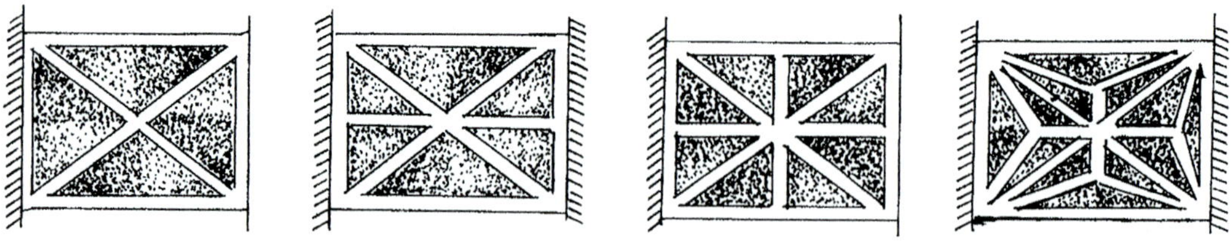

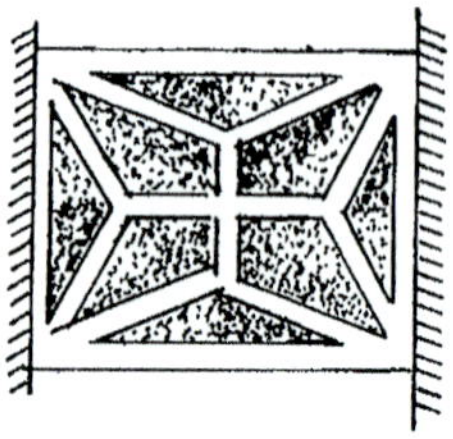

894 4분 볼트에 티어서런(tierceron)이 더해지면서 리브 그로인 볼트가 장식적으로 변화하는 모습

의 꼭지점을 모두 리브로 연결했다. 다음에는 꼭지점들 사이에 2차, 3차로 리브를 더 넣었다. 그 결과 근육 다발 형태의 리브가 전체 윤곽을 형성함과 동시에 그 속에 16가닥의 리브로 만들어진 별모양 문양이 만들어졌다.

리브를 이용한 별모양 장식은 고딕 건축 전체를 통틀어 이곳이 처음이라는 것이 통설이다. 별모양 장식은 대륙의 레요냥 양식에서도 즐겨 쓰던 어휘였다. 이렇게 볼 때 이곳의 예는 영국 고딕이 프랑스 고딕에 영향을 끼쳤음을 보여주는 증거라 할 수 있다. 리브 개수가 많아지면서 표준형 4분 볼트 이외에 사선 방향으로 추가되는 리브들은 티어서런 tierceron'이라는 다른 이름으로 불렸다(그림 894). 티어서런이란 세번째 리브triple rib라는 뜻으로 이것은 표준형 4분 볼트를 구성하는 첫번째의 종횡방향과 두번째의 대각선 방향 다음에 나왔다는 의미를 갖는다.

895 링컨 성당(Lincoln Cathedral). 영국. 트랜셉트 1192년/세인트휴 성가대석(St. Hugh's Choir) 1192년~1210년경/네이브 1220년경~40년/에인절 성가대석(Angel Choir) 1256~80년

다발 기둥도 마찬가지였다(그림 895). 다발 기둥은 구조적 역할과는 무관하게 표면에 덧붙여진 추가 요소로 정의되었다. 개수는 장식적 목적에 맞춰 대폭 늘어났다. 천장 리브의 개수가 늘어난 것에 대응되는 현상이었지만 정작 리브와 다발 기둥은 일치하지 않았다. 각자가 장식적 목적으로 따로 늘어난 것에 불과했다. 코어 기둥의 주두를 기준으로 위아래의 다발 기둥도 너무 차이가 났다. 주두 위쪽으로 세 개의 가는 다발 기둥이 내려오다 정작 주두까지 이르지 못하고 끊겼다. 반면 주두 아래로는 두꺼운 다발 기둥 열 개가 코어 기둥을 돌아가며 에워쌌다. 두 부분의 처리도 달랐다. 위쪽 대응 기둥은 밝은 색 석재의 절석 공법으로 쌓았다. 아래쪽은 진한색 석재를 이용한 폴스 베딩 공법으로 쌓았다. 두 부분 사이의 이런 차이들은 장식 효과를 만들어냈다.

세번째 단계인 엔젤 성가대석에서 링컨의 장식적 치우침은 절정에 달했다. 이 성가대석은 영국 고딕의 두번째 단계인 장

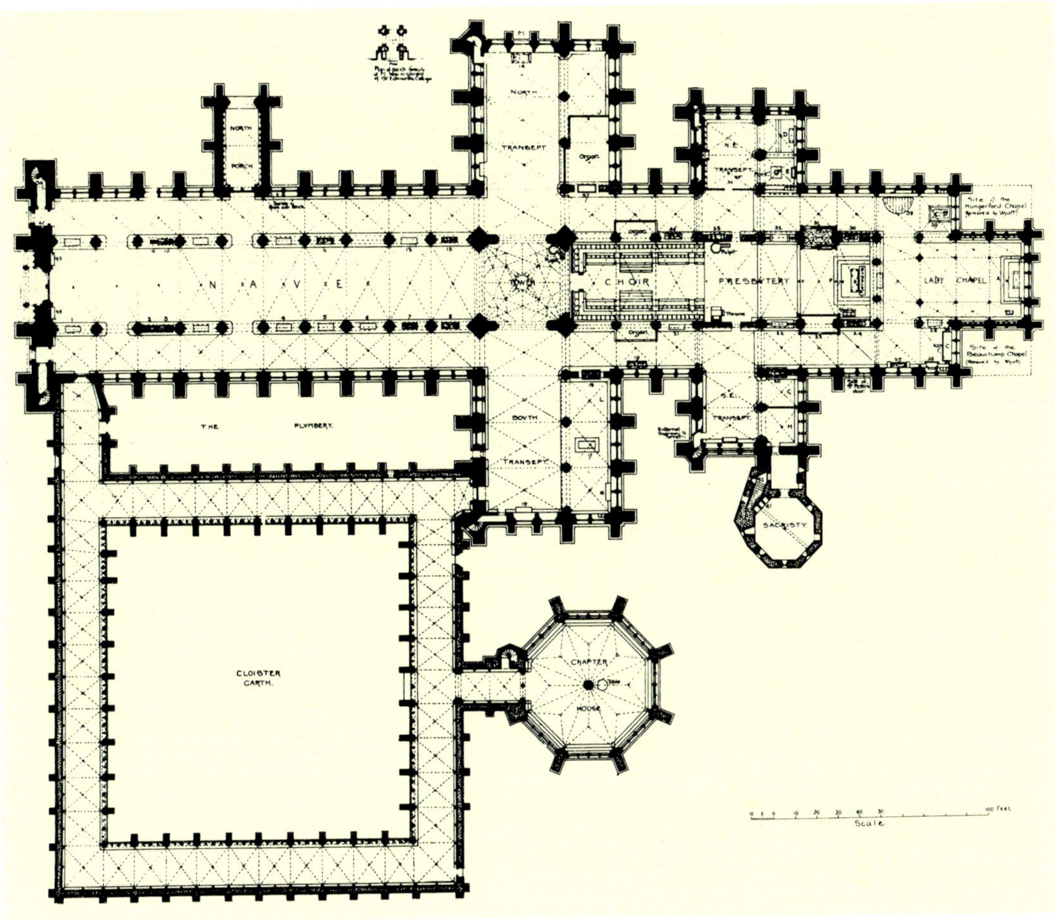

896 솔즈베리 성당(Salisbury Cathedral). 영국. 네이브 1220~66년/삼위일체 예배당(Trinity Chapel) 1220~25년/챕터 하우스(Chapter House) 1260년대~70년대

식 양식으로 넘어가는 전환기적 성격을 보여준다. 이것에 대해서는 다음에서 살펴볼 것이다. 링컨 성당에 대륙과 대비되는 이런 특징이 나타난 배경으로 지리적 상황을 들 수 있다. 링컨 성당은 런던에서 북쪽으로 약 200킬로미터 떨어진 곳에 위치했다. 이것은 프랑스로부터 그만큼 더 떨어져 있다는 의미이다. 고딕 시대에 이 정도의 거리는 양식 경향에 영향을 끼칠 정도의 요인이 되었을 것이다.

솔즈베리 성당은 여러 면에서 링컨과 대비되었다. 솔즈베리 역시 세 단계에 걸쳐 지어지면서 초기 영국 양식의 전 시기를 관통했다. 네이브(1220~66년), 삼위일체 예배당(Trinity Chapel, 1220~25년), 챕터 하우스(1260년대~70년대)가 그것이었다(그림 896). 그러나 건축적 특징에서는 대륙적 합리성을 지키

897 솔즈베리 성당(Salisbury Cathedral), 영국, 네이브 1220~66년/삼위일체 예배당(Trinity Chapel) 1220~25년/챕터 하우스(Chapter House) 1260년대~70년대

898 솔즈베리 성당(Salisbury Cathedral), 영국, 네이브 1220~66년/삼위일체 예배당(Trinity Chapel) 1220~25년/챕터 하우스(Chapter House) 1260년대~70년대

며 링컨과 반대편에 섰다. 이런 특징은 네이브에서부터 나타났다.

네이브 월을 구성하는 각 단에 장식적 기하학적 분위기가 나타난 점은 초기 영국 양식의 특징으로 볼 수 있다. 리브 개수, 대응 기둥 개수, 아키볼트 겹수 등이 늘어났고, 팀파눔에도 장식 어휘가 들어간 현상 등은 이것을 대표한다(그림 897). 그러나 실내 전반에 프랑스식의 합리주의적 공간 단위 개념이 강하게 나타났다(그림 898). 천장은 4분 볼트 이상 분화되지 않았다. 아케이드는 포인티드 아치의 표준형을 지켰다. 기둥 체계는 샤르트르의 필리에 캉토네를 차용하여 변형한 처리가 바닥에서 주두까지 이어졌다(그림 899). 코어 기둥의 원형성과 대응 기둥의 선형성은 최소한의 요소로 이루어졌다. 공간은 네이브 월의 각단, 기둥 체계, 아키볼트, 리브 그로인 볼트 등 표준 구조 부재에 의해 명확한 분절을 이루었다.

899 솔즈베리 성당(Salisbury Cathedral), 영국, 네이브 1220~66년/삼위일체 예배당(Trinity Chapel) 1220~25년/챕터 하우스(Chapter House) 1260년대~70년대

이런 특징은 삼위일체 예배당에서 더 발전했다(그림 900). 예배당은 팔각형 윤곽이었다. 초점 자리에는 큰 중심 기둥이 있고 벽과 중심 기둥 사이의 중간 지점쯤에 여덟 개의 기둥이 작은 팔각형을 이루었다. 각 기둥에서 우산 볼트 umbrella vault와 이것을 받치는 리브들이 갈라져 나왔다. 리브를 모두 연결하면 별모양의 장식이 되

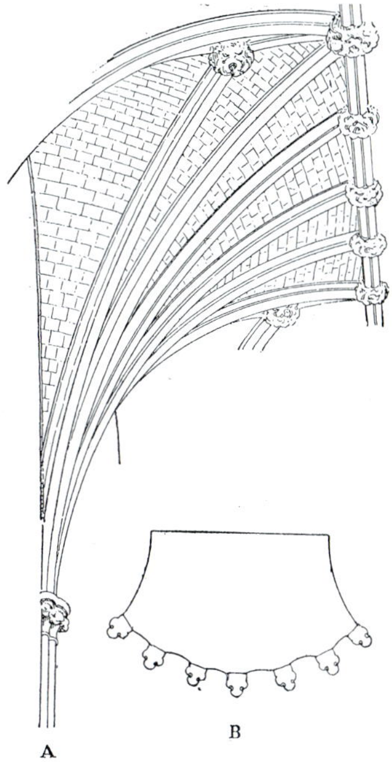

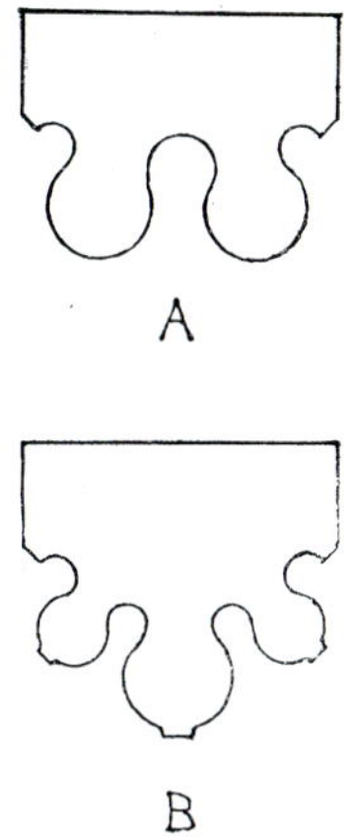

었다. 그러나 리브 수는 가능한 한 절제되었다. 볼트는 단독 원형 기둥이 받쳤다. 중심 기둥에서만 대응 기둥이 네 면에 하나씩 더해졌을 뿐 나머지 기둥들은 가는 단일 원형 기둥으로 처리되었다. 구조 체계는 명쾌한 다이어그램 같은 구조 합리주의를 유지했다. 실내에는 최소화된 구조부 사이로 넓고 밝은 개방적인 공간이 만들어졌다. 프랑스보다 더 프랑스적인 모습이었다.

이런 절제성은 챕터 하우스에서 마지막까지 잘 지켜졌다. 챕터 하우스 역시 링컨의 엔젤 성가대석과 마찬가지로 장식 양식으로 넘어가는 전환기의 건물이었다. 그러나 엔젤 성가대석과 대비를 이루며 장식 양식을 두 경향으로 세분하는 중요한 역할을 했다. 이런 대별성은 링컨과 솔즈베리의 전체 구성에 나타난 것이기도 했다(그림 901, 902). 영국식 장식주의가 지나치게 극단으로 흐르는 현상에 거부감을 갖던 일부 성직자들과 장인들은 장식 양식 내에서도 대륙식 합리주의를 계속 견지하려 했다. 이런 움직임은 대륙의 레요낭 양식과 보조를 맞추는 경향으로 나타났다. 솔즈베리의 챕터 하우스는 이런 경향에 대한 중요한 선례가 되었다. 그 내용에 대해서는 링컨의 엔젤 성가대석과 함께

900 솔즈베리 성당(Salisbury Cathedral), 영국, 네이브 1220~66년/삼위일체 예배당(Trinity Chapel) 1220~25년/챕터 하우스(Chapter House) 1260년대~70년대

901 링컨 성당(Lincoln Cathedral), 영국, 리브 단면도

902 솔즈베리 성당(Salisbury Cathedral), 영국, 리브 단면도

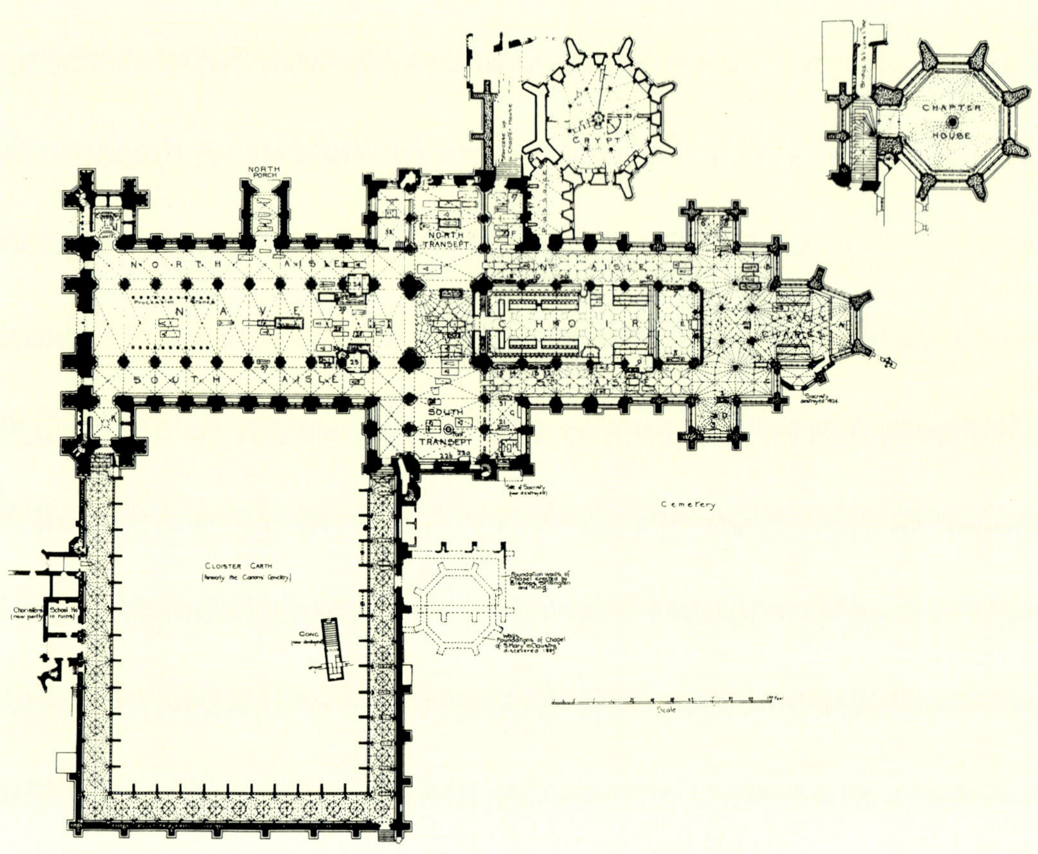

903 웰스 성당(Wells Cathedral), 영국, 네이브 1180년경~1240년/성가대석과 서쪽 파사드 1230년경~40년

다음에서 살펴볼 것이다. 솔즈베리에서 확립된 절제적 경향은 영국 남부지방에 많은 영향을 끼쳤다. 남부지방에 프랑스식 합리주의가 나타난 것은 지리적 근접성 때문으로 이해할 수 있다.

웰스 성당은 링컨과 솔즈베리의 특징이 혼합된 상태를 나타냈다. 웰스 성당은 네이브[1180년경~1240년], 성가대석, 서쪽 파사드[1230년경~1240년]의 세 부분이 초기 영국 양식으로 지어졌다(그림 903). 혼합은 평면 구성에서부터 나타났는데 이스트 엔드가 특히 그러했다. 이스트 엔드는 영국의 축형 예배당과 대륙의 방사형 예배당을 혼합한 형태로 구성되었다. 앱스가 단독인 점과 주변의 네 예배당들이 직선 단부를 갖는 점은 영국의 전통적 구성 방식이었다. 그런데 다섯 채의 예배당들 전체를 놓고 보면 방사선의 방향성을 가졌다. 이런 두 방식을 혼합한 최종 결과는 제형과 유사한 구성으로 나타났다.

실내와 파사드의 전반적인 분위기는 솔즈베리를 기본 골격으로 삼아 링컨식의 선형 어휘를 첨가한 것으로 요약될 수 있다(그림 904, 905). 공간의 기본 골격은 단순한 편이었다. 장식도 비교적 절제되어서 이런 기본 골격을 가리지 않고 드러냈다. 리브도 4분 볼트의 표준형을 지켰다. 그러나 네이브 월을 중심으로 선형 어휘가 늘었다. 아케이드의 아키볼트는 열 겹에 가깝게 증식되었다. 여기에 맞춰 기둥에도 열 가닥 이상의 대응 기둥이 코어 기둥을 빙 돌아가며 더해졌다. 구조적으로는 무의미한 어휘들이었다(그림 906). 갤러리를 분할하는 아치열과 아케이드 사이의 수직적 연속성도 사라졌다. 두 층은 독립 영역으로 나뉜 뒤 각자의 방식으로 처리되었다.

904 웰스 성당(Wells Cathedral), 영국, 네이브 1180년경~1240년/성가대석과 서쪽 파사드 1230년경~40년

네이브와 트랜셉트를 구획하는 벽에는 굵은 선형 어휘 두 개가 'S'자를 그리며 교차했다. 위쪽에는 뾰쪽해진 원형 진공부가 뚫렸다. 이것은 두 개의 포인티드 아치를 위아래로 맞대어놓은 형태였다. 아래쪽에는 포인티드 아치형의 진공부가 뚫렸다. 전체적으로 보면 세 개의 아치가 합쳐져 전혀 새로운 형태의 아치를 만들었다. 이 아치는 '가위 아

905 웰스 성당(Wells Cathedral), 영국, 네이브 1180년경~1240년/성가대석과 서쪽 파사드 1230년경~40년

906 웰스 성당(Wells Cathedral), 영국, 네이브 1180년경~1240년/성가대석과 서쪽 파사드 1230년경~40년

907 웰스 성당(Wells Cathedral), 영국, 네이브 1180년경~1240년/성가대석과 서쪽 파사드 1230년경~40년

치scissor arch' 혹은 '단추 아치button arch' 등의 별명으로 불리기도 한다(그림 905, 907).

웨스트민스터 사원과 영국 중세 건축의 완성

웨스트민스터 사원은 로마네스크 때 처음 지어졌다. 야심가였던 헨리 3세재위 1216~72년는 자신의 권위에 맞는 새 건물을 원했다. 캔터베리 성당에서 영국 고딕 건축이 완성된 것도 중요한 요인이었다. 헨리 3세는 대부분의 권력자들과 마찬가지로 자신의 위치를 국가의 정체성과 동일시하려는 민족주의를 통치 기반으로 삼았다. 그럴 만한 이유도 있었다. 영국은 헨리 3세 시기를 기점으로 프랑스와의 지루했던 경쟁에서 조금씩 앞서나가기 시작하면서 대륙에 대한 오랜 열등 의식에서 벗어나고 있었다.

이에 상응하는 상징물이 필요했고 건축이 동원되었다. 이미 지어져 있던 로마네스크 양식으로는 부족했다. 전반적으로 작은 건물 규모도 문제려니와 영국 로마네스크는 영국 고딕보다는 영국적 정체성이 약

908 웨스트민스터 사원(Westminster Abbey). 런던. 전체 공사 시작 1245년경~/슈베와 챕터 하우스 13세기/네이브 1258~69년, 1375년 이후 완공

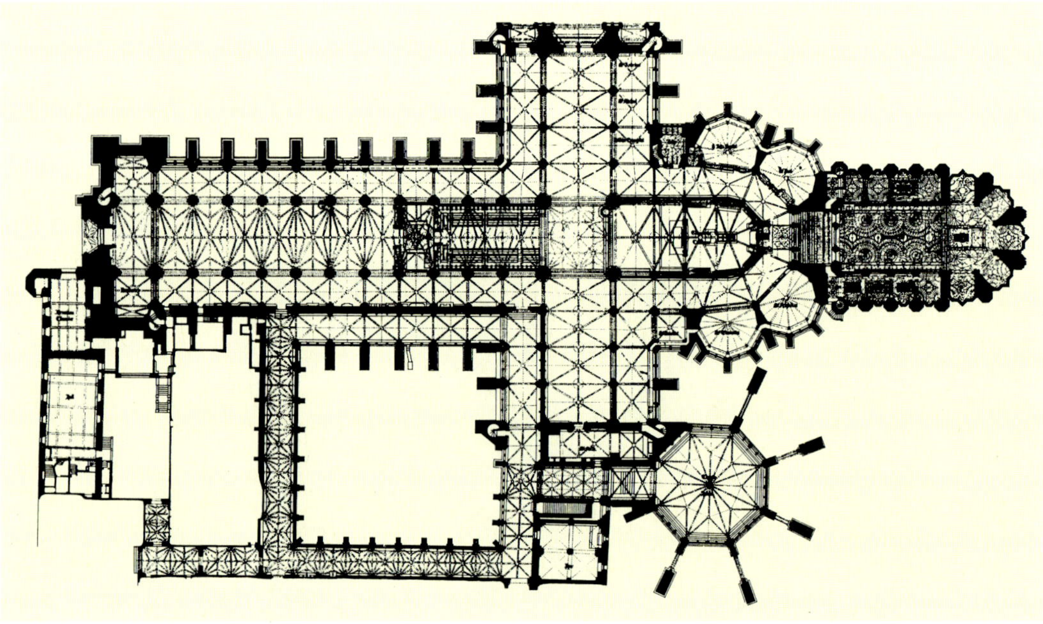

했기 때문이다. 캔터베리에서 막 완성된 영국의 고딕 모델은 더없이 좋은 소재였다. 헨리 3세는 1220년부터 로마네스크 양식의 웨스트민스터 사원을 부분적으로 철거하기도 하면서 증개축해나갔다.

본격적인 공사는 1245년경부터 시작되었다. 13세기에는 슈베와 챕터 하우스 등이 완공되었고 네이브의 골격이 1258~69년에 잡혔다. 네이브는 1375년 이후에 완공되었다(그림 908). 캔터베리가 순수한 건축적 종교적 의미에서 영국 고딕 건축의 첫번째 완성을 이루었다면, 웨스트민스터 사원은 정치적 민족적 차원까지 가세한 총체적 의미에서 영국 고딕 건축의 두번째 완성을 이룬 건물이 되었다(그림 909).

웨스트민스터 사원에 나타난 영국적 정체성은 의외로 대륙의 동시대적 보편성을 혼합하는 방향으로 나타났다(그림 910). 자국의 전통적 특징들을 강화하는 방향이 아닌 그 반대 방향을 택한 것이었다. 평면 구성에서는 슈베 처리에서 이런 점이 두드러졌다. 슈베에 별도의 트랜셉트를 갖지 않은 점, 네 개의 원형 예배당이 중심축 양쪽에 두 개씩 방사 방향으로 배치된 점, 안쪽으로 복도를 갖는 점, 성가대석의 동쪽 끝부분이 둥그렇게 처리되면서 사각형에서 탈피한 점, 둥그런 부분의 기둥간 거리가 직선 부분과 같은 점파리 노트

909 웨스트민스터 사원(Westminster Abbey). 런던. 전체 공사 시작 1245년경~/슈베와 챕터 하우스 13세기/네이브 1258~69년, 1375년 이후 완공

910 웨스트민스터 사원(Westminster Abbey). 런던. 전체 공사 시작 1245년경~/슈베와 챕터 하우스 13세기/네이브 1258~69년, 1375년 이후 완공

911 웨스트민스터 사원(Westminster Abbey). 런던. 전체 공사 시작 1245년경~/슈베와 챕터 하우스 13세기/네이브 1258~69년, 1375년 이후 완공

르담의 구성, 트랜셉트에까지 아일을 연장시킨 점샤르트르 성당과 랭스 성당의 구성 등이 대륙의 구성 방식이었다.

그러나 대륙 양식을 그대로 따르지는 않았다. 이스트 엔드의 앱스 자리에 6베이의 큰 별도 건물을 예배당에 배정함으로써 영국만의 구성 방식을 지켰다. 마지막 예배당이 더해지면서 전체 구성은 트랜셉트를 중심으로 동서 양쪽의 길이가 거의 같아졌다. 축성도 확실하게 형성되었다. 이것은 이중 구성, 긴 수평성, 강한 축성이라는 영국만의 구성 방식을 추구했음을 알게 해주는 모습이다(그림 911).

디테일과 구조 처리에서도 이와 유사한 양면성이 나타났다. 두 개의 랜싯과 하나의 오쿨루스로 창을 분할한 점랭스 성당에서 처음 나타난 구성, 이런 창 분할에서 나타나는 삼각형 벽면을 레요낭 양식의 트레이서리로 다시 분할한 점, 갤러리 층에 트레이서리 분할이 쓰인 점, 천측창이 통로 벽체

912 웨스트민스터 사원(Westminster Abbey). 런던. 전체 공사 시작 1245년경~/슈베와 챕터 하우스 13세기/네이브 1258~69년, 1375년 이후 완공

913 웨스트민스터 사원(Westminster Abbey). 런던. 전체 공사 시작 1245년경~/슈베와 챕터 하우스 13세기/네이브 1258~69년, 1375년 이후 완공

914 웨스트민스터 사원(Westminster Abbey). 런던. 전체 공사 시작 1245년경~/슈베와 챕터 하우스 13세기/네이브 1258~69년, 1375년 이후 완공

915 웨스트민스터 사원(Westminster Abbey). 런던. 전체 공사 시작 1245년경~/슈베와 챕터 하우스 13세기/네이브 1258~69년, 1375년 이후 완공

가 아닌 단겹으로 처리된 점, 대응 기둥이 바닥부터 천장까지 끊기지 않고 이어지면서 리브와 만나는 점, 이 연결 부분에 타드샤르주가 쓰인 점, 이것을 다시 밖에서 플라잉 버트레스가 받치는 점, 성가대석의 천장고가 32미터로 영국 고딕 건축에서는 예외적으로 높은 점 등은 대륙 방식이었다(그림 912~914).

반면 실내와 외관에 전체적으로 기하학적 장식과 공예적 처리가 지배하고 있는 점, 퍼벡Purbeck 대리석의 색을 이용하여 장식성을 강화한 점, 네이브 월을 종방향으로 분할하는 아치의 장식성이 특히 강화된 점, 3단 구성의 중간층을 트리포리엄 대신 갤러리로 채운 점, 전체 높이가 높지 않음에도 불구하고 갤러리층과 천측창의 높이가 낮아진 점, 천측창의 유리가 벽체보다 후퇴한 점, 플라잉 버트레스에 영국 특유의 현란한 장식이 더해진 점, 천측창을 제외한 나머지 부분에서는 통로 벽체의 이중벽이 쓰인 점 등은 영국적 전통이 반영된 결과이다(그림 913~915).

916 웨스트민스터 사원(Westminster Abbey). 런던. 전체 공사 시작 1245년경~/슈베와 챕터하우스 13세기/네이브 1258~69년, 1375년 이후 완공

이상과 같은 양면성은 영국 고딕 건축의 완성을 의미하는 현상으로 이해할 수 있다. 한마디로 프랑스 고딕으로부터 개별 어휘를 차용하여 영국식 골격에 필요에 따라 부분적으로 쓰겠다는 의도였다. 대륙의 영향을 받아들이는 첫번째 과정과 이것을 바탕으로 영국만의 독자적 양식을 창출하는 두번째 과정을 거쳐 대륙의 동시대 양식을 포괄해낼 수 있는 세번째 단계까지 이른 것이다. 캔터베리에서 나타났던 영국 양식은 두번째 과정에 해당되었다. 다른 나라에서 먼저 창출된 보편 양식을 나중에 받아들이는 입장에서는 이런 두번째 과정은 아직 미완성을 의미한다. 이곳 웨스트민스터 사원에서와 같이 보편적 국제주의 양식까지 포괄해낼 수 있을 때 하나의 지역 양식이 진정한 완성에 이를 수 있는 것이다(그림 916).

이것은 또한 헨리 3세의 야심을 보여주는 대목으로 이해할 수 있다. 웨스트민스터 사원은 좁게는 참회왕 에드워드의 무덤을 증축하기 위해 시작되었다. 에드워드를 이곳에 봉헌함으로써 일종의 성인 반열에 올려놓으려는 의도였다. 넓게는 프랑스에 맞서 영국의 국력을 공고히

917 웨스트민스터 궁(Westminster Palace). 런던. 성 스테파노 예배당(St. Stephen's Chapel). 1292년~

하고 이것을 통해 자신의 정치적 기반을 다지려는 목적이 깔려 있었다. 당시 유럽 전체의 정치 문화적 지형에서 보자면 폐쇄적 민족주의에 머물지 않고 자신들도 동시대 국제주의 양식에 동승하겠다는 대외적 의도이기도 했다.

웨스트민스터 사원은 영국도 대륙의 보편적 경향을 운영할 수 있게 되었다는 자신감의 표현이었으며 나아가 이것을 영국의 전통 양식 속에 포함시킴으로써 자신들이 대륙보다 우위에 섰음을 알리는 노림수였다. 대륙을 향한 자신감의 발로이자 야망의 표현이었다. 당시 프랑스에 아직 정치 지도자 출신의 봉헌 대상이 없었던 것과 비교할 때 영국은 에드워드를 봉헌함으로써 이 문제에서 한 걸음 앞서나가기 시작했다. 이것은 헨리 3세 시기를 기점으로 국력과 영향력이 역전되기 시작한 현상의 일환으로 이해될 수 있다.

이런 점에서 웨스트민스터 사원은 프랑스의 거대 성당에 맞서는 영국 고딕 건축의 대표적인 예가 되었다. 웨스트민스터 사원이 모방과 경쟁의 대상으로 삼았던 것이 프랑스의 파리 노트르담과 랭스 성당이었다는 사실은 이런 입장을 잘 보여주는 대목이다. 노트르담은 프랑스의 수도 한복판에 왕궁과 함께 지어진 성당으로 지리적으로 프랑스의 심장을 상징했다. 랭스는 프랑스 왕의 대관식이 열리던 성당으로 세속 권력과 기독교 권력의 연합을 상징했다. 웨스트민스터 사원은 이 둘 모두와 겨룸으로써 중세 문명에서 영국의 정체성을 확립하려는 의도를 드러냈다.

웨스트민스터 사원에 나타난 대륙을 향한 양면적 입장은 레요낭 양식과의 영향 논쟁에서 압축적으로 잘 나타난다. 1253년에 완공된 웨스트민스터 사원의 챕터 하우스는 화려한 장식으로 처리되었다. 이 가운데 많은 부분은 레요낭 양식과 유사성을 보인다. 이런 현상을 놓고 두 양식 사이의 영향 관계에 대한 논쟁이 두 나라 사가들 사이에 벌어졌다. 파리 노트르담의 창 장식과 강한 유사성을 보인 점에서 웨스트민스터 사원이 레요낭 양식을 모방했다는 주장이 우세한 것은 사실이다. 넓은 창을 네 개의 랜싯과 하나의 큰 로즈 윈도로 분할한 점, 랜싯 네 개를 다시 두 개의 포인티드 아치로 구획한 점, 로즈 윈도를 육엽형의 장식 어휘로 분할한 점 등이 그것이다.

918 리치필드 성당(Lichifield Cathedral), 영국, 1265년경~1300년경
919 구(舊) 성 바오로 성당(Old St. Paul's Cathedral), 런던, 1256년~

그러나 이것과 반대의 관계를 보여주는 어휘도 있다. 포인티드 아치가 더 발전하여 나뭇잎의 끝처럼 뾰쪽해진 형태cusped는 영국에서 먼저 시작해서 레요낭 양식으로 전해졌다는 주장이 그것이다(그림 917). 객관적 입장에서 보았을 때 한쪽이 일방적으로 영향을 받기만 했다고 보기는 어렵다. 웨스트민스터의 장식 어휘는 13세기 중반에 변화된 고딕 전반에 걸친 복합적 상황의 일환으로 보아야 한다. 프랑스의 일방적 영향에서 벗어나 두 나라가 서로 영향을 주고받으면서 함께 고딕 건축을 이끌어가게 된 변화였다. 이렇게 보았을 때 13세기 중반의 보편적인 국제주의 양식은 두 나라에 의해 공동으로 주도된 것으로 볼 수 있다. 영국의 고딕 건축이 동시대적 보편성에 합류했음을 알리는 의미였다.

웨스트민스터 사원은 영국 고딕 건축에서 중요한 위치를 차지했다. 영국민의 정신적 자존심 형성에 기여를 하면서 이후 다른 건물들에 모델로 차용된 것이다. 리치필드 성당, 링컨 성당의 엔젤 성가대석, 헤리퍼드, 솔즈베리의 챕터 하우스, 런던의 성 바오로 성당 등은 이것의 대표적인 예이다(그림 918, 919). 이 가운데 엔젤 성가대석은 초기 영국 양식의 마지막을 장식한 건물이었다. 성 바오로 성당은 런던 대화재 때 소실되어 크리스토퍼 렌Christopher Wren의 현재 건물로 대체되었지만 당시에는 웨스트민스터 사원과 함께 런던의 중심을 형성하면서 영국의 중세적 정체성 형성에 중요한 기여를 했다.

2 장식 양식(1240/80~1330/50년)

레요낭 양식, 기하 장식, 곡선 장식

웨스트민스터 사원은 대륙의 레요낭 양식이 영국으로 전파되는 통로 역할을 했다. 이를 계기로 영국 고딕 건축에도 중요한 변화가 시작되었다. 레요낭 양식의 핵심 어휘인 트레이서리 장식은 영국의 전통적인 장식 경향과 잘 어울릴 가능성이 컸다. 트레이서리는 기본적으로 선형 어휘였고 영국의 장식 전통은 기하학성을 기본 특징으로 가졌기 때문이다. 선형성을 공통 매개로 가짐에 따라 리브와의 통합적 연관성도 확보되었다. 선형 어휘의 최고봉은 리브였다. 리브의 선형성을 이용한 기하 장식은 초기 영국 양식 때부터 형성된 영국 고딕의 가장 대표적인 경향이었다. 이것이 점점 더 복잡해졌다. 마지막으로 조각물이 더해졌다. 특히 작은 규모의 영국식 조각물이 잘 어울렸다.

13세기 중후반에 대륙과 영국을 통틀어 고딕 건축 전반에 형성된 장식주의 경향은 영국의 전통과 잘 부합되었다. 이로써 초기 영국 고딕에서 형성된 두 대표 선례인 '캔터베리—링컨'과 웨스트민스터 사원을 모델로 삼아, 대륙의 레요낭 양식과 동시대적 보편성을 공유하면서, '트레이서리—리브—조각물'이 혼합된 강한 선형 장식 경향이 형성되었다 이것이 영국 고딕의 두번째 단계인 장식 양식이었다(그림 920, 921)

920 웰스 성당(Wells Cathedral), 영국, 챕터하우스(Chapter House) 1290년대 후반~1307년경/여신도용 예배당(Lady Chapel) 1323~26년/성가대석 동쪽 부분 1333년~

921 엑서터 성당(Exeter Cathedral), 영국, 1280년경~1342년

922 생테티엔(St. Etienne), 보베(Beauvais), 프랑스, 1506~44년/1548년

923 브리스톨 성당(Bristol Cathedral), 영국, 1298~1332년경

장식 양식에서는 레요낭 양식과의 연관성이 초기 영국 양식에서보다 더 밀접해졌다. 레요낭 양식에 끼친 영향도 더 커졌다. 영국 고딕의 대표작들 가운데 절반 정도가 장식 양식이라는 점에서 더욱 그러했다. 정확한 영향 관계는 엄밀하게 따져볼 문제이지만 일단 지어진 건물의 완성도, 건축적 집중도, 장식적 화려함 등에서 영국의 장식 양식은 대륙의 레요낭 양식을 앞선 것으로 평가될 만했다(그림 920, 922, 923). 혹은 이때부터 영국 고딕과 프랑스 고딕을 가르던 구별 요소가 사라지고 둘 모두를 포함한 장식주의 경향이 국제주의 양식으로 나타나게 된

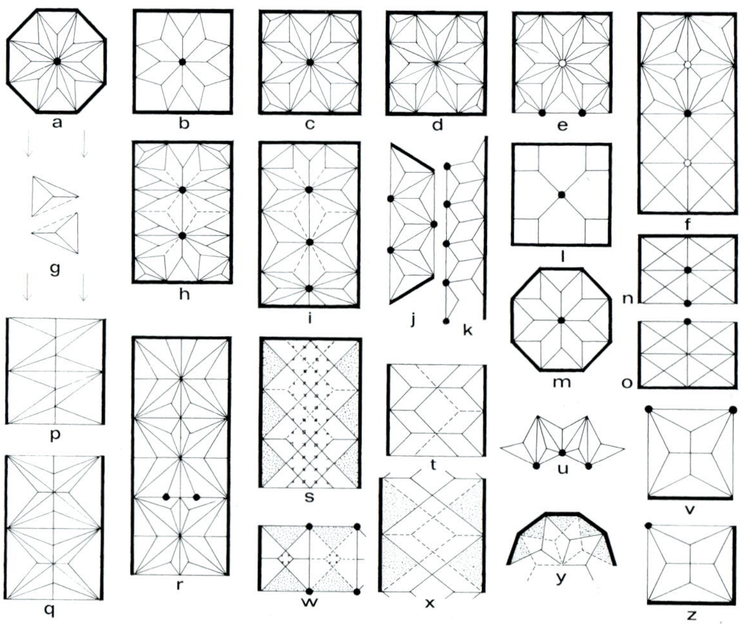

924 영국과 중부 유럽의 고딕 볼트

것으로 볼 수도 있다(그림 924).

영국 장식 양식의 선형 어휘 가운데는 특히 곡선이 두드러지기 때문에 곡선 양식이라고 부르는 양식이 있었다. 곡선 양식이라는 용어는 장식 양식의 하위 분류 중 한 갈래 경향을 지칭하기도 한다. 장식 양식은 장식 어휘에 따라 둘로 나눌 수 있다. 한 가지는 트레이서리와 아치의 형상이 대륙의 레요낭 양식과 좀더 유사한 기하학적 경향이었다(그림 921, 925). 이 경향에서는 장식적 과도함에 대한 자정自淨의 의미로서 최소한의 절제가 나타났다. 크게 보아 장식이 쓰인 곳은 창의 2차원성에 한정되었다. 리브는 아직 초기 영국 양식보다 장식적으로 많이 분화되지 않았다. 이 경향은 솔즈베리 성당과 웨스트민스터 사원을 선례로 삼으면서 대륙과의 공통성에 보조를 맞췄다.

다른 한 가지는 트레이서리와 아치의 형상이 영국 특유의 오지 아치ogee arch, 나뭇잎형 아치, S자형 아치=talon 등으로 처리되는 곡선 경향이었다. 특별히 명칭을 붙이기 어려운 변형 형태도 쓰였다(그림 926). 여기에 리브를 이용한 장식의 복합적 분화도 중요한 특징으로 더해졌다. 리브의 개수가 많아지고 굵어졌다. 구조적 역할에서 완전히 해방된 보조 리브들이 등장하면서 축조성의 기본 개념부터 달라졌다.

리브를 곡선 장식으로 활용하는 경향은 볼트에만 국한되지 않았다. 벽과 아치를 구성하는 부재들 가운데 일부는 인위적 성격이 강한 리브

925 엑서터 성당(Exeter Cathedral), 영국, 1280년경~1342년

926 브리스톨 성당(Bristol Cathedral), 영국, 1298~1332년경

927 웰스 성당(Wells Cathedral), 영국, 챕터하우스(Chapter House) 1290년대 후반~1307년경/여신도용 예배당(Lady Chapel) 1323~26년/성가대석 동쪽 부분 1333년~

928 엘리 성당(Ely Cathedral), 영국, 여신도용 예배당(Lady Chapel) 1321~45년경/크로싱 타워(Crossing Tower) 1322~40년/성가대석 옆 베이 1336~37년

형식의 선형 어휘로 꾸며졌다. 이에 따라 벽과 아치는 스크린처럼 변하기도 했다(그림 927, 928). 트레이서리와 리브라는 대표적인 두 선형 어휘의 곡선적 장식성이 극대화된 것이다. 실내외에서는 천장과 파사드를 비롯하여 빈 여백이 있는 바탕면은 모두 곡선 어휘로 가득 채워졌다. 이 경향은 기하학적 경향보다는 3차원적 특징을 더 많이 가졌다. 선례는 캔터베리-링컨이었다.

초기 영국 양식의 후반부 건물 가운데 솔즈베리 성당의 챕터 하우스와 링컨 성당의 에인절 성가대석은 각각 기하학적 경향과 곡선적 경향을 대표하는 예였다. 이 두 건물은 시기적으로나 장식의 내용 면에서 장식 양식으로의 전환을 보여주는 예들이기도 했다.

솔즈베리 성당의 챕터 하우스는 웨스트민스터 사원의 챕터 하우스와 매우 강한 유사성을 보였다. 개구부의 면적이 대폭 확대되면서 '네 개의 랜싯-두 개의 큰 아치-두 개의 작은 오쿨루스-한 개의 큰 오쿨루스'로 분할한 점이 그러했다(그림 929). 이런 분할 단위들을 나누는 트레이서리 처리도 아직 역방향 곡선이 나타나지 않은 점에서 대륙의 레요낭 양식의 범위 내에 머물렀다. 리브 개수와 대응 기둥도 비교적 차분함을 유지했다. 리브는 구조적 역할과의 일치를 유지하는 선은 넘어섰지만 아직 본격적으로 증폭되지는 않았다. 몰딩과 조각물도 나타나지 않았다.

929 솔즈베리 성당(Salisbury Cathedral), 영국, 챕터 하우스(Chapter House) 1260년대~70년대

반면 링컨 성당의 에인절 성가대석은 훨씬 더 장식적이 되었다. 랜싯은 세장해지면서 수직 비례가 두드러졌다. 랜싯 분할은 세밀해졌다. 오쿨루스도 솔즈베리에서는 큰 것과 작은 것의 두 단계였던 데 반해 이곳에서는 세 단계로 늘어났다. 이에 따라 오쿨루스의 총개수도 솔즈베리의 세 개에서 여섯 개로 늘어났다. 리브 개수도 무차별적으로 늘어났다. 아키볼트의 겹수도 따라서 늘어났다. 리브를 받치는 대응 기둥도 구조적 역할을 완전히 상실하고 장식성의 기준에 따라 늘어났다. 몰딩은 풍부해졌으며 조각물들이 나타나기 시작했다(그림 930).

장식 양식의 등장으로 평면도 변화하기 시작했다. 트레이서리를 이용하여 창 분할을 장식적으로 처리

하게 됨에 따라 창면적이 넓어야 했다. 곡면은 이런 요구와 어긋났기 때문에 평면 구성에서 곡면은 점차 사라졌다. 앱스도 원형이 아닌 다각형으로 처리했다. 이런 변화는 슈베의 단부를 일직선으로 자르고 예배당을 사각형으로 짜는 영국의 전통 경향을 강화시키는 방향으로 작용했다(그림 931).

초기 영국 양식에서 자리잡았던 이중 트랜셉트와 이중 성가대석의 평면 구성도 계속되었다. 두 개의 트랜셉트 가운데 본래부터 중앙에 있던 것을 그레이트 트랜셉트로, 슈베에 더해진 작은 것을 이스턴 트랜셉트로 각각 구별해서 부르기도 했다. 성가대석도 이중이 됨에 따라 다양하게 쓰였다. 둘 모두 성가대석으로 쓰일 경우 앞의 것은 성가대석, 뒤의 것을 후면 성가대석으로 구별했다. 둘 가운데 하나만 성가대석으로 쓰일 경우에는 보통 앞의 것이 쓰이고, 뒤의 것은 사제석presbytery이나 예배당 등으로 쓰였다. 성가대석이 사제석과 겸해서 쓰이기도 했다. 이상과 같은 현상들은 모두 영국 전통을 강화하는 특징들이었다. 이것은 장식 양식이 영국적 정체성을 확실하게 뿌리내리게 한 양식이라는 사실을 뒷받침한다.

930 링컨 성당(Lincoln Cathedral), 영국, 에인절 성가대석(Angel Choir) 1256~80년

또한 리브의 개수가 많아지고 굵어짐에 따라 이것을 받치는 벽체의 구조적 역할이 중요해졌다. 벽체는 다시 두꺼워졌다. 리브가 볼트를 받치며 벽체의 두께를 줄이는 데 기여했던 프랑스 고딕 건축과 반대되는 현상이었다. 고딕 건축 전체에서 보면 이것은 분명 퇴행 현상이었다. 그러나 영국 고딕에 국한시켜보면 두꺼운 벽체라는 영국 전통으로의 회귀를 의미하기도 했다.

통로 벽체라는 기능적 이유와 원시적 중력감이라는 정서적 이유 등으로 인해 영국 건축에서는 로마네스크 시대부터 두꺼운 이중 벽체가 선호되어왔다. 초기 영국 양식에 프랑스 고딕 건축이 도입되면서 이것이 잠시 사라졌다. 프랑스만큼 나가지는 않았지만 구조 합리주의의 기본 개념을 최소한도도 지키는 과정에서 벽체는 얇고 높아진 것이 사실이었다. 이것이 장식 양식에 들어와서 말 그

931 영국 성당에 나타난 슈베의 확장

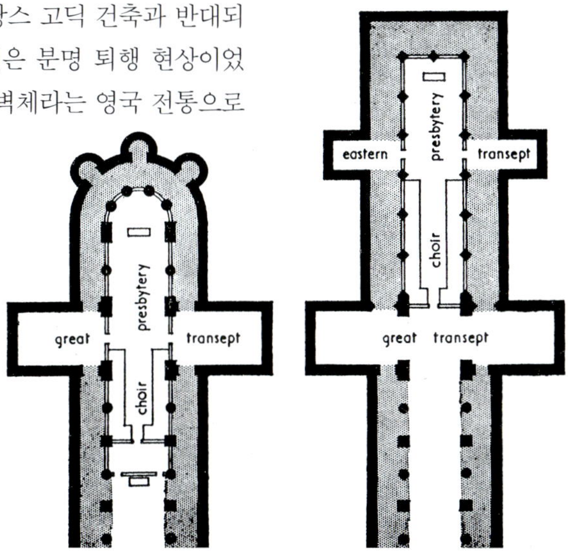

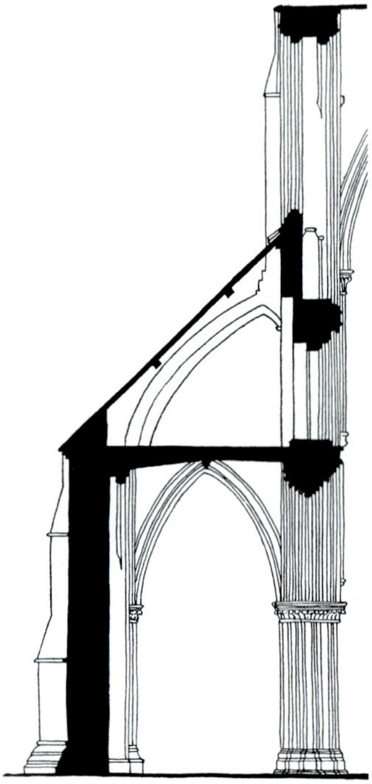

932 웰스 성당(Wells Cathedral), 횡단면도
933 엑서터 성당(Exeter Cathedral), 영국, 1280년경~1342년

대로 장식적 목적을 위해 다시 두꺼워졌다. 이것은 영국적 전통으로의 회귀였고 장식 양식의 영국적 정체성을 증명하는 증거였다.

프랑스 고딕을 상징하는 플라잉 버트레스도 점차 쇠퇴해갔다. 플라잉 버트레스는 수직 양식이 시작되면서 사라졌는데 장식 양식에서는 이것의 전조 현상이 나타나기 시작했다. 플라잉 버트레스는 구조적 효율성을 잃고 벽체처럼 두꺼워졌다. 초기 영국 양식의 구조 합리주의가 사라진 것도 중요한 요인이었다(그림 932, 933). 벽체가 다시 두꺼워지면서 벽체만으로 구조는 충분했다. 플라잉 버트레스의 구조적 작용에 대해서도 영국의 장인들은 프랑스 장인들만큼 기술적으로 숙련되지 못했다. 엄밀히 얘기하면 영국의 고딕 성당들은 플라잉 버트레스가 없어도 구조적으로 문제될 것이 없었다. 영국 고딕 건축에서 플라잉 버트레스는 꼭 필요해서 쓰인 것이 아니었다. 그보다는 프랑스 고딕 건축을 종합적으로 수입하는 과정에서 함께 따라온 것이었다. 장식 양식이 시작되고 영국적 정체성이 확립되면서 영국의 장인들은 점차 플라잉 버트레스에서 벗어나게 되었다.

요크 성당 대 엑서터 성당

요크 성당은 레요낭 양식의 경향을 대표하는 예였다(그림 934). 여기에 영국적 곡선 양식이 가미되었다. 이런 점에서 솔즈베리-웨스트민스터 사원의 뒤를 잇는 장식 양식으로 볼 수 있다. 레요낭의 경향은 챕터 하우스[1275~1300년]에 잘 나타나 있다. 트레이서리 문양은 성 우르바노를 모델로 삼은 것으로 얘기된다. 네이브에서는 주로 실내 골격에 레요낭 양식의 특징이 나타났다. 아케이드의 아키볼트는 얇은 벽체로 축조되면서 단수가 줄어들었다. 초기 영국 양식인 링컨 성당의 에인

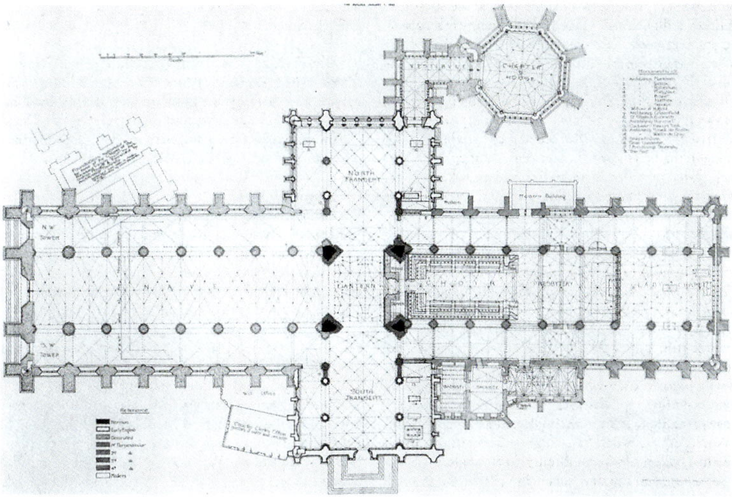

934 요크 성당(York Cathedral), 영국, 전체 1291~1340년경/챕터 하우스(Chapter House) 1275~1300년

절 성가대석보다도 오히려 장식적 특성이 약해진 모습이었다.

천장에 리브를 이용한 별모양 문양이 나타나긴 했지만 리브의 개수는 기본적으로 적정선을 유지했다(그림 935). 천측창의 분할도 챕터 하우스와 유사했다. 두 곳 모두 2차원성이 지배했다. 네이브의 2차원성은 특히 프랑스 고딕의 구조 유기성에 많이 치우친 특징을 보였다. 아케이드는 프랑스 포인티드 아치의 표준 윤곽을 가졌다. 갤러리 대신 트리포리엄이 가운데 층을 차지했다. 트리포리엄은 수직 선형 어휘에 의해 천측창과 한몸처럼 엮였다. 실내 골격은 최소한의 장식만 유지한 채 탄성 넘치는 뼈대를 이루었다.

트레이서리에 나타난 레요낭 양식 어휘만 제외하고 보면 이 건물은 장식 양식보다는 초기 영국 양식으로 분류되는 것이 더 정확해 보인다. 이 건물을 결정적으로 장식 양식으로 분류되게 한 부분은 서쪽 출입구의 큰 창이었다. 이곳에서는 곡선 양식의 역방향 곡선이 나타나기 시작했다. 역방향 곡선은 나뭇잎 모양의 뾰쪽한 윤곽을 만들어냈다. 창의 분할도 '네 개의 랜싯-두 개의 포인티드 아치-두 개의 오쿨루스'로 복합적이었다. 두 개의 오쿨루스를 수직으로 병렬시킨 뒤 가운데 것을 하트 모양으로 처리한 점도 곡선 양식의 장식성을 결정짓는 중요한 특징으로 작용했다.

1280년을 넘기면서 영국 서남부지방에 요크 성당과 대비되는 특징을 갖는 장식 양식의 성당들이 지어졌다. 이 건물들은 링컨으로 대표

935 요크 성당(York Cathedral), 영국, 전체 1291~1340년경/챕터 하우스(Chapter House) 1275~1300년

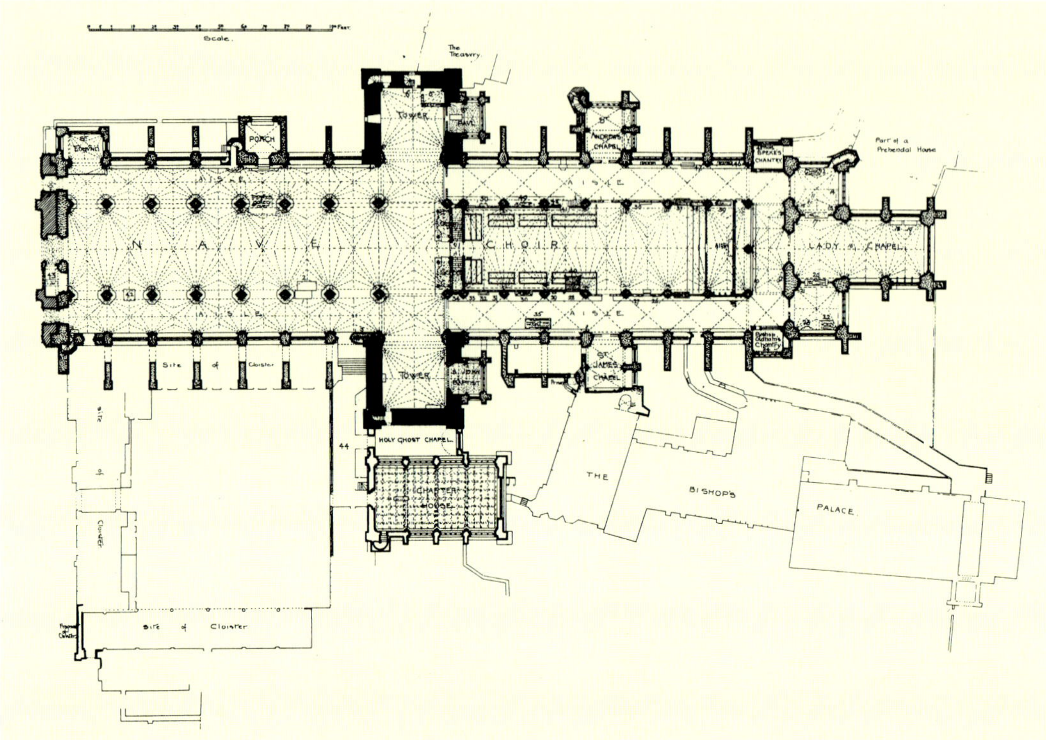

936 엑서터 성당(Exeter Cathedral), 영국, 1280년경~1342년

되는 영국의 장식주의를 잇는 예들로 이해할 수 있다. 첫번째 문을 연 것은 엑서터Exeter, 1280년경~1342년였다(그림 936). 첫눈에 링컨과의 연관성이 두드러졌다. 링컨의 네이브에 나타났던 근육 다발이나 부챗살 같은 리브가 더 장식적이 되었다(그림 480, 937). 링컨 성당에서 일곱 개이던 리브가 이곳에서는 11개로 늘었다. 이 가운데 중간의 다섯 개가 천장에서 반대편의 리브와 만났고 나머지 여섯 개는 그 옆으로 세 개씩 둥글게 돌아나가며 천장의 측면을 형성했다(그림 938).

리브 자체도 더욱 굵어졌다. 이에 따라 리브 하나가 다시 몇 가닥의 가는 선형 어휘로 이루어졌다. 볼트는 더이상 핵심 구조 부재가 아니었다. 볼트로부터 리브가 파생되었던 종속 관계는 완전히 역전되었다. 가장 크고 튼튼하고 명시적인 부재는 리브가 되었다. 볼트는 리브에 가려 뒤로 물러나며 관심의 대상에서 사라졌다. 종마루선에는 결절점마다 큰 꽃모양 장식이 더해졌다. 네이브 전체에 걸쳐 천장에는 꽃송이가 일렬로 늘어섰다. 리브의 구조적 역할과 관련된 논리적 축조성도 완전히 깨졌다. 구조적 논리에 의거하여 천측창의 끝에서 갈라지기 시작하던 리브의 시작점이 트리포리엄까지 내려왔다(그림 480). 리브는 볼트를 받쳐야 했기 때문에 네이브 쪽으로의 돌출 정도를 가능한 한 최소화하는 것이 장인의 구조적 실력이었다. 그런데 여기에서는 트리포리엄부터 시작된 리브 가닥이 반원에 가까운 단면을 만들며 네이브 위쪽 빈 공간을 점령했다. 볼트가 리브에 가린 데 이어 트리포리엄과 천측창까지 리브에 눌려 압도당하게 된 것이다.

937 엑서터 성당(Exeter Cathedral), 영국, 1280년경~1342년

리브의 영향력은 아케이드 층까지 확대되었다. 아키볼트는 촘촘히 반복되는 여러 단으로 겹쳐졌다(그림 939). 기둥도 기본 형식은 샤르트르의 필리에 캉토네였지만 장식 기둥으로 변모했다. 코어 기둥은 다이아몬드형이었다. 네 귀에 굵은 대응 기둥이 세워진 뒤 그 사이에 가는 대응 기둥이 세 개씩 채워졌다. 모두 16개의 대응 기둥이 여백 하나 없이 표면을 뒤덮었다.

이외에도 엑서터에서는 장식 양식의 두 가지 중요한 장식 어휘가 선보였다. 오지 아치와 리언lierne이 그것이었다. 오지 아치는 성가대석 스크린에 쓰였다(그림 937). 오지 아치란 아키볼트의 곡면이 '볼록-오목'의 교대로 구성되는 형식을 말한다. 이를테면 그리스 몰딩 가운데 사이머 렉터cyma recta의 구성과 같은 개념이다. 이렇게 함으로써 아치는 나뭇잎처럼 끝이 뾰족한 형상을 갖게 된다. 오지 아치는 대륙의 레요낭 양식에서도 쓰이던 대표적인 장식 어휘 가운데 하나였다.

리언은 성가대석 스크린의 통로 천장에 쓰였다. 리언은 네이브 월의 볼트 시작점springing에서 직접 갈라져나오지 않으면서 주 리브들 사이에

938 엑서터 성당(Exeter Cathedral), 영국, 1280년경~1342년

939 엑서터 성당(Exeter Cathedral), 영국, 1280년경~1342년

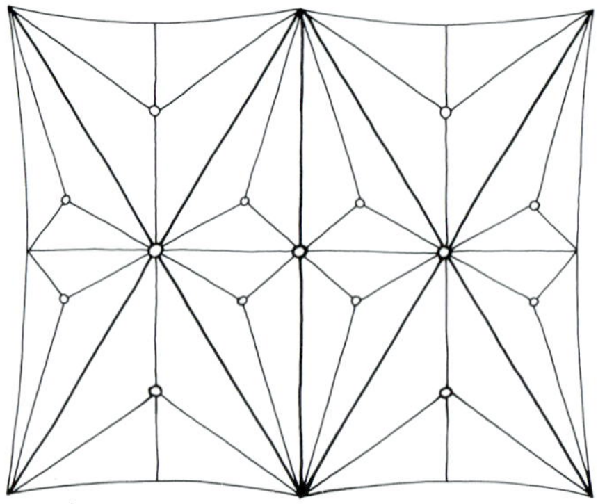

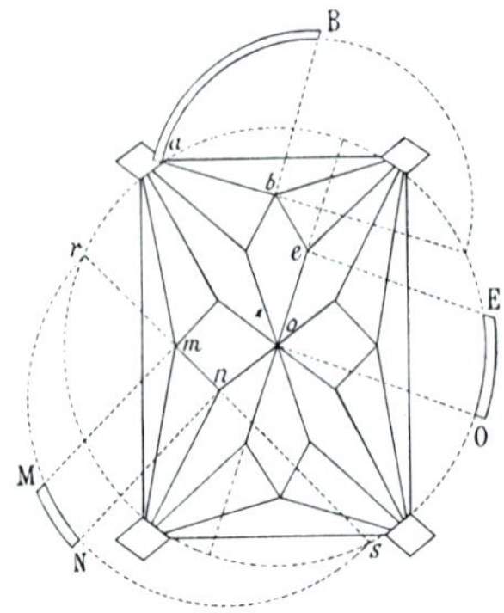

940 리언(lierne)

941 리언(lierne)을 이용한 리브 장식 작도

더해진 보조 리브를 말한다. 이때 주 리브는 제1, 2, 3 리브였다. 리언은 제4 리브라 할 수 있다(그림 940). 또한 볼트 시작점과 무관하게 생성될 수 있으므로 구조적 역할을 완전 상실한 부재였다. 종횡무진 아무 방향으로나 마음대로 만들 수 있는 부재였다. 구조적 속박에서 벗어나 자유로워진 순수 장식 어휘였다. 제3 리브였던 티어서런도 장식 어휘였는데 심지어 이것보다 더 장식적인 제4 리브였다. 리언이 사용됨에 따라 리브를 이용한 기하 문양은 그물, 별, 꽃 등으로 다양해지고 과감해졌다(그림 941). 또한 문양 디자인을 위한 기하 작도도 자유로워졌다.

942 엑서터 성당(Exeter Cathedral), 영국, 1280년경~1342년

실내에 나타난 장식 어휘들은 외관에서 동일하게 반복되었다. 출입구 파사드의 창 분할은 이것을 잘 보여주는 예이다(그림 921, 942). 파사드 중앙의 큰 창은 두 개의 큰 랜싯과 하나의 오쿨루스로 분할되었다. 큰 랜싯 사이에는 작은 랜싯 하나가 더 들어갔으며 오쿨루스 양옆 아래쪽에는 작은 원형창이 하나씩 더해졌다. 랜싯은 오지 아치를 기본으로 한 부드러운 곡선 어휘로 분할되었다. 오쿨루스는 중심부에 원이 하나 더 만들어졌다. 안쪽 원은 삼엽형을 기본 단위로 한 장식 어휘 다섯 개로 분할되었다. 안쪽 원과 오쿨루스 바깥 윤곽 사이 부분은 사엽형을 기본 단위로 한 12개의 장식 어휘로 분할되었다. 파사드 아랫부분은 출입구를 제외하고 모두 벽으로 막은 뒤 조각 병풍으로 처리했다. 벽은 이층으로 나누고 벽감을 판 뒤 조각상들로 가득 메웠다. 벽감은 매우 길고 수직적이었다.

브리스톨 성당, 웰스 성당, 엘리 성당

장식 양식을 이끈 것은 요크가 아닌 엑서터였다. 14세기로 접어들면서 엑서터의 경향을 이어받은 곡선 양식이 영국 고딕 건축의 주류를 이루었다. 이 경향을 이끈 건물들은 주로 영국의 남서 지방에 몰려 있었다. 이것의 문을 연 것은 브리스톨Bristol, 1298~1332년경이었다(그림 943). 브리스톨은 홀 교회였다. 홀 교회는 로마네스크 때에는 프랑스에서, 고딕 때에는 독일에서 주로 유행하던 유형으로 영국에서는 드물었다.

브리스톨 성당의 네이브와 아일은 크고 높은 포인티드 아치 하나만으로 구획되었다(그림 944). 아키볼트는 비교적 단순한 전체 윤곽을 유지한 가운데 가는 실 같은 다발이 2차 요소로 새겨졌다. 이로 인해 굵고 강한 윤곽과 가늘고 세장한 세부 요소가 잘 어우러지며 두 가지 분위기를 연출했다. 이런 아키볼트는 중간에 한번도 끊기지 않고 기둥과 하나로 합쳐졌다. 주두가 사라지면서 기둥은 더이상 기둥처럼 보이지 않고 아키볼트처럼 보였다. 아키볼트와 기둥의 구별이라는 구조적 논리보다는 굵고 부드러운 곡선이라는 장식적 논리가 우선했다. 장식 양식의 전형이었다.

기둥 하나에서는 일곱 개의 리브가 갈라져 나갔다. 이 가운데 다섯

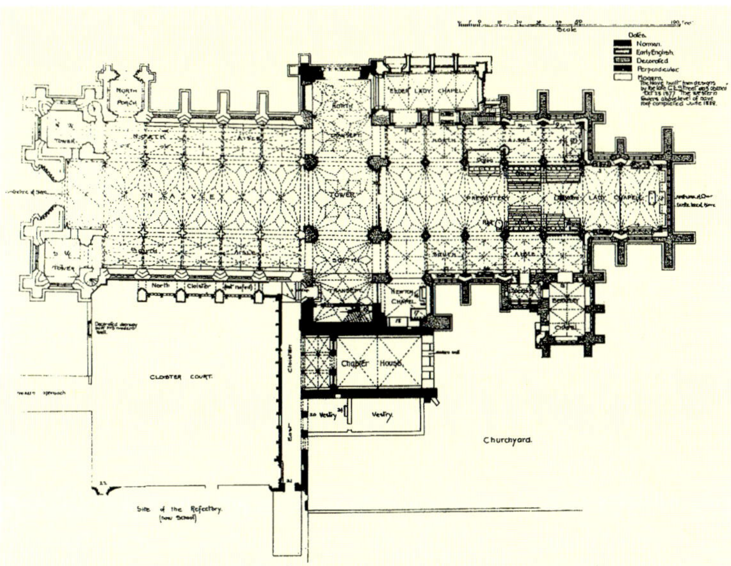

943 브리스톨 성당(Bristol Cathedral). 영국. 1298~1332년경

944 브리스톨 성당(Bristol Cathedral), 영국, 1298~1332년경
945 브리스톨 성당(Bristol Cathedral), 영국, 1298~1332년경

개는 천장 볼트를 받쳤고 나머지 두 개는 네이브 월과 볼트 측면이 만나는 경계부의 재료 분리를 담당했다. 리브의 가닥수는 많이 줄어들었지만 리언이 본격적으로 쓰이기 시작했다. 리언은 볼트의 종마루선 근처에서 쓰였다. 다섯 개의 리브 가운데 두번째 것과 네번째 것에서 각 두 개씩의 리언이 갈라져 나왔다. 이것들은 첫번째, 세번째, 다섯번째 리브와 각각 종마루선에서 만났다(그림 923, 945).

네 개의 리언은 종마루선 주위로 다이아몬드 장식을 형성했다. 다이아몬드의 네 변 안쪽에는 오지 아치의 끝부분 윤곽을 잘라 만든 침 같은 뾰쪽한 선형 어휘가 추가로 더해졌다. 이 어휘는 트레이서리를 이용하여 만들어졌다. 창을 분할하던 트레이서리가 천장 장식으로 옮겨 온 것이다. 리언과 주 리브가 만나는 지점에는 꽃장식이 더해지면서 결절점을 형성했다. 이런 처리는 리브를 이용한 장식 개념의 변화를 의미했다. 엑서터까지는 장식의 핵심 어휘는 주 리브였다. 이것을 촘촘하게 개수를 늘리는 방식으로 장식 어휘를 만들었다. 장식은 급박했고 역동적이었다.

그런데 브리스톨에서는 이런 긴장감에서 벗어나 여유가 생겼다. 리브의 개수는 줄어든 대신 보조 부재를 활용한 가벼운 장식 경향으로 바뀌었다. 보조 부재가 장식을 주도하기 시작하면서 곡선으로 구성되는 직접적인 장식 어휘의 사용도 늘어났다. 이런 변화와 비교하면 엑서터까지 사용되었던 주 리브를 이용한 장식 처리는 아직 대륙식 구조 유기성의 잔재가 최소한도로 남아 있는 것으로 볼 수 있다. 이것이 브리스톨부터 완전히 사라졌다. 이런 점에서 브리스톨은 영국 고딕 건축의 전개 과정에서 중요한 분기점을 이루는 예라 할 수 있다.

네이브에서 관찰되는 변화에 대응되는 또다른 장식 처리가 아일에 사용되었다. 아일에서는 천장 높이의 절반 정도 되는 지점에 횡방향 아치가 더해졌다(그림 946). 아치는 3분의 2 정도 되는 지점까지 올라가서 멈추고 그 위쪽은 큰 진공부로 놔두었다. 아치는 아일의 내벽과 외벽을 가로질러 연결하는 다리처럼 되었다. 이 부재는 일차적으로 구조적 목적을 가졌던 것 같다. 홀 교회라는 생소한 구성에서 안정성을 확보하기 위한 것으로 일종의 실내 버트레스 개념이었다. 실내 버트레스는 동시대 프랑스 건물이었던 생트샤펠의 아래층 예배당에서도 사용된 적이 있었다.

946 브리스톨 성당(Bristol Cathedral), 영국, 1298~1332년경

브리스톨에서는 네이브 월이 사라짐에 따라 아치 열로만 네이브와 아일의 천장 모두를 받쳐야 하는 점이 부담스러워졌다. 이를 해소하기 위해 실내 버트레스를 쓴 것으로 보인다. 횡방향 아치는 단순한 구조적 역할을 하는 데 그치지 않고 굵으면서도 부드러운 곡선 장식 어휘를 동반하고 있다. 아치의 양쪽 스팬드럴spandrel 부분에 손가락 형태의 진공부를 뚫으면서 그 윤곽을 굵은 곡선으로 감쌌다. 무엇보다도 아치 자체의 아키볼트가 굵고 강하면서도 부드러움을 잃지 않은 곡선으로 형성되었다. 큰 붓으로 한 획을 그은 것 같은 모습을 나타냈다. 구조 골격이 그대로 장식 어휘가 된 것이었다. 장식은 구조가 담당하던 골격 형성의 기능을 대신하면서 1차 요소의 자리를 차지했다.

브리스톨의 뒤를 이은 것은 14세기 초반의 웰스 성당이었다. 웰스는 초기 영국 양식으로 주요 골격을 갖춘 뒤 장식 양식을 이용하여 크게 증축되었다. 챕터 하우스1290년대 후반~1307년경, 여신도용 예배당Lady Chapel, 1323~26년, 성가대석 동쪽 부분1333~이 그것이었다(그림 947).

챕터 하우스는 팔각형 윤곽으로 이루어졌다. 구조 골격은 초점 자리의 큰 기둥을 중심으로 짜였다. 중심 기둥 이외의 다른 기둥 없이 바

947 웰스 성당(Wells Cathedral), 영국, 챕터 하우스(Chapter House) 1290년대 후반~1307년경/여신도용 예배당(Lady Chapel) 1323~26년/성가대석 동쪽 부분 1333년~

948 웰스 성당(Wells Cathedral), 영국, 챕터 하우스(Chapter House) 1290년대 후반~1307년경/여신도용 예배당(Lady Chapel) 1323~26년/성가대석 동쪽 부분 1333년~
949 웰스 성당(Wells Cathedral), 영국, 챕터 하우스(Chapter House) 1290년대 후반~1307년경/여신도용 예배당(Lady Chapel) 1323~26년/성가대석 동쪽 부분 1333년~

로 외벽으로 이어졌다(그림 948). 외벽은 각 면마다 두 개의 큰 창을 가졌다. 창은 두 개의 랜싯과 하나의 오쿨루스로 분할되었다. 창과 창 사이에 기둥이 하나씩 들어가면서 모두 15개의 기둥이 외벽 안쪽에 세워졌다(그림 949). 원래는 16개인데 출입문 지점에서 하나가 빠진 것이다.

챕터 하우스에서 장식 양식의 특징은 천장 리브와 창 분할 어휘에 잘 나타났다. 초기 영국 양식이던 웨스트민스터 사원의 챕터 하우스나 솔즈베리의 챕터 하우스와 비교했을 때 리브의 가닥수가 셀 수 없을 정도로 많아졌다. 리브의 개수를 세는 것은 무의미해졌다. 전체 분위

기로만 파악하는 것이 유일한 방법이 되었다. 리언이 사용되지 않은 대신 리브의 개수를 극단적으로 증가시킨 것이다.

이것은 엑서터 성당 이후 곡선 양식의 전개 과정에서 브리스톨 이외의 또다른 경향이 생겨난 것을 의미한다. 브리스톨에서는 리브의 개수를 줄인 대신 리언과 직접적 장식 어휘를 사용하는 경향을 만들어냈다. 웰스의 챕터 하우스에서는 리언을 쓰지 않고 리브의 개수를 최대한 늘리는 방식으로 극단적 장식성을 추구하는 또다른 경향이 생겨났다. 창 분할에서는 브리스톨의 경향이 함께 나타났다. 랜싯과 오쿨루스를 분할하는 선형 어휘의 개수가 줄어든 대신 굵고 부드러운 곡선이 본격적으로 사용되었다. 꽃모양의 직접적 장식 어휘가 사용되었으며 원형 모티브가 이들 사이를 오가며 통합자 역할을 했다.

여신도용 예배당은 앱스 자리에 위치하며 길게 늘어트린 팔각형 윤곽으로 이루어졌다. 여덟 면 가운데 다섯 면이 동쪽 끝으로 돌출하며 예배당의 윤곽을 형성했다. 이곳은 챕터 하우스와 달리 중심에 기둥이 없었다. 천장 볼트와 리브는 모두 외벽에 걸렸다(그림 950). 천장의 전체 골격은 돔에 가까운 둥근 윤곽을 가졌다. 리브는 별모양을 그리며 장식적으로 쓰였다. 한층 촘촘해진 리브가 천장 가득 별모양 장식을 만들어냈다(그림 951).

예배당이 성가대석 끝부분과 만나는 지점의 처리가 매우 독특했다. 이 지점은 성가대석 쪽에서 보았을 때 동쪽 방향으로 팔각형의 다섯 면을 갖는 방식으로 기둥이 배치되었다. 이 가운데 동쪽 끝의 기둥 두 개는 예배당 쪽에서 보면 긴 팔각형의 나머지 세 면을 이루는 역할을 겸했다(그림 952).

950 웰스 성당(Wells Cathedral), 영국, 챕터 하우스(Chapter House) 1290년대 후반~1307년경/여신도용 예배당(Lady Chapel) 1323~26년/성가대석 동쪽 부분 1333년~

951 웰스 성당(Wells Cathedral), 영국, 챕터 하우스(Chapter House) 1290년대 후반~1307년경/여신도용 예배당(Lady Chapel) 1323~26년/성가대석 동쪽 부분 1333년~

952 웰스 성당(Wells Cathedral), 영국, 챕터 하우스(Chapter House) 1290년대 후반~1307년경/여신도용 예배당(Lady Chapel) 1323~26년/성가대석 동쪽 부분 1333년~

953 웰스 성당(Wells Cathedral), 영국, 챕터 하우스(Chapter House) 1290년대 후반~1307년경/여신도용 예배당(Lady Chapel) 1323~26년/성가대석 동쪽 부분 1333년~

성가대석의 동쪽 부분에는 오지 아치보다 한 단계 더 발전한 장식 어휘가 쓰였다(그림 953). 이 어휘는 트리포리엄, 천측창, 아일 외벽창 등을 분할하는 트레이서리에 나타났다. 트레이서리는 그물을 기본 형태로 삼아 아치를 분할했다. 그물은 직선이 아닌 곡선으로 분할되었다. 그물은 격자 구도였기 때문에 곡선은 아무 방향이나 원하는 쪽으로 갈라져 나갈 수 있었다. 이런 어휘는 대륙의 레요낭 양식에서 쓰이던 '물 흐르는 듯한, 혹은 머리카락이 늘어진 것과 같은flowing' 장식 어휘와 유사한 것이었다. 혹은 오지 아치의 방향성을 지운 장식 어휘로 볼 수도 있었다. 오지 아치의 꼭지점은 직각을 유지하며 수직 한 방향으로 고정되었다. 여기에서는 꼭지점이 좌우 양방향으로 흔들거리는 모습으로 발전했다. 불꽃이 너울거리는 것 같은 운동성을 보여주는 것으로 해석될 수도 있다.

네이브 월에 나타난 '흔들거리는nodding' 오지 아치에 대응되는 장식 처리가 천장에도 나타났다. 천장에서는 주 리브가 사라지고 리언만으로 장식 어휘가 만들어졌다(그림 952, 954). 주 리브는 마주보는 두 기둥을 연결하는 횡방향 리브 한 종류만 남았다. 이렇게 구획된 천장의 각 베이에는 리언에 의해 큰 육각형이 그려졌고 그 사이를 다시 마름모꼴이 메웠다. 육각형 네 개가 만나는 중앙에는 별모양 장식이 만들어졌다. 리브를 사용할 때 당연히 고려하던 구조적 논리는 완전히 사라졌다. 리브는 자수를 놓는 실 이상의 의미를 갖지 않게 되었다. 브리스톨에서 리브의 구조 유기성이 완전히 사라졌다면 이곳에서는 리브의 건축적 성격이 완전히 사라졌다. 천장은 건축이 아닌 장식에 의해 형성되었다.

장식 양식의 마지막을 장식한 대표작은 엘리 성당이었다. 엘리는 화재와 붕괴 등의 재난을 겪으면서 여러 차례 증개축되었다. 여신도용 예배당1321~45년경, 크로싱 타워1322~40년, 성가대석 옆 베이1336~37년 등이 장식 양식으로 지어졌다(그림 955).

여신도용 예배당은 내외 모두에서 벽면과 창의 2단 구성으로 분할되었다. 벽면의 높이는 낮았다. 벽면의 대부분은 오지 아치형의 블라인드 아치로 장식했다(그림 956, 957). 블라인드 아치는 두세 겹씩 겹치면서 장식성을 높였다. 이것을 바탕으로 삼아 그 위에 다시 조각상, 페인팅, 금세공 등이 더해졌다. 이런 미술 장식들은 여신도용 예배당이

954 웰스 성당(Wells Cathedral), 영국, 챕터하우스(Chapter House) 1290년대 후반~1307년경/여신도용 예배당(Lady Chapel) 1323~26년/성가대석 동쪽 부분 1333년~

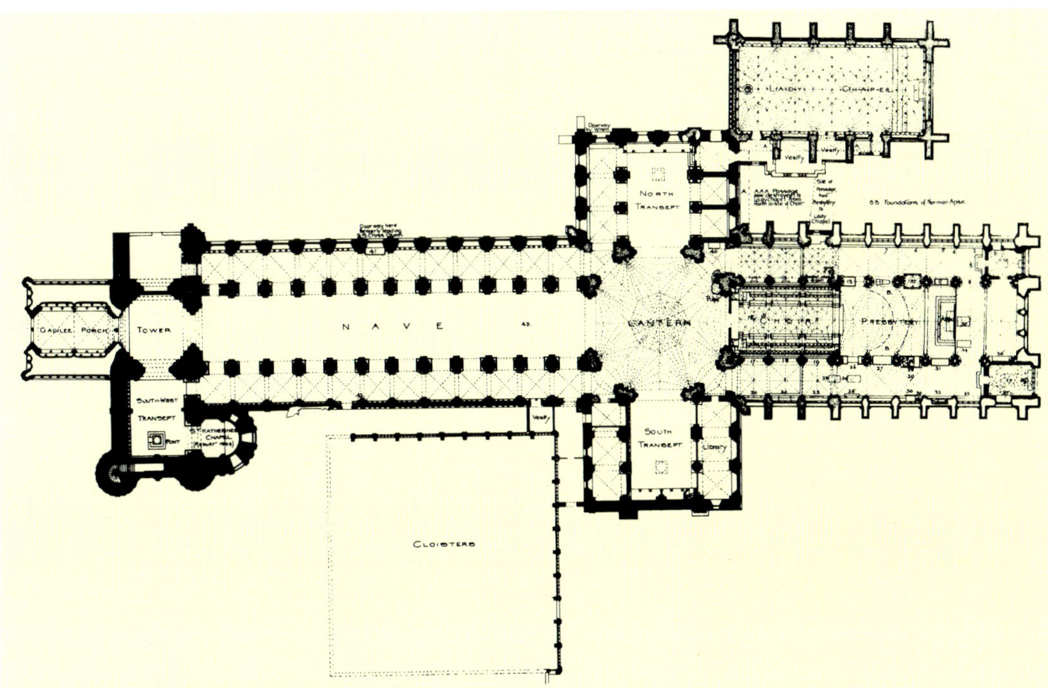

955 엘리 성당(Ely Cathedral), 영국, 여신도용 예배당(Lady Chapel) 1321~45년경/크로싱 타워(Crossing Tower) 1322~40년/성가대석 옆 베이 1336~37년

956 엘리 성당(Ely Cathedral). 영국. 여신도용 예배당(Lady Chapel) 1321~45년경/크로싱 타워(Crossing Tower) 1322~40년/성가대석 옆 베이 1336~37년

957 엘리 성당(Ely Cathedral). 영국. 여신도용 예배당(Lady Chapel) 1321~45년경/크로싱 타워(Crossing Tower) 1322~40년/성가대석 옆 베이 1336~37년

958 엘리 성당(Ely Cathedral). 영국. 여신도용 예배당(Lady Chapel) 1321~45년경/크로싱 타워(Crossing Tower) 1322~40년/성가대석 옆 베이 1336~37년

라는 명칭에 맞게 성모마리아의 생애와 기독교적 의미를 찬양하는 내용으로 채워졌다. 바탕면이 몇 겹으로 겹치면서 그 위에 새겨진 조각상과 회화 속 주인공들도 숨어 있다가 갑자기 나타나고 감춰졌다 드러나는 등 변화가 심했다. 이런 변화는 종교적 감흥을 더해주는 효과가 있었다. 페인팅과 금세공은 지금은 사라지고 없다. 창의 트레이서리는 비교적 얌전한 가운데 랜싯 윤곽이 중첩되고 꽃모양의 장식이 많이 쓰이는 특징을 보였다.

엘리를 대표하는 것은 크로싱 타워의 실내 쪽 처리였다. 타워는 팔각형 윤곽을 가졌다. 실내에서 올려다보면 천장에 크로싱 옥타곤이라는 구멍이 뚫렸다. 지름은 22미터였다. 크로싱 옥타곤으로부터 지름과 거의 같은 거리 정도 떨어진 바깥쪽에 여덟 개의 기둥이 큰 팔각형을 하나 더 만들었다. 큰 팔각형의 꼭지점에서 크로싱 옥타곤을 받치는 천장 볼트와 리브가 갈라져나왔다. 기둥 하나당 11개의 리브가 나왔다. 이 가운데 다섯 개는 크로싱 옥타곤의 변 하나를 담당했다. 나머지 여섯 개는 세 개씩 볼트의 측면 부분을 유지하는 데 쓰였다(그림 958).

크로싱 타워는 드럼에 의해 올려진 뒤 뚜껑으로 마감되었다. 드럼의 안쪽 면은 크로싱 옥타곤의 각 변에 걸친 다섯 개의 리브에 맞춰 네 열로 나뉘었다. 이것은 다시 두 단으로 나뉘었다. 아랫단은 블라인드 아치로, 윗단은 창으로 각각 처리되었다(그림

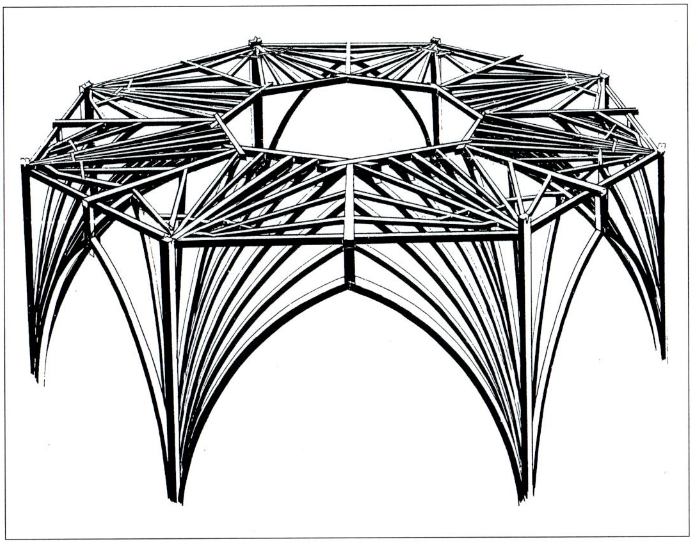

959 엘리 성당(Ely Cathedral). 영국. 여신도용 예배당(Lady Chapel) 1321~45년경/크로싱 타워(Crossing Tower) 1322~40년/성가대석 옆 베이 1336~37년

960 엘리 성당(Ely Cathedral). 영국. 크로싱 옥타곤의 목조 골격

959). 옥타곤은 전체 골격, 뚜껑의 안쪽 면, 볼트 등이 모두 목조였다. 여기에 페인트를 칠해 석조 볼트처럼 보이게 했다(그림 960).

크로싱 옥타곤 뚜껑의 안쪽 볼트는 전형적인 별모양으로 장식되었다. 꼭지점 하나에서 일곱 개의 리브가 갈라져나왔다. 이 가운데 중앙의 것은 주 리브를 이루면서 초점에서 만났다. 나머지 여섯 개는 세 개씩 좌우로 갈라져나가면서 옆에서 나온 리브와 짝을 이루며 만났다. 이것들이 만나면서 주 리브들 사이에 골이 하나 더 파였다. 여덟 개의 주 리브가 만나는 초점에는 꽃송이 장식이 새져졌다. 전체적으로 밖으로 확산해나가는 큰 별 하나가 만들어졌다.

영국 중세 건축에서는 대륙과 비교했을 때 목구조가 많이 쓰였다. 특히 천장에는 목조 볼트를 비롯하여 다양한 목구조 장식이 쓰였다. 목구조 장식은 장식 양식을 이루는 중요한 요소 가운데 하나였다. 목구조는 석구조보다 롱 스팬을 내는 데 더 유리했다. 이것은 장식 어휘가 잘 보이도록 넓은 시야를 확보하기에 좋았다. 엘리 성당 크로싱 옥타곤의 22미터 스팬도 목구조였기 때문에 안심하고 만들 수 있는 거리였다.

확장해서 보면 영국 중세 건축에서 목구조의 사용은 고딕 건축의 장식 양식에만 국한된 현상은 아니었다. 이미 로마네스크 때부터 시작해서 르네상스 때까지 오랜 기간에 걸쳐 목구조 및 이것을 이용한 장식

961 터너(Turner)의 〈엘덤 궁의 그레이트 홀 *The Great Hall, Eltham Palace*〉, 1793년경

처리는 영국 건축을 대륙과 구별짓는 중요한 특징 가운데 하나였다. 영국 건축의 전통적 특징인 공예성이란 것도 목조 디테일을 다루는 과정에서 형성된 측면이 많았다(그림 961). 목조 디테일의 느낌으로 석재를 다루다보니 대륙과 완전히 다른 영국만의 공예적 특징이 형성된 것이다. 이런 특징은 멀리 19세기 미술 공예 운동 Arts and Crafts Movement과 현대의 하이테크 건축에까지 이어졌다.

영국에서 목구조가 발달했던 원인은 두 가지로 볼 수 있다. 하나는 돌이 귀하고 나무가 풍부한 자연 환경이다. 건축 경향은 거석 구조 같은 석재 방식의 특징보다는 접합식과 공예성 같은 목조 방식의 특징으로 나타났다. 다른 하나는 섬나라에서 공통적으로 관찰되는 발달된 선박 제조 기술로부터의 영향이다. 목조 선박을 만드는 과정에서 나무를 다루는 뛰어난 기술들이 축적되었고 이것이 건축 장인들에게 전수되어 쓰였다.

수직 양식(1330/50~1500/30년) 3

장식 양식에서 수직 양식으로

장식 양식의 장식화 경향에 대한 반발 운동이 일어나면서 수직 양식이라고 불리는 마지막 단계의 새 양식이 나타났다. 수직 양식에서도 장식은 여전히 중심 요소였다. 몇 건물에서는 장식 양식 모티브가 계속 쓰였다. 천장의 리브 장식이 특히 그러했다. 그러나 장식의 기본 개념, 역할, 특징 등에서는 장식 양식과는 다른 새로운 양식으로 넘어갔다. 가장 큰 차이는 장식이 많이 절제되는 것이었다. 절제는 다음의 네 가지 방향으로 구체화되었다.

첫째, 리브와 트레이서리의 장식 어휘가 자잘해졌다. 장식 어휘의 개수는 크게 줄지 않았다. 그러나 크기, 굵기, 돌출한 정도 등이 줄어들었다. 장식 어휘에 형성되는 음영도 약해졌다. 이런 것들이 종합적으로 작용하면서 장식이 만들어내는 인상은 밋밋하거나 약해졌다(그림 962). 화려한 분위기는 여전했으나 역동적 힘은 줄어들었다. 장식이 건물의 골격마저도 결정하던 활개는 사라졌다

둘째, 장식 문양이 규칙적이 되었다. 규칙성은 일차적으로 수직 수평 방사선 등 장식 어휘가 뻗어나가는 방향에서 가장 강하게 형성되었다(그림 963). 이런 구도들은 격자 그물 직각 등의 규칙적 질서를 기본

962 글로스터 성당(Gloucester Cathedral). 영국. 트랜셉트 1329~37년/성가대석과 외관 증축 1337~60년

963 툭스베리 성당(Tewkesbury Cathedral). 영국. 1320년경~30년

964 윈체스터 성당(Winchester Cathedral). 영국. 네이브 1360년경 시작~1394년/외관 1394~1450년

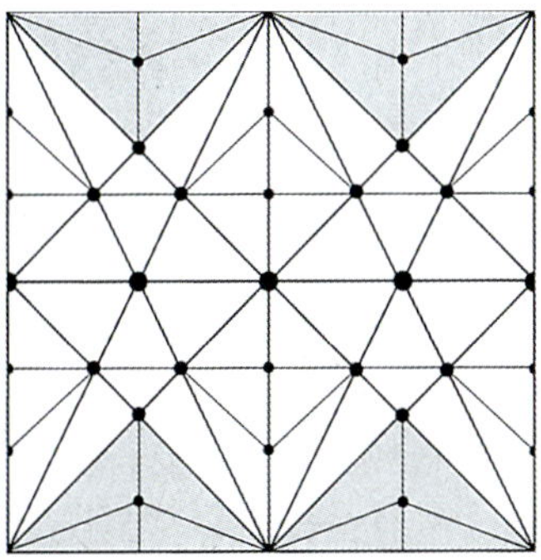

바탕으로 제공했다. 직각이나 직선에 주안점을 둘 경우 수직 양식은 직선 양식이라는 별칭으로 불리기도 한다(그림 964). 크기가 작아진 많은 수의 장식 어휘들이 이것을 따라 급하게 반복되었다. 또한 형태 모티브 등의 패턴도 한두 가지 대표적인 것이 동일하게 반복되었다.

팬 볼트fan vault도 만들어졌다. 팬 볼트란 리브가 수직 수평 방사선의 세 방향으로 반복되면서 나타난 대표적인 수직 양식 어휘였다. 팬 볼트는 말 그대로 부챗살처럼 리브가 뻗어나가는 장식 어휘를 말한다. 부챗살 모티브는 엑서터 성당으로 대표되는 장식 양식에서도 쓰였다. 그러나 이때에는 리브가 굵고 개수가 적었기 때문에 아직 팬 볼트라는 별도의 이름을 얻지 못했다. 장식 어휘이긴 했지만 구조적 성격도 같이 갖고 있었기 때문이다. 그러나 수직 양식에서는 엑서터의 모티브가 자잘하게 분할되면서 급하게 반복되었다. 세 방향의 규칙성이 합해지면서 최종적으로 매우 강한 규칙성을 갖게 되었다. 이런 규칙성들이 합해지면서 팬 볼트라는 독립적 장식 요소로 변화했다(그림 965, 966, 982, 986, 987).

셋째, 장식이 2차 요소로 격하되었다. 장식 양식에서는 장식이 1차 형성 요소였다. 또한 구조골 격이 그대로 장식 어휘가 되면서 구조가 담당하던 역할을 상당 부분 대신하기도 했다. 이것이 장식 양식에서 장식 어휘가 굵어진 이유였다. 수직 양식에서는 장식이 자잘해지면서

965 디비니티 스쿨(Divinity School). 옥스퍼드(Oxford), 영국. 1430~55년/볼트 1480~83년

966 예수 교회(Christ Church). 옥스퍼드(Oxford), 영국. 볼트 1640년

967 글로스터 성당(Gloucester Cathedral). 영국. 트랜셉트 1329~37년/성가대석과 외관 증축 1337~60년

이런 기능을 상실했다. 장식은 다시 부가 요소로 돌아갔다. 건물의 골격은 구조가 담당했고 장식은 그 위에 덧붙여지는 2차 요소가 되었다(그림 967).

넷째, 장식 어휘는 2차원 요소가 되었다. 장식 양식에서는 장식 어휘가 구조 부재와 함께 작동하면서 3차원 성격을 유지하고 있었다. 장식 어휘가 컸고 돌출 정도가 심한 점도 중요한 요인이었다. 직접 구조적 역할을 하지 않더라도 장식의 기본 개념을 3차원 볼륨감으로 정의하는 것이었다. 이것이 수직 양식에서는 2차원 면 요소가 되었다. 패널이 공간을 담당하는 주요 부재로 등장하면서 이런 현상은 더욱 두드러졌다. 격자 분할을 기본 패턴으로 갖는 패널이 수직 양식의 대표적인 부재로 자리잡았다. 패널은 스크린의 한 종류였다. 패널은 실내 공간, 특히 네이브 월에 집중적으로 쓰였다. 패널은 공간 분할, 공간 형성, 장식 어휘 등의 여러 역할을 겸했다(그림 968).

이상과 같은 특징들이 합쳐지면서 '수직-수평' 구도를 기본 질서로 갖는 장식의 분할 방식이 정착되었다. 이때 수직 분할 요소가 특히 두드러진다는 점에서 이 양식은 수직 양식이라고 불렸다(그림 969). 수직 분할 요소가 두드러진 이유는 이것이 고딕 건축 내에서의 장식 경향이었기 때문이다. 초기 영국 양식과 장식 양식을 거치면서 장식 어휘는 건물의 골격을 이루는 구조 부재로부터 파생되었다. 구조 부재

968 글로스터 성당(Gloucester Cathedral). 영국. 트랜셉트 1329~37년/성가대석과 외관 증축 1337~60년

969 윈체스터 성당(Winchester Cathedral). 영국. 네이브 1360년경 시작~1394년/외관 1394~1450년

970 글로스터 성당(Gloucester Cathedral). 영국. 트랜셉트 1329~37년/성가대석과 외관 증축 1337~60년

971 글로스터 성당(Gloucester Cathedral). 영국. 트랜셉트 1329~37년/성가대석과 외관 증축 1337~60년

위에 더해지거나 구조 부재를 변형시키는 등의 생성 과정을 거쳤다는 의미이다. 이때 구조 부재는 기본적으로 수직 비례를 유지했다. 이 때문에 장식 어휘도 계속 수직 비례를 유지했다. 이런 흐름이 수직 양식에 들어와서도 계속된 것이다.

수직 양식의 절제적 특징은 생명력의 상실을 의미하는 것으로 해석될 수 있다. 통상적 의미의 절제는 과도함을 줄이고 극기함으로써 건전한 생명력을 되찾는 것이다. 그러나 수직 양식에서는 일단 장식의 개수가 줄지 않았고 현란함도 그대로 유지되었다. 반면 장식적 힘은 상실했다. 장식에도 예술 요소로서의 힘이라는 것이 있다. 고딕 건축에서 이것은 3차원 생명력의 형태로 나타났다. 수직 양식은 이것을 잃고 2차원 면 요소로 축소되었다(그림 970).

2차원 면 요소가 반드시 열등한 장식은 아니다. 2차원 요소의 종류, 이것을 다루는 기법, 이것이 만들어내는 종합적 효과 등이 중요한 기준이다. 영국의 수직 양식은 이런 여러 기준에서 생명력을 상실하고 혼잡한 모습을 보이며 장식 경향의 쇠퇴로 볼 만한 현상을 드러냈다(그림 971). 이것은 또한 단순히 장식이 줄어드는 것과는 다른 차원의 문제였다. 수직 양식을 긍정적 의미의 절제로 보기 어려운 이유이다. 이런 사항들로부터 수직 양식은 후기 양식의 한 형태로 볼 수 있다.

장식이 약해져가는 수직 양식이 후기 양식에 속하는 것은 역설일 수 있다. 보통 후기 양식에서는 장식화 경향이 대표적 특징으로 나타난다. 성기 양식의 건축적 생명력이 쇠퇴했다는 의미이다. 수직 양식은 이런 통상적 의미에 반대되는 것이다. 이것은 영국 고딕만의 특징에서 기인했다. 영국 고딕에서는 장식 양식이 성기 양식에 해당되었기 때문에 통상적 경향의 후기 양식은 나타나지 않았다. 더이상 장식적이 될 것이 없었다는 의미이다. 그 대신 생명력이 상실되어가는 방향으로 나타났다. 후기 양식을 대표하는 장식화 경향을 장식 사용의 증가라는 직설적 의미가 아닌 생명력의 상실이라는 은유적 의미로 봐야 한다는 의미이다.

수직 양식은 당시 영국의 건설 산업이 처했던 상황의 산물이기도 했다. 13세기 중반을 넘기면서 영국의 건설 산업은 쇠퇴기에 접어들고 있었다. 채석량과 장인들의 숫자 모두 줄어들었으며 장인들의 기술력과 공예 솜씨도 예전만 못했다. 1348~49년에 영국을 휩쓸었던 흑사병도 중요한 요인이었다. 장인들이 많이 사망했다. 장식 양식을 이끌던 마스터급 장인들도 여럿 희생되었다.

사회 전체적으로 인구가 줄고 경제가 파탄나면서 건설 산업도 직격탄을 맞았다. 건물 수주는 이어졌지만 재정 부족으로 솜씨 있는 장인을 고용하여 현장에서 정교한 장식을 만드는 일이 불가능해졌다. 이 시기 건축 공사의 대부분이 증축이거나 규모가 작은 건물이었다는 점은 이런 어려운 상황을 잘 말해준다. 기존의 골격을 유지해야 하는 조건에서 지나친 독창성은 바람직한 것만은 아니었다. 이런 종합적 상황 아래에서 표준화된 수직 양식 패널은 좋은 대안으로 받아들여졌고 이것을 중심으로 한 수직 양식이 새롭게 대두되었던 것이다.

글로스터 성당, 윈체스터 성당, 캔터베리 성당

수직 양식의 시작 시점에 대해서는 이견이 있다. 장식 양식과 겹쳐서 시작된 점, 수직 양식의 대표적인 몇몇 건물이 사라지고 없는 점, 흑사병으로 주요 장인들이 사망하면서 저작권을 단정짓기가 어려운 점 등의 요인때문에 그렇다. 이 가운데 글로스터 성당의 트랜셉트1329~37년와 성가대석 증축 부분1337~60년이 수직 양식의 시작이라는 주장이 가장 널리 받아들여진다(그림 972). 트랜셉트에서는 자잘한 장식 어휘, 리

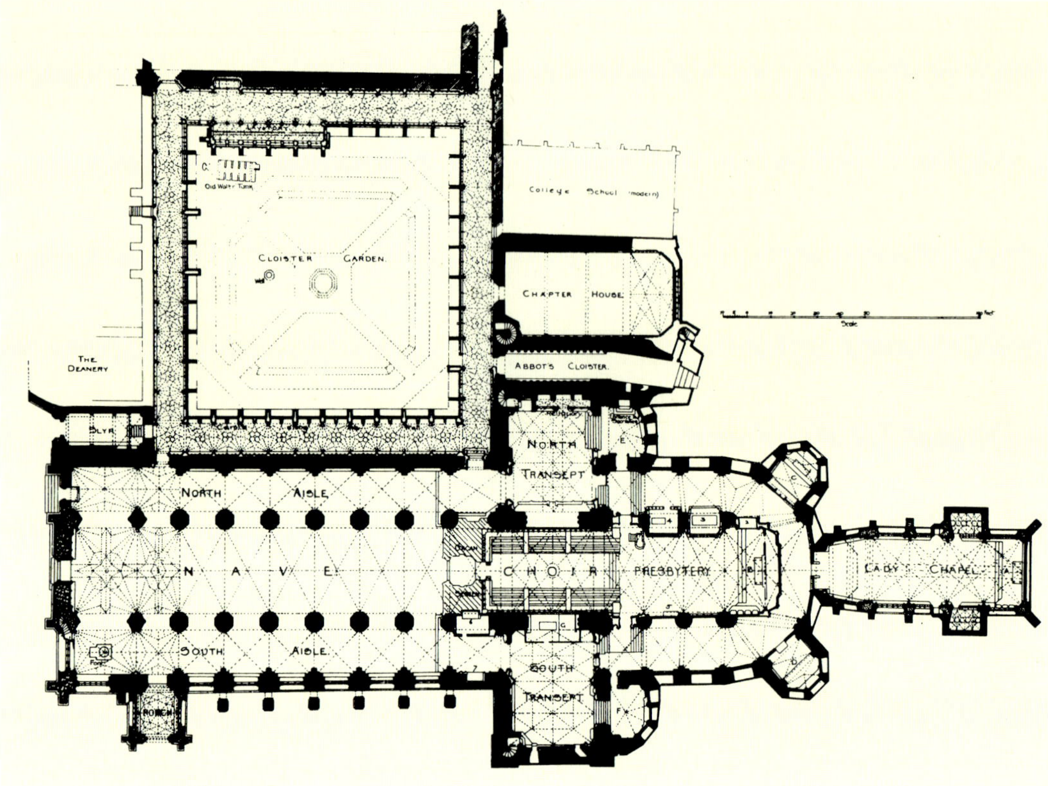

972 글로스터 성당(Gloucester Cathedral). 영국. 트랜셉트 1329~37년/성가대석과 외관 증축 1337~60년

브의 규칙화, 수직 분할, 패널에 의한 벽체 구성 등 수직 양식의 대표적 특징들이 나타나기 시작했다(그림 962).

성가대석은 수직 양식을 대표하는 부분이다. 증축은 네이브 월과 천장에 집중되었다. 네이브 월은 3단으로 전체 골격이 분할된 뒤 그 위에 다시 격자 문양을 기본 바탕으로 한 수직 분할이 일어났다. 수직 분할은 가느다란 수직선이 아케이드부터 천측창까지 끊기지 않고 이어지는 방식으로 처리되었다(그림 973). 격자 문양의 바탕 위에 트레이서리의 비례가 조절되고 오지 아치가 더해지는 등의 변화가 허용되었다(그림 974). 격자 문양에서는 수직선이 규칙적으로 반복되면서 패널을 형성했다. 패널은 네이브 월 이외의 다른 벽과 개구부에도 쓰였다.

패널의 사용은 표준화를 의미했다. 표준화는 곧 규칙화를 의미함과 동시에 개별 상황에 맞게 독자적으로 형성되지 못한다는 의미에서 생

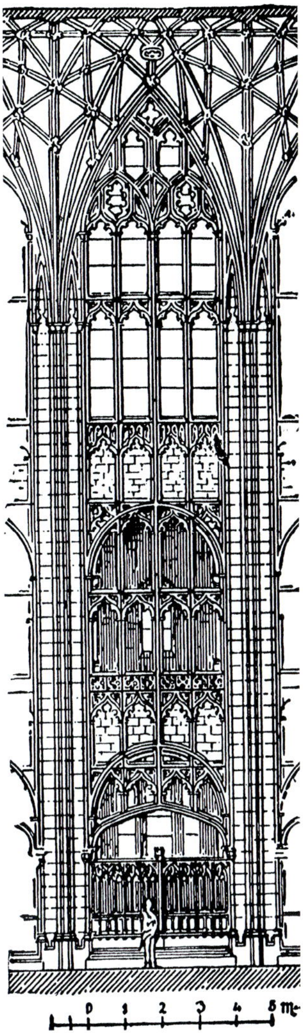

973 글로스터 성당(Gloucester Cathedral). 영국. 트랜셉트 1329~37년/성가대석과 외관 증축 1337~60년

974 글로스터 성당(Gloucester Cathedral). 성가대석 실내 입면도. 영국. 트랜셉트 1329~37년/성가대석과 외관 증축 1337~60년

975 글로스터 성당(Gloucester Cathedral). 영국. 트랜셉트 1329~37년/성가대석과 외관 증축 1337~60년

명력의 상실을 의미하기도 했다. 패널도 응용력은 높았다. 격자의 간격과 비례, 분할 요소의 크기와 형상, 전체 크기와 비례 등을 조절함으로써 거의 모든 조건에 맞게 사용할 수 있었다. 그러나 이런 처리는 선험적 계획에 많이 의존하기 때문에 현장에서의 공예성을 기본 특징으로 갖는 영국의 장식 전통에서 벗어나는 것이었다.

동쪽 창에서는 수직 양식이라는 명칭이 유래된 수직 분할의 특징이 두드러졌다. 면적이 185평방미터나 되는 큰 창이었다. 넓은 창은 격자 문양으로 분할된 가운데 수직 멀리언이 수평 막대보다 굵고 두꺼워지면서 수직 분할이 주도적 질서를 형성했다. 이런 창 처리는 출입구 파사드와 트랜셉트에서도 유사하게 쓰였다(그림 970, 975).

천장에는 리언을 이용한 그물 문양이 새겨졌다. 문양은 팬 볼트의 초기 모습을 보였다. 현란함은 장식 양식에 뒤지지 않았다. 그러나 리

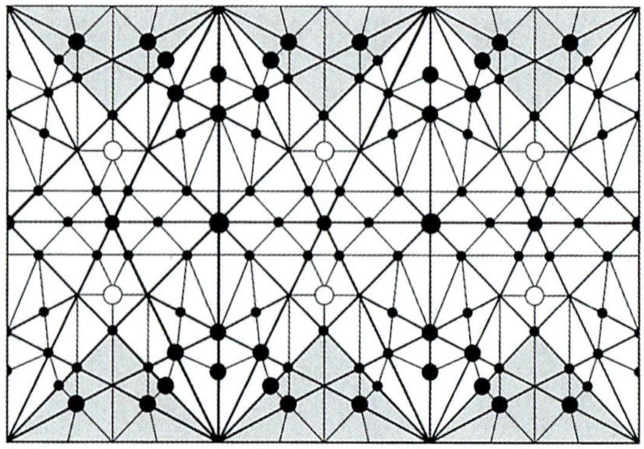

976 글로스터 성당(Gloucester Cathedral). 영국. 트랜셉트 1329~37년/성가대석과 외관 증축 1337~60년

977 글로스터 성당(Gloucester Cathedral). 성가대석 천장도. 영국. 트랜셉트 1329~37년/성가대석과 외관 증축 1337~60년

브 하나하나가 힘을 잃고 지쳐 보였다. 규칙성도 지나치게 분산적이었다(그림 976, 977). 리브는 너무 자주 끊겼고 각도 변화도 심했다. 자세히 보면 삼각형 문양이 반복되는 것이었지만 삼각형 특유의 날카로운 정돈이나 정갈한 패턴은 만들어지지 못했다. 전체 모습은 자신감을 상실한 어수선함에 가까웠다. 종마루선을 형성하는 일직선 리브는 세 겹이나 반복되었다. 중심과 방향을 잃고 우왕좌왕하는 모습이었다. 영국 고딕을 탄생시킨 주역이었던 리브가 생명력을 잃고 흐물흐물해진 모습이었다. 활발한 창조력이 고갈되면서 후기 단계에 접어든 양상이었다. 이것을 만회하기 위해 금도장을 했지만 이것은 개악에 가까웠다. 무의미한 화려함만 증폭시키는 결과를 낳았다.

글로스터 성당에서 확립된 수직 양식은 14세기 중반부터 여러 곳으로 전파되면서 영국 고딕의 마지막 시기를 이끌었다. 특히 표준화된 장식 패널이 인기가 많았다. 동일 요소를 반복해서 사용함에 따라 장인들에게 현장에서의 수고를 덜어줄 수 있었기 때문이다. 13세기 중반에 영국의 건설 산업이 어려움에 직면한 상황에서 표준화된 수직 양식 패널은 좋은 대안으로 받아들여졌다.

글로스터 이후의 수직 양식은 건물 유형에 따라 성당과 왕실 예배당의 둘로 나눌 수 있다. 이 두 유형은 시기적으로 앞뒤를 형성하면서 수직 양식 자체를 둘로 나누기도 한다. 성당은 수직 양식의 첫번째 단계였던 14세기를 이끌었다. 윈체스터 네이브1360년경~1394년, 캔터베리 네이브1375~1405년, 툭스베리Tewkesbury 등이 대표적인 예들이었다(그림 964, 978). 15세기의 두번째 단계는 왕실 예배당이 이끌었다. 케임브리지의 킹스칼리지 예배당King's College Chapel, 1466~1505년, 윈저 성의 성 제오르지오 예배당St.

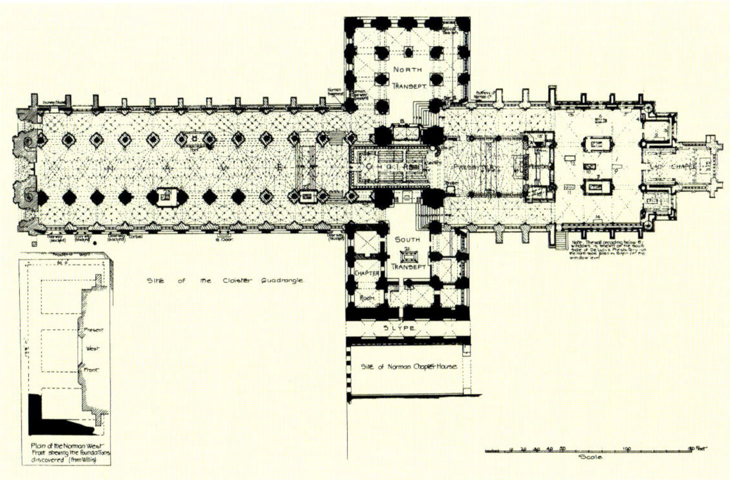

978 윈체스터 성당(Winchester Cathedral). 영국. 네이브 1360년경 시작~1394년/외관 1394~1450년

George's Chapel at Windsor Castle, 웨스트민스터 사원의 헨리 7세 예배당Henry VII's Chapel, 1502~09년 등이 대표적인 예들이었다.

윈체스터 성당에는 글로스터 성당의 영향이 많이 남았다. 서쪽 파사드에서는 글로스터의 창을 본뜬 큰 창이 전면을 차지했다(그림 979). 창은 강한 수직선을 기본 요소로 삼아 수직 비례의 격자로 분할되었다(그림 969). 이것은 글로스터의 창에 사용된 모티브였다. 출입구는 튜더 아치Tudor arch로 짜였다(그림 980). 이 아치는 네 개의 중심을 갖는 영

979 윈체스터 성당(Winchester Cathedral). 영국. 네이브 1360년경 시작~1394년/외관 1394~1450년

980 윈체스터 성당(Winchester Cathedral). 영국. 네이브 1360년경 시작~1394년/외관 1394~1450년

981 윈체스터 성당(Winchester Cathedral). 영국. 네이브 1360년경 시작~1394년/외관 1394~1450년

982 윈체스터 성당(Winchester Cathedral). 영국. 네이브 1360년경 시작~1394년/외관 1394~1450년

국의 전통적 아치였다. 이것은 각기 다른 곡면을 갖는 아치 조각 네 개를 이어 만든 것으로 볼 수 있다. 튜더 아치는 매우 완만한 곡선을 형성하면서 수평에 가까운 비례를 가졌다. 이것은 기둥의 수직 비례와 합쳐지면서 격자와 유사한 분위기를 만들어냈다. 윈체스터에서 선보인 튜더 아치는 장식 양식의 오지 아치를 대체하며 수직 양식을 대표하는 아치로 많이 쓰였다.

네이브는 로마네스크 때의 골격을 유지하면서 그 위에 수직 양식의 특징을 더하는 방향으로 개축되었다. 로마네스크 때의 두꺼운 벽을 조각적으로 파내어 다듬는 방식이 쓰였다. 두꺼운 기둥을 다듬어 여러 겹의 대응 기둥이 조각되었다. 아케이드에도 여러 겹의 아키볼트가 조각되었다(그림 981). 천측창은 서쪽 파사드 창과 유사한 격자로 분할되었다. 로마네스크 골격 위에 만들어야 했기 때문에 아직 패널은 본격적으로 등장하지 못했다. 천장에는 엑서터 성당의 방식을 기본 골격으로 삼아 리언을 첨가한 분산적 장식 어휘가 만들어졌다. 장식 어휘는 팬 볼트의 초기 형태를 보였지만 아직 꽃모양이나 별모양과 같은 구체적 모티브를 만들지는 않았다(그림 982). 이런 점에서 천장의 리브 장식은 아직 이전 시기의 장식 양식에 의존하고 있는 것으로 볼 수 있다.

983 캔터베리 성당(Canterbury Cathedral). 영국. 네이브 1375~1405년

초기 영국 양식의 문을 열며 영국 고딕 건축의 시작을 알렸던 캔터베리는 수직 양식으로 마무리했다. 네이브는 강한 수직 비례로 윤곽이 짜였다. 기둥간 거리가 짧아졌고 아케이드의 높이가 높아졌으며 기둥도 수직 비례를 유지했다(그림 875, 876). 네이브 월은 3단 구성으로 분할되었지만 트리포리엄과 천측창은 수직 양식의 패널에 의해 한몸으로 묶였다(그림 983). 패널은 더블 오지 아치를 기본 문양으로 삼았다. 갤러리 층은 다섯 개의

수직 아치로 분할되었다(그림 877).

리브는 엑서터에서와 같은 근육 가닥의 모습을 되찾았다(그림 984). 종마루선 주변으로 리언이 사용되면서 별모양의 장식 어휘가 만들어졌다. 윈체스터와 비교했을 때 리브의 개수는 줄어들었지만 구체적 장식 모티브가 등장했다. 그러나 크게 보았을 때 천장 리브는 윈체스터와 마찬가지로 아직 장식 양식에 의존하고 있는 것으로 볼 수 있다. 아일 천장에는 좀더 단순화된 또다른 종류의 별모양 문양이 새겨졌다(그림 983). 압권은 크로싱 천장이었다. 네 변에 네 개의 팬 볼트가 만들어졌다. 팬 볼트 각각은 두 개의 동심원으로 분할되었다. 네 모서리에는 작은 팬 볼트가 더해졌다. 중심 초점 자리에는 원형창을 모티브로 삼은 기하 문양이 더해졌다(그림 985).

984 캔터베리 성당(Canterbury Cathedral). 영국. 네이브 1375~1405년

985 캔터베리 성당(Canterbury Cathedral). 영국. 네이브 1375~1405년

왕실 예배당과 영국 고딕의 종말

윈체스터 성당과 캔터베리 성당을 끝으로 15세기에 들어오면서 영국 고딕의 주도권이 성당에서 왕실 예배당으로 넘어갔다. 이미 14세기에 들어와 영국 가톨릭은 교세가 위축되기 시작했다. 교단에서 발주하는 성당들은 증개축으로 국한되면서 눈에 띄게 규모가 축소되기 시작했다. 1378년부터는 교회와 교리에 대한 비판이 본격화되었다. 15세기에 들어와 이런 현상은 가속되었다. 백년전쟁을 거치면서 왕실의 힘이 점점 더 커졌다. 15세기 중반경에는 절대왕정의 초기 징후들이 나타나기 시작했다. 대학들도 설립되면서 가톨릭에 대한 이론적 비판이 거세졌다. 넓게 보면 종교개혁의 전조적 현상이기도 했다. 세속 권력이 서서히 종교 권력을 압도하기 시작했다.

이런 상황 아래 15세기 중반부터 16세기 초까지의 수직 양식은 왕실 예배당이 이끌었다. 앞에 소개한 세 예배당은 이것을 대표하는 예들이었다. 세 예배당은 각각 헨리 4세, 에드워드 4세, 헨리 7세에 의해 세워졌다. 이 기간은 수직 양식의 두번째 단계이자 영국 고딕 전체의 마지

986 킹스칼리지 예배당(King's College Chapel). 케임브리지(Cambridge), 영국. 1466~1505년

987 킹스칼리지 예배당(King's College Chapel). 케임브리지(Cambridge), 영국. 1466~1505년

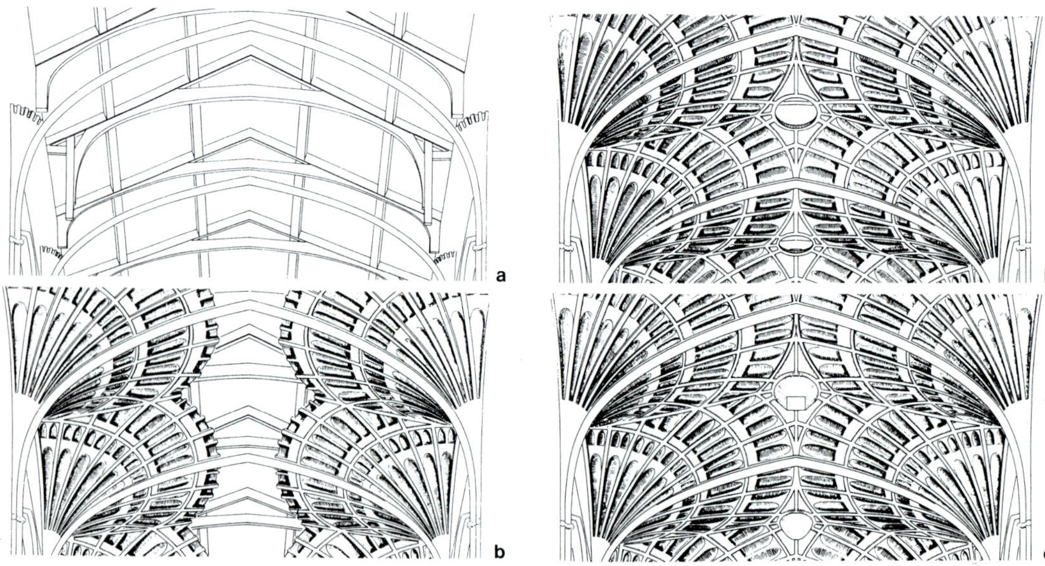

막 단계이기도 했다. 웨스트민스터의 헨리 7세 예배당을 끝으로 영국의 고딕 양식은 막을 내렸다. 1525~30년의 종교개혁, 헨리 8세의 수도원 철폐령, 르네상스 양식의 도래 등이 복합적으로 작용한 결과였다.

15세기 왕실 예배당의 문을 연 것은 킹스칼리지 예배당이었다. 이 건물은 가장 완성도 높은 팬 볼트로 대표되었다. 전체 골격은 1랑식 단일 매스로 구성되었다. 벽은 기둥만 빼고 모두 창으로 할당되었다. 창은 네이브 월의 3단 구성의 잔재가 남아 역시 3단으로 분할되었다. 3단 모두 수직 비례의 랜싯으로 세분되었다. 압권은 천장의 팬 볼트였다. 양쪽 기둥에서 리브가 부챗살처럼 갈라져나와 천장 중앙에서 만났다. 종횡, 대각선, 티어세른, 리언의 네 종류 리브가 서로간의 차이를 지우고 한 종류로 통일되었다. 리브는 수직 수평 방사선의 세 방향을 잘 지키며 규칙을 형성했다(그림 986, 987). 리브 사이에는 섬세한 조각 장식이 더해졌다. 볼트는 보기 좋을 정도로 부풀어오르며 우산 볼트를 형성했다.

988 헨리 7세 예배당(Henry VII's Chapel). 웨스트민스터 사원(Westminster Abbey) 내. 런던. 1502~09년

성 제오르지오 예배당과 헨리 7세 예배당에서는 킹스칼리지 예배당의 팬 볼트가 응용되었다. 성 제오르지오 예배당에서는 천장을 3등분한 뒤 양쪽의 3분의 1까지만 팬 볼트로 덮었다. 가운데의 3분의 1은 별모양과 격자가 혼합된 장식 어휘로 처리했다. 헨리 7세 예배당에서는 규칙성이 많이 약해진 가운데 2차로 추가된 장식 어휘가 늘어나는 변화가 있었다. 이 두 예는 모두 킹스칼리지 예배당의 완성도를 떨어트리는 쪽으로 나타났다(그림 988).

12장 독일과 이탈리아 고딕

1 독일 고딕의 형성

2 독일 지역 양식과 후기 고딕

3 이탈리아 고딕

1 독일 고딕의 형성

프랑스 고딕과 독일 고딕

독일 고딕은 어렵게 시작되었다. 비교적 쉽게 시작된 영국 고딕과 비교하면 더욱 그러했다. 독일 고딕이 어렵게 시작된 이유는 여러 가지가 있겠지만 역사적 배경이 가장 큰 요인이었다. 독일 건축은 로마네스크 시대부터 프랑스와 구별되는 독자적 정체성을 가지고 있었다. 이 뿌리는 상당히 강해서 늦게까지 계속되었다. 프랑스에서 고딕 양식이 새롭게 만들어지던 때에도 독일에서는 로마네스크 건축이 계속되고 있었다. 이런 역사적 배경으로 인해 독일에서는 프랑스 고딕에 대한 반감이 늦게까지 남아 있으면서 이것의 수입을 가로막았다. 독일의 이런 상황은 영국과 비교하면 더욱 분명해진다. 영국은 프랑스와 노르망디 로마네스크를 공유했던 역사적 연관성을 배경으로 프랑스 고딕을 거부감 없이 쉽게 받아들였다.

989 1200년경 신성로마제국

독일은 신성로마제국의 정치 상황이 어려웠기 때문에 독자적으로 고딕 양식을 창출할 능력이 없었다. 영토는 이탈리아의 시칠리아에서 북해와 발트해에 이르는 넓은 지역을 차지했다(그림 989). 그러나 오토 왕조 이후 고딕 시대의 프랑스와 같은 중앙 정부를 형성하지 못하고 있었다. 중앙에서 새 양식을 이끌어갈 강력한 건축주가 부재한 상황이었다. 지방은 자잘한 공국으로 나뉘면서 더 열악했다. 지방별 지역 양식을 창출할 건축주 역시 부재한 상황이었다.

이런 상황에서 독일의 고딕 건축은 프랑스에서 완성된 국제주의 양식을 받아들일 수밖에 없었다. 늦게까지 남아 있던 독일의 로마네스크 전통은 이것을 어렵게 만들었다. 시기적으로 보더라도 독일 건축은 12세기 중반부터 후기 로마네스크에 접어들고 있었다. 독일은 다른 어떤 나라보다 후기 로마네스크가 가장 융성한 지역이었다. 벽돌이나 대리석을 이용한 다양한 종류의 장식 경향이 13세기까지 크게 유행했다(그림 990). 이런 상황은 구조 합리주의를 중심으로 전개되던 프랑스 고딕의 도입을 가로막는 결정적 요인으로 작용했다. 매우 구체적인 예도 있었다. 독일 로마네스크 전체를 통틀어 네이브 월을 구조적으로 분화 발전시키지 않고 가능한 한 그대로 놔두려는 특징이 두드러졌다. 이런 특징은 고딕 시대에도 부분적으로 계속되었다(그림 991) 이것 역시 프랑스 고딕과 대치되는 특징이었다.

반면 이와 반대되는 상황도 있었다. 독일 로마네스크는 일찍부터 다발 기둥의 정리 쪽에서 중요한 발전을 이루어왔다. 물론 이런 발전은 프랑스 고딕처럼 구조적 목적을 위한 것은 아니었고 실내 공간을 위엄있게 만들기 위한 측면이 강한 것이 사실이었다. 그럼에도 불구하고 어휘상의 유사성은 프랑스 고딕 건축을 받아들이는 데 최소한의 실마리 역할을 했다(그림 992). 또한 독일 로마네스크는 일찍부터 웅장한 공간을 선호했다. 이것 역시 샤르트르 계열의 웅장한 수직 공간과 일맥상통하는 측면이 있었다.

독일 고딕은 이상과 같은 양면적 상황을 배경으로 프랑스 고딕을 어렵게 받아들이면서 시작되었다. 선발대는 다발 기둥의 정리와 웅장한

990 장크트크비리누스(St. Qurinus), 노이스(Neuss), 독일, 1179~1230/40년

991 장크트제발트(St. Sebald), 뉘른베르크(Nürnberg), 독일, 1361~79년

992 장크트제발트(St. Sebald), 뉘른베르크(Nürnberg), 독일, 1361~79년

993 성 안드레아(St. Andreas), 힐데스하임(Hildesheim), 독일, 1389년

994 중부 유럽 고딕 분포도

공간의 창출 두 방향이었다. 이 두 요소는 독일 고딕이 전개되어가는 데 방향타 구실을 했다. 독일 고딕은 여러 갈래의 대응 기둥이 뻗어 올라가는 다발 기둥을 기본 골격으로 삼아 웅장한 실내 공간 속에서 수직성을 추구하는 방향으로 기본 특징이 형성되었다(그림 993).

독일 고딕은 서쪽 지역과 동쪽 지역으로 나누어 생각할 수 있다(그림 994). 서쪽 지역은 정치적으로는 신성로마제국에 속했지만 프랑스어를 사용하는 등 문화적으로나 실생활 면에서는 프랑스의 영향권에 들어 있었다. 이들 가운데 일부 지역은 지금 실제로 프랑스에 속해 있다. 이 지역에서는 프랑스와 거의 유사하게 고딕 건축이 진행되었다. 이런 예들은 영토만 독일에 속했을 뿐 엄밀한 의미에서 독일 고딕으로 보기 어렵다. 시기적으로도 아직 독일의 고딕적 정체성이 형성되기 이전인 12세기에 프랑스 고딕의 지역 양식 개념으로 시작되었다.

로잔 성당은 이것의 좋은 예였다. 당시 로잔은 영토는 독일에 속했지만(사부아 공국령) 이 건물은 프랑스 장인들이 지었으며 부르고뉴 지역 양식을 대표하는 예 가운데 하나이기도 했다(그림 995). 이런 배경 아래 독일만의 정체성을 갖는 고딕 건축은 동쪽 지역의 예들에서 찾아야 한다는 주장도 있다. 그러나 독일 고딕을 구분하는 기준에는 다른 중요한 요소들도 있기 때문에 동-서의 양분 시각에만 의존하는 것은 위험할 수 있다. 여기에 더해 다른 요소들도 종합적으로 생각해야 한다. 독일 고딕은 도입기, 정착기, 분화기로 나눌 수 있다.

도입기는 1200년경을 기점으로 고딕 양식의 건물이 등장하기 시작하면서부터 13세기 중반경까지 계속되었다. 처음에는 로마네스크 건물을 증축하는 데 고딕 양식이 어휘별로 차용되는 경향으로 시작되었다. 일종의 독일식 프로토 고딕에 해당되는 현상이었다. 독일의 로마네스크 전통, 프랑스 고딕의 새 어휘, 독일 전통에 맞게 새롭게 해석된 고딕 어휘 등이 복잡하게 혼재했다. 마그데부르크 성당1209년~, 림부르크 성당Cathedral of Limburg-an-der-Lahn, 1211년~, 쾰른의 장크트게레온St. Gereon, 1220년대 등은 대표적인 예였다.

정착기는 이후 13세기 중반에 시작되어 1300년경까지 계속되었다. 로마네스크 양식과의 혼재에서 벗어나 고딕 양식으로 지어진 건물들이 등장하기 시작했다. 이때부터 독일 고딕이 본격적으로 시작된 것으로 볼 수 있다. 지리적으로 프랑스와 가까운 서쪽 지역부터 시작되었다. 트리어의 성모마리아 교회Liebfrauenkirche=Church of Our Lady, 1242~53년, 마르부르크Marburg의 엘리사벳 교회Elisabethkirche=Church of Elisabeth, 1235년~, 메츠의 생테티엔St. Etienne at Metz, 1230년대 시작, 슈트라스부르크의 노트르담 성당1235년경~75년, 쾰른 성당1248~1322년 등이 대표적인 예였다.

특히 트리어는 프랑스와 지리적으로 인접했기 때문에 프랑스 고딕을 수입하는 데 주도적 역할을 했다. 지역으로 보면 프랑스의 상파뉴 지방 및 부르고뉴 지방과 맞닿아 있는 로렌Lorraine 지방과 모젤Mosel 지방에 프랑스 고딕이 가장 먼저 전파되었다. 이런 예들은 독일적 정체성을 일정 부분 갖기 시작했다. 이 때문에 이 건물들은 앞에 언급한 로잔 성당처럼 프랑스 고딕으로 분류되는 일은 없다.

독일적 정체성이 형성되기 시작했지만 가장 큰 관건은 여전히 프랑스와의 영향 관계였다. 13세기 중반의 정착기에 지어진 예들은 프랑스 고딕 양식을 직접 모방한 경향과 독일의 전통에 맞게 변형시킨 경향으로 나눌 수 있다. 메츠의 생테티엔, 슈트라스부르크의 노트르담 성당, 쾰른 성당은 앞의 예에 속했다. 트리어의 성모마리아 교회와 마르부르크의 엘리사벳 교회는 뒤의 예에 속했다. 후자의 두 건물은 홀 교회와 중앙집중형이라는 독일 고딕의 특징적 유형을 완성시켰다. 그 내용에 대해서는 다음에 살펴볼 것이다. 이 두 유형은 프랑스의 영향을 떨쳐

995 로잔 성당(Lausanne Cathedral=Notre-Dame), 독일(현재 스위스), 1160/70년~

버리며 이후 독일 고딕을 대표하는 경향으로 자리잡았다.

분화는 14~15세기에 진행되었다. 14세기는 지역과 시대 상황 등 개별 상황에 따라 다양한 경향이 창출되어 자리잡는 시기였다. 뤼베크, 뉘른베르크, 쾰른, 슈트라스부르크, 울름, 뮌헨 등 건축적 특징에 따른 지역 중심지들이 형성되었다. 홀 교회와 중앙집중형이라는 독일만의 고딕 양식도 창출되었다. 팔러 가[Parler family]로 대표되는 장인 그룹이 등장하면서 독일 자체적으로 고딕 건축을 운용할 수 있는 산업 및 기술 인프라가 확보되었다. 도미니크회와 프란치스코회가 번성하면서 독일 나름의 기독교 정체성도 확립되었다.

이런 상황들은 중세 독일의 문화적 전성기를 대표하는 내용들이었다. 나아가 독일만의 고딕 양식을 구성하는 핵심적 내용들이었다. 14세기는 독일 고딕의 전성기였다. 전성기는 독일에만 국한되지 않았다. 유럽 전체로 보았을 때에도 프랑스와 영국 고딕의 쇠퇴를 메우며 고딕 건축을 연장시킨 의미를 갖는다. 14세기에 유럽 고딕은 첫번째 위기를 맞았다. 이탈리아에서는 르네상스의 기운이 발호하기 시작했다. 프랑스와 영국에서는 후기 장식 경향으로 접어들며 실제 지어지는 건물 수가 줄어들고 건물 규모도 축소되었다. 독일에서는 14세기에 고딕 양식이 뒤늦은 전성을 누리며 이런 위기 상황을 되돌렸다. 14세기에 독일에 지어진 건물 수는 프랑스나 영국에 비해 압도적으로 많았다. 고딕 양식 전체로 보았을 때 종말을 늦출 만한 양이었다. 가장 늦게 시작했기 때문에 최고로 번성했다는 역설일 수도 있었다. 어쨌든 고딕 양식은 14세기 독일의 융성에 의해 제2의 새로운 전성기를 맞았다.

15세기는 마지막 시기였다. 이 시기는 양면성을 가졌다. 양적인 면에서는 14세기의 전성기가 이어지는 것으로 볼 수 있었다. 독일에도 적지 않은 수의 건물들이 지어졌다. 특히 오스트리아, 스위스, 헝가리, 체코, 폴란드, 스칸디나비아 반도 등 독일 각지와 주변의 중부, 북부, 동부 유럽의 여러 나라들로의 수출이 두드러졌다. 고딕 양식의 마지막 국가간 확장이었다. 그러나 질적인 측면에서는 장식에 치중하며 쇠락의 징조가 완연했다. 14세기처럼 독일적 정체성을 형성하려는 노력은 더이상 나타나지 않았다. 그보다는 장식 경향에 치중하는 말기적 현상이 주류를 이루었다. 고딕이 정말로 끝나가고 있었다. 이탈리아에서는 르네상스 양식이 뻗어나가기 시작했다. 독일뿐이 아니었다. 프랑스와 영국에서도 14세기의 쇠퇴 경향으로 계속 치닫고 있었다. 유럽 고딕 전체의 마지막 시기였다.

13세기-슈트라스부르크 성당과 쾰른 성당

독일 고딕의 정착기에 프랑스의 완성된 고딕 양식을 통째로 수입한 대표적인 예로 슈트라스부르크 성당을 들 수 있다. 프랑스와의 지리적 인접성과 정치적 문화적 연관성이 직수입의 중요한 배경이었다. 이 건물에는 트랜셉트와 성가대석이 후기 로마네스크 양식으로 먼저 지어져 있었다(그림 996). 고딕 시대에 여기에 네이브1235년경~75년와 서쪽 파사드1275년~가 더해졌다(그림 997).

네이브의 규모는 먼저 지어진 부분의 크기에 맞춰 정해졌다. 로마네스크 부분은 이미 적지 않은 크기였다. 그 결과 나온 것이 36미터의 폭에 32미터의 높이였다(그림 998). 폭과 높이 모두가 작지 않은 규모였으나 수평 비례로 나타난 것이 특이했다. 고딕의 전형적인 수직 비례로 지었더라면 아미앵보다 높아졌을 수도 있었다. 수평 비례는 높기만 한 것보다 광활한 공간을 선호하던 독일 로마네스크의 전통이 계속된 결과였다.

네이브에 쓰인 어휘는 이 건물보다 몇 년 전에 시작된 성 디오니시

996 슈트라스부르크 성당(Strasbourg Cathedral), 독일(현재 프랑스), 네이브 1235년경~75년/서쪽 파사드 1275년~

997 슈트라스부르크 성당(Strasbourg Cathedral), 독일(현재 프랑스), 네이브 1235년경~75년/서쪽 파사드 1275년~

998 슈트라스부르크 성당(Strasbourg Cathedral), 독일(현재 프랑스), 네이브 1235년경~75년/서쪽 파사드 1275년~

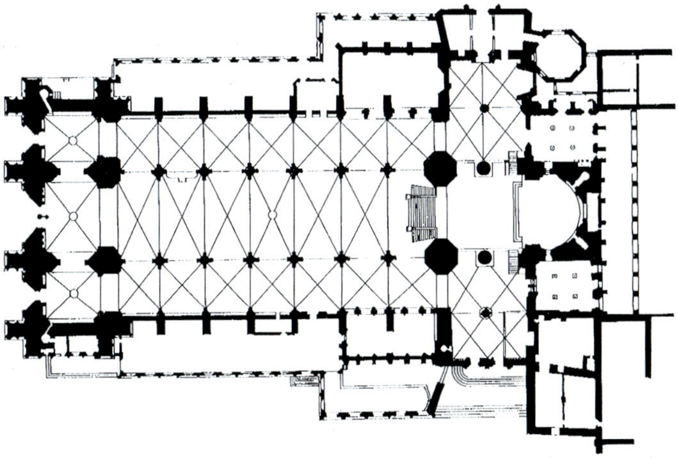

오의 후기 고딕으로부터 수입했다. 바닥부터 천장까지 끊기지 않고 이어진 대응 기둥, 2차원 면 개념으로 처리된 네이브 월, 유리로 처리된 트리포리엄, 창 분할 트레이서리 등을 모방했다. 공사도 성 디오니시오와 거의 비슷한 속도로 진행되면서 눈앞에 드러나는 모습이 모방 대상인 성 디오니시오의 뒤를 바짝 쫓았다. 이것이 가능할 수 있었던 것은 프랑스 장인들이 공사를 했기 때문이다. 이것은 당시 프랑스와 직접적인 교류가 이루어지고 있었음을 보여주는 현상이었다. 영국의 캔터베리 성당에서도 이와 비슷한 상황이 있었다. 주변국과의 즉각적인 교류는 당시 프랑스 고딕 건축이 보편화된 국제주의 양식으로 곧바로 이웃 나라에 수출될 준비가 되어 있었음을 말해준다.

슈트라스부르크에 프랑스의 후기 고딕이 수입되었다는 사실은 성기 양식과 후기 양식 사이의 정밀한 구별이 무의미해졌음을 의미한다. 그보다는 가장 최근에 지어진 예를 모델로 삼아 모방하는 경향이 유행했다. 완성을 상징하는 성기 양식조차도 유행이 지난 것으로 회피되었다. 최신 유행이 모방을 결정하는 가장 중요한 기준이 되었다. 성기와 후기의 구별을 뛰어넘어 모든 축조 방식을 레퍼토리화하여 수입할 수 있게 되었다. 한 나라에서 완성된 대표 양식이 이웃 나라로 퍼져나갈 때 흔히 나타나는 현상이었다.

999 슈트라스부르크 성당(Strasbourg Cathedral), 독일(현재 프랑스), 파사드 디자인 1250년경~60년

독일의 이런 현상은 영국과 다른 것이었다. 영국도 독일과 마찬가지로 프랑스 고딕을 수입하여 시작했다. 그러나 영국에서는 국제적 보편성을 기본적으로 유지하면서 자국의 전통을 혼합한 양식을 창출했다. 두 요소가 대립하지 않고 일정한 통합을 이루었다는 의미이다. 미흡하긴 하지만 나름대로 정체성과 차별성을 획득한 것이다. 이후의 영국 고딕은 이런 경향이 주도했다. 세부적으로는 이런 한 경향 내에서 장식의 정도나 양상에 따라 다시 분류되었다.

독일은 프랑스의 모방 양식과 자국만의 양식이라는 상반된 두 경향으로 분류될 수 있다. 두 경향은 영국처럼 하나로 통합되지 않고 각각 독자적 양식을 이루었다. 이 가운데 후자는 영국보다 더 독창적인 특징을 보였다. 반면 전자는 프랑스 고딕에 대한 의존도가 매우 높아 직설적 모방이라고 볼 수 있을 정도였다. 두 경향 모두 영국에는 없던 것이었

다. 혹은 영국이 독일의 두 극단적 경향 사이에서 중간 상태를 유지한 것으로 볼 수도 있다.

슈트라스부르크의 파사드는 직설적 모방의 예를 다시 한번 잘 보여준다. 파사드는 성 우르바노를 모방했다(그림 999). 성 디오니시오의 네이브에 성 우르바노의 파사드를 선택적으로 혼합한 것이다. 연도를 따져보면 이런 혼합은 더 분명해진다. 그런데 예술적 의미에 따라 일어난 것이 아니라 최신 유행의 기준에 따라 일어난 것이었다. 성 우르바노는 13세기 후반부에 지어진 건물이었다. 슈트라스부르크의 파사드 공사가 시작되던 1275년에는 성 디오니시오는 이미 철 지난 건물이 되어 있었고 성 우르바노가 다시 최신 유행 건물이 되어 있었다. 성 디오니시오의 네이브에 성 우르바노의 파사드가 잘 맞을 수 있을지에 대한 예술적 고려는 없었다. 최신 유행이라는 사실 한 가지면 충분했다. 이렇게 모방한 프랑스 어휘를 이용해서 높이 경쟁에 뛰어들었다. 서쪽 첨탑은 142미터까지 올라갔다(그림 1000, 1001)

성 우르바노로부터는 트레이서리를 이용한 레요낭 양식을 기본 모티브로 차용하여 극단적으로 발전시켰다. 트레이서리를 격자 창살로 응용하면서 '트레이서리 하프tracery harp'라는 면 단위의 창 분할 어휘가 만들어졌다(그림 1002). 면은 스크린으로 분리 독립되어 필요한 곳에 즉각 사용되었다. 마치 판을 끼워넣듯이 부담 없는 장식 어휘로 활용된 것이다. 출입구, 박공, 로즈 윈도, 그밖의 창 등 파사드를 이루는 대

1000 슈트라스부르크 성당(Strasbourg Cathedral), 독일(현재 프랑스), 네이브 1235년경~75년/서쪽 파사드 1275년~

1001 중세 슈트라스부르크(Strasbourg) 전경

1002 슈트라스부르크 성당(Strasbourg Cathedral), 독일(현재 프랑스), 네이브 1235년경~75년/서쪽 파사드 1275년~

부분의 부재들은 이런 스크린 면 단위로 구성되었다. 출입구에서는 스크린이 세 겹 중첩되면서 레요낭 양식의 장식이 극단적으로 강조되었다.

쾰른은 여러 면에서 슈트라스부르크와 좋은 비교 대상이었다. 슈트라스부르크와 쾰른은 고딕 시대의 라인란트 상류와 하류를 각각 대표했다. 두 도시 모두 프랑스와 인접하며 그 영향권 아래에 있었다. 그러나 분명한 차이점도 존재하고 있었다. 쾰른은 독일 로마네스크 건축의 중심지로 그 전통이 가장 강하게 남아 있는 곳이었다. 프랑스의 영향과 독일의 전통이 공존하는 상충성 때문에 쾰른의 고딕 건축은 어렵게 진행되었다. 독일의 전통과 프랑스의 동시대 보편 양식 가운데 양자택일해야 할 입장이었다. 독일이 영국처럼 둘을 혼합한 새로운 양식을 창출하지 못했기 때문에 나타난 어려움이었다. 독일에서는 두 극단적 양식이 하나로 합쳐지지 못하고 단순 공존하고 있었다.

쾰른도 슈트라스부르크와 마찬가지로 프랑스의 동시대 보편 양식을 선택했다. 그 배경은 쾰른이 독일의 정치적 종교적 중심지였다는 상황에서 기인했다. 이 때문에 쾰른은 로마 교황청, 신성로마제국, 프랑스의 세 세력 사이에서 균형을 잡아야 하는 입장이었다. 로마네스크 시대에는 신성로마제국의 힘이 커서 로마 가톨릭의 묵인 아래 독일만의 지역 양식을 완성시킬 수 있었다. 프랑스는 무시할 수 있었다.

그러나 13세기에는 상황이 바뀌어서 프랑스와 로마 가톨릭 양쪽 모두의 눈치를 보지 않을 수 없었다. 쾰른 자체의 영웅 심리와 경쟁심도 중요하게 작용했다. 쾰른 성당은 로마네스크 때 지어졌던 다른 많은 성당들과 교회들을 모두 능가할 규모로 지어져 자신의 존재를 알릴 필요에 직면했다(그림 1003). 쾰른 성당은 카롤링거왕조 때 구 쾰른 성당으로 처음 지어졌고 오토 왕조 때 증축되었다. 그후 로마네스크 시대를 거치면서 처음 크기로 머물면서 다른 성당들과 교회들에 추월당했다. 이를 만회하기 위해 대규모 증축이 시작되었다(그림 1004). 당시 로마네스크 선례들을 능가할 규모와 웅장함을 축조할 수 있는 방식은 프랑스 고딕밖에 없었다.

독일 내부의 경쟁 구도도 작용했다. 슈트라스부르크와의 경쟁도 생

1003 쾰른 성당(Köln Cathedral), 독일, 1248년 ~1322년 주요 부분 봉헌

각하지 않을 수 없었다. 남의 나라에서 완성된 양식을 받아들여 그것을 가지고 자국 내에서 경쟁을 하는 경우 규모는 중요한 기준이 될 수 있다. 마지막으로 국제적 경쟁 구도도 작용했다. 신성로마제국의 자존심을 걸고 궁극적으로는 고딕 양식의 종주국 프랑스마저도 누르고 싶어했다. 일종의 열등 의식 만회 같은 것이었다. 프랑스를 경쟁 대상으로 의식한 것은 반드시 건축적 차원만은 아니었다. 쾰른의 정치적 입장에서 보았을 때 프랑스와 로마 가톨릭의 눈치를 보아야 할 어려운 상황을 극복하기 위한 허풍이 필요했다. 이를 위해 당시 최첨단 양식

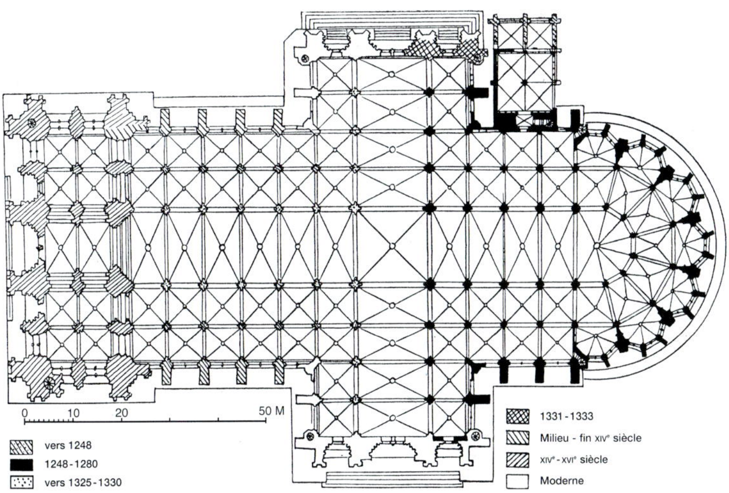

1004 쾰른 성당(Köln Cathedral), 독일, 1248년 ~1322년 주요 부분 봉헌

1005 쾰른 성당(Köln Cathedral), 독일, 1248년 ~1322년 주요 부분 봉헌

1006 중세 시대 쾰른(Köln) 전경

으로 가장 큰 규모로 지어낼 수 있다는 역량을 과시하는 쪽으로 방향이 잡혔다(그림 1005, 1006).

이상과 같은 복잡한 배경은 쾰른이 독일 로마네스크 건축의 중심지였다는 사실을 일거에 눌러버렸다. 쾰른 성당은 프랑스 양식을 받아들여 프랑스보다 더 프랑스적으로 짓는 쪽으로 건축 방향이 잡혔다(그림 589, 1007). 프랑스 양식을 받아들여 이것을 프랑스보다 더 프랑스적으로 짓는 방법은 규모밖에 없었다. 모든 성당 가운데 가장 큰 규모를 목표로 삼아 1248년에 착공했다. 실질적인 공사는 13세기 후반이나 되

1007 쾰른 성당(Köln Cathedral), 독일, 1248년 ~1322년 주요 부분 봉헌

어 시작되었으며 1322년에 주요 부분이 봉헌되었다.

쾰른 성당은 아미앵 성당과 생트샤펠을 모델로 삼았다. 두 모델 속에는 당시 쾰른이 처했던 고민과 이것의 극복 방향에 대한 인식이 반영되어 있다. 아미앵은 프랑스 고딕의 클라이맥스인 동시에 가장 높은 성당이었다. 생트샤펠은 프랑스 왕실의 왕궁 예배당이었다. 이 두 사실로부터 쾰른은 새 성당의 규모를 통해 프랑스의 고딕 건축, 가톨릭, 왕실 등 모든 것을 앞지르고 싶어했음을 알 수 있다.

두 모델에는 시기와 관련한 쾰른의 전략도 담겨 있다. 아미앵은 프랑스 성기 고딕뿐 아니라 프랑스 고딕 전체를 통틀어 완성점으로서의 대표성을 가졌다. 시기를 초월한 원형성이라는 의미였다. 반면 생트샤펠은 동시대의 최신 유행을 대표했다. 이로써 쾰른은 고딕의 원형성과 최신 유행 모두에서 최고가 되겠다는 야심을 표출했다. 쾰른의 야심이 얼마나 컸는지를 보여주는 대목이다. 슈트라스부르크가 동시대 최신 유행에만 집중했던 것과 비교하면 더욱 그러하다.

이렇게 해서 지어진 쾰른 성당은 84미터×143미터의 부지에 46미터의 천장고를 가졌다. 첨탑의 높이는 152미터로 슈트라스부르크 성당보다 10미터 더 높았다(그림 1008, 1009). 특히 46미터의 높이는 유럽의 고딕 건축 전체를 통틀어 가장 높은 것일 수 있다. 43미터의 아미앵보다 3미터 더 높아진 수치였다. 보베의 48미터보다는 2미터 낮았지만 보베가 무너졌기 때문에 최고 기록은 쾰른이 될 수도 있다. 물론 쾰른

1008 쾰른 성당(Köln Cathedral), 독일, 1248년~1322년 주요 부분 봉헌

1009 쾰른 성당(Köln Cathedral), 독일, 1248년~1322년 주요 부분 봉헌

1010 쾰른 성당(Köln Cathedral), 독일, 1248년 ~1322년 주요 부분 봉헌
1011 쾰른 성당(Köln Cathedral), 독일, 1248년 ~1322년 주요 부분 봉헌
1012 쾰른 성당(Köln Cathedral), 독일, 1248년 ~1322년 주요 부분 봉헌

도 아미앵의 구조를 모방해서 이보다 100년 정도 늦게 지어진 것이기 때문에 진정한 기록으로 보기에는 어려움이 있는 것이 사실이다. 둘 중 어느 건물이 최고 기록을 세웠는지는 차치하고라도 당시 규모를 놓고 프랑스와 독일 사이에 국가적 경쟁이 있었다는 사실을 잘 알 수 있게 해주는 대목이다.

쾰른 성당은 아미앵 성당의 골격을 기본 구조로 삼았다(그림 1010, 1011). 그리고 아미앵에서조차 아직 완전하게 해결되지 않았거나 미흡하다고 생각되는 부분들을 보완하기 위해 다른 예를 부분적으로 참고했다. 전체 구성은 네이브와 슈베 모두 5랑식으로 하여 3랑식 네이브였던 아미앵을 추월했다. 아미앵에서는 대응 기둥이 아케이드 주두에서 끊긴 형태인데 쾰른에서는 이것을 없애서 대응 기둥이 바닥부터 천장까지 끊기지 않고 올라갔다. 이런 처리는 성 디오니시오에서 차용된 것이었다. 성가대석에서는 천측창의 높이 비율이 아미앵보다 더 커지면서 아케이드와 거의 같아졌다(그림 1012). 이것은 보베에서 차용된 것이었다. 이런 기본 골격 위에 생트샤펠의 레요낭 양식을 모방한 장식 어휘들이 표면을 감쌌다. 부분적으로는 파리 노트르담의 트랜셉트에 쓰인 로즈 윈도도 모델로 삼았다.

1013 성 가타리나(St. Catherine). 오펜하임(Oppenheim), 독일. 1317년~
1014 비젠 교회(Wiesenkirche). 죄스트(Söst), 독일. 1311년경~

슈트라스부르크와 쾰른은 라인란트 지역의 고딕 건축을 대표하는 예인 동시에 프랑스 고딕을 모방한 대표적인 예이기도 했다. 프랑스 모델을 차용하여 두 건물에서 완성된 유형은 13세기 중반부터 14세기에 걸쳐 독일에서 일정 수가 지어지며 하나의 흐름을 형성했다. 바트 빔펜의 성 베드로St. Peter at Bad Wimpfen, 레겐스부르크 성당Regensburg Cathedral의 성가대석1275년~, 알텐베르크의 시토회 교회Cistercian Church at Altenberg, 13세기 후반부, 죄스트의 비젠 교회Wiesenkirche at Söst, 1311년경~, 플라우베르크의 순례 교회Pilgrimage Church at Plauberg, 1339년경~, 오펜하임의 성 가타리나St. Catherine at Oppenheim, 1317년~, 아헨 성당 성가대석1335년, 바젤 성당Basel Cathedral, 1430년경 완공 등이 이 경향을 좇은 대표적인 예들이었다(그림 1013, 1014).

이런 예들은 13세기 후반부에는 슈트라스부르크나 쾰른뿐 아니라 당시 막 완공되었던 프랑스의 랭스와 아미앵 등의 프랑스 성기 고딕도 함께 모델로 차용했다. 14세기에는 주로 자국의 선례들이나 동시대 레요낭 양식에 한정했다. 아헨 성당 성가대석은 이런 14세기 경향을 보여주는 좋은 예였다. 성가대석은 파리의 생트샤펠을 모델로 삼아 직설적으로 모방했다. 건물 골격은 거대한 단일 공간으로 형성되었다. 외벽은 기둥만 빼고 모두 창으로 이루어졌다. 창은 레요낭 양식의 트레

1015 아헨 성당(Aachen Cathedral), 독일, 성가대석 1335~1414년

이서리로 분할된 뒤 화려한 스테인드글라스로 장식되었다. 건물 골격은 큰 유리 박스 개념으로 정의되었다(그림 1015).

독일 지역 양식과 후기 고딕 2

독일 전통, 지역 양식, 후기 고딕

프랑스의 완성 모델이 독일에 전파되는 데 중요한 역할을 한 다른 경로로 시토회를 들 수 있다(그림 526~529). 이 점에서는 영국과 유사했다. 시토회는 13세기 전반부에 독일에 본격적으로 자리잡았다. 이 시기는 프랑스 고딕 건축이 전파되기에 좋은 때였다. 프랑스 고딕 건축 자체가 최전성기에 이르렀다. 정치적으로 프랑스의 영향력이 커지면서 프랑스 문화 전반에 대한 의존도가 높아졌다. 수도회를 통한 기독교와 건축의 교류는 이것의 좋은 예였다.

이렇게 전파된 프랑스 고딕 건축 역시 어휘별로 차용되었다. 프랑스의 시토회 자체가 종합적이고 완성된 고딕 건축을 구사하지 않았기 때문이다. 어휘별로 받아들여 독일의 로마네스크 전통과 혼합해서 쓰는 방향으로 자리잡았다. 특히 리브 그로인 볼트의 도입에서 시토회의 역할은 결정적이었다. 리브 그로인 볼트는 1120~30년에 독일에 처음 전파된 것으로 알려져 있다. 이후 부분적으로 꾸준히 쓰여왔다. 그러나 이 부재에 대한 독일 장인들의 인식은 매우 낮았다. 쓰임새는 장식 어휘 이상이 되지 못했다. 리브 그로인 볼트가 구조 부재로 인식되어 본격적으로 쓰이기 시작한 것은 13세기에 들어와 시토회 건축이 독일에 전파되면서부터였다.

마우브론 수도원Maubronn Abbey은 이것의 좋은 예였다. 이곳의 식당1220년경에는 포인티드 아치와 리브 그로인 볼트가 쓰였다(그림 1016). 리브만 붉은색으로 처리해 색을 이용한 장식 효과를 노렸다. 천장은 6분 볼트였고 기둥은 단일 원형 기둥을 이용한 더블 베이였다. 주기둥은 굵고 단순하게, 부기둥은 가늘고 좀더 장식적으로 처리하여 차별화했다. 기본 골격은 프랑스 고딕이었지만 프랑스에서와 같은 명확한 구조적 인식에 의한 것이라기보다는 장식이라는 측면이 더 강했다. 6분 볼트는 기둥과 리브를 장식적으로 활용하기 위해 설치되었다. 식당에서 자리

1016 마우브론 수도원(Abbey of Maubronn). 독일. 식당 1220년경

잡은 리브 그로인 볼트는 이후 교회 천장에서 좀더 장식적으로 쓰이는 발전을 보였다(그림 1017).

독일 시토회는 장인 집단을 거느림으로써 고딕 건축의 전파와 정착에 중요한 역할을 했다. 정부와 교단 모두 장인을 거느릴 여력이 없는 당시 독일에서는 수도원이 이것을 할 수 있는 유일한 조직이었다. 같은 수도회 소속이었기 때문에 프랑스로부터 새로운 건축술을 받아들이는 데 따른 어려움이 적었다. 수도원이 문화 예술과 학문의 중심지 역할을 했던 카롤링거왕조 때의 전통이 남아 있는 현상으로 볼 수도 있다. 마우브론 수도원은 이런 역할을 했던 대표적 예 가운데 하나였다. 여기에 소속되었던 장인들은 독일의 다른 시토회 수도원은 물론 마그데부르크 같은 주요 성당도 축조했다(그림 1018).

이상과 같은 도입기와 정착기를 거친 독일 고딕은 분화기에 들어섰다. 14세기 독일에서는 수많은 고딕 건물들이 지어지며 전성기가 시작되었다. 그 방향도 매우 다양하게 분화되었다. 표준적 프랑스식으로 지어진 예는 정착기 때의 메츠의 생테티엔, 슈트라스부르크의 노트르담 성당, 쾰른 성당 정도였다. 이후의 독일 고딕은 이런 예들을 거의 좇지 않고 자국 전통과 풍습에 맞는 자유분방한 방향으로 다양하게 발전했다. 이후의 큰 방향은 둘로 요약될 수 있다. 홀 교회와 중앙집중형의 유형에 따른 전개와 리브를 이용한 장식 경향이었다.

이 가운데 특히 두드러진 것은 후자의 장식 경향이었다. 이 경향은 유형과 상관없이 14~15세기 독일 고딕 전반에 걸쳐 광범위하게 나타

1017 마우브론 수도원 교회(Abbey Church of Maubronn Abbey). 독일. 네이브 12세기 후반부/천장 13세기

1018 마그데부르크 성당(Magdeburg Cathedral). 독일. 1209년~

1019 성 라우렌시오(St. Lawrence=Lorenzkirche), 뉘른베르크(Nürnberg), 독일, 1353~83년
1020 장크트울리히/아프라(St. Ulrich & Afra), 아우크스부르크(Augsburg), 독일, 1457년

났다(그림 1019). 이런 장식 경향은 당시 국제적으로 유행하던 후기 고딕의 일환으로 볼 수도 있었다. 독일의 지역별 다양성의 경향 또한 후기 고딕의 현상 가운데 하나로 이해될 수 있다. 독일의 고딕 양식은 유럽 전체로 보면 통째로 후기 고딕에 속했다. 이 때문에 '도입기–정착기–분화기'의 분류와 상관없이 후기적 장식 경향은 독일 고딕 전반에 걸쳐 계속 나타났다. 따라서 장식의 유무는 독일 고딕에서는 분류 기준으로서 큰 의미를 갖지 못했다.

이에 따라 프랑스 성기 고딕의 표준 구성은 분해되었다. 플라잉 버트레스가 필요없어짐에 따라 사라졌으며 네이브 월도 2단 구성으로 되돌아갔다(그림 1020). 대응 기둥도 정밀한 구조 유기성의 논리에서 벗어나 자유롭게 결정되고 변형적으로 사용되었다. 평면 구성도 마찬가

1021 안나 교회(Annenkirche=St. Anne), 안나베르크(Annaberg), 독일, 1515~22년
1022 프라이슈타트 교구 교회(Freistadt Stadtpfarkirche), 독일

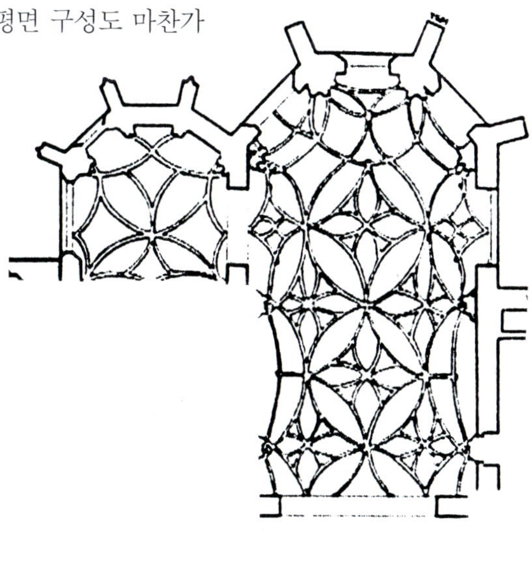

지였다. 트랜셉트, 성가대석 복도, 방사형 예배당 등 대형 복합 구성을 이루는 요소들이 사라지고 단순 구성으로 정리되는 경향이 나타났다.

리브의 장식적 경향은 특히 두드러졌다. 리브 장식의 화려함은 영국과 쌍벽을 이룰 정도였으나 세부 경향은 다소 차이가 있었다. 영국의 리브 장식이 기하학성 등 문양을 중시했던 데 반해 독일에서는 손끝 솜씨를 자랑하는 공예적 특징이 더 두드러졌다(그림 1021, 1022). 영국에서는 건축 장인이 리브 장식도 함께 만들었던 데 반해 독일에서는 두 작업의 장인을 분리해서 생각하는 경향이 강했다.

이런 전체적인 경향은 로마네스크 시대에 형성되었던 독일의 지역주의 전통으로 되돌아간 것으로 해석될 수 있다. 실제로 고딕 시대 신성로마제국의 권력 구도를 보더라도 주교의 정치적 독립성이 다른 나라들보다 매우 강했다. 이것은 로마네스크 시대부터 내려오던 독일의 전통이었다. 이런 독립성을 바탕으로 주교들은 각자의 지역에 맞는 다양한 지역 양식으로 건물을 지을 수 있었다. 건물 종류가 다양해진 것도 이런 배경에서였다. 성당뿐 아니라 소규모 교회에서도 주요작들이 많이 지어졌으며 이런 경향은 세속 건축물에서도 동일하게 나타났다. 독일은 성당 이외의 다른 건물들이 고딕 양식으로 가장 활발하게 건축된 나라였다.

지역적 다양성은 특히 두드러진 특징이었다. 일단은 독일 내부적으로 지역 편차가 매우 컸다. 프랑스 고딕에도 지역별 양식이 있지만 독일의 경우는 이보다 더 심했다. 독일은 프랑스와 달리 전통적으로 지방 분권이 강한 나라였다. 근대적 통일 국가의 등장이 가장 늦은 나라도 독일이었다. 신성로마제국 때에도 마찬가지였다. 지금의 독일이라는 통일 국가와 신성로마제국은 완전히 다른 나라였다. 신성로마제국을 이루던 수많은 공국들은 스스로를 독립 국가로 생각하고 있었으며 정치적 이해 관계에 따라 프랑스, 이탈리아, 동유럽, 북유럽 등 주변의 많은 나라들과 뭉치고 흩어짐을 거듭했다. 신성로마제국은 가톨릭을 매개로 한 느슨한 형태의 종교적 연합이었을 뿐 이를 구성하는 공국들은 완전히 독립 국가들이었다. 이런 배경 아래 독일 고딕은 다양한 지역 양

1023 성모마리아 예배당(Marienkapelle). 뷔르츠부르크(Würzburg), 독일. 1349~77년

식을 탄생시켰다(그림 537, 1023~1026).

독일 고딕은 자국(오스트리아, 스위스, 룩셈부르크, 체코 포함)은 물론 이탈리아, 폴란드, 헝가리, 라트비아, 에스토니아, 덴마크, 스웨덴 등 십여 나라에 수출되었다(그림 1027). 이것은 독일이라는 나라가 유럽의 중앙에 위치하며 가장 많은 나라와 국경선을 맞대고 있다는 사실에서 기인한다. 이런 지리적 특징이 가장 두드러졌던 때가 중세 신성로마제국이었다. 정치적 영향력이 실질적으로 미치는 범위는 넓지 않았지만 신성로마제국의 형식적 국경선은 이런 여러 나라들을 부분적으로 포함하며 매우 광범위했다. 지역 주교를 교황이 아닌 황제가 임명하는 전통은 또다른 중요한 배경이었다. 국제적 확장성은 독일 고딕의 다양성을 부채질하는 요인이었다. 독일을 비롯한 이들 나라에 로마 시대의 고전주의 전통이 약한 것도 다양성을 보장하는 역사적 배경으로 작용했다. 역사적 질곡이 없었기 때문에 다양성을 발휘하기가 쉬웠다는 의미이다.

이런 여러 상황들을 배경 삼아 독일은 중부 유럽과 동부 유럽을 대표하는 맹주의 자리를 지켜왔다(그림 994). 지역 맹주로서 독일은 서부 유럽을 양분하는 프랑스 및 영국과 삼각축을 이루

1024 마그데부르크 성당(Magdeburg Cathedral), 독일, 1209년~

1025 성모마리아 교회(Frauenkirche=Cathedral of Our Lady), 뮌헨(München), 독일, 1468~88년

1026 시토회 교회(Cistercian Church), 도베란(Doberan), 독일, 1294~1368년

1027 성 스테파노(St. Stephen), 빈(Wien), 1300년경~1510년

며 경쟁과 대립의 관계를 지속해왔다. 이런 역학 관계는 거시적으로는 유럽의 정치 예술 문화사 전반에 걸쳐 나타났다. 미시적으로는 고딕 건축에서도 동일한 상황이 명확하게 형성되었다. 이런 이유로 인해 독일 고딕은 가장 많은 수의 건물들을 남겼다. 지리적으로도 앞의 여러 나라들은 독일 고딕 아래 분류되는 것이 통례였다. 이 가운데에는 아직 본격적인 연구가 이루어지지 않고 있는 예들도 적지 않은데, 이런 예들은 우리의 입장과는 거리가 먼 대상들일 수 있다. 이상을 배경으로 독일 고딕 건축 가운데 대표적인 내용만 선별적으로 살펴보고자 한다.

중앙집중형 홀 교회, 비텔스바흐 왕조

고딕 시대에 홀 교회와 중앙집중형은 독일에 많이 지어졌다. 이것은 프랑스에 많이 지어졌던 로마네스크 시대와 달라진 현상이었다. 독일 고딕에서도 홀 교회와 중앙집중형은 각각 독립적으로 계속 지어졌다(그림 1028). 그러나 중요한 변화가 있었다. 두 유형은 하나로 합쳐져 독일만의 독특한 새로운 유형으로 발전했다. 두 유형의 이름을 합쳐 '중앙집중형 홀 교회'라 부를 수 있는데, 이런 새로운 유형은 트리어와 뉘른베르크 등 독일 전역에서 고르게 유행했다. 이 구성이 라틴 크로스의 슈베에 나타난 예까지 포함하면 대상은 더욱 늘어났다(그림 1029).

이 유형은 프랑스 로마네스크 시대의 루아르 지방과 도르도뉴 지방

1028 장크트람베르티(St. Lamberti), 힐데스하임(Hildesheim), 독일, 1474년
1029 성 라우렌시오(St. Lawrence=Lorenzkirche), 뉘른베르크(Nürnberg), 독일, 1353~83년

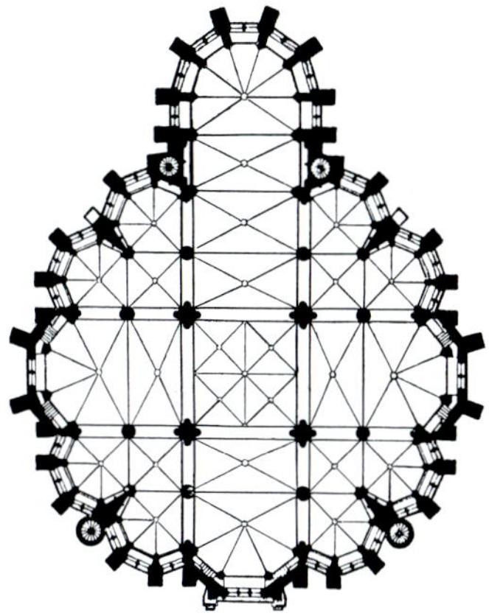

에서 유행했던 선례들이었다. 이것이 처음에는 로렌 지방에 전파된 뒤 독일 전역으로 퍼져나갔다. 독일 고딕에서 일정한 완성도를 갖춘 이 유형의 초창기 예는 13세기에 정착했다. 대표적인 예로 트리어의 성모마리아 교회1242~53년와 마르부르크의 엘리사벳 교회1235년~를 들 수 있다.

1030 성모마리아 교회(Frauenkirche=Cathedral of Our Lady). 트리어(Trier), 독일. 1242~53년

1031 성모마리아 교회(Frauenkirche=Cathedral of Our Lady). 트리어(Trier), 독일. 1242~53년

성모마리아 교회는 프랑스 선례의 영향에서 벗어나며 매우 독특한 특징을 보였다(그림 1030, 1031). 공처럼 보이는 평면은 실제는 여러 번의 증식 과정을 거친 복합 구성의 산물이었다.

첫번째 단계의 출발점은 중심의 분리형 그릭 크로스형 구성이었다(그림 1032). 이 유형은 선형 평면과 중앙집중형의 혼합 구성으로 볼 수 있다. 십자가의 네 팔은 각각 두 베이씩이 기본 길이였다. 출입구를 지나 처음 맞이하는 서쪽 부분은 네이브에, 남북쪽 양 부분은 트랜셉

1032 성모마리아 교회(Frauenkirche=Cathedral of Our Lady). 트리어(Trier), 독일. 1242~53년

1033 성모마리아 교회(Frauenkirche=Cathedral of Our Lady). 트리어(Trier), 독일. 1242~53년

1034 성모마리아 교회(Frauenkirche=Cathedral of Our Lady), 트리어(Trier), 독일, 1242~53년

트에, 동쪽 부분은 슈베에 각각 해당되었다.

두번째 단계에서는 네 팔의 끝부분을 둥글게 처리했다(그림 1033). 이것은 예배당으로 사용하기에 적합한 형태를 만들려는 목적에서였다. 건물 전체의 형상이 공처럼 둥글게 되는 데 중요한 보탬이 되었다.

세번째 단계에서는 슈베 쪽의 팔부분이 두 베이 더 늘어났다. 늘어난 부분은 성가대석으로 할당되었다. 이스트 엔드의 앱스는 본체에서 확연히 밖으로 돌출했다. 이것은 동서 방향으로의 선형 구성을 확보하기 위한 처리로 초기 기독교 건축에서 비잔틴 건축을 거치며 중앙집중형 구성에서 자주 쓰이던 구성이었다.

네번째 단계에서는 네 팔 사이의 빈 부분에 각 두 개씩의 원형 예배당을 더했다(그림 1034). 최종적으로 공처럼 둥근 특이한 윤곽의 전체 평면이 완성되었다. 혹은 반지형 공간이 두 겹과 세 겹의 중간 상태로 중첩된 것으로 볼 수도 있었다. 이전까지 서방의 중앙집중형 교회가 반지형 공간에서 벗어나지 못했던 데 반해 여기에서는 라틴 크로스형의 방사형 예배당을 한 바퀴 돌려서 얻어낸 것 같은 독특한 구성을 이루었다.

혹은 아예 세 겹의 반지형 공간으로 볼 수도 있었다. 이렇게 볼 경우 중심에서 바깥으로 퍼져나가는 방사선 위계가 기본 특징이 된다. 이런 해석은 기둥을 통해서 가능했다. 기둥은 중심에서 밖으로 점점 가늘어지는 위계를 형성하며 공간의 위계를 암시했다. 위계는 일차적으로 구조적 역할에 따라 형성되었다. 기둥에 가해지는 하중에 따라 기둥의 크기가 정해졌다. 이런 구조적 위계는 공간적 위계로 발전했다.

공간적 위계는 세 단계로 구성되었다. 기둥도 이에 맞게 세 단계의

1035 성모마리아 교회(Frauenkirche=Cathedral of Our Lady), 트리어(Trier), 독일, 1242~53년

1036 성모마리아 교회(Frauenkirche=Cathedral of Our Lady), 트리어(Trier), 독일, 1242~53년

위계를 가졌다. 중심 크로싱의 네 귀퉁이를 담당하는 기둥은 프랑스 고딕의 필리에 캉토네 방식으로 축조되면서 가장 굵게 처리되었다(그림 1032). 이 중심 기둥과 외벽 사이의 중간에 세워진 두번째 기둥은 단일 원형 기둥으로 처리되었다(그림 1033~35). 굵기는 중심 기둥에서 대응 기둥을 떼어내고 남은 코어 기둥 정도였다. 마지막으로 외벽에 세워진 기둥은 세 개의 대응 기둥 다발로 처리되었다(그림 1035).

이 교회는 아직 완전한 홀 교회 구성에까지는 이르지 못했다. 네 귀퉁이의 예배당들과 네 팔부분 사이에 높이 차이가 남았다. 예배당들은 단층인데 반해 팔부분은 2층 높이였다(그림 1033, 1034). 팔부분의 외벽은 2단 구성으로 분할되었다(그림 1033). 그러나 기둥 굵기에 비해 진공부가 훨씬 넓고 예배당 외벽에서 들어오는 빛이 팔부분까지 직접 광으로 미치기 때문에 공간 분위기는 거의 홀 교회에 근접했다(그림 1036).

이 교회는 독일 고딕 건축을 대표하는 수작인 동시에 유럽 고딕 건축의 중앙집중형을 대표하는 수작이기도 했다. 이 교회의 모델로 브렌의 생티브 수도원 교회를 들기도 한다. 특히 네 귀퉁이에 두 개의 원형 예배당을 끼워넣은 구성이 생티브의 제형 예배당에서 온 것으로 보는 주장들이 있다(그림 783). 두 건물 사이의 직접적인 영향 관계를 증명

1037 엘리사벳 교회(St. Elisabeth=Elisabethkirche). 마르부르크(Marburg-an-der-Lahn), 독일. 1235년~

1038 엘리사벳 교회(St. Elisabeth=Elisabethkirche). 마르부르크(Marburg-an-der-Lahn), 독일. 1235년~

하는 증거는 약한 편이다. 생티브의 영향을 인정하더라도 출처는 여러 곳일 수 있다. 독일 고딕에서 이미 이 건물보다 먼저 중앙집중형이 시작되었기 때문에 더욱 그러했다.

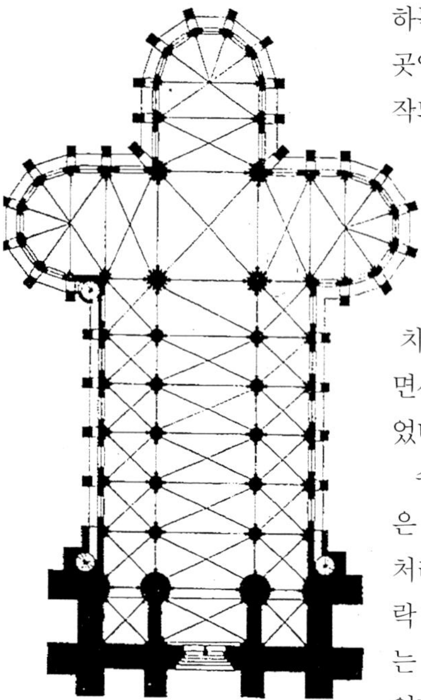

1039 엘리사벳 교회(St. Elisabeth=Elisabethkirche), 마르부르크(Marburg-an-der-Lahn), 독일, 1235년~

마르부르크의 엘리사벳 교회는 완성도 높은 홀 교회로 구성되었다. 이것을 바탕으로 트리어의 중앙집중형 공간 구성이 더해졌다. 홀 교회 구성은 네이브에 쓰였다. 네이브와 아일은 천장 높이가 같았다. 네이브와 아일 사이는 분할 구성이 없는 대형 단일 아치로 구획되었다(그림 1037, 1038). 아일 외벽은 2단 구성으로 분할되면서 개구부가 확대되었다. 이런 구성은 실내에 밝은 조도를 확보해주었다.

슈베는 중앙집중형 구성으로 이루어졌다. 트랜셉트의 양쪽 끝부분은 반원형 앱스로 둥글게 처리되었다. 이스트 엔드도 이와 동일하게 처리되었다. 결과적으로 크로싱을 기준으로 동남북 세 방향으로 손가락 한 마디 형태의 약간 긴 공간을 더한 구성이 되었다. 이것은 멀리는 쾰른 로마네스크를 대표하던 삼엽형 평면을 차용한 것으로 볼 수 있다(그림 1039). 가깝게는 트리어의 중앙집중형 구성을 차용한 것으로 볼 수 있다. 이런 구성은 크로싱을 중심으로 삼아 중앙집중성을 높였다.

쾰른 유형과의 차이도 있었다. 세 팔이 길고 좁아진 것이었다. 이런 변화는 세 팔부분의 공간적 독립성을 높여주었다. 세 팔부분은 독일 기사단Teutonic Order과 튀링겐 가Thuringia family가 독립적으로 사용하는 등 실제 사용 면에서도 독립성이 강화되었다. 이런 변화는 동시대 트리어의 구성으로부터 영향을 받은 것으로 볼 수 있다.

13세기 두 교회에서 완성된 중앙집중형 홀 교회는 14세기에 여러 곳으로 퍼져나갔다. 14세기의 예들은 두 유형으로 나눌 수 있다. 한 가지는 특별한 소속 없이 개별적으로 지어진 건물들이다. 슈배비쉬그뮌트의 성 십자가 성당Heilig-Kreuze Minster at Schwäbisch-Gmünd, 1351년~과 뉘른베르크의 성모마리아 교회1350~58년는 이것을 대표하는 예들이었다. 다른 한 가지는 프란치스코회와 도미니크회 교회들이었다. 에르푸르트의 성모마리아 성당1370~1420년과 장크트제베린1278년~14세기 성당은 이것을 대표하는 예들이다.

슈배비쉬그뮌트의 성 십자가 성당에서는 슈베가 홀 교회로 구성되었다(그림 1040). 성가대석과 복도가 같은 높이를 가졌다. 둘 사이를

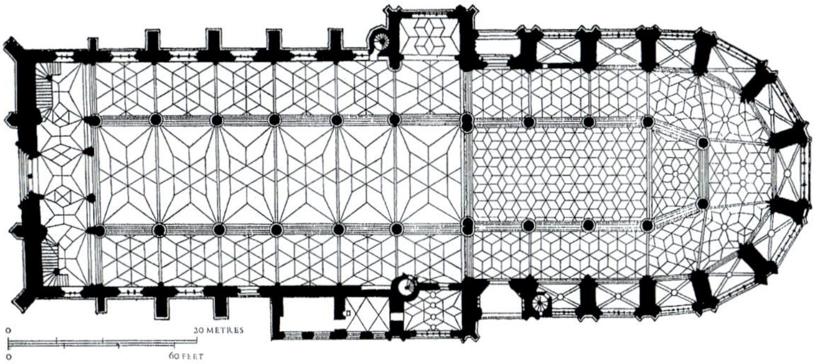

1040 성 십자가 성당(Heilig-Kreuze Minster=Church of the Holy Cross). 슈배비쉬그뮌트(Schwäbisch-Gmünd), 독일. 1351년~

구획한 것은 네이브 월이 아니라 굵고 높은 단일 원형 기둥열이었다(그림 1041). 기둥 끝에서는 우산 볼트가 갈라져나가며 천장을 형성했다. 천장에는 리브를 이용한 기하 문양이 만들어졌다. 문양은 정사각형 마름모꼴 주위로 기다란 마름모꼴이 에워싸는 방식으로 별모양을 형성했다(그림 1042).

뉘른베르크의 성모마리아 교회는 건물 전체가 중앙집중형 홀 교회로 구성되었다. 전체 윤곽은 3랑식 3베이의 균등 내접형 그릭 크로스로 이루어졌다(그림 1043). 동쪽에는 손가락 형태의 긴 슈베가 더해졌다. 슈베는 성가대석 두 베이와 반원형 앱스로 구성되었다. 네이브의 홀 교회 구성은 슈배비쉬그뮌트와 유사했다. 네이브와 아일이 같은 높

1041 성 십자가 성당(Heilig-Kreuze Minster=Church of the Holy Cross). 슈배비쉬그뮌트(Schwäbisch-Gmünd), 독일. 1351년~

1042 성 십자가 성당(Heilig-Kreuze Minster=Church of the Holy Cross). 슈배비쉬그뮌트(Schwäbisch-Gmünd), 독일. 1351년~

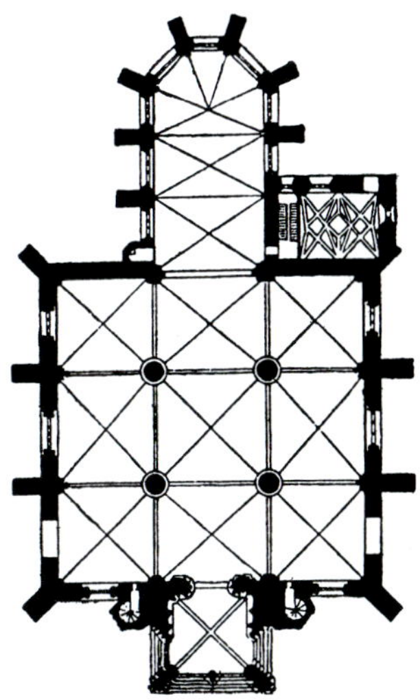

1043 성모마리아 교회(Frauenkirche=Cathedral of Our Lady). 뉘른베르크(Nürnberg), 독일. 1350~58년

1044 성모마리아 교회(Frauenkirche=Cathedral of Our Lady). 뉘른베르크(Nürnberg), 독일. 1350~58년

1045 성모마리아 교회(Frauenkirche=Cathedral of Our Lady). 뉘른베르크(Nürnberg), 독일. 1350~58년

1046 장크트제베린(St. Severin). 에르푸르트(Erfurt), 독일. 1278~14세기

1047 성모마리아 성당(St. Marien Cathedral). 에르푸르트(Erfurt), 독일. 1370~1420년

이를 가지면서 네이브 월 없이 기둥열만으로 둘 사이가 구획되었다(그림 1044, 1045). 천장은 이번에도 리브를 이용한 기하 문양이 장식되었다. 건물 전체가 이처럼 그릭 크로스만으로 구성되는 경우는 드물었다. 평면과 공간 분위기는 단순하면서도 중앙집중형 홀 교회의 특징을 농축적으로 보여주었다.

프란치스코회와 도미니크회 교회들은 홀 교회를 기본 구성으로 했다. 13세기부터 본격적인 모습을 드러낸 이탈리아와 프랑스의 선례들도 3랑식일 경우 대부분 홀 교회였다. 툴루즈의 자코뱅 교회는 1랑식이면서도 가운데에 기둥열을 세워 홀 교회 구성을 만들어내기도 했다. 두 수도회가 크게 유행했던 독일에서는 수도회 소속 교회들이 홀 교회 정착과 전파에 중요한 역할을 했다. 특히 14세기 이후 두 수도회가 극기주의를 버리고 변질되어 경쟁에 돌입하면서 대규모 교회의 축조는 주요 사업이 되었다.

이 과정에서 홀 교회 구성은 과장되고 강조되면서 하나의 유형으로 확실하게 자리잡았다. 일정한 장식도 더해지면서 독일의 공예적 전통이 구체화되는 매개 역할도 함께 했다. 에르푸르트의 장크트제베린 교회와 성모마리아 성당은 이런 경향을 대표했다(그림 537). 나란히 서 있는 두 건물은 홀 교회 구성에서도 매우 흡사했다. 건축은 장크트제베린이 1세기 정도 빨랐다. 전체 구성은 두 건물 모두 뉘른베르크의 성모마리아와 동일한 유형이었다(그림 1046, 1047).

1048 울름 성당(Ulm Cathedral). 독일. 1392~1471년

1049 울름 성당(Ulm Cathedral). 독일. 1392~1471년

14세기에 이어 15세기에도 중앙집중형 홀 교회는 계속 주요 유형으로 지어졌다. 15세기를 대표하는 예로 울름 성당Ulm Cathedral, 1392~1471년, 란츠후트Landshut의 성 마르티노1385~1500년, 뮌헨의 성모마리아 교회1468~88년 등을 들 수 있다. 이 가운데 뒤의 두 예는 비텔스바흐 왕조Wittelsbach dynasty를 대표하는 교회들이기도 했다.

울름 성당은 홀 교회로 계획되었다가 바실리카 구성으로 바뀌었지만(그림 1048), 실내에는 홀 교회의 특징이 남아 있었다. 네이브 천장이 아일 천장보다 높긴 하지만 네이브 월이 1단 구성에 가까운 2단 구성으로 이루어졌다(그림 1049). 아케이드는 넓고 높은 포인티드 아치만으로 이루어졌다. 아케이드 높이는 아일 천장에 맞추었다. 네이브 월이 천장과 만나는 위쪽 끝부분에는 낮은 천측창이 뚫렸다. 아케이드와 천측창 사이는 아무 처리도 가해지지 않은 단순 벽면으로 놔두었다.

네이브 월의 이런 특이한 처리는 실내에 홀 교회와 유사한 균등한 조도를 만들어냈다. 아일에서 들어오는 빛은 간접광이지만 넓고 높은 포인티드 아치를 통과해 네이브의 아케이드 부분에 충분히 도달했다. 반면 천측창의 크기를 작게 함으로써 위에서 내려오는 직접광을 줄였다. 이로써 양쪽에서 들어오는 간접광과 직접광 사이의 조도 차이가 줄어들었다(그림 1048). 3단 구성의 네이브 월을 갖는 바실리카 공간에서는 어두운 부분과 밝은 부분 사이에 차이가 있게 마련인데 여기에서는 이것을 없앴다. 슈베도 홀 교회의 단순한 구성에 맞춰 성가대석

1050 울름 성당(Ulm Cathedral). 독일. 1392~1471년

1051 울름 성당(Ulm Cathedral), 독일, 1392~1471년

의 복도를 생략하고 예배당 수를 줄이는 등의 정리가 있었다(그림 1050). 아일과 슈베의 천장에는 리브를 이용한 장식 문양이 새겨졌다(그림 1051). 네이브 천장에서는 리브는 단순하게 쓰인 반면 꽃무늬를 직접 그려넣었다(그림 1048).

울름 성당은 또한 규모 경쟁으로도 유명했다. 52미터×126미터의 전체 윤곽에 천장고가 42미터였다. 압권은 서쪽 출입구의 단일 탑이었다. 이 탑은 높이가 162미터로 고딕 건축에서 가장 높은 것이었다(그림 1052). 이런 점에서 울름은 슈트라스부르크에서 쾰른으로 이어지는 대형화 경향을 이어받은 것으로 볼 수 있다. 또한 홀 교회 구성과 대형 첨탑이라는 독일 고딕의 특징을 대표하기도 했다.

1052 울름 성당(Ulm Cathedral), 독일, 1392~1471년

이상의 건물들은 독일의 중앙집중형과 홀 교회를 대표하는 예일 뿐 아니라 유럽의 고딕 건축 전체를 통틀어서도 빠질 수 없는 걸작들이다. 독일에는 이외에도 많은 홀 교회들이 지어졌는데 비텔스바흐 왕조 때 특히 집중적으로 지어졌다. 비텔스바흐 왕조는 란츠후트, 잉골슈타트 Ingolstadt, 뮌헨, 슈트라우빙 Straubing의 네 도시를 주요 본거지로 삼았는데 이 도시들에는 모두 14세기 말에서 15세기 사이에 홀 교회의 대표작들이 지어졌다. 란츠후트의 성 마르티노와 뮌헨의 성모마리아 교회는 이것을 대표하는 예들이다.

이런 예들은 이전보다 건물 구성이 단순해지고 흰색이 사용되는 등의 미니멀리즘 분위기가 나타나는 한편 공간이 커지는 공통점을 나타냈다. 뮌헨의 성모마리아는 이런 경향을 대표하는 예이기도 했다(그림 1025). 이 건물은 홀 교회뿐 아니라 독일 후기 고딕 전체를 대표하는 건물이기도 하다.

기둥은 대응 기둥조차 완전히 사라지고 팔각형의 굵고 힘찬 단일 코어로 구성되었다. 흰색으로 칠해져 단순성을 배가했다. 실내에 서면 흰색의 단일 기둥열이 웅장하면서도 절제된 모습으로 도열해 있다(그림 1053). 천

1053 성모마리아 교회(Frauenkirche=Cathedral of Our Lady), 뮌헨(München), 독일, 1468~88년

1054 성모마리아 교회(Frauenkirche=Cathedral of Our Lady), 뮌헨(München), 독일, 1468~88년

장에는 리브가 만들어낸 문양이 새겨졌지만 장식성은 심하지 않았다. 개수도 많이 줄어들었고 굵기도 가늘어졌으며 규칙적 기하 문양을 만들어냈다. 외벽창도 좁고 긴 포인티드 아치 하나만으로 처리되었다. 창은 수직 방향으로 4등분되었다. 트레이서리는 꼭대기 부분에 극히 일부분만 쓰였고 나머지는 단순 분할이었다.

성모마리아 교회는 화려한 공예 장식이 유행하던 15세기 독일 후기 고딕에서 절제된 추상미를 끝까지 잃지 않았다(그림 1054). 15세기 후반부는 이탈리아에서 르네상스가 완성되어가던 시기였다. 독일에서는 이런 최신 흐름과 동떨어져서 공예 장식에 집중하는 후기 고딕이 뒤늦게 전성을 누리고 있었다. 성모마리아 교회는 이런 후진성 가운데에서 일정한 예술성을 지킨 독일 고딕의 마지막 걸작이었다.

14세기-뤼베크, 뉘른베르크, 팔러 가

뤼베크Lübeck는 독일 고딕에서 북부지방을 대표하는 도시였다. 뤼베크는 13세기에서 15세기 말 사이에 한자 동맹의 중심 도시로서 큰 번성을 누렸다(그림 1055). 이런 힘을 바탕으로 신성로마제국으로부터 독립한 자유 도시로서의 지위를 유지했다. 주교는 실질적 권력을 갖지 못한 반면 시민과 상인이 주요 권한을 행사했다. 이런 상황은 도시의 건축 구성에 그대로 반영되었다. 여섯 개의 큰 교회가 일곱 개의 높은 첨탑을 자랑하며 위용을 과시한 반면 성당은 이들보다 작은 규모로 지어지며 뒷전으로 밀렸다. 마리아 교회Marienkirche, 1277년경~1351년는 이것을 대표하는 교회였다. 마리아 교회는 네 가지 점에서 독일 고딕의 지역성을 표현했다.

첫째는 지역 세력의 과시욕을 표현했다. 중앙 광장의 중심부는 시청사와 마리아 교회가 차지하며 크고 작은 20여 개의 첨탑으로 스카이라인을 장식했다(그림 1056). 특히 서쪽 출입구에는 설계를 바꿔가면서까지 웅장한 수직 비례의 첨탑 두 개가 세워졌다(그림 1057). 반면 성당은 남쪽 구석으로 밀려 위축된 모습으로 위치했다.

1055 중세 뤼베크(Lübeck)의 교회들
1056 중세 뤼베크(Lübeck)의 중심부

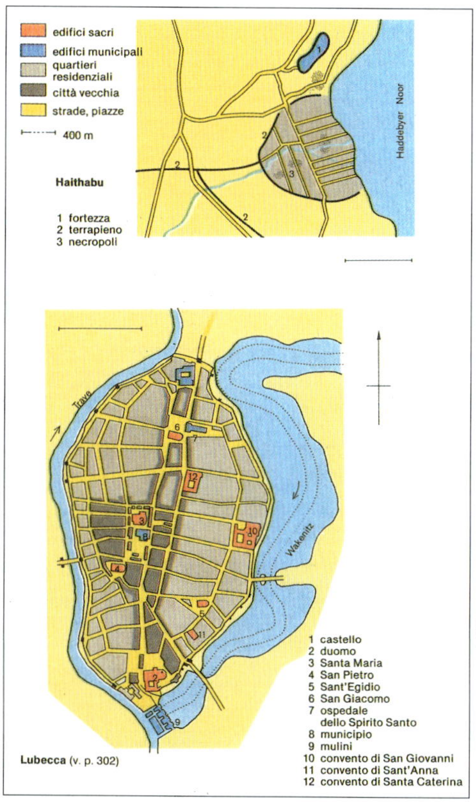

둘째는 프랑스 고딕을 변형적으로 차용했다. 프랑스 성당의 표준형을 차용한 뒤 트랜셉트, 성가대석 복도의 폭, 방사형 예배당의 개수 등을 모두 줄여 단순화했다(그림 1058). 네이브 월은 2단 구성과 3단 구성 사이로 처리되었다. 트리포리엄 대신 사용된 갤러리가 천측창과 한몸으로 붙어버렸다(그림 1059). 천측창의 유리창은 벽보다 밖으로 조금 튀어나오게 처리했다. 이런 처리

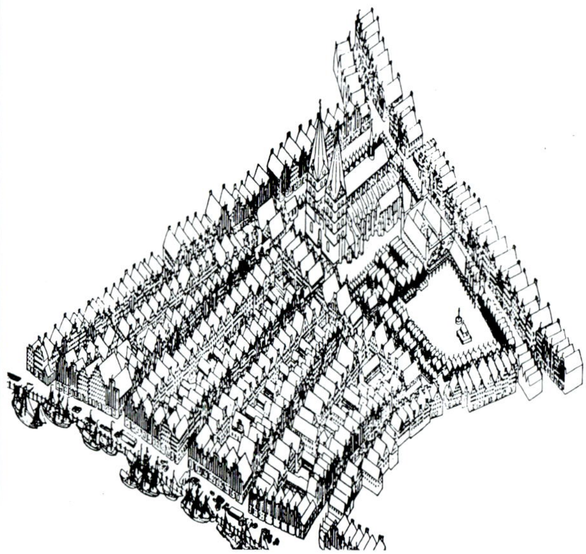

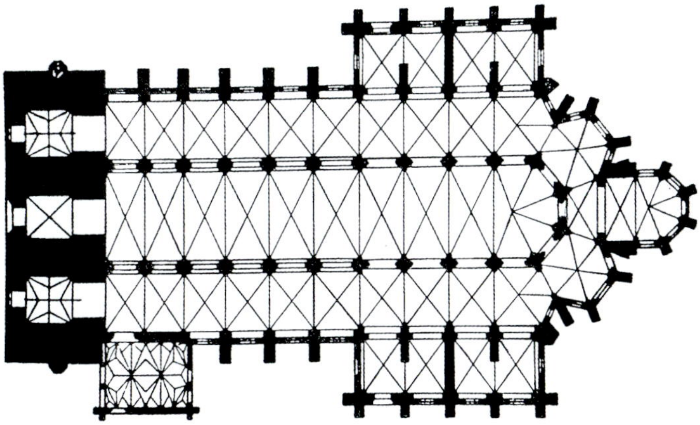

는 쾰른 성당에서 먼저 나타난 것이었다. 서쪽 첨탑은 독일 로마네스크의 전통인 투구[helm] 형태로 처리했다. 박공과 그 아래의 꽃잎 장식도 같은 전통이었다(그림 1057).

셋째는 벽돌을 사용했다. 독일 중세 건축에서의 벽돌 사용은 로마네스크 때부터 대표적 특징으로 나타났다. 장식 효과와 덩어리 느낌의 목적을 위해서였다. 후기 로마네스크에서는 벽돌을 이용한 장식 경향이 두드러졌다. 이와 동시에 벽돌은 장중한 느낌과 깔끔한 형태 처리 등의 덩어리 느낌을 또다른 특징으로 가졌다. 고딕 시대에도 독일 북부와 바이에른 지방에서는 벽돌이 주요 재료로 사용되었다. 뤼베크가 속한 북부 독일은 벽돌의 두 가지 특징 가운데 덩어리 느낌을 대표하는 지역이었다(그림 1057).

넷째, 장식 처리였다. 천측창은 오쿨루스 없는 세 개의 랜싯만으로 분할되었다. 가운데 것이 길게 위로 튀어나오고 조금 짧은 두 개가 양옆에 달라붙는 구성이었다. 대응 기둥과 리브 같은 선형 어휘는 붉은색으로 칠해졌다. 적백의 색채 배합을 통한 장식 처리였다. 천장에는 꽃장식이 그려졌다(그림 1059). 조각이나 부조가 아닌 그림을 이용하여 성화가 그려졌다. 기하 문양이 아닌 꽃을 이렇게 직접 그리는 방식은 독일만의 전통적 장식 경향이었다. 성 안나 예배당[St. Anna Chapel]에서는 삼원색이 장식 요소로 쓰였다. 기둥을 노란색으로 칠하고 천장 리브를 파랑색과 빨강색으로 칠한 것이다(그림 1060).

1057 마리아 교회(Marienkirche). 뤼베크(Lübeck), 독일. 1277년경~1351년
1058 마리아 교회(Marienkirche). 뤼베크(Lübeck), 독일. 1277년경~1351년

1059 마리아 교회(Marienkirche). 뤼베크(Lübeck), 독일. 1277년경~1351년

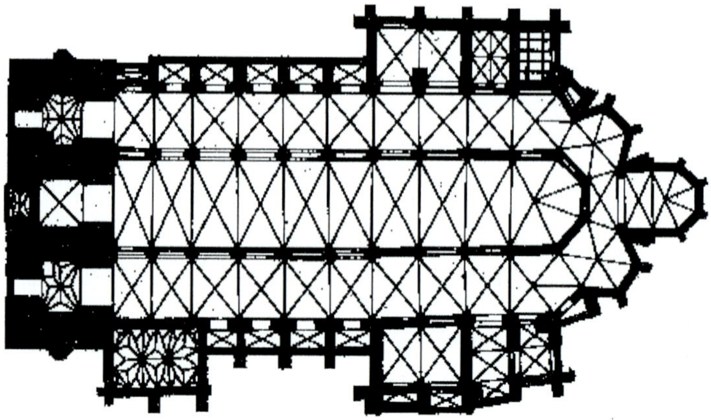

1060 마리아 교회(Marienkirche), 성 안나 예배당(St. Anna Chapel), 뤼베크(Lübeck), 독일, 1277년경~1351년

마리아 교회에 나타난 이런 특징들은 독일 북부지방에서 널리 모방되었다. 슈트랄준트의 성 니콜라오St. Nicholas at Stralsund, 1276년~, 펠플린의 시토회 교회Cistercian Church at Pelplin, 도베란의 시토회 교회1294~1368년 등은 이것을 대표하는 예들이다(그림 1026, 1061~1063). 이 건물들은 마리아 교회를 기본 구성으로 삼아 각자의 상황에 맞게 지역 특성을 활용 변형 강조했다. 벽돌을 이용한 장식 경향도 나타났다. 코린 성당Chorin Cathedral, 1273~1335년, 뤼베크의 성 가타리나1280~1356년, 슈트랄준트의 마리아 교회1384년경~1440년 등은 이것을 대표하는 예이다(그림 1064). 벽돌 장식은 독일의 로마네스

1061 성 니콜라오(St. Nicholas), 슈트랄준트(Stralsund), 독일, 1276년~
1062 시토회 교회(Cistercian Church), 펠플린(Pelplin), 독일(현재 폴란드)

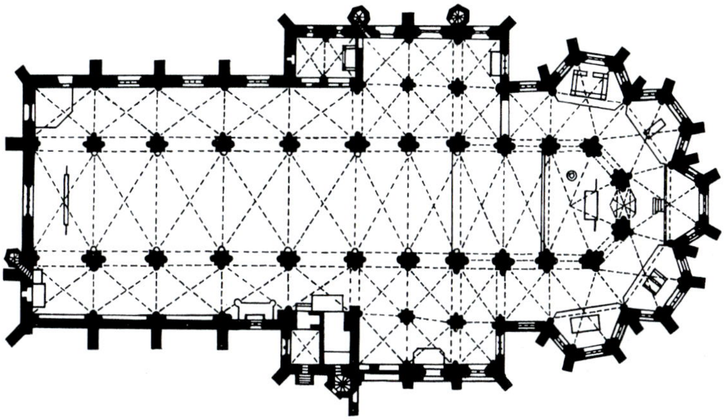

1063 시토회 교회(Cistercian Church). 도베란(Doberan), 독일. 1294~1368년

1064 마리아 교회(Marienkirche). 슈트랄준트(Stralsund), 독일. 1384년경~1440년

크 어휘인 롬바르디아 밴드를 응용하기도 했다.

뉘른베르크는 카를 4세Karl IV, 재위 기간, 1355~78년의 재위 동안 번창하며 이 지역만의 고딕 건축을 완성했다(그림 1065). 카를 4세는 뉘른베르크를 특히 노골적으로 보호하며 건물 축조에도 많은 도움을 주었다. 룩셈부르크 왕가Luxemburg dynasty 출신의 카를 4세는 뉘른베르크에서 프라하로 이어지는 지역을 정치적 기반으로 삼아 당시 유럽에서 강력한 황제로 군림했다. 프랑스나 로마 가톨릭과의 경쟁에서 승리하기 위한 전략을 여러 방면으로 구사했다. 뉘른베르크에 독일의 지역 양식으로 교회를 짓는 일은 이 가운데 중요한 부분을 차지했다.

성모마리아 교회1350~58년는 이것의 대표적인 예였다. 이 교회는 로마네

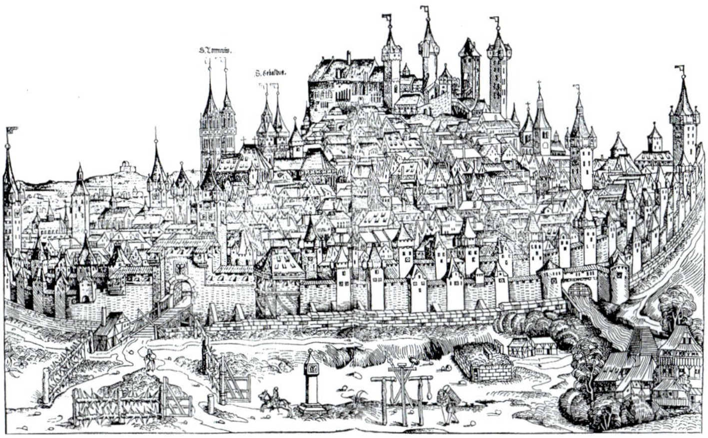

1065 중세 뉘른베르크(Nürnberg) 전경

1066 성모마리아 교회(Frauenkirche=Cathedral of Our Lady), 뉘른베르크(Nürnberg), 독일, 1350~58년
1067 성모마리아 교회(Frauenkirche=Cathedral of Our Lady), 뉘른베르크(Nürnberg), 독일, 1350~58년
1068 성 라우렌시오(St. Lawrence=Lorenzkirche), 뉘른베르크(Nürnberg), 독일, 1353~83년

스크 양식으로 지어져 있던 왕궁 예배당을 카를 4세가 고딕 양식으로 다시 지은 것이었다. 이 과정에서 독일적 특징이 형성되었다. 성모마리아 교회에 나타난 독일적 특징은 홀 교회 구성과 입면 처리였다. 홀 교회 구성에 대해서는 앞에서 살펴보았다. 입면의 전체 윤곽은 옆으로 넓적한 직사각형 몸통 위에 삼각형 상층부를 더한 구성으로 이루어졌다(그림 1066). 이때 상층부 처리가 매우 독특했다. 큰 삼각형 하나가 낮은 다섯 단의 수평띠로 구획되었다. 각 수평띠의 단부는 계단형 점증 구도로 처리되었다. 계단을 이루면서 위로 올라갈수록 좁아지는 구성이었다. 이런 구성은 독일 중세의 시 청사나 대저택 같은 세속 건물에서 많이 쓰이던 것이었다(그림 1067).

또한 각 수평띠는 속으로 작은 아치 두 개와 쌍기둥이 반복되는 방식에 의해 자잘한 어휘로 분할되었다. 이런 처리는 로마네스크에서 쓰이던 롬바르디아 밴드를 기본 모티브로 삼아 장식적으로 응용한 것으로 보인다. 출입구는 프랑스의 3분할 표준형에서 단독 구성으로 바뀌었다. 첨탑도 이에 맞춰 단일 탑으로 처리되었다. 이런 구성 역시 울름 등에서 동일하게 쓰인 독일 고딕만의 특징 가운

데 하나였다.

성모마리아 교회 옆에 지어진 성 라우렌시오1353~83년 역시 입면 구성에서 독일의 특징을 형성했다. 이 교회는 쌍둥이 첨탑을 가졌지만 출입구는 3분할이 아닌 단독 구성이었다. 탑의 아랫부분에 출입구가 만들어지지 않고 벽으로 막혀버린 것이다. 탑의 입면에 뚫린 창도 좌우가 비대칭이었다. 위로 올라갈수록 창 면적이 커지는 구성은 이탈리아의 캄파닐레 구성과 동일했다. 그런데 창 모양이 좌우가 서로 다른 비대칭이었다. 랜턴 부분은 독일 로마네스크 양식의 투구 형태로 처리되었다. 성 라우렌시오는 성모마리아에 비해 규모도 크고 쌍둥이 첨탑 구성을 하는 등 유럽의 표준 양식에 근접하려는 의도를 보였다. 그러나 구체적 어휘 처리에서는 독일의 전통적 특징을 나타냈다(그림 1068).

독일 고딕에서는 팔러 가가 중요한 역할을 했다. 개인 예술가로서의 건축가가 등장한 것은 르네상스 시대부터라는 것이 통설이다. 그러나 13세기를 넘기면서 유럽 각국의 고딕 건물에는 장인의 이름이 등장하기 시작했다. 아직 르네상스와 동일한 의미의 건축가는 아니었지만 나라별, 지역별, 시대별 차이를 창작해낸 주인공들로서 중요성을 갖는 것은 사실이었다. 이들은 장인이었기 때문에, 계획만 한 것이 아니라 시공까지 전 과정을 책임졌다. 이런 점에서 건물 전체에의 기여도는 오히려 건축가보다 높다고 할 수 있었다.

그 가운데 여러 명의 장인을 배출한 독일의 팔러 가는 가장 대표적인 예였다. 팔러 가는 카를 4세의 총애를 받으며 그가 발주한 주요 건물들을 지었다. 페터 팔러라는 장인의 활약이 특히 대단했다. 페터 팔러는 슈배비쉬 그뮌트의 성 십자가 성당, 뉘른베르크의 성모마리아 교회, 프라하의 스바테호비타 성당St. Vitus's Cathedral at Prague, 1344~52년(그림 1069), 콜린나드라벰의 성 바르톨로메오St. Bartholomew at Kolin nad Labem, 1360~78년 등을 지었다.

하인리히 팔러와 미카엘 팔러는 울름 성당과 밤베르크의 오베레 파레Oberre Pfarre at Bamberg, 1392~1431년 등을 지었다. 한스 팔러는 멀리 밀라노 성당 축조 공사에까지 초청되었다. 팔러 가의 장인들은 많은 주요 건물들에 직간접으로 간여했다. 그리고 홀 교회, 일탑식,

1069 스바테호비타 성당(St. Vitus's Cathedral), 프라하(Prague), 1344~52년

리브 장식, 건축 부재의 공예적 처리 등과 같은 독일 고딕의 주요 특징들을 창출했다.

15세기-후기 고딕과 장식

앞에서 밝힌 바와 같이 독일 고딕은 전 시기가 후기 고딕에 속했다. 이 때문에 독일 고딕에서는 후기 고딕이라는 분류가 큰 의미를 가지지 못했다. 도입기의 일부 건물이나 탁발승 수도회 소속 교회 등을 제외하고 장식 경향은 독일 고딕 전반에 걸쳐 나타난 현상이었다. 이것은 당시 유럽 고딕에 나타나던 동시대적 현상의 일환이라는 측면과 공예적 장식성이 강한 독일 전통이 지켜진 측면의 양면성을 가졌다.

이런 가운데 독일 고딕 내에서도 15세기는 특히 장식 경향이 두드러진 시기였다. 이런 해석은 장식 자체에만 국한시키기보다는 다른 경향과 함께 생각해야 하는 상대적인 문제였다. 예를 들어 14세기에도 장식 경향은 있었지만 이때에는 독일만의 고딕 양식을 창출하려는 더 큰 창조적 움직임의 하부 요소로 장식이 다루어졌다. 장식은 부가 요소 정도로서 건축적으로 큰 결정력을 갖지 못했다. 다른 시도를 풍부하게 해주며 독일적 정체성이 형성되는 데 도움을 주는 정도였다.

반면 15세기에는 이런 움직임들이 사라지면서 장식 경향만 남았다. 또한 거시적으로 보았을 때 15세기는 중세라는 밀레니엄 단위의 큰 문명이 끝나가던 시기이기도 했다. 이런 상황에서 장식은 무기력한 쇠퇴라는 부정적 의미를 갖게 되었다. 이것은 좁은 의미에서 후기 고딕에 해당되는 내용이었다. 이런 현상을 지칭하기 위해 15세기 독일 건축은 '연성 양식'이나 '둥글린 양식weicher Stil=soft style 혹은 rounded style'이라는 별도의 명칭으로 불리기도 한다(그림 1021, 1022, 1070).

1070 부르크(Burg), 블라디슬라프잘(Wladislaw-Saal), 프라하(Prague), 1493년

15세기는 또한 팔러 가의 뒤를 이어 독일 장인 건축가들이 대거 등장한 시기였다. 당시 이탈리아 르네상스에서 예술가로서의 건축가들이 등장하기 시작한 것도 중요한 영향으로 작용했다. 독일 장인들은 이런 영향을 받아 개인적 창작성을 중요하게 여

기며 자유분방한 디자인을 추구했다. 이런 현상은 후기 고딕의 장식 경향을 증대시키는 결과를 낳았다. 또다른 영향으로 프랑스에서 유행하던 플랑부아양 양식을 들 수 있다. 독일의 후기 고딕에서는 이 양식과 유사하게 리브와 트레이서리 등을 이용한 예들이 상당수 지어졌다.

리브를 이용한 장식 경향은 홀 교회와 바실리카의 두 유형으로 분류될 수 있다. 홀 교회에서는 기둥을 단일 원형 기둥으로 단순 처리한 뒤 우산 볼트의 천장에 리브를 이용한 강한 장식 어휘를 새기는 경향이 유행했다. 리브 장식에는 기하 문양, 별모양, 꽃모양 등 다양한 어휘가 사용되었으며 프레스코화로 직접 장식을 그리는 경우도 많았다. 베이마다 그려지는 문양이 달라지기도 했다. 이런 특징들은 모두 독일 고딕의 공예적 장식성을 잘 보여주는 예들이다.

란츠후트의 양로원 교회Spitalkirche, 잘츠부르크의 프란치스코회 교회, 안나베르크의 안나 교회Annenkirche at Annaberg, 슈트랄준트의 마리아 교회1384~1440년 등은 이런 경향들을 대표하는 예들이다(그림 1021, 1071, 1072). 단치히Gdańsk=Danzig의 마리아 교회에서는 셀 볼트라는 장식 어휘가 쓰였다. 이것은 리브를 사용하지 않고 천장을 두껍게 한 뒤 파내서 볼트 문양을 만드는 방식이었다(그림 1073).

바실리카 유형에서는 창 분할이 리브와 함께 장식을 이루는 중요한 기회가 되었다. 리브 장식은 홀 교회와 유사했다. 여기에 창 면적을 넓힌 뒤 트레이서리를 이용한 장식 어휘가 추가되었다. 이를 위해 창

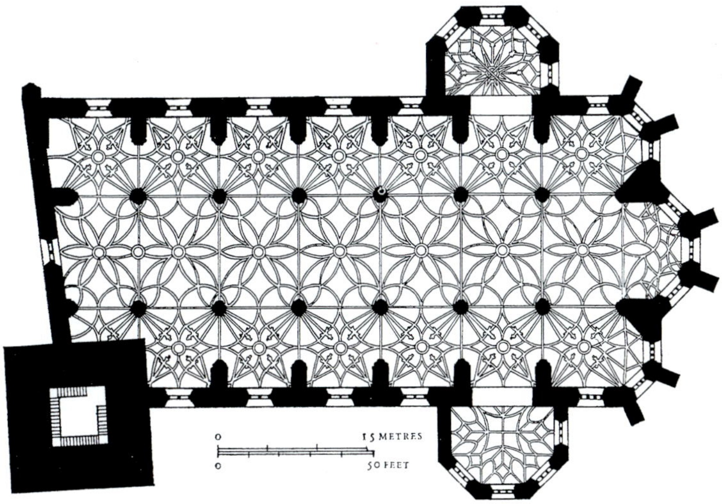

1071 안나 교회(Annenkirche=St. Anne), 안나베르크(Annaberg), 독일, 1515~22년

1072 마리아 교회(Marienkirche), 슈트랄준트(Stralsund), 독일, 1384년경~1440년

1073 마리아 교회(Marienkirche). 단치히(Gdańsk=Danzig), 독일(현재 폴란드). 1343년경~1502년

1074 마리아 교회(Marienkirche). 슈트랄준트(Stralsund), 독일. 1384년경~1440년

은 2차원 면 스크린처럼 정의되었다. 프라하의 스바테호비타 성당, 슈타르가르트[Stargard]의 마리아 교회[1400년 직전에 시작] 등이 이런 경향을 대표하는 예들이다(그림 1069, 1074).

이탈리아 고딕 3

로마네스크와 고딕 사이

이탈리아 고딕 역시 독일 고딕과 마찬가지로 어렵게 시작되었다. 고전주의와 로마네스크의 전통이 강했던 이탈리아에서 고딕 건축의 도입이 어려웠던 것은 당연한 측면이 있었다. 교황청 이외에는 프랑스와의 역사 교류가 적었던 배경도 중요한 요인이었다. 이탈리아에서 고딕 시기의 프랑스 건축을 처음 접한 것은 12세기 시토회를 통해서였다. 건축 양식은 고딕이 아닌 부르고뉴 지방의 후기 로마네스크였다. 이 양식에서는 프로토-고딕 형식으로 개별 고딕 어휘가 사용되고 있었다. 이탈리아가 처음 접한 고딕 건축은 이것들이었다. 유기적 구조를 기본 체계로 삼은 완성된 양식이 아닌 개별 어휘였다.

이런 상황은 이탈리아가 프랑스 고딕을 쉬운 양식으로 여기는 요인으로 작용했다. 프로토-고딕은 이탈리아에서도 이미 12세기 초부터 나타나기 시작한 현상이었기 때문에 프랑스 고딕을 자신들의 고딕과 크게 다르지 않은 것으로 판단했을 것이다. 반면 유기적 종합 구조로 지어지는 제대로 된 프랑스 고딕은 이탈리아에게는 너무 이질적이고 낯선 양식이었다. 프랑스 고딕의 탄생 배경이었던 구조적 정밀성이나 합리적 기술력 같은 것은 이탈리아에서 별 관심을 끌지 못했다. 이탈리아는 고딕이라는 새 양식으로부터 고전 전통과 유사한 것만 찾으려 들었다(그림 1075). 이런 입장은 자신들의 로마네스크 건축과 관련해서도 마찬가지였다. 예를 들어 롬바르디아 지방의 제1 로마네스크 석조 볼트를 12세기 이탈리아에서는 고딕 구조로 발전할 씨앗으로 보지 않고 로마 전통의 연속으로 보았다.

이런 요인들이 함께 작용하면서 이탈리아 고딕은 자국의 전통을 기본 바탕으로 삼아 프랑스 고딕을 어휘별로 차용하는 방향에서 시작되었다(그림 1076, 1077). 이때 차용의 기준은 개개 건물이나 지역의 상황에 잘 맞는가의 여부였다. 자국의 고전 전통이나 로마네스크 전통을

1075 성 그레고리오(St. Gregorio), 베네치아(Venezia), 이탈리아

1076 산타키아라(Santa Chiara), 아시시(Assisi), 이탈리아, 1257~60년
1077 산타나스타시아(Sant'Anastasia), 베로나(Verona), 이탈리아, 1261년~

1078 산타마리아소프라미네르바(Santa Maria sopra Minerva), 로마, 1285년경

지키면서 여기에 맞는 고딕 어휘를 선별적으로 차용하여 이런 전통과 합쳐내는 것이었다. 두 가지 강한 전통 가운데 고전의 잔재는 많이 드러나지 않았지만 로마네스크의 연속성은 비교적 큰 편이었다. 이탈리아 로마네스크는 다시 초기 기독교의 연속인 측면이 많았기 때문에 이탈리아 고딕은 전반적으로 고전 기독교의 특징을 강하게 드러냈다.

이런 이유로 인해 이탈리아 고딕은 대부분 이탈리아만의 로마네스크 전통이 강했던 토스카나 지방에서 융성했다. 로마네스크의 전통이 강해야 고딕이 융성할 수 있었다는 사실은 역설적 한계와 불합리성을 갖긴 하지만 그만큼 이탈리아 고딕만이 처했던 특수 상황을 잘 보여주는 것이기도 했다. 로마네스크 전통이라도 있어야 중세적 연속성을 가지며 고딕 건축이 싹틀 수 있었다는 의미였다. 이탈리아에서는 로마네스크의 전통이 고딕을 가로막는 걸림돌이 아니라 고딕을 가능하게 해준 촉매제였다. 이것마저 없었던 이탈리아의 다른 지역에서는 중세는 그야말로 시간의 흐름이었을 뿐 독자적인 건축 양식은 싹틀 엄두조차 내지 못했다. 이런 지방에서는 고딕 건축 자체가 아예 없이 고전적 연속성 속에서 중세를 보냈다. 로마에는 고딕 시대 전체를 통틀어 단 한 채의 고딕 성당이 지어졌다. 건축적 내용을 보더라도 로마적 연속성이 강하게 남아 있다(그림 1078).

고전의 영향은 프랑스 고딕에서도 나타났던 현상이었다. 그러나 프랑스 고딕에서는 구조 합리주의나 비례감 같은 은유적 방식으로 나타났다. 반면 이탈리아 고딕에서는 신전 파사드, 오더, 네이브 월 등 비교적 직접적으로 어휘를 사용하는 데서 차이가 있었다. 이상과 같은 배경 아래 12세기 전반에서 13세기 전반에 이르는 1세기가 프랑스 고딕을 수입하여 이탈리아의 전통에 맞게 정착시킨 기간이었다. 이 시기를 지나면서 이탈리아는 나름대로 독특한 고딕 건축을 완성시키며 여러 건물들을 남겼다(그림 1079). 이탈리아 고딕은 '내셔널 고딕'으로 분류되는 국가들 가운데 프랑스 고딕과 가장 다른 특징을 보였다. 이 과정에서 이탈리아 고딕이 역으로 프랑스 고딕에 영향을 끼치는 경우도 있었다. 로즈 윈도가 대표적인 예였다. 로즈 윈도가 이탈리아에서 시작된 것으로 볼 수 있는 고고학적 증거로 베로나의 성 제노를 들 수 있다(그림 403).

1079 고딕 시대 이탈리아

산갈가노 수도원 교회, 성 프란치스코 수도원 교회, 성 안드레아 성당

이탈리아 고딕 양식의 시작이나 정착 과정에 대해서는 통일된 의견이 없다. 지역마다 다른 많은 예들이 몇 년이라는 아주 짧은 시차를 두며 지어졌기 때문이다. 이 가운데 이탈리아의 상황을 잘 보여주는 세 가지 예를 대표로 들 수 있다. 이탈리아 고딕의 성립은 이 세 가지 상황이 복합적으로 작용한 결과로 볼 수 있다.

첫번째는 산갈가노 수도원 교회Abbey Church of San Galgano, 1224년~이다. 이 교회는 시토회 교회로 이탈리아에 고딕 양식이 정착하는 과정에서 시토회가 수행한 역할을 보여주는 예이다. 이 교회는 부르고뉴 로마네스크를 기본 특징으로 삼아 기둥 등에서 고딕 어휘를 받아들였다. 반면 재료는 벽돌과 트래버틴travertine 등의 이탈리아 전통 재료를 사용했다. 시토회 건물로는 이 교회보다 앞선 포사노바Fossanova, 1187년~나 카사마리Casamari, 1203~07년 등이 프랑스 고딕 어휘를 먼저 받아들였다는 주장도 있다.

두번째는 아시시의 성 프란치스코1228~39년, 1253년 봉헌 성당 수도원 교회이다

1080 성 프란치스코 수도원 교회(Abbey Church of San Francesco). 위층 교회(upper church). 아시시(Assisi), 이탈리아. 1228~39년, 1253년 봉헌

1081 성 프란치스코 수도원 교회(Abbey Church of San Francesco). 위층 교회(upper church). 아시시(Assisi), 이탈리아. 1228~39년, 1253년 봉헌

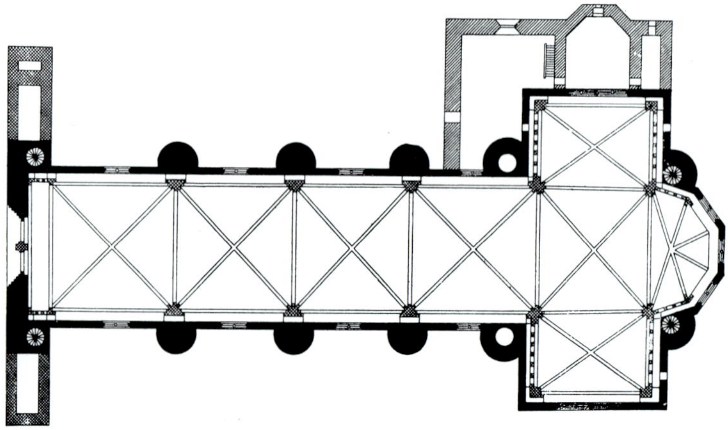

(그림 514). 이 건물은 상하 두 개의 교회로 구성되었다. 이탈리아에서 탄생한 프란치스코회의 본산인 점에서 시토회에 속했던 산갈가노보다 이탈리아적인 특징이 더 강하게 나타났다. 이런 내용은 위층 교회에 더 잘 나타났다. 1랑식 단일 공간이며 수평적 비례가 전체를 주도했다(그림 1080, 1081). 벽은 높은 기단과 위쪽의 개구부로 이등분되었다. 개구부는 포인티드 아치가 전체 윤곽을 형성하고 외벽은 이것보다 속으로 함몰되어 세워졌다. 창은 개구부 면적의 3분의 1 정도를 차지하며 중앙에 났다. 천장은 리브 그로인 4분 볼트였다. 벽은 다발 기둥에 의해 분절되었다. 대응 기둥은 개수와 방향 등이 리브에 맞춰 세워졌다. 실내 도상도 조각이 아닌 프레스코화가 주류를 이루었다.

이런 특징들은 고딕이라고 볼 수도 있고 아니라고 볼 수도 있는 애매한 구성이었다. 이런 애매함은 두 가지 측면에서 이해할 수 있다. 한 가지는 프란치스코회 교회에 공통적으로 나타나는 단순 구성으로 보는 것이다. 고딕 체계로 지어졌지만 이것들이 단순화된 점에서 그러하다. 전체 골격은 프레스코화가 그려질 바탕면을 많이 확보하는 데 초점이 맞추어진 측면이 많았다(그림 1082).

다른 한 가지는 이것이 바로 이탈리아 고딕의 전형적인 예일 수 있다는 점이다. 이 건물이 참고한 프랑스 선례로 앙제 성당 등이 거론되기는 하지만, 선례를 참고하지 않은 이탈리아만의 독창적 디자인이라는 것이 통설이다. 이렇게 보았을 때 이 건물은 당시 완성점에 이르렀던 프랑스 고딕을 이탈리아 장인들이 어떻게 이해하고 받아들여 재생

해냈는가를 보여주는 증거로 해석된다. 프랑스 장인들의 도움이나 별도의 학습 없이 이탈리아 장인들이 프랑스에 가서 본 것을 가지고 자신들이 할 수 있는 한도 내에서 이탈리아에 세운 것이라는 의미였다. 이 과정에서 이탈리아 장인들을 옭아매고 있던 고전 기독교의 전통이 강하게 작용했다. 프랑스 중세 기독교 건축을 이탈리아의 고전 기독교 건축 방식으로 재해석해낸 경우에 해당한다. 영국이나 독일처럼 프랑스 고딕을 그대로 받아들이지 않고 자신들의 전통으로 재해석해서 받아들인 것이다.

세번째는 베르첼리의 성 안드레아[Sant'Andrea at Vercelli, 1219~24년] 성당이다. 이 성당은 실내와 외관 모두 고딕 구성을 갖추었다. 실내는 리브 그로인 볼트, 다발 기둥, 포인티드 아치 등이 고딕 어휘로 구성되었다(그림 1083). 외관은 첨탑, 로즈 윈도, 갤러리, 대출입문 등의 고딕 어휘를 갖

1082 성 프란치스코 수도원 교회(Abbey Church of San Francesco). 아시시(Assisi), 이탈리아. 1228~39년, 1253년 봉헌

1083 성 안드레아(Sant'Andrea). 베르첼리(Vercelli), 이탈리아. 1219~24년

추었다. 그럼에도 불구하고 이 성당은 고딕 양식으로 분류하기 힘들다. 실내의 고딕 어휘는 구조적 역할을 하지 못하는 장식 어휘에 가까웠다. 어휘들은 유기적 구조 체계를 이루지 못한 채 개별적으로 쓰이고 있었다.

기본 골격에 초기 기독교나 로마네스크의 잔재도 많이 남아 있었다. 네이브 월은 갤러리가 없는 2단 구성이었으며 크로싱 천장은 펜던티브 돔으로 처리되었다. 외벽의 창도 기둥에 따른 수직 분할이 아니라 내력벽을 먼저 세운 뒤 구멍을 뚫듯이 만든 수평 분할이었다. 외관도 마찬가지였다. 아직 반원 아치가 전면을 주도했다. 첨탑을 뺀 중심부만 보면 초기 기독교 바실리카의 원형도 남아 있었다. 박공이 강하게 드러나면서 고전적 전통도 표현했다. 이런 점에서 이 건물은 고전 기독교 건물과 중세 기독교 건물 사이에 어중간하게 머물렀다. 이것은 이탈리아의 고전 기독교 전통에 프랑스의 중세 기독교 전통이 파고들어오는 것이 얼마나 어려운지를 잘 보여주는 현상으로 이해할 수 있다.

이상의 세 예는 이탈리아 고딕의 발상과 함께 이후의 전개 과정을 대표적으로 보여주는 예들이다. 이탈리아 고딕은 수도회에 대한 의존도가 높았다. 이 과정에서 이탈리아 수도회와 프랑스 수도회의 영향이 혼재되는 현상이 나타났다. 이탈리아 수도회 건축은 고전 기독교의 전통을 지킨 반면 프랑스 수도회 건축은 고딕 양식을 가지고 들어왔다. 이 둘은 각각 독립적으로 발전하면서 동시에 서로 영향을 주고받았다. 이런 양상은 수도회 건축이 아닌 일반 성당이나 교회에서도 동일하게 나타났다.

이탈리아 고딕에서는 영국의 캔터베리 성당이나 독일의 슈트라스부르크 성당처럼 프랑스에서 완성된 모델이 통째로 이식된 예는 하나도 없었다. 고딕 골격에 고전 어휘를 쓰거나 고전 골격에 고딕 어휘를 쓰는 등의 교차 혼재가 주요 특징으로 형성되었다. 혼재는 의도적인 것이었을 수도 있고 고딕에 대한 이해가 부족한 결과였을 수도 있다. 혼재의 양상도 어색하게 따로 노는 단순 병렬에서부터 아시시의 예처럼 이탈리아 전통으로 충분히 소화해낸 경우까지 편차가 컸다.

도미니크회와 프란치스코회

1084 성 프란치스코 수도원 교회(Abbey Church of San Francesco). 아시시(Assisi), 이탈리아. 1228~39년, 1253년 봉헌

이탈리아 고딕은 수도회 건축에 대한 의존도가 높았다. 도미니크회와 프란치스코회는 이탈리아에서 형성되었기 때문에 특히 그러했다. 이탈리아 고딕의 출발점 가운데 하나로 얘기되는 아시시는 대표적인 예이다. 이외에도 이탈리아의 주요 도시들에는 두 수도회 소속의 교회들이 지어지면서 이탈리아 고딕을 이끌었다. 이 교회들은 이탈리아에서 고딕 어휘를 가장 먼저 사용하기 시작한 점에서 이탈리아 고딕이 자리잡는 데 중요한 역할을 했다. 13세기의 정착기에 특히 그러했다.

프랑스 고딕으로부터 자유로운 상황도 중요한 요인이었다. 극기주의를 기본 강령으로 내세운 두 수도회의 교회들은 부재 사용이 많고 복합 구성을 갖는 프랑스 고딕과는 맞지 않았다. 그보다는 이탈리아의 고전 기독교 전통과 더 잘 맞는 측면이 많았다(그림 1084). 독일에서도 두 수도회의 교회들은 프랑스 고딕 양식을 그대로 받아들이기보다는 자국의 로마네스크 전통에 기반한 지역 양식으로 주로 지어졌다. 프랑스 고딕을 통째로 수입해야 할 필요성이 훨씬 적었던 이탈리아에서는 자유롭게 두 수도회의 교회를 지을 수 있었다.

아시시의 뒤를 이은 것은 볼로냐의 성 프란치스코1236~50년였다. 평면은 바실리카 표준형을 유지했지만 건물 골격과 공간 구성에는 프란치스코회의 극기주의 강령이 잘 반영되었다(그림 531, 1085). 이 과정에서 이탈리아 고딕의 기본 특징이 형성되었다. 외관은 자잘한 분절이 생략

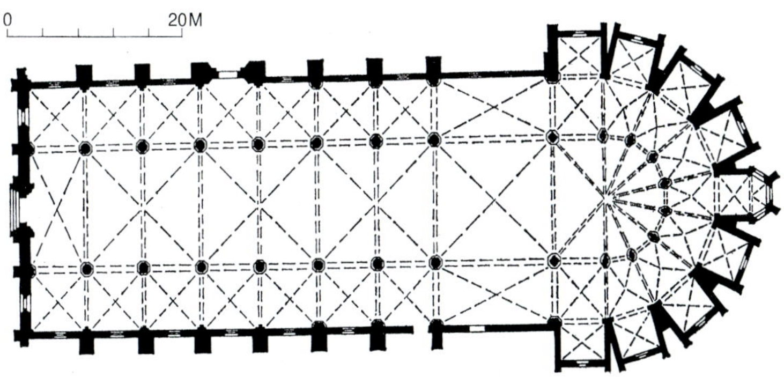

1085 성 프란치스코(San Francesco). 볼로냐(Bologna), 이탈리아. 실내 1236~50년/외관 1263년

1086 성 프란치스코(San Francesco), 볼로냐(Bologna), 이탈리아. 실내 1236~50년/외관 1263년

된 큰 매스 단위로 구성되었다. 앱스 바깥쪽으로 플라잉 버트레스가 형태와 구조적 역할 모두에서 다이어그램식으로 단순화되어 쓰였다(그림 1086). 재료는 이탈리아의 전통 재료인 벽돌이었다. 고전적 벽돌 조적은 매스 단위의 단순성을 강조했다.

실내도 이와 유사했다. 아케이드는 아직 육중한 고전 전통을 유지했다. 창은 기둥이 세워지면서 형성되는 것이 아니라 두꺼운 벽을 파내어 만들어진 것처럼 보였다. 구조 부재들도 외관의 플라잉 버트레스가 그러했던 것처럼 형태와 구조적 역할 모두에서 다이어그램 식으로 단순하게 처리되었다. 공간은 단순했고 통일성이 높았다. 창은 최소한도로 유지되었으며 나머지는 모두 흰 회벽으로 놔두었다. 기둥과 리브 등 구조 부재만 붉은 벽돌이었다. 붉은 선형 어휘는 흰 회벽과 강렬하면서도 극기적인 대비를 만들어냈다(그림 1087).

다음은 도미니크회 교회였던 피렌체의 산타마리아노벨라Santa Maria Novella, 1279년~였다. 여기에서는 아시시에서 볼로냐로 이어진 경향이 반복되면서 이탈리아 고딕의 대표 유형으로 자리잡았다. 실내 분위기는 고전적 수평감과 고딕적 수직감이 동시에 느껴졌다(그림 1088). 이런 양면성은 볼트 사용에서 얻어졌다. 공간의 실제 비례는 수평에 가까웠다. 그러나 볼트를 하늘로 치솟은 것처럼 위쪽으로 급하게 처리함으로써 돔 천장을 바라보는 것 같은 수직 느낌이 얻어졌다. 리브의 윤곽은 이런 느낌을 배가했다. 리브 그로인 볼트라는 고딕 어휘를 돔이라는

1087 성 프란치스코(San Francesco), 볼로냐(Bologna), 이탈리아. 실내 1236~50년/외관 1263년

1088 산타마리아노벨라(Santa Maria Novella), 피렌체(Firenze), 이탈리아. 1279년~

1089 산타마리아노벨라(Santa Maria Novella), 피렌체(Firenze), 이탈리아. 1279년~

고전 어휘의 느낌으로 재해석해냄으로써 고전의 전통도 살리면서 동시에 고딕적 특징도 잃지 않고 유지하는 일거양득의 효과를 올린 것이다.

혹은 이런 천장 처리는 오히려 고전적 수평감을 강화시키는 것으로 해석될 수도 있다. 고딕 본류에서의 수직감에 비하면 턱없이 부족하려니와 돔이 갖는 고전적 상징성이 워낙 컸기 때문이다(그림 1089). 이런 해석은 네이브 월 처리에서 확인된다. 아케이드는 포인티드 아치가 아닌 반원형 아치로 처리되었다. 아케이드를 구획하는 기둥은 구조적으로 꼭 필요한 만큼만 쓰이면서 가능한 한 가늘게 처리되었다. 아치의 개구부가 최대한 확장되었다. 크게 뚫린 반원형 아치의 모습 자체가 일차적으로 고전적 상징성을 가졌다. 네이브 월의 분할은 전혀 없었다. 천측창이 작은 원형으로 뚫렸지만 온전한 창이라고 보기 어려웠다. 아케이드 위의 벽은 흰색의 단순벽으로 놔두었다. 고딕의 유기적 구성을 전면 거부하는 모습이었다. 이런 처리들이 만들어내는 공간적 통일감은 고전적 개념에 가까웠다(그림 1090).

이런 기법은 기둥 처리에서도 동일하게 관찰된다. 횡방향 볼트를 받치는 반원형 벽기둥이 가장 높이 올라갔다. 아케이드를 받치는 반원형 기둥은 이 기둥의 양옆으로 각 하나씩 낮은 높이로 더해졌다. 이 세 기둥의 그 역할은 대응 기둥이었지만 외관은 고전 벽기둥처럼 처리되었다. 고딕의 구조 체계를 충실히 지키면서 모습은 고전식으로 처리된 것이다. 이렇게 처리됨으로써 기둥과 리브 사이의 구조적 관계는 오히려 다이어그램처럼 단순하면서도 명확하게 표현되었다. 아치 윤곽과 리브의 선형 어휘가 대리석을 이용한 모자이크 문양으로 처리됨으로써 명확성은 배가되었다. 흑백의 모자이크 문양은 얼룩말 무늬라는 토스카나 지방의 로마네스크 전통 장식에서 온 것으로 고전적 연속성을 보여주는 또다른 증거였다.

고전적 연속성은 평면에서도 나타났다. 동쪽 성소가 성가대석이 없는 단순 구성으로 끝난 것이다(그림 1091). 아직 슈베라는 이름을 붙이기 전 단계의 구성이다. 동쪽 끝은 중앙의 큰 정사각형 앱스를 중심으로 양옆에 작은 정사각형 예배당이 두 개씩 더해졌다. 총 다섯 개의

1090 산타마리아노벨라(Santa Maria Novella). 피렌체(Firenze), 이탈리아. 1279년~

1091 산타마리아노벨라(Santa Maria Novella). 피렌체(Firenze), 이탈리아. 1279년~

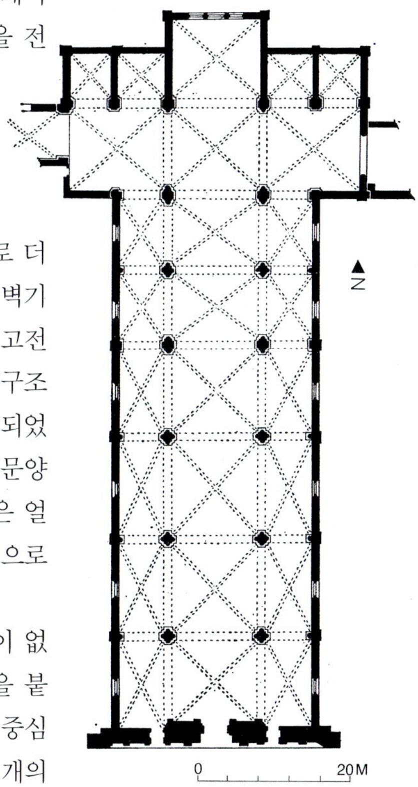

1092 산타마리아노벨라(Santa Maria Novella). 피렌체(Firenze), 이탈리아. 1279년~

방이 손가락처럼 늘어섰다. 동쪽 끝 공간의 방향이 동서 종방향으로 향하는 이런 구성은 성 밖의 성 바오로 등 일부 초기 기독교 바실리카에서 쓰이던 것이었다(그림 1092). 통상적 의미에서의 중세 라틴 크로스란 이런 초기 유형이 분화하여 슈베를 가진 구성을 말한다. 여기에서는 분화가 일어나기 전의 초기 기독교 상태에 머물고 있다. 예배당 위쪽의 벽을 네이브 월과 마찬가지로 미니멀리즘 분위기의 백색 면으로 놔둔 처리는 다시 한번 고딕의 유기적 분화를 거부하며 고전적 단순성 안에 머물겠다는 의지를 표현했다.

13세기-피렌체와 시에나

이상의 교회들은 두 수도회가 이탈리아 고딕을 창출하기 위해 적극적으로 노력했음을 보여주는 예들이다. 왜냐하면 교리로 보았을 때 두 수도회 교회들은 목조 평천장을 지켜야 했기 때문이다. 수도회 교회에서의 천장 문제는 독일의 예가 좋은 비교 대상이 될 수 있다. 독일의 예들에서는 이 문제와 관련하여 양면성이 관찰된다. 일부 예에서는 목조 평천장의 강령을 어기고 리브 그로인 볼트로 천장을 축조했다. 이것은 이탈리아와 마찬가지로 독일만의 고딕 양식을 창출하려던 의도로 볼 수 있다. 그러나 독일의 많은 예들에서는 목조 평천장의 강령이 지켜졌다. 이것은 독일과 이탈리아가 처한 입장이 달랐음을 보여주는 대목이다.

천장이 바뀌면 네이브 월, 기둥 체계, 버트레스 등 모든 구조가 따라 바뀌어야 한다. 목조 평천장인 경우 고딕 양식은 포기해야 한다. 독일에서는 다른 다양한 경향들 속에서 독일 고딕 양식이 창출되고 있었기 때문에 건축과 관련된 두 수도회의 의무가 상대적으로 적었을 수 있다. 반면 수도회에 대한 의존도가 유난히 컸던 이탈리아에서는 사정이 달랐다. 두 수도회는 강령을 지키는 것 못지않게 이탈리아의 고딕 양식을 창출하는 일을 중요한 종교적 임무로 여겼을 수 있다. 수도회 교회 이외의 다른 건물들에서 고딕 양식을 시도하는 예가 상대적으로 적었던 것도 중요한 이유였다. 이런 배경 아래 이탈리아의 수도회 교회들은 대부분 리브 그로인 볼트로 천장이 처리되었다.

초창기 수도회 교회들에서 정착된 이탈리아 고딕의 특징들은 하나의 유형으로 자리잡았다. 이후 같은 수도회 교회와 그외의 성당 등 대부분의 기독교 건물에서 유사하게 반복되었다. 지역적으로는 피렌체가 중심지 역할을 한 가운데 13세기 말에는 시에나가 라이벌로 떠올랐다. 두 도시의 경쟁 관계는 건물 축조로 이어져 13세기 말부터 14세기에 걸쳐 이탈리아 고딕을 이끄는 원동력이 되었다. 피렌체의 산타크로체Santa Croce, 프란치스코회, 1300년경~(그림 1107~1109)시에나의 성 프란치스코1326년 시작와 성 도미니코San Domenico, 1309년 이후 시작 등은 이것을 대표하는 예이다(그림 521, 522, 530).

두 도시 이외에 중요한 예로 페루자Perugia의 성 도미니코1304년~를 들 수 있다. 이 건물은 이 수도회의 전형적인 극기주의 건축을 잘 보여주는 표준형을 기본 구성으로 삼아 실내는 독일식 홀 교회 구성으로 이루어졌다. 이외에도 베네치아의 성 요한/성 바오로Santi Giovanni e Paolo, 1355년~, 도미니크회와 산타마리아글로리오사데이프라리Santa Maria Gloriosa dei Frari, 1330년경 시작, 프란치스코회, 트레비소의 성 니콜라오San Nicolo at Treviso, 1303년경 시작, 도미니크회 등을 추가로 들 수 있다(그림 534~536).

13세기는 수도회 교회 이외에도 다른 성당과 교회들이 지어지며 이탈리아 고딕이 자리잡는 시기였다. 대체적으로 앞의 수도회 교회들에서 형성되었던 내용들을 선례로 삼는 쪽으로 전개되었다. 선례에 대한 의존 정도는 심한 편이어서 유사한 내용이 반복되었다. 다른 각도에서 보면 이탈리아만의 고딕 경향이 자리잡아가는 것일 수도 있었다.

시에나 성당1250~1400년경은 이것을 대표하는 예였다. 이 건물은 기본적으로 로마네스크 골격에 머물렀다. 서쪽 출입구와 네이브의 아케이드 모두 반원 아치를 기본 모티브로 삼았다. 파사드에서는 반원 아치의 출입문 위에 삼각 박공이 더해졌다(그림 1093). 중앙의 원형창은 고딕의 로즈 윈도까지 발전하지 못하고 로마네스크 양식에 머물렀다. 박공면에는 비잔틴 모자이크풍의 그림이 그려졌다. 외관은 전체적으로 정사각형 비례를 유지했다. 포인티드 아치는 아주 작은 소품 형태의 조각물로 처리되어 로마네스크 어휘들 사이에 끼워졌다(그림 1094).

1093 시에나 성당(Siena Cathedral). 이탈리아. 1250~1400년경

1094 시에나 성당(Siena Cathedral). 이탈리아. 1250~1400년경

1095 시에나 성당(Siena Cathedral). 이탈리아. 1250~1400년경
1096 시에나 성당(Siena Cathedral). 이탈리아. 1250~1400년경
1097 시에나 성당(Siena Cathedral). 이탈리아. 1250~1400년경
1098 시에나 성당(Siena Cathedral). 이탈리아. 1250~1400년경
1099 시에나 성당(Siena Cathedral). 이탈리아. 1250~1400년경

실내의 네이브 월은 2단 구성으로 분할되었다. 대응 기둥과 리브 그로인 볼트가 쓰이고 있지만 서로 구조적으로 연관을 갖지 못하고 중간에서 완전 분리되었다. 분리는 수평띠에 의해 일어났다. 수평띠는 실내 분위기를 고전적 수평감이 주도하게 만들었다(그림 1095). 크로싱 천장을 돔으로 막은 처리 역시 고전 어휘가 사용된 대표적 예였다. 돔 천장 자체가 고전적 기법이려니와 이것이 실내에 만들어내는 분위기 또한 고전적 안정감으로 나타났다(그림 1096, 1098).

크로싱 천장에서의 이런 분위기는 네이브 천장의 볼트에서 계속되었다. 네이브 천장은 그로인 볼트였지만 기울기와 천장 곡면 등이 돔에 가깝게 느껴졌다. 리브의 돌출 정도를 최소화한 반면 횡방향 아치를 얇은 벽체에 가깝게 돌출시킨 처리는 이런 분위기를 도왔다. 실내

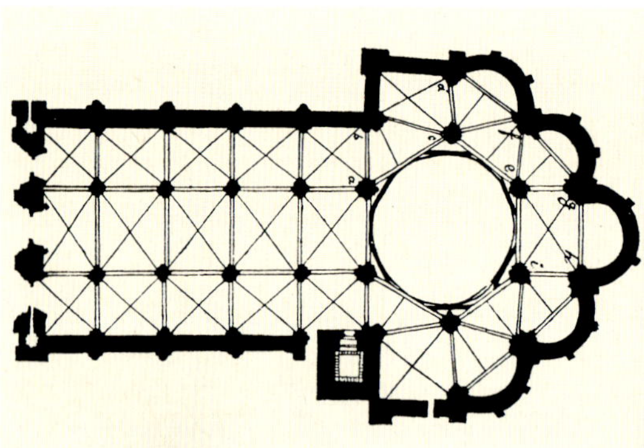

1100 성 안토니오(Sant'Antonio). 파도바(Padova), 이탈리아. 1230년경~1307년

1101 성 안토니오(Sant'Antonio). 파도바(Padova), 이탈리아. 1230년경~1307년

는 돔식 바실리카처럼 변했다(그림 1097). 아케이드의 아치 개구부를 가능한 한 확장해서 공간적 통일감을 얻은 것은 산타마리아노벨라의 연속이었다.

외관과 실내 모두 작은 규모는 아니었지만 캄파닐레를 제외하곤 고전적 안정감이 주도했다. 대리석을 이용한 채색 장식이나 얼룩말 무늬는 토스카나 로마네스크의 지역 전통이 이어진 것이었다(그림 1098). 대리석을 이용한 색채 장식도 현란함을 자랑했다. 고딕적 특징이라곤 조각물 정도였다. 포인티드 아치도 이런 조각물의 일환으로 처리되었다(그림 1099). 장식은 대폭 강화되었다. 조각물이 세밀해지면서 그 수도 대폭 늘어났다(그림 1094).

파도바의 성 안토니오Sant' Antonio at Padova, 1230년경 시작는 또다른 중요한 예였다. 이 건물은 시에나와 마찬가지로 외관과 실내 모두가 고전적 수평감과 정사각형 비례에 의해 주도되었다. 평면은 비잔틴의 돔 크로스domes cross형으로 구성되었다(그림 1100). 내접형 그릭 크로스 가운데 중심과 옆 공간 네 곳, 총 다섯 곳의 천장을 돔으로 처리했다. 로마네스크의 중앙집중형에서 나타났던 비잔틴의 영향이 사라지지 않고 이어졌다. 건물의 전체 골격은 로마네스크 구성을 기본으로 삼아 고딕적 장식이 더해지는 방식으로 이루어졌다(그림 1101).

마지막 예로 아레초 성당Arezzo Cathedral, 성가대석 1277~89년, 네이브 14세기을 들 수 있다(그림 1102). 이 건물은 13세기 후반부에 세워졌는데 성가대석을 보면

1102 아레초 성당(Arezzo Cathedral). 이탈리아. 성가대석 1277~89년/네이브 14세기

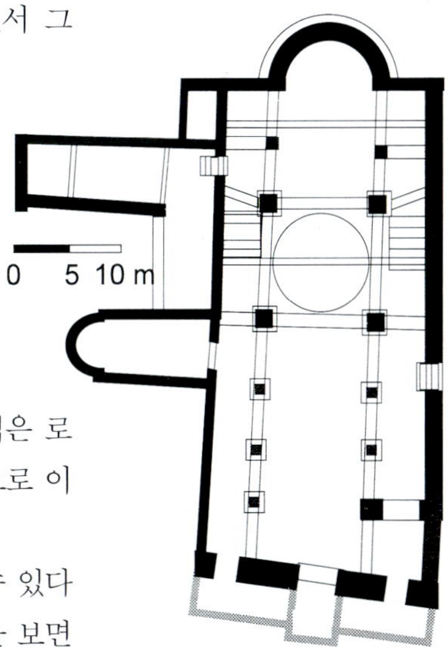

고딕에 조금 가까워졌다. 건물의 전체 체계는 아직 로마네스크 쪽에 가깝지만 고딕 어휘의 사용이 늘었고 무엇보다도 실내에 수직 분위기가 주도적으로 나타난 점이 그러했다. 창 분할은 레요낭 양식을 받아들여 두 개의 랜싯으로 이루어졌다.

14세기-토스카나와 장식 고딕

13세기에 형성된 특징들은 14세기도 반복되었다. 여전히 토스카나가 중심지였다. 14세기 토스카나의 예들에서는 이탈리아가 받아들일 수 있는 고딕의 범위를 명확히 한정지으면서 이것과 로마네스크 전통을 혼합하는 경향이 정착했다. 보기에 따라서는 이탈리아의 로마네스크 전통이 강하게 이어진 것으로 해석할 수도 있지만 이 과정에서 이탈리아만의 고딕이 확실하게 정형화되는 양면적 현상이 나타났다. 종합하면 이탈리아 고딕은 로마네스크 전통과 한몸이 된 뒤 이 전통이 강화되면서 함께 명확해지는 특이한 길을 걸어갔다.

피렌체 성당1294년에 시작, 1357~66년 사이에 증개축은 이것을 보여주는 좋은 예였다. 이 건물에서는 로마네스크적 물성이 강화되면서 고딕 양식도 함께 형성되었다. 로마네스크적 물성은 외관의 벽체와 기둥 체계에 잘 나타났다(그림 1103). 벽체는 창과 확연히 대비되면서 내력 구조의 역할을 강조했다. 고딕의 가구식 체계를 거부하며 로마 고전주의의 벽체 구조에 머물렀다. 이에 따라 플라잉 버트레스는 필요없어졌다. 플라잉 버트레스가 쓰이지 않게 됨에 따라 다시 전체 매스가 단순한 덩어리감을

1103 피렌체 성당(Firenze Cathedral). 이탈리아. 1294년 시작, 1357~66년 증개축
1104 피렌체 성당(Firenze Cathedral). 이탈리아. 1294년 시작, 1357~66년 증개축

유지할 수 있었다(그림 1104).

실내 기둥은 다각형의 코어 기둥과 사각형 대응 기둥으로 이루어지면서 완강한 비례와 튼튼한 물성을 표현했다. 벽체와 어우러지면서 고딕의 합리적 유기성보다는 고전의 축조성을 주요 특징으로 가졌다(그림 1105). 피렌체 성당에서는 이외에도 안정적 사각형 비례, 네이브의 넓은 폭, 다각형 성가대석, 반원 아치, 돔을 닮은 볼트, 토스카나 로마네스크의 기하 장식 및 채색주의 등 13세기에 형성된 이탈리아 고딕의 일반적 특징들도 함께 나타났다(그림 1104, 1106). 이런 특징들은 석재를 통해 물성을 확보하면서 이것을 강화하는 방향으로 작용했다.

1105 피렌체 성당(Firenze Cathedral), 이탈리아. 1294년 시작, 1357~66년 증개축

수도회 건축은 14세기에 들어와 다소 타락하는 경향을 보였다. 이런 현상은 주로 프란치스코회 쪽에서 나타났다. 프란치스코회는 초기의 극기주의 강령과 달리 14세기에 개인 재산권을 허용했다. 가톨릭 전체가 14세기 들어 타락하기 시작한 상황도 작용했다. 기본 교리와 강령에서 프란치스코회 쪽이 좀더 현실적 욕망에 가까웠기 때문에 가톨릭 전체가 타락하기 시작하면서 그 불똥이 튄 것이다.

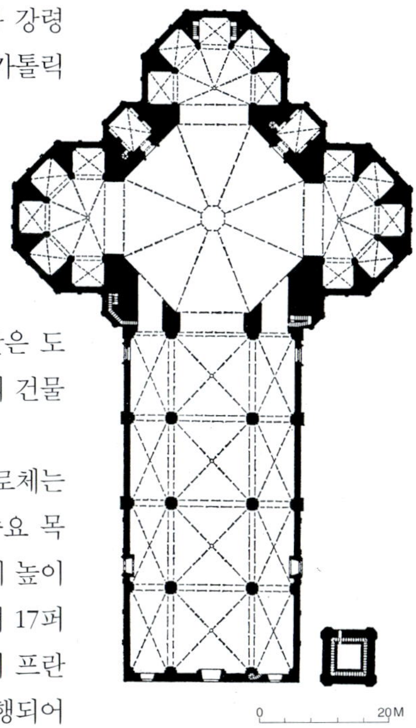

1106 피렌체 성당(Firenze Cathedral), 이탈리아. 1294년 시작, 1357~66년 증개축

이런 상황은 일부 장식 경향을 동반하기는 했지만 큰 방향은 장식보다는 대형화로 나타났다. 수도회들 사이에 규모 경쟁이 벌어졌다. 프란치스코회는 내부적으로는 다른 도시의 프란치스코 교회들과, 외부적으로는 도미니크회와 경쟁했다. 한 도시의 프란치스코 교회는 다른 도시의 것을 압도하고 싶어했다. 같은 도시 내에서는 도미니크회를 압도하고 싶어했다. 이런 경쟁은 교회 건물의 규모를 통해서 이루어졌다.

피렌체는 좋은 예였다. 피렌체의 프란치스코 교회였던 산타크로체는 도미니크 교회였던 산타마리아노벨라를 압도할 만한 규모를 주요 목적으로 하여 지어졌다. 그 결과 115미터×74미터트랜셉트 부분의 면적에 높이는 38미터였다(그림 1107). 이 규모는 산타마리아노벨라에 비해 17퍼센트 더 넓고 25퍼센트 더 높은 것이었다. 이런 부질없는 욕심이 프란치스코의 기본 정신에 어긋난다는 비판이 많았지만 공사는 강행되어

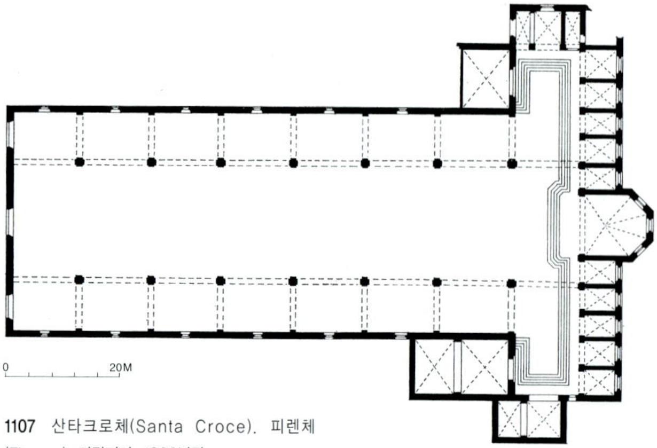

1107 산타크로체(Santa Croce), 피렌체(Firenze), 이탈리아, 1300년경~

완공되었다.

전체 구성은 규모에 비해 엉성했다. 보기는 화려했으나 독창성이 결여된 채 이탈리아 고딕의 여러 선례들을 모방한 구성으로 이루어졌다. 평면, 네이브 월 구성, 이스트 엔드 등은 산타마리아노벨라를 모방했다(그림 1108). 그러나 짜임새는 그에 미치지 못했다. 공간이 부풀려지면서 산타마리아노벨라의 짜임새 있는 구성이 깨진 것이다. 네이브 월의 아케이드 위를 강한 수평선으로 구획한 처리는 시에나 성당을 모방한 것이었다. 외관의 토스카나 장식주의도 시에나 성당을 모방했다(그림 1109). 실내 기둥은 피렌체 성당과 유사했다.

천장은 이탈리아 탁발승 수도회 교회로서는 드물게 목구조로 짜였지만 그 순수성에는 의심이 갔다. 큰 건물 규모와 내외부의 화려한 장식에서 이미 초기 극기주의를 많이 벗어나 있었기 때문이다. 목조 천장은 극기주의 강령을 따른 것이 아니라 롱 스팬을 석구조로 축조할 자신이 없었거나 공사비가 부족했기 때문으로 보인다.

1108 산타크로체(Santa Croce), 피렌체(Firenze), 이탈리아, 1300년경~

피렌체와 시에나 사이의 경쟁은 14세기에도 계속되었다. 피렌체 성당에 대응하여 시에나에서는 성당 증축[1322~59/60년]과 시민회관[Palazzo Pubblico, 1338~48년]이 주요 공사로 진행되었다. 시에나 성당 증축은 성가대석 확장에 집중되었다. 피렌체와 오르비에토[Orvieto]를 의식하여 크고 화려하게 하는 데에만 관심이 쏟아져 실패작으로 끝났다. 반면 시민회관은 대광장[Campo] 한쪽을 담당하며 성공작으로 남았다(그림 1110). 이것은 이탈리아 고딕 건축에서 주요 유형으로 반복되는 시민회관의 출발점이 되었다.

중세에는 성당과 교회 이외에 민간 건물이 주요 유형으로 등장했다. 시민회관과 시 청사는 이것을 대표했다. 이탈리아에는 팔라초 푸블리코[Palazzo Pubblico, 시민회관], 팔라초 델 코무날레[Palazzo del Comunale, 시 청사], 팔라초 베키오[Palazzo Vecchio, 시민회관], 팔라초 데이 프리오리[Palazzo dei Priori, 주교 관저 혹은 수도원장 관저], 팔라초 델 시뇰리아[Palazzo del

Signoria, 영주궁, 팔라초 두칼레Palazzo Ducale, 총독궁, 팔라초 델 카피타노Palazzo del Capitano, 행정 관저, 로자Loggia, 한쪽이 트인 주랑柱廊 등의 다양한 세속 건물들이 대부분의 도시들에 지어졌다(그림 1111).

이런 건물들은 성당이나 교회와 함께 도심 중앙 광장의 세 면을 각각 담당하며 도시의 중심지로 기능했다(그림 1112). 기능은 종교를 제외한 정치, 행정, 경제, 법, 문화 등 민간 분야에서의 모든 도시 활동을 담았다. 이런 구성은 이탈리아 도시들에서 특히 두드러졌다. 건물들은 붉은 벽돌을 이용하여 창 주위의 아치를 장식적으로 처리하는 공통점을 보였다. 일부 건물은 벽돌 쌓기를 이용한 장식 경향을 보였다. 벽돌을 이용한 이런 처리는 이탈리아의 토속적 전통을 이어받은 것이었다(그림 1113). 이것은 민간 영역이라는 건축적 정체성과 잘 어울렸다.

1109 산타크로체(Santa Croce). 피렌체(Firenze), 이탈리아. 1300년경~

1110 시에나(Siena) 대광장(Campo) 전경

1111 시 청사(Palazzo del Comunale). 피아첸차(Piacenza), 이탈리아. 1280년 이후

1112 시민회관(Palazzo del Popolo). 토디(Todi), 이탈리아. 11~16세기

1113 로자 아물레아(Loggia Amulea), 파도바(Padova), 이탈리아, 시기 미상

14세기에 들어오면서 나타난 이탈리아 고딕의 주요 현상 가운데 하나로 개인 예술가로서 화가와 조각가의 등장을 들 수 있다. 이와 유사한 현상이 독일에서는 15세기에 등장했던 데 반해 르네상스의 발상지였던 이탈리아 토스카나 지방에서는 한 세기 빠르게 나타났다. 건축 양식은 아직 후기 고딕에 머무는 가운데 르네상스의 기운이 높아짐에 따라 르네상스 개념의 개인 예술가들이 등장하기 시작한 것이었다.

화가들은 장식, 회화, 공예 등의 작품을 통해서, 조각가들은 조각을 통해서 각각 성당과 교회 공사에 참여했다. 예술가들의 참여는 실내외를 화려하게 만들면서 기독교적 상징성을 높이는 작용을 했다. 프랑스의 조각이나 독일의 프레스코 장식 문양에 대비되는 이탈리아 고딕의 특징적 현상이었다. 화가와 조각가의 참여를 놓고서 피렌체와 시에나 사이에 다시 한번 경쟁이 벌어졌다. 아르놀포 디 캄비오Arnolfo di Cambio는 피렌체 성당과 산타크로체에, 조토Giotto는 피렌체 성당에 각각 참여하며 피렌체의 자존심을 드높였다. 여기에 뒤질세라 시에나에서는 조반니 피사노Giovanni Pisano와 두초 디 부오닌세냐Duccio di Buoninsegna가 성당 공사에 참여했다(그림 1114). 이것은 대표적인 예일 뿐 이탈리아를 대표하는 고딕 건축물들 대부분에는 화가들이 참여하여 그림을 남겼다.

1114 두초 디 부오닌세냐(Duccio di Buoninsegna), 〈마에스트라*Maestra*〉, 시에나 성당(Siena Cathedral), 1311년

오르비에토 성당은 건축물이라기보다는 로렌초 마이타니Lorenzo Maitani의 미술 작품에 가까웠다. 특히 외관이 그러했다. 파사드는 로마네스크

골격을 유지했다. 중앙의 대출입문은 반원 아치로 윤곽이 짜였다. 그 위에는 정삼각형 박공이 더해졌다. 양옆 출입구는 포인티드 아치로 윤곽이 짜였지만 뾰쪽한 정도는 심하지 않았다. 그 위에는 비교적 뾰쪽한 삼각형이 더해졌다. 상층부의 중앙에는 작은 원형창이 있고 그 주위로 정사각형 프레임이 세 겹 둘러졌다. 각 정사각형 사이에는 문양과 조각물이 새겨졌다. 제일 꼭대기는 정삼각형 박공으로 마감되었다. 중앙 정사각형의 양옆은 뾰쪽한 삼각형 벽면으로 막았다. 정면 세 베이는 네 개의 소첨탑에 의해 분할되었다(그림 1115).

이런 구성은 토스카나 로마네스크 양식이었다. 문제는 표면 장식이었다. 팀파눔과 박공면 등 벽면이 있는 곳은 모두 마이타니의 화려한 성화로 채워졌다(그림 1116). 대리석을 이용한 채색 장식과 금장식도 더해졌다. 그 사이사이에는 섬세한 조각이 새겨졌다. 건물이 먼저 있고 장식이 더해진 것이 아니라 장식을 위해 건물이 정의되는 식이었다. 이 건물은 미술에 의해 정의되는 이탈리아식 장식 고딕Decorated Gothic을 대표하는 작품이 되었다(그림 1117).

14세기에는 토스카나 이외에도 나폴리Napoli, 롬바르디아, 베네토, 에밀리아Emilia 등 몇몇 지방으로 고딕 양식이 전파되었다. 이 가운데 나폴리와 베네토는 14세기에 토스카나 다음으로 고딕 건축이 번창한 지역이었다. 롬바르디아에서는 주로 성채 건축이 발전했다. 파도바Padova, 베로나Verona, 페라라Ferrara, 파비아Pavia 등의 지역에 이탈리아를 대표하는 고딕 성채들이 많이 지어졌다(그림 1118, 1119). 이외에 롬바르디아와 에밀리아에서도 성당이나 교회가 개별적으로 지어지기도 했다.

1115 오르비에토 성당(Orvieto Cathedral). 이탈리아. 1290~1330년

1116 오르비에토 성당(Orvieto Cathedral). 이탈리아. 1290~1330년
1117 오르비에토 성당(Orvieto Cathedral). 이탈리아. 1290~1330년

1118 카스텔프랑코 베네토 성(Castello di Castelfranco Veneto), 이탈리아, 1195년경
1119 에스테 성(Castello Estense), 페라라(Ferrara), 이탈리아, 1395년

15세기-베네치아, 거대주의

15세기 이탈리아 고딕은 베네치아의 시대였다. 자랑스러울 것은 없었다. 토스카나 지방에서는 르네상스가 발호하면서 고딕은 철 지난 양식으로 끝나가고 있었다. 토스카나와 인접한 롬바르디아도 마찬가지였다. 15세기 롬바르디아는 피렌체를 뛰쳐나온 르네상스가 가장 먼저 전파된 지방 가운데 하나였다. 토스카나에서 버린 고딕 양식을 뒤늦게 이어받은 것은 베네치아였다.

그러나 반드시 비관적인 것만도 아니었다. 베네치아는 나름대로 찬란한 중세 문화를 이루고 있었다. 동방적 배경 혹은 동방과의 연계성은 베네치아의 중세 문화를 결정짓는 대표적인 특징이었다. 이런 특징은 알프스 이북의 프랑스나 독일 고딕 양식과 너무 달랐다. 같은 이탈리아 반도 내에서도 다른 지역들과 많이 달랐다. 이런 이유로 베네치아는 14세기까지 주목을 받지 못하다가 15세기에 다른 지역들이 정체기로 접어들자 부상하기 시작했다. 15세기 베네치아의 입장에서 르네상스라는 새 양식은 중요한 문제가 아니었다. 그보다는 14세기 중반 지중해 패권을 둘러싼 제노바Genova와의 투쟁 등에서 승리를 거두긴 했지만 동방과의 무역 등이 여전히 위협받는 문제가 남아 있었다(그림 1120).

베네치아 고딕은 다른 지역과 마찬가지로 토스카나에서 13세기 때 형성된 수도회 건축을 받아들이면서 시작되었다. 14세기에 두 수도회

1120 베네치아를 출발하는 마르코 폴로(Marco Polo)

를 대표하는 교회가 지어진 것을 필두로 베네치아 고딕이 시작되었다(그림 534~536). 14세기 베네치아 건축에는 중요한 변화가 있었다. 천 년 가까이 이어지던 비잔틴 양식의 영향이 사라지기 시작한 것이다. 베네치아에서는 10~13세기의 로마네스크 기간에도 동시대 비잔틴 양식이 주류를 이루었다. 14세기에 들어와 이것이 사라지기 시작했다. 1453년 비잔틴제국의 멸망은 이것을 가속화했다.

15세기의 베네치아 고딕 양식은 두 유형이 균형을 이루며 진행되었다. 한 가지는 교회 건축이었다. 서구식 중세 건축을 가지지 못했다는 초조함에 대한 보상 심리의 결과였다. 14세기부터 토스카나 고딕을 열심히 받아들였다. 15세기에 토스카나가 주인 자리를 내놓자 그 자리를 이어받았다. 르네상스의 새 양식을 운용할 시대정신보다는 시도해보지 못한 중세 고딕 양식에 대한 열망이 더 컸다. 거슬러 올라가면 14세기에 지어진 수도회 소속 교회들도 이런 연장선으로 이해할 수 있었다. 15세기는 이보다 못했다. 건축사에 이름을 남길 만한 중요성과 가치를 획득하지 못한 교회들이 몇 채 지어졌다. 대부분은 규모가 작았지만 이 가운데에는 15세기 거대주의를 대표하는 예도 있었다(그림

1121 산타폴리나레(Sant' Apollinare). 베네치아(Venezia), 이탈리아. 15세기

1121).

다른 한 가지는 세속 권력의 건물들이다. 비잔틴제국이 멸망하자 베네치아공화국은 지중해 연안의 동쪽 지역을 차지하며 강대국으로 떠올랐다. 베네치아의 세속 권력은 급속히 커지며 이에 맞는 권위를 과시할 필요가 생겼다. 총독궁Palazzo Ducale은 이것을 대표하는 예이다(그림 1122). 이외에도 카도로Ca' d'Oro 등 많은 팔라초들이 세워졌다(그림 1123). 민간 건축의 융성은 오랜 중상주의의 산물이었다. 베네치아에서는 기독교 못지않게 상인들이 주요 세력을 유지해왔다. 이에 따라 거상 및 민간 질서를 담당하는 세속 권력에서 주요 건물이 나왔다.

베네치아를 포함한 15세기 이탈리아 고딕을 대표했던 또다른 경향으로 '거대주의gigantism'를 들 수 있다. 거대주의는 14세기 수도회 교회에서부터 시작되었다. 베네치아의 두 교회는 이것을 대표했다(그림 534, 1124). 15세기에는 수도회를 벗어나 성당과 교회로 옮겨갔다. 밀라노 성당은 이것을 대표하는 예였다. 이 건물은 1386년부터 건축가, 수학자, 화가 등 각 분야의 대표자들이 모여 계획을 논의하기 시작했다. 건축가들은 한 곳이 아니라 볼로냐, 파리, 독일 등 여러 곳에서 초빙되었다.

논의는 1401년까지 계속되었다. 이 과정에서 심미, 기술, 기능 등 많

1122 총독궁(Palazzo Ducale). 베네치아(Venezia), 이탈리아. 1309~1424년

1123 카도로(Ca' d'Oro). 베네치아(Venezia), 이탈리아. 1424~36년

은 논제들이 논의되었지만 가장 중요한 관심사는 단연코 크기, 비례, 공간감 등의 규모 문제였다. 규모 문제를 놓고도 건축가들 사이에 기본 개념과 축조 방식이 엇갈렸다. 파리에서 온 건축가는 프랑스 고딕의 표준 방식을 주장했다. 독일에서 온 한스 팔러는 첨탑을 이용한 외관에서의 높이를 추천했다. 이탈리아 건축가들은 정사각형 비례의 광활한 공간과 기하학적 덩어리감 등 고전적 개념의 거대 공간을 주장했다. 각자의 출신 지역에 따른 차이였다.

최종적으로 건물은 이 세 경향이 혼재하며 하나로 합쳐진 결과로 나타났다. 고딕 건축 전체를 통틀어 선례와 후속 예 모두를 찾아보기 힘든 매우 특이한 예였다. 그 특징은 한마디로 '거대주의'로 요약될 수 있다. 거대함이란 프랑스 고딕 개념의 수직성만을 의미하지는 않았다. 이것을 바탕으로 수평적 광활함이 더해진 개념이었다(그림 1125, 1126). 낮지 않은 높이에 비해 폭도 만만치 않게 잡혔다. 높으면서 넓적한 광활한 비례가 얻어졌다. 전체 구성은 5랑식이었다. 아일과 네이브 폭은 다른 5랑식에 비해 더 넓었다. 네이브는 9베이였고 폭은 16.7미터였다. 5랑의 전체 폭은 72.9미터였다. 트랜셉트의 가장 넓은 부분은 83.3미터였다. 천장고는 45미터로 프랑스와 독일의 기록과 맞먹었다. 크로싱의 천장고는 65.5미터였다.

건물 골격은 포인티드 아치, 플라잉 버트레스, 리브 그로인 볼트, 다발 기둥 등 프랑스 고딕의 표준 어휘들로 짜였다. 이것들의 유기적 효

1124 성 요한/성 바오로(Santi Giovanni e Paolo). 도미니크회. 베네치아(Venezia), 이탈리아. 1355년~

1125 밀라노 성당(Milano Cathedral). 이탈리아. 계획 1386년/공사 시작 1401년/주요 부분 완공 1572년

1126 밀라노 성당(Milano Cathedral). 이탈리아. 계획 1386년/공사 시작 1401년/주요 부분 완공 1572년

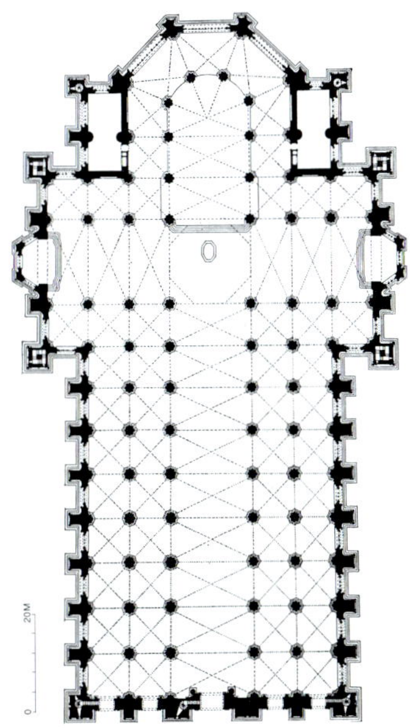

율성은 고려할 여유가 없었다. 시간도 너무 많이 흘러 있었다. 이것들을 완성시킨 장인들은 이미 150년 전에 사망하고 없었다. 프랑스에서도 레요낭 양식과 플랑부아양 양식을 거치면서 고딕의 기본 개념 자체가 달라져 있었다. 성기 고딕의 기본 구성은 표준 모델 개념으로 가져다 쓰면 되는 일이었다. 고딕 어휘들은 정밀하게 계산되지 않았다. 그보다는 거대한 규모를 과시하기에 충분할 정도로 부풀려지고 반복되었다.

외관은 수많은 포인티드 아치와 뾰쪽 삼각형으로 가득 채워졌다(그림 1127). 플라잉 버트레스의 가닥 옆으로 수많은 소첨탑들이 세워졌다. 이런 어휘들은 일차적으로는 장식 어휘였지만 대형화 경향을 돕는 역할도 함께 했다. 높이 경쟁의 절정은 크로싱 첨탑으로, 107미터까지 올라갔다. 창은 넓은 것, 좁고 높은 것, 넓고 높은 것 등이 혼재했다. 수직으로건 수평으로건 큰 것은 무엇이든지 사용되었다.

이런 창은 다시 랜싯과 플랑부아양 양식의 화려한 장식 어휘로 분할되었다(그림 1128). 앱스의 창은 20.7미터×8.5미터의 창 세 개로 분할되었다. 벽, 플라잉 버트레스, 외부 기둥, 박공 등 덩어리를 갖는 부분은 조각적으로 다듬어졌다. 마지막으로 진짜 조각물이 더해졌다. 이로써 밀라노 성당은 거대 규모와 화려함을 동시에 갖추었다. 플랑부아양 양식을 큰 규모로 부풀린 것에 가까웠다.

1127 밀라노 성당(Milano Cathedral). 이탈리아. 계획 1386년/공사 시작 1401년/주요 부분 완공 1572년

1128 밀라노 성당(Milano Cathedral). 이탈리아. 계획 1386년/공사 시작 1401년/주요 부분 완공 1572년

1129 밀라노 성당(Milano Cathedral). 이탈리아. 계획 1386년/공사 시작 1401년/주요부분 완공 1572년

외부의 화려함과 거대한 규모에 비해 실내는 어두웠다(그림 1129). 실내 폭을 넓히다 보니 아일의 폭이 깊어졌다. 이런 아일이 두 개나 만들어지면서 광원으로부터의 거리가 너무 멀어졌다. 기둥도 굵어졌다. 거대한 규모를 받치다 보니 당연한 결과였다. 구조적으로도 그러했고 시각적으로나 비례적으로도 그러했다. 스테인드글라스도 빠질 수 없는 요소였다. 조도가 충분하지 않은 상황에서 사용된 스테인드글라스는 오히려 빛을 가로막는 요소로 작용했다. 처음부터 실내 조도는 관심사가 아니었다. 규모만이 관심사였다. 공사는 19세기까지 계속되었지만 주요 부분은 1572년에 완공되었다.

볼로냐의 산페트로니오San Petronio는 거대주의의 또다른 예이다. 이 건물은 밀라노 성당과 경쟁하며 초안은 더 크게 계획되었다. 공사 과정에서 축소되어 지금의 규모로 지어졌다. 처음에는 라틴 크로스로 계획되었으나 트랜셉트 없는 일자형으로 고쳐졌다. 전체 구성은 5랑식이었다. 네이브 폭은 밀라노와 같은 16.7미터였다. 5랑의 전체 폭은 밀라노보다 조금 작은 61.7미터였다(그림 1130). 천장고는 밀라노에 근접한 43.3미터였다. 공사는 1390년부터 시작되었다.

같은 거대주의에 속해 있었지만 건축적 특징은 밀라노 성당과는 정반대였다. 밀라노 성당이 포식으로 체한 것처럼 건축 어휘와 장식 어휘가 무분별하게 넘쳐난 것과 달리 산페트로니오는 절제된 분위기를 유지했다. 외관은 필요한 부재로만 이루어졌다. 첨탑은 없었다. 플라잉 버트레스도 없었다. 토스카나의 장식주의 모티브가 쓰인 것 이외에

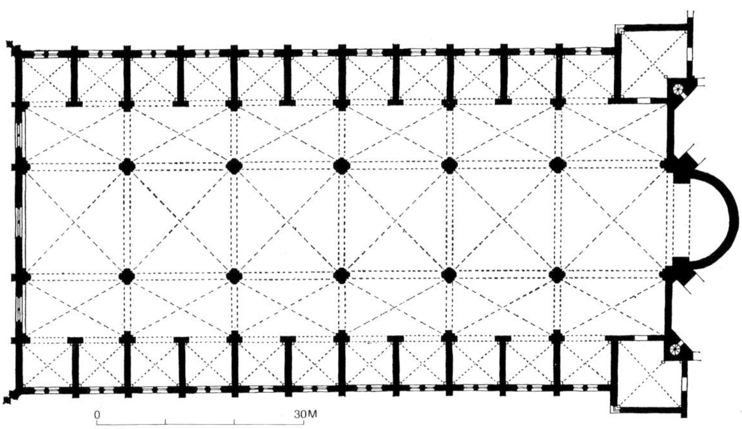

1130 산페트로니오(San Petronio). 볼로냐(Bologna), 이탈리아. 1390년~/1514년~/완공 17세기

1131 산페트로니오(San Petronio), 볼로냐(Bologna), 이탈리아. 1390년~/1514년~/완공 17세기

는 단순한 기하 윤곽을 유지했다(그림 1131). 출입구만 대리석으로 마감되었고 그 위는 벽돌 골격이 그대로 노출되었다(그림 1132). 이런 모습은 프란치스코회 교회와 같았다. 측면은 큰 창들만으로 구성되었다. 창은 두 개의 큰 랜싯과 하나의 오쿨루스만으로 분할되었다. 이것들의 분할은 트레이서리 없이 가는 수평띠만으로 이루어졌다. 동시대 플랑부아양 양식으로부터 완전히 독립된 처리였다. 13세기 이탈리아 고딕 형성기의 원형이 규모만 커져서 반복된 것으로 이해할 수 있다.

전체 평면은 5랑식이었지만 실내는 밝았다(그림 1133). 아일의 폭을 깊지 않게 하면서 천측창을 5랑식에 맞게 세 겹으로 두었기 때문이다.

1132 산페트로니오(San Petronio), 볼로냐(Bologna), 이탈리아. 1390년~/1514년~/완공 17세기

1133 산페트로니오(San Petronio), 볼로냐(Bologna), 이탈리아. 1390년~/1514년~/완공 17세기

실내 골격은 외관과 마찬가지로 꼭 필요한 부재들로만 구성되었다. 각 부재는 구조적 역할을 명확히 하면서 굵고 단순하게 처리되었다. 공간은 통일성을 획득하며 거대 공간의 집중성을 높여주었다. 이것은 13세기 이탈리아 고딕의 특징이었던 다이어그램식 명쾌함을 잘 유지한 것으로 해석된다. 이런 절제적 특징들은 볼로냐라는 도시의 상징성과 연관지어 생각할 수 있다. 도미니크회의 산실이자 탁발승 수도회 소속 교회들이 도시 전체를 지배하던 분위기가 반영된 결과라는 의미이다. 이 건물은 17세기까지 공사가 계속되었다.

부록

참 고 문 헌

중세 사전 & 기독교 예술, 건축 사전 & 서양문화통사

Leonardo Benevolo, *La Città nella storia d'Europa* (Roma: Editori Laterza, 1993)

Christopher Dawson, *The Dynamics of World History* (New York: A Mentor Omega Book, 1956)

The Encyclopedia of the Middle Ages, general editor Norman F. Cantor (New York: Penguin Putnam Inc., 1999)

Paul Frankl, *The Gothic, Literary Sources and Interpretations through Eight Centuries* (Princeton, NJ.: Princeton University Press, 1960)

Le Guide du Patrimoine ILE-DE-FRANCE (Paris: Hachette, 1992)

William H. McNeill, *History of Western Civilization* (Chicago, IL.: The University of Chicago Press, 1986)

Peter and Linda Murray, *The Oxford Companion to Christian Art and Architecture* (Oxford, England: Oxford University Press, 1998)

The Oxford Companion to British History, ed. by John Cannon (Oxford, England: Oxford University Press, 1997)

The Oxford Dictionary of the Christian Church, ed. by F. L. Cross and E. A. Livingstone (Oxford, England: Oxford University Press, 1997)

Peter Rietbergen, *Europe, a cultural history* (London: Routledge, 1998)

Julius von Schlosser, *Materialien zur Quellenkunde der Kunstgeschichte* (Wien, 1914)

Alexander Speltz, *The Styles of Ornament* (New York: Dover, 1959)

John Steer and Antony White, *Atlas of Western Art History* (New York: Facts on File, 1994)

World Civilization, Volume 1 (New York: W. W. Norton, 1997)

중세문화 & 기독교 문화

The Christian World, a social and cultural history of Christianity, ed. by Geoffrey Barraclough (London: Thames and Hudson, 1981)

Roger Collins, *Early Medieval Europe 300-1000* ((New York: Palgrave, 1999)

Simon Coleman and John Elsner, *Pilgrimage, past and present* (London: British Museum Press, 1995)

Georges Duby, *The Age of the Cathedrals, art and society 980-1420* (Chicago, IL.: The University of Chicago Press, 1975)

Christopher Dyer, *Making a Living in the Middle Ages, the people of Britain 850-1520* (New Haven, CT.: Yale University Press, 2002)

Paul M. Hohenberg & Lynn Hollen Lees, *The Making of Urban Europe* (Cambridge, MA.: Harvard University Press, 1995)

C. Warren Hollister & Judith M. Bennett, *Medieval Europe* (Boston, MA.: McGraw Hill, 2002)

George Holmes, *Cambridge Illustrated History of Italy* (Cambridge, England: Cambridge University Press, 1997)

Francois Icher, *La Société Mediévale* (Paris: Editions de La Martiniere, 2000)

Colin Jones, *Cambridge Illustrated History of France* (Cambridge, England: Cambridge University Press, 1999)

Martin Kitchen, *Cambridge Illustrated History of Germany* (Cambridge, England: Cambridge University Press, 2000)

Elie Lambert, *Etudes Mediévales*, T. 1 (Toulouse, France: Privat Didier, 1956)

Elie Lambert, *Etudes Mediévales*, T. 2 (Toulouse, France: Privat Didier, 1956)

Elie Lambert, *Etudes Mediévales*, T. 3 (Toulouse, France: Privat Didier, 1956)

The Medieval World, ed. by Peter Linehan & Janet L. Nelson (London: Routledge, 2001)

David Nicolle, *History of Medieval Life* (London: Chancellor Press, 2000)

R. Dean Peterson, *A Concise History of Christianity* (Belmont, CA.: Wadsworth, 2000)

Victor Turner and Edith Turner, *Image and Pilgrimage in Christian Culture, anthropological perspective* (New York: Columbia University Press, 1978)

중세, 기독교 건축 & 미술

Rosario Assunto, *Die Theorie des Schönen im Mittelalter* (Köln, Germany: M. Dumont Schauberg, 1963)

Günter Bandmann, *Mittelalterliche Architektur als Bedeutungsträger* (Berlin: Gebr. Mann, 1951)

Andre Chastel, *French Art* (Paris: Flammarion, 1994)

Michel Chevalier, *La France des cathédrales du IV au XX siècle*

(Rennes, France: Ouest-France, 1997)
Alec Clifton-Taylor, *The Cathedrals of England* (London: Thames and Hudson, 1989)
Patrick Cormack, *English Cathedrals* (New York: Harmony Books, 1984)
Charles Amos Cummings, *A History of Architecture in Italy, from the time of Constantine to the dawn of the Renaissance*, Vol. I (Boston, MA.: Houghton Mifflin Company, 1927)
Charles Amos Cummings, *A History of Architecture in Italy, from the time of Constantine to the dawn of the Renaissance*, Vol. II (Boston, MA.: Houghton Mifflin Company, 1927)
Umberto Eco, *Art and Beauty in the Middle Ages* (New Haven, CT.: Yale University Press, 1986)
Alain Erlande-Brandenburg, *La Cathédrale* (*Ligugé*, France: Fayard, 1994)
George Henderson, *Early Medieval, style and civilization* (Harmondsworth, England: Penguin Books, 1972)
Graham Hutton, *English Parish Churches* (London: Thames and Hudson, 1989)
Simon Jenkins, *England's Thousand Best Churches* (Harmondsworth, England: Penguin Books, 2000)
Hugh Kennedy, *Crusader Castles* (Cambridge, England: Cambridge University Press, 1994)
Richard Krautheimer, *Rome, profile of a city, 312-1308* (Princeton, NJ.: Princeton University Press, 1980)
Elie Lambert, *Etudes Mediévales* (Toulouse, France: Edouard Privat, 1957)
Wilhelm Lübke, *Vorschule zum Studium der Kirchlichen Kunst* (Leipzig, Germany: E. A. Seemann, 1873)
Viviane Minne-Seve & Herve Kergall, *Romanesque and Gothic France* (New York: Abrams, 2000)
Charles Herbert Moore, *The Medieval Church Architecture of England* (New York: The MacMillan Company, 1912)
Oscar Mothes, *Die Baukunst des Mittelalters in Italien*, erster Band (Leipzig, Germany: Jena, 1884)
Oscar Mothes, *Die Baukunst des Mittelalters in Italien*, zweiter Band (Leipzig, Germany: Jena, 1884)
Architektur des Mittelalters, Funktion und Gestalt, herausgegeben von Friedrich Möbius und Ernst Schubert (Weimar, Germany: Hermann Bölhaus Nachfolger, 1983)
Baukunst des Mittelalters in Europa, herausgegeben von Franz J. Much (Stuttgart, Germany: Stuttgart Gesellschaft für Kunst und Denkmalpflege, 1988)
Nikolaus Pevsner and Priscilla Metcalf, *The Cathedrals of England, midland, eastern and northern England* (Harmondsworth, England: Penguin Books, 1985)
Nikolaus Pevsner and Priscilla Metcalf, *The Cathedrals of England, southern England* (Harmondsworth, England: Penguin Books, 1985)
Arthur Kingsley Porter, *Medieval Architecture, Its Origins and Development* (New York: Hacker Art Books, 1969)
Provence, art · architecture · landscape, ed. by Rolf Toman (Köln, Germany: Könemann, 1999)
Franz von Reber, *History of Medieval Art* (New York: Harper & Brothers, 1893)
Roland Recht, *Le Rhin* (München, Germany: Gallimard, 2001)
Rome, Art and Architecture, ed. by Marco Bussagli (Köln, Germany: Könemann, 1999)
Cesare de Seta, *Architetture della fede in Italia* (Milano, Italia: Bruno Mondadori, 2003).
Whitney S. Stoddard, *Art & Architecture in Medieval France* (New York: Harper & Row, 1972)
Geoffrey Webb, *Architecture in Britain, the middle ages* (Harmondsworth, England: Penguin Books, 1956)

중세 건축술

Architectural Technology, up to the Scientific Revolution, ed. by Robert Mark (Cambridge, MA.: The MIT Press, 1993)
James W. P. Campbell & Will Pryce, *Brick, a world history* (London: Thames and Hudson, 2003)
John Fitchen, *The Construction of Gothic Cathedrals, a study of Medieval Vault Erection* (Chicago, IL.: The University of Chicago Press, 1981)
Emmanuelle Jeannin, *Chantiers D'Abbayes* (Dijon, France: GAUD, 2002)
Robert Mark, *Experiments in Gothic Structure* (Cambridge, MA.: The MIT Press, 1992)
Robert Mark, *Light, Wind, and Structure, The Mystery of the Master Builders* (Cambridge, MA.: The MIT Press, 1994)
Fritz Scheidegger, *Aus der Geschichte der Bautechnik* (Basel, Switzerland: Birkhäuser, 1990)
Klaus Zwerger, *Wood and Wood Joints* (Basel, Switzerland: Birkhäuser, 1997)

로마네스크, 카롤링거 건축 & 미술

Xavier B. I. Altet, *The Romanesque* (Köln, Germany: Taschen, 1997)
Xavier B. I. Altet, *The Early Middle Ages* (Köln, Germany: Taschen, 2002)
John Beckwith, *Early Medieval Art* (London: Thames and Hudson, 1996)
A. W. Clapham, *Romanesque Architecture in Western Europe* (Oxford, England: Clarendon Press, 1936)
A. W. Clapham, *English Romanesque Architecture, after the Conquest* (Oxford, England: Clarendon Press, 1934)
Kenneth J. Conant, *Carolingian and Romanesque Architecture 800-1200* (Harmondsworth, England: Penguin Books, 1979)
Early Medieval Art 300-1150, Sources and Documents, ed. by Cae-

cilia Davis-Weyer (Englewood Cliffs, NJ.: Prentice-Hall, 1971)
Henri Focillom, *The Art of the West, Part One Romanesque* (London: Phaidon, 1969)
Ernst Günther Grimme, *Der Dom zu Aachen* (Aachen, Germany: Einhard, 2000)
Louis Grodecki, *L'Architecture Ottonienne* (Paris: Armand Colin, 1958)
Roger Hinks, *Carolingian Art* (Ann Arbor, MI.: The University of Michigan Press, 1962)
Sir Thomas Graham Jackson, *Byzantine and Romanesque Architecture*, Volume One (New York: Hacker Art Books, 1975)
Sir Thomas Graham Jackson, *Byzantine and Romanesque Architecture*, Volume Two (New York: Hacker Art Books, 1975)
Hans Jantzen, *Ottonische Kunst* (Hamburg, Germany: Rowohlt, 1959)
Hans Erich Kubach, *Romanesque Architecture* (New York: Abrams, 1972)
Violet R. Markham, *Romanesque France* (New York: E. P. Dutton Company, 1929)
Lawrence Nees, *Early Medieval Art* (Oxford, England: Oxford University Press, 2002)
Romanesque, architecture · sculpture · painting, ed. by Rolf Toman (Köln, Germany: Könemann, 1997)
Roger Stalley, *Early Medieval Architecture* (Oxford, England: Oxford University Press, 1999)

고딕 건축 & 미술

The Art of Gothic, Architecture · Sculpture · Painting, ed. by Rolf Toman (Köln, Germany: Könemann, 1998)
Maryse Bideault & Claudine Lautier, *Ile-de-France Gothique*, T. 1 (Paris: Picard, 1987)
Maryse Bideault & Claudine Lautier, *Ile-de-France Gothique*, T. 2 (Paris: Picard, 1987)
Guenther Binding, *High Gothic, The Age of the Great Cathedrals* (Köln, Germany: Taschen, 2002)
Jean Bony, *French Gothic Architecture of the 12th & 13th Centuries* (Berkeley, CA.: University of California Press, 1983)
Robert Branner, *Burgundian Gothic Architecture* (London: A. Zwemmer Ltd., 1985)
T. Francis Bumpus, *A Guide to Gothic Architecture* (London: T. Werner Laurie Ltd. n.d.)
Ian Dunlop, *The Cathedral's Crusade, The Rise of the Gothic Style in France* (New York: Taplinger Company, 1982)
Carnet de Villard de Honnecourt, introduction et commentaires de Alain Erlande-Brandenburg et al. (Vitry-sur-Seine, France: Editions Stock, 1986)
Joan Evans, *English Art 1307-1461* (Oxford, England: Clarendon Press, 1949)
Paul Frankl, *Gothic Architecture*, revised by Paul Crossley (New Haven, CT.: Yale University Press, 2000)
Wolfgang Götz, *Zentralbau und Zentralbautendenz in der Gotischen Architektur* (Berlin: Gebr. Mann Verlag, 1968)
Louis Grodecki, *Gothic Architecture* (New York: Rizzoli, 1977)
Louis Gillet, *La Cathédrale Vivante* (Paris: Flammarion, 1964)
Hans R. Hahnloser, *Villard de Honnecourt* (Graz, Austria: Akademische Druck-u. Verlagsanstalt, 1972)
John Harvey, *The Gothic World 1100-1600* (London: B. T. Batsford Ltd., 1950)
George Henderson, *Gothic, Style and Civilization* (Harmondsworth, England: Penguin Book, 1967)
George Henderson, *Chratres, The Architect and Society* (Harmondsworth, England: Penguin Book, 1968)
John James, *Chartres, the Masons who built a Legend* (London: Routledge & Kegan Paul, 1985)
Hans Jantzen, *Kunst der Gotik* (Hamburg, Germany: Rowohlt, 1957)
Hans Jantzen, *High Gothic, The Classic Cathedrals of Chartres, Reims, Amiens* (Princeton, NJ.: Princeton University Press, 1984)
Emile Male, *The Gothic Image, Religious Art in France of the Thirteenth Century* (New York: Icon Editions, 1972)
Millard Meiss, *Painting in Florence & Siena After the Black Death, The Arts, Religion and Society in the Mid-Fourteenth Century* (New York: Ion Editions, 1973)
Charles Herbert Moore, *Development and Character of Gothic Architecture* (New York: The MacMillan Company, 1899)
Werner Müller, *Grundlagen gotischer Bautechnik* (München, Germany: Deutscher Kunstverlag, 1990)
Erwin Panofsky, *Abbot Suger on the Abbey Church of St. Denis and Its Art Treasures*, edited, translated and annotated (Princeton, NJ.: Princeton University Press, 1948)
Erwin Panofsky, *Gothic Architecture and Scholasticism* (New York: A Meridian Book, 1957)
Angiola Maria Romanini, *Arnolfo di Cambio e lo <stil novo> del Gotico Italiano* (Firenze, Italia: Sansoni Editore, 1980)
Roland Sanfacon, *L'architecture flamboyante en France* (Québec, Canada: Les Presses de l'Université Laval, 1971)
Wolfgang Schenkluhn, Ordines Studentes, *Aspekte zur Kirchenarchitektur der Dominikaner und Franziskaner im 13. Jahrhundert* (Berlin: Mann Verlag, 1985)
Robert A. Scott, *The Gothic Enterprise, a guide to understanding the medieval cathedral* (Berkeley, CA.: University of California Press, 2003)
Otto von Simson, *The Gothic Cathedral* (Princeton, NJ.: Princeton University Press, 1974)
Allan Temko, *Notre-Dame of Paris* (New York: Viking Press, 1955)
Renate Wagner-Rieger, *Die Italienische Baukunst zu Beginn der Gotik*, Teil I, Oberitalien (Graz, Austria: Verlag Hermann Bölhaus Nachf., 1956)
Renate Wagner-Rieger, *Die Italienische Baukunst zu Beginn der Gotik*, Teil II, Süd- und Mittelitalien (Graz, Austria: Verlag Her-

mann Bölhaus Nachf., 1957)
John White, *Art and Architecture in Italy 1250-1400* (Harmondsworth, England: Penguin Books, 1987)
Christopher Wilson, *The Gothic Cathedral, The Architecture of the Great Church 1130-1530* (London: Thames and Hudson, 1996)
Wilhelm Worringer, *Formprobleme der Gotik* (München, Germany: R. Piper & Co. Verlag, 1927)

수도원

Marianne Bernhard, *Monasteries* (München, Germany: I. P., 1998)
Fred H. Crossley, *The English Abbey* (London: B. T. Batsford Ltd., 1949)
Jean-François Leroux-Dhuys, *Cistercian Abbeys* (Köln, Germany: Könemann, 1998)
M.-J. Lussien-Maisonneuve, *Les plus belles abbayes Françaises* (Genéve, Switzerland: Minerva, 1996)
Clarisse Renaud, *L'Abbaye Cistercienne en France* (Dijon, France: GAUD, 2002)
Julie Roux, *Les Cisterciens* (Toulouse, France: MSM, 1998)

그 림 목 록

1장

2장

120 쾰른의 돔형 성물. 겔프 비장품(Guelph treasure)
121 플라비니쉬르오제랭 납골당(Crypt of Flavigny-sur-Ozerain). 앙굴렘의 성 베드로(St. Pierre at Angouleme) 내
122 생위베르(St. Hubert). 벨기에. 8세기
123 생제르맹(St. Germain). 납골당. 오세르(Auxerre), 프랑스. 9세기 중반
124 성 갈로 수도원 교회(Abbey Church of St. Gall). 스위스. 9세기 초
125 샤르트르 성당(Chartres Cathedral). 납골당. 프랑스. 858년
126 생제르맹(St. Germain). 납골당. 오세르(Auxerre), 프랑스. 9세기 중반
127 생제르맹(St. Germain). 납골당. 오세르(Auxerre), 프랑스. 9세기 중반
128 성 베니뇨(St. Benigne). 디종(Dijon), 프랑스. 11세기
129 성 베니뇨(St. Benigne). 디종(Dijon), 프랑스. 11세기
130 성 베니뇨(St. Benigne). 납골당. 디종(Dijon), 프랑스. 11세기

3장

131 장크트고데하르트(St. Godehard). 힐데스하임(Hildesheim), 독일. 1133~72년
132 생필리베르(St. Philibert). 투르뉘(Tournus), 프랑스. 11세기
133 산첼소(San Celso). 밀라노(Milano), 이탈리아. 카롤링거 시대
134 생필리베르(St. Philibert). 투르뉘(Tournus), 프랑스. 11세기
135 700년경 이탈리아
136 산타마리아인발레(Santa Maria in Valle). 치비달레(Cividale), 이탈리아. 762~776년
137 테오도릭 궁전(Palace of Theodoric). 라벤나(Ravenna), 이탈리아
138 생테티엔(St. Etienne). 비뇨리(Vignory), 프랑스. 1050년
139 성 미카엘(St. Michael). 힐데스하임(Hildesheim), 독일. 1001~33년
140 제2클뤼니 수도원 교회(Monastery Church of Cluny II). 프랑스. 10세기 중반
141 제2클뤼니 수도원 교회(Monastery Church of Cluny II). 프랑스. 10세기 중반
142 제2클뤼니 수도원 교회(Monastery Church of Cluny II). 프랑스. 10세기 중반
143 생필리베르(St. Philibert). 투르뉘(Tournus), 프랑스. 11세기
144 생필리베르(St. Philibert). 투르뉘(Tournus), 프랑스. 11세기
145 생필리베르(St. Philibert). 투르뉘(Tournus), 프랑스. 11세기
146 생필리베르(St. Philibert). 투르뉘(Tournus), 프랑스. 11세기
147 성 베드로/바오로(St. Peter and Paul). 로맹모티에(Romainmotier), 스위스. 1030~40년
148 생필리베르(St. Philibert). 투르뉘(Tournus), 프랑스. 11세기
149 생필리베르(St. Philibert). 투르뉘(Tournus), 프랑스. 11세기
150 생필리베르(St. Philibert). 투르뉘(Tournus), 프랑스. 11세기
151 파예른 수도원 교회(Abbey Church of Payerne). 프랑스. 1040~50년
152 생마르탱뒤카니구 수도원 교회(Abbey Church of Saint-Martin-du-Canigou). 피레네조리앙탈(Pyrénées-Orientales), 프랑스. 1001~26년
153 노트르담뒤포르(Notre-Dame-du-Port). 클레르몽페랑(Clermont-Ferrand), 프랑스. 11세기 중반
154 노트르담뒤포르(Notre-Dame-du-Port). 클레르몽페랑(Clermont-Ferrand), 프랑스. 11세기 중반
155 생미셸드쿡사(St. Michel-de-Cuxa). 교회. 프랑스. 11세기 후반부
156 생테티엔(St. Etienne). 비뇨리(Vignory), 프랑스. 1050년
157 성 마르티노 수도원 교회(Abbey Church of St. Martin). 샤페즈(Chapaize), 프랑스. 1030년경
158 산비센테 대학 교회(Collegiate Church of San Vicente). 카르도나(Cardona), 스페인. 1040년
159 산비센테 대학 교회(Collegiate Church of San Vicente). 카르도나(Cardona), 스페인. 1040년
160 루앙 성당(Rouen Cathedral). 납골당
161 베르네 수도원 교회(Abbey Church of Bernay). 프랑스. 1017~55년경
162 몽생미셸 수도원 교회(Abbey Church of Mont-Saint-Michel). 프랑스. 로마네스크 네이브 1122~35년
163 몽생미셸 수도원 교회(Abbey Church of Mont-Saint-Michel). 프랑스. 로마네스크 네이브 1122~35년
164 몽생미셸 수도원 교회(Abbey Church of Mont-Saint-Michel). 프랑스. 로마네스크 네이브 1122~35년
165 노트르담 수도원 교회(Abbey Church of Notre-Dame). 쥐미에주(Jumièges), 프랑스. 1040~67년
166 노트르담 수도원 교회(Abbey Church of Notre-Dame). 쥐미에주(Jumièges), 프랑스. 1040~67년
167 노트르담 수도원 교회(Abbey Church of Notre-Dame). 쥐미에주(Jumièges), 프랑스. 1040~67년
168 노트르담 수도원 교회(Abbey Church of Notre-Dame). 쥐미에주(Jumièges), 프랑스. 1040~67년
169 마그데부르크 성당(Magdeburg Cathedral). 오토 시대
170 성 치리아코(St. Cyriakus). 게른로데(Gernrode), 독일. 961년
171 성 치리아코(St. Cyriakus). 게른로데(Gernrode), 독일. 961년
172 성 치리아코(St. Cyriakus). 게른로데(Gernrode), 독일. 961년
173 성 미카엘(St. Michael). 힐데스하임(Hildesheim), 독일. 1001~33년
174 성 미카엘(St. Michael). 힐데스하임(Hildesheim), 독일. 1001~33년
175 성 미카엘(St. Michael). 힐데스하임(Hildesheim), 독일. 1001~33년
176 성 미카엘(St. Michael). 힐데스하임(Hildesheim), 독일. 1001~33년
177 성 미카엘(St. Michael). 힐데스하임(Hildesheim), 독일. 1001~33년
178 성 미카엘(St. Michael). 힐데스하임(Hildesheim), 독일. 1001~33년
179 장크트판탈레온(St. Pantaleon). 쾰른(Köln), 독일. 964~980년
180 장크트판탈레온(St. Pantaleon). 쾰른(Köln), 독일. 964~980년
181 장크트판탈레온(St. Pantaleon). 쾰른(Köln), 독일. 964~980년
182 에센 수도원 성당(Minster at Essen). 독일. 10세기 말~11세기 중반
183 트리어 성당(Trier Cathedral). 독일. 웨스트 워크 1040년경~70년경/성가대석, 앱스, 동쪽 첨탑 12세기/천장 볼트 1200~10년
184 트리어 성당(Trier Cathedral). 독일. 웨스트 워크 1040년경~70년경/성가대석, 앱스, 동쪽 첨탑 12세기/천장 볼트 1200~10년
185 트리어 성당(Trier Cathedral). 독일. 웨스트 워크 1040년경~70년경/성가대석, 앱스, 동쪽 첨탑 12세기/천장 볼트 1200~10년
186 트리어 성당(Trier Cathedral). 독일. 웨스트 워크 1040년경~70년경/성가대석, 앱스, 동쪽 첨탑 12세기/천장 볼트 1200~10년
187 성 제오르지오(St. Georg). 쾰른(Köln), 독일. 12세기
188 오트마르스하임의 수도원 교회(Abbey Church at Ottmarsheim=노트르담). 독일. 11세기
189 마인츠 성당(Mainz Cathedral, 부분). 독일. 1036년
190 림부르크안데어하르트 수도원 교회(Abbey Church at Limburg-an-der-Haardt: 폐허). 독일. 1024~39년

4장

260 성 야고보 교회(Church of St. James). 산티아고데콤포스텔라(Santiago de Compostela), 스페인. 1075년경~1121/24년
261 성 야고보 교회(Church of St. James). 산티아고데콤포스텔라(Santiago de Compostela), 스페인. 1075년경~1121/24년

5장

262 12세기 프랑스와 영국의 지역 구성
263 생테티엔 수도원 교회(Abbey Church of St. Etienne). 느베르(Nevers), 프랑스. 1063~97년
264 생테티엔 수도원 교회(Abbey Church of St. Etienne). 느베르(Nevers), 프랑스. 1063~97년
265 생테티엔 수도원 교회(Abbey Church of St. Etienne). 느베르(Nevers), 프랑스. 1063~97년
266 제3클뤼니(Cluny III). 프랑스. 1089~1131년
267 제3클뤼니(Cluny III). 프랑스. 1089~1131년
268 제3클뤼니(Cluny III). 프랑스. 1089~1131년
269 제3클뤼니(Cluny III). 프랑스. 1089~1131년
270 제3클뤼니(Cluny III). 프랑스. 1089~1131년
271 제3클뤼니(Cluny III). 프랑스. 1089~1131년
272 제3클뤼니(Cluny III). 프랑스. 1089~1131년
273 제3클뤼니(Cluny III). 프랑스. 1089~1131년
274 제3클뤼니(Cluny III). 프랑스. 1089~1131년
275 노트르담 수도원 교회(Monastery Church of Notre-Dame). 파레르모니알(Paray-le-Monial), 프랑스. 12세기 전반부
276 성 라자로(St. Lazare). 오툉(Autun), 프랑스. 1120년경~32년
277 생트마들렌(Ste. Madeleine). 베즐레(Vézelay), 프랑스. 1120~32년
278 생트마들렌(Ste. Madeleine). 베즐레(Vézelay), 프랑스. 1120~32년
279 생트마들렌(Ste. Madeleine). 베즐레(Vézelay), 프랑스. 1120~32년
280 생트마들렌(Ste. Madeleine). 베즐레(Vézelay), 프랑스. 1120~32년
281 생트마들렌(Ste. Madeleine). 절망에 빠진 악마상. 베즐레(Vézelay), 프랑스. 1120~32년
282 생테티엔(St. Etienne=Abbaye-aux-Hommes). 캉(Caen), 프랑스. 1060/65~1120년경
283 성 삼위일체(St. Trinite= Abbaye-aux-Dames). 캉(Caen), 프랑스. 1060/65~1120년경
284 4분 볼트를 구형 삼각형의 조합으로 설명하는 그림
285 생테티엔(St. Etienne=Abbaye-aux-Hommes). 캉(Caen), 프랑스. 1060/65~1120년경
286 롬시 수도원 교회(Abbey Church of Romsey). 다발 기둥 단면도
287 생테티엔(St. Etienne=Abbaye-aux-Hommes). 캉(Caen), 프랑스. 1060/65~1120년경
288 생테티엔(St. Etienne=Abbaye-aux-Hommes). 캉(Caen), 프랑스. 1060/65~1120년경
289 생테티엔(St. Etienne=Abbaye-aux-Hommes). 캉(Caen), 프랑스. 1060/65~1120년경
290 생테티엔(St. Etienne=Abbaye-aux-Hommes). 캉(Caen), 프랑스. 1060/65~1120년경
291 왼쪽: 노트르담 수도원 교회(Abbey Church of Notre-Dame). 쥐미에주(Jumièges)/오른쪽: 생테티엔(St. Etienne= Abbaye-aux-Hommes). 캉(Caen)
292 생테티엔(St. Etienne=Abbaye-aux-Hommes). 캉(Caen), 프랑스. 1060/65~1120년경
293 생테티엔(St. Etienne=Abbaye-aux-Hommes). 캉(Caen), 프랑스. 1060/65~1120년경
294 생테티엔(St. Etienne=Abbaye-aux-Hommes). 캉(Caen), 프랑스. 1060/65~1120년경
295 6분 볼트
296 생테티엔(St. Etienne=Abbaye-aux-Hommes). 캉(Caen), 프랑스. 1060/65~1120년경
297 생테티엔(St. Etienne=Abbaye-aux-Hommes). 캉(Caen), 프랑스. 1060/65~1120년경
298 성 삼위일체(St. Trinite=Abbaye-aux-Dames). 캉(Caen), 프랑스. 1060/65~1120년경
299 성 삼위일체(St. Trinite=Abbaye-aux-Dames). 캉(Caen), 프랑스. 1060/65~1120년경
300 성 삼위일체(St. Trinite=Abbaye-aux-Dames). 캉(Caen), 프랑스. 1060/65~1120년경
301 생테티엔(St. Etienne=Abbaye-aux-Hommes). 캉(Caen), 프랑스. 1060/65~1120년경
302 노트르담라그랑드(Notre-Dame-la-Grande). 푸아티에(Poitiers), 프랑스. 1130년경~45년
303 생사뱅쉬르가르탕프(Saint-Savin-sur-Gartempe). 프랑스. 1065~80년/1090~1115년
304 노트르담라그랑드(Notre-Dame-la-Grande). 푸아티에(Poitiers), 프랑스. 1130년경~45년
305 아비뇽 성당(Avignon Cathedral). 프랑스. 1140~60년
306 노트르담라그랑드(Notre-Dame-la-Grande). 푸아티에(Poitiers), 프랑스. 1130년경~45년
307 노트르담(Notre-Dame). 퀴노(Cunault), 프랑스. 1100~80년경
308 생사뱅쉬르가르탕프(Saint-Savin-sur-Gartempe). 프랑스. 1065~80년/1090~1115년
309 노트르담(Notre-Dame). 퀴노(Cunault), 프랑스. 1100~80년경
310 생사뱅쉬르가르탕프(Saint-Savin-sur-Gartempe). 프랑스. 1065~80년/1090~1115년
311 퐁트브로 수녀원 교회(Convent Church of Fontevrault). 프랑스. 1110년~
312 생프롱(St. Front). 페리괴(Perigueux), 프랑스. 1100~50년
313 퐁트브로 수녀원 교회(Convent Church of Fontevrault). 프랑스. 1110년~
314 하기아 소피아(Hagia Sophia). 콘스탄티노플(Constantinople), 터키. 532~537년
315 노트르담뒤포르(Notre-Dame-du-Port). 클레르몽페랑(Clermnot-Ferrand), 프랑스. 1100년경~50년
316 앙굴렘 성당(Angouleme Cathedral=St. Pierre). 프랑스. 1110년 혹은 1120/30년에 시작
317 앙굴렘 성당(Angouleme Cathedral=St. Pierre). 프랑스. 1110년 혹은 1120/30년에 시작
318 앙굴렘 성당(Angouleme Cathedral=St. Pierre). 프랑스. 1110년 혹은 1120/30년에 시작
319 성 마르코(St. Marco). 베네치아(Venezia), 이탈리아. 1063~85년
320 생프롱(St. Front). 페리괴(Perigueux), 프랑스. 1100년경~50년
321 생프롱(St. Front). 페리괴(Perigueux), 프랑스. 1100년경~50년

6장

391 성모마리아 수도원(Abbey of St. Mary). 요크셔(Yorkshire), 영국. 1089년~
392 파운틴스 수도원(Fountains Abbey). 요크셔(Yorkshire), 영국. 1135년
393 사우스웰 수도원 성당(Southwell Minster). 영국. 1108~14년경에 시작
394 롬시 수도원(Romsey Abbey). 영국. 1120년경~1250년
395 올드 새럼(Old Sarum). 솔즈베리 성당(Salisbury Cathedral) 내. 영국. 1092년
396 성 마르티노 성당(Cathedral of San Martino). 루카(Lucca), 이탈리아. 12~15세기
397 베로나 성당(Verona Cathedral). 이탈리아. 12세기
398 산피에르마조레(San Pier Maggiore). 피스토이아(Pistoia), 이탈리아. 1263년
399 성 안토니오(St. Antonio). 파도바(Padova), 이탈리아. 1232~1307년
400 토르첼로 성당(Torcello Cathedral). 이탈리아
401 성모마리아 수도원 교회(Abbey Church of Santa Maria). 폼포사(Pomposa), 이탈리아. 12세기
402 산미니아토알몬테(San Miniato al Monte). 피렌체(Firenze), 이탈리아. 11세기 중반~12세기
403 성 제노(San Zeno). 베로나(Verona), 이탈리아. 1123~35년
404 성 제노(San Zeno). 베로나(Verona), 이탈리아. 1123~35년
405 성 제노(San Zeno). 베로나(Verona), 이탈리아. 1123~35년
406 성 제노(San Zeno). 베로나(Verona), 이탈리아. 1123~35년
407 성 제노(San Zeno). 베로나(Verona), 이탈리아. 1123~35년
408 산피에트로인치엘도로(San Pietro in Ciel d'Oro). 파비아(Pavia), 이탈리아. 1132년
409 산프란체스코그란데(St. Francesco Grande). 파비아(Pavia), 이탈리아. 13세기
410 산암브로조(San Ambrogio). 밀라노(Milano), 이탈리아. 네이브 1018~50년/천장 볼트 12세기/아트리움 1129~44년
411 산암브로조(San Ambrogio). 밀라노(Milano), 이탈리아. 네이브 1018~50년/천장 볼트 12세기/아트리움 1129~44년
412 산암브로조(San Ambrogio). 밀라노(Milano), 이탈리아. 네이브 1018~50년/천장 볼트 12세기/아트리움 1129~44년
413 산암브로조(San Ambrogio). 밀라노(Milano), 이탈리아. 네이브 1018~50년/천장 볼트 12세기/아트리움 1129~44년
414 산암브로조(San Ambrogio). 밀라노(Milano), 이탈리아. 네이브 1018~50년/천장 볼트 12세기/아트리움 1129~44년
415 산암브로조(San Ambrogio). 밀라노(Milano), 이탈리아. 네이브 1018~50년/천장 볼트 12세기/아트리움 1129~44년
416 성 미카엘(San Michele). 파비아(Pavia), 이탈리아. 1100년경~60년
417 성 미카엘(San Michele). 파비아(Pavia), 이탈리아. 1100년경~60년
418 파르마 성당(Parma Cathedral). 이탈리아. 12세기
419 파르마 세례당(Parma Baptistery). 이탈리아. 12~13세기
420 페라라 성당(Ferrara Cathedral). 이탈리아
421 성 미카엘(St. Michael). 힐데스하임(Hildesheim), 독일. 1001~33년
422 힐데스하임 성당(Hildesheim Cathedral). 독일. 872년
423 힐데스하임 성당(Hildesheim Cathedral). 독일. 872년
424 파비아 성당(Pavia Cathedral). 이탈리아. 1090~1130년/1170년대 증축
425 힐데스하임 성당(Hildesheim Cathedral). 독일. 872년
426 성 안토니오(St. Antonio). 파비아(Pavia), 이탈리아. 1104년
427 모데나 성당(Modena Cathedral). 이탈리아. 1099~1184년/12세기 말~14세기
428 성 제노(San Zeno). 베로나(Verona), 이탈리아. 1123~35년
429 성 미카엘(St. Michael). 힐데스하임(Hildesheim), 독일. 1001~33년
430 모데나 성당(Modena Cathedral). 이탈리아. 1099~1184년/12세기 말~14세기
431 성 제노(San Zeno). 베로나(Verona), 이탈리아. 1123~35년
432 성 제노(San Zeno). 베로나(Verona), 이탈리아. 1123~35년
433 모데나 성당(Modena Cathedral). 이탈리아. 1099~1184년/12세기 말~14세기
434 모데나 성당(Modena Cathedral). 이탈리아. 1099~1184년/12세기 말~14세기
435 모데나 성당(Modena Cathedral). 이탈리아. 1099~1184년/12세기 말~14세기
436 모데나 성당(Modena Cathedral). 이탈리아. 1099~1184년/12세기 말~14세기
437 모데나 성당(Modena Cathedral). 이탈리아. 1099~1184년/12세기 말~14세기
438 모데나 성당(Modena Cathedral). 이탈리아. 1099~1184년/12세기 말~14세기
439 파도바 성당(Padova Cathedral). 이탈리아. 1117년 지진 파괴 이후 수리
440 성 제노(San Zeno). 피스토이아(Pistoia), 이탈리아. 13세기
441 산조반니푸오르치비타스(San Giovanni fuor Civitas). 피스토이아(Pistoia), 이탈리아. 12세기 말
442 프라토 성당(Prato Cathedral=S. Stefano). 이탈리아. 12세기
443 산미켈레인포로(San Michele in Foro). 루카(Lucca), 이탈리아. 12~15세기
444 산조반니푸오르치비타스(San Giovanni fuor Civitas). 피스토이아(Pistoia), 이탈리아. 12세기 말
445 성 밖의 성 바오로(San Paolo fuori le Mura). 로마. 회랑 1205~41년
446 산클레멘테(San Clemente). 로마. 12세기
447 성 라우렌시오(San Lorenzo). 로마
448 산미니아토알몬테(San Miniato al Monte). 피렌체(Firenze), 이탈리아. 11세기 중반~12세기
449 산미니아토알몬테(San Miniato al Monte). 피렌체(Firenze), 이탈리아. 11세기 중반~12세기
450 산미니아토알몬테(San Miniato al Monte). 피렌체(Firenze), 이탈리아. 11세기 중반~12세기
451 산미니아토알몬테(San Miniato al Monte). 피렌체(Firenze), 이탈리아. 11세기 중반~12세기
452 산미니아토알몬테(San Miniato al Monte). 피렌체(Firenze), 이탈리아. 11세기 중반~12세기
453 산미니아토알몬테(San Miniato al Monte). 피렌체(Firenze), 이탈리아. 11세기 중반~12세기
454 산미켈레인포로(San Michele in Foro). 루카(Lucca), 이탈리아. 12~15세기
455 프라토 성당(Prato Cathedral=Santo Stefano). 이탈리아. 12세기
456 피사 성당 단지(Pisa Cathedral complex=Campo dei Miracoli, 기적의 들판). 이탈리아. 1063~1272년
457 피사 성당 단지(Pisa Cathedral complex=Campo dei Miracoli, 기적의 들판). 이탈리아. 1063~1272년
458 피사 성당(Pisa Cathedral). 이탈리아. 1063~1118년/1261~72년

7장

535 성 요한/바오로(Santi Giovanni e Paolo, 도미니크회). 베네치아(Venezia), 이탈리아. 1355년~
536 산타마리아글로리사데이프라리(Santa Maria Glorisa dei Frari, 프란치스코회). 베네치아(Venezia), 이탈리아. 1330년경 시작
537 장크트제베린(St. Severin). 에르푸르트(Erfurt), 독일. 1278~14세기
538 프란치스코회 교회(Franciscan Church). 잘츠부르크(Salzburg), 오스트리아. 1408년~
539 중세의 필사가
540 트리니티 칼리지(Trinity College). 케임브리지(Cambridge), 영국. 1546년~
541 책을 쓰고 있는 성 예로니모(St. Jerome)
542 고대 그리스 지식이 유대인과 아랍인 번역가들을 통해 서양 중세로 전수되었음을 보여주는 그림
543 비야르 드 온쿠르(Villard de Honnecourt)의 스케치집에 나오는 수력 제재소
544 고딕 성당 축조 장면
545 중세 이탈리아 은행가들
546 건축가의 모습을 한 신
547 부르주 성당(Bourges Cathedral). 석재 운반 장면을 보여주는 스테인드글라스. 프랑스
548 비올레르뒤크(Viollet-le-Duc)의 도릭 오더 분석 다이어그램
549 비올레르뒤크(Vilollet-le-Duc)의 디종 노트르담(Notre-Dame at Dijon) 구조 분석도
550 바실리카(Basilica). 파에스툼(Paestum). 이탈리아. 기원전 530년경
551 랑 성당(Laon Cathedral). 프랑스
552 성지로 향하는 십자군 경로
553 비잔틴 예술이 중세 서북유럽에 미친 영향
554 바벨탑 공사 장면
555 G. 빈딩(G. Binding)이 성경 내용을 근거로 13세기 초에 그린 중세 성당 공사 장면
556 고딕 볼트 축조 원리
557 노트르담(Notre-Dame). 파리
558 비야르 드 온쿠르(Villard de Honnecourt)의 스케치집 도판 40번
559 쾰른 성당(Köln Cathedral). 네이브 월 및 기둥 조적. 독일
560 비올레르뒤크(Viollet-le-Duc)의 인체 골격도
561 비올레르뒤크(Viollet-le-Duc)의 디종 노트르담(Notre-Dame at Dijon) 구조 체계 분석도
562 성 디오니시오(St. Denis). 다발 기둥 조적. 프랑스
563 랭스 성당(Reims Cathedral). 프랑스
564 타드샤르주(tas-de-charge) 구성도
565 4분 볼트에서 스틸팅 아치(stilting arch)를 이용한 높이 조절
566 부르주 성당(Bourges Cathedral). 프랑스
567 리브 그로인 볼트 축조 원리
568 비올레르뒤크(Viollet-le-Duc)의 6분 리브 그로인 볼트 축조도
569 4분 볼트에 쓰인 포인티드형 리브 아치의 높이 조절 기능
570 사다리꼴 평면에 쓰인 포인티드형 리브 아치의 조절 기능
571 리브 그로인 볼트 공사 장면
572 리브 그로인 볼트 공사 장면
573 리브 줄기(stem) 공사 원리 가운데 리브의 위쪽에 양옆으로 턱을 둔 뒤 볼트를 끼우듯 덮는 방식
574 우산 볼트
575 늑골 볼트
576 포인티드 아치와 현수선(懸垂線=catenary curve)
577 반원 아치와 포인티드 아치의 측력 비교
578 직사각형 평면 위에서 반원 아치와 포인티드 아치를 이용한 높이 조절 비교
579 직사각형 평면에서 포인티드 아치를 이용하여 종마루선을 평평하게 조절하는 원리
580 포인티드 아치를 이용한 볼트에서 코너에 집중되는 점 하중 방식을 설명하는 그림
581 리브 그로인 볼트와 포인티드 아치로 구성되는 구조 체계에서 인장력이 발생하는 지점
582 포인티드 아치의 다양한 종류들
583 누아용 성당(Noyon Cathedral). 버트레스. 프랑스
584 상스 성당(Sens Cathedral). 플라잉 버트레스의 그림자. 실내에 들어오는 빛과의 관계를 보여준다. 프랑스
585 아미앵 성당(Amiens Cathedral). 횡단면도. 프랑스
586 르망 성당(Le Mans Cathedral). 플라잉 버트레스. 프랑스
587 비올레르뒤크(Viollet-le-Duc). 볼트의 아래쪽 곡면 부분을 자갈로 채우는 그림
588 노트르담(Notre-Dame). 파리
589 쾰른 성당(Köln cathedral). 독일
590 생레미(St. Remi). 랭스(Reims), 프랑스
591 플라잉 버트레스와 건물 사이의 빈 부분이 옥상 통로로 이용되는 장면
592 플라잉 버트레스에서 벤딩 모멘트가 발생하는 지점
593 아미앵 성당(Amiens Cathedral). 프랑스
594 랭스 성당(Reims Cathedral). 프랑스

8장

595 산암브로조(San Ambrogio). 다발 기둥 단면도. 밀라노(Milano), 이탈리아
596 예수 교회(Christ Church). 핸트셔(Hantshire). 대응 기둥과 리브. 영국
597 샤르트르 성당(Chartres Cathedral). 다발 기둥 단면도. 프랑스
598 아미앵 성당(Amiens Cathedral). 대응 기둥과 리브. 프랑스
599 성당 축조 현장으로 석재를 운반하는 장면
600 성 디오니시오(St. Denis). 파리
601 중세 시대 성당 축조 장면
602 샤르트르 성당(Chartres Cathedral). 스테인드글라스. 성당 공사 장면
603 생테티엔(St. Etienne). 보베(Beauvais), 프랑스. 1125년경~40년/1506~50년 재공사
604 생테티엔(St. Etienne). 캉(Caen), 프랑스. 1068년경~1115년
605 왼쪽: 르세 수도원 교회(Abbey Church at Lessay=La Trinité, 삼위일체 교회). 프랑스. 1077년 시작. 12세기 증축/오른쪽: 생테티엔(St. Etienne). 보베(Beauvais), 프랑스. 1125년경~40년/1506~50년 재공사
606 생테티엔(St. Etienne). 보베(Beauvais), 프랑스. 1125년경~40년/1506~50년 재공사
607 모리앙발 성당(Morienval Cathedral). 앱스 복도. 프랑스. 11세기 말~12세기 전반부
608 생제르메드플리 성당(Saint-Germer-de-Fly Cathedral). 프랑스. 1130~60년
609 생제르메드플리 성당(Saint-Germer-de-Fly Cathedral). 프랑스. 1130~60년

683 르망 성당(Le Mans Cathedral). 프랑스. 네이브 1135~58년
684 성 세르지오(St. Serge). 앙제(Angers), 프랑스. 성가대석 1200년경~22년
685 성 세르지오(St. Serge). 앙제(Angers), 프랑스. 성가대석 1200년경~22년
686 성 세르지오(St. Serge). 앙제(Angers), 프랑스. 성가대석 1200년경~22년

9장

687 성왕 루이(Saint Louis=루이 9세)의 전쟁 장면
688 상스(Sens)의 중세 시대 전경
689 영국 왕의 대관식 장면
690 제4차 십자군 원정 장면
691 시토회 수도원(Abbey of Citeaux) 모델을 교황에게 바치는 장면
692 랭스의 성당 복합 단지(Ensemble Cathedral of Reims)
693 12~16세기 프랑스 고딕 성당 분포 도시
694 랑 성당(Laon Cathedral). 프랑스. 초기 고딕
695 랭스 성당(Reims Cathedral). 프랑스. 성기 고딕
696 6분 볼트의 하중 작용
697 누아용 성당(Noyon Cathedral). 프랑스. 초기 고딕
698 6분 볼트의 높이 조절
699 모 성당(Meaux Cathedral). 횡단면도에 나타난 플라잉 버트레스. 프랑스
700 4분 볼트와 6분 볼트의 하중 작용
701 노트르담(Notre-Dame). 파리. 초기 고딕
702 샤르트르 성당(Chartres Cathedral). 프랑스. 성기 고딕
703 랑 성당(Laon Cathedral). 프랑스. 초기 고딕
704 랑 성당(Laon Cathedral). 프랑스. 초기 고딕
705 성기 고딕의 대응 기둥. 위로부터 아미앵(Amiens)-랭스(Reims)-랭스
706 샤르트르 성당(Chartres Cathedral). 프랑스. 성기 고딕
707 아미앵 성당(Amies Cathedral). 프랑스. 성기 고딕
708 고딕 성당의 대응 기둥
709 고딕 성당의 네이브 월 입면도
710 왼쪽: 13세기 초 네이브 월/오른쪽: 13세기 중반 네이브 월
711 왼쪽: 부르주(Bourges) 네이브 월(성기 고딕)/중간: 아미앵(Amiens) 네이브 월(성기 고딕)/오른쪽: 성 디오니시오(St. Denis) 네이브 월(후기 고딕)
712 노트르담(Notre-Dame). 파리. 초기 고딕
713 보베 성당(Beauvais Cathedral). 성가대석. 프랑스. 성기 고딕
714 아미앵 성당(Amiens cathedral). 구조 골격도. 프랑스. 성기 고딕
715 프랑스 고딕 성당의 수직 발전 과정. 왼쪽부터 누아용(Noyon, 1170년 이후)-파리 노트르담(Notre-Dame, Paris, 1176~1215년)-부르주(Bourges, 1195~1250년)-샤르트르(Chartres, 1194~1220년)
716 샤르트르 성당(Chartres Cathedral). 프랑스. 1194~1260년
717 샤르트르 성당(Chartres Cathedral). 아홉 개의 첨탑을 가진 원안. 프랑스. 1194~1260년
718 샤르트르 성당(Chartres Cathedral). 프랑스. 1194~1260년
719 샤르트르 성당(Chartres Cathedral). 프랑스. 1194~1260년
720 샤르트르 성당(Chartres Cathedral). 프랑스. 1194~1260년
721 샤르트르 성당(Chartres Cathedral). 프랑스. 1194~1260년
722 샤르트르 성당(Chartres Cathedral). 프랑스. 1194~1260년
723 샤르트르 성당(Chartres Cathedral). 프랑스. 1194~1260년
724 샤르트르 성당(Chartres Cathedral). 프랑스. 1194~1260년
725 샤르트르 성당(Chartres Cathedral). 네이브 월 입면도. 프랑스. 1194~1260년
726 랑 성당(Laon Cathedral). 네이브 월 입면도. 프랑스. 1160년경~1210년
727 샤르트르 성당(Chartres Cathedral). 트랜셉트 창 입면도. 프랑스. 1194~1260년
728 샤르트르 성당(Chartres Cathedral). 프랑스. 1194~1260년
729 샤르트르 성당(Chartres Cathedral). 네이브 플라잉 버트레스. 프랑스. 1194~1260년
730 샤르트르 성당(Chartres Cathedral). 프랑스. 1194~1260년
731 샤르트르 성당(Chartres Cathedral). 네이브 횡단면도. 프랑스. 1194~1260년
732 샤르트르 성당(Chartres Cathedral). 성가대석-방사형 예배당 확대 평면도. 프랑스. 1194~1260년
733 샤르트르 성당(Chartres Cathedral). 프랑스. 1194~1260년
734 샤르트르 성당(Chartres Cathedral). 프랑스. 1194~1260년
735 부르주 성당(Bourges Cathedral). 프랑스. 슈베 1195년경~1214년/네이브 1225~55년
736 부르주 성당(Bourges Cathedral). 프랑스. 슈베 1195년경~1214년/네이브 1225~55년
737 부르주 성당(Bourges Cathedral). 프랑스. 슈베 1195년경~1214년/네이브 1225~55년
738 부르주 성당(Bourges Cathedral). 성가대석 횡단면도. 프랑스. 슈베 1195년경~1214년/네이브 1225~55년
739 부르주 성당(Bourges Cathedral). 네이브 월 입면도. 프랑스. 슈베 1195년경~1214년/네이브 1225~55년
740 부르주 성당(Bourges Cathedral). 프랑스. 슈베 1195년경~1214년/네이브 1225~55년
741 부르주 성당(Bourges Cathedral). 프랑스. 슈베 1195년경~1214년/네이브 1225~55년
742 부르주 성당(Bourges Cathedral). 프랑스. 슈베 1195년경~1214년/네이브 1225~55년
743 부르주 성당(Bourges Cathedral). 프랑스. 슈베 1195년경~1214년/네이브 1225~55년
744 부르주 성당(Bourges Cathedral). 프랑스. 슈베 1195년경~1214년/네이브 1225~55년
745 부르주 성당(Bourges Cathedral). 프랑스. 슈베 1195년경~1214년/네이브 1225~55년
746 노트르담(Notre-Dame). 파리. 슈베 1163년경~82년/네이브 1180~1200년
747 샤르트르 성당(Chartres Cathedral). 프랑스. 1194~1260년
748 랑 성당(Laon Cathedral). 프랑스. 1160년경~1210년
749 부르주 성당(Bourges Cathedral). 프랑스. 슈베 1195년경~1214년/네이브 1225~55년
750 샤르트르 성당(Chartres Cathedral). 프랑스. 1194~1260년
751 부르주 성당(Bourges Cathedral). 프랑스. 슈베 1195년경~1214년/네이브 1225~55년
752 수아송 성당(Soissons Cathedral=St. Gervais-et-Profais). 프랑스. 네이브 1190년대~1225년경
753 르망 성당(Le Mans Cathedral). 프랑스. 성가대석 1217년경~54년
754 르망 성당(Le Mans Cathedral). 프랑스. 성가대석 1217년경~54년
755 랭스 성당(Reims Cathedral). 프랑스. 네이브 1211~41년/서쪽 파사드 1255년경~90년
756 랭스 성당(Reims Cathedral). 프랑스. 네이브 1211~41년/서쪽 파사드

10장

완공/네이브 1240년경~1281년

815 성 디오니시오(St. Denis). 파리. 성가대석 1231~41년/트랜셉트 1241년 완공/네이브 1240년경~1281년

816 성 디오니시오(St. Denis). 파리. 성가대석 1231~41년/트랜셉트 1241년 완공/네이브 1240년경~1281년

817 생트샤펠(St. Chapelle). 위층 예배당(Upper Chapel). 파리. 1241~48년

818 생트샤펠(St. Chapelle). 종단면도. 파리. 1241~48년

819 생트샤펠(St. Chapelle). 횡단면도. 파리. 1241~48년

820 생트샤펠(St. Chapelle). 위층 예배당(Upper Chapel). 파리. 1241~48년

821 생트샤펠(St. Chapelle). 위층 예배당(Upper Chapel). 파리. 1241~48년

822 생트샤펠(St. Chapelle). 위층 예배당(Upper Chapel). 파리. 1241~48년

823 생트샤펠(St. Chapelle). 아래층 예배당(Lower Chapel). 파리. 1241~48년

824 생트샤펠(St. Chapelle). 아래층 예배당 평면도. 파리. 1241~48년

825 노트르담(Notre-Dame). 파리. 트랜셉트: 1240~60년대

826 노트르담(Notre-Dame). 파리. 트랜셉트: 1240~60년대

827 성 우르바노(St. Urbain). 트루아(Troyes), 프랑스. 성가대석과 트랜셉트 1261~65년, 13세기 말/네이브 13세기~1389년

828 성 우르바노(St. Urbain). 트루아(Troyes), 프랑스. 성가대석과 트랜셉트 1261~65년, 13세기 말/네이브 13세기~1389년

829 성 우르바노(St. Urbain). 트루아(Troyes), 프랑스. 성가대석과 트랜셉트 1261~65년, 13세기 말/네이브 13세기~1389년

830 성 우르바노(St. Urbain). 트루아(Troyes), 프랑스. 성가대석과 트랜셉트 1261~65년, 13세기 말/네이브 13세기~1389년

831 성 우르바노(St. Urbain). 트루아(Troyes), 프랑스. 성가대석과 트랜셉트 1261~65년, 13세기 말/네이브 13세기~1389년

832 생투앙르비외(Saint-Ouen-le-Vieux). 루앙(Rouen), 프랑스. 1318~1536년

833 성 체칠리아(Ste. Cecile). 알비(Albi), 프랑스. 1280년대~1400년경

834 성 체칠리아(Ste. Cecile). 알비(Albi), 프랑스. 1280년대~1400년경

835 성 체칠리아(Ste. Cecile). 알비(Albi), 프랑스. 1280년대~1400년경

836 성 체칠리아(Ste. Cecile). 알비(Albi), 프랑스. 1280년대~1400년경

837 자코뱅 교회(Church of the Jacobins). 툴루즈(Toulouse), 프랑스. 네이브 1230~63년경/성가대석 1285~98년/네이브 증개축 1330~85년

838 자코뱅 교회(Church of the Jacobins). 툴루즈(Toulouse), 프랑스. 네이브 1230~63년경/성가대석 1285~98년/네이브 증개축 1330~85년

839 자코뱅 교회(Church of the Jacobins). 횡단면도. 툴루즈(Toulouse), 프랑스. 네이브 1230~1263년경/성가대석 1285~98년/네이브 증개축 1330~85년

840 자코뱅 교회(Church of the Jacobins). 툴루즈(Toulouse), 프랑스. 네이브 1230~63년경/성가대석 1285~98년/네이브 증개축 1330~85년

841 생외스타슈(St. Eustach). 파리. 1532~89년

842 성 미카엘(St. Michel). 디종(Dijon), 프랑스. 15세기 후반부~1667년

843 에브뢰 성당(Evreux Cathedral). 프랑스. 파사드 1531년

844 몽생미셸(Mont-Saint-Michel). 프랑스. 성가대석 1450~1521년

845 막달렌 교회(Church of Magdalene). 트루아(Troyes), 프랑스. 1508~17년

846 세자 성 요한(St. Jean-Baptiste). 쇼몽(Chaumont), 프랑스

847 레요낭 양식의 오지 아치(ogee arch)

848 레요낭 양식의 천장 리브 볼트

849 네이브 월의 변화. 왼쪽: 13세기 중반/오른쪽: 15세기

850 15세기 트레이서리

851 생테티엔(St. Etienne). 보베(Beauvais), 프랑스. 1506~44년/1548년

852 상스 성당(Sens Cathedral). 프랑스. 트랜셉트 1490~1512년

853 생외스타슈(St. Eustach). 파리. 1532~89년

854 후기 고딕의 천장 리브

855 생제르맹 성당(Cathedral of St. Germain). 오세르(Auxerre), 프랑스. 15세기

856 생마클루(St. Maclou). 루앙(Rouen), 프랑스. 네이브 1434~70년경/파사드 1477~1514년

857 성 미카엘(St. Michel). 디종(Dijon), 프랑스. 15세기 후반부~1667년

858 생모리스 성당(Cathedral of St. Maurice). 앙제(Angers), 프랑스. 1148~53년/1274년

859 생마클루(St. Maclou). 루앙(Rouen), 프랑스. 네이브 1434~70년경/파사드 1477~1514년

860 생마클루(St. Maclou). 루앙(Rouen), 프랑스. 네이브 1434~70년경/파사드 1477~1514년

861 생테티엔(St. Etienne). 보베(Beauvais), 프랑스. 1506~44년/1548년

862 생테티엔(St. Etienne). 보베(Beauvais), 프랑스. 1506~44년/1548년

863 생테티엔(St. Etienne). 보베(Beauvais), 프랑스. 1506~44년/1548년

864 생테티엔(St. Etienne). 보베(Beauvais), 프랑스. 1506~44년/1548년

865 브루 교회(Church of Brou). 부르강브레스(Bourg-en-Bresse). 프랑스, 1513~32년

11장

866 영국 고딕과 프랑스 고딕의 전체 구성 비교. 왼쪽: 웰스 성당(Wells Cathedral)/오른쪽: 랭스 성당(Reims Cathedral)

867 영국 고딕과 프랑스 고딕의 아케이드 아치 비교. 왼쪽: 샤르트르 성당(Chartres Cathedral)/오른쪽: 엘리 성당(Ely Cathedral)

868 예수 교회(Christ Church). 옥스퍼드(Oxford), 영국. 1158~80년/성가대석 천장 볼트 1480~1500년

869 고딕 시대의 영국과 프랑스

870 링컨 성당(Lincoln Cathedral). 주두

871 우스터 성당(Worcester Cathedral). 영국

872 웰스 성당(Wells Cathedral). 영국

873 영국의 고딕 예술 중심지

874 캔터베리 성당(Canterbury Cathedral). 영국. 전체 골격 1174년~(초기 영국 양식)/네이브 1377~1405년(수직 양식)

875 캔터베리 성당(Canterbury Cathedral). 영국. 전체 골격 1174년~(초기 영국 양식)/네이브 1377~1405년(수직 양식)

876 캔터베리 성당(Canterbury Cathedral). 영국. 전체 골격 1174년~(초기 영국 양식)/네이브 1377~1405년(수직 양식)

877 캔터베리 성당(Canterbury Cathedral). 영국. 전체 골격 1174년~(초기 영국 양식)/네이브 1377~1405년(수직 양식)

878 캔터베리 성당(Canterbury Cathedral). 성가대석 횡단면도. 영국. 전체 골격 1174년~(초기 영국 양식)/네이브 1377~1405년(수직 양식)

879 캔터베리 성당(Canterbury Cathedral). 삼위일체 예배당(Trinity Chapel). 영국. 전체 골격 1174년~(초기 영국 양식)/네이브 1377~1405년(수직 양식)

880 캔터베리 성당(Canterbury Cathedral). 영국. 전체 골격 1174년~(초기 영국 양식)/네이브 1377~1405년(수직 양식)

880 캔터베리 성당(Canterbury Cathedral). 영국. 전체 골격 1174년~(초기 영국 양식)/네이브 1377~1405년(수직 양식)

932 웰스 성당(Wells Cathedral). 횡단면도
933 엑서터 성당(Exeter Cathedral). 영국. 1280년경~1342년
934 요크 성당(York Cathedral). 영국. 전체 1291~1340년경/챕터 하우스(Chapter House) 1275~1300년
935 요크 성당(York Cathedral). 영국. 전체 1291~1340년경/챕터 하우스(Chapter House) 1275~1300년
936 엑서터 성당(Exeter Cathedral). 영국. 1280년경~1342년
937 엑서터 성당(Exeter Cathedral). 영국. 1280년경~1342년
938 엑서터 성당(Exeter Cathedral). 영국. 1280년경~1342년
939 엑서터 성당(Exeter Cathedral). 영국. 1280년경~1342년
940 리언(lierne)
941 리언(lierne)을 이용한 리브 장식 작도
942 엑서터 성당(Exeter Cathedral). 영국. 1280년경~1342년
943 브리스톨 성당(Bristol Cathedral). 영국. 1298~1332년경
944 브리스톨 성당(Bristol Cathedral). 영국. 1298~1332년경
945 브리스톨 성당(Bristol Cathedral). 영국. 1298~1332년경
946 브리스톨 성당(Bristol Cathedral). 영국. 1298~1332년경
947 웰스 성당(Wells Cathedral). 영국. 챕터 하우스(Chapter House) 1290년대 후반~1307년경/여신도용 예배당(Lady Chapel) 1323~26년 /성가대석 동쪽 부분 1333년~
948 웰스 성당(Wells Cathedral). 영국. 챕터 하우스(Chapter House) 1290년대 후반~1307년경/여신도용 예배당(Lady Chapel) 1323~26년 /성가대석 동쪽 부분 1333년~
949 웰스 성당(Wells Cathedral). 영국. 챕터 하우스(Chapter House) 1290년대 후반~1307년경/여신도용 예배당(Lady Chapel) 1323~26년 /성가대석 동쪽 부분 1333년~
950 웰스 성당(Wells Cathedral). 영국. 챕터 하우스(Chapter House) 1290년대 후반~1307년경/여신도용 예배당(Lady Chapel) 1323~26년 /성가대석 동쪽 부분 1333년~
951 웰스 성당(Wells Cathedral). 영국. 챕터 하우스(Chapter House) 1290년대 후반~1307년경/여신도용 예배당(Lady Chapel) 1323~26년 /성가대석 동쪽 부분 1333년~
952 웰스 성당(Wells Cathedral). 영국. 챕터 하우스(Chapter House) 1290년대 후반~1307년경/여신도용 예배당(Lady Chapel) 1323~26년 /성가대석 동쪽 부분 1333년~
953 웰스 성당(Wells Cathedral). 영국. 챕터 하우스(Chapter House) 1290년대 후반~1307년경/여신도용 예배당(Lady Chapel) 1323~26년 /성가대석 동쪽 부분 1333년~
954 웰스 성당(Wells Cathedral). 영국. 챕터 하우스(Chapter House) 1290년대 후반~1307년경/여신도용 예배당(Lady Chapel) 1323~26년 /성가대석 동쪽 부분 1333년~
955 엘리 성당(Ely Cathedral). 영국. 여신도용 예배당(Lady Chapel) 1321~45년경/크로싱 타워(Crossing Tower) 1322~40년/성가대석 옆 베이 1336~37년
956 엘리 성당(Ely Cathedral). 영국. 여신도용 예배당(Lady Chapel) 1321~45년경/크로싱 타워(Crossing Tower) 1322~40년/성가대석 옆 베이 1336~37년
957 엘리 성당(Ely Cathedral). 영국. 여신도용 예배당(Lady Chapel) 1321~45년경/크로싱 타워(Crossing Tower) 1322~40년/성가대석 옆 베이 1336~37년
958 엘리 성당(Ely Cathedral). 영국. 여신도용 예배당(Lady Chapel) 1321~45년경/크로싱 타워(Crossing Tower) 1322~40년/성가대석 옆 베이 1336~37년
959 엘리 성당(Ely Cathedral). 영국. 여신도용 예배당(Lady Chapel) 1321~45년경/크로싱 타워(Crossing Tower) 1322~40년/성가대석 옆 베이 1336~37년
960 엘리 성당(Ely Cathedral). 영국. 크로싱 옥타곤의 목조 골격
961 터너(Turner)의 〈엘덤 궁의 그레이트 홀*The Great Hall, Eltham Palace*〉. 1793년경
962 글로스터 성당(Gloucester Cathedral). 영국. 트랜셉트 1329~37년 /성가대석과 외관 증축 1337~60년
963 툭스베리 성당(Tewkesbury Cathedral). 영국. 1320년경~30년
964 윈체스터 성당(Winchester Cathedral). 영국. 네이브 1360년경 시작~1394년/외관 1394~1450년
965 디비니티 스쿨(Divinity School). 옥스퍼드(Oxford), 영국. 1430~55년 /볼트 1480~83년
966 예수 교회(Christ Church). 옥스퍼드(Oxford), 영국. 볼트 1640년
967 글로스터 성당(Gloucester Cathedral). 영국. 트랜셉트 1329~37년 /성가대석과 외관 증축 1337~60년
968 글로스터 성당(Gloucester Cathedral). 영국. 트랜셉트 1329~37년 /성가대석과 외관 증축 1337~60년
969 윈체스터 성당(Winchester Cathedral). 영국. 네이브 1360년경 시작~1394년/외관 1394~1450년
970 글로스터 성당(Gloucester Cathedral). 영국. 트랜셉트 1329~37년 /성가대석과 외관 증축 1337~60년
971 글로스터 성당(Gloucester Cathedral). 영국. 트랜셉트 1329~37년 /성가대석과 외관 증축 1337~60년
972 글로스터 성당(Gloucester Cathedral). 영국. 트랜셉트 1329~37년 /성가대석과 외관 증축 1337~60년
973 글로스터 성당(Gloucester Cathedral). 영국. 트랜셉트 1329~37년 /성가대석과 외관 증축 1337~60년
974 글로스터 성당(Gloucester Cathedral). 성가대석 실내 입면도. 영국. 트랜셉트 1329~37년/성가대석과 외관 증축 1337~60년
975 글로스터 성당(Gloucester Cathedral). 영국. 트랜셉트 1329~37년 /성가대석과 외관 증축 1337~60년
976 글로스터 성당(Gloucester Cathedral). 영국. 트랜셉트 1329~37년 /성가대석과 외관 증축 1337~60년
977 글로스터 성당(Gloucester Cathedral). 성가대석 천장도. 영국. 트랜셉트 1329~37년/성가대석과 외관 증축 1337~60년
978 윈체스터 성당(Winchester Cathedral). 영국. 네이브 1360년경 시작~1394년/외관 1394~1450년
979 윈체스터 성당(Winchester Cathedral). 영국. 네이브 1360년경 시작~1394년/외관 1394~1450년
980 윈체스터 성당(Winchester Cathedral). 영국. 네이브 1360년경 시작~1394년/외관 1394~1450년
981 윈체스터 성당(Winchester Cathedral). 영국. 네이브 1360년경 시작~1394년/외관 1394~1450년
982 윈체스터 성당(Winchester Cathedral). 영국. 네이브 1360년경 시작~1394년/외관 1394~1450년
983 캔터베리 성당(Canterbury Cathedral). 영국. 네이브 1375~1405년
984 캔터베리 성당(Canterbury Cathedral). 영국. 네이브 1375~1405년
985 캔터베리 성당(Canterbury Cathedral). 영국. 네이브 1375~1405년

12장

1050 울름 성당(Ulm Cathedral). 독일. 1392~1471년
1051 울름 성당(Ulm Cathedral). 독일. 1392~1471년
1052 울름 성당(Ulm Cathedral). 독일. 1392~1471년
1053 성모마리아 교회(Frauenkirche=Cathedral of Our Lady). 뮌헨(München), 독일, 1468~88년
1054 성모마리아 교회(Frauenkirche=Cathedral of Our Lady). 뮌헨(München), 독일, 1468~88년
1055 중세 뤼벡(Lübeck)의 교회들
1056 중세 뤼벡(Lübeck)의 중심부
1057 마리아 교회(Marienkirche). 뤼벡(Lübeck), 독일. 1277년경~1351년
1058 마리아 교회(Marienkirche). 뤼벡(Lübeck), 독일. 1277년경~1351년
1059 마리아 교회(Marienkirche). 뤼벡(Lübeck), 독일. 1277년경~1351년
1060 마리아 교회(Marienkirche). 성 안나 예배당(St. Anna Chapel). 뤼벡(Lübeck), 독일. 1277년경~1351년
1061 성 니콜라오(St. Nicholas). 슈트랄준트(Stralsund). 독일, 1276년~
1062 시토회 교회(Cistercian Church). 펠플린(Pelplin), 독일(현재 폴란드)
1063 시토회 교회(Cistercian Church). 도베란(Doberan), 독일. 1294~1368년
1064 마리아 교회(Marienkirche). 슈트랄준트(Stralsund), 독일. 1384년경~1440년
1065 중세 뉘른베르크(Nürnberg) 전경
1066 성모마리아 교회(Frauenkirche=Cathedral of Our Lady). 뉘른베르크(Nürnberg), 독일. 1350~58년
1067 성모마리아 교회(Frauenkirche=Cathedral of Our Lady). 뉘른베르크(Nürnberg), 독일. 1350~58년
1068 성 라우렌시오(St. Lawrence=Lorenzkirche). 뉘른베르크(Nürnberg), 독일. 1353~83년
1069 스바테호비타 성당(St. Vitus's Cathedral). 프라하(Prague). 1344~52년
1070 부르크(Burg). 블라디슬라프잘(Wladislaw-Saal). 프라하(Prague). 1493년
1071 안나 교회(Annenkirche=St. Anne). 안나베르크(Annaberg), 독일. 1515~22년
1072 마리아 교회(Marienkirche). 슈트랄준트(Stralsund), 독일. 1384년경~1440년
1073 마리아 교회(Marienkirche). 단치히(Gdańsk=Danzig), 독일(현재 폴란드). 1343년경~1502년
1074 마리아 교회(Marienkirche). 슈트랄준트(Stralsund), 독일. 1384년경~1440년
1075 성 그레고리오(St. Gregorio). 베네치아(Venezia), 이탈리아
1076 산타키아라(Santa Chiara). 아시시(Assisi), 이탈리아. 1257~60년
1077 산타아나스타시아(Sant'Anastasia). 베로나(Verona), 이탈리아. 1261년~
1078 산타마리아소프라미네르바(Santa Maria sopra Minerva). 로마. 1285년경
1079 고딕 시대 이탈리아
1080 성 프란치스코 수도원 교회(Abbey Church of San Francesco). 위층 교회(upper church). 아시시(Assisi), 이탈리아. 1228~39년, 1253년 봉헌
1081 성 프란치스코 수도원 교회(Abbey Church of San Francesco). 위층 교회(upper church). 아시시(Assisi), 이탈리아. 1228~39년, 1253년 봉헌
1082 성 프란치스코 수도원 교회(Abbey Church of San Francesco). 아시시(Assisi), 이탈리아. 1228~39년, 1253년 봉헌
1083 성 안드레아(Sant'Andrea). 베르첼리(Vercelli), 이탈리아. 1219~24년
1084 성 프란치스코 수도원 교회(Abbey Church of San Francesco). 아시시(Assisi), 이탈리아. 1228~39년, 1253년 봉헌
1085 성 프란치스코(San Francesco). 볼로냐(Bologna), 이탈리아. 실내 1236~50년/외관 1263년
1086 성 프란치스코(San Francesco). 볼로냐(Bologna), 이탈리아. 실내 1236~50년/외관 1263년
1087 성 프란치스코(San Francesco). 볼로냐(Bologna), 이탈리아. 실내 1236~50년/외관 1263년
1088 산타마리아노벨라(Santa Maria Novella). 피렌체(Firenze), 이탈리아. 1279년~
1089 산타마리아노벨라(Santa Maria Novella). 피렌체(Firenze), 이탈리아. 1279년~
1090 산타마리아노벨라(Santa Maria Novella). 피렌체(Firenze), 이탈리아. 1279년~
1091 산타마리아노벨라(Santa Maria Novella). 피렌체(Firenze), 이탈리아. 1279년~
1092 산타마리아노벨라(Santa Maria Novella). 피렌체(Firenze), 이탈리아. 1279년~
1093 시에나 성당(Siena Cathedral). 이탈리아. 1250~1400년경
1094 시에나 성당(Siena Cathedral). 이탈리아. 1250~1400년경
1095 시에나 성당(Siena Cathedral). 이탈리아. 1250~1400년경
1096 시에나 성당(Siena Cathedral). 이탈리아. 1250~1400년경
1097 시에나 성당(Siena Cathedral). 이탈리아. 1250~1400년경
1098 시에나 성당(Siena Cathedral). 이탈리아. 1250~1400년경
1099 시에나 성당(Siena Cathedral). 이탈리아. 1250~1400년경
1100 성 안토니오(Sant'Antonio). 파도바(Padova), 이탈리아. 1230년경~1307년
1101 성 안토니오(Sant'Antonio). 파도바(Padova), 이탈리아. 1230년경~1307년
1102 아레초 성당(Arezzo Cathedral). 이탈리아. 성가대석 1277~89년/네이브 14세기
1103 피렌체 성당(Firenze Cathedral). 이탈리아. 1294년 시작, 1357~66년 증개축
1104 피렌체 성당(Firenze Cathedral). 이탈리아. 1294년 시작, 1357~66년 증개축
1105 피렌체 성당(Firenze Cathedral). 이탈리아. 1294년 시작, 1357~66년 증개축
1106 피렌체 성당(Firenze Cathedral). 이탈리아. 1294년 시작, 1357~66년 증개축
1107 산타크로체(Santa Croce). 피렌체(Firenze), 이탈리아. 1300년경~
1108 산타크로체(Santa Croce). 피렌체(Firenze), 이탈리아. 1300년경~
1109 산타크로체(Santa Croce). 피렌체(Firenze), 이탈리아. 1300년경~
1110 시에나(Siena) 대광장(Campo) 전경
1111 시 청사(Palazzo del Comunale). 피아첸차(Piacenza), 이탈리아. 1280년 이후
1112 시민 회관(Palazzo del Popolo). 토디(Todi), 이탈리아. 11~16세기
1113 로자 아물레아(Loggia Amulea). 파도바(Padova), 이탈리아. 시기 미상
1114 두초 디 부오닌세냐(Duccio di Buoninsegna). 〈마에스트라*Maestra*〉. 시에나 성당(Siena Cathedral). 1311년
1115 오르비에토 성당(Orvieto Cathedral). 이탈리아. 1290~1330년
1116 오르비에토 성당(Orvieto Cathedral). 이탈리아. 1290~1330년
1117 오르비에토 성당(Orvieto Cathedral). 이탈리아. 1290~1330년
1118 카스텔프랑코 베네토 성(Castello di Castelfranco Veneto). 이탈리아. 1195년경

찾 아 보 기

* 건물은 도시-기능유형 아래로 분류하였음.
* 도시에 속하지 않은 대부분의 수도원은 '수도원' 항목 아래 분류하였음.
* 도판이 수록된 쪽수는 괄호 안에 표기.
* 뒤에 '*' 표시가 붙은 용어는 건축물이 아닌 인명임.

ㅈ

ㅊ

ㅍ

ㅎ

한글 표기 목록

A

Aachen-아헨
Aachen Cathedral-아헨 성당
Aachen Palace-아헨 궁전
Aachen Palace Church-아헨 궁전 교회
Acqui-아퀴
Adalbert-아달베르
Agen-아쟁
Aix-en-Provence-엑상프로방스
Al-Aqsa, Mosque of-알 아크사 모스크
Albenga Baptistery-알벵가 세례당
Alberga-알베르가
Albertus Magnus-알베르투스 마그누스
Albi-알비
Albigensian-알비젠시스
Alcobaça, Abbey of-알코바사 수도원
Alcuin-앨퀸
Alexander of Hales-헤일스의 알렉산더
Alfonso Ⅱ-알폰소 2세
Alger-알제
Altenberg, Cistercian Church at-알텐베르크의 시토회 교회
Amiens Cathedral-아미앵 성당
Andlau-앙들로
Angers-앙제
Angilbert-앙질베르
Anglo Norman-앵글로노르만
Angoulême-앙굴렘
Angoulême Cathedral-앙굴렘 성당
Annaberg-안나베르크
Annenkirche-안나 교회
Aquileia-아퀼레이아
Arezzo-아레초
Arezzo Cathedral-아레초 성당
Arles-아를
Arles Cathedral-아를 성당
Arnolfo di Cambio-아르놀포 디 캄비오
Assisi-아시시
Asturias-아스투리아스
Augsburg Cathedral-아우크스부르크 성당
Augustine, Abbey of-아우구스티누스 수도원
Augustinians, Church of the-아우구스티누스 교회
Autun-오툉
Auvergne-오베르뉴
Auvergne Cathedral-오베르뉴 성당
Auvers, The Church in-오베르 성당
Auxerre-오세르
Auxerre Cathedral-오세르 성당
Avignon Cathedral-아비뇽 성당
axial chapel-축형 예배당

B

Bad Wimpfen-바트빔펜
Bamberg Cathedral-밤베르크 성당
Baragan Cathedral-바라간 성당
Bar-sur-Seine-바르쉬르센
bar tracery-바 트레이서리
Basel Cathedral-바젤 성당
Bayeux-바이외
Beauvais Cathedral-보베 성당
Benedictine chevet-베네딕트 슈베
Benedictine Order-베네딕트회
Benedictine plan-베네딕트 플랜
Benedictines-베네딕트회
Benevento-베네벤토
Bergamo-베르가모
Bernay, Abbey Church-베르네 수도원 교회
Berno-베르노
Bermondsey Abbey-버몬시 수도원
Besançon-브장송
Besançon Cathedral-브장송 성당
Béziers-베지에
Biella-비엘라
Binham Priory-빈햄 소수도원
Bologna-볼로냐
Bonn Cathedral-본 성당
Borgund stave church-보르군드 통나무 교회
Bourg-en-Bresse-부르강브레스
Braine-브렌
Brauweiler, Church of-브라우바일러 교회
Brioude-브리우드
Bristol Cathedral-브리스톨 성당
Brou, Church of-브루 교회

Burg–부르크
Bury St. Edmund, Abbey of–베리세인트에드먼드 수도원
button arch–단추 아치
Byland Abbey–바일랜드 수도원

C

Ca' d'Oro–카도로
Caen–캉
Calabria–칼라브리아
Calistus II–칼리스토 2세
Camara Santa–카마라산타
Cambridge–케임브리지
Candes–캉드
Canossa–카노사
Canterbury, Abbey of–캔터베리 수도원
Canterbury Church–캔터베리 성당
Capetian dynasty–카페 왕조
Castelfranco Veneto, Castello di–카스텔프랑코 베네토 성
Castello Estense–에스테 성
Centula–센툴라
Cardona–카르도나
Casamari–카사마리
Celles–셀
Cerisy–la–Forêt–세리시라포레
Chapaize–샤페즈
Charlemagne–샤를마뉴
Charles the bald–샤를 2세
Charlieu–샤를리외
Châlons–sur–Marne–샬롱쉬르마른
Chartres–샤르트르
Chartres Cathedral–샤르트르 성당
Chartres School–샤르트르 학파
Chaumont–쇼몽
Chertsey Cathedral–처트시 성당
chevet–슈베
Chichester Cathedral–치체스터 성당
Chorin Cathedral–코린 성당
Christ Church–예수 교회
Christchurch Priory–예수교 소수도원
Christian monarchy–기독교 군주정체
Cistercian Church–시토회 교회
Cistercian Order–시토회
Cîteaux–시토
Cîteaux, Abbey of–시토 수도원
Cividale–치비달레
Clairvaux–클레르보
Clermont–Ferrand–클레르몽페랑
Clermont–Ferrand Cathedral–클레르몽페랑 성당
Cluny–클뤼니
Cluny II–제2클뤼니
Cluny III–제3클뤼니
Codalet–코달레
Colmar–콜마르
Como–코모
confessio–콘페시오
congregatio–콩그레가시오
Conques–콩크
Corvey–코르바이
counter apse–카운터 앱스
Coutances–쿠탕스
crazy vault–크레이지 볼트
crypto–Gothic–크립토–고딕
Cunault–퀴노

D

Decorated Gothic–장식 고딕
degagement–데가주망
Dijon–디종
Divinity School–디비니티 스쿨
Doberan–도베란
Dome of the Rock–바위 사원
domed basilica–돔식 바실리카
Dominican Order–도미니크회
Domnica–돔니카
Dorset–도싯
double–choired–더블 콰이어드
double–ender–더블 엔더
Duccio di Buoninsegna–두초 디 부오닌세냐
Durham–더럼
Durham, Abbey of–더럼 수도원
Durham Cathedral–더럼 성당

E

Eadwinus–에드위누스
east end–이스트 엔드
echelon–제형(梯形)
Edward the Confessor, King–참회왕 에드워드
Ely Cathedral–엘리 성당
Ely, Monastery of–엘리 수도원
Erfurt–에르푸르트
Essen–에센
Essen, Minster at–에센 수도원 성당
Evreux Cathedral–에브뢰 성당
Exeter Cathedral–엑서터 성당

F

false bedding–폴스 베딩
Fecamp, Abbey Church of–페캉 수도원 교회
fan vault–팬 볼트
Ferrara–페라라
Ferrara Cathedral–페라라 성당
Firenze–피렌체

Firenze Cathedral－피렌체 성당
Flavigny－플라비니
Flavigny-sur-Ozerain, crypt of－플라비니 쉬르 오제랭 납골당
Fontefroide－퐁트프루아드
Fontenay, Abbey of－퐁트네 수도원
Fontevrault, Convent Church of－퐁트브로의 수녀원 교회
forechoir－성가대석 앞 공간
Fossanova－포사노바
Fountains Abbey－파운틴스 수도원
Franciscan Church－프란치스코회 교회
Franciscan Order－프란치스코회
Frauenkirche－성모마리아 교회
Freiburg-im-Breisgau－프라이부르크
Freistadt Stadtpfarkirche－프라이슈타트 교구 교회
Frejus－프레쥐
French Crown Lands－프랑스 왕실 직할령
Friedrich II－프리드리히 2세
Fulda, Abbey Church of－풀다 수도원 교회

G

Galicia－갈리시아
gallic mason－골 조적술
Gaul－골
Gdańsk－단치히
gebundenes System－단계적 연결체계
Geneva Cathedral－제네바 성당
Gerace, Cathedral of－제라체 성당
Gerhard－게르하르트
Germinny-des-Prés－제르미니데프레
Gernrode－게른로데
Giotto－조토
Glastonebury, Abbey Church of－글래스턴베리 수도원 교회
Goscelin de St. Bertin－생베르탱의 고셀린
Gothic Classicism－고딕 고전주의
Grandlieu－그랑리외
Great Paxton－그레이트팩스턴
Greek Cross－그릭 크로스
Grenoble－그르노블
Gregorian Chant－그레고리오 성가
Gregorian Reformation－그레고리오 개혁
Groß St. Martin－그로스장크트마르틴
Gwent－귄트

H

Hadrian I－하드리아노 1세
Hagia Demetrios－하기아 데메트리오스
Hagia Sophia－하기아 소피아
Halberstadt Cathedral－할버슈타트 성당
half-Gothic－하프-고딕
hall church－홀 교회
hall-crypt－홀식 납골당
Hampshire－햄프셔
Hanseatic League－한자동맹
Hantshire－핸트셔
Haram-al-Sharif－하람 알 샤리프
Hariulf, chronicle of－하리울프의 연대기
Hastière-sur-Meuse, Abbey Church of－아스티에르쉬르뫼즈 수도원 교회
Heavenly Jerusalem－천국의 예루살렘
Heilig-Kreuz Minster－성 십자가 성당
Heinrich IV－하인리히 4세
Henry VII's Chapel－헨리 7세 예배당
Hereford Cathedral－헤리퍼드 성당
Hessen－헤센
Hildebrand－힐데브란트
Hildesheim－힐데스하임
Hildesheim Cathedral－힐데스하임 성당
Hohenstaufen dynasty－호헨슈타우펜왕조
Holy Apostles, Church of－성 사도 교회
Holy Sepulchre－성묘 교회
Hugo of Semur－스뮈르의 성 후고

I

Ile-de-France－일드프랑스
Inda－인다
Innocent III－인노첸시오 3세
Ingolstadt－잉골슈타트
isolated crossing－분리형 크로싱
Issoire－이수아르

J

Jacobins, Church of the－자코뱅 교회
Jean de Bourbon, Chapel of－장드부르봉 예배당
Jesuit Order－예수회
Jouarre, Abbey of－주아르 수도원
Jumièges－쥐미에주

K

Karl IV－카를 4세
Karl Martell－카를 마르텔
Karolinger－카롤링거
King's College Chapel－킹스칼리지 예배당
Kolin nad Labem－콜린나드라벰
Konstanz－콘스탄츠

L

La-Charlité-sur-Loire－라샤리테쉬르루아르
La Ferté－라페르테
lancet－랜싯
Lanfranc－랜프랭크
Langres－랑그르
Laon－랑
Laon Cathedral－랑 성당

La Seu d'Urgell－라세우두르겔
Laterano－라테라노
Latin Kingdom of Jerusalem－예루살렘의 라틴 왕국
La Tour Saint Jean－성 요한 탑
La Trinité－삼위일체
Lausanne Cathedral－로잔 성당
Le Bec－Hellouin－르베크엘루앵
Le Mans－르망
Le Mans Cathedral－르망 성당
Landshut－란츠후트
Leon Cathedral－레온 성당
Leo Ⅲ－레오 3세
Le Puy－르퓌
Le Puy－en－Velay－르퓌앙블레
Lessay, Abbey Church of－르세 수도원 교회
Le Thoronet－르토로네
Lichfield Cathedral－리치필드 성당
Liège－리에주
lierne－리언
Limburg－an－der－Haardt－림부르크안데어하르트
Limburg－an－der－Lahn Cathedral－림부르크 성당
Limoges－리모주
Limoges Cathedral－리모주 성당
Lincoln Cathedral－링컨 성당
Lindisfarne－린디스판
Lisieux Cathedral－리지외 성당
Loc－Dieu, Church of the－로크디외 교회
Loggia Amulea－로자 아물레아
Loiret－루아레
Lombardia－롬바르디아
Lombardia band－롬바르디아 밴드
Lomello－로멜로
Lorraine－로렌
Lorsch, Monastery of－로르슈 수도원
Lübeck－뤼벡
Lucca－루카
Luxemburg dynasty－룩셈부르크 왕가
Lyon Cathedral－리옹 성당

M

Magdaleine, Church of－막달렌 교회
Magdeburg Cathedral－마그데부르크 성당
Maginardo－마지나르도
Mainz Cathedral－마인츠 성당
Maitani, Lorenzo－로렌초 마이타니
Marburg－마르부르크
Marburg－an－der－Lahn－마르부르크
Mariakerk－마리아케르크
Maria Laach, Benedictine Abbey Church of－마리아라흐의 베네딕트회 수도원 교회
Marienkapelle－마리아 예배당
Marienkirche－마리아 교회
Marseilles－마르세유
Mathilda of Canossa－마틸다, 카노사의
Maubronn, Abbey of－마우브론 수도원
Maubuisson, Abbey of－모뷔이송 수도원
Mayeul－마이월
Meaux Cathedral－모 성당
Melas－멜라스
Mendicant Order－탁발승 수도회
Meroving－메로빙
Midi－미디
Milano Cathedral－밀라노 성당
Minden Cathedral－민덴 성당
Minias－미니아스
Modena Cathedral－모데나 성당
Molesme－몰렘
Morienval Cathedral－모리앙발 성당
Morimond－모리몽
Mozarab－모자라브
Monte Casino－몬테카시노
Monte Casino, Abbey of－몬테카시노 수도원
Montréal－몽레알
Mont－Saint－Michel－몽생미셸
Mont－Saint－Michel, Abbey Church of－몽생미셸 수도원 교회
Mont－Saint－Michel, Abbey of－몽생미셸 수도원
München－뮌헨
Münster－뮌스터
Murano－무라노

N

Narbonne Cathedral－나르본 성당
national monarchy－국가 군주제
Neresheim, Abbey of－네레스하임 수도원
Neuss－노이스
Nevers－느베르
Niedermünster－니더뮌스터
Nijmegen, Chapel at－니메헨 예배당
Norfolk－노퍽
Northumberland－노섬벌랜드
Norwich Cathedral－노리치 성당
Notre－Dame, Abbey Church of－노트르담 수도원 교회
Notre－Dame du Bec, Abbey of－노트르담뒤베크 수도원
Notre－Dame－en－Vaux－노트르담앙보
Notre－Dame et St. Pierre－노트르담/성 베드로
Notre－Dame－du－Port－노트르담뒤포르
Notre－Dame－la－Grande－노트르담라그랑드
Novara－노바라
Noyon Cathedral－누아용 성당
Nürnberg－뉘른베르크
Nursia－누르시아

O

Oberre Pfarre-오베레 파레
Oberzell-오버첼
Odilo-오딜로
ogee arch-오지 아치
Old Foundation-올드 파운데이션
Old Köln Cathedral-구 쾰른 성당
Old St. Paul's-구 성 바오로
Old St. Peter's-구 성 베드로
Old Sarum-올드새럼
Oppenheim-오펜하임
Orarium-오라리움
Orcival-오르시발
ordo-오르도
Orense-오렌세
organicity-유기성
Orleansville, Cathedral at-오를레앙스빌의 성당
Orthodox Baptistery-동방정교회 세례당
Orvieto-오르비에토
Orvieto Cathedral-오르비에토 성당
Ostabat-오스타바
Ostrogoths-동고트
Otranto-오트란토
Ottmarsheim-오트마르스하임
Otto-오토
Oviedo-오비에도
Oxford-옥스퍼드

P

Paderborn-파더보른
Padova-파도바
Padova Cathedral-파도바 성당
Palatine Chapel at Aachen-아헨 왕궁 예배당
Palazzo Comunale-시청사
Palazzo del Popolo-시민 회관
Palazzo Ducale-총독 궁
papal monarchy-교황 군주정체
Paray-le-Monial-파레르모니알
Parler family-팔러 가
Parma Baptistery-파르마 세례당
Parma Cathedral-파르마 성당
Paschal I-파스칼 1세
passage-crypt-통로형 납골당
Pavia-파비아
Pavia Cathedral-파비아 성당
Payerne, Abbey Church of-파예른 수도원 교회
Pelplin-펠플린
Pepin II-피핀 2세
Pepin the Short-피핀
Perigueux-페리괴
Perpignan-페르피냥
Perugia-페루자
Peter and Paul, Abbey Church of-베드로/바오로 수도원 교회
Peterborough, Abbey of-피터버러 수도원
Peterborough Cathedral-피터버러 성당
Philip Augustus-필리프 2세
Piacenza-피아첸차
pier-basilica-피어 바실리카
pilier cantonné-필리에 캉토네
Pisa Baptistery-피사 세례당
Pisa Cathedral-피사 성당
Pisa Cathedral Complex-피사 성당 단지
Pisano, Giovanni-피사노, 조반니
Pistoia-피스토이아
Plantagenet State-플랑타주네 백작령
Plantagenet Style-플랑타주네 양식
Plauberg, Pilgrimage Church at-플라우베르크의 순례 교회
Poitiers-푸아티에
Pomposa-폼포사
Pontigny-퐁티니
Pontoise-퐁투아즈
Pontorson Cathedral-퐁토르송 성당
Porta dei Mesi-포르타데이메시
Porta della Pescheria-포르타델라페스케리아
Prato Cathedral-프라토 성당
Prague-프라하
proto-Gothic-프로토 고딕
proto-Renaissance-프로토 르네상스
Provins-프로뱅
psalm-시편
Puente la Reina-푸엔테라레이나
Pyrénées-Orientales-피레네조리앙탈

R

radiating chapel-방사형 예배당
Ratger-라트거
Ravenna-라벤나
Recamp, Abbey of-르캉 수도원
rectangular choir-사각형 성가대석
Regensburg-레겐스부르크
Regensburg Cathedral-레겐스부르크 성당
Reichenau-Mittelzell Cathedral-라이헤나우-미텔첼 성당
Reims Cathedral-랭스 성당
retrochoir-후면 성가대석
Rheinland-라인란트
Rhein rhythm-라인 리듬
Rievault Abbey-리보 수도원
Robert de Molesmes-성 로베르토
Rocamadour-로카마두르
Roche Abbey-로치 수도원
Rochester Cathedral-로체스터 성당
Romainmôtier-로맹모티에

Romsey-롬시
rose window-로즈 윈도
Rouen-루앙
Royaumont, Abbey of-루아요몽 수도원

S

Sachen-작센
St. Albans Cathedral-세인트올번스 성당
St. Andreas-성 안드레아
St. Antonio-성 안토니오
St. Aposteln-성 사도
St. Augustine-성 아우구스티노
St. Augustine, Abbey of-성 아우구스티노 수도원
St. Austremoine-생토스트르무안
St. Bartholomew-성 바르톨로메오
St. Benedict-성 베네딕토
St. Benigne-성 베니뇨
St. Benigne, Abbey of-성 베니뇨 수도원
St. Benoit-성 브누아(인명)
St. Bernard of Clairvaux-클레르보의 성 베르나르도
St. Boniface-성 보니파시오
St. Catherine-성 가타리나
St. Chef, Abbey Church of-생셰프 수도원 교회
St. Cyriakus-성 치리아코
St. Cyriakus in Sulzburg-장크트치리아쿠스인슐츠부르크
St. David's Cathedral-세인트데이비드 성당
St. Denis-성 디오니시오
St. Denis, Abbey of-성 디오니시오 수도원
St. Dominic-성 도미니코
St. Elisabeth-엘리사벳 교회
St. Emmeram-장크트에메람
St. Etienne-생테티엔
St. Etienne, Abbey Church of-생테티엔 수도원 교회
St. Eustache-생외스타슈
St. Fides-성녀 피데스
St. Fortunat-생포르튀나
St. Francis of Assisi-아시시의 성 프란치스코
St. Francis, Abbey of-성 프란치스코 수도원
St. Front-생프롱
St. Gall, Abbey of-성 갈로 수도원
St. Gatien-생가티앵
St. Georg-성 제오르지오
St. George's Chapel-성 제오르지오 예배당
St. Georges-성 제오르지오
St. Gereon-장크트게레온
St. Germain-생제르맹
St. Giles-성 질스
St. Godehard-장크트고데하르트
St. Gregorio-성 그레고리오
St. Gregory the Great-그레고리오 5세
St. Guilhem-생길렘
St. Hadelin-생아들랭
St. Hilaire-성 힐라리오
St. Hubert-생위베르
St. Hugh-성 후고
St. Hymetière-생티메티에르
St. James-성 야고보
St. James, Tomb of-성 야고보 무덤
St. Jean-성 요한
St. Jean-Baptiste-세자 성 요한
St. Jerome-성 예로니모
St. John-성 요한
St. Julien-성 율리아노
St. Katharina-성 가타리나
St. Lamberti-장크트람베르티
St. Laurent-성 라우렌시오
St. Lawrence-성 라우렌시오
St. Lazare-성 라자로
St. Marcellinus-성 마르첼리노
St. Maclou-생마클루
St. Marien im Kapitol-장크트마린임카피톨
St. Martial-생마르시알
St. Martin-성 마르티노
St. Mary, Abbey of-성모마리아 수도원
St. Maurice, Cathedral of-생모리스 성당
St. Mauritz-장크트마우리츠
St. Maximin, Monastery of-성 막시미노 수도원
St. Michael-성 미카엘
St. Nazaire-성 나자리오
St. Nectaire-생넥테르
St. Nicholas-성 니콜라오
St. Odilon-오딜로
St. Odo-오도
St. Paul-성 바오로
St. Pantaleon-장크트판탈레온
St. Peter-성 베드로
St. Peter, Tomb of-성 베드로 무덤
St. Peter and Paul-성 베드로/바오로
St. Philibert-생필리베르
St. Pierre-성 베드로
St. Pierre et St. Paul-성 베드로/성 바오로
St. Quiriace-생키리아스
St. Quirin-생키랭
St. Remi-생레미
St. Riquier-생리퀴에
St. Salvator in Werden-장크트잘바토어인베르덴
St. Sauveur-성 구세주
St. Sebald-장크트제발트
St. Serge-성 세르지오
St. Sernin-생세르냉
St. Severin-장크트제베린
St. Stephen-성 스테파노

St. Theodore-성 테오도로
St. Thomas Aquinas-성 토마스 아퀴나스
St. Trophimus-성 트로피무스(인명)
St. Ulrich & Afra-장크트울리히/아프라
St. Urbain-성 우르바노
St. Valerian-성 발레리아노
St. Vitus, abbey church of-장크트비투스 수도원 교회
St. Vitus's Cathedral-장크트비투스 성당
Ste. Cécile, Cathedral of-성 체칠리아 성당
Ste. Chapelle-생트샤펠
Ste. Foy-생트푸아
Ste. Madeleine-생트마들렌
Ste. Trinité-성 삼위일체
Ste. Yves, Abbey Church of-생티브 수도원 교회
Saint-Benoit-sur-Loire-생브누아쉬르루아르
Saint-Germain-des-Prés-생제르맹데프레
Saint-Germer-de-Fly Cathedral-생제르메드플리 성당
Saint-Gilles-du-Gard-생질뒤가르
Saint-Guilhem-le-Désert-생길렘르데제르
Saint-Leu-d'Esserent-생뢰데세랑
Saint-Martin-des-Champs-생마르탱데샹
Saint-Martin-du-Canigou, Abbey Church of-생마르탱뒤카니구 수도원 교회
Saint-Michel-de-Cuxa-생미셸드쿡사
Saint-Michel-de-Cuxa, Abbey of-생미셸드쿡사 수도원
Saint-Ouen-le-Vieux-생투앙르비외
Saint-Pierre-de-la-Couture-성 베드로드라쿠튀르
Saint-Savin-sur-Gartempe-생사뱅쉬르가르탕프
Saintes-Maries-de-la-Mer-생트마리드라메르
Salian dynasty-잘리어 왕조
Salisbury Cathedral-솔즈베리 성당
Salonica-살로니카
Salzburg-잘츠부르크
San Ambrogio-산암브로조
San Celso-산첼소
San Clemente-산클레멘테
San Domenico-성 도미니코
San Francesco-성 프란치스코
San Francesco, Abbey Church of-성 프란치스코 수도원 교회
San Francesco Grande-산프란체스코그란데
San Galgano, Abbey Church of-산갈가노 수도원 교회
San Geminiano-성 제미니아노(인명)
San Giovanni, Baptistery of-성 요한 세례당
San Giovanni fuor Civitas-산조반니푸오르치비타스
San Giovanni in Monti-산조반니인몬티
San Giovanni in Laterano-산조반니인라테라노
San Lorenzo-성 라우렌시오
San Martino-성 마르티노
San Michele-성 미카엘
San Michele in Foro-산미켈레인포로
San Miguel-성 미카엘
San Miguel de Lino-산미구엘데리노
San Miniato al Monte-산미니아토알몬테
San Nicolo-성 니콜라오
San Paulo fuori le mura-성 밖의 성 바오로
San Pedro de la Nave-산페드로데라나베
San Pedro de Roda-산페드로데로다
San Petronio-산페트로니오
San Pier Maggiore-산피에르마조레
San Piero a Grado-산 피에로아그라도
San Pietro-성 베드로
San Pietro in Ciel d'Oro-산피에트로인치엘도로
San Satiro-산사티로
San Vicente, Collegiate Church-산비센테 대학 교회
San Vincenzo in Prato-산빈첸초인프라토
San Zeno-성 제노
San Zeno, Abbey of-성 제노 수도원
Sant'Abbondio-산타본디오
Sant'Anastasia-산타나스타시아
Sant'Andrea-성 안드레아
Sant'Apollinare Nuovo-산타폴리나레누오보
Santa Cecilia-성 체칠리아
Santa Chiara-산타키아라
Santa Christina de Leva-산타크리스티나데레바
Santa Comba de Bande-산타콤바데반데
Santa Croce-산타크로체
Santa Maria-성모마리아
Santa Maria, Abbey Church of-성모마리아 수도원 교회
Santa Maria de Noranco, Palace Chapel of-노란코의 성모마리아 왕궁 예배당
Santa Maria del Carmine-산타마리아델카르미네
Santa Maria e Donato-성모마리아/도나토
Santa Maria Glorisa dei Frari-산타마리아글로리사데이프라리
Santa Maria in Cosmedin-산타마리아인코스메딘
Santa Maria in Valle-산타마리아인발레
Santa Maria Maggiore-산타마리아마조레
Santa Maria Novella-산타마리아노벨라
Santa Maria sopra Minerva-산타마리아소프라미네르바
Santa Prassede-산타프라세데
Santa Sophia-산타소피아
Santi Giovanni e Paolo-성 요한/바오로
Santiago de Compostela-산티아고데콤포스텔라
Santo Stefano-성 스테파노
scholasticism-스콜라 철학
Schwäbisch-Gmünd-슈배비쉬그뮌트
scissor arch-가위 아치
Sénanque-세낭크
Senlis Cathedral-상리스 성당
Sens Cathedral-상스 성당
Siena-시에나
Silvacane-실바칸
Söst-죄스트

Soissons Cathedral – 수아송 성당
South Elmham Church – 남엘름햄 교회
Southwell Minster – 사우스웰 수도원 성당
Speyer – 슈파이어
Speyer Cathedral – 슈파이어 성당
Speyer I – 제1슈파이어
Speyer II – 제2슈파이어
Spitalkirche – 양로원 교회
Stargard – 슈타르가르트
Stavelot, Benedictine Abbey Church of – 스타블로의 베네딕트회 수도원 교회
Staition Church – 스테이션 교회
Steinbach – 슈타인바흐
Steinheim am Main – 슈타인하임암마인
Stralsund – 슈트랄준트
Strasbourg Cathedral – 슈트라스부르크 성당
Straubing – 슈트라우빙
studia generalia – 스투디아 제네랄리아
Suffolk – 서포크
Suger, Abbot – 쉬제르, 대수도원장
Surbourg, Priory Church of – 주어부르크의 소수도원 교회
Surrey – 서리

T

tas-de-charge – 타드샤르주
Taull – 타울
Temple Mount – 템플 산
Teodaldo – 테오달도
Terrassa – 테라사
Teutonic Order – 독일 기사단
Tewkesbury Cathedral – 툭스베리 성당
Theodoric, Palace of – 테오도릭 궁전
Theodulfe – 테오둘프
Thümmler – 튐믈러
Thuringia family – 튀링겐 가
tierceron – 티어서런
Tintern – 틴턴
Todi – 토디
Torcello – 토르첼로
Torcello Cathedral – 토르첼로 성당
Toulouse – 툴루즈
Tour – 투르
Tournus – 투르뉘
tracery – 트레이서리
tracery harp – 트레이서리 하프
Trastevere – 트라스테베레
Treviso – 트레비소
triapsal choir – 삼엽형 성가대석
Trinity College – 트리니티칼리지
Trier Cathedral – 트리어 성당
Troyes – 트루아
Troyes Cathedral – 트루아 성당
Tudor arch – 튜더 아치

U

Ulm Cathedral – 울름 성당
Urban II – 우르바노 2세
Utrecht – 위트레흐트

V

Val d'Oise – 발두아즈
Val St. Lambert, Abbey of – 발생랑베르 수도원
Vandal – 반달
Vendome – 방돔
Vercelli – 베르첼리
Verona – 베로나
Verona Cathedral – 베로나 성당
Vézelay – 베즐레
Via Lemovicensis – 비아 레모비첸시스
Via Podensis – 비아 포덴시스
Via Tolosana – 비아 톨로사나
Via Turonensis – 비아 투로넨시스
Vignory – 비뇨리
Villard de Honnecourt – 비야르 드 온쿠르
Viollet-le-Duc – 비올레르뒤크
Visigoths – 서고트
Vitruvian jar – 비트루비우스의 단지

W

wall passage – 벽체 통로
Wareham – 웨어햄
Waverley Abbey – 웨이벌리 수도원
Wells Cathedral – 웰스 성당
Westminster – 웨스트민스터
Westminster Abbey – 웨스트민스터 사원
Westminster Palace – 웨스트민스터 궁
westwork – 웨스트 워크
Wien – 빈
Wiesenkirche – 비젠 교회
William of Auvergne – 오베르뉴의 윌리엄
Winchester Cathedral – 윈체스터 성당
Windsor Castle – 윈저 성
Wittelsbach dynasty – 비텔스바흐 왕조
Wittering – 위터링
Worcester Cathedral – 우스터 성당
Worms Cathedral – 보름스 성당
Worms, Concordat of – 보름스 협약
Würzburg – 뷔르츠부르크

Y

Yerebatan Cistern – 예레바탄 지하 물탱크
York Cathedral – 요크 성당
Yorkshire – 요크셔

Z

Zamora－사모라

임석재 서양건축사 3—하늘과 인간

1판 1쇄 2006년 2월 24일 | 1판 2쇄 2016년 8월 31일

지은이 임석재 | 펴낸이 김정순 | 책임편집 이주엽 | 펴낸곳 (주)북하우스

출판등록 1997년 9월 23일 제406-2003-055호 | 주소 04043 서울시 마포구 양화로 12길 16-9(서교동 북앤드빌딩)

전자우편 editor@bookhouse.co.kr | 홈페이지 www. bookhouse.co.kr

전화번호 02-3144-3123 | 팩스 02-3144-3121

ISBN 89-5605-142-9 04610 89-5605-082-1 (세트)

이 도서의 국립중앙도서관 출판시도서목록(CIP)은

e-CIP 홈페이지(http://www.nl.go.kr/cip.php)에서 이용하실 수 있습니다. (CIP 제어번호: CIP2006000299)